机 械 设 计 手 册

第 6 版

单 行 本

气压传动与控制

主　编　闻邦椿
副主编　鄂中凯　张义民　陈良玉　孙志礼
　　　　宋锦春　柳洪义　巩亚东　宋桂秋

机 械 工 业 出 版 社

《机械设计手册》第6版 单行本共26分册，内容涵盖机械常规设计、机电一体化设计与机电控制、现代设计方法及其应用等内容，具有系统全面、信息量大、内容现代、突显创新、实用可靠、简明便查、便于携带和翻阅等特色。各分册分别为：《常用设计资料和数据》《机械制图与机械零部件精度设计》《机械零部件结构设计》《连接与紧固》《带传动和链传动 摩擦轮传动与螺旋传动》《齿轮传动》《减速器和变速器》《机构设计》《轴 弹簧》《滚动轴承》《联轴器、离合器与制动器》《起重运输机械零部件和操作件》《机架、箱体与导轨》《润滑 密封》《气压传动与控制》《机电一体化技术及设计》《机电系统控制》《机器人与机器人装备》《数控技术》《微机电系统及设计》《机械系统概念设计》《机械系统的振动设计及噪声控制》《疲劳强度设计 机械可靠性设计》《数字化设计》《工业设计与人机工程》《智能设计 仿生机械设计》。

本单行本为《气压传动与控制》，主要介绍了常用气动基础标准、气压传动的特点和气体力学基础、气源装置及气动辅助元件、气动执行元件（气缸、气马达）、气动控制阀、气动控制系统、气动真空元件、气动系统的设计计算、气动系统的维护与故障处理等内容。

本书供从事机械设计、制造、维修及有关工程技术人员作为工具书使用，也可供大专院校的有关专业师生使用和参考。

图书在版编目（CIP）数据

机械设计手册. 气压传动与控制/闻邦椿主编. —6版. —北京：机械工业出版社，2020.1（2021.10重印）

ISBN 978-7-111-64743-0

Ⅰ.①机… Ⅱ.①闻… Ⅲ.①机械设计-技术手册②气压传动-技术手册 Ⅳ.①TH122-62②TH138-62

中国版本图书馆CIP数据核字（2020）第024375号

机械工业出版社（北京市百万庄大街22号 邮政编码100037）
策划编辑：曲彩云 责任编辑：曲彩云 高依楠
责任校对：徐 强 封面设计：马精明 责任印制：常天培
固安县铭成印刷有限公司印刷
2021年10月第6版第2次印刷
184mm×260mm · 28.75印张 · 710千字
1501—2300册
标准书号：ISBN 978-7-111-64743-0
定价：79.00元

电话服务 网络服务
客服电话：010-88361066 机 工 官 网：www.cmpbook.com
010-88379833 机 工 官 博：weibo.com/cmp1952
010-68326294 金 书 网：www.golden-book.com
封底无防伪标均为盗版 机工教育服务网：www.cmpedu.com

出 版 说 明

《机械设计手册》自出版以来，已经进行了5次修订，2018年第6版出版发行。截至2019年，《机械设计手册》累计发行39万套。作为国家级重点科技图书，《机械设计手册》深受广大读者的欢迎和好评，在全国具有很大的影响力。该书曾获得中国出版政府奖提名奖、中国机械工业科学技术奖一等奖、全国优秀科技图书奖二等奖、中国机械工业部科技进步奖二等奖，并多次获得全国优秀畅销书奖等奖项。《机械设计手册》已成为机械设计领域的品牌产品，是机械工程领域最具权威和影响力的大型工具书之一。

《机械设计手册》第6版共7卷55篇，是在前5版的基础上吸收并总结了国内外机械工程设计领域中的新标准、新材料、新工艺、新结构、新技术、新产品、新的设计理论与方法，并配合我国创新驱动战略的需求编写而成的。与前5版相比，第6版无论是从体系还是内容，都在传承的基础上进行了创新。重点充实了机电一体化系统设计、机电控制与信息技术、现代机械设计理论与方法等现代机械设计的最新内容，将常规设计方法与现代设计方法相融合，光、机、电设计融为一体，局部的零部件设计与系统化设计互相衔接，并努力将创新设计的理念贯穿其中。《机械设计手册》第6版体现了国肉外机械设计发展的新水平，精心诠释了常规与现代机械设计的内涵、全面荟萃凝练了机械设计各专业技术的精华，它将引领现代机械设计创新潮流、成就新一代机械设计大师，为我国实现装备制造强国梦做出重大贡献。

《机械设计手册》第6版的主要特色是：体系新颖、系统全面、信息量大、内容现代、突显创新、实用可靠、简明便查。应该特别指出的是，第6版手册具有较高的科技含量和大量技术创新性的内容。手册中的许多内容都是编著者多年研究成果的科学总结。这些内容中有不少依托国家“863计划”“973计划”“985工程”“国家科技重大专项”“国家自然科学基金”重大、重点和面上项目资助项目。相关项目有不少成果曾获得国际、国家、部委、省市科技奖励、技术专利。这充分体现了手册内容的重大科学价值与创新性。如仿生机械设计、激光及其在机械工程中的应用、绿色设计与和谐设计、微机电系统及设计等前沿新技术；又如产品综合设计理论与方法是闻邦椿院士在国际上首先提出，并综合8部专著后首次编人手册，该方法已经在高铁、动车及离心压缩机等机械工程中成功应用，获得了巨大的社会效益和经济效益。

在《机械设计手册》历次修订的过程中，出版社和作者都广泛征求和听取各万面的意见，广大读者在对《机械设计手册》给予充分肯定的同时，也指出《机械设计手册》卷册厚重，不便携带，希望能出版篇幅较小、针对性强、便查便携的更加实用的单行本。为满足读者的需要，机械工业出版社于2007年首次推出了《机械设计手册》第4版单行本。该单行本出版后很快受到读者的欢迎和好评。《机械设计手册》第6版已经面市，为了使读者能按需要、有针对性地选用《机械设计手册》第6版中的相关内容并降低购书费用，机械工业出版社在总结《机械设计手册》前几版单行本经验的基础上推出了《机械设计手册》第6版单行本。

《机械设计手册》第6版单行本保持了《机械设计手册》第6版（7卷本）的优势和特色，依据机械设计的实际情况和机械设计专业的具体情况以及手册各篇内容的相关性，将原手册的7卷55篇进行精选、合并，重新整合为26个分册，分别为：《常用设计资料和数据》《机械制图与机械零部件精度设计》《机械零部件结构设计》《连接与紧固》《带传动和链传动 摩擦轮传动与螺旋传动》《齿轮传动》《减速器和变速器》《机构设计》《轴 弹簧》《滚动轴承》《联轴器、离合器与制动器》《起重运输机械零部件和操作件》《机架、箱体与导轨》《润滑 密封》《气压传动与控制》《机电一体化技术及设计》《机电系统控制》《机器人与机器人装备》《数控技术》《微机电系统及设计》《机械系统概念设计》《机械系统的振动设计及噪声控制》《疲劳强度设计 机械可靠性设计》《数字化设计》《工业设计与人机工程》《智能设计 仿生机械设计》。各分册内容针对性强、篇幅适中、查阅和携带方便，读者可根据需要灵活选用。

《机械设计手册》第6版单行本是为了助力我国制造业转型升级、经济发展从高增长迈向高质量，满足广大读者的需要而编辑出版的，它将与《机械设计手册》第6版（7卷本）一起，成为机械设计人员、工程技术人员得心应手的工具书，成为广大读者的良师益友。

由于工作量大、水平有限，难免有一些错误和不妥之处，殷切希望广大读者给予指正。

机械工业出版社

前　　言

本版手册为新出版的第6版7卷本《机械设计手册》。由于科学技术的快速发展，需要我们对手册内容进行更新，增加新的科技内容，以满足广大读者的迫切需要。

《机械设计手册》自1991年面世发行以来，历经5次修订，截至2016年已累计发行38万套。作为国家级重点科技图书的《机械设计手册》，深受社会各界的重视和好评，在全国具有很大的影响力，该手册曾获得全国优秀科技图书奖二等奖（1995年）、中国机械工业部科技进步奖二等奖（1997年）、中国机械工业科学技术奖一等奖（2011年）、中国出版政府奖提名奖（2013年），并多次获得全国优秀畅销书奖等奖项。1994年，《机械设计手册》曾在我国台湾建宏出版社出版发行，并在海内外产生了广泛的影响。《机械设计手册》荣获的一系列国家和部级奖项表明，其具有很高的科学价值、实用价值和文化价值。《机械设计手册》已成为机械设计领域的一部大型品牌工具书，已成为机械工程领域权威的和影响力较大的大型工具书，长期以来，它为我国装备制造业的发展做出了巨大贡献。

第5版《机械设计手册》出版发行至今已有7年时间，这期间我国国民经济有了很大发展，国家制定了《国家创新驱动发展战略纲要》，其中把创新驱动发展作为了国家的优先战略。因此，《机械设计手册》第6版修订工作的指导思想除努力贯彻“科学性、先进性、创新性、实用性、可靠性”外，更加突出了“创新性”，以全力配合我国“创新驱动发展战略”的重大需求，为实现我国建设创新型国家和科技强国梦做出贡献。

在本版手册的修订过程中，广泛调研了厂矿企业、设计院、科研院所和高等院校等多方面的使用情况和意见。对机械设计的基础内容、经典内容和传统内容，从取材、产品及其零部件的设计方法与计算流程、设计实例等多方面进行了深入系统的整合，同时，还全面总结了当前国内外机械设计的新理论、新方法、新材料、新工艺、新结构、新产品和新技术，特别是在现代设计与创新设计理论与方法、机电一体化及机械系统控制技术等方面做了系统和全面的论述和凝练。相信本版手册会以崭新的面貌展现在广大读者面前，它将对提高我国机械产品的设计水平、推进新产品的研究与开发、老产品的改造，以及产品的引进、消化、吸收和再创新，进而促进我国由制造大国向制造强国跃升，发挥出巨大的作用。

本版手册分为7卷55篇：第1卷　机械设计基础资料；第2卷　机械零部件设计（连接、紧固与传动）；第3卷　机械零部件设计（轴系、支承与其他）；第4卷　流体传动与控制；第5卷　机电一体化与控制技术；第6卷　现代设计与创新设计（一）；第7卷　现代设计与创新设计（二）。

本版手册有以下七大特点：

一、构建新体系

构建了科学、先进、实用、适应现代机械设计创新潮流的《机械设计手册》新结构体系。该体系层次为：机械基础、常规设计、机电一体化设计与控制技术、现代设计与创新设计方法。该体系的特点是：常规设计方法与现代设计方法互相融合，光、机、电设计融为一体，局部的零部件设计与系统化设计互相衔接，并努力将创新设计的理念贯穿于常规设计与现代设计之中。

二、凸显创新性

习近平总书记在2014年6月和2016年5月召开的中国科学院、中国工程院两院院士大会上分别提出了我国科技发展的方向就是“创新、创新、再创新”，以及实现创新型国家和科技强国的三个阶段的目标和五项具体工作。为了配合我国创新驱动发展战略的重大需求，本版手册突出了机械创新设计内容的编写，主要有以下几个方面：

（1）新增第7卷，重点介绍了创新设计及与创新设计有关的内容。

该卷主要内容有：机械创新设计概论，创新设计方法论，顶层设计原理、方法与应用，创新原理、思维、方法与应用，绿色设计与和谐设计，智能设计，仿生机械设计，互联网上的合作设计，工业通信网络，面向机械工程领域的大数据、云计算与物联网技术，3D打印设计与制造技术，系统化设计理论与方法。

（2）在一些篇章编入了创新设计和多种典型机械创新设计的内容。

“第11篇　机构设计”篇新增加了“机构创新设计”一章，该章编入了机构创新设计的原理、方法及飞剪机剪切机构创新设计，大型空间折展机构创新设计等多个创新设计的案例。典型机械的创新设计有大型全断面掘进机（盾构机）仿真分析与数字化设计、机器人挖掘机的机电一体化创新设计、节能抽油机的创新设计、产品包装生产线的机构方案创新设计等。

（3）编入了一大批典型的创新机械产品。

“机械无级变速器”一章中编入了新型金属带式无级变速器，“并联机构的设计与应用”一章中编入了数十个新型的并联机床产品，“振动的利用”一章中新编入了激振器偏移式自同步振动筛、惯性共振式振动筛、振动压路机等十多个典型的创新机械产品。这些产品有的获得了国家或省部级奖励，有的是专利产品。

（4）编入了机械设计理论和设计方法论等方面的创新研究成果。

1）闻邦椿院士团队经过长期研究，在国际上首先创建了振动利用工程学科，提出了该类机械设计理论和方法。本版手册中编入了相关内容和实例。

2）根据多年的研究，提出了以非线性动力学理论为基础的深层次的动态设计理论与方法。本版手册首次编入了该方法并列举了若干应用范例。

3）首先提出了和谐设计的新概念和新内容，阐明了自然环境、社会环境（政治环境、经济环境、人文环境、国际环境、国内环境）、技术环境、资金环境、法律环境下的产品和谐设计的概念和内容的新体系，把既有的绿色设计篇拓展为绿色设计与和谐设计篇。

4）全面系统地阐述了产品系统化设计的理论和方法，提出了产品设计的总体目标、广义目标和技术目标的内涵，提出了应该用IQCTES六项设计要求来代替QCTES五项要求，详细阐明了设计的四个理想步骤，即“3I调研”“7D规划”“1+3+X实施”“5（A+C）检验”，明确提出了产品系统化设计的基本内容是主辅功能、三大性能和特殊性能要求的具体实现。

5）本版手册引入了闻邦椿院士经过长期实践总结出的独特的、科学的创新设计方法论体系和规则，用来指导产品设计，并提出了创新设计方法论的运用可向智能化方向发展，即采用专家系统来完成。

三、坚持科学性

手册的科学水平是评价手册编写质量的重要方面，因此，本版手册特别强调突出内容的科学性。

（1）本版手册努力贯彻科学发展观及科学方法论的指导思想和方法，并将其落实到手册内容的编写中，特别是在产品设计理论方法的和谐设计、深层次设计及系统化设计的编写中。

（2）本版手册中的许多内容是编著者多年研究成果的科学总结。这些内容中有不少是国家863、973计划项目，国家科技重大专项，国家自然科学基金重大、重点和面上项目资助项目的研究成果，有不少成果曾获得国际、国家、部委、省市科技奖励及技术专利，充分体现了本版手册内容的重大科学价值与创新性。

下面简要介绍本版手册编入的几方面的重要研究成果：

1）振动利用工程新学科是闻邦椿院士团队经过长期研究在国际上首先创建的。本版手册中编入了振动利用机械的设计理论、方法和范例。

2）产品系统化设计理论与方法的体系和内容是闻邦椿院士团队提出并加以完善的，编写者依据多年的研究成果和系列专著，经综合整理后首次编入本版手册。

3）仿生机械设计是一门新兴的综合性交叉学科，近年来得到了快速发展，它为机械设计的创新提供了新思路、新理论和新方法。吉林大学任露泉院士领导的工程仿生教育部重点实验室开展了大量的深入研究工作，取得了一系列创新成果且出版了专著，据此并结合国内外大量较新的文献资料，为本版手册构建了仿生机械设计的新体系，编写了“仿生机械设计”篇（第50篇）。

4）激光及其在机械工程中的应用篇是中国科学院长春光学精密机械与物理研究所王立军院士依据多年的研究成果，并参考国内外大量较新的文献资料编写而成的。

5）绿色制造工程是国家确立的五项重大工程之一，绿色设计是绿色制造工程的最重要环节，是一个新的学科。合肥工业大学刘志峰教授依据在绿色设计方面获多项国家和省部级奖励的研究成果，参考国内外大量较新的文献资料为本版手册首次构建了绿色设计新体系，编写了“绿色设计与和谐设计”篇（第48篇）。

6）微机电系统及设计是前沿的新技术。东南大学黄庆安教授领导的微电子机械系统教育部重点实验室多年来开展了大量研究工作，取得了一系列创新研究成果，本版手册的“微机电系统及设计”篇（第28篇）就是依据这些成果和国内外大量较新的文献资料编写而成的。

四、重视先进性

（1）本版手册对机械基础设计和常规设计的内容做了大规模全面修订，编入了大量新标准、新材料、新结构、新工艺、新产品、新技术、新设计理论和计算方法等。

1）编入和更新了产品设计中需要的大量国家标准，仅机械工程材料篇就更新了标准126个，如GB/T 699—2015《优质碳素结构钢》和GB/T 3077—2015《合金结构钢》等。

2）在新材料方面，充实并完善了铝及铝合金、钛及钛合金、镁及镁合金等内容。这些材料由于具有优良的力学性能、物理性能以及回收率高等优点，目前广泛应用于航空、航天、高铁、计算机、通信元件、电子产品、纺织和印刷等行业。增加了国内外粉末冶金材料的新品种，如美国、德国和日本等国家的各种粉末冶金材料。充实了国内外工程塑料及复合材料的新品种。

3）新编的“机械零部件结构设计”篇（第4篇），依据11个结构设计方面的基本要求，编写了相应的内容，并编入了结构设计的评估体系和减速器结构设计、滚动轴承部件结构设计的示例。

4）按照GB/T 3480.1~3—2013（报批稿）、GB/T 10062.1~3—2003及ISO 6336—2006等新标准，重新构建了更加完善的渐开线圆柱齿轮传动和锥齿轮传动的设计计算新体系；按照初步确定尺寸的简化计算、简化疲劳强度校核计算、一般疲劳强度校核计算，编排了三种设计计算方法，以满足不同场合、不同要求的齿轮设计。

5）在“第4卷　流体传动与控制”卷中，编入了一大批国内外知名品牌的新标准、新结构、新产品、新技术和新设计计算方法。在“液力传动”篇（第23篇）中新增加了液黏传动，它是一种新型的液力传动。

（2）“第5卷　机电一体化与控制技术”卷充实了智能控制及专家系统的内容，大篇幅增加了机器人与机器人装备的内容。

机器人是机电一体化特征最为显著的现代机械系统，机器人技术是智能制造的关键技术。由于智能制造的迅速发展，近年来机器人产业呈现出高速发展的态势。为此，本版手册大篇幅增加了“机器人与机器人装备”篇（第26篇）的内容。该篇从实用性的角度，编写了串联机器人、并联机器人、轮式机器人、机器人工装夹具及变位机；编入了机器人的驱动、控制、传感、视角和人工智能等共性技术；结合喷涂、搬运、电焊、冲压及压铸等工艺，介绍了机器人的典型应用实例；介绍了服务机器人技术的新进展。

(3) 为了配合我国创新驱动战略的重大需求，本版手册扩大了创新设计的篇数，将原第6卷扩编为两卷，即新的“现代设计与创新设计（一）”（第6卷）和“现代设计与创新设计(二)”（第7卷）。前者保留了原第6卷的主要内容，后者编入了创新设计和与创新设计有关的内容及一些前沿的技术内容。

本版手册“现代设计与创新设计（一）”卷（第6卷）的重点内容和新增内容主要有：

1）在“现代设计理论与方法综述”篇（第32篇）中，简要介绍了机械制造技术发展总趋势、在国际上有影响的主要设计理论与方法、产品研究与开发的一般过程和关键技术、现代设计理论的发展和根据不同的设计目标对设计理论与方法的选用。闻邦椿院士在国内外首次按照系统工程原理，对产品的现代设计方法做了科学分类，克服了目前产品设计方法的论述缺乏系统性的不足。

2）新编了“数字化设计”篇（第40篇）。数字化设计是智能制造的重要手段，并呈现应用日益广泛、发展更加深刻的趋势。本篇编入了数字化技术及其相关技术、计算机图形学基础、产品的数字化建模、数字化仿真与分析、逆向工程与快速原型制造、协同设计、虚拟设计等内容，并编入了大型全断面掘进机（盾构机）的数字化仿真分析和数字化设计、摩托车逆向工程设计等多个实例。

3）新编了“试验优化设计”篇（第41篇）。试验是保证产品性能与质量的重要手段。本篇以新的视觉优化设计构建了试验设计的新体系、全新内容，主要包括正交试验、试验干扰控制、正交试验的结果分析、稳健试验设计、广义试验设计、回归设计、混料回归设计、试验优化分析及试验优化设计常用软件等。

4）将手册第5版的“造型设计与人机工程”篇改编为“工业设计与人机工程”篇（第42篇），引入了工业设计的相关理论及新的理念，主要有品牌设计与产品识别系统（PIS）设计、通用设计、交互设计、系统设计、服务设计等，并编入了机器人的产品系统设计分析及自行车的人机系统设计等典型案例。

(4)“现代设计与创新设计（二）”卷（第7卷）主要编入了创新设计和与创新设计有关的内容及一些前沿技术内容，其重点内容和新编内容有：

1）新编了“机械创新设计概论”篇（第44篇）。该篇主要编入了创新是我国科技和经济发展的重要战略、创新设计的发展与现状、创新设计的指导思想与目标、创新设计的内容与方法、创新设计的未来发展战略、创新设计方法论的体系和规则等。

2）新编了“创新设计方法论”篇（第45篇）。该篇为创新设计提供了正确的指导思想和方法，主要编入了创新设计方法论的体系、规则，创新设计的目的、要求、内容、步骤、程序及科学方法，创新设计工作者或团队的四项潜能，创新设计客观因素的影响及动态因素的作用，用科学哲学思想来统领创新设计工作，创新设计方法论的应用，创新设计方法论应用的智能化及专家系统，创新设计的关键因素及制约的因素分析等内容。

3）创新设计是提高机械产品竞争力的重要手段和方法，大力发展创新设计对我国国民经济发展具有重要的战略意义。为此，编写了“创新原理、思维、方法与应用”篇（第47篇）。除编入了创新思维、原理和方法，创新设计的基本理论和创新的系统化设计方法外，还编入了29种创新思维方法、30种创新技术、40种发明创造原理，列举了大量的应用范例，为引领机械创新设计做出了示范。

4）绿色设计是实现低资源消耗、低环境污染、低碳经济的保护环境和资源合理利用的重要技术政策。本版手册中编入了“绿色设计与和谐设计”篇（第48篇）。该篇系统地论述了绿色设计的概念、理论、方法及其关键技术。编者结合多年的研究实践，并参考了大量的国内外文献及较新的研究成果，首次构建了系统实用的绿色设计的完整体系，包括绿色材料选择、拆卸回收产品设计、包装设计、节能设计、绿色设计体系与评估方法，并给出了系列典型范例，这些对推动工程绿色设计的普遍实施具有重要的指引和示范作用。

5）仿生机械设计是一门新兴的综合性交叉学科，本版手册新编入了“仿生机械设计”篇（第50篇），包括仿生机械设计的原理、方法、步骤，仿生机械设计的生物模本，仿生机械形态与结构设计，仿生机械运动学设计，仿生机构设计，并结合仿生行走、飞行、游走、运动及生机电仿生手臂，编入了多个仿生机械设计范例。

6）第55篇为“系统化设计理论与方法”篇。装备制造机械产品的大型化、复杂化、信息化程度越来越高，对设计方法的科学性、全面性、深刻性、系统性提出的要求也越来越高，为了满足我国制造强国的重大需要，亟待创建一种能统领产品设计全局的先进设计方法。该方法已经在我国许多重要机械产品（如动车、大型离心压缩机等）中成功应用，并获得重大的社会效益和经济效益。本版手册对该系统化设计方法做了系统论述并给出了大型综合应用实例，相信该系统化设计方法对我国大型、复杂、现代化机械产品的设计具有重要的指导和示范作用。

7）本版手册第7卷还编入了与创新设计有关的其他多篇现代化设计方法及前沿新技术，包括顶层设计原理、方法与应用，智能设计，互联网上的合作设计，工业通信网络，面向机械工程领域的大数据、云计算与物联网技术，3D打印设计与制造技术等。

五、突出实用性

为了方便产品设计者使用和参考，本版手册对每种机械零部件和产品均给出了具体应用，并给出了选用方法或设计方法、设计步骤及应用范例，有的给出了零部件的生产企业，以加强实际设计的指导和应用。本版手册的编排尽量采用表格化、框图化等形式来表达产品设计所需要的内容和资料，使其更加简明、便查；对各种标准采用摘编、数据合并、改排和格式统一等方法进行改编，使其更为规范和便于读者使用。

六、保证可靠性

编入本版手册的资料尽可能取自原始资料，重要的资料均注明来源，以保证其可靠性。所有数据、公式、图表力求准确可靠，方法、工艺、技术力求成熟。所有材料、零部件、产品和工艺标准均采用新公布的标准资料，并且在编入时做到认真核对以避免差错。所有计算公式、计算参数和计算方法都经过长期检验，各种算例、设计实例均来自工程实际，并经过认真的计算，以确保可靠。本版手册编入的各种通用的及标准化的产品均说明其特点及适用情况，并注明生产厂家，供设计人员全面了解情况后选用。

七、保证高质量和权威性

本版手册主编单位东北大学是国家211、985重点大学、“重大机械关键设计制造共性技术”985创新平台建设单位、2011国家钢铁共性技术协同创新中心建设单位，建有“机械设计及理论国家重点学科”和“机械工程一级学科”。由东北大学机械及相关学科的老教授、老专家和中青年学术精英组成了实力强大的大型工具书编写团队骨干，以及一批来自国家重点高校、研究院所、大型企业等 30 多个单位、近 200 位专家、学者组成了高水平编审团队。编审团队成员的大多数都是所在领域的著名资深专家，他们具有深广的理论基础、丰富的机械设计工作经历、丰富的工具书编纂经验和执着的敬业精神，从而确保了本版手册的高质量和权威性。

在本版手册编写中，为便于协调，提高质量，加快编写进度，编审人员以东北大学的教师为主，并组织邀请了清华大学、上海交通大学、西安交通大学、浙江大学、哈尔滨工业大学、吉林大学、天津大学、华中科技大学、北京科技大学、大连理工大学、东南大学、同济大学、重庆大学、北京化工大学、南京航空航天大学、上海师范大学、合肥工业大学、大连交通大学、长安大学、西安建筑科技大学、沈阳工业大学、沈阳航空航天大学、沈阳建筑大学、沈阳理工大学、沈阳化工大学、重庆理工大学、中国科学院长春光学精密机械与物理研究所、中国科学院沈阳自动化研究所等单位的专家、学者参加。

在本版手册出版之际，特向著名机械专家、本手册创始人、第 1 版及第 2 版的主编徐灏教授致以崇高的敬意，向历次版本副主编邱宣怀教授、蔡春源教授、严隽琪教授、林忠钦教授、余俊教授、汪恺总工程师、周士昌教授致以崇高的敬意，向参加本手册历次版本的编写单位和人员表示衷心感谢，向在本手册历次版本的编写、出版过程中给予大力支持的单位和社会各界朋友们表示衷心感谢，特别感谢机械科学研究总院、郑州机械研究所、徐州工程机械集团公司、北方重工集团沈阳重型机械集团有限责任公司和沈阳矿山机械集团有限责任公司、沈阳机床集团有限责任公司、沈阳鼓风机集团有限责任公司及辽宁省标准研究院等单位的大力支持。

由于编者水平有限，手册中难免有一些不尽如人意之处，殷切希望广大读者批评指正。

主编　闻邦椿

目　录

出版说明
前言

第 22 篇　气压传动与控制

第 1 章　常用气动基础标准

1　国内气动标准目录 …… 22-3
2　气动元件图形符号应用实例 …… 22-4
3　常用气动相关标准 …… 22-9
3.1　流体传动系统及元件　公称压力系列 …… 22-9
3.2　液压气动系统及元件　缸内径及活塞杆外径 …… 22-9
3.2.1　液压缸、气缸内径尺寸系列 …… 22-9
3.2.2　液压缸、气缸活塞杆尺寸外径系列 …… 22-9
3.3　液压气动系统及元件　缸活塞行程系列 …… 22-9
3.4　液压气动系统及元件　活塞杆螺纹形式和尺寸系列 …… 22-10
3.5　液压气动系统用硬管外径和软管内径 …… 22-10
3.6　气动连接　气口和螺柱端 …… 22-10
3.7　气动元件及系统用空气介质质量等级 …… 22-10
3.7.1　表示方法 …… 22-11
3.7.2　质量等级 …… 22-11
3.7.3　常用气动元件用空气介质的质量等级 …… 22-11
3.7.4　一般系统用空气介质的质量等级 …… 22-11
4　常用气动术语 …… 22-11

第 2 章　气压传动的特点和气体力学基础

1　气压传动的特点 …… 22-16
1.1　气压传动的优点 …… 22-16
1.2　气压传动的缺点 …… 22-16
1.3　气动系统的组成 …… 22-16
1.4　气动系统各类元件的主要用途 …… 22-17
1.5　气动技术的应用 …… 22-18
1.6　气动技术发展趋势 …… 22-18
1.7　气压传动和控制与其他传动与控制方式的比较 …… 22-22
2　空气的物理性质 …… 22-22
2.1　空气的组成 …… 22-22
2.2　空气的密度 …… 22-22
2.3　空气的黏性 …… 22-23
2.4　空气的压缩性与膨胀性 …… 22-23
3　理想气体状态方程 …… 22-23
3.1　基准状态和标准状态 …… 22-24
3.2　空气的热力过程 …… 22-24
3.2.1　等容过程 …… 22-24
3.2.2　等压过程 …… 22-24
3.2.3　等温过程 …… 22-24
3.2.4　绝热过程 …… 22-24
3.2.5　多方过程 …… 22-24
4　湿空气 …… 22-24
4.1　湿度 …… 22-24
4.1.1　绝对湿度 …… 22-24
4.1.2　相对湿度 …… 22-24
4.2　含湿量 …… 22-24
4.2.1　质量含湿量 …… 22-24
4.2.2　容积含湿量 …… 22-25
5　自由空气流量、标准额定流量及析水量 …… 22-25
5.1　自由空气流量、标准额定流量 …… 22-25
5.1.1　自由空气流量 …… 22-25
5.1.2　标准额定流量 …… 22-25
5.2　析水量 …… 22-25
6　气体流动的基本方程 …… 22-25
6.1　连续性方程 …… 22-25
6.2　能量方程 …… 22-26

6.2.1 不可压缩流体的伯努利方程 …… 22-26
6.2.2 可压缩气体绝热流动的伯努利方程 …… 22-26
6.2.3 有机械功的压缩性气体能量方程 …… 22-26
7 声速及气体在管道中的流动特性 …… 22-27
7.1 声速、马赫数 …… 22-27
7.2 气体在管道中的流动特性 …… 22-27
8 气动元件的流通能力 …… 22-28
8.1 流通能力 K_v 值、C_v 值 …… 22-28
8.1.1 流通能力 K_v 值 …… 22-28
8.1.2 流通能力 C_v 值 …… 22-28
8.2 有效截面积 S …… 22-28
8.2.1 定义及简化计算 …… 22-28
8.2.2 有效截面积的测试方法 …… 22-29
8.2.3 系统中多个元件合成的 S 值 …… 22-29
8.3 理想气体在收缩喷管中绝热流动的流量 …… 22-30
8.4 可压缩性气体通过节流小孔的流量 …… 22-30
8.5 流通能力 K_v 值、C_v 值、S 值的关系 …… 22-30
9 充气、放气温度与时间的计算 …… 22-31
9.1 充气温度与时间的计算 …… 22-31
9.2 放气温度与时间的计算 …… 22-31

第3章 气源装置及气动辅助元件

1 气源装置 …… 22-33
1.1 容积式压缩机的分类和工作原理 …… 22-33
1.2 滑片式压缩机 …… 22-33
1.3 活塞式压缩机 …… 22-35
2 气动辅助元件 …… 22-37
2.1 分水滤气器(二次过滤器) …… 22-37
2.1.1 QL 系列分水滤气器 …… 22-37
2.1.2 QGL 系列精密分水滤气器 …… 22-38
2.1.3 QSL_a 系列高压分水滤气器 …… 22-39
2.2 油雾器 …… 22-39
2.3 气源调节装置 …… 22-41
2.3.1 QLPY 系列气源调节装置(三联件) …… 22-41
2.3.2 QFLJWB 系列气源调节装置(三联件) …… 22-42
2.3.3 QAC/AC 系列气源调节装置(三联件) …… 22-43
2.4 日本 SMC 公司气源处理元件 …… 22-44
2.4.1 AFF 系列主路过滤器 …… 22-44
2.4.2 AM 系列油雾分离器 …… 22-47
2.4.3 AMD 系列微雾分离器 …… 22-49
2.4.4 AD 系列自动排水器 …… 22-52
2.4.5 AC 新系列空气组合元件 …… 22-52
2.4.6 AF 新系列空气过滤器 …… 22-55
2.4.7 AL 新系列油雾器 …… 22-57
2.4.8 AW 新系列过滤减压阀 …… 22-59
2.4.9 AFM 新系列油雾分离器 …… 22-62
2.4.10 AFD 新系列微雾分离器 …… 22-64
2.5 德国 FESTO 气源处理单元(D 系列) …… 22-65
2.5.1 LF 系列过滤器 …… 22-65
2.5.2 LOE 系列油雾器 …… 22-65
2.5.3 LFR 系列过滤减压阀 …… 22-65
2.5.4 FRC 系列气源调节装置(二联件) …… 22-65
2.6 其他气动辅件 …… 22-72
2.6.1 ZPS-L15、ZPSA 系列自动排水器 …… 22-72
2.6.2 ZPW 系列卧式自动排水器 …… 22-72
2.6.3 消声器 …… 22-72
2.6.4 TK 型压力继电器 …… 22-74
2.6.5 气液转换器 …… 22-74
2.7 气动管接头 …… 22-75
2.7.1 气动管接头的类型 …… 22-75
2.7.2 有色金属管接头 …… 22-76
2.7.3 棉线编织胶管接头 …… 22-80
2.7.4 PU 管、尼龙管用接头 …… 22-82
2.7.5 快换管接头 …… 22-89
2.7.6 组合式管接头 …… 22-90

第4章 气动执行元件

1 气缸 …… 22-92
1.1 气缸的分类及工作原理 …… 22-92
1.1.1 气缸的分类 …… 22-92
1.1.2 气缸的工作原理 …… 22-94
1.2 气缸的设计与计算 …… 22-102
1.2.1 气缸的设计步骤 …… 22-102
1.2.2 气缸的基本参数 …… 22-102
1.2.3 气缸有关计算 …… 22-102
1.3 气缸主要零部件的结构、材料及技术要求 …… 22-109
1.3.1 气缸筒 …… 22-109
1.3.2 气缸盖 …… 22-109
1.3.3 缸筒与缸盖的连接 …… 22-110
1.3.4 活塞 …… 22-111

1.3.5　活塞杆…………………………… 22-112
1.3.6　气缸的密封……………………… 22-112
1.4　气缸的选择　………………………… 22-114
1.4.1　气缸的选择要点………………… 22-114
1.4.2　气缸使用注意事项……………… 22-114
1.5　气缸的性能和试验　………………… 22-114
1.5.1　空载性能和试验………………… 22-114
1.5.2　载荷性能和试验………………… 22-114
1.5.3　耐压性及试验…………………… 22-115
1.5.4　泄漏及试验……………………… 22-115
1.5.5　缓冲性能及试验………………… 22-115
1.5.6　耐久性及试验…………………… 22-115
1.6　国产气缸产品　……………………… 22-115
1.6.1　国产气缸产品概览……………… 22-115
1.6.2　普通单活塞杆气缸……………… 22-116
1.6.3　普通双活塞气缸………………… 22-136
1.6.4　薄型气缸………………………… 22-140
1.6.5　摆动气缸………………………… 22-145
1.6.6　其他特殊气缸…………………… 22-151
1.7　SMC 公司气缸产品　……………… 22-163
1.7.1　标准型气缸……………………… 22-163
1.7.2　薄型气缸………………………… 22-188
1.7.3　气爪(2 爪、3 爪、4 爪)　………… 22-194
1.7.4　无活塞杆气缸…………………… 22-195
1.7.5　带导杆型气缸…………………… 22-200
1.7.6　磁性开关………………………… 22-201
1.7.7　摆动气缸………………………… 22-204
1.7.8　锁紧气缸………………………… 22-209
2　气马达　……………………………… 22-213
2.1　气马达的分类、工作原理及特点　…………………………… 22-213
2.1.1　气马达的分类…………………… 22-213
2.1.2　气马达的工作原理……………… 22-213
2.1.3　气马达的特点…………………… 22-215
2.2　气马达的选择、应用与润滑………… 22-215
2.2.1　气马达的选择…………………… 22-215
2.2.2　气马达的应用与润滑…………… 22-216
2.3　气马达的典型产品　………………… 22-216
2.3.1　叶片式气马达…………………… 22-216
2.3.2　活塞式气马达…………………… 22-220
2.3.3　摆动式气马达…………………… 22-227

第 5 章　气动控制阀

1　国产气动控制阀　…………………… 22-231
1.1　压力控制阀　………………………… 22-231
1.1.1　减压阀…………………………… 22-231
1.1.2　过滤减压阀……………………… 22-235
1.1.3　单向压力顺序阀………………… 22-238
1.1.4　安全阀…………………………… 22-239
1.2　方向控制阀　………………………… 22-241
1.2.1　电磁换向阀……………………… 22-241
1.2.2　气控阀…………………………… 22-284
1.2.3　多种流体、多用途换向阀……… 22-291
1.2.4　人力控制换向阀………………… 22-304
1.2.5　机械控制换向阀………………… 22-317
1.2.6　时间控制换向阀………………… 22-320
1.2.7　单向型控制阀…………………… 22-321
1.3　流量控制阀　………………………… 22-326
1.3.1　KLJ 系列节流阀 ………………… 22-326
1.3.2　KLA 系列单向节流阀　………… 22-327
1.3.3　QLA 系列单向节流阀　………… 22-328
1.3.4　QLA(J)系列接头式单向节流阀…………………………… 22-329
1.3.5　KLP、KLPX 系列排气节流阀与排气消声节流阀………………… 22-330
2　国外气动控制阀　…………………… 22-331
2.1　德国 FESTO 公司气动阀　………… 22-331
2.1.1　FESTO 压力控制阀　…………… 22-331
2.1.2　FESTO 方向控制阀　…………… 22-334
2.1.3　FESTO 流量控制阀　…………… 22-354
2.2　日本 SMC 公司气动阀　…………… 22-358
2.2.1　SMC 压力控制阀　……………… 22-358
2.2.2　SMC 方向控制阀　……………… 22-361
2.2.3　SMC 流量控制阀　……………… 22-378

第 6 章　气动控制系统

1　气动控制系统设计计算　…………… 22-383
1.1　气动控制系统的设计步骤　………… 22-383
1.2　气动伺服机构举例——波纹管滑阀式气动伺服系统分析　………… 22-383
2　气动比例控制元件　………………… 22-385
2.1　SMC 系列气动比例控制元件　……… 22-385
2.1.1　IP6000/IP6100 系列电-气比例定位器…………………………… 22-385
2.1.2　IT1000、IT2000、IT4000 系列电-气比例压力阀　……………… 22-387
2.1.3　VY1 系列电-气比例减压阀　…… 22-389
2.2　FESTO 系列气动比例控制元件　…… 22-393
2.2.1　MPPE 系列气动比例减压阀…………………………… 22-393
2.2.2　MPYE 系列气动比例方向控制阀…………………………… 22-394

2.3 气动伺服控制元件 …………………… 22-396
2.3.1 气动伺服阀的结构原理………… 22-396
2.3.2 气动伺服定位气缸……………… 22-396

第7章 气动真空元件

1 气动真空系统 ……………………………… 22-398
1.1 真空系统概述 …………………………… 22-398
1.2 典型气动真空系统 …………………… 22-399
1.2.1 真空抓取系统……………………… 22-399
1.2.2 真空输送系统……………………… 22-399
2 真空产生装置 ……………………………… 22-399
2.1 真空发生器及原理 …………………… 22-399
2.2 真空发生器的技术特性 …………… 22-400
2.3 真空发生器的选择步骤 …………… 22-401
2.4 真空发生器的典型产品 …………… 22-401
2.4.1 ZHF-Ⅱ系列真空发生器 ………… 22-401
2.4.2 ZKF 系列真空发生器…………… 22-402
2.4.3 SMC 的 ZH 系列真空发生器 …… 22-403
2.4.4 SMC 的 ZU 系列管道型真空发生器……………………………… 22-405
3 真空吸盘 …………………………………… 22-405
3.1 真空吸盘的分类及应用 …………… 22-405
3.2 真空吸盘的典型产品 ……………… 22-406
3.2.1 ZHP 系列真空吸盘 …………… 22-406
3.2.2 XP 系列真空吸盘 ……………… 22-408
3.2.3 XPI 系列真空小吸盘…………… 22-409
3.2.4 SMC 的 ZP 系列真空吸盘 ……… 22-413
4 真空辅件 …………………………………… 22-414
4.1 真空压力开关 ………………………… 22-414
4.1.1 FESTO 的 VPVE 机械式真空开关……………………………… 22-414
4.1.2 FESTO 的 SED5 真空开关 ……… 22-415
4.1.3 FESTO 的 SDE1 带显示压力传感器……………………………… 22-417
4.2 真空压力表 …………………………… 22-419
5 真空元件选用注意事项 ………………… 22-420
5.1 气源 ……………………………………… 22-420
5.2 系统 ……………………………………… 22-420
5.3 工件 ……………………………………… 22-420
5.4 维护 ……………………………………… 22-420

第8章 气动系统的设计计算

1 气动回路 …………………………………… 22-421
1.1 气动基本回路 ………………………… 22-421
1.1.1 压力与力控制回路……………… 22-421
1.1.2 换向回路…………………………… 22-422
1.1.3 速度控制回路……………………… 22-423
1.1.4 位置控制回路……………………… 22-424
1.1.5 真空回路…………………………… 22-426
1.2 应用回路 ……………………………… 22-427
1.2.1 安全保护回路……………………… 22-427
1.2.2 往复动作回路……………………… 22-428
1.2.3 程序动作控制回路……………… 22-428
1.2.4 同步动作控制回路……………… 22-428
2 气动系统设计的主要内容及设计程序 ……………………………………… 22-429
2.1 明确工作要求 ………………………… 22-429
2.2 设计气控回路 ………………………… 22-429
2.3 选择、设计执行元件………………… 22-429
2.4 选择控制元件 ………………………… 22-429
2.5 选择气动辅件 ………………………… 22-429
2.6 确定管道直径、计算压力损失……… 22-429
2.7 快速估算气动阀类元件、气源调节装置(三联件)、管道等通径的方法 ………………………………… 22-430
2.8 选择空气压缩机(空压机) ………… 22-431
2.8.1 计算空压机的供气量…………… 22-431
2.8.2 计算空压机的供气压力………… 22-431

第9章 气动系统的维护与故障处理

1 气动系统的维护和保养 ………………… 22-435
1.1 维护的任务及管理 ………………… 22-435
1.2 维护的原则 …………………………… 22-435
2 维护工作内容 ……………………………… 22-435
2.1 日常性维护工作内容 ……………… 22-435
2.2 定期维护工作内容 ………………… 22-435
3 故障诊断与处理 ………………………… 22-436
3.1 故障的种类与故障诊断方法 ……… 22-436
3.2 气动系统元件的故障与处理 ……… 22-438
参考文献 …………………………………… 22-443

第22篇　气压传动与控制

主　编　宋锦春　王炳德
编写人　宋锦春　王炳德　赵丽丽　周　娜
审稿人　曹鑫铭　张艾群

第 5 版
气压传动与控制

主　编　宋锦春
副主编　曹鑫铭　张志伟　陈建文
编写人　宋锦春　曹鑫铭　张志伟　从恒斌　陈建文
　　　　王炳德　张福波　王　艳　周　娜　赵丽丽
审稿人　张义民　张志伟　陈建文

第 1 章　常用气动基础标准

1　国内气动标准目录(见表 22.1-1)

表 22.1-1　国内气动标准目录

类别	标准编号	标准名称
国家标准	GB/T 786.1—2009 ISO 1219-1：2006，IDT①	流体传动系统及元件图形符号和回路图　第 1 部分：用于常规用途和数据处理的图形符号
	GB/T 2346—2003 ISO 2944：2000，MOD②	流体传动系统及元件　公称压力系列
	GB/T 2348—1993 ISO 3320：1987，NEQ③	液压气动系统及元件　缸内径及活塞杆外径
	GB/T 2349—1980 ISO 4393：1978，NEQ③	液压气动系统及元件　缸活塞行程系列
	GB/T 2350—1980 ISO 4395，MOD②	液压气动系统及元件　活塞杆螺纹型式和尺寸系列
	GB/T 2351—2005 ISO 4397：1993，IDT①	液压气动系统用硬管外径和软管内径
	GB/T 3452.1—2005 MOD② ISO 3601-1：2002	液压气动用 O 形橡胶密封圈　第 1 部分尺寸系列及公差
	GB/T 3452.3—2005	液压气动用 O 形橡胶密封圈　沟槽尺寸
	GB/T 7932—2003 ISO 4414：1998，IDT①	气动系统通用技术条件
	GB/T 7940.1—2008 ISO 5599-1：2001，IDT①	气动　五气口方向控制阀　第 1 部分：不带电气接头的安装面
	GB/T 7940.2—2008 ISO 5599-2：2001，IDT①	气动　五气口方向控制阀　第 2 部分：带可选电气接头的安装面
	GB/T 7940.3—2001 ISO 5599-3：1990，IDT①	气动　五气口方向控制阀　第 3 部分：功能识别编码体系
	GB/T 8102—2008 ISO 6432：1985，IDT①	缸内径 8mm~25mm 的单杆气缸安装尺寸
	GB/T 9094—2006 ISO 6099：2001，IDT①	液压缸气缸安装尺寸和安装型式代号
	GB/T 14038—2008 ISO 16030：2001/Amd.1：2005，IDT①	气动连接　气口和螺柱端
	GB/T 14513—1993	气动元件流量特性的测定
	GB/T 14514—2013	气动管接头试验方法

（续）

类　别	标 准 编 号	标 准 名 称
国家标准	GB/T 22076—2008 ISO 6150：1988，IDT①	气动圆柱形快换接头插头连接尺寸、技术要求、应用指南和试验
	GB/T 17446—2012 ISO 5598：1985，IDT①	流体传动系统及元件　词汇
机械行业标准	JB/T 5923—2013	气动　气缸技术条件
	JB/T 5967—2007	气动件及系统用空气介质质量等级
	JB/T 6377—1992 ISO 6149：1982，NEQ③	气动　气口连接螺纹　型式和尺寸
	JB/T 6378—2008	气动换向阀技术条件
	JB/T 6379—2007	缸内径32~320mm可拆式安装单杆气缸　安装尺寸
	JB/T 6656—1993	气缸用密封圈安装沟槽型式、尺寸和公差
	JB/T 6657—1993	气缸用密封圈尺寸系列和公差
	JB/T 6658—2007	气动用O形橡胶密封圈　沟槽尺寸和公差
	JB/T 6659—2007	气动用O形橡胶密封圈　尺寸系列和公差
	JB/T 6660—1993	气动用橡胶密封件　通用技术条件
	JB/T 7056—2008	气动管接头　通用技术条件
	JB/T 7057—2008	调速式气动管接头　技术条件
	JB/T 7058—1993	快换式气动管接头　技术条件
	JB/T 7373—2008	齿轮齿条摆动气缸
	JB/T 7374—2015	气动空气过滤器　技术条件
	JB/T 7375—2013	气动油雾器技术条件
	JB/T 7377—2007 ISO 6430：1992，IDT	缸内径32~250mm整体式安装单杆气缸　安装尺寸

① IDT表示等同采用。
② MOD表示等效或修改采用。
③ NEQ表示非等同采用。

2　气动元件图形符号应用实例（见表22.1-2）

表22.1-2　气动元件图形符号应用实例

序号	图　形	描　述	序号	图　形	描　述
阀			5		具有5个锁定位置的调节控制机构
控制机构					
1	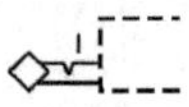	带有分离把手和定位销的控制机构			
2	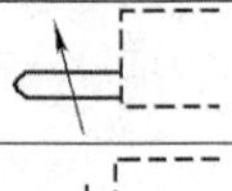	具有可调行程限制装置的柱塞	6		单方向行程操纵的滚轮手柄
3		带有定位装置的推或拉控制机构	7		用步进电动机的控制机构
4		手动锁定控制机构	8		气压复位，从阀进气口提供内部压力

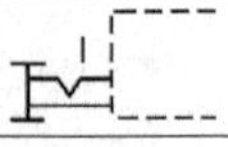

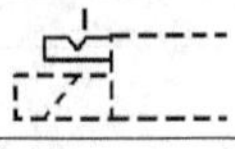

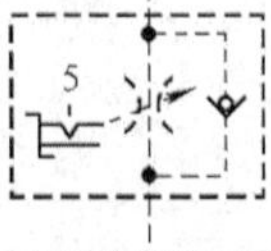

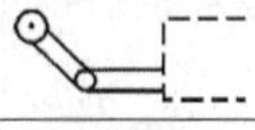

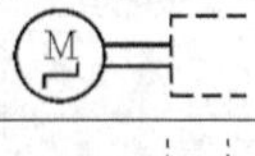

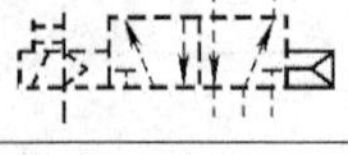

（续）

序号	图　形	描　述
9	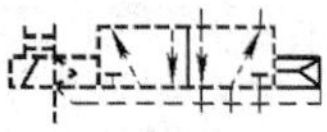	气压复位，从先导口提供内部压力 注：为更易理解，图中标示出外部先导线
10		气压复位，外部压力源
11	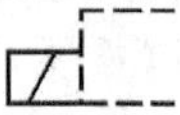	单作用电磁铁，动作指向阀芯
12	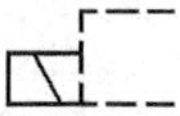	单作用电磁铁，动作背离阀芯
13	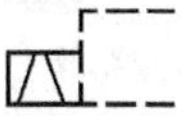	双作用电气控制机构，动作指向或背离阀芯
14	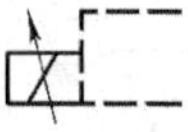	单作用电磁铁，动作指向阀芯，连续控制
15	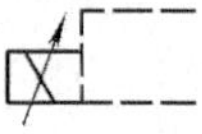	单作用电磁铁，动作背离阀芯，连续控制
16	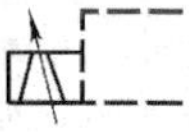	双作用电气控制机构，动作指向或背离阀芯，连续控制
17		电气操纵的气动先导控制机构
方向控制阀		
1	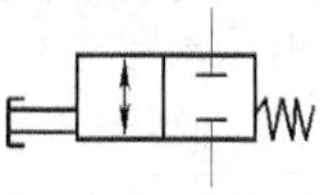	二位二通方向控制阀，两通，两位，推压控制机构，弹簧复位，常闭
2	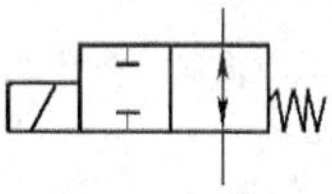	二位二通方向控制阀，两通，两位，电磁铁操纵，弹簧复位，常开
3	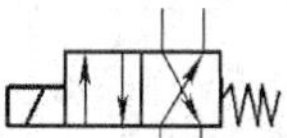	二位四通方向控制阀，电磁铁操纵，弹簧复位
4	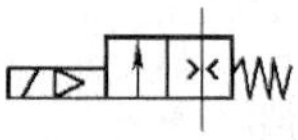	气动软启动阀，电磁铁操纵内部先导控制
5	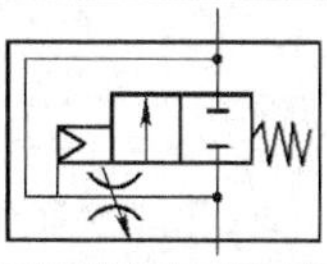	延时控制气动阀，其入口接入一个系统，使得气体低速流入，直至达到预设压力才使阀口全开
6	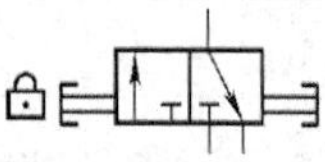	二位三通锁定阀
7	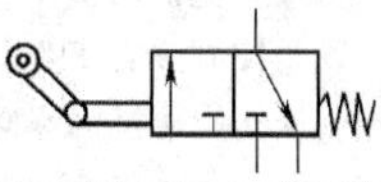	二位三通方向控制阀，滚轮杠杆控制，弹簧复位
8	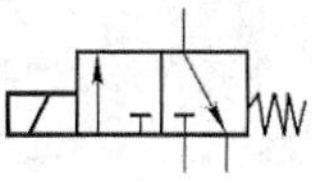	二位三通方向控制阀，电磁铁操纵，弹簧复位，常闭
9	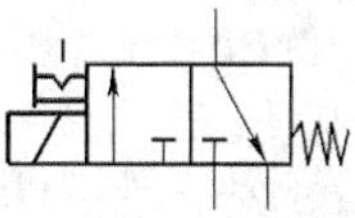	二位三通方向控制阀，单作用电磁铁操纵，弹簧复位，定位销式手动定位
10	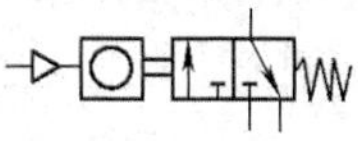	带气动输出信号的脉冲计数器
11	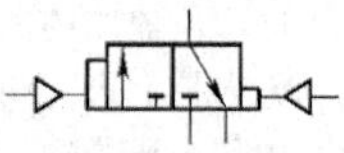	二位三通方向控制阀，差动先导控制
12	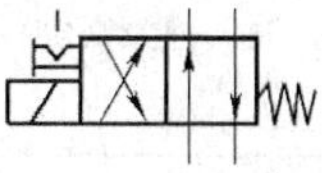	二位四通方向控制阀，单作用电磁铁操纵，弹簧复位，定位销式手动定位
13	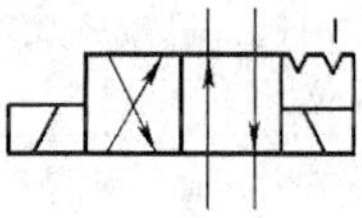	二位四通方向控制阀，双作用电磁铁操纵，定位销式（脉冲阀）
14	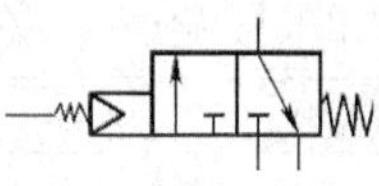	二位三通方向控制阀，气动先导式控制和扭力杆，弹簧复位
15		三位四通方向控制阀，弹簧对中，双作用电磁铁直接操纵，不同中位机能的类别
16	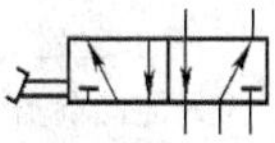	二位五通方向控制阀，踏板控制
17	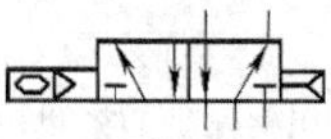	二位五通气动方向控制阀，先导式压电控制，气压复位
18	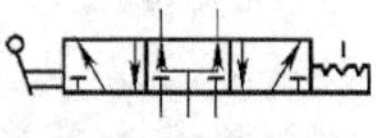	三位五通方向控制阀，手动拉杆控制，位置锁定
19	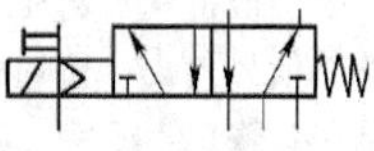	二位五通气动方向控制阀，单作用电磁铁，外部先导供气，手动操纵，弹簧复位

（续）

序号	图形	描述
20	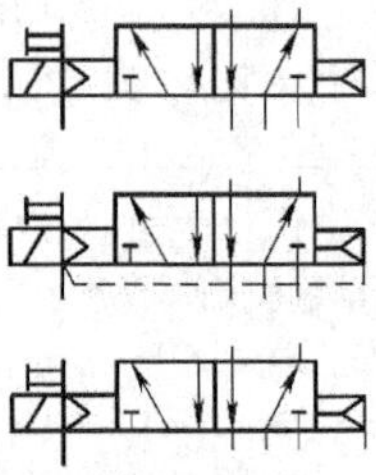	二位五通气动方向控制阀，电磁铁先导控制，外部先导供气，气压复位，手动辅助控制 气压复位供压具有如下可能： 从阀进气口提供内部压力 从先导口提供内部压力 外部压力源
21	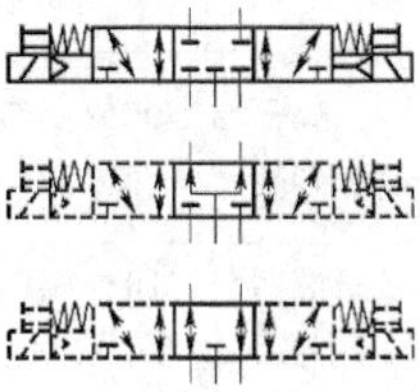	不同中位流路的三位五通气动方向控制阀，两侧电磁铁与内部先导控制和手动操纵控制。弹簧复位至中位
22	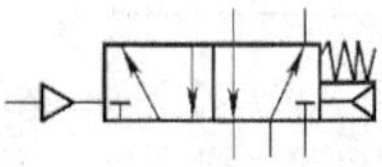	二位五通直动式气动方向控制阀，机械弹簧与气压复位
23	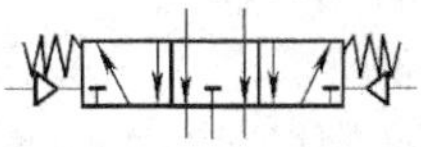	三位五通直动式气动方向控制阀，弹簧对中，中位时两出口都排气
压力控制阀		
1	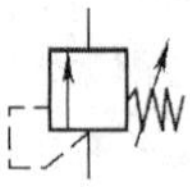	弹簧调节开启压力的直动式溢流阀
2	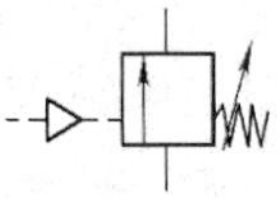	外部控制的顺序阀
3	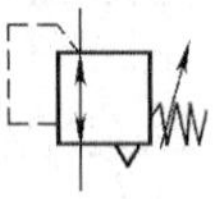	内部流向可逆调压阀
4	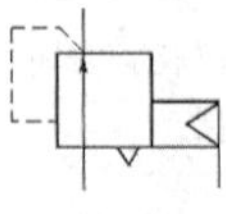	调压阀，远程先导可调，溢流，只能向前流动
5	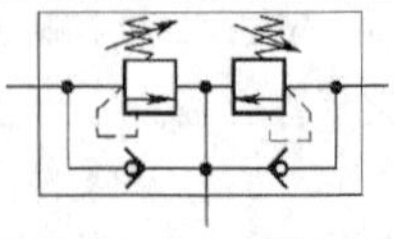	用来保护两条供给管道的防气蚀溢流阀
6	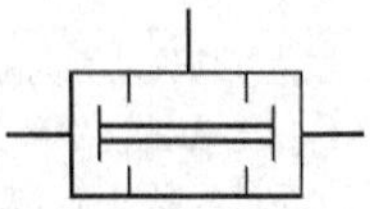	双压阀（“与”逻辑），并且仅当两进气口有压力时才会有信号输出，较弱的信号从出口输出

序号	图形	描述
流量控制阀		
1		可调节流阀，流量可调
2	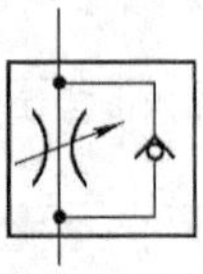	单向节流阀，流量可调
3	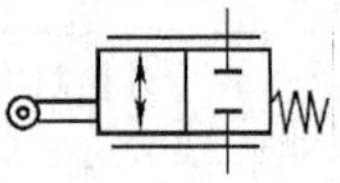	滚轮柱塞操纵的弹簧复位式流量控制阀
单向阀和梭阀		
1		单向阀，只能在一个方向自由流动
2		带有复位弹簧的单向阀，只能在一个方向自由流动，常闭
3	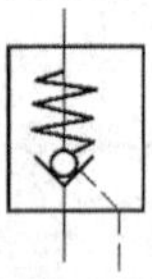	带有复位弹簧的先导式单向阀，先导压力允许在两个方向自由流动
4	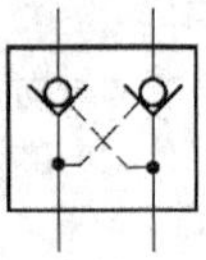	双单向阀，先导式
5	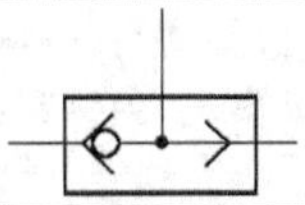	梭阀（“或”逻辑），压力高的入口自动与出口接通
6	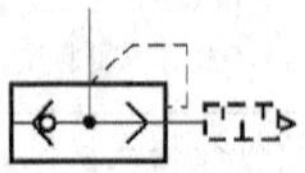	快速排气阀
比例方向控制阀		
1	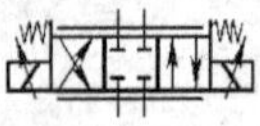	直动式比例方向控制阀
比例压力控制阀		
1	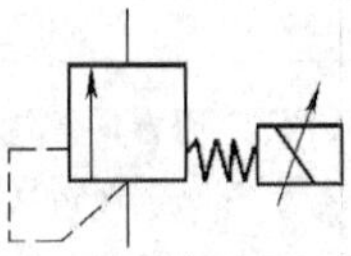	直控式比例溢流阀，通过电磁铁控制弹簧工作长度来控制液压电磁换向座阀

（续）

序号	图形	描述	序号	图形	描述
2	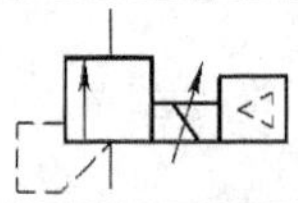	直控式比例溢流阀，电磁力直接作用在阀芯上，集成电子器件	5		活塞杆终端带缓冲的膜片缸，不能连接的通气孔
3	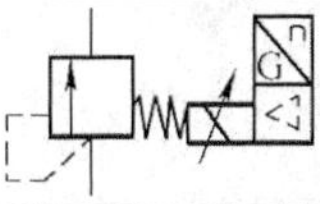	直控式比例溢流阀，带电磁铁位置闭环控制，集成电子器件	6		双作用带状无杆缸，活塞两端带终点位置缓冲
比例流量控制阀			7		双作用缆索式无杆缸，活塞两端带可调节终点位置缓冲
1	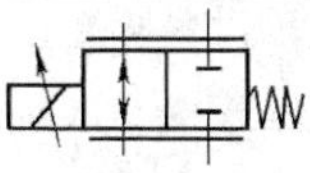	直控式比例流量控制阀	8		双作用磁性无杆缸，仅右手终端位置切换
2	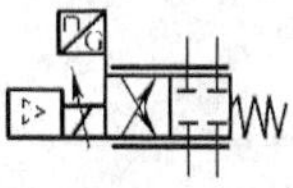	带电磁铁位置闭环控制和电子器件的直控式比例流量控制阀	9		行程两端定位的双作用缸
空气压缩机和马达			10		双杆双作用缸，左终点带内部限位开关，内部机械控制，右终点有外部限位开关，由活塞杆触发
1	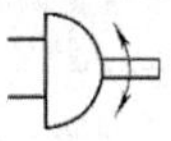	摆动气缸或摆动马达，限制摆动角度，双向摆动	11		双作用缸，加压锁定与解锁活塞杆机构
2	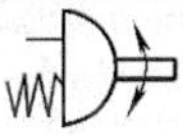	单作用的半摆动气缸或摆动马达	12		单作用压力介质转换器，将气体压力转换为等值的液体压力，反之亦然
3	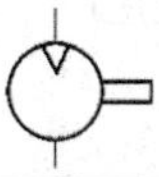	马达	13		单作用增压器，将气体压力 p_1 转换为更高的液体压力 p_2
4	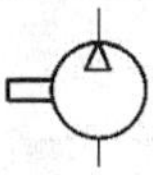	空气压缩机	14		波纹管缸
5	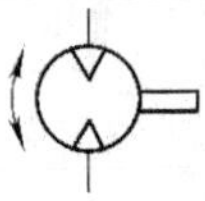	变方向定流量双向摆动马达	15		软管缸
6	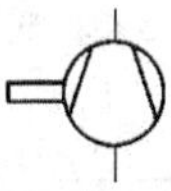	真空泵	16		半回转线性驱动，永磁活塞双作用缸
7	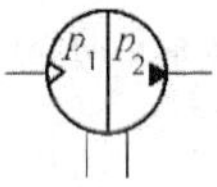	连续增压器，将气体压力 p_1 转换为较高的液体压力 p_2	17		永磁活塞双作用夹具
缸			18		永磁活塞双作用夹具
1	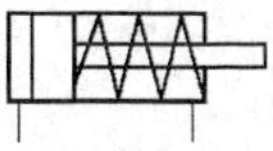	单作用单杆缸，靠弹簧力返回行程，弹簧腔室有连接口	19		永磁活塞单作用夹具
2	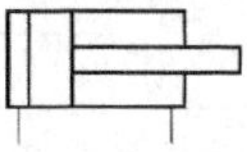	双作用单杆缸			
3	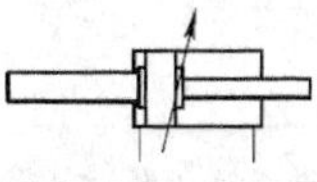	双作用双杆缸，活塞杆直径不同，双侧缓冲，右侧带调节			
4	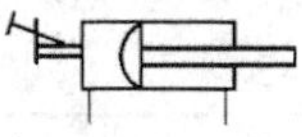	带行程限制器的双作用膜片缸			

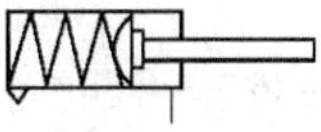

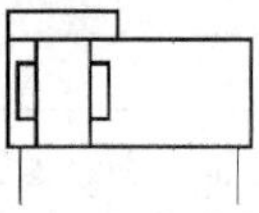

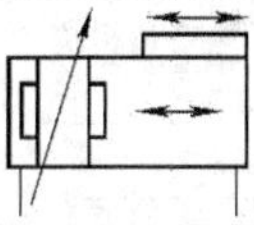

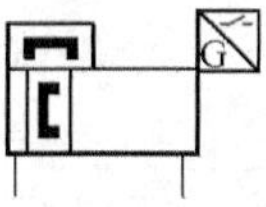

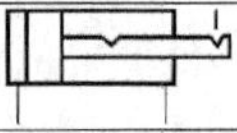

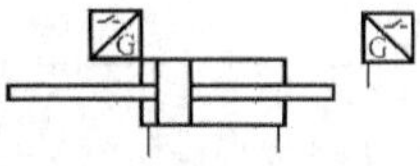

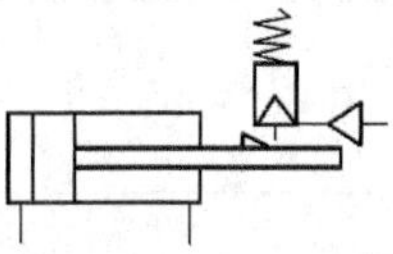

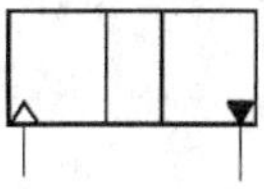

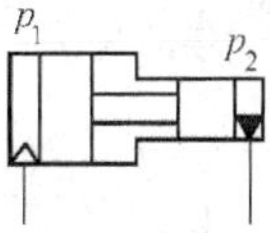

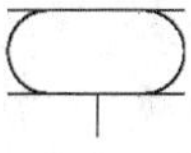

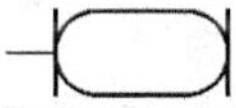

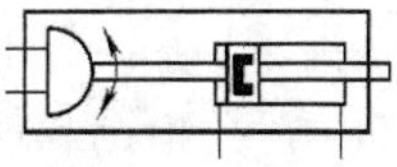

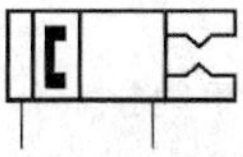

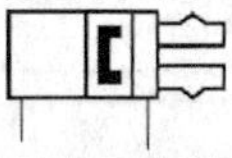

（续）

序号	图 形	描 述
20		永磁活塞单作用夹具
附件		
电气装置		
1		压电控制机构
过滤器和分离器		
1		自动排水聚结式过滤器
2		带手动排水和阻塞指示器的聚结式过滤器
3		双相分离器
4		真空分离器
5		静电分离器
6		不带压力表的手动排水过滤器，手动调节，无溢流
7	a) b)	气源处理装置，包括手动排水过滤器、手动调节式溢流调压阀、压力表和油雾器 图a为详细示意图，图b为简化图
8		手动排水流体分离器
9		带手动排水分离器的过滤器
10		自动排水流体分离器
11		吸附式过滤器
12		油雾分离器
13		空气干燥器
14		油雾器
15		手动排水式油雾器
16		手动排水式重新分离器
蓄能器(压力容器,气瓶)		
1		气罐
真空发生器		
1		真空发生器
2		带集成单向阀的单级真空发生器
3		带集成单向阀的三级真空发生器
4		带放气阀的单级真空发生器
吸盘		
1		吸盘
2		带弹簧压紧式推杆和单向阀的吸盘

3　常用气动相关标准

3.1　流体传动系统及元件　公称压力系列(摘自 GB/T 2346—2003)(见表 22.1-3)

表 22.1-3　流体传动系统及元件公称压力系列

kPa	MPa	(以 bar 为单位的等量值)	kPa	MPa	(以 bar 为单位的等量值)
1		(0.01)		2.5	(25)
1.6		(0.016)		[3.15]	[(31.5)]
2.5		(0.025)		4	(40)
4		(0.04)		[5]	(50)
6.3		(0.063)		6.3	(63)
10		(0.1)		[8]	[(80)]
16		(0.16)		10	(100)
25		(0.25)		12.5	(125)
40		(0.4)		16	(160)
63		(0.63)		20	(200)
100		(1)		25	(250)
[125]		[(1.25)]		31.5	(315)
160		(1.6)		[35]	[(350)]
[200]		[(2)]		40	(400)
250		(2.5)		[45]	[(450)]
[315]		[(3.15)]		50	(500)
400		(4)		63	(630)
[500]		[(5)]		80	(800)
630		(6.3)		100	(1000)
[800]		[(8)]		125	(1250)
1000	1	(10)		160	(1600)
	[1.25]	[(12.5)]		200	(2000)
	1.6	(16)		250	(2500)
	[2]	(20)			

注：方括号中的值是非优先选用的。

3.2　液压气动系统及元件　缸内径及活塞杆外径

3.2.1　液压缸、气缸内径尺寸系列(摘自 GB/T 2348—1993)(见表 22.1-4)

表 22.1-4　液压缸、气缸内径尺寸系列

(mm)

8	20	50	100	160	250	400
10	25	63	(110)	(180)	(280)	(450)
12	32	80	125	200	320	500
16	40	(90)	(140)	(220)	(360)	

3.2.2　液压缸、气缸活塞杆尺寸外径系列(摘自 GB/T 2348—1993)(见表 22.1-5)

表 22.1-5　液压缸、气缸活塞杆尺寸系列

(mm)

4	16	36	80	180
5	18	40	90	200
6	20	45	100	220
8	22	50	110	250
10	25	56	125	280
12	28	63	140	320
14	32	70	160	360

3.3　液压气动系统及元件　缸活塞行程系列(摘自 GB/T 2349—1980)(见表 22.1-6~表 22.1-8)

表 22.1-6　气缸活塞行程系列表(1) (mm)

25	50	80	100	125	160	200	250	320	400
500	630	800	1000	1250	1600	2000	2500	3200	4000

表 22.1-7　气缸活塞行程系列表(2)

(mm)

	60			63		90	110	140	180
220	280	360	450	550	700	900	1100	1400	1800
2200	2800	3600							

表 22.1-8　气缸活塞行程系列表(3)

(mm)

240	260	300	340	380	420	480	530	600	650
750	850	950	1050	1200	1300	1500	1700	1900	2100
2400	2600	3000	3400	3800					

注：当活塞行程>4000mm 时，按 GB/T 321—2005《优先数和优先数系》中 R10 数系选用，当不能满足要求时，允许按 R40 数系选用。

3.4　液压气动系统及元件　活塞杆螺纹形式和尺寸系列（摘自 GB/T 2350—1980）（见表 22.1-9）

表 22.1-9　活塞杆螺纹形式和尺寸系列

（mm）

螺纹直径与螺距 ($D×t$)	螺纹长度 L	
	短　型	长　型
M3×0.35	6	9
M4×0.5	8	12
M4×0.7*	8	12
M5×0.5	10	15
M6×0.75	12	16
M6×1*	12	16
M8×1	12	20
M8×1.25*	12	20
M10×1.25	14	22
M12×1.25	16	24
M14×1.5	18	28
M16×1.5	22	32
M18×1.5	25	36
M20×1.5	28	40
M22×1.5	30	44
M24×2	32	48
M27×2	36	54
M30×2	40	60
M33×2	45	66
M36×2	50	72
M42×2*	56	84
M48×2	63	96
M56×2	75	112
M64×3	85	128
M72×3	85	128
M80×3	95	140
M90×3	106	140
M100×3	112	—
M110×3	112	—
M125×4	125	—
M140×4	140	—
M160×4	160	—
M180×4	180	—
M200×4	200	—
M220×4	220	—
M250×6	250	—
M280×6	280	—

注：1. 螺纹长度 L 对内螺纹是指最小尺寸，对外螺纹是指最大尺寸。
2. 当需要用锁紧螺母时，采用长型螺纹长度。
3. 带 * 号的螺纹尺寸为气缸专用。

3.5　液压气动系统用硬管外径和软管内径（摘自 GB/T 2351—2005）（见表 22.1-10、表 22.1-11）

表 22.1-10　硬管外径系列　（mm）

4	5	6	8	10	12	(14)	16	(18)	20
(22)	25	(28)	32	(34)	38*	40	(42)	50	

注：1. 括号内尺寸为非优先选用值。
2. 带 * 号尺寸仅用于法兰式连接。

表 22.1-11　液压系统软管内径系列

（mm）

2.5	3.2	5	6.3	8	10	12.5	16	19
20	(22)	25	31.5	38	40	50	51	

注：括号内尺寸为非优先选用值。

3.6　气动连接　气口和螺柱端（摘自 GB/T 14038—2008）

该标准适用于气缸内径为 8～400mm 一般用途的气缸，气缸最小气口螺纹见表 22.1-12。

表 22.1-12　气缸最小气口螺纹　（mm）

气缸内径	气缸最小气口螺纹（螺纹精度 6H）
8 10 12 16	M5×0.8
20 25 32	M10×1
40 50	M14×1.5
63 80	M18×1.5
100 125	M22×1.5
160 200	M27×2
250 320 400	M33×2

3.7　气动元件及系统用空气介质质量等级（摘自 JB/T 5967—2007）

JB/T 5967—2007 规定了气动元件及系统用空

气介质质量等级，适用于气动元件及系统用空气介质划分质量等级。

3.7.1　表示方法

空气介质质量等级用三个阿拉伯数字表示，如果对某一污染物没有要求，则用“—”代替。

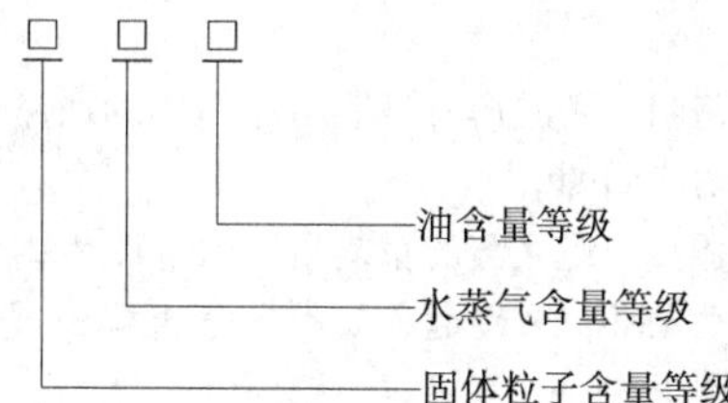

3.7.2　质量等级(见表 22.1-13～表 22.1-15)

表 22.1-13　固体粒子含量等级

等级	最大粒子尺寸/μm	最大含量/(mg/m³)
1	0.1	0.1
2	1	1
3	5	5
4	40	10
5	75	12.5

注：粒子含量系绝对压力为 0.1MPa、温度为 20℃、相对蒸气压力为 0.6MPa 条件下的含量。

压缩空气中水蒸气含量以压力露点表示，当要求更低压力露点时必须特别指明。压力露点的等级按表 22.1-14的规定，油含量等级见表 22.1-15。

表 22.1-14　压力露点的等级

等　级	最高压力露点/℃
1	-60
2	-40
3	-20
4	3
5	7
6	10

表 22.1-15　油含量等级

等　级	最大油含量/(mg/m³)
1	0.01
2	0.1
3	1
4	5
5	25

注：1. 油含量系绝对压力为 0.1MPa、温度为 20℃、相对蒸气压力为 0.6MPa 条件下的油含量。
2. 此油含量不包括经油雾器提供的油量。

3.7.3　常用气动元件用空气介质的质量等级

常用气动元件用空气介质的质量等级按表 22.1-16 选用。

表 22.1-16　常用气动元件用空气介质的质量等级

常用气动元件名称			空气介质的质量等级		
			固体粒子	水蒸气	油
气缸(往复式)			≤3	≤3	≤5
重型气马达			≤4	6～1	≤5
轻型气马达			≤3	3～1	≤3
空气涡轮			≤2	≤2	≤3
射流元件			≤2	2～1	≤2
逻辑元件			≤4	≤6	≤4
气动换向阀	滑阀式	间隙密封	3～2	3～2	4～3
		软质密封	5～4	3～2	4～3
	截止式		≤3	≤3	≤5
空气轴承			≤2	≤3	≤3
气动控制阀			≤3	≤2	≤3

3.7.4　一般系统用空气介质的质量等级

一般系统用空气介质的质量等级按表 22.1-17 选用。

表 22.1-17　一般系统用空气介质的质量等级

一般系统名称	空气介质质量等级		
	固体粒子	水蒸气	油
精密机械制造	≤2	≤2	≤4
气流织机	≤2	≤3	≤4
一般车间	≤4	≤6	≤5
食品饮料加工	≤2	≤6	1
喷漆	≤3	3～2	1
电子器件	≤2	≤2	≤4
铸造机械	≤4	≤6	≤5
机床	≤4	≤3	≤5
摄影软片制造	1	1	1
包装机械	≤4	≤3	3～2
矿山机械	≤4	≤5	≤5
焊接机械	≤4	≤6	≤5
喷砂	—	≤3	≤3
机械零件吹洗	≤4	≤6	≤4

4　常用气动术语

流体传动：使用受压流体作为介质来进行能量转换、传递、控制和分配的技术，又称流体传动及控制技术，简称液压与气动。

气动技术：涉及压缩气体流动规律的科学技

术，简称气动。

额定工况(标准工况)：根据实验规定的结果所推荐的系统或元件的稳定工况。“额定工况”一般在产品样本中给出并用 q_n、p_n 表示。

极限工况：允许装置在极限情况下运行并以其某参数的最小量或最大量来表示的工况。其他的有效参数和负载周期要加以明确规定。极限工况用 q_{min}、q_{max}等表示。

稳态工况：稳定一段时间后，参数没有明显变化的工况。

效率：输出功率与相应的输入功率的比值。

工作压力：装置运行时的压力。

工作压力范围：装置正常工作时所允许的压力范围。

压降、压差：在规定条件下，所测得的系统或元件内两点(如进、出口处)压力之差。

控制压力范围：最高允许控制压力与最低允许控制压力之间的范围。

背压：装置中因下游阻力或者元件进、出口阻抗比值变化而产生的压力。

开启压力：压力阀开始通过流体时的压力。

耗气量：为了执行给定的任务或者在工作指定的时间内设备或者装置工作所消耗的空气体积。空气体积应该按标准大气压工况表示，量的数值后加符号 ANR。

流量：单位时间内通过流道横截面的流体量(可规定为体积或者质量)。空气流量用标准大气压状态表示。

额定流量：在额定工况下的流量。

溢流流量：在规定工况下测得的、当控制压力超过原始设定值一个规定的增量时流过卸荷装置的空气流量。

流量系数：表征气动元件、液压元件、管路或接头的流导的系数。

气动元件的流动参数：表征可压缩流体元件中压力和流量之间特性的参数，有气导、临界压力比、亚声速状态下的流量系数和声速状态下的流量系数。

有效截面积：指元件处于声速状态下的有效面积。

滞环：当先上行后下行或相反调整控制量时，在同一控制设定值下的被控参数的差值。

上升时间：装置中的参数从规定低值上升到高值所需要的时间。

下降时间：装置中的参数从规定高值下降到规定低值所需要的时间。

响应时间：工作的起始点至完成点之间的时间，这些点针对每种元件定义。

图形符号：按标准或规范表示元件或元件组的正规抽象符号。

组合符号：由图形符号、剖视符号和外形符号组合的符号。

回路图：用图形符号表示流体传动回路或者部分回路功能的图。

循环：一组完整的重复出现的事件和状态。

自动循环：一经起动如不被停止就一直重复工作的循环。

半自动循环：起动后，完成一个循环并停止在初始位置的循环。

期望寿命：元件或系统在规定工况下能保持规定性能水平的预期工作期限。有时用统计学概率来表示。

功率消耗：在规定工况下，装置或者系统消耗的总功率。

重复性：在同一实验中，同一操作人员以同一仪器在同一工作条件下对同一试验对象依此实验所得结果的随机误差的定量表示。

复现性：在不同的实验室中各操作人员用同一方法对同一对象实验，各实验所得结果的随机误差的定量表示。

漂移：在稳态运行工况下，工况随时间而变化。

线性度：实测线性特征与理想线性特征间的最大偏差。

气缸：把气体能量转变为机械力和直线运动的装置。

缓冲：活塞接近行程终点时，使其减速的方法。可以是固定缓冲，也可以是可调速缓冲。

行程：活塞从一端移到另一端的位移距离。

输出功率：由活塞杆传递的机械功率。

总效率(缸)：输出机械功率与输入功率的比值。

输出力效率：有效输出力与理论输出力之间的比值。

外伸行程时间：在空载或者规定负载下，外伸行程从开始到终止所需要的时间。

内缩行程时间：在空载或者规定负载下，内缩行程从开始到终止所需要的时间。

活塞杆连接：由活塞杆传递力的方式，如螺纹、销轴、耳轴和耳环等连接方式。

增压器：把某初级流体系统工作压力转换成为次级流体系统较高工作压力的装置。两种系统可以用同样的或不同的流体。

增压比：次级压力与初级压力或初级流量与次级流量的比值。

气动-液压缸（气-液缸）：将功率从一种介质（气体）未经增压传递给另外一种介质（液体）的装置。

阻尼缸：用作气缸调速的液压阻尼装置。

阀：用来调节流体传动回路中流体流动方向、压力和流量的装置。

先导阀：操纵或者控制其他阀的阀。

切换压力：引起出口处状态变化的最低先导压力。

切换特性：输出量与输入量的函数曲线。

放大：输出信号变量与控制信号变量之间的比值（仅适用于模拟元件）。

功率放大：输出功率变化与相应的输入（控制）功率变化之间的比值（仅适用于模拟元件）。

方向控制阀：连通或控制流体流动方向的阀。

滑阀：借助于可移动的滑动件接通或切断流道的阀，移动可以是轴向、旋转或者两者兼有。

座阀：由阀芯提升或降下来开启或关闭流道的阀。

阀芯：借助它的移动来实现方向控制、压力控制或流量控制的基本功能的阀零件。

单向阀：只允许流体一个方向流动的阀。

梭阀：只有两个进口和一个公共出口，在进口压力的作用下，出口自动地与其中一个进口接通的阀。

快速排气阀：进口气压降低时，出口自动开启并排气的阀。

压力控制阀：基本功能为调节压力的阀。

溢流阀：当所要求的压力达到时，通过排出流体来维持该压力的阀。

顺序阀：当进口压力超过调定值时阀开启，允许流体流经出口的阀（实际调整值不受出口压力的影响）。

减压阀：出口压力始终低于进口压力，并当进口压力变化或出口流量变化时，出口压力能基本保持不变的压力控制阀。

流量控制阀：主要功能为控制流量的阀。

单向节流阀：允许沿一个方向畅通流动而另一个方向节流的阀，节流通道可以是固定的或可变的。

流阻：压降和稳态质量流量的比值。

流导：稳定质量流量和压降的比值（流阻的倒数）。

流感：压降与质量流量变化率之比。

流容：质量流量与压降变化率之比。

噪声：信号的随机波动可能引起回路中出现不希望的寄生信号。

有源元件：需要供给与输出信号值无关的动力源的元件。

无源元件：不带动力源的元件，输出功率只来自输入信号。

数字放大器：随着控制信号的作用，输出为断续阶跃变化的放大器。

模拟放大器：随着控制信号的作用，输出为连续变化的放大器。

转换元件（接口元件）：不同类型或等级的能量间转换信息的元件。

传感器：在外界工况改变时，能对系统变化进行检测和传递的元件。

负载曲线：输出压力表示为输出流量的函数曲线，该曲线斜率就是输出阻抗。

截流压力（盲端压力）：没有流量时的输出压力。

压力恢复率：输出压力与输入压力的比值。

流量恢复率：出口处空载流量与输入流量的比值。

压力增益：在设定点，输出压力变化与控制压力变化的比值。

流量增益：在设定点，输出流量变化与控制流量变化的比值。

功率增益：在设定点，输出功率变化与控制功率变化的比值。

输出能力：由一个元件输出能控制相同元件的数量。

输入能力：一个元件的有效控制输入数量。

声频噪声：由外界声响干扰产生的寄生信号。

信噪比：信号值与噪声值的比。

伺服阀：接受模拟量控制信号并输出相应模拟量流体的阀。

输出级：伺服阀中起放大作用的最后一级。

喷嘴挡板：喷嘴和挡板形成可变间隙以控制通过喷嘴的流量。

线圈电阻：在规定温度下的线圈直流电阻。

颤振：高频小振幅的周期电信号。有时叠加在伺服阀输入端以改善系统分辨率。颤振用颤振频率和以毫安为单位的峰值颤振电流振幅来表示。

流量曲线：表示控制流量与输入信号关系的图形。

遮盖：在滑阀中，阀芯处于零位置时，固定节流棱边和可动节流棱边之间的相对轴向位置关系。

负遮盖：阀芯处于零位，固定节流棱边和可动节流棱边不重合，两个或多个节流棱边之间已经存在流体通道的遮盖状态。

正遮盖：阀芯处于零位，固定节流棱边和可动节流棱边不重合，节流棱边之间必须产生相对位移后才形成流体通道的遮盖状态。

阀芯位移：阀芯沿任何一个方向相对于几何零位的位移。

开口：固定节流棱边和可动节流棱边之间的距离。

频率响应：当信号电流在一定频率范围内按正弦规律变化时，控制流量对输入信号的复数比。频率响应通常在输入信号幅值恒定和负载压差为零的条件下测定，并用幅值比和相位移表示。阀的频率响应可随输入信号幅值、温度、能源压力和其他工作条件而变化。

幅值比：在特定频率下，控制流量幅值与正弦输入信号幅值比。通常使用在同一输入信号下某一规定低频作为基准进行归一化。

相位移：在某一规定频率下，正弦输出跟随正弦输入信号的瞬态时间的度量。通常用输入和输出间的矢量角(度)表示。

传递函数：用卡尔森微分方程或拉普拉斯算式表示，描述在零负载时控制流量与输入信号的相互关系。

供气源：产生和供给压缩空气的能源。

硬管：用以连接固定装置的金属或塑料管。

软管：塑料或橡胶制的柔性管。

气罐：储存压缩空气或气体的容器。

空气过滤器：基本功能是阻挡空气中污染物进入系统或元件及除去水分的装置。

分离器：利用物理性质来分离污染物的装置。

除油器：从压缩空气中除去油液的分离器。

空气干燥器：用以降低工作介质中湿蒸汽含量的装置。

制冷式干燥器：利用制冷压缩机和热交换器来降低空气湿度，使湿气分离的干燥器。

吸附式干燥器：利用专用的吸湿剂的吸收性能来分离湿气的干燥器。

再生式干燥器：不需要更换干燥剂能恢复分离湿气能力的干燥器。

加热再生：应用加热法除去饱和的干燥剂所吸收的湿气。

无热再生(非加热再生)：用干燥压缩空气经含湿干燥剂膨胀至大气压以除去其中湿气。

油雾器：将一定数量(可控或不可控)润滑剂以雾状注入工作介质的装置。

热交换器：通过与其他流体热交换以降低、保持或升高工作介质温度的装置。

冷却器：从工作介质吸收热量的装置。

气动消声器：降低进气或排气噪声级的装置。

过滤器：主要功能是从工作介质中截流污染物的装置。

滤芯：实现截留污染物的零件或部件。

过滤器最大允许压降：流体沿正常流动方向流经过滤器，不产生滤芯结构或滤芯材料损坏，或污染物明显转移的最大压降。

密封件：密封装置中可更换的起密封作用的零件。

机械控制：用机械零件，如轴、凸轮和杠杆等操纵的控制方法。

压力控制：靠压力控制管路中的流体压力变化来操作的控制方法。

气动控制：使用在压力控制管路中空气的压力控制。

电气控制：利用电气状态变化操作的控制方法。

辅助控制：安装在阀门上，能提供另外一种可供选择的控制(通常为手动)方法。

压力表：通常用机械指针指示刻度表示流体压力的仪表。

(电气)压力传感器：将流体压力转换成电气信号的器件。

流量计：指示流量的装置。

液位计：指示液位高低的装置。

压力开关(压力继电器)：由流体压力控制带电气开关的器件，当达到预先规定的流体压力时，电气开关的触点动作。

气动延时器(气动时间继电器)：如将连续的气动信号加到输入端(或从输入端去除)，经过预先规定的时间后，输出端将产生一个信号的装置。延迟时间可以是固定的，也可以是可调的。

脉冲发生器：如将连续气动信号加到输入端，输出端将产生重复脉冲的装置。

压力表阻尼器：利用压力表管路中所插入的固

定式或可变节流装置，以防止由于流体压力急剧变动而损坏仪表的装置。

压力表保护器：压力表管路中所插入的装置，当流体压力超过预先规定的极限值时，使压力表与流体压力切断。通常该装置可调，以适应压力表的量程。

调节器：检测流体状态的变化并自动进行调整，使流体状态(如温度和压力等)保持在预定限度内的装置。

组件：用以实现所需功能的元件组合。

压缩机站：由电动机、压缩机、气罐和调压阀等组成的组件。

气动卸载装置：当预定压力达到时，使压缩机在空载情况下运行的装置。

气动循环程序控制器：由一个程序控制器及其所控制的一定数目的阀所组成的装置，用以完成规定的重复动作。该程序可以是固定的，也可以是可变的。

空气处理装置：由过滤器、带压力表的减压阀和油雾器所组成的处理单元，使输出的气体保持在适合的状态。

制冷冷却：利用制冷技术的冷却系统。

污染：液体和气体介质中混入或出现污染物或不希望发生的变化。

污染物：存在于液体和气体中的有害固体、液体或气体物质。

颗粒：存在于流体中的固体(或液体)微小物质，如灰尘、纤维、金属和油雾粒子等。

阻塞：由于截留液体或固体颗粒使过滤材料逐渐或突然变成淤塞的现象。

质量污染度：包含在单位流体体积中的颗粒质量数。

第 2 章　气压传动的特点和气体力学基础

1　气压传动的特点

1.1　气压传动的优点

1）以空气为工作介质。工作介质获得比较容易，用后的空气排到大气中，处理方便，不必设置回收空气的容器和管道。

2）因空气的黏度很小(约为液压油动力黏度的万分之一)，其流动阻力损失小，所以便于集中供气和远距离输送。外泄漏不会像液压传动那样严重污染环境。

3）与液压传动相比，气压传动动作迅速，反应快，维护简单，工作介质清洁，不存在介质变质等问题。

4）工作环境适应性好，特别在易燃、易爆、多尘埃、强磁、辐射和振动等恶劣工作环境中，比液压、电子及电气控制优越。

5）成本低，过载能自动保护。

1.2　气压传动的缺点

1）由于空气具有可压缩性，因此工作速度稳定性稍差。但采用气液联动装置会得到较满意的效果。

2）因工作压力低(一般为 0.3~1.0MPa)，又因气动装置结构尺寸不宜过大，总输出力不宜大于 10kN。

3）噪声较大，在高速排气时要加消声器。

4）气动装置中的气信号传递速度在声速以内，比电子及光速慢，因此气动控制系统不宜用于元件级数过多的复杂回路。

1.3　气动系统的组成

气动系统的组成按控制过程分，包括气源、信号输入、信号处理及最后的执行命令四个步骤(见图 22.2-1)。

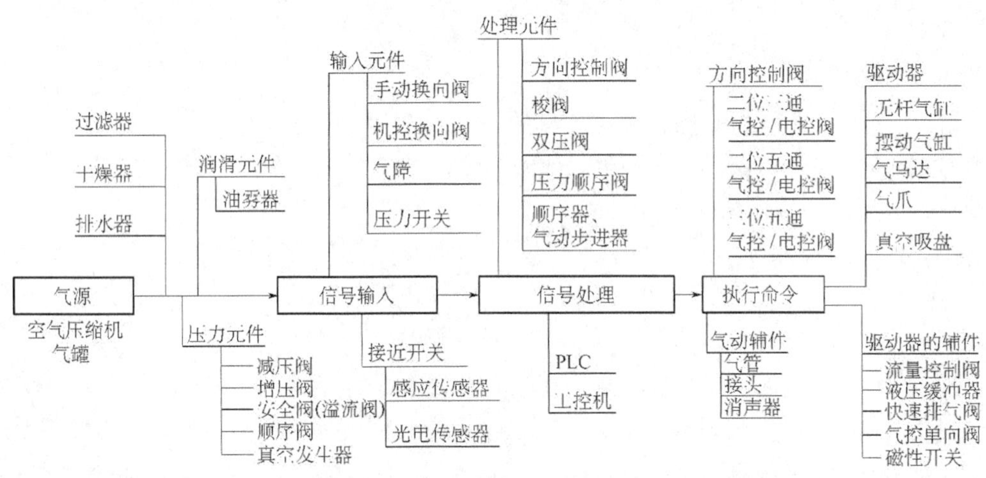

图 22.2-1　气动系统组成及控制过程

1）气源部分是以空气压缩机、气罐开始。一些气动专业人员接触更多的是气源处理单元(过滤、干燥、减压和油雾这一工序)。

2）信号输入部分主要考虑被控对象能采用的信号源。在简单的气动控制系统中，手动按钮操作阀可作为控制运动起始的主要手段。在复杂的气动控制系统中，压力开关、传感器的信号、光电信号和某些物理量转换信号等都列入信号输入这一部分。

3）信号处理有两种方式：气控和电控。气控以气动逻辑元件为主体，通过梭阀、双压阀或顺序阀组成逻辑控制回路。有些气动制造厂商已制造出气动逻辑控制器(如十二步顺序动作的步进器)，更多地使用 PLC(可编程逻辑控制器)或工控机控制。目前大多数气动制造厂商通过内置 PLC 的阀岛产品把信号处理和命令执行合并为一个控制程序。列入这部分的气动辅件有消声器、气管和接头等。

4）命令执行。主要包括方向控制阀和驱动器。这里提到的方向控制阀是指接受了信号处理后被命令去控制驱动器，与信号处理过程中的方向控制阀原理是一致的，只是所处地位不同。驱动器是气动系统中最后要完成的主要目标，包括气缸、无杆气缸、摆动气缸、气马达、气爪及真空吸盘。这部分的辅件有控制气缸速度的流量控制阀、快速排气阀，其他辅件有液压缓冲器和磁性开关。

1.4　气动系统各类元件的主要用途（见表 22. 2-1）

表 22. 2-1　气动系统各类元件的主要用途

类别	名　称		用途特点
气源设备	空气压缩机		是气压传动与控制的动力源，常用 1. 0MPa 压力等级的气压
	后冷却器		降低压缩空气湿度，消除压缩空气中大部分的水分、油污和杂质等
	气罐		稳压和储能用
气源处理元件	过滤器		在气源设备之后继续消除压缩空气中的残留水分、油污和灰尘等，可选择 40μm、10μm、5μm、1μm、0. 01μm 过滤精度
	干燥器、油雾器		进一步清除空气中的水分
	自动排水器		常与过滤器合并使用，自动排除冷凝水
气动控制元件	压力控制阀	减压阀	压力调节、稳压
		增压阀	增压（常用于某一支路的增压）
	流量控制阀	单向节流阀	控制气缸的运动速度
		快速排气阀	可使气动元件或气缸腔室内的压缩气体迅速排出
	方向控制阀	人控阀	用人工方式改变气体流动方向或通断的元件
		机控阀	用机械方式改变气体流动方向或通断的元件
		单向阀	气流只能沿一个方向流动，反方向不能通过的元件
		梭阀	两个入口中只要一个入口有输入，便有输出
		双压阀	两个入口都有输入时，才能有输出
		气控阀	用气控改变气体流动方向的元件
		电磁阀	用电控改变气体流动方向的元件
		阀岛	阀岛是一种集气动电磁阀、控制器（可内置 PLC 或带多针的整套系统控制单元的现场总线协议接口的控制器）、电输入/输出模块
气动执行元件	通用气动执行元件	气缸	做直线运动的执行机构
		摆动气缸	小于 360°角度范围内做往复摆动的气缸
		气马达	把压缩空气的压力能转换成机械能的转换装置，输出转矩和转速
	导向驱动装置	内置导轨气缸	气缸内置机械轴承或滚珠轴承，具有较高的转矩或承载能力
		模块化导向驱动装置	内置轴承或滚珠轴承的气缸，具有模块化拼装结构，可组成二维、三维的运动
		气动机械手	内置滚珠轴承与其他模块化气缸接口的直线驱动器，可承受 500N 径向负载和 50N · m 转矩
		气爪	具有抓取功能，与其他气缸组合成为一个抓取装置
		液压缓冲器	有缓冲功能
真空元件	真空发生器		利用压缩空气、文丘里原理产生一定真空度的元件
	真空吸盘		利用真空来吸物体的元件
	真空压力开关		利用真空度转换成电信号的触头开关元件
	真空过滤器		能过滤进入真空发生器入口的大气中灰尘的元件

（续）

类别	名　　称	用 途 特 点
其他辅助元件	气管	连接管路用
	接头	连接管路用
	传感器	信号转换元件
	接近开关	大多用于探测气缸位置
	压力传感器	压力与电信号转换元件，用于探测某个压力
	光电传感器	光与电的转换元件，用于探测某个物体的存在
	气动传感器	利用空气喷射对接近某一物体的感测所产生压力变化后发出的信号，显示一个对象的存在及距离

1.5　气动技术的应用

近年来，气动技术结合了电子技术、液压、机械和电气传动的众多优点，因而发展异常迅速。

1）在机械工业中（如组合机床的程序控制、轴承的加工、零件的检测、汽车制造、农业机械的生产线、木工机械设备和工业机器人）已得到广泛应用。

2）在冶金工业中（如金属的冶炼、烧结、冷轧、热轧，线材、板材的打捆、包装以及在连铸连轧的生产线上）已有大量应用。

3）在轻工、纺织、食品工业中，以及缝纫机、彩色电视机、洗衣机、电冰箱、纺织机械、皮鞋制革、卷烟和食品加工等生产线上已得到广泛应用。

4）在化工、军工企业中（如化工原料的输送、有害液体的灌装、炸药的包装及在石油钻采等设备上）已有大量应用。

5）交通运输中，如列车的制动、车辆门窗的开闭、气垫船的控制等，气动技术应用得很广泛。

6）在航天工业中，因气动装置除能承受辐射、高温外还能承受大的加速度，所以在近代的飞机、火箭和导弹的控制装置中逐渐得到广泛应用。

1.6　气动技术发展趋势

气动技术是以压缩空气为介质来传动和控制机械的一门专业技术。由于它具有节能、无污染、高效、低成本、安全可靠及结构简单等优点，广泛应用于各种机械和生产线上。

气动技术应用面的扩大是气动工业发展的标志。气动元件的应用主要在两个方面：维修和配套。过去国产气动元件的销售要用于维修，近几年，直接为主要配套的销售份额逐年增加。国产气动元件的应用，从价值数千万元的冶金设备到只有一二百元的椅子，如铁道扳道岔、机车轮轨润滑、列车的制动、街道清扫、特种车间内的起吊设备、军事指挥车等都用上了专门开发的国产气动元件。这说明气动技术在我国已“渗透”到各行各业，并且正在日益扩大使用范围。

由于气动技术越来越多地应用于各行业的自动装配和自动加工小件、特殊物品的设备上，原有传统的气动元件性能正在不断提高，同时陆续开发出了适应市场要求的新产品，使气动元件的品种日益增加。其发展趋势见表22.2-2。

表22.2-2　气动技术发展趋势

发展趋势	说　　明
（1）小型化、集成化	有限的空间要求气动元件的外形尺寸尽量小，小型化是主要发展趋势。现在最小气缸内径仅为ϕ2.5mm，并配备开关；电磁阀宽度仅10mm，有效截面积达5mm^2；接口ϕ4mm的减压阀也已开发。据调查，小型化元件的需求量大约每5年增加一倍。体积更小，重量更轻，功耗更低。在电子元件、药品等制造行业中，由于被加工件体积很小，势必限制了气动元件的尺寸，小型化、轻型化是气动元件的第一个发展方向。国外已开发了仅有大拇指大小、有效截面积为0.2mm^{2}的超小型电磁阀。能开发出外形尺寸小而流量较大的元件更为理想。为此，相同外形尺寸的阀，流量已提高2~3.3倍。有一种系列的小型电磁阀，其阀体宽为10mm的，其有效面积可达5mm^2；宽为15mm的，其有效面积则可达10mm^{2}等

（续）

发展趋势	说　明
（2）组合化、智能化	最简单的元件组合是带阀及带开关气缸。在物料搬运中，已使用了气缸、摆动气缸、气动夹头和真空吸盘的组合体；还有一种移动小件物品的组合体，是将带导向器的两只气缸分别按 *X* 和 *Y* 轴组合而成，并配有电磁阀和程控器，结构紧凑，占用空间小，行程可调。气阀的集成化不仅仅将几只阀合装，还包含了传感器、可编程序控制器等功能。集成化的目的不单是节省空间，还有利于安装、维修和工作的可靠性 日本精器(株)开发的智能阀带有传感器和逻辑回路，是气动和光电技术的结合。不需外部执行器，可直接读取传感器的信号，并由逻辑回路判断以决定智能阀和后续执行元件的工作
	开发功能模块已有十多年历史，现在正在不断地完善。这些通用化的模块可以进行多种方案的组合，以实现不同的机械功能，且经济、实用、方便
（3）精密化	为了使气缸的定位更精确，使用了传感器、比例阀等实现反馈控制，定位精度达 0.01mm。执行元件的定位精度提高，刚度增加，活塞杆不回转，使用更方便。为了提高气缸的定位精度，附带制动机构和伺服系统的气缸应用越来越普遍。带伺服系统的气缸即使供气压力和负载变化，仍可获得±0.1mm 的定位精度 在气缸精密方面还开发了 0.3mm/s 低速气缸和 0.01N 微小载荷气缸 在气源处理中，过滤精度为 0.01mm、过滤效率为 99.9999% 的过滤器和灵敏度为 0.001MPa 的减压阀已开发出来
（4）高速化	为了提高生产率，自动化的节拍正在加快，高速化是必然趋势 目前气缸的活塞速度为 50~750mm/s。要求气缸的活塞速度提高到 5m/s，最高达 10m/s。据调查，5 年后，速度 2~5m/s 的气缸需求量将增加 2.5 倍，5m/s 以上的气缸需求量将增加 3 倍。与此相应，阀的响应速度将加快，要求由现在的 1/100 秒级提高到 1/1000 秒级 向高响应、高速度方向发展。为了提高生产设备的生产效率，提高执行元件的工作速度势在必行。现在我国的气缸工作速度一般在 0.5m/s 以下。根据日本专家预测，5 年以后大部分的气缸工作速度将提高到 1~2m/s，有的要求达 5m/s。气缸工作速度的提高，不仅要求气缸的质量提高，而且结构上也要相应改进，如要配置油压吸震器以增加缓冲效果等。电磁阀的响应时间将小于 10ms，寿命提高到 5000 万次以上。美国有一种间隙密封的阀，由于阀芯悬浮在阀体内，相互不接触，在无需润滑下，寿命高达 2 亿次
（5）多功能化、复合化	为了方便用户，适应市场的需要，开发了各种由多只气动元件组合并配有控制装置的小型气动系统，如果于移动小件物品的组件是将带导向器的两只气缸分别按 *X* 轴和 *Z* 轴组合而成。该组件可搬动 3kg 重物，配有电磁阀和程控器，结构紧凑，占有空间小，行程可调整；又如一种上、下料模块，有 7 种不同功能的模块形式，能完成精密装配线上的上、下料作业，可按作业内容将不同模块任意组合；还有一种机械手是由外形小并能改变摆动角度的摆动气缸与夹头组成，夹头部位有若干种夹头可选配
（6）无油、无味、无菌化	人类对环境的要求越来越高，因此无油润滑的气动元件将普及化。还有些特殊行业，如食品、饮料、制药和电子等，对空气的要求更为严格，除无油外，还要求无味、无菌等，这类特殊要求的过滤器将被不断开发 普遍使用无油润滑技术，满足某些特殊要求。由于环境污染以及电子、医疗、食品等行业的要求，环境中不允许有油，因此无油润滑是气动元件的发展趋向，同时无油润滑可使系统简化。欧洲普遍做到了无油润滑，市场上的油雾器已属淘汰的产品

（续）

发展趋势	说 明
（7）高寿命、高可靠性和自诊断功能	5000万次寿命的气阀和3000mm的气缸已商品化，但在纺织机械上有一种高频阀寿命要求1亿次以上，最好达2亿次。对这个要求，现有的弹性密封阀很难达到，这使间隙密封元件重新获得重视。美国纽曼帝克(Numatics)公司有一种气阀采用间隙密封，通气后阀芯在阀体内呈悬浮状态，形成无摩擦运动，还有自防尘功能，阀的寿命可超过2亿次。这虽然是个老产品，但还是值得借鉴 气动元件大多用于自动生产线上，元件的故障往往会影响全线的运行，生产线突然停止会造成严重的损失，为此，对气动元件的工作可靠性提出了高要求。江苏某化纤公司要求供应的气动元件在设定寿命内绝对可靠，到期不管能否继续使用，全部更换。这里又提出了各类元件寿命的平衡问题，即所谓等寿命设计。有时为了保证工作可靠，不得不牺牲寿命指标，因此气动系统的自动诊断功能非常重要。附加预测寿命等自诊断功能的元件和系统正在开发 随着机械装置的多功能化，接线数量越来越多，不仅增加了安装、维修的工作量，也容易出现故障，影响工作可靠性，因此配线系统的改进也为气动元件和系统设计人员所重视 便于保养、维修和使用。目前国外正在研究使用传感器来使气动元件及系统具有故障预报和自诊断功能
（8）节能、低功耗	节能是企业永久的课题，并将规定在建立ISO14000环保体系标准中 气动元件的低功耗不仅仅为了节能，更主要的是能与微电子技术相结合。功耗0.5W的电磁阀早已商品化，0.4W、0.3W的气阀也已开发，可由PC直接控制
（9）机电一体化	为了精确达到预先设定的控制目标(如开关、速度、输出力、位置等)，应采用闭路反馈控制方式。气-电信号之间转换成为实现闭路控制的关键，比例控制阀可成为这种转换的接口。在今后相当长的时期内，开发各种形式的比例控制阀和电-气比例/伺服系统，并且使其性能好、工作可靠、价格便宜是气动技术发展的一个重大课题 与电子技术结合、大量使用传感器、气动元件智能化及带开关的气缸在国内已普遍使用，这使得开关体积更小，性能更高，并可嵌入气缸缸体；有些还带双色显示，可显示出位置误差，使系统更可靠。用传感器代替流量计、压力表，能自动控制压缩空气的流量、压力，可以节能并保证使用装置正常运行。气动伺服定位系统已有产品进入市场。该系统采用三位五通气动伺服阀，将预定的定位目标与位置传感器的检测数据进行比较，实施负反馈控制，气缸最大速度2m/s、行程300mm时，系统定位精度可达±0.1mm。日本试制成功一种新型智能电磁阀，这种阀带有传感器的逻辑回路，是气动元件与光电子技术结合的产物。它能直接接受传感器的信号，当信号满足指定条件时，不必通过外部控制器即可自行完成动作，达到控制目的。它已经应用在物体的传送带上，能识别搬运物体的大小，使大件直接下送，小件分流 现在比例/伺服系统的应用例子已不少，如气缸的精确定位，用于车辆的悬挂系统以实现良好的减振性能，缆车转弯时自动倾斜装置，服侍病人的机器人等。如何将以上实例更实用、更经济，还有待进一步完善
（10）满足某些行业的特殊要求	在激烈的市场竞争中，为某些行业的特定要求开发专用的气动元件是开拓市场的一个重要方面。国内气动行业近期开发的有铝业专用气缸(耐高温、自锁)、铁路专用气缸(抗振、高可靠性)、铁轨润滑专用气阀(抗低温、自过滤能力)及环保型汽车燃气系统(多介质、性能优良)等
（11）应用新技术、新工艺、新材料	型材挤压、铸件浸渗和模块拼装等技术十多年前在国内已广泛应用，压铸新技术(液压抽芯、真空压铸等)、去毛刺新工艺(爆炸法、电解法等)已在国内逐步推广，压电技术、总线技术、新型软磁材料、透析滤膜等正在被应用，超精加工、纳米技术也将被移植到气动技术中 使用新材料，与新技术相结合。国外开发了模式干燥器，该干燥器利用高科技的反渗析薄膜滤去压缩空气中的水分，有节能、寿命长、可靠性高、体积小、重量轻等特点、适用于流量不大的场合 气动行业的科技人员特别关注密封件发展的新动向，以及新结构和新材料密封件的应用

（续）

发展趋势	说　明
（12）标准化	贯彻标准，尤其是ISO国际标准是企业必须遵守的原则。它有两个方面工作要做：第一是气动产品应贯彻与气动有关的现行标准，如术语、技术参数、试验方法、安装尺寸和安全指标等；第二是企业要建立标准规定的保证体系，现有质量(ISO9000)、环保(ISO14000)和安全(ISO18000)3个 标准在不断增添和修订，企业及其产品也要随之持续发展和更新，只有这样才能推动气动技术稳步发展
（13）安全性	从近期颁布的有关气动的ISO国际标准可知，对气动元件和系统的安全性要求甚严。ISO4414气动通则中将危险要素分成14类，主要有机械强度、电器、噪声和控制失灵等。ISO国际组织又颁布了ISO18000标准，要求企业建立安全保证体系，将安全问题放在特别重要的议程上。为此，产品开发和系统设计切实考虑安全指标也是气动技术发展的总趋势 更高的安全性和可靠性。从近几年的气动技术国际标准可知，标准不仅提出了互换性要求，并且强调了安全性。管接头、气源处理外壳等耐压试验的压力提高到使用压力的4~5倍，耐压时间增加到5~15min，还要在高、低温度下进行试验。另外，除耐压试验外，结构上也做了某些规定，如气源处理的透明壳外部规定要加金属防护罩 气动元件的许多使用场合，如轧钢机和纺织流水线等，在工作时间内不能因为气动元件的质量问题而中断，否则会造成巨大损失，因此气动元件的工作可靠性显得非常重要。在航海轮船上使用了较多的气动元件，对气动元件的可靠性要求也特别高，必须通过有关国际机构的认证
（14）节能环保	我国进入21世纪以来，对节能环保越来越重视，颁布实施了一系列的节能政策和节能措施。在这样的背景下，可以预见今后几年，越来越多的产业领域、企业都将改变现在不计能耗只顾发展的态势，开始着手采取措施，有计划、有步骤地削减能耗。以此为背景，在工业生产中占据工厂总耗电量10%~20%、有些工厂甚至高达35%的气动系统在我国将不可避免地会成为节能工作的对象。在原油价格高涨、能源问题突出的今天，气动系统使用中浪费严重等问题也引起了人们的重视，气动系统的节能在我国正成为一个重要而迫切需要解决的课题。因此，明确气动系统的能耗，分析当前企业中压缩空气使用状况的合理性，参照发达国家实施节能改造所取得的经验及数据，探讨我国企业实施节能的空间及社会经济效益，采取气动节能的策略，制定行之有效的气动节能措施，对今后深入地开展气动节能活动具有重要意义 随着工业的发展，特别是机床、汽车、冶金、石化等工业装备自动化水平的大幅度提高，以及食品、包装、微电子、生物工程、医药、轻纺等行业的大力发展，各种高效、多功能、自动化设备和自动生产线都迫切需要配套节能环保的气电一体化产品。因此，气动智能及模块化集成技术的开发和应用，不仅是国际气动技术发展的一大趋势，也是我国气动工业必须加快跟踪发展的一大方向，应列为重点发展的关键技术，不断加大对其研究开发的力度
（15）阀岛技术	阀岛是新一代气电一体化控制元器件，已从最初带多针接口的阀岛发展为带现场总线的阀岛，继而出现了可编程阀岛及模块式阀岛。阀岛技术和现场总线技术相结合，不仅确保了电控阀布线容易，而且也大大地简化了复杂系统的调试、检测、诊断及维护工作。借助现场总线高水平一体化的信息系统，可以使两者的优势得到充分发挥，因此具有广泛的应用前景 以阀岛、现场总线形式实现的气电一体化适应当前自控技术的发展趋势，为自控系统的网络化、模块化提供了有效的技术手段，从而得到了广泛的应用。与此同时，该项技术正朝着以下几个重要的方向迅速发展： 1）模块式阀岛。模块式阀岛的指导思想是各个阀岛完全由各个模块组成并且可以进行互换

（续）

发展趋势	说　明
（15）阀岛技术	2）紧凑型阀岛(CP阀岛)。CP阀岛安装系统能够满足两种完全不同的要求，并解决了广泛分散的模块化系统与电路安装之间的矛盾 3）ASI接口与阀岛的结合。目前，一种称为ASI的现场总线得到了广泛应用。这种总线的特点是驱动电源、控制信号的传输只需要用一根双股电缆 4）CPX电气终端+阀岛技术。CPX电气终端是集现场总线技术、工业以太网技术、I/O技术和可编程控制技术于一体的模块化电气终端，并可和CPA阀岛、MIDI/MAXI阀岛、MPA阀岛、ISO阀岛这4种阀岛相整合，达到电气控制与气动控制一体化的完美结合

1.7　气压传动和控制与其他传动与控制方式的比较(见表22.2-3)

表22.2-3　气压传动和控制与其他传动与控制方式的比较

比较项目		操作力	动作快慢	环境要求	构造	载荷变化影响	操纵距离	无级调速	工作寿命	维护	价格
气压控制		中等	较快	适应性好	简单	较大	中距离	较好	长	一般	便宜
液压控制		最大(可达几百千牛)	较慢	不怕振动	复杂	有一些	短距离	良好	一般	要求高	稍贵
电控制	电气	中等	快	要求高	稍复杂	几乎没有	远距离	良好	较短	要求较高	稍贵
	电子	最小	最快	要求特高	最复杂	没有	远距离	良好	短	要求更高	最贵
机械控制		较大	一般	一般	一般	没有	短距离	较困难	一般	简单	一般

2　空气的物理性质

2.1　空气的组成

在基准状态下(温度为0℃、绝对压力为0.1013MPa时)干空气的组成(见表22.2-4)。

表22.2-4　干空气的组成

成　分	氮	氧	氩	二氧化碳	其他气体
体积分数(%)	78.09	20.95	0.93	0.03	0
质量分数(%)	75.52	23.15	1.28	0.05	0.005

2.2　空气的密度

空气具有一定质量，密度是单位体积内空气的质量，用ρ表示，即

$$\rho=\frac{m}{V} \tag{22.2-1}$$

或

$$\rho=\rho_0\frac{273}{273+t}\times\frac{p}{0.1013} \tag{22.2-2}$$

式中　m、V——分别为气体的质量和体积；

ρ——在温度t与压力p状态下干空气的密度(kg/m^3)；

ρ_0——在0℃、压力为0.1013MPa状态下干空气的密度，$\rho_0=1.293$kg/m^3；

p——绝对压力(MPa)；

$273+t$——热力学温度(K)。

式(22.2-2)是对干空气密度的计算式，对于含有水蒸气的湿空气的密度用下式计算：

$$\rho'=\rho_0\frac{273}{273+t}\times\frac{p-0.0378\varphi p_b}{0.1013} \tag{22.2-3}$$

式中　p——湿空气的全压力(MPa)；

p_b——温度t时饱和空气中水蒸气的分压力(MPa)，压力为0.1013MPa时的p_b值见表22.2-5；

φ——空气的相对湿度(%)。

表 22.2-5　饱和水蒸气的分压力、饱和绝对湿度、饱和容积含湿量和温度的关系

温度 /℃	饱和水蒸气分压力 p_b /MPa	饱和绝对湿度 χ_b /g·m^{-3}	饱和容积含湿量 d'_b /g·m^{-3}	温度 /℃	饱和水蒸气分压力 p_b /MPa	饱和绝对湿度 χ_b /g·m^{-3}	饱和容积含湿量 d'_b /g·m^{-3}
100	0.1013		597.0	21	0.0025	18.3	18.3
80	0.0473	290.8	292.9	20	0.0023	17.3	17.3
70	0.0312	197.0	197.9	19	0.0022	16.3	16.3
60	0.0199	129.8	130.1	18	0.0021	15.4	15.4
50	0.0123	82.9	83.2	17	0.0019	14.5	14.5
40	0.0074	51.0	51.2	16	0.0018	13.6	16.7
39	0.0070	48.5	48.8	15	0.0017	12.8	12.8
38	0.0066	46.1	46.3	14	0.0016	12.1	12.1
37	0.0063	43.8	44.0	13	0.0015	11.3	11.4
36	0.0059	41.6	41.8	12	0.0014	10.6	10.7
35	0.0056	39.5	39.6	11	0.0013	10.0	10.0
34	0.0053	37.5	37.6	10	0.0012	9.4	9.4
33	0.0050	35.6	35.7	8	0.0011	8.27	8.37
32	0.0048	33.8	33.8	6	0.0009	7.26	7.30
31	0.0045	32.0	32.0	4	0.0008	6.14	6.40
30	0.0042	30.3	30.4	2	0.0007	5.56	5.60
29	0.004	28.7	28.7	0	0.0006	4.85	4.85
28	0.0038	27.2	27.2	−2	0.0005	4.22	4.23
27	0.0036	25.7	25.8	−4	0.0004	3.66	3.50
26	0.0034	24.3	24.4	−6	0.00037	3.16	3.00
25	0.0032	23.0	23.0	−8	0.0003	2.73	2.60
24	0.0030	21.8	21.8	−10	0.00026	2.25	2.20
23	0.0028	20.6	20.6	−16	0.00015	1.48	1.30
22	0.0026	19.4	19.4	−20	0.0001	1.07	0.90

2.3　空气的黏性

空气的黏性是空气质点做相对运动时产生阻力的性质。空气黏度的变化只受温度变化的影响，压力变化对其影响甚微，可忽略不计。表 22.2-6 所列为空气的运动黏度和温度的关系。

表 22.2-6　空气的运动黏度和温度的关系(压力 0.1013MPa)

t/℃	0	5	10
ν/m^2·s^{-1}	0.133×10^{-4}	0.142×10^{-4}	0.147×10^{-4}
t/℃	20	30	40
ν/m^2·s^{-1}	0.157×10^{-4}	0.166×10^{-4}	0.176×10^{-4}
t/℃	60	80	100
ν/m^2·s^{-1}	0.196×10^{-4}	0.21×10^{-4}	0.238×10^{-4}

2.4　空气的压缩性与膨胀性

气体的压力变化时，其体积随之改变的性质称为气体的压缩性。气体因温度变化，体积随之改变的性质称为气体的膨胀性。空气的压缩性和膨胀性都远远大于液体的压缩性和膨胀性。气体的体积随温度和压力的变化规律服从气体状态方程。

3　理想气体状态方程

不计黏性的气体为理想气体。理想气体的状态方程为

$$\begin{cases}\dfrac{pV}{T}=\text{常数}\\ pv=RT\\ \dfrac{p}{\rho}=RT\end{cases}\qquad(22.2\text{-}4)$$

式中　p——绝对压力(Pa)；

V——气体体积(m^3)；

T——热力学温度(K)；

v——气体比体积(m^3/kg)；

ρ——气体密度(kg/m^3)；

R——气体常数[J/(kg·K)]，干空气 $R=$

287.1J/(kg · K)，水蒸气 $R=462.05$ J/(kg · K)。

除高压、低温状态外(如压力不超过 20MPa、绝对温度不低于 253K)，对于空气、氧、氮和二氧化碳等气体，该方程均适用。p、v、T 的变化决定了气体的不同状态和过程。

3.1 基准状态和标准状态

基准状态：温度为 0℃、绝对压力为 101.3kPa (1 个标准大气压)时，干空气的状态。基准状态下空气的密度 $\rho_0=1.293\text{kg/m}^3$。

标准状态：温度为 20℃、相对湿度为 65%、绝对压力为 0.1MPa 时，湿空气的状态。在单位后常标注"ANR"，如自由空气的流量为 30m³/h，常记为 30m³/h(ANR)。标准状态空气的密度 $\rho=1.185\text{kg/m}^3$。

3.2 空气的热力过程

3.2.1 等容过程

$$\frac{p_1}{T_1}=\frac{p_2}{T_2} \tag{22.2-5}$$

式中 p_1——状态 1 下的绝对压力(MPa)；
p_2——状态 2 下的绝对压力(MPa)；
T_1——状态 1 下的热力学温度(K)；
T_2——状态 2 下的热力学温度(K)。

3.2.2 等压过程

$$\frac{V_1}{T_1}=\frac{V_2}{T_2} \tag{22.2-6}$$

式中 V_1——状态 1 下的气体体积；
V_2——状态 2 下的气体体积。

3.2.3 等温过程

$$p_1V_1=p_2V_2 \tag{22.2-7}$$

3.2.4 绝热过程

$$\begin{cases} pV^{\kappa}=C_1(\text{常数}) \\ \dfrac{p}{\rho^{\kappa}}=C_2(\text{常数}) \end{cases} \tag{22.2-8}$$

式中 κ——等熵指数，$\kappa=1.4$。

3.2.5 多方过程

$$p_1V_1^n=p_2V_2^n \tag{22.2-9}$$

式中 n——多变指数。

4 湿空气

含有水蒸气的空气称为湿空气。空气中的水蒸气在一定条件下会凝结成水滴。水滴不仅会腐蚀元件，而且会对系统的稳定性带来不良影响，因此常采取一些措施来防止水蒸气被带入系统。湿空气中所含水蒸气的程度用湿度和含湿量来表示。

4.1 湿度

4.1.1 绝对湿度

1m³ 湿空气中所含水蒸气的质量称为湿空气的绝对湿度，常用 χ 表示，即

$$\chi=\frac{m_s}{V} \tag{22.2-10}$$

或由式(22.2-4)气体状态方程导出，即

$$\chi=\rho_s=\frac{p_s}{R_sT} \tag{22.2-11}$$

式中 m_s——水蒸气的质量(kg)；
V——湿空气的容积(m³)；
ρ_s——水蒸气的密度(kg/m³)；
p_s——水蒸气的分压力(Pa)；
R_s——水蒸气的气体常数，$R_s=462.05$J/(kg · K)；
T——热力学温度(K)。

4.1.2 相对湿度

在某温度和某压力下，其绝对湿度与饱和绝对湿度之比称为该温度下的相对湿度，用 φ 表示：

$$\varphi=\frac{\chi}{\chi_b}\times100\%=\frac{d'}{d'_b}\times100\% \tag{22.2-12}$$

式中 χ、χ_b——分别为绝对湿度与饱和绝对湿度(kg/m³)；
d'、$d_b{}'$——分别为湿空气的容积含湿量与饱和容积含湿量(g/m³)。

气动技术中规定，通过各种阀的空气的相对湿度不得大于 90%。

4.2 含湿量

4.2.1 质量含湿量

在含有干空气的 1kg 湿空气中所含的水蒸气质量称为该湿空气的质量含湿量，用 d 表示：

$$d=\frac{m_s}{m_g}=622\,\frac{\varphi p_b}{p-\varphi p_b} \tag{22.2-13}$$

式中　m_s——水蒸气的质量(g)；

m_g——干空气的质量(kg)；

p_b——饱和水蒸气的分压力(MPa)；

p——湿空气的全压力(MPa)；

φ——相对湿度。

4.2.2　容积含湿量

在含有 $1m^3$ 干空气的湿空气中所含的水蒸气质量称为该湿空气的容积含湿量，用 d' 表示：

$$d' = d\rho \tag{22.2-14}$$

式中　ρ——干空气的密度(kg/m^3)。

表 22.2-5 列出了绝对压力在 0.1013MPa 下，饱和空气中水蒸气的分压力、容积含湿量与温度的关系。

5　自由空气流量、标准额定流量及析水量

5.1　自由空气流量、标准额定流量

5.1.1　自由空气流量

气压传动中所用的压缩空气是由空气压缩机获得的。经压缩机压缩后的空气称为压缩空气，未经压缩处于自由状态下(大气压 0.1013MPa)的空气称为自由空气。空气压缩机铭牌上注明的是自由空气流量。按此流量选择空气压缩机。自由空气流量可由下式计算：

$$q_z = q\frac{p}{p_z}\frac{T_z}{T} \tag{22.2-15}$$

忽略温度影响，则

$$q_z = q\frac{p}{p_z} \tag{22.2-16}$$

式中　q、q_z——分别为压缩空气流量和自由空气流量(m^3/min)；

p、p_z——分别为压缩空气和自由空气的绝对压力(MPa)；

T、T_z——分别为压缩空气和自由空气的热力学温度(K)。

5.1.2　标准额定流量

在选择国外气动元件时，经常会遇到标准额定流量的概念。

若忽略温度变化的影响，则

$$q_b = q_e\frac{p_e}{p_b} \tag{22.2-17}$$

式中　q_e——额定流量，是最高工作压力状态下供给元、辅件的最大压缩空气流量(m^3/min)；

q_b——标准额定流量，是标准状态下供给元、辅件的空气流量(m^3/min)；

p_e、p_b——分别为额定状态、标准状态下的绝对压力(MPa)。

5.2　析水量

湿空气被压缩后，单位容积中所含水蒸气的量会增加，同时温度也升高。当压缩空气冷却时，其相对湿度增加，当温度降到露点后便有水滴析出。压缩空气中析出的水量可由下式计算：

$$q_m = 60q_z\left[\varphi d'_{1b} - \frac{(p_1-\varphi p_{b1})T_2}{(p_2-\varphi p_{b2})T_1}d'_{2b}\right] \tag{22.2-18}$$

式中　q_m——每小时的析水量(kg/h)；

φ——空气未被压缩时的相对湿度；

T_1——压缩前空气的温度(K)；

T_2——压缩后空气的温度(K)；

d'_{1b}——温度为 T_1 时饱和容积含湿量(kg/m^3)；

d'_{2b}——温度为 T_2 时饱和容积含湿量(kg/m^3)；

p_{b1}、p_{b2}——分别为温度 T_1、T_2 时饱和空气中水蒸气的分压力(绝对压力)(MPa)。

例 22.2-1　将 15℃的空气压缩至 0.7MPa(绝对压力)，压缩后的空气温度为 40℃，已知空气压缩机的流量为 $6m^3/min$，相对湿度 $\varphi = 0.85$，求空气压缩机每小时的析水量。

解：　由表 22.2-5 可查得，15℃时，$d'_{1b} = 12.8g/m^3$，$p_{b1} = 0.0017MPa$；40℃时，$d'_{2b} = 51.2g/m^3$，$p_{b2} = 0.0074MPa$。

已知：$q_z = 6m^3/min$，$p_1 = 0.1MPa$，$p_2 = 0.7MPa$。

由式(22.2-18)，有

$$\begin{aligned} q_m &= 60q_z\left[\varphi d'_{1b} - \frac{p_1-\varphi p_{b1}}{p_2-\varphi p_{b2}}\frac{T_2}{T_1}d'_{2b}\right] \\ &= 60\times6\times\left[0.85\times0.0128 - \frac{0.1-0.85\times0.0017}{0.7-0.85\times0.0074}\times\frac{273+40}{273+15}\times0.0512\right]kg/h \\ &= 1.073kg/h \end{aligned}$$

6　气体流动的基本方程

6.1　连续性方程

流体在管道中做稳定流动时，同一时间内流过

管道每一截面的质量流量相等，即

$$\rho_1A_1v_1=\rho_2A_2v_2=q_m=\text{常数} \quad (22.2\text{-}19)$$

式中 ρ_1、ρ_2——分别为截面1、2上流体的密度（kg/m^3）；
A_1、A_2——分别为截面1、2的截面积（m^2）；
v_1、v_2——分别为截面1、2上流体运动速度（m/s）；
q_m——质量流量（kg/s）。

如果气体运动速度很低，可视为不可压缩的，即$\rho_1=\rho_2=$常数，式(22.2-19)变为

$$v_1A_1=v_2A_2=q_V=\text{常数} \quad (22.2\text{-}20)$$

式中 q_V——体积流量（m^3/s）。

6.2 能量方程

如果流体流动为稳定流，由能量守恒关系可求得下述几种形式的能量方程。

6.2.1 不可压缩流体的伯努利方程

$$h_1+\frac{p_1}{\rho g}+\frac{v_1^2}{2g}=h_2+\frac{p_2}{\rho g}+\frac{v_2^2}{2g}+h_w \quad (22.2\text{-}21)$$

式中 h_1、h_2——分别为截面1、2处的位置高度（m）；
p_1、p_2——分别为截面1、2处的压力（Pa）；
ρ——流体的密度（kg/m^3）；
g——流体的自由落体加速度（m/s^2）；
v_1、v_2——分别为截面1、2处的平均流速（m/s）；
h_w——截面1、2间损失的水头（m）。

如果忽略位置高度h的影响，式(22.2-21)乘以ρg可得

$$\left.\begin{aligned}&p_1+\frac{1}{2}\rho v_1^2=p_2+\frac{1}{2}\rho v_2^2+\sum\rho g h_w\\&\sum\rho g h_w=\sum\Delta p_1+\sum\Delta p_\xi\end{aligned}\right\} \quad (22.2\text{-}22)$$

式中 $\sum\rho g h_w$——截面1、2间全部压力损失（Pa）；
$\sum\Delta p_1$——截面1、2间全部沿程压力损失（Pa）；
$\sum\Delta p_\xi$——截面1、2间全部局部压力损失（Pa）。

$$\sum\Delta p_1=\sum\rho g\lambda\ \frac{l}{d}\times\frac{v^2}{2g} \quad (22.2\text{-}23)$$

式中 l、d——分别为管路长度和管内径（m）；
λ——管路沿程阻力系数。

λ值与气体的流动状态和管壁的相对粗糙度$\frac{\varepsilon}{d}$有关，对于层流流动状态的空气和水，有

$$\lambda=\frac{64}{Re}$$

式中 Re——雷诺数。

当气体为紊流流动状态时，$\lambda=f\left(Re,\frac{\varepsilon}{d}\right)$，$\lambda$的值可根据$Re$和$\frac{\varepsilon}{d}$的值查21篇第2章有关沿程阻力系数的计算方法查得

$$\sum\Delta p_\xi=\sum\rho\xi\ \frac{v^2}{2} \quad (22.2\text{-}24)$$

式中 ξ——局部阻力系数，ξ值可从21篇有关局部阻力系数表中查得。

6.2.2 可压缩气体绝热流动的伯努利方程

如果忽略气体流动时的能量损失和位能变化，则得

$$\left.\begin{aligned}&\frac{\kappa}{\kappa-1}\ \frac{p_1}{\rho_1}+\frac{v_1^2}{2}=\frac{\kappa}{\kappa-1}\ \frac{p_2}{\rho_2}+\frac{v_2^2}{2}\\&\frac{\kappa}{\kappa-1}\ \frac{p_1}{\rho_1 g}+\frac{v_1^2}{2g}=\frac{\kappa}{\kappa-1}\ \frac{p_2}{\rho_2 g}+\frac{v_2^2}{2g}\end{aligned}\right\} \quad (22.2\text{-}25)$$

式中 κ——等熵指数。

6.2.3 有机械功的压缩性气体能量方程

若在所研究的管道两截面1—1与2—2之间有流体机械（如压气机、鼓风机等）对单位质量气体做功，则绝热过程能量方程为

$$\frac{\kappa}{\kappa-1}\ \frac{p_1}{\rho_1}+\frac{v_1^2}{2}+L=\frac{\kappa}{\kappa-1}\ \frac{p_2}{\rho_2}+\frac{v_2^2}{2} \quad (22.2\text{-}26)$$

由此式可得：

对绝热过程，

$$L_h=\frac{\kappa}{\kappa-1}\ \frac{p_1}{\rho_1}\left[\left(\frac{p_2}{p_1}\right)^{\frac{\kappa-1}{\kappa}}-1\right]+\frac{v_2^2-v_1^2}{2} \quad (22.2\text{-}27)$$

对多方过程，

$$L_n=\frac{n}{n-1}\ \frac{p_1}{\rho_1}\left[\left(\frac{p_2}{p_1}\right)^{\frac{n-1}{n}}-1\right]+\frac{v_2^2-v_1^2}{2} \quad (22.2\text{-}28)$$

如果忽略速度v的影响，则得：

对绝热过程，

$$L_h'=\frac{\kappa}{\kappa-1}\ \frac{p_1}{\rho_1}\left[\left(\frac{p_2}{p_1}\right)^{\frac{\kappa-1}{\kappa}}-1\right] \quad (22.2\text{-}29)$$

对多方过程，

$$L_n'=\frac{n}{n-1}\ \frac{p_1}{\rho_1}\left[\left(\frac{p_2}{p_1}\right)^{\frac{n-1}{n}}-1\right] \quad (22.2\text{-}30)$$

式中　L_h，L_n——分别为绝热、多方过程流体机械对单位质量气体所做的全功(J/kg)；

L'_h，L'_n——分别为绝热、多方过程流体机械对单位质量气体所做的压缩功(J/kg)。

7　声速及气体在管道中的流动特性

7.1　声速、马赫数

声速是指声波在空气介质中传播的速度。声波是一种微弱的扰动波，通常将一切微弱扰动波的传播速度都叫声速。因微弱扰动传播速度很快，故可视为绝热过程。绝热过程的声速

$$a=\sqrt{\kappa\frac{p}{\rho}}=\sqrt{\kappa RT} \tag{22.2-31}$$

式(22.2-31)说明气体的声速决定于介质的压力 p、密度 ρ 和温度 T。当 $\kappa=1.4$、$R=287.1\text{J/(kg·K)}$ 时代入式(22.2-31)，得

$$a=20\sqrt{T} \tag{22.2-32}$$

当温度为 15℃时，空气中的声速 $a=340\text{m/s}$。工程上将气流的速度 v 与声速 a 之比称为马赫数，用符号 M_a 表示，即

$$M_a=\frac{v}{a}=\frac{v}{\sqrt{\kappa RT}} \tag{22.2-33}$$

当气体 $v<a$ 时的流动为亚声速流动；

当气体 $v>a$ 时的流动为超声速流动；

当气体 $v=a$ 时的流动称为声速流动或临界状态流动。

7.2　气体在管道中的流动特性

气体沿着变截面管道流动时，其流速符合

$$\frac{1}{A}\frac{dA}{ds}=(M_a^2-1)\frac{1}{v}\frac{dv}{ds} \tag{22.2-34}$$

由式(22.2-34)可得出表 22.2-7 的结论。

表 22.2-7　管道中流速、压力与截面变化的关系

流动区域		几何条件	管子截面沿管轴 s 方向变化	结论		
				截面 A	速度 v	压力 p
亚声速流动	$M_a<1$ ($v<a$)	$\frac{dA}{ds}\propto-\frac{dv}{ds}$		减小	增大	减小
				增大	减小	增大
超声速流动	$M_a>1$ ($v>a$)	$\frac{dA}{ds}\propto\frac{dv}{ds}$		增大	增大	减小
				减小	减小	增大
声速(临界状态)流动	$M_a=1$ ($v=a$)	$\frac{dA}{ds}=0$		不变	不变	不变

8　气动元件的流通能力

8.1　流通能力 K_v 值、C_v 值

8.1.1　流通能力 K_v 值

当被测元件全开，元件两端压差为 0.1MPa，用密度为 $1g/cm^3$ 的水介质实验时，若通过阀的流量值为 q，则流通能力 K_v 值为

$$K_v = q\sqrt{\frac{\rho \Delta p_0}{\rho_0 \Delta p}}$$

式中　q——实测水介质的流量(m^3/h)；

ρ——实测水介质的密度(g/cm^3)；

Δp——实测被测元件前后的压差，$\Delta p = p_1 - p_2$(MPa)；

p_1、p_2——分别为被测元件上、下游的压力(MPa)；

ρ_0、Δp_0——分别为规定的水介质密度和压差，$\rho_0 = 1g/cm^3$，$\Delta p_0 = 0.1MPa$。

8.1.2　流通能力 C_v 值

当被测元件全开，元件两端压差为 $1lbf/in^2$($1lbf/in^2 = 6.89kPa$)，温度为 60℉(15.5℃)的水，通过元件的流量为 gal(美)/min[1gal(美)/min = 3.785 L/min]时，则流通能力 C_v[gal(美)/min]值为

$$C_v = q_v\sqrt{\frac{\rho \Delta p_0}{\rho_0 \Delta p}}$$

式中　q_v——实测时水的流量[gal(美)/min]；

ρ_0——60℉水的密度，$\rho_0 = 1g/cm^3$；

Δp_0——被测元件前后的压差，$\Delta p_0 = 1lbf/in^2$；

ρ、Δp——分别为实测时水的密度(g/cm^3)和被测元件前后的压差(lbf/in)。

8.2　有效截面积 S

8.2.1　定义及简化计算

气体流经孔(如阀口等)时，由于实际流体存在黏性，使流束收缩得比节流孔名义截面积 S_0 还小，此最小截面积 S 称为有效截面积(见图 22.2-2)，它代表了节流孔的流通能力。S/S_0 称为收缩系数，以 α 表示：

$$\alpha = \frac{S}{S_0} \tag{22.2-35}$$

式中　S——有效截面积(mm^2)；

S_0——节流孔的名义截面积(mm^2)，对圆形节流，$S_0 = \frac{\pi}{4}d^2$。

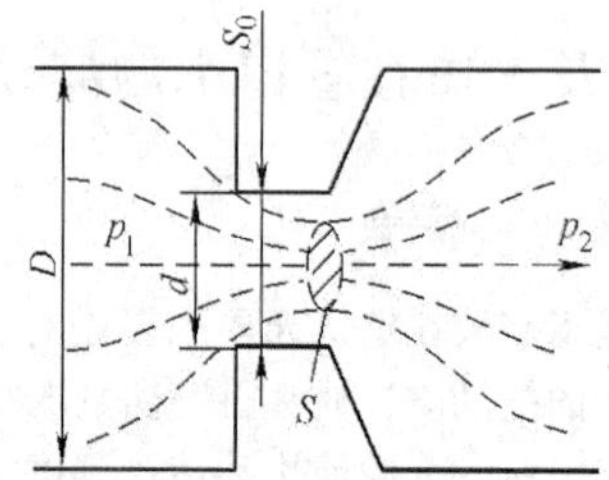

图 22.2-2　节流孔的有效截面积

薄壁节流孔的 α 值可根据节流孔直径 d 和节流孔上游直径 D 二者比值 $\beta\left[\beta = \left(\frac{d}{D}\right)^2\right]$，由图 22.2-3 查得。

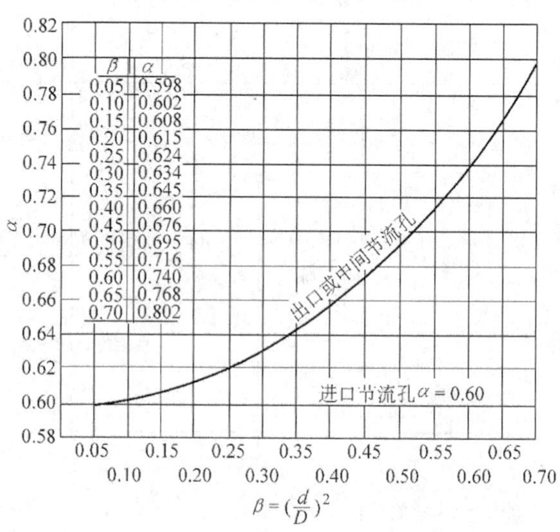

图 22.2-3　薄壁节流孔收缩系数

气动元件的流通能力也常用 S 值来表示，即把气体通过气动元件的流动看成类似条件下通过节流孔板的流动，这使问题大为简化。管路有效截面积 S 可按下式计算

$$S = \alpha S_0$$

式中　α——系数，由图 22.2-4 查出；

S_0——管道的名义截面积(mm^2)，$S_0 = \frac{\pi}{4}d^2$；

d——管道内径(mm)。

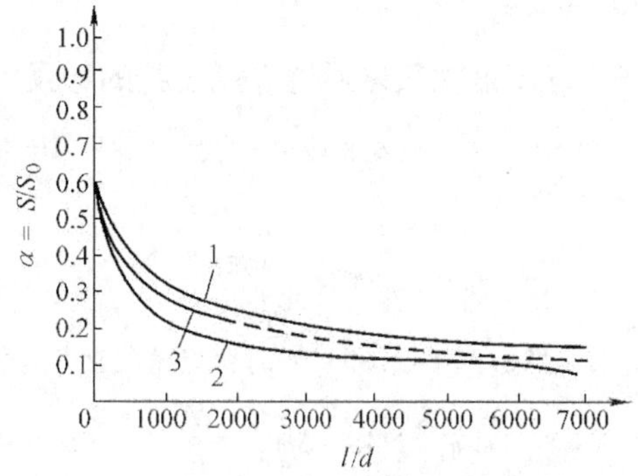

图 22.2-4 管路长 l 与有效截面积的关系曲线
1—d=11.6mm 具有涤纶编织物的乙烯软管
2—d=2.52mm 的尼龙管
3—d=6.35~25.4mm 的瓦斯管

8.2.2 有效截面积的测试方法

气动元件的有效截面积 S 值可通过测试确定。

1）声速排气法测定 S 值。图 22.2-5 所示为电磁换向阀 S 值的测定装置。由容器放气特性测定放气时间，算出 S 值：

$$S=\left(12.9V\frac{1}{t}\lg\frac{p_1+0.102}{p_2+0.102}\right)\times\sqrt{\frac{273}{T}} \quad (22.2\text{-}36)$$

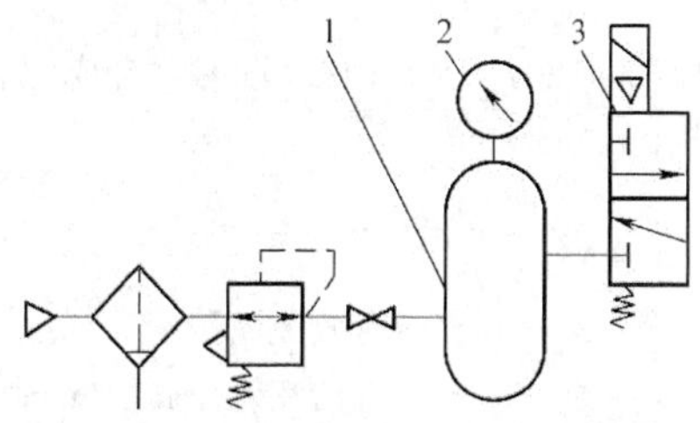

图 22.2-5 电磁阀有效截面积 S 值的测试
1—容器 2—电接点压力表 3—被测阀

式中 S——有效截面积（mm^2）；

V——容器的容积（L）；

t——放气时间（s）；

p_1——容器内初始压力（相对）（MPa），p_1=0.5MPa；

p_2——放气后容器内剩余压力（相对）（MPa），p_2=0.2MPa；

T——以热力学温度表示的室温（K）。

式（22.2-36）对流动为声速时适用，亚声速时不适用。

2）定常流法测 S 值试验原理图参见图 22.2-6。

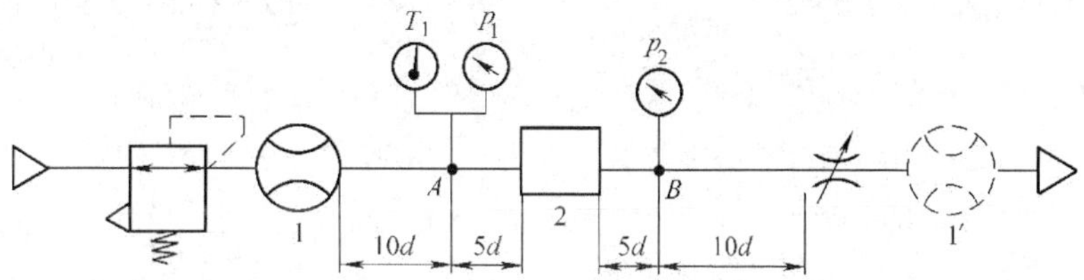

图 22.2-6 定常流法测 S 值原理图
1—流量计 2—被测元件 d—管径 A、B—测压孔

被测元件上游压力 p_1、温度 T_1 调至规定值，并保持不变。调节节流阀的开度，测量被测元件上、下游压力 p_1、p_2 和通过的流量 q，按下式计算有效截面积 S 值：

p_1/p_2=1~1.893（亚声速区），

$$S=\frac{q\sqrt{\frac{T_1}{273}}}{7.31\sqrt{\left(\frac{p_2}{p_1}\right)^{1.43}-\left(\frac{p_2}{p_1}\right)^{1.71}}} \quad (22.2\text{-}37)$$

$p_1/p_2 \geqslant 1.893$（声速区），

$$S=\frac{q}{1.893p_1}\sqrt{\frac{T_1}{273}} \quad (22.2\text{-}38)$$

式中 S——有效截面积（mm^2）；

q——流量（L/s）；

p_1、p_2——分别为被测元件上、下游压力（MPa）；

T_1——温度（K）。

应指出：在亚声速流动范围内，上述计算基本正确。但用定常流法测 S 值是不可取的，因式（22.2-37）的来源 p_1 和 p_2 分别是被测元件内最大流速处的总压力$\left(p_1+\frac{1}{2}\rho v_1^2\right)$和静压力 p_2，而实测却是被测元件上、下游的静压力。

8.2.3 系统中多个元件合成的 S 值

1）系统中若干个元件并联时，合成的有效截面积 S_R 由下式计算：

$$S_R=S_1+S_2+\cdots+S_n=\sum_{i=1}^{n}S_i \qquad (22.2\text{-}39)$$

2）系统中若干个元件串联时，合成的有效截面积由下式计算：

$$\frac{1}{S_R^2}=\frac{1}{S_1^2}+\frac{1}{S_2^2}+\cdots+\frac{1}{S_n^2}=\sum_{l=1}^{n}\frac{1}{S_l^2} \qquad (22.2\text{-}40)$$

式中　S_R——合成有效截面积（mm^2）；

$S_1, S_2, \cdots, S_n$——各元件的有效截面积（mm^2）。

8.3　理想气体在收缩喷管中绝热流动的流量

如图22.2-7a所示，容器内压力、密度、温度分别为p_1、ρ_1、T_1。当气体以声速或近声速从容器通过节流孔或收缩形管嘴排到容器外部空间时，出口处的压力、密度、温度分别为p_2、ρ_2、T_2。只要节流孔或管嘴前后压差足够大，气流的速度就能达到声速。

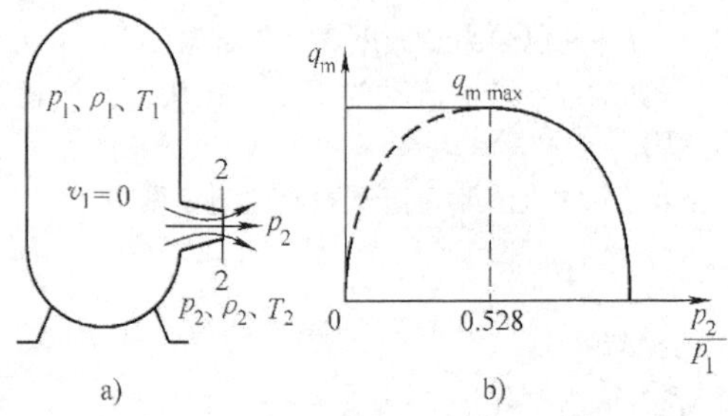

图22.2-7　可压缩性气体经收缩管的流量

当$p_2/p_1<0.528$或$p_1>1.893p_2$时，

$$q_m=0.404\frac{p_1}{\sqrt{T_1}}A \qquad (22.2\text{-}41)$$

式中　q_m——气体的质量流量（kg/s）；

p_1——容器中绝对压力（MPa）；

T_1——容器中温度（K）；

A——收缩喷管最小截面积（mm^2）。

由式（22.2-41）可以看出，只要$p_2/p_1<0.528$或$p_1>1.893p_2$，喷管最小截面处气流达到声速后，容器内压力p_1保持不变，而无论怎样降低出口压力p_2（直到p_2为0）排气的质量流量都保持不变，即仍然是声速时的最大值q_{mmax}，这种流动称为壅塞流。这是因为达到声速时气流向管外的传播速度与向上游传播的压力波相平衡，使流速保持不变。压力比p_2/p_1与流量q_m的关系如图22.2-7b所示。压力比$p_2/p_1=0.528$时有最大流量q_{mmax}，此时的压力比称为临界压力比。

气动元件的临界压力比经测试知，一般为$p_2/p_1=0.2\sim0.5$。

8.4　可压缩性气体通过节流小孔的流量

1）当$p_2/p_1<0.528$或$p_1>1.893p_2$时，流速在声速区，

$$q_z=113Sp_1\sqrt{\frac{273}{T_1}} \qquad (22.2\text{-}42)$$

2）当$p_1=(1\sim1.893)p_2$时，流速在亚声速区，

$$q_z=234S\sqrt{\Delta pp_1}\sqrt{\frac{273}{T_1}} \qquad (22.2\text{-}43)$$

式中　q_z——自由（标准）状态流量（L/min）；

S——有效截面积（mm^2）；

p_1——节流孔上游绝对压力（MPa）；

Δp——压差（MPa），$\Delta p=p_1-p_2$；

T_1——节流孔上游热力学温度（K）。

例22.2-2　已知通径为6mm的气控阀在环境温度为20℃、气源压力为0.5MPa（相对）的条件下进行实验，测得阀进出口压降$\Delta p=0.02$MPa，额定流量$q=2.5m^3/h$，试计算该阀的有效截面积S值。

解：　按式（22.2-16）求自由空气流量

$$q_z=q\times\frac{p+0.1013}{0.1013}$$
$$=\frac{2.5\times1000}{60}\times\frac{0.5+0.1013}{0.1013}\text{L/min}$$
$$=247\text{L/min}$$

出口压力$p_2=0.5813$MPa

压力比：$\frac{p_2}{p_1}=\frac{0.5813}{0.6013}=0.97$或$p_1=1.013p_2$，即$p_1=(1\sim1.893)p_2$，可按式（22.2-43）求$S$值：

$$S=\frac{q_z}{234\sqrt{\Delta pp_1}}\sqrt{\frac{T_1}{273}}$$
$$=\frac{247}{234\sqrt{0.02\times0.6013}}\sqrt{\frac{273+20}{273}}\text{mm}^2$$
$$=10\text{mm}^2$$

8.5　流通能力K_v值、C_v值、S值的关系

$$C_v=1.167K_v$$
$$S=16.98C_v\approx17C_v=19.82K_v \qquad (22.2\text{-}44)$$
$$C_v\times1000\approx q_z(\text{空气})$$

式中　K_v——流通能力（m^3/h）；

C_v——流通能力［gal（美）/min］；

S——有效截面积（mm^2）；

q_z——自由（标准）状态流量（L/min）。

9　充气、放气温度与时间的计算

9.1　充气温度与时间的计算

气罐充气时(见图 22.2-8)，气罐内压力从 p_1 升高到 p_2，温度从室温 T_1 升高到 T_2，则

$$T_2=\frac{\kappa}{1+\frac{p_1}{p_2}\left(\kappa\frac{T_s}{T_1}-1\right)}T_s \qquad (22.2\text{-}45)$$

式中　T_s——气源热力学温度(K)；

κ——等熵指数。

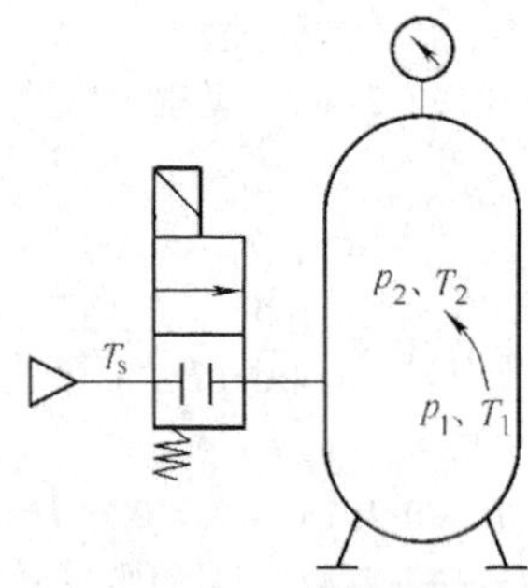

图 22.2-8　气罐充气

如果气源与被充气的气罐都是室温，即 $T_s=T_1$，则得

$$T_2=\frac{\kappa}{1+\frac{p_1}{p_2}(\kappa-1)}T_1$$

从式(22.2-45)可以看出，绝热充气无论充气的压力 p_2 多高，气罐中气体温度不会超过气源温度的 1.4 倍。如果充气至 p_2 时立即关闭阀门，通过气罐壁散热，则罐内温度再次下降至室温，此时气罐内的压力也下降，压力的大小可按下式计算：

$$p=p_2\frac{T_1}{T_2}$$

式中　p——充气后又降到室温时罐内气体稳定的压力值(MPa)。

气罐充气到气源压力时所需的时间

$$t=\left(1.285-\frac{p_1}{p_s}\right)\tau$$

式中　p_s——气源的绝对压力(MPa)；

p_1——气罐内的初始绝对压力(MPa)；

τ——充气与放气的时间常数(s)，

$$\tau=5.217\frac{V}{\kappa S}\sqrt{\frac{273}{T_s}} \qquad (22.2\text{-}46)$$

式中　V——气罐的容积(L)；

S——有效截面积(mm^2)。

图 22.2-9 所示为气罐充气时的压力-时间特性曲线。可以看出，当气罐中的压力小于等于临界压力 p^*(即 $p\leqslant 0.528p_1$)时，则最小截面处气流的流速将保持声速，向被充气气罐流动的气体流量也将保持常数，曲线保持线性变化(见 Oa 线)；而当气罐内压力大于临界压力 p^*($p>0.528p_1$)时，因充气速度将降低(小于声速)，流动属于亚声速范围，随着被充气罐内压力上升，流量会逐渐降低，因此从达到临界压力起直到充气结束，ab 段曲线为非线性变化。

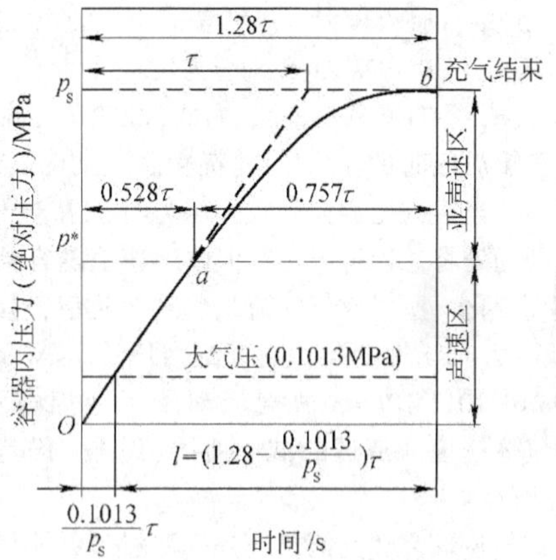

图 22.2-9　充气时压力-时间特性曲线

9.2　放气温度与时间的计算

气罐内空气的初始温度 T_1、压力 p_1 经快速绝热放气后的温度降低到 T_2，压力降低到 p_2(见图 22.2-10)，有

$$T_2=T_1\left(\frac{p_2}{p_1}\right)^{\frac{\kappa-1}{\kappa}}$$

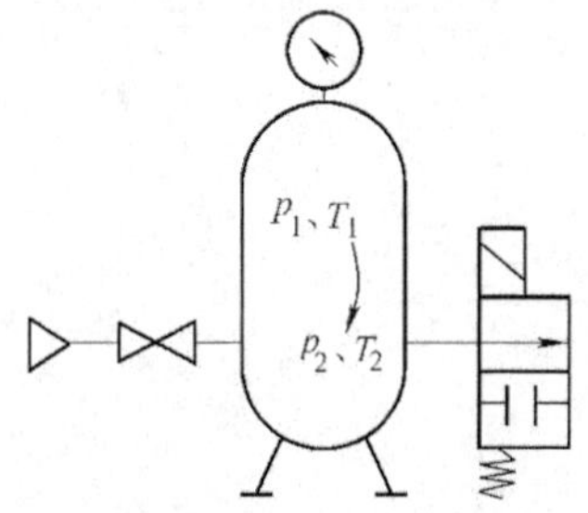

图 22.2-10　气罐放气

如果放气至 p_2 后立即关闭气阀，停止放气，则气罐内温度上升到室温，此时气罐内的压力也上升至 p，p 的大小按下式计算：

$$p=p_2\frac{T_1}{T_2}$$

式中 p——关闭气阀后罐内气体达到稳定状态时的绝对压力(MPa);

p_2——刚关闭气阀时气罐内的绝对压力(MPa)。

气罐放气结束所需的时间为

$$t=\left\{\frac{2\kappa}{\kappa-1}\left[\left(\frac{p_1}{p^*}\right)^{\frac{\kappa-1}{2\kappa}}-1\right]+0.914\left(\frac{p_1}{0.1013}\right)^{\frac{\kappa-1}{2\kappa}}\right\}\tau \tag{22.2-47}$$

式中 p_1——初始绝对压力(MPa);

p^*——临界压力，一般取 $p^*=1.893\times0.1013=0.192$MPa(绝对压力);

τ——时间常数(s)，由式(22.2-46)确定。

气罐放气时的压力-时间特性曲线从图22.2-11可看出，当罐内压力大于临界压力时，由于放气量小，断面处将总保持声速，但此声速值随容器中的温度而变化，所以放气的流量也是变化值，如曲线(ab段)为非线性变化；当气罐内压力 $p<p^*$($p^*=1.893\times0.1013$MPa)，放气流动属于亚声速流动，因此气体速度、流量的减小曲线(bc段)仍是非线性变化的。

放气过程究竟是绝热还是等温过程，要依具体情况确定。一般气罐内在压力相同的条件下，若放气孔面积较大，排气快，则接近于绝热过程；若放气孔面积较小，排气慢，器壁导热又好，则接近等温过程。

例22.2-3 如图22.2-10所示，通过总有效面积为50mm² 的回路，容积为100L的气罐内压力从0.5MPa

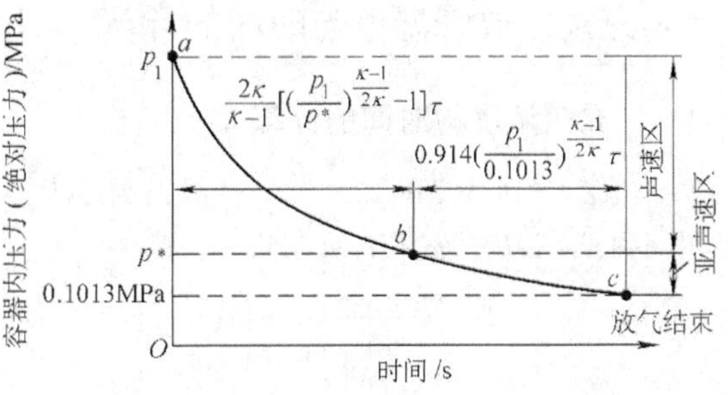

图22.2-11 放气时的压力-时间特性曲线

(表压)放气到大气压。当气罐内原始温度与气源温度均为20℃时，试求放气时间。

解： 按式(22.2-46)计算时间常数，有

$$\tau=5.217\frac{V}{\kappa S}\sqrt{\frac{273}{T_s}}$$

$$=5.217\times\frac{100}{1.4\times50}\sqrt{\frac{273}{273+20}}\ \mathrm{s}$$

$$\approx7.2\mathrm{s}$$

因 $p_1=(0.5+0.1013)$MPa$=0.6013$MPa(绝对压力)，故可由式(22.2-47)来计算放气时间，即

$$t=\left\{\frac{2\kappa}{\kappa-1}\left[\left(\frac{p_1}{p^*}\right)^{\frac{\kappa-1}{2\kappa}}-1\right]+0.914\left(\frac{p_1}{0.1013}\right)^{\frac{\kappa-1}{2\kappa}}\right\}\tau$$

$$=\left\{\frac{2\times1.4}{1.4-1}\left[\left(\frac{0.6013}{1.893\times0.1013}\right)^{\frac{1.4-1}{2\times1.4}}-1\right]+0.914\times\left(\frac{0.6013}{0.1013}\right)^{\frac{1.4-1}{2\times1.4}}\right\}\times7.2\ \mathrm{s}$$

$$\approx17.42\mathrm{s}$$

第 3 章　气源装置及气动辅助元件

1　气源装置

1.1　容积式压缩机的分类和工作原理

表 22.3-1 列出了容积式压缩机按结构形式的分类及工作原理。

1.2　滑片式压缩机

各种滑片式压缩机的技术规格见表 22.3-2～22.3-4。

表 22.3-1　容积式压缩机按结构形式的分类及工作原理

结　构		结构示意图	工作原理及工作特点
往复式	活塞式	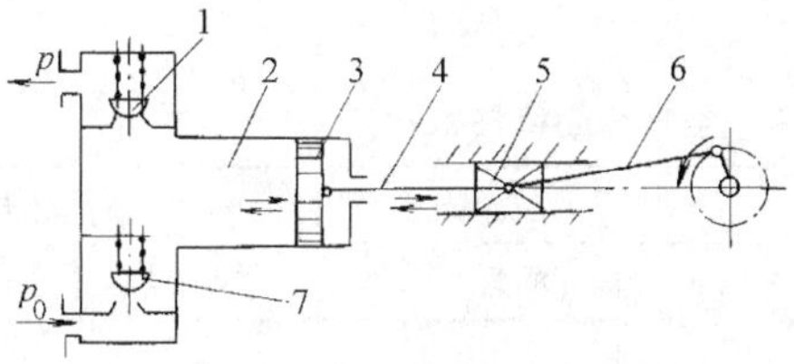	电动机带动连杆 6、滑块 5 及活塞 3 运动。当活塞 3 向右移动时，气缸 2 的左腔压力低于大气压，吸气阀 7 被打开，空气吸入缸内。当活塞向左运动时，缸的左腔压力高于大气压，吸气阀 7 关闭，排气阀 1 打开，压缩空气经输气管排出 该类压缩机流量、压力范围宽，结构较复杂。单级压力可达 1.0MPa，双级压力可达 1.5MPa
	膜片式	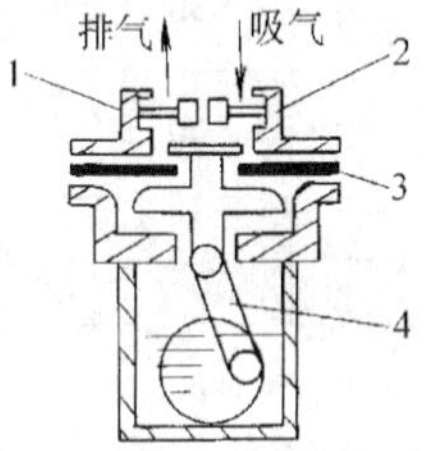	与上述压缩机原理相同，仅活塞由膜片代替。电动机驱动连杆 4 运动，使橡胶膜片 3 向下向上往复运动，先后打开吸气阀 2、排气阀 1，由输出管输出压缩空气 该类压缩机因由膜片代替活塞运动，消除了金属表面的摩擦，所以可得到无油的压缩空气。但工作压力不高，一般小于 0.3MPa
回转式	滑片式	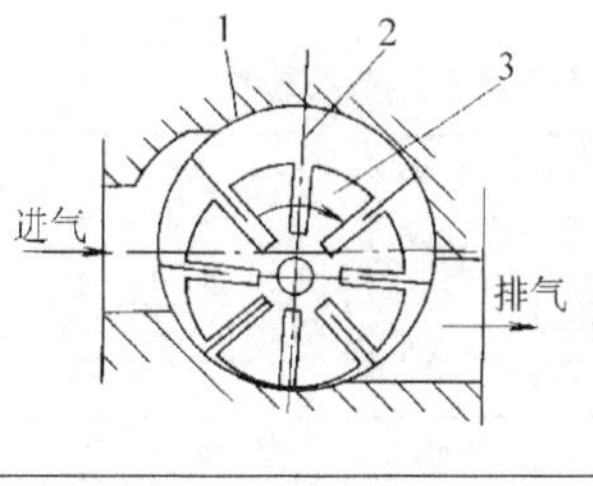	圆筒形缸体 1 内偏心地配置转子 3，转子上开有若干切槽，其内放置滑片 2。转子回转时，滑片在离心力作用下端部紧顶在气缸表面上，缸、转子和滑片三者形成一周期变化的容积。各小容积在一转中实现一次吸气、压气工作循环 该类压气机工作平稳，噪声小。工作压力单级可达 0.7MPa
	螺杆式	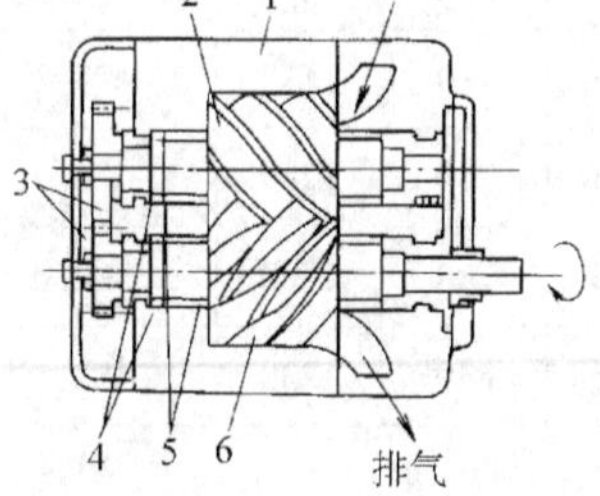	在壳体 1 内有一对大螺旋齿的螺杆 2 和 6 啮合着，两螺杆装在外壳内由两端的轴承所支承。其轴端装有同步齿轮 3 以保证两螺杆之间形成封闭的微小间隙。当螺杆由电动机带动时，该微小间隙发生变化，完成吸、压气循环。如果轴承和转子(螺杆)腔间用油封 4、轴封 5 隔开，可以得到无油的压缩空气 该类压缩机工作平稳，效率高。单级可达 0.4MPa，二级可达 0.9MPa，三级可达 3.0MPa，多级压缩会得到更高压力。加工工艺要求较高

表 22.3-2 滑片(HP)式风冷空气压缩机技术规格

型号	额定排气量① /$m^3 \cdot min^{-1}$	额定排气压力 /MPa	电动机功率 /kW	额定转速 /$r \cdot min^{-1}$	噪声 /dB	压缩机质量 /kg	机组总质量/kg		机组外形尺寸/mm						
									三角架式						半移动式
							三角架式	半移动式	L	W	H	l	W_1	h	长×宽×高
HP9-0.15/7	0.15~0.18	0.7	1.5	950	67	32	75	85	700	325	600	400	240	300	780×430×560
HP9-0.2/7	0.2~0.22		2.2	950	70	35									
HP9-0.25/7	0.25~0.27		2.2	1430	74	32									
HP9-0.3/7	0.3~0.35		3	1440	76	35									
HP9-4	0.6	0.7	4	1440	70.6	70	120		870	350	600	570	300	340	780×430×560
HP9-0.5/7	0.5		3.7	1440	71		120								

① 标准状态下空气流量。

表 22.3-3 LION 型空气压缩机技术规格

型号	排气量/$m^3 \cdot min^{-1}$			电动机功率 /kW	外形尺寸/mm			噪声 /dB(A)	出口管径 /in①	质量 /kg
	0.7MPa	0.8MPa	1MPa		长	宽	高			
LION-30	6.02	5.72	5.00	30	1650	850	1530	70	Rp1¼	750
LION-37	7.01	6.75	6.02	37	1800	1000	1530	72	Rp1¼	800
LION-55	11.10	10.80	9.20	55	2000	1100	1800	74	Rp2	1020
LION-75	14.02	13.50	12.04	75	1800	1600	1600	77	Rp1¼	1400
LION-110	22.20	21.60	18.40	110	2000	1950	1800	80	Rp2	1650

① 1in=0.0254m。

表 22.3-4 TIGER 型空气压缩机技术规格

型号	排气量/$m^3 \cdot min^{-1}$			电动机功率 /kW	外形尺寸/mm			噪声 /dB(A)	出口管径 /in①	质量 /kg
	0.7MPa	0.8MPa	1MPa		长	宽	高			
TIGER-05	0.82	0.78	0.70	5.5	1230	440	760	70	Rp3/4	198
TIGER-07	1.20	1.12	1.00	7.5	1330	480	760	71	Rp3/4	204
TIGER-11	1.71	1.63	1.50	11	1370	500	820	72	Rp3/4	254
TIGER-15	2.62	2.49	2.22	15	1600	550	940	73	Rp1	385
TIGER-18	3.16	2.97	2.59	18.5	1670	600	960	74	Rp1	402
TIGER-22	3.68	3.53	3.25	22	1670	600	960	76	Rp1	435
TIGER-30	5.09	4.81	4.25	30	1995	780	1175	77	Rp1¼	688
TIGER-37	6.38	6.02	5.29	37	2035	780	1200	78	Rp1¼	748
TIGER-45	7.66	7.20	6.27	45	2035	780	1200	80	Rp1¼	810
TIGER-55	10.10	9.58	8.10	55	2145	830	1230	82	Rp1¼	950

① 1in=0.0254m。

1.3　活塞式压缩机

V 型、W 型、Z 型风冷空气压缩机技术规格见表 22.3-5～表 22.3-7。活塞式无油润滑空气压缩机的技术规格见表 22.3-8。

表 22.3-5　V 型空气压缩机技术规格

型　号	额定排气量 /m³·min⁻¹	额定排气压力 /MPa	电动机功率 /kW	噪声 /dB	额定转速 /r·min⁻¹	气缸数×气缸直径 /mm		行程 /mm	压气机储气罐容积 /m³	质量 /kg	外形尺寸 ($L×W×H$) /mm
风冷移动式											
单 级 压 缩											
VD2.2	0.28	0.7	2.2	≤80	1050	2×65		60	0.12	160	1255×510×860
VD1.5	0.286		1.5	≤90	720	2×65		60	0.09	150	1240×458×805
2V-0.3/7	0.3		3.0		725	2×90		55	0.075	93	1155×430×830
2V-0.3/7D	0.3		3.0	≤85	1430	2×65		55	0.12	158	1250×510×928
2V-0.4/10	0.4	1.0	4.0	80.5	840	2×90			0.26	220	
2V-0.6/7	0.6	0.7	5.5		1450	2×90		55	0.12	200	1600×600×100C
									0.10	226	1140×600×860
2V-0.6/7	0.6		5.5	80.4	900	2×90		80	0.185	283	1540×540×960
2V-0.6/7-B	0.6		5.5		1450	2×90		55	0.12	225	1400×950×950
2V-0.6/7-C	0.6		5.5		1450	2×90		55	0.12	220	1450×550×1030
2V-0.6/7B	0.4		4.5	≤85	1250	2×90		55	0.12	220	1400×500×900
双 级 压 缩											
2V-0.1/10	0.1	1.0	1.1	80	650	1×65	1×50	60	0.09	150	1240×458×805
V-0.1/10	0.1	1.0	1.5	82	600	1×75	1×45	55	0.063	150	1000×408×225
2V-0.225/14	0.225	1.4	2.2	80	555	1×90	1×50	85	0.12	198	1290×464×932
2V-0.25/10	0.25	1.0	2.2	77	608	1×90	1×50	85	0.15	200	
2V-0.3/10	0.30		3.0	80	1100	1×90	1×57	55	0.075	190	1200×450×880
V-0.3/10B	0.30		3.0		800	1×90	1×50	70	0.084	240	1200×600×1000
2V-0.3/15	0.30	1.5	3.0	81.4	1060	1×90	1×50	55	0.12	240	1250×560×1000
2V-0.38/14	0.38	1.4	4.0	80	949	1×90	1×50	85	0.15	200	394×510×965
2V-0.4/10	0.40	1.0	4.0	78	986	1×90	1×50	85	0.15	200	394×510×965
水冷固定式双级压缩											
1V-3/8	3	0.8	22		970	1×120	1×120	110	0.3	1038	1600×1200×1210
V-3/8					980				0.5	1038	1600×1200×1210
1V-3/8					980				0.3	994	1600×170×1230

注：1. 额定排气量是指标准状态下的空气流量。

2. 该质量和外形尺寸不包括气罐。

3. 型号意义：

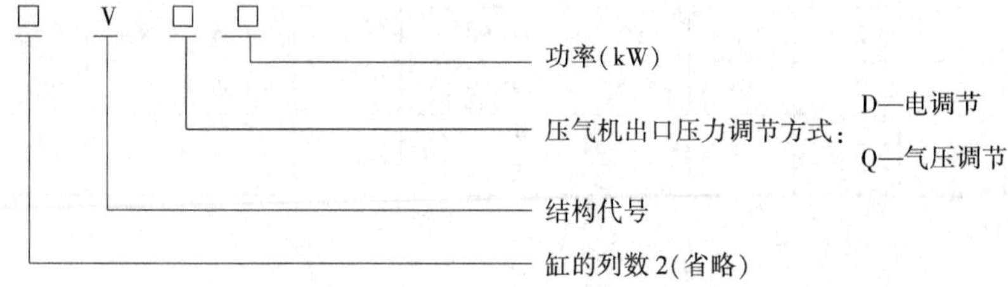

表 22.3-6 W 型风冷移动式空气压缩机技术规格

<table>
<tr><th>型 号</th><th>额定排气量①/m³·min⁻¹</th><th>额定排气压力/MPa</th><th>电动机功率/kW</th><th>噪声/dB</th><th>额定转速/r·min⁻¹</th><th colspan="2">气缸数×气缸直径/mm</th><th>行程/mm</th><th>压气机储气罐容积/m³</th><th>质量/kg</th><th>外形尺寸(L×W×H)/mm</th></tr>
<tr><td colspan="12">单 级 压 缩</td></tr>
<tr><td rowspan="3">3W-0. 9/7</td><td rowspan="3"></td><td rowspan="7">0. 7</td><td rowspan="3"></td><td>78</td><td>855</td><td colspan="2" rowspan="7">3×90</td><td>85</td><td>0. 18</td><td>300</td><td>1770×52×1100</td></tr>
<tr><td></td><td>1450</td><td>85</td><td>0. 10</td><td>273</td><td>1160×630×930</td></tr>
<tr><td>84</td><td>1450</td><td>55</td><td>0. 12</td><td>260</td><td>1160×630×930</td></tr>
<tr><td>W-0. 9/7A
W-0. 9/7B</td><td rowspan="4">0. 9</td><td rowspan="4">7. 5</td><td></td><td>1450</td><td>55</td><td>0. 094</td><td>260</td><td>1200×660×1000</td></tr>
<tr><td>3WC-0. 9/7</td><td>86</td><td>980</td><td>75</td><td>0. 30</td><td>300</td><td>1730×570×1180</td></tr>
<tr><td>3W-0. 9/TB</td><td>80</td><td>1250</td><td>55</td><td>0. 13</td><td>280</td><td>1300×580×1000</td></tr>
<tr><td>3WF-0. 9/7</td><td>86</td><td>900</td><td>80</td><td>0. 126</td><td>300</td><td>540×560×1000</td></tr>
<tr><td colspan="12">双 级 压 缩</td></tr>
<tr><td rowspan="2">3W-0. 55/14</td><td rowspan="2">0. 55</td><td rowspan="2">1. 4</td><td rowspan="2">5. 5</td><td rowspan="2">78</td><td rowspan="2">685</td><td>一级</td><td>二级</td><td rowspan="2"></td><td rowspan="2">0. 17</td><td rowspan="2">281</td><td rowspan="2">1770×510×1040</td></tr>
<tr><td></td><td></td></tr>
<tr><td>3W-0. 6/10</td><td>0. 60</td><td>1. 0</td><td>5. 5</td><td>78</td><td>740</td><td rowspan="3">2×90</td><td rowspan="3">1×65</td><td rowspan="2">85</td><td>0. 18</td><td>281</td><td>1770×510×1040</td></tr>
<tr><td>3W-0. 75/14</td><td>0. 75</td><td>1. 4</td><td>7. 5</td><td>79. 5</td><td>900</td><td>0. 18</td><td>316</td><td>1770×521×1100</td></tr>
<tr><td>3W-0. 8/10</td><td>0. 80</td><td rowspan="2">1. 0</td><td>7. 5</td><td>81</td><td>950</td><td rowspan="2">70</td><td>0. 18</td><td>316</td><td>1770×510×1040</td></tr>
<tr><td>3W-1. 6/10B</td><td>1. 6</td><td>13. 0</td><td>90</td><td>1460</td><td>2×115</td><td>1×90</td><td>0. 168</td><td>400</td><td>1380×825×1150</td></tr>
</table>

① 标准状态下空气流量。

表 22.3-7 Z 型(立式)风冷移动式空气压缩机技术规格

<table>
<tr><th>型 号</th><th>额定排气量①/m³·min⁻¹</th><th>额定排气压力/MPa</th><th>电动机功率/kW</th><th>噪声/dB</th><th>额定转速/r·min⁻¹</th><th>气缸数×气缸直径/mm</th><th>行程/mm</th><th>压气机储气罐容积/m³</th><th>质量②/kg</th><th>外形尺寸(L×W×H)/mm</th></tr>
<tr><td rowspan="2">Z-0. 025/6</td><td rowspan="2">0. 025</td><td rowspan="2">0. 6</td><td rowspan="3">0. 37</td><td rowspan="3">75</td><td>700</td><td>1×45</td><td>55</td><td>0. 033</td><td>80</td><td>700×320×675</td></tr>
<tr><td>900</td><td>1×52</td><td>40</td><td>0. 035</td><td>57</td><td>700×310×670</td></tr>
<tr><td>Z-0. 03/7</td><td>0. 03</td><td>0. 7</td><td>1370</td><td>1×50</td><td>55</td><td>0. 04</td><td>60</td><td>850×310×600</td></tr>
<tr><td rowspan="2">Z-0. 05/6</td><td rowspan="2">0. 05</td><td rowspan="2">0. 6</td><td rowspan="2">0. 74
~
0. 75</td><td rowspan="2">78</td><td>400</td><td>1×75</td><td>55</td><td>0. 05</td><td>130</td><td>900×400×840</td></tr>
<tr><td>900</td><td>1×65</td><td>55</td><td>0. 0325</td><td>59</td><td>700×310×670</td></tr>
<tr><td>ZD075</td><td>0. 095</td><td rowspan="2">0. 7</td><td>0. 75</td><td>65</td><td>685</td><td>1×65</td><td>60</td><td>0. 0625</td><td>100</td><td>1084×405×800</td></tr>
<tr><td>Z-0. 2/7</td><td>0. 20</td><td>2. 2</td><td>75. 8</td><td>960</td><td>1×90</td><td>55</td><td>0. 065</td><td>160</td><td>1150×430×910</td></tr>
<tr><td>Z-0. 2/10</td><td>0. 20</td><td>0. 7</td><td>2. 2</td><td>85</td><td>840</td><td>1×90</td><td>55</td><td>0. 066</td><td>130</td><td>1060×430×900</td></tr>
<tr><td>0. 34/30BF</td><td>0. 34</td><td>3. 0</td><td>5. 5</td><td></td><td></td><td>一级 1×108
二级 1×48</td><td></td><td></td><td>100</td><td>421×484×726</td></tr>
</table>

① 标准状态下空气流量。

② 此值为净质量。

表 22.3-8　活塞式无油润滑空气压缩机技术规格

形式	型　号	额定排气量①/$m^3 \cdot min^{-1}$	额定排气压力/MPa	电动机功率/kW	噪声/dB	额定转速/$r \cdot min^{-1}$	气缸数×气缸直径/mm	行程/mm	压气机的储气罐容积/m^3	质量②/kg	外形尺寸($L \times W \times H$)/mm
风冷移动式	Z-0.015/5	0.015	0.5	0.18	75	1400	1×60	12	0.02	50	400×410×553
	Z-0.03/7	0.03	0.7	0.4	78	1420	1×60	20	0.03	65	658×380×655
	ZD-0.06/7	0.06	0.7	0.8	78	1380	2×60	20	0.04	72	690×426×655
水冷固定式	WZ-1.5/5	1.5	0.5	11		750			0.5		1650×680×1450
	2Z-3/8-1	3	0.8	22	85	730		120	0.3	820	2600×2400×1450

① 标准状态下空气流量。

② 该质量不包括电动机、气罐的质量。

2　气动辅助元件

2.1　分水滤气器(二次过滤器)

分水滤气器是气动回路中用来清除气源中的水分、油分及固体杂质的辅件。

其工作原理见图 22.3-1，压缩空气经旋风叶片 1 进入存水杯 2 的内壁产生旋转，使混入空气中较大的水滴、油滴和固体杂质受离心力作用而分离，空气再经滤芯 4 将残余的杂质除掉，积存在杯中的水、油等杂质通过手动(或自动)排水阀 5 放掉。

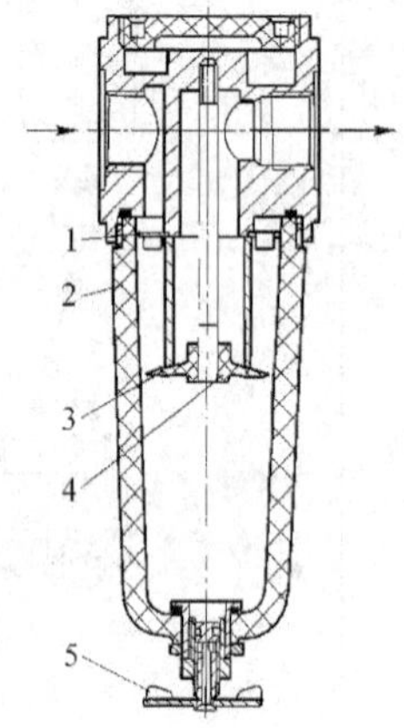

图 22.3-1　分水滤气器原理图
1—旋风叶片　2—存水杯
3—挡水板　4—滤芯　5—手动排水阀

2.1.1　QL 系列分水滤气器

QL 系列分水滤气器技术规格见表 22.3-9，外形尺寸见表 22.3-10。

表 22.3-9　QL 系列分水滤气器技术规格

型 号 规 格	QL1		QL2			QL3	
最高工作压力/MPa	1						
保证耐压力/MPa	1.5						
使用温度范围/℃	5~60						
过滤精度/μm	5、10、25、50						
水分离效率(%)	98						
排水容量/cm^3	12	45	80			110	
公称通径/mm	6	8	8	10	15	20	25

（续）

型号规格	QL1		QL2			QL3	
接口螺纹	G1/8	G1/4	G1/4	G3/8	G1/2	G3/4	G1
额定流量/L·min^{-1}(标)	900	1200	2300	2600	2900	5000	5000

注：1. 排水容量为停气自动排水容量，若为手动排水时应不大于标尺高度。

2. 额定流量指进口压力0.7MPa、调定压力0.5MPa的情况下的流量(标准状态)。

3. 拆、装水(油)杯及防护罩应在无压力状态下进行操作。

表22.3-10 QL系列分水滤气器外形尺寸 （mm）

型 号	QL1	QL2	QL3
外形及尺寸	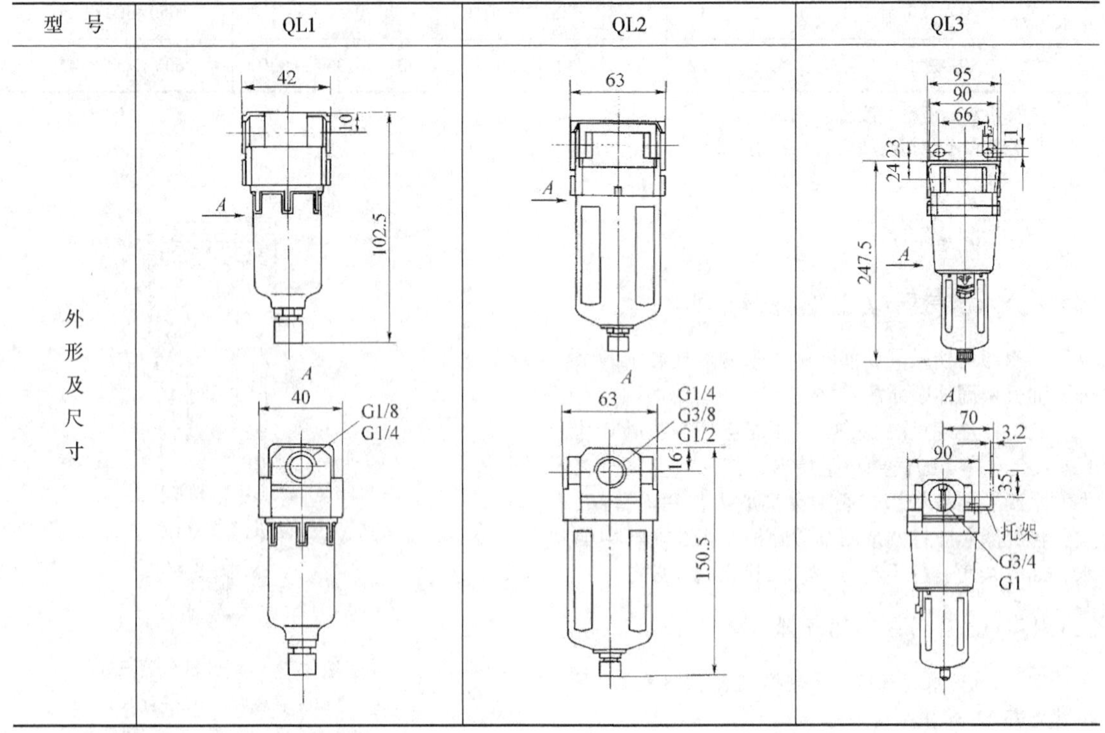		

2.1.2 QGL系列精密分水滤气器

QGL系列精密分水滤气器技术规格见表22.3-11，外形尺寸见表22.3-12。

表22.3-11 QGL系列精密分水滤气器技术规格

型号	公称通径/mm	最高使用压力/MPa	过滤精度/μm	过滤效率(%)	工作温度/℃	最大流量/m^3·h^{-1}(标)	污水容量/cm^3
QGL-8	8	1.00	0.3	99	5~60	20	25
QGL-10	10						
QGL-15	15						
QGL-20	20					40	70
QGL-25	25						

表 22. 3-12　QGL 系列精密分水滤气器外形尺寸　（mm）

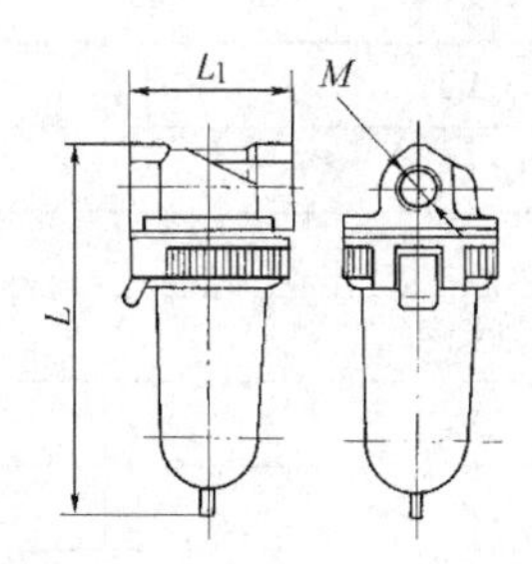

型　号	M		L	L_1
QGL-8	M14×1. 5	G1/4	173	80
QGL-10	M18×1. 5	G3/8	173	80
QGL-15	M22×1. 5	G1/2	173	80
QGL-20	M27×2	G3/4	219	115
QGL-25	M33×2	G1	219	115

2. 1. 3　QSL_a 系列高压分水滤气器

QSL_a 系列高压分水滤气器技术规格见表 22. 3-13，外形尺寸见表 22. 3-14。

表 22. 3-13　QSL_a 系列高压分水滤气器技术规格

型　号	通径 /mm	连接螺纹 d	工作温度 /℃	最高输入压力 /MPa	分水效率 (%)	过滤精度 /μm
QSL_a-10~ QSL_a-25	10~25	M16×1. 5~ M33×2	-5~50	3. 0	>80	50

表 22. 3-14　QSL_a 系列高压分水滤气器外形尺寸　（mm）

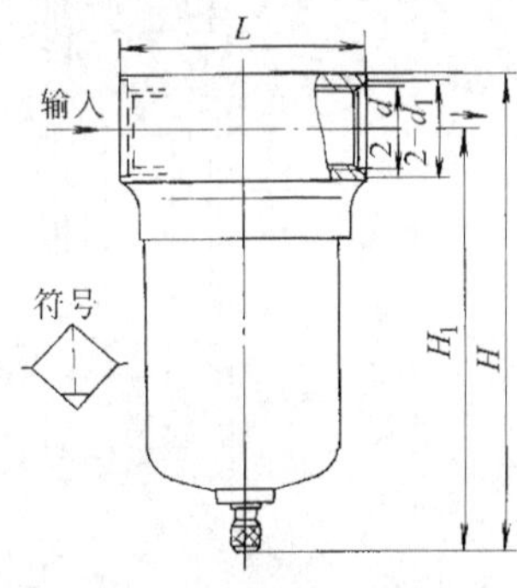

型　　号	通　径	连接螺纹 d	L	H	H_1	d_1
QSL_a-L10	10	M16×1. 5	90	182	167	ϕ20
QSL_a-L15	15	M20×1. 5	90	182	167	ϕ24
QSL_a-L20	20	M27×2	112	236	214	ϕ32
QSL_a-L25	25	M33×2	112	236	214	ϕ40

2. 2　油雾器

油雾器是以气体为动力，向气动系统中的气动元件提供雾状润滑油的装置。它可在不关闭气路的状态下向油杯补充润滑油，油雾粒径不大于 50μm。

QY 系列油雾器技术规格见表 22. 3-15，外形尺寸见表 22.3-16。

表 22.3-15　QY 系列油雾器技术规格

型　　号	QY1		QY2			QY3	
最高工作压力/MPa	1						
保证耐压力/MPa	1.5						
使用温度/℃	5~60						
起雾流量①/L · min^{-1}(ANR)	65	100	250			300	
贮油量/cm^3	20	85	170			350	
使用油	黏度为(15.8~50.3)×$10^{-6}m^2/s$ 的润滑油						
公称通径/mm	6	8	8	10	15	20	25
接口螺纹	G1/8	G1/4	G1/4	G3/8	G1/2	G3/4	G1
额定流量②/L · min^{-1}(ANR)	800	1000	2300	2600	2900	6000	6000

① 起雾流量指在进口压力为 0.4MPa、润滑油量为 5 滴/min 时的空气流量。

② 额定流量指进口压力为 0.7MPa、调定压力为 0.5MPa 情况下的流量。

表 22.3-16　QY 系列油雾器外形尺寸　　(mm)

型　号	QY1	QY2	QY3
外形及尺寸	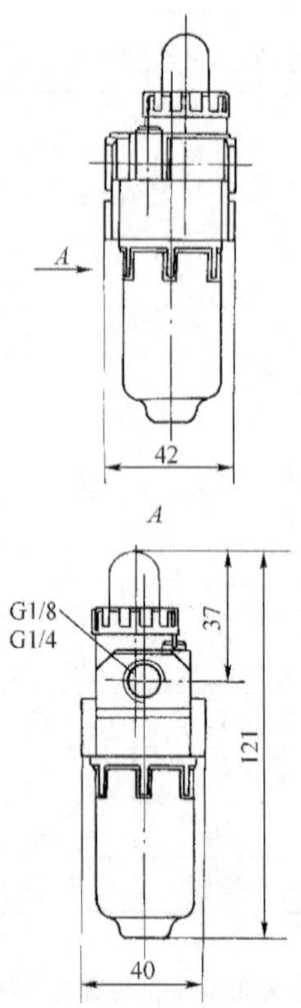 A 42 A G1/8 G1/4 37 121 40	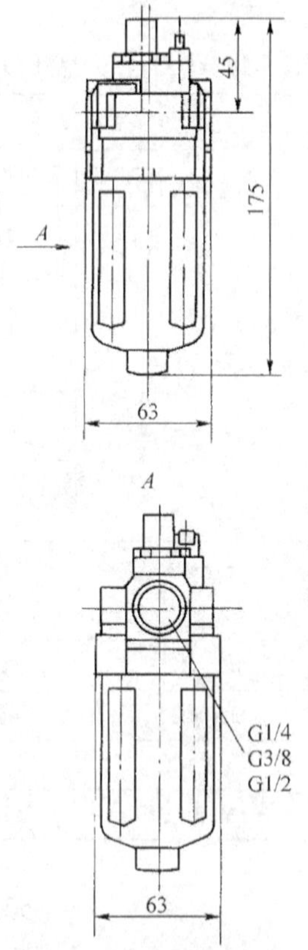 45 175 A 63 A G1/4 G3/8 G1/2 63	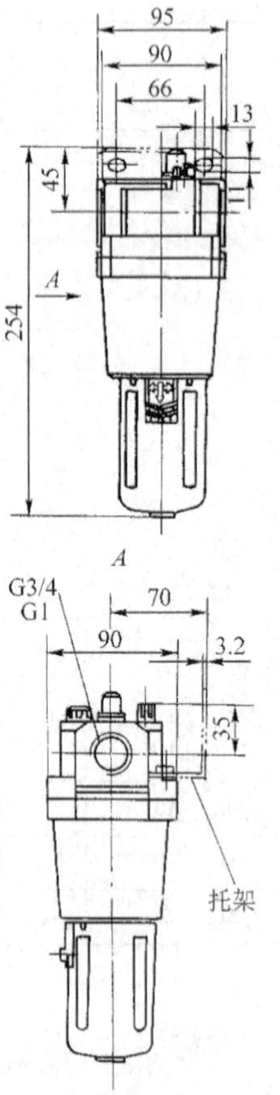 95 90 66 13 45 A 254 A G3/4 G1 70 90 3.2 35 托架

2.3　气源调节装置

气源调节装置(俗称三联件,是分水滤气器、减压阀和油雾器的组合件)在气动系统中起着过滤、调压及油雾化的作用。

2.3.1　QLPY 系列气源调节装置(三联件)

QLPY 系列气源调节装置(三联件)技术规格见表 22.3-17，外形尺寸见表 22.3-18。

表 22.3-17　QLPY 系列气源调节装置(三联件)技术规格

型　号	QLPY1		QLPY2			QLPY3	
最高工作压力/MPa	1						
保证耐压力/MPa	1.5						
使用温度范围/℃	5~60						
过滤精度/μm	5、10、25、50						
水分离效率(%)	98						
调压范围/MPa	0.05~0.4，0.05~0.63，0.05~0.8						
溢流压力	高于调定压力的 15%						
起雾流量①/$L \cdot min^{-1}$	65	100	250			300	
贮油量/cm^3	20	85	170			350	
排水容量/cm^3	12	45	80			110	
使用油	黏度为$(15.8\sim50.3)\times10^{-6}m^2/s$的润滑油						
公称通径/mm	6	8	8	10	15	20	25
接口螺纹	G1/8	G1/4	G1/4	G1/8	G1/2	G3/4	G1
额定流量②/$L \cdot min^{-1}$	600	1000	2200	2500	2800	5000	5000

① 起雾流量指在进口压力为 0.4MPa、润滑油量为 5 滴/min 时的空气流量。

② 额定流量指进口压力为 0.7MPa、调定压力为 0.5MPa 情况下的流量(标准状态)。

表 22.3-18　QLPY 系列气源调节装置(三联件)外形尺寸　　(mm)

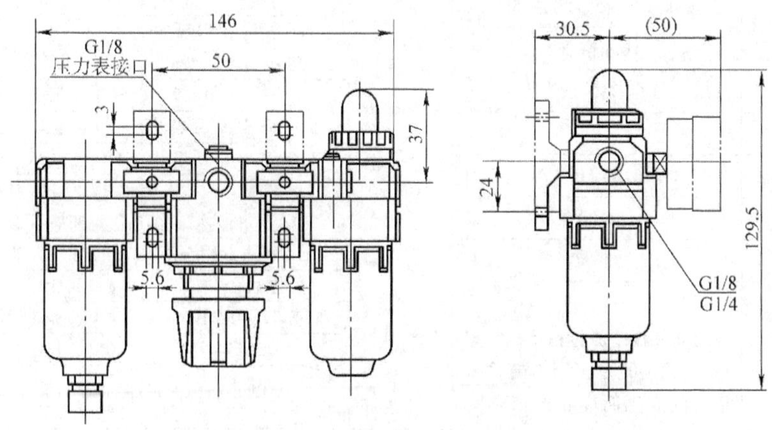

（续）

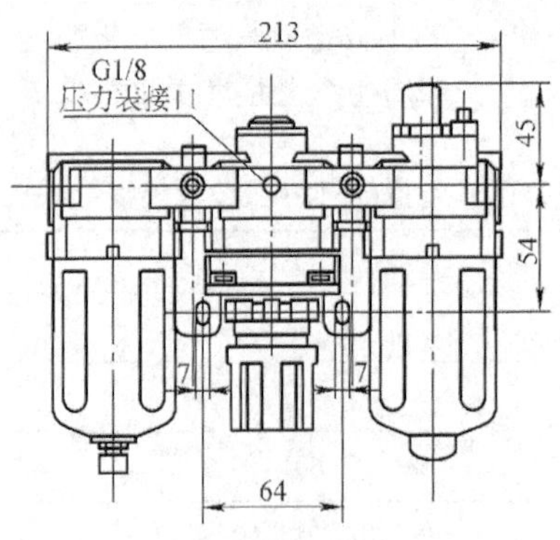

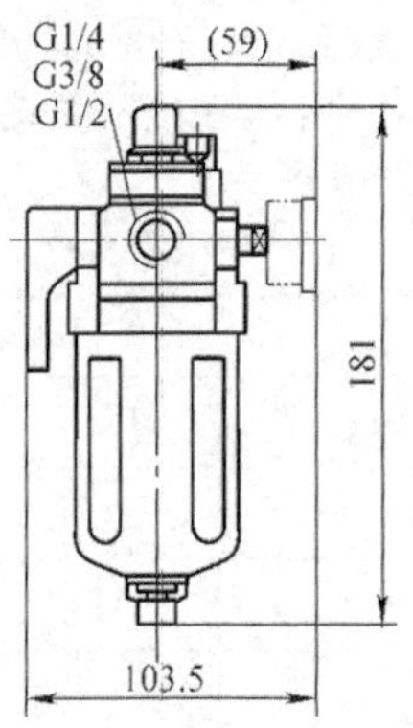

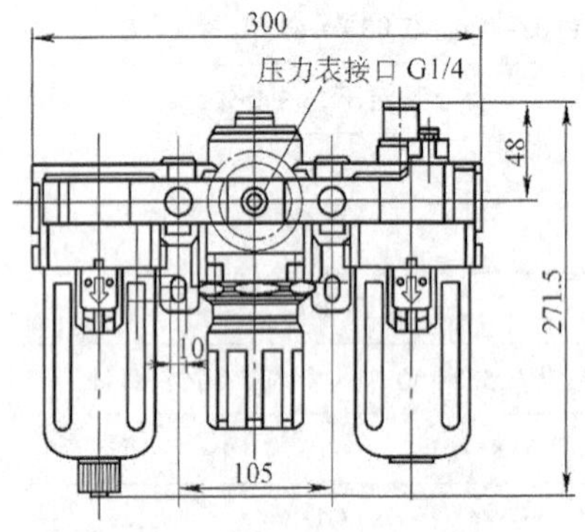

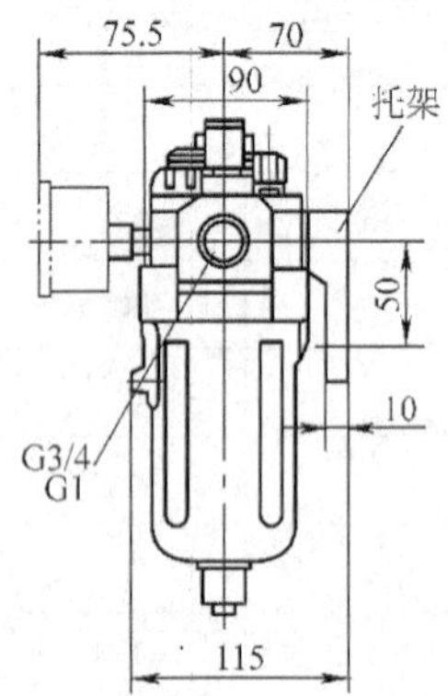

2.3.2　QFLJWB 系列气源调节装置（三联件）

QFLJWB 系列气源调节装置（三联件）技术规格见表 22.3-19，外形尺寸见表 22.3-20。

表 22.3-19　QFLJWB 系列气源调节装置（三联件）技术规格

公称通径/mm	8、10、15、20、25	流量特性	公称通径/mm		8	10	15	20	25
工作介质	压缩空气		进口压力/MPa	出口压力/MPa	空气流量/$dm^3\cdot min^{-1}$(ANR)				
使用温度范围/℃	-25~80（但在不冻结条件下）		1.00	0.25	300	730	1090	1530	1800
最高进口压力/MPa	1			0.4	370	910	1270	1890	2070
调压范围/MPa	0.05~0.8			0.63	450	1125	1440	2070	2340
水分离效率（%）	≥80				指出口压力降 0.1MPa 时，其最大流量不少于上值				
过滤精度/μm	25~50	起雾流量	滴油量约 5 滴/min 的空气流量不大于下值						
压力特性	三联件输出流量稳定在给定值，其调定的输出压力随输入压力的变化而变化的值不大于 0.05MPa		公称通径/mm		8	10	15	20	25
			进口压力/MPa		起雾流量/$dm^3\cdot min^{-1}$				
			0.25		105	110	170	200	330
			0.4		130	140	190	220	400
			0.63		180	210	220	280	500
		润滑油流量调节	输入工作压力为 0.4MPa、出口流量为给定值时，其滴油量应在 0~120 滴/min 均匀可调						

表 22.3-20　QFLJWB 系列气源调节装置(三联件)外形尺寸　　(mm)

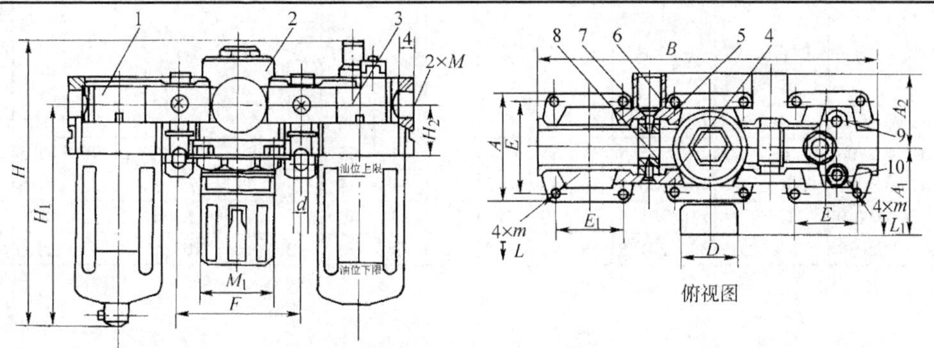

1—空气过滤器　2—空气减压阀　3—油雾器　4—锁紧块Ⅰ　5—O 形圈
6—锁紧块Ⅱ　7—螺钉　8—连接块　9—调油螺杆　10—加油塞

型　号	H	H_1	H_2	A	A_1	A_2	B	E	E_1	M	M_1	F	m	L	L_1	D	d
QFLJWB-L8	153.5	115	35	53	55	40.5	181	45	35	G1/4	M42×1.5	64	M4	11	8	ϕ40	7
QFLJWB-L10	195	155	37	70	58	49.5	238	60	47	G3/8	M52×1.5	84	M5	15	8	ϕ40	9
QFLJWB-L15	195	155	37	70	58	49.5	238	60	47	G1/2	M52×1.5	84	M5	15	8	ϕ40	12
QFLJWB-L20	267	220	51	90	70	70	300	75	60	G3/4	M52×1.5	105	M6	19	15	ϕ40	12
QFLJWB-L25	267	220	51	90	70	70	300	75	60	G1	M52×1.5	105	M6	19	15	ϕ40	12

注：气源调节装置也可分为空气过滤器(QSLB-L□)、空气减压阀(QTYB-L□)和油雾器(QYWB-L□)，可单独供货。

2.3.3　QAC/AC 系列气源调节装置(三联件)

QAC/AC 系列气源调节装置(三联件)外形尺寸见表 22.3-21。

表 22.3-21　QAC/AC 系列气源调节装置(三联件)外形尺寸　　(mm)

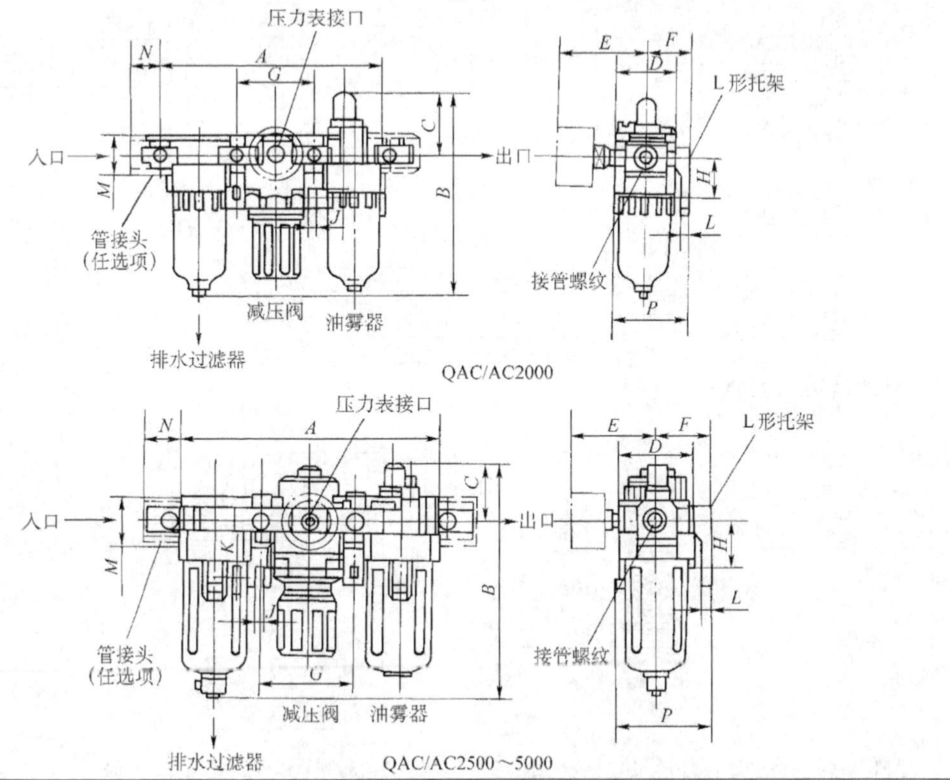

（续）

型　号	接管螺纹	*A*	*B*	*C*	*D*	*E*	*F*	*G*	*H*	*J*	*K*	*L*	*M*	*N*	*P*	连自动排水器	
																B(常开)	*B*(常闭)
QAC/AC2000	G1/8～G1/4	140	125	38	40	56. 8	30	50	24	5. 5	8. 5	5	22	23	50	148	—
QAC/AC2500	G1/4～G3/8	181	156. 5	38	53	60. 8	41	64	35	7	11	7	34. 2	26	70. 5	182	189
QAC/AC3000	G1/4～G3/8	181	156. 5	38	53	60. 8	41	64	35	7	11	7	34. 2	26	70. 5		
QAC/AC4000-04	G1/2	238	191. 5	41	70	65. 5	50	84	40	9	13	7	42. 2	33	88	217	224
QAC/AC5000	G3/4～G1	300	271. 5	48	90	75. 5	70	105	50	12	16	10	55. 2	40	115	297	304

注：型号意义

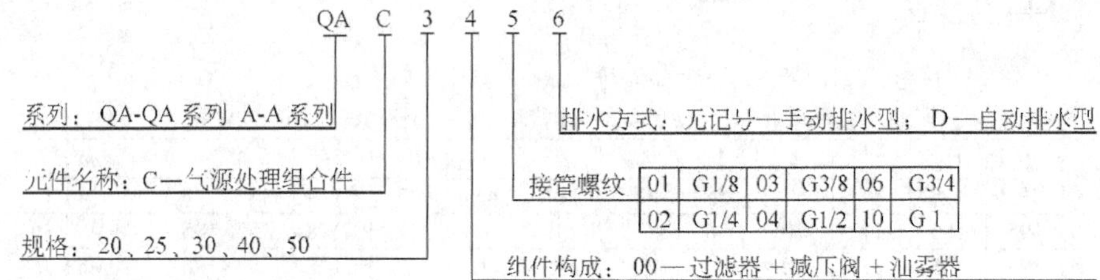

2. 4　日本 SMC 公司气源处理元件

2. 4. 1　AFF 系列主路过滤器（1/8～4）

型号表示方法：

AFF2B～AFF75B

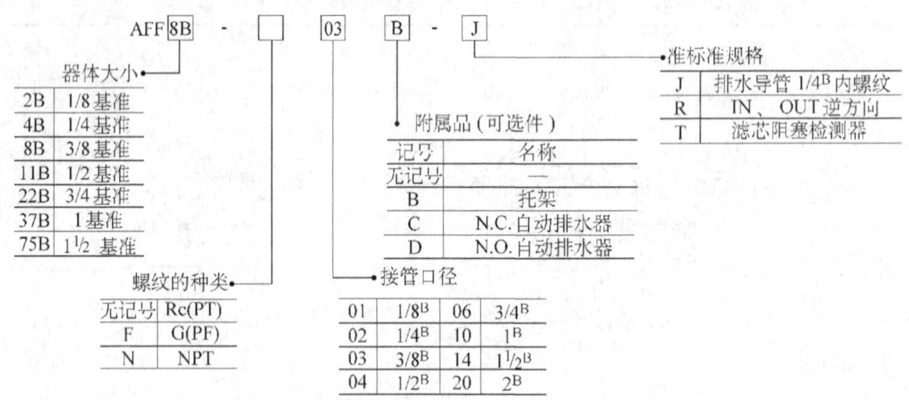

AFF75A～AFF220A

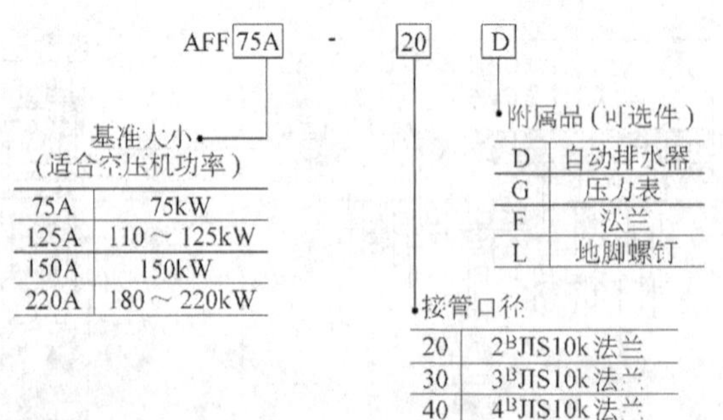

AFF 系列主路过滤器外形尺寸见表 22. 3-22、表 22. 3-23，技术参数见表 22. 3-24。

表 22. 3-22　AFF2B～AFF75B 外形尺寸　　（mm）

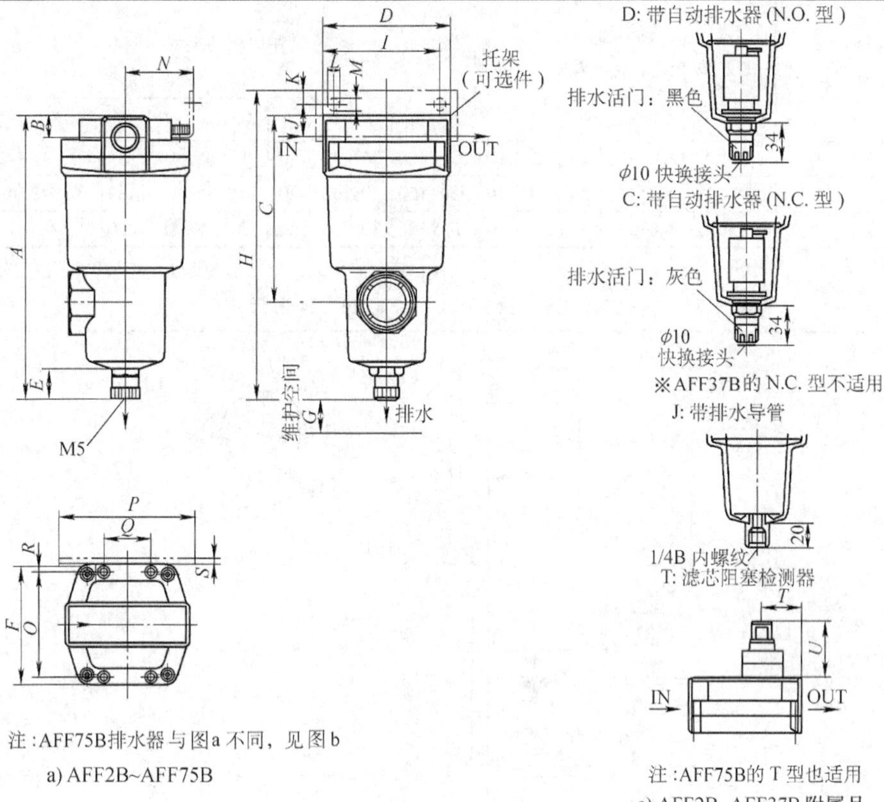

注：AFF75B排水器与图a 不同，见图 b

a) AFF2B~AFF75B

注：AFF75B的 T 型也适用

c) AFF2B~AFF37B 附属品

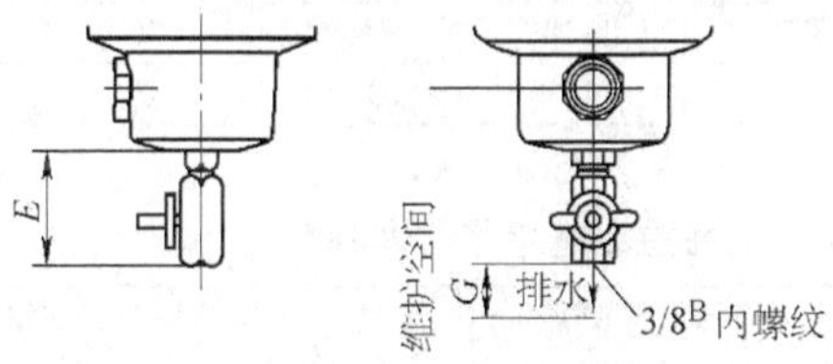

b) AFF75B 排水器外形

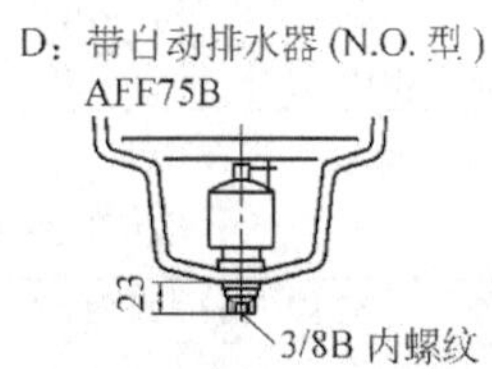

d) AFF75B 附属品

型号	接管口径（名义口径 B）	A	B	C	D	E	F	G	托架相关尺寸												滤芯阻塞检测器相关尺寸	
									H	I	J	K	L	M	N	O	P	Q	R	S	T	U
AFF2B	1/8、1/4、3/8	159	13	100	63	20	63	10	166	56	15	5	9	5.5	35	54	70	26	4.5	1.6	24	37
AFF4B	1/4、3/8	172	13	113	76	20	76	10	187	66	20	8	12	6	40	66	84	28	5	2.0	27	37
	1/2	178	16	119	76	20	76	10	187	66	17	8	12	6	40	66	84	28	5	2.0	27	37
AFF8B	3/8、1/2	204	16	145	90	20	90	10	218	80	22	8	14	7	50	80	100	34	5	2.3	32	37
	1	210	19	151	90	20	90	10	218	80	19	8	14	7	50	80	100	34	5	2.3	32	37
AFF11B	1/2、3/4	225	19	166	106	20	106	10	241	90	25	10	14	9	55	88	110	50	9	3.2	37	37
	1	232	22	173	106	20	106	10	241	90	21	10	14	9	55	88	110	50	9	3.2	37	37

（续）

型号	接管口径（名义口径B）	A	B	C	D	E	F	G	托架相关尺寸												滤芯阻塞检测器相关尺寸	
									H	I	J	K	L	M	N	O	P	Q	R	S	T	U
AFF22B	3/4、1	259	22	200	122	20	122	10	277	100	30	10	16	9	65	102	130	60	10	4.5	39	37
AFF37B	1、1½	311	32	253	160	20	160	10	334	150	40	15	20	11	85	136	180	76	12	4.5	55	37
AFF75B	1½、2	460.5	42	348	220	57.5	220	10	463.5	180	30	15	24	13	120	184	220	110	18	6.0	75	37

表 22.3-23 AFF75A～AFF220A 外形尺寸 (mm)

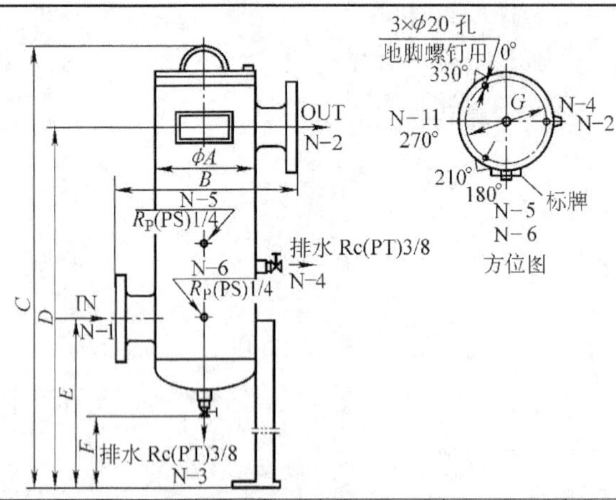

型 号	接管口径	A	B	C	D	E	F	G
AFF75A	2^BJIS10^k 法兰	8^B	380	1125	935	505	265	184
AFF125A	3^BJIS10^k 法兰	8^B	380	1125	935	505	265	184
AFF150A	4^BJIS10^k 法兰	10^B	450	1178	980	540	265	236
AFF220A	4^BJIS10^k 法兰	12^B	500	1291	1070	670	325	282

表 22.3-24 AFF 系列主路过滤器技术参数

型 号	AFF2B	AFF4B	AFF8B	AFF11B	AFF22B	AFF37B	AFF75B	AFF75A	AFF125A	AFF150A	AFF220A
额定流量①/L·min^{-1}(ANR)	300	750	1500	2200	3500	6000	12000	12000	22000	28000	42000
接管口径(名义口径B)	1/8、1/4、3/8	1/4、3/8、1/2	3/8、1/2、3/4	1/2、3/4、1	3/4、1	1、1½	1½、2	2^B 法兰	3^B 法兰	4^B 法兰	4^B 法兰
质量/kg	0.38	0.55	0.9	1.4	2.1	4.2	10.5	50	52	72	87

使用流体	压缩空气
最高使用压力/MPa	1.0
最低使用压力②/MPa	0.05
耐压试验压力/MPa	1.5
环境温度及使用流体温度/℃	5～60
过滤精度/μm	3(95%捕捉粒径)
滤芯寿命	2年(A型为1年)或压力降达0.1MPa时

① 压力为0.7MPa时的最大流量，最大流量与使用压力有关。

② 带自动排水器(N.O.型)的为0.15MPa。

2.4.2　AM 系列油雾分离器(1/8~2)

型号表示方法：

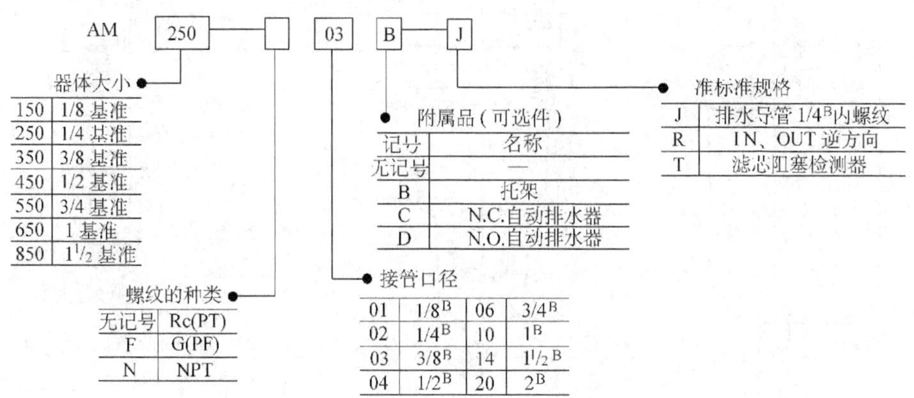

AM 系列油雾分离器技术参数见表 22.3-25，外形尺寸见表 22.3-26。

表 22.3-25　AM 系列油雾分离器技术参数

型　号	AM150	AM250	AM350	AM450	AM550	AM650	AM850
额定流量 /L · min^{-1}(ANR)①	300	750	1500	2200	3500	6000	12000
接管口径 (名义口径 B)	1/8、1/4、3/8	1/4、3/8、1/2	3/8、1/2、3/4	1/2、3/4、1	3/4、1	1、1½	1½、2
质量/kg	0.38	0.55	0.9	1.4	2.1	4.2	10.5
使用流体	压缩空气						
最高使用压力/MPa	1.0						
最低使用压力②/MPa	0.05						
耐压试验压力/MPa	1.5						
环境温度及使用流体温度/℃	5~60						
过滤精度/μm	0.3(95%捕捉粒径)						
二次侧油雾浓度/mg · m^{-3}	最大 1.0(ANR)③						
滤芯寿命	2 年或压力降为 0.1MPa 时						

① 压力为 0.7MPa 时的最大流量，最大流量与使用压力有关。

② 带自动排水器(N.O.型)的为 0.15MPa。

③ 空压机输出油雾浓度 30mg/m^3(ANR)时。

表 22.3-26　AM 系列油雾分离器外形尺寸　　(mm)

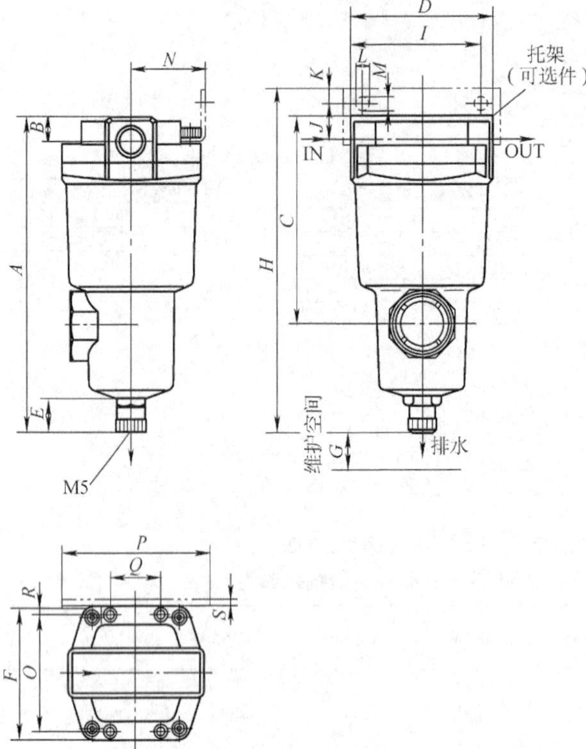

注 :AM850 排水器外形与 a) 不同，见 b)

a) AM150~AM850

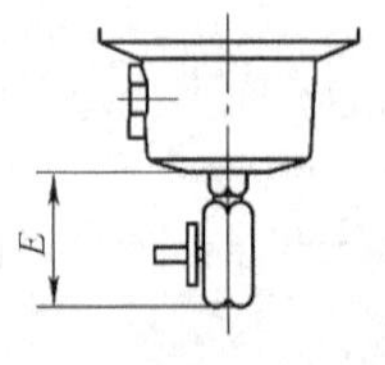

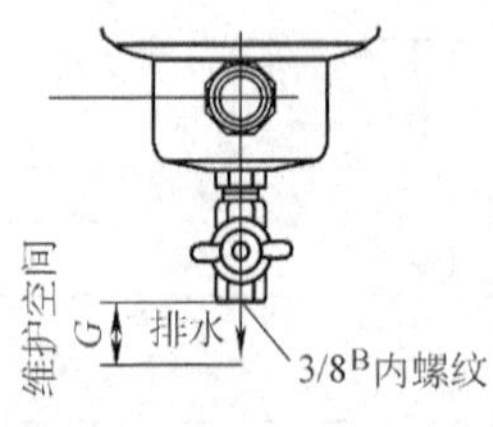

b) AM850 排水器外形

D: 带自动排水器 (N.O. 型)

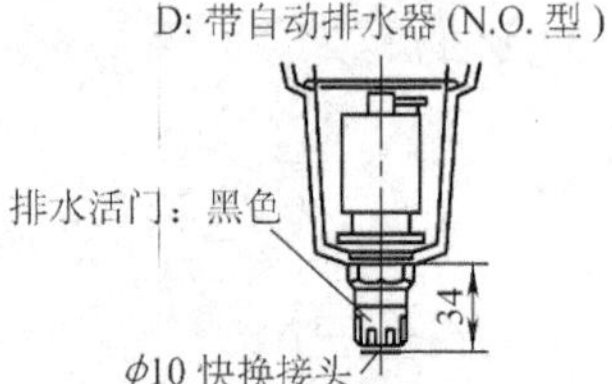

C: 带自动排水器 (N.C. 型)

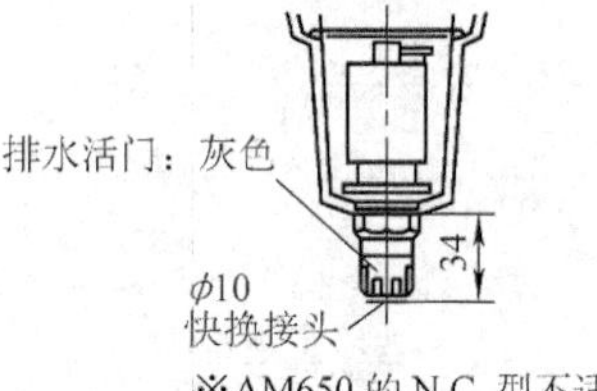

※AM650 的 N.C. 型不适用

J: 带排水导管

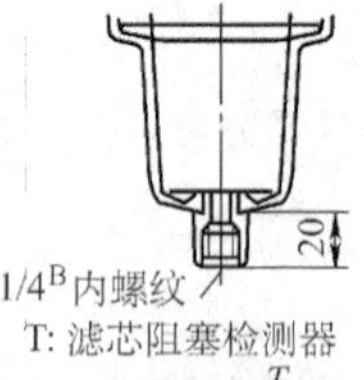

T: 滤芯阻塞检测器

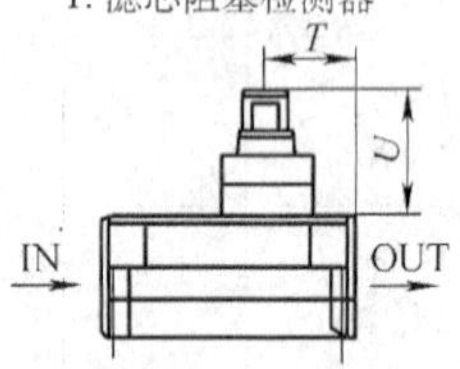

注 :AM850 的 T 型也适用

c) AM150~AM650 附属品

D：带自动排水器 (N.O. 型)
AM850 用

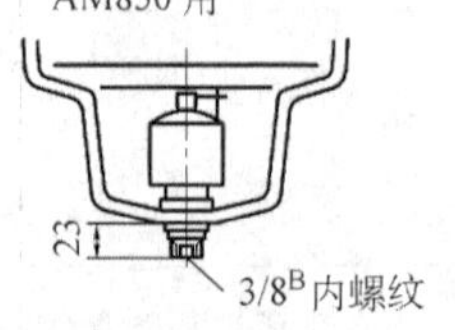

d) AM850 附属品

型号	接管口径（名义口径 B）	A	B	C	D	E	F	G	托架相关尺寸												滤芯阻塞检测器相关尺寸	
									H	I	J	K	L	M	N	O	P	Q	R	S	T	U
AM150	1/8、1/4、3/8	159	13	100	63	20	63	10	166	56	15	5	9	5.5	35	54	70	26	4.5	1.6	24	37
AM250	1/4、3/8	172	13	113	76	20	76	10	187	66	20	8	12	6	40	66	84	28	5	2.0	27	37
	1/2	178	16	119	76	20	76	10	187	66	17	8	12	6	40	66	84	28	5	2.0	27	37
AM350	3/8、1/2	204	16	145	90	20	90	10	218	80	22	8	14	7	50	80	100	34	5	2.3	32	37
	1	210	19	151	90	20	90	10	218	80	19	8	14	7	50	80	100	34	5	2.3	32	37
AM450	1/2、3/4	225	19	166	106	20	106	10	241	90	25	10	14	9	55	88	110	50	9	3.2	37	37
	1	232	22	173	106	20	106	10	241	90	21	10	14	9	55	88	110	50	9	3.2	37	37

（续）

型号	接管口径（名义口径 B）	*A*	*B*	*C*	*D*	*E*	*F*	*G*	托架相关尺寸												滤芯阻塞检测器相关尺寸	
									H	*I*	*J*	*K*	*L*	*M*	*N*	*O*	*P*	*Q*	*R*	*S*	*T*	*U*
AM550	3/4、1	259	22	200	122	20	122	10	277	100	30	10	16	9	65	102	130	60	10	4.5	39	37
AM650	1、1½	311	32	253	160	20	160	10	334	150	40	15	20	11	85	136	180	76	12	4.5	55	37
AM850	1½、2	460.5	42	348	220	57.5	220	10	463.5	180	30	15	24	13	120	184	220	110	18	6.0	75	37

2.4.3　AMD 系列微雾分离器（1/8~6）

型号表示方法：

AMD150~AMD850

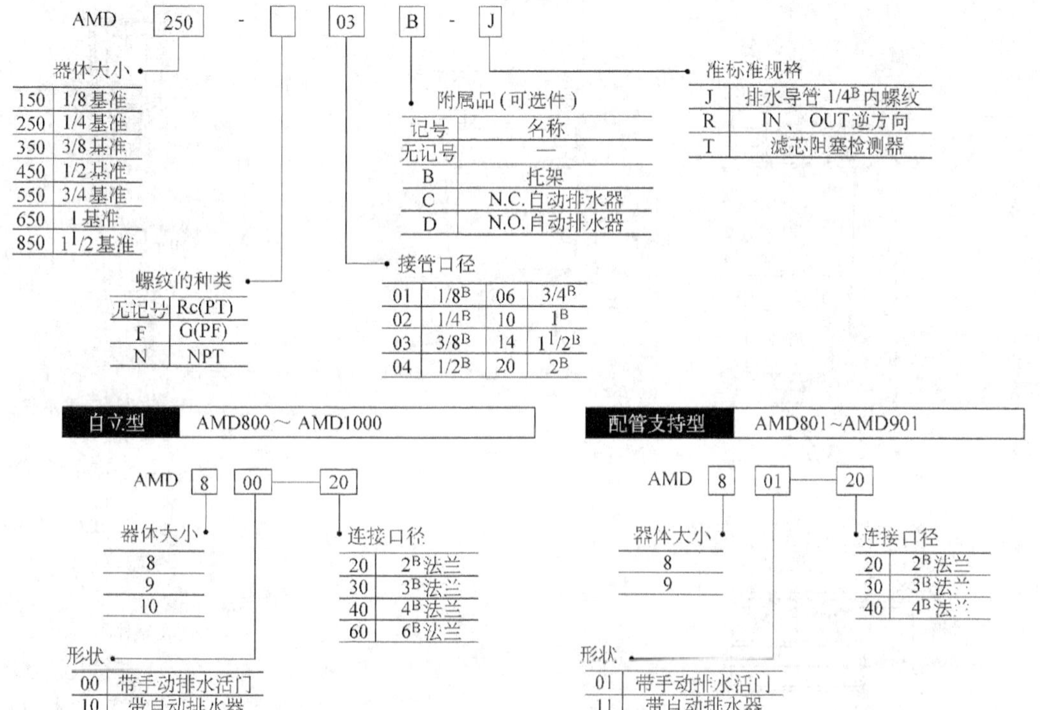

AMD 系列微雾分离器的技术参数见表 22.3-27，外形尺寸见表 22.3-28、表 22.3-29。

表 22.3-27　AMD 系列微雾分离器技术参数

型　号	AMD150	AMD250	AMD350	AMD450	AMD550	AMD650	AMD850
额定流量/L · min^{-1}(ANR)①	200	500	1000	2000	3500	6000	12000
接管口径（名义口径 B）	1/8、1/4、3/8	1/4、3/8、1/2	3/8、1/2、3/4	1/2、3/4、1	3/4、1	1、1½	1½、2
质量/kg	0.38	0.55	0.9	1.4	2.1	4.2	10.5

型　号	AMD800	AMD900	AMD1000	AMD801	AMD901
额定流量/L · min^{-1}(ANR)①	8000	24000	40000	8000	24000
接管口径（名义口径 B）	2^B 法兰	2^B、3^B、4^B 法兰	4^B、6^B 法兰	2^B 法兰	2^B、3^B、4^B 法兰
质量/kg	100	220	430	50	140

（续）

使用流体	压缩空气
最高使用压力/MPa	1.0
最低使用压力②/MPa	0.05
耐压试验压力/MPa	1.5
环境温度及使用流体温度/℃	5~60
过滤精度/μm	0.01(95%捕捉粒径)
二次侧油雾浓度/mg·m^{-3}	最大0.1(ANR)③ 油饱和前为0.01(ANR)以下
滤芯寿命	2年或压力降为0.1MPa时

① 压力为0.7MPa时的最大流量，最大流量与使用压力有关。

② 带自动排水器(N.O.型)的为0.15MPa。

③ 空压机输出油雾浓度30mg/m^3(ANR)时。

表22.3-28　AMD系列微雾分离器外形尺寸　(mm)

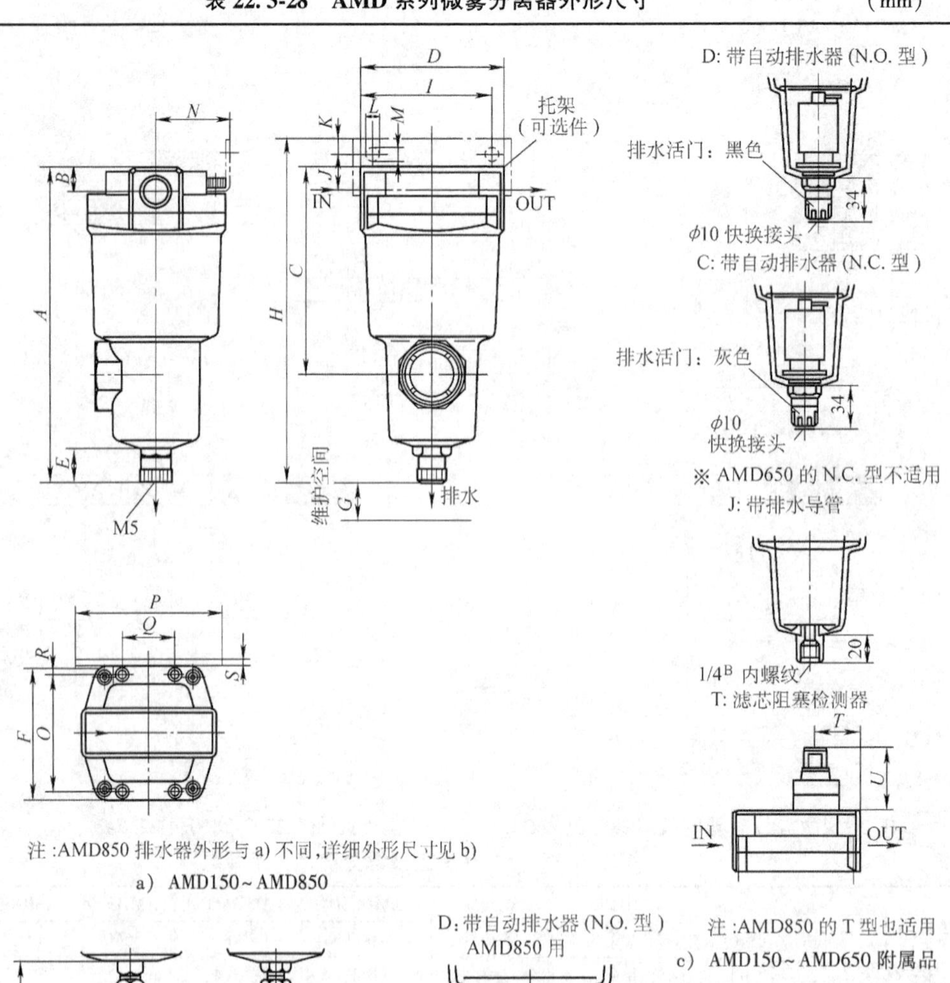

注:AMD850排水器外形与a)不同,详细外形尺寸见b)

a) AMD150~AMD850

注:AMD850的T型也适用

c) AMD150~AMD650附属品

b) AMD850排水器外形

d) AMD850附属品

（续）

型号	接管口径（名义口径 B）	A	B	C	D	E	F	G	托架相关尺寸												滤芯阻塞检测器相关尺寸	
									H	I	J	K	L	M	N	O	P	Q	R	S	T	U
AMD150	1/8、1/4、3/8	159	13	100	63	20	63	10	166	56	15	5	9	5.5	35	54	70	26	4.5	1.6	24	37
AMD250	1/4、3/8	172	13	113	76	20	76	10	187	66	20	8	12	6	40	66	84	28	5	2.0	27	37
	1/2	178	16	119	76	20	76	10	187	66	17	8	12	6	40	66	84	28	5	2.0	27	37
AMD350	3/8、1/2	204	16	145	90	20	90	10	218	80	22	8	14	7	50	80	100	34	5	2.3	32	37
	1	210	19	151	90	20	90	10	218	80	19	8	14	7	50	80	100	34	5	2.3	32	37
AMD450	1/2、3/4	225	19	166	106	20	106	10	241	90	25	10	14	9	55	88	110	50	9	3.2	37	37
	1	232	22	173	106	20	106	10	241	90	21	10	14	9	55	88	110	50	9	3.2	37	37
AMD550	3/4、1	259	22	200	122	20	122	10	277	100	30	10	16	9	65	102	130	60	10	4.5	39	37
AMD650	1、1½	311	32	253	160	20	160	10	334	150	40	15	20	11	85	136	180	76	12	4.5	55	37
AMD850	1½、2	460.5	42	348	220	57.5	220	10	463.5	180	30	15	24	13	120	184	220	110	18	6.0	75	37

表 22.3-29　AMD801～AMD1000 外形尺寸　（mm）

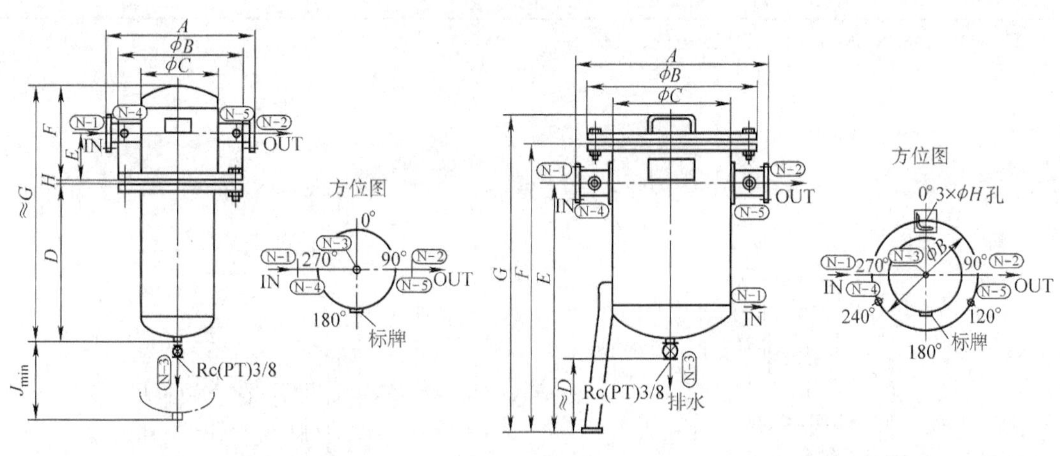

a) AMD801、AMD901　　b) AMD800、AMD900、AMD1000

型号	连接（法兰）	A	B	C	D	E	F	G	H	J	地脚螺钉
AMD801	2^B	400	280	6^B	760	150	270	1033	3	887	—
AMD901	2^B、3^B、4^B	620	445	12^B	795	300	520	1318	3	972	—
AMD800	2^B、3^B	500	300	8^B	300	1300	1430	1520	20	—	M16×400
AMD900	2^B、3^B、4^B	720	560	400	300	1320	1480	1585	24	—	M20×500
AMD1000	4^B、6^B	870	745	550	300	1380	1610	1740	24	—	M20×500

2.4.4 AD系列自动排水器(1/4~1)

AD系列自动排水器技术参数见表22.3-30，外形尺寸见图22.3-2和图22.3-3。

表22.3-30 AD系列自动排水器技术参数

型　　号	AD402	AD600
耐压试验压力/MPa	1.5	1.5
最高使用压力/MPa	1.0	1.0
动作压力范围①/MPa	0.1~1.0	0.3~1.0
环境温度及使用空气温度/℃	-5~60(未冻结时)	-5~60(未冻结时)
连接口径	Rc(PT)1/4、3/8、1/2	Rc(PT)3/4、1
排水口径	3/8	3/4、1
质量/g	620	2100

① 400L·min^{-1}(ANR)时的动作压力范围。

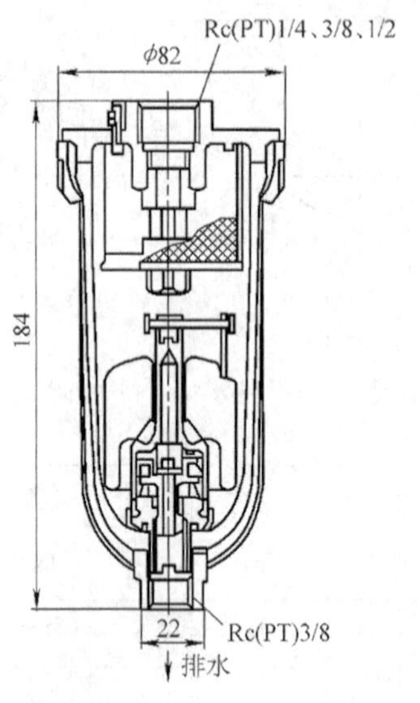

图22.3-2 AD402外形尺寸

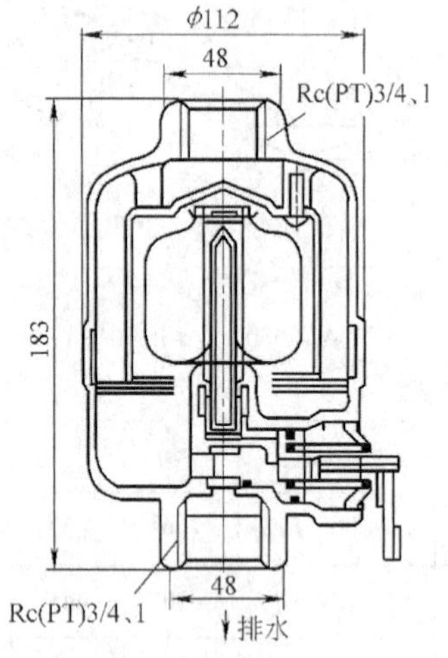

图22.3-3 AD600外形尺寸

2.4.5 AC新系列空气组合元件(M5~1)

型号表示方法：

AC 30 A - F 03 DE - KV - 12R

空气组合元件

组合件大小

10	M5/in
20	1/8
25	1/4
30	3/8
40	1/2
50	3/4
55	1
60	1

元件的构成

记号	元件的构成				
	空气过滤器	减压阀	油雾器	过滤减压器	油雾分离器
无记号	①	②	③	—	—
A	—	—			
B	①	②	—	—	—
C	①	②	—	—	—
D	—	—	—	①	②

注：○内的数字表示从上流侧（一次侧）起的构成顺序。

螺纹的种类

无记号	米制螺纹（M5）
	Rc
N①	NPT
F②	G

① 排水导管是 NPT1/4（AC25～60 上适用）。自动排水的排出口带 ϕ3/8in 快换接头（AC25～60 上适用）。

② 排水导管是 G1/4（AC25～60 上适用）。

接管口径

M5	M5×0.8
01	1/8
02	1/4
03	3/8
04	1/2
06	3/4
10	1

可选项

记号	内容	适合型号
无记号	—	—
C	浮子式自动排水器（N.C.）	AC10□～60□
D	浮子式自动排水器（N.O.）	AC25□～60□
E	带埋入式形压力表（带限位指示器）	AC20□～60□
G③	带圆形压力表（无限位指示器）	AC10□
	带圆形压力表（带限位指示器）	AC20□～60□

③ 压力表安装螺纹：AC10 为1/16，AC20～30 为1/8，AC40～60为1/4。压力表同包出厂，不安装。

准标准规格

记号	内容	适合型号
1④	0.02～0.2MPa 设定	AC10□～60□
2	金属杯	AC10□－60□
3	油雾器上带排水活门	AC10□～60□
6	杯、滴油窗的材质：尼龙	AC10□～60□
8	带液位计的金属杯	AC25□～60□
C	杯带保护罩	AC20□
J⑤	排水导管口径1/4 in	AC25□～60□
N	非溢流型	AC10□～60□
R	流动方向：右→左	AC10□～60□
W	排水活门上带倒钩接头（用 ϕ6/ϕ4 尼龙管）	AC25□～60□
Z⑥	产品标牌、杯注意指示、压力表的单位表记 PSI、°F	AC10□60□

注：同时具有多种规格的场合，按数字及字母顺序排列表示。

④ 和标准规格的区别仅调压弹簧不同。0.2MPa 以上的压力不能设定。

⑤ 没有阀的功能。

⑥ 螺纹种类为 M5、NPT。

附件

记号	名称	附件的安装位置	适合型号	中间取出气口连接口径
无记号	无	—	—	—
K	单向阀	AF＋AR＋[K]＋AL	AC20～40	AC20□：1/6 AC25□：1/6 AC30□：1/6 AC40□：1/6
		AW＋[K]＋AL	AC20A～40A	
S	压力开关	AF＋AR＋[S]＋AL	AC20～60	—
		AW＋[S]＋AL	AC20A～40A	
		AF＋[S]＋AR	AC20B～60B	
		AF＋AFM＋[S]＋AR	AC20C～40C	
		AW＋[S]＋AFM	AC20D～40D	
T	T 形隔板	AF＋[F]＋AR＋AL	AC10～60	AC10□：M5×0.8 AC20□：1/8 AC25□：1/4 AC30□：1/4 AC40□：3/8 AC50□：3/8 AC55□：1/2 AC60□：1/2
		AF＋[T]＋AR	AC10B～60B	
		AF＋AFM＋[T]＋AR	AC20C～40C	
V	残压释放 3 通阀	AF＋AR＋AL＋[V]	AC20～40	—
		AW＋AL＋[V]	AC20～40A	
		AF＋AR＋[V]	AC20B～40B	
		AF＋AFM＋AR＋[V]	AC20C～40C	
		AW＋AFM＋[V]	AC20D～40D	

注：1. 2 个及 2 个以上记号的场合，按字母顺序排列。配管接头、配管接头带压力开关及 4 通隔板，另行表示。

2. AC□B 上同时使用压力开关、T 形隔板的场合，另行商谈。

3. 安装 T 形隔板及压力开关，托架位置是不同的，另行表示。

AC 新系列空气组合元件技术参数见表 22.3-31，外形尺寸见表 22.3-32。

表 22.3-31　AC 新系列空气组合元件技术参数

型　　号		AC10	AC20	AC25	AC30	AC40	AC40-06	AC50	AC55	AC60
构成元件	空气过滤器	AF10	AF20	AF30	AF30	AF40	AF40-06	AF50	AF60	AF60
	减压阀	AR10	AR20	AR25	AR30	AR40	AR40-06	AR50	AR50	AR60
	油雾器	AL10	AL20	AL30	AL30	AL40	AL40-06	AL50	AL60	AL60
连接口径		M5×0.8	1/8、1/4	1/4、3/8	1/4、3/8	1/4、3/8、1/2	3/4	3/4、1	1	1
压力表连接口径①		1/16	1/8	1/8	1/8	1/4	1/4	1/4	1/4	1/4
使用流体		空气								
耐压试验压力/MPa		1.5								
最高使用压力/MPa		1.0								
设定压力范围/MPa		0.05～0.7	0.05～0.85							
溢流压力/MPa		设定压力②+0.05[溢流流量 0.1L/min(ANR)时]								
环境温度及使用流体温度/℃		-5～60(未冻结时)								
过滤精度/μm		5								
推荐使用油		汽轮机油 1 号(ISO VG32)								
杯材质		聚碳酸酯								
构造/减压阀		溢流型								
质量/kg		0.27	0.73	0.91	1.00	1.74	1.95	4.17	4.25	4.34
附属品	杯保护罩	—	—	有	有	有	有	有	有	有

① 带埋入式方形压力表(AC20～AC60)的场合，压力表没有连接螺纹。

② AC10 除外。

表 22.3-32　AC 新系列空气组合元件外形尺寸　(mm)

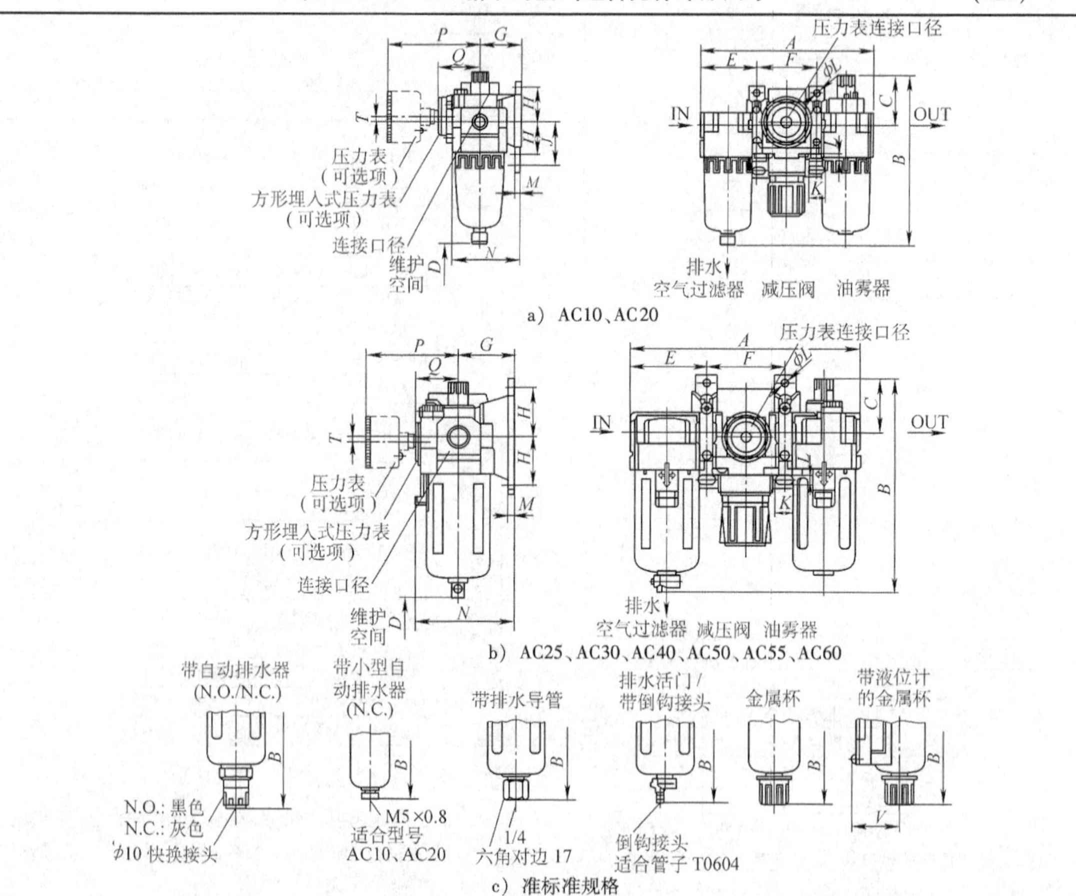

a) AC10、AC20

b) AC25、AC30、AC40、AC50、AC55、AC60

c) 准标准规格

（续）

型号	连接口径	标准规格												
		A	*B*	*C*	*D*	托架安装尺寸								
						E	*F*	*G*	*H*	*J*	*K*	*L*	*M*	*N*
AC10	M5×0.8	87	85	26	50	28	31	25	20	27	7	4.5	2.8	40
AC20	1/8、1/4	126	123	36	80	41.5	43	30	24	33	12	5.5	3.2	50
AC25	1/4、3/8	167	153	38	80	55	57	41	35	—	14	7	4	71
AC30	1/4、3/8	167	153	38	80	55	57	41	35	—	14	7	4	71
AC40	1/4、3/8、1/2	220	187	40	105	72.5	75	50	40	—	18	9	4	88
AC40-06	3/4	235	187	38	105	77.5	80	50	40	—	18	9	4.6	88
AC50	3/4、1	282	264	43	105	93	96	70	50	—	20	11	6.4	115
AC55	1	292	279	45	105	98	96	70	50	—	20	11	6.4	117.5
AC60	1	297	280	46	105	98	101	70	50	—	20	11	6.4	117.5

型号	可选项规格				准标准规格②				
	带压力表			带自动排水器	倒钩接头	带排水导管	金属杯	带液位计的金属杯	
	P	*Q*	*T*	*B*	*B*	*B*	*B*	*B*	*V*
AC10	26	—	0	104	—	—	85	—	—
AC20	65	29.5	2①	141	—	—	123	—	—
AC25	64	28.5	0	194	161	160	166	186	38
AC30	66	30.5	3.5	194	161	160	166	186	38
AC40	74	35	3.5	226	195	194	200	220	45
AC40-06	74	35	3	226	195	194	200	220	45
AC50	84	44.5	3.3	303	272	271	276	296	45
AC55	84	44.5	3.3	318	287	286	292	312	45
AC60	84	44.5	3.3	318	288	287	293	313	45

① 仅AC20的压力表位置在配管中心线的上侧。

② 准标准规格的场合(带倒钩接头、带排水导管、带金属杯、带液位计)，总长尺寸 *B* 改变。

2.4.6　AF新系列空气过滤器(M5~1)

型号表示方法：

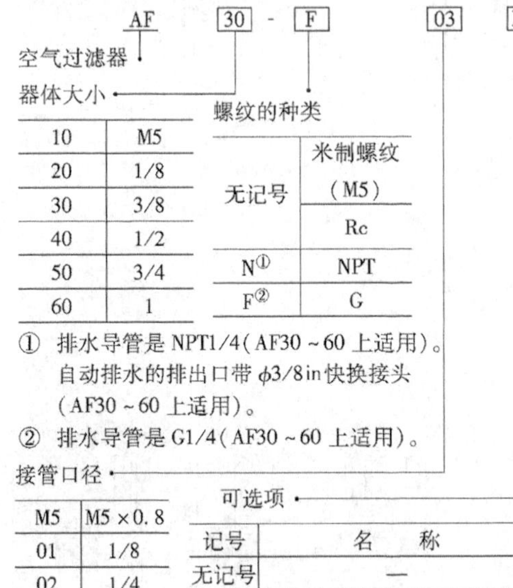

M5	M5×0.8
01	1/8
02	1/4
03	3/8
04	1/2
06	3/4
10	1

可选项

记号	名　称	适合型号
无记号	—	—
B	带托架	AF20~60
C	浮子式自动排水器(N.C.)	AF10~60
D	浮子式自动排水器(N.O.)	AF30~60

准标准规格

记号	内　容	适合型号
2	金属杯	AF10~60
6	尼龙杯	AF10~60
8	带液位计的金属杯	AF30~60
C	带杯保护罩	AF20
J③	排水导管1/4	AF30~60
R	流动方向：右→左	AF10~60
W	排水活门上带倒钩接头(用 ϕ6/ϕ4 尼龙管)	AF30~60
Z④	标牌、杯注意指示、压力表的单位表示：PSI，℉	AF10~60

③ 不带阀的功能。

④ 螺纹种类为M5、NPT。

注：多种规格的场合，按数字及字母顺序排列表示。

AF 新系列空气过滤器技术参数见表 22.3-33，外形尺寸见表 22.3-34。

表 22.3-33　AF 新系列空气过滤器技术参数

型　　号		AF10	AF20	AF30	AF40	AF40-06	AF50	AF60
连接口径/in①		M5×0.8mm	1/8、1/4	1/4、3/8	1/4、3/8、1/2	3/4	3/4、1	1
使用流体		空气						
耐压试验压力/MPa		1.5						
最高使用压力/MPa		1.0						
环境温度及使用流体温度/℃		-5~60(未冻结时)						
过滤精度/μm		5						
杯材质		聚碳酸酯						
冷凝水贮留量/cm^3		2.5	8	25	45	45	45	45
质量/kg		0.06	0.18	0.22	0.45	0.49	0.99	1.05
附属品	杯保护罩	—	—	有	有	有	有	有

① 1in=25.4mm。

表 22.3-34　AF 新系列空气过滤器外形尺寸　(mm)

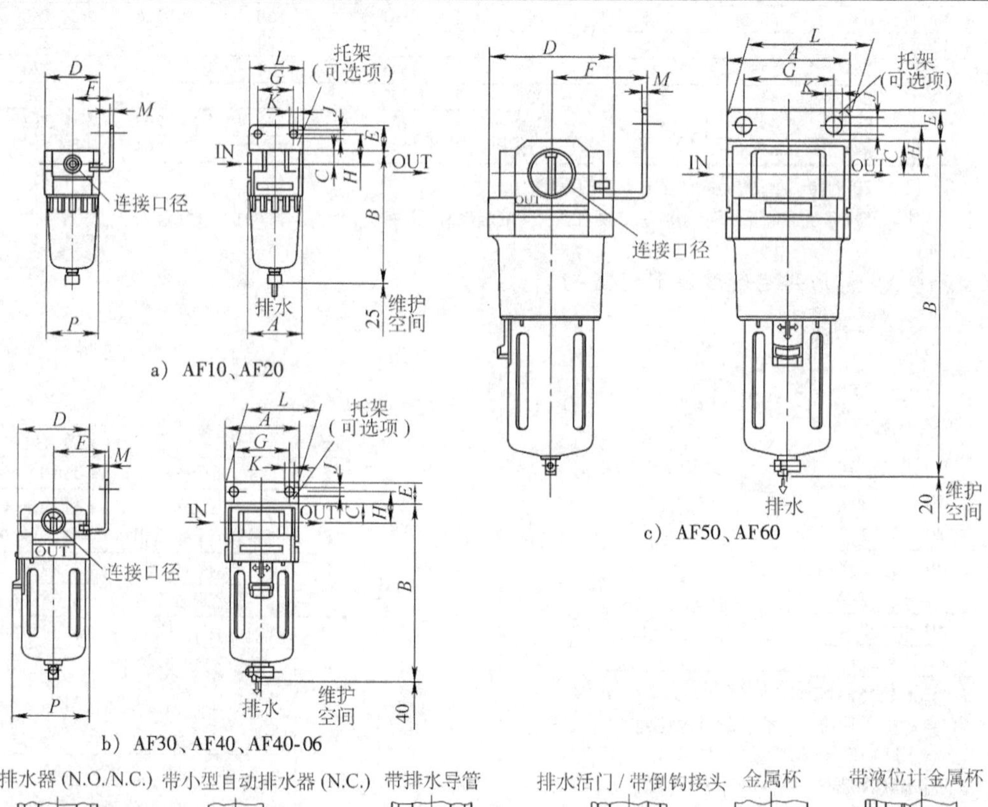

a) AF10、AF20

b) AF30、AF40、AF40-06

c) AF50、AF60

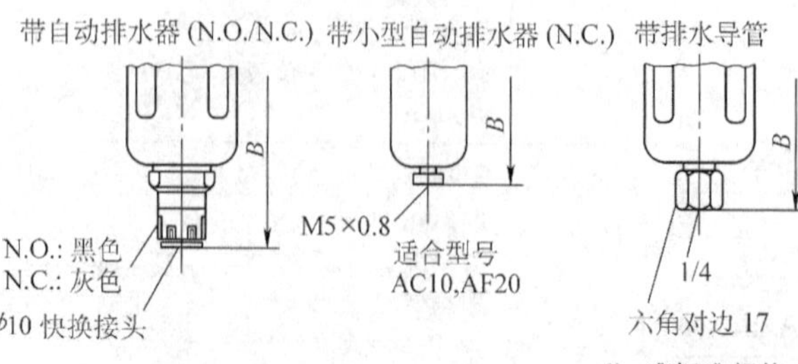

d) 准标准规格

（续）

型号	连接口径	标准规格					可选项规格								
							托架安装尺寸								带自动排水器
		A	*B*	*C*	*D*	*P*	*E*	*F*	*G*	*H*	*J*	*K*	*L*	*M*	*B*
AF10	M5×0.8	25	67	7	25	28	—	—	—	—	—	—	—	—	85
AF20	1/8、1/4	40	97	10	40	—	18	30	27	22	5.4	8.4	40	2.3	115
AF30	1/4、3/8	53	129	14	53	57	16	41	40	23	6.5	8	53	2.3	170
AF40	1/4、3/8、1/2	70	165	18	70	73	17	50	54	26	8.5	10.5	70	2.3	204
AF40-06	3/4	75	169	20	70	73	14	50	54	25	8.5	10.5	70	2.3	208
AF50	3/4、1	90	245	24	90	—	23	70	66	35	11	13	90	3.2	284
AF60	1	95	258	24	95	—	23	70	66	35	11	13	90	3.2	297

型号	准标准规格				
	带排水导管	倒钩接头	金属杯	带液位计金属杯	
	B	B	B	B	S
AF10	—	—	66	—	—
AF20	—	—	97	—	—
AF30	136	137	142	162	38
AF40	172	173	178	198	45
AF40-06	176	177	182	202	45
AF50	252	253	258	278	45
AF60	265	266	271	291	45

2.4.7 AL 新系列油雾器(M5~1)

型号表示方法：

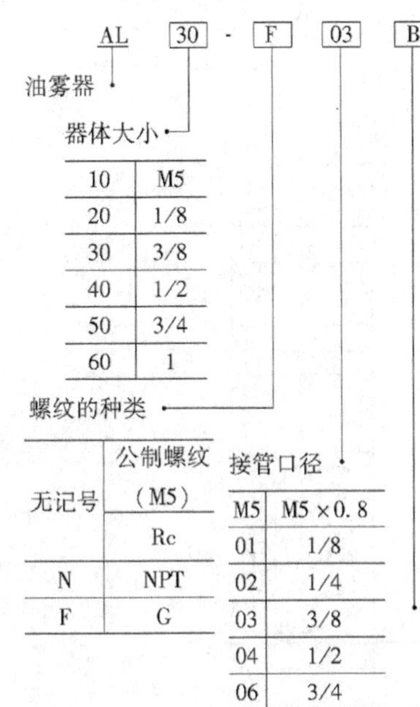

器体大小

10	M5
20	1/8
30	3/8
40	1/2
50	3/4
60	1

螺纹的种类

无记号	公制螺纹（M5）
	Rc
N	NPT
F	G

接管口径

M5	M5×0.8
01	1/8
02	1/4
03	3/8
04	1/2
06	3/4
10	1

可选项

记号	名　称	适合型号
无记号	—	—
B	带托架	AL20~60

准标准规格

记号	内　　容	适合型号
1	1000cm³ 油箱	AL30~60
10	1000cm³ 油箱带液位开关（下限 ON）	AL30~60
11	1000cm³ 油箱带液位开关（下限 OFF）	AL30~60
2	金属杯	AL10~60
3	带排水阀	AL10~60
6	尼龙杯（含滴油窗）	AL10~60
8	带液位计的金属杯	AL30~60
C	带杯保护罩	AL20
R	流动方向：右→左	AL10~60
3W	排水阀上带倒钩接头（用 $\phi6/\phi4$ 尼龙管）	AL30~60
Z①	产品标牌、杯注意指示压力表的单位表示：PSI，°F	AL10~60

注：多种规格的场合按数字及字母顺序排列表示。
① 螺纹种类为 M5、NPT。

AL新系列油雾器技术参数见表22.3-35，外形尺寸见表22.3-36。

表22.3-35 AL新系列油雾器技术参数

型　号		AL10	AL20	AL30	AL40	AL40-60	AL50	AL60
连接口径		M5×0.8	1/8、1/4	1/4、3/8	1/4、3/8、1/2	3/4	3/4、1	1
使用流体		空气						
耐压试验压力/MPa		1.5						
最高使用压力/MPa		1.0						
最小起雾流量①/$L\cdot min^{-1}$(ANR)		4	15	1/4：30 3/8：40	1/4：30 3/8：40 1/2：50	50	190	220
贮油量/cm^3		7	25	55	135	135	135	135
推荐使用油		汽轮机油1号(ISO VG32)						
环境温度及使用流体温度/℃		-5~60(未冻结时)						
杯材质		聚碳酸酯						
质量/kg		0.07	0.20	0.24	0.47	0.52	1.06	1.13
附属品	杯保护罩	—	—	有	有	有	有	有

① 一次侧压力为0.5MPa、汽轮机油1号(ISO VG32)、温度为20℃、油量调整阀全开的条件下，滴油量5滴/min的流量。

表22.3-36 AL新系列油雾器外形尺寸 (mm)

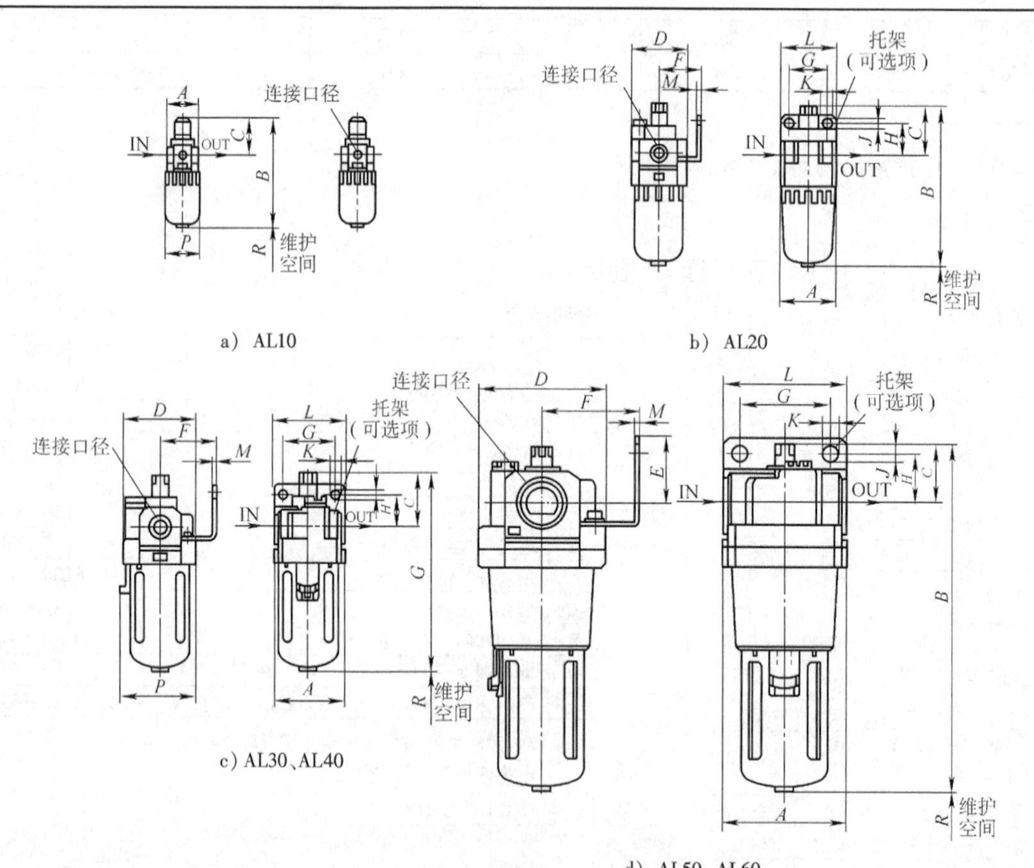

a) AL10　b) AL20　c) AL30、AL40　d) AL50、AL60

（续）

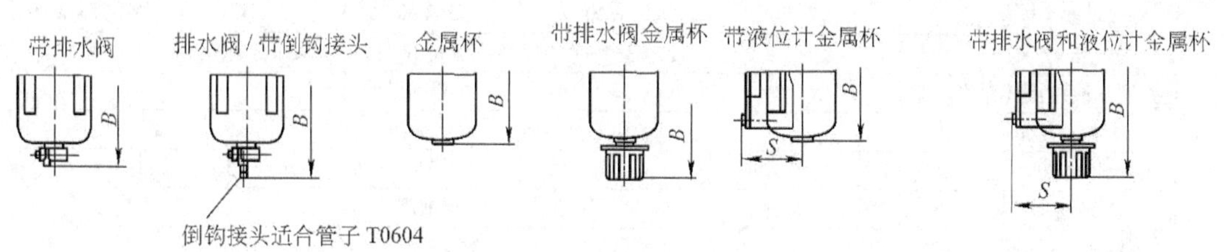

e）准标准规格

型号	连接口径 /in①	标准规格						可选项规格 托架安装尺寸							
		A	*B*	*C*	*D*	*P*	*R*	*E*	*F*	*G*	*H*	*J*	*K*	*L*	*M*
AL10	M5×0. 8mm	25	77	26	25	28	50	—	—	—	—	—	—	—	—
AL20	1/8、1/4	40	115	36	40	—	80	—	30	27	22	5. 4	8. 4	40	2. 3
AL30	1/4、3/8	53	142	38	53	57	95	—	41	40	23	6. 5	8	53	2. 3
AL40	1/4、3/8、1/2	70	176	40	70	73	120	—	50	54	26	8. 5	10. 5	70	2. 3
AL40-06	3/4	75	176	38	70	73	120	—	50	54	25	8. 5	10. 5	79	2. 3
AL50	3/4、1	90	250	41	90	—	120	47	70	66	35	11	13	90	3. 2
AL60	1	95	268	45	95	—	120	47	70	66	35	11	13	90	3. 2

型号	准标准规格							
	带排水阀	排水阀/带倒钩接头	金属杯	带排水阀金属杯	带液位计金属杯		带排水阀、液位计金属杯	
	B	B	B	B	B	S	B	S
AL10	85	—	82	85	—	—	—	—
AL20	123	—	121	124	—	—	—	—
AL30	153	161	142	166	162	38	186	38
AL40	187	195	176	200	196	45	220	45
AL40-06	187	195	176	200	196	45	220	45
AL50	261	269	250	274	270	—	294	—
AL60	279	287	268	292	288	—	312	—

① 1in = 25. 4mm。

2. 4. 8　AW 新系列过滤减压阀（M5～3/4）

AW 新系列过滤减压阀技术参数见表 22. 3-37，外形尺寸见表 22. 3-38。

表 22. 3-37　AW 新系列过滤减压阀技术参数

型　　号	AW10	AW20	AW30	AW40	AW40-06
连接口径	M5×0. 8	1/8、1/4	1/4、3/8	1/4、3/8、1/2	3/4
使用流体	空气				
耐压试验压力/MPa	1. 5				
最高使用压力/MPa	1. 0				
设定压力范围/MPa	0. 05～0. 7	0. 05～0. 85			
压力表连接口径①	1/16②	1/8	1/8	1/4	1/4

（续）

型号		AW10	AW20	AW30	AW40	AW40-06
溢流压力/MPa		设定压力+0.05（溢流流量0.1L/min（ANR）时）③				
环境温度及使用流体温度/℃		-5~60（未冻结时）				
过滤精度/μm		5				
冷凝水贮留量/cm^3		2.5	8	25	45	45
杯材质		聚碳酸酯				
构造/减压阀		溢流型				
质量/kg		0.09	0.32	0.40	0.72	0.75
附属品	保护罩	—	—	有	有	有

① 方形埋入压力表（AW20~40）的场合，压力表无连接螺纹。

② 在表通D为1/16上连接1/8安装螺纹的压力表时，要使用螺纹缩接（型号：131368）。

③ AW10除外。

型号表示方法：

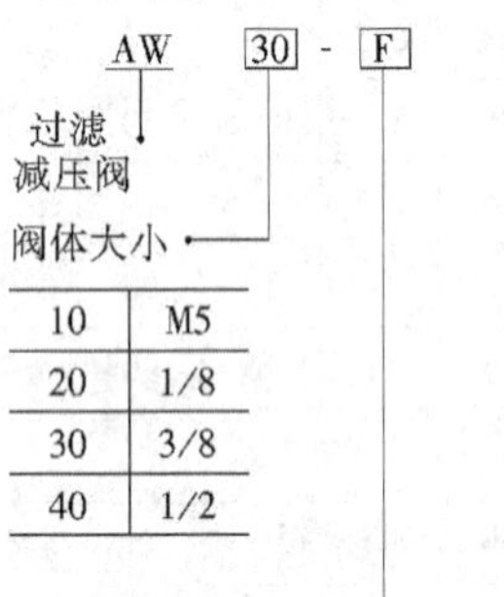

10	M5
20	1/8
30	3/8
40	1/2

螺纹的种类

无记号	米制螺纹（M5）
	Rc
N①	NPT
F②	G

① 排水导管是NPT1/4（AW30、40上适用）。自动排水的排出口带φ3/8in快换接头（AW30、AW40上适用）。

② 排水导管是G1/4（AW30、AW40上适用）。

接管口径

M5	M5×0.8
01	1/8
02	1/4
03	3/8
04	1/2
06	3/4

准标准规格

记号	内 容	适合型号
1⑤	0.02~0.2MPa设定	AW10~40
2	金属杯	AW10~40
6	尼龙杯	AW10~40
8	带液位计金属杯	AW30、AW40
C	带杯保护罩	AW20
J⑥	带排水导管1/4	AW30、AW40
N	非溢流型	AW10~40
R	流动方向：右→左	AW10~40
W	排水阀上带倒钩接头（用φ6/φ4尼龙管）	AW30、AW40
Z⑦	产品标牌、杯注意指示、压力表的单位表示：PSI，℉	AW10~40

⑤ 和标准规格的区别仅调压弹簧不同。0.2MPa以上的压力不能设定。

⑥ 没有阀的功能。

⑦ 螺纹种类为M5、NPT。

注：同时具有多种规格的场合，按数字及字母顺序排列表示。

可选项

记号	内 容	适合型号
无记号	—	—
B③	带托架	AW10~40
C	浮子式自动排水器（N.C.）	AW10~40
D	浮子式自动排水器（N.O.）	AW30、AW40
E	带方形埋入式压力表（限位指示器有）	AW20~40
G④	带圆形压力表（限位指示器无）	AW10
	带圆形压力表（限位指示器有）	AW20~40
P	面板安装（带安装螺母）	AW10~40

③ 托架组件同包出厂，不组装。

④ 压力表安装螺纹：AW10为1/16，AW20~30为1/8，AW40为1/4。压力表同包出厂，不安装。

表 22.3-38　AW 新系列过滤减压阀外形尺寸　　（mm）

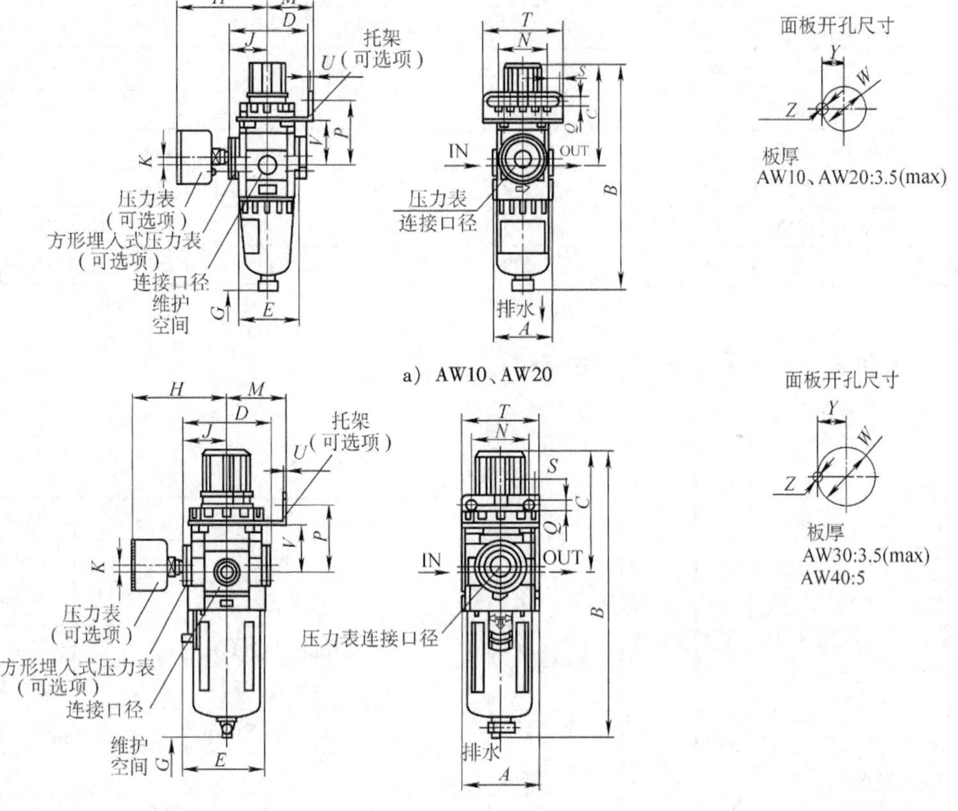

b）AW30、AW40

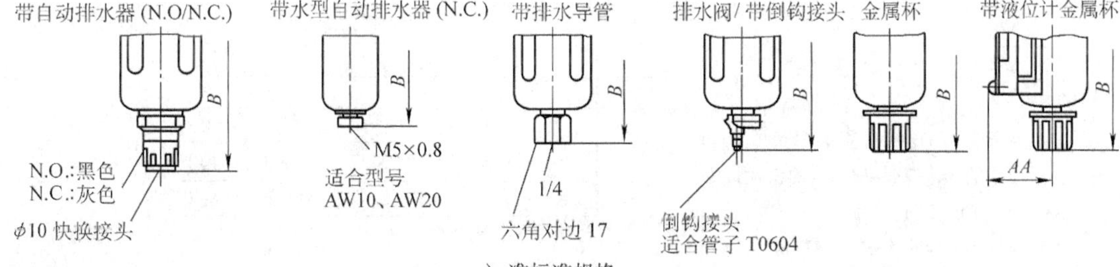

c）准标准规格

型　号	连接口径	标准规格						可选项规格									
								带压力表			托架安装尺寸						
		A	B	C	D	E	G	H	J	K	M	N	P	Q	S	T	U
AW10	M5×0.8	25	108	48	25	28	50	26	—	0	25	28	30	4.5	6.5	40	2
AW20	1/8、1/4	40	160	73	52	40	80	63	27	5	30	34	44	5.4	15.4	55	2.3
AW30	1/4、3/8	53	201	86	59	57	80	66	30.5	3.5	41	40	46	6.5	8	53	2.3
AW40	1/4、3/8、1/2	70	239	92	75	73	105	76	38.5	1.5	50	54	54	8.5	10.5	70	2.3
AW40-06	3/4	75	242	93	75	73	105	76	38.5	1.2	50	54	56	8.5	10.5	70	2.3

（续）

型 号	可选项规格					准标准规格				
	面板安装尺寸				带自动排水器	带倒钩接头	带排水导管	金属杯	带液位计金属杯	
	V	W	Y	Z	B	B	B	B	B	AA
AW10	18	18.5	—	—	125	—	—	107	—	—
AW20	30	28.5	14	6	177	—	—	160	—	—
AW30	31	38.5	19	7	242	209	208	214	234	38
AW40	35.5	42.5	21	7	278	247	246	251	272	45
AW40-06	37	42.5	21	7	278	250	249	255	272	45

2.4.9 AFM新系列油雾分离器(1/8~3/4)

型号表示方法：

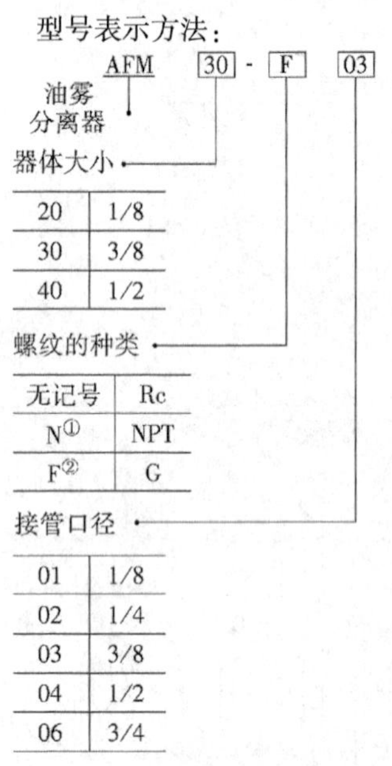

AFM 30 - F 03 BD - 2R

油雾分离器

器体大小

20	1/8
30	3/8
40	1/2

螺纹的种类

无记号	Rc
N①	NPT
F②	G

接管口径

01	1/8
02	1/4
03	3/8
04	1/2
06	3/4

① 排水导管为NPT1/4(AFM30、AFM40上适用)。自动排水的排水口带 ϕ3/8in的快换接头(AFM30、AFM40上适用)。

② 排水导管为G1/4(AFM30、AFM40上适用)。

准标准规格

记号	内 容	适合型号
2	金属杯	AFM20~40
6	尼龙杯	AFM20~40
8	带液位计金属杯	AFM30、AFM40
C	带杯保护罩	AFM20
J③	排水导管口径1/4	AFM30、AFM40
R	流动方向：右→左	AFM20~40
W	排水阀上带倒钩接头(用 $\phi6/\phi4$ 尼龙管)	AFM30、AFM40
Z④	产品标牌，杯注意指示、压力表的单位表示：PSI, ℉	AFM20~40

可选项

记号	名 称	适合型号
无记号	—	—
B	带托架	AFM20~40
C	浮子式自动排水器(N.C.)	AFM20~40
D	浮子式自动排水器(N.O.)	AFM30、AFM40

③ 没有阀的功能。

④ 是NPT螺纹。

注：多个规格的场合，按数字及字母顺序排列表示。

AFM新系列油雾分离器技术参数见表22.3-39，外形尺寸见表22.3-40。

表22.3-39 AFM新系列油雾分离器技术参数

型 号	AFM20	AFM30	AFM40	AFM40-06
连接口径	1/8、1/4	1/4、3/8	1/4、3/8、1/2	3/4
使用流体	空气			
耐压试验压力/MPa	1.5			
最高使用压力/MPa	1.0			
最低使用压力/MPa	0.05			
环境温度及使用流体温度/℃	-5~60(未冻结时)			
额定流量①/L·min^{-1}(ANR)	200	450	1100	1100

（续）

型　　号		AFM20	AFM30	AFM40	AFM40-06
过滤精度/μm		0.3（95%捕捉粒径）			
2 次侧油雾浓度/$mg \cdot m^{3-1}$		最大 1.0（ANR）②			
滤芯寿命		2 年或压力降下 0.1MPa 时			
杯材质		聚碳酸酯			
冷凝水贮留量/cm^3		8	25	45	45
质量/kg		0.18	0.22	0.44	0.49
附属品	杯保护罩	—	有	有	有

① 一次侧压力 0.7MPa 的场合，额定流量随一次侧压力变化。

② 空压机油雾输出浓度 30mg/m^3（ANR）时。

表 22.3-40　AFM 新系列油雾分离器外形尺寸　　（mm）

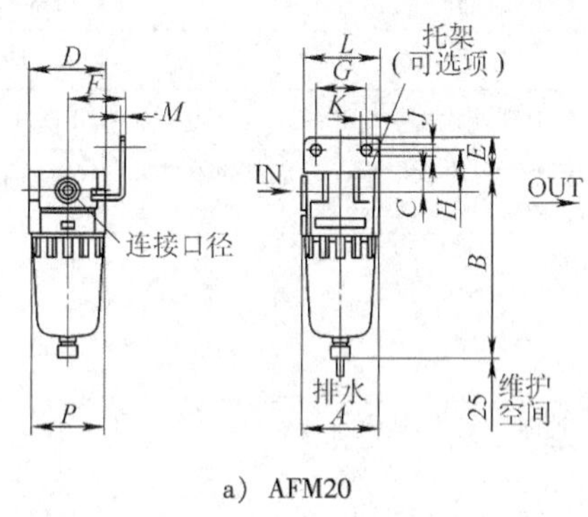

a）AFM20

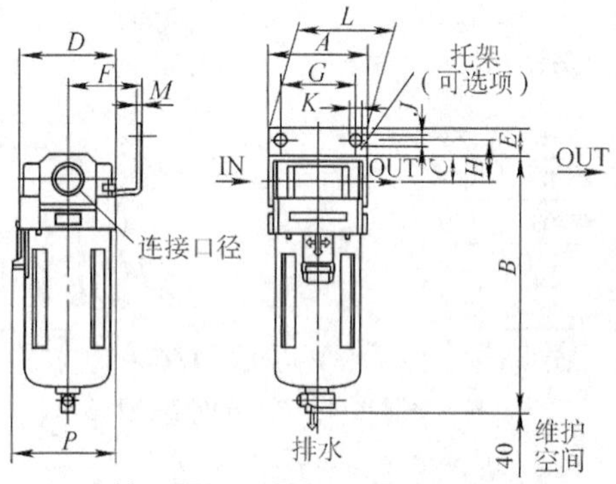

b）AFM30、AFM40、AFM40-06

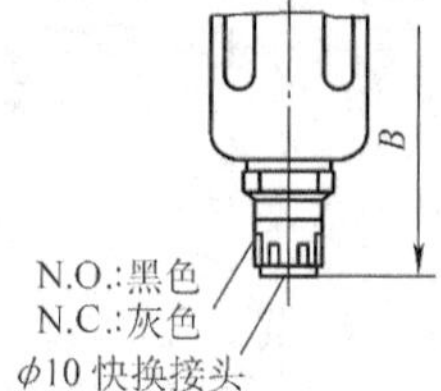

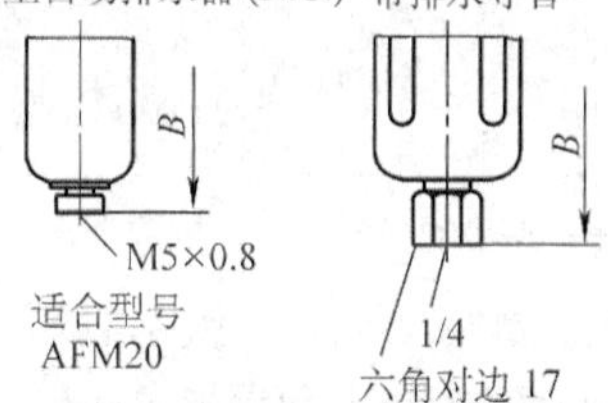

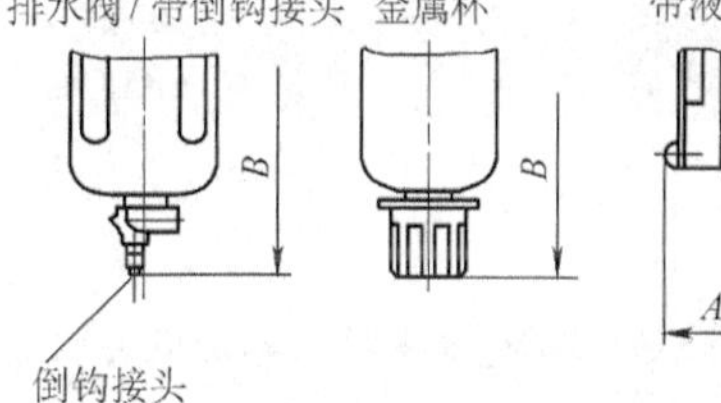

c）准标准规格

型号	连接口径	标准规格					可选项规格								带自动排水器
							托架安装尺寸								
		A	B	C	D	P	E	F	G	H	J	K	L	M	B
AFM20	1/8、1/4	40	97	10	40	—	18	30	27	22	5.4	8.4	40	2.3	115
AFM30	1/4、3/8	53	129	14	53	57	16	41	40	23	6.5	8	53	2.3	170
AFM40	1/4、3/8、1/2	70	165	18	70	73	17	50	54	26	8.5	10.5	70	2.3	204
AFM40-06	3/4	75	169	20	70	73	14	50	54	25	8.5	10.5	70	2.3	208

型号	准标准规格				
	带排水导管	倒钩接头	金属杯	带液位计金属杯	
	B	B	B	B	S
AFM20	—	—	97	—	—
AFM30	136	137	142	162	38
AFM40	172	173	178	198	45
AFM40-06	176	177	182	202	45

2.4.10　AFD 新系列微雾分离器(1/8~3/4)

型号表示方法：

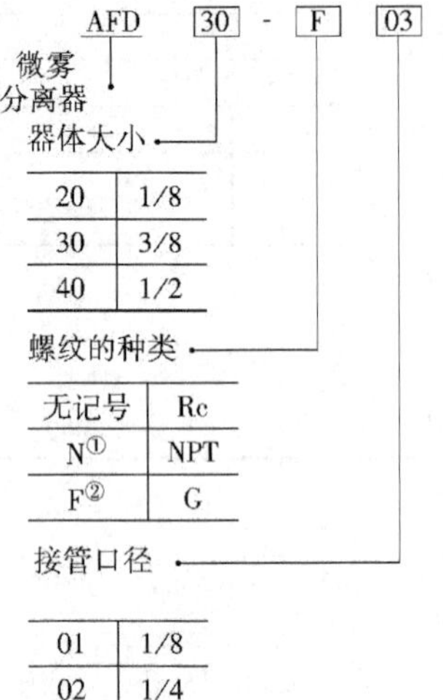

器体大小

20	1/8
30	3/8
40	1/2

螺纹的种类

无记号	Rc
N①	NPT
F②	G

接管口径

01	1/8
02	1/4
03	3/8
04	1/2
06	3/4

① 排水导管为NPT1/4(AFD30、AFD40上适用)。自动排水的排水口带 $\phi3/8$in的快换接头(AFD30、AFD40上适用)。

② 排水导管为 G1/4(AFD30、AFD40上适用)。

准标准规格

记号	内　　容	适合型号
2	金属杯	AFD20~40
6	尼龙杯	AFD20~40
8	带液位计金属杯	AFD30、AFD40
C	带杯保护罩	AFD20
J③	排水导管口径 1/4	AFD30、AFD40
R	流动方向：右→左	AFD20~40
W	排水阀上带倒钩接头(用 $\phi6/\phi4$ 尼龙管)	AFD30、AFD40
Z④	产品标牌，杯注意指示、压力表的单位表示：PSI，℉	AFD20~40

③ 没有阀的功能。

④ 是 NPT 螺纹。

可选项

记号	名称	适合型号
无记号	—	—
B	带托架	AFD20~40
C	浮子式自动排水器(N.C.)	AFD20~40
D	浮子式自动排水器(N.O.)	AFD30、AFD40

注：多个规格的场合，按数字及字母顺序排列表示。

AFD 新系列微雾分离器技术参数见表 22.3-41，外形尺寸见表 22.3-42。

表 22.3-41　AFD 新系列微雾分离器技术参数

型　　号		AFD20	AFD30	AFD40	AFD40-06
连接口径		1/8、1/4	1/4、3/8	1/4、3/8、1/2	3/4
使用流体		空气			
耐压试验压力/MPa		1.5			
最高使用压力/MPa		1.0			
最低使用压力/MPa		0.05			
环境温度及使用流体温度/℃		-5~60(未冻结时)			
额定流量①/L·min^{-1}(ANR)		120	240	600	600
过滤精度/μm		0.01(95%捕捉粒径)			
2 次侧油雾浓度/mg·m$^{3-1}$		最大 0.1(ANR)[油饱和前为 0.01(ANR)以下]②			
滤心寿命		2 年或压力降下 0.1MPa 时			
杯材质		聚碳酸酯			
冷凝水贮留量/cm^3		8	25	45	45
质量/kg		0.18	0.22	0.44	0.49
附属品	杯保护罩	—	有	有	有

① 一次侧压力为 0.7MPa 的场合。额定流量随一次侧压力变化。

② 空压机输出油雾浓度为 30mg/m^3(ANR)时。

表 22.3-42　AFD 新系列微雾分离器外形尺寸　　(mm)

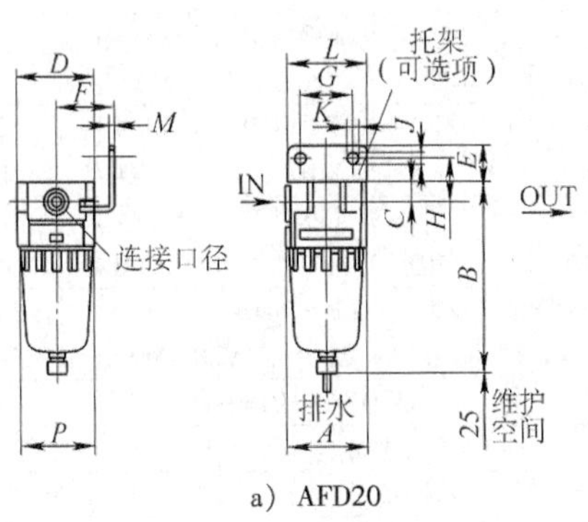

a) AFD20

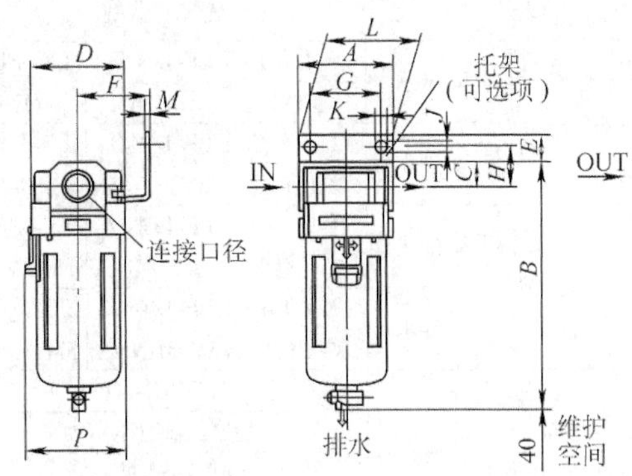

b) AFD30、AFD40、AFD40-06

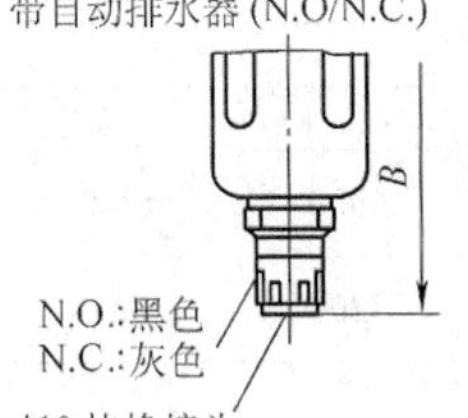

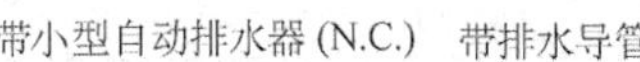

B
M5×0.8
适合型号
AFD20

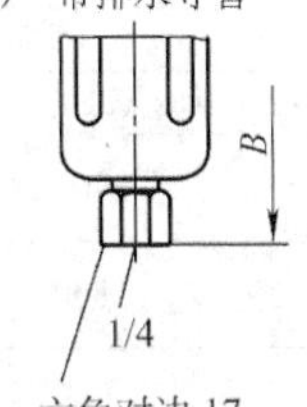

排水阀/带倒钩接头
B
倒钩接头
适合管子 T0604

金属杯
B

带液位计金属杯
B
S

c) 准标准规格

型号	连接口径	标准规格					可选项规格								
							托架安装尺寸								带自动排水器
		A	*B*	*C*	*D*	*P*	*E*	*F*	*G*	*H*	*J*	*K*	*L*	*M*	*B*
AFD20	1/8、1/4	40	97	10	40	—	18	30	27	22	5.4	8.4	40	2.3	115
AFD30	1/4、3/8	53	129	14	53	57	16	41	40	23	6.5	8	53	2.3	170
AFD40	1/4、3/8、1/2	70	165	18	70	73	17	50	54	26	8.5	10.5	70	2.3	204
AFD40-06	3/4	75	169	20	70	73	14	50	54	25	8.5	10.5	70	2.3	208

型号	准标准规格				
	带排水导管	倒钩接头	金属杯	带液位计金属杯	
	B	B	B	B	S
AFD20	—	—	97	—	—
AFD30	136	137	142	162	38
AFD40	172	173	178	198	45
AFD40-06	176	177	182	202	45

2.5　德国 FESTO 气源处理单元(D 系列)

2.5.1　LF 系列过滤器

1) 技术规格见表 22.3-43。
2) 外形尺寸见表 22.3-44。

2.5.2　LOE 系列油雾器

1) 技术规格见表 22.3-45。
2) 外形尺寸见表 22.3-46。

2.5.3　LFR 系列过滤减压阀

1) 技术规格见表 22.3-47。
2) 外形尺寸见表 22.3-48。

2.5.4　FRC 系列气源调节装置(二联件)

1) 技术规格见表 22.3-49。
2) 外形尺寸见表 22.3-50。

表 22.3-43　LF 系列过滤器技术规格

规　格		MINI(小型)			MIDI(中型)			MAXI(大型)	
40μm 滤芯	手动排水阀	LF-1/8-D-MINI	LF-1/4-D-MINI	LF-3/8-D-MINI	LF-3/8-D-MIDI	LF-1/2-D-MIDI	LF-3/4-D-MIDI	LF-3/4-D-MAXI	LF-1-D-MAXI
	自动排水阀	LF-1/8-D-MINI-A	LF-1/4-D-MINI-A	LF-3/8-D-MINI-A	LF-3/8-D-MIDI-A	LF-1/2-D-MIDI-A	LF-3/4-D-MIDI-A	LF-3/4-D-MAXI-A	LF-1-D-MAXI-A
5μm 滤芯	手动排水阀	LF-1/8-D-5M-MINI	LF-1/4-D-5M-MINI	LF-3/8-D-5M-MINI	LF-3/8-D-5M-MIDI	LF-1/2-D-5M-MIDI	LF-3/4-D-5M-MIDI	LF-3/4-D-5M-MIXI	LF-1-D-5M-MAXI
	自动排水阀	LF-1/8-D-5M-MINI-A	LF-1/4-D-5M-MINI-A	LF-3/8-D-5M-MINI-A	LF-3/8-D-5M-MIDI-A	LF-1/2-D-5M-MIDI-A	LF-3/4-D-5M-MIDI-A	LF-3/4-D-5M-MAXI-A	LF-1-D-5M-MAXI-A
安装支架		HFOE-D-MINI			HFOE-D-MIDI/MAXI				
40μm 滤芯		LFP-D-MINI-40M			LFP-D-MIDI-40M			LFP-D-MAXI-40M	
5μm 滤芯		LFP-D-MINI-5M			LFP-D-MIDI-5M			LFP-D-MAXI-5M	
工作介质		压缩空气							
结构特点		带水分离器的烧结式过滤器							
安装方式		管式安装或支架安装							
安装位置		垂直方向±5							
接管螺纹		G1/8	G1/4	G3/8	G3/8	G1/2	G3/4	G3/4	G1
额定流量/L · min^{-1}	LF-…·-D-…(-A)	1000	1200	1400	2700	3000	3000	5000	5300
	LF-…·-D-…-5M-…(-A)	600	950	1100	1800	1900	1900	3200	3300
工作压力/MPa	手动排水阀	最大 1.6							
	自动排水阀	0.15~1.2							
过滤精度/μm		40、5							
最大凝液容量/mL		22			43			80	
温度范围/℃		-10~+60							

注：型号意义

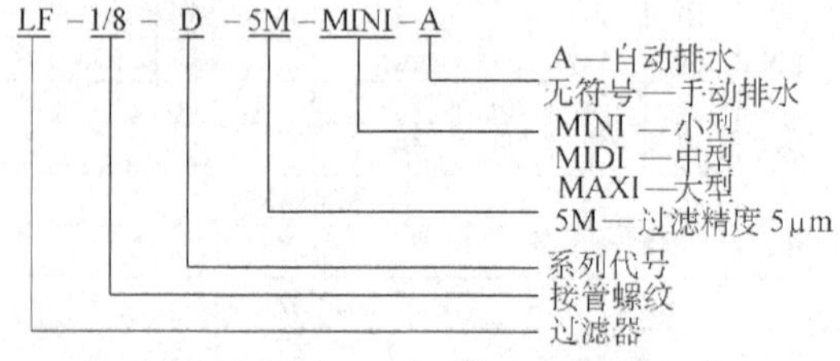

表 22.3-44　LF 系列过滤器外形尺寸　　(mm)

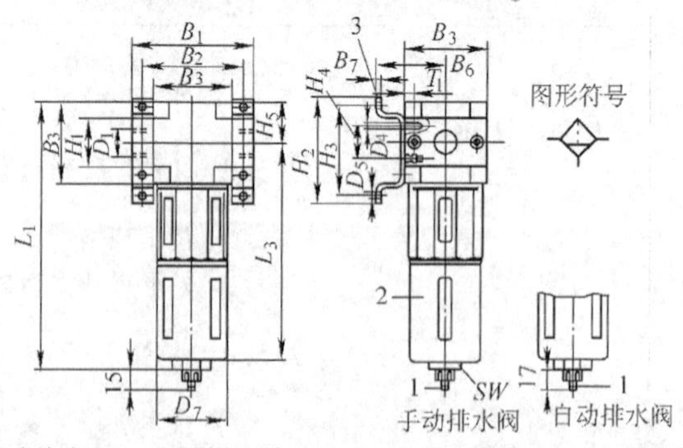

1—倒钩式接头　2—金属保护罩　3—HFOE 型安装支架(不在供货范围内)

（续）

型　号	B_1	B_2	B_3	B_6	B_7	D_1	D_4	D_5	D_7	H_1	H_2	H_3	H_4	H_5	L_1	L_3	T_1	SW
LF-1/8-D-MINI	64	52	40	39	2	G1/8	M4	4.3	38	20	43	35	11	17.5	144	124	7	22
LF-1/4-D-MINI	64	52	40	39	2	G1/4	M4	4.3	38	20	43	35	11	17.5	144	124	7	22
LF-3/8-D-MINI	70	52	40	39	2	G3/8	M4	4.3	38	20	43	35	11	17.5	144	124	7	22
LF-3/8-D-MIDI	85	70	55	47	3	G3/8	M5	5.3	52	32	70	60	22	24.5	179	151	8	24
LF-1/2-D-MIDI	85	70	55	47	3	G1/2	M5	5.3	52	32	70	60	22	24.5	179	151	8	24
LF-3/4-D-MIDI	85	70	55	47	3	G3/4	M5	5.3	52	32	70	60	22	24.5	179	151	8	24
LF-3/4-D-MAXI	96	80	66	53	3	G3/4	M5	5.3	65	32	70	60	22	24.5	203	170	8	24
LF-1-D-MAXI	116	91	66	53	3	G1	M5	5.3	65	40	70	60	22	24.5	203	170	8	24

表 22.3-45　LOE 系列油雾器技术规格

规格	MINI(小型)			MIDI(中型)			MAXI(大型)	
油雾器	LOE-1/8-D-MINI	LOE-1/4-D-MINI	LOE-3/8-D-MINI	LOE-3/8-D-MIDI	LOE-1/2-D-MIDI	LOE-3/4-D-MIDI	LOE-3/4-D-MAXI	LOE-1-D-MAXI
安装支架	HFOE-D-MINI			HFOE-D-MIDI/MAXI				
工作介质	过滤压缩空气(40μm)							
结构特点	油雾型自动可变节流式							
安装方式	管式安装或支架安装							
安装位置	垂直方向±5							
接管螺纹	G1/8	G1/4	G3/8	G3/8	G1/2	G3/4	G3/4	G1
额定流量/L·min^{-1}	1300	2300	2700	5500	6100	6300	8400	9000
最大工作压力/MPa	1.6							
最小起雾流量/L·min^{-1}	3			6			10	
最大贮油量/mL	45			110			190	
温度范围/℃	-10～+60							

注：型号意义

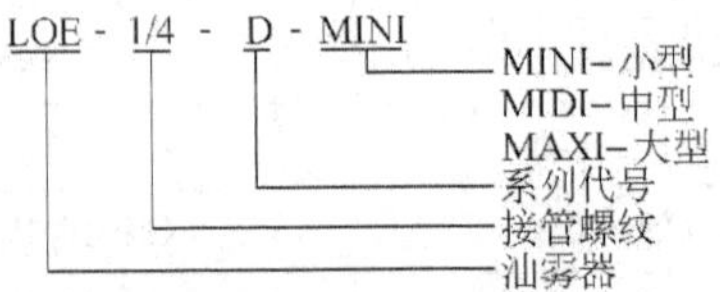

表 22.3-46　LOE 系列油雾器外形尺寸　（mm）

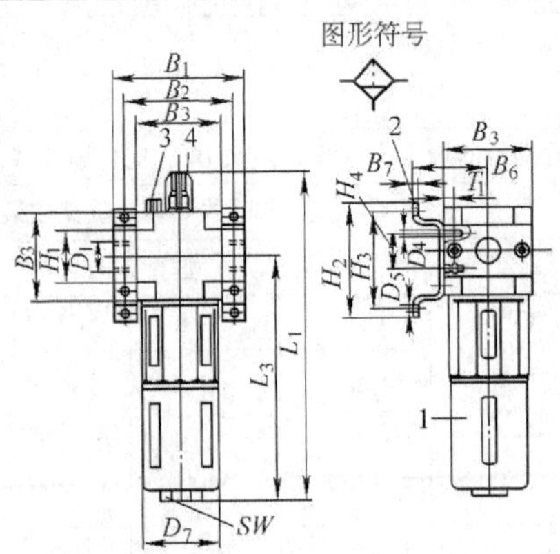

1—金属保护罩　2—HFOE 型安装支架　3—油杯放气螺塞　4—滴油量调节螺钉

（续）

型　号	B_1	B_2	B_3	B_6	B_7	D_1	D_4	D_5	D_7	H_1	H_2	H_3	H_4	L_1	L_3	T_1	SW
LOE-1/8-D-MINI	64	52	40	39	2	G1/8	M4	4.3	38	20	43	35	11	169	124	7	22
LOE-1/4-D-MINI	64	52	40	39	2	G1/4	M4	4.3	38	20	43	35	11	169	124	7	22
LOE-3/8-D-MINI	70	52	40	39	2	G3/8	M4	4.3	38	20	43	35	11	169	124	7	22
LOE-3/8-D-MIDI	85	70	55	47	3	G3/8	M5	5.3	52	32	70	60	22	206	151	8	24
LOE-1/2-D-MIDI	85	70	55	47	3	G1/2	M5	5.3	52	32	70	60	22	206	151	8	24
LOE-3/4-D-MIDI	85	70	55	47	3	G3/4	M5	5.3	52	32	70	60	22	206	151	8	24
LOE-3/4-D-MAXI	96	81	66	53	3	G3/4	M5	5.3	65	32	70	60	22	223	170.5	8	24
LOE-1-D-MAXI	116	81	66	53	3	G1	M5	5.3	65	40	70	60	22	223	170.5	8	24

表22.3-47　LFR系列过滤减压阀技术规格

规　格		MINI(小型)			MIDI(中型)			MAXI(大型)	
工作压力 1.2MPa (40μm)	手动排水阀	LFR-1/8-D-MINI	LFR-1/4-D-MINI	LFR-3/8-D-MINI	LFR-3/8-D-MIDI	LFR-1/2-D-MIDI	LFR-3/4-D-MIDI	LFR-3/4-D-MAXI	LFR-1-D-MAXI
	自动排水阀	LFR-1/8-D-MINI-A	LFR-1/4-D-MINI-A	LFR-3/8-D-MINI-A	LFR-3/8-D-MIDI-A	LFR-1/2-D-MIDI-A	LFR-3/4-D-MIDI-A	LFR-3/4-D-MAXI-A	LFR-1-D-MAXI-A
工作压力 0.7MPa (40μm)	手动排水阀	LFR-1/8-D-7-MINI	LFR-1/4-D-7-MINI	LFR-3/8-D-7-MINI	LFR-3/8-D-7-MIDI	LFR-1/2-D-7-MIDI	LFR-3/4-D-7-MIDI	LFR-3/4-D-7-MAXI	LFR-1-D-7-MAXI
	自动排水阀	LFR-1/8-D-7-MINI-A	LFR-1/4-D-7-MINI-A	LFR-3/8-D-7-MINI-A	LFR-3/8-D-7-MIDI-A	LFR-1/2-D-7-MIDI-A	LFR-3/4-D-7-MIDI-A	LFR-3/4-D-7-MAXI-A	LFR-1-D-7-MAXI-A
工作压力 1.2MPa (5μm)	手动排水阀	LFR-1/8-D-5M-MINI	LFR-1/4-D-5M-MINI	LFR-3/8-D-5M-MINI	LFR-3/8-D-5M-MIDI	LFR-1/2-D-5M-MIDI	LFR-3/4-D-5M-MIDI	LFR-3/4-D-5M-MAXI	LFR-1-D-5M-MAXI
	自动排水阀	LFR-1/8-D-5M-MINI-A	LFR-1/4-D-5M-MINI-A	LFR-3/8-D-5M-MINI-A	LFR-3/8-D-5M-MIDI-A	LFR-1/2-D-5M-MIDI-A	LFR-3/4-D-5M-MIDI-A	LFR-3/4-D-5M-MAXI-A	LFR-1-D-5M-MAXI-A
安装支架		HFOE-D-MINI			HFOE-D-MIDI/MAXI				
		HR-D-MINI			HR-D-MIDI			HR-D-MAXI	
压力传感器的安装支架		PENV-A-H-1/8-D			PENV-A-H-3/8-D				
40μm滤芯		LFP-D-MINI-40M			LFP-D-MIDI-40M			LFP-D-MAXI-40M	
5μm滤芯		LFP-D-MINI-5M			LFP-D-MIDI-5M			LFP-D-MAXI-5M	
压力表	适用0~1.2MPa	MA-40-16-1/8			MA-50-16-1/4				
	适用0~0.7MPa	MA-40-10-1/8			MA-50-10-1/4				
工作介质		压缩空气							
结构特点		带水分离器的烧结式过滤器；MINI/MIDI：膜片式减压阀；MAXI：活塞式减压阀							
安装方式		管式安装或支架安装							
安装位置		垂直方向±5							
接管螺纹		G1/8	G1/4	G3/8	G3/8	G1/2	G3/4	G3/4	G1
额定流量 /L·min^{-1}	LFR-…-D-…(-A)	750	1400	1600	3100	3400	3400	9000	10000
	LFR-…-D-7-…(-A)	900	1500	1700	3400	3900	4000	9500	16000
	LFR-…-D-5M…(-A)	650	1200	1350	2400	2500	2600	7300	7600

（续）

规格		MINI(小型)	MIDI(中型)	MAXI(大型)
输入压力/MPa	手动排水阀	0.1~1.6		
	自动排水阀	0.15~1.2		
工作压力/MPa		0.05~1.2、0.05~0.7		
过滤精度/μm		40、5		
最大凝液容量/mL		22	43	80
温度范围/℃		-10~+60		

注：型号意义

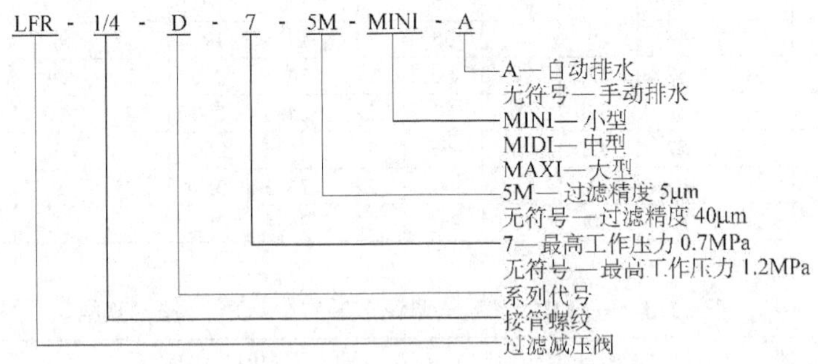

表22.3-48　LFR系列过滤减压阀外形尺寸　(mm)

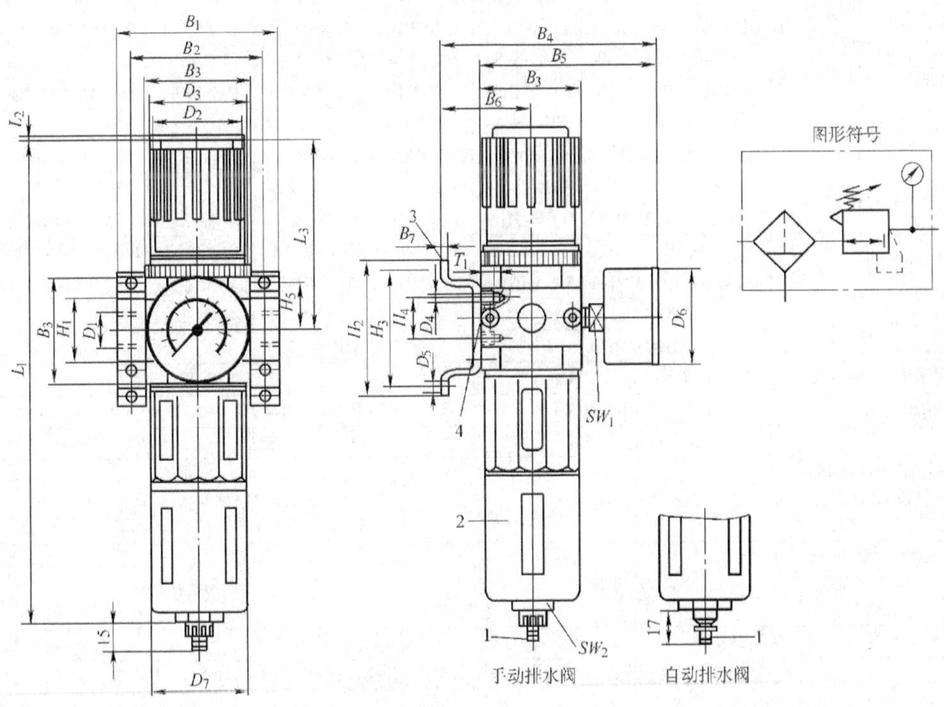

1—倒钩式接头　2—金属保护罩　3—HFOE型安装支架　4—辅助压力表接口

（续）

型　号	B_1	B_2	B_3	B_4	B_5	B_6	B_7	D_1	D_2	D_3	D_4	D_5
LFR-1/8-D-MINI-…	64	52	40	96	77	39	2	G1/8	31	M36×1.5	M4	4.3
LFR-1/4-D-MINI-…	64	52	40	96	77	39	2	G1/4	31	M36×1.5	M4	4.3
LFR-3/8-D-MINI-…	64	52	40	96	77	39	2	G3/8	31	M36×1.5	M4	4.3
LFR-3/8-D-MIDI-…	85	70	55	113	94	47	3	G3/8	50	M52×1.5	M5	5.3
LFR-1/2-D-MIDI-…	85	70	55	113	94	47	3	G1/2	50	M52×1.5	M5	5.3
LFR-3/4-D-MIDI-…	85	70	55	113	94	47	3	G3/4	50	M52×1.5	M5	5.3
LFR-3/4-D-MAXI-…	96	81	66	125	105	53	3	G3/4	31	M36×1.5	M5	5.3
LFR-1-D-MAXI-…	116	91	66	125	105	53	3	G1	31	M36×1.5	M5	5.3

型　号	D_6	D_7	H_1	H_2	H_3	H_4	H_5	L_1	L_2	L_3	T_1	SW_1	SW_2
LFR-1/8-D-MINI-…	39	38	20	43	35	11	17.5	194	1	69	7	14	22
LFR-1/4-D-MINI-…	39	38	20	43	35	11	17.5	194	1	69	7	14	22
LFR-3/8-D-MINI-…	39	38	20	43	35	11	17.5	194	1	69	7	14	22
LFR-3/8-D-MIDI-…	51	52	32	70	60	22	24.5	250	2	98	8	14	24
LFR-1/2-D-MIDI-…	51	52	32	70	60	22	24.5	250	2	98	8	14	24
LFR-3/4-D-MIDI-…	51	52	32	70	60	22	24.5	250	2	98	8	14	24
LFR-3/4-D-MAXI-…	51	65	32	70	60	22	24.5	252	2	82	8	14	24
LFR-1-D-MAXI-…	51	65	40	70	60	22	24.5	252	2	82	8	14	24

表 22.3-49　FRC 系列气源调节装置(二联件)技术规格

规　格		MINI(小型)			MIDI(中型)			MAXI(大型)	
工作压力 1.2MPa (40μm)	手动排水阀	FRC-1/8-D-MINI	FRC-1/4-D-MINI	FRC-3/8-D-MINI	FRC-3/8-D-MIDI	FRC-1/2-D-MIDI	FRC-3/4-D-MIDI	FRC-3/4-D-MAXI	FRC-1-D-MAXI
	自动排水阀	FRC-1/8-D-MINI-A	FRC-1/4-D-MINI-A	FRC-3/8-D-MINI-A	FRC-3/8-D-MIDI-A	FRC-1/2-D-MIDI-A	FRC-3/4-D-MIDI-A	FRC-3/4-D-MAXI-A	FRC-1-D-MAXI-A
工作压力 0.7MPa (40μm)	手动排水阀	FRC-1/8-D-7-MINI	FRC-1/4-D-7-MINI	FRC-3/8-D-7-MINI	FRC-3/8-D-7-MIDI	FRC-1/2-D-7-MIDI	FRC-3/4-D-7-MIDI	FRC-3/4-D-7-MAXI	FRC-1-D-7-MAXI
	自动排水阀	FRC-1/8-D-7-MINI-A	FRC-1/4-D-7-MINI-A	FRC-3/8-D-7-MINI-A	FRC-3/8-D-7-MIDI-A	FRC-1/2-D-7-MIDI-A	FRC-3/4-D-7-MIDI-A	FRC-3/4-D-7-MAXI-A	FRC-1-D-7-MAXI-A
工作压力 1.2MPa (5μm)	手动排水阀	FRC-1/8-D-5M-MINI	FRC-1/4-D-5M-MINI	FRC-3/8-D-5M-MINI	FRC-3/8-D-5M-MIDI	FRC-1/2-D-5M-MIDI	FRC-3/4-D-5M-MIDI	FRC-3/4-D-5M-MAXI	FRC-1-D-5M-MAXI
	自动排水阀	FRC-1/8-D-5M-MINI-A	FRC-1/4-D-5M-MINI-A	FRC-3/8-D-5M-MINI-A	FRC-3/8-D-5M-MIDI-A	FRC-1/2-D-5M-MIDI-A	FRC-3/4-D-5M-MIDI-A	FRC-3/4-D-5M-MAXI-A	FRC-1-D-5M-MAXI-A
安装支架		HFOE-D-MINI			HFOE-D-MIDI/MAXI				
		HR-D-MINI			HR-D-MIDI			HR-D-MAXI	
压力传感器的安装支架		PENV-A-H-1/8-D			PENV-A-H-3/8-D				
40μm 滤芯		LFP-D-MINI-40M			LFP-D-MIDI-40M			LFP-D-MAXI-40M	
5μm 滤芯		LFP-D-MINI-5M			LFP-D-MIDI-5M			LFP-D-MAXI-5M	
压力表	适用0~1.2MPa气源调节装置(二联件)	MA-40-16-1/8			MA-50-16-1/4				
	适用0~0.7MPa气源调节装置(二联件)	MA-40-10-1/8			MA-50-10-1/4				
工作介质		压缩空气							
结构特点		带水分离器的烧结式过滤器；MINI/MIDI：膜片式减压阀；MAXI：活塞式减压阀；自动可变节流式油雾器							
安装方式		管式安装或支架安装							
安装位置		垂直方向±5							

（续）

规　格		MINI（小型）			MIDI（中型）			MAXI（大型）	
接管螺纹		G1/8	G1/4	G3/8	G3/8	G1/2	G3/4	G3/4	G1
额定流量 /L·min⁻¹	FRC-···-D-···(-A)	700	1000	1200	2000	2600	2600	7000	8000
	FRC-···-D-7-···(-A)	800	1300	1500	2500	2800	2800	8500	8700
	FRC-···-D-5M···(-A)	600	850	1050	1700	1800	2100	6500	7200
输入压力 /MPa	手动排水阀	0.1~1.6							
	自动排水阀	0.15~1.2							
工作压力/MPa		0.05~1.2、0.05~0.7							
最小起雾流量/L·min⁻¹		3			6			10	
过滤精度/μm		40、5							
最大凝液容量/mL		22			43			80	
温度范围/℃		-10~+60							

注：型号意义

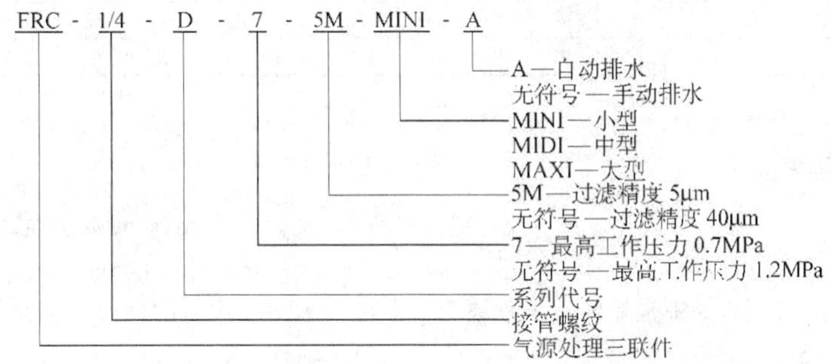

表 22.3-50　FRC 系列气源调节装置（二联件）外形尺寸　（mm）

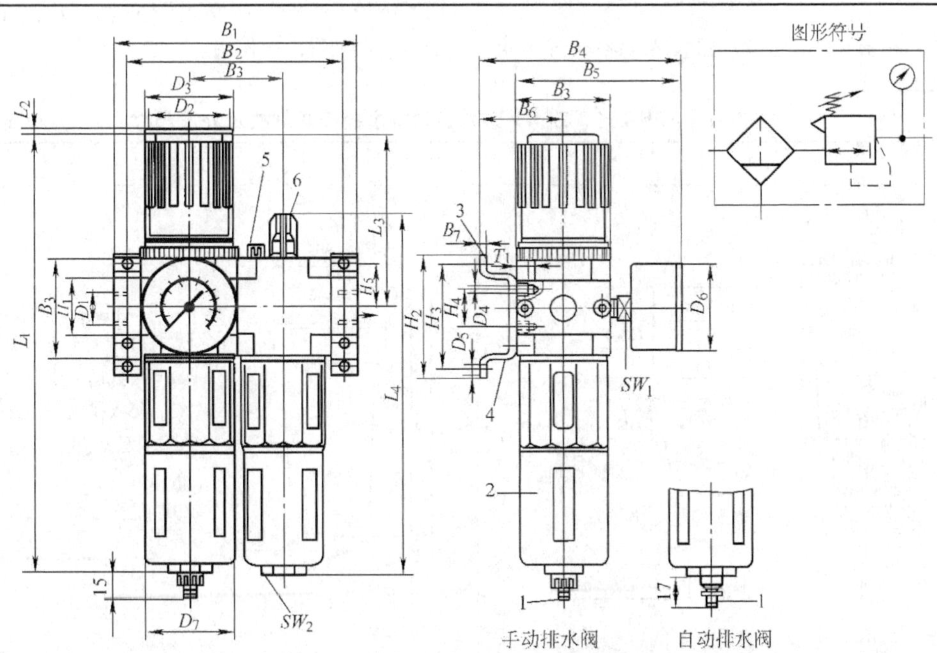

1—倒钩式接头　2—金属保护罩　3—HFOE 型安装支架　4—辅助压力表接口　5—油杯放气螺塞　6—滴油量调节螺钉

（续）

型　号	B_1	B_2	B_3	B_4	B_5	B_6	B_7	D_1	D_2	D_3	D_4	D_5
FRC-1/8-D-MINI-···	104	92	40	96	77	39	2	G1/8	31	M36×1.5	M4	4.3
FRC-1/4-D-MINI-···	104	92	40	96	77	39	2	G1/4	31	M36×1.5	M4	4.3
FRC-3/8-D-MINI-···	104	92	40	96	77	39	2	G3/8	31	M36×1.5	M4	4.3
FRC-3/8-D-MIDI-···	140	125	55	113	94	47	3	G3/8	50	M52×1.5	M5	5.3
FRC-1/2-D-MIDI-···	140	125	55	113	94	47	3	G1/2	50	M52×1.5	M5	5.3
FRC-3/4-D-MIDI-···	140	125	55	113	94	47	3	G3/4	50	M52×1.5	M5	5.3
FRC-3/4-D-MAXI-···	162	146	66	125	105	53	3	G3/4	31	M36×1.5	M5	5.3
FRC-1-D-MAXI-···	182	157	66	125	105	53	3	G1	31	M36×1.5	M5	5.3

型　号	D_6	D_7	H_1	H_2	H_3	H_4	H_5	L_1	L_2	L_3	L_4	T_1	SW_1	SW_2
FRC-1/8-D-MINI-···	39	38	20	43	35	11	17.5	194	1	70	169	7	14	22
FRC-1/4-D-MINI-···	39	38	20	43	35	11	17.5	194	1	70	169	7	14	22
FRC-3/8-D-MINI-···	39	38	20	43	35	11	17.5	194	1	70	169	7	14	22
FRC-3/8-D-MIDI-···	51	52	32	70	60	22	24.5	250	2	98	206	8	14	24
FRC-1/2-D-MIDI-···	51	52	32	70	60	22	24.5	250	2	98	206	8	14	24
FRC-3/4-D-MIDI-···	51	52	32	70	60	22	24.5	250	2	98	206	8	14	24
FRC-3/4-D-MAXI-···	51	65	32	70	60	22	24.5	252	2	82	223	8	14	24
FRC-1-D-MAXI-···	51	65	40	70	60	22	24.5	252	2	82	223	8	14	24

2.6　其他气动辅件

2.6.1　ZPS-L15、ZPSA 系列自动排水器

ZPS-L15、ZPSA 系列自动排水器的技术规格及外形尺寸见表 22.3-51。

2.6.2　ZPW 系列卧式自动排水器

ZPW 系列卧式自动排水器技术规格及外形尺寸见表 22.3-52。

2.6.3　消声器

气缸、气阀等排出废气时，其排气速度较高，因气体体积的突然变化，会产生很大的噪声，影响操作者的健康。消声器就是减少排气噪声的辅件。

工作原理：消声器均装有吸声材料（铜粉末、聚碳酸酯粉末等烧结而成）制成的消声罩，可以起到吸收、消减噪声的作用。

表 22.3-51　ZPS-L15、ZPSA 系列自动排水器技术规格及外形尺寸　（mm）

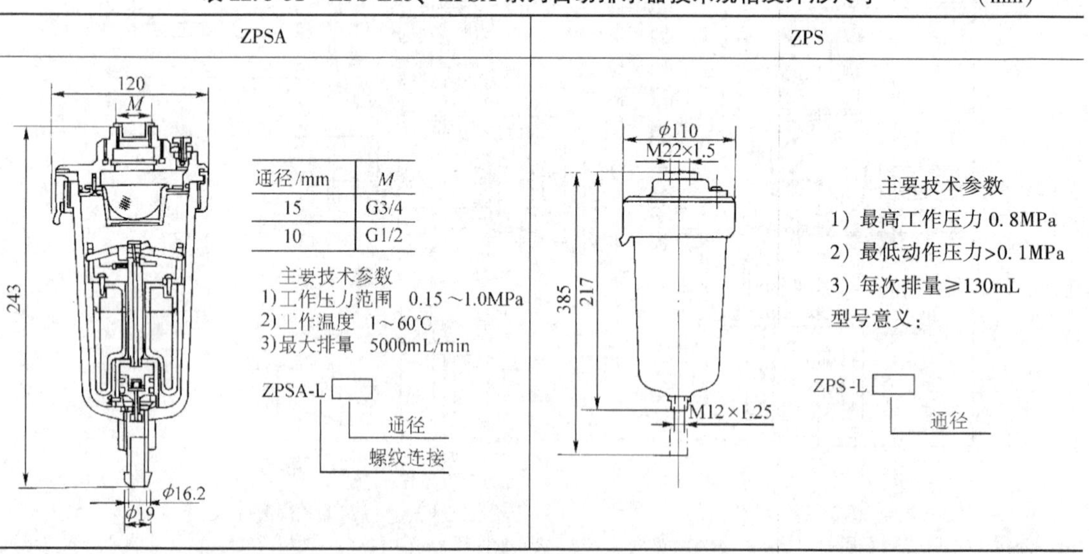

表 22.3-52　ZPW 系列卧式自动排水器技术规格及外形尺寸　　(mm)

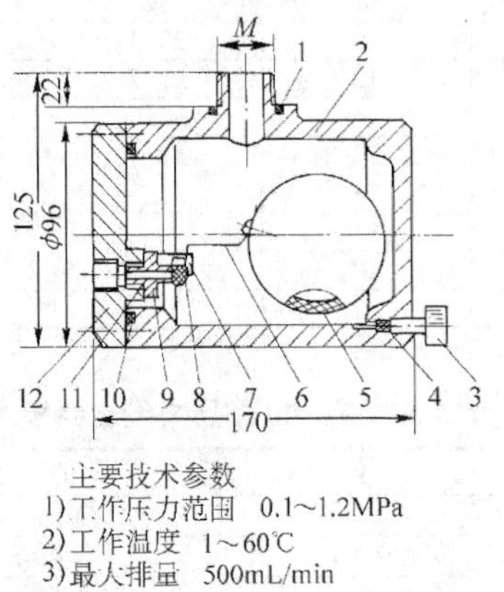

主要技术参数
1) 工作压力范围　0.1～1.2MPa
2) 工作温度　1～60℃
3) 最大排量　500mL/min

型号意义：
ZPW-L□
通径
螺纹连接

1、10、11—O 形圈
2—阀体
3—放水螺钉
4—密封球
5—浮球
6—杠杆
7—支架
8—异形密封球
9—阀嘴座
12—阀盖

通径/mm	M
25	G1
20	G3/4

技术规格见表 22.3-53，外形尺寸见表 22.3-54。

表 22.3-53　消声器技术规格

型　号	QXS-L3	QXS-L6	QXS-L8	QXS-L10	QXS-L15	QXS-L20	QXS-L25	QXS-L32	QXS-L40	QXS-L50
工作介质	干　燥　空　气									
工作压力范围/MPa	0～0.8									
有效截面积 S/mm²		10	20	40	60	110	190	300	400	650
消声效果/dB	≥20							≥25		
耐压性/MPa	1.2									
抗弯力/N	≥250									
耐久性①/万次	≥150							≥100		

① 表中值为合格品指标，一等品指标高于表中值。

表 22.3-54　消声器的外形尺寸　　(mm)

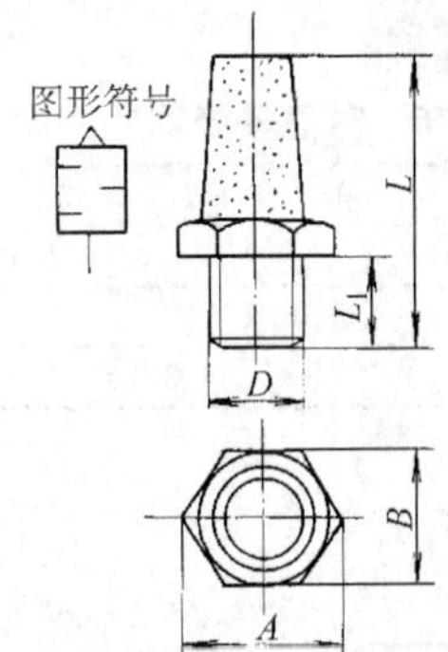

型　号	公称通径	D	L	L_1	A	B
QXS-L3	3	M6×1	14	8	16.1	10
QXS-L6	6	M10×1	37	8	19.6	17

（续）

型　　号	公称通径	*D*	*L*	L_1	*A*	*B*
QXS-L8	8	M12×1.5	44	10	25.4	22
QXS-L10	10	M16×1.5	48	12	27.7	24
QXS-L15	15	M22×1.5	55.5	14	34.6	30
QXS-L20	20	M27×2	64.5	14	41.6	36
QXS-L25	25	M33×2	80.5	16	57.7	50
QXS-L32	32	M42×2	146	18		55
QXS-L40	40	M48×2	190	20		65
QXS-L50	50	M60×2	248	22		75

2.6.4 TK型压力继电器

压力继电器是气动系统中实现保护（失压或过压）和自动控制的元件。其工作原理见图22.3-4，当系统压力升高或降低时，气箱内的波纹管1产生位移（压缩或伸长），由顶杆来推动微动开关3。技术规格见表22.3-55，外形尺寸见图22.3-4。

表22.3-55　TK-10型压力继电器技术规格

型　　号	TK-10
工作介质	空气、油
压力调节范围/MPa	0.4~1.0
压差调节范围/MPa	0.1~0.3
工作频率/Hz	≥2
额定电流/A	0.5

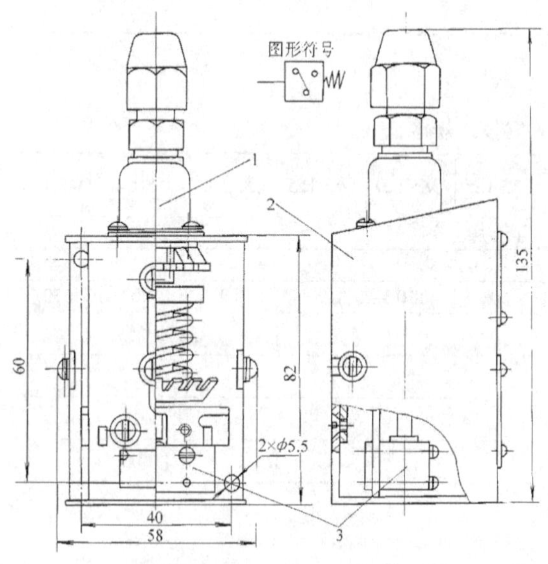

图22.3-4　TK-10型压力继电器
1—波纹管　2—外罩　3—微动开关

2.6.5 气液转换器

气液转换器是将空气压力转变为液压输出力的元件。

其工作原理见图22.3-5，输入压缩空气使油面下降，将液压油输出，推动执行元件（如气缸）运动；执行元件反向运动使油面上升，空气经上部排出。阻隔片2防止空气直接吹到液面上，使气液相混。其技术规格见表22.3-56，外形尺寸见表22.3-57。

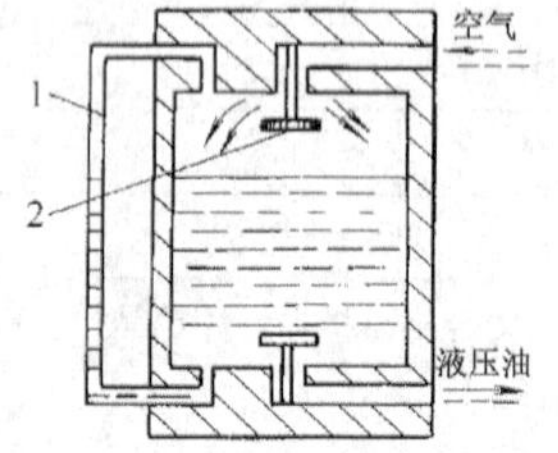

图22.3-5　气液转换器工作原理图
1—液面指示管　2—隔阻片

表22.3-56　气液转换器的主要技术规格

型　　号	QY40×40	QY80×150	QY100×150	QY200×300
工作压力范围/MPa	0.3~0.7			
耐压/MPa	0.9			
有效容积/L	0.04	0.75	1.17	9

注：型号说明

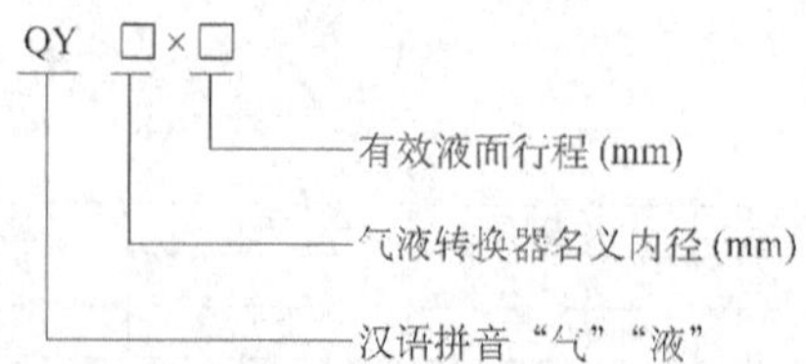

表 22.3-57　气液转换器的外形尺寸　　（mm）

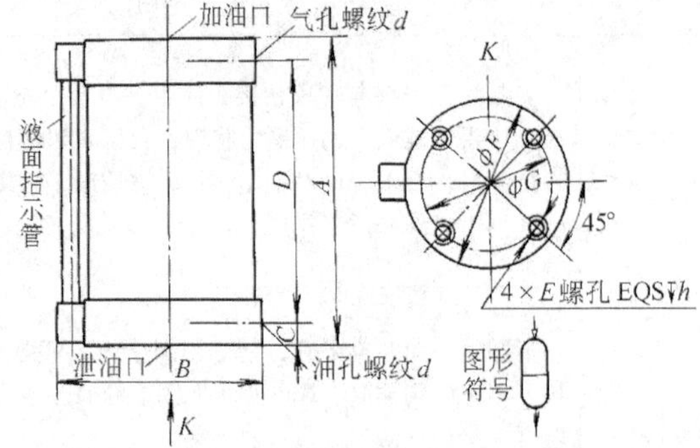

型　号	连接螺纹 d	A	B	C	D	E	F	G	h
QY40×40	NPT1/8	115.5	51	11	91	M6	51	38	12
QY80×150	NPT3/8	282	111	20	242	M6	92	80	15
QY100×150	NPT3/8	282	135	20	242	M8	116	100	15
QY200×300	NPT1/2	476	244	23	430	M10	220	198	18

2.7　气动管接头

2.7.1　气动管接头的类型（见表 22.3-58）

表 22.3-58　气动管接头的类型

类　型		结构示意图例	工作原理及特点
有色金属管接头			由有色金属，主要是纯铜管及铝管制成 利用拧紧卡套式接头螺母 2 而产生的径向力，使卡套 3 和管子 1 同时变形而卡住管子起连接和密封作用 结构简单，密封可靠 适用气体介质工作压力<1MPa 薄壁金属管件的连接
			拧紧螺母 2，使杆状体 1 与接头体 4 的端面互相压紧，靠 O 形密封圈 3 的变形而密封 所连接的管子要与杆状体用卡套式管接头连接或焊接连接 对管子的尺寸精度要求不高，密封可靠。适用条件同上
棉线编织胶管接头			接头部分用金属卡箍 2 将棉线胶管 1 卡在管接头芯子 3 上，并用螺母 4 将接头芯子连在接头体 5 上 靠芯子插入胶管后的胀紧作用、卡箍的卡紧力和接头芯子与接头体两锥面相互压紧力而连接和密封 工艺性较好，密封可靠，拆卸较费力 适用气体介质工作压力<1MPa 的管路连接
PU管尼龙管接头	插入式		塑料管插入弹性卡头顶端后，向外拉塑料管，在使弹性头和卡头套在斜面处压紧而产生的径向力作用下，卡头的刃尖卡入管子外表面 靠卡头和 O 形密封圈而连接和密封 拆卸时，向左端推弹性卡头，使卡头和卡头套锁紧斜面离开，可将管子从卡头中抽出 密封可靠，拆装迅速 适用于气体介质工作压力<1MPa、公称通径<10mm 的塑料管和尼龙管的连接

（续）

类型		结构示意图例	工作原理及特点
PU管尼龙管接头	快拧式		安装时，先将卡套套在接头体上，再套上塑料管，然后向右拉卡套，靠卡套和接头体锥面上的压紧力将塑料管压紧和密封 拆卸时，将卡套向左推塑料管可被抽出。密封可靠，拆装迅速，造价低廉 适用于气体介质工作压力≤0.8MPa、公称通径≤8mm的塑料管的连接
快换管接头	带单向阀的	气源	拆卸时，向左推卡套，钢球排到槽内，可向左抽出插头，同时在弹簧的作用下将单向阀推向右端，靠单向阀上的O形密封圈与接头体上的内锥面紧密贴合，封住气源 安装时，向左推卡套，插入插头，将钢球排到槽A处，同时插头顶端顶开单向阀，使气流接通 拆装迅速，拆开后密封可靠 适用于工作压力<1MPa的气体管路连接
	不带单向阀的		无单向阀，拆开后不起密封作用，结构上比带单向阀的管接头简单，其他均同上
组合式管接头			由一个管接头体连接几种不同的管接头（卡箍式、卡套式、插入式），实现对不同材质管子的连接 互换性强，密封可靠 适用于气体介质工作压力<1MPa的棉线编织管、有色金属管、塑料管和尼龙管的连接

2.7.2 有色金属管接头

各种有色金属管接头的结构和尺寸见表22.3-59~表22.3-67。

表22.3-59 卡套式直通终端管接头和卡套式直通管接头的结构和尺寸 (mm)

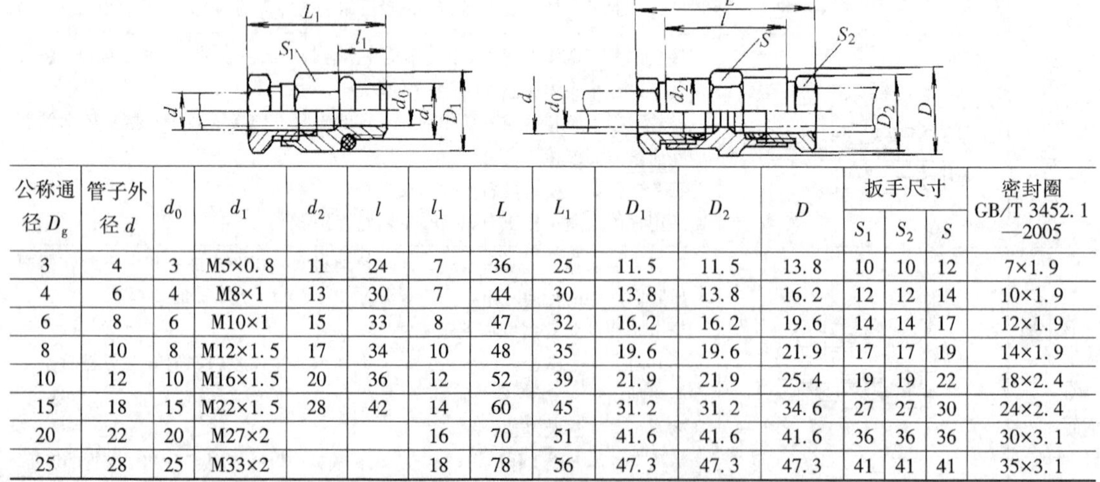

公称通径 D_g	管子外径 d	d_0	d_1	d_2	l	l_1	L	L_1	D_1	D_2	D	扳手尺寸			密封圈 GB/T 3452.1—2005
												S_1	S_2	S	
3	4	3	M5×0.8	11	24	7	36	25	11.5	11.5	13.8	10	10	12	7×1.9
4	6	4	M8×1	13	30	7	44	30	13.8	13.8	16.2	12	12	14	10×1.9
6	8	6	M10×1	15	33	8	47	32	16.2	16.2	19.6	14	14	17	12×1.9
8	10	8	M12×1.5	17	34	10	48	35	19.6	19.6	21.9	17	17	19	14×1.9
10	12	10	M16×1.5	20	36	12	52	39	21.9	21.9	25.4	19	19	22	18×2.4
15	18	15	M22×1.5	28	42	14	60	45	31.2	31.2	34.6	27	27	30	24×2.4
20	22	20	M27×2			16	70	51	41.6	41.6	41.6	36	36	36	30×3.1
25	28	25	M33×2			18	78	56	47.3	47.3	47.3	41	41	41	35×3.1

表 22.3-60　卡套式穿板直通管接头的结构和尺寸　（mm）

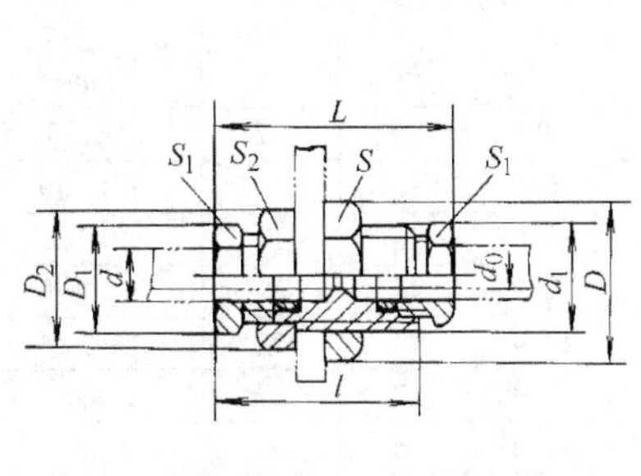

公称通径 D_g	管子外径 d	d_1	L	l	D	D_1	D_2	扳手尺寸 S_1	扳手尺寸 S_2	扳手尺寸 S
3	4	M12×1.5	37	24	19.6	11.5	16.2	10	14	17
4	6	M14×1.5	46	30	21.9	13.8	19.6	12	17	19
6	8	M16×1.5	49	33	25.4	16.2	21.9	14	19	22
8	10	M18×1.5	50	34	27.7	19.6	25.4	17	22	24
10	12	M22×1.5	54	36	31.2	21.9	27.7	19	24	27
15	18	M30×2	62	42	41.6	31.2	36.9	27	32	36
20	22	M36×2	70		47.3	41.6	47.3	36	41	41
25	28	M42×2	78		53.1	47.3	53.1	41	46	46

表 22.3-61　卡套式直角终端管接头、卡套式直角管接头、卡套式杆状直角管接头　（mm）

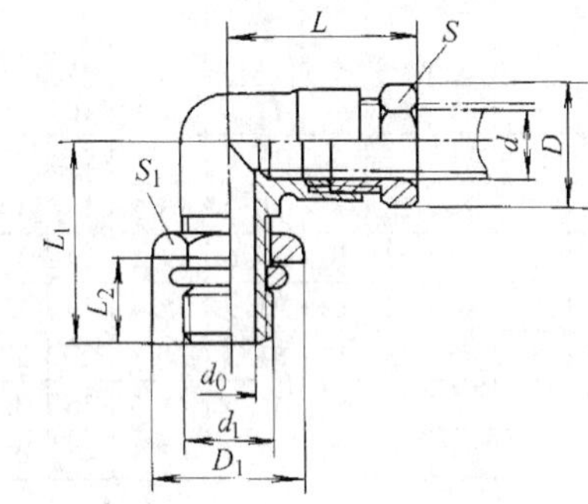

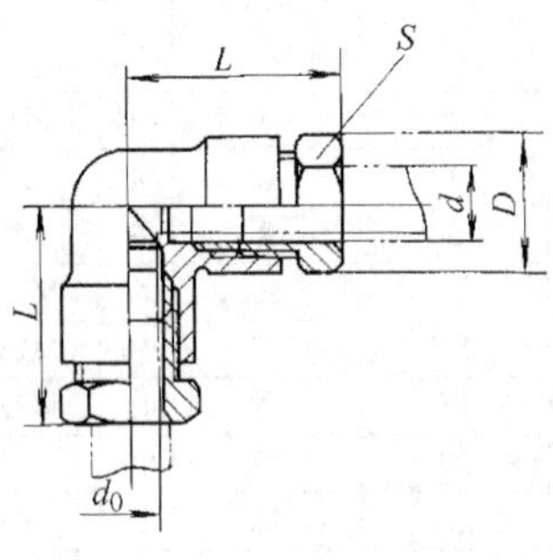

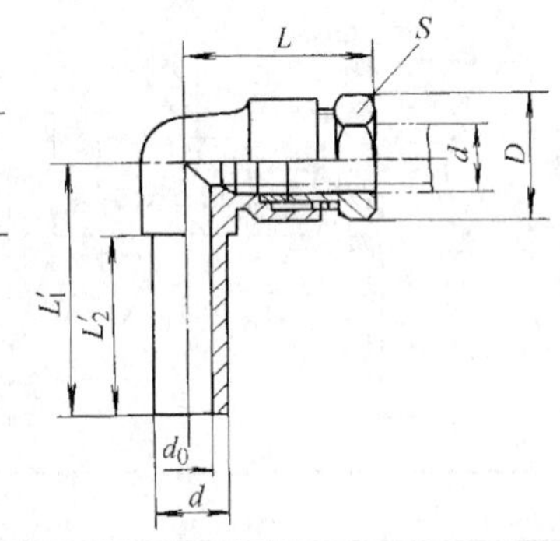

公称通径 D_g	管子外径 d	d_0	d_1	L	L_1	L_1'	L_2	L_2'	扳手尺寸 D	扳手尺寸 D_1	扳手尺寸 S	扳手尺寸 S_1	密封圈 GB/T 3452.1—2005
3	4	2.5、3①	M5×0.8	21	21	27	7	20	11.5	13.8	10	12	7×1.9
4	6	4	M8×1	25	23	34	7	25	13.8	16.2	12	14	10×1.9
6	8	6	M10×1	27	27	38	8	28	16.2	19.6	14	17	12×1.9
8	10	8	M12×1.5	28	31	40	10	29	19.6	21.9	17	19	14×1.9
10	12	10	M16×1.5	32	36	44	12	34	21.9	25.4	19	22	18×1.9
15	18	15	M22×1.5	41	43	54	14	37	31.2	31.2	27	27	24×2.4
20	22	20	M27×2	47	52	60	18	38	41.6	41.6	36	36	30×3.1
25	28	25	M33×2	53	59	66	20	41	47.3	47.3	41	41	35×3.1

① 卡套式直角终端管接头和卡套式杆状直角管接头为 2.5mm，卡套式直角管接头为 3mm。

表 22.3-62　卡套式弯角终端管接头、卡套式弯角管接头　（mm）

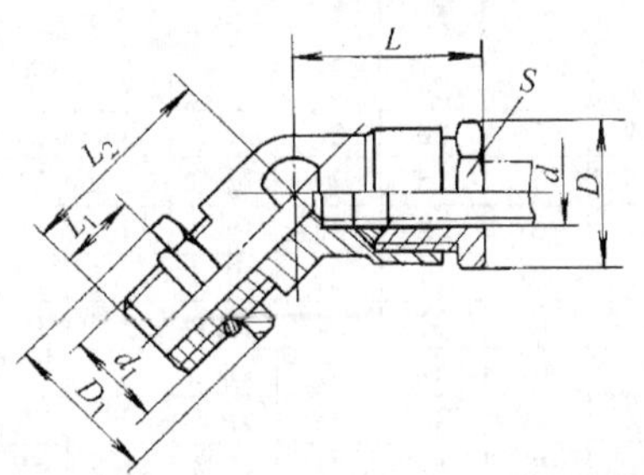

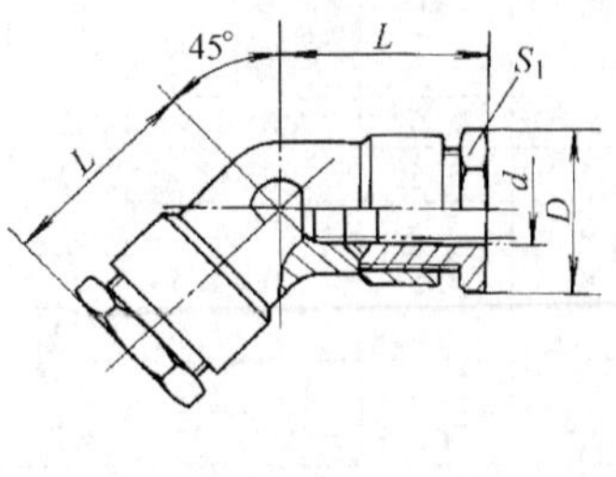

（续）

公称通径 D_g	管子外径 d	d_1	L	L_1	L_2	D	D_1	扳手尺寸		密封圈 GB/T 3452.1—2005
								S_1	S	
3	4	M5×0.8	21	7	21	11.5	13.8	10	12	7×1.9
4	6	M8×1	23	7	23	13.8	16.2	12	14	10×1.9
6	8	M10×1	27	8	27	16.2	19.6	14	17	12×1.9
8	10	M12×1.5	28	10	31	19.6	21.9	17	19	14×1.9
10	12	M16×1.5	32	12	36	21.9	25.4	19	22	18×2.4
15	18	M22×1.5	41	14	43	31.3	31.2	27	27	24×2.4
20	22	M27×2	47	18	52	41.6	41.6	36	36	30×3.1
25	28	M33×2	53	20	59	47.3	47.3	41	41	35×3.1

表 22.3-63　卡套式铰接直角终端管接头　（mm）

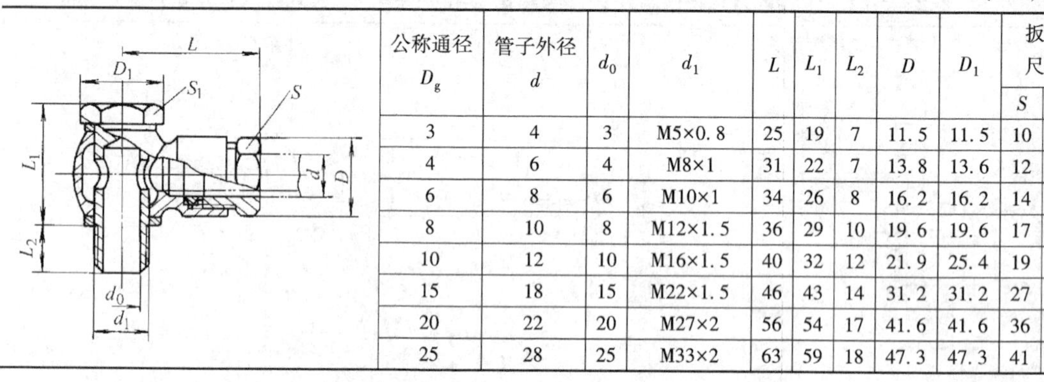

公称通径 D_g	管子外径 d	d_0	d_1	L	L_1	L_2	D	D_1	扳手尺寸	
									S	S_1
3	4	3	M5×0.8	25	19	7	11.5	11.5	10	10
4	6	4	M8×1	31	22	7	13.8	13.6	12	12
6	8	6	M10×1	34	26	8	16.2	16.2	14	14
8	10	8	M12×1.5	36	29	10	19.6	19.6	17	17
10	12	10	M16×1.5	40	32	12	21.9	25.4	19	22
15	18	15	M22×1.5	46	43	14	31.2	31.2	27	27
20	22	20	M27×2	56	54	17	41.6	41.6	36	36
25	28	25	M33×2	63	59	18	47.3	47.3	41	41

表 22.3-64　卡套式三通终端管接头、卡套式三通管接头、卡套式杆状三通管接头　（mm）

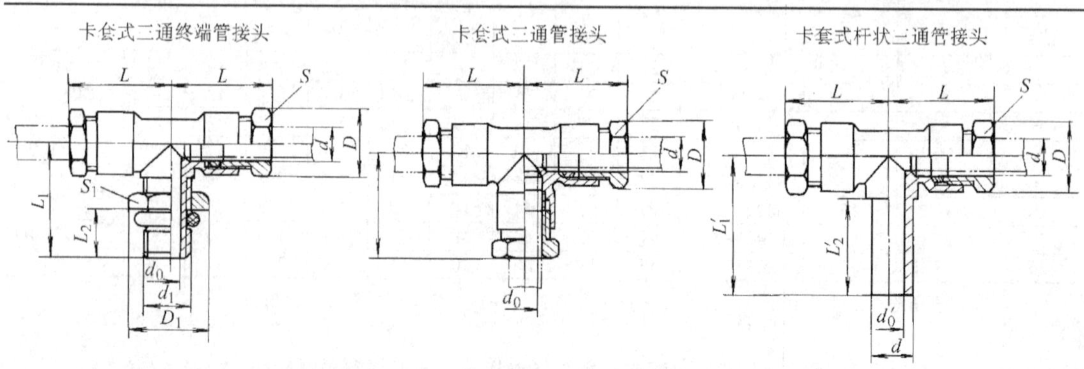

公称通径 D_g	管子外径 d	d_0	d_0'	d_1	L	L_1	L_1'	L_2	L_2'	D	D_1	扳手尺寸		密封圈 GB/T 3452.1—2005
												S	S_1	
3	4	2.5、3	2.5	M5×0.8	21	21	7	20	20	11.5	13.8	10	12	7×1.9
4	6	4	3.5	M8×1	25	23	7	25	25	13.8	16.2	12	14	10×1.9
6	8	6	5.5	M10×1	27	27	8	28	28	16.2	19.6	14	17	12×1.9
8	10	8	7.5	M12×1.5	28	31	10	29	29	19.6	21.9	17	19	14×1.9
10	12	10	9.5	M16×1.5	32	36	12	34	34	21.9	25.4	19	22	18×2.4
15	18	15	14.5	M22×1.5	41	43	14	37	37	31.2	31.2	27	27	24×2.4
20	22	20	18	M27×2	47	52	18	38	38	41.6	41.6	36	36	31×3.1
25	28	25	24	M33×2	53	59	20	41	41	47.3	47.3	41	41	35×3.1

表 22. 3-65　卡套式铰接三通终端管接头　（mm）

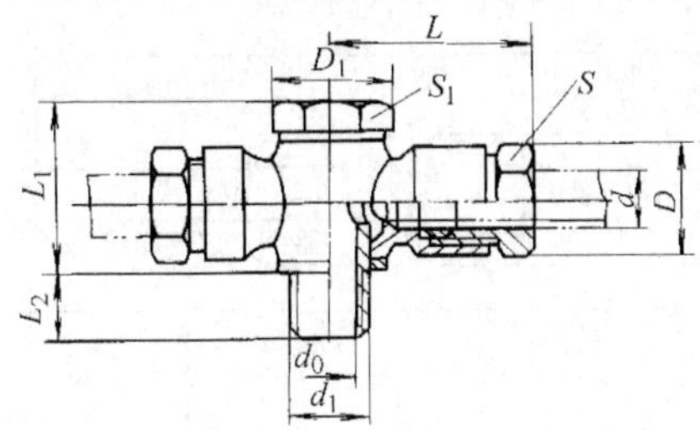

公称通径 D_g	管子外径 d	d_0	d_1	L	L_1	L_2	D	D_1	扳手尺寸	
									S	S_1
3	4	3	M5×0. 8	25	19	7	11. 5	11. 5	10	10
4	6	4	M8×1	31	22	7	13. 8	13. 8	12	12
6	8	6	M10×1	34	26	8	16. 2	16. 2	14	14
8	10	8	M12×1. 5	36	29	10	19. 6	19. 6	17	17
10	12	10	M16×1. 5	40	32	12	21. 9	25. 4	19	22
15	18	15	M22×1. 5	46	43	14	31. 2	31. 2	27	37
20	22	20	M27×2	56	54	16	41. 6	41. 6	36	36
25	28	25	M33×2	63	59	18	47. 3	47. 3	41	41

表 22. 3-66　卡套式四通终端管接头、卡套式四通管接头、卡套式杆状四通管接头　（mm）

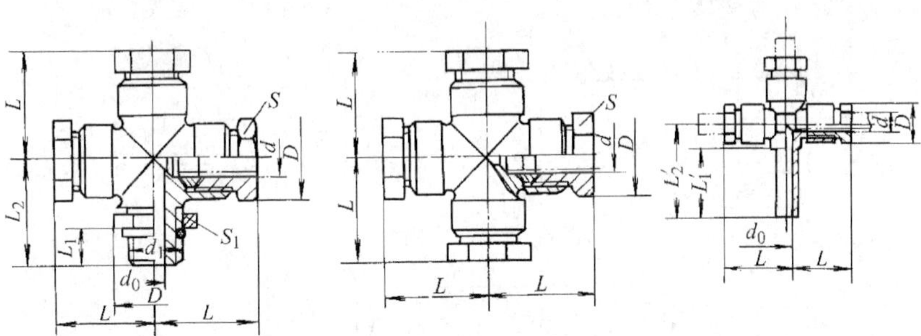

公称通径 D_g	管子外径 d	d_0	d_1	L	L_1	L_1'	L_2	L_2'	D	D_1	扳手尺寸		密封圈 GB/T 3452. 1—2005
											S	S_1	
3	4	3	M5×0. 8	21	7	20	21	27	11. 5	13. 8	10	12	7×1. 9
4	6	4	M8×1	25	7	25	23	34	13. 8	16. 2	12	14	10×1. 9
6	8	6	M10×1. 5	27	8	28	27	38	16. 2	19. 6	14	17	12×1. 9
8	10	8	M12×1. 5	28	10	29	31	40	19. 6	21. 9	17	19	14×1. 9
10	12	10	M16×1. 5	32	12	34	36	44	21. 9	25. 4	19	22	18×2. 4
15	18	15	M22×1. 5	41	14	37	43	54	31. 2	31. 2	27	27	24×2. 4
20	22	20	M27×2	47	18	38	52	60	41. 6	41. 6	36	36	30×3. 1
25	28	25	M30×2	53	20	41	59	66	47. 3	47. 3	41	41	35×3. 1

表 22.3-67 对接式管接头 (mm)

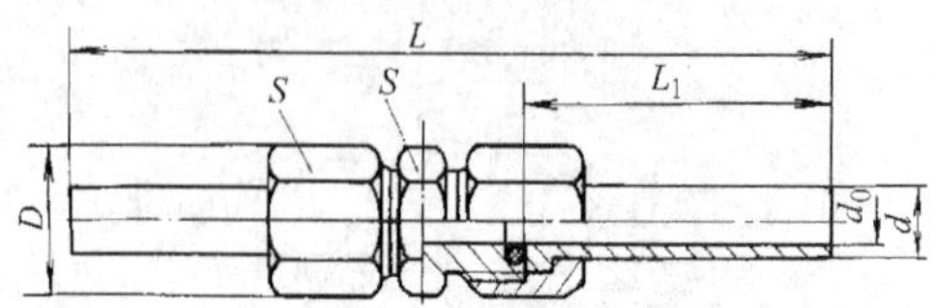

公称通径 D_g	使用管子外径 d	d_0	L	L_1	D	S	密封圈 GB/T 3452.1—2005
4	6	3.5	96	35	13.8	12	7×1.9
6	8	5.5	100	37	16.2	14	9×1.9
8	10	7.5	114	40	19.6	17	11×1.9
10	12	9.5	123	43	21.9	19	12×1.9
15	18	14.5	136	48	31.2	27	19×2.4
20	22	18	156	57	34.6	30	22×2.4
25	28	24	170	62	41.6	36	28×3.1

2.7.3 棉线编织胶管接头

各种棉线编织胶管接头的结构及尺寸见表 22.3-68~表 22.3-72。

表 22.3-68 直通终端管接头、活节直通终端管接头、活节直通管接头 (mm)

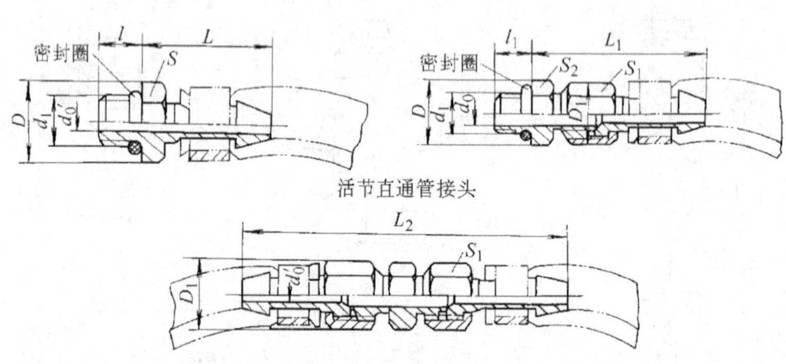

公称通径 D_g	胶管内径	d_0	d_0'	d_1	L	L_1	L_2	l	l_1	D	D_1	扳手尺寸 S_1	扳手尺寸 S_2	密封圈 GB/T 3452.1—2005
4	5	4	3.5	M8×1	27	43	82	7	28	13.8	13.8	12	12	10×1.9
6	6	6	5	M10×1	30	47	88	8	30	16.2	16.2	14	14	12×1.9
8	8	8	7	M12×1.5	34	54	100	10	34	19.6	19.6	17	17	14×1.9
10	10	10	9	M16×1.5	40	63	106	12	41	25.4	21.9	22	19	18×2.4
15	16	15	14.5	M22×1.5	46	70	128	14	45	31.2	31.2	27	27	24×2.4
20	19	20	17.5	M27×2	52	81	150	16	53	41.6	34.6	36	30	31×3.5
25	25	25	23.5	M33×2	57	90	166	18	60	47.3	41.6	41	36	35×3.5

表 22.3-69　直角、弯角终端管接头　　(mm)

直角终端管接头

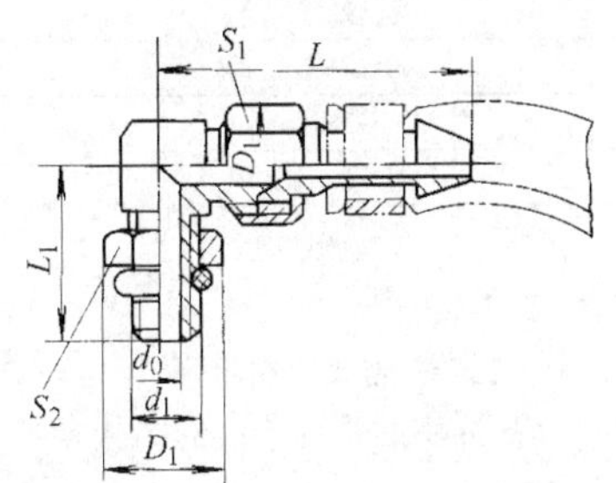

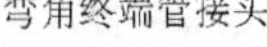
弯角终端管接头

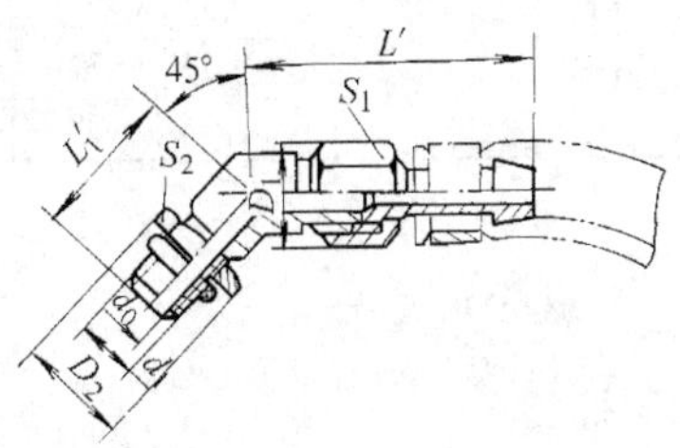

公称通径 D_g	胶管内径	d_0	d_1	L	L'	L_1	L'_1	D_1	D_2	扳手尺寸		O 形密封圈 GB/T 3452.1—2005
										S_1	S_2	
4	5	4	M8×1	45	48	22	25	13.8	16.2	12	14	10×1.9
6	6	6	M10×1	50	50	25	26	16.2	19.6	14	17	12×1.9
8	8	8	M12×1.5	56	57	29	29	19.6	21.9	17	19	14×1.9
10	10	10	M16×1.5	65	65	34	33	21.9	27.7	19	22	18×2.4
15	16	15	M22×1.5	72	72	39	38	27.7	34.6	24	30	24×2.4
20	19	20	M27×2	85	84	47	45	34.6	41.6	30	36	31×3.5
25	25	25	M33×2	96	93	53	49	41.6	49.6	36	43	35×3.5

表 22.3-70　紧固胶管用卡箍　　(mm)

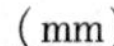

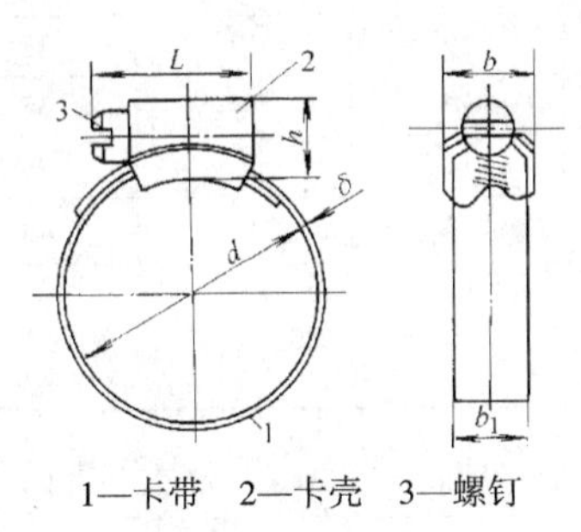

1—卡带　2—卡壳　3—螺钉

调节范围 d	胶管通径	L	b	b_1	h	δ
10~16	4，6	15	12.5	10	9.2	0.8
13~19 16~25 19~29	8 10 15	18	14.5	12	9.8	0.8
22~32 22~38	20 25	25	15.5	13	11.2	1

表 22.3-71　紧固胶管用卡箍式管夹　　(mm)

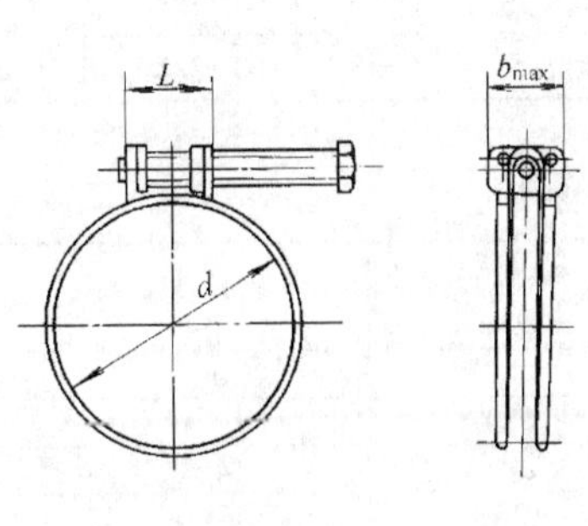

调节范围 d	胶管通径	L	b_{max}
14~16	4	10	6
16~18	6		
17~20	8		
19~22	10		
25~30	15	15	
29~34	20		
35~40	25		

表 22.3-72 管夹子 (mm)

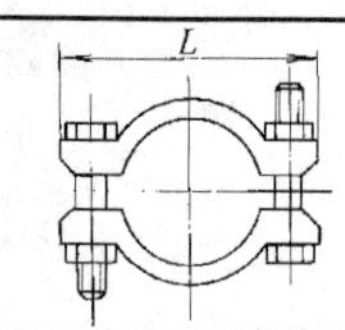

型号	胶管内径	L
QJA_2-O-19	19	32
QJA_2-O-25	25	42
QJA_2-O-32	32	52
QJA_2-O-38	38	62

2.7.4 PU管、尼龙管用接头

（1）快拧式管接头

各种快拧式管接头的结构和尺寸见表 22.3-73～表 22.3-80。

（2）快插式管接头

各种快插式管接头的结构及尺寸见表 22.3-81～表 22.3-95。

表 22.3-73 快拧式直通终端管接头 (mm)

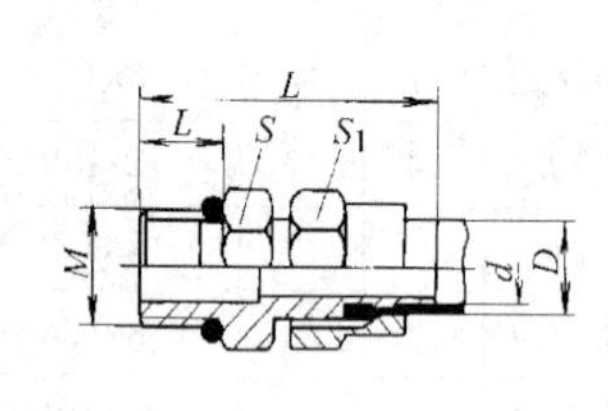

型号规格	公称通径 d	接管径 $D\times d$	接口螺纹 M			S	S_1	L	L_1
JSM-Z3	3	4×3	M6			10	10	25	6
JSM-Z4	4	6×4	M8×1			12	12	27	7
JSM-Z6	6	8×6	M10×1	G1/8	NPT1/8	14	14	30	8
JSM-Z8	8	10×8	M12×1.25	G1/4	NPT1/4	17	17	39	10
JSM-Z10	10	12×10	M16×1.5	G3/8	NPT3/8	19	19	38	12

表 22.3-74 快拧式直通管接头 (mm)

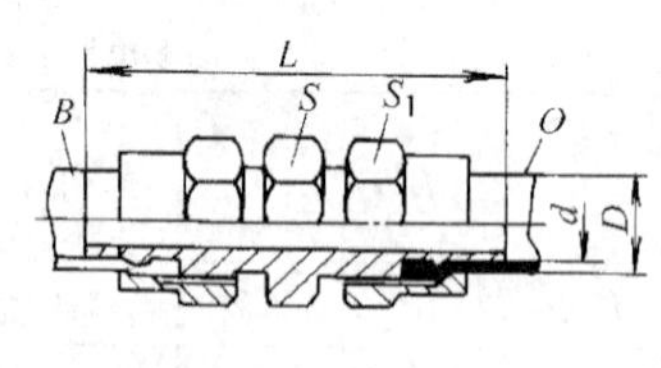

型号规格	公称通径 d	接管径 $D\times d$	S	S_1	L
JSM-3	3	4×3	10	10	30
JSM-4	4	6×4	12	12	32
JSM-6	6	8×6	14	14	35
JSM-8	8	10×8	17	17	39
JSM-10	10	12×10	19	19	45

表 22.3-75 快拧式直角终端管接头 (mm)

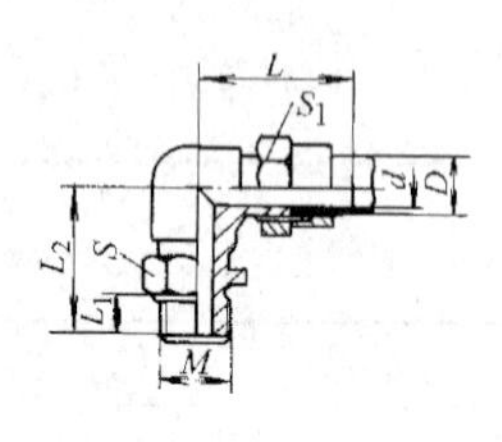

型号规格	公称通径 d	接管径 $D\times d$	接口螺纹 M			S	S_1	L	L_1	L_2
JSM-L-Z3	3	4×3	M6			10	10	25	6	21
JSM-L-Z4	4	6×4	M8×1			12	12	28	7	23
JSM-L-Z6	6	8×6	M10×1	G1/8	NPT1/8	14	14	30	8	25
JSM-L-Z8	8	10×8	M12×1.25	G1/4	NPT1/4	16	17	32	10	28
JSM-L-Z10	10	12×10	M16×1.5	G3/8	NPT3/8	19	19	35	12	33

表 22.3-76 快拧式直角管接头 (mm)

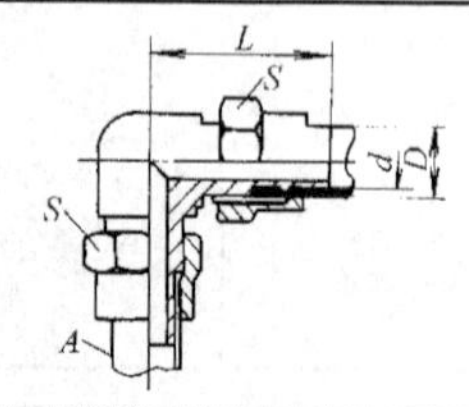

型号规格	公称通径 d	接管径 $D\times d$	S	L
JSM-L-3	3	4×3	10	25
JSM-L-4	4	6×4	12	28
JSM-L-6	6	8×6	14	30
JSM-L-8	8	10×8	17	32
JSM-L-10	10	12×10	19	35

表 22.3-77　快拧式三通终端管接头　（mm）

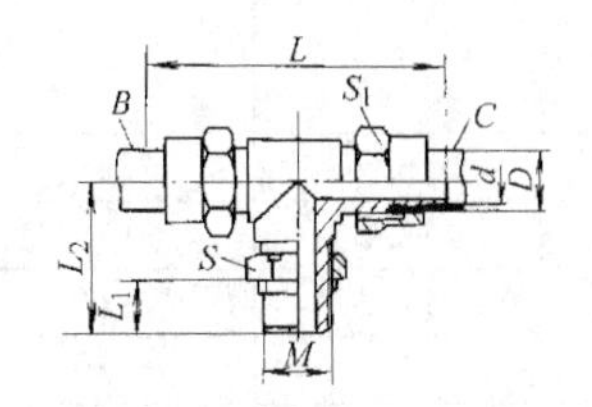

型号规格	公称通径 d	接管径 $D \times d$	接口螺纹 M			S	S_1	L	L_1	L_2
JSM-3T-Z3	3	4×3	M6			10	10	46	6	20
JSM-3T-Z4	4	6×4	M8×1			12	12	52	7	22
JSM-3T-Z6	6	8×6	M10×1	G1/8	NPT1/8	14	14	56	7	23
JSM-3T-Z8	8	10×8	M12×1.25	G1/4	NPT1/4	17	17	60	9	26
JSM-3T-Z10	10	12×10	M16×1.5	G3/8	NPT3/8	19	19	66	10	30

表 22.3-78　快拧式三通管接头　（mm）

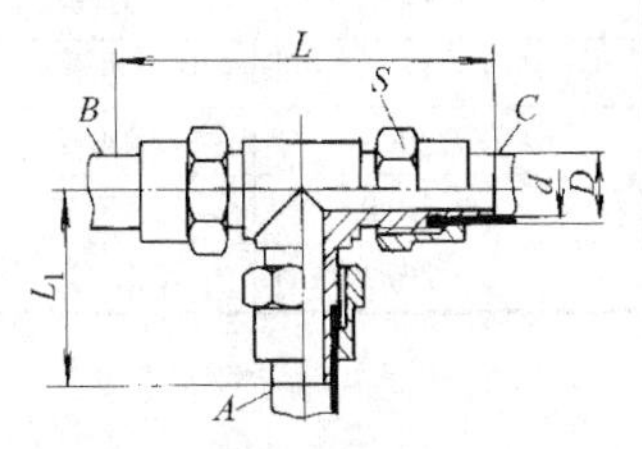

型号规格	公称通径 d	接管径 $D \times d$	S	L	L_1
JSM-3T-3	3	4×3	10	46	21
JSM-3T-4	4	6×4	12	52	23
JSM-3T-6	6	8×6	14	56	24
JSM-3T-8	8	10×8	17	60	28
JSM-3T-10	10	12×10	19	66	33

表 22.3-79　快拧式四通终端管接头　（mm）

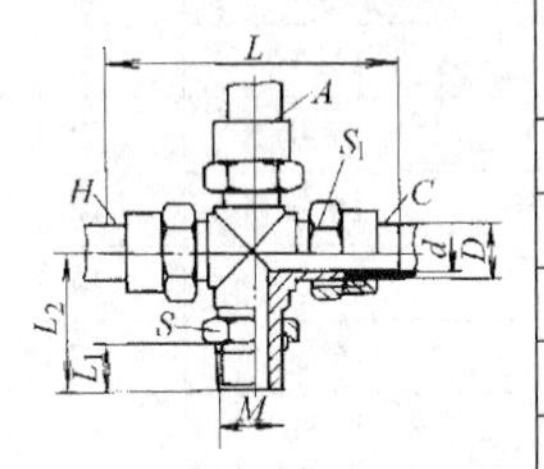

型号规格	公称通径 d	接管径 $D \times d$	接口螺纹 M			S	S_1	L	L_1	L_2
JSM-4T-Z3	3	4×3	M6			10	10	46	6	21
JSM-4T-Z4	4	6×4	M8×1			12	12	52	7	22
JSM-4T-Z6	6	8×6	M10×1	G1/8	NPT1/8	14	14	56	8	25
JSM-4T-Z8	8	10×8	M12×1.25	G1/4	NPT1/4	16	17	60	10	28
JSM-4T-Z10	10	12×10	M16×1.5	G3/8	NPT3/8	19	19	66	12	33

表 22.3-80　快拧式四通管接头　（mm）

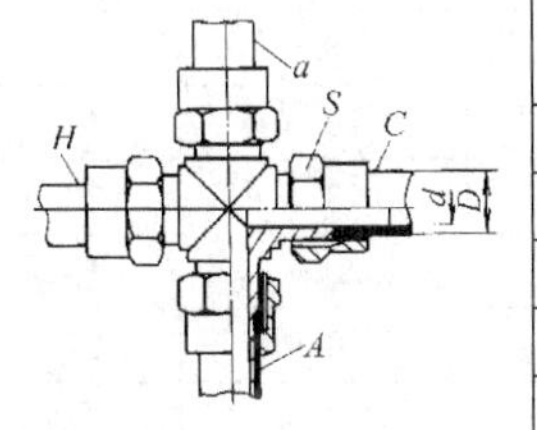

型号规格	公称通径 d	接管径 $D \times d$	S	L
JSM-4T-3	3	4×3	10	46
JSM-4T-4	4	6×4	12	52
JSM-4T-6	6	8×6	14	56
JSM-4T-8	8	10×8	17	60
JSM-4T-10	10	12×10	19	66

表 22.3-81　快插式端直通管接头　（mm）

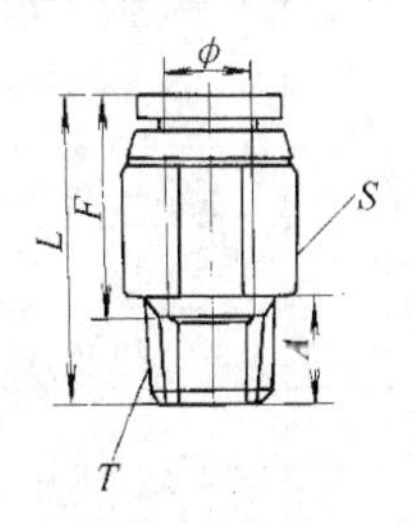

适用管外径 ϕ	螺纹 T	L	A	F	S
4	M5×0.8P①	21.9	4.6	15.9	10
4	PT1/8	21.6	8	15.9	10
4	PT1/4	20.6	10	15.9	14
6	M5×0.8P	23.6	4.6	16.5	10
6	NPT1/8	22.2	8	16.5	12
6	NPT1/4	21	10	16.5	14
6	NPT3/8	22	11	16.5	17

（续）

适用管外径 ϕ	螺纹 T	L	A	F	S
6	NPT1/2	29.3	14	16.5	22
8	NPT1/8	27.5	8	17.7	12
8	NPT1/4	25.5	10	17.7	14
8	NPT3/8	23	11	17.7	17
8	NPT1/2	29.7	14	17.7	22
10	NPT1/8	28.7	8	18.6	12
10	NPT1/4	30.7	10	18.6	14
10	NPT3/8	24.7	11	18.6	17
10	NPT1/2	29.7	14	18.6	22
12	NPT1/4	32.8	10	20.9	14
12	NPT3/8	29.8	11	20.9	17
12	NPT1/2	29.8	14	20.9	22

① P 为螺矩。

表 22.3-82　快插式端直通管接头(内螺纹)　　(mm)

适用管外径 ϕ	螺纹 T	L	A	F	S
4	NPT1/8	26.7	9	15.9	12
4	NPT1/4	28.7	11	15.9	14
6	NPT1/8	27.3	9	16.5	12
6	NPT1/4	29.3	11	16.5	14
6	NPT3/8	30.2	12	16.5	17
8	NPT1/8	28.5	9	17.7	12
8	NPT1/4	30.5	11	17.7	14
8	NPT3/8	31.5	12	17.7	17
10	NPT1/8	31.4	9	18.6	12
10	NPT1/4	31.5	11	18.6	14
10	NPT3/8	32.4	12	18.6	17
10	NPT1/2	34.4	14	18.6	22
12	NPT1/4	34.7	11	20.9	14
12	NPT3/8	34.7	12	20.9	17
12	NPT1/2	36.7	14	20.9	22

表 22.3-83　快插式穿板管接头　　(mm)

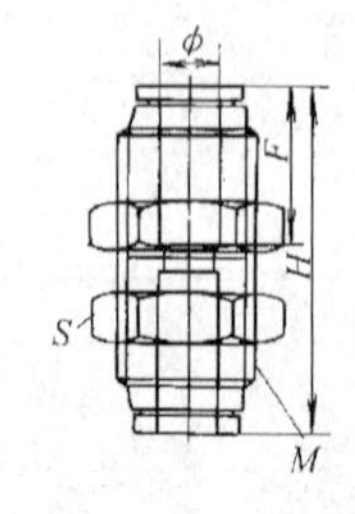

适用管外径 ϕ	H	F	M	S
4	29.8	16.3	M12×1.0	14
6	33	17.6	M14×1.0	17
8	35.4	18.7	M16×1.0	19
10	37.8	19.6	M20×1.0	24
12	47.4	21.9	M22×1.0	26

表 22.3-84　快插式直角终端管接头　（mm）

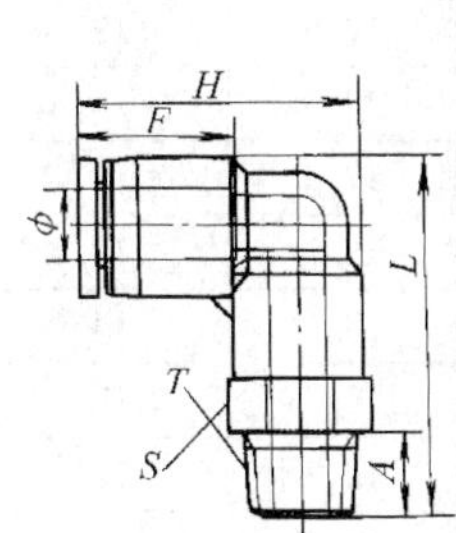

适用管外径 ϕ	螺纹 T	L	H	A	F	S
4	M5×0.8	27.25	23.8	4.6	16.8	10
4	NPT1/8	29.75	23.8	8	16.8	10
4	NPT1/4	31.75	23.8	10	16.8	14
6	M5×0.8	30.25	26.5	4.6	17.6	10
6	NPT1/8	32.75	26.5	8	17.6	12
6	NPT1/4	35.75	26.5	10	17.6	14
6	NPT3/8	36.75	26.5	11	17.6	17
8	NPT1/8	35.15	29.7	8	18.7	12
8	NPT1/4	38.15	29.7	10	18.7	14
8	NPT3/8	39.15	29.7	11	18.7	17
8	NPT1/2	42.15	29.7	14	18.7	22
10	NPT1/8	37.25	32.1	8	19.6	12
10	NPT1/4	40.25	32.1	10	19.6	14
10	NPT3/8	41.25	32.1	11	19.6	17
10	NPT1/2	44.25	32.1	14	19.6	22
12	NPT1/4	44.65	36.9	10	21.9	14
12	NPT3/8	45.65	36.9	11	21.9	17
12	NPT1/2	48.65	36.9	14	21.9	22

表 22.3-85　快插式三通终端管接头（T 形）　（mm）

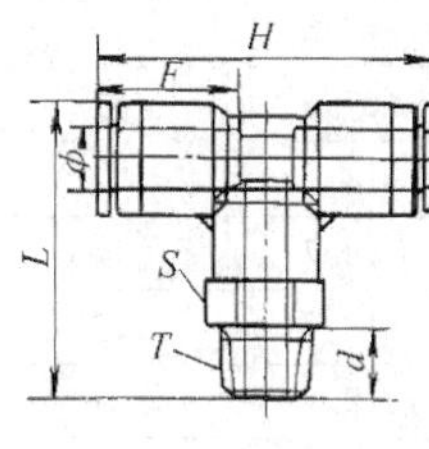

适用管外径 ϕ	螺纹 T	L	H	A	F	S
4	M5×0.8	27.25	37.6	4.6	16.8	10
4	NPT1/8	29.75	37.6	8	16.8	10
4	NPT1/4	31.75	41	10	16.8	14
6	M5×0.8	30.25	41	4.6	17.6	10
6	NPT1/8	32.75	41	8	17.6	12
6	NPT1/4	35.75	41	10	17.6	14
6	NPT3/8	36.75	44.4	11	17.6	17
8	NPT1/8	35.25	44.4	8	18.7	12
8	NPT1/4	38.25	44.4	10	18.7	14
8	NPT3/8	39.25	44.4	11	18.7	17
8	NPT1/2	42.25	47.2	14	18.7	22
10	NPT1/8	37.25	47.2	8	19.6	12
10	NPT1/4	40.25	47.2	10	19.6	14
10	NPT3/8	41.25	47.2	11	19.6	17
10	NPT1/2	44.25	54.8	14	19.6	22
12	NPT1/4	44.65	54.8	10	21.9	14
12	NPT3/8	45.65	54.8	11	21.9	17
12	NPT1/2	48.65	54.8	14	21.9	22

表 22.3-86 快插式三通终端管接头(G形) 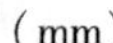

(mm)

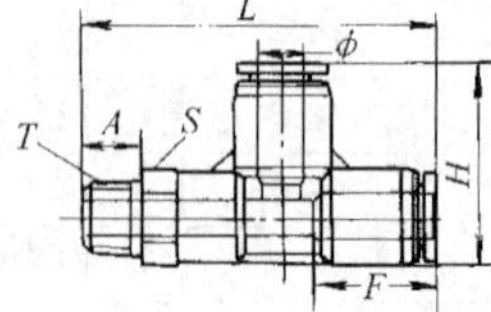

适用管外径 ϕ	螺纹 T	L	H	A	F	S
4	M5×0.8	42.3	25.1	4.6	16.8	10
4	NPT1/8	45.3	25.1	8	16.8	10
4	NPT1/4	48.3	25.1	10	16.8	14
6	M5×0.8	46.1	28.1	4.6	17.6	10
6	NPT1/8	48.6	28.1	8	17.6	12
6	NPT1/4	51.2	28.1	10	17.6	14
6	NPT3/8	52.2	28.1	11	17.6	17
8	NPT1/8	52.2	30.9	8	18.7	12
8	NPT1/4	55.2	30.9	10	18.7	14
8	NPT3/8	56.2	30.9	11	18.7	17
8	NPT1/2	59.2	30.9	14	18.7	22
10	NPT1/8	55.6	34.6	8	19.6	12
10	NPT1/4	58.6	34.6	10	19.6	14
10	NPT3/8	59.6	34.6	11	19.6	17
10	NPT1/2	62.6	34.6	14	19.6	22
12	NPT1/4	64.8	40.3	10	21.9	14
12	NPT3/8	65.8	40.3	11	21.9	17
12	NPT1/2	68.8	40.3	14	21.9	22

表 22.3-87 快插式三通终端管接头(Y形)

(mm)

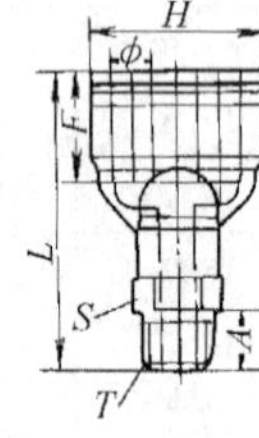

适用管外径 ϕ	螺纹 T	L	H	A	F	S
4	M5×0.8	34.8	21	4.6	16.8	10
4	NPT1/8	41.3	21	8	16.8	10
4	NPT1/4	42.3	21	10	16.8	14
6	M5×0.8	41.6	25	4.6	17.6	10
6	NPT1/8	44.1	25	8	17.6	12
6	NPT1/4	47.1	25	10	17.6	14
6	NPT3/8	48.1	25	11	17.6	17
8	NPT1/8	45.5	29	8	18.7	12
8	NPT1/4	48.5	29	10	18.7	14
8	NPT3/8	48.5	29	11	18.7	17
8	NPT1/2	52.5	29	14	18.7	22
10	NPT1/8	49.2	35	8	19.6	12
10	NPT1/4	52.2	35	10	19.6	14
10	NPT3/8	53.2	35	11	19.6	17
10	NPT1/2	56.2	35	14	19.6	22
12	NPT1/4	54.4	41	10	21.9	14
12	NPT3/8	55.4	41	11	21.9	17
12	NPT1/2	58.4	41	14	21.9	22

表 22.3-88　快插式直通管接头　(mm)

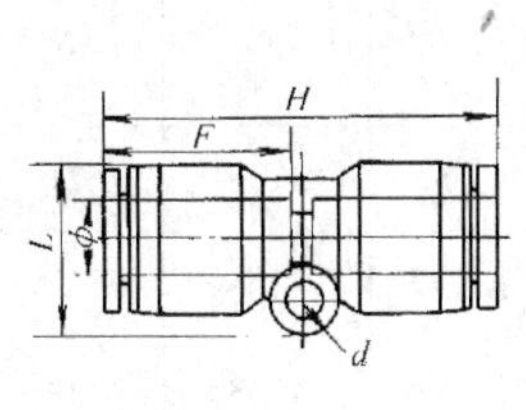

适用管外径 ϕ	F	d	L	H
4	16.8	3.3	12.75	34.6
6	17.6	3.3	14.75	36.8
8	18.7	4.3	19.85	39.4
10	19.6	4.3	20	43.2
12	21.9	4.3	23.3	47.8

表 22.3-89　快插式直角管接头　(mm)

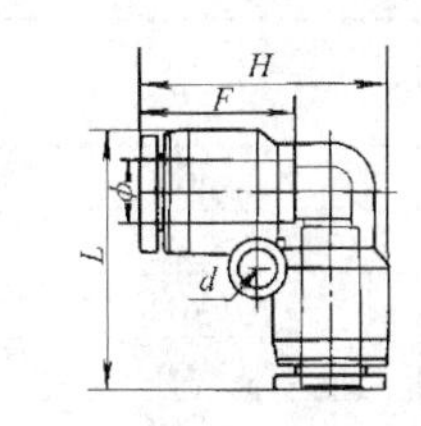

适用管外径 ϕ	F	d	L	H
4	16.8	3.3	24.2	36.6
6	17.6	3.3	27.5	41.8
8	18.7	4.3	30.65	44.9
10	19.6	4.3	34.05	48.2
12	21.9	4.3	39.85	56.8

表 22.3-90　快插式三通管接头　(mm)

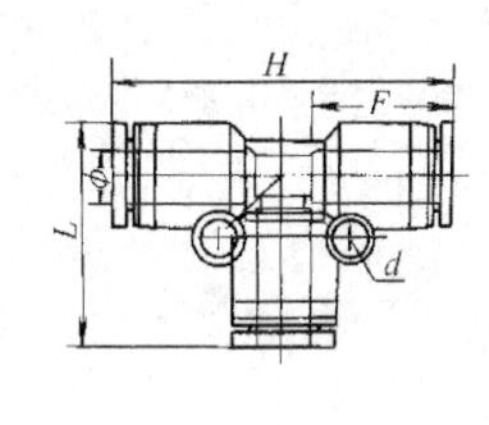

适用管外径 ϕ	F	d	L	H
4	16.8	3.3	24.2	36.6
6	17.6	3.3	27.5	41.8
8	18.7	4.3	30.65	44.9
10	19.6	4.3	34.05	48.2
12	21.9	4.3	39.85	56.8

表 22.3-91　快插式直通变径管接头　(mm)

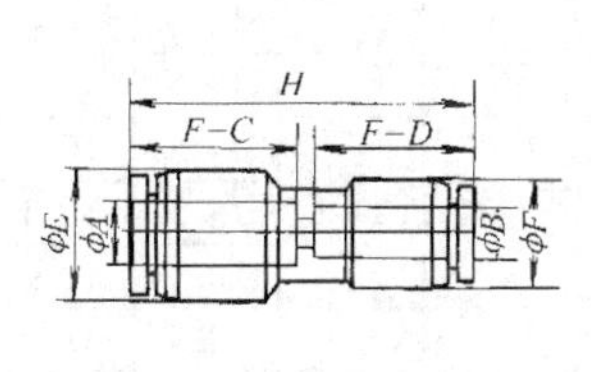

适用管外径		F−C	F−D	E	F	H
A	B					
6	4	17.6	16.8	12.5	10.5	36.6
8	6	18.7	17.6	14.5	12.5	37.6
10	8	19.6	18.7	17.5	14.5	41
12	10	21.9	19.6	20.5	17.5	44

表 22.3-92　快插式三通管接头(Y 形)　(mm)

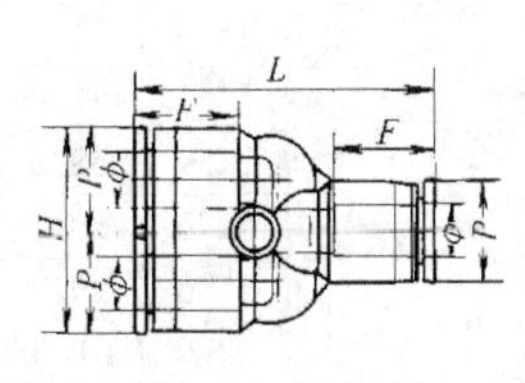

适用管外径 ϕ	F	L	P	H
4	16.8	37.1	ϕ10.5	21
6	17.6	40.2	ϕ12.5	25
8	18.7	43.4	ϕ14.5	29
10	19.6	47.7	ϕ17.5	35
12	21.9	53.3	ϕ20.5	41

表 22.3-93 快插式三通管接头（Y 形变径）

(mm)

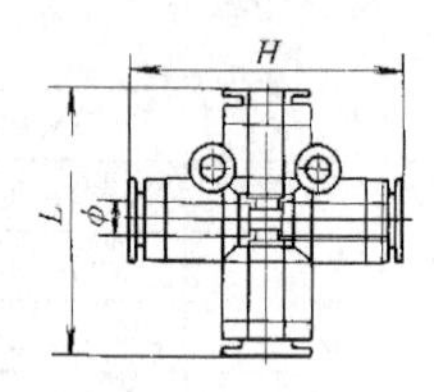

适用管外径 A	适用管外径 B	F-C	F-D	E	F	L	H
6	4	17.6	16.8	12.5	10.5	37.9	21
8	6	18.7	17.6	14.5	12.5	41.3	25
10	8	19.6	18.7	17.5	14.5	43.3	29
12	10	21.9	19.6	20.5	17.5	46.5	35

表 22.3-94 快插式四通管接头

(mm)

适用管外径 ϕ	L	H
4	37.9	36.6
6	42.5	41.8
8	46.8	44.9
10	50.5	48.2
12	57.2	54.8

表 22.3-95 快插式气缸限流管接头

(mm)

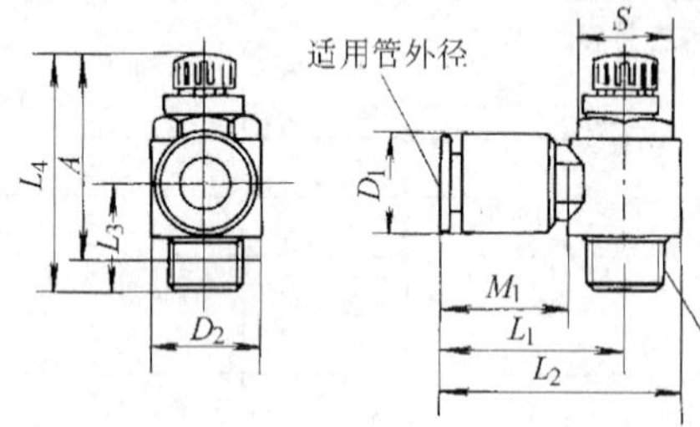

适用管外径	T	S	D_1	D_2	L_1	L_2	L_3	L_4 最大	L_4 最小	A 最大	A 最小	M_1	质量/g
4	M5×0.8	8	8.9	9.6	18.8	23.6	12.3	28.6	25.8	25.0	22.2	14.5	6.4
6			11.0		20.2	25.0	11.7					15.5	6.7
4	G1/8	12	8.9	14.2	21.1	28.2	14.3	36.1	31.1	32.1	29.1	14.5	16.1
6			11.0		22.5	29.6						15.5	16.4
8			15.2		25.3	32.4						18.5	18.9
4	G1/4	17	8.9	18.5	22.3	32.5	18.2	40.4	35.4	34.4	29.4	14.5	31.4
6			11.0		23.9	33.1						15.5	31.6
8			15.2		27.2	36.4						18.5	33.9
6	G1/4	19	11.0	23	26.4	37.9	20	45.4	40.5	40	35	15.5	53
8			15.2		29.5	41						18.5	53.5
6	G3/8	19	11.0	23	26.4	37.9	20.9	46.5	41.5	40	3.5	15.5	54.5
8			15.2		29.5	41.0						18.5	56.9
10			18.5		31.8	43.3						21.0	58.8
12			20.9		32.8	44.3						22.0	60.4
10	G1/2	24	18.5	28.6	33.6	47.9	25.4	57.6	50.1	49.6	42.1	21.0	99.7
12			20.9		34.6	48.9						22.0	101.0

2.7.5　快换管接头

各种快换管接头见表 22.3-96 和表 22.3-97。

表 22.3-96　快换终端管接头、快换管接头　　（mm）

快换终端管接头（不带单向阀）

快换管接头（不带单向阀）

公称通径 D_g	胶管内径	d_0	d	L	L'	L_1	D	D_1	S_1	密封圈 GB/T 3452.1—2005
4	4	3.5	M8×1	58	69	6	20	13.8	12	10×1.9
6	6	5	M10×1	61.5	71.5	8	24	16.2	14	12×1.9
8	8	7	M12×1.5	69.5	81.5	10	25	19.6	17	13×1.9
10	10	9	M16×1.5	78.5	91.5	12	29	21.9	19	18×2.4
15	16	14.5	M22×1.5	91.5	104.5	14	38	31.2	27	24×2.4
20	19	18	M27×1.5	97	114	16	43	36.9	32	30×3.1
25	25	23.5	M33×1.5	107	124	18	49	41.6	36	35×3.1

表 22.3-97　带单向阀的快换管接头　　（mm）

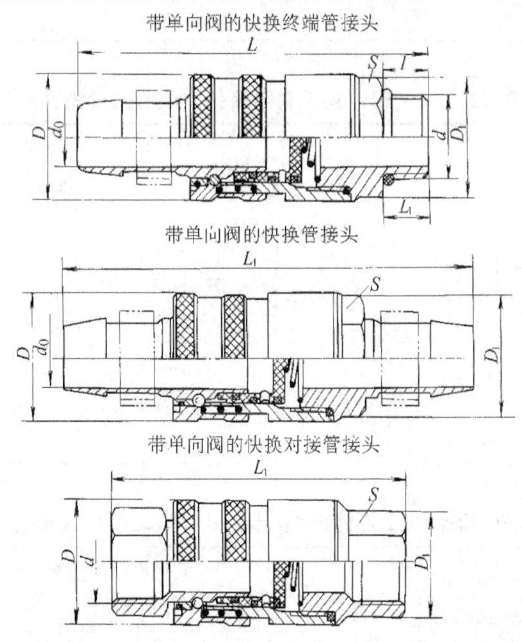

公称通径 D_g	胶管内径	d_0	d	L	L_1	l	D	D_1	S	密封圈 GB/T 3452.1—2005
4	4	3.5	M8×1	79	95	7	20	16.2	14	10×1.9
6	6	5	M10×1	83.5	101	8	24	19.6	17	12×1.9

（续）

公称通径 D_g	胶管内径	d_0	d	L	L_1	l	D	D_1	S	密封圈 GB/T 3452.1—2005
8	8	7	M12×1.5	93.5	112	10	25	21.9	19	14×1.9
10	10	9	M16×1.5	103.7	125	12	29	25.4	22	18×1.9
15	16	14.5	M22×1.5	118.5	143	14	38	31.2	27	24×2.4
20	19	18	M27×2	133	160	16	43	36.9	32	30×3.1
25	25	23.5	M33×2	145	173	18	49	47.3	41	35×3.1

2.7.6 组合式管接头

各种组合式管接头的结构及尺寸见表 22.3-98～表 22.3-102。

表 22.3-98 组合式直通管接头（卡箍式、插入式接头的组合） （mm）

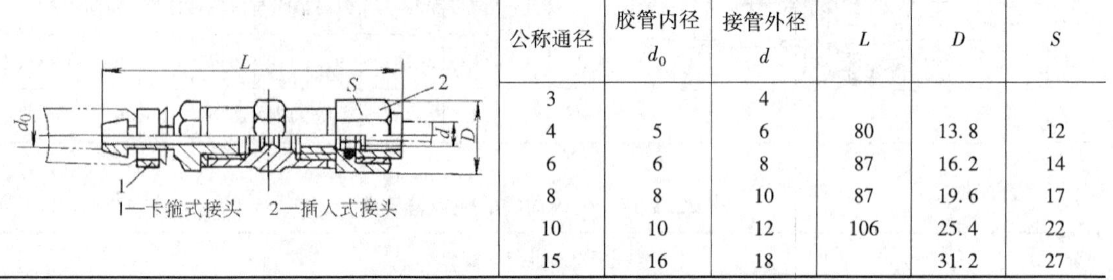

1—卡箍式接头 2—插入式接头

公称通径	胶管内径 d_0	接管外径 d	L	D	S
3		4			
4	5	6	80	13.8	12
6	6	8	87	16.2	14
8	8	10	87	19.6	17
10	10	12	106	25.4	22
15	16	18		31.2	27

表 22.3-99 组合式直角管接头、组合式弯角管接头 （mm）

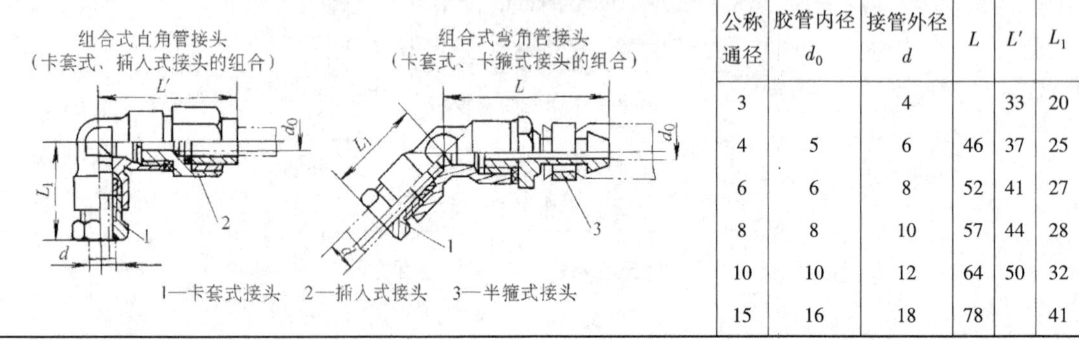

1—卡套式接头 2—插入式接头 3—半箍式接头

公称通径	胶管内径 d_0	接管外径 d	L	L'	L_1
3		4		33	20
4	5	6	46	37	25
6	6	8	52	41	27
8	8	10	57	44	28
10	10	12	64	50	32
15	16	18	78		41

表 22.3-100 组合式三通管接头（卡箍式、卡套式、插入式接头的组合） （mm）

1—卡箍式接头 2—卡套式接头 3—插入式接头

公称通径	胶管内径 d_0	接管外径 d	L_1	L_2	L_3
3		4	20	33	
4	5	6	25	37	46
6	6	8	27	41	52
8	8	10	28	44	57
10	10	12	32	50	64
15	16	18	41		78

表 22.3-101　组合式四通终端管接头(卡箍式、卡套式、插入式接头的组合)　(mm)

1—卡箍式管接头　2、4—卡套式管接头
3—插入式管接头

公称通径	胶管内径 d_0	接管外径 d	d_1	L_1	L_2	L_3	L_4	l
3		4	M6×1	20	33		31	6
4	5	6	M8×1	25	37	36	38	7
6	6	8	M10×1	27	41	52	42	8
8	8	10	M12×1.5	28	44	57	46	10
10	10	12	M16×1.5	32	50	64	53	12
15	16	18	M22×1.5	41		78	65	14

表 22.3-102　组合式直通穿板管接头(卡箍式、卡套式接头的组合)　(mm)

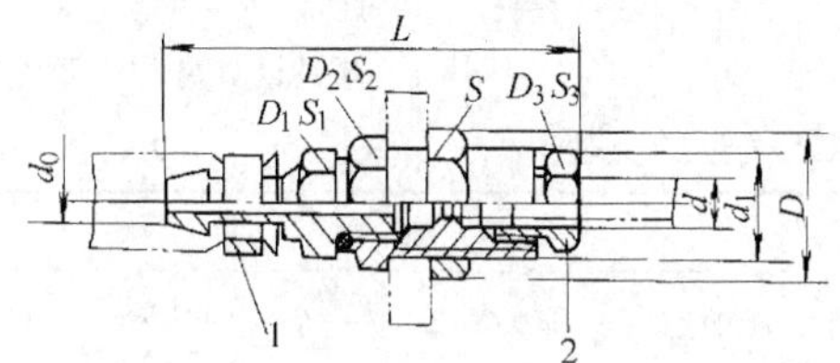

1—卡箍式管接头
2—卡套式管接头

公称通径	胶管内径 d_0	接管外径 d	d_1	L	扳手尺寸							
					D	S	D_1	S_1	D_2	S_2	D_3	S_3
3		4	M12×1.5		19.6	17			16.2	14	11.5	10
4	5	6	M14×1.5	68	21.9	19	13.8	12	19.6	17	13.8	12
6	6	8	M16×1.5	73	25.4	22	16.2	14	21.9	19	16.2	14
8	8	10	M18×1.5	77	27.7	24	19.6	17	25.4	22	19.6	17
10	10	12	M22×1.5	85	31.2	27	25.4	22	27.7	24	21.9	19
15	16	18	M30×2	98	41.6	36	31.2	27	36.9	32	31.2	27

第 4 章　气动执行元件

1　气缸

1.1　气缸的分类及工作原理

1.1.1　气缸的分类

普通气缸的结构组成见图 22.4-1。其主要由前端盖 2、后端盖 9、活塞 6、活塞杆 4、缸筒 5 等零件组成。

气缸的种类很多。一般按压缩空气作用在活塞面上的方向、结构特征和安装方式来分类。气缸的类型及安装形式见表 22.4-1 和表 22.4-2。

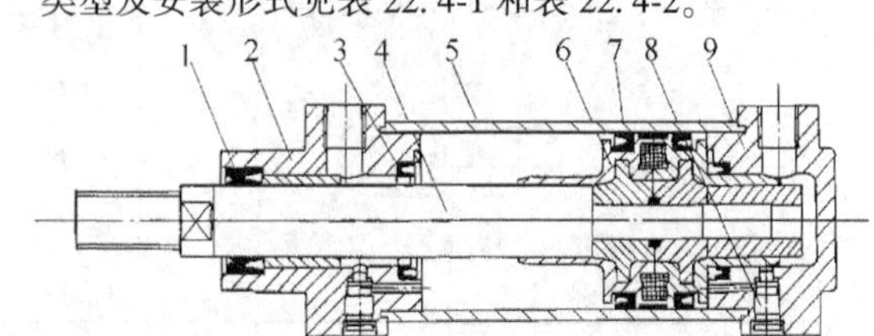

图 22.4-1　普通气缸

1—组合防尘圈　2—前端盖　3—轴用 Y_x 密封圈　4—活塞杆　5—缸筒　6—活塞　7—孔用 Y_x 密封圈　8—缓冲调节阀　9—后端盖

表 22.4-1　气缸的类型

类别	名　　称	简　　图	特　　点
单作用气缸	柱塞式气缸		压缩空气只能使柱塞向一个方向运动，借助外力或重力复位
	活塞式气缸		压缩空气只能使活塞向一个方向运动，借助外力或重力复位
			压缩空气使活塞向一个方向运动，借助弹簧力复位，用于行程较小的场合
	薄膜式气缸		以膜片代替活塞的气缸。单向作用，借助弹簧力复位，行程短，结构简单，缸体内壁不需加工，需按行程比例增大直径。若无弹簧，用压缩空气复位，即为双向作用薄膜式气缸。行程较长的薄膜式气缸膜片受到滚压，常称滚压(风箱)式气缸
双作用气缸	普通气缸		利用压缩空气使活塞向两个方向运动，活塞行程可根据实际需要选定，双向作用的力和速度不同
	双活塞杆气缸		压缩空气可使活塞向两个方向运动，且其速度和行程都相等
	不可调缓冲气缸		设有缓冲装置以使活塞临近行程终点时减速，防止冲击，缓冲效果不可调整
	可调缓冲气缸		缓冲装置的减速和缓冲效果可根据需要调整
特殊气缸	差动气缸		气缸活塞两侧有效面积差较大，利用活塞两侧的力差使活塞往复运动，工作时活塞杆侧始终通以压缩空气

（续）

类别	名　称	简　图	特　点
特殊气缸	双活塞气缸	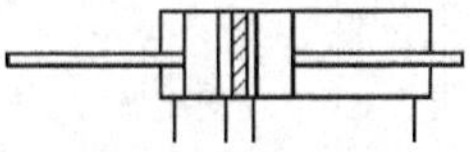	两个活塞同时向相反方向运动
	多位气缸	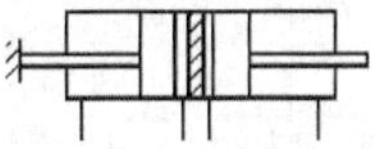	活塞杆沿行程长度方向可在多个位置停留，图示结构有四个位置
	串联气缸	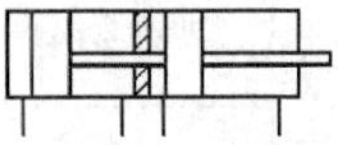	在一根活塞杆上串联多个活塞，可获得和各活塞有效面积总和成正比的输出力
	冲击气缸	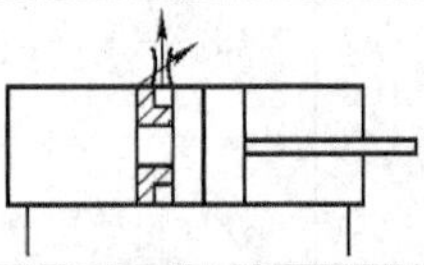	利用突然大量供气和快速排气相结合的方法得到活塞杆的快速冲击运动，用于切断、冲孔及打击工件等
	数字气缸	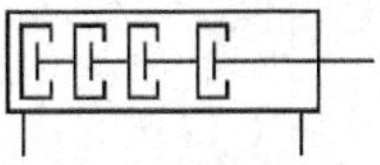	将若干个活塞沿轴向依次装在一起，每个活塞的行程由小到大，按几何级数增加
	回转气缸	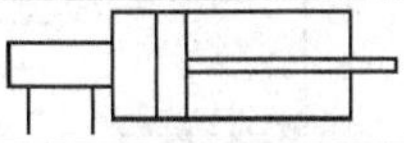	进排气导管和导气头固定而气缸本体可相对转动。用于机床夹具和线材卷曲装置
	伺服气缸	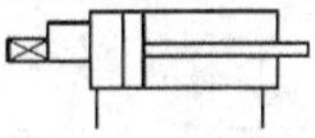	将输入的气压信号成比例地转换为活塞杆的机械位移。用于自动调节系统
	挠性气缸	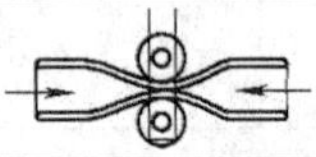	缸筒由挠性材料制成，由夹住缸筒的滚子代替活塞。用于输出力小、占地空间小、行程较长的场合，缸筒可适当弯曲
	伸缩气缸	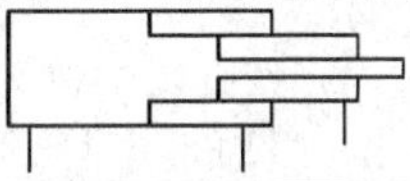	活塞杆为多段短套筒形状组成的气缸，可获得很长的行程，推力和速度随行程而变化
	伸出行程可调气缸	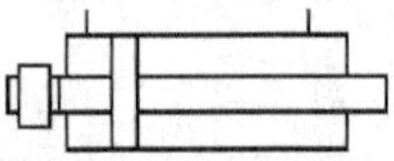	活塞杆的行程根据实际使用情况可进行适当的调节
	缩回位置可调气缸	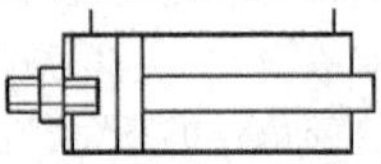 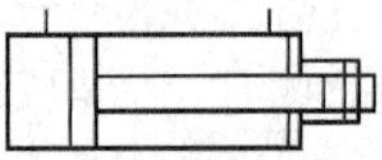	
	钢索式气缸	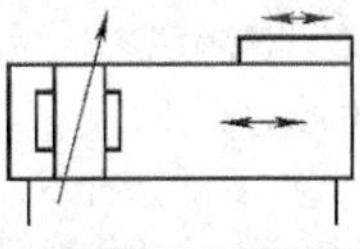	以钢丝绳代替刚性活塞杆的一种气缸，用于小直径、特长行程的场合
组合气缸	增压气缸	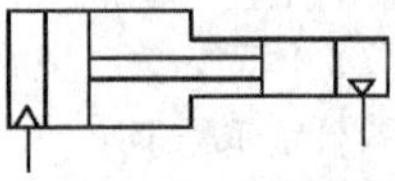	活塞面积不相等，根据力平衡原理，可由小活塞端输出高压气体
	气-液增压缸	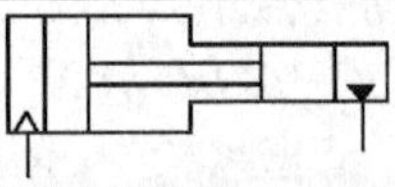	液体可看作是不可压缩的，根据力的平衡原理，利用两两相连活塞面积的不等，压缩空气驱动大活塞，小活塞便可输出相应比例的高压液体
	气-液阻尼缸	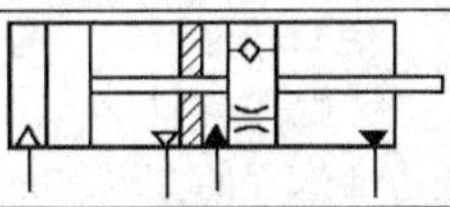	利用液体不可压缩的性能及液体流量易于控制的优点，获得活塞杆的稳速运动

表 22.4-2　气缸的安装形式

分类			简图	说明
固定式气缸	支座式	轴向支座 MS1 式		轴向支座，支座上承受力矩，气缸直径越大，力矩越大
		切向支座式		
	法兰式	前法兰 MF1 式		前法兰紧固，安装螺钉受拉力较大
		后法兰 MF2 式		后法兰紧固，安装螺钉受拉力较小
		自配法兰式		法兰由使用单位视安装条件现配
轴销式气缸	尾部轴销式	单耳轴销 MP4 式		气缸可绕尾轴摆动
		双耳轴销 MP2 式		
	头部轴销式			气缸可绕头部轴摆动
	中间轴销 MT4 式			气缸可绕中间轴摆动

1.1.2　气缸的工作原理

（1）单作用气缸

单作用气缸只有一腔可输入压缩空气，实现一个方向运动。其活塞杆只能借助外力将其推回，通常借助于弹簧力、膜片张力和重力等。图 22.4-2 所示为单作用气缸的结构原理图。

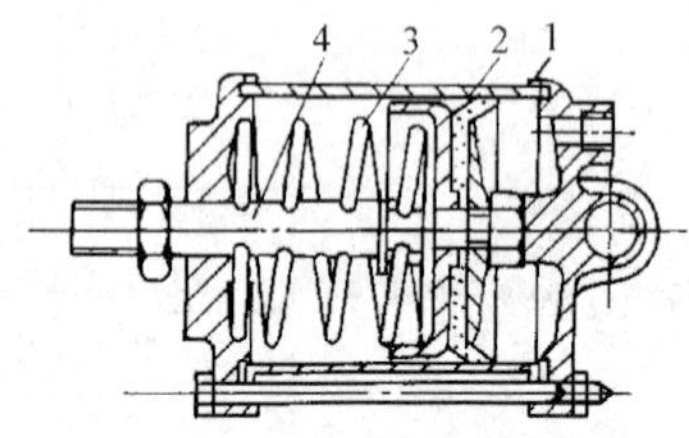

图 22.4-2　单作用气缸

1—缸体　2—活塞　3—弹簧　4—活塞杆

单作用气缸的特点是：

1）仅一端进（排）气，结构简单，耗气量小。

2）用弹簧力或膜片张力等复位，压缩空气能量的一部分用于克服弹簧力或膜片张力，因而减小了活塞杆的输出力。

3）缸内安装弹簧和膜片等，一般行程较短，与相同体积的双作用气缸相比，有效行程小一些。

4）气缸复位弹簧力、膜片张力均随变形大小变化，因而活塞杆的输出力在行进过程中是变化的。

由于以上特点，单作用活塞气缸多用于短行程、推力及运动速度均要求不高的场合，如定位和夹紧等装置上。单作用柱塞缸则不然，可用在长行程、高载荷的场合。

（2）双作用气缸

双作用气缸指两腔都可输入压缩空气，实现双向运动的气缸。其结构可分为双活塞杆式、单活塞杆式、双活塞式、缓冲式和非缓冲式等。此类气缸使用最为广泛。

1）双活塞杆双作用气缸。双活塞杆气缸有缸体固定和活塞杆固定两种，其工作原理见图 22.4-3。

缸体固定时，其所带载荷（如工作台）与气缸两活塞杆连成一体，压缩空气依次进入气缸两腔（一腔进气，另一腔排气），活塞杆带动工作台左右运动，工作台运动范围等于其有效行程 s 的 3 倍。安装所占空间大，一般用于小型设备上。

活塞杆固定时，为管路连接方便，活塞杆制成空心，缸体与载荷（工作台）连成一体，压缩空气从空心活塞杆的左端或右端进入气缸两腔，使缸体带动工作台向左或向右运动，工作台的运动范围为其有效行程 s 的 2 倍。适用于中、大型设备。

双活塞杆气缸因两端活塞杆直径相等，故活塞两侧受力面积相等。当输入压力、流量相同时，其往返运动输出力及速度均相等。

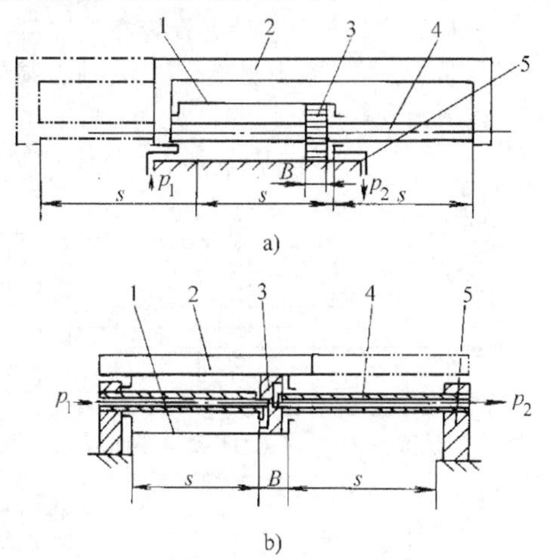

图 22.4-3　双活塞杆双作用气缸
a）缸体固定　b）活塞杆固定
1—缸体　2—工作台　3—活塞
4—活塞杆　5—机架

2）缓冲气缸。对于接近行程末端时速度较高的气缸，不采取必要措施，活塞就会以很大的力(能量)撞击端盖，引起振动和损坏机件。为了使活塞在行程末端运动平稳，不产生冲击现象，在气缸两端加设缓冲装置，这种气缸一般称为缓冲气缸。缓冲气缸见图 22.4-4，主要由活塞杆 1、活塞 2、缓冲柱塞 3、单向阀 5、节流阀 6、端盖 7 等组成。其工作原理是：当活塞在压缩空气推动下向右运动时，缸右腔的气体经柱塞孔 4 及缸盖上的气孔 8 排出。在活塞运动接近行程末端时，活塞右侧的缓冲柱塞 3 将柱塞孔 4 堵死，活塞继续向右运动时，封在气缸右腔内的剩余气体被压缩，缓慢地通过节流阀 6 及气孔 8 排出，被压缩的气体所产生的压力如

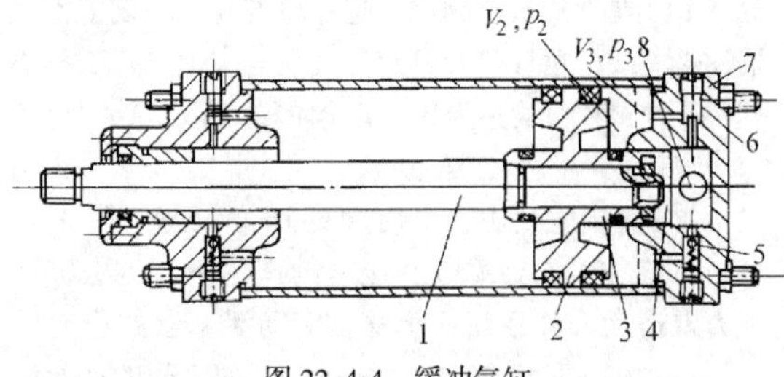

图 22.4-4　缓冲气缸
1—活塞杆　2—活塞　3—缓冲柱塞　4—柱塞孔
5—单向阀　6—节流阀　7—端盖　8—气孔

果能与活塞运动所具有的全部能量相平衡，即会取得缓冲效果，使活塞在行程末端运动平稳，不产生冲击。调节节流阀 6 阀口开度的大小，即可控制排气量的多少，从而决定了被压缩容积(称缓冲室)内压力的大小，以调节缓冲效果。当令活塞反向运动时，从气孔 8 输入的压缩空气可直接顶开单向阀 5，推动活塞向左运动。如果节流阀 6 阀口开度固定，不可调节，即称为不可调缓冲气缸。

气缸所设缓冲装置种类很多，上述只是其中之一，当然也可以在气动回路上采取措施，达到缓冲目的。

（3）组合气缸

组合气缸一般指气缸与液压缸相组合形成的气-液阻尼缸和气-液增压缸等。众所周知，通常气缸采用的工作介质是压缩空气，其特点是动作快，但速度不易控制，当载荷变化较大时，容易产生“爬行”或“自走”现象；而液压缸采用的工作介质是通常认为不可压缩的液压油，其特点是动作不如气缸快，但速度易于控制，当载荷变化较大时，采用措施得当，一般不会产生“爬行”和“自走”现象。把气缸与液压缸巧妙组合起来，取长补短，即成为气动系统中普遍采用的气-液阻尼缸。

如图 22.4-5 所示的气-液阻尼缸实际是气缸与液压缸串联而成，两活塞固定在同一活塞杆上。液压缸不用泵供油，只要充满油即可，其进出口间装有液压单向阀、节流阀及补油杯。当气缸右端供气时，气缸克服载荷带动液压缸活塞向左运动(气缸左端排气)，此时液压缸左端排油，单向阀关闭，油只能通过节流阀流入液压缸右腔及油杯内，这时若将节流阀阀口开大，则液压缸左腔排油通畅，两活塞运动速度就快；反之，若将节流阀阀口关小，液压缸左腔排油受阻，两活塞运动速度会减慢。这样，调节节流阀开口大小，就能控制活塞的运动速度。可以看出，气-液阻尼缸的输出力应是气缸中压缩空气产生的力(推力或拉力)与液压缸中油的阻尼力之差。

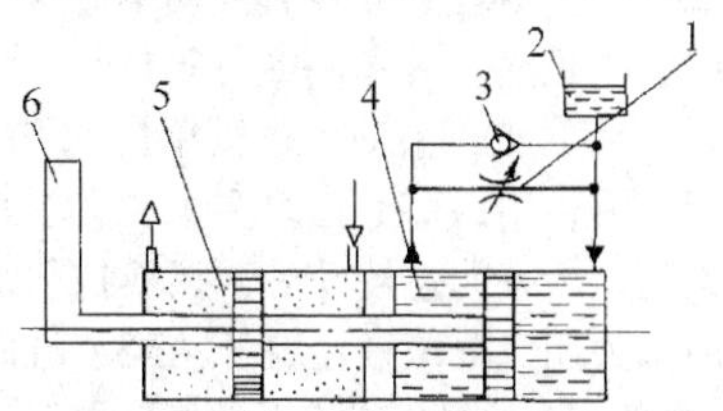

图 22.4-5　气-液阻尼缸
1—节流阀　2—油杯　3—单向阀
4—液压缸　5—气缸　6—外载荷

气-液阻尼缸的类型有多种。按气缸与液压缸的连接形式，可分为串联型与并联型两种。前面所述

为串联型，图 22.4-6 所示为并联型气-液阻尼缸。串联型缸体较长，加工与安装时对同轴度要求较高，有时两缸间会产生窜气、窜油现象。并联型缸体较短，结构紧凑，气、液缸分置，不会产生窜气、窜油现象，因液压缸工作压力可以相当高，故液压缸可制成相当小的直径(不必与气缸等直径)，但因气、液两缸安装在不同轴线上，会产生附加力矩，会增加导轨装置的磨损，也可能产生“爬行”现象。串联型气-液阻尼缸还有液压缸在前或在后之分，液压缸在后参见图 22.4-5，液压缸活塞两端作用面积不等，工作过程中需要储油或补油，油杯较大。如果将液压缸放在前面(气缸在后面)，则液压缸两端都有活塞杆，两端作用面积相等，除补充泄漏之外就不存在储油、补油问题，油杯可以很小。

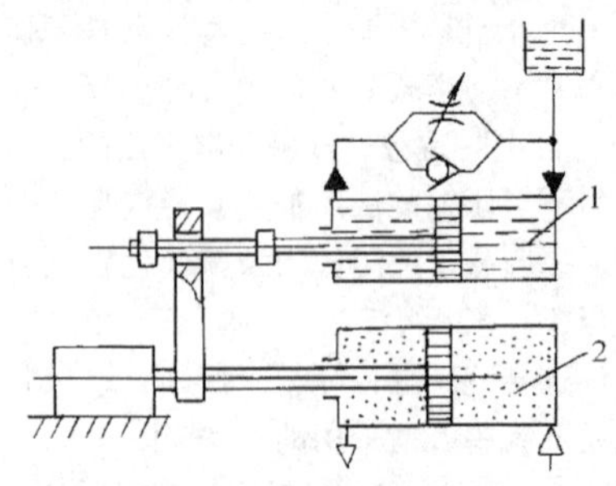

图 22.4-6　并联型气-液阻尼缸
1—液压缸　2—气缸

气-液阻尼缸按调速特性可分为：

1）慢进慢退式。

2）慢进快退式。

3）快进慢进快退式。

其调速特性及应用见表 22.4-3。

就气-液阻尼缸的结构而言，可分为多种形式：节流阀、单向阀单独设置或装于缸盖上；单向阀装在活塞上(如挡板式单向阀)；缸壁上开孔、开沟槽、缸内滑柱式、机械浮动连接式、行程阀控制快速趋近式等。活塞上有挡板式单向阀的气-液阻尼缸见图 22.4-7。活塞上带有挡板式单向阀，活塞向右运动时，挡板离开活塞，单向阀打开，液压缸右腔的油通过活塞上的孔(即挡板单向阀孔)流至左腔，实现快退，用活塞上孔的多少和大小来控制快退时的速度。活塞向左运动时，挡板挡住活塞上的孔，单向阀关闭，液压缸左腔的油经节流阀流至右腔(经缸外管路)，调节节流阀的开度即可调节活塞慢进的速度。其结构较为简单，制造加工较方便。

图 22.4-8 所示为采用机械浮动连接的快速趋近式气-液阻尼缸原理图。靠液压缸活塞杆端部的 T 形顶块与气缸活塞杆端部的拉钩间有一空行程 s_1 实现空程快速趋近，然后再带动液压缸活塞，通过节流阻尼，实现慢进。返程时也是先走空行程 s_1，再与液压活塞一起运动，通过单向阀，实现快退。

图 22.4-9 所示为又一种浮动连接气-液阻尼缸。与前者的区别在于：T 形顶块和拉钩装设位置不同，前者设置在缸外部，后者设置在气缸活塞杆内，结构紧凑，但不易调整空行程 s_1(前者调节顶丝即可方便调节 s_1 的大小)。

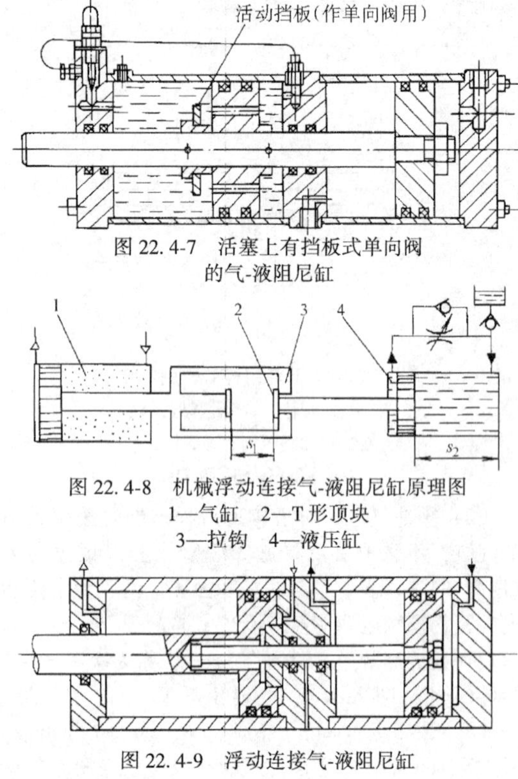

图 22.4-7　活塞上有挡板式单向阀的气-液阻尼缸

图 22.4-8　机械浮动连接气-液阻尼缸原理图
1—气缸　2—T 形顶块
3—拉钩　4—液压缸

图 22.4-9　浮动连接气-液阻尼缸

（4）特殊气缸

1）冲击气缸。冲击气缸是把压缩空气的能量转化为活塞、活塞杆高速运动的能量，利用此动能去做功。冲击气缸分普通型和快排型两种。

① 普通型冲击气缸。普通型冲击气缸的结构见图 22.4-10。与普通气缸相比，此种冲击气缸增设了蓄气缸和带流线型喷气口及具有排气孔的中盖。其工作原理及工作过程可简述为如下五个阶段(见图 22.4-11)：

第一阶段：复位段。见图 22.4-10 和图 22.4-11a，接通气源，换向阀处复位状态，孔 A 进气，孔 B 排气，活塞 5 在压差的作用下，克服密封阻力及运动部件重量而上移，借助活塞上的密封胶垫封住中盖上的喷气口 4。中盖和活塞之间的环形空间经过排气孔 3 与大气相通。最后，活塞有杆腔压力升高至气源压力，蓄气缸内压力降至大气压力。

表 22.4-3　气-液阻尼缸调速特性及应用

调速方式	结构示意图	特性曲线	作用原理	应用
双向节流调速		慢进　慢退	在气-液阻尼缸的回油管路装设可调式节流阀，使活塞往复运动的速度可调并相同	适用于空行程及工作行程都较短的场合（s<20mm）
单向节流调速		慢进　快退	将一单向阀和一节流阀并联在调速油路中。活塞向右运动时，单向阀关闭，节流慢进；活塞向左运动时，单向阀打开，不经节流快退	适用于空行程较短而工作行程较长的场合
快速趋近单向节流调速		慢进　快退　快进	将液压缸的 f 点与 a 点用管路相通，活塞开始向右运动时，右腔油经由 $fgea$ 回路直接流入 a 端实现快速趋近，当活塞移过 f 点，油只能经节流阀流入 a 端，实现慢进，活塞向左运动时，单向阀打开，实现快退	由于快速趋近，节省了空程时间，提高了生产率，是各种机床、设备最常用的方式

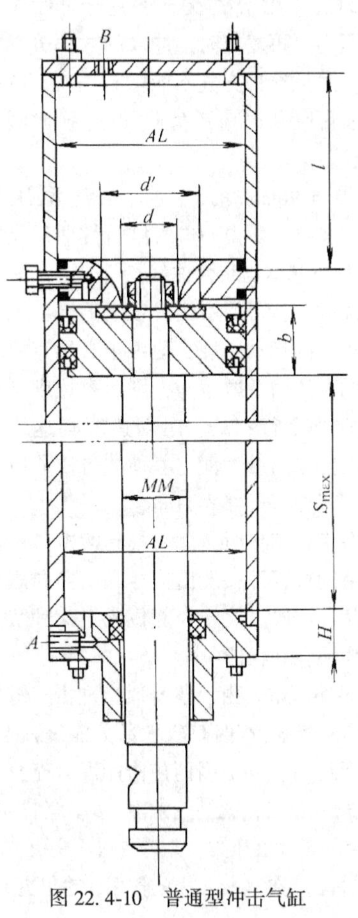

图 22.4-10　普通型冲击气缸

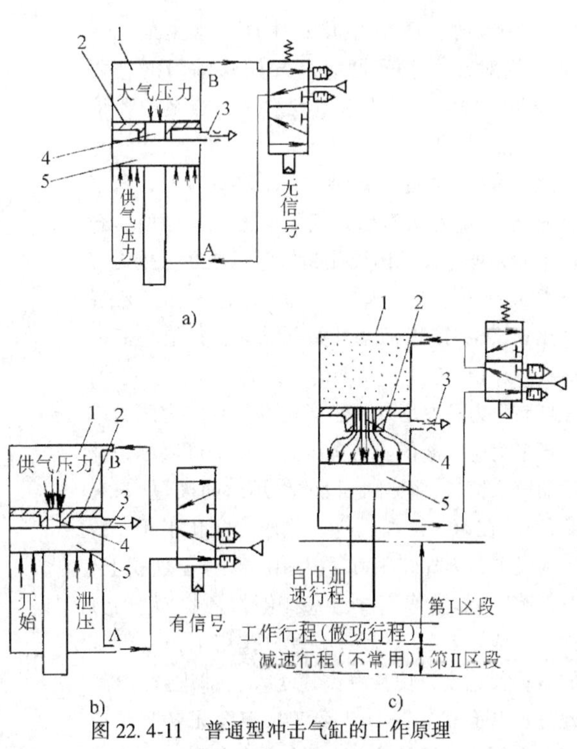

图 22.4-11　普通型冲击气缸的工作原理
1—蓄气缸　2—中盖　3—排气孔　4—喷气口　5—活塞

第二阶段：储能段。见图 22.4-10 和图 22.4-11b，换向阀换向，B 孔进气充入蓄气缸腔内，A 孔排气。由于蓄气缸腔内压力作用在活塞上的面积只是喷气口 4 的面积，它比有杆腔压力作用在活塞上的面积要小得多，故只有待蓄气缸内压力上升，有杆腔压力下降，直到下列力平衡方程成立时，活塞才开始移动

$$\frac{\pi}{4}d^2(p_{30}-1.013\times10^5)+G$$

$$=\frac{\pi}{4}(D^2-d_1^2)(p_{20}-1.013\times10^5)+F_{f0} \quad (22.4\text{-}1)$$

式中　d——中盖喷气口直径(m)；

p_{30}——活塞开始移动瞬时蓄气缸腔内压力(绝对压力)(Pa)；

p_{20}——活塞开始移动瞬时有杆腔内压力(绝对压力)(Pa)；

G——运动部件(活塞、活塞杆及锤头模具等)所受的重力(N)；

D——活塞直径(m)；

d_1——活塞杆直径(m)；

F_{f0}——活塞开始移动瞬时的密封摩擦力(N)。

若不计式(22.4-1)中的 G 和 F_{f0} 项，且令 $d=d_1$，$d_1=\frac{1}{3}D$，则当 $p_{20}-1.013\times10^5=\frac{1}{8}(p_{30}-1.013\times10^5)$ 时，活塞才开始移动。这里的 p_{20}、p_{30} 均为绝对压力。可见活塞开始移动瞬时，蓄气缸腔与有杆腔的压力差很大。这一点很明显地与普通气缸不同。

第三阶段：冲击段。活塞开始移动瞬时，蓄气缸腔内压力 p_{30} 可认为已达气源压力 p_s，同时，容积很小的无杆腔通过排气孔 3 与大气相通，故无杆腔压力 p_{10} 接近于大气压力 p_a。由于 p_a/p_s 大于临界压力比 0.528，所以活塞开始移动后，在最小流通截面处(喷气口与活塞之间的环形面)为声速流动，使无杆腔压力急剧增加，直至与蓄气缸腔内压力平衡。该平衡压力略低于气源压力。以上可以称为冲击段的第Ⅰ区段。第Ⅰ区段的作用时间极短(只有几毫秒)。在第Ⅰ区段，有杆腔压力变化很小，故第Ⅰ区段末，无杆腔压力 p_1(作用在活塞全面积上)比有杆腔压力 p_2(作用在活塞杆侧的环状面积上)大得多，活塞在这样大的压差力作用下，获得很高的运动加速度，使活塞高速运动，即进行冲击。在此过程 B 孔仍在进气，蓄气缸腔至无杆腔已连通且压力相等，可认为蓄气-无杆腔内为略带充气的绝热膨胀过程。同时有杆腔排气孔 A 通流面积有限，活塞高速冲击势必造成有杆腔内气体迅速压缩(排气不畅)，有杆腔压力会迅速升高(可能高于气源压力)，这必将引起活塞减速，直至下降到速度为零。以上可称为冲击段的第Ⅱ区段。可认为第Ⅱ区段的有杆腔内为边排气的绝热压缩过程。整个冲击段时间很短(仅几十毫秒)，见图 22.4-11c。

第四阶段：弹跳段。在冲击段之后，从能量观点来说，蓄气缸腔内的压力能转化成活塞动能，而活塞的部分动能又转化成有杆腔的压力能，结果造成有杆腔压力比蓄气-无杆腔压力还高，即形成“气垫”，使活塞产生反向运动，结果又会使蓄气-无杆腔压力增加，且又大于有杆腔压力，如此便出现活塞在缸体内来回往复运动——即弹跳，直至活塞两侧压力差克服不了活塞阻力不能再发生弹跳为止。待有杆腔气体由 A 孔排空后，活塞便下行至终点。

第五阶段：耗能段。活塞下行至终点后，如果换向阀不及时复位，则蓄气-无杆腔内会继续充气直至达到气源压力。再复位时，冲入的这部分气体又需全部排掉。可见这种充气不能做有用功，故称之为耗能段。实际使用时应避免此段(令换向阀及时换向返回复位段)。

对内径 D = 90mm 的气缸，在气源压力 0.65MPa 下进行实验，所得冲击气缸特性曲线见图 22.4-12。上述分析基本与特性曲线相符。

从对冲击段的分析可以看出，很大的运动加速度使活塞产生很大的运动速度，但由于必须克服有杆腔不断增加的背压力及摩擦力，则活塞速度又要减慢，因此，在某个行程处，运动速度必达最大值，此时的冲击能也达最大值。各种冲击作业应在这个行程附近进行(见图 22.4-11c)。

冲击气缸在实际工作时，锤头模具撞击工件做完功，一般就借助行程开关发出信号，使换向阀复位换向，缸即从冲击段直接转为复位段。这种状态可认为不存在弹跳段和耗能段。

② 快排型冲击气缸。由上述普通型冲击气缸原理可见，其一部分能量(有时是较大部分能量)被消耗于克服背压(即 p_2)做功，因而冲击能没有充分利用。假如在冲击一开始，就让有杆腔气体全排空，即使有杆腔压力降至大气压力，则冲击过程中可节省大量的能量，使冲击气缸发挥更大的作用，输出更大

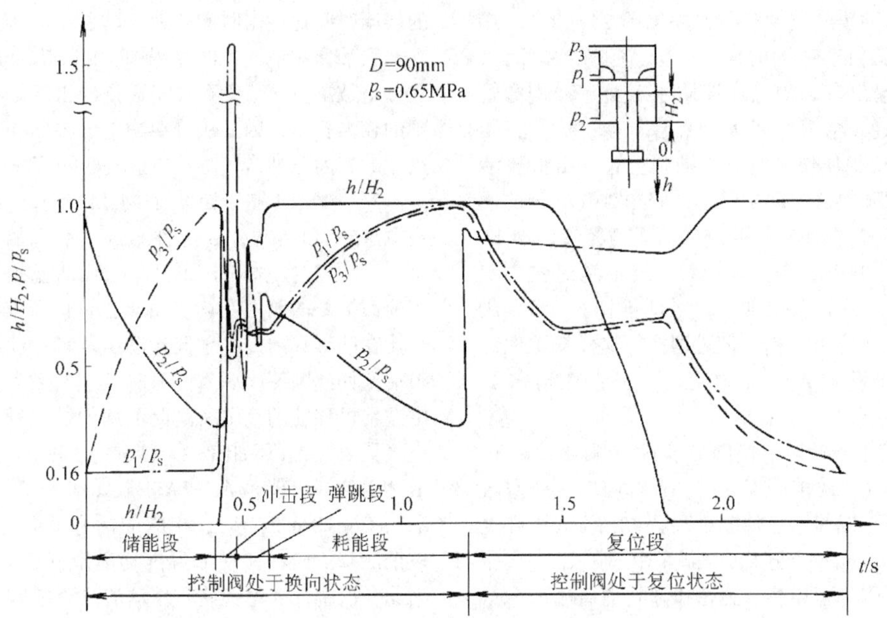

图 22.4-12　冲击气缸特性曲线

的冲击能。这种在冲击过程中，使有杆腔压力接近于大气压力的冲击气缸，称为快排型冲击气缸，其结构见图 22.4-13a。

快排型冲击气缸是在普通型冲击气缸的下部增加了“快排机构”构成的。快排机构由快排导向盖 1、快排缸体 4、快排活塞 3 和密封胶垫 2 等零件组成。

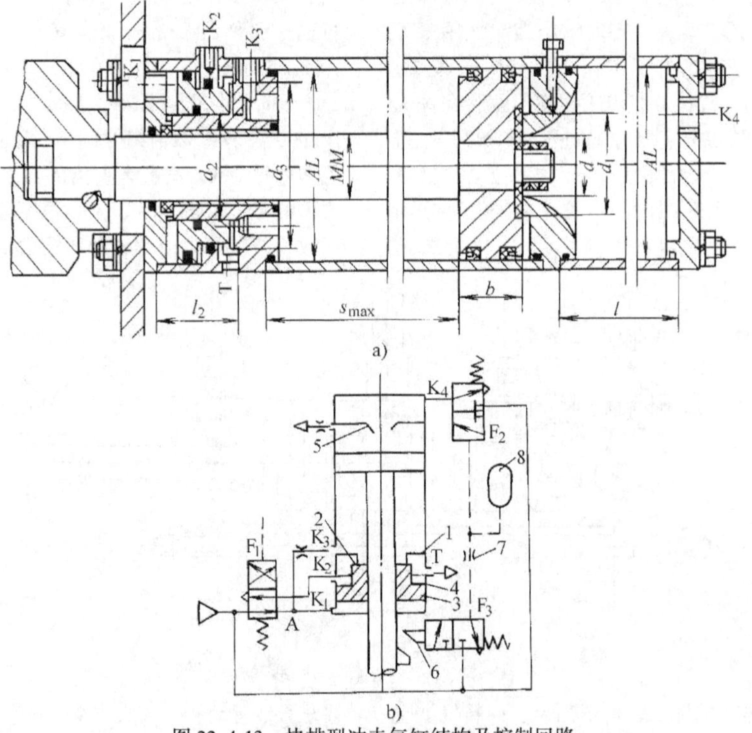

图 22.4-13　快排型冲击气缸结构及控制回路

a）结构图　b）控制回路

1—快排导向盖　2—密封胶垫　3—快排活塞　4—快排缸体　5—中盖

6—推杆　7—气阻　8—气容　T—方孔

快排型冲击气缸的气控回路见图22.4-13b。接通气源，通过阀F_1同时向K_1、K_3充气，K_2通大气。阀F_1输出口A用直管与K_1孔连通，而用弯管与K_3孔连通，弯管气阻大于直管气阻。这样，压缩空气先经K_1使快排活塞3推到上边，由快排活塞3与密封胶垫2一起切断有杆腔与排气口T的通道，然后经K_3孔向有杆腔进气，无杆腔气体经K_4孔通过阀F_2排气，则活塞上移。当活塞封住中盖喷气口时，装在锤头上的压块触动推杆6，切换阀F_3，发出信号控制阀F_2，使之切换，这样气源便经阀F_2和K_4孔向蓄气腔内充气，一直充至气源压力。

冲击工作开始时，使阀F_1切换，则K_2进气，K_1和K_3排气，快排活塞下移，有杆腔的压缩空气便通过快排导向盖1上的多个圆孔(8个)，再经过快排缸体4上的多个方孔T(10余个)及K_3直接排至大气中。因为上述多个圆孔和方孔的通流面积远远大于K_3的通流面积，所以有杆腔的压力可以在极短的时间内降低到接近于大气压力。当降到一定压力时，活塞便开始下移。锤头上压块便离开行程阀F_3的推杆6，阀F_3在弹簧的作用下复位。由于接有气阻7和气容8，阀F_3虽然复位，但F_2却延时复位，这就保证了蓄气缸腔内的压缩空气用来完成使活塞迅速向下冲击的工作。否则，若F_3复位，F_2同时复位的话，蓄气缸腔内压缩空气就会在锤头没有运动到行程终点之前已经通过K_4孔和阀F_2排气了，所以当锤头开始冲击后，F_2的复位动作需延时几十毫秒。因所需延时时间不长，冲击缸冲击时间又很短，往往不用气阻、气容也可以，只要阀F_2的换向时间比冲击时间长就可以了。

在活塞向下冲击的过程中，由于有杆腔气体能充分地被排空，故不存在普通型冲击气缸有杆腔出现的较大背压，因而快排型冲击气缸的冲击能是同尺寸的普通型冲击气缸冲击能的3~4倍。

2）数字气缸。如图22.4-14所示，它由活塞1、缸体2和活塞杆3等件组成。活塞的右端有T字头，活塞的左端有凹形孔，后面活塞的T字头装入前面活塞的凹形孔内，由于缸体的限制，T字头只能在凹形孔内沿缸轴向运动，两者不能脱开，若干活塞如此顺序串联置于缸体内，T字头在凹形孔中左右可移动的范围就是此活塞的行程量。不同的进气孔$A_1 \sim A_i$(可能是A_1,或是A_1和A_2,或是A_1、A_2和A_3,还可能是A_1和A_3,或A_2和A_3等)输入压缩空气(0.4~0.8MPa)时，相应的活塞就会向右移动，每个活塞的向右移动都可推动活塞杆3向右移动，因此，活塞杆3每次向右移动的总距离等于各个活塞行程量的总和。这里B孔始终与低压气源相通(0.05~0.1MPa)，当$A_1 \sim A_i$孔排气时，在低压气的作用下，活塞会自动退回原位。各活塞的行程大小，可根据需要的总行程s按几何级数由小到大排列选取。设$s=35$mm，采用三个活塞，则各活塞的行程分别取$a_1=5$mm，$a_2=10$mm，$a_3=20$mm。又如$s=31.5$mm，可用六个活塞，则a_1，a_2，a_3，…，a_6分别设计为0.5mm、1mm、2mm、4mm、8mm、16mm，由这些数值组合起来，就可在0.5~31.5mm范围内得到0.5mm整数倍的任意输出位移量。而这里的a_1，a_2，a_3，…，a_i根据需要设计成各种不同数列，就可以得到各种所需数值的行程量。

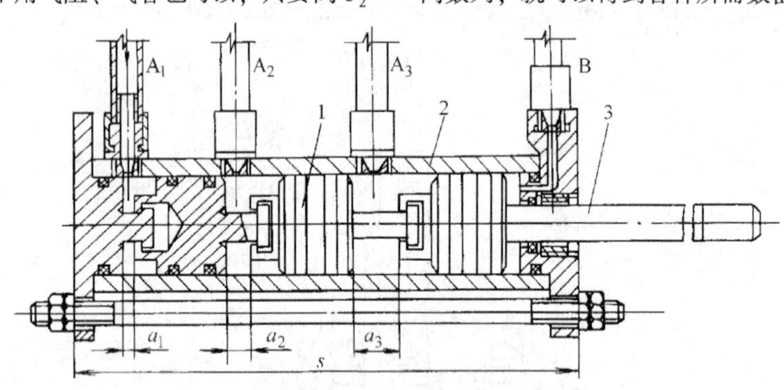

图22.4-14　数字气缸

1—活塞　2—缸体　3—活塞杆

3）回转气缸。如图22.4-15a所示，回转气缸主要由导气头体、缸体、活塞和活塞杆组成。这种气缸的缸体3连同缸盖6及导气头芯10可被其他动力(如车床主轴)带动回转，活塞4及活塞杆1只能做往复直线运动，导气头体9外接管路，固定不动。

回转气缸的结构如图22.4-15b所示。为增大其输出力，采用两个活塞串联在一根活塞杆上，这样其输出力比单活塞也增大约一倍，且可减小气缸尺

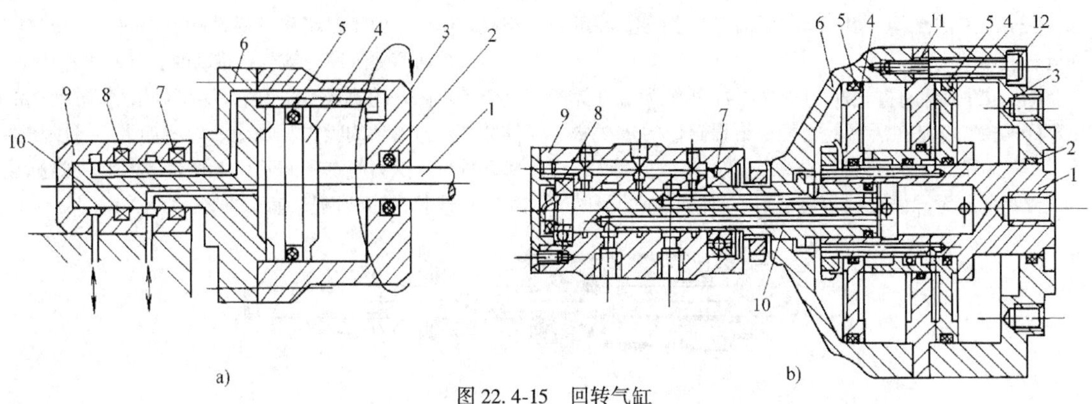

图 22.4-15　回转气缸

a）原理图　b）结构图

1—活塞杆　2、5—密封圈　3—缸体　4—活塞　6—缸盖　7、8—轴承　9—导气头体　10—导气头芯　11—中盖　12—螺栓

寸。导气头体与导气头芯因需相对转动，故装有滚动轴承，以研配间隙密封，并设油杯润滑以减少摩擦，避免烧损或卡死。

回转气缸主要用于机床夹具和线材卷曲等装置上。

4）挠性气缸。挠性气缸是以挠性软管作为缸筒的气缸。常用挠性气缸有两种：一种是普通挠性气缸（见图 22.4-16），由活塞、活塞杆及挠性软管缸筒组成。这种气缸一般都是单作用活塞气缸，活塞的回程靠其他外力。其特点是安装空间小，行程可较长。

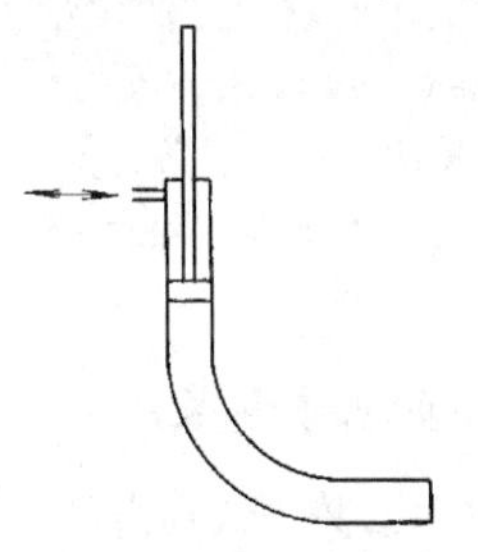

图 22.4-16　普通挠性气缸

第二种挠性气缸是滚子挠性气缸（见图 22.4-17），由夹持滚子代替活塞及活塞杆，夹持滚子设在挠性缸筒外表面，A 端进气时，左端挠性筒膨胀，B 端排气，夹持在缸筒外部的滚子在膨胀端的作用下向右移动，滚子夹带动载荷运动。这种气缸的特点是所占空间小，输出力较小，载荷率较低，可实现双作用。

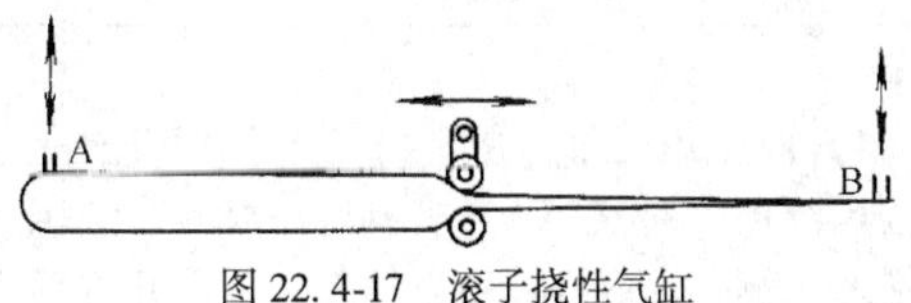

图 22.4-17　滚子挠性气缸

5）钢索式气缸。钢索式气缸见图 22.4-18，是以柔软的、弯曲性大的钢丝绳代替刚性活塞杆的一种气缸。活塞与钢丝绳连在一起，活塞在压缩空气推动下往复运动，钢丝绳带动载荷运动。

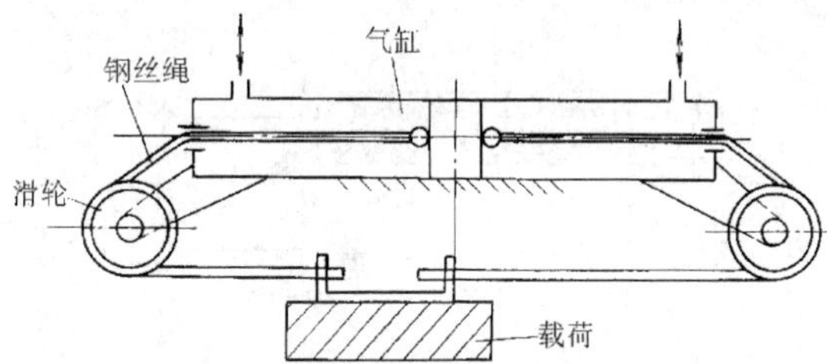

图 22.4-18　钢索式气缸

这种气缸的特点是可制成行程很长的气缸，制成直径为 25mm、行程为 6m 左右的气缸也不困难。钢索与导向套间易产生泄漏。

6）伸缩气缸。图 22.4-19 所示为多层套筒式单作用伸缩气缸，主要由导套 1、活塞杆 2、套筒 3、缸筒 4 和半环 5 等组成。其特点是轴向体积小，行程较大。

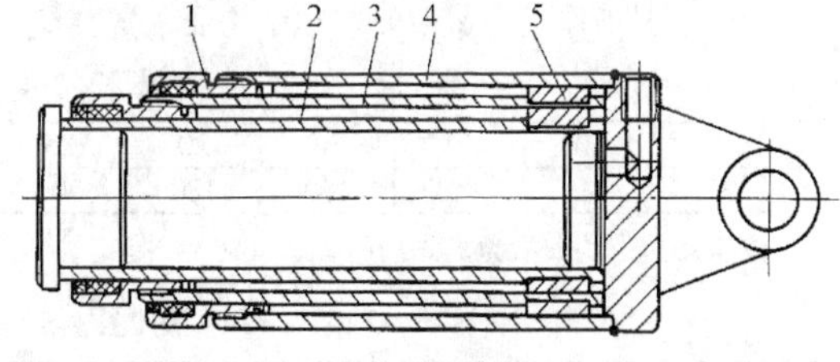

图 22.4-19　伸缩气缸

1—导套　2—活塞杆

3—套筒　4—缸筒　5—半环

7）行程可调气缸。行程可调气缸见图 22.4-20。其调节结构有两种形式：①伸出位置可调；②缩回位置可调。它们分别由缓冲垫 1、调节螺母 2、锁紧螺母 3 和调节杆 6 或调节螺杆 4 和调节螺母 5 组

成，4连接工作机构。其特点是伸出或缩回位置可进行较精确调整。

8）磁性无活塞杆气缸。图22.4-21所示为磁性无活塞杆气缸，它是在活塞上安装一组强磁性的永久磁环，一般为稀土磁性材料。磁力线通过薄壁缸筒(不锈钢或铝合金无导磁材料等制成)与套在外面的另一组磁环作用，由于两组磁环极性相反，故具有很强的吸力。当活塞在缸筒内被气压推动时，在磁力作用下，其带动缸筒外的磁环套一起移动。因此，气缸活塞的推力必须与磁环的吸力相适应。为增加吸力可以增加磁环数目。磁力气缸中间不可能增加支撑点，当缸径≥25mm时，最大行程只能≤2m。

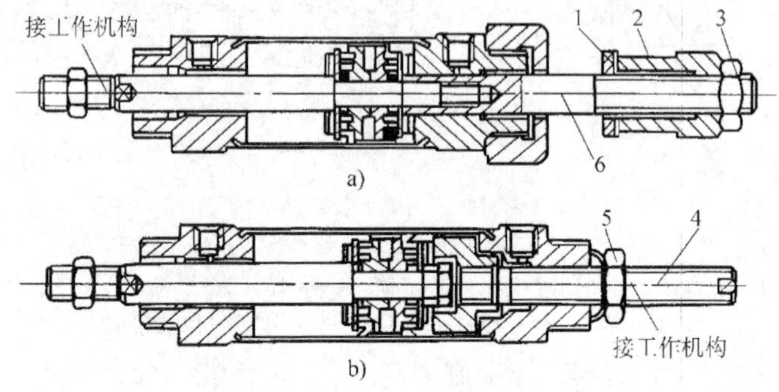

图22.4-20 行程可调气缸
a）伸出位置可调 b）缩回位置可调
1—缓冲垫 2、5—调节螺母 3—锁紧螺母 4—调节螺杆 6—调节杆

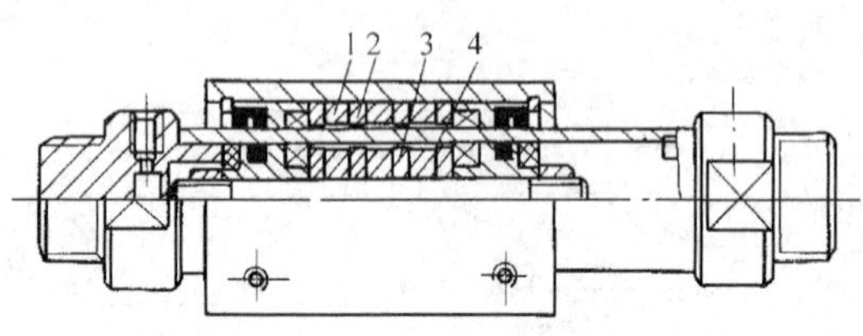

图22.4-21 磁性无活塞杆气缸
1—外磁环 2—外隔圈 3—内隔圈 4—内磁环

1.2 气缸的设计与计算

1.2.1 气缸的设计步骤

1）根据工作机构运动要求和结构要求选择气缸的类型及安装方式(见表22.4-1和表22.4-2)。

2）根据工作机构载荷及速度要求，计算气缸直径。计算缸径一般应圆整为标准缸径(见表22.4-4)。

3）由气缸直径及工作压力，计算、选择缸筒壁厚，计算活塞杆直径(杆径也需圆整为标准值，见表22.4-5)。

4）根据工作要求及缸的类型，确定气缸各部结构、材料和技术要求等。

5）进行缓冲及耗气量等计算。

6）若采用标准气缸，在计算出气缸直径后即可选取适当气缸产品。

1.2.2 气缸的基本参数

气缸的基本参数为气缸内径、活塞杆直径等，可分别参考表22.4-4和表22.4-5所推荐的数值。

表22.4-4 缸筒内径系列 (mm)

8	10	12	16	20	25	32	40	50	63	80	(90)	100
(110)	125	(140)	160	(180)	200	(220)	250	320	400	500	630	

注：无括号的数值为优先选用者。

表22.4-5 活塞杆直径系列 (mm)

4	5	6	8	10	12	14	16	18	20	22	25	28
32	36	40	45	50	56	63	70	80	90	100	110	125
140	160	180	200	220	250	280	320	360	400			

1.2.3 气缸有关计算

（1）活塞杆上输出力和缸径的计算

1）双作用气缸。单活塞杆双作用气缸是使用最为广泛的一种普通气缸，见图22.4-22。因其只在活塞一侧有活塞杆，所以压缩空气作用在活塞两侧的有效面积不等。活塞左行时活塞杆产生推力 F_1，活塞右行时活塞杆产生拉力 F_2。

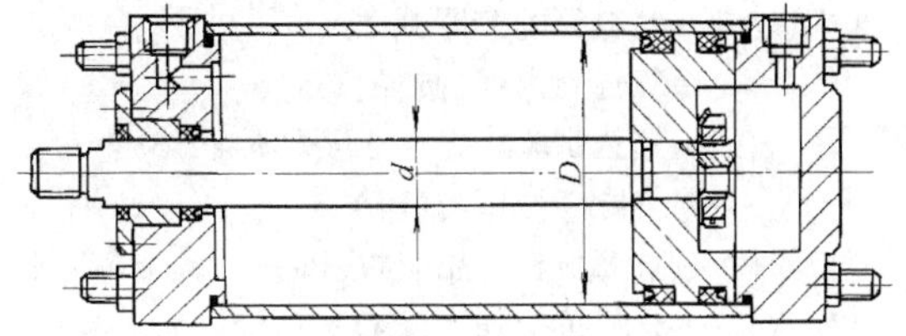

图 22.4-22　双作用气缸

$$F_1=\frac{\pi}{4}D^2p-F_z \tag{22.4-2}$$

$$F_2=\frac{\pi}{4}(D^2-d^2)p-F_z \tag{22.4-3}$$

式中　F_1——活塞杆的推力(N)；

F_2——活塞杆的拉力(N)；

D——活塞直径(m)；

d——活塞杆直径(m)；

p——气缸工作压力(Pa)；

F_z——气缸工作时的总阻力(N)。

气缸工作时的总阻力 F_z 与众多因素有关，如运动部件惯性力、背压阻力和密封处摩擦力等。以上因素可以用载荷率 η 计入公式，则气缸的静推力 F_1 和静拉力 F_2 分别为

$$F_1=\frac{\pi}{4}D^2p\eta \tag{22.4-4}$$

$$F_2=\frac{\pi}{4}(D^2-d^2)p\eta \tag{22.4-5}$$

计入载荷率就能保证气缸工作时的动态特性。若气缸动态参数要求较高，且工作频率高，其载荷率一般取 $\eta=0.3\sim0.5$，速度高时取小值，速度低时取大值。若气缸动态参数要求一般，且工作频率低，基本是匀速运动，其载荷率可取 $\eta=0.7\sim0.85$。

由式(22.4-4)、式(22.4-5)可求得气缸直径 D。

当推力做功时，

$$D=\sqrt{\frac{4F_1}{\pi p\eta}} \tag{22.4-6}$$

当拉力做功时，

$$D=\sqrt{\frac{4F_2}{\pi p\eta}+d^2} \tag{22.4-7}$$

用式(22.4-7)计算时，活塞杆直径 d 可根据气缸拉力预先估定，详细计算见活塞杆的计算。估定活塞杆直径可按 $d/D=0.2\sim0.3$ 计算(必要时也可取 $d/D=0.16\sim0.4$)。若将 $d/D=0.16\sim0.4$ 代入式(22.4-7)，则可得

$$D=(1.01\sim1.09)\sqrt{\frac{4F_2}{\pi p\eta}} \tag{22.4-8}$$

式中系数在缸径较大时取小值，缸径较小时取大值。

以上公式计算出的气缸内径 D 应圆整为标准值(见表 22.4-4)。

柱塞式气缸的柱塞直径可按式(22.4-6)求出。

2）单作用气缸。如图 22.4-23 所示的单作用气缸，活塞杆上输出推力必须克服弹簧的反作用力和活塞杆工作时的总阻力，其公式应为

$$F_1=\frac{\pi}{4}D^2p-F_t \tag{22.4-9}$$

式中　F_t——弹簧反作用力。

$$F_t=C(l+s) \tag{22.4-10}$$

$$C=\frac{Gd_1^4}{8D_1^3n} \tag{22.4-11}$$

$$D_1=D_2-d_1 \tag{22.4-12}$$

式中　C——弹簧刚度(N/m)；

l——弹簧预压缩量(m)；

s——活塞行程(m)；

G——弹簧材料切变模量(Pa)；

d_1——弹簧钢丝直径(m)；

D_1——弹簧平均直径(m)；

D_2——弹簧外径(m)；

n——弹簧有效圈数。

考虑载荷率 η 的影响，则

$$F_1=\frac{\pi}{4}D^2p\eta-F_t \tag{22.4-13}$$

单作用气缸直径

$$D=\sqrt{\frac{4(F_1+F_t)}{\pi p\eta}} \tag{22.4-14}$$

计算出的缸径 D 也应按标准圆整。

如果采用非弹簧复位的单作用气缸，则 F_t 为复位力(自重或配重等)。

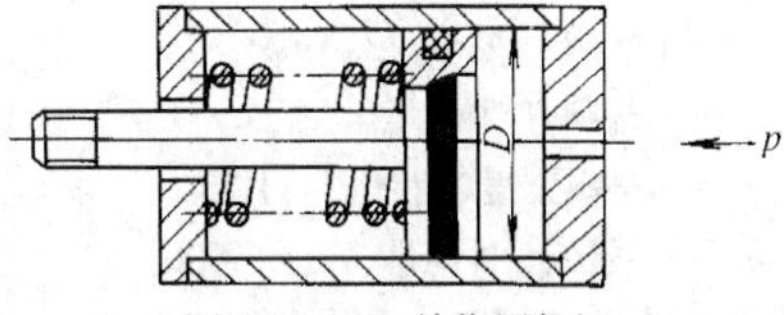

图 22.4-23　单作用气缸

(2) 活塞杆的计算

1）按强度条件计算。当活塞杆的长度 L 较小时($L\leqslant10d$)，可以只按强度条件计算活塞杆直径 d：

$$d\geqslant\sqrt{\frac{4F_1}{\pi\sigma_p}} \tag{22.4-15}$$

式中　F_1——气缸的推力(N)；

σ_p——活塞杆材料的许用应力(Pa)，$\sigma_p=R_m/S$；

R_m——材料的抗拉强度(Pa)；

S——安全系数，$S\geqslant1.4$。

2）按纵向弯曲极限力计算。气缸承受轴向压力以后会产生轴向弯曲，当纵向力达到极限力 F_i 以后，活塞杆会产生永久性弯曲变形，出现不稳定现象。该极限力与缸的安装方式、活塞杆直径及行程有关。

当长径比$\dfrac{L}{i}\geqslant85\sqrt{n}$时，

$$F_i=\frac{n\pi^2EI}{L^2}\tag{22.4-16}$$

当长径比 $L/i<85\sqrt{n}$时，

$$F_i=\frac{fA_1}{1+\dfrac{a}{n}\left(\dfrac{L}{i}\right)^2}\tag{22.4-17}$$

式中　L——活塞杆计算长度(m)，见表22.4-6；

i——活塞杆横截面惯性半径(m)，

实心杆 $i=\sqrt{\dfrac{I}{A_1}}=\dfrac{d}{4}$，

空心杆 $i=\dfrac{\sqrt{d^2+d_0^2}}{4}$；

d——活塞杆直径(m)；

d_0——空心活塞杆内孔直径(m)；

I——活塞杆断面惯性矩(m^4)，

实心杆 $I=\dfrac{\pi d^4}{64}$，

空心杆 $I=\dfrac{\pi(d^4-d_0^4)}{64}$；

A_1——活塞杆截面积(m^2)，

实心杆 $A_1=\dfrac{\pi}{4}d^2$，

空心杆 $A_1=\dfrac{\pi}{4}(d^2-d_0^2)$；

n——系数，见表22.4-6；

E——材料弹性模量，对钢取 $E=2.1\times10^{11}$Pa；

f——材料强度实验值，对钢取 $f=49\times10^7$Pa；

a——系数，对钢取 $a=1/5000$。

若纵向推力载荷(总载荷)超过极限力 F_i，就应采取相应措施。在其他条件(行程、安装方式)不变的前提下，多以加大活塞杆直径 d 来解决。

(3) 缸筒壁厚的计算

缸筒直接承受压力，需有一定厚度。由于一般气缸缸筒壁厚与内径之比 $\delta/D\leqslant1/10$，所以通常可按薄壁筒公式计算：

$$\delta=\frac{Dp_t}{2[\sigma]}\tag{22.4-18}$$

式中　δ——气缸筒的壁厚(m)；

D——气缸筒内径(缸径)(m)；

p_t——气缸试验压力，一般取 $p_t=1.5p$；

p——气缸工作压力(Pa)；

$[\sigma]$——缸筒材料许用应力(Pa)，$[\sigma]=R_m/S$；

R_m——材料抗拉强度(Pa)；

S——安全系数，一般取 $S=6\sim8$。

表22.4-6　活塞杆计算长度 L 及系数 n

n	安装方式
铰支-铰支 $n=1$	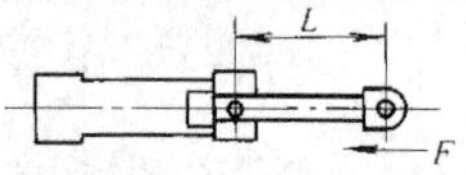 L, F L, F L, F
固定-自由 $n=1/4$	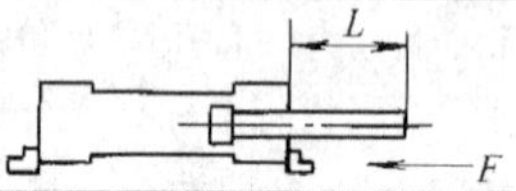 L, F L, F L, F
固定-铰支 $n=2$	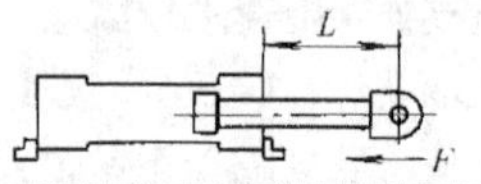 L, F L, F L, F
固定-固定 $n=1$	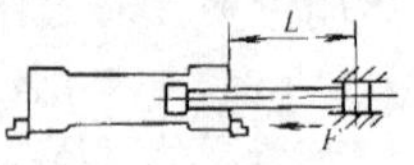 L, F L, F L, F

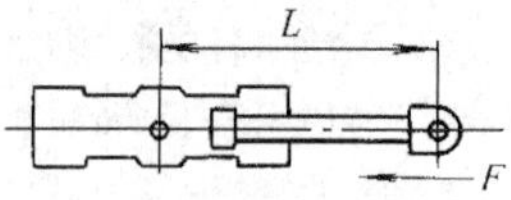

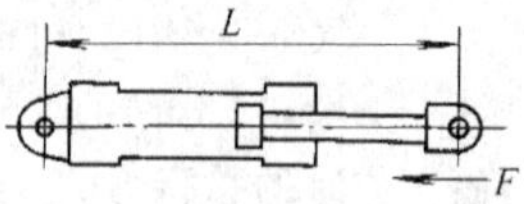

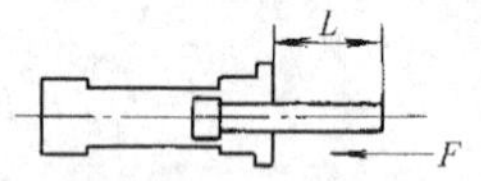

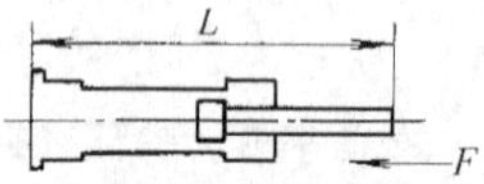

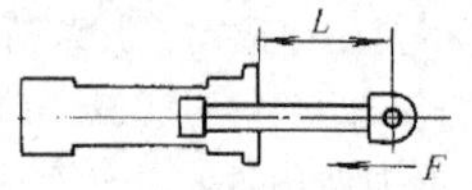

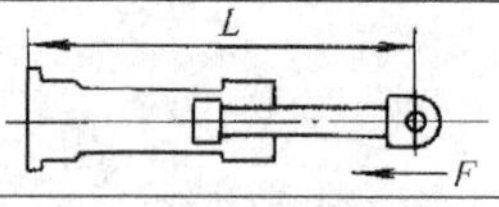

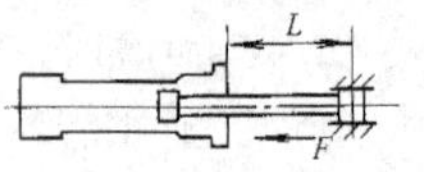

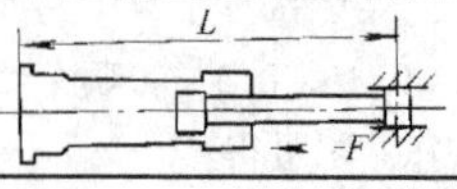

常用缸筒材料有：铸铁 HT150 或 HT200 等，其 $[\sigma]=30\text{MPa}$；Q235A 钢管、20 钢管，其 $[\sigma]=60\text{MPa}$；铝合金，其 $[\sigma]=3\text{MPa}$；45 钢，其 $[\sigma]=100\text{MPa}$。

通常计算出的缸筒壁厚都相当薄，但考虑到机械加工，缸筒两端要安装缸盖等需要，往往将气缸筒壁厚做适当加厚，且尽量选用标准内径和壁厚的钢管和铝合金管。表 22.4-7 所列气缸筒壁厚值可供参考。

表 22.4-7　气缸筒壁厚　(mm)

材　料	气缸直径							
	50	80	100	125	160	200	250	320
	壁　厚							
铸铁 HT150	7	8	10	10	12	14	16	16
钢 Q235A、45、20 无缝管	5	6	7	7	8	8	10	10
铝合金	8~12		12~14			14~17		

(4) 缓冲计算

缓冲效果的计算至今尚无精确方法。通常是使缓冲装置容许吸收的能量与活塞运动产生的全部能量相平衡，以减小和消除冲击，保证气缸正常工作。

工作机构(活塞、活塞杆及所有一起运动的部件)在运行至接近行程末端时所具有的全部能量 E_1 可用下式计算：

$$E_1=E_d+E_m\pm E_g-E_f \tag{22.4-19}$$

式中　E_d——作用在活塞上的气压产生的能量(气压能)(J)；

E_m——由于惯性力产生的活塞动能(J)；

E_g——气缸非水平安装时由于重力产生的正方向或反方向的能量(J)；

E_f——作用在相反方向的摩擦能(J)。

各项能量计算如下：

$$E_d=p_1A_1s_1 \tag{22.4-20}$$

$$E_m=\frac{1}{2}mv^2=\frac{1}{2}\,\frac{G}{g}v^2 \tag{22.4-21}$$

$$E_g=G_1s_1 \tag{22.4-22}$$

$$E_f=F_fs_1 \tag{22.4-23}$$

式中　p_1——气缸的工作压力(Pa)；

A_1——承受工作压力侧活塞有效面积(m^2)；

s_1——缓冲行程长度(m)；

m——运动部件的总质量(kg)；

G——运动部件的总重力(N)；

g——重力加速度，$g=9.81\text{m/s}^2$；

v——活塞运动速度(m/s)；

F_f——总摩擦力(N)；

G_1——气缸在非水平安装时，运动部件的总重力(重力在轴线方向的分力)(N)，在计算 E_1 时，缓冲装置在上方 E_g 前取“-”号，缓冲装置在下方 E_g 前取“+”号。

缓冲装置借助缓冲柱塞堵住柱塞孔(气缸只能经节流阀排气时)使所封闭的缓冲室内的气体被压缩(略带放气的压缩)，从而吸收所需缓冲的能量。其过程可认为是有少量放气的绝热过程。缓冲装置能吸收的最大能量视气缸强度而定。因而，缓冲装置容许吸收的能量 E_2 为

$$E_2=\frac{k}{k-1}p_2V_2\left[\left(\frac{p_3}{p_2}\right)^{\frac{k-1}{k}}-1\right]=3.5p_2V_2\left[\left(\frac{p_3}{p_2}\right)^{0.286}-1\right] \tag{22.4-24}$$

式中　p_2——气缸排气背压力(绝对压力)(Pa)；

V_2——缓冲柱塞堵死缓冲柱塞孔(缸径节流阀排气)时环形缓冲室的容积(m^3)；

p_3——缓冲气室内最后达到的气体压力，即吸收缓冲的能量后的气体压力，最高值等于气缸安全强度所容许的气体压力(绝对压力)(Pa)；

k——气体绝热指数，对空气 $k=1.4$。

缓冲装置满足工作要求的条件是

$$E_1\leqslant E_2 \tag{22.4-25}$$

若不能满足工作要求，应采取加大缓冲行程 s_1 等方法，或采用其他有效方法进行缓冲。

(5) 耗气量的计算

一个气缸的耗气量与其直径、行程、缸的动作时间及从换向阀到气缸导气管道的容积等有关。在实际应用中，从换向阀到气缸导气管道容积与气缸容积相比往往很小，故可忽略不计。那么气缸单位时间压缩空气消耗量可按下式计算：

$$q_V=q_{V_1}\text{或}\ q_V=q_{V_2} \tag{22.4-26}$$

$$q_{V_1}=\frac{\pi}{4}\,\frac{D^2s}{t_1} \tag{22.4-27}$$

$$q_{V_2}=\frac{\pi}{4}\,\frac{(D^2-d^2)s}{t_2} \tag{22.4-28}$$

式中　q_V——每秒钟压缩空气消耗量(m^3/s)，当是双作用缸或单作用缸无活塞杆腔工作

以及是柱塞缸时均用 $q_V=q_{V1}$，当是气缸有活塞杆腔工作时用 $q_V=q_{V2}$；

q_{V_1}——缸前进时(杆伸出)无杆腔(包括柱塞缸)压缩空气消耗量(m^3/s)；

q_{V_2}——缸后退时(杆缩回)有杆腔压缩空气消耗量(m^3/s)；

D——气缸内径(柱塞缸的柱塞直径)(m)；

d——活塞杆直径(m)；

t_1——气缸前进(杆伸出)时完成全行程所需时间(s)；

t_2——气缸后退(杆缩回)时完成全行程所需时间(s)；

s——气缸的行程(m)。

为了便于选用空气压缩机，可按下式将压缩空气消耗量换算为自由空气消耗量：

$$q_{V_z}=\frac{q_V p}{p_a} \tag{22.4-29}$$

式中　q_{V_z}——每秒钟自由空气消耗量(m^3/s)；

p——气缸的工作压力(绝对压力)(Pa)；

p_a——标准大气压(绝对压力)，$p_a=1.013\times10^5$Pa。

(6) 冲击气缸设计计算

设计冲击气缸一般要求冲击能量大，冲击效率高，冲击频率高。通常以此为目的来确定冲击气缸各部分的尺寸。

1) 冲击气缸的主要性能指标有：

① 冲击能 E。冲击气缸的冲击能是指其运动部件在运动过程中所具有的动能。冲击气缸的最大冲击能就是冲击速度达最大值时，运动部件所具有的能量，即

$$E=\frac{1}{2}mv^2 \tag{22.4-30}$$

$$E_{max}=\frac{1}{2}mv_{max}^2 \tag{22.4-31}$$

式中　v、v_{max}——分别为锤头运动的速度、最大速度(m/s)；

m——运动部件(活塞、活塞杆、锤头模具等)的质量(kg)。

最大冲击能 E_{max} 就是冲击气缸的最大做功能力。

② 工作行程范围。最大冲击能的行程记作 s_E。规定冲击能达90%以上最大冲击能的一段行程称为工作行程范围。冲击缸做功的实际工作行程应处于上述工作行程范围内。

③ 耗气量。耗气量是指冲击气缸单位时间所消耗的自由空气量。

如果忽略冲击过程中向蓄气缸腔内充入的气量，且冲击完毕活塞立即复位返回，则冲击一次消耗的压缩空气体积 V_p 就是蓄气缸腔内容积 V_3 和有杆腔最大容积 V_{20}之和。折算成自由空气体积为

$$V_0=\frac{p_s}{p_a}V_p=\frac{p_s}{p_a}(V_3+V_{20}) \tag{22.4-32}$$

式中　p_s——气源压力(绝对压力)(Pa)；

p_a——大气压力(绝对压力)(Pa)。

冲击气缸的工作频率是 f(s^{-1})，则冲击气缸每秒钟所消耗的气体量为

$$q_{V_0}=fV_0 \tag{22.4-33}$$

④ 最大工作频率 f_m(s^{-1})。最大工作频率是指锤头单位时间内进行正常冲击工作的最多次数。各种作业冲击工作的频率不得超过最大工作频率。

⑤ 冲击效率 η。冲击效率是指冲击气缸的冲击能 E 与每次冲击所输入的压缩空气所消耗的能量 E_p 之比。输入压缩空气的能量可按绝热过程计算：

$$E_p=\frac{p_sV_p}{k-1}\left[1-\left(\frac{p_a}{p_s}\right)^{\frac{k-1}{k}}\right] \tag{22.4-34}$$

$$\eta=\frac{E}{E_p}=\frac{(k-1)E}{p_sV_p\left[1-\left(\frac{p_a}{p_s}\right)^{\frac{k-1}{k}}\right]} \tag{22.4-35}$$

当冲击能达最大值时，冲击效率最高，称为最大冲击效率，记作 η_{max}：

$$\eta_{max}=\frac{(k-1)E_{max}}{p_sV_p\left[1-\left(\frac{p_a}{p_s}\right)^{\frac{k-1}{k}}\right]} \tag{22.4-36}$$

2) 普通型冲击气缸设计计算。一般认为有杆腔排气通道面积$\leqslant0.04\times\frac{\pi}{4}(D^2-d_1^2)$的冲击气缸按普通型冲击气缸计算。

① 中盖及喷气口密封处的形状和尺寸。中盖的作用有三个。第一个作用是在活塞起动之前，使蓄气缸腔内与有杆腔之间能形成很大的压力差。从这点出发，希望喷口通径越小越好。第二个作用是在冲击段的第Ⅰ区段使蓄气缸腔内的压缩空气迅速向无杆腔充气。充气过程中，希望气流经喷气口处流动的压力损失尽量小。这里要求喷气口通径不应过小。因为在冲击段的第Ⅰ区段流动的最小截面不是喷气口，而是喷气口密封处与活门间的环形面(圆柱侧面积 πds)，喷气口处的流速较小，喷气口形状是流线型还是直线形孔引起的压力损失都不大。进入冲击段的第Ⅱ区段后，只要喷气口直径不

致过小，喷气口处的流速仍很小，不致再引起大的压力损失。因此，喷气口形状采用直孔、圆弧孔(流线型孔)均可。一般情况下，喷气口的流通面积设计为活塞面积的 1/10，即喷气口直径

$$d=\frac{D}{\sqrt{10}}\approx\frac{D}{3.16}\approx 0.3D \qquad (22.4\text{-}37)$$

式中　D——活塞直径(mm)。

中盖的第三个作用是当活塞复位时起定位密封作用。其基本要求是既要保证活塞复位时，密封胶垫的挤压强度足够，又要保证活塞未起动时，喷气口处具有足够的密封接触力，以防泄漏。根据这两个原则，胶垫尺寸应按如下公式选取：

密封胶垫直径　$d_j=d+2(c+i)$　(22.4-38)

密封胶垫厚度　$\delta_j=c+i_1$　(22.4-39)

式中，密封面宽度即喷气口小端面宽度 $c=0.04D$；密封胶垫受压环外缘余量 $i=2\sim5$mm；i_1 为外加余量，可在 0~2mm 内选取，c 选大值时，i_1 取小值。

② 运动部件重力。运动部件重力 G(N)以下列经验式确定(式中 D 以 mm 计)：

当 $D=25\sim50$mm 时，取 $G=0.4D$　(22.4-40)

当 $D=63\sim125$mm 时，取 $G=0.7D$　(22.4-41)

③ 活塞杆与活塞直径比。为便于确定活塞杆直径，常取活塞杆与活塞的直径比：

$$\frac{d_1}{D}=0.4 \qquad (22.4\text{-}42)$$

④ 活塞最大行程和蓄气缸长度之比 s_{max}。若希望冲击频率高，则当蓄气缸腔内由大气压力开始充气，直到刚刚达到气源压力时，有杆腔内的气体应由气源压力正好降到活塞即将起动时压力的 p_{20}。根据这一要求，经分析和实验可确定，活塞最大行程 s_{max}(即有杆腔最大容积高度)与蓄气缸长度 l(即蓄气缸腔容积的高度)之比：

$$\frac{s_{max}}{l}=1.0 \qquad (22.4\text{-}43)$$

若冲击频率要求不高，而冲击效率要求高时，应取

$$\frac{s_{max}}{l}=1.3 \qquad (22.4\text{-}44)$$

⑤ 活塞直径(缸径)D 和蓄气缸容积 V_3 的确定经计算并经实验修正，当要求冲击频率最大 f_{max} 时，冲击能 E 和最大冲击能的行程位置 s_E 按下式计算：

$$E=(0.42-0.36D^{-0.2})(10^{-5}p_s-2.15)V_3\times10^{-1} \qquad (22.4\text{-}45)$$

$$s_E=(0.01D+35\times10^{-8}p_s+0.15)s_{max} \qquad (22.4\text{-}46)$$

$$f_{max}=\frac{200}{\dfrac{1-0.13V_3}{d_0^2}} \qquad (22.4\text{-}47)$$

当要求冲击效率最大 η_{max} 时，

$$E=(0.48-0.41D^{-0.2})(10^{-5}p_s-2.15)\times V_3\times10^{-1} \qquad (22.4\text{-}48)$$

$$s_E=(0.01D+35\times10^{-8}p_s+0.15)s_{max}$$

式(22.4-45)~式(22.4-48)中活塞直径 D、活塞最大行程 s_{max} 均以单位 cm 代入；蓄气缸容积 V_3 以单位 cm^3 计；气源压力 p_s 以 p_a 数值代入；有杆腔进气口最小通径 d_0 以 mm 数值代入，E 的单位为 J，f_{max} 为 min^{-1}。

具体设计时，已知条件是所需冲击气缸的冲击吸收能量 W 及工作频率 f。如果工作频率 f 要求较高，可根据式(22.4-45)、式(22.4-46)确定缸径 D 及蓄气缸容积 V_3。式中气源压力 p_s 可根据使用场所条件选定，或暂时选设 $p_s=0.6$MPa。这里应令 $E=W$。

如果工作频率 f 要求不高，则可令 $s_{max}=(1\sim2)D$，然后再由式(22.4-46)、式(22.4-47)确定缸径 D 及蓄气缸容积 V_3。

⑥ 密封及排气孔等结构设计。冲击气缸的密封和排气孔等处的结构在设计过程中应予以适当注意。

a. 对密封而言，普通冲击气缸冲击效率低的主要原因之一就是部分能量消耗于密封摩擦，这就要求在保证密封、不发生泄漏的前提下，尽量减小密封摩擦力。因此，对密封圈的形状和材质要合理选择，压缩量宜在 5%~8%之间，缸体内表面粗糙度、圆度和同轴度等技术要求可参考普通气缸的要求。工作中应进行油雾润滑，环境温度不可过低。

b. 排气孔的作用是当活塞复位时，将无杆腔中的气体排空，以保证活塞压紧在喷气口的密封垫上。当活塞开始起动时，蓄气腔和无杆腔的压缩空气会通过排气孔向大气泄漏，使冲击能量减小，同时也会带走部分润滑油。因此，排气小孔通径应很小。但排气孔过小，会导致活塞复位时迅速压紧在喷气口密封垫上，使冲击气缸的工作频率降低。一般活塞未起动之前无杆腔的容积(即环形容积)V_{10} 大约为蓄气缸腔内容积 V_3 的 1/50，即 $V_{10}=0.02V_3$；取排气孔通径为 0.5~1.2mm。

为了保证活塞复位时，无杆腔的气体迅速排空，同时又保证冲击动作时排气口不泄漏，可采用低压时可排气、高压时又不泄漏的低压排气阀，装设于排气孔处。

⑦ 普通型冲击气缸的基本结构参见图 22.4-10。其结构尺寸与性能参数见表 22.4-8。表中数据基本

按以上设计计算得出。蓄气缸长度 l 是按最大工作频率 f_{max} 确定的，若工作频率低，可增大蓄气缸长度来提高冲击能。表中冲击能、冲击效率及最大冲击能行程均为在 $p_s=0.6$MPa 状态下得出。

表 22.4-8 普通型冲击气缸结构尺寸与性能参数

缸径(活塞直径)D/mm	25	32	40	50	63	80	100	125
活塞杆直径 d_1/mm	10	12	16	20	25	32	40	50
活塞宽度 b/mm	40	40	45	50	55	55	60	65
进排气孔、管及阀通径 ϕ 或 d_0/mm	4	4	6	6	6	8	8	8
喷气口直径 d/mm	8	10	12	16	20	25	32	40
蓄气缸长度 l/mm	50	63	80	100	125	160	200	250
最大行程 s_{max}/mm	50	63	80	100	125	160	200	250
中盖喷气口下端外径 d'/mm	10	12.4	15	19	24	31	40	50
最大工作频率 f_{max}/min^{-1}	120	100	80	70	60	50	40	30
运动部件质量/kg	1.0	1.5	2.0	2.5	4.5	6.0	7.0	9.0
最大冲击吸收能量 E_{max}(或 W_{max})/J	1.3	3.3	6.9	14.7	31.6	69.0	143	294
最大冲击能行程位置 s_E/s_{max}	0.52	0.48	0.45	0.47	0.48	0.49	0.51	0.53
最大冲击效率 η_{max}(%)	5.2	6.3	6.8	7.4	8.0	8.5	9.0	9.5
应用举例	冲小孔	下小料	打印	打印	折边	冲孔	冲孔	轻锻

注：表中 d' 为中盖喷口下端外径，$d'=d+2c$，c 为喷口下端宽度。

3）快排型冲击气缸设计计算。通常认为有杆腔排气通道面积大于等于 $0.1\frac{\pi}{4}(D^2-d_1^2)$ 的冲击气缸为快排型冲击气缸。

① 活塞直径 D 和蓄气缸容积 V_3 的确定。直径 D 很小的快排冲击气缸应用较少，一般直径 D 均大于100mm，常用的快排型冲击气缸直径 D 为100～250mm。其冲击吸收能量 E(或 W)、冲击效率 η、最大冲击频率 f_{max} 按下列公式计算：

$$E=\left[92p_s\times10^{-5}\left(1-\frac{1}{D}\right)-\left(1.24+\frac{7.1}{D}\right)\right]V_3\times10^{-1} \tag{22.4-49}$$

$$\eta=\frac{13p_s\times10^{-7}\left(1-\frac{1}{D}\right)-\left(0.175+\frac{1}{D}\right)}{p_s\left[1-\left(\frac{1}{10^{-5}p_s}\right)^{\frac{1}{4}}\right]\times10^{-5}} \tag{22.4-50}$$

$$f_{max}=\frac{100}{1+0.065\frac{V_3}{d_0^2}} \tag{22.4-51}$$

式(22.4-49)～式(22.4-51)中 D 以单位 cm 代入；V_3 以单位 cm^3 代入；p_s 以 p_a 数值代入；有杆腔进气口最小通径 d_0 以 mm 数值代入，E 的单位为 J，f_{max} 的单位为 min^{-1}。

设计已知条件是冲击吸收能量和工作频率时，由式(22.4-49)和式(22.4-51)确定活塞直径 D 和蓄气缸容积 V_3。设计已知条件对频率要求不高时，则可根据式(22.4-49)和式(22.4-50)确定 D 和 V_3。

② 活塞杆与活塞直径比 d_1/D。为了确定活塞杆直径 d_1，使快排型冲击气缸有较高的冲击能，又有较高的冲击效率，d_1/D 不应过小；为保证活塞未起动前具有足够的密封接触力，d_1/D 又不宜过大。一般取

$$\frac{d_1}{D}=0.5\sim0.6 \tag{22.4-52}$$

③ 运动部件的重力 G 和喷口密封面宽度 c。从理论上讲，快排型冲击气缸运动部件重力 G 越大，冲击能 E 也越大。但 G 过大，活塞复位动作迟缓，冲击频率较低，故 G(N)的选用应适当：

$$G=0.035D^2-2.5D \tag{22.4-53}$$

喷口密封面承受活塞复位时的挤压应力，应有一定宽度：

$$c=0.2D\left(\sqrt{1+\frac{8.2}{D}}-0.76\right) \tag{22.4-54}$$

以上两式中 D 以 mm 代入。

④ 有效行程 s_1。快排型冲击气缸最大冲击能的行程位置与最大冲击效率的行程位置相差甚远，故选取有杆腔有效容积高度即有效行程 s_1 时，应保证冲击能和冲击效率均达到各自最大值的90%以上，可称为最佳行程。计算结果表明，按以上要求，有杆腔有效容积高度即有效行程 s_1 与蓄气缸长度 l 之比应为

$$\frac{s_1}{l}=2.1 \tag{22.4-55}$$

有效行程 s_1 应等于最大行程 s_{max} 减去必要的安

全间隙 δ'，δ'取 10mm 以上，即

$$s_1 = s_{max} - \delta' \tag{22.4-56}$$

式中，$\delta' \geq 10$mm。

⑤ 快排型冲击气缸的结构尺寸与性能。快排型冲击气缸的结构见图 22.4-13a，其结构尺寸与性能见表 22.4-9。表中数据基本按以上设计计算得出，蓄气缸长度 l 按最大工作频率 f_{max} 确定，若工作频率低，可增大蓄气缸长度来提高冲击能。表内冲击能、冲击效率及有效行程均为在 $p_s = 0.6$MPa 的状态下得出的。

表 22.4-9　快排型冲击气缸的结构尺寸与性能

缸径（活塞直径）D/mm	100	125	160	200	250
活塞杆直径 d_1/mm	60	75	100	120	150
活塞宽度 b/mm	60	65	65	70	75
进排气孔管及阀通径 ϕ 或 d_0/mm	10	10	15	15	20
喷口直径 d/mm	30	40	50	60	75
中盖喷口下端外径 d'/mm	38	52	65	78	98
蓄气缸长度 l/mm	150	160	200	220	250
有效行程 s_1/mm	315	335	420	460	525
快排缸长度 l_2/mm	65	70	75	90	110
快排活塞直径 d_2/mm	60	75	90	110	160
快排缸密封胶垫外径 d_3/mm	80	100	120	160	210
最大冲击频率 f_{max}/min^{-1}	45	40	35	30	25
运动部件质量/kg	10	25	50	90	150
冲击吸收能量 E（或 W）/J	360	640	1400	2500	4650
冲击效率 η（%）	20.0	21.5	23.0	24.0	24.5
应用举例	下料	调直	铆接	锻造	破碎

注：中盖喷口下端外径 $d' = d + 2c$。

1.3　气缸主要零部件的结构、材料及技术要求

1.3.1　气缸筒

（1）结构（见图 22.4-24）

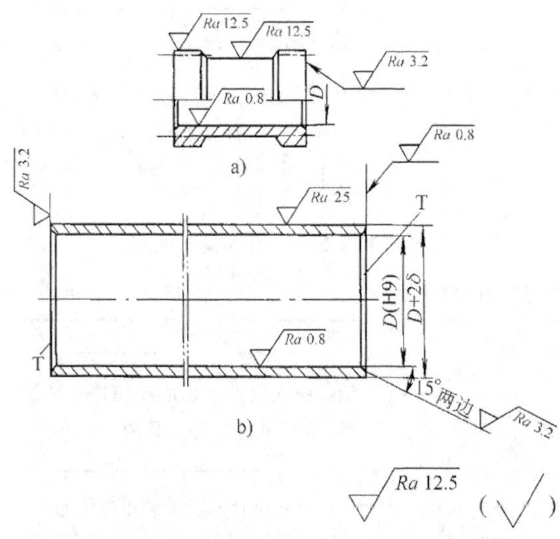

图 22.4-24　气缸筒
a）凸缘型缸筒　b）普通型缸筒

（2）材料

气缸筒常使用的材料有 20 无缝钢管和 ZAlSi9Mg（ZL104）、ZAlSi8Cu1Mg（ZL106）铝合金管。

（3）技术要求（见图 22.4-24）

1）内径 D 的精度及表面粗糙度根据活塞使用的密封圈形式而异，用 O 形橡胶密封圈时为 3 级精度；表面粗糙度 Ra 为 0.4μm；用 Y 形橡胶密封圈时为 4~5 级精度，表面粗糙度 Ra 为 0.4μm；用 Y_x 形聚氨酯密封圈时应采用 4 级精度，表面粗糙度 Ra 为 0.8μm。

2）内径 D 的圆柱度、圆度误差不能超过尺寸公差的一半。

3）端面 T 对内径 D 的垂直度误差不大于尺寸公差的 2/3（≤0.1mm）。

4）缸筒两端须倒角 15°，以利缸盖装配。

5）为防腐和提高寿命，缸内表面可镀铬，再抛光或研磨，镀铬层厚度为 0.01~0.03mm。

6）焊接结构的缸筒，焊接后需经退火处理。

7）装配后，应在 1.5 倍工作压力下进行试验，不能有漏气现象。非加工表面应涂漆防锈。

1.3.2　气缸盖

气缸盖多为铸件，也有焊接件。

（1）结构

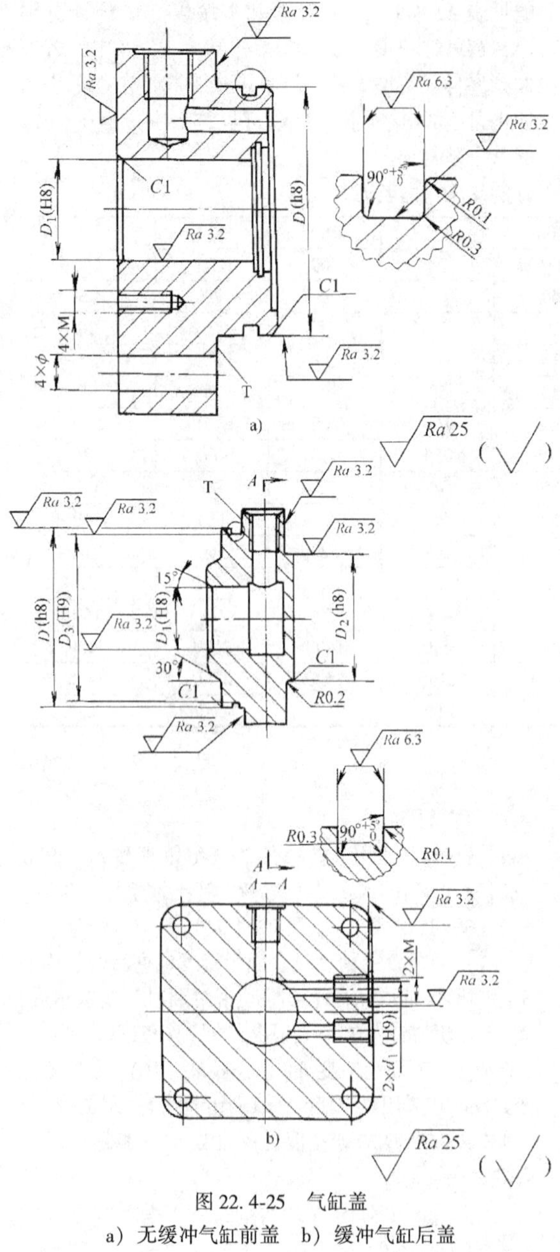

图 22. 4-25　气缸盖
a）无缓冲气缸前盖　b）缓冲气缸后盖

图 22. 4-25 所示为气缸盖的结构。图 22. 4-25a 所示为无缓冲气缸的前盖，为避免活塞与气缸盖端面接触时承受压缩空气的面积太小，通常在缸盖上做出深度不小于 1mm 的沉孔，此孔必须与进气孔相通。图 22. 4-25b 所示为缓冲气缸后盖，缓冲气缸的缸盖上除进排气孔外，还应有装设缓冲装置(如单向阀、节流阀等)的孔道。缸盖的厚度主要考虑安装进排气管及密封衬和导向装置、缓冲装置等所占空间。

（2）材料

常用铸铁及铝合金。

（3）技术要求(见图 22. 4-25)

1）与缸内径配合之 D(h8)对 D_1(H8)的同轴度误差不大于 0. 02mm。

2）D_3(H9)对 D_1(H8)同轴度误差不大于 0. 07mm。

3）D_2(h8)对 D_1(H8)同轴度误差不大于 0. 08mm。

4）螺纹孔 M 对 d_1(H9)的同轴度误差不大于 0. 02mm。

5）T 对 D_1 轴线的垂直度误差不大于 0. 1mm。

6）铸件处理、热处理、漏气试验、防锈涂漆等与缸筒相同。

1. 3. 3　缸筒与缸盖的连接

1）缸筒与缸盖的连接形式见表 22. 4-10。

2）卡环连接尺寸见图 22. 4-26。一般取 $h=l=t=t'$。

3）螺栓连接时许用轴向静载荷。缸盖与缸筒螺栓连接时的许用轴向静载荷见表 22. 4-11。

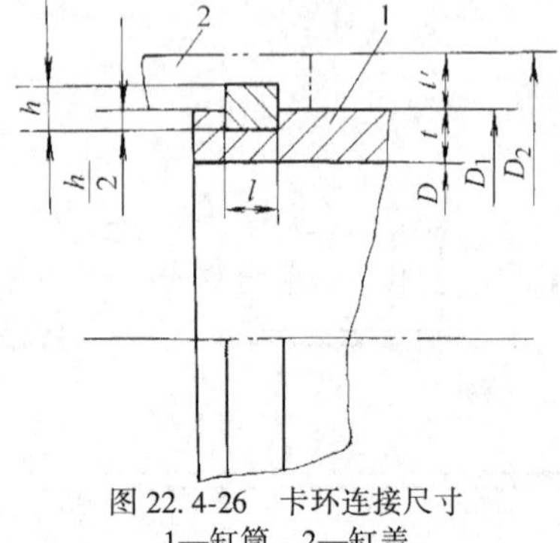

图 22. 4-26　卡环连接尺寸
1—缸筒　2—缸盖

表 22. 4-10　缸筒与缸盖的连接形式

连接形式	简　图	说　明
双头螺柱		用螺栓连接的结构应用很广，结构简单，易于加工，易于装卸
		法兰尺寸比起螺纹和卡环连接的大，重量较重；缸盖与缸筒的密封可用橡胶石棉板或 O 形密封圈

（续）

连接形式	简　图	说　明
螺栓		同“双头螺柱”。缸筒为铸件或焊接件。焊后需进行退火处理
缸筒螺纹		气缸外径较小，重量较轻，螺纹中径与气缸内径要同心，拧动端盖时，有可能把O形圈拧扭
卡环		重量比用螺栓连接的轻，零件较多，加工较复杂，卡环槽削弱了缸筒强度，相应地要把缸筒壁厚加大
		结构紧凑，重量轻，零件较多，加工较复杂；缸筒壁厚要加大；装配时O形圈有可能被进气孔边缘擦伤

表22.4-11　缸盖与缸筒螺栓连接时的许用轴向静载荷　（kN）

材　料	螺栓直径											
	M6	M8	M10	M12	M14	M16	M18	M20	M22	M24	M27	M30
Q235A	0.92	1.75	3.0	4.55	6.60	9.65	12.65	17.4	23.3	29.6	40	51.5
35	1.20	2.35	3.95	6.10	8.85	12.9	16.9	23.2	31	39.5	53.5	69
45	1.35	2.65	4.45	6.85	9.95	14.5	19	26	35	44.5	60.5	78
40Cr	2.45	4.70	7.75	11.80	16.8	24	32	43	58	72.5	101	138

注：表中数值指不控制预紧力的紧连接状态。

1.3.4　活塞

（1）结构

活塞的结构如图22.4-27所示。活塞是把压缩空气的能量通过活塞杆传递出去的重要受力零件。活塞结构与其密封形式分不开，活塞的宽度也取决于所采用的密封圈的种类。

（2）材料

铸铁HT150、碳钢35、铝合金ZAlSi8Cu1Mg(ZL106)。

（3）技术要求（见图22.4-27）

1）活塞外径（即缸筒内径）。其公差配合取决于所选密封圈。当用O形密封圈时为f8，用其他橡胶密封时为f9，间隙密封（研配）时为g5，用Y_x密封圈（见图22.4-27）时为d9。

2）外径D对活塞杆连接孔d_1的同轴度误差不大于0.02mm。

3）两端面T对d_1的垂直度误差不大于0.04mm。

4）铸件不允许有砂眼、气孔和疏松等缺陷。

5）热处理硬度应比缸筒低。

6）外径D的圆柱度和圆度误差不超过直径公差的一半。

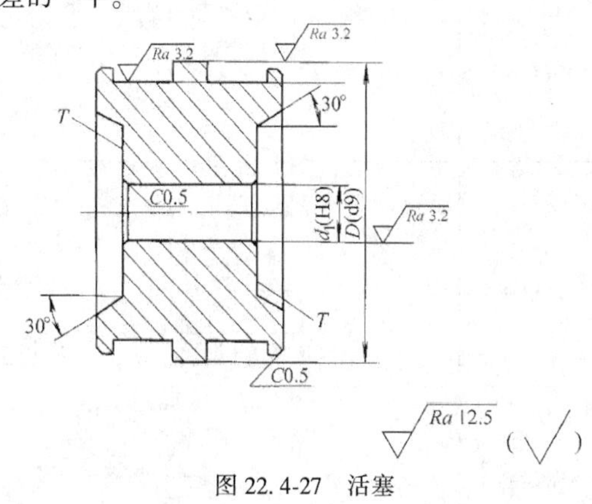

图22.4-27　活塞

1.3.5 活塞杆

活塞杆与活塞同是最重要的受力零件之一，其主要形式有实心和空心两种。

（1）结构(见图22.4-28)

活塞杆是一种实心活塞杆。空心活塞杆用于活塞杆固定，缸体往复运动，杆内孔用于导气；或为了增大活塞杆的刚度并减轻重量；或用空心杆中心装夹棒料等。活塞杆头部结构型式很多，可根据需要设计。

（2）材料

45钢、40Cr。

（3）技术要求(见图22.4-28)

1）直径 d 与气缸导向套配合，其公差一般取f8、f9或d9，表面粗糙度 Ra 为0.8μm。

2）d 对 d_1 同轴度误差不大于0.02mm。

3）端面 K 对 d_1 垂直度误差不大于0.02mm。

4）d 表面镀铬、抛光，铬层厚度0.01~0.02mm。

5）热处理：调质30~35HRC。

6）两头端面允许钻中心孔。

（4）活塞杆与活塞的连接

用螺纹连接应用最广，除小直径气缸把活塞与活塞杆做成整体外，多数在活塞杆上加工螺纹，以螺母将活塞固定在活塞杆上。为防止振动松脱，一般均加保险垫圈和开口销等防松零件。

1.3.6 气缸的密封

（1）活塞杆的密封

气缸活塞杆的密封主要指活塞杆伸出端与缸盖、导向套间的密封，以 Y_x 形密封圈加防尘圈应用较广。活塞杆的密封见表22.4-12。

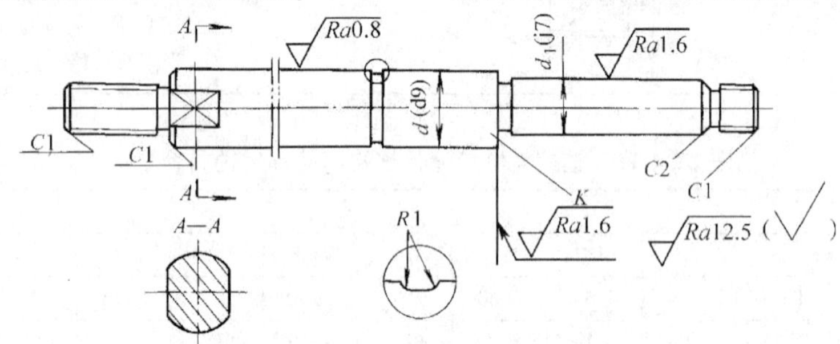

图22.4-28 活塞杆

表22.4-12 活塞杆的密封

密封形式	简图	说明
O形密封圈		密封可靠，结构简单，摩擦阻力小。装配后O形圈内径应比活塞杆直径小0.1~0.35mm
J形密封圈	a_{min}　a_{min}	密封可靠，使用寿命长，摩擦阻力较O形圈大；压环不可压得太紧
Y形密封圈	1　最小1.5　最小1.5	密封可靠，寿命长，摩擦阻力较O形圈大。右图用带凸台的压环，可防止Y形圈翻转
V形密封圈		使用压力高，可达10MPa，可用于增压缸

（续）

密封形式	简　图	说　明
Y_x 形密封圈（轴用）	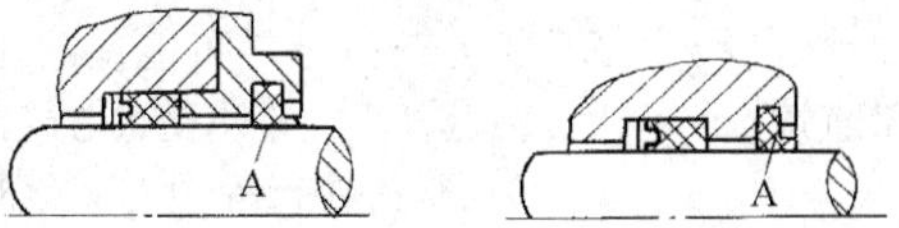	Y_x 形密封圈（聚氨酯）耐磨，耐油，强度高，弹性好，寿命长，结构简单。A 为组合防尘圈，一般气缸均应有防尘圈

（2）活塞的密封

活塞的密封指活塞与缸筒内表面之间的密封及活塞与活塞杆之间的密封。活塞的密封与其结构有着密切关系。活塞的结构与密封见表 22.4-13。

表 22.4-13　活塞的结构与密封

密封形式	简　图	说　明
O 形密封圈	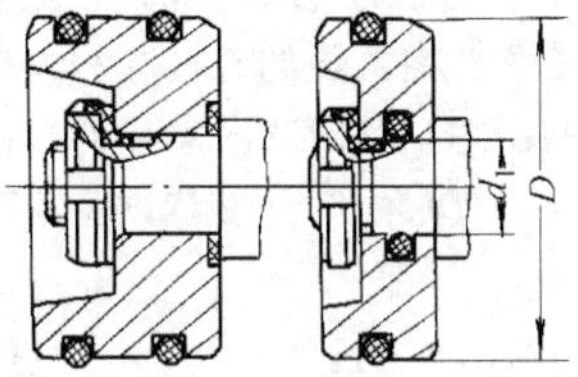	密封可靠，结构简单，摩擦阻力小。一般要求 O 形圈比被密封表面的内径小于 0.6mm，或比外径大于 0.15mm
L 形密封圈	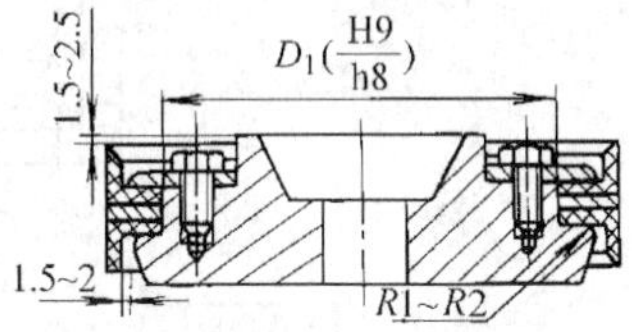	密封可靠，寿命长，多用于直径大于 100mm 的气缸；摩擦阻力比 O 形圈大；结构稍复杂
Y 形密封圈	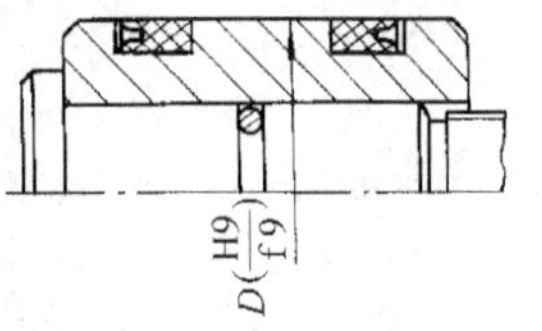	同 L 形密封圈；注意密封圈沟槽尺寸，防止 Y 形密封圈翻转
间隙密封	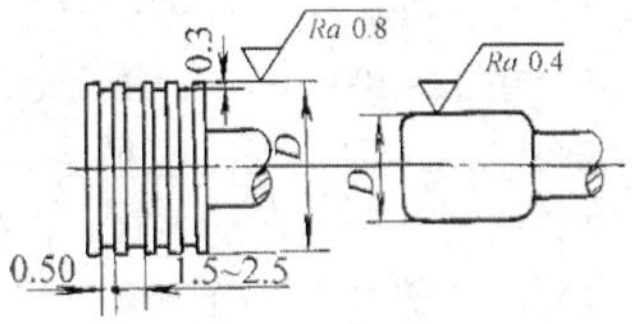	用于直径 40mm 以下气缸，阻力小，必须开均压环槽；配合用$\frac{H6}{g5}$，表面粗糙度 Ra 为 0.2μm；配合间隙不大于 0.01mm；45 钢淬火硬度 40HRC 以上；镀铬层厚度 0.01～0.03mm
Y_x 形密封圈	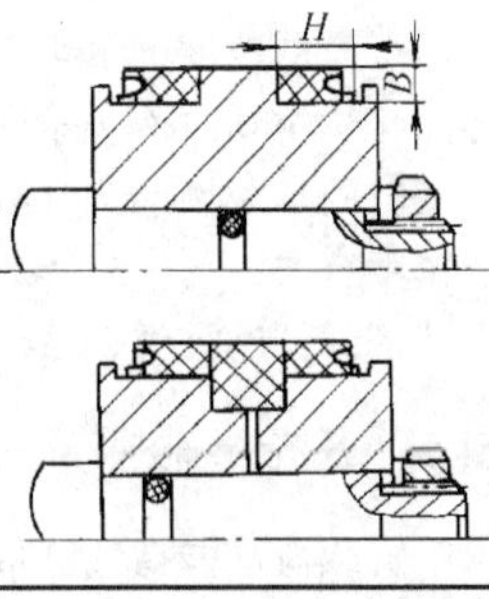	孔用 Y_x 形密封圈（聚氨酯）耐磨，耐油，强度高，寿命很高，结构简单，自封性好，不会翻滚；低、中、高压均适用，推荐采用

1.4 气缸的选择

1.4.1 气缸的选择要点

气缸可根据主机需要进行设计，但尽量直接选用标准气缸。

（1）安装形式的选择

安装形式由安装位置及使用目的等因素决定。在一般场合下，多用固定式安装方式，如轴向支座（MS_1式）前法兰（MF_1式）、后法兰（MF_2式）等；在要求活塞直线往复运动的同时又要缸体做较大圆弧摆动时，可选用尾部耳轴（MP_4或MP_2式）和中间轴销（MT_4式）等安装方式；如果需要在回转中输出直线往复运动，可采用回转气缸，有特殊要求时，可选用特殊气缸。

（2）输出力的大小

根据工作机构所需力的大小，考虑气缸载荷率确定活塞杆上的推力和拉力，从而确定气缸内径。

气缸由于其工作压力较小（0.4~0.6MPa），其输出力不会很大，一般在10000N（不超过20000N）左右。输出力过大，其体积（直径）会太大，因此在气动设备上应尽量采用扩力机构，以减小气缸的尺寸。

（3）气缸行程

气缸（活塞）行程与其使用场合及工作机构的行程比有关。多数情况下不应使用满行程，以免活塞与缸盖相碰撞，尤其是用于夹紧等机构时，为保证夹紧效果，必须按计算行程多加10~20mm的行程余量。

（4）气缸的运动速度

气缸的运动速度主要由所驱动的工作机构的需要来决定。

要求速度缓慢、平稳时，宜采用气-液阻尼缸或采用节流调速。节流调速的方式有：水平安装推力载荷推荐用排气节流；垂直安装升举载荷推荐用进气节流。具体回路见基本回路一节。用缓冲气缸可使缸在行程终点不发生冲击现象。通常缓冲气缸在阻力载荷且速度不高时缓冲效果才明显，如果速度高，行程终端往往会产生冲击。

1.4.2 气缸使用注意事项

1）一般气缸的正常工作条件：环境温度为-35~80℃，工作压力为0.4~0.6MPa。

2）安装前，应在1.5倍工作压力条件下进行试验，不应漏气。

3）装配时，所有密封元件的相对运动工作表面应涂以润滑脂。

4）安装的气源进口处必须设置气源调节装置：过滤器-减压阀-油雾器。

5）安装时注意活塞杆应尽量承受拉力载荷，承受推力载荷应尽可能使载荷作用在活塞杆轴线上，活塞杆不允许承受偏心或横向载荷。

6）载荷在行程中有变化时，应使用输出力足够的气缸，并附设缓冲装置。

7）如前所述，尽量不使用满行程。

1.5 气缸的性能和试验

1.5.1 空载性能和试验

气缸的空载性能指气缸处于空载状态下、水平放置、在气缸的有杆腔和无杆腔交替加入规定压力的压缩空气时气缸动作的平稳性。

气缸的空载性能试验原理见图22.4-29。

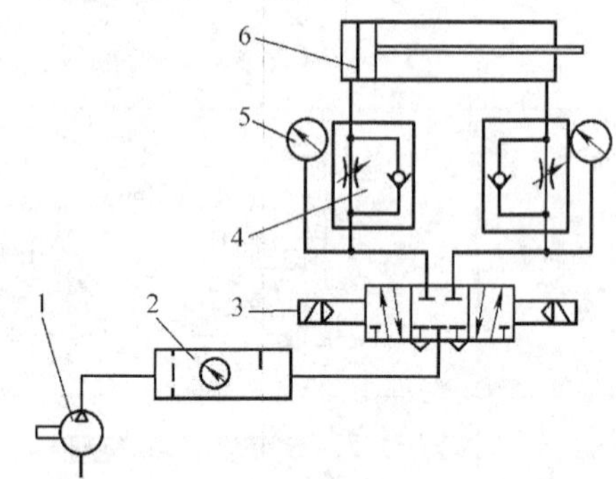

图22.4-29　气缸的空载性能试验原理

1—气源　2—气源调节装置　3—三位五通换向阀　4—单向节流阀　5—压力表　6—测试缸

有关标准规定：气缸要水平放置；用单向节流阀调速；气源接入压缩空气压力与气缸直径有关，缸径在32~100mm时，输入气压为0.15MPa，缸径在125~320mm时，输入气压为0.1MPa。在试验测试前应使气缸往复运动多次。带缓冲装置的气缸应将缓冲阀全部打开进行测试。

标准规定气缸运动时全行程应运行平稳，无爬行，运行最低速度（无爬行平稳速度）达50mm/s为一等品，达100mm/s为合格品。

气缸的空载性能与气缸活塞、缸体和活塞杆等制造精度有关，与密封形式、密封件压紧力、装配水平及密封件的种类、结构、材质和尺寸有关。

1.5.2 载荷性能和试验

气缸载荷性能指气缸带有规定的载荷，在规定的压力和活塞运动速度下进行试验时，保证正常动作且保证气缸各部件无损坏的性能。

有关标准规定：在活塞杆的轴向加上相当气缸最大理论输出力的 80%阻力载荷；用气缸工作压力的压缩空气交替使气缸往复运动；活塞运动应平稳，无爬行现象；活塞平均速度应不小于 150mm/s，各部件无异常现象。

气缸工作压力一般用 0.63MPa(合格)，要求较高的气缸用 1.0MPa 试验。这里使用的试验原理见图 22.4-30，图中以液压缸 5 加载。在加载液压缸和测试液压缸之间装设载荷测量装置(传感器)，以检测载荷的大小。

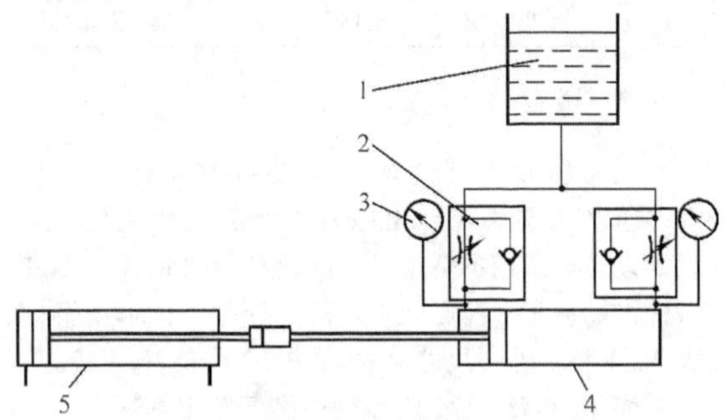

图 22.4-30　气缸载荷性能试验原理
1—辅助油箱　2—单向节流阀　3—压力表
4—测试缸　5—液压缸

试验中理论最大输出力即在理论计算中不计载荷率 η 所计算出的输出力：有杆腔工作为拉力 $F_2=\frac{\pi}{4}\times(D^2-d^2)p$；无杆腔工作为推力 $F_1=\frac{\pi}{4}D^2p$。试验时可用单向节流阀调速，有缓冲装置的气缸应将缓冲阀全部打开。

1.5.3　耐压性及试验

气缸的耐压性指确保工作安全、承受安全压力而不损坏的性能。

标准规定，气缸在空载条件下，以标称压力 1.5 倍的压力在气缸的无杆腔和有杆腔交替加压，并分别保压 1min，气缸所有部件应无异常现象。

1.5.4　泄漏及试验

气缸主要可能泄漏处是活塞与缸筒间和活塞杆与导向套间，一般称为活塞的泄漏和活塞杆的泄漏。理想状态应在各处均无泄漏，实际状态不可能完全避免，一般要求活塞的泄漏(内泄漏)应为 0，活塞杆的泄漏(外泄漏)应尽量少。

标准规定测试原理见图 22.4-29。空载状态节流阀全开，将气缸静止放于水槽中，从无杆腔和有杆腔交替输入公称压力的压缩空气，检查并用量杯收集各部分的泄漏量；然后在同样试验条件下，交替输入最低工作压力(普通气缸为 0.1MPa)，检查并用量杯收集各部分的泄漏量。

标准规定，活塞的泄漏量不得超过$(3+0.15D)$ cm^3/min，活塞杆的泄漏量不得超过$(3+0.15d)cm^3/min$。这里 D 和 d 分别是活塞和活塞杆直径(以 cm 为单位)。其他部位不得有泄漏。这里所列标准规定的活塞泄漏(内泄漏)有些偏高，实际使用应使其接近于 0。

1.5.5　缓冲性能及试验

气缸所设缓冲装置结构各异，有缓冲装置的气缸应检验其缓冲性能。但气缸的缓冲性能随着使用条件的不同有很大差异，如气缸的载荷、活塞速度、配管及阀类通径的大小等条件均对缓冲性能有影响。

一般情况下只做调整试验，以公称压力 0.63MPa 的压缩空气输入，使缸平均速度达 500mm/s 左右，调节缓冲装置的节流阀，观察缸在行程末端缓冲装置是否起到了作用。也可在载荷性能及试验中将回路中单向节流阀全部打开，调节缓冲节流阀，测得其缓冲特性曲线(使用的试验原理见图 22.4-30)。

1.5.6　耐久性及试验

气缸的耐久性即指气缸寿命。

试验原理参见图 22.4-30。标准规定，在活塞杆轴向加相当于气缸最大理论输出力 50%左右的阻力载荷，从气缸的无杆腔及有杆腔交替加入最高工作压力，用单向节流阀调节排气口的流量，使活塞的平均速度达到约 200mm/s，活塞沿全行程做往复运动，累计其运行长度不小于 300km 为合格品，不小于 600km 为一等品。

试验中带缓冲机构的气缸应调节缓冲节流阀，在行程两端不能产生碰撞缸盖现象。

1.6　国产气缸产品

1.6.1　国产气缸产品概览(见表 22.4-14)

表 22.4-14　国产气缸产品概览

系列型号	气缸内径 /mm	行程 /mm	输出力(压力为 0.4MPa 时) /N	特　点
QCJ2	6~16	≤250		不锈钢材质

（续）

系列型号	气缸内径/mm	行程/mm	输出力（压力为0.4MPa时）/N	特　点
QGX	8~32	≤250		缓冲垫
10Y-1	8~50	≤800		缓冲垫
QGCX	12~40	≤400		不可调缓冲
10Y-2	20~40	≤600		缓冲垫
QM	20~40	≤500		无缓冲
10A-5	32~160	≤1000		可调缓冲
LG	32~125	≤1000		可调缓冲
QGAⅡ、QGBⅡ	32~320	≤3000	≤32760	无缓冲、可调缓冲
QGBQ	32~100	≤1000		可调缓冲
QGBM	32~100	≤2000	≤3100	可调缓冲
LCZ（LCZM）	25~200	≤3000	≤12560	可调缓冲
QGS	32~320	≤3200	≤32760	可调缓冲
QGBZ	50~250	≤2000		可调缓冲
10A-2	125~250	≤2000		可调缓冲
JB	80~400	≤1600		固定缓冲
QGEW-1	20~40	≤600		缓冲垫
QGEW-2	32~125	≤1000		可调缓冲
LGL	32~125	≤1000		可调缓冲
QGBQS	32~100	≤1000		可调缓冲
QGSG	32~320	≤3200		可调缓冲
QGEW-3	125~250	≤2000		可调缓冲
DQGI	12~100	≤120		缓冲垫
QCQ2	12~100	≤120		无
QGD	16~100	≤80		固定缓冲
QGY	20~100	≤50		无
QGCW	20~40	≤2000	≤880	磁性无活塞杆
CWC	20~50	≤3500	≤760	磁性无活塞杆
QGHJ	25~63	≤50	≤1370	旋转、夹紧
QGBH	40~63	≤150		夹紧
JQGB	40~80	≤500		夹紧
QGJ	40~63	≤150		夹紧
QGSJ	40~100	≤1000	≤3078	锁紧定位
SJB	63~100	≤600	≤3140	前（后）端锁定
AV	8~63	≤10	≤1558	短行程

（续）

系列型号	气缸内径/mm	行程/mm	输出力（压力为0.4MPa时）/N	特　点
QGV	140~160	≤50	≤9180	薄膜
CTA	80~125		≤2010	伸缩式
QGNZ	32~100			低速稳定
QGCH	50~100	≤200		冲击气缸
ZG	63~100			振动气缸
QGZY	80~160	≤130		气-液增压

1.6.2　普通单活塞杆气缸

（1）QCJ2系列微型气缸（$\phi6\sim\phi16$mm）

QCJ2系列微型气缸按日本产品的性能及外形尺寸设计，采用不锈钢筒，活塞杆及密封件采用进口件，端盖和缸筒之间采用滚压连接。技术规格见表22.4-15，外形尺寸见表22.4-16及表22.4-17。

表22.4-15　QCJ2系列微型气缸技术规格

缸径/mm	6	10	16
工作介质	经过滤的压缩空气		
动作形式	单动/双动		
耐压试验压力/MPa	1		
最高使用压力/MPa	0.7		
最低工作压力/MPa	0.12	0.06	
缓冲	橡胶垫		
环境温度/℃	5~70		
使用速度/mm·s^{-1}	50~750		
行程误差/mm	0~1.0		
润滑	不需要		
接管口径	M5×0.8		

注：1. 生产厂为上海全伟自动化元件有限公司。

2. 型号意义：

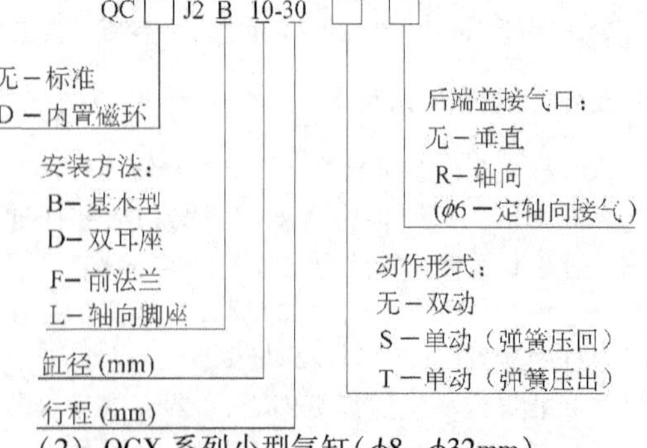

（2）QGX系列小型气缸（$\phi8\sim\phi32$mm）

该系列气缸是中国传统产品，经多年的不断改进，性能良好，质量可靠，规格齐全，生产厂家众多，互换性能好，安装使用方便。技术规格见表 22.4-18，外形尺寸见表 22.4-19。

（3）10Y-1 系列小型气缸（$\phi 8 \sim \phi 50$mm）

10Y-1 系列小型气缸按 ISO 国际标准安装尺寸设计，采用不锈钢筒，端盖与缸筒之间铆接紧固，轴向尺寸小，外形美观。分标准型、带开关、带阀、带阀及开关四种形式。无给油润滑，用途广泛，使用寿命长。技术规格见表 22.4-20。

表 22.4-16　QCJ2 系列双作用微型气缸外形尺寸　（mm）

1) 双作用基本型 (B)

2) 双作用双耳座型 (D)

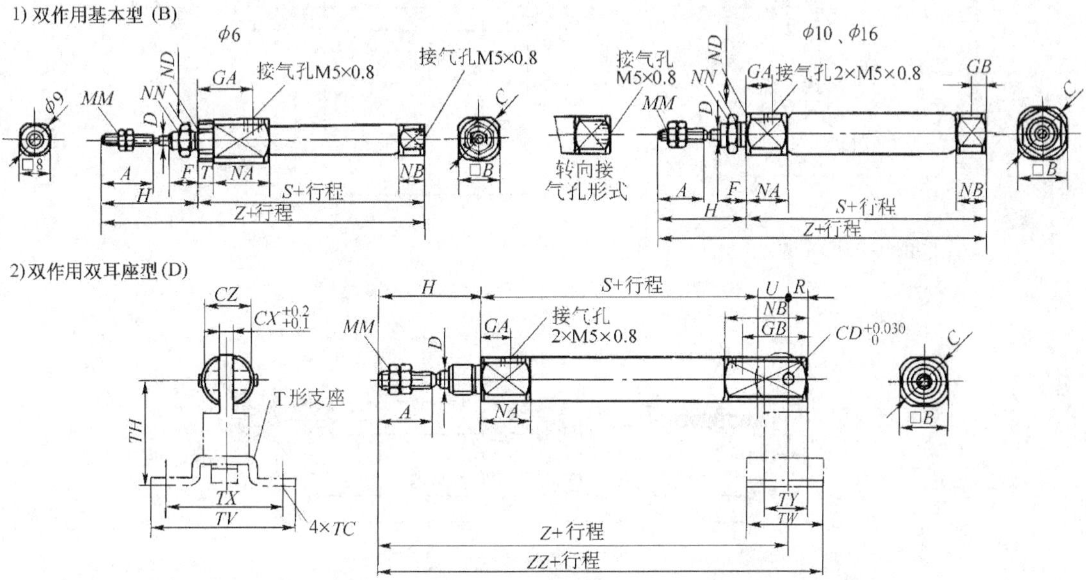

	缸径	A	B	C	D	F	GA	GB	H	MM	NA	NB	ND(h8)	NN	S	T	Z
1)	6	15	12	14	3	8	14.5	—	28	M3×0.5	16	7	6	M6×1.0	49	3	77
	10	15	12	14	4	8	8	5	28	M4×0.7	12.5	9.5	8	M8×1.0	46	—	74
	16	15	18	20	5	8	8	5	28	M5×0.8	12.5	9.5	10	M10×1.0	47	—	75

	缸径	A	B	C	CD(H9)	CX	CZ	D	GA	GB	H	MM	NA	NB	R	S	U	Z	ZZ
2)	10	15	12	14	3.3	3.2	12	4	8	18	28	M4×0.7	12.5	22.5	5	46	8	82	93
	16	15	18	20	5	6.5	18	5	8	23	28	M5×0.8	12.5	27.5	8	47	10	85	99

注：图中未给出与 T 形支座相关的尺寸。

表 22.4-17　QCJ2 系列单作用微型气缸外形尺寸　（mm）

1) 单作用弹簧压回(S)基本型(B)

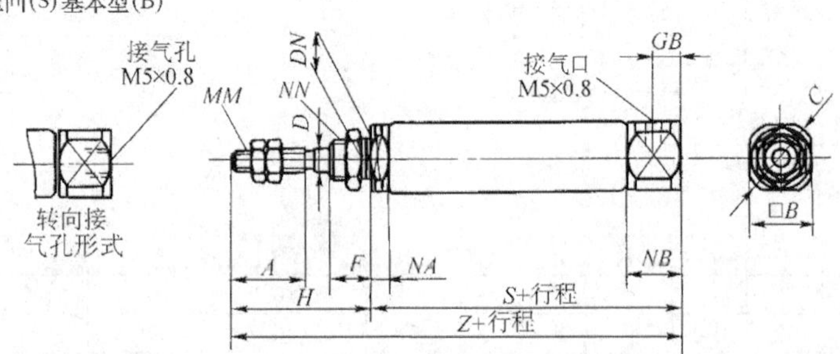

（续）

2) 单作用弹簧压回(S) 双耳座型(D)

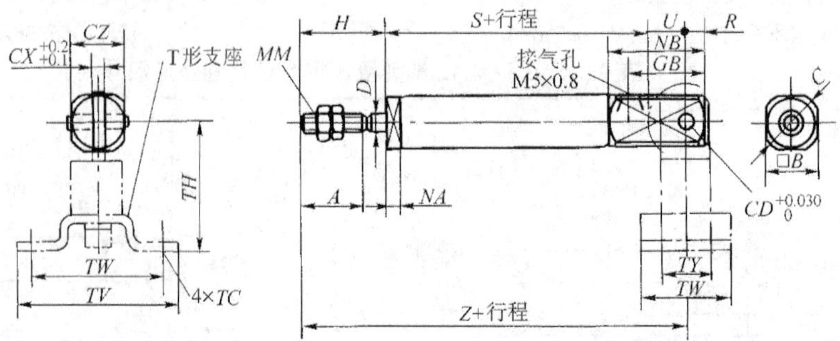

3) 单作用弹簧压出 (T) 基本型(B)

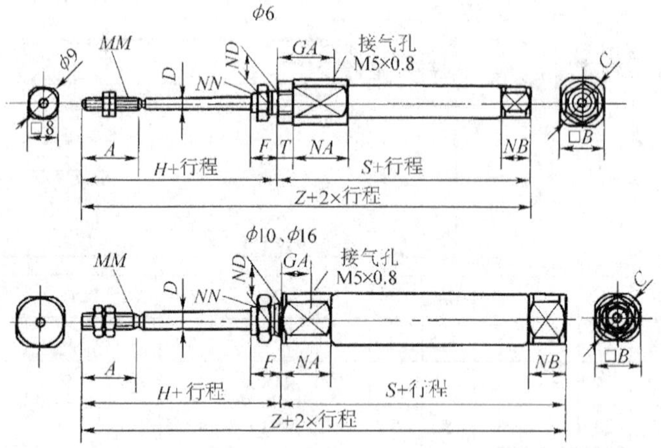

4) 单作用弹簧压出 (T) 双耳座型(D)

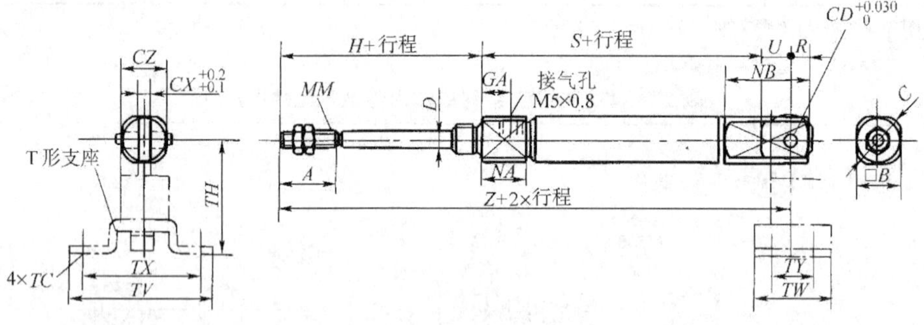

	缸径	A	B	C	D	F	GB	H	MM	NA	NB	DN(h8)	NN
1)	6	15	8	19	3	8	—	28	M3×0. 5	3	7	6	M6×1
	10	15	12	14	4	8	5	28	M4×0. 7	5. 5	9. 5	8	M8×1
	16	15	18	20	5	8	5	28	M5×0. 8	5. 5	9. 5	10	M10×1

（续）

	缸径	S								Z							
1）	缸径	5~15	16~30	31~45	46~60	61~75	76~100	101~125	126~150	5~15	16~30	31~45	46~60	61~75	76~100	101~125	126~150
	6	34.5 (39.5)	43.5 (48.5)	47.5 (52.5)	61.5 (66.5)	—	—	—	—	62.5 (67.5)	71.5 (76.5)	75.5 (80.5)	89.5 (94.5)	—	—	—	—
	10	45.5	53	65	77	—	—	—	—	73.5	81	93	105	—	—	—	—
	16	45.5	54	66	78	84	108	126	138	73.5	82	94	106	112	136	154	166

	缸径	*A*	*B*	*C*	*CD*(H9)	*CX*	*CZ*	*D*	*GB*	*H*	*MM*	*NA*	*NB*	*R*	*U*
2）	10	15	12	14	3.3	3.2	12	4	18	20	M4×0.7	5.5	22.5	5	8
	16	15	18	20	5	6.5	18	5	23	20	M5×0.8	5.5	27.5	8	10

	缸径	S								Z							
2）	缸径	5~15	16~30	31~45	46~60	61~75	76~100	101~125	126~150	5~15	16~30	31~45	46~60	61~75	76~100	101~125	126~150
	10	45.5	53	65	77	—	—	—	—	73.5	81	93	105	—	—	—	—
	16	45.5	54	66	78	84	108	126	138	75.5	84	96	108	114	138	156	168

	缸径	*A*	*B*	*C*	*D*	*F*	*GA*	*H*	*MM*	*NA*	*NB*	*ND*(H8)	*NN*	*T*
3）	6	15	12	14	3	8	14.5	28	M3×0.5	16	3	6	M6×1	3
	10	15	12	14	4	8	8	28	M4×0.7	12.5	5.5	8	M8×1	—
	16	15	18	20	5	8	8	28	M5×0.8	12.5	5.5	10	M10×1	—

	缸径	S								Z							
3）	缸径	5~15	16~30	31~45	46~60	61~75	76~100	101~125	126~150	5~15	16~30	31~45	46~60	61~75	76~100	101~125	126~150
	6	46.5 (51.5)	55.5 (60.5)	59.5 (64.5)	73.5 (78.5)	—	—	—	—	74.5 (79.5)	83.5 (88.5)	87.5 (92.5)	101.5 (106.5)	—	—	—	—
	10	48.5	56	68	80	—	—	—	—	76.5	84	96	108	—	—	—	—
	16	48.5	57	69	81	87	111	129	141	76.5	85	97	109	115	139	157	169

	缸径	*A*	*B*	*C*	*CD*(H9)	*CX*	*CZ*	*D*	*GA*	*H*	*MM*	*NA*	*NB*	*R*	*U*
4）	10	15	12	14	3.3	3.2	12	4	8	28	M4×0.7	12.5	18.5	5	8
	16	15	18	20	5	6.5	18	5	8	28	M5×0.8	12.5	23.5	8	10

	缸径	S								Z							
4）	缸径	5~15	16~30	31~45	46~60	61~75	76~100	101~125	126~150	5~15	16~30	31~45	46~60	61~75	76~100	101~125	126~150
	10	48.5	56	68	80	—	—	—	—	84.5	92	104	116	—	—	—	—
	16	48.5	57	69	81	87	111	129	141	86.5	95	107	119	125	149	167	179

注：1. 图中未给出与支座相关的尺寸。

2. 括号内为内置磁环型的尺寸。

表 22.4-18　QGX 系列小型气缸技术规格

缸径/mm	8、12、16、20、25、32	10、16	20、25	12、16	20、25、32
最大行程/mm	5 倍缸径	100	160	160	250
工作压力/MPa	0.15~0.8	0.2~0.63		0.15~0.7	
使用温度/℃	-25~80（在不冻结条件下）			5~60	
生产厂	广东肇庆方大气动有限公司	烟台未来自动装备有限责任公司		无锡市华通气动制造有限公司	

表 22.4-19　QGX 系列小型气缸外形尺寸　(mm)

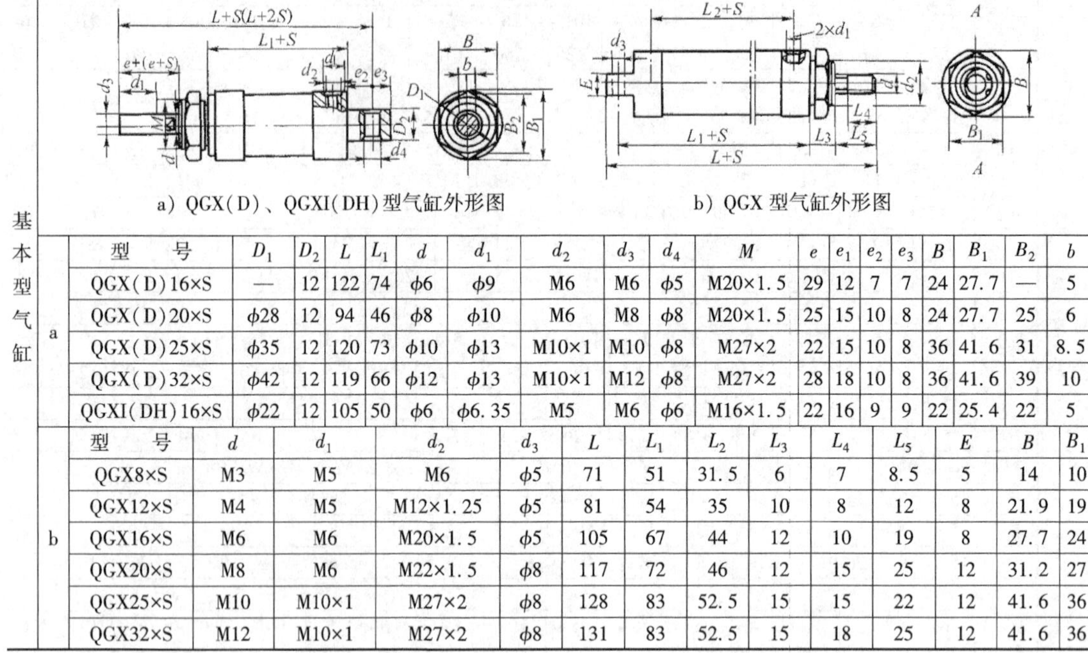

a) QGX(D)、QGXI(DH)型气缸外形图　　b) QGX 型气缸外形图

基本型气缸

	型号	D_1	D_2	L	L_1	d	d_1	d_2	d_3	d_4	M	e	e_1	e_2	e_3	B	B_1	B_2	b
a	QGX(D)16×S	—	12	122	74	$\phi6$	$\phi9$	M6	M6	$\phi5$	M20×1.5	29	12	7	7	24	27.7	—	5
	QGX(D)20×S	$\phi28$	12	94	46	$\phi8$	$\phi10$	M6	M8	$\phi8$	M20×1.5	25	15	10	8	24	27.7	25	6
	QGX(D)25×S	$\phi35$	12	120	73	$\phi10$	$\phi13$	M10×1	M10	$\phi8$	M27×2	22	15	10	8	36	41.6	31	8.5
	QGX(D)32×S	$\phi42$	12	119	66	$\phi12$	$\phi13$	M10×1	M12	$\phi8$	M27×2	28	18	10	8	36	41.6	39	10
	QGXI(DH)16×S	$\phi22$	12	105	50	$\phi6$	$\phi6.35$	M5	M6	$\phi6$	M16×1.5	22	16	9	9	22	25.4	22	5

	型号	d	d_1	d_2	d_3	L	L_1	L_2	L_3	L_4	L_5	E	B	B_1
b	QGX8×S	M3	M5	M6	$\phi5$	71	51	31.5	6	7	8.5	5	14	10
	QGX12×S	M4	M5	M12×1.25	$\phi5$	81	54	35	10	8	12	8	21.9	19
	QGX16×S	M6	M6	M20×1.5	$\phi5$	105	67	44	12	10	19	8	27.7	24
	QGX20×S	M8	M6	M22×1.5	$\phi8$	117	72	46	12	15	25	12	31.2	27
	QGX25×S	M10	M10×1	M27×2	$\phi8$	128	83	52.5	15	15	22	12	41.6	36
	QGX32×S	M12	M10×1	M27×2	$\phi8$	131	83	52.5	15	18	25	12	41.6	36

注：1. 括号内尺寸为后弹簧缸尺寸。

2. 图示 QGX(D)、QGXI(DH)型气缸为前弹簧单作用式，如果是后弹簧单作用式 QGXI(DH)，则 d_1 和 d_2 在前端盖上。

表 22.4-20　10Y-1 系列小型气缸技术规格

品　　种	标 准 型	带 开 关 型	带　阀　型	带阀及开关型
型　　号	10Y-1	10Y-1R	10Y-1V	10Y-1K
气缸内径/mm	8、10、12、16、20、25、32、40、50		20、25、32、40、50	
最大行程/mm	$\phi8$、$\phi10$：200；$\phi12$、$\phi16$：300；$\phi20$、$\phi25$：400；$\phi32$：500；$\phi40$：600；$\phi50$：800			
最短行程/mm	无限制	37	无限制	37
使用压力范围/MPa	$\phi8$-$\phi16$：0.1~1.0；$\phi20$~$\phi50$：0.05~1.0		0.15~1.0	
耐压力/MPa	1.5			
使用速度范围/MPa	$\phi8$~$\phi16$：50~500；$\phi20$~$\phi50$：50~700		50~500	
使用温度范围/℃	-25~80(但在不冻结条件下)			
使用介质	干燥洁净压缩空气			
缓冲形式	缓冲垫			
给油	不需要(也可给油)			

注：生产厂为广东肇庆方大气动有限公司。

(4) QGCX 系列小型气缸($\phi12$~$\phi40$mm)

该系列气缸外形尺寸符合 ISO 6432 国际标准，单作用气缸不具有可调缓冲装置，双作用气缸具有可调缓冲及不可调缓冲两种结构型式。该系列气缸制造精密，可替代进口产品。技术规格见表 22.4-21，外形尺寸见表 22.4-22。

表 22.4-21　QGCX 系列小型气缸技术规格

气缸种类	QGCX	QGCX-K	气缸种类	QGCX	QGCX-K
气缸形式	标准型	带开关型	气缸形式	标准型	带开关型
缸径/mm	12、16、20、25、32、40		给油	不供油(供油亦可)	
工作介质	洁净压缩空气		使用温度/℃	5~60	
工作压力范围/MPa	0.15~0.8		使用速度/mm·s^{-1}	50~500	
耐压力/MPa	1.2		行程误差/mm	$0\sim250^{\ 0}_{-1.0}$、$250\sim400^{\ 0}_{-1.5}$	

注：生产厂为济南华能气动元器件公司。

表 22.4-22 QGCX 气缸外形尺寸 (mm)

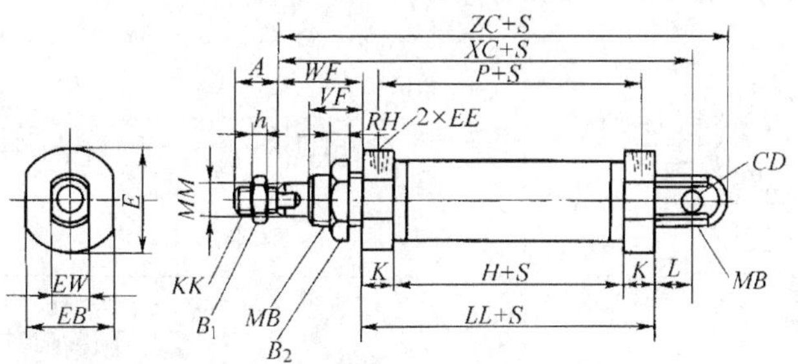

气缸内径	A	B_1	B_2	CD	E	EB	EW	H	h	K	KK
12	16	10	24	ϕ6H9	ϕ21	19	12	33	3.2	10	M6
16	16	10	24	ϕ6H9	ϕ24	22	12	35	3.2	10	M6
20	20	13	32	ϕ8H9	ϕ28	26	$16_{-0.3}^{-0.1}$	35	6.8	14	M8
25	22	16	32	ϕ8H9	ϕ32	30	$16_{-0.3}^{-0.1}$	35	9.3	14	M10×1.25
32	22	16	36	ϕ10H9	ϕ39	37	$16_{-0.3}^{-0.1}$	40	9.3	15	M10×1.25
40	24	18	40	ϕ12H9	ϕ47	45	$20_{-0.3}^{-0.1}$	42	12	15	M10×1.25

气缸内径	L	LL	MB	MM	P	RH	EE	VF	WF	XC	ZC
12	9	53	M16×1.5	ϕ6	43	8	M5×0.8	16	22	84	91
16	9	55	M16×1.5	ϕ6	45	8	M5×0.8	17.5	23.5	87.5	94.5
20	12	63	M22×1.5	ϕ8	49	11	G1/8	16	24	99	109
25	12	63	M22×1.5	ϕ10	49	11	G1/8	18	24	103	113
32	14	70	M24×2	ϕ12	55	12	G1/8	20	30	114	126
40	16	72	M30×2	ϕ14	57	12	G1/8	22	32	120	132

注：基本技术参数及安装尺寸适用于后平端型(H)、后轴向通气型(T)。

(5) 10Y-2 系列气缸(ϕ20~ϕ40mm)

10Y-2 系列气缸技术规格见表 22.4-23，外形尺寸见表 22.4-24。

表 22.4-23 10Y-2 系列气缸技术规格

品 种	标 准 型	带开关型	带 阀 型	带阀带开关型
型 号	10Y-2	10Y-2R	10Y-2V	10Y-2K
缸径/mm	20、25、32、40			
最大行程/mm	ϕ20：300；ϕ25：400；ϕ32：500；ϕ40：600			
最短行程/mm	无限制	37	无限制	37
工作压力范围/MPa	0.05~1.0		0.15~1.0	
耐压力/MPa	1.5			
使用速度范围/mm·s^{-1}	50~700		50~500	
使用温度范围/℃	-25~80(但在不冻结条件下)		-25~80(但在不冻结条件下)	
工作介质	经过净化的压缩空气			
缓冲形式	缓冲垫			
给油	不需要(也可给油)			

注：生产厂为广东肇庆方大气动有限公司。

表 22.4-24　10Y-2 系列气缸外形尺寸(基本型)　(mm)

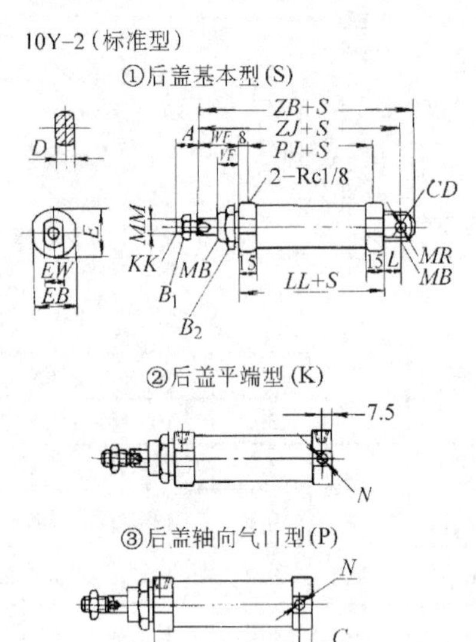

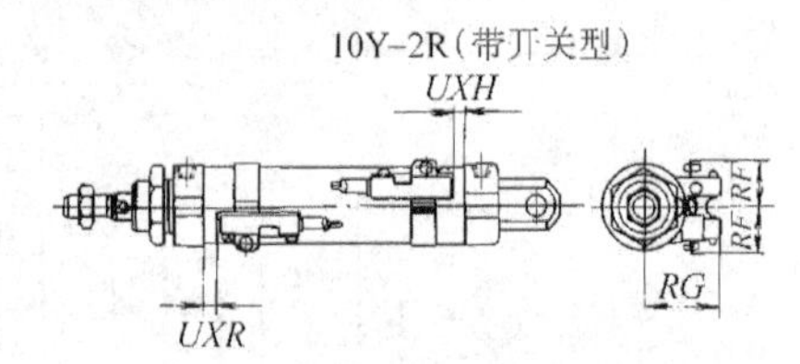

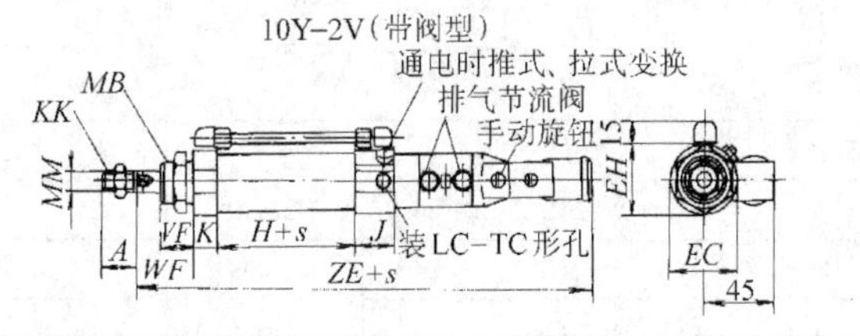

10Y-2K(带阀带开关型)

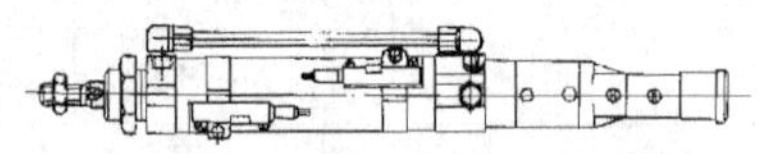

缸径	A	B_1	B_2	D	CD	E	EB	EW	KK	L	VF	WF	MB	MM	LL		ZB	
															10Y-2	10Y-2R	10Y-2	10Y-2R
20	20	13	30	6	ϕ8H9	ϕ28	26	$162^{-0.1}_{-0.3}$	M8×1.25	12	16	24	M22×1.5	ϕ8	59	69	105	115
25	22	17	30	8	ϕ8H9	ϕ33	31	$16^{-0.1}_{-0.3}$	M10×1.25	12	18	28	M22×1.5	ϕ10	64	74	114	124
32	22	17	32	10	ϕ10H9	ϕ40	38	$16^{-0.1}_{-0.3}$	M10×1.25	14	20	30	M24×2	ϕ12	70	76	126	132
40	24	19	41	12	ϕ12H9	ϕ48	46	$20^{-0.1}_{-0.3}$	M12×1.25	16	22	32	M30×2	ϕ14	72	78	132	138

缸径	PJ		ZJ		UXR	UXH	RF	RG	EC	EH	J	ZE		PL	C	N
	10Y-2	10Y-2R	10Y-2	10Y-2R								10Y-2V	10Y-2K			
20	43	53	95	105	6	5	25	33	38	ϕ40	25	214	224	67	15.5	M8×1.25
25	48	58	104	114	8	8	26	35	38	ϕ40	25	223	233	72	15.5	M8×1.25
32	54	60	114	120	9	10	27	38	38	ϕ40	25.5	231.5	237.5	70	7.5	M8×1.25
40	56	62	120	126	10	11	29	43	46	ϕ48	30	240	246	72	7.5	M10×1.25

注：1. 气缸的安装尺寸可参照此表和 10Y-2 系列气缸附件尺寸表计算出来。
2. 10Y-2(标准型)的 ϕ20 和 ϕ25 两种缸径的 SD、FA、LS 三种安装符合 ISO 标准。
3. 10Y-2 的 ϕ20~ϕ40 的安装及连接形式请参照 10Y-1 系列。

(6) QM 系列小型气缸(ϕ20~ϕ40mm)

该系列气缸为自主开发无油润滑小型气缸，无缓冲，轴向尺寸紧凑。其技术规格见表 22.4-25，外形尺寸见表 22.4-26。

表 22.4-25　QM 系列小型气缸技术规格

气缸内径/mm	20	25	32	40
工作压力/MPa	0.2~0.8			
环境温度/℃	-20~60(在不冻结条件下)			
最大行程/mm	≤200	≤300	≤400	≤500

注：生产厂为烟台未来自动装备有限责任公司。

表 22.4-26　QM 系列小型气缸外形及安装尺寸　(mm)

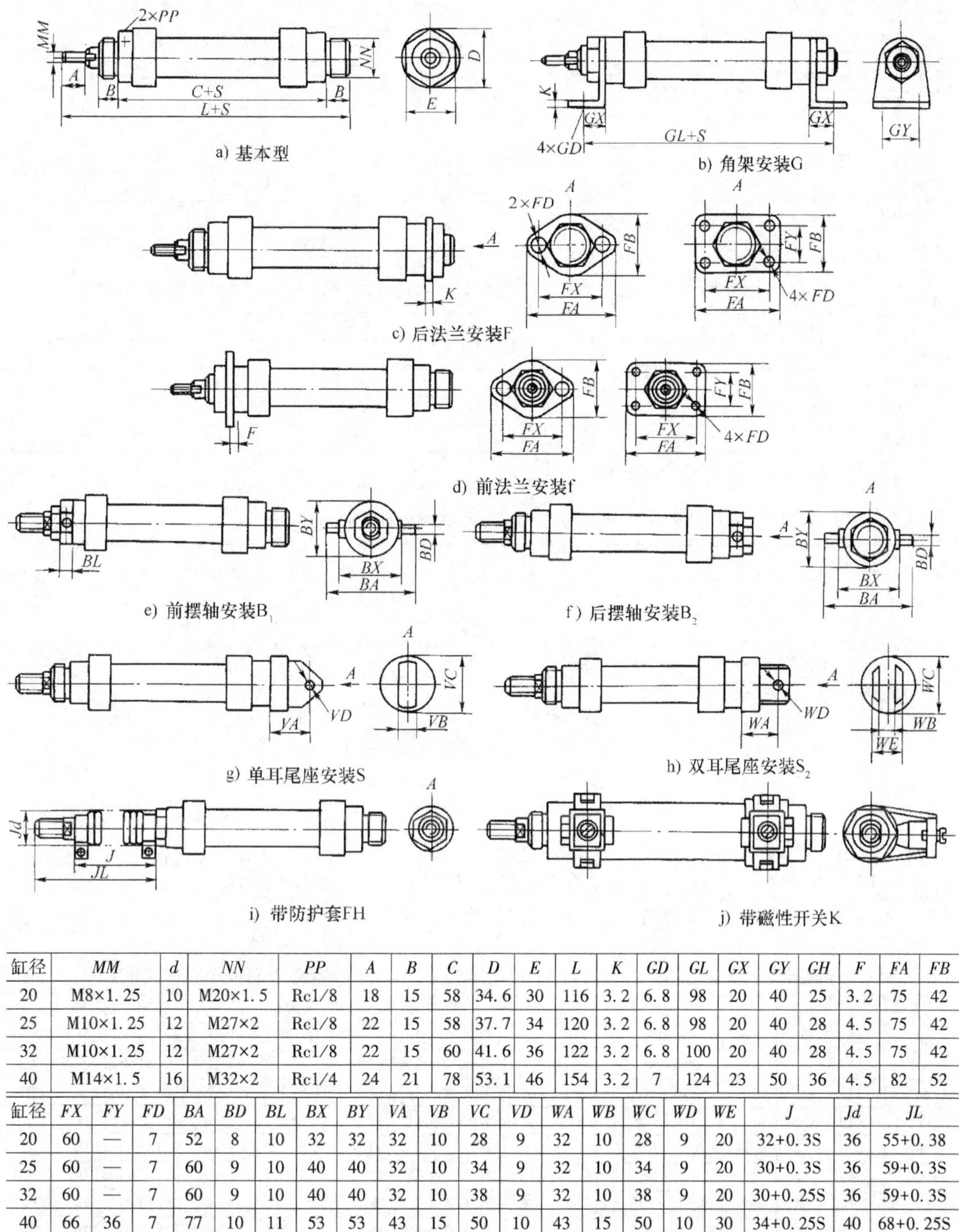

a) 基本型

b) 角架安装G

c) 后法兰安装F

d) 前法兰安装f

e) 前摆轴安装B_1

f) 后摆轴安装B_2

g) 单耳尾座安装S

h) 双耳尾座安装S_2

i) 带防护套FH

j) 带磁性开关K

缸径	MM	d	NN	PP	A	B	C	D	E	L	K	GD	GL	GX	GY	GH	F	FA	FB
20	M8×1.25	10	M20×1.5	Rc1/8	18	15	58	34.6	30	116	3.2	6.8	98	20	40	25	3.2	75	42
25	M10×1.25	12	M27×2	Rc1/8	22	15	58	37.7	34	120	3.2	6.8	98	20	40	28	4.5	75	42
32	M10×1.25	12	M27×2	Rc1/8	22	15	60	41.6	36	122	3.2	6.8	100	20	40	28	4.5	75	42
40	M14×1.5	16	M32×2	Rc1/4	24	21	78	53.1	46	154	3.2	7	124	23	50	36	4.5	82	52

缸径	FX	FY	FD	BA	BD	BL	BX	BY	VA	VB	VC	VD	WA	WB	WC	WD	WE	J	Jd	JL
20	60	—	7	52	8	10	32	32	32	10	28	9	32	10	28	9	20	32+0.3S	36	55+0.38
25	60	—	7	60	9	10	40	40	32	10	34	9	32	10	34	9	20	30+0.3S	36	59+0.3S
32	60	—	7	60	9	10	40	40	32	10	38	9	32	10	38	9	20	30+0.25S	36	59+0.3S
40	66	36	7	77	10	11	53	53	43	15	50	10	43	15	50	10	30	34+0.25S	40	68+0.25S

(7) 10A-5 系列气缸($\phi32\sim\phi160$mm)

10A-5 系列气缸系引进日本 TAIYO 株式会社技术，获三优产品称号，主要零部件用铝合金制造，重量轻。其安装尺寸符合 ISO 国际标准，无给油润滑，可带阀，带开关。其技术规格见表 22.4-27，外形尺寸见表 22.4-28。

表 22.4-27　10A-5 系列气缸技术规格

气缸品种	10A-5(标准型) 10A-5R(带开关型)								10A-5V(带阀型)							
气缸内径 D/mm	32	40	50	63	80	100	125	160	32	40	50	63	80	100	125	160
最大行程 s/mm	500	800				1000			500	800			1000			
使用压力范围/MPa	0.05~1.0								0.15~0.8							
耐压力/MPa	1.5								1.2							
使用速度范围/mm·s^{-1}	50~700								50~500							
使用温度范围/℃	-25~80(但在不冻结条件下)								-25~80(但在不冻结条件下)							
工作介质	空气、干燥空气															
给油	不需要(也可给油)															
缓冲	两侧可调缓冲															
缓冲行程/mm	20				25			28	20			25			28	

最短行程/mm	安装	气缸型号	10A-5R	10A-5V	10A-5K
	TC	ϕ32~ϕ125mm	125	75	125
	安装	ϕ160mm	120	165	165
	其他	ϕ32~ϕ125mm	30	50	50
	安装	ϕ160mm	110	165	165

注：生产厂为广东肇庆方大气动有限公司。

表 22.4-28　10A-5 系列气缸外形尺寸　　(mm)

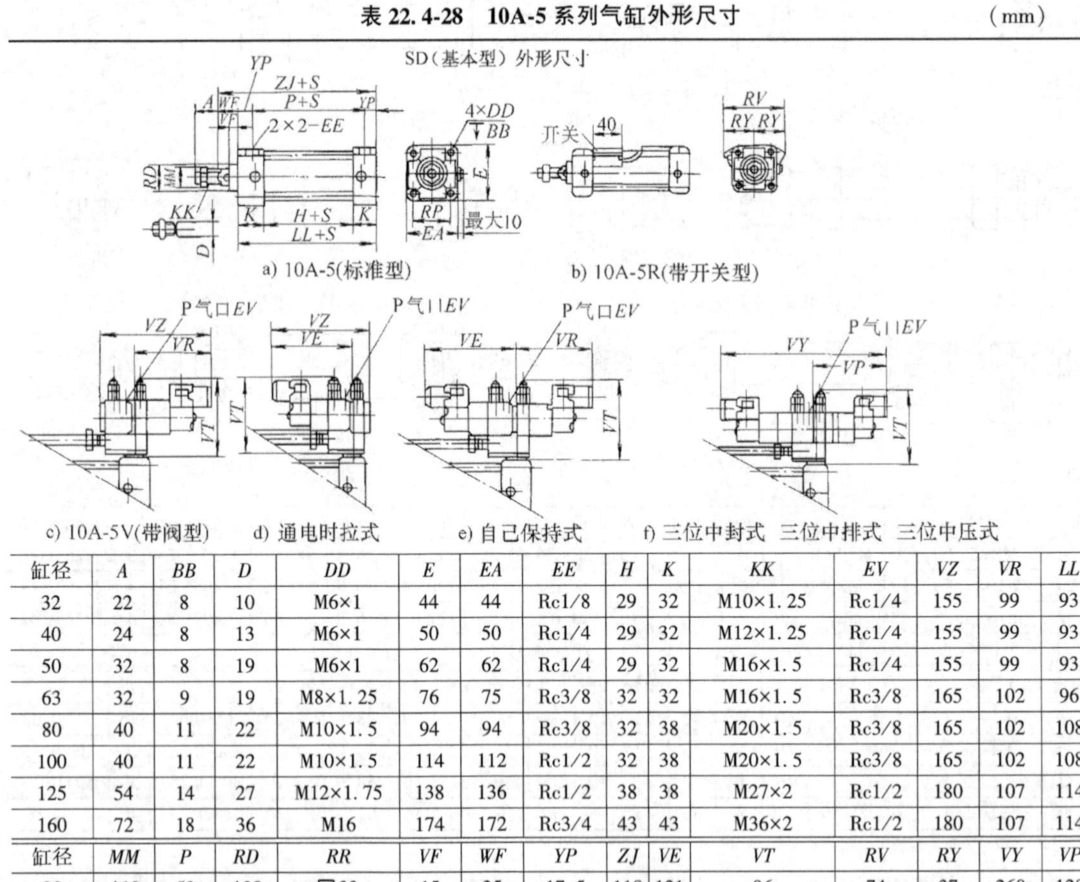

a) 10A-5(标准型)　b) 10A-5R(带开关型)

c) 10A-5V(带阀型)　d) 通电时拉式　e) 自己保持式　f) 三位中封式　三位中排式　三位中压式

缸径	A	BB	D	DD	E	EA	EE	H	K	KK	EV	VZ	VR	LL
32	22	8	10	M6×1	44	44	Rc1/8	29	32	M10×1.25	Rc1/4	155	99	93
40	24	8	13	M6×1	50	50	Rc1/4	29	32	M12×1.25	Rc1/4	155	99	93
50	32	8	19	M6×1	62	62	Rc1/4	29	32	M16×1.5	Rc1/4	155	99	93
63	32	9	19	M8×1.25	76	75	Rc3/8	32	32	M16×1.5	Rc3/8	165	102	96
80	40	11	22	M10×1.5	94	94	Rc3/8	32	38	M20×1.5	Rc3/8	165	102	108
100	40	11	22	M10×1.5	114	112	Rc1/2	32	38	M20×1.5	Rc3/8	165	102	108
125	54	14	27	M12×1.75	138	136	Rc1/2	38	38	M27×2	Rc1/2	180	107	114
160	72	18	36	M16	174	172	Rc3/4	43	43	M36×2	Rc1/2	180	107	114

缸径	MM	P	RD	RR	VF	WF	YP	ZJ	VE	VT	RV	RY	VY	VP
32	ϕ12	58	ϕ28	□33	15	25	17.5	118	121	96	74	37	260	120
40	ϕ16	58	ϕ32	□37	15	25	17.5	118	121	96	80	40	260	120
50	ϕ22	58	ϕ38	□47	15	25	17.5	118	121	96	90	45	260	120

（续）

缸径	*MM*	*P*	*RD*	*RR*	*VF*	*WF*	*YP*	*ZJ*	*VE*	*VT*	*RV*	*RY*	*VY*	*VP*
63	ϕ22	61	ϕ38	□56	15	25	17.5	121	128	101	102	51	284	129
80	ϕ25	65	ϕ47	□70	21	35	21.5	143	128	101	118	59	284	129
100	ϕ25	65	ϕ47	□84	21	35	21.5	143	128	101	132	66	284	129
125	ϕ32	71	ϕ54	□104	21	35	21.5	149	137	125	154	77	306	138
160	ϕ40	79	ϕ62	□134	25	42	23	167	110	166	186	93	188	69

（8）LG系列气缸（ϕ32～ϕ125mm）

LG系列气缸为烟台未来自动装备有限责任公司自主开发的新产品，采用了新技术、新工艺和新材料。其安装尺寸与国内主要产品10A-5系列、QGBQ系列相同，可以通用、互换。该系列派生多种系列气缸，可满足用户各种需要。其技术规格见表22.4-29，外形尺寸见表22.4-30。

表22.4-29　LG系列气缸技术规格

<table>
<tr><td colspan="2">气缸型号</td><td colspan="7">LGB、LGA标准型、LGK带开关型</td><td colspan="7">LGF带阀型、LGKF带开关带阀型</td></tr>
<tr><td colspan="2">缸径/mm</td><td>32</td><td>40</td><td>50</td><td>63</td><td>80</td><td>100</td><td>125</td><td>32</td><td>40</td><td>50</td><td>63</td><td>80</td><td>100</td><td>125</td></tr>
<tr><td colspan="2">最大行程/mm</td><td>500</td><td colspan="3">800</td><td colspan="3">1000</td><td colspan="7">同前</td></tr>
<tr><td colspan="2">工作压力范围/MPa</td><td colspan="7">0.049～0.98</td><td colspan="7">0.147～0.98</td></tr>
<tr><td colspan="2">耐压力/MPa</td><td colspan="14">1.47</td></tr>
<tr><td colspan="2">使用速度范围/mm·s⁻¹</td><td colspan="7">50～700</td><td colspan="7">50～500</td></tr>
<tr><td colspan="2">使用温度范围/℃</td><td colspan="14">（在不冻结条件下）-25～80</td></tr>
<tr><td colspan="2">工作介质</td><td colspan="14">空气、干燥空气</td></tr>
<tr><td colspan="2">给油</td><td colspan="14">不需要（也可给油）</td></tr>
<tr><td colspan="2">缓冲行程/mm</td><td colspan="4">20（LGA除外）</td><td colspan="3">25（LGA除外）</td><td colspan="5">20</td><td colspan="2">25</td></tr>
<tr><td rowspan="3">最短行程/mm</td><td>气缸型号</td><td colspan="3">LGK</td><td colspan="5">LGF</td><td colspan="6">LGKF</td></tr>
<tr><td>TC安装</td><td colspan="3">125</td><td colspan="5">75</td><td colspan="6">125</td></tr>
<tr><td>其他安装</td><td colspan="3">20</td><td colspan="5">50</td><td colspan="6">50</td></tr>
</table>

表22.4-30　LG系列气缸外形尺寸　（mm）

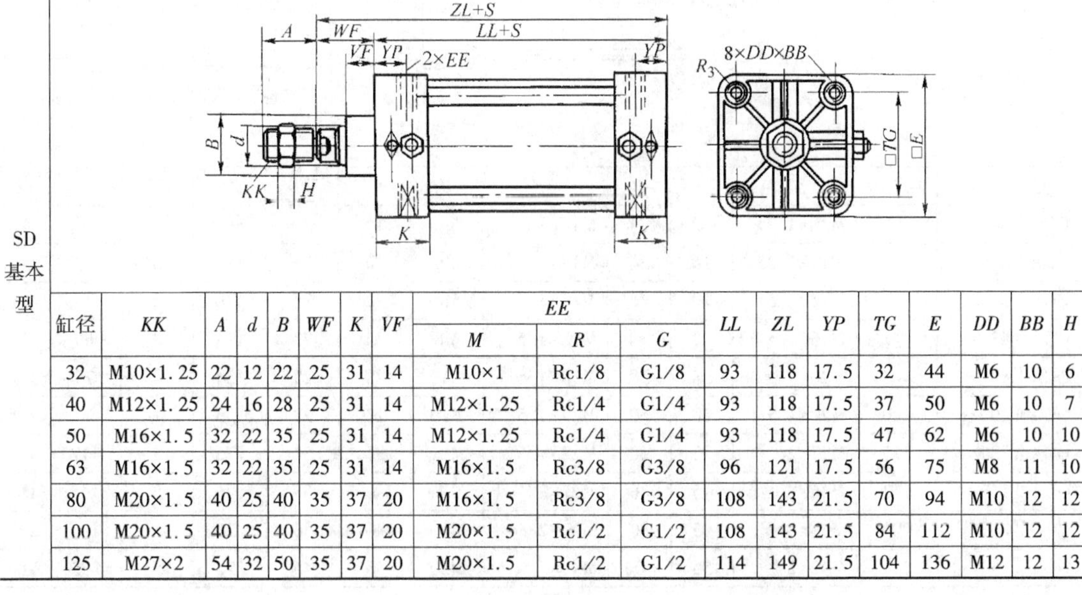

SD基本型	缸径	*KK*	*A*	*d*	*B*	*WF*	*K*	*VF*	*EE* *M*	*EE* *R*	*EE* *G*	*LL*	*ZL*	*YP*	*TG*	*E*	*DD*	*BB*	*H*
	32	M10×1.25	22	12	22	25	31	14	M10×1	Rc1/8	G1/8	93	118	17.5	32	44	M6	10	6
	40	M12×1.25	24	16	28	25	31	14	M12×1.25	Rc1/4	G1/4	93	118	17.5	37	50	M6	10	7
	50	M16×1.5	32	22	35	25	31	14	M12×1.25	Rc1/4	G1/4	93	118	17.5	47	62	M6	10	10
	63	M16×1.5	32	22	35	25	31	14	M16×1.5	Rc3/8	G3/8	96	121	17.5	56	75	M8	11	10
	80	M20×1.5	40	25	40	35	37	20	M16×1.5	Rc3/8	G3/8	108	143	21.5	70	94	M10	12	12
	100	M20×1.5	40	25	40	35	37	20	M20×1.5	Rc1/2	G1/2	108	143	21.5	84	112	M10	12	12
	125	M27×2	54	32	50	35	37	20	M20×1.5	Rc1/2	G1/2	114	149	21.5	104	136	M12	12	13

（9）QGAⅡ、QGBⅡ系列气缸（$\phi 32 \sim \phi 320$mm）

该系列气缸技术规格见表22.4-31，外形尺寸见表22.4-32及表22.4-33。

表22.4-31　QGAⅡ、QGBⅡ系列气缸技术规格

气缸内径 D/mm			32	40	50	63	80	100	125	160	200	250	320
行程范围/mm		QGAⅡ	0~500		0~500	0~800	0~1200	0~2000	0~3000				
		QGBⅡ	50~500		60~500	60~800	80~1200	80~2000	100~3000	120~3000			
最高工作压力/MPa			1										
理论输出力（压力为0.4 MPa时）/N	推力	QGAⅡ	320	510	790	1260	2040	3190	4990	8190	12790	19990	
		QGBⅡ	320	510	790	1260	2040	3190	4990	8190	12790	19990	32760
	拉力	QGAⅡ	270	430	670	1140	1790	2940	4670	7550	12150	18990	
		QGBⅡ	270	430	670	1140	1790	2940	4670	7550	12150	18990	32760
工作寿命/km			≥50										

注：1. QGAⅡ系列气缸是无缓冲气缸，是QGA系列的改进型。

2. QGBⅡ系列气缸是缓冲气缸，此系列的设计参数、安装尺寸、安装形式均符合ISO国际标准。

3. 型号意义：

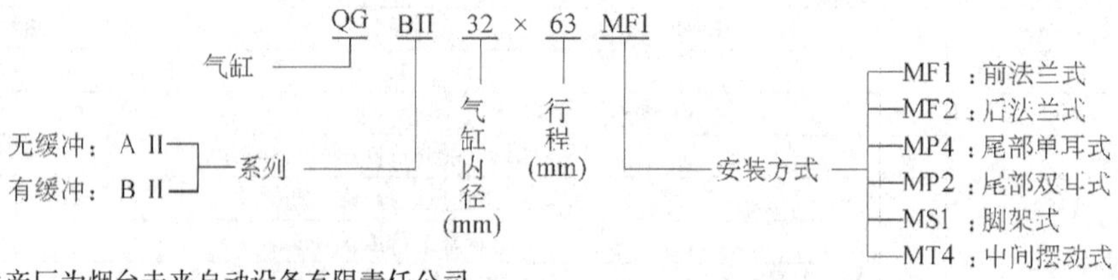

4. 生产厂为烟台未来自动设备有限责任公司。

表22.4-32　QGAⅡ系列基本型气缸外形尺寸　（mm）

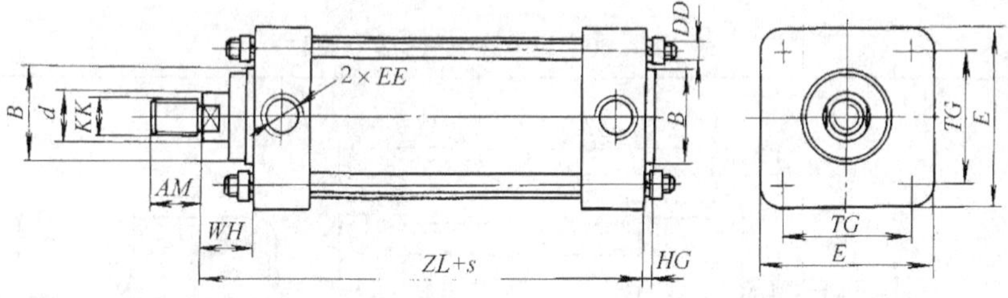

型　号	缸径 D	KK	d	B	EE	DD	AM	WH	ZL	HG	TG	E
QGAⅡ32×s	32	M10×1.25	12	24	M10×1	M6	14	22	90	3	34	48
QGAⅡ40×s	40	M12×1.25	16	34	M14×1.5	M6	16	25	110	3	40	55
QGAⅡ50×s	50	M16×1.5	20	40	M16×1.5	M6	22	25	110	3	48	65
QGAⅡ63×s	63	M16×1.5	20	40	M18×1.5	M8	22	23	128	3	60	80
QGAⅡ80×s	80	M20×1.5	28	50	M18×1.5	M10	28	29	134	4	75	100
QGAⅡ100×s	100	M20×1.5	28	50	M22×1.5	M10	28	29	155	4	90	115
QGAⅡ125×s	125	M27×2	32	60	M22×1.5	M12	36	34	175	4	112	145
QGAⅡ160×s	160	M36×2	45	80	M27×2	M16	50	35	196	5	145	190
QGAⅡ200×s	200	M36×2	45	80	M27×2	M16	50	40	210	5	180	225
QGAⅡ250×s	250	M42×2	56	100	M33×2	M20	56	45	225	5	225	280

表 22.4-33　QGBⅡ系列基本气缸外形尺寸　(mm)

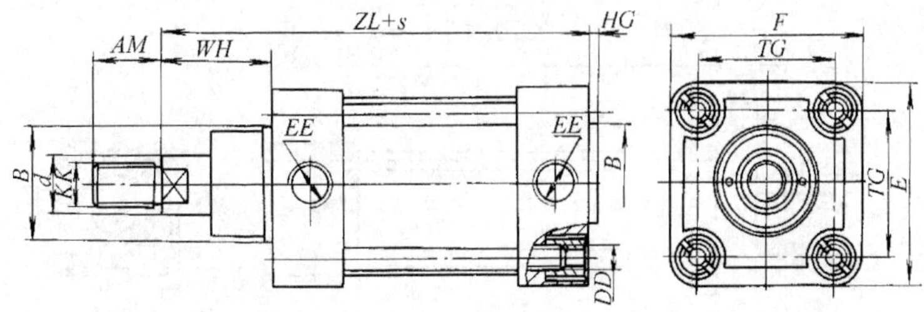

型号		缸径 D	KK	d	B	EE	DD	AM	WH	ZL	HG	TG	E
QGBⅡ32×s	QGN32×s	32	M10×1.25	12	24	M10×1	M6	22	26	120	3	34	48
QGBⅡ40×s	QGN40×s	40	M12×1.25	16	34	M14×1.5	M6	24	30	135	3	40	55
QGBⅡ50×s	QGN50×s	50	M16×1.5	20	40	M14×1.5	M6	32	35	145	3	48	65
QGBⅡ63×s	QGN63×s	63	M16×1.5	20	40	M18×1.5	M8	32	37	158	3	60	80
QGBⅡ80×s	QGN80×s	80	M20×1.5	28	50	M18×1.5	M10	40	46	174	4	75	100
QGBⅡ100×s	QGN100×s	100	M20×1.5	28	50	M22×1.5	M10	40	51	189	4	90	115
QGBⅡ125×s	QGN125×s	125	M27×2	32	60	M22×1.5	M12	54	65	225	4	112	145
QGBⅡ160×s	QGN160×s	160	M36×2	45	80	M27×2	M16	72	80	260	4	145	190
QGBⅡ200×s	QGN200×s	200	M36×2	45	80	M27×2	M16	72	95	275	5	180	225
QGBⅡ250×s	QGN250×s	250	M42×2	56	100	M33×2	M20	84	110	300	5	225	280
QGBⅡ320×s	QGN320×s	320	M48×2	70	120	M33×2	M24	96	125	335	5	280	350

(10) QGBQ 系列气缸(ϕ32~ϕ100mm)

该系列产品外形尺寸符合 ISO 国际标准，两侧可调缓冲，无给油自润滑，有多种派生系列产品，性能可靠，安装方便，目前国内多家企业均生产。其技术规格见表 22.4-34，外形尺寸见表 22.4-35。

表 22.4-34　QGBQ 系列气缸技术规格

气缸品种		QGBQ(标准型)						QGBQ-F(带阀型)					
		QGBQ-K(带开关型)						QGBQ-FK(带阀及开关型)					
气缸内径 D/mm		32	40	50	63	80	100	32	40	50	63	80	100
最大行程 s/mm		500	800			1000		500	800		1000		
使用压力范围/MPa		0.05~1						0.15~1					
耐压性/MPa		1.2											
使用速度范围/mm·s^{-1}		50~700						50~500					
使用温度范围/℃		5~60						5~50					
使用介质		空气、干燥空气											
给油		不需要(也可给油)											
螺纹等级		GB/T 7307—2001 6g、6H											
缓冲		两侧可调缓冲											
行程长度允差/mm	s≤500mm	ϕ32、ϕ40、ϕ50:$^{+2.0}_{0}$；ϕ63、ϕ80、ϕ100:$^{+2.5}_{0}$											
	s≥501mm	ϕ32、ϕ40、ϕ50:$^{+2.5}_{0}$；ϕ63、ϕ80、ϕ100:$^{+3.0}_{0}$											
缓冲行程/mm		20				25		20					25

注：生产厂为济南华能气动元器件公司。

表 22.4-35　QGBQ 系列气缸外形尺寸及安装形式　　（mm）

基本型

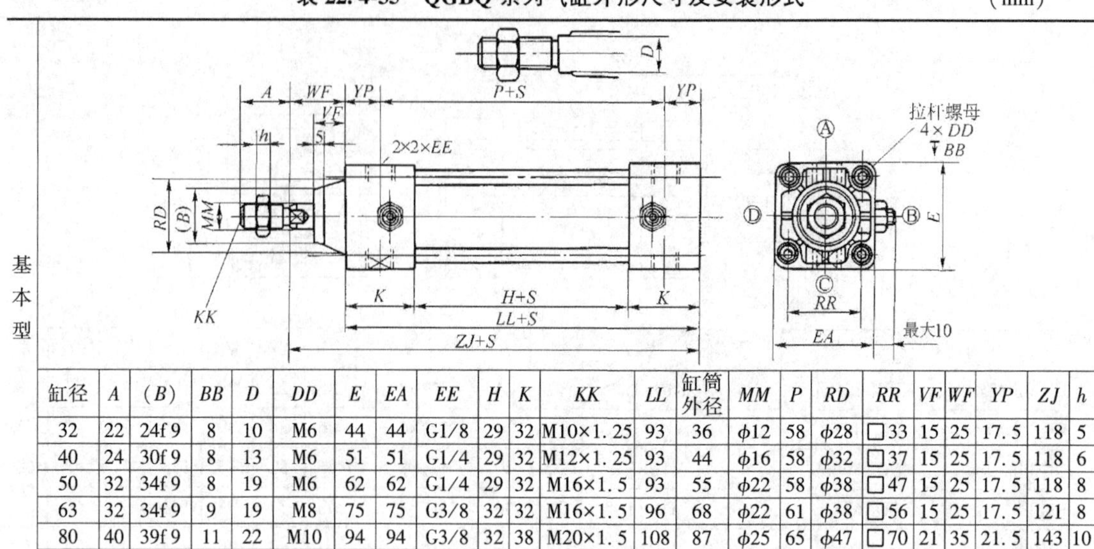

缸径	A	(B)	BB	D	DD	E	EA	EE	H	K	KK	LL	缸筒外径	MM	P	RD	RR	VF	WF	YP	ZJ	h
32	22	24f9	8	10	M6	44	44	G1/8	29	32	M10×1.25	93	36	ϕ12	58	ϕ28	□33	15	25	17.5	118	5
40	24	30f9	8	13	M6	51	51	G1/4	29	32	M12×1.25	93	44	ϕ16	58	ϕ32	□37	15	25	17.5	118	6
50	32	34f9	8	19	M6	62	62	G1/4	29	32	M16×1.5	93	55	ϕ22	58	ϕ38	□47	15	25	17.5	118	8
63	32	34f9	9	19	M8	75	75	G3/8	32	32	M16×1.5	96	68	ϕ22	61	ϕ38	□56	15	25	17.5	121	8
80	40	39f9	11	22	M10	94	94	G3/8	32	38	M20×1.5	108	87	ϕ25	65	ϕ47	□70	21	35	21.5	143	10
100	40	39f9	11	22	M10	112	112	G1/2	32	38	M20×1.5	108	107	ϕ25	65	ϕ47	□84	21	35	21.5	143	10

（11）QGBM 系列米形气缸（ϕ32~ϕ100mm）

该系列气缸参考国外最新技术，缸筒采用米字形铝型材，使四根拉杆通过四个孔，外形更加美观。气缸外形安装尺寸符合 ISO 标准。其技术规格见表 22.4-36，外形尺寸见表 22.4-37。

表 22.4-36　QGBM 系列米形气缸技术规格

气缸内径/mm	32	40	50	63	80	100
行程范围/mm	10~2000					
使用压力范围/MPa	0.05~0.8					
耐压性/MPa	1.2					
使用温度范围/℃	-20~80					
使用介质	空气、干燥空气					
给油	不需要(也可给油)					
螺纹等级	GB/T 197—2003 6g、6H					
接口螺纹	G1/8	G1/4		G3/8		G1/2

气缸内径/mm		32	40	50	63	80	100
缓冲		两侧可调缓冲					
行程长度允差/mm	$s\leqslant500$mm	$^{+2.0}_{0}$			$^{+2.5}_{0}$		
	$s\geqslant501$mm	$^{+2.5}_{0}$			$^{+3.0}_{0}$		
缓冲行程/mm		19	21	23		30	
理论传递力/N（压力为 0.6MPa 时）	推力	482	753	1178	1870	3015	4712
	拉力	415	633	990	1680	2720	4418

注：1. 生产厂为济南华能气动元器件公司。

2. 型号意义：

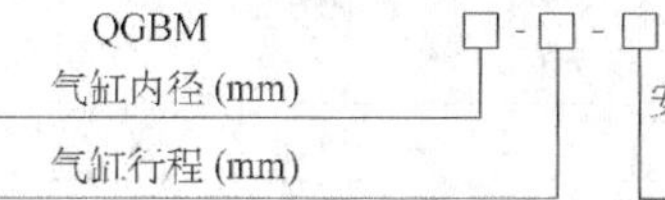

安装形式：空—基本型；S2—轴向脚架；MF1—前法兰；MF2—后法兰；MT1—前铰轴；MT2—后铰轴；MT4—中间铰轴；MP2、MP2a—双悬耳；MP6、MP4—单悬耳

表 22.4-37　QGBM 系列气缸外形尺寸及安装形式　　（mm）

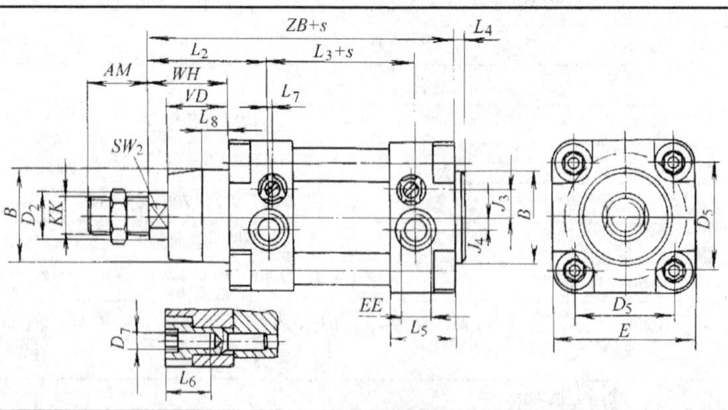

（续）

	缸径	AM	B (f8)	D_2 (f8)	D_5	D_7	E	EE	J_3	J_4	KK	L_2	L_3	L_4	L_5	L_6	L_7	L_8	SW_2	VD	WH	ZB
基本型	32	22	ϕ30	ϕ12	32.5	M5	45	G1/8	7	—	M10×1.25	35	76	4	26	13	9.5	—	10	16	26	120
	40	24	ϕ35	ϕ16	38	M5	54	G1/4	9	4.5	M12×1.25	42	81	5.5	24	13	6	—	13	20	30	135
	50	32	ϕ40	ϕ20	46.5	M6	65	G1/4	12	5.5	M16×1.5	49	82	5	24	15	4	17	17	25	37	143
	63	32	ϕ42	ϕ20	56.5	M6	80	G3/8	13	11.5	M16×1.5	54	87	6	28.5	19	—	—	17	28	40	155
	80	40	ϕ48	ϕ25	72	M8	96	G3/8	17	16	M20×1.5	62	96	6	28	21	—	23	22	34	48	172
	100	40	ϕ52	ϕ25	89	M8	126	G1/2	17.5	18	M20×1.5	69.5	101	7	32.5	21	—	23	22	40	53	187

（12）LCZ(LCZM)系列气缸(ϕ25～ϕ200mm)

LCZ(LCZM)系列气缸技术规格见表 22.4-38，外形尺寸见表 22.4-39。

表 22.4-38　LCZ(LCZM)系列气缸技术规格

缸径/mm	25	32	40	50	63，80	100，125，160，200
最大行程/mm	400	600	700	1000	1400	3000
工作压力/MPa	0.15～1.0					
使用温度范围/℃	−25～80(不冻结条件下)					
工作介质	洁净压缩空气					

（续）

缸径/mm	25	32	40	50	63，80	100，125，160，200
润滑油	LCZ：需润滑；LCZM：无需润滑					

注：1. 生产厂为烟台未来自动装备有限责任公司。
2. 型号意义：

LCZ
LCZM-[D]×[S]-[　]

基本系列 — LCZ/LCZM；缸径 — D；行程 — S；安装形式，见表 22.4-39

表 22.4-39　LCZ(LCZM)系列气缸外形及安装尺寸　（mm）

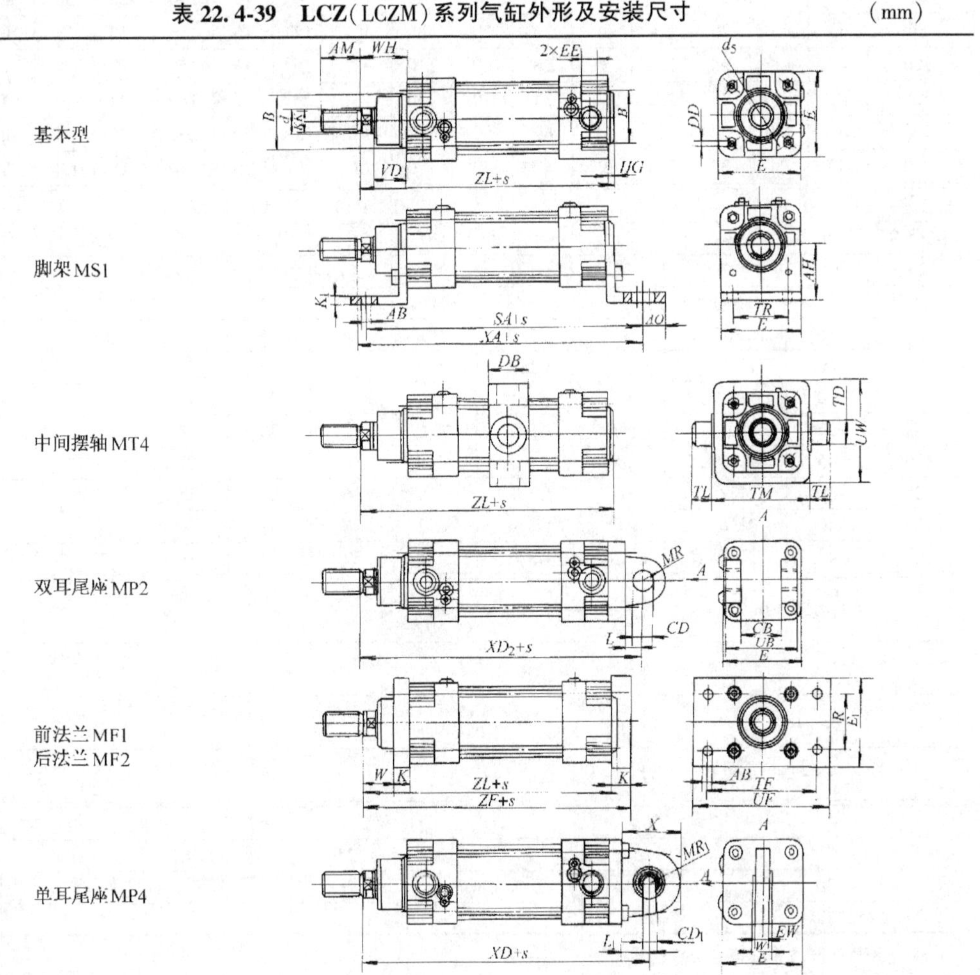

（续）

公差							*	*	*	*	*	*				
缸径 *D*	*AM*	*WH*	*VD*	*E*	*HG*	*AO*	*ZL*	*SA*	*XA*	XD_2	*ZF*	*XD*	K_1	*TR*	d_5	*AH*
25	18	26	20	46	3	11.5	118	137	139	137	125	137	4	32	48	32
32	22	26	20	46	3	11.5	123	142	144	142	130	142	4	32	48	32
40	24	30	18	58	4	14.5	139	161	163	160	145	164	5	36	58	36
50	32	37	25	64	4	15	147	170	175	170	155	175	5	45	65	45
63	32	37	25	78	4	14	162	185	190	190	170	196	5	50	78	50
80	40	46	34	100	6	19	180	210	215	210	190	212	6	63	102	63
100	40	51	35	116	6	20	195	220	230	230	205	232	6	75	120	71
125	54	61	45	140	6	20.5	235	250	270	275	245	279	6	90	150	90
160	72	80	60	180	8	15	268	300	320	315	280	320	11	115	190	115
200	72	90	70	220	10	15	290	320	345	335	300	344	12	135	232	135

公差		h14	h14				+0.5		△	△							
缸径 *D*	*DB*	*TM*	*TL*	*UW*	*L*	L_1	*CB*	*UB*	*EW*	EW_1	*K*	*TF*	*UF*	*R*	E_1	*W*	*X*
25	22	60	12	60	14	14	26	45	6	9	10	64	80	32	60	16	—
32	22	50	12	60	14	14	26	45	6	9	10	64	80	32	60	16	—
40	30	63	16	70	15	19	28	52	7	10	10	72	92	36	60	20	—
50	30	75	16	80	15	22	32	60	7	12	12	90	110	45	70	25	—
63	35	90	20	90	20	26	40	70	10	14	12	100	120	50	80	25	—
80	35	110	20	110	20	26	50	90	10	14	16	126	150	63	100	30	—
100	40	132	25	135	25	28	60	110	12	16	16	150	180	75	120	35	—
125	40	160	25	165	30	35	70	130	16	20	16	180	222	90	140	45	75
160	45	200	32	210	35	42	90	170	18	22	20	230	278	115	180	60	86
200	50	250	32	260	35	42	90	170	18	22	20	270	318	135	235	70	86

公差			d11			H13	e9	H8		H8	
缸径 *D*	*d*	*KK*	*B*	*EE*	*DD*	*AB*	*TD*	*CD*	*MR*	CD_1	MR_1
25	10	M8	30	G1/8	M5	7	12	10	10	10	17
32	12	M10×1.25	30	G1/8	M5	7	12	10	10	10	17
40	16	M12×1.25	35	G1/4	M6	9	16	12	13	12	22
50	20	M16×1.5	40	G1/4	M6	9	16	12	13	12	24
63	20	M16×1.5	45	G3/8	M8	9	20	16	17	17	28
80	25	M20×1.5	50	G3/8	M10	12	20	16	17	17	30
100	25	M20×1.5	55	G1/2	M10	14	25	20	21	20	34
125	30	M27×2	60	G1/2	M10	16	25	25	26	25	—
160	40	M36×2	80	G3/4	M12	18	32	30	30	30	—
200	40	M36×2	80	G3/4	M14	22	32	30	30	30	—

气缸直径 *D*	名义行程 *s* 时的允许偏差	
	s≤500	500<*s*≤2000
25~50	+2 0	+3.2 0
63~100	+2.5 0	+4 0
125~200	+4 0	+5 0

缸径	*ZL*	*SA*	*XA*	XD_2	*ZF*	*XD*
25~50	±1.6	±1.25	±1.25	1.25	±1.25	±1.25
63~100	±2	±1.6	±1.6	±1.6	±1.6	±1.6
125~200	±2.5	±2	±2	±2	±2	±2

注：△表示该尺寸不符合ISO标准。

(13) QGS 系列气缸($\phi32\sim\phi320$mm)

QGS 系列气缸技术规格见表 22.4-40，外形尺寸见表 22.4-41。

表 22.4-40　QGS 系列气缸技术规格

缸径/mm	32、40、50、63、80、100、125 160、200、250、320	使用温度范围/℃	5~60
		工作介质	净化的压缩空气
最大行程	缸径的 10 倍	润滑油	需要
工作压力/MPa	0.15~1.0，0.1~1.0		

注：1. 生产厂为无锡市华通气动制造有限公司。

2. 型号意义：

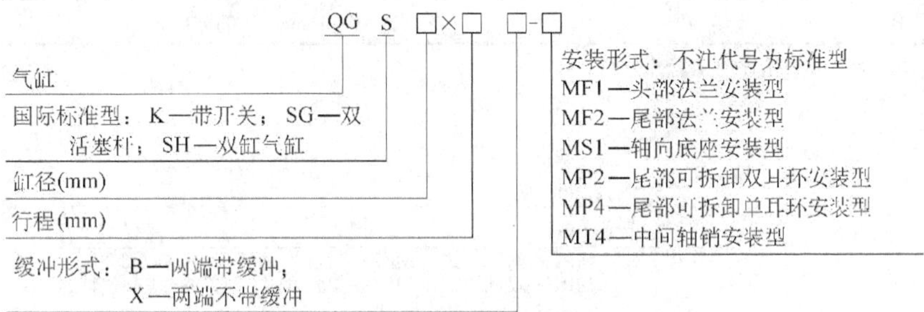

表 22.4-41　QGS 系列气缸外形尺寸及安装形式　　(mm)

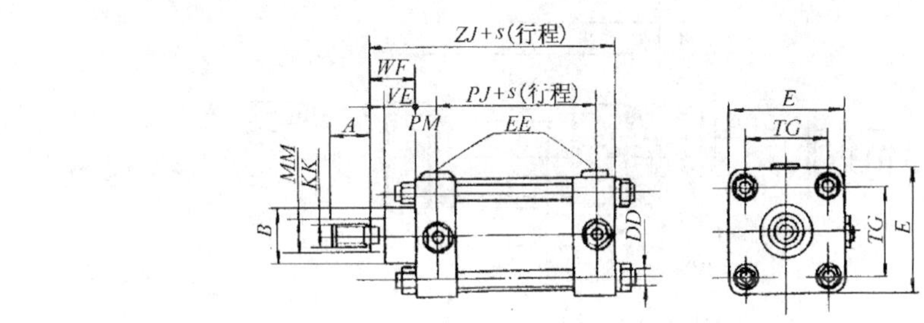

	型号规格	A	B	DD	E	EE	KK	MM	PJ	PM	TG	VE	WF	ZJ	缓冲行程
基本型	QGS32	22	28	M6	50	M10×1 深 10	M10×1.25	12	74	11	35	18	26	122	7
	QGS40	24	32	M6	55	M14×1.5 深 11.5	M12×1.25	16	78	12.5	40	23	30	133	15
	QGS50	32	36	M6	62	M14×1.5 深 11.5	M16×1.5	20	81	12.5	47	25	35	141	15
	QGS63	32	36	M10	78	M18×1.5 深 14.5	M16×1.5	20	95	15	58	25	35	160	20
	QGS80	40	45	M10	95	M18×1.5 深 14.5	M20×1.5	25	98	15	72	30	46	174	20
	QGS100	40	50	M10	115	M22×1.5 深 15.5	M20×1.5	25	103	17.5	88	35	51	189	20
	QGS125	54	60	M12	140	M22×1.5 深 15.5	M27×2	32	122	21	108	44	61	225	20
	QGS160	72	70	M16	180	M27×2 深 19	M36×2	45	131	22.5	136	52	82	258	20
	QGS200	72	70	M16	220	M27×2 深 19	M36×2	45	144	23	166	59	90	280	25
	QGS250	84	84	M20	272	M33×2 深 19	M42×2	50	152	24	206	63	105	305	25
	QGS320	96	100	M24	340	M33×2 深 19	M48×2	63	172	24	260	74	120	340	25

(14) QGBZ 系列气缸($\phi50\sim\phi250$mm)

QGBZ 系列重型气缸为替代 QGA、QGB 系列老产品而开发的新产品。其外形安装尺寸符合 ISO 国际标准。其主要材料为优质碳素结构钢，坚固耐用，可在恶劣条件下工作，推荐在一般机械设备上使用。其技术规格见表 22.4-42，外形尺寸见表 22.4-43。

表 22.4-42 QGBZ 系列气缸技术规格

缸径/mm	50	63	80	100	125	160	200	250
最大行程/mm	1400		1800		2000			
使用压力范围/MPa	0.1~1							
工作介质	洁净干燥带油雾的压缩空气							
使用速度范围/mm·s^{-1}	50~700							
使用温度范围/℃	5~60							
技术等级	GB/T 7307—2001 6g、6H							
缓冲	两侧可调缓冲							
使用油	黏度为10~46mm^2/s 的润滑油							

注：1. 生产厂为济南华能气动元器件公司。

2. 型号意义：

QGBZ□-□-□

- 气缸内径(mm)
- 气缸行程(mm)
- 安装形式：MP1—前法兰式；MF2—后法兰式；S2—轴向脚架式；MP1—双悬耳式；MP3—单悬耳式；MT4—中间铰轴式

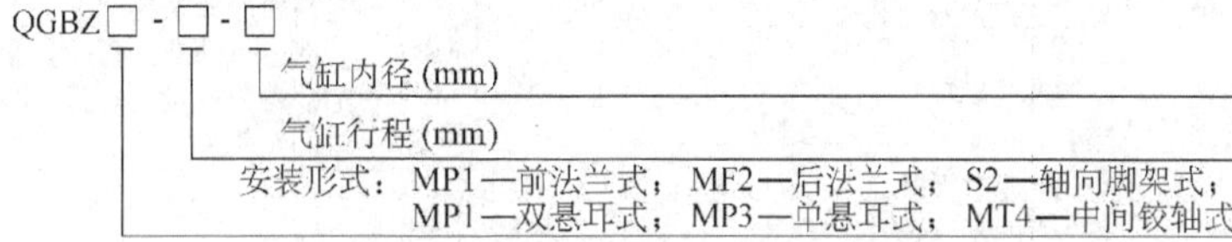

表 22.4-43 QGBZ 系列气缸外形尺寸及安装形式 (mm)

基本型

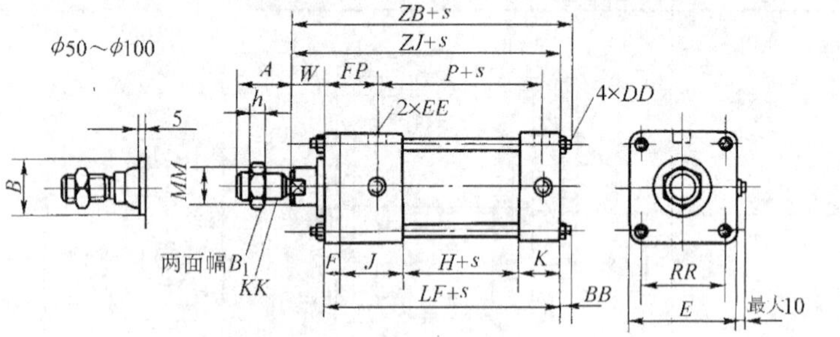

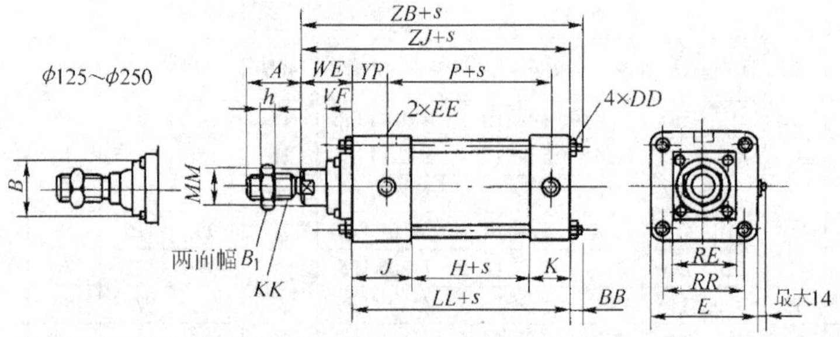

缸径	A	B	B_1	BB	D	DD	E	EE	F	FP	H	h	J
50	32	ϕ34	22	7	19	M6×1	□62	G1/4	10	34	35	8	35.5
63	32	ϕ34	22	9	19	M8×1.25	□76	G3/8	10	34	38	8	35.5
80	40	ϕ39	27	10	22	M10×1.5	□94	G3/8	16	43	35	10	43
100	40	ϕ39	27	10	22	M10×1.5	□114	G1/2	16	43	35	10	43
125	54	ϕ46	36	13	27	M12×1.75	□138	G1/2	—	—	45	13.5	41
160	72	ϕ55	50	16	36	M16×2	□178	G3/4	—	—	50	18	46.5
200	72	ϕ55	50	16	36	M16×2	□216	G3/4	—	—	50	18	46.5
250	84	ϕ60	60	19	41	M20×2.5	□270	G1	—	—	65	21	52

（续）

	缸径	KK	K	LF	LL	MM	P	RE	RR	VF	W	WE	YP	ZB	ZJ
基本型	50	M16×1.5	22.5	103	—	φ22	58	—	□47	—	15	—	—	125	118
	63	M16×1.5	22.5	106	—	φ22	61	—	□56	—	15	—	—	130	121
	80	M20×1.5	30	124	—	φ25	67	—	□70	—	19	—	—	153	143
	100	M20×1.5	30	124	—	φ25	67	—	□84	—	19	—	—	153	149
	125	M27×2	28	—	114	φ32	73	□65	□104	21	—	35	27	162	149
	160	M36×2	34.5	—	131	φ 40	85	□76	□134	25	—	41	29	188	172
	200	M36×2	34.5	—	131	φ40	85	□76	□163	25	—	41	29	188	172
	250	M42×2	45	—	162	φ45	109	□90	□202	30	—	48	30	229	210

（15） 10A-2系列气缸（ϕ125～ϕ250mm）

10A-2系列气缸技术规格见表22.4-44，外形尺寸及安装尺寸见表22.4-45。

表22.4-44 ISO标准10A-2系列气缸技术规格

系　列	10Y-2	10A-5	10A-2
气缸内径/mm	20、25、32、40	32、40、50、63、80、100	125、160、200、250
工作压力/MPa	0.1～1.0	0.1～1.0	0.1～1.0
环境温度/℃	-10～70	-10～70	-10～70
工作速度/mm·s^{-1}	50～700	50～700	50～700
行程/mm	0～2000	0～2000	0～2000
机型	标准型、带磁性开关型	标准型、带磁性开关型、带阀型、带阀带磁性开关型	标准型

注：1. ISO标准系列气缸、缸筒和端盖多由铝合金制成，不供油润滑，带有双向缓冲装置，安装形式多样。

2. 本系列气缸有单杆缸，为标准型，也有双杆气缸，作为非标准制作。

3. 生产厂为广东肇庆方大气动有限公司。

4. 型号意义：

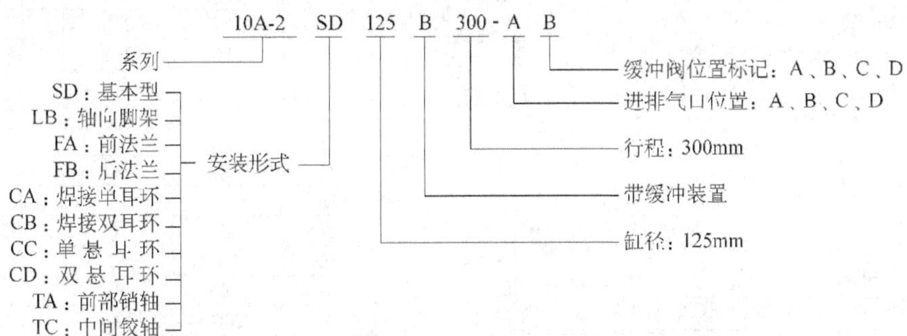

表22.4-45 ISO标准10A-2系列气缸外形尺寸及安装尺寸 （mm）

1） 基本型（SD型）ISO

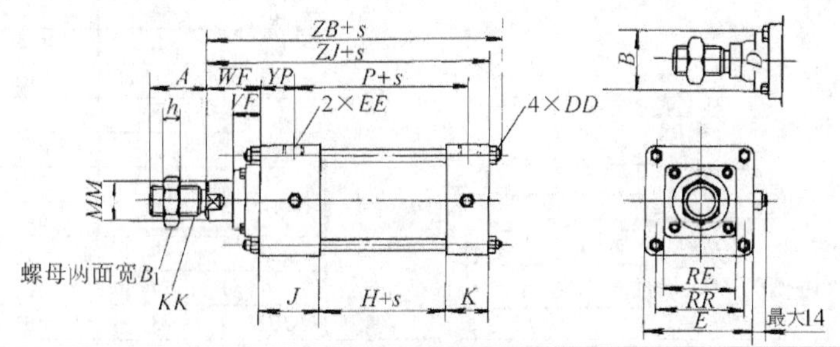

（续）

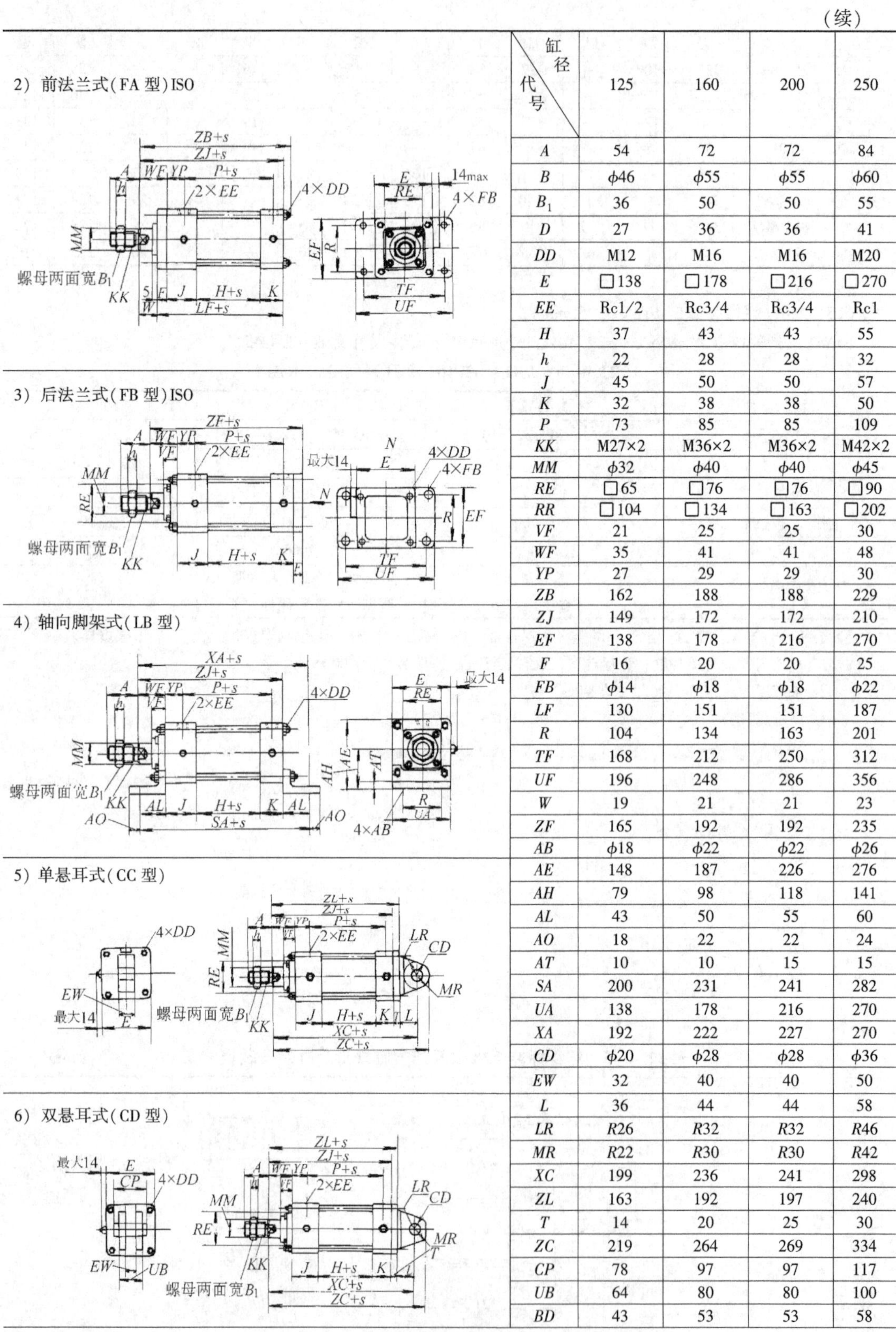

2）前法兰式（FA型）ISO

3）后法兰式（FB型）ISO

4）轴向脚架式（LB型）

5）单悬耳式（CC型）

6）双悬耳式（CD型）

代号＼缸径	125	160	200	250
A	54	72	72	84
B	ϕ46	ϕ55	ϕ55	ϕ60
B_1	36	50	50	55
D	27	36	36	41
DD	M12	M16	M16	M20
E	□138	□178	□216	□270
EE	Rc1/2	Rc3/4	Rc3/4	Rc1
H	37	43	43	55
h	22	28	28	32
J	45	50	50	57
K	32	38	38	50
P	73	85	85	109
KK	M27×2	M36×2	M36×2	M42×2
MM	ϕ32	ϕ40	ϕ40	ϕ45
RE	□65	□76	□76	□90
RR	□104	□134	□163	□202
VF	21	25	25	30
WF	35	41	41	48
YP	27	29	29	30
ZB	162	188	188	229
ZJ	149	172	172	210
EF	138	178	216	270
F	16	20	20	25
FB	ϕ14	ϕ18	ϕ18	ϕ22
LF	130	151	151	187
R	104	134	163	201
TF	168	212	250	312
UF	196	248	286	356
W	19	21	21	23
ZF	165	192	192	235
AB	ϕ18	ϕ22	ϕ22	ϕ26
AE	148	187	226	276
AH	79	98	118	141
AL	43	50	55	60
AO	18	22	22	24
AT	10	10	15	15
SA	200	231	241	282
UA	138	178	216	270
XA	192	222	227	270
CD	ϕ20	ϕ28	ϕ28	ϕ36
EW	32	40	40	50
L	36	44	44	58
LR	R26	R32	R32	R46
MR	R22	R30	R30	R42
XC	199	236	241	298
ZL	163	192	197	240
T	14	20	25	30
ZC	219	264	269	334
CP	78	97	97	117
UB	64	80	80	100
BD	43	53	53	58

（续）

7）中间铰轴式（TC 型）

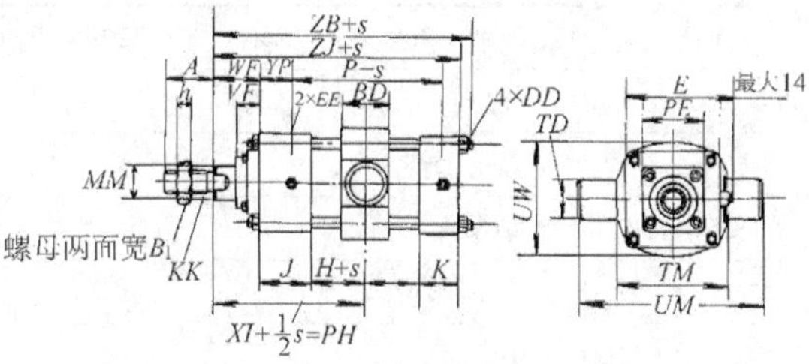

8）中间铰轴座式（TCC 型）

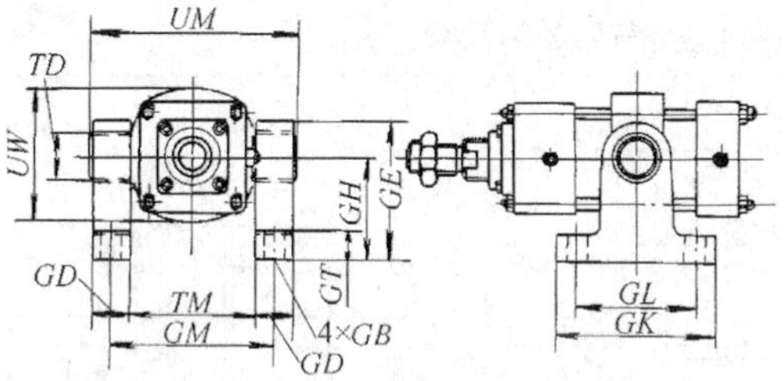

9）双悬耳座式（CDD 型）

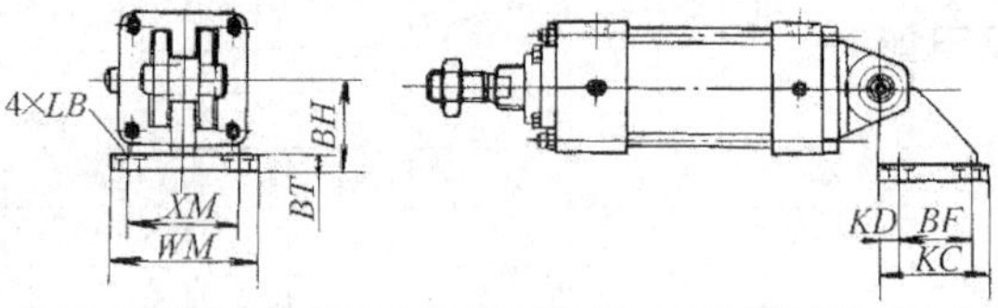

代号＼缸径	125	160	200	250
PH_{min}	101.5	117.5	117.5	134
s_{min}	6	10	10	3
TD	φ25	φ36	φ36	φ45
UM	208	272	318	394
UW	158	200	246	304
XI	98.5	112.5	112.5	132.5
TM	158	200	246	304
GB	φ18	φ22	φ22	φ26
GD	25	36	36	45
GE	115	170	170	210
GH	85	130	130	160
GK	145	185	185	215
GL	105	140	140	165
GM	183	236	282	349
GT	25	25	25	32
XM	110	130	130	170
BF	77	120	120	165
BH	75	115	115	140
BT	14	23	23	28
KC	112	165	165	215
KD	17.5	22.5	22.5	25
LB	φ18	φ22	φ22	φ26
WM	145	175	175	220

10）杆端附件外形和尺寸

T 形（单耳接杆）

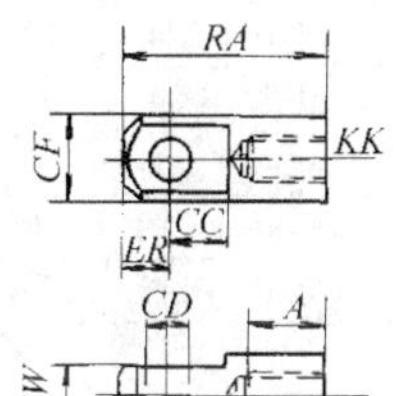

Y 形（叉式带销接杆）

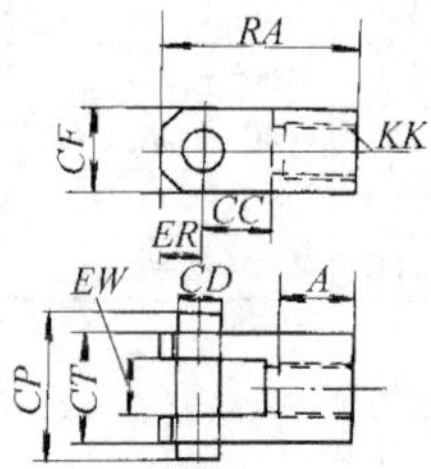

代号＼缸径	*A*	*CC*	*ER*	*CF* T 形	*CF* Y 形	*CD*	*CP*	*CT*	*EW*	*RA*	*KK*
125	56	32	20	φ49	40	φ20	78	64	32	120	M27×2
160	74	33	28	φ62	55	φ28	97	80	40	153	M36×2
200	74	33	28	φ62	55	φ28	97	80	40	153	M36×2
250	86	48	36	φ79	70	φ36	117	100	50	180	M42×2

（16）JB 系列重型气缸（ϕ80～ϕ400mm）

JB 系列重型气缸是冶金设备用气缸，是性能稳定、制造成熟的产品，符合 JB 标准要求，带缓冲装置，国内多数气动元件厂都生产该系列产品。其技术规格见表 22.4-46，外形尺寸见表 22.4-47。

表 22.4-46　JB 系列重型气缸技术规格

缸径/mm	80	100	125	160	180	200	250	320	400
最大行程/mm	600		800		1000		1250	1600	
工作介质	经过净化并含有油雾的压缩空气								
使用温度范围/℃	-25～80（在不冻结条件下）								
工作压力范围/MPa	0.15～0.8								
使用速度范围/mm · s^{-1}	100～500								

注：生产厂为烟台未来自动设备有限责任公司、肇庆方大气动有限公司、济南华能气动元器件公司、无锡市华通气动制造有限公司。

表 22.4-47　JB 系列重型气缸外形尺寸　　（mm）

基本型

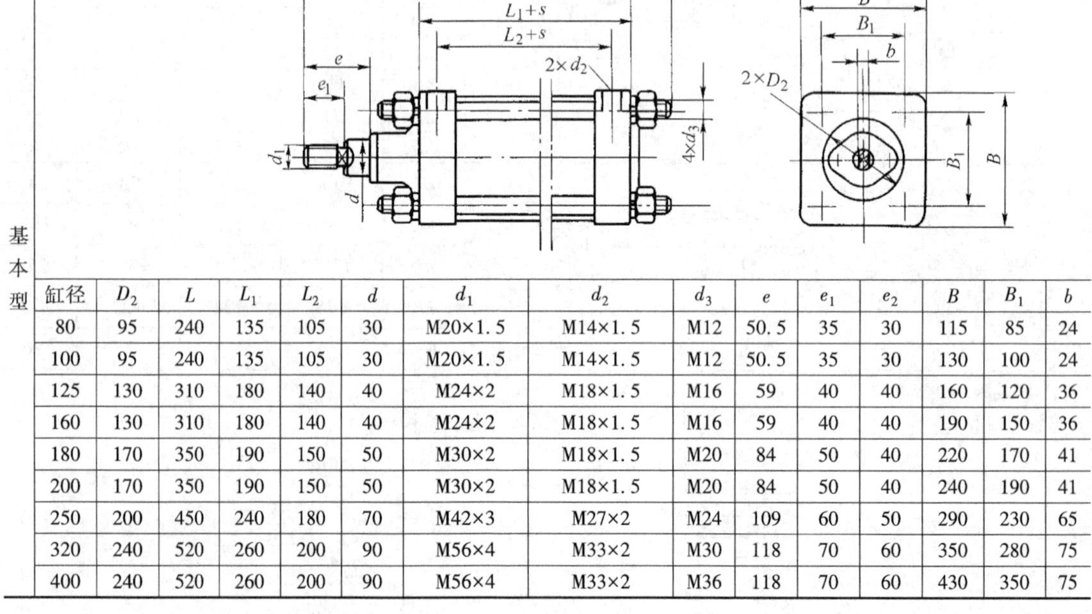

缸径	D_2	L	L_1	L_2	d	d_1	d_2	d_3	e	e_1	e_2	B	B_1	b
80	95	240	135	105	30	M20×1.5	M14×1.5	M12	50.5	35	30	115	85	24
100	95	240	135	105	30	M20×1.5	M14×1.5	M12	50.5	35	30	130	100	24
125	130	310	180	140	40	M24×2	M18×1.5	M16	59	40	40	160	120	36
160	130	310	180	140	40	M24×2	M18×1.5	M16	59	40	40	190	150	36
180	170	350	190	150	50	M30×2	M18×1.5	M20	84	50	40	220	170	41
200	170	350	190	150	50	M30×2	M18×1.5	M20	84	50	40	240	190	41
250	200	450	240	180	70	M42×3	M27×2	M24	109	60	50	290	230	65
320	240	520	260	200	90	M56×4	M33×2	M30	118	70	60	350	280	75
400	240	520	260	200	90	M56×4	M33×2	M36	118	70	60	430	350	75

1.6.3　普通双活塞气缸

（1）QGEW-1 系列气缸（ϕ20～ϕ40mm）

QGEW-1 系列气缸技术规格见表 22.4-48，外形尺寸见表 22.4-49。

表 22.4-48　QGEW-1 系列气缸技术规格

品　　种	标准型	带开关型
型　　号	QGEW-1	QGEW-1R
气缸内径/mm	20、25、32、40	
最大行程/mm	300（ϕ20）、400（ϕ25）、500（ϕ32）、600（ϕ40）	

（续）

品　　种	标准型	带开关型
型　　号	QGEW-1	QGEW-1R
最短行程/mm	无限制	37
使用压力范围/MPa	0.1～1.0	
耐压力/MPa	1.5	
使用速度范围/mm · s^{-1}	50～700	
使用温度范围/℃	-25～80（但不在冻结条件下）	
使用介质	干燥，洁净压缩空气	
缓冲形式	缓冲垫	
给油	不需要（也可给油）	

注：生产厂为肇庆方大气动有限公司。

表 22.4-49　QGEW-1 系列气缸外形尺寸　　(mm)

基本型(SD)

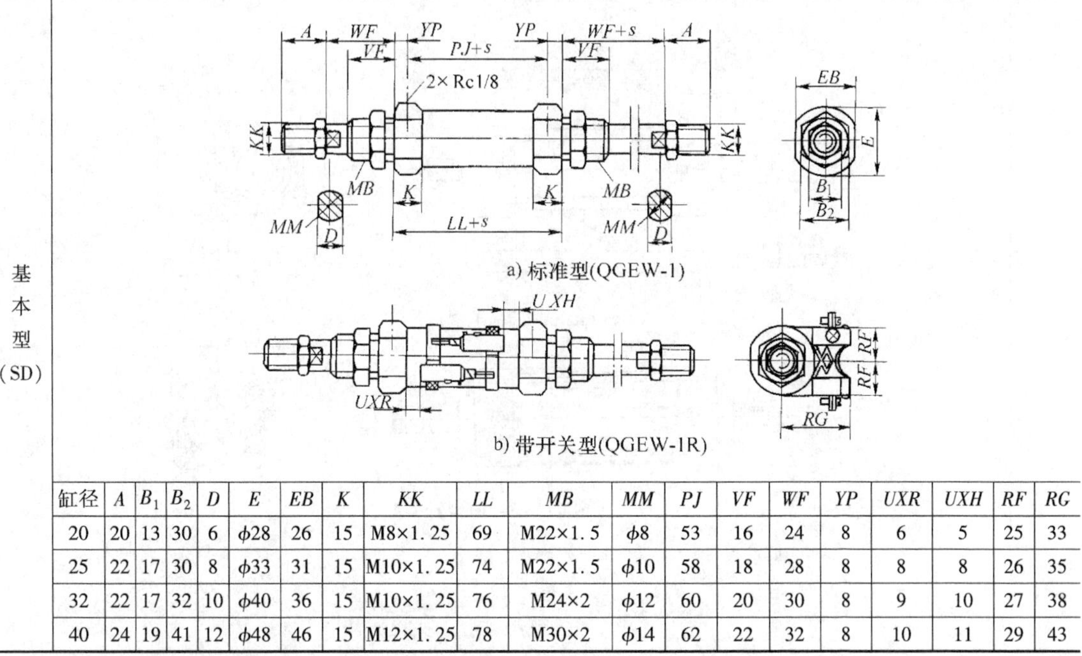

a) 标准型(QGEW-1)

b) 带开关型(QGEW-1R)

缸径	A	B_1	B_2	D	E	EB	K	KK	LL	MB	MM	PJ	VF	WF	YP	UXR	UXH	RF	RG
20	20	13	30	6	ϕ28	26	15	M8×1.25	69	M22×1.5	ϕ8	53	16	24	8	6	5	25	33
25	22	17	30	8	ϕ33	31	15	M10×1.25	74	M22×1.5	ϕ10	58	18	28	8	8	8	26	35
32	22	17	32	10	ϕ40	36	15	M10×1.25	76	M24×2	ϕ12	60	20	30	8	9	10	27	38
40	24	19	41	12	ϕ48	46	15	M12×1.25	78	M30×2	ϕ14	62	22	32	8	10	11	29	43

注：1. 本产品与 10Y-2 系列气缸兼容，其他尺寸参见 10Y-2 系列气缸。

2. 气缸行程 s 范围见表 22.4-48。

(2) QGEW-2 系列气缸(ϕ32～ϕ125mm)

QGEW-2 系列气缸技术规格见表 22.4-50，外形尺寸见表 22.4-51。

表 22.4-50　QGEW-2 系列气缸技术规格

<table>
<tr><td colspan="2" rowspan="2">气缸型号</td><td colspan="7">QGEW-2(标准型)</td><td colspan="7">QGEW-2V(带阀型)</td></tr>
<tr><td colspan="7">QGEW-2R(带开关型)</td><td colspan="7">QGEW-2K(带阀带开关型)</td></tr>
<tr><td colspan="2">气缸内径 D/mm</td><td>32</td><td>40</td><td>50</td><td>63</td><td>80</td><td>100</td><td>125</td><td>32</td><td>40</td><td>50</td><td>63</td><td>80</td><td>100</td><td>125</td></tr>
<tr><td colspan="2">最大行程 s/mm</td><td>500</td><td colspan="3">800</td><td colspan="3">1000</td><td>500</td><td colspan="3">800</td><td colspan="3">1000</td></tr>
<tr><td colspan="2">工作压力范围/MPa</td><td colspan="7">0.1～1.0</td><td colspan="7">0.15～1.0</td></tr>
<tr><td colspan="2">耐压力/MPa</td><td colspan="14">1.5</td></tr>
<tr><td colspan="2">使用速度范围/mm·s^{-1}</td><td colspan="14">50～700，50～500</td></tr>
<tr><td colspan="2">使用温度范围/℃</td><td colspan="14">-25～80(但在不冻结条件下)</td></tr>
<tr><td colspan="2">工作介质</td><td colspan="14">经净化的压缩空气</td></tr>
<tr><td colspan="2">给油</td><td colspan="14">不需要(也可给油)</td></tr>
<tr><td colspan="2">缓冲</td><td colspan="14">两侧可调缓冲</td></tr>
<tr><td colspan="2">缓冲行程/mm</td><td colspan="3">20</td><td colspan="4">25</td><td colspan="3">20</td><td colspan="4">25</td></tr>
<tr><td rowspan="3">最短行程/mm</td><td>气缸型号</td><td colspan="3">QGEW-2R</td><td colspan="5">QGEW-2V</td><td colspan="6">QGEW-2K</td></tr>
<tr><td>TC 安装</td><td colspan="3">125</td><td colspan="5">75</td><td colspan="6">125</td></tr>
<tr><td>其他安装</td><td colspan="3">15</td><td colspan="5">50</td><td colspan="6">50</td></tr>
</table>

注：生产厂为广东肇庆方大气动有限公司。

表 22.4-51　QGEW-2 系列气缸外形尺寸　　（mm）

基本型（SD）

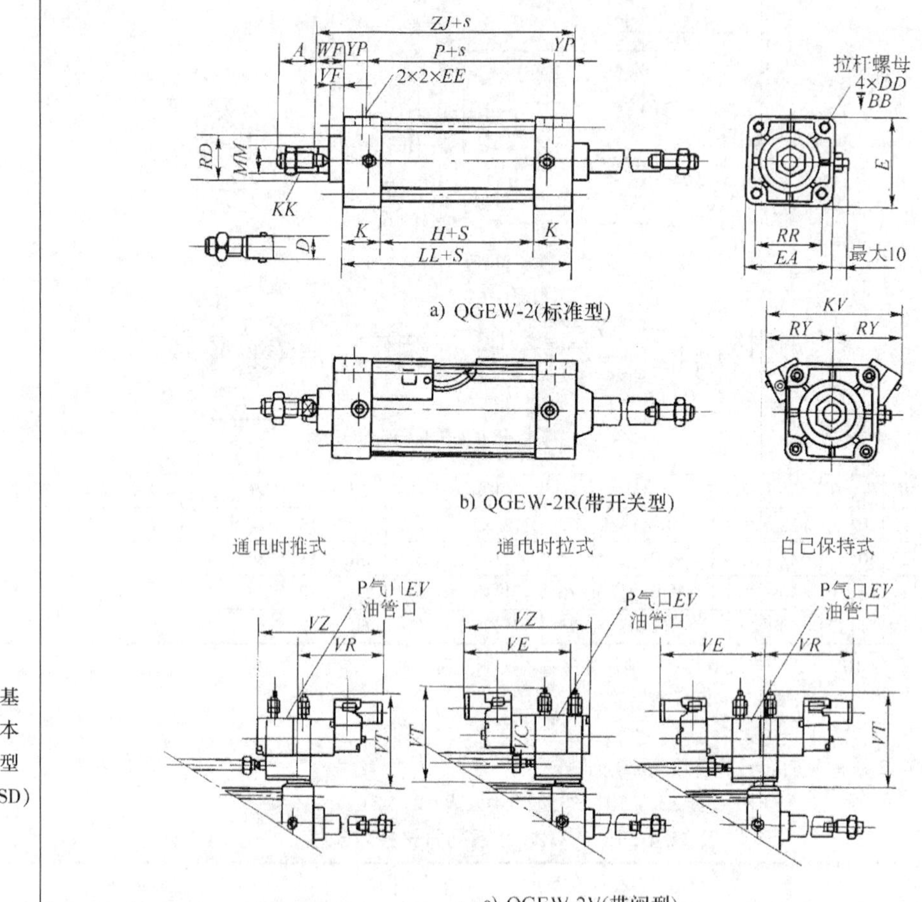

a) QGEW-2(标准型)

b) QGEW-2R(带开关型)

c) QGEW-2V(带阀型)

缸径	*A*	*BB*	*D*	*DD*	*E*	*EA*	*EE*	*H*	*K*	*KK*	*EV*	*VZ*
32	22	8	10	M6×1	44	44	Rc1/8	29	32	M10×1.25	Rc1/8	155
40	24	8	13	M6×1	50	50	Rc1/4	29	32	M12×1.25	Rc1/4	155
50	32	8	19	M6×1	62	62	Rc1/4	29	32	M16×1.5	Rc1/4	155
63	32	9	19	M8×1.25	76	75	Rc3/8	32	32	M16×1.5	Rc3/8	165
80	40	11	22	M10×1.5	94	94	Rc3/8	32	38	M20×1.5	Rc3/8	165
100	40	11	22	M10×1.5	114	112	Rc1/2	32	38	M20×1.5	Rc3/8	165
125	54	14	27	M12×1.75	138	136	Rc1/2	38	38	M27×2	Rc1/2	180

缸径	*VR*	*LL*	*MM*	*P*	*RD*	*RR*	*VF*	*WF*	*YP*	*ZJ*	*VE*	*VT*	*RV*	*RY*
32	99	93	ϕ12	58	ϕ28	□33	15	25	17.5	118	121	96	74	37
40	99	93	ϕ16	58	ϕ32	□37	15	25	17.5	118	121	96	80	40
50	99	93	ϕ22	58	ϕ38	□47	15	25	17.5	118	121	96	90	45
63	102	96	ϕ22	58	ϕ38	□56	15	25	17.5	121	128	101	102	51
80	102	108	ϕ25	65	ϕ47	□70	21	35	21.5	143	128	101	118	59
100	102	108	ϕ25	65	ϕ47	□84	21	35	21.5	143	128	101	132	66
125	107	114	ϕ32	71	ϕ54	□104	21	35	21.5	149	137	125	154	77

注：1. 本产品与 10A-5 系列气缸兼容，其他尺寸参见 10A-5 系列气缸。

2. 气缸行程 *s* 范围见表 22.4-50。

（3）LGL 系列气缸（$\phi 32 \sim \phi 125$mm）

LGL 系列气缸主要技术参数参见前述的 LG 系列气缸的表 22.4-29，外形尺寸参见图 22.4-31 及表 22.4-30。

（4）QGBQS 系列气缸（$\phi 32 \sim \phi 100$mm）

该系列气缸技术规格见 QGBQ 系列气缸的表 22.4-34，外形尺寸见表 22.4-52。

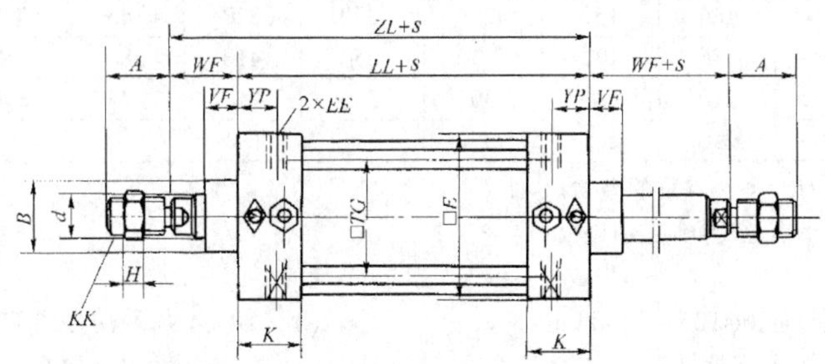

图 22.4-31　LGL 系列气缸外形尺寸

注：生产厂为烟台未来自动装备有限责任公司。

表 22.4-52　QGBQS 系列气缸外形尺寸　（mm）

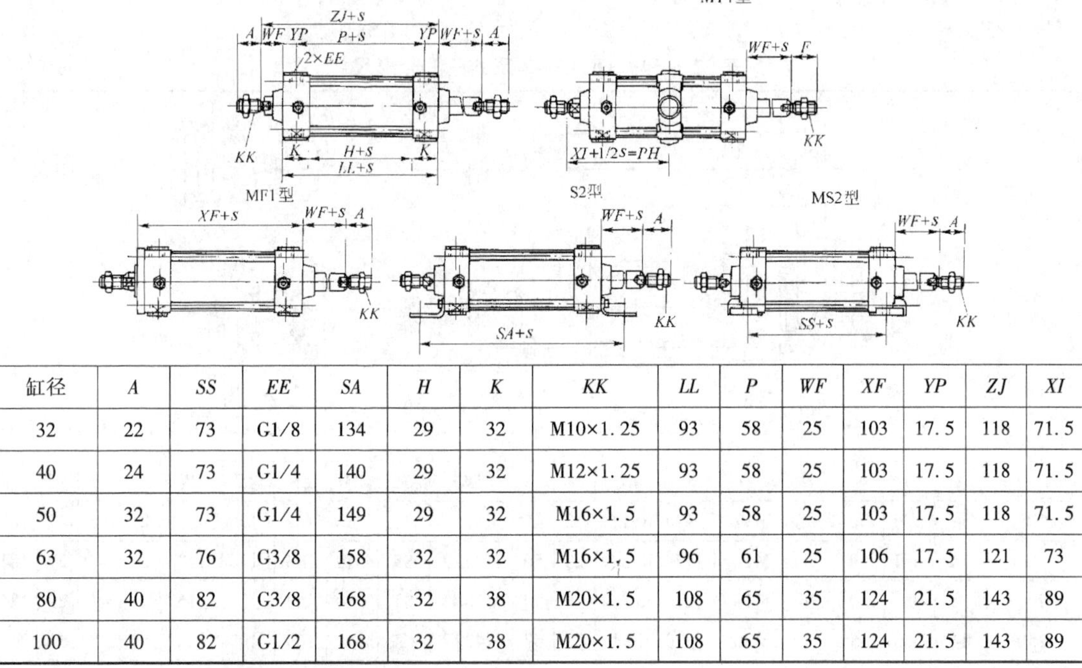

缸径	A	SS	EE	SA	H	K	KK	LL	P	WF	XF	YP	ZJ	XI
32	22	73	G1/8	134	29	32	M10×1.25	93	58	25	103	17.5	118	71.5
40	24	73	G1/4	140	29	32	M12×1.25	93	58	25	103	17.5	118	71.5
50	32	73	G1/4	149	29	32	M16×1.5	93	58	25	103	17.5	118	71.5
63	32	76	G3/8	158	32	32	M16×1.5	96	61	25	106	17.5	121	73
80	40	82	G3/8	168	32	38	M20×1.5	108	65	35	124	21.5	143	89
100	40	82	G1/2	168	32	38	M20×1.5	108	65	35	124	21.5	143	89

注：1. 其他尺寸参见 QGBQ 系列气缸的表 22.4-35。

2. 生产厂为无锡市华通气动制造有限公司。

（5）QGSG 系列气缸（$\phi 32 \sim \phi 320$mm）

QGSG 系列气缸技术规格见 QGS 系列气缸的表 22.4-40，外形尺寸及安装尺寸见表 22.4-53。

表 22.4-53　QGSG 系列气缸外形尺寸及安装尺寸　（mm）

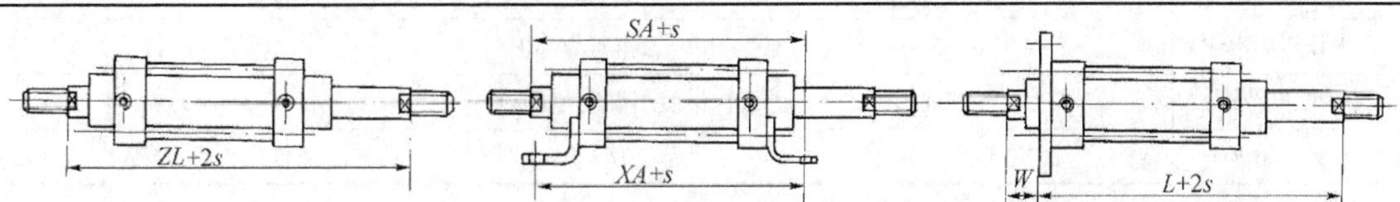

（续）

缸径	ZL	XA	SA	L	W	缸径	ZL	XA	SA	L	W
32	148	144	140	130	18	125	286	268	250	243	43
40	163	161	159	143	20	160	340	320	300	278	62
50	176	171	166	151	25	200	370	345	320	300	70
63	195	190	185	172	23	250	410	380	350	330	80
80	220	215	210	190	30	320	460	425	390	370	90
100	240	230	220	205	35						

注：1. 其他尺寸参见QGS系列气缸的表22.4-41。
2. 生产厂为无锡市华通气动制造有限公司。

（6）QGEW-3系列气缸（ϕ125～ϕ250mm）

QGEW-3系列气缸技术规格见10A-2系列气缸的表22.4-44，外形尺寸见表22.4-54。

1.6.4 薄型气缸

与普通气缸相比，薄型气缸的轴向尺寸更小，更便于安装。

（1）DQGI系列薄型气缸（ϕ12～ϕ100mm）

DQGI系列薄型气缸的技术规格见表22.4-55，外形尺寸见表22.4-56。

（2）QCQ2系列薄型气缸（ϕ12～ϕ100mm）

该系列产品按日本规格尺寸设计制造，采用进口密封圈。其技术规格见表22.4-57，外形尺寸见表22.4-58。

表22.4-54 QGEW-3系列气缸外形尺寸 （mm）

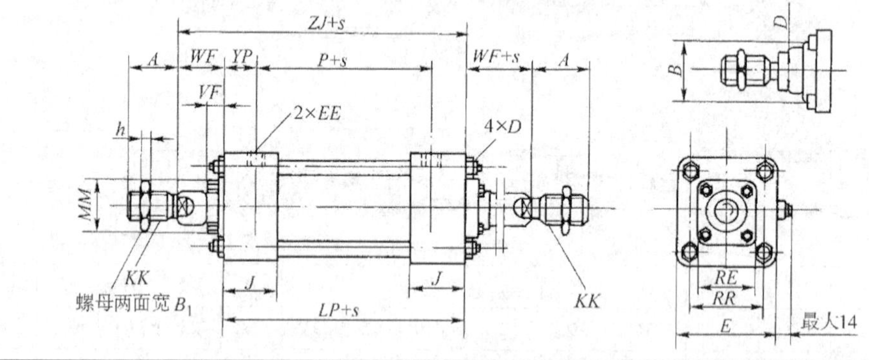

缸径	A	B	B_1	D	PD	E	EE	h	J	KK	P	MM	LP	RE	RR	VF	WF	YP	ZJ
125	54	ϕ46	36	27	M12	□138	Rc1/2	22	45	M27×2	73	ϕ32	127	□65	□104	21	35	27	162
160	72	ϕ55	50	36	M16	□178	Rc3/4	28	50	M36×2	85	ϕ40	143	□76	□134	25	41	29	184
200	72	ϕ55	50	36	M16	□216	Rc3/4	28	50	M36×2	85	ϕ40	143	□76	□163	25	41	29	184
250	84	ϕ60	55	41	M20	□270	Rc1	32	57	M42×2	109	ϕ45	169	□90	□202	30	48	30	217

注：1. 其他安装形式及尺寸参见10A-2系列气缸的表22.4-45。
2. 生产厂为广东肇庆方大气动有限公司。

表22.4-55 DQGI系列薄型气缸技术规格 （mm）

缸径/mm	12	16	20	25	32	缸径/mm	40	50	63	80	100
行程范围/mm	5～20	5～25	5～30	5～35	5～50	行程范围/mm	5～60	10～70	10～80	10～100	10～120
工作压力/MPa	0.15～1					工作压力/MPa	0.15～1				
使用温度范围/℃	-25～80					使用温度范围/℃	-25～80				
工作介质	空气、干燥空气					工作介质	空气、干燥空气				

注：生产厂为烟台未来自动装备有限责任公司。

表 22.4-56　DQGI 型薄型气缸外形尺寸　（mm）

基本型、带磁性开关型

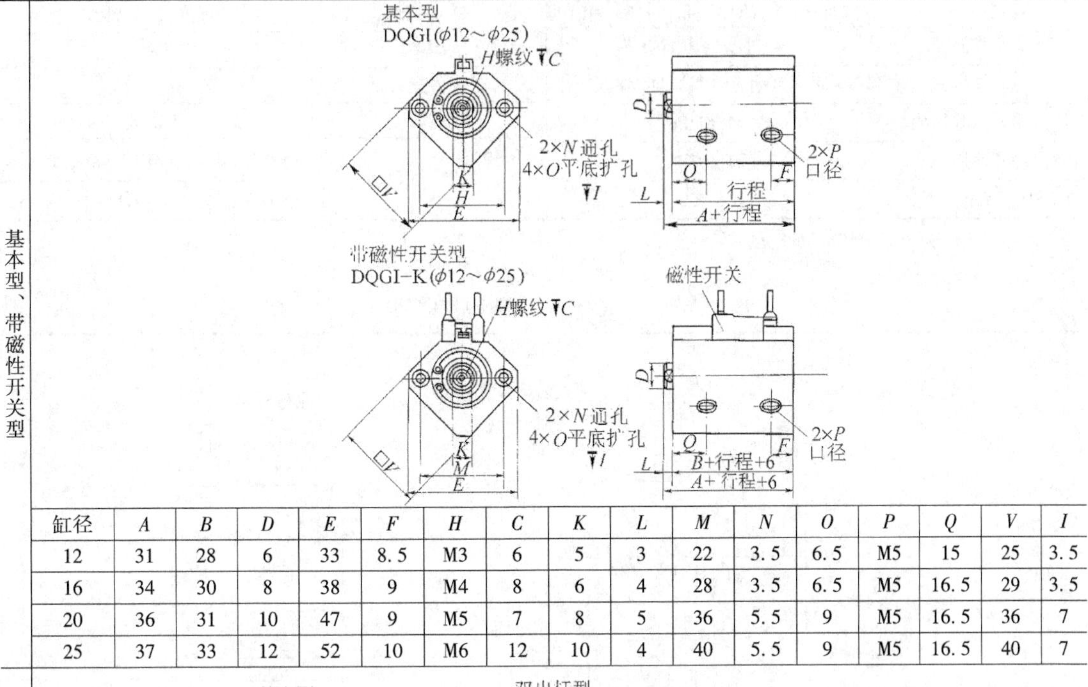

缸径	A	B	D	E	F	H	C	K	L	M	N	O	P	Q	V	I
12	31	28	6	33	8.5	M3	6	5	3	22	3.5	6.5	M5	15	25	3.5
16	34	30	8	38	9	M4	8	6	4	28	3.5	6.5	M5	16.5	29	3.5
20	36	31	10	47	9	M5	7	8	5	36	5.5	9	M5	16.5	36	7
25	37	33	12	52	10	M6	12	10	4	40	5.5	9	M5	16.5	40	7

基本型、双出杆型、带磁性开关型、双出杆型(带磁性开关)

基本型
DQGI 型(φ32～φ100)

双出杆型
DQGIL-L 型(φ32～φ100)

带磁性开关型
DQGI-K 型(φ32～φ100)

双出杆型(带磁性开关)
DQGIL-K 型(φ32～φ100)

缸径	B	d	L	B	M	K	H	P	TG	d_1	d_2	h	F	E	KK
32	24	14	40	33	6	5	50	46	34	5.5	9	13	12	G1/8	M8
40	28	16	46	38	6	6	57	52	40	5.5	9	13	14	G1/8	M8
50	32	20	48	40	7	6	71	64	50	6.6	11	15	15	G1/4	M10
63	32	20	50	42	9	6	84	78	60	9	14	15	15	G1/4	M10
80	40	25	60	50	11	7	104	98	77	11	17.5	21	19.5	G3/8	M16
100	40	25	72	60	11	7	124	118	94	11	17.5	27	23	G3/8	M20

注：气缸行程 s 范围见表 22.4-55。

表 22.4-57 QCQ2 系列薄型气缸技术规格

缸径/mm	12 16 20 25 32 40 50 63 80 100	杆端螺纹	内螺纹(标准)，外螺纹(选择)			
工作介质	经过滤的压缩空气	缓冲	无			
动作形式	双动，单动，弹簧压回/弹簧压出	行程误差/mm	0~1.0			
耐压试验压力	1.5MPa	润滑	不需要			
最高使用压力	1.0MPa	安装接管口径	通孔(标准)，两端内螺纹(选择)			
环境和流体温度/℃	5~60		M5×0.8	G1/8	G1/4	G3/8

注：生产厂为上海全伟自动化元件有限公司。

表 22.4-58 QCQ2 系列薄型气缸外形尺寸 (mm)

QCQ2B/QCDQ2B系列双作用型

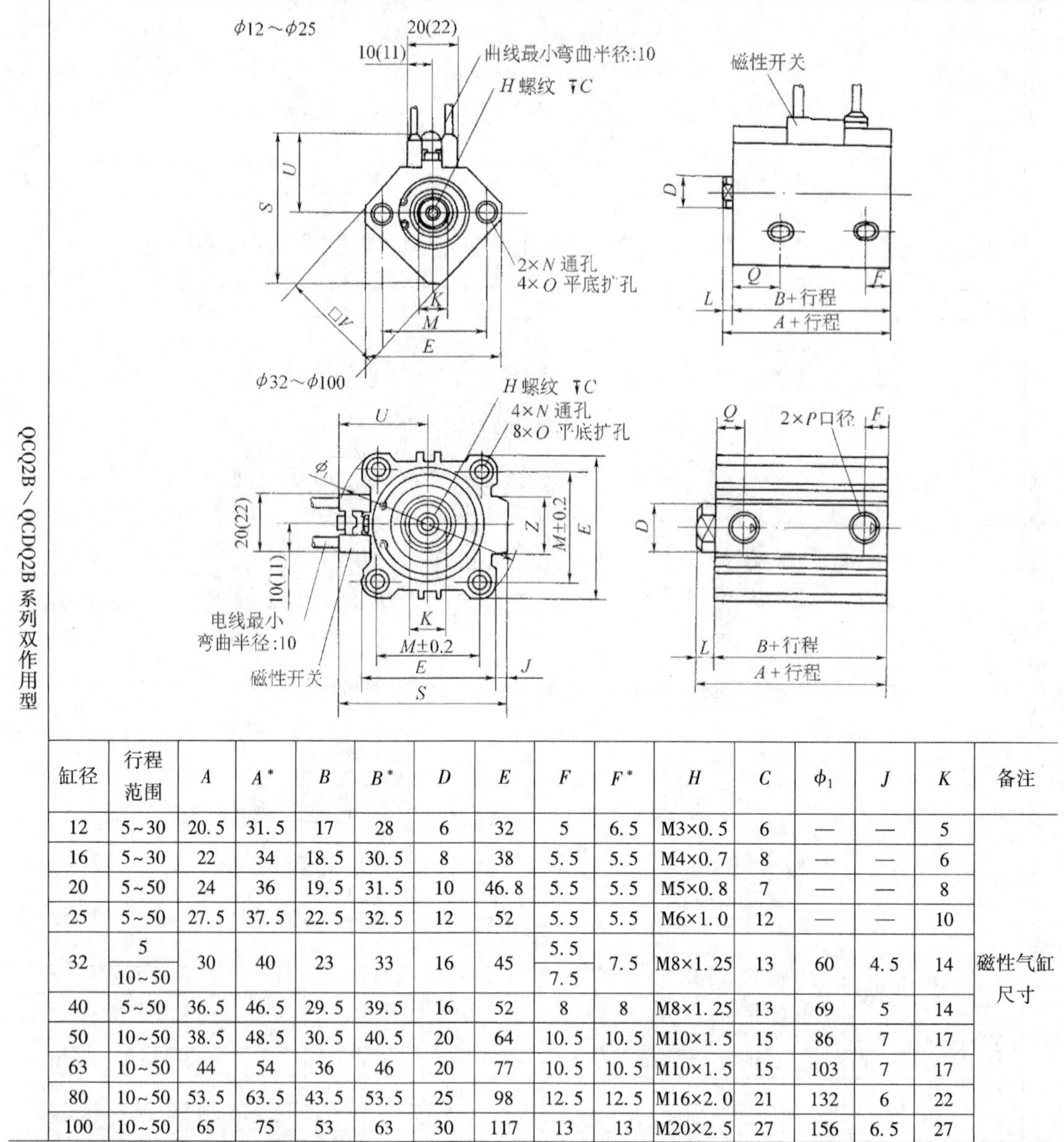

缸径	行程范围	A	A*	B	B*	D	E	F	F*	H	C	ϕ_1	J	K	备注
12	5~30	20.5	31.5	17	28	6	32	5	6.5	M3×0.5	6	—	—	5	磁性气缸尺寸
16	5~30	22	34	18.5	30.5	8	38	5.5	5.5	M4×0.7	8	—	—	6	
20	5~50	24	36	19.5	31.5	10	46.8	5.5	5.5	M5×0.8	7	—	—	8	
25	5~50	27.5	37.5	22.5	32.5	12	52	5.5	5.5	M6×1.0	12	—	—	10	
32	5 10~50	30	40	23	33	16	45	5.5 7.5	7.5	M8×1.25	13	60	4.5	14	
40	5~50	36.5	46.5	29.5	39.5	16	52	8	8	M8×1.25	13	69	5	14	
50	10~50	38.5	48.5	30.5	40.5	20	64	10.5	10.5	M10×1.5	15	86	7	17	
63	10~50	44	54	36	46	20	77	10.5	10.5	M10×1.5	15	103	7	17	
80	10~50	53.5	63.5	43.5	53.5	25	98	12.5	12.5	M16×2.0	21	132	6	22	
100	10~50	65	75	53	63	30	117	13	13	M20×2.5	27	156	6.5	27	

（续）

系列	缸径	行程范围	L	M	N	O	P	P^*	Q	Q^*	S	U	V	Z	备　注
QCQ2B/QCDQ2B系列双作用型	12	5~30	3.5	22	3.5	6.5深3.5	M5×0.8	M5×0.8	7.5	11	35.5	19.5	25	—	磁性气缸尺寸
	16	5~30	3.5	28	3.5	6.5深3.5	M5×0.8	M5×0.8	8	10	41.5	22.5	29	—	
	20	5~50	4.5	36	5.5	9深7	M5×0.8	M5×0.8	9	10.5	48	24.5	36	—	
	25	5~50	5	40	5.5	9深7	M5×0.8	M5×0.8	11	11	53.5	27.5	40	—	
	32	5	7	34	5.5	9深7	M5×0.8	G1/8	11.5	10.5	58.5	31.5	—	18	
		10~50					G1/8		10.5						
	40	5~50	7	40	5.5	9深7	G1/8	G1/8	11	11	66	35	—	18	
	50	10~50	8	50	6.6	11深8	G1/4	G1/4	10.5	10.5	80	41	—	22	
	63	10~50	8	60	9	14深10.5	G1/4	G1/4	15	15	93	47.5	—	22	
	80	10~50	10	77	11	17.5深13.5	G3/8	G3/8	16	16	112.5	57.5	—	26	
	100	10~50	12	94	11	17.5深13.5	G3/8	G3/8	23	23	132.5	67.5	—	26	

（3）QGD系列薄型气缸（$\phi16\sim\phi100$mm）

QGD系列薄型气缸技术规格见表22.4-59，外形尺寸表22.4-60。

表22.4-59　QGD系列薄型气缸技术规格

气缸内径/mm	16	20	25	32	40	50	16	20	25	32	40	50	63	80	100
气缸种类	单作用（弹簧复位）						双作用								
使用介质	洁净压缩空气														
保证耐压力/MPa	1.5														
最高使用压力/MPa	0.99														
环境介质温度/℃	-10~70														
杆端螺纹	内螺纹														
缓冲	不可调缓冲														
给油	不需要（给油亦可）														
行程范围/mm	5~10					10~20	5~40	5~50		5~80		10~80			
接管螺纹	M5	M5	G1/8	G1/8	G1/8	G1/8	M5	M5	G1/8	G1/8	G1/8	G1/8	G1/8	G1/4	G1/4

注：生产厂为济南华能气动元器件公司。

表22.4-60　QGD系列薄型气缸外形尺寸　（mm）

QGD型

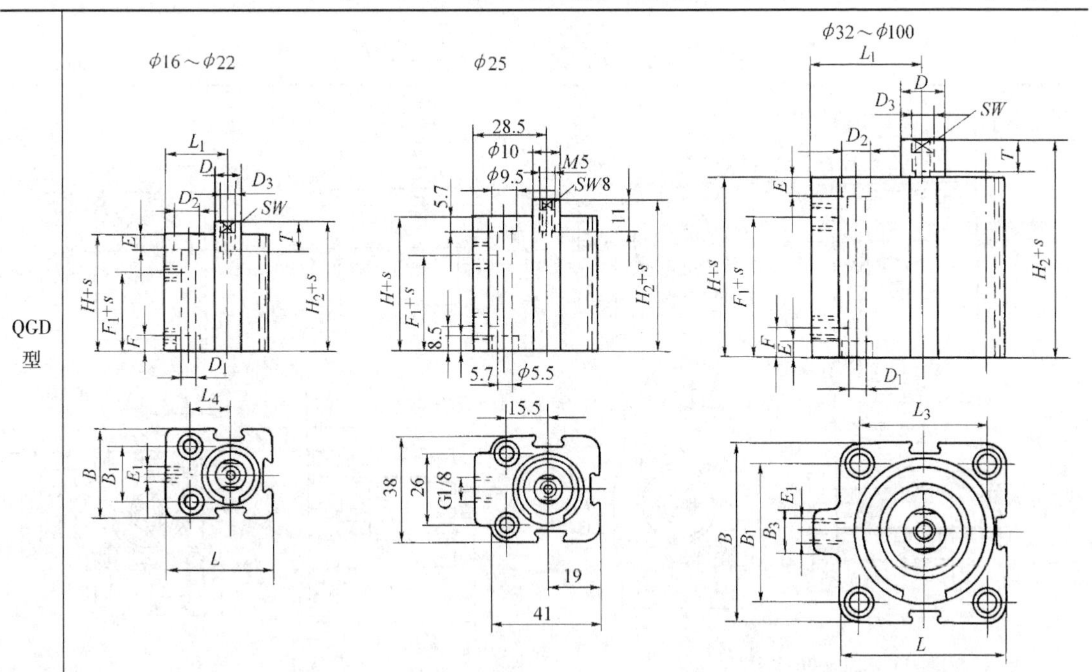

（续）

	缸径	B	B_1	B_3	D	D_1	D_2	D_3	E_1	E	F	L	L_1	L_3	L_4	SW	T	F_1	H	H_2
QGD型	16	28	18	—	6	4.5	8	M4	M5	4.6	5	34	20	—	12	6	6	8.5	17	20.5
	20	32	20	—	10	5.5	9.5	M5	M5	5.7	6	40	24	—	15	8	8	9	20	23.5
	25	—	—	—	—	—	—	—	—	—	—	—	—	—	—	—	—	14.5	26.5	30
	32	45	32	26	16	5.5	9.5	M6	G1/8	5.7	8.5	48	29	36	—	14	12	16.5	29.5	33
	40	55	42	28	16	5.5	10	M6	G1/8	5.7	14.5	55	33.5	42	—	14	12	23.5	38	41.5
	50	65	50	28	20	6.6	11	M8	G1/8	6.8	15	65	38.5	50	—	18	12	24	39	43.5
	63	80	62	28	20	9	15	M8	G1/8	9	16.5	80	45.5	62	—	18	14	26.5	43	47.5
	80	100	82	30	25	9	15	M10	G1/4	10	19	100	58	82	—	22	16	35.5	54.5	61
	100	124	103	30	25	11	17.5	M12	G1/4	16.5	21.5	124	68	103	—	22	20	32.5	59	65.5

（4）QGY 系列薄型气缸（ϕ20～ϕ100mm）

QGY 系列薄型气缸技术规格见表 22.4-61，外形尺寸见表 22.4-62。

表 22.4-61　QGY 系列薄型气缸技术规格

型　号		QGY、QGYR	QGY(D)、QGY(D)R							
气缸内径/mm		20、25、32、40、50、63、80、100	20	25	32	40	50	63	80	100
耐压力/MPa		1.5								
工作压力/MPa		0.1～1	0.2～1							
使用温度范围/℃		−25～80（但在不冻结条件下）								
最大行程/mm		ϕ20～ϕ25：30；ϕ32～ϕ100：50	ϕ20～ϕ25：30；ϕ32～ϕ40：35；ϕ50～ϕ100：40							
工作介质		经净化干燥压缩空气								
给油		不需要（也可给油）								
最大行程的弹簧	初反力/N		14.5	22.8	32	51.8	72	83.2	115.5	128.7
	终反力/N		48.1	57	102	142.5	216	211.2	247.5	260.7

注：生产厂为广东肇庆方大气动有限公司。

表 22.4-62　QGY 系列薄型气缸外形尺寸　　（mm）

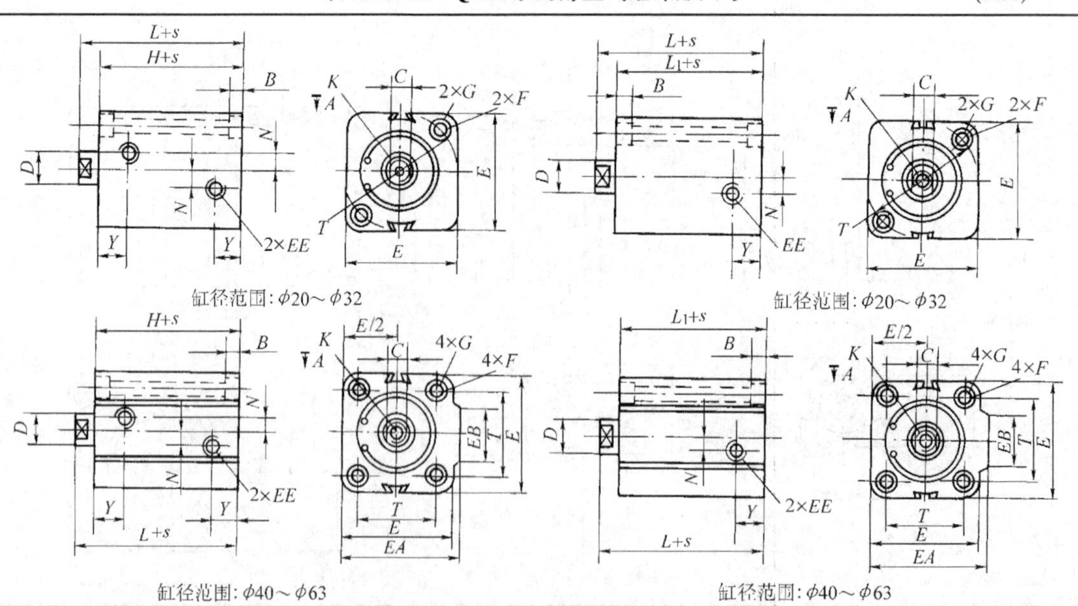

缸径范围：ϕ20～ϕ32　　缸径范围：ϕ20～ϕ32

缸径范围：ϕ40～ϕ63　　缸径范围：ϕ40～ϕ63

（续）

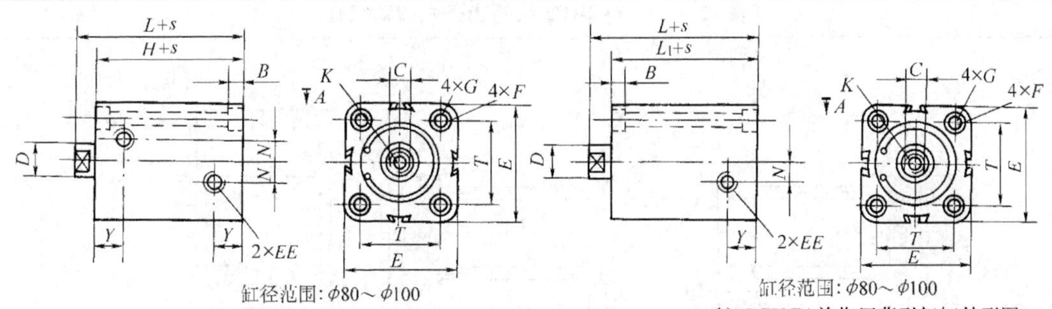

缸径范围：ϕ80～ϕ100
a) QGY薄型气缸外形图

缸径范围：ϕ80～ϕ100
b) QGY(D)单作用薄型气缸外形图

缸径	E	EA	EB	EE	F	G	B	K	A	D	C	T	N	Y	QGY				QGY(D)			
															H		L		L_1		L	
															基型	R 型	基型	R 型	基型	R 型	基型	R 型
20	□37			M5	ϕ5.5	ϕ9.5	5.5	M5	7	ϕ8	7	ϕ36	4.5	9.5	26	36	29.5	39.5	37	47	40.5	50.5
25	□40			M5	ϕ5.5	ϕ9.5	5.5	M5	7	ϕ10	8	ϕ40	4.5	11	30	36	33.5	39.5	40	46	43.5	49.5
32	□45			M5	ϕ5.5	ϕ9.5	5.5	M8	12	ϕ14	12	ϕ48	4.5	11	30	36	33.5	39.5	40	46	43.5	49.5
40	□53	57	28	M10×1	ϕ5.5	ϕ9.5	5.5	M8	12	ϕ14	12	40	5	12	32	38	35.5	41.5	42	48	45.5	51.5
50	□64	68	30	M10×1	ϕ6.6	ϕ11	6.5	M10	15	ϕ20	17	50	6	14	37	44	40.5	47.5	48	55	51.5	58.5
63	□77	84	35	M12×1.25	ϕ9	ϕ14	8.5	M10	15	ϕ20	17	60	6	16	42	49	45.5	52.5	54	61	60.5	64.5
80	□100			M12×1.25	ϕ11	ϕ17	16.5	M16	20	ϕ25	22	77	21	18	47	55	53.5	61.5	63	71	69.5	77.5
100	□120			M16×1.5	ϕ11	ϕ17	16.5	M16	20	ϕ25	22	94	29	20.5	52	60	58.5	66.5	68	76	74.5	82.5

1.6.5 摆动气缸

（1）QGABS 齿轮齿条式摆动气缸（见表 22.4-63）

表 22.4-63　QGABS 齿轮齿条式摆动气缸　（mm）

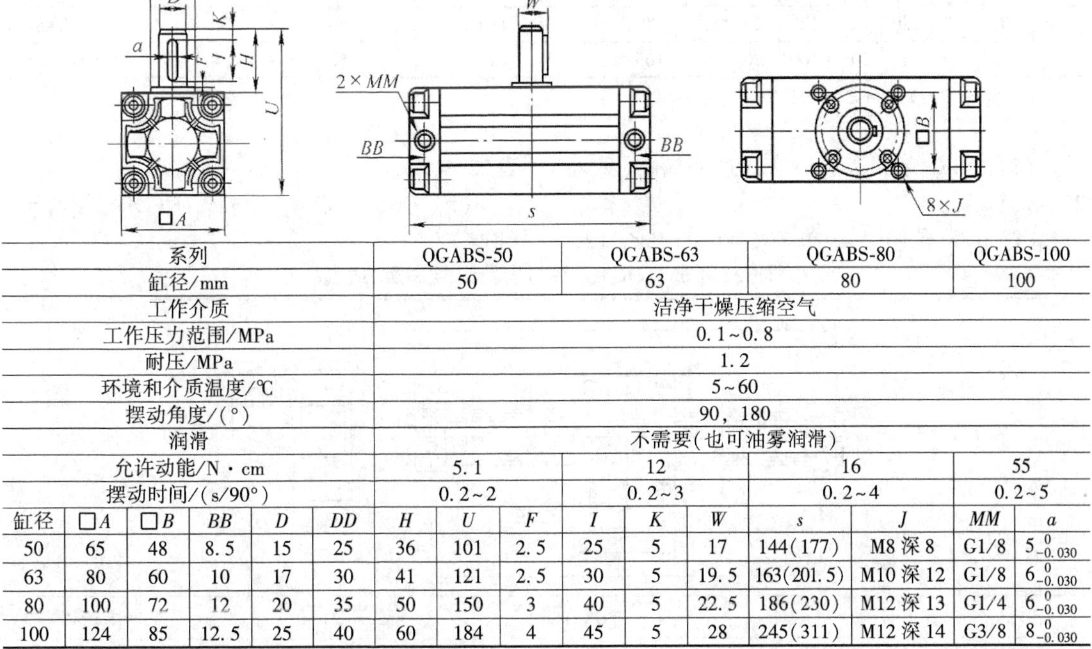

系列						QGABS-50			QGABS-63			QGABS-80		QGABS-100	
缸径/mm						50			63			80		100	
工作介质						洁净干燥压缩空气									
工作压力范围/MPa						0.1～0.8									
耐压/MPa						1.2									
环境和介质温度/℃						5～60									
摆动角度/(°)						90，180									
润滑						不需要（也可油雾润滑）									
允许动能/N·cm						5.1			12			16		55	
摆动时间/(s/90°)						0.2～2			0.2～3			0.2～4		0.2～5	
缸径	□A	□B	BB	D	DD	H	U	F	I	K	W	s	J	MM	a
50	65	48	8.5	15	25	36	101	2.5	25	5	17	144(177)	M8 深 8	G1/8	$5_{-0.030}^{0}$
63	80	60	10	17	30	41	121	2.5	30	5	19.5	163(201.5)	M10 深 12	G1/8	$6_{-0.030}^{0}$
80	100	72	12	20	35	50	150	3	40	5	22.5	186(230)	M12 深 13	G1/4	$6_{-0.030}^{0}$
100	124	85	12.5	25	40	60	184	4	45	5	28	245(311)	M12 深 14	G3/8	$8_{-0.030}^{0}$

注：1. 括号内为摆角 180°的尺寸。
2. 生产厂为济南华能气动元器件公司。

（2）QGBC2齿轮齿条式摆动气缸（轴式）（见表22.4-64）

表22.4-64　QGBC2齿轮齿条式摆动气缸　（mm）

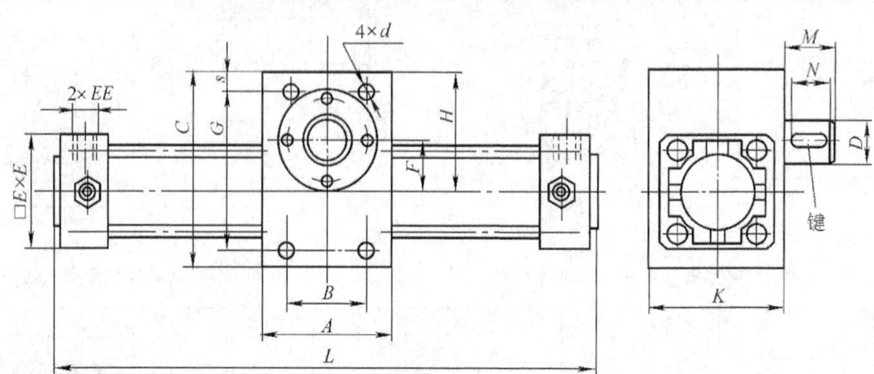

系　列	QGBC2-40	QGBC2-50	QGBC2-63	QGBC2-80	QGBC2-100	QGBC2-125
缸径	40	50	63	80	100	125
理论输出转矩（0.4MPa时）/N·m	7	11	46.7	75.4	117.8	306.8
工作压力/MPa	0.1~1					
旋转角度/（°）	90、180、270、360					
介质温度/℃	-10~80					

缸径	A	B	C	G	K	s	F	H	d	D	E	EE	M	N	L 90°	L 180°	L 270°	L 360°	键（宽×高×长）
40	66	40	95	75	66	10	25	58	7	20	54	G1/4	40	36	236	280	324	368	6×6×36
50	67	40	95	75	74	10	26	57	7	20	66	G1/4	48	40	243	287	331	375	6×6×40
63	130	80	160	140	110	10	52.5	118	11	25	76	G3/8	48	40	384	502	620	738	8×7×40
80	130	80	170	140	110	15	52.5	118	11	25	96	G3/8	48	40	402	520	638	756	8×7×40
100	130	80	180	140	120	20	52.5	118	11	35	115	G1/2	58	50	412	530	648	766	10×8×50
125	200	130	245	205	160	20	77.5	165	13	35	140	G1/2	58	50	588	784	981	1178	10×8×50

注：生产厂为无锡气动技术研究所有限公司。

（3）QGKa系列齿轮齿条式摆动气缸（见表22.4-65）

（4）QGK系列齿轮齿条式摆动气缸（孔式）（见表22.4-66）

（5）QGK-1、QGK-2系列齿轮齿条式摆动气缸（轴式）

表22.4-65　QGKa系列齿轮齿条式摆动气缸　（mm）

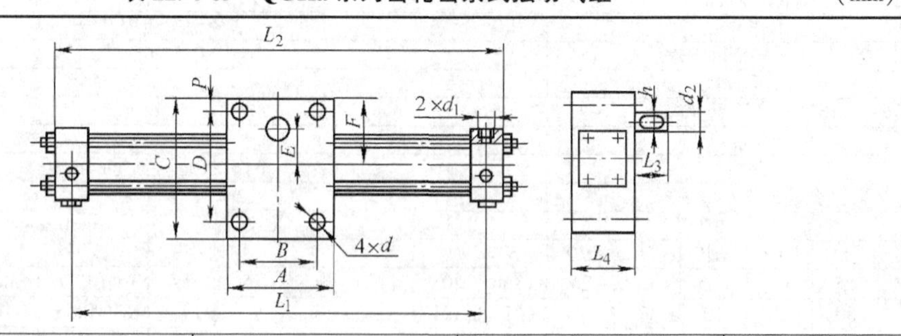

系　列	QGKa-32	QGKa-40	QGKa-50
理论输出转矩（以0.4MPa计算）/N·m	4.7	6.3	9.9
工作压力/MPa	0.15~1.0		

（续）

系　列	QGKa-32			QGKa-40			QGKa-50		
介质温度/℃	-25～+80(在不冻结条件下)								
缸径	32			40			50		
旋转角度/(°)	90	180	360	90	180	360	90	180	360
L_1	202	258	371	209	265	378	213	269	382
L_2	224	280	393	234	290	403	238	294	407
L_3	32			40			48		
L_4	60			66			74		
d	6			7			7		
d_1	M10×1			M14×1.5			M14×1.5		
d_2	20			201			20		
A	67			67			67		
B	40			40			40		
C	85			95			95		
D	65			75			75		
h	6			6			6		
P	10			10			10		
E	26			26			26		
F	57			58			57		

注：1. 标注示例：缸径 ϕ40mm，旋转角度为 180°，应写为 QGKa-40×180°。

2. 生产厂为烟台未来自动装备有限责任公司。

表 22.4-66　QGK 系列齿轮齿条式摆动气缸　（mm）

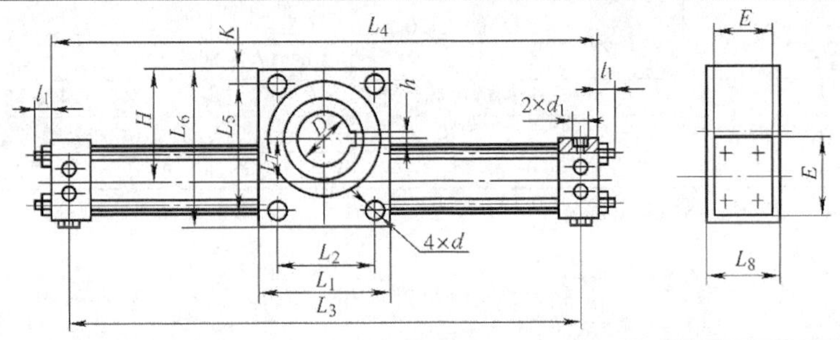

系　列	QGK-63			QGK-80			QGK-100			QGK-125		
工作压力/MPa	0.15～0.63											
耐压/MPa	1											
介质温度/℃	-25～80(在不冻结条件下)											
理论输出转矩(以 0.4MPa 计算)/N·m	56			90			141			344		
缸径	63			80			100			125		
旋转角度/(°)	90	180	360	90	180	360	90	180	360	90	180	360
L_1	130			130			130			200		
L_2	80			80			80			130		
L_3	376	516	800	376	516	800	376	516	800	532	752	1192
L_4	406	546	830	406	546	830	406	546	830	568	788	1228
L_5	140			140			140			195		
L_6	160			170			180			245		
L_7	52.5			52.5			52.5			77.5		
L_8	90			100			120			160		

（续）

系　列	QGK-63	QGK-80	QGK-100	QGK-125
H	118	118	118	165
K	10	10	10	20
E	80	100	115	145
h	14JS9(±0.021)	14JS9(±0.021)	14JS9(±0.021)	14JS9(±0.021)
l_1	12	16	16	25
d	11	11	11	13
d_1	M18×1.5-6H	M18×1.5-6H	M22×1.5-6H	M22×1.5-6H
D	45H8($^{+0.039}_{0}$)	45H8($^{+0.039}_{0}$)	45H8($^{+0.039}_{0}$)	45H8($^{+0.039}_{0}$)

注：生产厂为烟台未来自动装备有限责任公司。

QGK-1系列为中型尺寸（ϕ63～ϕ100mm），QGK-2系列为小型尺寸（ϕ20～ϕ40mm）。该系列齿轮齿条式摆动气缸具有角度微调机构，可以实现角度精确定位，并具有缓冲机构和磁性开关，无给油润滑。

其技术规格及外形尺寸见表22.4-67～表22.4-69。

表22.4-67　QGK-1、QGK-2系列齿轮齿条式摆动气缸技术规格

种　类	基本型	带开关型	基本型	带开关型
型号	QGK-1	QGK-1R	QGK-2	QGK-2R
气缸内径/mm	63、80、100		20、25、32、40	
工作压力范围/MPa	0.1～0.7		0.1～1.0	
耐压/MPa	1		1.5	
摆动角度/(°)	90、180			
调整角度/(°)	±5			
额定转矩（0.5MPa时）/N·m	ϕ63：34.3；ϕ80：66.6；ϕ100：120.5		ϕ20：2；ϕ25：2.8；ϕ32：3.5；ϕ40：5.7	
使用温度范围/℃	-25～70（但在不冻结条件下）			
缓冲机构	两侧可调缓冲		单侧可调缓冲	
缓冲角度/(°)	20		ϕ20、ϕ25、ϕ32：35；ϕ40：32	
给油	不给油			

注：1. 生产厂为广东肇庆方大气动有限公司。

2. 型号意义：

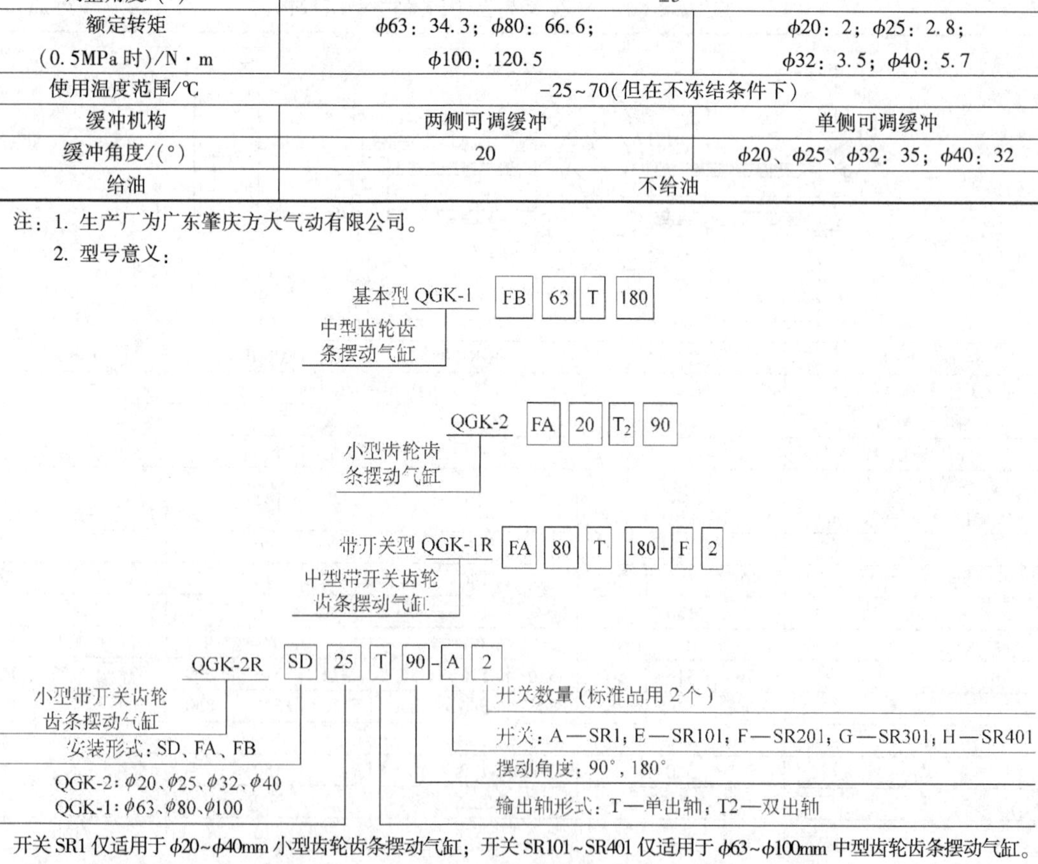

开关SR1仅适用于ϕ20～ϕ40mm小型齿轮齿条摆动气缸；开关SR101～SR401仅适用于ϕ63～ϕ100mm中型齿轮齿条摆动气缸。

表 22.4-68　磁性开关参数

型号(带软线 1.5m)		SR101	SR201	SR301	SR401	SR1
使用电压范围/V		DC5～50		AC80～220		DC5～50
使用电流范围/mA	60°以下	6～30	25～50	0～20	2～300	3～40
	60°～70°	6～25	25～40			
最大触点容量		1.5W		2 V·A	30V·A	1.5W
动作时间/ms		≤1		≤1		
回复时间/ms		≤1		≤1	≤1	

表 22.4-69　QGK 系列齿轮齿条式摆动气缸外形及安装尺寸　(mm)

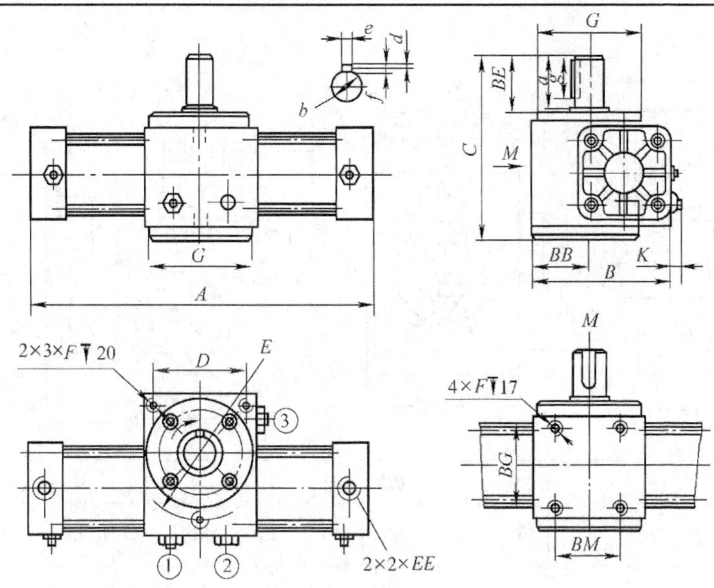

QGK-1T(单出轴标准型)

回转角度调节方法：90°摆动气缸调节①、③螺钉；180°摆动气缸调节①、②螺钉

缸径	A		B	BB	BE	BG	BM	C	D	E	EE	F	G	K	轴尺寸					
	900	180													a	b	d	e	f	g
63	300	370	117	47	47	65	54	152	80	109	Rc3/8	M10	ϕ90	9	42	ϕ25h6	7	8	4	36
80	350	436	143	58	63	72	72	190	100	136	Rc3/8	M12	ϕ114	12	58	ϕ35h6	8	10	5	50
100	364	462	159	58	75	85	72	202	100	136	Rc1/2	M12	ϕ110	12	58	ϕ35h6	8	10	5	50

QGK-1RT 单出轴(带开关型)　　FA 型(上法兰安装)　　FB 型(下法兰安装)

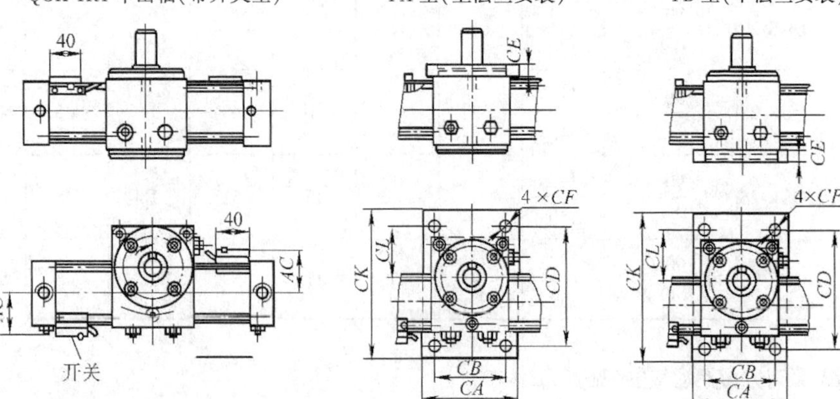

（续）

类型	图示	缸径	AC	CA	CB	CD	CE	CF	CK	CL	a	g
QGK-1 型中型齿轮摆动气缸	QGK-1T2(双出轴)	63	51	120	90	144	14	ϕ13	174	62	42	36
		80	59	150	110	183	16	ϕ13	223	78	58	50
		100	66	150	110	199	16	ϕ13	239	78	58	50

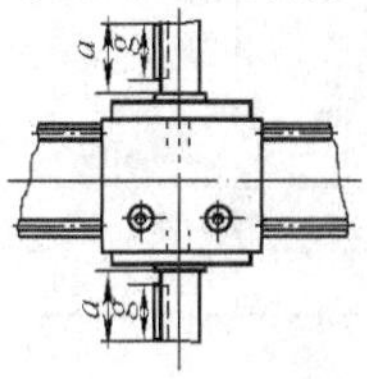

QGK-2 型小型齿轮摆动气缸

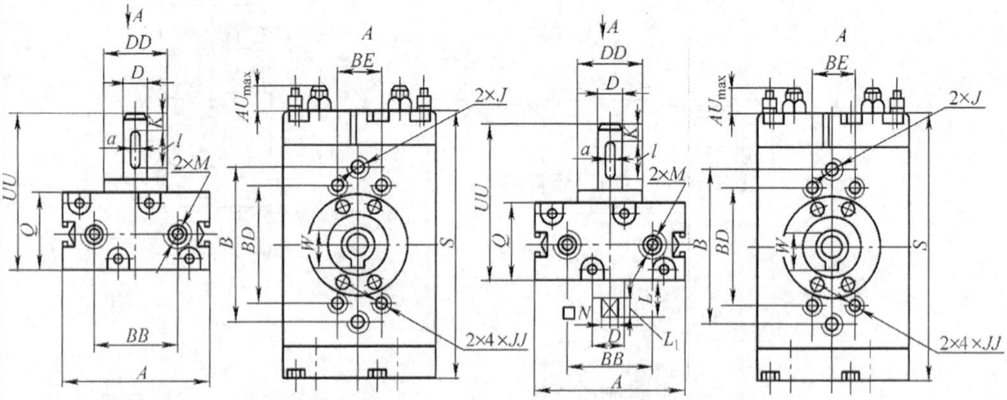

型　　号	A	B	BB	D	DD	J	K	M	Q	L	L_1	□N
QGK-2SD20T $\frac{90}{180}$	65	50	35	10	25	M8	3	Rc1/8	31	15	11	□8
QGK-2SD25T $\frac{90}{180}$	77	62	40.5	12	25	M8	4	Rc1/8	36	18	13	□10
QGK-2SD32T $\frac{90}{180}$	89	68	40.5	12	30	M10	4	Rc1/8	44	18	13	□10
QGK-2SD40T $\frac{90}{180}$	108	74	47.6	15	35	M10	5	Rc1/8	52	20	15	□11

型　　号	S	UU	W	AU	BD	BE	JJ	键尺寸 a	键尺寸 l
QGK-2SD20T $\frac{90}{180}$	104 130	61	11.5	10	—	—	—	$4_{-0.03}^{0}$	20
QGK-2SD25T $\frac{90}{180}$	114 142	68	13.5	10	48	14	M5	$4_{-0.03}^{0}$	20
QGK-2SD32T $\frac{90}{180}$	122 150	76	13.5	13	51	16	M5	$4_{-0.03}^{0}$	20
QGK-2SD40T $\frac{90}{180}$	132 157	89	17	11	57	18	M5	$5_{-0.03}^{0}$	25

（6）LTA 系列方形摆动气缸（见表 22.4-70）

表 22.4-70　LTA 系列方形摆动气缸　　(mm)

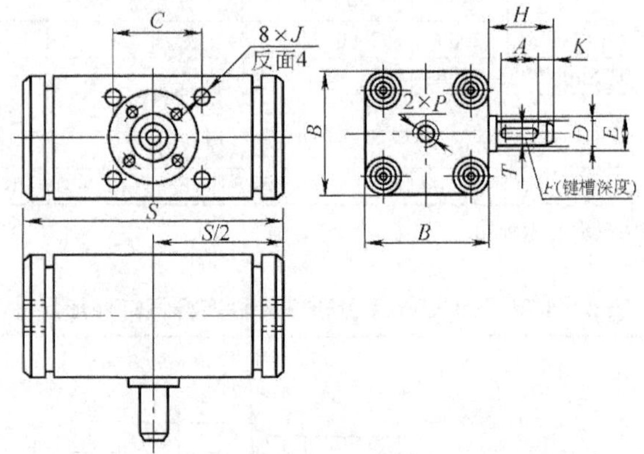

系　列	LTA40	LTA63	LTA80	LTA100
缸径	40	63	80	100
理论输出转矩(压力为 0.4MPa)/N·m	5	16	30	47
摆动角度/(°)	90、180、270			
工作压力/MPa	0.15~0.63			
介质温度/℃	-25~80(在不冻结条件下)			

基本参数 / 规格型号	A	B	C	D	E	F	H	K	P	S	T	J
LTA40×90°	20	50	38	9	20	2	30	3	M14×1.5	120	3	M6 深 8
LTA40×180°	20	50	38	9	20	2	30	3	M14×1.5	148	3	
LTA40×270°	20	50	38	9	20	2	30	3	M14×1.5	177	3	
LTA63×90°	30	85	60	17	30	2.5	41	5	M18×1.5	158	6	M10 深 13
LTA63×180°	30	85	60	17	30	2.5	41	5	M18×1.5	198	6	
LTA63×270°	30	85	60	17	30	2.5	41	5	M18×1.5	238	6	
LTA80×90°	40	100	72	20	35	3	50	5	M18×1.5	183	6	M12 深 14
LTA80×180°	40	100	72	20	35	3	50	5	M18×1.5	231	6	
LTA80× 270°	40	100	72	20	35	3	50	5	M18×1.5	277	6	
LTA100×90°	45	120	85	20	40	4	60	5	M22×1.5	187	6	M12 深 14
LTA100×180°	45	120	85	20	40	4	60	5	M22×1.5	235	6	
LTA100×270°	45	120	85	20	40	4	60	5	M22×1.5	281	6	

注：1. 订货标注示例：缸径 $D=63$mm，旋转角度 180°，应写为　LTA63×180。

2. 生产厂为烟台未来自动装备有限责任公司。

1.6.6　其他特殊气缸

(1) QGCW 系列磁性无活塞杆气缸(ϕ20~ϕ40mm)　该系列气缸依靠活塞上的磁环与缸筒外滑动套上的磁环耦合来传递力；因无活塞杆，节约轴向安装尺寸 40%，并可获得超长行程；无外部泄漏，不污染环境，但要防止过载。其技术规格见表 22.4-71，外形尺寸见表 22.4-72。

表 22.4-71　QGCW 系列磁性无活塞杆气缸技术规格

缸径/mm	20	25	32	40	工作介质	净化、干燥压缩空气			
最大行程/mm	1500	2000	2000	2000	给油	不需要(也可给油)			
工作压力范围/MPa	SD：0.15~0.63；SA、SB：0.2~0.63				缓冲机构	SD：两侧缓冲垫片 SA、SB：两侧缓冲垫片+缓冲器			
耐压力/MPa	0.945								
使用速度范围/mm·s^{-1}	200~700				磁铁保持力/N　≥	220	340	560	880
使用温度范围/℃	-10~80(但在不冻结条件下)				活塞脱开压力/MPa ≥	0.7	0.7	0.7	0.7

注：生产厂为广东肇庆方大气动有限公司。

表 22.4-72　QGCW 系列磁性无活塞杆气缸外形尺寸　　(mm)

QGCW SD(基本型)

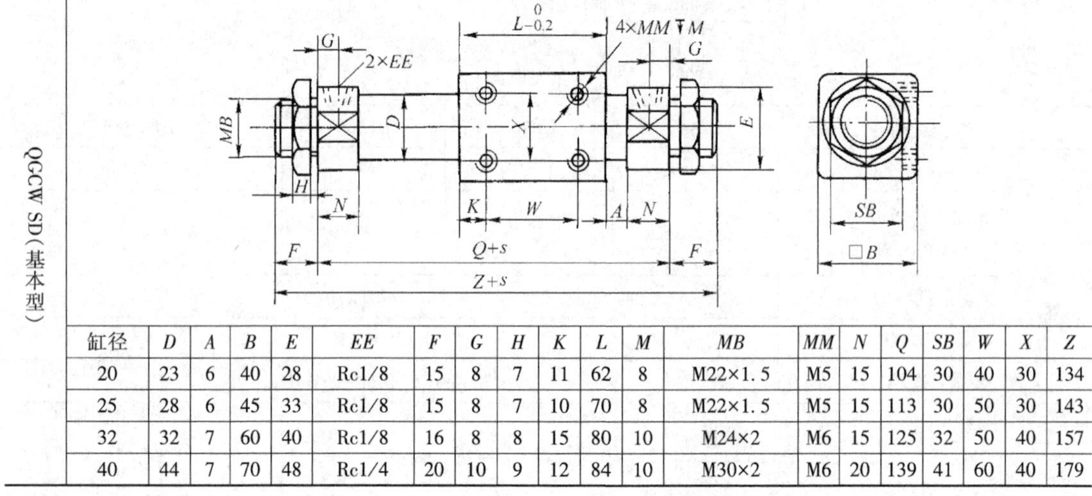

缸径	D	A	B	E	EE	F	G	H	K	L	M	MB	MM	N	Q	SB	W	X	Z
20	23	6	40	28	Rc1/8	15	8	7	11	62	8	M22×1.5	M5	15	104	30	40	30	134
25	28	6	45	33	Rc1/8	15	8	7	10	70	8	M22×1.5	M5	15	113	30	50	30	143
32	32	7	60	40	Rc1/8	16	8	8	15	80	10	M24×2	M6	15	125	32	50	40	157
40	44	7	70	48	Rc1/4	20	10	9	12	84	10	M30×2	M6	20	139	41	60	40	179

(2) CWC 系列磁性无活塞杆气缸(ϕ20~ϕ50mm)

CWC 系列磁性无活塞杆气缸技术规格见表 22.4-73，外形尺寸见表 22.4-74。

(3) QGHJ 系列旋转夹紧气缸(ϕ25~ϕ63mm)

表 22.4-73　CWC 系列磁性无活塞杆气缸技术规格

缸径/mm	20	32	40	50
最大行程/mm	2000	3000	3500	3500
工作压力/MPa	0.15~0.63			
使用温度范围/℃	-25~80			
运动速度/mm·s^{-1}	50~500			
理论出力(0.4MPa 时)/N	120	320	500	760

注：生产厂为烟台未来自动装备有限责任公司。

表 22.4-74　CWC 系列磁性无活塞杆气缸外形尺寸　　(mm)

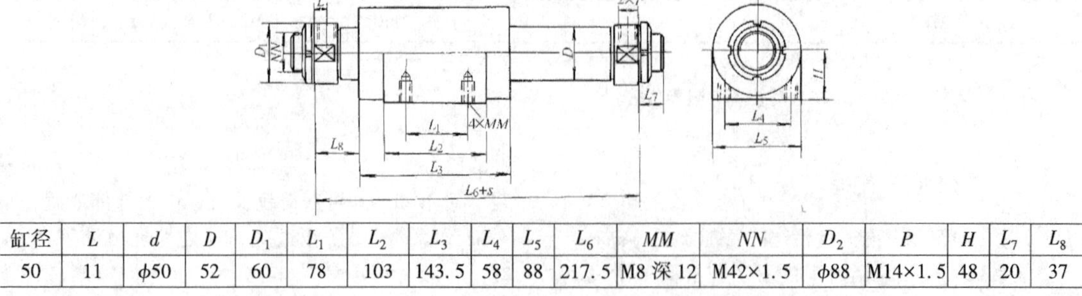

缸径	L	d	D	D_1	L_1	L_2	L_3	L_4	L_5	L_6	MM	NN	D_2	P	H	L_7	L_8
50	11	ϕ50	52	60	78	103	143.5	58	88	217.5	M8 深 12	M42×1.5	ϕ88	M14×1.5	48	20	37

（续）

缸径	L	d	D	D_1	L_1	L_2	L_3	L_4	L_5	L_6	MM	NN	D_2	P	H	L_7	L_8
40	11	ϕ40	41.6	50	65	89	125.5	50	74	200.5	M6 深 10	M30×1.5	ϕ74	M14×1.5	40	20	37.5
32	9	ϕ32	33.2	42	57	77	107.5	40	60	173.5	M6 深 8	M24×1.5	ϕ60	M10×1	32	20	33
20	7.5	ϕ20	21	30	51	71	101.5	31	51	153.5	M5 深 8	M18×1.5	ϕ51	M10×1	27	16	26

该气缸在活塞杆往复直线运动时，活塞杆同时做顺时针或逆时针方向旋转 90°，非常适用于机床或自动线夹紧作业。其技术规格见表 22.4-75，外形尺寸见表 22.4-76。

表 22.4-75　QGHJ 系列旋转夹紧气缸技术规格

缸径/mm	25	32	40	50	63
工作介质	经净化的压缩空气(可给油或不给油)				
使用温度范围/℃	-25~80(但在不冻结条件下)				
工作压力/MPa	0.1~1				
回转角度/(°)	90±10				
回转方向	左、右				
回转行程/mm	9.5	15		20	
夹紧行程/mm	10~20			20~50	
夹紧力(工作压力=0.5MPa)/N	185	315	540	805	1370

注：生产厂为广东肇庆方大气动有限公司。

表 22.4-76　QGHJ 系列旋转夹紧气缸外形尺寸　(mm)

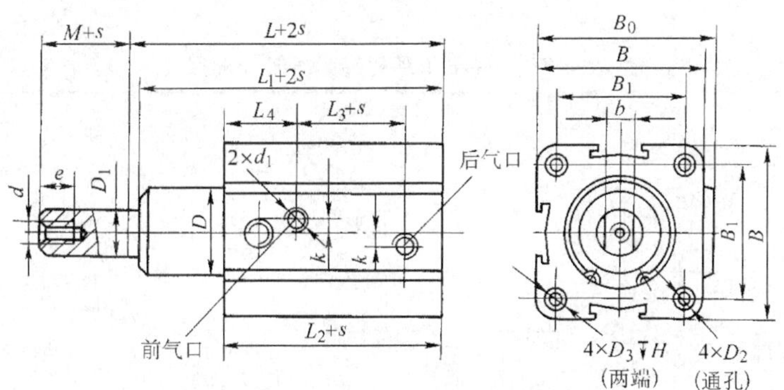

a) QGHJ系列基本型(M为回转行程，s为夹紧行程)

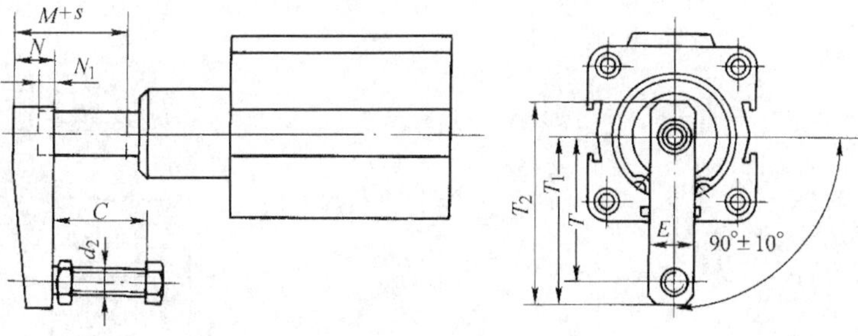

b) 带槽臂型

（续）

缸径	L	L_1	L_2	L_3	L_4	B	B_1	B_0	D	D_1	D_2	D_3	T	T_1
25	74.5	69.5	56	16.3	25.1	40	28	—	ϕ20	ϕ12			35	41.5
32	89.5	85	65.5	22.8	28.1	45	34	—	ϕ22	ϕ14	ϕ5.5	ϕ9.5	43	52
40	90.5	85.5	66.5	29	25.5	53	40	57	ϕ26				47	56
50	107.5	101.5	78.5	31.2	30.9	64	50	68	ϕ36	ϕ20	ϕ6.6	ϕ11	58	68
63	110.5	104.5	83	29.6	33.7	77	60	84			ϕ9	ϕ14	64	74

缸径	T_2	d	d_1	d_2	e	k	b	H	E	C	N	N_1	M	s
25	50	M6		M6	10	4.5	10		15	15	14	3	9.5	
32	62	M8	Rc1/8	M8	13	7	12	5.5	18	28	17	3.5	15	10~20
40	66					5								
50	80	M10		M10	20	—	17	6.5	20	36	20	4	20	20~50
63	86		Rc1/4			—		8.6		41				

（4）QGBH 系列夹紧气缸（ϕ40~ϕ63mm）

该系列气缸适用于汽车车身焊接车间工装用夹紧元件。其技术规格见表 22.4-77，外形尺寸见表 22.4-78。

表 22.4-77　QGBH 系列夹紧气缸技术规格

缸径/mm	40	50	63	润滑	不需要（也可油雾润滑）
耐压/MPa	1.2			标准行程/mm	50、75、100、125、150
工作压力范围/MPa	0.1~0.8			安装固定形式	双铰耳
环境及介质温度/℃	5~60			接口尺寸	G1/4
活塞速度/mm · s^{-1}	50~500				

注：生产厂为济南华能气动元器件公司。

表 22.4-78　QGBH 系列夹紧气缸外形尺寸　（mm）

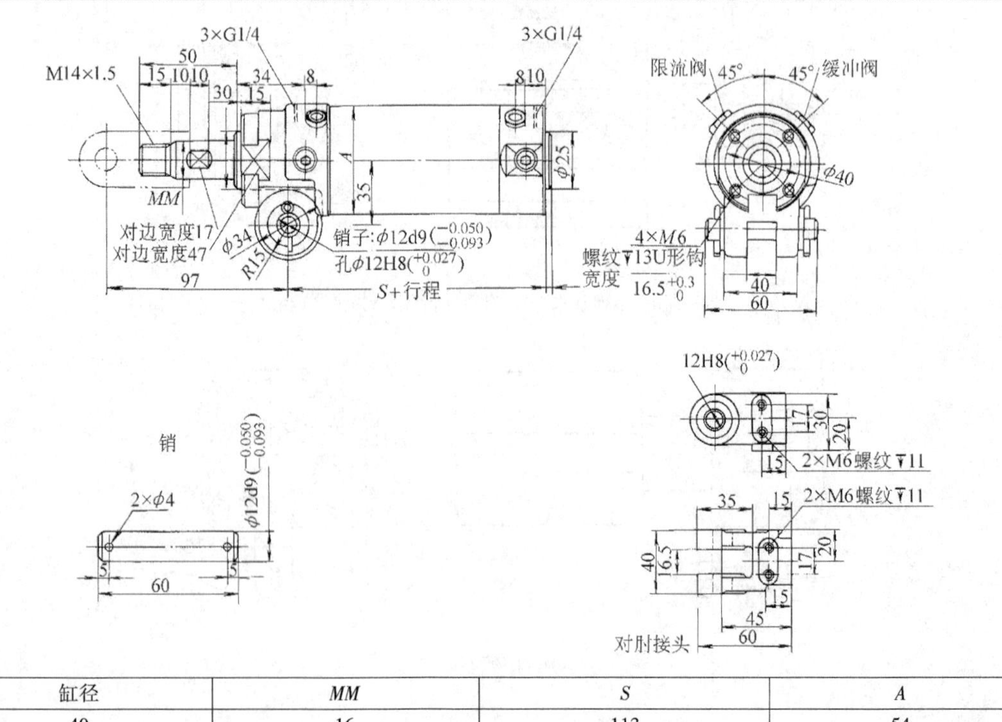

缸径	MM	S	A
40	16	113	54

（续）

缸径	MM	S	A
50	22	113	62
63	22	115	72

（5）JQGB 系列夹紧气缸（$\phi40\sim\phi80$mm）

JQGB 系列夹紧气缸技术规格见表 22.4-79，外形尺寸见表 22.4-80。

（6）QGJ 系列夹紧气缸（$\phi40\sim\phi63$mm）

QGJ 系列夹紧气缸技术规格见表 22.4-81，外形尺寸见表 22.4-82。

表 22.4-79　JQGB 系列夹紧气缸技术规格

缸径/mm	40	50	63	80	耐压/MPa	1.5
行程范围/mm	50~500				工作温度/℃	-10~60
工作压力/MPa	0.15~1.00				润滑	油雾润滑

注：生产厂为烟台未来自动装备有限责任公司。

表 22.4-80　JQGB 系列夹紧气缸外形尺寸　（mm）

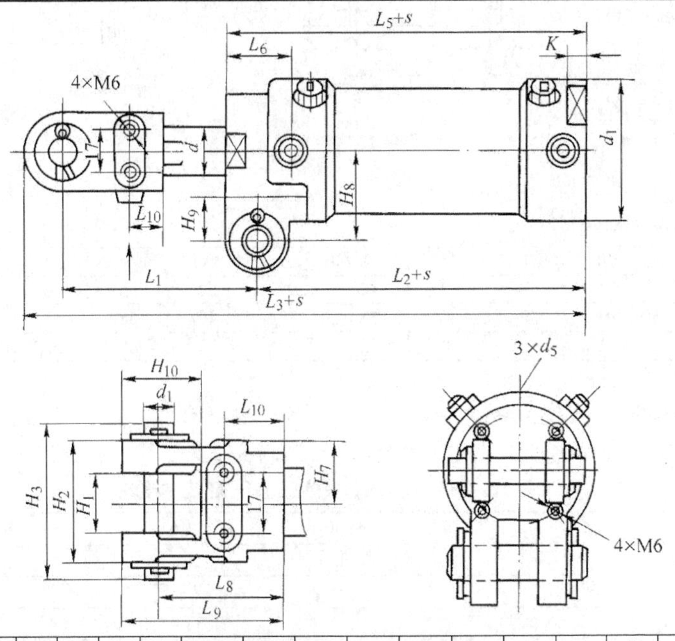

缸径	L_1	L_2	L_3	L_5	L_6	L_8	L_9	L_{10}	H_1	H_2	H_3	H_7	H_8	H_9	H_{10}	d	d_1	d_3	d_4	d_5	K
40	97	97	209	126	35	45	60	15	16.5	40	60	20	35	19	35	20	12	40	60	G1/4	10
50	97	98	210	127	35	45	60	15	16.5	40	60	20	35	19	35	20	12	40	60	G1/4	10
63	97	102	214	131	34	45	60	15	16.5	40	60	20	35	19	35	20	12	40	75	G1/4	10
80	110	129	259	149	40	71	91	34	28	55	75	24	50	23	47	25	18	44	95	G3/8	13

表 22.4-81　QGJ 系列夹紧气缸技术规格

缸径/mm	40	50	63	使用温度范围/℃	-5~60
最大行程/mm	50，75，100，125，150			工作介质	空气
工作压力/MPa	0.05~1.0				

注：生产厂为无锡市华通气动制造有限公司。

表 22.4-82 QGJ 系列夹紧气缸外形尺寸 (mm)

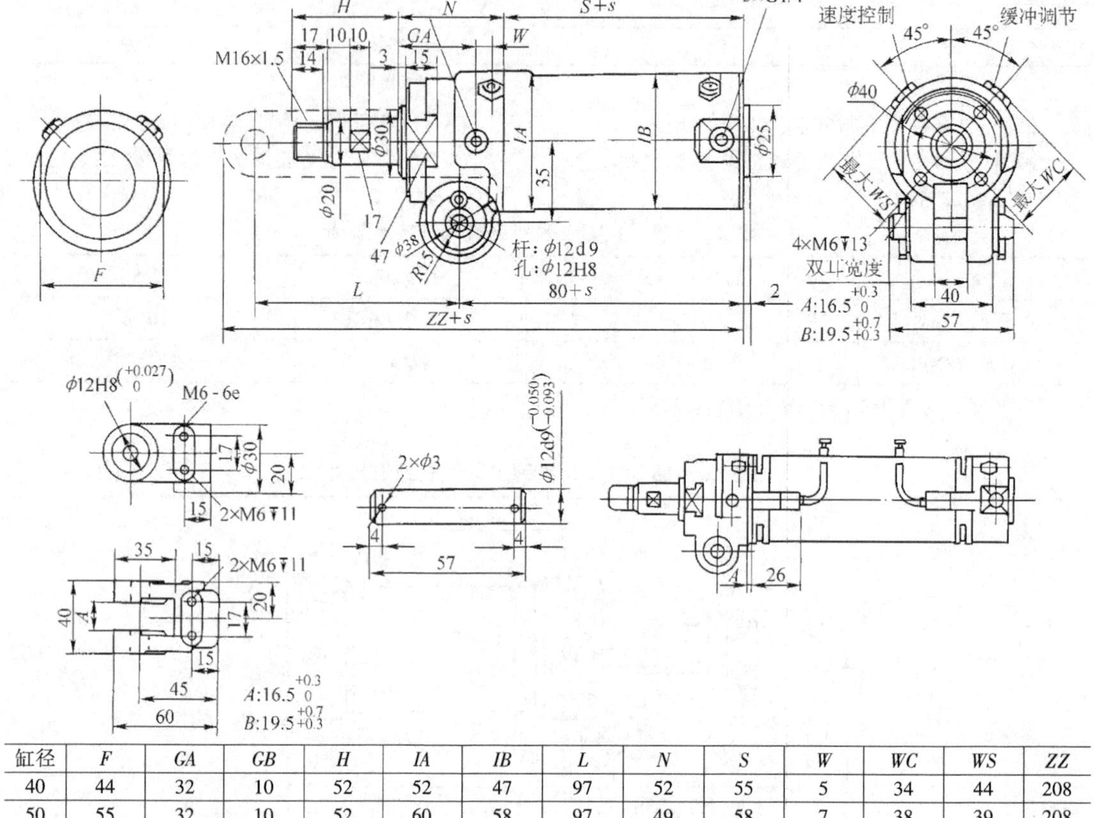

缸径	F	GA	GB	H	IA	IB	L	N	S	W	WC	WS	ZZ
40	44	32	10	52	52	47	97	52	55	5	34	44	208
50	55	32	10	52	60	58	97	49	58	7	38	39	208
63	69	34	12	52	74	72	97	49	58	5.5	44	45	208

(7) QGSJ 系列锁紧气缸(ϕ40~ϕ100mm)

该系列气缸可实现行程中间任一位置锁紧定位，安全可靠，重复精度高。其技术规格见表22.4-83，外形尺寸见表22.4-84。

表 22.4-83 QGSJ 系列锁紧气缸技术规格

缸径/mm		40	50	63	80	100
最大行程/mm		800			1000	
工作介质		干燥、洁净压缩空气				
工作压力范围/MPa		0.35~1.0				
工作介质温度/℃		-25~60 (在不冻结条件下)				
工作速度范围/mm·s^{-1}		50~300				
制动方向		双向				
锁紧释放压力/MPa		≥0.35	≥0.4	≥0.4	≥0.45	≥0.4
重复定位精度/mm		±2 (在最大速度、最大搬送载荷下)				
最大搬送载荷/N		340	530	850	1380	2150
作用力/N 按 η=0.8 p=0.5MPa	推力	502	769	1221	1970	3078
	拉力	422	620	1072	1778	2886

注：生产厂为广东肇庆方大气动有限公司。

(8) SJB 系列前(后)端锁定气缸(ϕ63~ϕ100mm)

SJB 系列前(后)端锁定气缸技术规格见表22.4-85，外形尺寸见表22.4-86。

表 22.4-84　QGSJ 系列锁紧气缸外形尺寸　（mm）

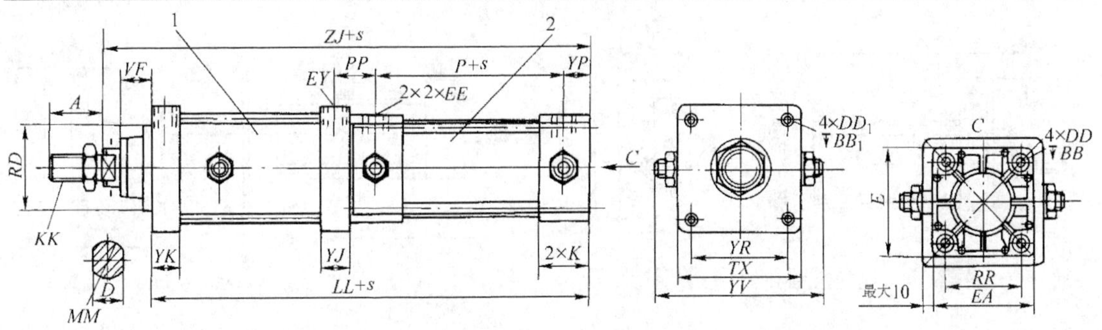

1—制动缸　2—动力缸

缸径	*A*	*BB*	BB_1	*D*	*DD*	DD_1	*E*	*EA*	*EE*	*EY*	*K*	*KK*	*LL*
40	24	8	8	13	M6	M6	50	50	Rc1/4	Rc1/4	32	M12×1.25	221
50	32	8	9	19	M6	M8	62	62	Rc1/4	Rc1/4	32	M16×1.5	231
63	32	9	11	19	M8	M10	75	76	Rc3/8	Rc3/8	32	M16×1.5	243
80	40	13	13	22	M10	M10	94	94	Rc3/8	Rc3/8	38	M20×1.5	284
100	40	14	14	22	M10	M10	112	112	Rc1/2	Rc1/2	38	M20×1.5	318
缸径	*MM*	*P*	*PP*	*RD*	*RR*	*VF*	*YJ*	*YK*	*YP*	*YR*	*YV*	*TX*	*ZJ*
40	ϕ16	58	34.5	ϕ38.5	□37	10	28	22	17.5	□47	88	62	246
50	ϕ22	58	35	ϕ38.5	□47	10	30	26	17.5	□56	99	75	256
63	ϕ22	61	38	ϕ46.5	□56	16	35	32	17.5	□70	114	93	274
80	ϕ25	65	39.5	ϕ58	□70	8	36	36	21.5	□90	135	115	308
100	ϕ25	65	39.5	ϕ58	□84	8	36	36	21.5	□110	160	138	342

表 22.4-85　SJB 系列气缸技术规格　（mm）

缸径 *D*/mm	63	80	100	理论作用力/N（以 0.4MPa 计算）	推力	1246	2010	3140
工作压力/MPa	0.3~1				拉力	1050	1688	2819
介质温度/℃	-25~80（在不冻结条件下）			最大许用负载/N	前自锁	525	850	1410
最低开锁压力/MPa	0.2	0.2	0.2		后自锁	525	850	1410
行程范围/mm	≥100~≤500	≥110~≤600	≥110~≤600					

注：生产厂为烟台未来自动装备有限责任公司。

表 22.4-86　SJB 系列气缸外形尺寸　（mm）

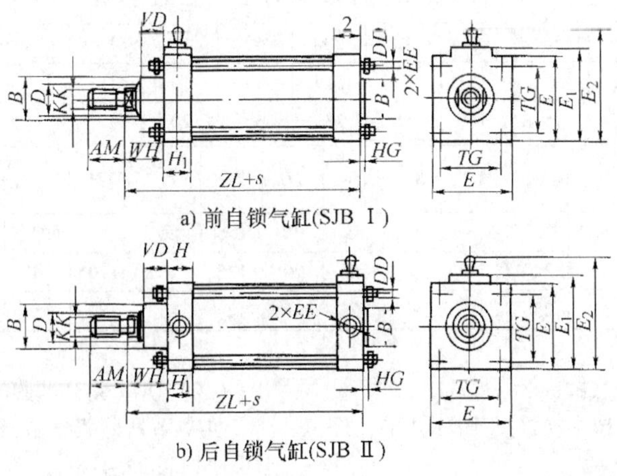

a) 前自锁气缸(SJB Ⅰ)

b) 后自锁气缸(SJB Ⅱ)

（续）

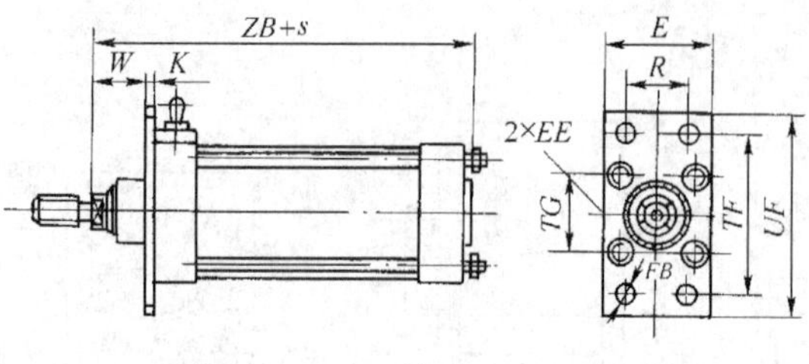

c) 前法兰式MF1

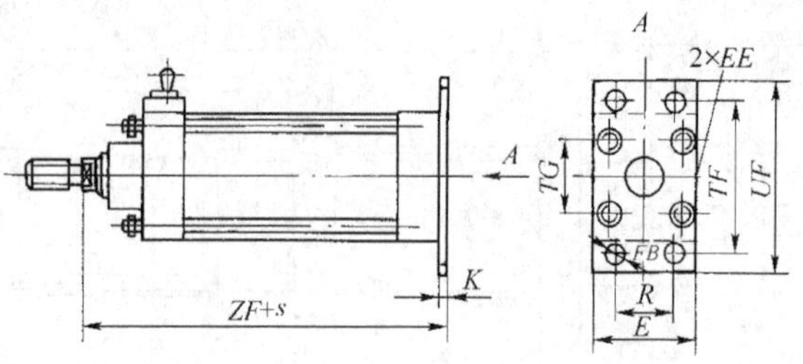

d) 后法兰式MF2

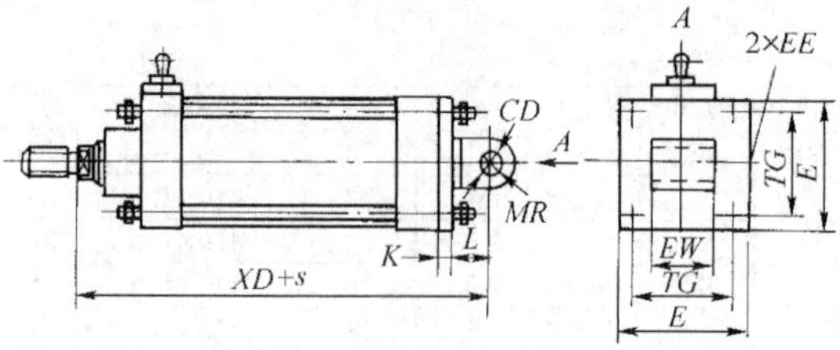

e) 尾部单耳式MP4

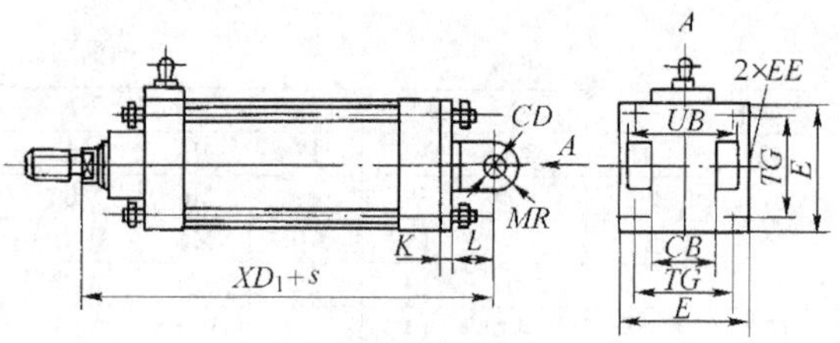

f) 尾部双耳式MP2

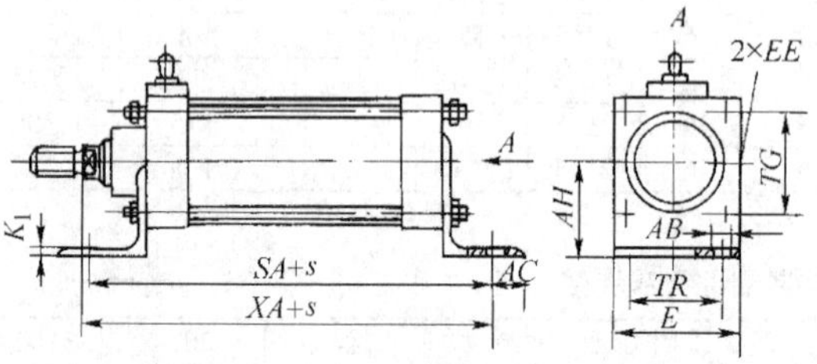

g) 脚架式MS1

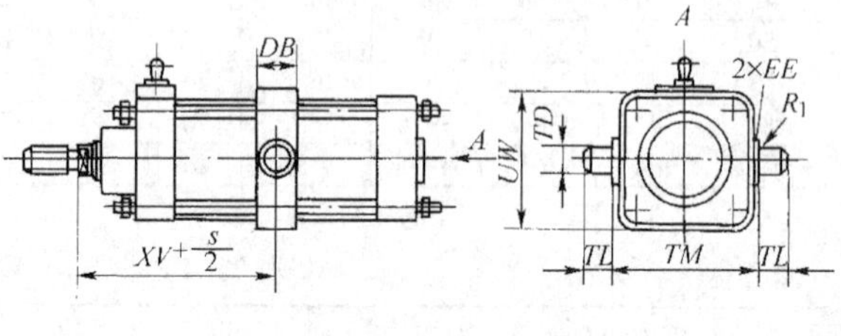

h) 中间摆动式MT4

缸径	KK	D	B	EE	DD	AM	WH	ZL		HG	TG	E	ZB	VD
								Ⅰ	Ⅱ					
63	M16×1.5	25	45	M18×1.5	M8	32	37	188	188	3	60	80	191	25
80	M20×1.5	32	55	M18×1.5	M10	40	46	199	199	4	75	100	203	33
100	M20×1.5	32	55	M22×1.5	M10	40	51	214	214	4	90	115	218	34

缸径	W	UF	T	R	FB	K	ZF	EW b12	CD H9	MR	L	XD XD_1	UB	CB H12	H
63	25	125	100	50	9	12	200	40	16	15	20	220	70	40	30
80	30	155	126	63	12	16	215	50	16	15	20	235	90	50	35
100	35	180	150	75	14	16	230	60	20	20	25	255	110	60	35

缸径	AH	TR	AB	SA	XA	AC	K_1	UW	TD	R_1	TL	TM	XV		DB	E_1	EZ	H_1
													Ⅰ	Ⅱ				
63	50	50	9	215	220	13	6	85	20	1.5	20	90	127.5	97.5	35	124	156	60
80	63	63	12	235	240	19	8	105	20	1.5	20	110	145	110	35	140	175	60
100	71	75	14	245	255	19	8	126	25	2	25	132	155	120	45	147	185	60

（9）AV系列短行程气缸（$\phi8 \sim \phi63$mm）

AV系列短行程气缸技术规格见表22.4-87，外形尺寸见表22.4-88。

（10）QGV系列薄膜气缸（$\phi140 \sim \phi160$mm）

QGV系列薄膜气缸技术规格见表22.4-89，外形尺寸见表22.4-90。

表 22.4-87　AV 系列短行程气缸技术规格

缸径/mm	8	12	20	32	50	63
工作压力范围/MPa	0.1~0.8			0.2~0.8		
工作行程/mm	4			5	10	
工作介质	洁净压缩空气					
使用温度范围/℃	-10~70					
理论推力/N(压力为 0.5MPa 时计算)	25	56	157	402	982	1558
连接螺纹	M5×0.8		G1/8	G1/4		

注：生产厂为济南华能气动元器件公司。

表 22.4-88　AV 系列短行程气缸外形尺寸　　(mm)

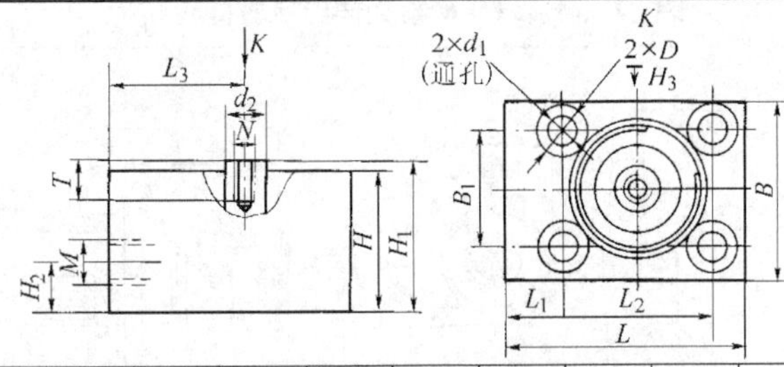

型　号	L	L_1	L_2	L_3	B	B_1	H	H_1	H_2	T	d_1	D	H_3	d_2	N	M
AV8-4	20	5.5	—	13.5	18	11	16	17	5	—	3.4	6	3.4	4	—	M5
AV12-4	25	7	—	16	20	13	16	17	6	—	3.4	6	3.4	5	—	M5
AV20-4	40	9	—	24	32	20	20	21	9.5	8	5.5	10	5.7	10	M5	G1/8
AV32-5	55	14	—	32	45	32	33	34	9.5	12	5.5	10	5.7	10	M6	G1/4
AV50-10	80	22.5	50	47.5	65	50	30	31	11	12	6.6	11	6.8	16	M8	G1/4
AV63-10	90	19	62	50	80	62	35	36	11	14	9	15	9	16	M8	G1/4

表 22.4-89　QGV 系列薄膜气缸技术规格

<table>
<tr><td>当量缸径/mm</td><td>140</td><td>160</td><td colspan="2">工作介质</td><td colspan="2">经净化的压缩空气</td></tr>
<tr><td>活塞杆直径/mm</td><td>32</td><td>32</td><td rowspan="2">气缸推力/N
(p=0.5MPa)</td><td>行程起点</td><td>7716</td><td>9810</td></tr>
<tr><td>工作行程/mm</td><td>45</td><td>50</td><td>行程终点</td><td>5648</td><td>7198</td></tr>
<tr><td>工作压力/MPa</td><td colspan="2">0.1~0.63</td><td colspan="2">弹簧初反力/N</td><td>84.4</td><td>120</td></tr>
<tr><td>耐压力/MPa</td><td colspan="2">0.954</td><td colspan="2" rowspan="2">弹簧终反力/N</td><td rowspan="2">180</td><td rowspan="2">230</td></tr>
<tr><td>使用温度范围/℃</td><td colspan="2">-10~80（但在不冻结条件下）</td></tr>
</table>

注：生产厂为广东肇庆方大气动有限公司。

表 22.4-90　QGV 系列薄膜气缸外形尺寸　　(mm)

缸　径	140	160
A	194.5	221
B	85	85
C	120	120
D	ϕ186	ϕ206

注：最大行程=工作行程/0.8。

(11) CTA 系列伸缩气缸($\phi80\sim\phi125$mm)

CTA 系列伸缩气缸技术规格见表 22.4-91，外形尺寸见表 22.4-92。

(12) QGNZ 系列气液阻尼缸($\phi32\sim\phi100$mm)

该系列气-液阻尼缸具有优异的低速调节性能。其技术规格见表 22.4-93，外形尺寸见表 22.4-94。

表 22.4-91　CTA 系列伸缩气缸技术规格

缸径 D_1/D_2		80/50	100/63	125/80
工作压力/MPa		0.15~1		
介质温度/℃		-25~80(在不冻结条件下)		
理论作用力/N (以 0.4MPa 计算)	推力	785	1246	2010
	拉力	589	1050	1688

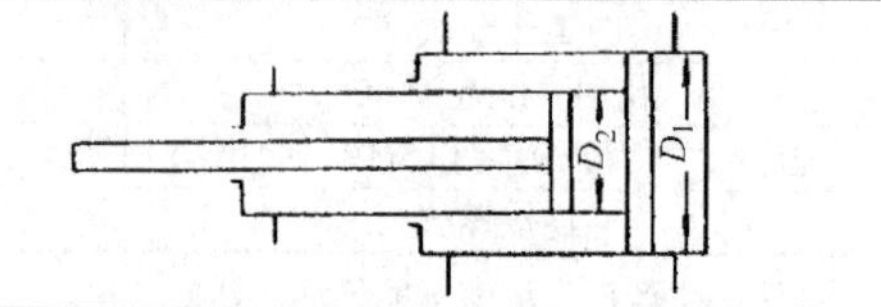

注：生产厂为烟台未来自动装备有限责任公司。

表 22.4-92　CTA 系列伸缩气缸外形尺寸

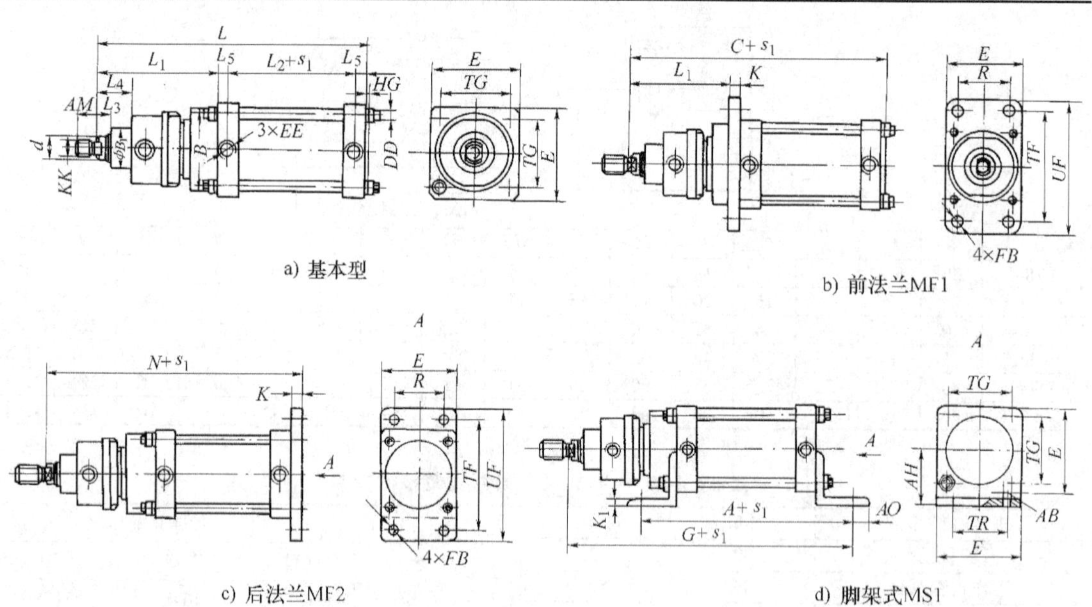

a) 基本型

b) 前法兰MF1

c) 后法兰MF2

d) 脚架式MS1

缸径	KK	d	EE	AM	L	L_1	L_2	L_3	L_4	L_5	E	TG	L_6	B	B_1	HG	DD	(m)
80/50	M16×1.5	25	M18×1.5	32	230	142	63	20	41	12.5	100	75	16	85	45	4	10	98
100/63	M16×1.5	25	M22×1.5	32	270	162	78	20	43	15	115	90	16	105	45	4	10	118
125/80	M20×1.5	32	M22×1.5	40	310	185	90	20	54	17.5	145	112	20	125	55	4	12	136

缸径	C	N	K	R	TF	UF	FB	A	G	AO	AH	AB	TR	K_1
80/50	234	246	16	63	126	155	12	170	271	19	63	12	63	8
100/63	274	286	16	75	150	180	14	190	311	19	71	14	75	8
125/80	314	330	20	90	180	215	16	215	355	25	90	16	90	8

表 22.4-93　QGNZ 系列气-液阻尼缸技术规格

缸径/mm	32	40	50	63	80	100	工作介质	干燥净化的压缩空气
使用压力范围/MPa	0.25~1.0						阻尼介质	YA-N32 液压油
耐压/MPa	1.5						适用温度/℃	0~60
速度调节范围/mm·s^{-1}	0~100						—	—

注：生产厂为济南华能气动元器件公司。

表 22.4-94　QGNZ 系列气-液阻尼缸外形尺寸　(mm)

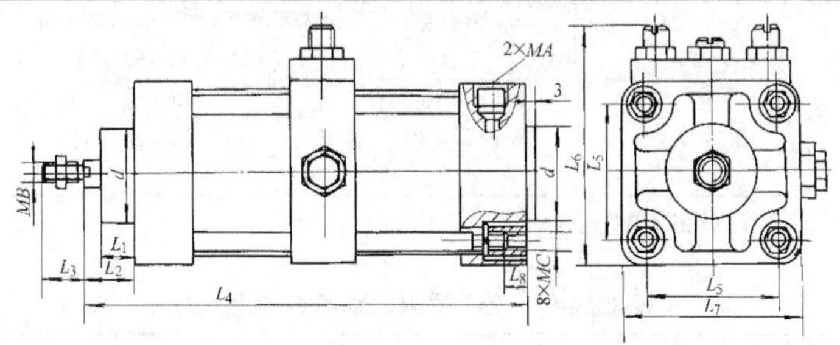

缸径	MA	d	MB	L_1	L_2	L_3	L_4	L_5	L_6 max	L_7	MC	L_8
32	M10	$\phi26_{-0.194}^{-0.110}$	M10×1.25	16	26	22	205+2s	35	65	50	M6	7
40	M14×1.5	$\phi30_{-0.194}^{-0.110}$	M12×1.5	21	30	24	220+2s	40	71	55	M6	7
50	M14×1.5	$\phi34$	M16×1.5	25	35	32	237+2s	47	85	64	M6	7
63	M18×1.5	$\phi40$	M16×1.5	25	37	32	259+2s	58	100	80	M8	10
80	M18×1.5	$\phi44$	M20×1.5	30	46	40	271+2s	72	122	97	M10	10
100	M22×1.5	$\phi44$	M20×1.5	35	51	40	300+2s	88	143	115	M10	10

注：以上为基本型连接尺寸，根据用户需要，基本型可带前、后法兰，轴向底座，单、双耳轴座等安装连接形式。

(13) QGCH 系列冲击气缸($\phi50\sim\phi100$mm)

QGCH 系列冲击气缸技术规格见表 22.4-95，外形尺寸见表 22.4-96。

(14) ZG 系列振动气缸($\phi63\sim\phi100$mm)

ZG 系列振动气缸接通气源即可实现振动动作，振动力大，效果好，应用于机械、建材、包装等行业。其技术规格见表 22.4-97，外形尺寸见表 22.4-98。

表 22.4-95　QGCH 系列冲击气缸技术规格

缸径/mm	50	63	80	100	冲击吸收能量/J	14.7	31.6	69	143
行程/mm	110	125	160	200	冲击效率(%)	7.4	8.0	8.5	9
行程系数 k	0.47	0.48	0.50	0.51	最高使用压力/MPa	1			
冲击频率/(次/min)	70	60	50	40	环境温度/℃	5~80			

注：生产厂为济南华能气动元器件公司。

表 22.4-96　QGCH 系列冲击气缸外形尺寸　(mm)

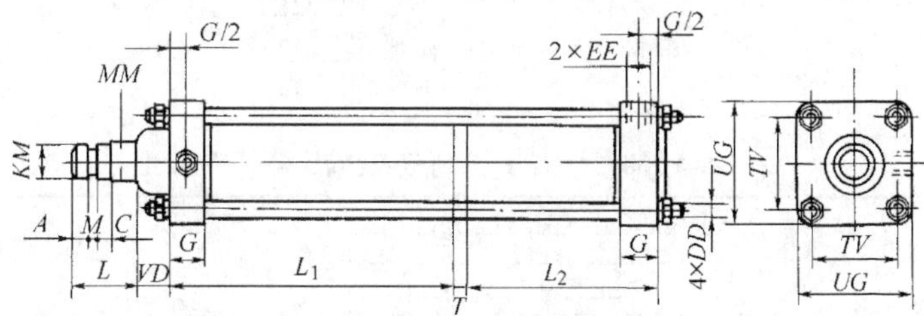

缸径	A	M	C	G	L	L_1	L_2	T	DD	EE	UG	TV	VD	KM	MM
50	9.5	6	8.5	28	37	191	124	7	M8	G1/8	67	48	21	$\phi19$	$\phi20$
63	10	6	9	28	45	220	154	7	M10	G1/4	80	60	21	$\phi24$	$\phi25$
80	13	7	10	28	50	255	189	13	M10	G3/8	95	75	31	$\phi30$	$\phi32$
100	15	8	17	40	55	317	241	13	M12	G1/2	115	90	31	$\phi38$	$\phi40$

表 22.4-97　ZG 系列振动气缸技术规格

缸径/mm	工作压力/MPa	工作温度/℃	振动频率(最高)/(次/min)(压力为 0.6MPa 时)	振动力(最大)/N(压力为 0.6MPa 时)
63	0.2~1.0	-25~80	1500	5000
80			1200	6500
100			1200	8000

注：生产厂为烟台未来自动装备有限责任公司。

表 22.4-98　ZG 系列振动气缸外形尺寸　　　　（mm）

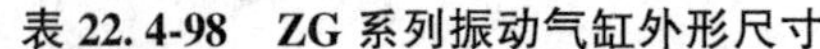
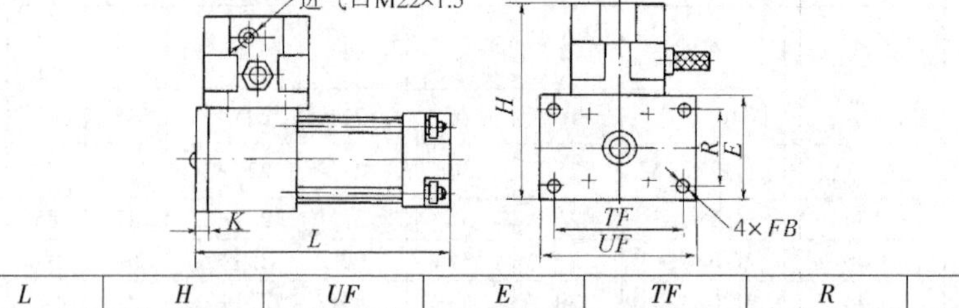

缸径	L	H	UF	E	TF	R	FB	K
63	187	170	150	90	120	60	13	12
80	192	190	180	110	150	80	17	16
100	198	210	200	130	170	100	17	16

（15）QGZY 系列直压式气-液增压缸（ϕ80~ϕ160mm）

该系列增压缸技术规格见表 22.4-99，外形尺寸见表 22.4-100。

表 22.4-99　QGZY 系列气-液增压缸技术规格

型　　号	QGZY-80/32×130	QGZY-160/32×130
工作介质	含有油雾的净化压缩空气	
输出介质	过滤精度不大于 50μm 的 HJ30~HJ50 号机械油	
介质与环境温度/℃	5~50	
使用空气压力范围/MPa	0.2~0.8	
增压比性能	工作气压在 0.2~0.8MPa 输出 p_1 的油压误差范围±10%	
输出压力油量/cm^3	100	100
增压比	6.25 : 1	25 : 1

注：1. 生产厂为广东肇庆方大气动有限公司。

2. 型号意义：

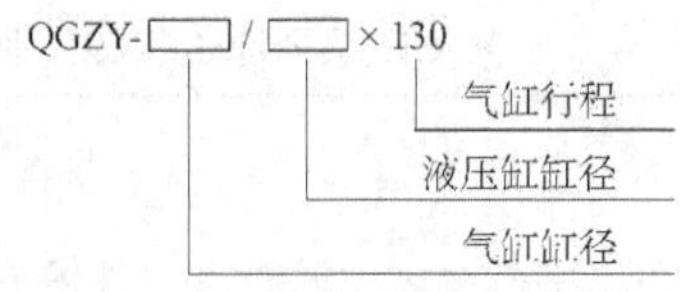

表 22.4-100　QGZY 系列气-液增压缸外形尺寸　　　　（mm）

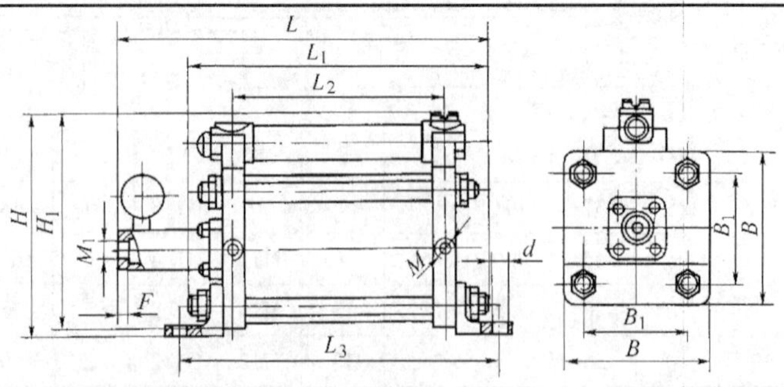

（续）

型　　号	L	L_1	L_2	L_3	H	H_1	B	B_1	M	M_1	F	d
QGZY-80/32×130	405	288	205	310	160	155	94	70	Rc3/8	G1/2	14	ϕ13
QGZY-160/32×130	452	288	200	332	252	242	178	134	Rc3/8	G1/2	14	ϕ22

1.7　SMC 公司气缸产品

1.7.1　标准型气缸

（1）CJ1 系列微型气缸（单作用）

1）技术规格见表 22.4-101。

2）外形尺寸见表 22.4-102。

表 22.4-101　CJ1 系列微型气缸技术规格

缸径/mm	2.5	4
工作介质	经过滤的压缩空气	
工作压力范围/MPa	0.3~0.7	
环境与介质温度/℃	5~60	
动作方式	单作用、弹簧压回	
活塞速度/mm·s^{-1}	50~500	
缓冲形式	无	
标准行程/mm	5、10	5、10、15、20
行程误差/mm	$^{+0.5}_{0}$	

（续）

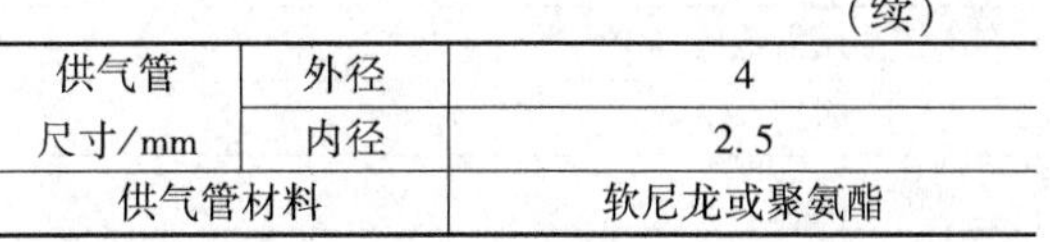

供气管尺寸/mm	外径	4
	内径	2.5
供气管材料		软尼龙或聚氨酯

注：型号意义：

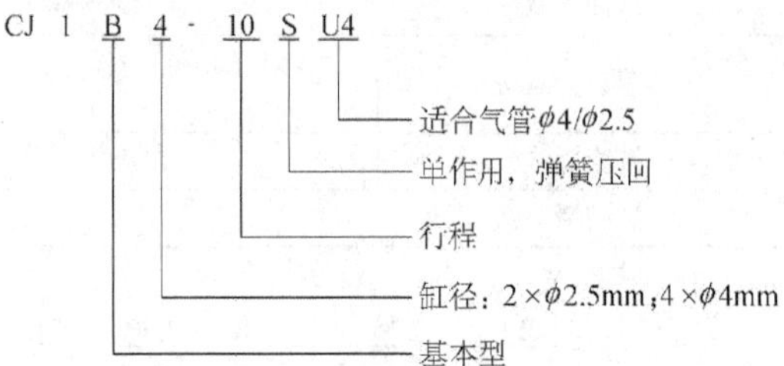

（2）CJ2 系列标准型气缸

1）CJ2 系列标准型气缸（双作用）。

① 技术规格见表 22.4-103。

② 外形尺寸及安装尺寸见表 22.4-104~表 22.4-107。

2）CJ2 系列标准气缸（单作用）。

① 技术规格见表 22.4-103。

② 外形尺寸见表 22.4-108~111。

表 22.4-102　CJ1 系列微型气缸（单作用）外形尺寸　（mm）

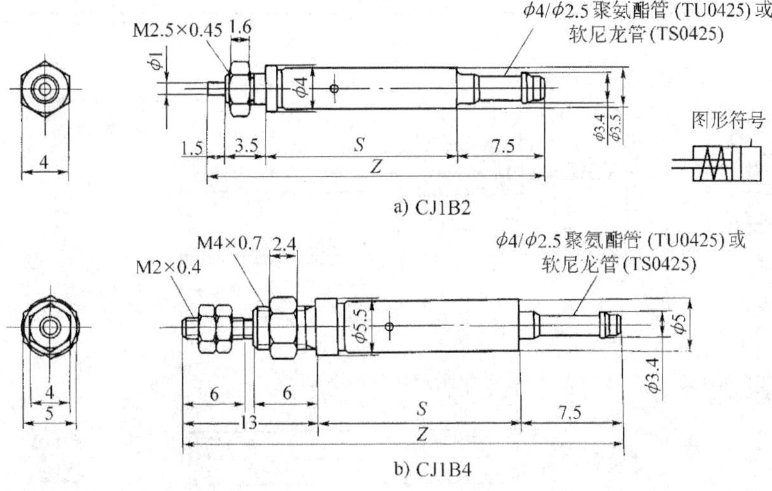

a) CJ1B2

b) CJ1B4

型号	缸径		符　号				型号	缸径		符　号							
			S		Z					S				Z			
CJ1B2	2.5	行程	5	10	5	10	CJ1B4	4	行程	5	10	15	20	5	10	15	20
			16.5	25.5	29	38				19.5	28.5	37.5	46.5	40	49	58	67

表 22.4-103　CJ2 系列标准型气缸技术规格

气缸类型	双作用气缸			单作用气缸		
缸径/mm	6	10	16	6	10	16
工作介质	经过滤的压缩空气					
环境与介质温度/℃	-10~70					
工作压力范围/MPa	0.12~0.7	0.06~0.7		0.25~0.7	0.15~0.7	
耐压/MPa	1.05					
活塞速度/mm·s^{-1}	50~750					
动作方式	压缩空气双向作用			弹簧压回/弹簧压出		
缓冲形式	两端橡胶缓冲			橡胶缓冲、气缓冲(任选)		
行程公差/mm	$^{+1.0}_{0}$					
接管螺纹	M5×0.8					
润滑	有无润滑均可					

注：型号意义

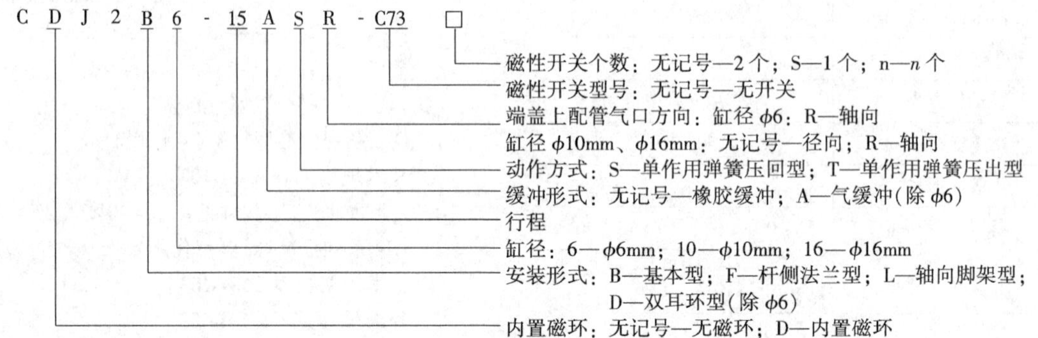

表 22.4-104　CJ2 系列标准型气缸(双作用)基本型外形尺寸　　(mm)

a) CJ2B6

b) CJ2B10、CJ2B16

（续）

缸径	A	B	C	D	F	GA	GB	H	MM	NA	NB	ND h8	NN	S	T	Z
6	15	12	14	3	8	14.5	—	28	M3×0.5	16	7	6	M6×1.0	49	3	77
10	15	12	14	4	8	8	5	28	M4×0.7	12.5	9.5	8	M8×1.0	46	—	74
16	15	18	20	5	8	8	5	28	M5×0.8	12.5	9.5	10	M10×1.0	47	—	75

表 22.4-105　CJ2 系列标准型气缸（双作用）脚架、法兰外形尺寸　（mm）

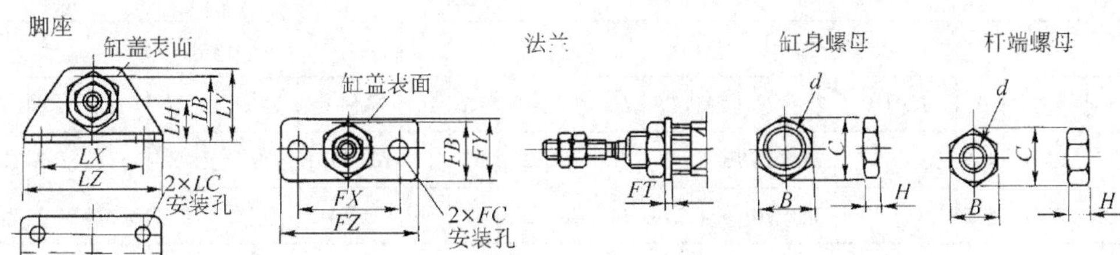

适合缸径	脚　座							法　兰						
	零件号	LB	LC	LH	LX	LY	LZ	零件号	FB	FC	FX	FY	FZ	FT
6	CJ-L006B	13	4.5	9	24	16.5	32	CJ-F006B	11	4.5	24	14	32	1.6
10	CJ-L010B	15	4.5	9	24	16.5	32	CJ-F010B	13	4.5	24	14	32	1.6
16	CJ-L016B	23	5.5	14	33	25	42	CJ-F016B	19	5.5	33	20	42	2.3

适合缸径	缸 身 螺 母					杆 端 螺 母				
	零件号	B	C	d	H	零件号	B	C	d	H
6	SNJ-006B	8	9.2	M6×1	4	NTJ-006A	5.5	6.4	M3×0.5	2.4
10	SNJ-010B	11	12.7	M8×1	4	NTJ-010A	7	8.1	M4×0.7	3.2
16	SNJ-016B	14	16.2	M10×1	4	NTJ-015A	8	9.2	M5×0.8	4

表 22.4-106　CJ2 系列标准型气缸（双作用）双耳环型外形尺寸　（mm）

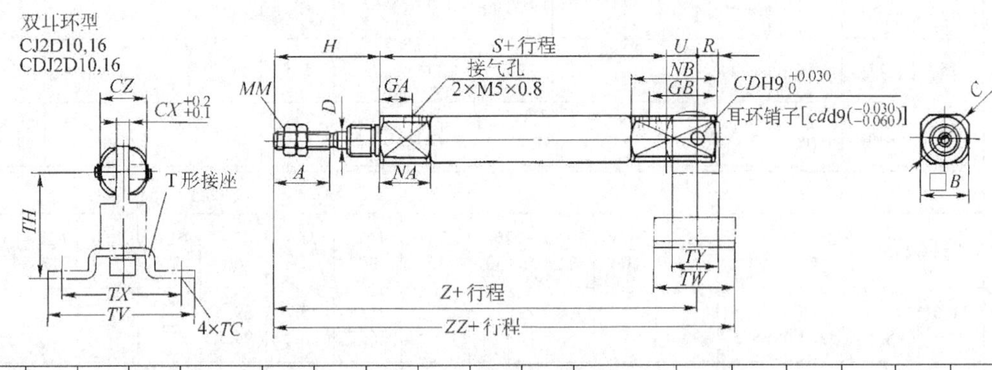

缸径	A	B	C	CD(cd)	CX	CZ	D	GA	GB	H	MM	NA	NB	R	S	U	Z	ZZ
10	15	12	14	3.3	3.2	12	4	8	18	28	M4×0.7	12.5	22.5	5	46	8	82	93
16	15	18	20	5	6.5	18	5	8	23	28	M5×0.8	12.5	27.5	8	47	10	85	99

表 22.4-107 CJ2 系列标准型气缸(双作用)T 形座、双耳环用销子尺寸 (mm)

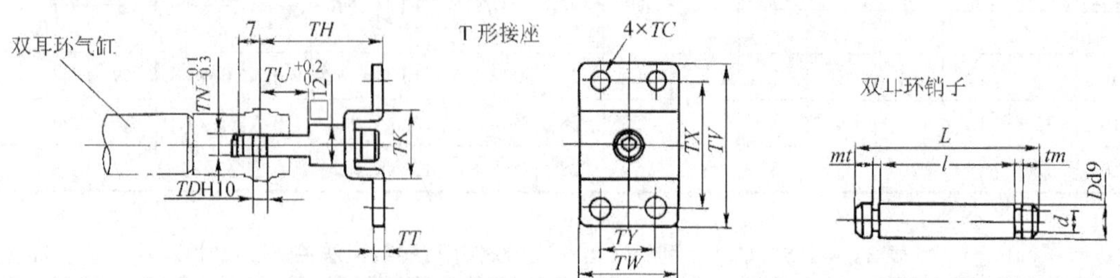

适用缸径	T 形座												双耳环销子						
	零件号	TC	TDH10	TH	TK	TN	TT	TU	TV	TW	TX	TY	零件号	Dd9	d	L	l	m	t
10	CJ-T010B	4.5	$3.3^{+0.048}_{0}$	29	18	3.1	2	9	40	22	32	12	CD-J010	$3.3^{-0.03}_{-0.06}$	3	15.2	12.2	1.2	0.3
16	CJ-T016B	5.5	$5^{+0.048}_{0}$	35	20	6.4	2.3	14	48	28	38	16	CD-Z015	$5^{-0.03}_{-0.06}$	4.8	22.7	18.3	1.5	0.7

表 22.4-108 CJ2 系列标准气缸(单作用)弹簧压回、基本型外形尺寸 (mm)

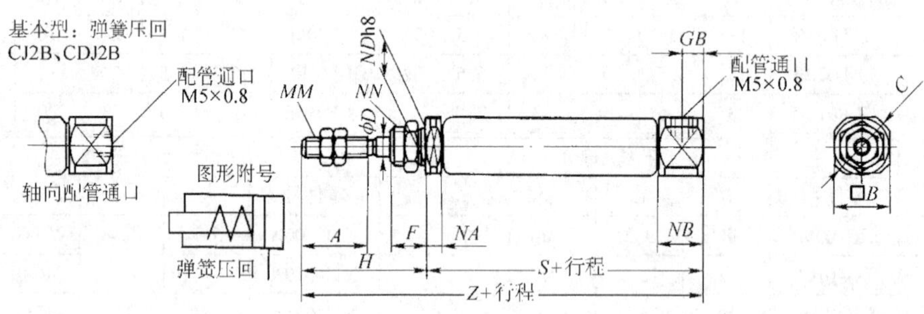

缸径	A	B	C	D	F	GB	H	MM	NA	NB	ND h8	NN
6	15	8	19	3	8	—	28	M3×0.5	3	7	$6^{0}_{-0.018}$	M6×1
10	15	12	14	4	8	5	28	M4×0.7	5.5	9.5	$8^{0}_{-0.022}$	M8×1
16	15	18	20	5	8	5	28	M5×0.8	5.5	9.5	$10^{0}_{-0.022}$	M10×1

缸径	S①								Z①							
	5~15	16~30	31~45	46~60	61~75	76~100	101~125	126~150	5~15	16~30	31~45	46~60	61~75	76~100	101~125	126~150
6	34.5 (39.5)	43.5 (48.5)	47.5 (52.5)	61.5 (66.5)	—	—	—	—	62.5 (67.5)	71.5 (76.5)	75.5 (80.5)	89.5 (94.5)	—	—	—	—
10	45.5	53	65	77	—	—	—	—	73.5	81	93	105	—	—	—	—
16	45.5	54	66	78	84	108	126	138	73.5	82	94	106	112	136	154	166

① 对应尺寸中( )内的数据为内置磁环型的尺寸。

表 22.4-109　CJ2 系列标准气缸(单作用)弹簧压回、双耳环型外形尺寸　(mm)

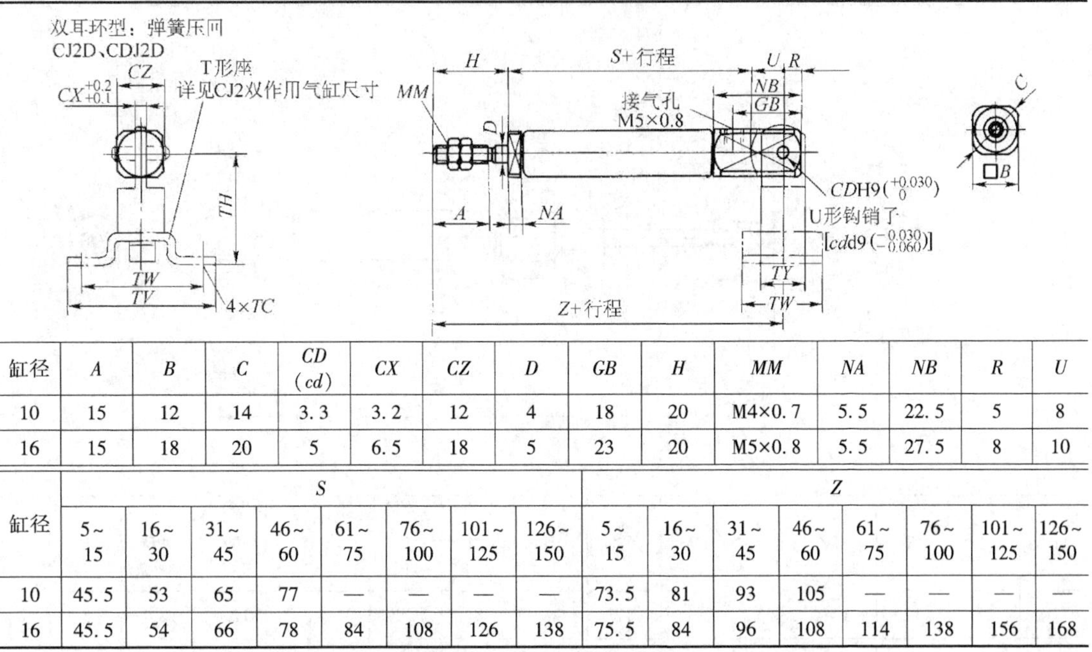

缸径	A	B	C	CD (cd)	CX	CZ	D	GB	H	MM	NA	NB	R	U
10	15	12	14	3.3	3.2	12	4	18	20	M4×0.7	5.5	22.5	5	8
16	15	18	20	5	6.5	18	5	23	20	M5×0.8	5.5	27.5	8	10

缸径	S								Z							
	5~15	16~30	31~45	46~60	61~75	76~100	101~125	126~150	5~15	16~30	31~45	46~60	61~75	76~100	101~125	126~150
10	45.5	53	65	77	—	—	—	—	73.5	81	93	105	—	—	—	—
16	45.5	54	66	78	84	108	126	138	75.5	84	96	108	114	138	156	168

表 22.4-110　CJ2 系列标准气缸(单作用)弹簧压出、基本型外形尺寸　(mm)

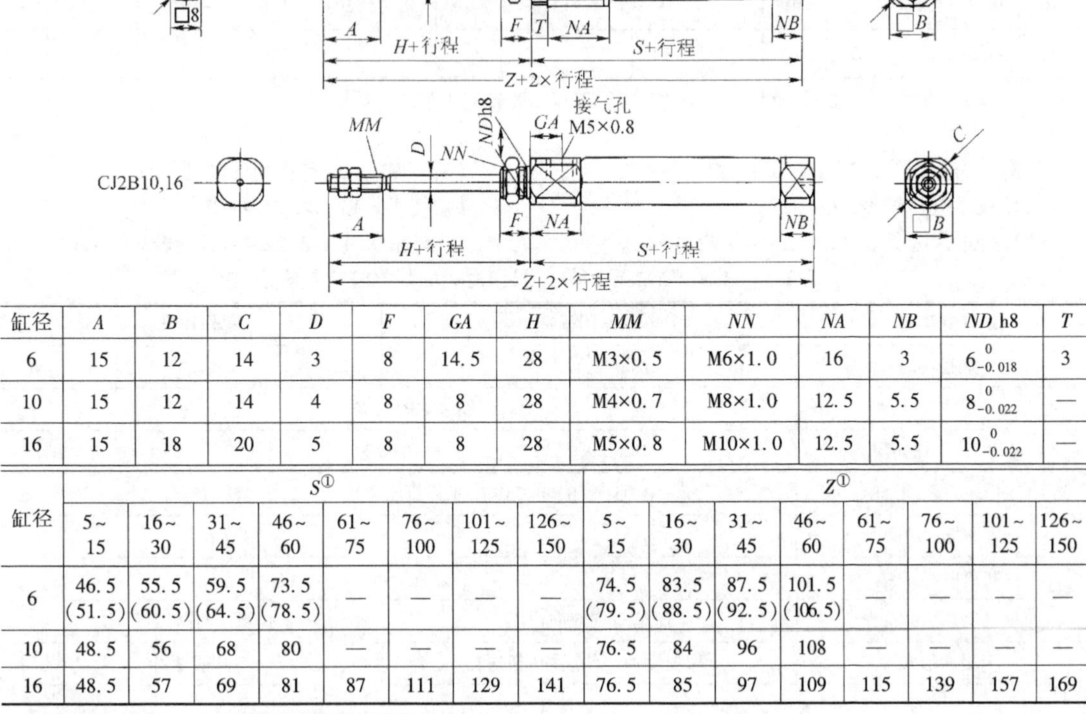

缸径	A	B	C	D	F	GA	H	MM	NN	NA	NB	ND h8	T
6	15	12	14	3	8	14.5	28	M3×0.5	M6×1.0	16	3	$6_{-0.018}^{0}$	3
10	15	12	14	4	8	8	28	M4×0.7	M8×1.0	12.5	5.5	$8_{-0.022}^{0}$	—
16	15	18	20	5	8	8	28	M5×0.8	M10×1.0	12.5	5.5	$10_{-0.022}^{0}$	—

缸径	S①								Z①							
	5~15	16~30	31~45	46~60	61~75	76~100	101~125	126~150	5~15	16~30	31~45	46~60	61~75	76~100	101~125	126~150
6	46.5 (51.5)	55.5 (60.5)	59.5 (64.5)	73.5 (78.5)	—	—	—	—	74.5 (79.5)	83.5 (88.5)	87.5 (92.5)	101.5 (106.5)	—	—	—	—
10	48.5	56	68	80	—	—	—	—	76.5	84	96	108	—	—	—	—
16	48.5	57	69	81	87	111	129	141	76.5	85	97	109	115	139	157	169

① 对应尺寸( )内的数据为内置磁环型的尺寸。

表 22.4-111 CJ2 系列标准气缸(单作用)弹簧压出、双耳环型外形尺寸 (mm)

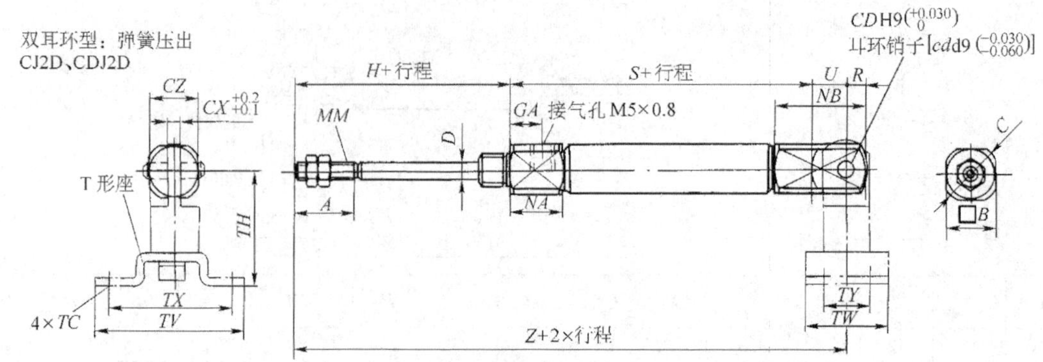

缸径	A	B	C	CD (cd)	CX	CZ	D	GA	H	MM	NA	NB	R	U
10	15	12	14	3.3	3.2	12	4	8	28	M4×0.7	12.5	18.5	5	8
16	15	18	20	5	6.5	18	5	8	28	M5×0.8	12.5	23.5	8	10

缸径	S								Z							
	5~15	16~30	31~45	46~60	61~75	76~100	101~125	126~150	5~15	16~30	31~45	46~60	61~75	76~100	101~125	126~150
10	48.5	56	68	80	—	—	—	—	84.5	92	104	116	—	—	—	—
16	48.5	57	69	81	87	111	129	141	86.5	95	107	119	125	149	167	179

注：脚座、法兰、T 形座等件尺寸可参阅 CJ2 系列双作用气缸件的尺寸。

(3) CM2 系列双作用标准型气缸

1) 技术规格见表 22.4-112。

2) 外形尺寸见表 22.4-113~表 22.4-116。

(4) CM2 系列单作用标准型气缸

1) 技术规格见表 22.4-112。

2) 外形尺寸见表 22.4-117、表 22.4-118。

表 22.4-112 CM2 系列单、双作用标准型气缸技术规格

气缸类型	双作用气缸				单作用气缸			
缸径/mm	20	25	32	40	20	25	32	40
工作介质	经过滤的压缩空气							
环境与介质温度/℃	-0~70							
工作压力范围/MPa	0.05~1.0、0.18~1.0(弹簧压回)、0.23~1.0(弹簧压出)							
耐压/MPa	1.5							
活塞速度/mm · s^{-1}	50~750							
动作方式	压缩空气双向作用				弹簧压回/弹簧压出			
缓冲形式	橡胶缓冲，气缓冲(任选)				橡胶缓冲			

（续）

行程公差/mm	$^{+1.4}_{0}$							
润滑	有无润滑均可							
接管螺纹 Rc(PT)	1/8	1/8	1/8	1/4	1/8	1/8	1/8	1/4

注：型号意义

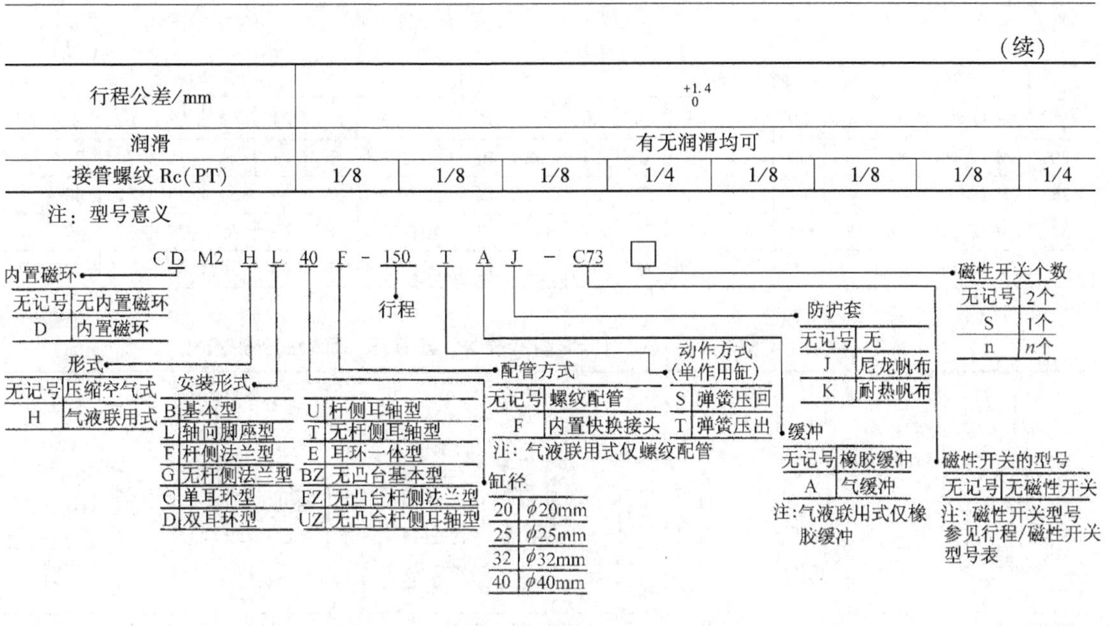

表 22.4-113　CM2 系列双作用标准型气缸（基本型）外形尺寸　（mm）

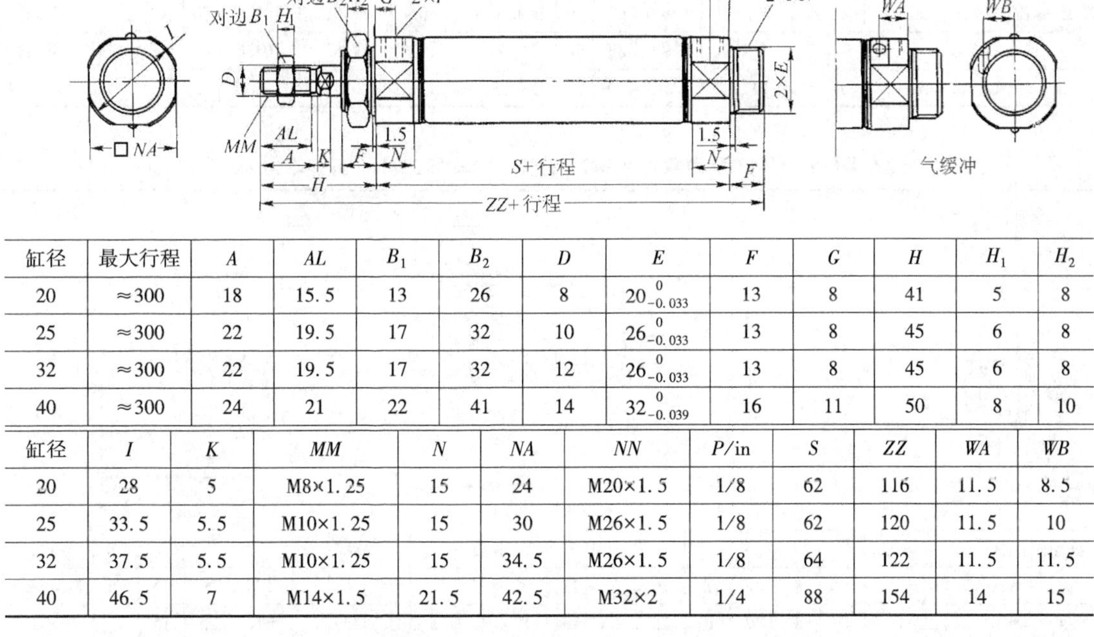

缸径	最大行程	A	AL	B_1	B_2	D	E	F	G	H	H_1	H_2
20	≈300	18	15.5	13	26	8	$20^{\ 0}_{-0.033}$	13	8	41	5	8
25	≈300	22	19.5	17	32	10	$26^{\ 0}_{-0.033}$	13	8	45	6	8
32	≈300	22	19.5	17	32	12	$26^{\ 0}_{-0.033}$	13	8	45	6	8
40	≈300	24	21	22	41	14	$32^{\ 0}_{-0.039}$	16	11	50	8	10

缸径	I	K	MM	N	NA	NN	P/in	S	ZZ	WA	WB
20	28	5	M8×1.25	15	24	M20×1.5	1/8	62	116	11.5	8.5
25	33.5	5.5	M10×1.25	15	30	M26×1.5	1/8	62	120	11.5	10
32	37.5	5.5	M10×1.25	15	34.5	M26×1.5	1/8	64	122	11.5	11.5
40	46.5	7	M14×1.5	21.5	42.5	M32×2	1/4	88	154	14	15

表 22.4-114　CM2 系列双作用标准型气缸脚座、法兰外形尺寸　（mm）

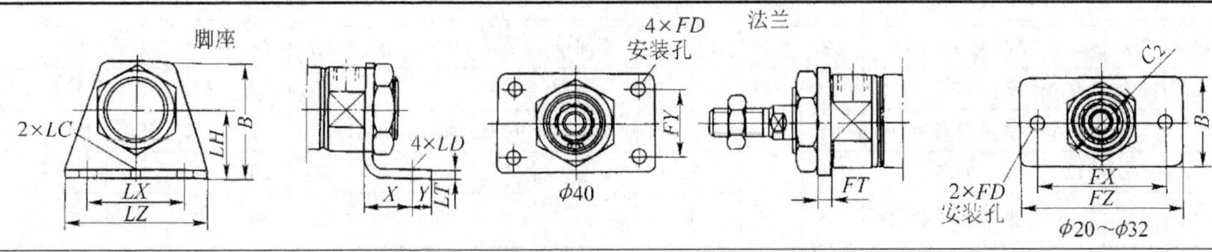

（续）

适合缸径	脚座										法兰							
	零件号	X	Y	LD	LC	LX	LZ	LH	LT	B	零件号	FD	FY	FX	FZ	C_2	B	FT
20	CM-L020B	20	8	6.8	4	40	55	25	3.2	40	CM-F020B	7	—	60	75	30	34	4
25	CM-L032B	20	8	6.8	4	40	55	28	3.2	47	CM-F032B	7	—	60	75	37	40	4
32	CM-L032B	20	8	6.8	4	40	55	28	3.2	47	CM-F032B	7	—	60	75	37	40	4
40	CM-L040B	23	10	7	4	55	75	30	3.2	54	CM-F040B	7	36	66	82	47.3	52	5

表 22.4-115 CM2系列双作用标准型气缸单、双耳环、耳轴式外形尺寸 （mm）

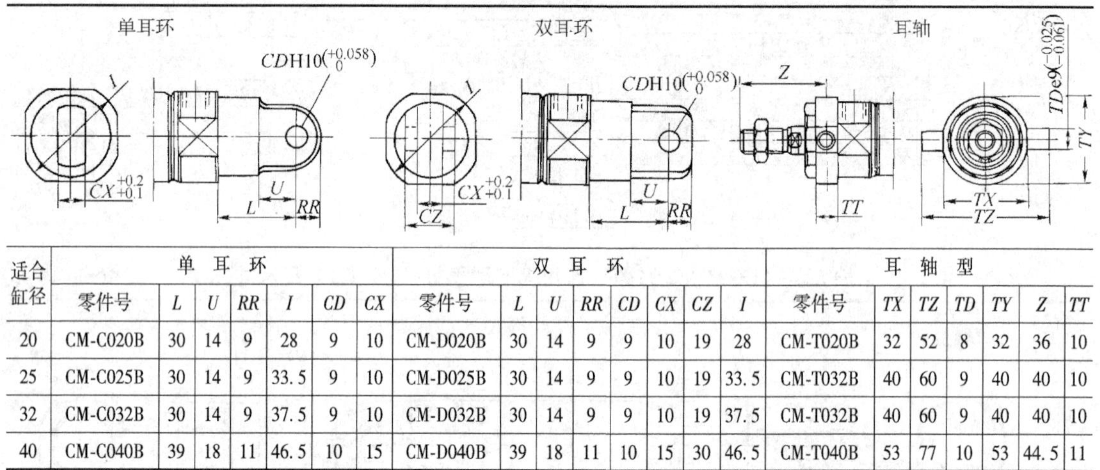

适合缸径	单耳环							双耳环								耳轴型						
	零件号	L	U	RR	I	CD	CX	零件号	L	U	RR	CD	CX	CZ	I	零件号	TX	TZ	TD	TY	Z	TT
20	CM-C020B	30	14	9	28	9	10	CM-D020B	30	14	9	9	10	19	28	CM-T020B	32	52	8	32	36	10
25	CM-C025B	30	14	9	33.5	9	10	CM-D025B	30	14	9	9	10	19	33.5	CM-T032B	40	60	9	40	40	10
32	CM-C032B	30	14	9	37.5	9	10	CM-D032B	30	14	9	9	10	19	37.5	CM-T032B	40	60	9	40	40	10
40	CM-C040B	39	18	11	46.5	10	15	CM-D040B	39	18	11	10	15	30	46.5	CM-T040B	53	77	10	53	44.5	11

表 22.4-116 CM2系列双作用标准型气缸单耳环、耳环座一体型外形尺寸 （mm）

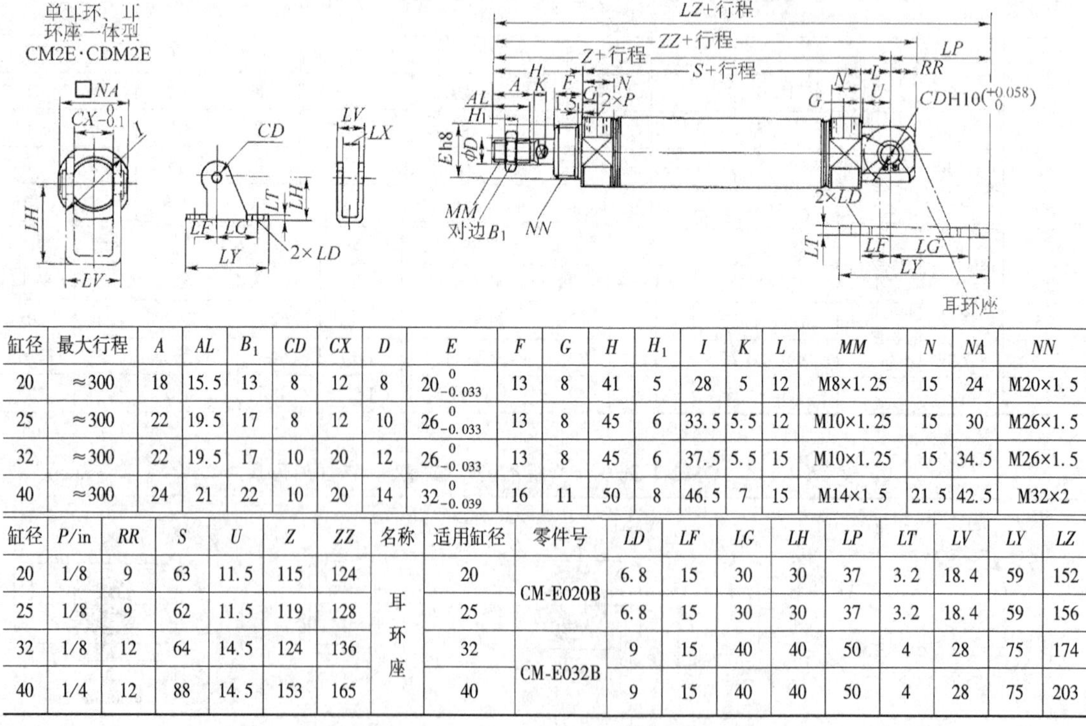

缸径	最大行程	A	AL	B_1	CD	CX	D	E	F	G	H	H_1	I	K	L	MM	N	NA	NN
20	≈300	18	15.5	13	8	12	8	$20_{-0.033}^{0}$	13	8	41	5	28	5	12	M8×1.25	15	24	M20×1.5
25	≈300	22	19.5	17	8	12	10	$26_{-0.033}^{0}$	13	8	45	6	33.5	5.5	12	M10×1.25	15	30	M26×1.5
32	≈300	22	19.5	17	10	20	12	$26_{-0.033}^{0}$	13	8	45	6	37.5	5.5	15	M10×1.25	15	34.5	M26×1.5
40	≈300	24	21	22	10	20	14	$32_{-0.039}^{0}$	16	11	50	8	46.5	7	15	M14×1.5	21.5	42.5	M32×2

缸径	P/in	RR	S	U	Z	ZZ	名称	适用缸径	零件号	LD	LF	LG	LH	LP	LT	LV	LY	LZ
20	1/8	9	63	11.5	115	124	耳环座	20	CM-E020B	6.8	15	30	30	37	3.2	18.4	59	152
25	1/8	9	62	11.5	119	128		25		6.8	15	30	30	37	3.2	18.4	59	156
32	1/8	12	64	14.5	124	136		32	CM-E032B	9	15	40	40	50	4	28	75	174
40	1/4	12	88	14.5	153	165		40		9	15	40	40	50	4	28	75	203

表 22.4-117　CM2 系列单作用(弹簧压回)标准型气缸基本型外形尺寸　(mm)

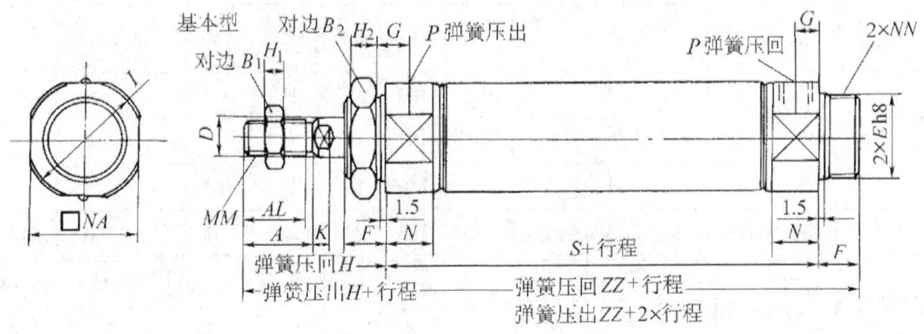

缸径	A	AL	B_1	B_2	D	E	F	G	H	H_1	H_2	I	K	MM	N	NA	NN	P/in
20	18	15.5	13	26	8	$20^{0}_{-0.033}$	13	8	41	5	8	28	5	M8×1.25	15	24	M20×1.5	1/8
25	22	19.5	17	32	10	$26^{0}_{-0.033}$	13	8	45	6	8	33.5	5.5	M10×1.25	15	30	M26×1.5	1/8
32	22	19.5	17	32	12	$26^{0}_{-0.033}$	13	8	45	6	8	37.5	5.5	M10×1.25	15	34.5	M26×1.5	1/8
40	24	21	22	41	14	$32^{0}_{-0.039}$	16	11	50	8	10	46.5	7	M14×1.5	21.5	42.5	M32×2	1/4

行程 / 代号 / 缸径	1~50		51~100		101~150		151~200		201~250	
	S	ZZ	S	ZZ	S	ZZ	S	ZZ	S	ZZ
20	87	141	112	166	137	191	—	—	—	—
25	87	145	112	170	137	195	—	—	—	—
32	89	147	114	172	139	197	164	222	—	—
40	113	179	138	204	163	229	188	254	213	279

表 22.4-118　CM2 系列单作用(弹簧压回)标准型气缸单耳环、耳环座一体型外形尺寸　(mm)

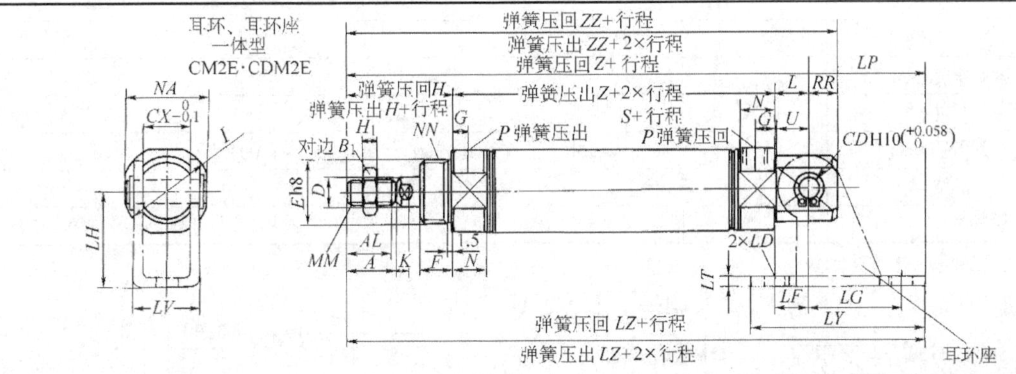

缸径	A	AL	B_1	CD	CX	D	E	F	G	H	H_1	I	K	L	MM	N	NA	NN	P/in	RR	U
20	18	15.5	13	8	12	8	$20^{0}_{-0.033}$	13	8	41	5	28	5	12	M8×1.25	15	24	M20×1.5	1/8	9	11.5
25	22	19.5	17	8	12	10	$26^{0}_{-0.033}$	13	8	45	6	33.5	5.5	12	M10×1.25	15	30	M26×1.5	1/8	9	11.5
32	22	19.5	17	10	20	12	$26^{0}_{-0.033}$	13	8	45	6	37.5	5.5	15	M10×1.25	15	34.5	M26×1.5	1/8	12	14.5
40	24	21	22	10	20	14	$32^{0}_{-0.039}$	16	11	50	8	46.5	7	15	M14×1.5	21.5	42.5	M32×2	1/4	12	14.5

（续）

缸径＼代号＼行程	1~50			51~100			101~150			151~200			201~250		
	S	*Z*	*ZZ*	*S*	*Z*	*ZZ*	*S*	*Z*	*ZZ*	*S*	*Z*	*ZZ*	*S*	*Z*	*ZZ*
20	87	140	149	112	165	174	137	190	199	—	—	—	—	—	—
25	87	144	153	112	169	178	137	194	203	—	—	—	—	—	—
32	89	149	161	114	174	186	139	199	211	164	224	236	—	—	—
40	113	178	190	138	203	215	163	228	240	188	253	265	213	278	290

名称	零件号	适用缸径	*LD*	*LF*	*LG*	*LH*	*LP*	*LT*	*LV*	*LY*	1~50	51~100	101~150	151~200	201~250
											LZ	*LZ*	*LZ*	*LZ*	*LZ*
单耳环座	CM-E020B	20	6.8	15	30	30	37	3.2	18.4	59	177	202	227	—	—
		25	6.8	15	30	30	37	3.2	18.4	59	181	206	231	—	—
	CM-E032B	32	9	15	40	40	50	4	28	75	199	224	249	274	—
		40	9	15	40	40	50	4	28	75	228	253	278	303	328

注：脚座、法兰、单、双耳环、轴耳等件尺寸、型号可参阅 CM2 系列双作用气缸安装件尺寸、型号。

（5）MB 系列标准型气缸

1）技术规格见表 22.4-119。

2）外形尺寸见表 22.4-120。

（6）MB1 系列正方形缸体标准型气缸

1）技术规格见表 22.4-119。

2）外观图见图 22.4-32。

3）安装尺寸见表 22.4-121~表 22.4-123。

4）外形尺寸见 MB 系列气缸尺寸。

表 22.4-119 MB 系列标准型气缸技术规格

缸径/mm	32	40	50	63	80	100
工作介质	经过滤的压缩空气					
环境与介质温度/℃	-5~60					
动作方式	双作用					
工作压力范围/MPa	0.05~1.0					
耐压/MPa	1.5					
活塞运动速度/mm·s^{-1}	50~1000					
缓冲	气缓冲					
行程偏差/mm	$\approx 250^{+1.0}_{0}$，$(250\sim1000)^{+1.4}_{0}$，$(1001\sim1500)^{+1.8}_{0}$					
润滑	有无润滑均可					
接管螺纹 Rc(PT)	1/8	1/4		3/8		1/2

注：型号意义：

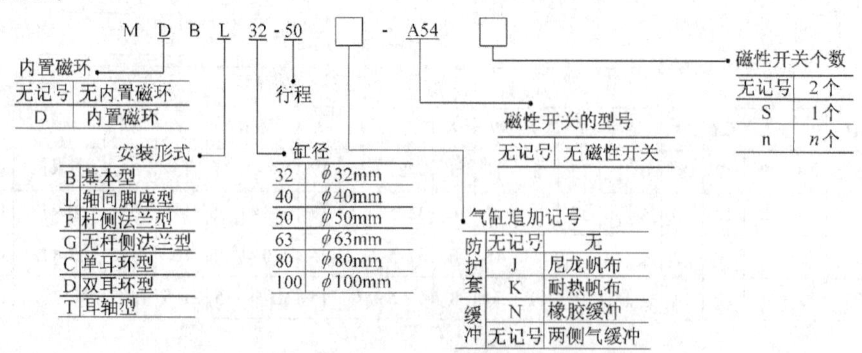

表 22.4-120　MB 系列标准型气缸(基本型)外形尺寸　(mm)

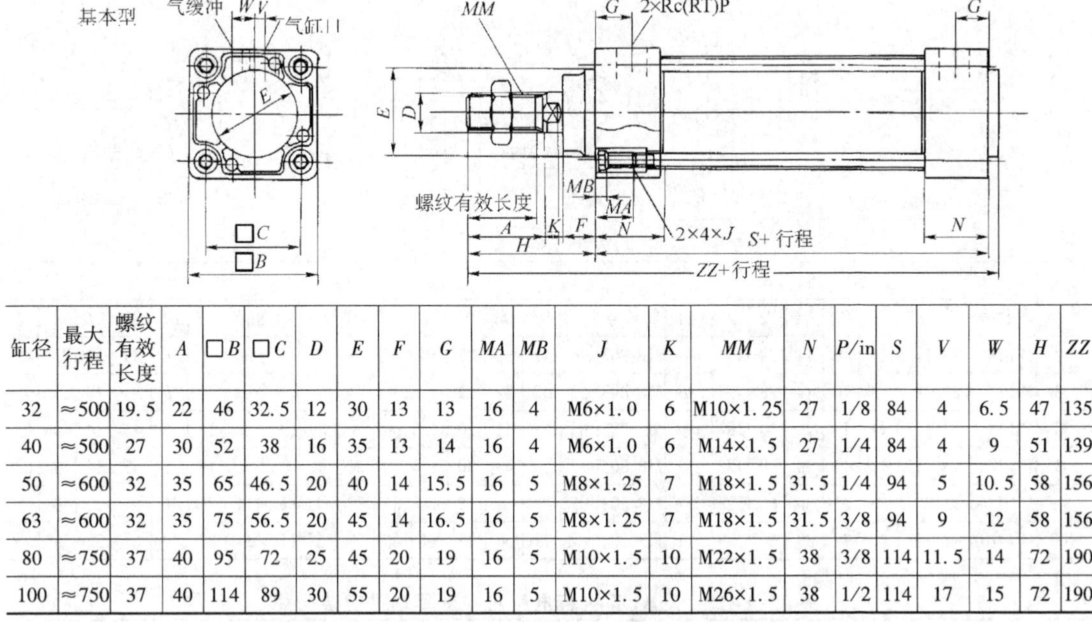

缸径	最大行程	螺纹有效长度	A	□B	□C	D	E	F	G	MA	MB	J	K	MM	N	P/in	S	V	W	H	ZZ
32	≈500	19.5	22	46	32.5	12	30	13	13	16	4	M6×1.0	6	M10×1.25	27	1/8	84	4	6.5	47	135
40	≈500	27	30	52	38	16	35	13	14	16	4	M6×1.0	6	M14×1.5	27	1/4	84	4	9	51	139
50	≈600	32	35	65	46.5	20	40	14	15.5	16	5	M8×1.25	7	M18×1.5	31.5	1/4	94	5	10.5	58	156
63	≈600	32	35	75	56.5	20	45	14	16.5	16	5	M8×1.25	7	M18×1.5	31.5	3/8	94	9	12	58	156
80	≈750	37	40	95	72	25	45	20	19	16	5	M10×1.5	10	M22×1.5	38	3/8	114	11.5	14	72	190
100	≈750	37	40	114	89	30	55	20	19	16	5	M10×1.5	10	M26×1.5	38	1/2	114	17	15	72	190

表 22.4-121　MB1 系列标准型气缸脚座、法兰、单耳环式安装尺寸　(mm)

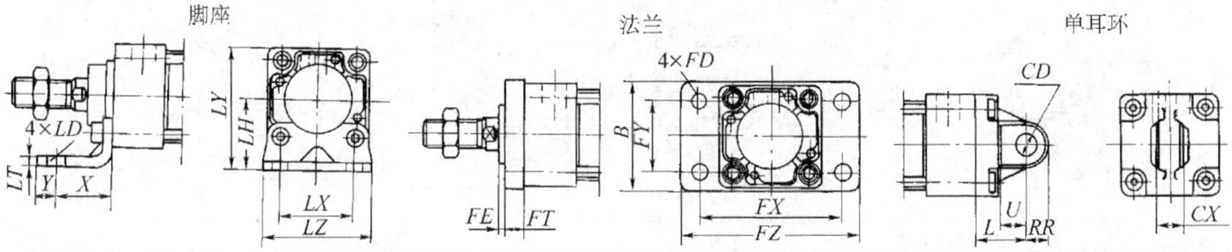

适合缸径	脚座										
	零件号	X	Y	LD	LH	LS	LT	LX	LY	LZ	ZZ
32	MB-L03	22	9	7	30	128	3.2	32	53	50	162
40	MB-L04	24	11	9	33	132	3.2	38	59	55	170
50	MB-L05	27	11	9	40	148	3.2	46	72.5	70	190
63	MB-L06	27	14	12	45	148	3.6	56	82.5	80	193
80	MB-L08	30	14	12	55	174	4.5	72	102.5	100	230
100	MB-L10	32	16	14	65	178	4.5	89	122	120	234

适合缸径	法兰							单耳环					
	零件号	B	FD	FE	FT	FX	FY	FZ	零件号	L	RR	U	CD	CX
32	MB-F03	50	7	3	10	64	32	79	MB-C03	23	10.5	13	10	14
40	MB-F04	55	9	3	10	72	36	90	MB-C04	23	11	13	10	14
50	MB-F05	70	9	2	12	90	45	110	MB-C05	30	15	17	14	20
63	MB-F06	80	9	2	12	100	50	120	MB-C06	30	15	17	14	20
80	MB-F08	100	12	4	16	126	63	153	MB-C08	42	23	26	22	30
100	MB-F10	120	14	4	16	150	75	178	MB-C10	42	23	26	22	30

表 22.4-122　MB1 系列标准型气缸双耳环、单耳环式安装尺寸　　(mm)

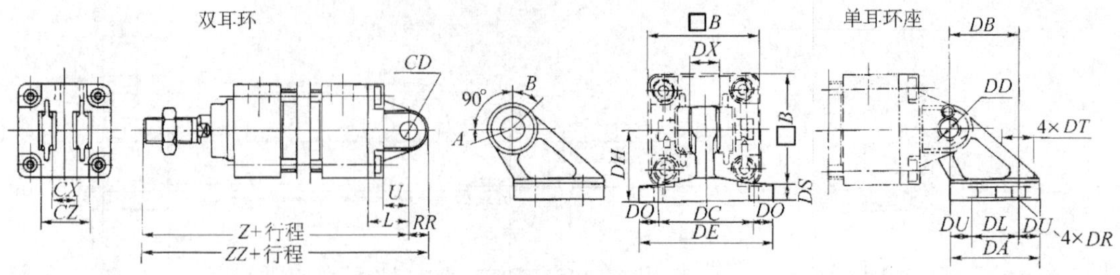

适合缸径	双耳环									单耳环座																
	零件号	L	RR	U	CD	CX	CZ	Z	ZZ	零件号	□B	DA	DB	DL	DU	DC	DX	DE	DO	DR	DT	DS	DH	DD	A	B
32	MB-D03	23	10.5	13	10	14	28	154	164.5	MB-B03	46	42	32	22	10	44	14	62	9	6.6	15	7	33	10	25°	45°
40	MB-D04	23	11	13	10	14	28	158	169	MB-B03	52	42	32	22	10	44	14	62	9	6.6	15	7	33	10	25°	45°
50	MB-D05	30	15	17	14	20	40	182	197	MB-B05	65	53	43	30	11.5	60	20	81	10.5	9	18	8	45	14	40°	60°
63	MB-D06	30	15	17	14	20	40	182	197	MB-B05	75	53	43	30	11.5	60	20	81	10.5	9	18	8	45	14	40°	60°
80	MB-D08	42	23	26	22	30	60	228	251	MB-B08	95	73	64	45	14	86	30	111	12.5	11	22	10	65	22	30°	55°
100	MB-D10	42	23	26	22	30	60	228	251	MB-B08	114	73	64	45	14	86	30	111	12.5	11	22	10	65	22	30°	55°

表 22.4-123　MB1 系列标准气缸中间耳轴式安装尺寸　　(mm)

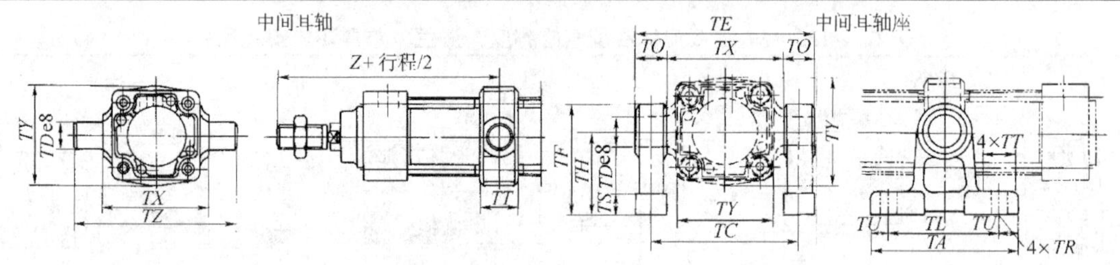

适用缸径	中间耳轴							中间耳轴座															
	气缸带耳轴型号	TD	TT	TX	TY	TZ	Z	零件号	TA	TL	TU	TC	TX	TE	TO	TR	TT	TS	TH	TF	TY	Z	TD
32	MBT32-行程	12	17	50	49	74	89	MB-S03	62	45	8.5	62	50	74	12	7	13	10	35	47	49	89	12
40	MBT40-行程	16	22	63	58	95	93	MB-S04	80	60	10	79	63	95	17	9	17	12	45	60	58	93	16
50	MBT50-行程	16	22	75	71	107	105	MB-S04	80	60	10	91	75	107	17	9	17	12	45	60	71	105	16
63	MBT63-行程	20	28	90	87	130	105	MB-S06	100	70	15	110	90	130	20	11	22	14	60	78	87	105	20
80	MBT80-行程	20	34	110	110	150	129	MB-S06	100	70	15	130	110	150	20	11	22	14	60	78	110	129	20
100	MBT100-行程	25	40	132	136	182	129	MB-S10	120	90	15	155	132	180	25	13.5	24	17	75	100	136	129	25

单杆双作用

杆不回转型

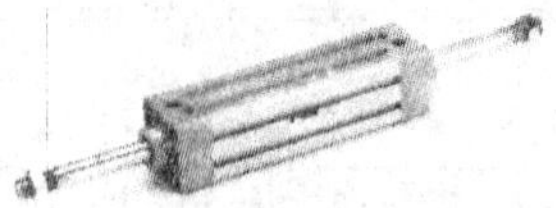

双杆双作用

图 22.4-32　MB1 系列正方形缸体标准型气缸外观图

(7) CS1 系列标准型气缸

1) 技术规格见表 22.4-124。

2）外形尺寸见表22.4-125~表22.4-127。

表22.4-124　CS1系列标准型气缸技术规格

缸径/mm	125	140	160	180	200	250	300
工作介质	经过滤的压缩空气						
环境与介质温度/℃	5~60						
工作压力范围/MPa	0.05~1.0						
耐压/MPa	1.6						
活塞速度/mm·s^{-1}	50~500						
动作方式	双作用						
缓冲	气缓冲						
行程公差/mm	$\approx 250^{+1.0}_{0}$，$(251\sim1000)^{+1.4}_{0}$，$(1001\sim1500)^{+1.8}_{0}$						
润滑	有无润滑均可						
接管螺纹Rc(PT)	1/2		3/4		1		

注：型号意义：

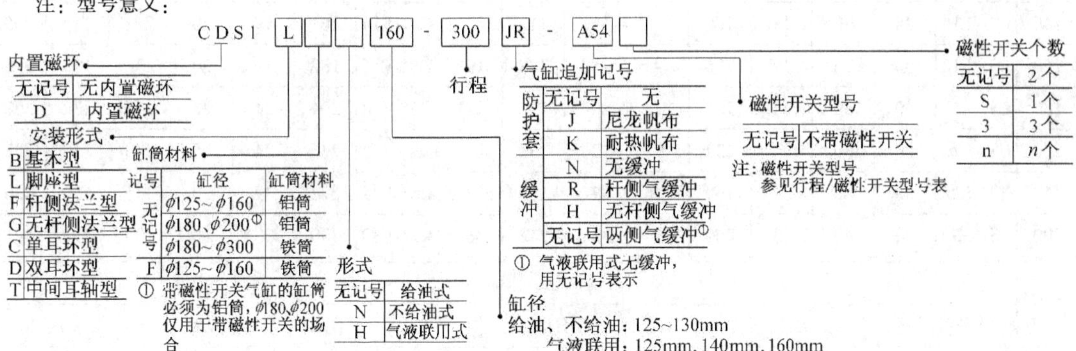

表22.4-125　CS1系列标准型气缸基本型外形尺寸　（mm）

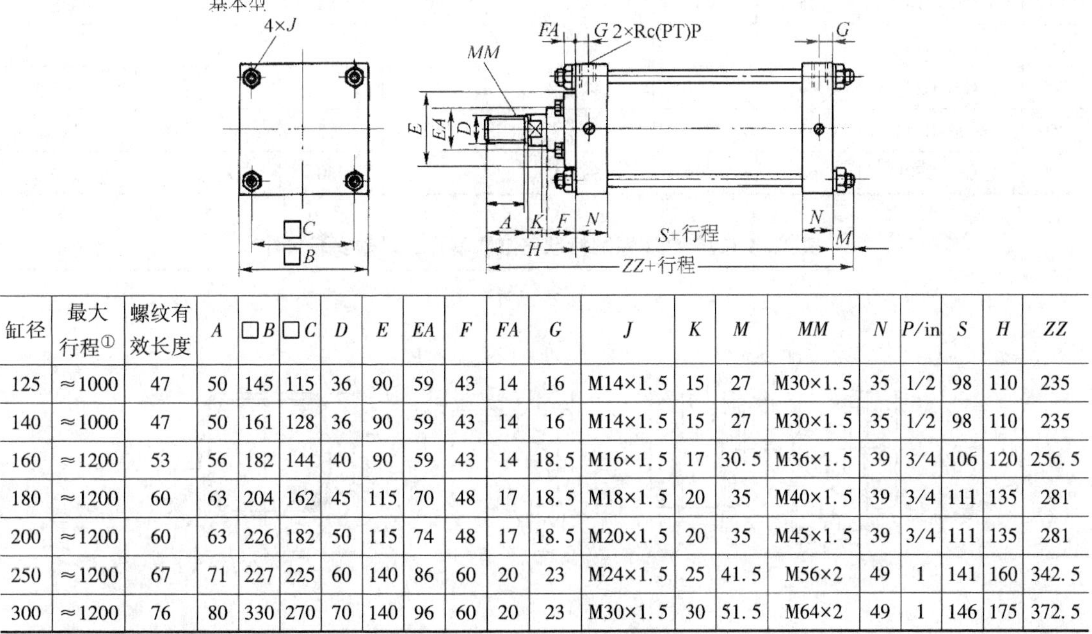

缸径	最大行程①	螺纹有效长度	A	□B	□C	D	E	EA	F	FA	G	J	K	M	MM	N	P/in	S	H	ZZ
125	≈1000	47	50	145	115	36	90	59	43	14	16	M14×1.5	15	27	M30×1.5	35	1/2	98	110	235
140	≈1000	47	50	161	128	36	90	59	43	14	16	M14×1.5	15	27	M30×1.5	35	1/2	98	110	235
160	≈1200	53	56	182	144	40	90	59	43	14	18.5	M16×1.5	17	30.5	M36×1.5	39	3/4	106	120	256.5
180	≈1200	60	63	204	162	45	115	70	48	17	18.5	M18×1.5	20	35	M40×1.5	39	3/4	111	135	281
200	≈1200	60	63	226	182	50	115	74	48	17	18.5	M20×1.5	20	35	M45×1.5	39	3/4	111	135	281
250	≈1200	67	71	227	225	60	140	86	60	20	23	M24×1.5	25	41.5	M56×2	49	1	141	160	342.5
300	≈1200	76	80	330	270	70	140	96	60	20	23	M30×1.5	30	51.5	M64×2	49	1	146	175	372.5

① 带防护套的最小行程为30mm。

表 22.4-126 CS1 系列标准气缸脚座、法兰、单耳环安装尺寸 (mm)

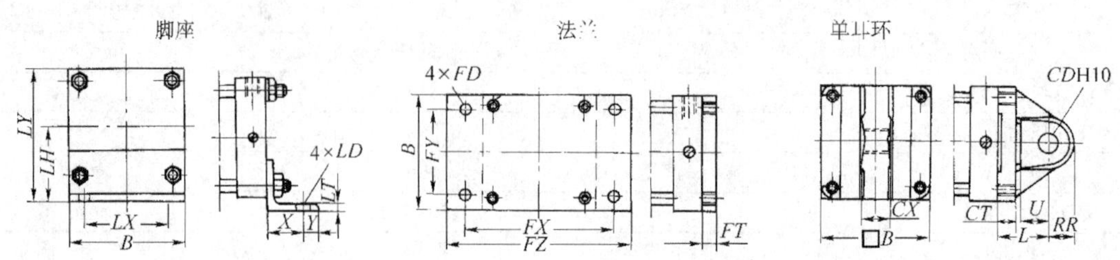

适合缸径	脚座									法兰						
	零件号	X	Y	LD	LH	LT	B	LX	LY	零件号	B	FD	FT	FX	FY	FZ
125	CS1-L12	45	20	19	85	8	145	100	157.5	CS1-F12	145	19	14	190	100	230
140	CS1-L14	45	30	19	100	9	161	112	180.5	CS1-F14	161	19	20	212	112	255
160	CS1-L16	50	25	19	106	9	182	118	197	CS1-F16	182	19	20	236	118	275
180	CS1-L18	60	30	24	125	10	204	132	227	CS1-F18	204	24	25	265	132	320
200	CS1-L20	60	30	24	132	10	226	150	245	CS1~F20	226	24	25	280	150	335
250	XS1-L25	80	40	29	160	12	277	180	298.5	CS1-F25	277	29	30	355	180	420
300	CS1-L30	90	40	33	200	15	330	212	365	CS1-F30	330	33	30	400	212	475

适合缸径	单耳环						
	零件号	RR	U	CDH10	CT	□B	CX	L
125	CS1-C12	29	35	$25^{+0.084}_{0}$	17	145	$32^{-0.1}_{-0.3}$	65
140	CS1-C14	32	40	$28^{+0.084}_{0}$	17	161	$36^{-0.1}_{-0.3}$	75
160	CS1-C16	36	45	$32^{+0.010}_{0}$	20	182	$40^{-0.1}_{-0.3}$	80
180	CS1-C18	44	50	$40^{+0.010}_{0}$	23	204	$50^{-0.1}_{-0.3}$	90
200	CS1-C20	44	50	$40^{+0.010}_{0}$	25	226	$50^{-0.1}_{-0.3}$	90
250	CS1-C25	55	65	$50^{+0.010}_{0}$	30	277	$63^{-0.1}_{-0.3}$	110
300	CS1-C30	68	80	$63^{+0.120}_{0}$	37	330	$80^{-0.1}_{-0.3}$	130

表 22.4-127 CS1 系列标准气缸双耳环、耳轴安装尺寸 (mm)

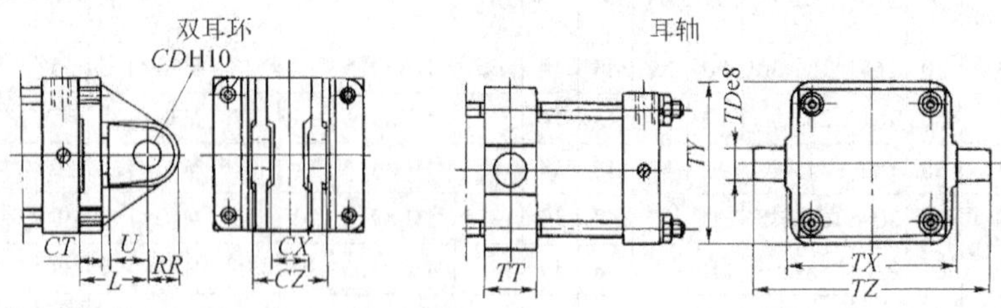

（续）

适合缸径	双耳环						中间耳轴					
	零件号	*U*	*CD*H10	*CT*	*CX*	*CZ*	气缸带耳轴型号	*TD*e8	*TT*	*TX*	*TY*	*TZ*
125	CS1-D12	35	$25^{+0.084}_{0}$	17	$32^{+0.3}_{+0.1}$	$64^{0}_{-0.2}$	CS1TN125-行程	$32^{-0.005}_{-0.089}$	50	170	164	234
140	CS1-D14	40	$28^{+0.084}_{0}$	17	$36^{+0.3}_{+0.1}$	$72^{0}_{-0.2}$	CS1TN140-行程	$36^{-0.005}_{-0.089}$	55	190	184	262
160	CS1-D16	45	$32^{+0.100}_{0}$	20	$40^{+0.3}_{+0.1}$	$80^{0}_{-0.2}$	CS1TN160-行程	$40^{-0.005}_{-0.089}$	60	212	204	292
180	CS1-D18	50	$40^{+0.100}_{0}$	23	$50^{+0.3}_{+0.1}$	$100^{-0.1}_{-0.3}$	CS1TN180-行程	$45^{-0.005}_{-0.089}$	59	236	228	326
200	CS1-D20	50	$40^{+0.100}_{0}$	25	$50^{+0.3}_{+0.1}$	$100^{-0.1}_{-0.3}$	CS1TN200-行程	$45^{-0.005}_{-0.089}$	59	265	257	355
250	CS1-D25	65	$50^{+0.100}_{0}$	30	$63^{+0.3}_{+0.1}$	$126^{-0.1}_{-0.3}$	CS1TN250-行程	$56^{-0.060}_{-0.106}$	69	335	325	447
300	CS1-D30	80	$63^{+0.120}_{0}$	37	$80^{+0.3}_{+0.1}$	$160^{-0.1}_{-0.3}$	CS1TN300-行程	$67^{-0.060}_{-0.106}$	79	400	390	534

（8）CG1 系列标准型气缸

1）技术规格见表 22.4-128。

2）外形尺寸见表 22.4-129~表 22.4-132。

表 22.4-128　CG1 系列标准型气缸技术规格

缸径/mm	20	25	32	40	50	63	80	100
动作方式	单杆双作用							
给油	不要（不给油）							
使用流体	空气							
耐压试验压力/MPa	1.5							
工作压力范围/MPa	0.05~1.0							
环境温度及使用流体温度	无磁性开关：-10~70℃；带磁性开关：-10~60℃							
使用活塞速度/mm·s^{-1}	50~1000						50~700	
标准行程长度/mm	25、50、75、100、125、150、200	25、50、75、100、125、150、200、250、300						
缓冲	垫缓冲							
安装形式	基本型、基本型（无耳安装用螺孔）、轴向脚座型、杆侧法兰型、无杆侧法兰型、杆侧耳轴型、无杆侧耳轴型、耳环型（通口位置做 90°变更时使用）							

注：1. 对于 ϕ80、ϕ100，没有基本型（无耳轴安装用螺孔）、杆侧耳轴型、无杆侧耳轴型。

2. 对于 ϕ20~ϕ63 的脚座型、法兰型、耳环型，没有耳轴安装用内螺纹。

3. 型号意义：

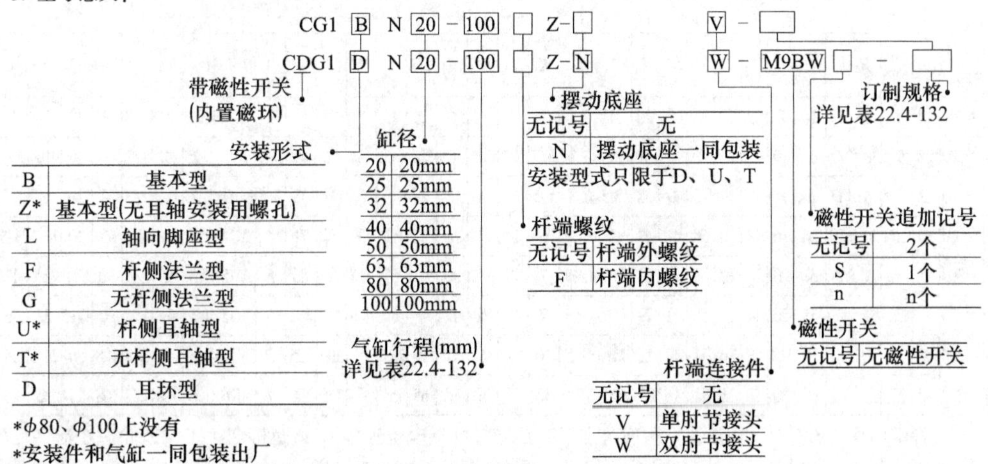

表 22.4-129 CG1 系列标准气缸(基本型)外形尺寸 (mm)

基本型/CG1BN

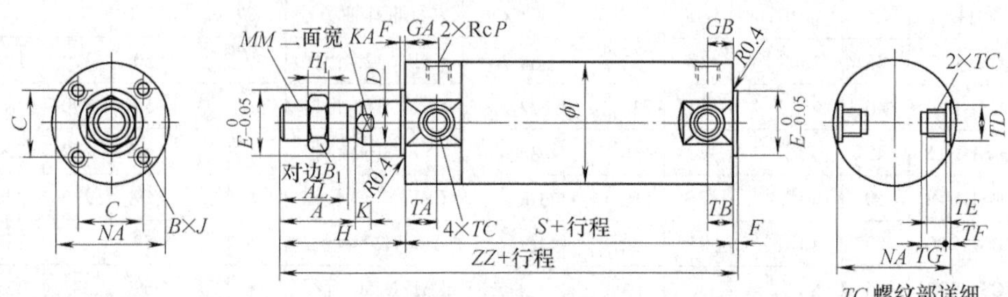

缸径	最大标准	A	AL	B_1	C	D	E	F	GA	GB	H	H_1	I	J	K	KA	MM	NA	P/in	S	TA	TB	ZZ
20	≈200	18	15.5	13	14	8	12	2	12	10	35	5	26	M4×0.7 深 7	5	6	M8×1.25	24	1/8	69	11	11	106
25	≈300	22	19.5	17	16.5	10	14	2	12	10	40	6	31	M5×0.8 深 7.5	5.5	8	M10×1.25	29	1/8	69	11	11	111
32	≈300	22	19.5	17	20	12	18	2	12	10	40	6	38	M5×0.8 深 8	5.5	10	M10×1.25	35.5	1/8	71	11	10	113
40	≈300	30	27	19	26	16	25	2	13	10	50	8	47	M6×1 深 12	6	14	M14×1.5	44	1/8	78	12	10	130
50	≈300	35	32	27	32	20	30	2	14	12	58	11	58	M8×1.25 深 16	7	18	M18×1.5	55	1/4	90	13	12	150
63	≈300	35	32	27	38	20	32	2	14	12	58	11	72	M10×1.5 深 16	7	18	M18×1.5	69	1/4	90	13	12	150
80	≈300	40	37	32	50	25	40	3	20	16	71	13	89	M10×1.5 深 22	10	22	M22×1.5	86	3/8	108	—	—	182
100	≈300	40	37	41	60	30	50	3	20	16	71	16	110	M12×1.75 深 22	10	26	M26×1.5	106	1/2	108	—	—	182

注：使用外螺纹的场合，请注意根据工件的材质选用合适的垫片，不要让活塞杆前端发生变形。

表 22.4-130 CG1 系列标准气缸(轴向脚座型)外形尺寸 (mm)

轴向脚座型/CG1LN

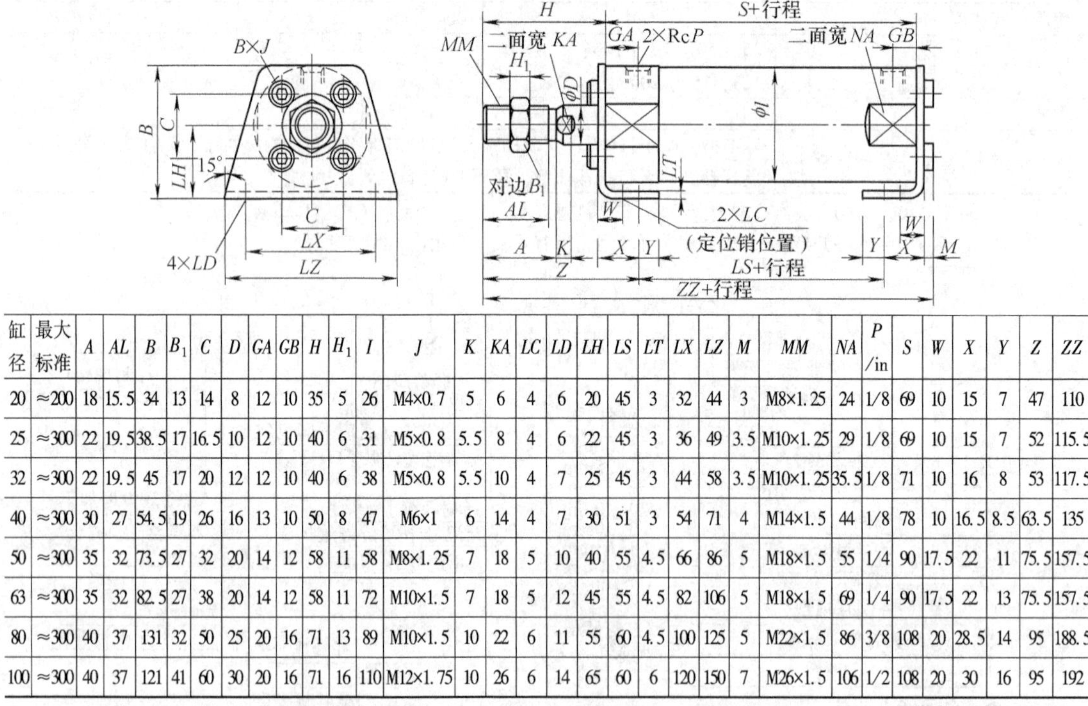

缸径	最大标准	A	AL	B	B_1	C	D	GA	GB	H	H_1	I	J	K	KA	LC	LD	LH	LS	LT	LX	LZ	M	MM	NA	P/in	S	W	X	Y	Z	ZZ
20	≈200	18	15.5	34	13	14	8	12	10	35	5	26	M4×0.7	5	6	4	6	20	45	3	32	44	3	M8×1.25	24	1/8	69	10	15	7	47	110
25	≈300	22	19.5	38.5	17	16.5	10	12	10	40	6	31	M5×0.8	5.5	8	4	6	22	45	3	36	49	3.5	M10×1.25	29	1/8	69	10	15	7	52	115.5
32	≈300	22	19.5	45	17	20	12	12	10	40	6	38	M5×0.8	5.5	10	4	7	25	45	3	44	58	3.5	M10×1.25	35.5	1/8	71	10	16	8	53	117.5
40	≈300	30	27	54.5	19	26	16	13	10	50	8	47	M6×1	6	14	4	7	30	51	3	54	71	4	M14×1.5	44	1/8	78	10	16.5	8.5	63.5	135
50	≈300	35	32	73.5	27	32	20	14	12	58	11	58	M8×1.25	7	18	5	10	40	55	4.5	66	86	5	M18×1.5	55	1/4	90	17.5	22	11	75.5	157.5
63	≈300	35	32	82.5	27	38	20	14	12	58	11	72	M10×1.5	7	18	5	12	45	55	4.5	82	106	5	M18×1.5	69	1/4	90	17.5	22	13	75.5	157.5
80	≈300	40	37	131	32	50	25	20	16	71	13	89	M10×1.5	10	22	6	11	55	60	4.5	100	125	5	M22×1.5	86	3/8	108	20	28.5	14	95	188.5
100	≈300	40	37	121	41	60	30	20	16	71	16	110	M12×1.75	10	26	6	14	65	60	6	120	150	7	M26×1.5	106	1/2	108	20	30	16	95	192

注：杆端内螺纹的场合，在活塞杆缩回状态下，活塞杆的扳卡位置(K/KA)也缩回去了，因此请在活塞杆伸出状态下，利用扳卡位置，使用工具固定活塞杆，再将工件安装在活塞杆前端。关于杆端内螺纹的详细情况，请参考基本型。

表 22.4-131　CG1 系列标准气缸(杆侧法兰型)外形尺寸　(mm)

杆侧法兰型/CG1FN

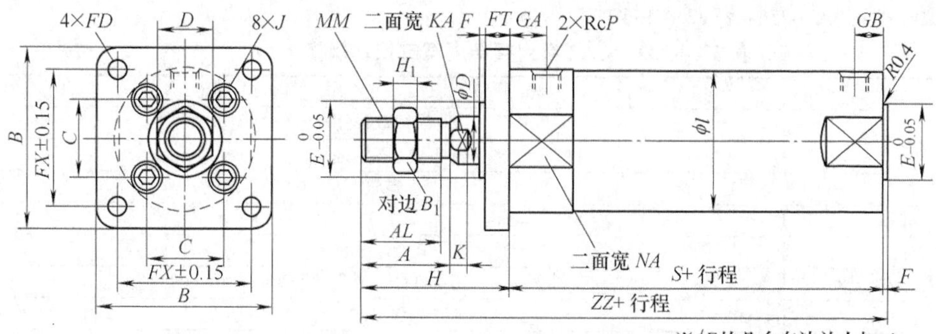

※φE 的凸台在法兰上加工

缸径	最大行程	A	AL	B	B_1	C	D	E	F	FD	FT	FX	GA	GB	H	H_1	I	J	K	KA	MM	NA	P /in	S	ZZ
20	≈200	18	15.5	40	13	14	8	12	2	5.5	6	28	12	10	35	5	26	M4×0.7	5	6	M8×1.25	24	1/8	69	106
25	≈300	22	19.5	44	17	16.5	10	14	2	5.5	7	32	12	10	40	6	31	M5×0.8	5.5	8	M10×1.25	29	1/8	69	111
32	≈300	22	19.5	53	17	20	12	18	2	6.6	7	38	12	10	40	6	38	M5×0.8	5.5	10	M10×1.25	36.5	1/8	71	113
40	≈300	30	27	61	19	26	16	25	2	6.6	8	46	13	10	50	8	47	M6×1	6	14	M14×1.5	44	1/8	78	130
50	≈300	35	32	76	27	32	20	30	2	9	9	58	14	12	58	11	58	M8×1.25	7	18	M18×1.5	55	1/4	90	150
63	≈300	35	32	92	27	38	20	32	2	11	9	70	14	12	58	11	72	M10×1.5	7	18	M18×1.5	69	1/4	90	150
80	≈300	40	37	104	32	50	25	40	3	11	11	82	20	16	71	13	89	M10×1.5	10	22	M22×1.5	86	3/8	108	182
100	≈300	40	37	128	41	60	30	50	3	14	14	100	20	16	71	16	110	M12×1.75	10	26	M26×1.5	106	1/2	108	182

注：杆端内螺纹的场合，在活塞杆缩回状态下，活塞杆的扳卡位置(K/KA)也缩回去了，因此请在活塞杆伸出状态下，利用扳卡位置，使用工具固定活塞杆，再将工件安装在活塞杆前端。关于杆端内螺纹的详细情况，请参考基本型。

表 22.4-132　CG1 系列标准气缸(无杆侧法兰型)外形尺寸　(mm)

无杆侧法兰型/CG1GN

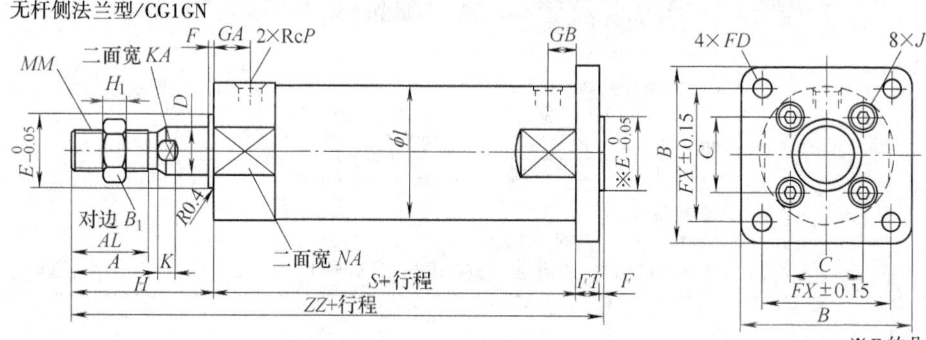

※E 的凸台在法兰上加工

缸径	最大行程	A	AL	B	B_1	C	D	E	F	FD	FT	FX	GA	GB	H	H_1	I	J	K	KA	MM	NA	P /in	S	ZZ
20	≈200	18	15.5	40	13	14	8	12	2	5.5	6	28	12	10	35	5	26	M4×0.7	5	6	M8×1.25	24	1/8	69	112
25	≈300	22	19.5	44	17	16.5	10	14	2	5.5	7	32	12	10	40	6	31	M5×0.8	5.5	8	M10×1.25	29	1/8	69	118
32	≈300	22	19.5	53	17	20	12	18	2	6.6	7	38	12	10	40	6	38	M5×0.8	5.5	10	M10×1.25	35.5	1/8	71	120
40	≈300	30	27	61	19	26	16	25	2	6.6	8	46	13	10	50	8	47	M6×1	6	14	M14×1.5	44	1/8	78	138
50	≈300	35	32	76	27	32	20	30	2	9	9	58	14	12	58	11	58	M8×1.25	7	18	M18×1.5	55	1/4	90	159
63	≈300	35	32	92	27	38	20	32	2	11	9	70	14	12	58	11	72	M10×1.5	7	18	M18×1.5	69	1/4	90	159
80	≈300	40	37	104	32	50	25	40	3	11	11	82	20	16	71	13	89	M10×1.5	10	22	M22×1.5	86	3/8	108	193
100	≈300	40	37	128	41	60	30	50	3	14	14	100	20	16	71	16	110	M12×1.75	10	26	M26×1.5	106	1/2	108	196

注：关于杆端内螺纹的详细情况，请参考基本型。

（9）CA2 系列标准型气缸

1）技术规格见表 22.4-133。

2）外形尺寸见表 22.4-134～表 22.4-136。

表 22.4-133　CA2 系列标准型气缸技术规格

缸径/mm	40	50	63	80	100
动作方式	单杆双作用				
给油	不要(不给油)				
使用流体	空气				
耐压试验压力/MPa	1.5				
工作压力范围/MPa	0.05～1.0				
环境温度及使用流体温度	无磁性开关：-10～70℃；带磁性开关：-10～60℃				
使用活塞速度/mm·s^{-1}	50～500				
标准行程长度/mm	25、50、75、100、125、150、175、200、250、300、350、400、450、500	25、50、75、100、125、150、175、200、250、300、350、400、450、500、600		25、50、75、100、125、150、175、200、250、300、350、400、450、500、600、700	
缓冲	气缓冲				
安装形式	基本型、脚座型、杆侧法兰型、无杆侧法兰型、单耳环型、双耳环型、耳轴型				

注：型号意义

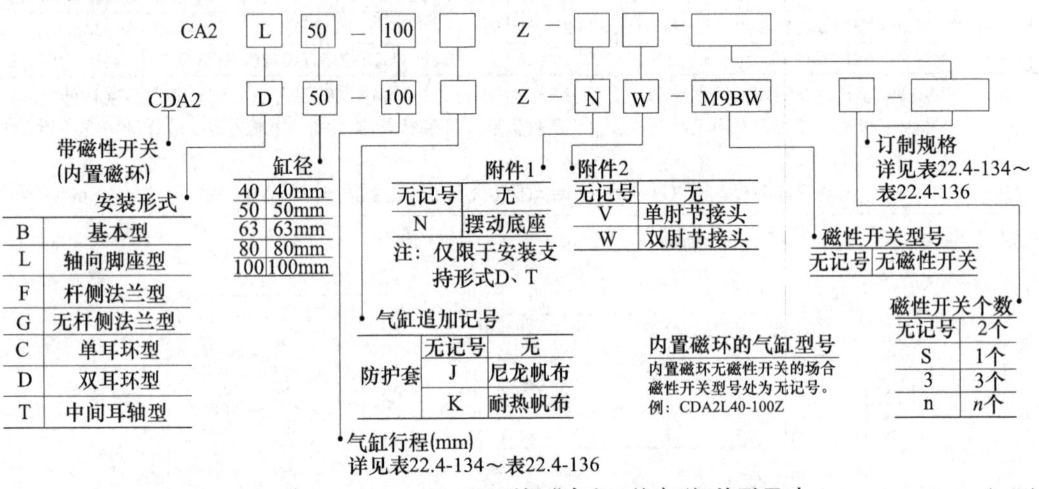

表 22.4-134　CA2 系列标准气缸（基本型）外形尺寸　　（mm）

基本型/CA2B

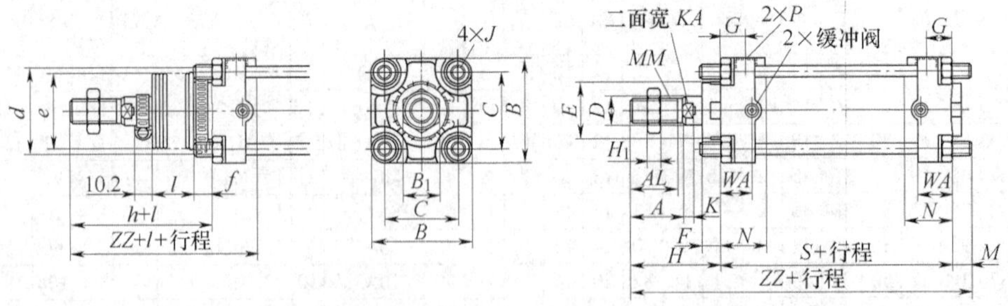

（续）

缸径	最大行程	A	AL	B	B_1	C	D	E	F	G	H_1	J	K	KA	M
40	≈500	30	27	60	22	44	16	32	10	15	8	M8×1.25	6	14	11
50	≈600	35	32	70	27	52	20	40	10	17	11	M8×1.25	7	18	11
63	≈600	35	32	85	27	64	20	40	10	17	11	M10×1.25	7	18	14
80	≈700	40	37	102	32	78	25	52	14	21	13	M12×1.75	10	22	17
100	≈700	40	37	116	41	92	30	52	14	21	16	M12×1.75	10	26	17

缸径	最大行程	MM	N	P/in	S	WA	无防护套		带防护套					
							H	ZZ	d	e	f	h	l	ZZ
40	≈500	M14×1.5	27	1/4	84	18.5	51	146	56	43	11.2	59	1/4行程	154
50	≈600	M18×1.5	30	3/8	90	18.5	58	159	64	52	11.2	66	1/4行程	167
63	≈600	M18×1.5	31	3/8	98	23	58	170	64	52	11.2	66	1/4行程	178
80	≈700	M22×1.5	37	1/2	116	28.5	71	204	76	65	12.5	80	1/4行程	213
100	≈700	M26×1.5	40	1/2	126	28.5	72	215	76	65	14	81	1/4行程	224

长行程

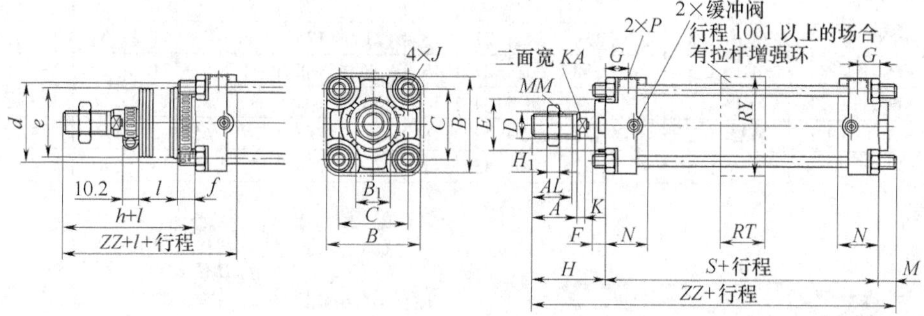

缸径	行程范围	A	AL	B	B_1	C	D	E	F	G	H_1	J	K	KA	M	
															无增强环	有增强环
40	501≈800	30	27	60	22	44	16	32	10	15	8	M8×1.25	6	14	11	11
50	601~1200	35	32	70	27	52	20	40	10	17	11	M8×1.25	7	18	11	12
63	601~1200	35	32	85	27	64	20	40	10	17	11	M10×1.25	7	18	14	15
80	751~1400	40	37	102	32	78	25	52	14	21	13	M12×1.75	10	22	17	19
100	751~1500	40	37	116	41	92	30	52	14	21	16	M12×1.75	10	26	17	19

缸径	行程范围	MM	N	P/in	RT	RY	S	无防护套		带防护套					
								H	ZZ	d	e	f	h	l	ZZ
40	501~800	M14×1.5	27	1/4	30	64	84	51	146	56	43	11.2	59	1/4行程	154
50	601~1200	M18×1.5	30	3/8	30	76	90	58	159	64	52	11.2	66	1/4行程	167
63	601~1200	M18×1.5	31	3/8	40	92	98	58	170	64	52	11.2	66	1/4行程	178
80	751~1400	M22×1.5	37	1/2	45	112	116	71	204	76	65	12.5	80	1/4行程	213
100	751~1500	M26×1.5	40	1/2	50	136	126	72	215	76	65	14	81	1/4行程	224

注：1. 内置磁环的场合，使用温度范围为-10~60℃。

2. 内置磁环的场合，请注意带磁性开关的最小行程。

3. 超过了行程范围的场合，请考虑(使用导轨等)防止活塞杆的弯曲变形。

表 22.4-135 CA2 系列标准气缸(轴向脚座型)外形尺寸 (mm)

轴向脚座型/CA2L

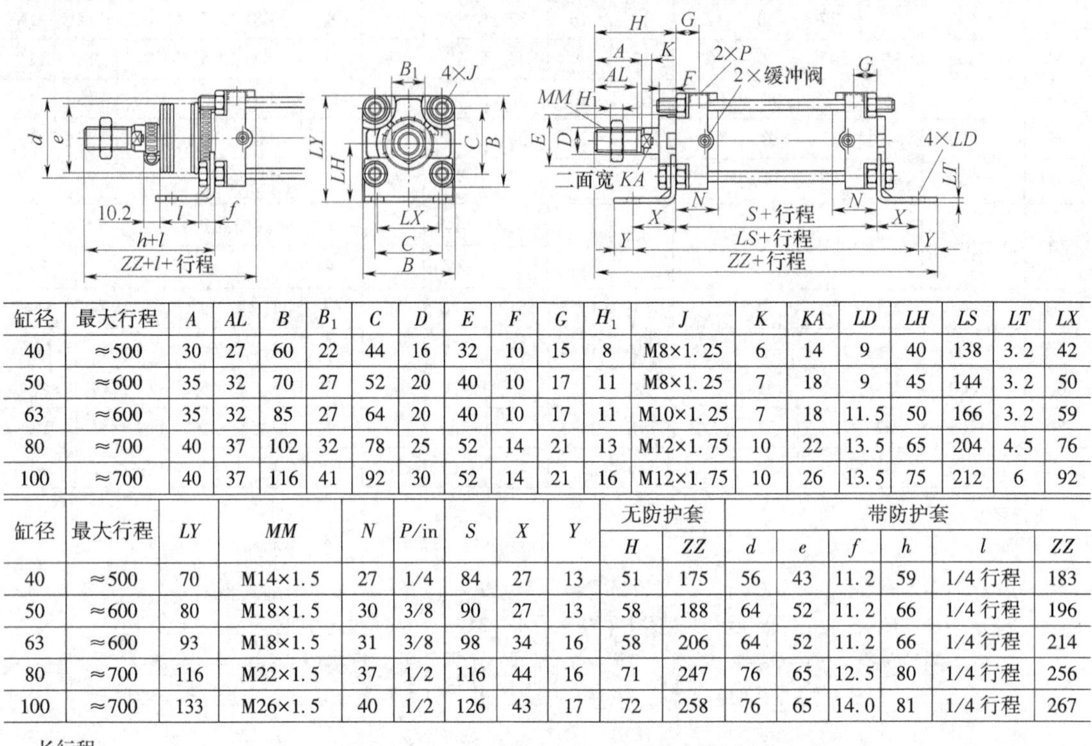

缸径	最大行程	A	AL	B	B_1	C	D	E	F	G	H_1	J	K	KA	LD	LH	LS	LT	LX
40	≈500	30	27	60	22	44	16	32	10	15	8	M8×1.25	6	14	9	40	138	3.2	42
50	≈600	35	32	70	27	52	20	40	10	17	11	M8×1.25	7	18	9	45	144	3.2	50
63	≈600	35	32	85	27	64	20	40	10	17	11	M10×1.25	7	18	11.5	50	166	3.2	59
80	≈700	40	37	102	32	78	25	52	14	21	13	M12×1.75	10	22	13.5	65	204	4.5	76
100	≈700	40	37	116	41	92	30	52	14	21	16	M12×1.75	10	26	13.5	75	212	6	92

缸径	最大行程	LY	MM	N	P/in	S	X	Y	无防护套		带防护套					
									H	ZZ	d	e	f	h	l	ZZ
40	≈500	70	M14×1.5	27	1/4	84	27	13	51	175	56	43	11.2	59	1/4 行程	183
50	≈600	80	M18×1.5	30	3/8	90	27	13	58	188	64	52	11.2	66	1/4 行程	196
63	≈600	93	M18×1.5	31	3/8	98	34	16	58	206	64	52	11.2	66	1/4 行程	214
80	≈700	116	M22×1.5	37	1/2	116	44	16	71	247	76	65	12.5	80	1/4 行程	256
100	≈700	133	M26×1.5	40	1/2	126	43	17	72	258	76	65	14.0	81	1/4 行程	267

长行程

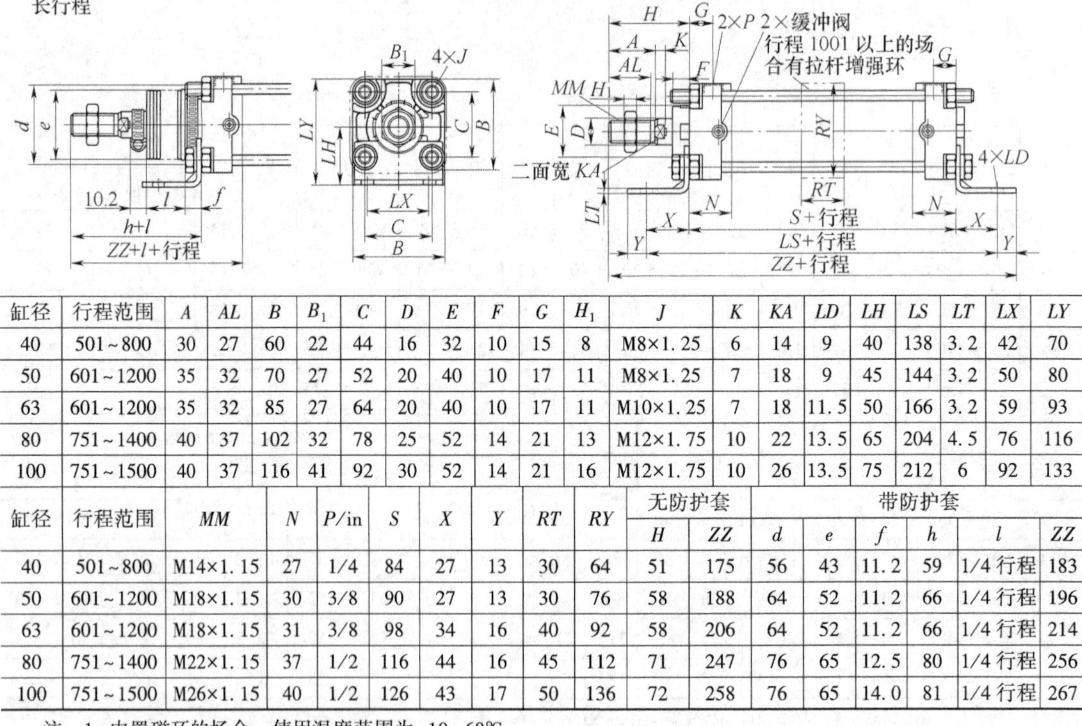

缸径	行程范围	A	AL	B	B_1	C	D	E	F	G	H_1	J	K	KA	LD	LH	LS	LT	LX	LY
40	501~800	30	27	60	22	44	16	32	10	15	8	M8×1.25	6	14	9	40	138	3.2	42	70
50	601~1200	35	32	70	27	52	20	40	10	17	11	M8×1.25	7	18	9	45	144	3.2	50	80
63	601~1200	35	32	85	27	64	20	40	10	17	11	M10×1.25	7	18	11.5	50	166	3.2	59	93
80	751~1400	40	37	102	32	78	25	52	14	21	13	M12×1.75	10	22	13.5	65	204	4.5	76	116
100	751~1500	40	37	116	41	92	30	52	14	21	16	M12×1.75	10	26	13.5	75	212	6	92	133

缸径	行程范围	MM	N	P/in	S	X	Y	RT	RY	无防护套		带防护套					
										H	ZZ	d	e	f	h	l	ZZ
40	501~800	M14×1.15	27	1/4	84	27	13	30	64	51	175	56	43	11.2	59	1/4 行程	183
50	601~1200	M18×1.15	30	3/8	90	27	13	30	76	58	188	64	52	11.2	66	1/4 行程	196
63	601~1200	M18×1.15	31	3/8	98	34	16	40	92	58	206	64	52	11.2	66	1/4 行程	214
80	751~1400	M22×1.15	37	1/2	116	44	16	45	112	71	247	76	65	12.5	80	1/4 行程	256
100	751~1500	M26×1.15	40	1/2	126	43	17	50	136	72	258	76	65	14.0	81	1/4 行程	267

注：1. 内置磁环的场合，使用温度范围为-10~60℃。

2. 内置磁环的场合，请注意带磁性开关的最小行程。

3. 超过了行程范围的场合，请考虑(使用导轨等)防止活塞杆的弯曲变形。

表 22.4-136　CA2 系列标准气缸(杆侧法兰型)外形尺寸　(mm)

杆侧法兰型/CA2F

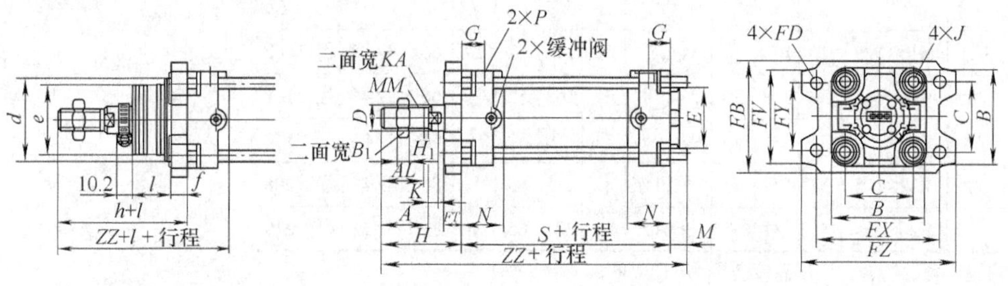

缸径	最大行程	A	AL	B	B_1	C	D	E	FB	FD	FT	FV	FX	FY	FZ	G	H_1	J	K	KA
40	≈500	30	27	60	22	44	16	32	71	9	12	60	80	42	100	15	8	M8×1.25	6	14
50	≈600	35	32	70	27	52	20	40	81	9	12	70	90	50	110	17	11	M8×1.25	7	18
63	≈600	35	32	85	27	64	20	40	101	11.5	15	86	105	59	130	17	11	M10×1.25	7	18
80	≈700	40	37	102	32	78	25	52	119	13.5	18	102	130	76	160	21	13	M12×1.75	10	22
100	≈700	40	37	116	41	92	30	52	133	13.5	18	116	150	92	180	21	16	M12×1.75	10	26

缸径	最大行程	M	MM	N	P/in	S	无防护套		带防护套					
							H	ZZ	★d	e	f	h	l	ZZ
40	≈500	11	M14×1.5	27	1/4	84	51	146	52	43	15	59	1/4 行程	154
50	≈600	11	M18×1.5	30	3/8	90	58	159	58	52	15	66	1/4 行程	167
63	≈600	14	M18×1.5	31	3/8	98	58	170	58	52	17.5	66	1/4 行程	178
80	≈700	17	M22×1.5	37	1/2	116	71	204	80	65	21.5	80	1/4 行程	213
100	≈700	17	M26×1.5	40	1/2	126	72	215	80	65	21.5	81	1/4 行程	224

★为了安装气缸，要进行防护套通过孔加工，该孔应比防护套外径 d 大。

长行程

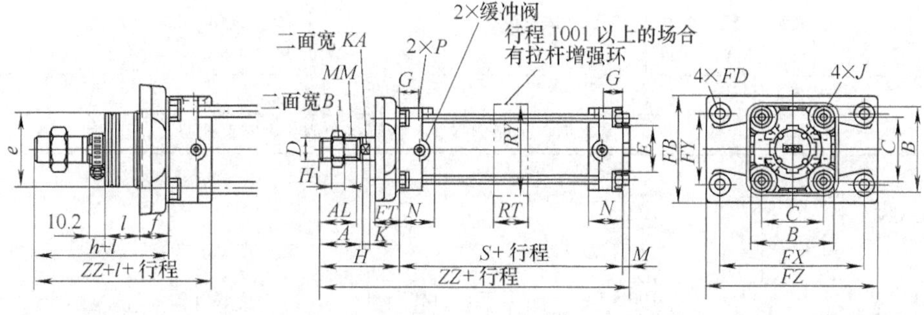

缸径	行程范围	A	AL	B	B_1	C	D	E	FB	FD	FT	FX	FY	FZ	G	H_1	J	K	KA	M
40	501~800	30	27	60	22	44	16	32	71	9	12	80	42	100	15	8	M8×1.25	6	14	11
50	601~1200	35	32	70	27	52	20	40	88	9	20	120	58	144	17	11	M8×1.25	7	18	6
63	601~1200	35	32	85	27	64	20	40	105	11.5	23	140	64	170	17	11	M10×1.25	7	18	10
80	751~1400	40	37	102	32	78	25	52	124	13.5	28	164	84	198	21	13	M12×1.75	10	22	12
100	751~1500	40	37	116	41	92	30	52	140	13.5	29	180	100	220	21	16	M12×1.75	10	26	12

（续）

缸径	行程范围	*MM*	*N*	*P*/in	*RT*	*RY*	*S*	无防护套		带防护套				
								H	*ZZ*	★*e*	*f*	*h*	*l*	*ZZ*
40	501~800	M14×1.5	27	1/4	30	64	84	51	146	52	19	66	1/4 行程	162
50	601~1200	M18×1.5	30	3/8	30	76	90	67	163	52	19	66	1/4 行程	162
63	601~1200	M18×1.5	31	3/8	40	92	98	71	179	52	19	66	1/4 行程	174
80	751~1400	M22×1.5	37	1/2	45	112	116	87	215	65	21	80	1/4 行程	208
100	751~1500	M26×1.5	40	1/2	50	136	126	89	227	65	21	81	1/4 行程	219

★为了安装气缸，要进行防护套通过孔加工，该孔应比防护套外径 *e* 大。

注：1. 内置磁环的场合，使用温度范围为-10~60℃。

2. 内置磁环的场合，请注意带磁性开关的最小行程。

3. 超过了行程范围的场合，请考虑(使用导轨等)防止活塞杆的弯曲变形。

（10）CA2W 系列标准型气缸

1）技术规格见表 22.4-137。

2）外形尺寸见表 22.4-138~表 22.4-140。

表 22.4-137 CA2W 系列标准型气缸技术规格

缸径/mm	40	50	63	80	100
动作方式	双杆双作用				
给油	不要(不给油)				
使用流体	空气				
耐压试验压力/MPa	1.5				
工作压力范围/MPa	0.08~1.0				
环境温度及使用流体温度	无磁性开关：-10~70℃；带磁性开关：-10~60℃				
使用活塞速度/mm·s^{-1}	50~500				
标准行程长度/mm	25、50、75、100、125、150、175、200、250、300、350、400、450、500	25、50、75、100、125、150、175、200、250、300、350、400、450、500、600		25、50、75、100、125、150、175、200、250、300、350、400、450、500、600、700	
缓冲	气缓冲				
安装形式	基本型、轴向脚座型、杆侧法兰型、中间耳轴型				

注：型号意义

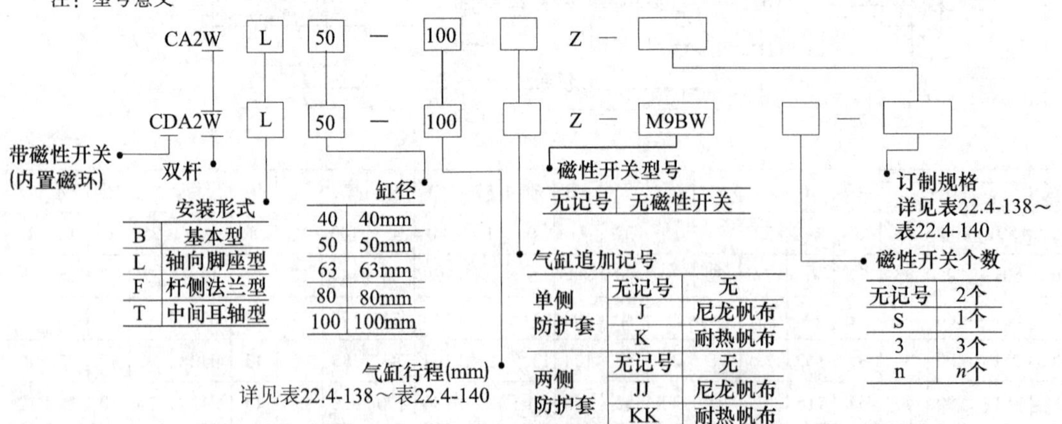

表 22.4-138 CA2W 系列标准气缸(基本型)外形尺寸 (mm)

基本型/CA2WB

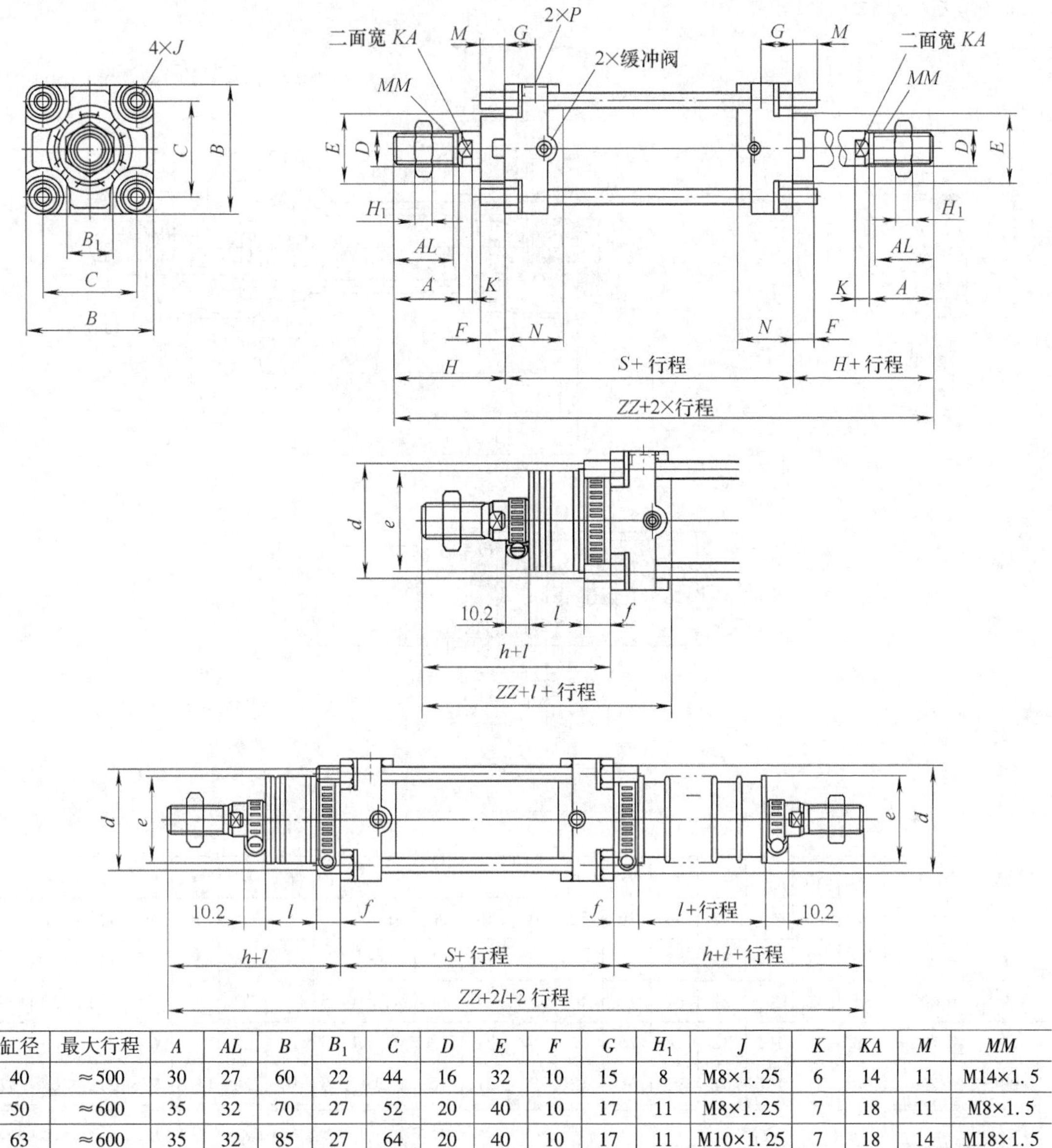

缸径	最大行程	A	AL	B	B_1	C	D	E	F	G	H_1	J	K	KA	M	MM
40	≈500	30	27	60	22	44	16	32	10	15	8	M8×1.25	6	14	11	M14×1.5
50	≈600	35	32	70	27	52	20	40	10	17	11	M8×1.25	7	18	11	M8×1.5
63	≈600	35	32	85	27	64	20	40	10	17	11	M10×1.25	7	18	14	M18×1.5
80	≈750	40	37	102	32	78	25	52	14	21	13	M12×1.75	10	22	17	M22×1.5
100	≈750	40	37	116	41	92	30	52	14	21	16	M12×1.75	10	26	17	M26×1.5

缸径	最大行程	N	P/in	S	无防护套		带防护套(单侧)						(两侧)
					H	ZZ	d	e	f	h	l	ZZ	ZZ
40	≈500	27	1/4	84	51	186	56	43	11.2	59	1/4 行程	194	202
50	≈600	30	3/8	90	58	206	64	52	11.2	66	1/4 行程	214	222
63	≈600	31	3/8	98	58	214	64	52	11.2	66	1/4 行程	222	230
80	≈750	37	1/2	116	71	258	76	65	12.5	80	1/4 行程	267	276
100	≈750	40	1/2	126	72	270	76	65	14.0	81	1/4 行程	279	288

注：1. 内置磁环的场合，使用温度范围为-10~60℃。

2. 内置磁环的场合，请注意带磁性开关时的最小行程。

表 22.4-139 CA2W 系列标准气缸(轴向脚座型)外形尺寸 (mm)

轴向脚座型/CA2WL

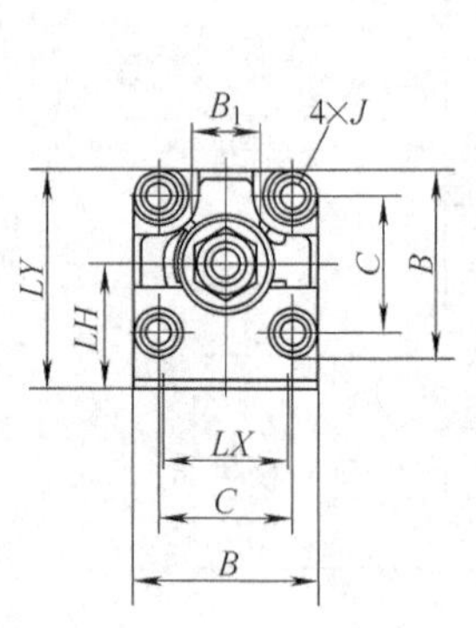

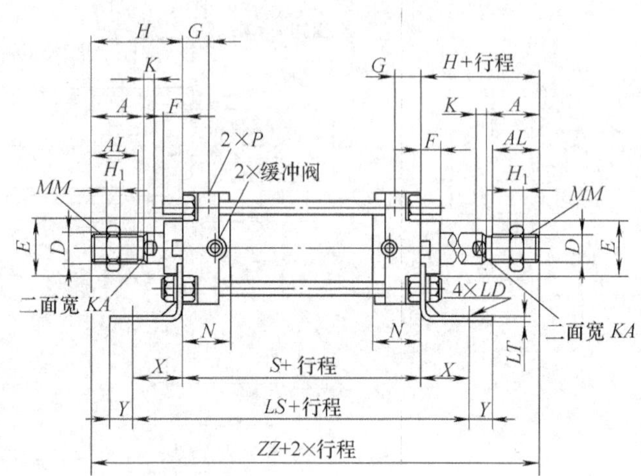

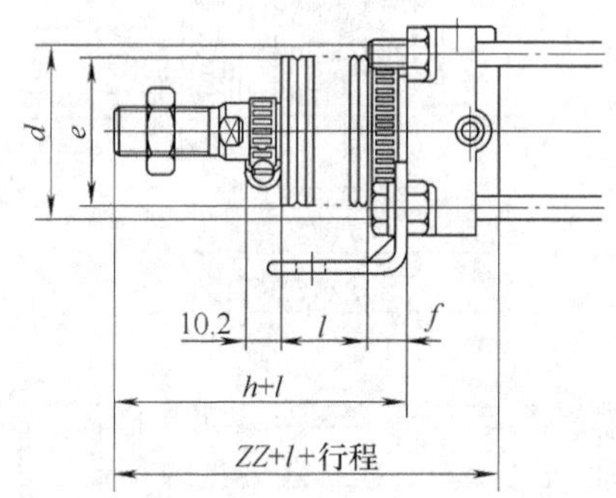

缸径	最大行程	A	AL	B	B_1	C	D	E	F	G	H_1	J	K	KA	LD	LH	LS	LT	LX
40	≈500	30	27	60	22	44	16	32	10	15	8	M8×1.25	6	14	9	40	138	3.2	42
50	≈600	35	32	70	27	52	20	40	10	17	11	M8×1.25	7	18	9	45	144	3.2	50
63	≈600	35	32	85	27	64	20	40	10	17	11	M10×1.25	7	18	11.5	50	166	3.2	59
80	≈750	40	37	102	32	78	25	52	14	21	13	M12×1.75	10	22	13.5	65	204	4.5	76
100	≈750	40	37	116	41	92	30	52	14	21	16	M12×1.75	10	26	13.5	75	212	6	92

缸径	最大行程	LY	MM	N	P/in	S	X	Y	无防护套		带防护套(单侧)						(两侧)
									H	ZZ	d	e	f	h	l	ZZ	ZZ
40	≈500	70	M14×1.5	27	1/4	84	27	13	51	186	56	43	11.2	59	1/4 行程	194	202
50	≈600	80	M18×1.5	30	3/8	90	27	13	58	206	64	52	11.2	66	1/4 行程	214	222
63	≈600	93	M18×1.5	31	3/8	98	34	16	58	214	64	52	11.2	66	1/4 行程	222	230
80	≈750	116	M22×1.5	37	1/2	116	44	16	71	258	76	65	12.5	80	1/4 行程	267	276
100	≈750	133	M26×1.5	40	1/2	126	43	17	72	270	76	65	14.0	81	1/4 行程	279	288

注：1. 内置磁环的场合，使用温度范围为-10~60℃。

2. 内置磁环的场合，请注意带磁性开关时的最小行程。

表 22.4-140　CA2W 系列标准气缸(杆侧法兰型)外形尺寸　(mm)

杆侧法兰型/CA2WF

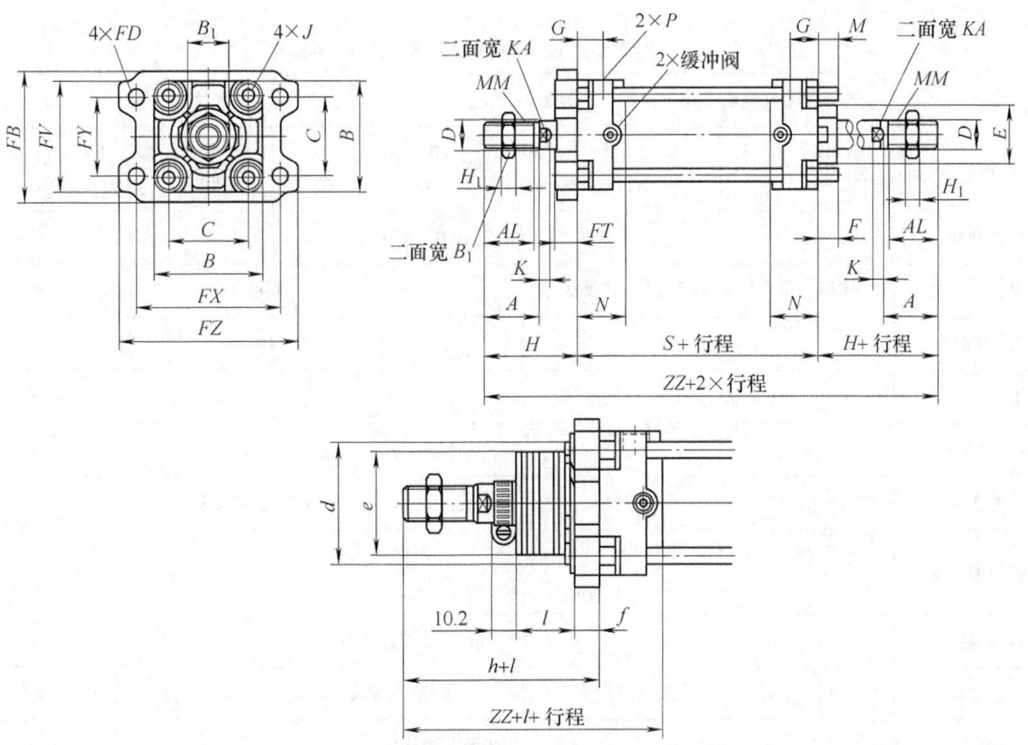

缸径	最大行程	A	AL	B	B_1	C	D	E	FB	FD	FT	FV	FX	FY	FZ	G	H_1	J	K	KA	M
40	≈500	30	27	60	22	44	16	32	71	9	12	60	80	42	100	15	8	M8×1.25	6	14	11
50	≈600	35	32	70	27	52	20	40	81	9	12	70	90	50	110	17	11	M8×1.25	7	18	11
63	≈600	35	32	85	27	64	20	40	101	11.5	15	86	105	59	130	17	11	M10×1.25	7	18	14
80	≈750	40	37	102	32	78	25	52	119	13.5	18	102	130	76	160	21	13	M12×1.75	10	22	17
100	≈750	40	37	116	41	92	30	52	133	13.5	18	116	150	92	180	21	16	M12×1.75	10	26	17

缸径	最大行程	MM	N	P/in	S	无防护套		带防护套(单侧)						(两侧)
						H	ZZ	★d	e	f	h	l	ZZ	ZZ
40	≈500	M14×1.5	27	1/4	84	51	186	52	43	15	59	1/4 行程	194	202
50	≈600	M18×1.5	30	3/8	90	58	206	58	52	15	66	1/4 行程	214	222
63	≈600	M18×1.5	31	3/8	98	58	214	58	52	17.5	66	1/4 行程	222	230
80	≈750	M22×1.5	37	1/2	116	71	258	80	65	21.5	80	1/4 行程	267	276
100	≈750	M26×1.5	40	1/2	126	72	270	80	65	21.5	81	1/4 行程	279	288

★为了安装气缸，要进行防护套通过孔加工，该孔应比防护套外径 d 大。

注：1. 内置磁环的场合，使用温度范围为：-10~60℃。

2. 内置磁环的场合，请注意带磁性开关时的最小行程。

1.7.2　薄型气缸

（1）CQ2系列短行程薄型气缸

1）技术规格见表22.4-141。

2）外形尺寸见表22.4-142。

（2）CQ2系列长行程薄型气缸

1）技术规格见表22.4-141。

2）外形尺寸见表22.4-143、表22.4-144。

表22.4-141　CQ2系列长、短行程薄型气缸技术规格

	短行程薄型气缸		长行程薄型气缸			大缸径薄型气缸			
缸径/mm	12、16 20、25	32 40	50 63	80 100	32 40	50 63	80 100	125、140 160	180 200
工作介质	经过滤的压缩空气								
动作方式	双作用、单作用：弹簧压回/弹簧压出				双作用				
环境及介质温度/℃	5~60				-10~60				
最高使用压力/MPa	1.0								
耐压/MPa	1.5								
缓冲形式	无				标准橡胶缓冲				
行程公差/mm	$^{+1.4}_{0}$								
杆端螺纹	内螺纹(标准)、外螺纹(任选)								
安装方式	通孔(标准)、两端螺孔(任选)				两端内螺纹(标准)			通孔及两端螺孔共用	
润滑	有无润滑均可								
接管螺纹 Rc(PT)	M5×0.8	1/8	1/4	3/8	1/8	1/4	3/8	3/8	1/2

注：型号意义

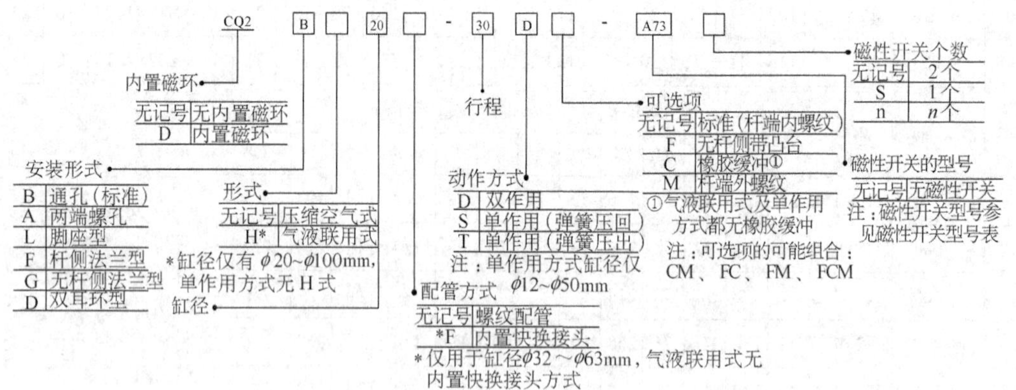

表 22.4-142　CQ2 系列短行程薄型气缸基本型(单作用/双作用)外形尺寸　(mm)

基本型（单作用/双作用）

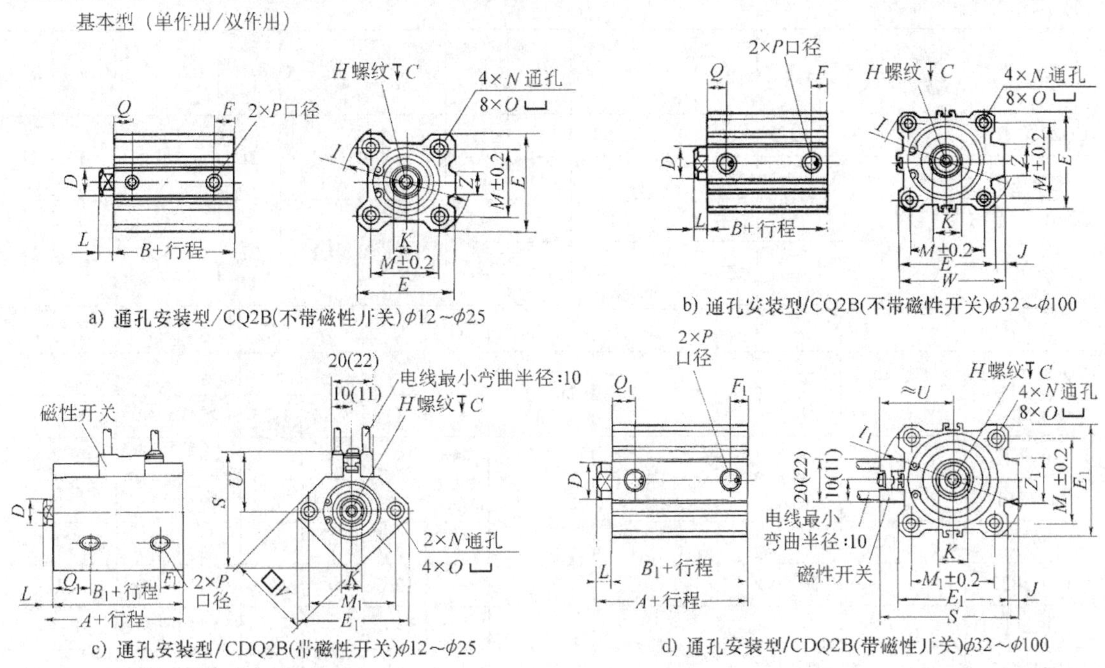

a) 通孔安装型/CQ2B(不带磁性开关)ϕ12～ϕ25

b) 通孔安装型/CQ2B(不带磁性开关)ϕ32～ϕ100

c) 通孔安装型/CDQ2B(带磁性开关)ϕ12～ϕ25

d) 通孔安装型/CDQ2B(带磁性开关)ϕ32～ϕ100

注：图中是 D-A7、D-A8 型磁性开关的尺寸，括号内值是 D-F79L、D-J79L 型的尺寸

1）双作用气缸尺寸表

型　号	行程① 范围	A	B	B_1	D	E	E_1	F	F_1	H	C	I	I_1	J	K
CQ2B12-□D	5～30	—	17	—	6	25	—	5	—	M3×0.5	6	32	—	—	5
CDQ2B12		31.5	—	28		—	32	—	6.5			—	—	—	
CQ2B16-□D		—	18.5	—	8	29	—	5.5	—	M4×0.7	8	38	—	—	6
CD2B16		34	—	30.5		—	38	—	5.5			—	—	—	
CQ2B20-□D	5～50	—	19.5	—	10	36	—	5.5	—	M5×0.8	7	47	—	—	8
CDQ2B20		36	—	31.5		—	46.8	—	5.5			—	—	—	
CQ2B25-□D		—	22.5	—	12	40	—	5.5	—	M6×1.0	12	52	—	—	10
CDQ2B25		37.5	—	32.5		—	52	—	5.5			—	—	—	
CQ2B32-□D	5	—	23	—	16	45	—	5.5	—	M8×1.25	13	60		4.5	14
	10～50							7.5							
CDQ2B32	5～50	40	—	33		—	45	—	7.5						
CQ2B40-□D	5～50	—	29.5	—	16	52	—	8	—	M8×1.25	13	69		5	14
CDQ2B40		46.5	—	39.5		—	52	—	8						
CQ2B50-□D	10～50	—	30.5	—	20	64	—	10.5	—	M10×1.5	15	86		7	17
CDQ2B50		48.5	—	40.5		—	64	—	10.5						
CQ2B63-□D		—	36	—	20	77	—	10.5	—	M10×1.5	15	103		7	17
CDQ2B63		54	—	46		—	77	—	10.5						

（续）

1）双作用气缸尺寸表

型　号	行程[①]范围	A	B	B_1	D	E	E_1	F	F_1	H	C	I	I_1	J	K
CQ2B80-□D	10~50	—	43.5	—	25	98	—	12.5	—	M16×2.0	21	132		6	22
CDQ2B80		63.5	—	53.5		—	98	—	12.5						
CQ2B100-□D		—	53	—	30	117	—	13	—	M20×2.5	27	156		6.5	27
CDQ2B100		75	—	63		—	117	—	13						

型　号	L	M	M_1	N	O	P/in	Q	Q_1	S	U	V	W	Z	Z_1
CQ2B12-□D	3.5	15.5	—	3.5	6.5深3.5	M8×0.8	7.5	—	—	—	—	—	—	—
CDQ2B12		—	22				—	11	35.5	19.5	25	—	—	—
CQ2B16-□D	3.5	20	—	3.5	6.5深3.5	M5×0.8	8	—	—	—	—	—	10	—
CD2B16		—	28				—	10	41.5	22.5	29	—	—	—
CQ2B20-□D	4.5	25.5	—	5.5	9深7		9	—	—	—	—	—	10	—
CDQ2B20		—	36				—	10.5	48	24.5	36	—	—	—
CQ2B25-□D	5	28	—	5.5	9深7		11	—	—	—	—	—	10	—
CDQ2B25		—	40				—	11	53.5	27.5	40	—	—	—
CQ2B32-□D	7	34	—	5.5	9深7	M5×0.8	11.5	—	—	—	—	49.5	18	—
						1/8	10.5							
CDQ2B32		—	34			1/8	—	10.5	58.5	31.5	—	—	—	18
CQ2B40-□D	7	40	—	5.5	9深7		11	—	—	—	—	57	18	—
CDQ2B40		—	40				—	11	66	35	—	—	—	18
CQ2B50-□D	8	50	—	6.6	11深8	1/4	10.5	—	—	—	—	71	22	—
CDQ2B50		—	50				—	10.5	80	41	—	—	—	22
CQ2B63-□D	8	60	—	9	14深10.5		15	—	—	—	—	84	22	—
CDQ2B63		—	60				—	15	93	47.5	—	—	—	22
CQ2B80-□D	10	77	—	11	17.5深13.5	3/8	16	—	—	—	—	104	26	—
CDQ2B80		—	77					16	112.5	57.5	—	—	—	26
CQ2B100-□D	12	94	—	11	17.5深13.5		23	—	—	—	—	123.5	26	—
CDQ2B100		—	94					23	132.5	67.5	—	—	—	26

2）加长行程尺寸表

型　号	行程[②]	B	F	P/in	Q
CQ2B32	75，100	33	7.5	1/8	10.5
CQ2B40	75，100	39.5	8	1/8	11
CQ2B50	75，100	40.5	10.5	1/4	10.5
CQ2B63	75，100	46	10.5	1/4	15
CQ2B80	75，100	53.5	12.5	3/8	16
CQ2B100	75，100	63	13	3/8	23

（续）

3）单作用气缸尺寸表

型号	B			D	E	F		H	C	I	J	K
	5st	10st	20st			5st	10st					
CQ2B12-□S	22	27	—	6	25	5	5	M3×0.5	6	32	—	5
CQ2B16-□S	23.5	28.5	—	8	29	5.5	5.5	M4×0.7	8	38	—	6
CQ2B20-□S	24.5	29.5	—	10	36	5.5	5.5	M5×0.8	7	47	—	8
CQ2B25-□S	27.5	32.5	—	12	40	5.5	5.5	M6×1.0	12	52	—	10
CQ2B32-□S	28	33	—	16	45	5.5	7.5	M8×1.25	13	60	4.5	14
CQ2B40-□S	34.5	39.5	—	16	52	8	8	M8×1.25	13	69	5	14
CQ2B50-□S	—	40.5	50.5	20	64	10.5	10.5	M10×1.5	15	86	7	17

<table>
<tr><th rowspan="2">型号</th><th rowspan="2">L</th><th rowspan="2">M</th><th rowspan="2">N</th><th rowspan="2">O</th><th colspan="3">P</th><th colspan="2">Q</th><th rowspan="2">W</th><th rowspan="2">Z</th></tr>
<tr><th>5st</th><th>10st</th><th>20st</th><th>5st</th><th>10st</th></tr>
<tr><td>CQ2B12-□S</td><td>3.5</td><td>15.5</td><td>3.5</td><td>6.5 深 3.5</td><td colspan="2">M5×0.8</td><td>—</td><td>7.5</td><td>7.5</td><td>—</td><td>—</td></tr>
<tr><td>CQ2B16-□S</td><td>3.5</td><td>20</td><td>3.5</td><td>6.5 深 3.5</td><td colspan="2">M5×0.8</td><td>—</td><td>8</td><td>8</td><td>—</td><td>10</td></tr>
<tr><td>CQ2B20-□S</td><td>4.5</td><td>25.5</td><td>5.5</td><td>9 深 7</td><td colspan="2">M5×0.8</td><td>—</td><td>9</td><td>9</td><td>—</td><td>10</td></tr>
<tr><td>CQ2B25-□S</td><td>5</td><td>28</td><td>5.5</td><td>9 深 7</td><td colspan="2">M5×0.8</td><td>—</td><td>11</td><td>11</td><td>—</td><td>10</td></tr>
<tr><td>CQ2B32-□S</td><td>7</td><td>34</td><td>5.5</td><td>9 深 7</td><td>M5×0.8</td><td>1/8</td><td>—</td><td>11.5</td><td>10.5</td><td>49.5</td><td>18</td></tr>
<tr><td>CQ2B40-□S</td><td>7</td><td>40</td><td>5.5</td><td>9 深 7</td><td colspan="2">1/8</td><td>—</td><td>11</td><td>11</td><td>57</td><td>18</td></tr>
<tr><td>CQ2B50-□S</td><td>8</td><td>50</td><td>6.6</td><td>11 深 8</td><td>—</td><td colspan="2">1/4</td><td>10.5</td><td>10.5</td><td>71</td><td>22</td></tr>
</table>

注：st 为行程。

① 标准行程是每 5mm 相隔。

② 行程由 55～100mm 之间的中间行程（55mm，60mm，65mm，70mm，80mm，85mm，90mm，95mm），加 5mm、10mm、15mm 或 20mm 厚的垫板。

表 22.4-143　CQ2 系列短行程薄型气缸基本型（单作用/双作用）杆螺纹外形尺寸　（mm）

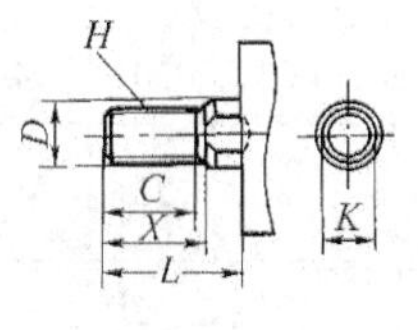

a）活塞杆外螺纹

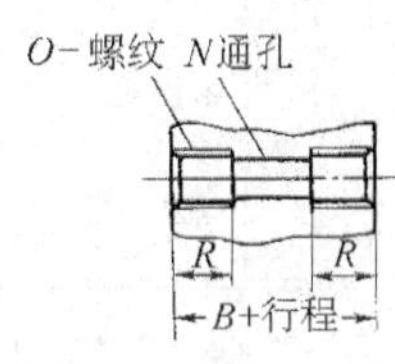

b）两端螺孔安装型/CQ2A、CDQ2A

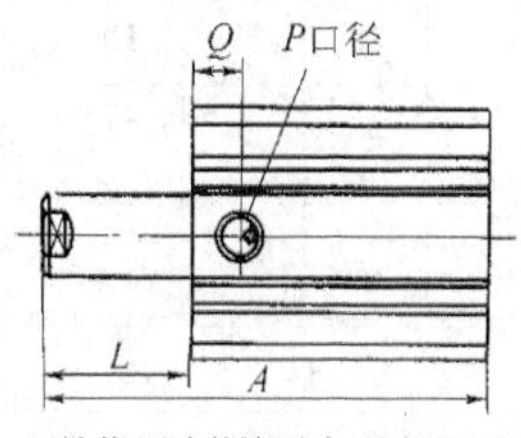

c）单作用/弹簧压出型$\phi12\sim\phi50$

活塞杆外螺纹

缸径	C	X	D	H	L	K
12	9	10.5	6	M5×0.8	14	5
16	10	12	8	M6×1.0	15.5	6
20	12	14	10	M8×1.25	18.5	8
25	15	17.5	12	M10×1.25	22.5	10
32	20.5	23.5	16	M14×1.5	28.5	14

两端螺孔

缸径	O	R
12	M4×0.7	7
16	M4×0.7	7
20	M6×1.0	10
25	M6×1.0	10
32	M6×1.0	10

单作用/弹簧压出

缸径	A			L		
	5st	10st	20st	5st	10st	20st
12	30.5	40.5	—	8.5	13.5	—
16	32	42	—	8.5	13.5	—
20	34	44	—	9.5	14.5	—
25	37.5	47.5	—	10	15	—

（续）

活塞杆外螺纹							两端螺孔			单作用/弹簧压出						
缸径	C	X	D	H	L	K	缸径	O	R	缸径	A			L		
40	20.5	23.5	16	M14×1.5	28.5	14	40	M6×1.0	10		5st	10st	20st	5st	10st	20st
50	26	28.5	20	M18×1.5	33.5	17	50	M8×1.25	14	32	40	50	—	12	17	—
63	26	28.5	20	M18×1.5	33.5	17	63	M10×1.5	18	40	46.5	56.5	—	12	17	—
80	32.5	35.5	25	M22×1.5	43.5	22	80	M12×1.75	22	50	—	58.5	78.5	—	18	28
100	32.5	35.5	30	M26×1.5	43.5	27	100	M12×1.75	22	—	—	—	—	—	—	—

注：除非特别指明，否则通孔型气缸尺寸和两端螺孔的气缸尺寸是一样的。

表 22.4-144　CQ2 系列长行程薄型气缸（双作用）外形尺寸　（mm）

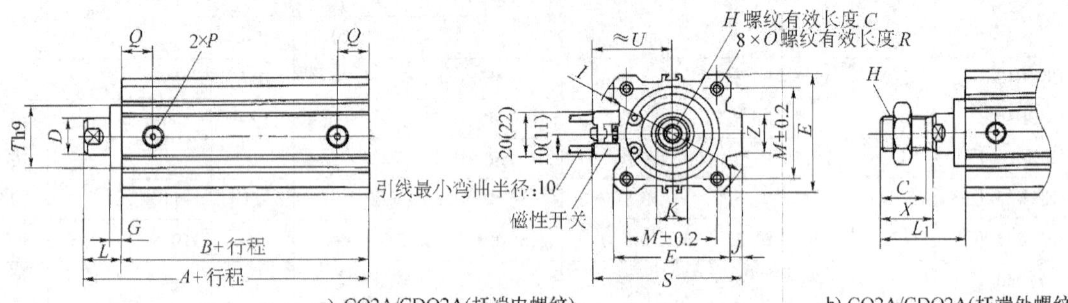

a) CQ2A/CDQ2A(杆端内螺纹)　　b) CQ2A/CDQ2A(杆端外螺纹)

注：括号内的值是 D-A7、D-A8 以外其他磁性开关的尺寸

缸径	行程	A	B	C	D	E	G	H	I	J	K	L	M	O
32	125~200 250，300	62.5	45.5	13	16	45	5	M8×1.25	60	4.5	14	17	34	M6×1.0
40		72	55	13	16	52	5	M8×1.25	69	5	14	17	40	M6×1.0
50		73.5	55.5	15	20	64	5	M10×1.5	86	7	17	18	50	M8×1.25
63		75	57	15	20	77	5	M10×1.5	103	7	17	18	60	M10×1.5
80		86	66	21	25	98	5	M16×2.0	132	6	22	20	77	M12×1.75
100		97.5	75.5	27	30	117	5	M20×2.5	156	6.5	27	22	94	M12×1.75

缸径	P/in	Q	R	S	T h9	U	Z	C	H	L_1	X
32	Rc(PT)1/8	12.5	10	58.5	$22_{-0.052}^{0}$	31.5	18	20.5	M14×1.5	38.5	23.5
40	Rc(PT)1/8	14	10	66	$28_{-0.052}^{0}$	35	18	20.5	M14×1.5	38.5	23.5
50	Rc(PT)1/4	14	14	80	$35_{-0.062}^{0}$	41	22	26	M18×1.5	43.5	28.5
63	Rc(PT)1/4	16.5	18	93	$35_{-0.062}^{0}$	47.5	22	26	M18×1.5	43.5	28.5
80	Rc(PT)3/8	19	22	112.5	$43_{-0.062}^{0}$	57.5	26	32.5	M22×1.5	53.5	35.5
100	Rc(PT)3/8	23	22	132.5	$59_{-0.074}^{0}$	67.5	26	32.5	M26×1.5	53.5	35.5

（3）CQ2 系列大缸径薄型气缸

1）技术规格见表 22.4-141。

2）外形尺寸见表 22.4-145、表 22.4-146。

表 22.4-145　CQ2 系列大缸径薄型气缸(双作用)外形尺寸　　(mm)

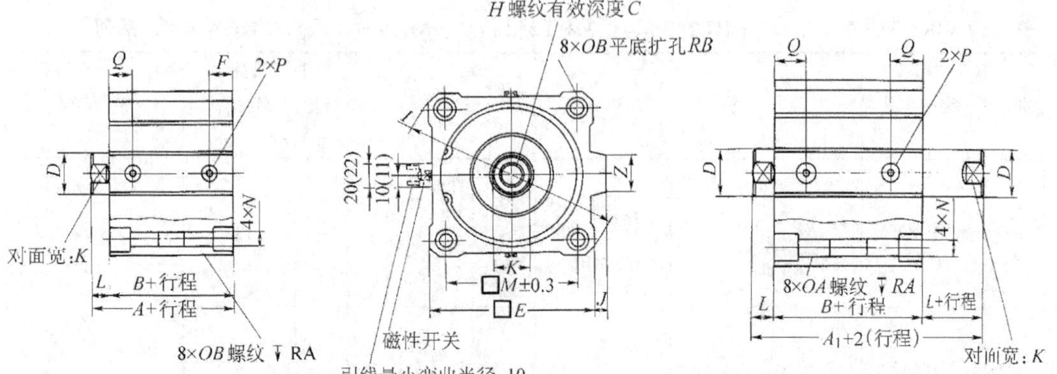

a) 单活塞杆CQ2B/CDQ2B　　b) 双活塞杆CQ2WB/CDQ2WB-缸径-行程DC

缸径	标准行程	A	A_1	B	C	D	E	F	H	I	J	K	L	M	N	OA	OB	P/in	Q	RA	RB	Z
125	10, 20, 30, 40, 50, 75, 100, 125, 150, 175, 200, 250, 300	99	115	83	30	36	142	24.5	M22×2.5	190	11	32	16	114	12.5	M14×2	21.2	3/8	24.5	25	18.4	32
140		99	115	83	30	36	158	24.5	M22×2.5	210	10	32	16	128	12.5	M14×2	21.2	3/8	24.5	25	18.4	32
160		108	125	91	33	40	178	27.5	M24×3	238	10	36	17	144	14.5	M16×2	24.2	3/8	27.5	28	21.2	32

注：1. 括号内的值是 D-A7、D-A8 以外其他磁性开关的尺寸。
2. 非标准行程是把垫板安装在标准行程气缸内。
3. 如果采用通孔做安装，必须使用附送的垫圈。
4. 表中图 b 为双活塞杆内螺纹薄型气缸，SMC 公司还生产大缸径双活塞杆外螺纹薄型气缸。

表 22.4-146　CQ2 系列大缸径薄型气缸杆端外螺纹外形尺寸　　(mm)

(杆端外螺纹)

缸径	A	C	D	H	K	L	X
125	141	42	36	M30×1.5	32	58	45
140	141	42	36	M30×1.5	32	58	45
160	155	47	40	M36×1.5	36	64	50

(4) RQ、RDQ 系列气缓冲薄型气缸(见表 22.4-147)

表 22.4-147　RQ、RDQ 系列气缓冲薄型气缸①

简　图	特点	缸径 /mm	接管螺纹	行程范围(公差) /mm	动作方式	杆端螺纹	使用压力范围 /MPa	活塞速度 /mm·s⁻¹	环境及介质温度 /℃	安装形式
	新的气缓冲机构。与 CQ2 等系列相比，气缸的总长仅增加了几毫米，但缓冲能力增加了 2 倍，重复精度也有所提高	20	M5×0.8	(15~50) $^{+1.0}_{0}$	单杆双作用	内螺纹	0.05 ~ 1.0	50 ~ 500	-10 ~70 (无磁性开关)，-10 ~60 (带磁性开关)	通孔、两端螺孔、脚架型、杆侧法兰型、无杆侧法兰型、双耳环型
		25								
		32	Rc1/8	(20~100) $^{+1.0}_{0}$						
		40								
		50	Rc1/4	(30~100) $^{+1.0}_{0}$						

① RDQ 系列为内置磁环型薄型气缸，可带磁性开关。

1.7.3 气爪(2爪、3爪、4爪)(见表22.4-148)

表22.4-148 MHZ(2爪)、MHL2(2爪)、MHY2(180°)、MHR3(3爪)、MHS4(4爪)系列气爪

类别		系列	简图	动作方式	缸径/mm	夹持力/N	开闭行程/mm	最高动作频率/次·min^{-1}	特点
平行开闭型	标准型	MHZ2		单作用{常开/常闭} 双作用	6~40	外径夹持力：3.3~217 内径夹持力：6.1~318	4~30	180	最小爪厚10mm，紧凑。由一个气缸及杠杆构成，有较大的夹持力，重复精度：±0.01~±0.02mm，适合小件高精度自动组装
	小型	MHZA2（无防尘罩） MHZAJ2（带防尘罩）	MHZA2-6  MHZAJ2-6 	单作用{常开/常闭} 双作用	6	外径夹持力：1.9~3.3 内径夹持力：3.7~6.1	4	180	
	长行程型	MHZL2		单作用{常开/常闭} 双作用	10~25	外径夹持力：11~65 内径夹持力：13~104	8~22	120	
	带防尘罩型	MHZJ2		单作用{常开/常闭} 双作用	6~25	外径夹持力：1.9~65 内径夹持力：3.7~104	4~14	180	
	宽型	MHL2		双作用	10~40	14~396	20~200	20~60	双活塞机构增大夹持力，齿轮齿条操作使手爪开闭同步，特殊密封防尘。手爪行程长适合夹持体积大的物件
	4①爪型	MHS4		双作用	16~63	10~251	4~16	60~120	楔形凸轮机构可增大夹持力，重复精度：±0.01mm，适合夹持正方形物件
支点开闭型	旋转180°开闭型(2爪)	MHY2		双作用	10~25	0.16~0.28N·m（力矩）	关闭时夹持距离：22~45	60	内置磁环型可安装磁性开关，两爪180°开闭，简化拾放动作。气爪开闭部分可防微物进入，重复精度±0.2mm

（续）

类别		系　列	简　图	动作方式	缸径/mm	夹持力/N	开闭行程/mm	最高动作频率/次·min^{-1}	特　点
旋转驱动型	3①爪型	MHR3		双作用	10	7(闭)	6	180	高度小，可用于清洁室，重复精度±0.01mm，对中精度±0.05mm，适合夹持球形、圆筒形工件
						6.5(开)			
					15	13(闭)	8		
						12(开)			

① 除此之外的气爪均为2爪型。

1.7.4　无活塞杆气缸

（1）$CY1_S^B$系列磁耦式无杆气缸

1）技术规格见表22.4-149。

2）外形尺寸见表22.4-150～表22.4-155。

表22.4-149　$CY1_S^B$系列磁耦式无杆气缸技术规格

缸径①/mm	接管螺纹	环境与介质温度/℃	动作方式	使用压力范围/MPa	耐压/MPa	活塞速度/mm·s^{-1}	缓冲	行程公差/mm	最大负载力/N	磁耦保持力②/N	磁耦保持力相应的压力②/MPa	润滑
6	M5×0.8	基本型、滑尺型（滑动轴承）：5～60 滑尺型（球轴承）：-10～60	双作用	0.18～0.7	1.0	基本型、滑尺型：50～400 球轴承型：50～1000	基本型、滑尺型（滑动轴承）：两端橡胶缓冲；滑尺型（球轴承）：两端橡胶缓冲与液压缓冲器缓冲（任选）	$(0\sim250)^{+1.0}_{0}$，$(251\sim1000)^{+1.0}_{0}$，$\geqslant1001^{+1.8}_{0}$	17.5	19.6	0.7	有无润滑均可
10									30	53.9	0.7	
15									75	137.3	0.79	
20	Rc1/8								120	231	0.76	
25									200	362.8	0.75	
32									320	588.4	0.74	
40	Rc1/4								500	921.8	0.75	
50										1471	0.76	
63										2255.5	0.74	

注：型号意义

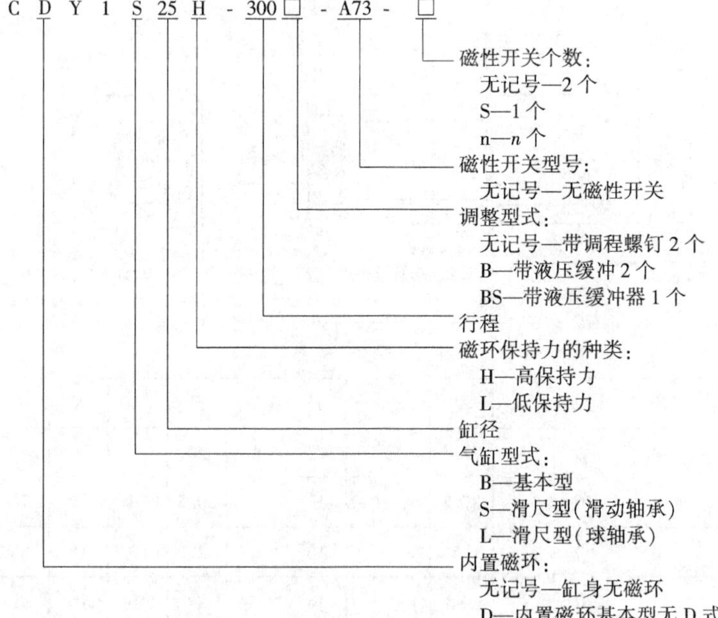

① 滑尺型（滑动轴承，CY1S）、滑尺型（球轴承CY1L）没有50mm、63mm的缸径。

② 为滑尺型（CY1S）高保持力的值。

表 22.4-150　CY1B6、10、15 系列磁耦式无杆气缸基本型外形尺寸　(mm)

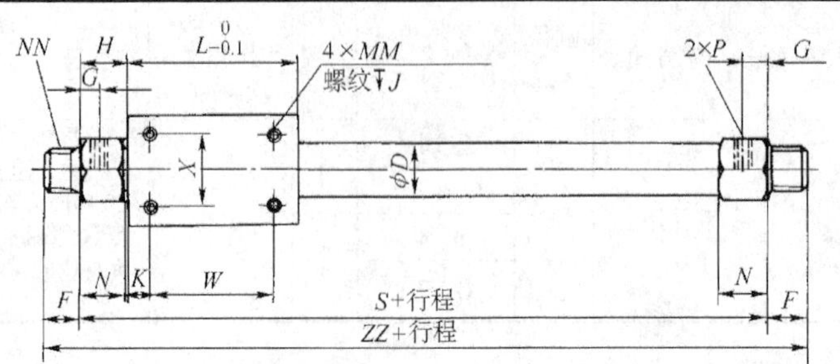

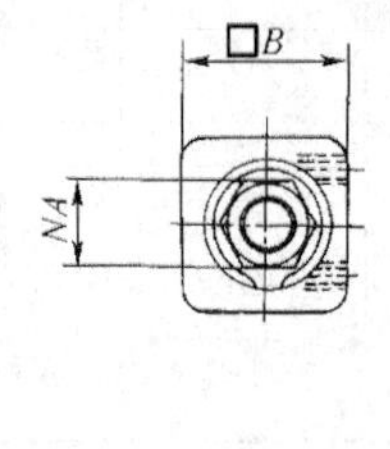

型号	最大行程	供气口 P	D	□B	F	G	H	K	L	N	NA	MM×J	NN	S	W	X	ZZ
CY1B6	≈300	M5×0.8	7.6	17	9	5	14	5	35	10	14	M3×0.5×4.5	M10×1.0	63	25	10	81
CY1B10	≈500	M5×0.8	12	25	9	5	12.5	4	38	11	14	M3×0.5×4.5	M10×1.0	63	30	16	81
CY1B15	≈1000	M5×0.8	17	35	10	5.5	13	11	57	11	17	M4×0.7×6	M10×1.0	83	35	19	103

表 22.4-151　CY1B20～63 系列磁耦式无杆气缸基本型外形尺寸　(mm)

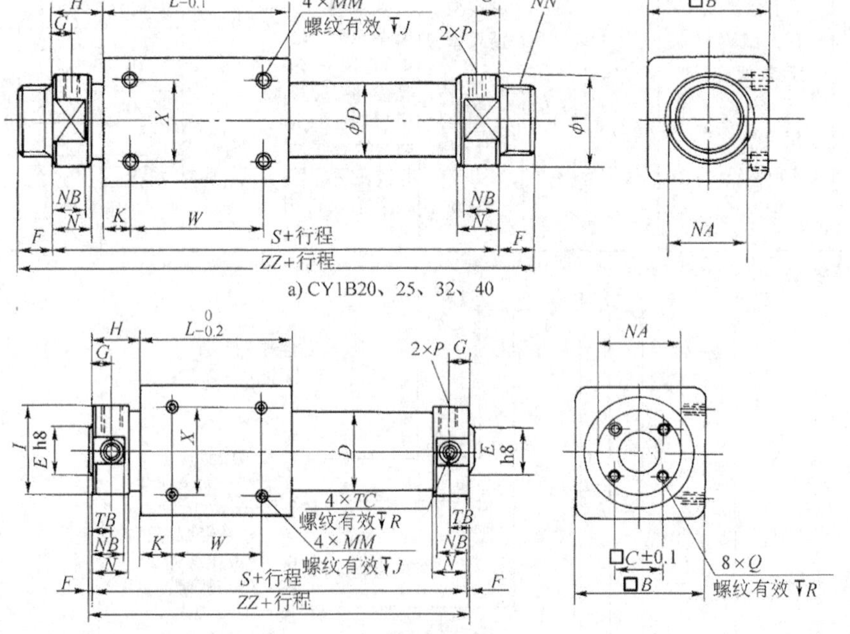

a) CY1B20、25、32、40

b) CY1B50、63

型号	最大行程	供气口 P/in	□B	□C	D	Eh8	F	G	H	I	K	L	MM×J	N
CY1B20	≈2000	1/8	36	—	22.8	—	13	8	20	28	8	66	M4×0.7×0.6	15
CY1B25	≈2000	1/8	46	—	27.8	—	13	8	20.5	34	10	70	M5×0.8×8	15
CY1B32	≈2000	1/8	60	—	35	—	16	9	22	40	15	80	M6×1.0×8	17
CY1B40	≈2000	1/4	70	—	43	—	16	11	29	50	16	92	M6×1.0×10	21
CY1B50	≈2000	1/4	86	32	53	$30_{-0.033}^{0}$	2	14	33	58.2	25	110	M8×1.25×12	25

（续）

型号	最大行程	供气口 *P*/in	□*B*	□*C*	*D*	*E*h8	*F*	*G*	*H*	*I*	*K*	*L*	*MM*×*J*	*N*
CY1B63	≈2000	1/4	100	38	66	$32_{-0.039}^{0}$	2	14	33	72.2	26	122	M8×1.25×12	25

型号	*NA*	*NB*	*NN*	*Q*×*R*	*S*	*TB*	*TC*×*R*	*W*	*X*	*ZZ*
CY1B20	24	13	M20×1.5	—	106	—	—	50	25	132
CY1B25	30	13	M26×1.5	—	111	—	—	50	30	137
CY1B32	36	15	M26×1.5	—	124	—	—	50	40	156
CY1B40	46	19	M32×2.0	—	150	—	—	60	40	182
CY1B50	55	23	—	M8×1.25×16	176	14	M12×1.25×7.5	60	60	80
CY1B63	69	23	—	M10×1.5×16	188	14	M14×1.5×11.5	70	70	192

表 22.4-152　CY1S/CDY1S 6、10 系列磁耦式无杆气缸滑尺型（滑动轴承）外形尺寸　（mm）

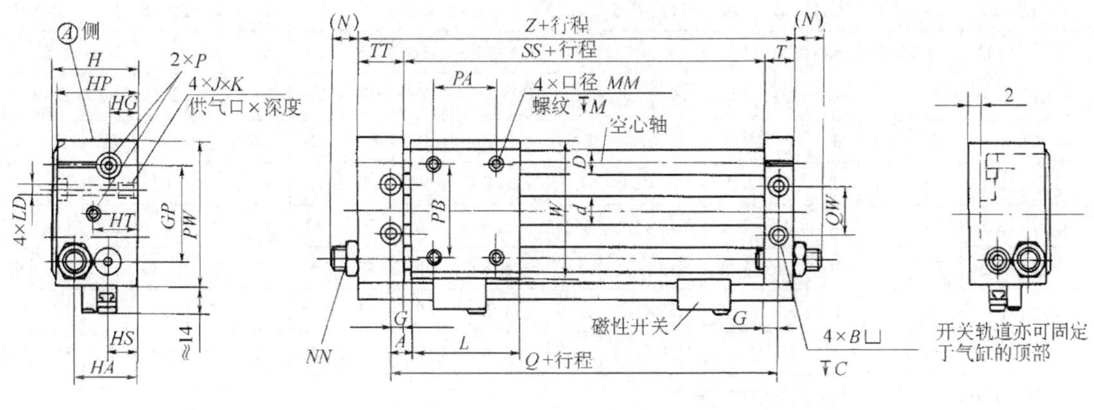

型号	最大行程	*D*	*d*	*A*	*B*	*C*	*HT*	*G*	*GP*	*H*	*HA*	*HG*	*HP*	*HS*	*T*	*J*×*K*
CY1S6 CDY1S6	≈300	7.6	8	6	6.5	3	17	5	32	27	19	8	26	8	10	M4×0.7×6.5
CY1S10 CDY1S10	≈500	12	10	7.5	8	4	18	6.5	40	34	25.5	12	33	14	12.5	M5×0.8×9.5

型号	*L*	*LD*	*M*	*MM*	*NN*	(*N*)	*P*	*PA*	*PB*	*PW*	*QW*	*Q*	*S*	*TT*	*Z*	*W*
CY1S6 CDY1S6	40	3.5	6	M4×0.7	M8×1.0	10	M5×0.8	25	25	50	16	52	42	16	68	46
CY1S10 CDY1S10	45	4.3	6	M4×0.7	M8×1.0	9.5	M5×0.8	25	38	60	24	60	47	20.5	80	58

注：1. *PA* 的尺寸中心与 *L* 尺寸的中心相同。

2. 磁性开关亦可安装于Ⓐ侧。

表 22.4-153 CY1S / CDY1S 15~40 系列磁耦式滑尺型(滑动轴承)无杆气缸外形尺寸 (mm)

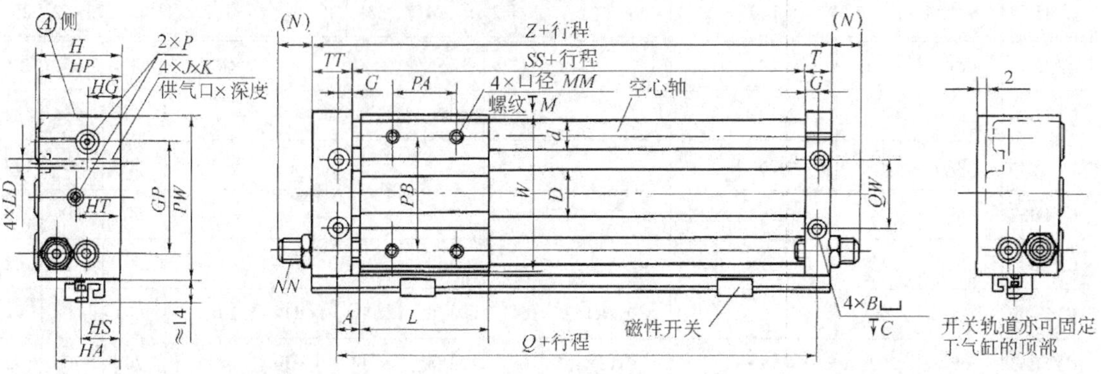

型号	最大行程	*D*	*d*	*A*	*B*	*C*	*HT*	*G*	*GP*	*H*	*HA*	*HG*	*HP*	*HS*	*T*	*J*×*K*
C□Y1S15	≈750	16.6	12	7.5	9.5	5	21	6.5	52	40	29	13	39	15	12.5	M6×1.0×9.5
C□Y1S20	≈1500	21.6	16	10	9.5	5.2	20	8.5	62	46	36	17	45	25.5	16.5	M6×1.0×9.5
C□Y1S25	≈1500	26.4	16	10	11	6.5	20	8.5	70	54	40	20	53	23	16.5	M8×1.25×10
C□Y1S32	≈1500	33.6	20	12.5	14	8	24	9.5	86	66	46	24	64	27	18.5	M10×1.5×15
C□Y1S40	≈1500	41.6	25	12.5	14	8	25	10.5	104	76	57	25	74	30	20.5	M10×1.5×15

型号	*L*	*LD*	*M*	*MM*	*NN*	(*N*)	*P*/in	*PA*	*PB*	*PW*	*QW*	*Q*	*S*	*TT*	*Z*	*W*
C□Y1S15	60	5.6	8	M5×0.8	M8×10	7.5	M5×0.8	30	50	75	30	75	62	22.5	97	72
C□Y1S20	70	5.6	10	M6×1.0	M10×1.0	9.5	1/8	40	70	90	38	90	73	25.5	115	87
C□Y1S25	70	7	10	M6×1.0	M14×1.5	11	1/8	40	70	100	42	90	73	25.5	115	97
C□Y1S32	85	8.7	12	M8×1.25	M20×1.5	11.5	1/8	40	75	122	50	110	91	28.5	138	119
C□Y1S40	95	8.7	12	M8×1.25	M20×1.5	10.5	1/8	65	105	145	64	120	99	35.5	155	142

注：1. *PA* 的尺寸中心与 *L* 尺寸的中心相同。

2. 磁性开关亦可安装于Ⓐ侧。

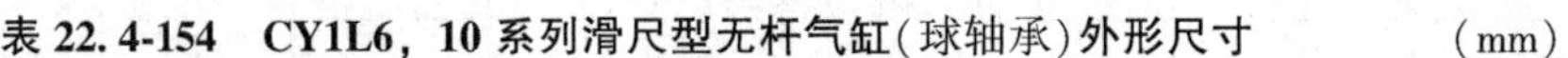

表 22.4-154 CY1L6，10 系列滑尺型无杆气缸(球轴承)外形尺寸 (mm)

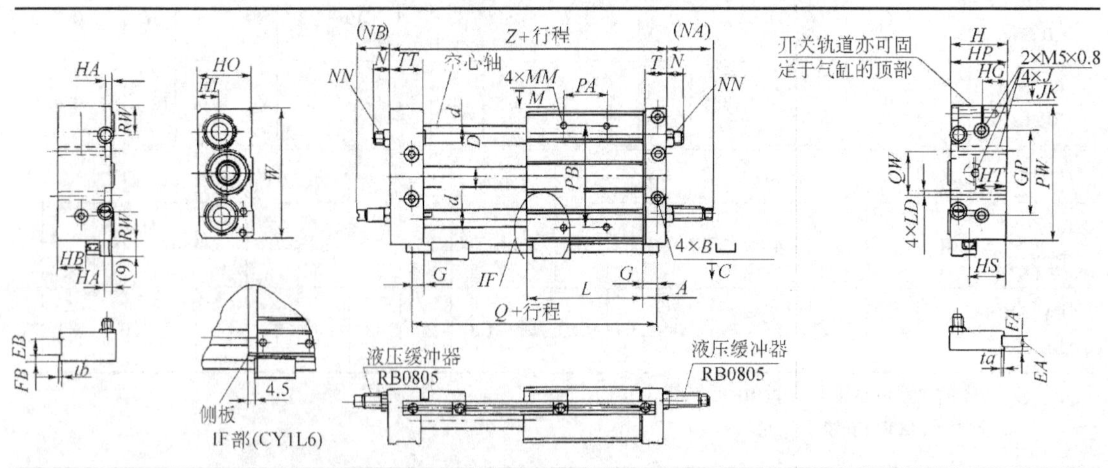

（续）

型号	最大行程	*A*	*B*	*C*	*D*	*d*	*EA*	*EB*	*FA*	*FB*	*G*	*GP*	*H*	*HA*	*HB*	*HG*	*HI*	*HO*	*HP*	*HS*	*HT*
CY1L6	≈300	7	6.5	3	7.6	8	—	—	—	—	6	36	27	6	10	11	9	25	26	14	16
CY1L10	≈500	8.5	8	4	12	10	6	12	3	5	7.5	50	34	6	17.5	14.5	13.5	33	33	21.5	18

型号	*J*	*JK*	*L*	*LD*	*M*	*MM*	*N*	(*NA*)	(*NB*)	*NN*	*PA*	*PB*	*PW*	*Q*	*QW*	*RW*	*T*	*TT*	*ta*	*tb*	*W*	*Z*
CY1L6	M4×0.7	6.5	40	3.5	6	M4×0.7	10	30	24	M8×1.0	24	40	60	54	20	12	10	16	—	—	56	68
CY1L10	M5×0.8	9.5	68	4.3	8	M4×0.7	9.5	27	19	M8×1.0	30	60	80	85	26	17.5	12.5	20.5	0.5	1.0	77	103

注：*PA* 的尺寸中心与 *L* 尺寸的中心相同。

表 22.4-155　CY1L15~40 系列滑尺型无杆气缸（球轴承）外形尺寸　（mm）

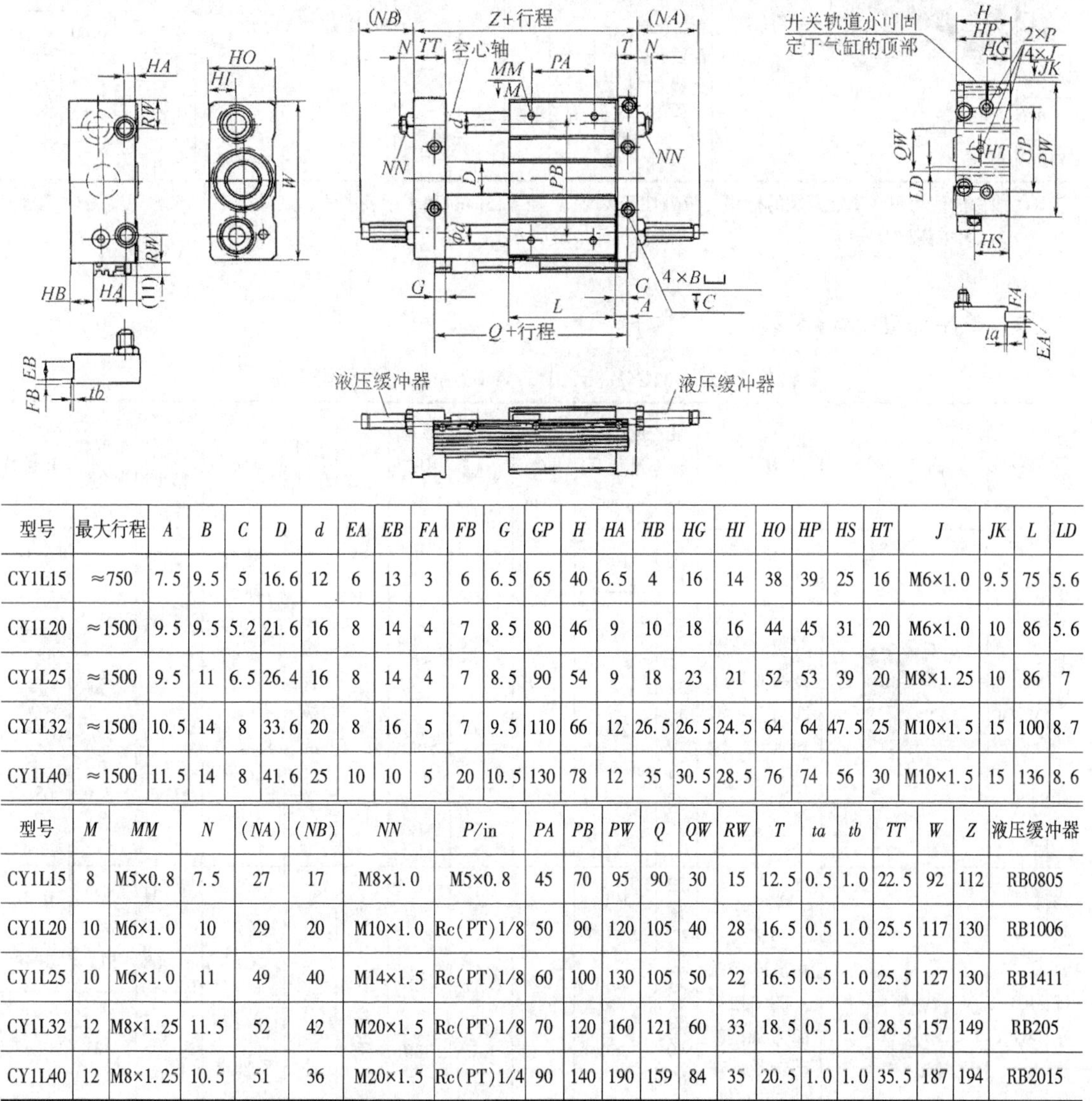

型号	最大行程	*A*	*B*	*C*	*D*	*d*	*EA*	*EB*	*FA*	*FB*	*G*	*GP*	*H*	*HA*	*HB*	*HG*	*HI*	*HO*	*HP*	*HS*	*HT*	*J*	*JK*	*L*	*LD*
CY1L15	≈750	7.5	9.5	5	16.6	12	6	13	3	6	6.5	65	40	6.5	4	16	14	38	39	25	16	M6×1.0	9.5	75	5.6
CY1L20	≈1500	9.5	9.5	5.2	21.6	16	8	14	4	7	8.5	80	46	9	10	18	16	44	45	31	20	M6×1.0	10	86	5.6
CY1L25	≈1500	9.5	11	6.5	26.4	16	8	14	4	7	8.5	90	54	9	18	23	21	52	53	39	20	M8×1.25	10	86	7
CY1L32	≈1500	10.5	14	8	33.6	20	8	16	5	7	9.5	110	66	12	26.5	26.5	24.5	64	64	47.5	25	M10×1.5	15	100	8.7
CY1L40	≈1500	11.5	14	8	41.6	25	10	10	5	20	10.5	130	78	12	35	30.5	28.5	76	74	56	30	M10×1.5	15	136	8.6

型号	*M*	*MM*	*N*	(*NA*)	(*NB*)	*NN*	*P*/in	*PA*	*PB*	*PW*	*Q*	*QW*	*RW*	*T*	*ta*	*tb*	*TT*	*W*	*Z*	液压缓冲器
CY1L15	8	M5×0.8	7.5	27	17	M8×1.0	M5×0.8	45	70	95	90	30	15	12.5	0.5	1.0	22.5	92	112	RB0805
CY1L20	10	M6×1.0	10	29	20	M10×1.0	Rc(PT)1/8	50	90	120	105	40	28	16.5	0.5	1.0	25.5	117	130	RB1006
CY1L25	10	M6×1.0	11	49	40	M14×1.5	Rc(PT)1/8	60	100	130	105	50	22	16.5	0.5	1.0	25.5	127	130	RB1411
CY1L32	12	M8×1.25	11.5	52	42	M20×1.5	Rc(PT)1/8	70	120	160	121	60	33	18.5	0.5	1.0	28.5	157	149	RB205
CY1L40	12	M8×1.25	10.5	51	36	M20×1.5	Rc(PT)1/4	90	140	190	159	84	35	20.5	1.0	1.0	35.5	187	194	RB2015

(2) CY1R系列直接安装型无杆气缸(磁耦式)(见表22.4-156)

表22.4-156　CY1R系列直接安装型无杆气缸(磁耦式)

型号	简图	特点	缸径/mm	接管螺纹	环境与介质温度/℃	使用压力范围/MPa	最大行程①/mm	行程公差/mm	活塞速度/mm·s^{-1}	缓冲	最大负载/N	不回转精度/(°)	最大转矩/N·m	不回转精度对应的允许行程/mm
CY1R6		内置磁环可配合磁性开关控制，滑台可防扭转，供气口可集中配置于某一侧(单侧接管)	6	M5×0.8	-10~60	0.16~0.7	≈300	(0~250)$^{+1.0}_{0}$ (250~1000)$^{+1.4}_{0}$ ≥1001$^{+1.8}_{0}$	50~500	两端橡胶缓冲	1.96	7.3	0.02	100
CY1R10			10				≈500				3.90	6.0	0.05	100
CY1R15			15				≈1000				9.81	4.5	0.15	200
CY1R20			20	Rc1/8			≈1500				10.8	3.7	0.20	300
CY1R25			25				≈2000				11.8	3.7	0.25	
CY1R32			32								14.7	3.1	0.40	400
CY1R40			40								19.6	2.8	0.62	
CY1R50			50	Rc1/4							24.5	2.4	1.00	500
CY1R63			63								29.4	2.2	1.37	

① 表中的值为不带磁性开关的行程，带磁性开关时(缸径≥15mm)稍小于表中值，缸径6mm的气缸只有两侧接管安装(无单侧接管安装)。

1.7.5　带导杆型气缸(见表22.4-157)

表22.4-157　MGQ、MGP、MGG系列带导杆型气缸

名称	系列	简图	特点	缸径/mm	最大标准行程①/mm	行程偏差/mm	使用压力范围/MPa	活塞速度/(mm/s)	动作方式	缓冲形式	轴承	活塞杆不回转精度/(°)	最大横向负载范围/N	最大转矩范围/N·m
薄型带导杆气缸	MGQM MGQL		体积小，耐横向负载及横向扭矩能力强，滑动轴承、球轴承可任选	12 16	100	$^{+1.5}_{0}$	0.12~1.0	50~500	双作用	橡胶缓冲	滑动轴承(MGQM)	±0.04~±0.08	12~539	0.16~22.54
				20 25 32 40 50 63 80 100	200						球轴承(MGQL)	±0.05~±0.1	17~1370	0.31~63.7
新薄型带导杆气缸	MGPM MGPL		体积小，耐横向负载及横向扭矩能力强，滑动轴承、球轴承可任选	12 16	100	$^{+1.5}_{0}$	0.12~1.0	50~500	双作用	橡胶缓冲	滑动轴承(MGPM)	±0.04~±0.08	13~515	0.21~38.8
				20 25 32 40 63 80 100	200						球轴承(MGPL)	±0.05~±0.1	18~395	0.57~41.1

（续）

名称	系列	简图	特点	缸径/mm	最大标准行程①/mm	行程偏差/mm	使用压力范围/MPa	活塞速度/(mm/s)	动作方式	缓冲形式	轴承	活塞杆不回转精度/(°)	最大横向负载范围/N	最大转矩范围/N·m
带导杆气缸	MGGM MGGL		内置液压缓冲器，有行程调整机构，耐横向负载能力强，不回转精度高，可任选轴承	20	200（400）	$^{+1.9}_{+0.2}$	0.15 ~ 1.0	50 ~ 1000	双作用	内置液压缓冲器（2 个）	滑动轴承（MGGM）	±0.03 ~ ±0.06		
				25 32 40 50 63	300（1300）						球轴承（MGGL）	±0.02 ~ ±0.03		
				80 100				50~700						

① 括号中的值为最大长行程。

1.7.6 磁性开关

（1）D 系列有触点（舌簧型）磁性开关

1）技术规格及安装、应用见表 22.4-158。

2）磁性开关电路见图 22.4-33。

表 22.4-158　D 系列有触点（舌簧型）磁性开关技术规格及安装、应用

型号	适合负载	负载电压及电流范围/mA	触点保护回路	内部电压降/V	指示灯	安装形式		适合气缸
D-93A	继电器，程序控制器	DC24V：5~40 AC200V：5~20	无	≤2.4	接通时发光二极管亮	轨道安装		CDJP，CDRQ 系列
D-A73						轨道安装		CDJ2,CDQ2,CDRA1,CDRQ,CD□X,CDY1S,CD85
D-A93						轨道安装		CDU，ZCDU 系列
D-C73						环带安装		CDJ2,CDM2,MGG,CDG1,CD65,CD75,CD85
D-R731						轨道安装	右	CDRB 系列
D-R732							左	
D-Z73						轨道安装		CXS，MY1M 系列
D-A56	IC 电路	DC4~8V：≤20	无	≤0.7	接通时发光二极管亮	拉杆安装		CDA1，CDS1，MDB，CD95
D-A76H						轨道安装		CDJ2,CDQ2,CDRA1,CDRQ,CD□X,CDYIS,CD85
D-A96						轨道安装		CDU，ZCDU 系列
D-C76						环带安装		CDJ2,CDM2,MGG,CDG1,CD65,CD75,CD85
D-Z76						轨道安装		CXS，MYM 系列
D-90A	继电器，程序控制器，IC 电路	AC/DC24V：≤50 AC/DC48V：≤40 AC/DC100V：≤20	无	0	无	轨道安装		CDJP，CDRQ 系列
D-A80						轨道安装		CDJ2,CDQ2,CDRA1,CDRQ,CD□X,CDY1S,CD85
D-A90						轨道安装		CDU，ZCDU 系列
D-C80						环带安装		CDJ2,CDM2,MGG,CDG1,CD65,CD75,CD85
D-R801						轨道安装	右	CDRB 系列
D-R802							左	
D-Z80						轨道安装		CXS，MYM 系列

（续）

型号	适合负载	负载电压及电流范围/mA	触点保护回路	内部电压降/V	指示灯	安装形式	适合气缸
D-A54	继电器，程序控制器	DC24V：5~50 AC100V：5~25 AC200V：5~12	无	≤2.4	接通时发光二极管亮	拉杆安装	CDA1，CDS1，MDB，CD95
D-B54						环带安装	CDG1B□80-100
D-A64	继电器，程序控制器，IC电路	AC/DC24V：≤50 AC100V：≤25 AC200V：≤12.5	有	内阻≤10Ω	无	拉杆安装	CDA1，CDS1，MDB，CD95
D-B64						环带安装	CDG1B□80-100
D-A72	继电器，程序控制器	AC200V：5~10	无	<2.4	接通时发光二极管亮	轨道安装	CXT，RSDQ，CDJ2，CDQ2，MDU，CDRA1，CDRQ，MRQ，MK，C□X2，C□XW，CDY1S，CY1L，MHT2
D-90	继电器，程序控制器，IC回路	AC/DC24V：≤50	无	0	无	直接安装	MDSUB
D-97	继电器，程序控制器	DC24V：5~40	无	<2.4	接通时发光二极管亮		

注：1. 泄漏电流：无。

2. 响应时间：1.2ms。

3. 电线：防油乙烯基橡皮绝缘软电线 ϕ3.4mm，0.2mm^2，2芯(红、黑)、3芯(红、黑、白)3m长。

4. 耐冲击：30G。

5. 绝缘：DC500V 量度时最少 50MΩ(电线与壳体之间)。

6. 耐电压：AC1500V1min(电线与壳体之间)。

7. 环境温度：-10~60℃。

8. 保护构造：IEC 规格 IP67，防浸(JISCO920)及防油构造。

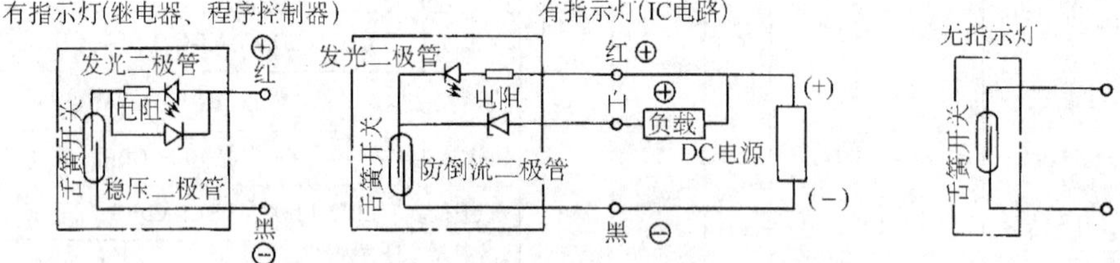

图22.4-33　D系列有触点(舌簧型)磁性开关电路

（2）D系列无触点(固态电子型)磁性开关

1）技术规格及安装、应用见表22.4-159。

2）磁性开关内部电路与基本连接见图22.4-34。

表 22.4-159　D 系列无触点（固态电子型）磁性开关技术规格及安装、应用

型号	规格										
	线制	适合	电源/V	电流消耗/mA	负载电压/V	负载电流/mA	内部电压降/V	泄漏电流/mA	安装形式		适合气缸
D-F59	3线制	继电器，程序控制器，IC 电路	DC：5、12、24	断开时≤1 接通时≤12	DC：≤28	≤150	50mA 时≤0.4 150mA 时≤0.8	DC：24V ≤0.01	拉杆安装		CDA1，CDS1，MDB，CD95
D-F79									轨道安装		CDJ2，CDS2，CDRQ，CD□X，CDYIS，CD85
D-F9N									轨道安装		CDU，ZCDU，MHZ2-6
D-G59									环带安装		CDG1B□8-100
D-H7A1									环带安装		CDJ2，CDM2，MGG，CDG1，CD65，CD75，CD85
D-S791									轨道安装	右	CDRB1BW20-30，CDRB 系列
D-S792										左	
D-S991									轨道安装	右	CDRB1BW10-15
D-S992										左	
D-Y59A									轨道安装		CXS，MH 系列
D-Y69A											
D-F9B	2线制	24V 继电器，程序控制器	—	—	DC：24（DC：10~28）	5~150	≤3	DC：24V ≤1	轨道安装		CDU，ZCDU，MHZ2-6
D-H7B									环带安装		CDJ2，CDM2，MGG，CDG1，CD65，CD75，CD85
D-J59									拉杆安装		CDA1，CDS1，MDB，CD95
D-J79									轨道安装		CDJ2，CDM2，CDRQ，CD□X，CDY1S，CD85
D-K59									环带安装		CDG1B□80-100
D-T791									轨道安装	右	CDRB1BW20-30，CDRB 系列
D-T792										左	
D-T991									轨道安装	右	CDRB1BW10-15
D-T992										左	
D-Y59B									轨道安装		CXS，MH 系列
D-Y69B											
D-J51	2线制	AC 继电器，程序控制器	—	—	AC：50~260	≤5~80	≤8	AC100V ≤1 AC200V ≤1.5	拉杆安装		CDA1，CDS1，MDB，CD95

注：1. 输出：NPN 型（3 线制）。
2. 指示灯：各型号都有指示灯，接通时发光二极管亮着。
3. 响应时间：1ms 或以下（D-J51L：2ms 或以下）。
4. 电线：防油乙烯基橡皮绝缘软电线 ϕ3.4mm，0.2mm^2，2 芯（红、黑）、3 芯（红、黑、白）3m 长。
5. 耐冲击：100G。
6. 绝缘：DC500V 量度时最小 50Ω（电线与壳体之间）。
7. 耐电压：AC1000V1min（电线与壳体之间）。
8. 环境温度：-10~60℃。
9. 保护构造：IEC 规格 IP67，防浸（JISCO920）及防油构造。

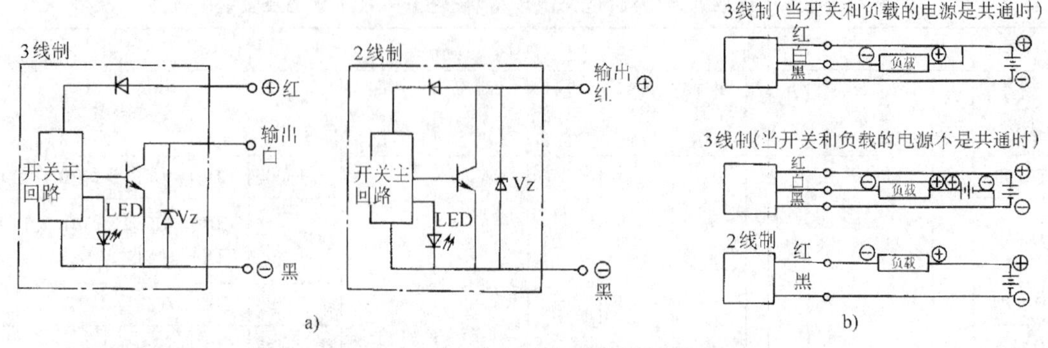

图22.4-34　D系列无触点磁性开关电路图

a) 内部电路　b) 基本连接

1.7.7　摆动气缸

(1) CRJ系列齿轮齿条式摆动气缸

1) 技术规格见表22.4-160。

表22.4-160　CRJ系列齿轮齿条式摆动气缸技术规格

型　号	05		1	
	基　本　型	外部限制器	基　本　型	外部限制器
使用流体	空气(不给油)			
使用压力范围/MPa	0.15~0.7			
环境及流体温度/℃	0~60(但未冻结)			
摆动角度/(°)	90^{+8}_{0} 100^{+10}_{0} 180^{+8}_{0} 190^{+10}_{0}	90、180	90^{+8}_{0} 100^{+10}_{0} 180^{+8}_{0} 190^{+10}_{0}	90、180
角度可调范围/(°)	—	各摆动端±5	—	各摆动端±5
缸径/mm	6		8	
配管口径	M3×0.5			
允许动能/mJ	0.25	1.0	0.4	2.0
摆速可调范围/(s/90°)	0.1~0.5			

2) 型号说明：

摆动角度
90 | 90°
100 | 100°
180 | 180°
190 | 190°
[基本型]
CRJB 05 — 90 E — M9B S
[带外部限位器]
CRJU 05 — 90 E — M9B S
大小
05
1
摆动角度
90 | 90°
180 | 180°
通口位置
无记号 | 正面通口
E | 侧面通口
磁性开关个数
无记号 | 2个
S | 1个
磁性开关型号
无记号 | 无磁性开关
注：适合磁性开关，见下表
适合磁性开关(无触点)
M9N, M9P, M9B
注：在磁性开关型号后面；附号线长度表示记号；无记号为0.5m,L为3m,Z为5m

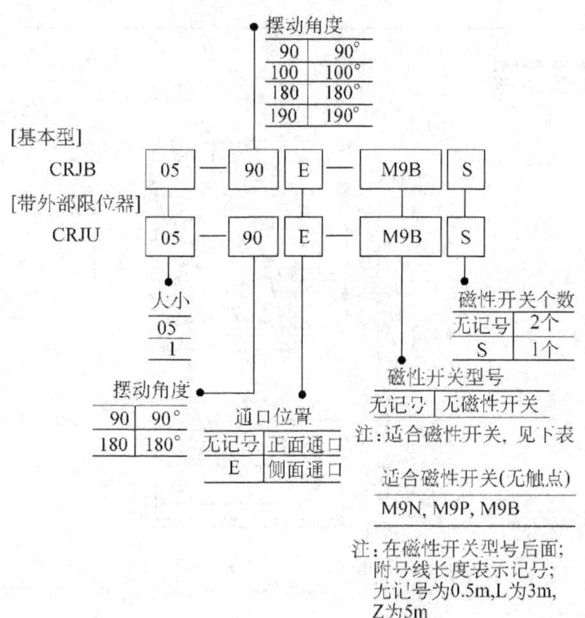

3）外形尺寸见表 22.4-161。

表 22.4-161　CRJ 系列齿轮齿条式摆动气缸外形尺寸　　(mm)

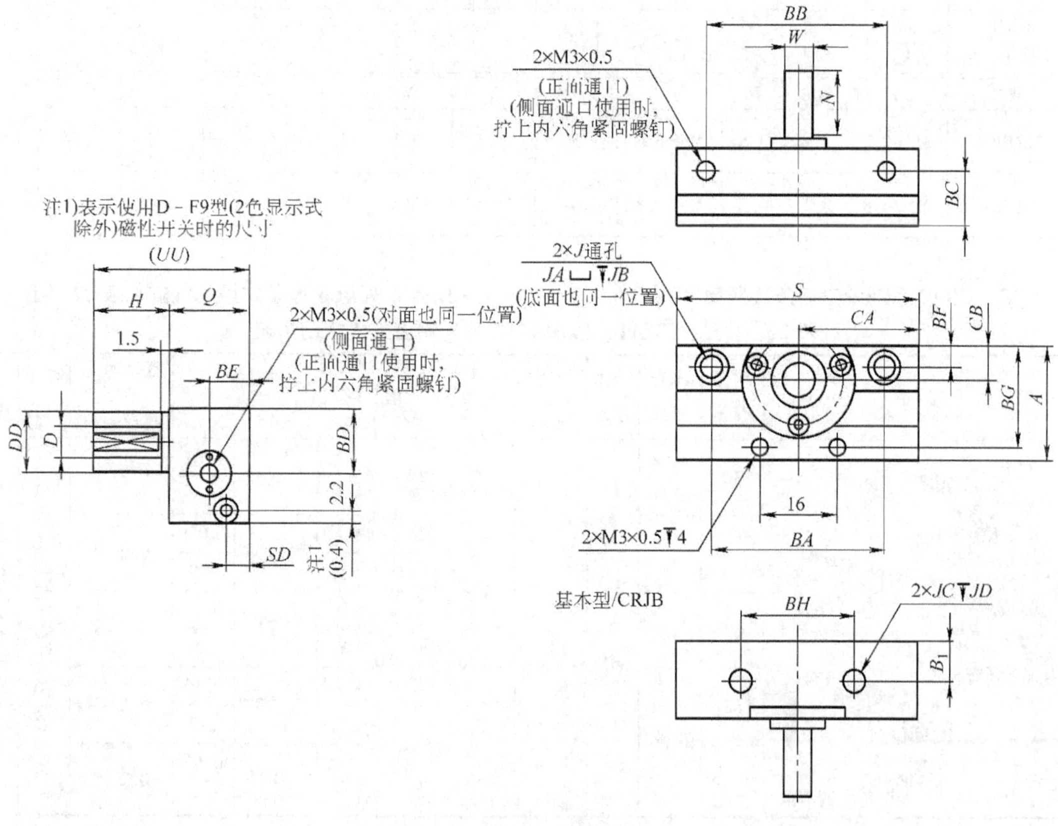

注1)表示使用D－F9型(2色显示式除外)磁性开关时的尺寸
(UU)
H
Q
1.5
BE
DD
D
BD
2.2
SD
注1 (0.4)
2×M3×0.5(对面也同一位置)
(侧面通口)
(正面通口使用时，拧上内六角紧固螺钉)
BB
W
N
2×M3×0.5
(正面通口)
(侧面通口使用时，拧上内六角紧固螺钉)
BC
2×J通孔
JA ⌴ ▼JB
(底面也同一位置)
S
CA
BF
CB
BG
A
16
BA
2×M3×0.5▼4
基本型/CRJB
BH
2×JC▼JD
B1

（续）

带外部限位器/CRJU

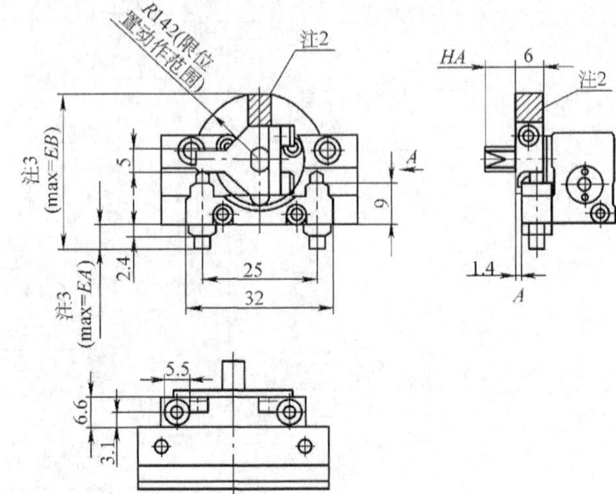

大小	EA	EB	HA
CRJU05	5.6	33.8	6.5
CRJU 1	5.6	35.8	7.5

注2：180°规格的场合，没有斜线部

注3：max尺寸表示摆动角度调整至最大（100°、190°）时的尺寸

型号	摆动角度/(°)	A	BA	BB	BC	BD	BE	BF	BG	BH	BI	CA	CB	D	DD
CRJB 05	90	19.5	30	32.4	9.5	11	6.5	3.5	17.1	20	7	21.5	5.5	5 g6	10 h9
	180			43.4								27			
CRJB 1	90	23.5	35	37.4	12.5	14	9	4.5	21.1	22	8.5	24	7.5	6 g6	14 h9
	180			50.4								30.5			

型号	J	JA	JB	JC	JD	H	N	Q	S	SD	UU	W
CRJB05	M4×0.7	5.8	3.5	M4×0.7	5	14.5	12.5	13.5	43	3.4	28	4.5
									54			
CRJB1	M5×0.8	7.5	4.5	M5×0.8	6	15.5	13.5	16.5	48	5.9	32	5.5
									61			

（2）CRA1系列齿轮齿条式摆动气缸

CRA1系列齿轮齿条式摆动气缸见表22.4-162。

表22.4-162　CRA1、CDRA1系列齿轮齿条式摆动气缸①

简图	缸径/mm	接管螺纹	动作方式	使用压力范围/MPa	环境与介质温度/℃	摆动角度/(°)	允许动能/J			摆动时间范围/(s/90°)	缓冲形式	润滑
基本型 内置磁环带开关 角度调节型	30	M5×0.8	双作用	0.1~1.0	5~60	90, 180	无	气缓冲	0.01	0.2~1	无缓冲或气缓冲(任选)	有无润滑均可
							有		—			
	50	Rc1/8					无	气缓冲	0.051	0.2~2		
							有		1.0			
	63						无	气缓冲	0.12	0.2~3		
							有		1.5			
	80	Rc1/4					无	气缓冲	0.16	0.2~4		
							有		2.0			
	100						无	气缓冲	0.55	0.2~5		
							有		3.0			

① CDRA1系列为内置磁环型摆动气缸，可带磁性开关。

（3）CRQ 系列齿轮齿条式摆动气缸

1）技术规格见表 22.4-163。

表 22.4-163　CRQ 系列齿轮齿条式摆动气缸技术规格

缸径/mm	10	15	20	30	40
流体	空气				
动作形式	双动				
最高使用压力/MPa	0.7		0.99		
最低使用压力/MPa	0.15		0.1		
环境和流体温度/℃	0~60				
缓冲形式	橡胶缓冲		无/气缓冲（任选）		
摆动角度/(°)	90，180				
缸径/mm	10	15	20	30	40
可调角度范围/(°)	±5				
转矩①/N·m	0.3	0.75	1.8	3	5.3
转动时间范围/(s/90°)	0.2~0.7		0.2~1		
接管口径 Rc(PT)	M5×0.8		1/8		

注：型号意义

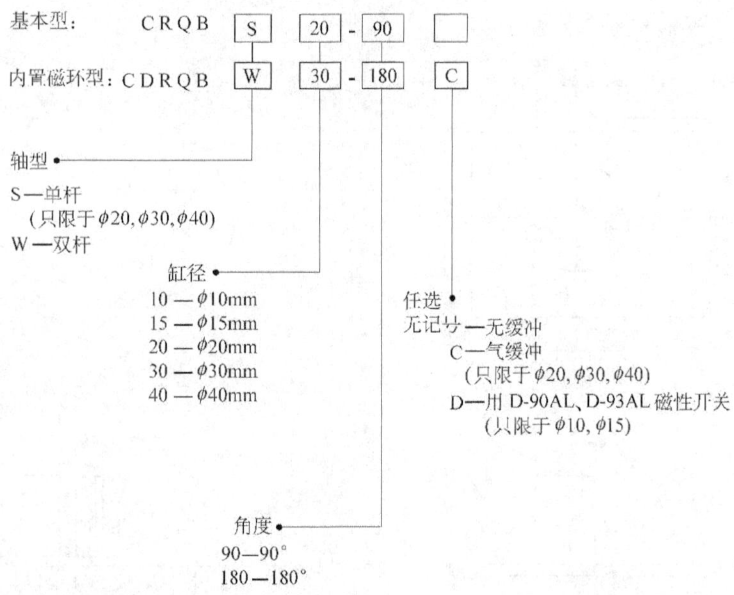

① 在 0.5MPa 压力时。

2）外形尺寸见表 22.4-164。

表 22.4-164 CRQ 系列齿轮齿条式摆动气缸外形尺寸 (mm)

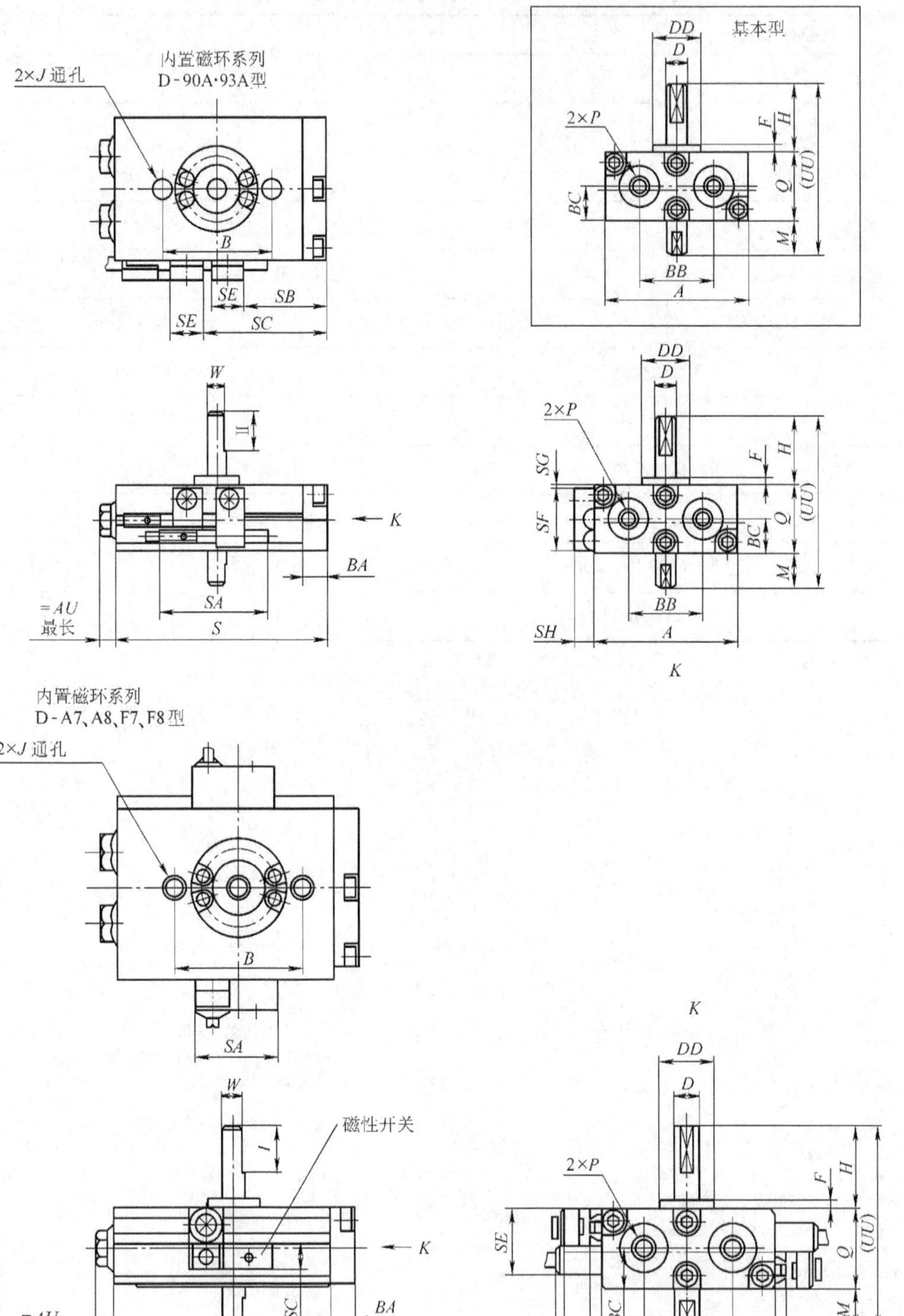

（续）

1）基本型

型号	*A*	*B*	*BB*	*D* g6	*DD*	*F*	*H*	*J*	*Ⅰ*	*Ⅱ*	*M*	*P*	*Q*	*S*	(*UU*)	*W*	=*AU*	*BA*	*BC*
CRQBW10-90	37	29	19	5	ϕ12	2	18	M5×0.8	10	6	9	M5×0.8	17	56	44	4.5	5	6	8.5
CRQBW10-180	37	29	19	5	ϕ12	2	18	M5×0.8	10	6	9	M5×0.8	17	69	44	4.5	5	6	8.5
CRQBW15-90	48	31	27	6	ϕ14	2	20	M5×0.8	10	7	10	M5×0.8	20	65	50	5.5	5	7	10
CRQBW15-180	48	31	27	6	ϕ14	2	20	M5×0.8	10	7	10	M5×0.8	20	82	50	5.5	5	7	10

2）内置磁环连开关（D-90A、93A 型）

型号	*SA*	*SB*	*SC*	*SE*	*SF*	*SG*	*SH*
CDRQBW10-90	29	21	32	8	16	0.5	5
CDRQBW10-180	29	24	42	8	16	0.5	5
CDRQBW15-90	29	24	37	8	16	0.5	4
CDRQBW15-180	29	28	50	8	16	0.5	4

3）内置磁环连开关（D-A7、A8、F7、F8 型）

型号	*AA*	*SB*	*SC*	*SE*	D-A7、A8 型		D-F7、J7 型	
					SA	*SF*	*SA*	*SF*
CDRQBW10-90	42	8	7	15	22	10	24	9
CDRQBW10-180	42	8	7	15	22	10	24	9
CDRQBW15-90	53	7	7	15	22	9	24	8
CDRQBW15-180	53	7	7	15	22	9	24	8

1.7.8　锁紧气缸

（1）CNG 系列标准型锁紧气缸

1）技术规格见表 22.4-165。

2）外形尺寸见表 22.4-166。

表 22.4-165　CNG 系列标准型锁紧气缸技术规格

缸径/mm	20	25	32	40
动作方式	双作用			
给油	不需要			
使用流体	空气			
工作压力范围/MPa	0.08~1.0			
环境温度及使用流体温度	无磁性开关：-10~60℃；带磁性开关：-10~70℃			
使用活塞速度/mm · s^{-1}	50~1000			
标准行程长度/mm	25、50、75、100、125、150、200	25、50、75、100、125、150、175、200、250、300		
缓冲	橡胶缓冲、气缓冲（可选）			

注：型号意义

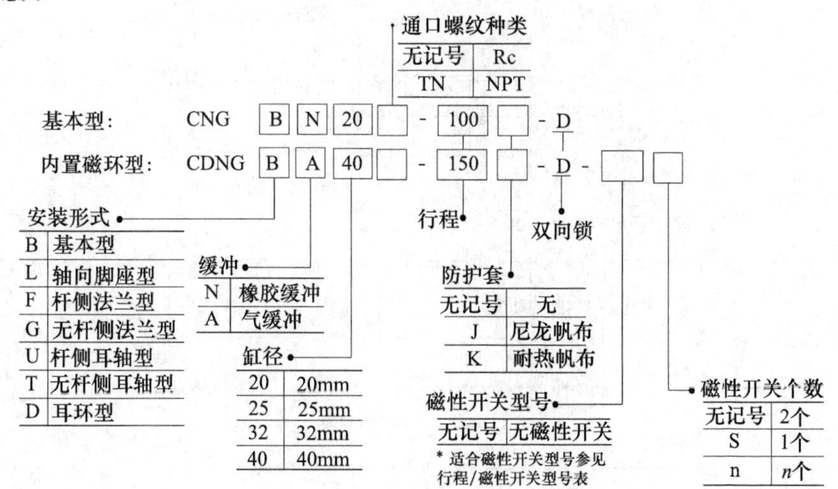

表 22.4-166　CNG 系列标准型锁紧气缸外形尺寸　(mm)

基本型(橡胶缓冲)　C□NGBN

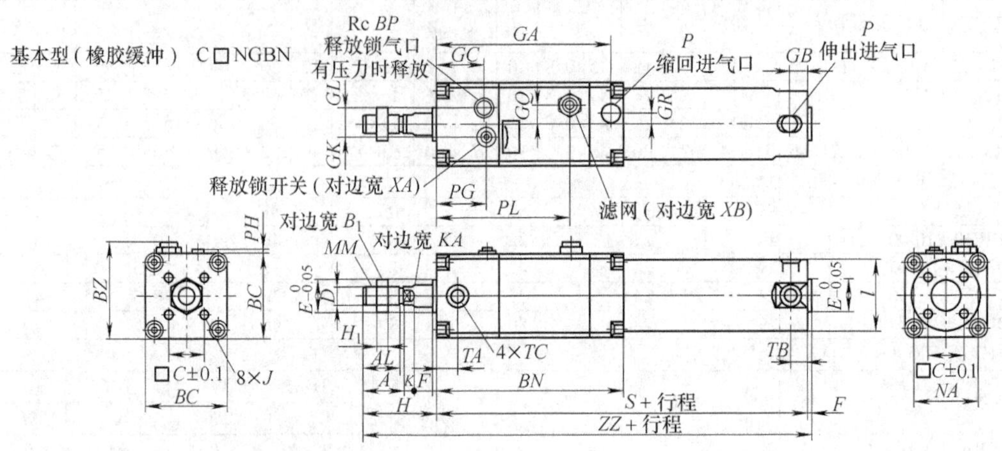

缸径	行程范围		A	AL	B_1	BC	BN	BP	BZ	□C	D	E	F	GA	GB	GC	GK	GL	GR	GQ	H_1	I	J	K	KA
	标准	长行程																							
20	≈200	201~350	18	15.5	13	38	93	1/8	44.5	14	8	12	2	85	10(12)	18	5.5	6	4	8	5	26	M4×0.7 深 7	5	6
25	≈300	301~400	22	19.5	17	45	103	1/8	51.5	16.5	10	14	2	96	10(12)	25	6.5	9	7	10	6	31	M5×0.8 深 7.5	5.5	8
32	≈300	301~450	22	19.5	17	45	104	1/8	51.5	20	12	18	2	97	10(12)	25	6.5	9	7	10	6	38	M5×0.8 深 8	5.5	10
40	≈300	301~800	30	27	19	52	112	1/8	58.5	26	16	25	2	104	10(13)	26	7	11	7	12	8	47	M6×1 深 12	6	14

缸径	MM	NA	P/in	PG	PH	PL	S	TA	TB	TC	XA	XB	H	ZZ
20	M8×1.25	24	1/8	21.5	2	65	141(149)	11	11	M5×0.8	3	12	35	178(186)
25	M10×1.25	29	1/8	26.5	2.5	73	151(159)	11	11	M6×0.75	3	12	40	193(201)
32	M10×1.25	35.5	1/8	26.5	2.5	73	154(162)	11	10(11)	M8×1.0	3	12	40	196(204)
40	M14×1.5	44	1/8	28	2.5	81	169(178)	12	10(12)	M10×1.25	4	12	50	221(230)

注：括号内是长行程尺寸

基本型(气缓冲)C□NGBA

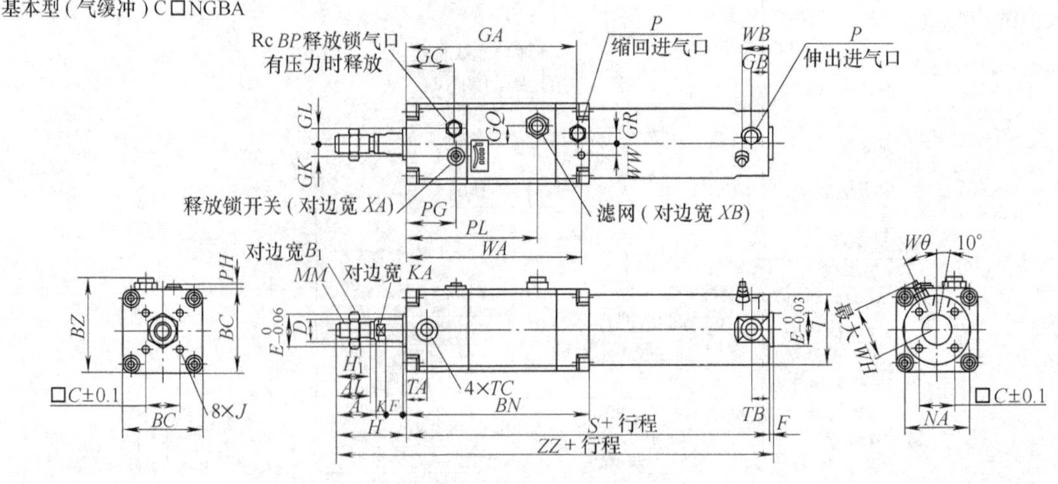

（续）

缸径	行程范围			GA	P/in	WA	WB	WH	WW	Wθ
	标准	长行程								
20	≈200	201~350	其他尺寸跟橡胶缓冲型一样请参照以上尺寸表	87	M5×0.8	88	15(16)	23	5.5	30°
25	≈300	301~400		97	M5×0.8	98	15(16)	25	6	30°
32	≈300	301~450		97	1/8	99	15(16)	28.5	6	25°
40	≈300	301~800		104	1/8	107	15(16)	33	8	20°

注：1. 括号内是长行程尺寸。

2. 脚座、法兰、双耳环及耳环座、耳轴及耳轴座、I 型肘接头、Y 型肘接头、销子等请参阅标准轻型气缸 CG1 系列。

（2）CNA 系列标准型锁紧气缸

1）技术规格见表 22.4-167。

2）外形尺寸见表 22.4-168。

表 22.4-167　CNA 系列标准型锁紧气缸技术规格

缸径/mm	40	50	63	80	100
动作方式	双作用				
给油	不需要				
使用流体	空气				
工作压力范围/MPa	0.08~1.0				
环境温度及使用流体温度	无磁性开关：-10~70℃；带磁性开关：-10~60℃				
使用活塞速度/mm·s^{-1}	50~1000				
标准行程长度/mm	25、50、75、100、125、150、175、200、250、300、350、400、450、500	25、50、75、100、125、150、175、200、250、300、350、400、450、500、600		25、50、75、100、125、150、175、200、250、300、350、400、450、500、600、700	
缓冲	气缓冲				

注：型号意义

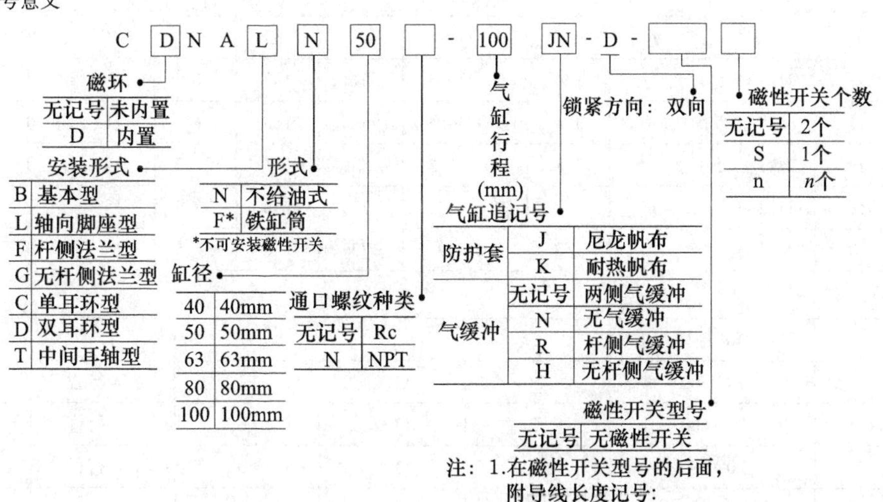

表 22.4-168 CNA 系列标准锁紧气缸外形尺寸 （mm）

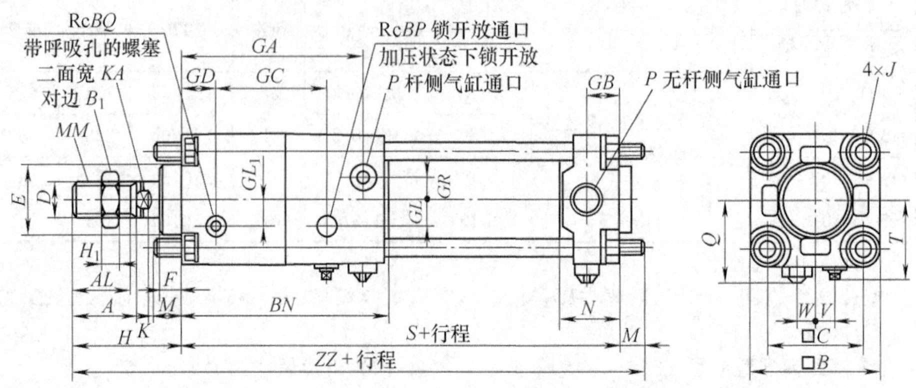

带防护套

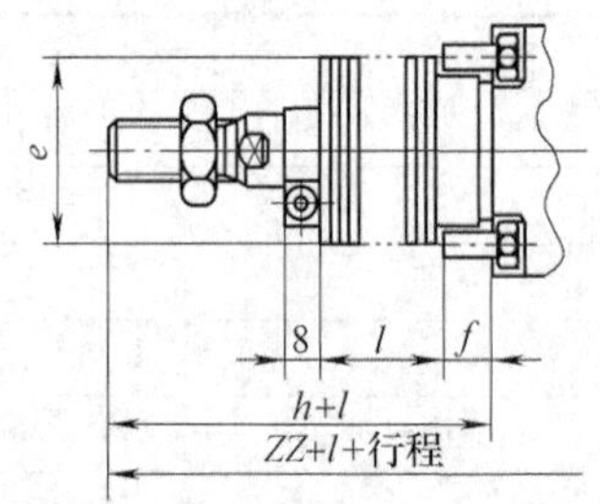

缸径	最大行程	A	AL	B	B_1	BN	BP	BQ	C	D	E	F	GA	GB	GC	GD	GL	GL_1	GR	H_1	J	K	KA
40	≈500	30	27	60	22	96	1/8	1/8	44	16	32	10	85	15	52	16	12	12	10	8	M8×1.25	6	14
50	≈600	35	32	70	27	108	1/4	1/8	52	20	40	10	95	17	56.5	20	13	15	12	11	M8×1.25	7	18
63	≈600	35	32	86	27	115	1/4	1/4	64	20	40	10	102	17	67	20	18	12	15	11	M10×1.25	7	18
80	≈750	40	37	102	32	139	1/4	1/4	78	25	52	14	123	21	83	20	23	18	17	13	M12×1.75	11	22
100	≈750	40	37	116	41	160	1/4	1/4	92	30	52	14	144	21	98	22	25	20	19	16	M12×1.75	11	26

缸径	M	MM	N	P/in	Q	H	S	T	V	W	ZZ
40	11	M14×1.5	27	1/4	37~39.5	51	153	37.5	9	8	215
50	11	M18×1.5	30	3/8	42~44.5	58	168	44	11	0	237
63	14	M18×1.5	31	3/8	50~51.5	58	182	52.5	12	0	254
80	17	M22×1.5	37	1/2	59.5~62.5	71	218	59.5	15	0	306
100	17	M26×1.5	40	1/2	66.5~69.5	72	246	69.5	15	0	335

带防护套

缸径	行程范围	e	f	h	l	ZZ
40	20~500	43	11.2	59	1/4 行程	223
50	20~600	52	11.2	66	1/4 行程	245
63	20~600	52	11.2	66	1/4 行程	262
80	20~750	65	12.5	80	1/4 行程	315
100	20~750	65	14	81	1/4 行程	344

2　气马达

2.1　气马达的分类、工作原理及特点

气马达是一种气动执行元件，它的作用是将压缩空气的压力能转换成回转形式或摆动形式的机械能。

2.1.1　气马达的分类

气马达按工作原理可分为透平式和容积式两大类。气压传动系统中最常用的气马达多为容积式。容积式气马达按其结构型式可分为叶片式、活塞式、齿轮式及摆动式等，其中以叶片式和活塞式两种最常用。

容积式气马达的分类及性能见表 22.4-169。

表 22.4-169　容积式气马达的分类及性能

类　别	叶片式气马达			活塞式气马达				齿轮式气马达		摆动式气马达		
	单作用单向回转的叶片马达	单作用双向回转的叶片马达	双作用双向回转的叶片马达	径向活塞式气马达			轴向活塞式气马达	双齿轮式马达	多齿轮式马达	单叶片摆动气马达	双叶片摆动气马达	活塞式摆动气马达
				有连杆式	无连杆式	滑杆式						
转速范围 /r·min^{-1}	500~50000			100~1300（最大 6000）			<3000	1000~10000		摆角 280°	摆角 100°	摆角可大于 360°
转矩	小			大			大	较小		较小		
功率范围/kW	0.147~18.375			0.735~18.375			<3.675	0.735~36.75		—		
耗气量 /m^3·min^{-1}	大型低转速气马达为 1.0 小型高速气马达为 1.3~1.7			大型低速气马达为 0.7~1 小型高速气马达为 1.4~1.7			0.8 左右	>1.2		—		
效率	较低			较高			高	低		较低		
单位功率机重	轻			重			较重	较轻		较轻		
结构特点	结构简单，维修容易			结构复杂			结构紧凑但复杂	结构简单，噪声大，振动大，人字齿轮式气马达换向困难		结构简单，应注意保证密封		

2.1.2　气马达的工作原理

（1）叶片式气马达

叶片式气马达的工作原理见图 22.4-35。叶片式气马达主要由定子 1、转子 2、叶片 3 和 4 等零件构成。定子上有进、排气用的配气槽或孔，转子上铣有长槽，槽内有叶片。定子两端有密封盖，密封盖上有弧形槽与进、排气孔 A、B 及叶片底部相通。转子与定子偏心安装，偏心距为 e。这样由转子的外表面、叶片（两叶片之间）、定子的内表面及两密封端盖就形成了若干个密封工作容积。

压缩空气由 A 孔输入时，分为两路，一路经定子两端密封盖的弧形槽进入叶片底部，将叶片推出。叶片就是靠此气压推力及转子转动时的离心力的综合作用来保证运转过程中较紧密地抵在定子内壁上。压缩空气另一路经 A 孔进入相应的密封工作容积。如图 22.4-35 所示，压缩空气作用在叶片 3 和 4 上，各产生相反方向的转矩，但由于叶片 3 伸出长（与叶片 4 伸出相比），作用面积大，产生的转矩大于叶片 4 产生的转矩，因此转子在相应叶片上产生的转矩差作用下按逆时针方向旋转，做功后的

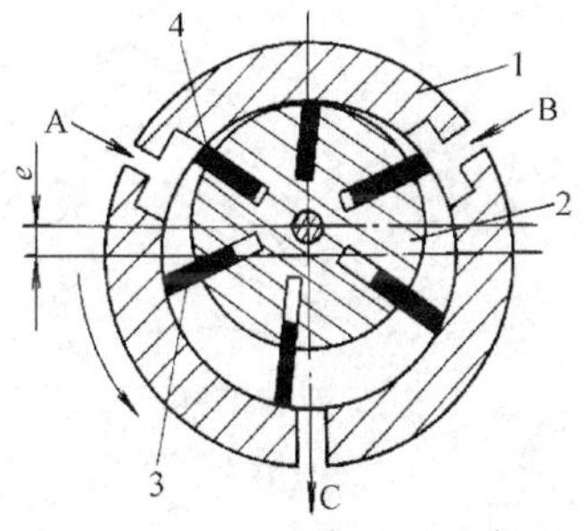

图 22.4-35　叶片式气马达工作原理
1—定子　2—转子　3、4—叶片

气体由定子孔C排出，剩余残气经孔B排出。

改变压缩空气的输入方向(如由B孔输入)，则可改变转子的转向。

叶片式气马达多数可双向回转，有正反转性能不同和正反转性能相同两类。图22.4-36所示为正反转性能相同的叶片式气马达特性曲线。这一特性曲线是在一定的工作压力(如0.5MPa)下做出的，在工作压力不变时，它的转速、转矩及功率均依外加载荷的变化而变化。

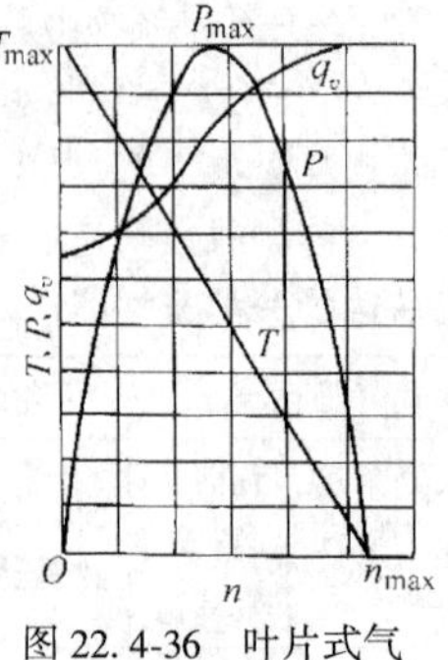

图22.4-36 叶片式气马达特性曲线

当外加载荷转矩为零时，即为空转，此时转速达最大值 n_{max}，气马达输出功率为零。当外加载荷转矩等于气马达最大转矩 T_{max} 时，气马达停转，转速为零，此时输出功率也为零。当外加载荷转矩等于气马达最大转矩的一半($0.5T_{max}$)时，其转速为最大转速的一半($0.5n_{max}$)，此时气马达输出功率达最大值 P_{max}。一般说来，这就是气马达的额定功率。

在工作压力变化时，特性曲线的各值将随之有较大的变化，说明叶片式气马达具有较软的特性。

(2) 活塞式气马达

常用活塞式气马达大多是径向连杆式的。图22.4-37所示为径向连杆活塞式气马达工作原理图。压缩空气由进气口(图中未画出)进入配气阀套1及配气阀2，经配气阀及配气阀套上的孔进入气缸3(图示进入气缸Ⅰ和Ⅱ)，推动活塞4及连杆组件5运动，通过活塞连杆带动曲轴6旋转。曲轴旋转的同时，带动与曲轴固定在一起的配气阀2同步转动，使压缩空气随着配气阀角位置的改变进入不同的缸内(图示顺序为Ⅰ、Ⅱ、Ⅲ、Ⅳ、Ⅴ)，依次推动各个活塞运动，各活塞及连杆带动曲轴连续运转。与此同时，与进气缸相对应的气缸分别处于排气状态。

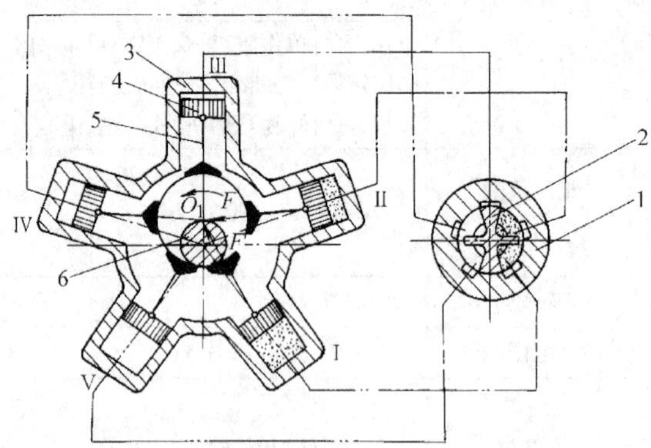

图22.4-37 径向连杆活塞式气马达工作原理
1—配气阀套 2—配气阀 3—气缸 4—活塞 5—连杆组件 6—曲轴

图22.4-38所示为一小型活塞式气马达的特性曲线。可见活塞式气马达也具有软特性的特点。特性曲线各值随气马达工作压力的变化有较大的变化，工作压力增高，气马达的输出功率、转矩和转速均大幅度增加；当工作压力不变时，其转速、转矩及功率均随外加载荷的变化而变化。其基本情况与叶片式气马达大致相同。

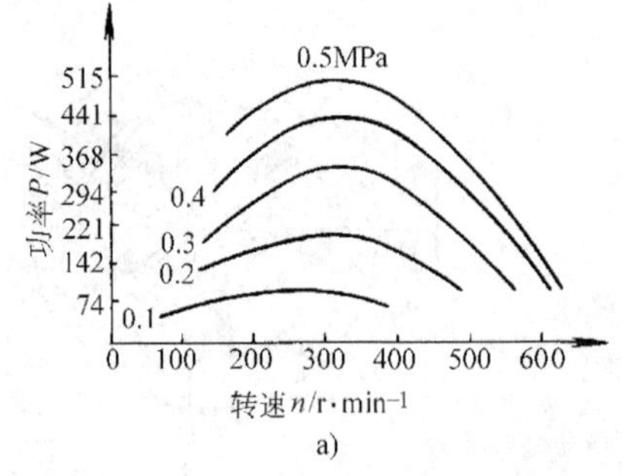

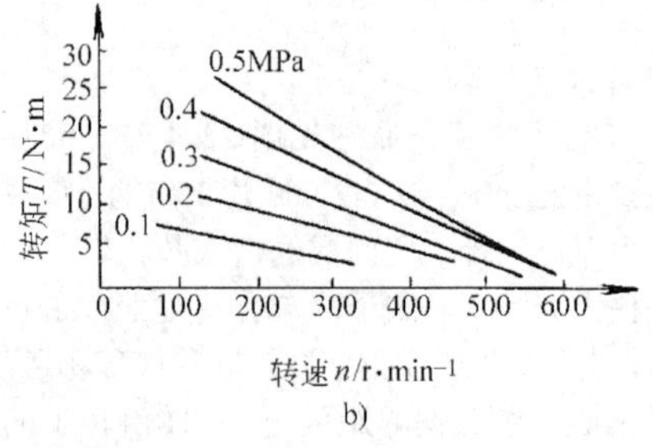

图22.4-38 小型活塞式气马达的特性曲线
a) 功率曲线 b) 转矩曲线

(3) 摆动式气马达

摆动式气马达虽称为马达，但其输出却不是连续回转运动，而是在一定角度范围内的往复回转运动，即某一角度内的摆动。当然这一角度可根据需要设计，可以在360°以内，也可大于360°。

摆动式气马达可分为叶片式和活塞式两类。

1) 叶片式摆动气马达。图22.4-39所示为叶片式摆动气马达原理图。这种马达有单叶片(见图

22. 4-39a)和双叶片(见图 22. 4-39b)两种。由马达体、叶片、转子(输出轴)、定子及两侧端盖组成。叶片与转子(输出轴)固定在一起，压缩空气作用在叶片上，在马达体内绕中心摆动，带动输出轴摆动，输出一定角度内的回转运动。

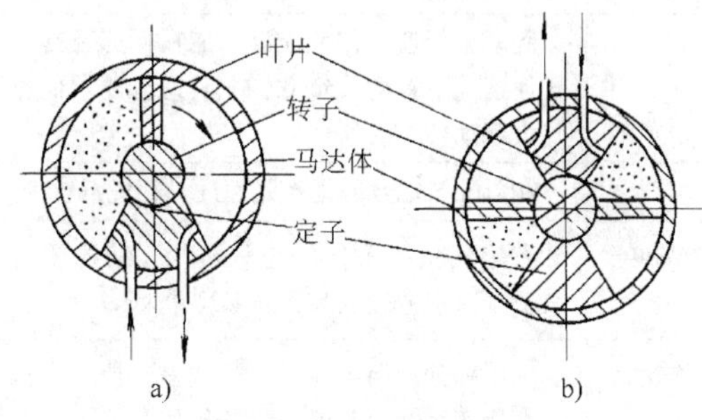

图 22. 4-39　叶片式摆动气马达原理
a）单叶片式　b）双叶片式

单叶片式摆动角度小于 360°，一般为 240°～280°；双叶片式摆动角度小于 180°，一般在 150°左右。尺寸相同时，双叶片式的输出转矩应是单叶片式摆动气马达输出转矩的 2 倍。这种气马达叶片与缸体内壁接触线较长，需要较长的密封，密封件的阻力损失较大。

2）活塞式摆动气马达。活塞式摆动气马达有齿轮齿条式、螺杆式和曲柄式等多种。其基本原理是利用某些机构(如齿轮齿条、螺杆、曲柄等)将活塞的直线往复运动转变成一定角度内的往复回转运动输出。

图 22. 4-40 所示为活塞式摆动气马达原理图，其中图 22. 4-40a 所示为齿轮齿条式摆动气马达，活塞带动齿条，从而推动与齿条啮合的齿轮转动，齿轮轴输出一定角度内的回转运动；图 22. 4-40b 所示为螺杆式摆动气马达，活塞内孔与一螺杆啮合，当活塞往复运动时，螺杆就输出回转运动(一定角度内的摆动)。以上两种活塞式摆动气马达的摆动角度可以在 360°以内，也可以大于 360°，可根据需要设计。齿轮齿条式摆动气马达密封性较好，机械损失也较小，螺杆式密封性可做到较好，但加工难度稍大，机械损失也较大。

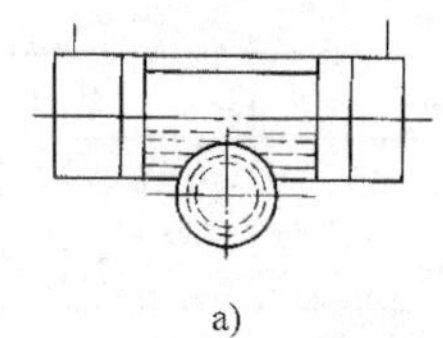

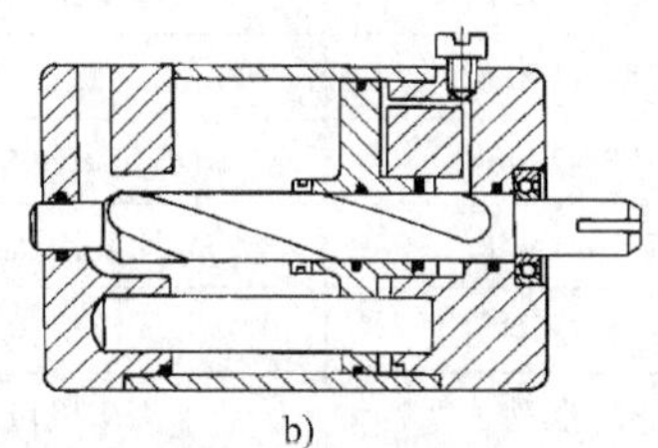

图 22. 4-40　活塞式摆动气马达原理
a）齿轮齿条式　b）螺杆式

2. 1. 3　气马达的特点

各类型式的气马达尽管结构不同，工作原理有区别，但是大多数气马达都具有以下特点：

1）可以无级调速。只要控制进气阀或排气阀的开度，即控制压缩空气的流量，就能调节气马达的输出功率和转速。

2）能够正转也能反转。大多数气马达只要简单地用操纵阀来改变气马达进、排气方向，即能实现气马达输出轴的正转和反转，并且可以瞬时换向，在正反向转换时，冲击很小。气马达换向的一个主要优点是它几乎在瞬时可升至全速，活塞式气马达可以在不到 1s 的时间内升至全速。

3）工作安全。适用于恶劣的工作环境，在易燃、易爆、高温、振动、潮湿和粉尘等不利条件下均能正常工作。

4）有过载保护作用，不会因过载而发生故障。过载时，气马达只是转速降低或停转，当过载解除后，立即可以重新正常运转，且不产生机件损坏等故障。

5）具有较高的走动力矩，可以直接带载荷起动，起动、停止均迅速。

6）功率范围及转速范围较宽。功率小至几百瓦，大至几万瓦；转速可以从 0 一直到 50000r/min。

7）可以长时间满载连续运转，温升较小。

8）操纵方便，维护检修较容易。

2. 2　气马达的选择、应用与润滑

2. 2. 1　气马达的选择

选择气马达主要从载荷状态出发。在变载荷的场合使用时，应注意考虑的因素是速度范围及转矩均应满足工作需要。在均衡载荷下使用时，其工作速度则是最重要的因素。叶片式气马达比活塞式气马达转速高，当工作转速低于空载时最大转速的 25%时，最好选用活塞式气马达，选择时可参考表 22. 4-170。

表22.4-170　叶片式与活塞式气马达性能比较

性能	叶片式气马达	活塞式气马达
转速	转速高，可达3000~50000r/min	转速比叶片式低
单位质量功率	单位质量所产生的功率比活塞式要大得多，故相同功率条件下，叶片式比活塞式质量小	单位质量的输出功率小，质量较大
起动性能	起动转矩比活塞式小	起动、低速工作性能好，能在低速及其他任何速度下拖动重负载，尤其适合要求低速与大起动转矩的场合
耗气量	在低速工作时，耗气量比活塞式大	在低速时能较好地控制速度，耗气量较少
结构尺寸	无配气机构和曲轴连杆机构，结构较简单，外形尺寸小	有配气机构及曲轴连杆机构，结构较复杂，制造工艺较困难，外形尺寸大
运转稳定性	由于无曲轴连杆机构，旋转部分能够均衡运转，因而工作比较稳定	旋转部分均衡运转比叶片式差，但工作稳定性能满足使用要求并能安全生产
维修	维护检修容易	较叶片式有一定难度

2.2.2　气马达的应用与润滑

气马达适用于要求安全、无级调速、经常改变旋转方向、起动频繁以及防爆、负载起动、有过载可能性的场合，并适用于恶劣工作条件，如高温、潮湿以及不便于人工直接操作的地方。当要求多种速度运转、瞬时起动和制动，或可能经常发生失速和过负载的情况时，采用气马达要比别的类似设备价格便宜，维修简单。目前，气马达在矿山机械中应用较多，在专业性成批生产的机械制造业、油田、化工、造纸、冶金和电站等行业均有较多使用，在工程建筑、筑路、建桥和隧道开凿等行业也均有应用，许多风动工具(如风钻、风扳手、风砂轮及风动铲刮机等)均装有气马达。

润滑是气马达所不可缺少的。气马达必须得到良好的润滑后才可正常运转，良好润滑可保证气马达在检修期内长时间运转无误。一般在整个气动系统回路中，在气马达操纵阀前面均设置油雾器，使油雾与压缩空气混合再进入气马达，从而达到充分润滑。要注意的是保证油雾器内正常油位，及时添加新油。

2.3　气马达的典型产品(见表22.4-171)

2.3.1　叶片式气马达

(1) 662W(0.9马力)叶片式气马达(见表22.4-172)

表22.4-171　气马达产品概览

类　别	型　号	功率/kW	转速/$r \cdot min^{-1}$	生产单位
叶片式	TJ*	0.662~14.71	2500~4500	黄石市风动机械厂
	YQ*	8.84~14.71	2400~3200	南昌通用机械厂
	YP-*	0.662~14.71	625~7000	太原矿山机器厂
活塞式	TM*	0.735~18.4	280~1100	宣化机械设备制造厂
	TJH*	206~7.35	700~2800	黄石市风动机械厂
	HS-*	3.677~18.4	500~1500	太原矿山机器厂
摆动式	QGB1	11~214N·m(转矩)	280°±3°(摆动角度)	天津机械厂
	QGB2	22~422N·m(转矩)	100°±3°(摆动角度)	天津机械厂

注：1. 表中转矩为1MPa时的输出转矩值。

2. 型号中的*表示气马达的功率，如TJ2表示功率为2×0.735kW(2马力)的叶片式气马达。

表 22.4-172 662W(0.9马力)叶片式气马达 (mm)

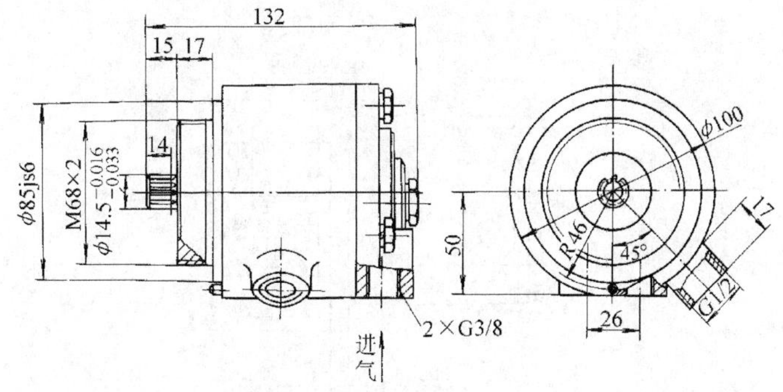

额定功率 /W	工作压力 /MPa	进排气管尺寸/in	额定转速 /r·min^{-1}	额定功率时耗气量 /m^3·min^{-1}	型号或图号	外形尺寸	质量 /kg
662	0.5~0.7	G3/8	4500	1	Z0.9-0 YP-009	ϕ100×132 ϕ100×132 ϕ100×132	3.9

输出轴端齿轮参数	法向模数 m_n	齿数 z	齿顶高系数 h_a^*	压力角 α/(°)	精度等级	公法线长度 W_{kn}	长跨齿数 k
	1.25	10	0.8	20	8—Q	$5.720_{-0.995}^{-0.048}$	2

注：1. 662W(0.9马力)气马达的转向可逆。

2. 生产厂为黄石市风动机械厂、太原矿山机器厂。

(2) 1.471kW(2马力)叶片式气马达(见表22.4-173)

表 22.4-173 1.471kW(2马力)叶片式气马达 (mm)

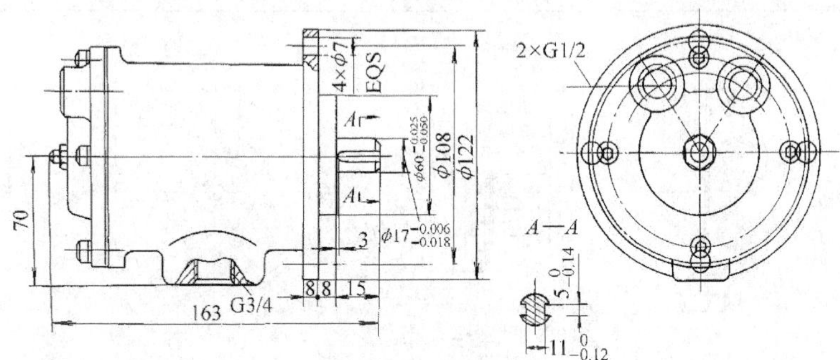

额定功率 /kW	工作压力 /MPa	进排气管尺寸/in	额定转速 /r·min^{-1}	额定功率时耗气量 /m^3·min^{-1}	型号或图号	外形尺寸	质量 /kg
1.471	0.5~0.7	G1/2	4000	2	TJ2	163×133×122	6

注：1. 此气马达转向可逆。

2. 生产厂为黄石市风动机械厂。

(3) 2.942kW(4马力)叶片式气马达(见表22.4-174)

表 22. 4-174　2. 942kW（4 马力）叶片式气马达　　（mm）

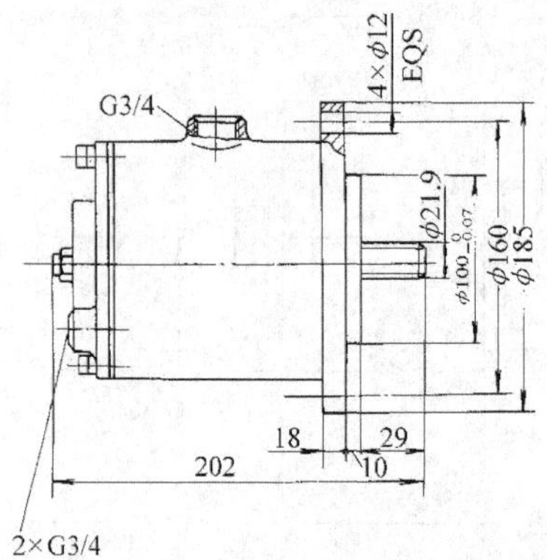

额定功率 /kW	工作压力 /MPa	进排气口尺寸 /in	额定转速 /r · min^{-1}	额定功率时耗气量 /m^3 · min^{-1}	型号	外形尺寸	质量 /kg
2. 942	0. 5~0. 7	G3/4	3200	3. 8	TJ4	202×φ185	12

输出轴端齿轮参数	法向模数 m_n	齿数 z	变位系数 x	压力角 α/(°)	齿顶高系数 h_a^*	精度等级	公法线长度 W_{kn}	长跨齿数 k
	1. 5	12	0. 14	20	1	8—Q	$7.315_{-0.123}^{-0.085}$	2

注：1. 此气马达转速可逆。

2. 生产厂为黄石市风动机械厂。

（4）4. 413kW（6 马力）叶片式气马达（见表 22. 4-175）

表 22. 4-175　4. 413kW（6 马力）叶片式气马达　　（mm）

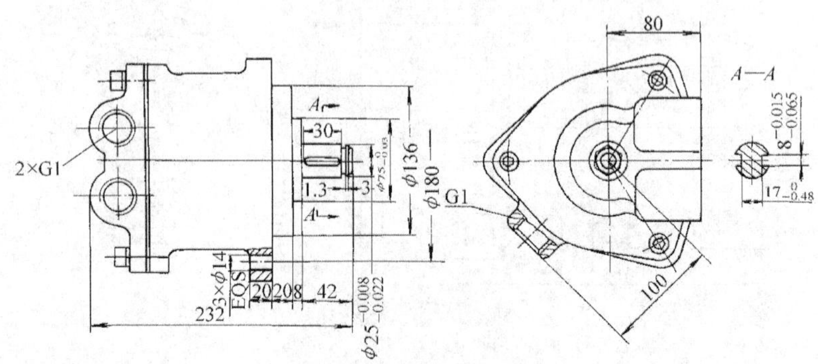

额定功率 /kW	工作压力 /MPa	进排气口尺寸/in	额定转速 /r · min^{-1}	额定功率时耗气量 /m^3 · min^{-1}	型号	外形尺寸	质量 /kg
4. 413	0. 5~0. 7	G1	3400	5. 5	TJ6	232×φ220	18

注：1. 此气马达转向可逆。

2. 生产厂为黄石市风动机械厂。

（5）5. 88kW（8 马力）和 6. 62kW（9 马力）叶片式气马达（见表 22. 4-176）

表 22. 4-176　5. 88kW(8 马力)和 6. 62kW(9 马力)叶片式气马达　(mm)

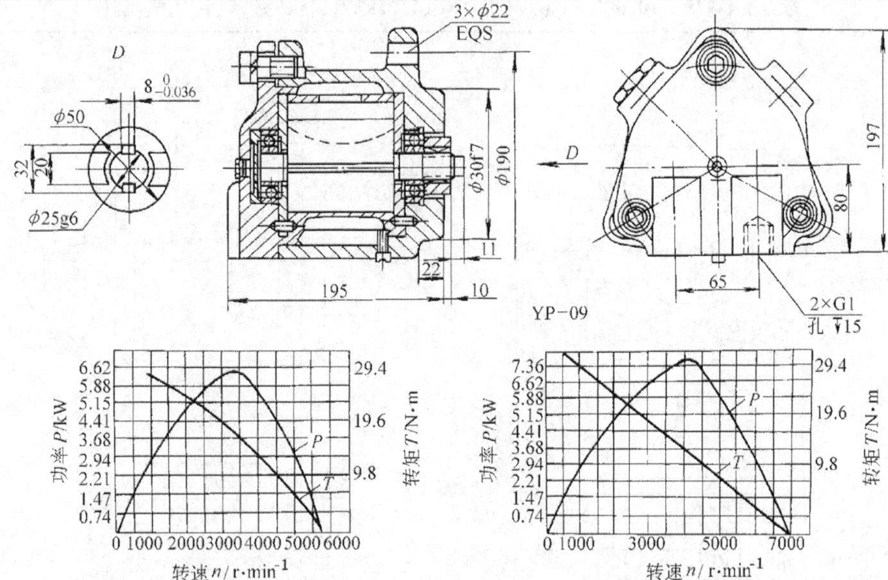

5.88kW(8 马力)气马达性能曲线　　6.62 kW(9 马力)气马达性能曲线

额定功率 /kW	工作压力 /MPa	进排气口尺寸/in	额定功率时耗气量 $/m^3 \cdot min^{-1}$	型号或图号	额定转速 $/r \cdot min^{-1}$	外形尺寸	质量 /kg
5. 88	0. 5~0. 7	G1	7. 5	TJ8 YP-08	2800	215×φ230 207×φ230 216×197×197	19. 5
6. 62	0. 5~0. 7	G1	8. 2	TJ9 YP-09	2800	215×φ230 207×φ230 216×197×197	19. 5

注：1. 5. 88kW(8 马力)、6. 62kW(9 马力)气马达可正反转。
2. 表图为 YP-09 型气马达图。
3. 生产厂为黄石市风动机械厂、太原矿山机器厂。

(6) 8. 83kW(12 马力)叶片式气马达(见表 22. 4-177)

表 22. 4-177　8. 83kW(12 马力)叶片式气马达　(mm)

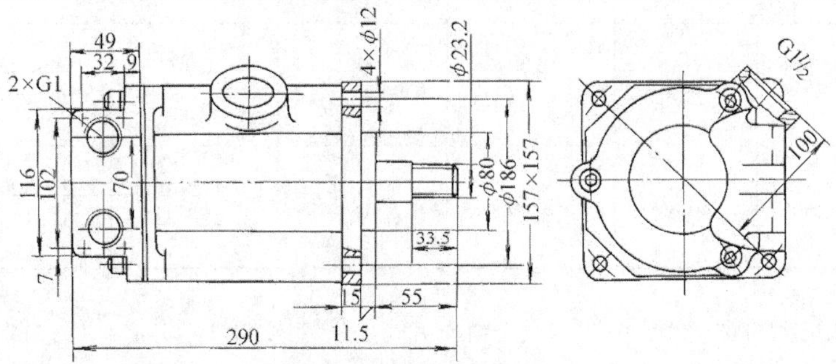

额定功率 /kW	工作压力 /MPa	进排气口尺寸/in	额定转速 $/r \cdot min^{-1}$	额定功率时耗气量 $/m^3 \cdot min^{-1}$	型　号	外形尺寸	质量 /kg
8. 83	0. 5~0. 7	G1	3500 2400	10. 6	TJ12 YQ12	290×157×157 300×230×230	20 54

输出轴端齿轮参数	模数 m	齿数 z	变位系数 x	压力角 $\alpha/(°)$	精度等级	公法线长度 W_{kn}	公法线长度变动公差 F_w
	2	9	+0. 295	20	9—8—8GJ	$9.511^{-0.095}_{-0.143}$	0. 026

注：1. 南昌通用机械厂产 YQ12 型气马达轴伸为平键 2×8×28，轴径为 φ30d3。
2. 生产厂为黄石市风动机械厂、南昌通用机械厂。

（7）10. 30kW（14 马力）和 14. 71kW（20 马力）叶片式气马达（见表 22. 4-178）

表 22. 4-178　10. 30kW（14 马力）和 14. 71kW（20 马力）叶片式气马达　（mm）

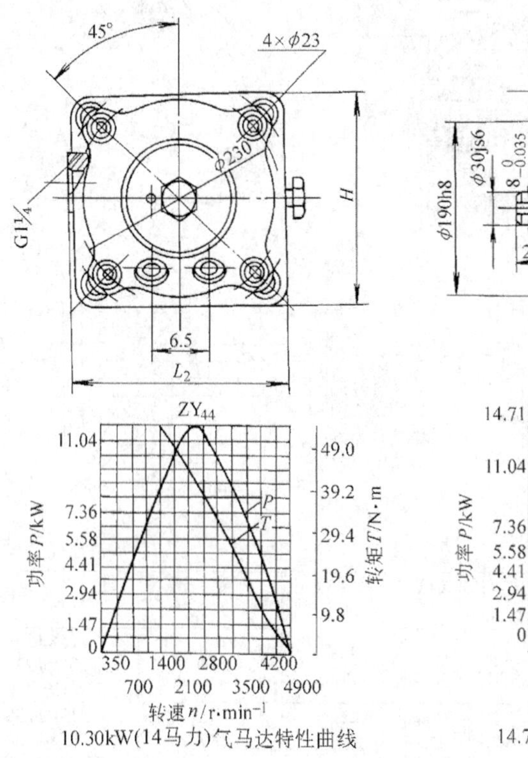

10.30kW(14马力)气马达特性曲线

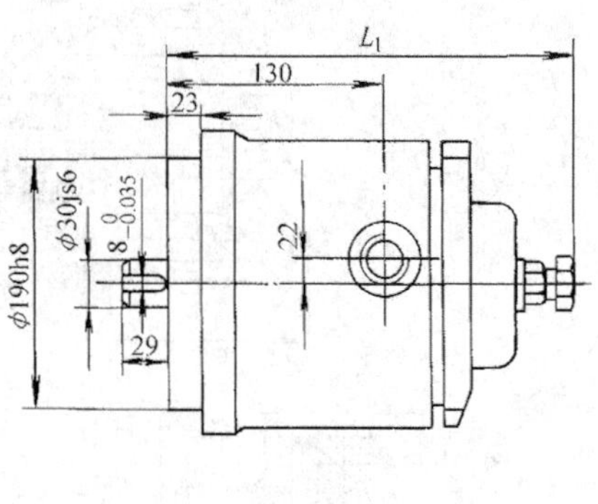

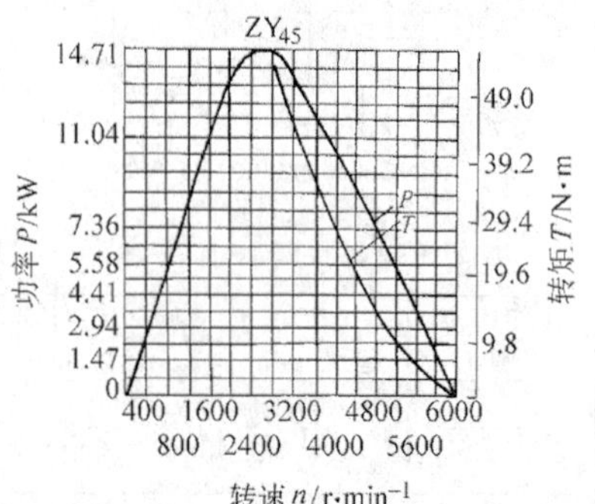

14.71kW(20马力)气马达特性曲线

额定功率 /kW	工作压力 /MPa	进排气口尺寸/in	额定转速 /r · min^{-1}	额定功率时耗气量 /m^3 · min^{-1}	型号或图号	外形尺寸 $L_1 \times L_2 \times H$	质量 /kg
10. 30	0. 5~0. 7	G1¼	2500	12. 6	TJ14	296×230×230	55
14. 71	0. 5~0. 7	G1¼	2500 3200	18 19	TJ20 YQ20	296×230×230 300×230×230	55
14. 71	0. 5~0. 7	G1¼	2500	18	TJ20A YP-20	296×205×205 315×249×228	46

注：1. 所列气马达均可正反转。

2. 太原矿山机器厂还生产 10. 30kW（14 马力）的叶片气马达，型号 YP-14，外形尺寸为 315×249×228，进气口尺寸为 G1¼。

3. 生产厂为黄石市风动机械厂、太原矿山机器厂。

2. 3. 2　活塞式气马达

（1）735. 5W（1 马力）活塞式气马达（见表 22. 4-179）

表 22.4-179　735.5W(1 马力)活塞式气马达　(mm)

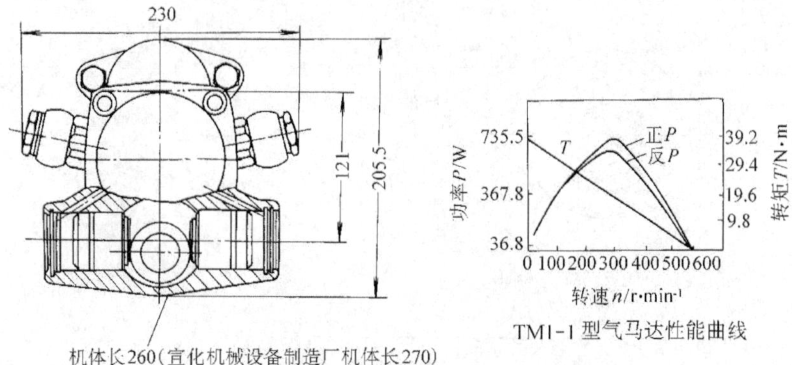

TM1-1 型气马达性能曲线

额定功率 /W	工作压力 /MPa	进气口尺寸/in	额定转速 /r · min^{-1}	额定功率时耗气量 /m^3 · min^{-1}	型　号	外形尺寸	质量 /kg
735.5	0.5~0.7	7/8	280~320	1.4	TM1-1	270×ϕ230	22

注：1. 此种气马达为四缸活塞式，与其他活塞式气马达相比，其特点是四个缸成两列对称地配置在壳体内，活塞直接推动曲轴旋转，没有连杆，结构紧凑。

2. 生产厂为宣化机械设备制造厂。

(2) 2.06kW(2.8 马力)活塞式气马达(见表 22.4-180)

表 22.4-180　2.06kW(2.8 马力)活塞式气马达　(mm)

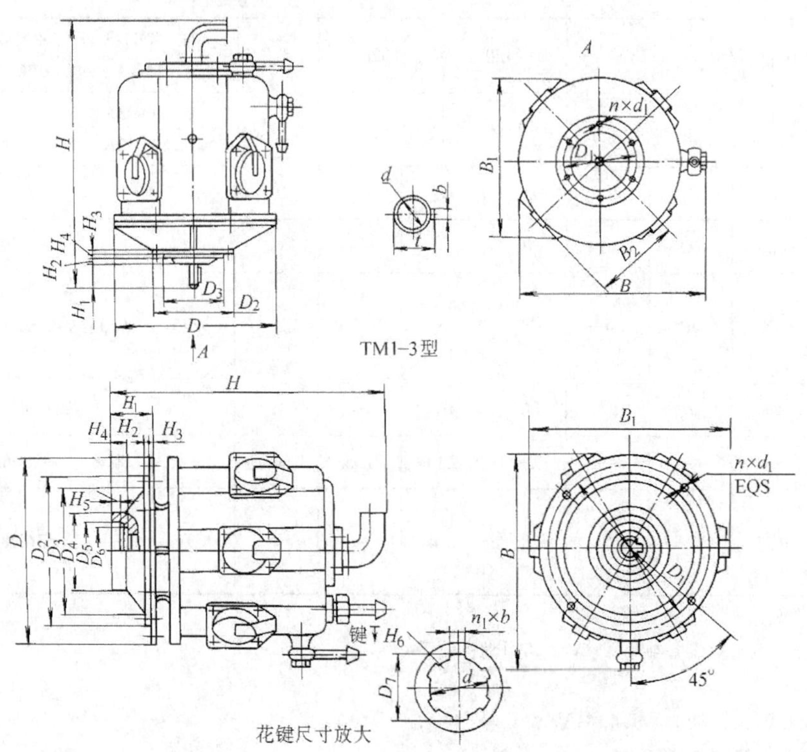

（续）

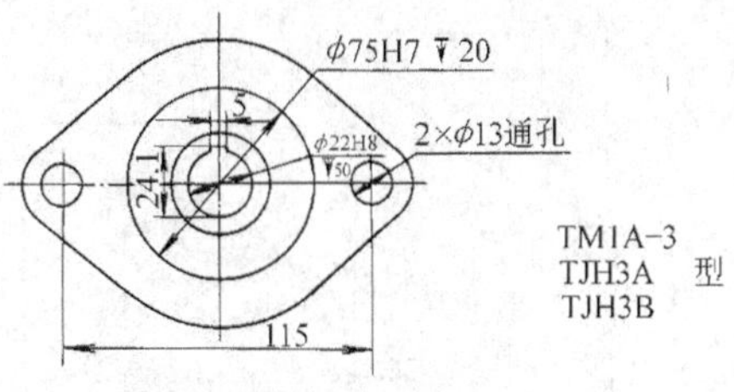

TJH3B型气马达轴伸

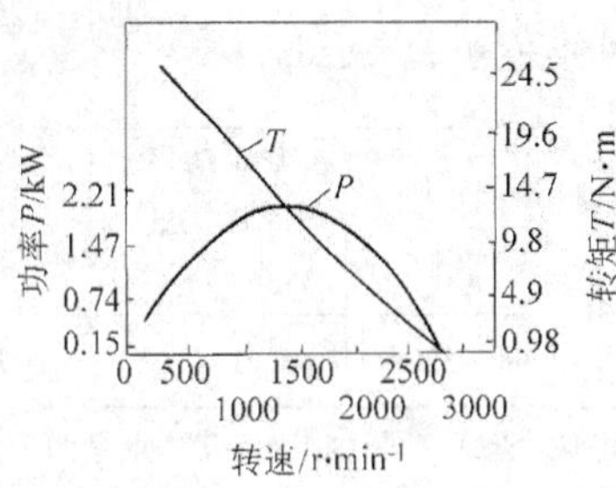

TM1-3 气马达性能曲线

额定功率 /kW	工作压力 /MPa	进气口径/in	空载转速 /r · min^{-1}	额定转速 /r · min^{-1}	额定转矩 /N · m	额定功率时耗气量 /m^3 · min^{-1}	型　号	外形尺寸	质量 /kg
2. 06	0. 5~0. 6	7/8	2800	1320	1520	3. 2	TM1-3 TM1A-3	400×280×240 370×280×274	30 34
	0. 5~0. 7	—	—	1300	—	2. 5	TJH3A TJH3B	—	31 28

型号	H	H_1	H_2	H_3	H_4	H_5	H_6	D	D_1	D_2	D_3	D_4
TM1-3	400	60	11	10	4	—	—	φ225	φ182	φ160	φ130h6	—
TM1A-3 TJH3A TJH3B	370	70	4	10	29	12	25	φ225	φ200	φ180h6	φ166	φ100

型号	D_5	D_6	D_7	B	B_1	B_2	n	n_1	t	d	d_1	b
TM1-3	—	—	—	280	240	138	6	—	30. 6	φ28h6	φ8. 5	8f9
TM1A-3 TJH3A TJH3B	φ82	φ72K7	φ20	280	274	—	4	6	—	φ16H8	φ8. 5	4H9

注：1. 此类马达可正反转。

2. 生产厂为宣化设备制造厂、黄石市风动机械厂。

（3）3. 31kW(4. 5 马力)和 4. 413kW(6 马力)活塞式气马达(见表 22. 4-181)

表 22.4-181　3.31kW(4.5 马力)和 4.413kW(6 马力)活塞式气马达　(mm)

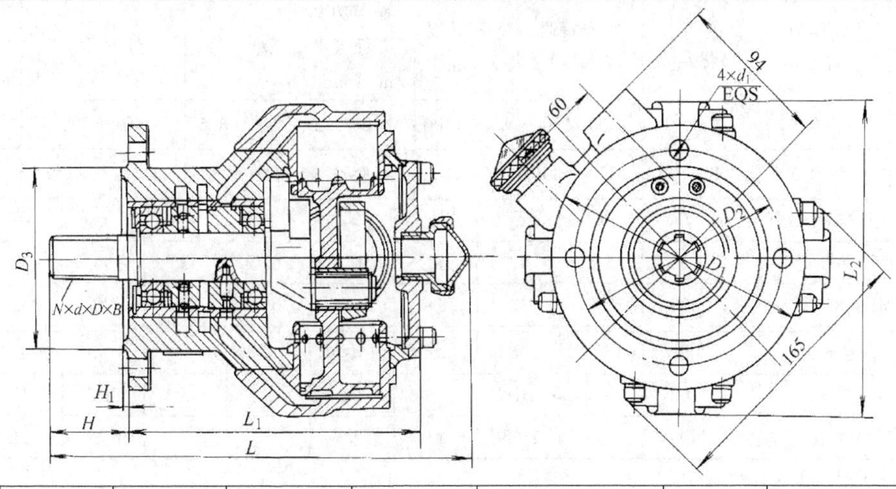

额定功率 /kW	工作压力 /MPa	进气口径 /in	空载转速 /r·min⁻¹	额定转速 /r·min⁻¹	额定功率时耗气量 /m³·min⁻¹	型　号	外形尺寸	质量 /kg
3.31	0.5~0.7	—	—	2800	4	TM1-4 TJH4.5	265×190×190	16
4.413	0.5~0.7	—	—	2000	5.4	TJH6	296×232×232	25

型号	N	D	d	B	H	H_1	D_1	D_2	D_3	d_1	L	L_1	L_2
TM1-4	6	28	24	6	50.5	4	160	130	110	11	250	183	190
TJH4.5	6	28	23.4	6	50.5	4	160	130	110	11	265	183	190
TJH6	6	28	23	6	52	4	115	135	110	13.5	296	244	232

注：生产厂为黄石市风动机械厂。

(4) 6.252kW(8.5 马力)活塞式气马达(见表 22.4-182)

表 22.4-182　6.252kW(8.5 马力)活塞式气马达　(mm)

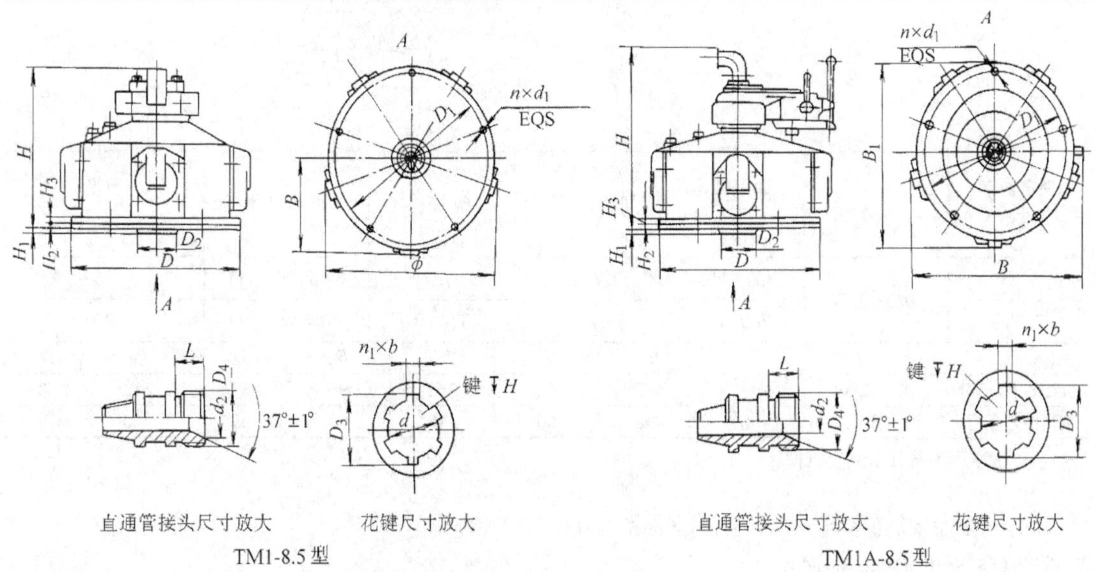

直通管接头尺寸放大　花键尺寸放大

TM1-8.5 型

直通管接头尺寸放大　花键尺寸放大

TM1A-8.5 型

（续）

额定功率/kW	工作压力/MPa	进气口径/in	空载转速/r·min^{-1}	额定转速/r·min^{-1}	额定功率时耗气量/m^3·min^{-1}	型　号	外形尺寸	质量/kg
6.252	0.5~0.6	Rc1	1300~1500	800~1100	4.8~9.5	TM1-8.5	360×ϕ390	73
	0.5~0.6	Rc1	1300~1500	800~1100	4.8~9.5	TM1A-8.5	420×400×379	77

型号	H	H_1	H_2	H_3	H_4	D	D_1	D_2	D_3	D_4
TM1-8.5	360	5.5	12	11	66.5	362f9	336	90	32	M36×2
TM1A-8.5	420	5.5	12	11	66.5	362f9	336	90	32	M36×2

型号	B	B_1	d	d_1	d_2	n	n_1	b	L	ϕ
TM1-8.5	198	—	25H9	13	28	5	6	8H9	20	390
TM1A-8.5	400	379	25H9	13	28	5	6	8H9	21	—

注：生产厂为宣化通用机械厂。

（5）5.88kW（8马力）和7.355kW（10马力）活塞式气马达（见表22.4-183）

表22.4-183　5.88kW（8马力）**和7.355kW**（10马力）**活塞式气马达**　　（mm）

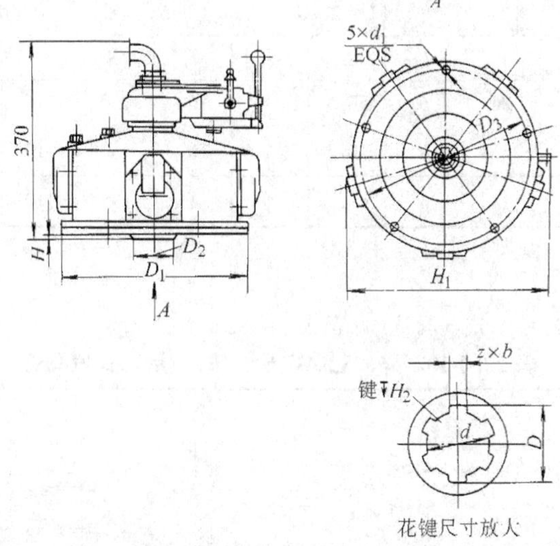

额定功率/kW	工作压力/MPa	额定转速/r·min^{-1}	额定功率时耗气量/m^3·min^{-1}	型　号	外形尺寸	质量/kg
5.88	0.5~0.7	800~1100	7.2	TJH8	370×442×442	85
7.355		700~800	9	TJH10	370×498×498	90

型号	z	D	d_1	H_1	H_2	D_1	D_2	D_3	d	b
TJH8	6	32H9	$25^{+0.15}_{+0.28}$	442	66	362	90	336	13	8
TJH10	6	32H9	$25^{+0.15}_{+0.28}$	498	66	418	90	395	10	8

注：生产厂为黄石市风动机械厂。

（6）7.723kW（10.5马力）和11.03kW（15马力）活塞式气马达（见表22.4-184）

表 22.4-184　7.723kW(10.5 马力)和 11.03kW(15 马力)活塞式气马达　(mm)

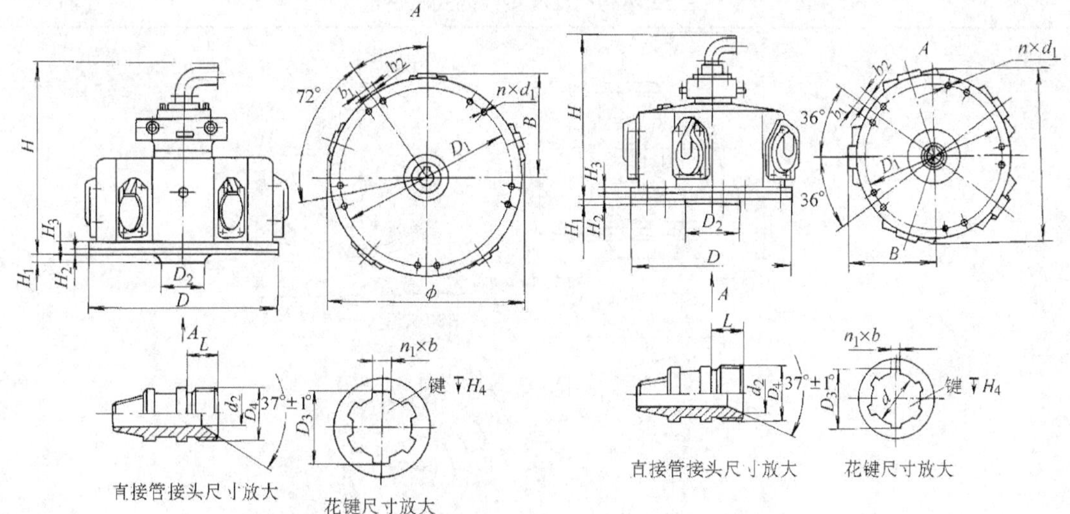

额定功率 /kW	工作压力 /MPa	进气口径 /in	空载转速 $/r \cdot min^{-1}$	额定转速 $/r \cdot min^{-1}$	额定功率时耗气量 $/m^3 \cdot min^{-1}$	型　号	外形尺寸	质量 /kg
7.723	0.5~0.6	Rc1½	1000	650	7.5~9	TM1-10.5	ϕ430×449	100
11.03	0.5~0.6	Rc1½	1300~1500	600~750	10.4~12.95	TM1-15	ϕ500×420	136

型号	H	H_1	H_2	H_3	H_4	D	D_1	D_2	D_3	D_4
TM1-10.5	449	14	16	52.5	76	410f9	382	70	32	M52×2
TM1-15	420	7	18	15	75	450f9	420	120	32	M52×2

型号	ϕ	B	b	b_1	b_2	d	d_1	d_2	n	n_1	L
TM1-10.5	430	210	8H9	71	36	25H9	13	43	10	6	24
TM1-15	500	246	8f9	50	25	25H9	13	43	10	6	20

注：生产厂为张家口市宣化区通用机械厂。

(7) 18.4kW(25 马力)活塞式气马达(见表 22.4-185)

表 22.4-185　18.4kW(25 马力)活塞式气马达　(mm)

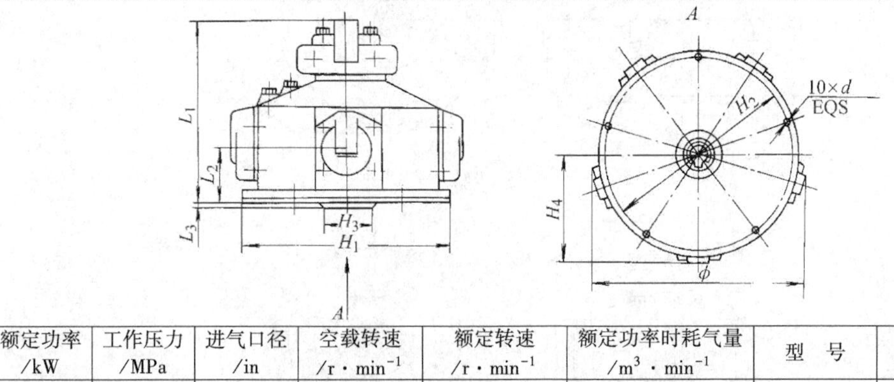

额定功率 /kW	工作压力 /MPa	进气口径 /in	空载转速 $/r \cdot min^{-1}$	额定转速 $/r \cdot min^{-1}$	额定功率时耗气量 $/m^3 \cdot min^{-1}$	型　号	外形尺寸	质量 /kg
18.4	0.4~0.6	Rc1½	1200	300	10.4~12.95	TM1-25	490×560	214

H_1	H_2	H_3	H_4	L_1	L_2	L_3	缸径 D	d	ϕ
ϕ560	ϕ520	ϕ120	294	490	148	5	ϕ150	ϕ17	594

注：生产厂为张家口市宣化区通用机械厂。

（8）HS 型活塞式气马达(见表 22.4-186)

表 22.4-186　HS 型活塞式气马达　　(mm)

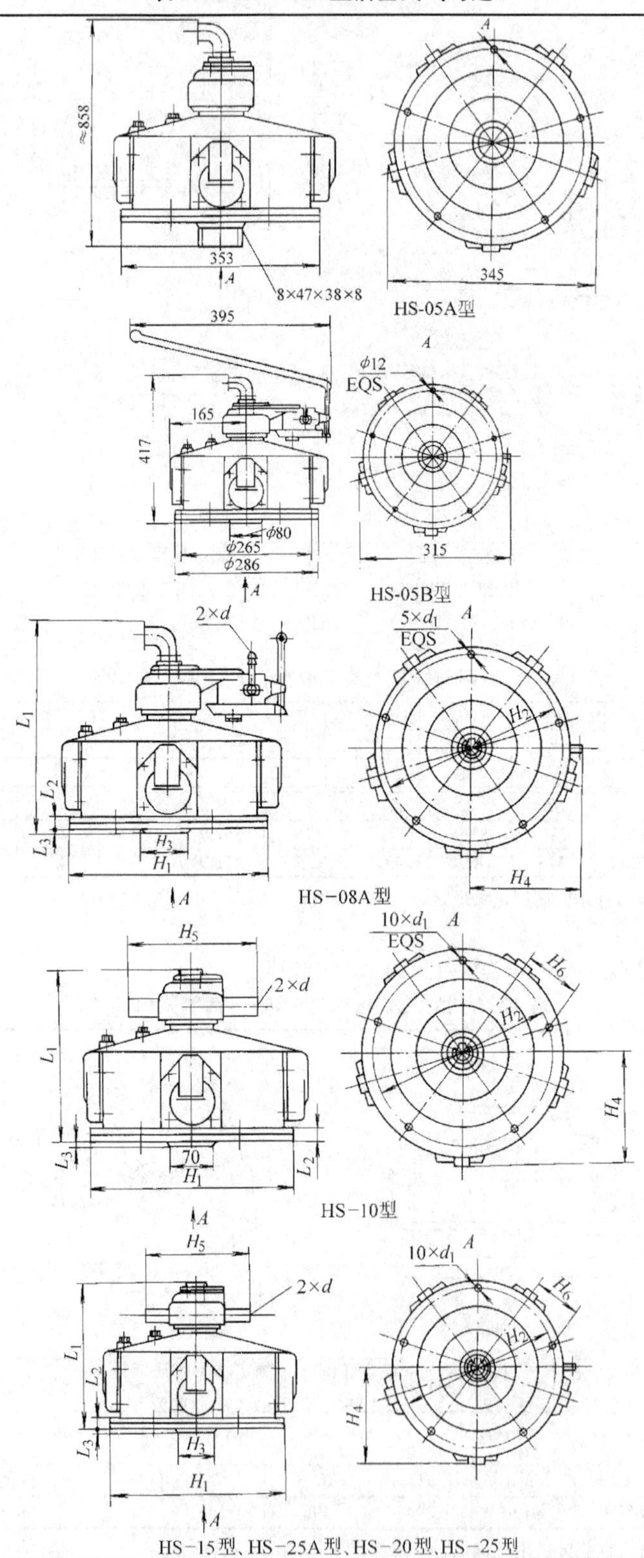

（续）

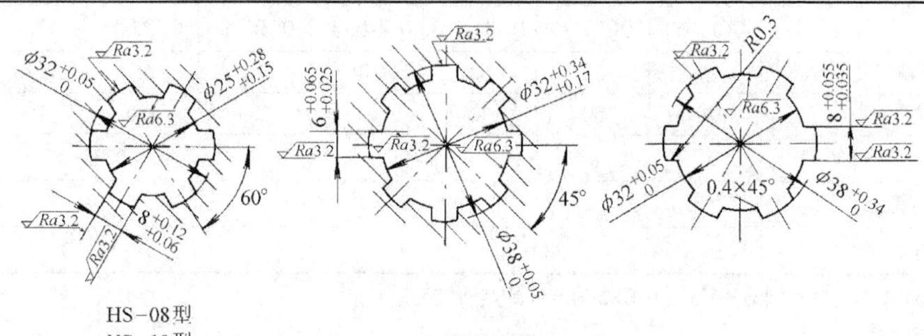

HS型气马达输出轴

型号	额定功率/kW	气缸直径/mm	气缸数	活塞行程/mm	额定压力/MPa	工作压力/MPa	转速/r·min^{-1}	耗气量/m^3·min^{-1}	质量/kg
HS-05A	3.68	65	6	50	0.5	0.4~0.6	500~1500	4.3	118
HS-05B		65	6	50	0.5		500~1500	4.3	56
HS-08A	5.89	90.5	5	64	0.55		600~1400	6.8	78.5
HS-08		90.5	5	64	0.55		600~1500	6.8	72
HS-10	7.36	101	5	62	0.55		550~1400	8.5	82
HS-15	11.30	110	5	70	0.6		550~1000	13	136
HS-20	14.71	130	5	70	0.6		550~1000	17	184
HS-25A	18.39	140	5	80	0.6		550~1100	20	189
HS-25		150	5	80	0.55		550~1100	21	214

型号	H_1	H_2	H_3	H_4	H_5	H_6	L_1	L_2	L_3	d	d_1
HS-08A	ϕ362	ϕ336	ϕ90	198	—	—	426	24	3.5	G1	13
HS-08	ϕ362	ϕ336	ϕ90	198	220	—	323	24	3.5	NPT1	13
HS-10	ϕ410	ϕ382	—	210	220	72	355	31	22	G1¼	13
HS-15	ϕ450	ϕ420	ϕ120	246	260	50	400	34	7	G1½	13
HS-20	ϕ500	ϕ470	ϕ410	272	270	60	420	34	10	G1½	17
HS-25A	ϕ500	ϕ470	ϕ164	272	284	82	513	34	12	Rc2	18
HS-25	ϕ560	ϕ520	ϕ105	294	300	60	490	45	5	G2	17

注：生产厂为太原矿山机器厂。

2.3.3　摆动式气马达

（1）QGB1、QGB2 系列叶片摆动气马达

1）技术规格见表 22.4-187。

表 22.4-187　QGB1、QGB2 系列叶片摆动气马达技术规格

型　号	QGB1-52	QGB1-75	QGB1-100	QGB1-144	QGB2-52	QGB2-75	QGB2-100	QGB2-144
缸内径/mm	52	75	100	144	52	75	100	144
缸内容积/cm^3	60	184	360	1152	43	131	257	823

（续）

型　　号	QGB1-52	QGB1-75	QGB1-100	QGB1-144	QGB2-52	QGB2-75	QGB2-100	QGB2-144
压力 1MPa 时输出转矩/N·m	11	33	62	214	22	65	120	422
最高使用频率/min^{-1}	70	50	40	25	200	130	100	70
工作压力/MPa	0.25~1				0.25~1			
叶片数目	1				2			
摆动角度/（°）	280±3				100±3			

注：1. QGB1 为单叶片摆动气马达，QGB2 为双叶片摆动气马达。

2. 型号意义：

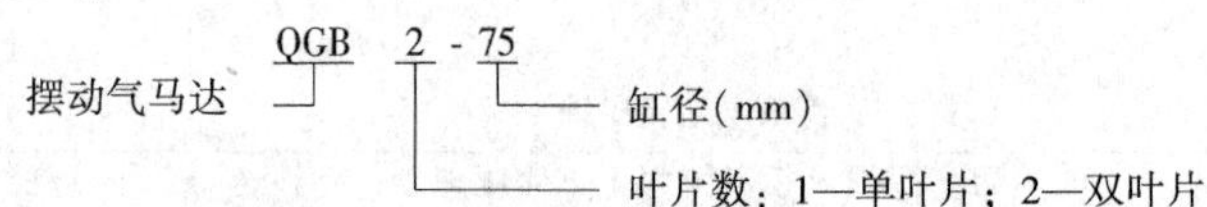

2）外形尺寸见表 22.4-188。

表 22.4-188　QGB1、QGB2 叶片摆动气马达外形尺寸　（mm）

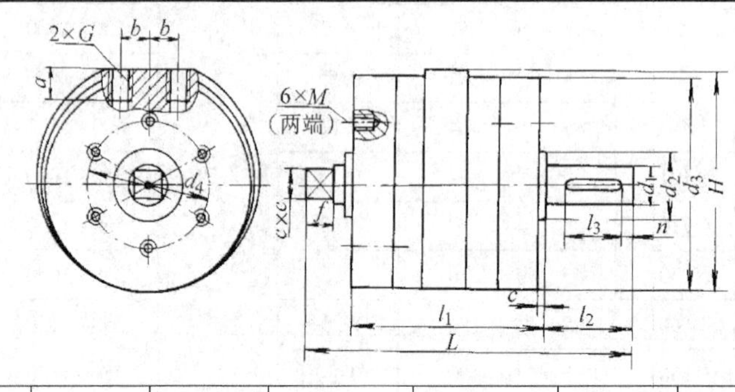

型　　号	a	b	c	d_1	d_2	d_3	d_4	e	f
QGB1-52 QGB2-52	10	10.5	2.5	$\phi12_{-0.018}^{-0.006}$	$\phi25_{-0.045}^{0}$	$\phi75$	$\phi48$	10	13
QGB1-75 QGB2-75	20	15	2.5	$\phi17_{-0.018}^{-0.006}$	$\phi30_{-0.045}^{0}$	$\phi110$	$\phi70$	13	16
QGB1-100 QGB2-100	20	20	3.5	$\phi25_{-0.022}^{-0.08}$	$\phi45_{-0.05}^{0}$	$\phi140$	$\phi80$	19	22
QGB1-144 QGB2-144	25	22.5	4.5	$\phi40_{-0.027}^{-0.010}$	$\phi70_{-0.06}^{0}$	$\phi200$	$\phi120$	32	35

型　　号	G/in	H	L	l_1	l_2	l_3	M	n
QGB1-52 QGB2-52	G1/8	80	145	87	39.5	4×20	M6 深 10	5
QGB1-75 QGB2-75	G1/4	115	180	103	54	5×35	M8 深 12	6
QGB1-100 QGB2-100	G3/8	145	220	125	65	6×40	M10 深 14	6
QGB1-144 QGB2-144	G1/2	210	285	171	69	12×40	M12 深 20	10

注：生产厂为天津机械厂。

（2）SMC MSU 叶片式摆动气马达

1）技术规格见表 22.4-189。

2）外形尺寸见表 22.4-190。

表 22.4-189　SMC MSU 叶片式摆动气马达技术规格

型号	MSUB1			MSUB3			MSUB7			MSUB20		
动作方式	双作用											
叶片形式	单叶片		双叶片	单叶片		双叶片	单叶片		双叶片	单叶片		双叶片
摆动角度①/(°)	90	180	90	90	180	90	90	180	90	90	180	90
使用流体	空气(不给油)											
环境和流体温度/℃	5~60											
使用压力范围/MPa	0.2~0.7			0.15~0.7						0.15~1		
摆动时间调整范围/(s/90°)	0.07~0.3											
轴承	轴承											
供气口位置	本体侧面/轴向											
接管口径　本体侧面	M3×0.5			M5×0.8								
接管口径　轴向	M3×0.5						M5×0.8					

注：型号意义

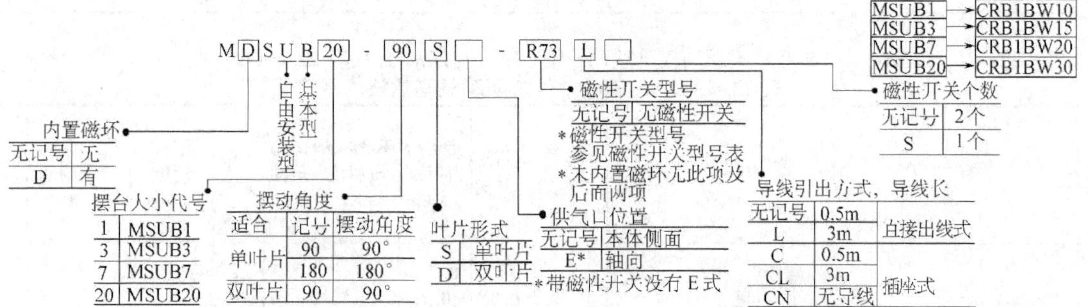

① 单叶片 90°可调整角度 90°，摆动端±10°(两端调整±5°…)；
单叶片 180°可调整角度 180°，摆动端±10°(两端调整±5°…)；
双叶片 90°可调整角度 90°，摆动端±10°(两端调整±2.5°…)。

表 22.4-190　SMC MSU 叶片式摆动气马达外形尺寸　(mm)

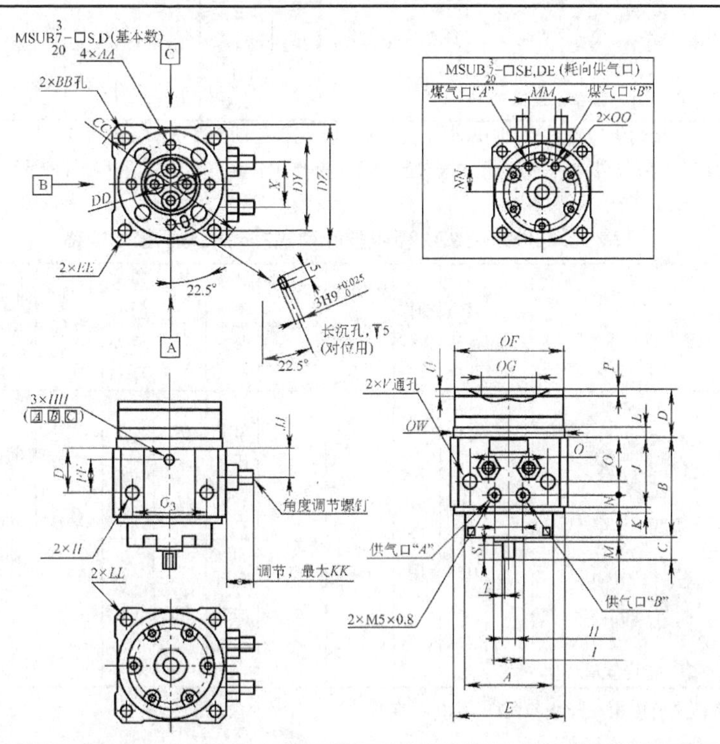

（续）

型号	*A*	*B*	*C*	*D*	*E*	*F*	*G*	*H*	*I*	*J*	*K*	*L*	*M*	*N*	*O*	*P*	*Q*	*R*	*S*	*T*	*U*	*V*
MSUB3-□S，D	34	38	9	18	42 h9	41 h9	21 h9	5 g6	12 h9	26	2	3	1.5	5	16	3.5	29	10.5	6	0.5	2.5	4.5
MSUB7-□S，D	42	48.5	10	21.5	48 h9	47 h9	26 h9	6 g6	14 h9	30.5	2.5	4.5	1.5	5	19.5	4.5	36	11	7	0.5	2.5	5.5
MSUB20-□S，D	50	60	13	22	53.5 h9	52 h9	30 h9	8 g6	16 h9	34	4	5	2	6	21.5	4.5	43	13	8	1	3	6.6

型号	*X*	*Y*	*Z*	*AA*	*BB*	*CC*	*DD*	*EE*	*FF*	*GG*	*HH*	*II*	*JJ*	*KK*	*LL*	*MM*	*NN*	*OO*
MSUB3-□S，D	14	36	44	M4×0.7 深7	4.5	58	30	M4×0.7 深8	12	29	φ3H9 深5	4.5	10.5	6.25	M4×0.7 深8	10	11	M3×0.5
MSUB7-□S，D	19	41	50	M4×0.7 深8	5.5	67	37	M5×0.8 深10	13	36	φ4H9 深6	5.5	12.5	8.25	M5×0.8 深10	13	14	M5×0.8
MSUB20-□S，D	22	45	56	M5×0.8 深8	6.6	76	42	M6×1 深12	14	43	φ4H9 深6	6.6	14	8.75	M6×1 深12	14	15.5	M5×0.8

（3）SMC CRB1、CRB2 叶片式摆动气马达(技术规格见表 22.4-191、表 22.4-192)

表 22.4-191 CRB1 叶片式摆动气马达技术规格

<table>
<tr><th>简图</th><th>缸径/mm</th><th>接管螺纹</th><th>动作方式</th><th>使用压力范围/MPa</th><th>环境与介质温度/℃</th><th>摆动角度/(°)</th><th>角度极限偏差/(°)</th><th>允许①动能/N·m</th><th>摆动时间范围/s·90°⁻¹</th><th>润滑</th></tr>
<tr><td rowspan="4">基本型 内置磁环型
角度调节型 带内置磁环的角度调节型</td><td>10</td><td rowspan="2">M5×0.8(90°、180°)
M3×0.5(270°)</td><td rowspan="4">双作用</td><td>0.2~0.7</td><td rowspan="4">5~60</td><td rowspan="4">90，180，270</td><td>$^{+5}_{0}$</td><td>0.0015</td><td rowspan="3">0.03~0.3</td><td rowspan="4">有无润滑均可工作</td></tr>
<tr><td>15</td><td rowspan="2">0.15~0.7</td><td rowspan="3">$^{+4}_{0}$</td><td>0.00025(0.001)</td></tr>
<tr><td>20</td><td rowspan="2">M5×0.8</td><td>0.0004(0.003)</td></tr>
<tr><td>30</td><td>0.1~1.0</td><td>0.015(0.02)</td><td>0.04~0.3</td></tr>
</table>

① 括号内的值是使用内缓冲胶垫(标准摆动)的允许动能，如果摆动角度小于标准角度，如摆动角度为90°或180°但用270°的回转驱动器(外加定位)，则内缓冲胶垫将不起作用，允许动能值为括号外的数值。

表 22.4-192 CRB2 新中型叶片式摆动气马达技术规格

<table>
<tr><th>简图</th><th>缸径/mm</th><th>接管螺纹</th><th>动作方式</th><th>使用压力范围/MPa</th><th>环境与介质温度/℃</th><th>驱动形式</th><th>摆角角度/(°)</th><th>角度极限偏差/(°)</th><th>允许①动能/J</th><th>轴允许负载/N</th><th>转动时间范围/s·90°⁻¹</th><th>调节角度范围/(°)</th><th>润滑</th></tr>
<tr><td rowspan="2">基本型 角度调节型
带内置磁环角度调节型 内置磁环型</td><td rowspan="2">40</td><td rowspan="2">M5×0.8</td><td rowspan="2">双作用</td><td rowspan="2">0.15~1.0</td><td rowspan="2">5~60</td><td>单叶片式(S)</td><td>90
180
270</td><td>$^{+4}_{0}$</td><td rowspan="2">0.03(0.04)</td><td rowspan="2">横向负载：60
轴向负载：40</td><td rowspan="2">0.07~0.5</td><td rowspan="2">2~230</td><td rowspan="2">有无润滑均可</td></tr>
<tr><td>双叶片式(D)</td><td>90</td><td>$^{+4}_{0}$</td></tr>
</table>

① 括号中的数值是有内缓冲胶垫的允许动能(标准摆动)。

第 5 章　气动控制阀

1　国产气动控制阀

1.1　压力控制阀

1.1.1　减压阀

(1) QP 系列直动式减压阀

1) 工作原理。如图 22.5-1 所示，该系列阀靠平衡进气阀口 5 的节流作用减压，中心阀孔 3 的溢流作用及进气阀口 5 的开度变化稳定输出压力，当输出压力超过调定值时，中心阀孔 3 自行打开，经排气孔 2 排气，同时阀芯 4 上移，减少阀口的开度，稳定输出压力不变，调节旋钮 1 可使输出压力在规定范围内任意改变。旋钮 1 上移能调整压力，旋钮下移可锁定压力。

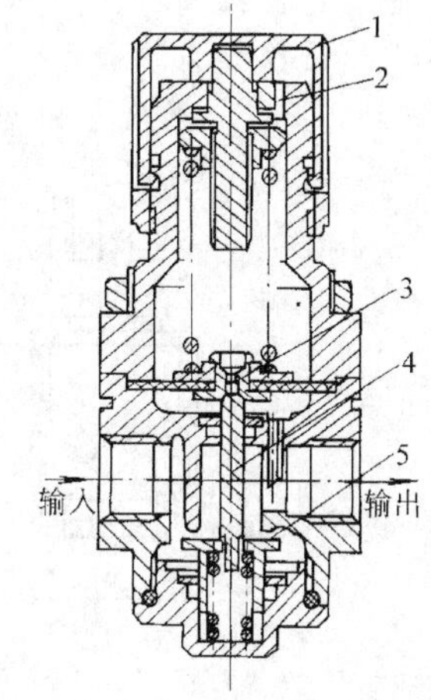

图 22.5-1　QP 系列减压阀工作原理图
1—旋钮　2—排气孔　3—中心阀孔
4—阀芯　5—进气阀口

2) 技术规格（见表 22.5-1）。

表 22.5-1　QP 系列减压阀技术规格

规格 \ 型号	QP1		QP2			QP3	
公称通径/mm	6	8	8	10	15	20	25
接口螺纹	G1/8	G1/4	G1/4	G3/8	G1/2	G3/4	G1
使用介质和温度/℃	空气，5~60						
调压范围/MPa	0.05~0.1；0.05~0.2；0.05~0.4；0.05~0.63；0.05~0.8						
最高工作压力/MPa	1.0						
最大流量（标准状态）/L · min^{-1}	800	1000	2300	2600	2900	5000	5000

注：1. 额定流量指进口压力为 0.7MPa、调定压力为 0.5MPa、压力降为 0.1MPa 的情况下。

2. 生产单位为济南华能气动元器件公司。

3. 型号意义：

[1] [2]-[3] [4] - [5]

1		2		3		4		
型号		通径		接口螺纹		任 选 规 格		
代号	名称	代号	通径	代号	螺纹	项目	代号	任选规格
QP1	减压阀	06	6	01	G1/8	调压范围	5	调压范围 0.05~0.4MPa
		08	8	02	G1/4		6	调压范围 0.05~0.63MPa
QP2	减压阀	08	8	02	G1/4		7	调压范围 0.05~0.8MPa
		10	10	03	G3/8		8	调压范围 0.05~0.1MPa
		15	15	04	G1/2		9	调压范围 0.05~0.2MPa
QP3	减压阀	20	20	05	G3/4	注：调压范围 8、9 只适合 QP1、QP2；这类减压阀只能单体使用		
		25	25	06	G1			

5				
配　件		适 用 型 号		
代号	项目	QP1	QP2	QP3
P	外接压力表	有	有	有

3）外形尺寸(见图22.5-2)。

(2) AR、PAR系列直动式减压阀

1）工作原理。与图22.5-1所示减压阀工作原理相同。

2）技术规格(见表22.5-2)。

3）外形尺寸(见表22.5-3)。

(3) QTYa系列高压减压阀

1）工作原理　与图22.5-1所示减压阀工作原理相近。

2）技术规格(见表22.5-4)。

3）外形尺寸(见表22.5-5)。

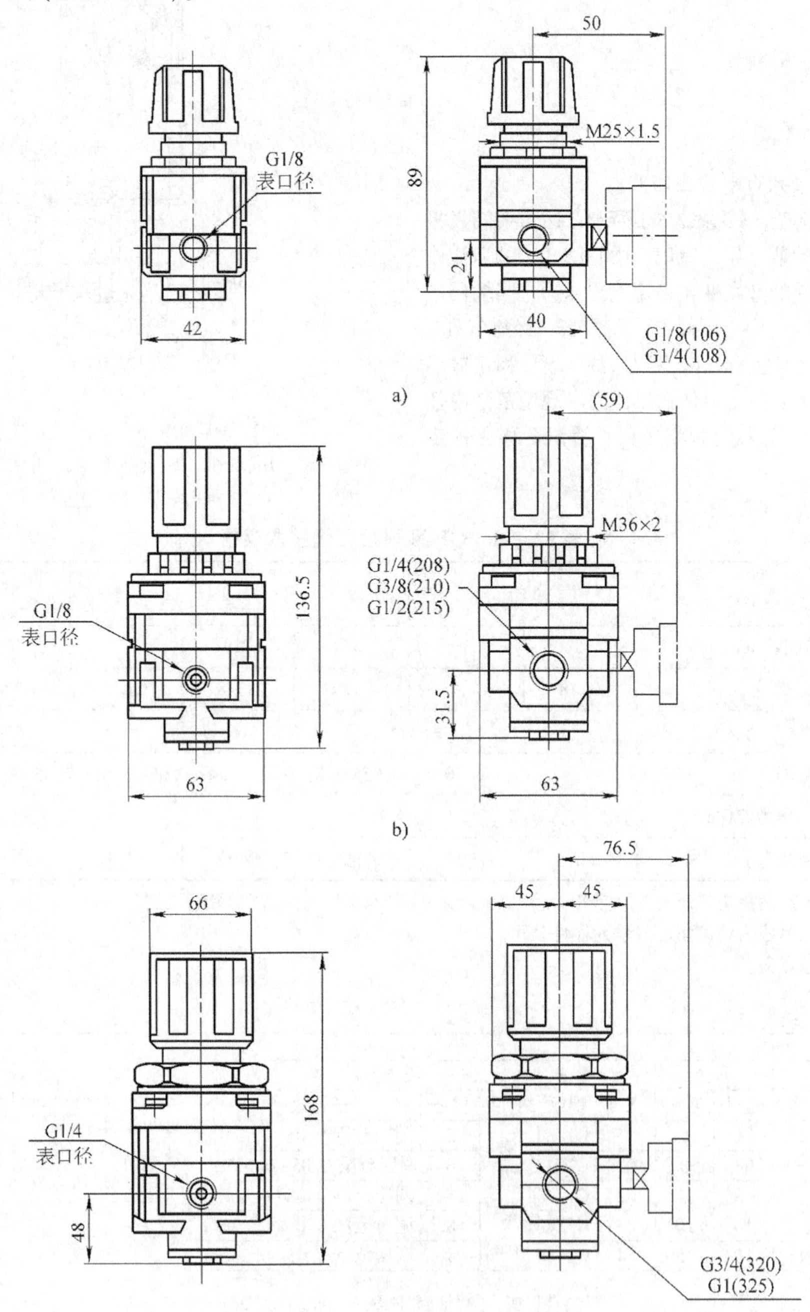

图22.5-2　QP系列减压阀外形尺寸

a) QP1　b) QP2　c) QP3

表 22.5-2　AR、PAR 系列直动式减压阀技术规格

型　号①		接管螺纹②	压力表螺纹②	介质及环境温度/℃	最高使用压力/MPa	调压范围/MPa	额定流量③/L·min⁻¹	重量/kg
	AR1000-M5	M5	G1/16	5~60	1.0	0.05~0.85	100	0.08
PAR2000-02	AR2000-02	G1/4	G1/8				550	0.27
	AR2500-02	G1/4					2000	0.27
	AR3000-02	G1/4					2500	0.41
PAR3000-30	AR3000-03	G3/8					2500	0.41
	AR4000-03	G3/8	G1/4				6000	0.84
PAR4000-04	AR4000-04	G1/2					6000	0.84
PAR4000-06	AR4000-06	G3/4					6000	0.94
	AR5000-06	G3/4					8000	1.19
	AR5000-10	G1					8000	1.19
PAR6000-06		G3/4					10000	1.20
PAR6000-10		G1					10000	1.20

注：生产单位为奉化韩海机械制造有限公司（生产 PAR 系列产品），无锡恒立液压气动有限公司、上海利岛液压气动设备有限公司、重庆嘉陵气动元件厂（生产 AR 系列产品）。

① 含压力表的型号需在表内型号后加“G”符号，压力表需单独订货。

② PAR 系列产品接管螺纹和压力表螺纹均为 Rc 圆锥螺纹。

③ 输入压力为 0.7MPa、输入调定压力为 0.5MPa 情况下的流量。

表 22.5-3　AR、PAR 系列直动式减压阀外形尺寸　（mm）

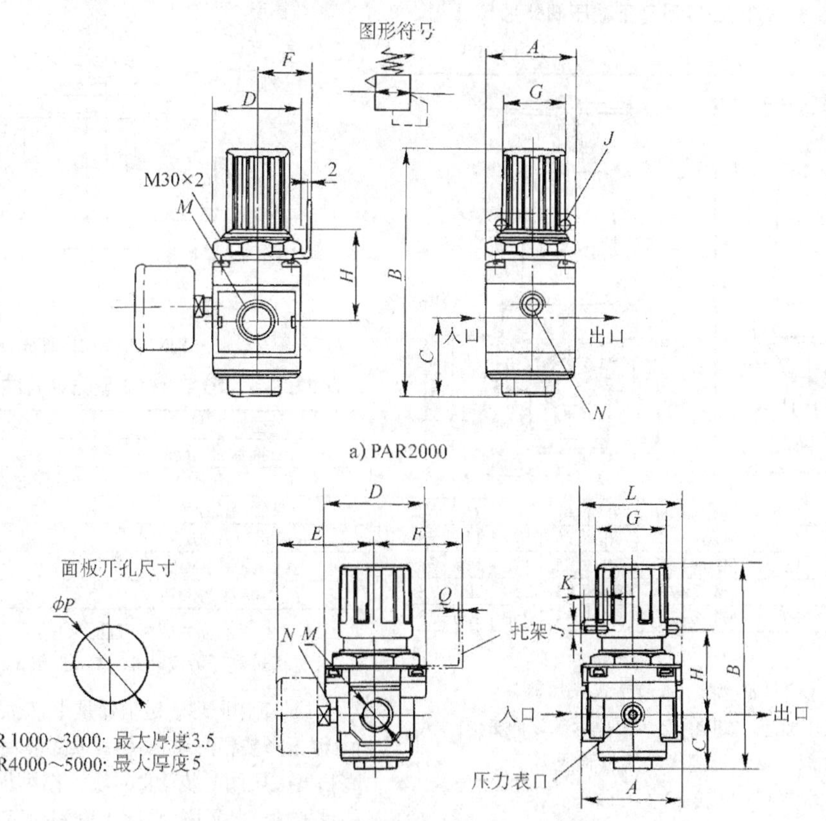

（续）

型　号	接管螺纹 *M*	*A*	*B*	*C*	*D*	*E*	*F*	*G*	*H*	*J*	*K*	*L*	*N*	*P*	*Q*
AR1000-M5	M5	25	61.5	11	25	26	25	28	30	4.5	6.5	40	G1/16	20.5	2
AR2000-02	G1/4	40	95	17	40	56.8	30	34	45	5.4	15.4	55	G1/8	33.5	2.3
PAR2000-02	Rc1/4	38	103	22	38		25	27	36	4.5			Rc1/8		
AR2500-02/03	G1/4，G3/8	53	102.5	25	48	60.8	30	34	44	5.4	15.4	55	G1/8	33.5	2.3
AR3000-02/03	G1/4、G3/8	53	127.5	35	53	60.8	41	40	46	6.5	8	53	G1/8	42.5	2.3
PAR3000-03	Rc3/8	52	114	32	52		36	30	41	8.0			Rc1/8		
AR4000-03/04	G3/8、G1/2	70	149.5	37.5	70	65.5	50	54	54	8.5	10.5	70	G1/4	52.5	2.3
PAR4000-04	Rc1/2	70	147	37	70		50	54	54	8.5			Rc1/4		
AR4000-06	G3/4	75	154.5	40.5	70	69.5	50	54	56	8.5	10.5	70	G1/4	52.5	2.3
PAR4000-06	Rc3/4	75	151	40	70		50	54	56	8.5			Rc1/4		
AR5000-06/10	G3/4、G1	90	168	48	90	75.5	70	66	65.8	11	13	90	G1/4	52.5	3.2
PAR6000-06/10	Rc3/4、Rc1	90	168	48	90		70	66	62	8.5			Rc1/4		

表 22.5-4　QTYa 高压减压阀技术规格

型　号	通径/mm	连接螺纹	工作介质	工作温度/℃	最高输入压力/MPa	调压范围/MPa
QTYa-L10～QTYa-L25	10～25	M16×1.5～M33×2	经净化的压缩空气	−25～80（但不结冰）	3.0	0.05～1.6

注：生产单位为肇庆方大气动有限公司。

表 22.5-5　QTYa 系列高压减压阀外形尺寸

（mm）

型号	通径	连接螺纹 *d*	*L*	L_1	*H*	H_1	H_2
QTYa-L10	10	M16×1.5	75	75	170	119	38
QTYa-L15	15	M20×1.5	75	75	170	119	38
QTYa-L20	20	M27×2	95	83	250	200	53
QTYa-L25	25	M33×2	95	83	250	200	53

（4）PJXN-L80 型内部先导式减压阀

1）工作原理。如图 22.5-3 所示，该阀是由小减压阀控制主阀，从而提高阀的流量和压力。

2）技术规格(见表 22.5-6)。

3）外形尺寸(见图 22.5-3)。

（5）QGD 系列定值器

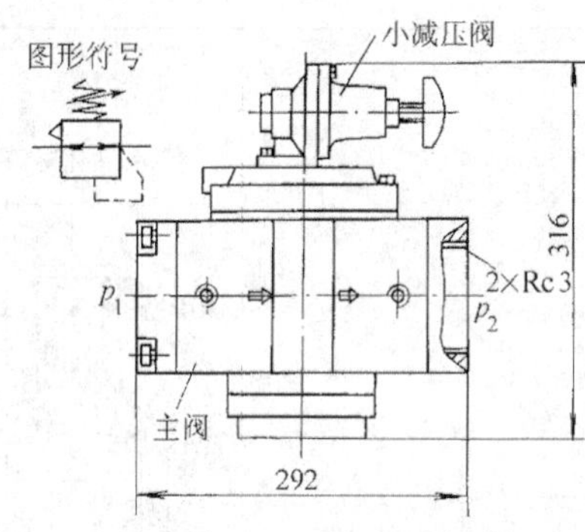

图 22.5-3　PJXN-L80 型内部先导式减压阀

表 22.5-6　PJXN-L80 型先导式减压阀技术规格

型　号	PJXN-L80
公称通径/mm	80
工作介质	经过滤的压缩空气
工作温度/℃	5～60
最高进气压力/MPa	1.0
调压范围/MPa	0.05～0.63
压力特性①/MPa	≤0.02

注：生产单位为威海气动元件有限公司。

① 指进气压力波动 0.2MPa 时输出压力的波动情况。

1）工作原理。定值器是由直动式减压阀的主阀Ⅰ、恒压降装置Ⅱ、喷嘴挡板放大装置Ⅲ组成，是一种高精度减压阀。装置Ⅲ的放大作用提高了控制主阀Ⅰ的灵敏性，装置Ⅱ使喷嘴 1 得到稳定的流量并配合Ⅲ进一步提高主阀Ⅰ的稳压精度(见图 22.5-4)。

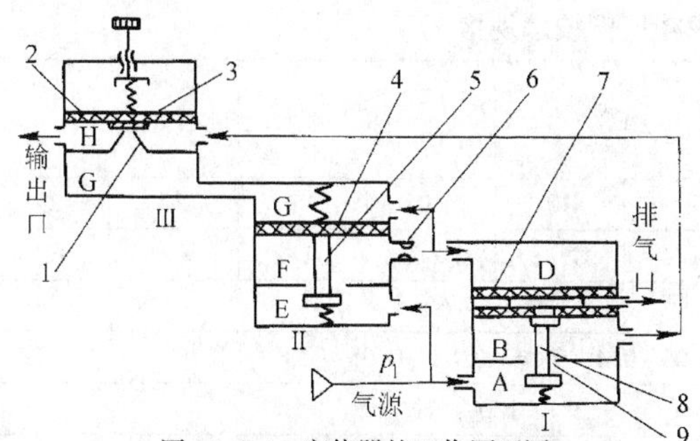

图 22.5-4　定值器的工作原理图
Ⅰ—主阀　Ⅱ—恒压降装置　Ⅲ—喷嘴挡板放大装置
1—喷嘴　2、4、7—膜片　3—挡板　5—活门
6—恒节流孔　8—主阀芯阀杆　9—主阀口

工作中，当输入(或输出)压力波动时，如压力 p_1 上升，B 室、H 室压力提高，使膜片 2 上移、挡板 3 与喷嘴 1 的距离增大，D 室压力下降，膜片 7 与主阀芯阀杆 8 上移，主阀口 9 开度减小，因阀口处的阻力作用使输出压力下降，直至稳定到调定压力值上。在输入压力上升的同时，E 室、F 室的压力也提高，膜片 4 上移、活门 5 的阀口开度减小，节流作用增加，恒节流孔 6 左侧 F 室压力下降，恒节流孔右侧 G 室的压力由于输入压力的上升而下降，所以该装置保证了恒节流孔两侧压差不变，即通过的流量不变，提高了喷嘴挡板的灵敏度。同理，当输入(或输出)压力下降时，也可得到同样的调节。定值器利用输出压力的反馈作用和喷嘴挡板的放大作用控制主阀，使其对较小的压力变化做出反应，输出压力得到及时调节，保持出口压力基本稳定，因此其稳压精度高。

2）技术规格(见表 22.5-7)。

3）外形尺寸(见表 22.5-8)。

表 22.5-7　定值器的技术规格

型　　号	接管螺纹 /mm	环境温度 /℃	气源最高压力 /MPa	输出压力 p_2 范围 /MPa	压力特性：气源压力在±10%范围内变化时输出压力的变化	流量特性：流量在0~600L/h 范围内变化时，输出压力的变化	耗气量 $/L \cdot h^{-1}$
QGD-100	M10×1	5~50	0.14	0~0.1	$(0.3\%\sim0.5\%)p_{2\max}$	$(-1\%\sim1\%)p_{2\max}$	90
QGD-101							
QGD-200			0.3	0~0.25			

表 22.5-8　定值器的外形尺寸（mm）

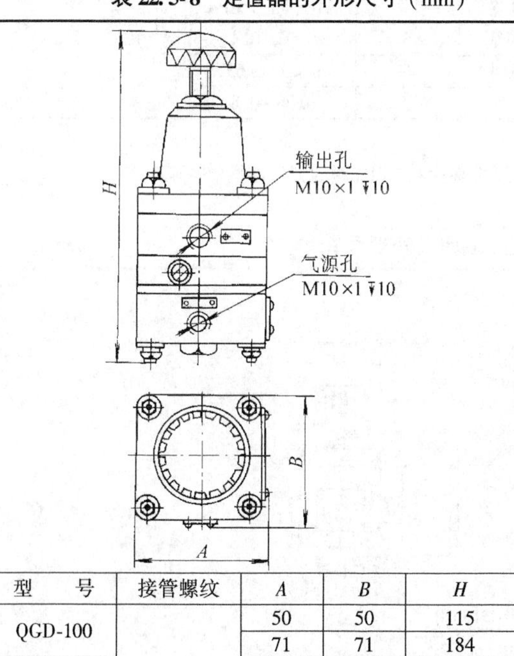

型　　号	接管螺纹	A	B	H
QGD-100	M10×1	50	50	115
		71	71	184
QGD-101		50	50	115
		50.5	50.5	115
QGD-200		70	70	184
		71	71	184

注：生产单位为西安仪表厂、广东仪表厂。

1.1.2　过滤减压阀

（1）QE 系列过滤减压阀

1）工作原理。如图 22.5-5 所示，该阀由减压阀 1 和空气过滤器 2 组合而成，既能调节输出压力恒定，又能过滤出空气中的液体和杂质。

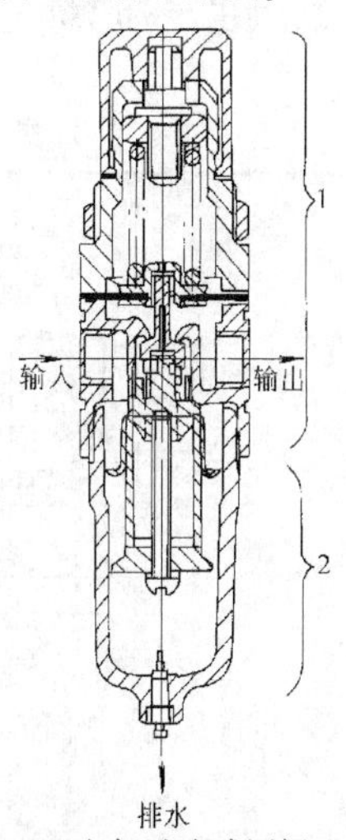

图 22.5-5　空气过滤减压阀工作原理
1—减压阀　2—空气过滤器

2）技术规格(见表 22.5-9)。

3）外形尺寸(见表 22.5-10)。

表 22.5-9　QE 系列过滤减压阀技术规格

规格＼型号	QE1		QE2		QE3		QE4	
公称通径/mm	6	8	8	10	10	15	20	25
接管螺纹	G1/8	G1/4	G1/4	G3/8	G3/8	G1/2	G3/4	G1
使用介质和温度/℃	空气，5~60							
调压范围/MPa	0.05~0.4，0.05~0.63，0.05~0.8							
最高工作压力/MPa	1.0							
过滤精度/μm	5~10，10~25，25~50，50~75							
水分离效率(%)	>95							
排水容量/cm^3	12		45		80		80	
最大流量(标准状态)/$L \cdot min^{-1}$①	800	1200	2200	2500	3500	4500	5600	7000
质量/kg	0.175		0.6		0.9		2.0	

注：1. 生产单位为济南华能气动元器件公司。

2. 型号意义：

□1 □2 - □3 □4 - □5

1—过滤减压阀(二联件)代号	2—通径		3—气口尺寸		4—任选规格		5—排水及接压力表方式
	代号	通径/mm	代号	接管螺纹	代号	过滤精度/μm	
QE1	06	6	01	G1/8	1	5~10	Z—自动排水 P_1—内接压力表 P_2—外接压力表
	08	8	02	G1/4	2	10~25	
QE2	08	8	02	G1/4	3	25~50	
	10	10	03	G3/8	4	50~75	
QE3	10	10	03	G3/8	代号	调压范围/MPa	
	15	15	04	G1/2	5	0.05~0.4	
QE4	20	20	05	G3/4	6	0.05~0.63	
	25	25	06	G1	7	0.05~0.8	

QE1 二联件无自动排水型式。

① 最大流量指进口压力为 0.7MPa、调定压力为 0.5MPa、压力降为 0.1MPa 时的空气流量(标准状态)。

表 22.5-10　QE 系列过滤减压阀外形尺寸　　(mm)

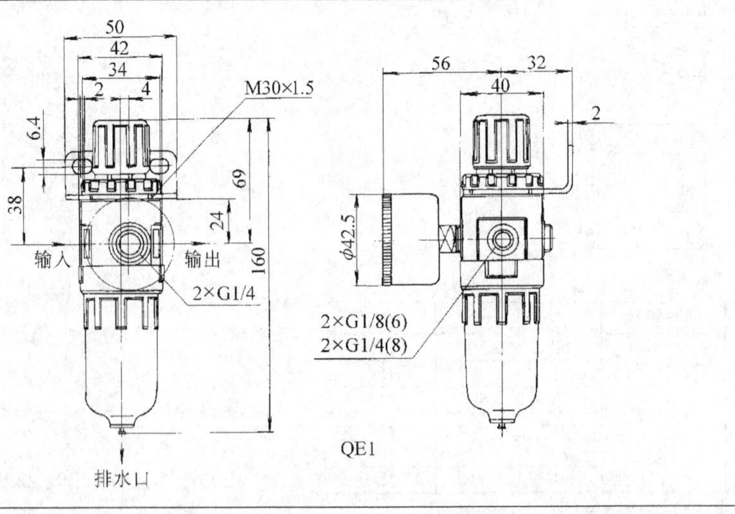

QE1

（续）

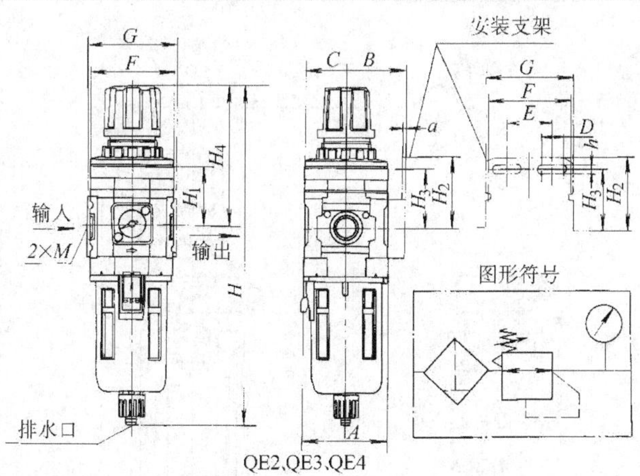

QE2,QE3,QE4

型号	通径	接管螺纹 M	A	B	C	D	E	F	G	H	H_1	H_2	H_3	H_4	h	a
QE2	8	G1/4	63	45	32	16.5	34.5	63	67	251	45	53.5	45	104	7	2.3
	10	G3/8														
QE3	10	G3/8	79	55	40	14	55	80	84	279	45	54	45	110	7	2.3
	15	G1/2														
QE4	20	G3/4	—	65	50	16	68	100	104	307	50	61	50	159	9	3.5
	25	G1														

（2）AW、PAW 系列过滤减压阀

1）工作原理与图 22.5-5 所示的过滤减压阀工作原理相同。

2）技术规格（见表 22.5-11）。

3）外形尺寸（见表 22.5-12）。

表 22.5-11　AW、PAW 系列过滤减压阀技术规格

型号① 手动排水型	型号① 自动排水型④	接管螺纹	压力表螺纹	环境及介质温度/℃	最高使用压力/MPa	调压范围/MPa	额定流量②/L·min⁻¹	过滤精度/μm	杯防护罩	质量③/kg
AW1000-M5	AW1000-M5D	M5	G1/16	5~60	1.0	0.05~0.7	100	5	无	0.09
AW2000-02	AW2000-02D	G1/4	G1/8			0.05~0.85	550			0.36(0.29)
AW3000-02	AW3000-02D	G1/4	G1/8				2000		有	0.56
AW3000-03	AW3000-03D	G3/8	G1/8				2000			0.56(.54)
AW4000-03	AW4000-03D	G3/8	G1/4				4000			1.15
AW4000-04	AW4000-04D	G1/2	G1/4				4000			1.15(1.15)
AW4000-06	AW4000-06D	G3/4	G1/4				4500			1.21

注：生产单位为奉化韩海机械制造有限公司、无锡恒立液压气动有限公司、上海利岛液压气动设备有限公司、重庆嘉陵气动元件厂。

① 奉化韩海机械制造有限公司产品型号：需在表中型号前加符号“P”，其接管螺纹为 Rc 圆锥螺纹。

② 供气压力 0.7MPa 情况下输出流量。

③ 括号中的值为奉化韩海机械制造有限公司的值。

④ 自动排水型为常开型，最低使用压力为 0.1MPa。

表 22.5-12　AW、PAW 系列过滤减压阀外形尺寸　　(mm)

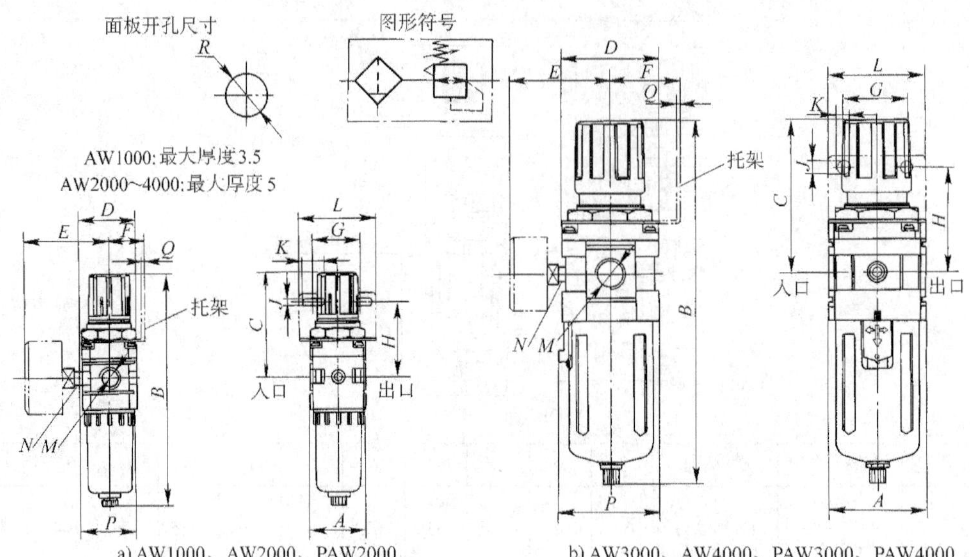

a) AW1000、AW2000、PAW2000　　b) AW3000、AW4000、PAW3000、PAW4000

型　号	接管螺纹 M	A	B	接自动排水器 B	C	D	E	F	G	H	J	K	L	N	P	Q	R
AW1000-M5	M5	25	109.5	130	50.5	25	26	25	28	30	4.5	6.5	40	G1/16	28	2	20.5
AW2000-02	G1/4	40	164.5	187.5	78	40	56.8	30	34	45	5.4	15.4	55	G1/8	40	2.3	33.5
PAW2000-02	Rc1/4	38	172	—	71	38		26	27	40	4.5	—	—	Rc1/8	—	—	—
AW3000-02 03	G1/4，G3/8	53	211	248.5	92.5	53	60.8	41	40	46	6.5	8	53	G1/8	56	2.3	42.5
PAW3000-03	Rc3/8	53	215	—	88	53		41	40	36	6.5	—	—	Rc1/8	—	—	—
AW4000-03 04	G3/8，G1/2	70	262.5	300	112	70	70.5	50	54	54	8.5	10.5	70	G1/4	73	2.3	52.5
PAW4000-04	Rc1/2	70	266	—	112	70		50	54	54	8.5	—	—	Rc1/8	—	—	—
AW4000-06	G3/4	75	267	304	114	70	70.5	50	54	56	8.5	10.5	70	G1/4	73	2.3	52.5

1.1.3　单向压力顺序阀

1）工作原理。单向压力顺序阀由顺序阀和单向阀组合而成，见表 22.5-14 附图。当输入压缩空气，作用在主阀 2 的力小于弹簧 1 的作用力时，阀关闭；当其压力大于弹簧力时，主阀 2 开启，P→A 通。调节弹簧预压缩量可控制输出压力的大小。气流由 A→P 单向阀 3 打开，顺序阀仍关闭。

2）技术规格(见表 22.5-13)。

3）外形尺寸(见表 22.5-14)。

表 22.5-13　单向压力顺序阀技术规格

通径/mm	3	8	15	通径/mm		3	8	15
工作介质	干燥空气，过滤精度 ≥40~60μm			调压特性	调压范围/MPa	(0.1~0.7)±0.03		
					调压精度 δ_p(%)	≤20		
环境温度/℃	-5~50			开启压力(单向阀部分)/MPa		≤0.03		≤0.02
工作压力范围/MPa	0.1~0.8			换向时间/ms		≤30		
额定流量/$m^3\cdot h^{-1}$	0.7	5	10	泄漏量/$cm^3\cdot min^{-1}$		≤10		≤25
有效截面积 S 值/mm^2	>3	>20	>16	耐久性/万次		≥150		
额定流量下的压降/MPa	≤0.025	<0.02	≤0.012					

表 22.5-14　单向压力顺序阀外形尺寸　(mm)

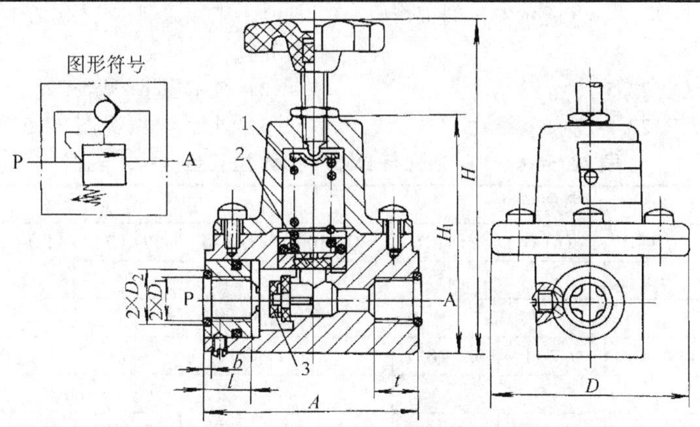

型　号	公称通径	D_1	D_2	H	A	D	l	b	H_1
KXA-L3	3	M10×1	$\phi13$	88	47	$\phi42$	10	$1.4_{-0.1}^{0}$	—
KXA-L8	8	M12×1.25	$\phi16$	131.5	70	$\phi70$	12	$1.8_{-0.1}^{0}$	
KXA-L15	15	M20×1.5	$\phi24$	186	102	$\phi95$	16	$1.8_{-0.1}^{0}$	
QXA-L6	6	M10×1	$\phi13$	117.5~130	70	—	10	$1.4_{-0.1}^{0}$	—
QXA-L8	8	M12×1.25	$\phi16$				12	$1.8_{-0.1}^{0}$	
QXA-L10	10	M16×1.5	$\phi20$	147~180	102	—	14	$1.8_{-0.1}^{0}$	
QXA-L15	15	M20×1.5	$\phi24$	147~180			16		
KPSA-L6	6	M10×1	$\phi13$	108	69	$\phi65$	15	$1.4_{-0.1}^{0}$	76.5
KPSA-L8	8	M12×1.25	$\phi16$					$1.8_{-0.1}^{0}$	
KPSA-L10	10	M16×1.5	$\phi20$	156	100	$\phi80$	18	$1.8_{-0.1}^{0}$	123
KPSA-L15	15	M20×1.5	$\phi24$						

注：生产单位为肇庆方大气动有限公司(生产 KPSA 系列阀)、济南华能气动元器件公司(生产 KXA 系列阀)、吉林省气动元件有限责任公司(生产 QXA 系列阀)。

1.1.4　安全阀

(1) Q-L6、QZ-01 型安全阀

1) 工作原理，见图 22.5-6。当压力 p 超过调定值时，阀芯(钢球)左移，从阀侧 O 孔排气；当压力 p 低于调定压力时，阀芯(钢球)右移，阀门关闭，安全阀在系统中起过载保护作用。

2) 技术规格(见表 22.5-15)。

3) 外形尺寸，见图 22.5-6。上海国逸气动成套厂产品的连接螺纹为米制。

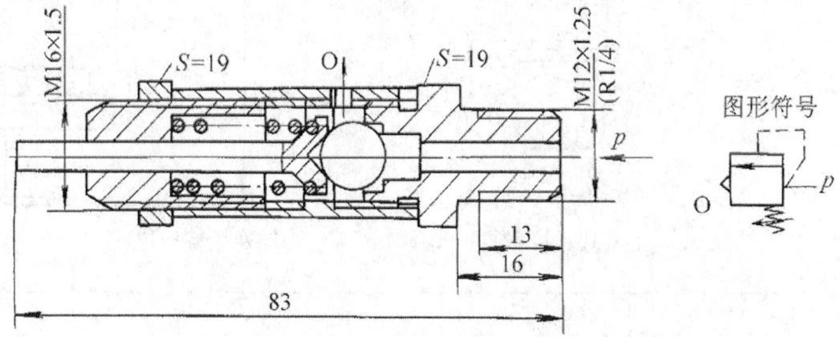

图 22.5-6　Q-L6、QZ-01 型安全阀工作原理与外形尺寸图

表 22.5-15　Q-L6、QZ-01 型安全阀技术规格

型　号	接管螺纹	介质及环境温度/℃	过滤精度/μm	溢流压力/MPa	泄漏量/$cm^3\cdot min^{-1}$
Q-L6	NPT1/4	-40~60	≥50	0.2~0.8	≤150
QZ-01	M12×1.25				≤50

注：生产单位为威海气动元件有限公司(生产 Q-L6 产品)、上海气动成套厂(生产 QZ-01 产品)。

（2）PQ 系列与 D559B-8M 型安全阀

1）工作原理，与图 22.5-6 所示安全阀工作原理相同。

2）技术规格（见表 22.5-16）。

3）外形尺寸（见表 22.5-17）。

（3）PQW 系列安全阀

1）工作原理，与图 22.5-6 所示安全阀工作原理相同。

2）技术规格（见表 22.5-18）。

3）外形尺寸（见图 22.5-7）。

表 22.5-16　PQ 系列与 D559B-8M 型安全阀技术规格

连接螺纹	内连接螺纹			外连接螺纹					
型号	PQ-L10	PQ-L10	PQ-L15	PQ-L10	PQ-L15	PQ-L20	PQ-L25	D559B-8M	PQ-L40
公称通径/mm	10	10	15	10	15	20	25	25	40
工作介质	经过滤的压缩空气								
工作压力范围/MPa	0.04~0.1	0.7~1	0.3~0.7	0.05~1.0					
介质及环境温度/℃	5~50			5~60					
有效截面积/mm²	≥40	≥40	≥60	≥40	≥60	≥110	≥190		≥400
关闭压力/MPa	≤0.01			—					
泄漏量 /cm³·min⁻¹	≤25								
耐久性/万次	≥150								
生产单位	济南华能气动元器件公司、烟台未来自动装备有限责任公司			威海自动元件有限公司					

表 22.5-17　PQ 系列及 D559B-8M 型安全阀外形尺寸　（mm）

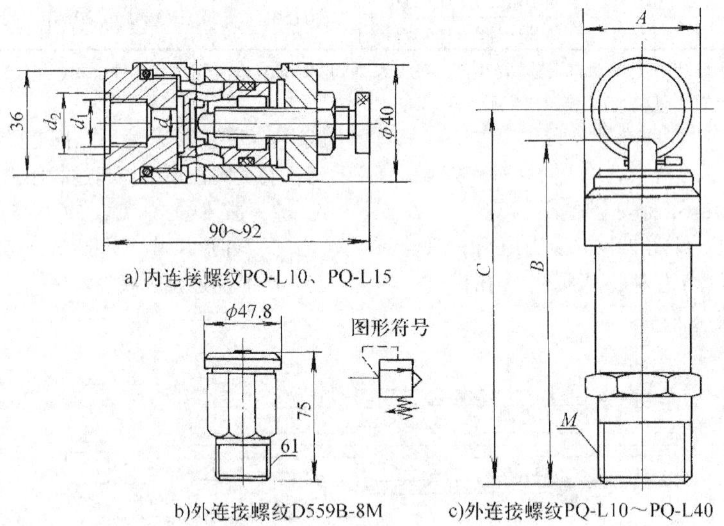

a) 内连接螺纹PQ-L10、PQ-L15

b) 外连接螺纹D559B-8M

c) 外连接螺纹PQ-L10～PQ-L40

连接螺纹	内　螺　纹		外　　螺　　纹					
型　　号	PQ-L10	PQ-L15		PQ-L10	PQ-L15	PQ-L20	PQ-L25	PQ-L40
d	10	15	M	Rc3/8 Rc1/2	Rc1/2 Rc3/4	Rc3/4	Rc1	Rc1½
d_1	M16×1.5	M20×1.5	A	ϕ25	ϕ27	ϕ45		ϕ80
d_2	ϕ20	ϕ24	B	75		130		287
—	—	—	C	82		135		300

表 22.5-18　PQW 型安全阀技术规格

型　　号	连接螺纹	公称压力/MPa	开启压力/MPa	溢流重复精度/MPa
PQW-Ⅰ	M22×1.5	1.0	0.1~0.6	±0.01
PQW-Ⅱ			0.9	

注：生产单位为重庆嘉陵气动元件厂。

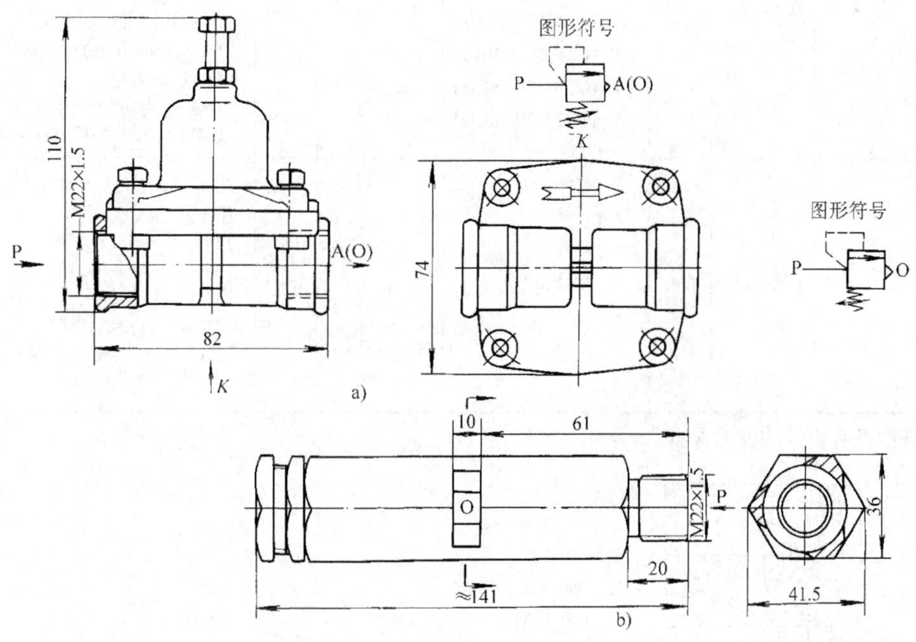

图 22.5-7　PQW 系列安全阀外形尺寸
a）PQW-Ⅰ型安全阀　b）PQW-Ⅱ型安全阀

1.2　方向控制阀

1.2.1　电磁换向阀

（1）SRS 系列二位三通低功率电磁先导阀

1）工作原理。图 22.5-8 所示为常闭型电磁阀。该系列阀是靠通电时电磁线圈 3 产生的电磁力，因静铁心 2 吸引动铁心 4 上移使 P 与 A 气路接通；电磁线圈断电时因弹簧力的作用，动铁心下移使 P、A 气路断开。

2）技术规格(见表 22.5-19)。

3）外形尺寸(见图 22.5-9)。

（2）Q23DI 系列二位三通电磁先导阀

1）工作原理，与图 22.5-8 所示电磁先导阀的工作原理相似。

2）技术规格(见表 22.5-20)。

3）外形尺寸(见表 22.5-21)。

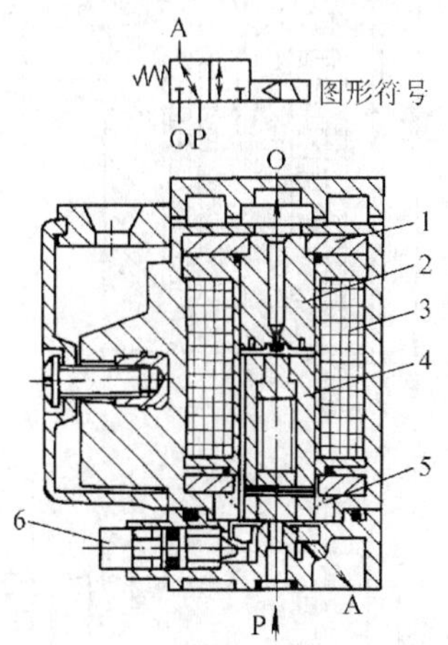

图 22.5-8　SRS 系列二位三通低功率电磁先导阀工作原理图
1—导磁板　2—静铁心　3—电磁线圈　4—动铁心　5—圆锥螺旋弹簧　6—手动调节杆

表 22.5-19　SRS1、SRS2 二位三通低功率电磁先导阀技术规格

型号	公称通径 /mm	压力范围 /MPa	行程 /mm	电压及代号 /V	功率 /W	温升 /℃	接线方式及代号
SRS1	0.8	0.1~0.7	0.7	1. AC100(50/60Hz) 2. AC200(50/60Hz) 3. AC24(50/60Hz) 4. AC110(50/60Hz) 5. AC220(50/60Hz) 6. DC12 7. DC48 8. DC24 9. DC100 *S*　特殊电压	1.8~2.0	≤80	R—直接引线式 D—DIN 基本型 DK—DIN 带保护电路 DW—DIN 带保护电路和指示灯 P—P 基本型 PK—P 型带保护电路 PW—P 型带保护电路和指示灯 Q—Q 基本型 QK—Q 型带保护电路 QW—Q 型带保护电路和指示灯
SRS2	1.0	0.1~0.7	0.5		1.6~2.5	≤80	R、D、DK、DW 接线方式同 SRS1 先导阀 DL—DIN 带指示灯 T—螺钉基本型 TL—螺钉接线式带指示灯 TK—螺钉接线式带保护电路 TW—螺钉接线式带保护电路和指示灯

注：生产单位为济南华能气动元器件公司。

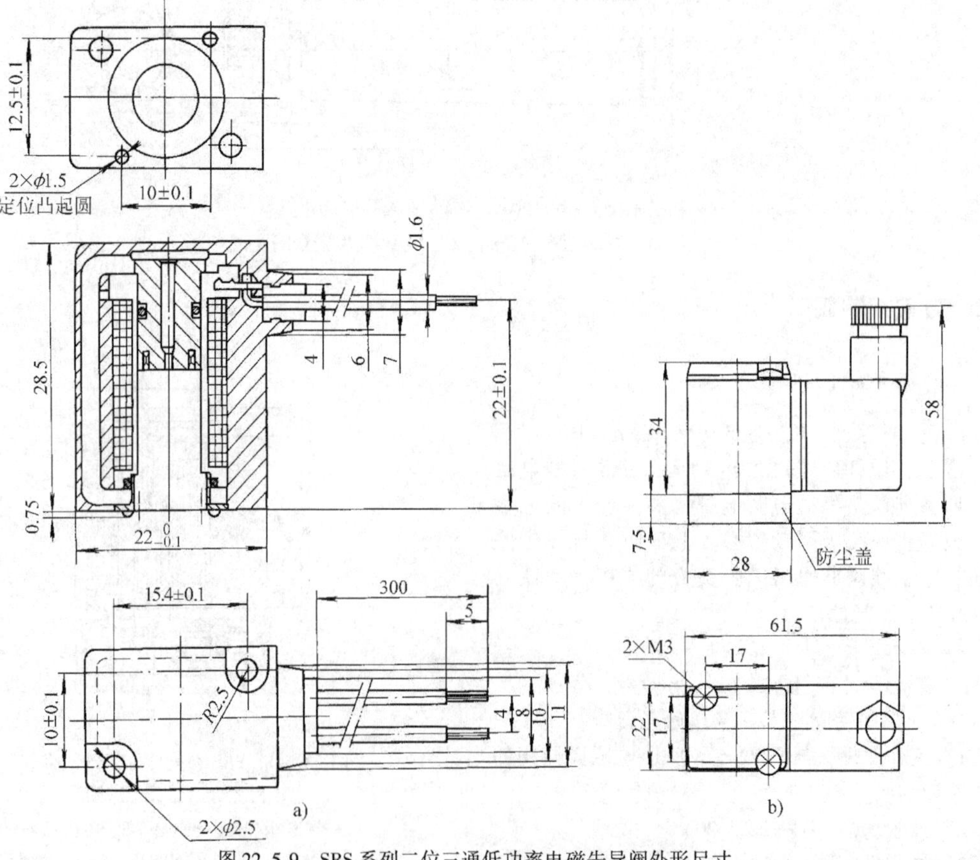

图 22.5-9　SRS 系列二位三通低功率电磁先导阀外形尺寸
a）SRS1 电磁先导阀　b）SRS2 电磁先导阀

表 22.5-20　Q23DI 系列二位三通电磁先导阀技术规格

公称通径/mm		1.2		2		3	
工作介质		净化的压缩空气					
工作压力范围/MPa		0~0.8					
环境介质温度/℃		-10~50(但不结冰)					
有效截面积/mm^2		≥0.5		≥1.6		≥3	
AC	额定电压①/V	220	36	220	36	220	36
	额定电压下电流/mA	≤60	≤280	≤75	≤280	≤130	≤500
DC	额定电压①/V	24	12	24	12	24	12
	额定电压下电流/mA	≤280	≤600	≤300	≤600	≤400	≤800
允许电压波动(%)		-15~10					
换向时间/s		≤0.03					
绝缘电阻/MΩ		≥1.5					
最高换向频率/Hz		≥16					

注：1. 生产单位为肇庆方大气动有限公司。

2. 型号意义：

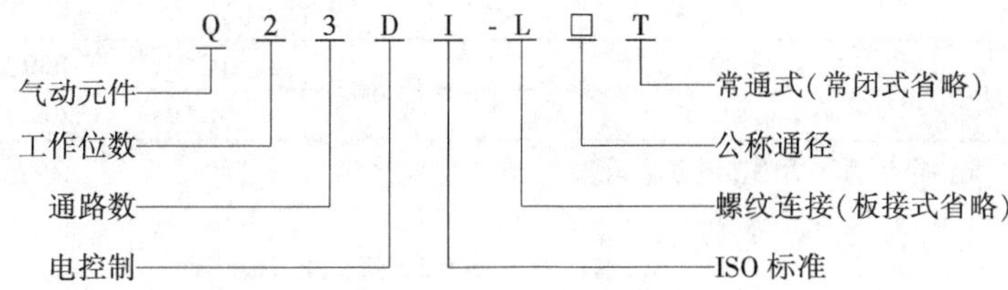

① 除表中电压可选用外，还可选用 AC：127V、110V、24V；DC：48V、36V、5V。

表 22.5-21　Q23DI 系列二位三通电磁先导阀外形尺寸　(mm)

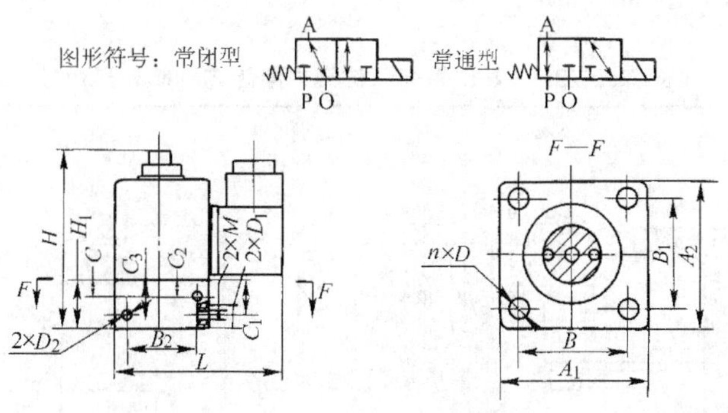

（续）

代号		公称通径	M	D_1	A_1	A_2	B	B_1	B_2	H	H_1	L	C	C_1	C_2	C_3	$n\times D$	D_2
阀底部板接	Q23DI-1.2	1.2	—	—	27	32	16	22	—	62.5	16	65	—		—	—	2×ϕ4.5	—
	Q23DI-1.2T	1.2	—	—	27	32	16	22	—	74	13	65	—	—	—	—	2×ϕ4.5	—
	Q23DI-2	2	—	—	35	38	21	28	—	74	18	70	—	—	—	—	4×ϕ4.5	—
	Q23DI-2T	2	—	—	35	38	21	28	—	93	16	70	—	—	—	—	4×ϕ4.5	—
	Q23DI-3	3	—	—	48	48	38	38	—	90	24	80	—	—	—	—	4×ϕ4.5	—
	Q23DI-3T	3	—	—	48	48	38	38	—	104	20	80	—	—	—	—	4×ϕ4.5	—
阀侧面接管	Q23DI-L1.2	1.2	M5	ϕ8.5	32	32	22	22	22	62.5	19	65	8	13	6.5	14	2×ϕ4.5	ϕ4.5
	Q23DI-L1.2T	1.2	M5	ϕ8.5	32	32	22	22	22	78	17	65	10	10	11	11	2×ϕ4.5	ϕ4.5
	Q23DI-L2	2	M5	ϕ8.5	38	38	28	28	28	77	21	70	9.5	15	9	16	4×ϕ4.5	ϕ4.5
	Q23DI-L2T	2	M5	ϕ8.5	38	38	28	28	28	96	19	70	13	13	14	14	4×ϕ4.5	ϕ4.5
	Q23DI-L3	3	M10×1	ϕ14	48	38	38	38	38	96	30	80	15	21	11	25	4×ϕ4.5	ϕ4.5
	Q23DI-L3T	3	M10×1	ϕ14	48	38	38	38	38	112	28	80	19	19	19	19	4×ϕ4.5	ϕ4.5

（3）K23D系列二位三通电磁先导阀

1）工作原理，与图22.5-8所示的电磁先导阀工作原理相同。

2）技术规格(见表22.5-22)。

3）外形尺寸(见表22.5-23)。

表22.5-22 K23D系列二位三通电磁先导阀技术规格

公称通径/mm	1.2	2	3	换向频率/Hz		≥17
有效截面积/mm²	0.8	2	4	泄漏量/cm³·min⁻¹		≤10
工作压力/MPa	0~0.8			寿命/万次		>500
耐压/MPa	1.2			电压等级	AC/V	380、220、110、36、24
换向时间/s	≤0.03				DC/V	220、110、48、36、24、12

注：1. 生产单位为无锡市华通气动制造有限公司。

2. 型号意义：

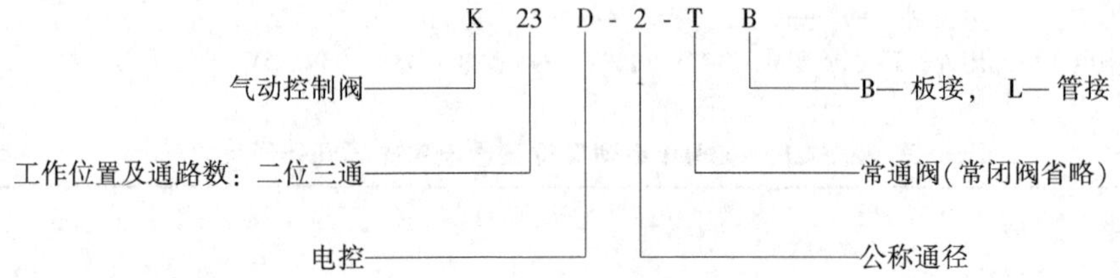

表22.5-23 K23D系列二位三通电磁先导阀外形尺寸 (mm)

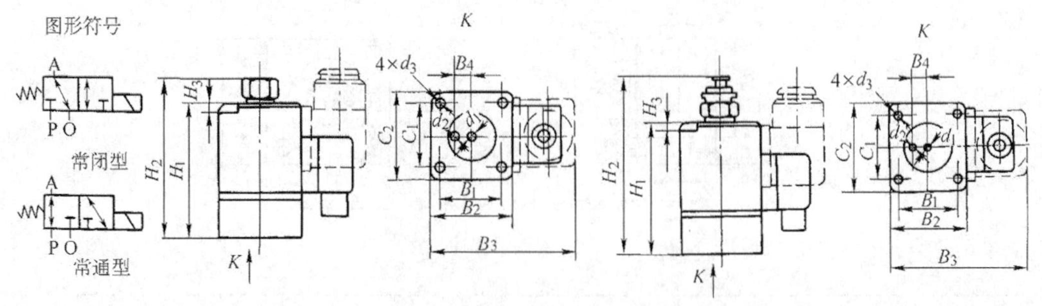

（续）

<table>
<tr><th>型　号</th><th>H_1</th><th>H_2</th><th>H_3</th><th>C_1</th><th>C_2</th><th>B_1</th><th>B_2</th><th>B_3</th><th>B_4</th><th>d_1</th><th>d_2</th><th>d_3</th></tr>
<tr><td>K23D-1.2-B</td><td>51(50)</td><td>61.5(70)</td><td>4</td><td>24</td><td>32</td><td>24</td><td>32</td><td>55</td><td>5.5</td><td>1.2</td><td>1.5</td><td>4</td></tr>
<tr><td>K23D-2-B</td><td>62(58)</td><td>76(89)</td><td>3.2</td><td>30</td><td>40</td><td>30</td><td>40</td><td>64</td><td>8</td><td>2</td><td>2.5</td><td>5</td></tr>
<tr><td>K23Db-2-B</td><td>66(62)</td><td>80(93)</td><td>—</td><td>30</td><td>40</td><td>30</td><td>40</td><td>71</td><td>8</td><td>2</td><td>2.5</td><td>5</td></tr>
<tr><td>K23D-3-B</td><td>73(65)</td><td>86(99)</td><td>5</td><td>38</td><td>50</td><td>38</td><td>50</td><td>72.5</td><td>8</td><td>3</td><td>3.5</td><td>5</td></tr>
<tr><td>K23D-1.2-L</td><td>58(57)</td><td>68.5(77)</td><td>4</td><td>24</td><td>32</td><td>24</td><td>32</td><td>55</td><td rowspan="4">接管螺纹</td><td colspan="2">M8×1</td><td>4</td></tr>
<tr><td>K23D-2-L</td><td>70(69)</td><td>84(100)</td><td>3.2</td><td>30</td><td>40</td><td>30</td><td>40</td><td>64</td><td colspan="3" rowspan="3">M10×1</td></tr>
<tr><td>K23Db-2-L</td><td>74(73)</td><td>89(104)</td><td>—</td><td>30</td><td>40</td><td>30</td><td>40</td><td>71</td></tr>
<tr><td>K23D-3-L</td><td>79(73.5)</td><td>92(107)</td><td>5</td><td>38</td><td>50</td><td>38</td><td>50</td><td>72.5</td></tr>
</table>

注：括号内为常通阀尺寸。

（4）PC 系列二位三通、四通直动式电磁阀

1）工作原理，见图 22.5-10。该系列阀是由电磁铁 2 直接带动阀芯 1 使阀的气路通断或换向的。

2）技术规格(见表 22.5-24)。

3）外形尺寸(见图 22.5-11)。

（5）PQF 系列二位二通直动式高频电磁换向阀

1）工作原理，与图 22.5-8 所示的电磁先导阀工作原理相类似。

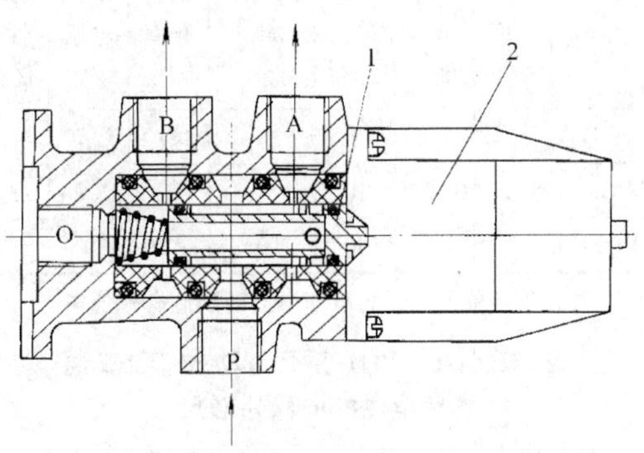

图 22.5-10　PC 系列二位三通、四通阀工作原理图
1—阀芯　2—电磁铁

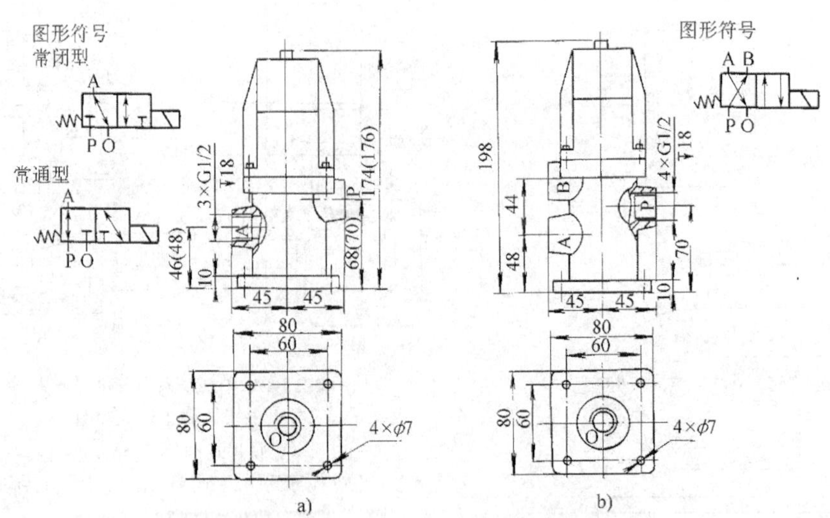

图 22.5-11　PC 系列二位三通、二位四通直动式电磁阀外形尺寸
a）二位三通　b）二位四通

表 22.5-24 PC 系列二位三通、二位四通直动式电磁阀技术规格

型号		通径/mm	接管口径	工作介质	工作压力/MPa	额定流量/$m^3 \cdot h^{-1}$	最高换向频率/Hz	允许泄漏量/$cm^3 \cdot min^{-1}$	工作电压/V
二位三通	PC23-1/2 PC23-1/2T	15	G1/2	洁净压缩空气	0~0.8	10	≥4	≤100	AC：380、220、127、110
二位四通	PC24-1/2								

注：生产单位为无锡市华通气动制造有限公司。

2）技术规格(见表 22.5-25)。

3）外形尺寸(见表 22.5-26)。

表 22.5-25 PQF 系列二位二通直动式高频电磁换向阀主要技术规格

型号	工作温度/℃	工作压力/MPa	流量/$m^3 \cdot h^{-1}$	泄漏量/$mL \cdot min^{-1}$	换向频率/Hz	工作电压/V	耐久性/亿次
PQF-4	5~50	0~0.7	5	50	≥20	DC24	3
PQF-6			10	50	≥20		3
PQF-10			40	100	≥30		3

注：生产单位为无锡市华通气动制造有限公司。

表 22.5-26 PQF 系列直动式二位二通高频电磁换向阀外形尺寸

(mm)

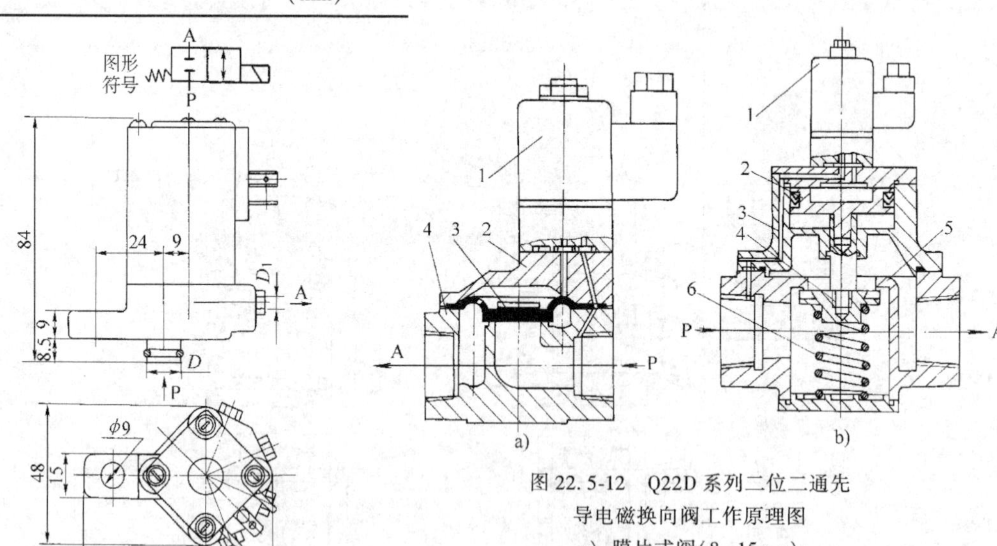

型号	公称通径	输入接口 D	输出接口 D_1
PQF-4	4	ϕ12d11	4×M5
PQF-6	6	ϕ12d11	2×M5、2×M10×1
PQF-10	10	G3/8	G3/8

(6) Q22D 系列二位二通先导截止式、膜片式电磁换向阀

1）工作原理(见图 22.5-12a)。电磁先导阀 1 断电时，主阀靠气压及膜片 3 的弹力压紧在阀体 4 上，A 口无输出；当电磁先导阀 1 通电时，打开控制气路，膜片上移，P→A 气口接通，主阀有输出。如图 22.5-12b 所示，当电磁先导阀 1 断电时，阀芯 4 靠弹簧力和气压力压在阀座 5 上，A 口无输出；当电磁先导阀 1 通电时，活塞 2 上端因气压作用，阀芯 4 下移使P→A气口接通。

图 22.5-12 Q22D 系列二位二通先导电磁换向阀工作原理图

a）膜片式阀(8~15mm)

1—电磁先导阀 2—阀盖 3—膜片 4—阀体

b）截止式阀(32~50mm)

1—电磁先导阀 2—活塞 3—阀中盖 4—阀芯 5—阀座 6—弹簧

2）技术规格(见表 22.5-27)。

表 22.5-27　Q22D 系列二位二通先导截止式、膜片式电磁换向阀技术规格

公称通径/mm	8	10	15	20	25	32	40	50
工作介质	经除水、过滤、有油雾的干燥空气							
使用温度范围/℃	-5~50							
工作压力范围/MPa	0.08~0.8							
有效截面积/mm²	≥20	≥40	≥60	≥110	≥190	≥900	≥400	≥650
换向时间/s	≤0.04	≤0.06		≤0.1		≤0.15		≤0.2
工作电压/V	AC：220，50Hz；DC：24							
电压波动范围(%)	-15~10							

注：生产单位为肇庆方大气动有限公司、重庆嘉陵气动元件厂(生产 K22MD 类似产品)。

3）外形尺寸(见表 22.5-28)。

(7) K22JD-W/K23JD-W 系列二位二通、三通单电控先导截止式电磁换向阀

1）工作原理，与图 22.5-12b 所示阀的工作原理类似。

2）技术规格(见表 22.5-29)。

表 22.5-28　Q22D 系列二位二通单电控先导截止式、膜片式换向阀外形尺寸　(mm)

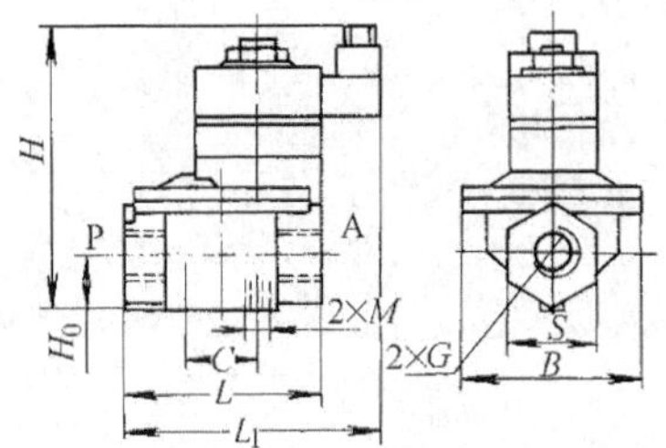

a)8mm、10mm、20mm、25mm膜片式单电控换向阀

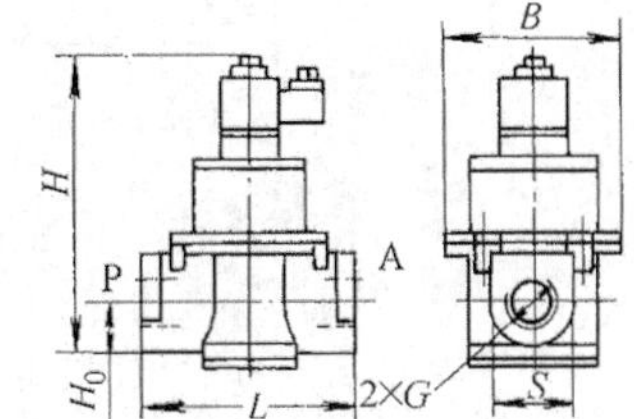

b)32mm、40mm、50mm截止式单电控换向阀

型　号	结构	通径	G	L	L_1	B	H	H_0	S	M
Q22MD-L8	膜片式	8	Rc1/4	48	79	□43×43	104	11	19	
Q22MD-L10		10	Rc3/8	60	93.5	□48×48	117	17	27	M4
Q22MD-L15		15	Rc1/2	60	93.5	□48×48	117	17	27	M4
Q22MD-L20		20	Rc3/4	95	126	□70×70	137	25	41	M6
Q22MD-L25		25	Rc1	95	126	□70×70	137	25	41	M6
Q22JD-L32	截止式	32	Rc1¼	160		φ124	221.5	48	65	
Q22JD-L40		40	Rc1½	160		φ124	221.5	48	65	
Q22JD-L50		50	Rc2	190		φ145	266	62	78	

表22.5-29　K$^{22}_{23}$JD、K$^{22}_{23}$JK、K25$^{JD}_{JK}$系列二位二通、三通、五通先导截止式电控阀与气控阀的主要技术规格

通径/mm	8	10	15	20	25	32	40
流量/$m^3 \cdot h^{-1}$	5	7	10	20	30	40	50
泄漏量/$cm^3 \cdot min^{-1}$	≤50	≤100		≤200		≤300	
换向时间/s	≤0.04	≤0.06		≤0.10		≤0.15	
切换频率/Hz	≥10	≥8		≥4		≥3	
耐久性/万次	≥200	≥150				—	
工作压力/MPa	0.2~0.8						
电压/V	AC：380、220、110、36；DC：220、110、24						

注：1. 生产单位为无锡市华通气动制造有限公司。
2. 型号意义：

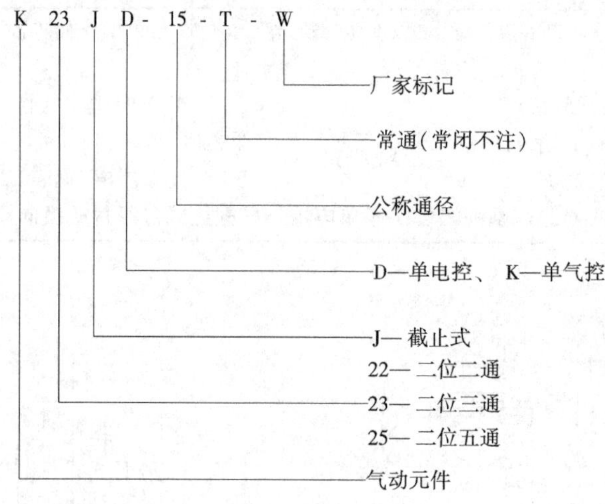

3）外形尺寸(见表22.5-30)。

表22.5-30　K$^{22}_{23}$JD、K$^{22}_{23}$JK 系列二位二通、三通先导截止式电控阀与气控阀的外形尺寸

（mm）

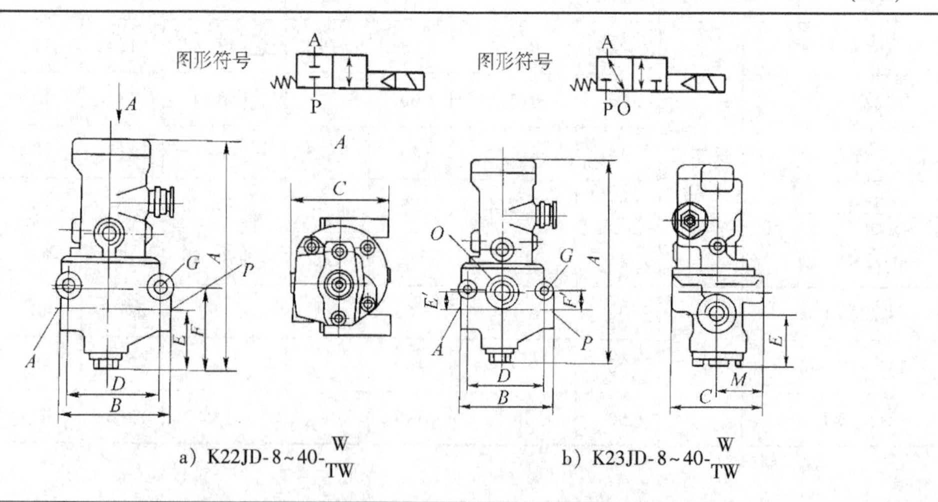

a）K22JD-8~40-$\frac{W}{TW}$　　b）K23JD-8~40-$\frac{W}{TW}$

（续）

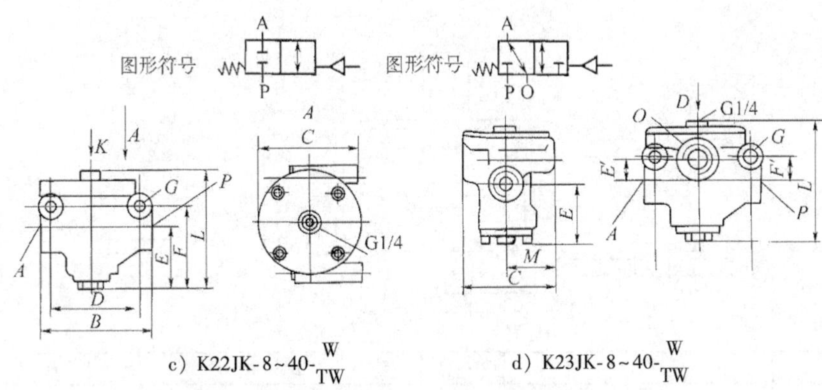

c）K22JK-8～40-$\frac{W}{TW}$　　d）K23JK-8～40-$\frac{W}{TW}$

型号		公称通径	接管螺纹（寸制）	接管螺纹（米制）	A	B	C	D	E	E′	F	F′	G	M	L
K22J＊-8-$\frac{W}{TW}$	K23J＊-8-$\frac{W}{TW}$	8	G1/4	M12×1.5	163（180）	96（96）	78（78）	73（73）	38（45）	（16.5）	55	（17）	ϕ9（ϕ9）	（39）	84（85）
K22J＊-10-$\frac{W}{TW}$	K23J＊-10-$\frac{W}{TW}$	10	G3/8	M16×1.5											
K22J＊-15-$\frac{W}{TW}$	K23J＊-15-$\frac{W}{TW}$	15	G1/2	M20×1.5											
K22J＊-20-$\frac{W}{TW}$	K23J＊-20-$\frac{W}{TW}$	20	G3/4	M27×2	175（175）	113（113）	78（89）	82（82）	52（52）	（21）	80	（24）	ϕ9（ϕ9）	（38）	96（105）
K22J＊-25-$\frac{W}{TW}$	K23J＊-25-$\frac{W}{TW}$	25	G1	M33×2											
K22J＊-32-$\frac{W}{TW}$	K23J＊-32-$\frac{W}{TW}$	32	G1¼	M42×2	240（268）	165（165）	91（121）	118（118）	75（75）	（46）	112	（37）	ϕ13（ϕ13）	（46）	152（170）
K22J＊-40-$\frac{W}{TW}$	K23J＊-40-$\frac{W}{TW}$	40	G1½	M46×2											

注：1. ＊号为单电控D和单气控K的简写代号。

2. 括号中的数值为二位三通单电控、单气控阀的尺寸。

（8）K23JD系列二位三通单电控先导截止式换向阀

1）工作原理，与图22.5-12b所示阀的工作原理类似。

2）技术规格（见表22.5-31）。

3）外形尺寸（见表22.5-32）。

表22.5-31　K23JD系列二位三通单电控先导截止式换向阀技术规格

公称通径/mm		6	8	10	15	20	25
工作介质		压缩空气					
工作压力范围/MPa		0.2～0.8					
介质及环境温度/℃		5～50					
换向频率/Hz		6		4		2	
有效截面积/mm^2		≥10	≥20	≥40	≥60	≥110	≥190
泄漏量/$cm^3 \cdot min^{-1}$		50		100		200	
工作电压/V		AC：220、36；DC：24、12					
消耗功率	V·A（AC）	12		15		28	
	W（DC）	6		8		10	
在0.5MPa工作压力下最低控制压力/MPa		0.3					
耐久性/万次		≥150					

注：生产单位为烟台未来自动装备有限责任公司。

表 22.5-32　K23JD 系列二位三通单电控先导截止式阀外形尺寸　　（mm）

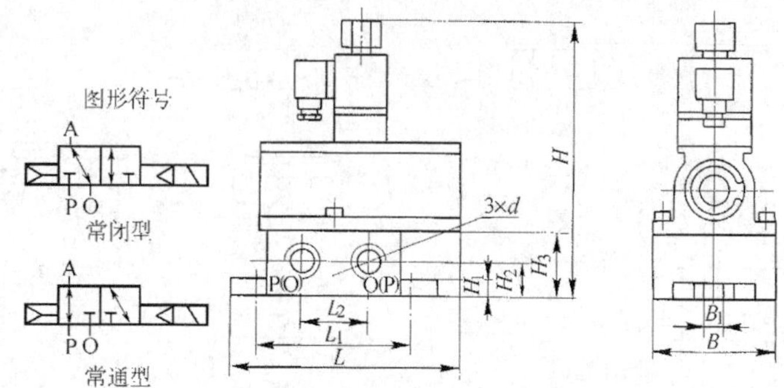

型　号	接管螺纹 d	L	L_1	L_2	B	B_1	H	H_1	H_2	H_3
K23JD-6	M10×1 (G1/8)	88	68	28	56	7	129	8	14	23
K23JD-6T										
K23JD-8	M12×1.25 (G1/4)									
K23JD-8T										
K23JD-10	M16×1.5 (G3/8)	117	86	36	65	7	162	12	17.5	34
K23JD-10T										
K23JD-15	M20×1.5 (G1/2)									
K23JD-15T										
K23JD-20	M27×2 (G3/4)	164	130	55	86	11	201	15	28	50
K23JD-20T										
K23JD-25	M33×2 (G1)									
K23JD-25T										

（9）23JD 系列二位三通先导截止式单电控换向阀

1）工作原理，与图 22.5-12b 所示阀的工作原理类似。

2）技术规格（见表 22.5-33）。

3）外形尺寸（见表 22.5-34）。

表 22.5-33　23JD、23JQ 二位三通先导截止式单电控与单气控截止式换向阀技术规格

型　号		公称通径 /mm	环境温度 /℃	工作压力 /MPa	最低气控压力 /MPa	换向时间 /s	切换频率 /Hz	寿命 /万次	泄漏量（标准状态） /L·min^{-1}	有效截面积 /mm^2	电源电压 /V
23JD-L25	23JQ-L25	25	5~50	0.2~1.0	0.3	0.15	3	150	200	110	DC：24 AC：220
23JD-L32	23JQ-L32	32							300	190	
23JD-L40	23JQ-L40	40				0.2	2	50		300	
23JD-L50	23JQ-L50	50								400	

注：生产单位为烟台未来自动装备有限责任公司。

表 22.5-34　23JD 系列二位三通先导截止式单电控阀外形尺寸　　（mm）

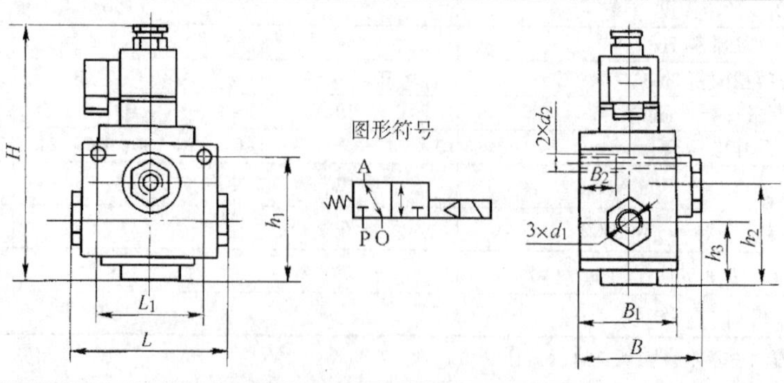

（续）

型　号	L	L_1	B	B_1	B_2	d_1	d_2-6H	H	h_1	h_2	h_3
23JD-L25	128	96	106	86	25	G1	M10	222	107	85	51.5
23JD-L32	116		100			G1¼					
23JD-L40	148	112	124	100	25	G1½	M12	248	131	104	66.5
23JD-L50	136		118			G2					

（10）QDA系列二位三通先导式单、双电控换向滑阀

1）工作原理(见图22.5-13)。双电控阀具有记忆功能，通电时阀芯换向，断电时保持原阀芯位置不变。为保证阀正常工作，两个电磁先导阀不能同时动作。

2）技术规格(见表22.5-35)。

3）外形尺寸(见表22.5-36)。

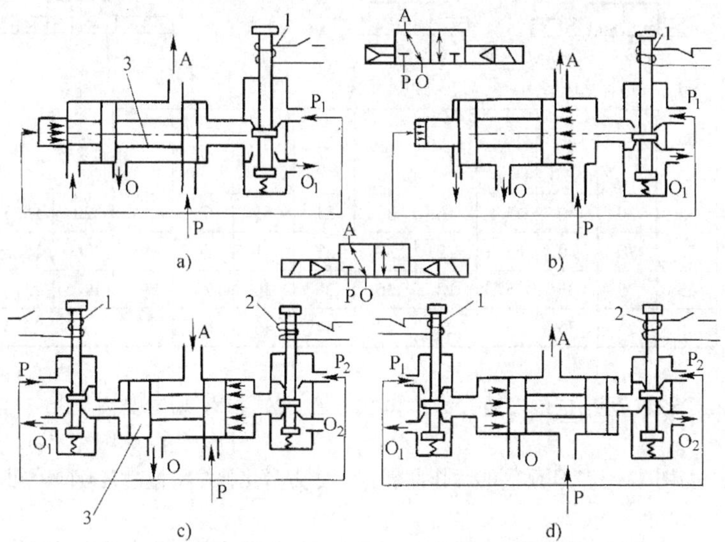

图22.5-13　QDA系列二位三通先导式单、双电控换向滑阀工作原理图

a）单电控阀：先导阀1断电时状态，P、A口断开，A口经O口排气

b）单电控阀：先导阀1通电时状态，P、A口接通

c）双电控阀：先导阀2通电、1断电时状态，P、A口断开

d）双电控阀：先导阀1通电、2断电时状态，P、A口接通

1、2—电磁先导阀　3—主阀芯

表22.5-35　QDA系列二位三通先导式单、双电控换向滑阀技术规格

公称通径/mm		6	12
工作介质、温度范围/℃		净化的压缩空气、-10~55(但不结冰)	
工作压力范围/MPa		0.2~1	
有效截面积/mm²		≥10	≥40
换向时间/s		≤0.04	≤0.06
工作电压/V	AC	220、110、48、36、24	
	DC	24　12	
允许电压波动(%)		-15~10	
消耗功率		AC：15V·A；DC：12W	

注：生产单位为肇庆方大气动有限公司。

表 22.5-36　QDA 系列二位三通先导式单、双电控换向滑阀外形尺寸　　(mm)

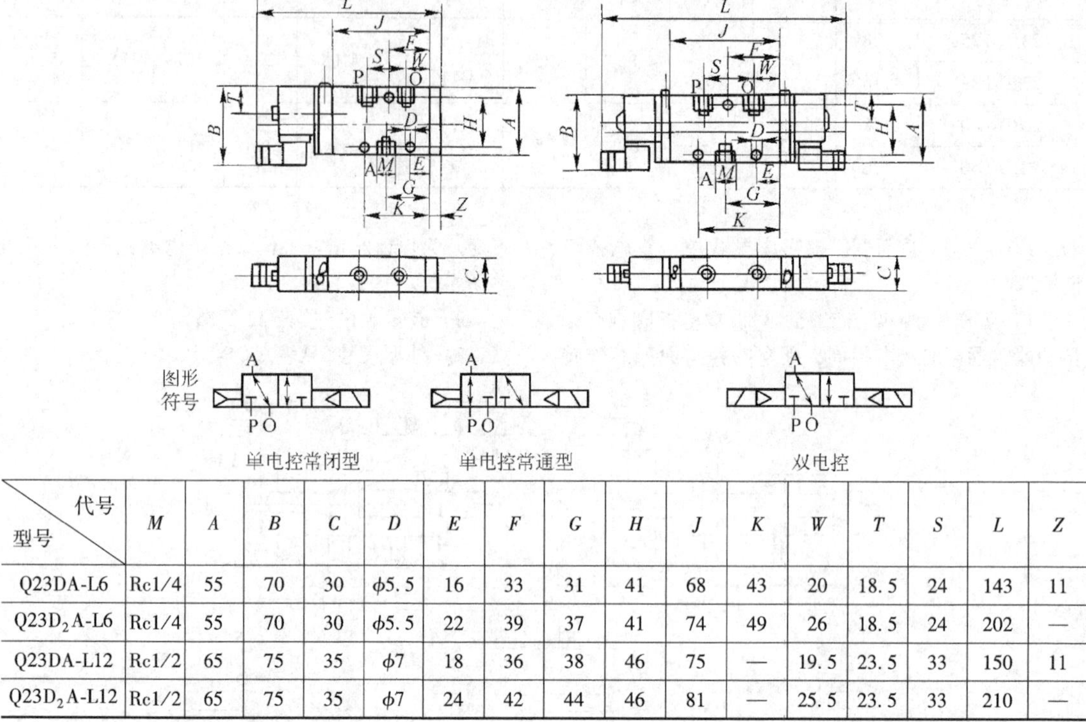

代号 / 型号	*M*	*A*	*B*	*C*	*D*	*E*	*F*	*G*	*H*	*J*	*K*	*W*	*T*	*S*	*L*	*Z*
Q23DA-L6	Rc1/4	55	70	30	ϕ5.5	16	33	31	41	68	43	20	18.5	24	143	11
Q23D$_2$A-L6	Rc1/4	55	70	30	ϕ5.5	22	39	37	41	74	49	26	18.5	24	202	—
Q23DA-L12	Rc1/2	65	75	35	ϕ7	18	36	38	46	75	—	19.5	23.5	33	150	11
Q23D$_2$A-L12	Rc1/2	65	75	35	ϕ7	24	42	44	46	81	—	25.5	23.5	33	210	—

(11) VP342、PS242 系列二位三通先导式电磁换向阀

1) 工作原理，与图 22.5-13 所示阀的工作原理类似。

2) 技术规格(见表 22.5-37)。

3) 外形尺寸(见图 22.5-14)。图中括号内的尺寸为奉化韩海机械制造有限公司的产品尺寸。

表 22.5-37　VP342、PS242 系列二位三通先导式电磁换向阀技术规格

型　号	VP342	PS242	型　号		VP342	PS242
工作介质	经过滤的压缩空气		有效截面积/mm^2(C_v 值)		22(1.2)	
环境与介质温度/℃	最高 50		功率消耗	V·A(AC)	AC：启动 8，工作 6 DC：4.8(带指示灯)	
工作压力范围/MPa	0.15~0.9			W(DC)		
接管螺纹	G1/8、G1/4	PT1/4	响应时间/ms		≤30	

注：1. 生产单位为无锡恒立液压气动有限公司(生产 VP342 型产品)、奉化韩海机械制造有限公司(生产 PS242 型产品)。

2. 型号意义：

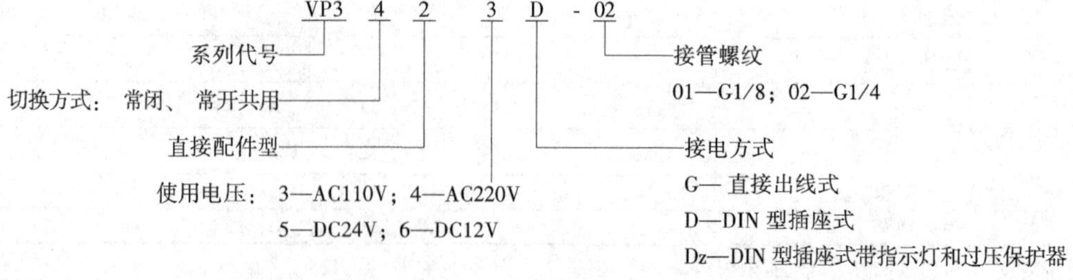

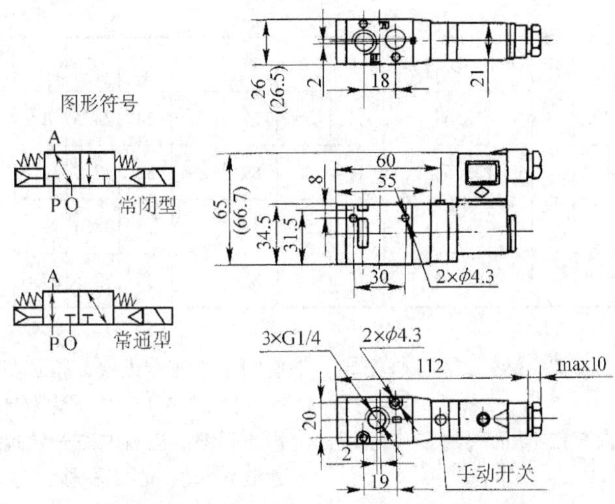

图22.5-14　VP342、PS242二位三通先导式电磁换向阀外形尺寸

（12）80200系列二位三通先导式电磁换向阀

1）工作原理与图22.5-13所示的换向阀类似。

2）技术规格（见表22.5-38）。

3）外形尺寸（见表22.5-39）。

表22.5-38　80200系列二位三通先导式电磁换向阀技术规格

代号			通径/mm	接管	配用电磁线圈	工作压力/MPa	K_v值/$m^3 \cdot h^{-1}$	换向时间/ms	工作电压/V
单电控常断式	单电控常通式	双电控							
8020750	8022750	8021750	6	G1/4	0200 0201 0270 0271	0.20~1.00	≥1.2	20	AC：220、110、36 DC：110、24
8020850	8022850	8021950	12	G1/2			≥3.0	25	

注：生产单位为无锡市华通气动制造有限公司、重庆嘉陵气动元件厂、烟台未来自动装备有限责任公司（生产通径为4mm、6mm和12mm的类似阀）。

表22.5-39　80200系列二位三通先导式电磁换向阀外形尺寸　（mm）

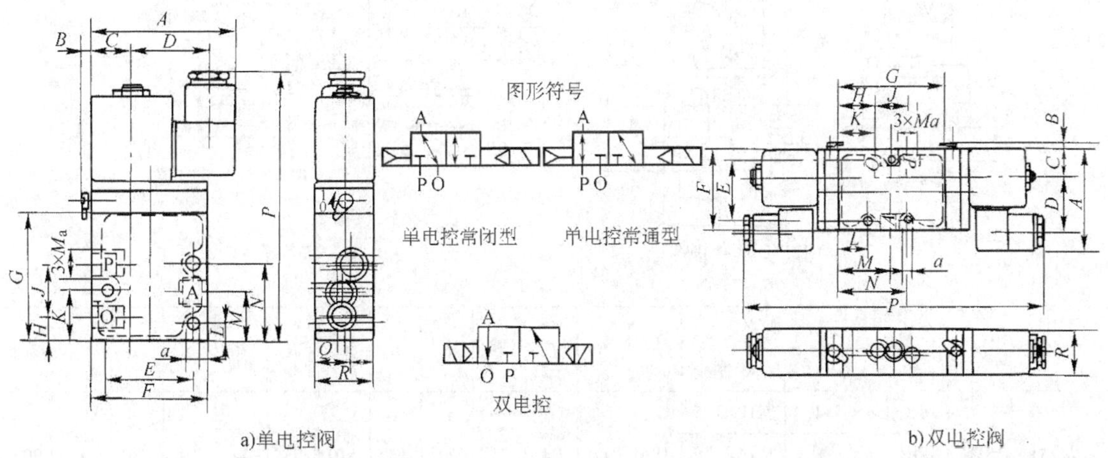

（续）

<table>
<tr><th colspan="2">型　号</th><th>Ma</th><th>a</th><th>A</th><th>B</th><th>C</th><th>D</th><th>E</th><th>F</th><th>G</th><th>H</th><th>J</th><th>K</th><th>L</th><th>M</th><th>N</th><th>P</th><th>Q</th><th>R</th></tr>
<tr><td>8020750</td><td>8022750</td><td>G1/4</td><td>3×φ5.5</td><td rowspan="4">68</td><td rowspan="4">5</td><td>18.5</td><td rowspan="4">36</td><td>41</td><td>55</td><td>59</td><td>11</td><td>24</td><td>24.5</td><td>7.5</td><td>23</td><td>34.5</td><td>123</td><td>5</td><td>30</td></tr>
<tr><td>8020850</td><td>8022850</td><td>G1/2</td><td>2×φ7</td><td>23.5</td><td>46</td><td>85</td><td>87</td><td>29</td><td>33</td><td>77.5</td><td>31.5</td><td>50</td><td>—</td><td>151</td><td>—</td><td>35</td></tr>
<tr><td colspan="2">8021750</td><td>G1/4</td><td>3×φ5.5</td><td>18.5</td><td>41</td><td>55</td><td>74</td><td rowspan="2">25</td><td>24</td><td>38.5</td><td>21.5</td><td>37</td><td>48.5</td><td>202</td><td>5</td><td>30</td></tr>
<tr><td colspan="2">8021950</td><td>G1/2</td><td>2×φ7</td><td>23.5</td><td>46</td><td>65</td><td>83</td><td>33</td><td>73.5</td><td>27.5</td><td>44</td><td>—</td><td>211</td><td>—</td><td>35</td></tr>
</table>

（13）K25JD-W、K25JK-W 系列二位五通先导截止式电控阀与气控阀

1）工作原理与图 22.5-12 所示阀的工作原理类似。

2）技术规格(见表 22.5-27)。

3）外形尺寸(见表 22.5-40)。

（14）QDC 系列二位、三位五通先导式电磁换向阀

1）工作原理。图 22.5-15a 所示为单电控先导式电磁换向阀的工作原理图。当电磁先导阀线圈 1′断电时，动铁心 2′关闭阀芯 5′右端供气口，1→2 接通，4→5 接通。当线圈 1′通电时，动铁心 2′右移，使阀芯 5′右端供气，阀芯左移，1→4、2→3 接通。

图 22.5-15b 所示为双电控先导式电磁换向阀工作原理图。当右电磁先导阀线圈 1′通电时(线圈 10′断电)，动铁心 2′右移，打开控制活塞 4′右端的进气口使阀芯 6′左移，1→4 接通，2→3 接通排气。当左电磁先导阀线圈 10′通电时(线圈 1′断电)，动铁心 9′左移，打开左控制活塞 7′左端进气口，使阀芯 6′右移，1→2 接通，4→5 接通排气。左电磁先导阀线圈 10′断电后主阀仍然保持原输出状态。

2）技术规格(见表 22.5-41)。

3）外形尺寸。管接式见表 22.5-42，板接式见表 22.5-43，括号中的尺寸为三位阀的尺寸。

表 22.5-40　K25 $^{\text{JD}}_{\text{JK}}$ 系列二位五通先导截止式电控阀与气控阀外形尺寸　（mm）

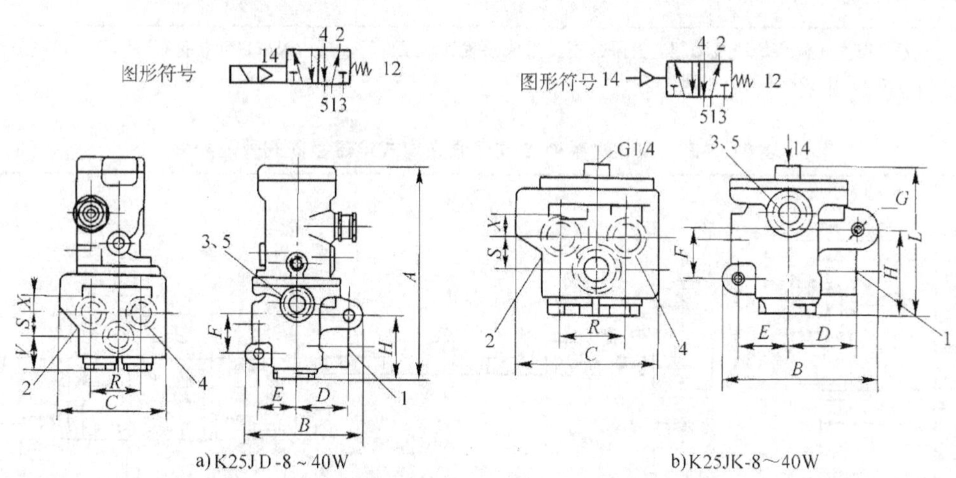

a) K25JD-8～40W　　b) K25JK-8～40W

<table>
<tr><th rowspan="2">型　号</th><th rowspan="2">公称通径</th><th colspan="2">接管螺纹</th><th rowspan="2">A</th><th rowspan="2">B</th><th rowspan="2">C</th><th rowspan="2">D</th><th rowspan="2">E</th><th rowspan="2">F</th><th rowspan="2">G</th><th rowspan="2">H</th><th rowspan="2">R</th><th rowspan="2">S</th><th rowspan="2">X</th><th rowspan="2">V</th><th rowspan="2">L</th></tr>
<tr><th>（寸制）</th><th>（米制）</th></tr>
<tr><td rowspan="3">K25J＊-15W</td><td>φ8</td><td>G1/4</td><td>M12×1.5</td><td rowspan="3">180</td><td rowspan="3">99</td><td rowspan="3">94</td><td rowspan="3">45</td><td rowspan="3">32</td><td rowspan="3">31</td><td rowspan="3">φ10</td><td rowspan="3">55</td><td rowspan="3">44</td><td rowspan="3">19</td><td rowspan="3">16</td><td rowspan="3">28</td><td rowspan="3">90</td></tr>
<tr><td>φ10</td><td>G3/8</td><td>M16×1.5</td></tr>
<tr><td>φ15</td><td>G1/2</td><td>M20×1.5</td></tr>
</table>

（续）

型　号	公称通径	接管螺纹（寸制）	接管螺纹（米制）	A	B	C	D	E	F	G	H	R	S	X	V	L
K25J＊-25W	ϕ20	G3/4	M27×2	222	127	142	52	47	52	ϕ10	78	58	21	19	42	132
	ϕ25	G1	M33×2													
K25J＊-40W	ϕ32	G1/4	M42×2	285	155	220	69	55	117	ϕ10	140	80	36	35	52	187
	ϕ40	G1/2	M46×2													

注：1. 生产单位为无锡市华通气动制造有限公司。

2. ＊为单电控 D 和单气控 K 的简写代号。

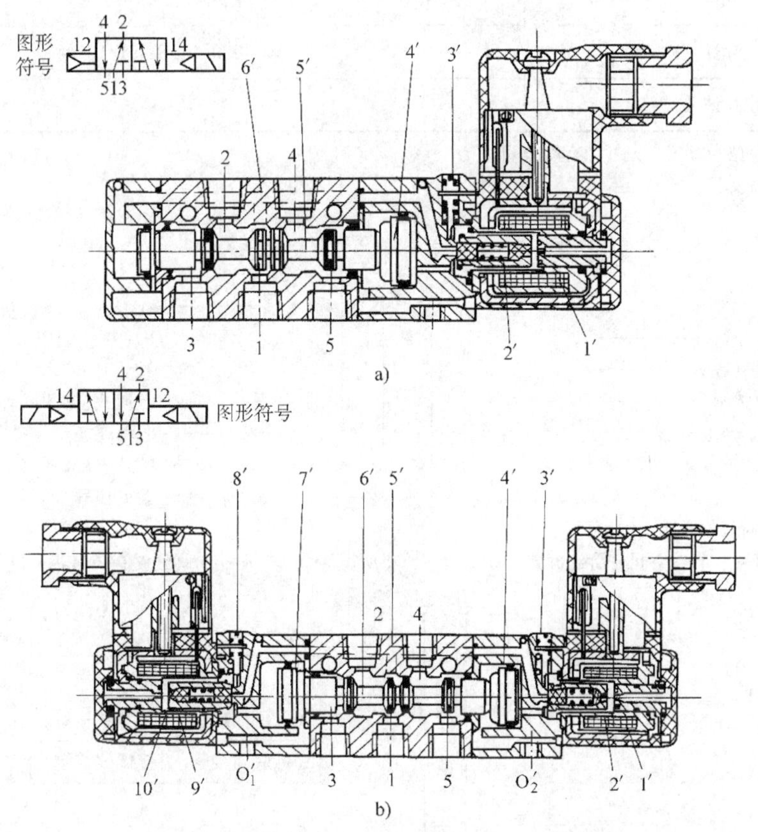

图 22.5-15　QDC 系列先导式电磁换向阀工作原理图

a）二位五通单电控阀

1(P)—进气口　2、4(A)—工作口　3、5(R)—排气口

1′—电磁先导阀线圈　2′—动铁心　3′—手动操作按钮　4′—控制活塞　5′—阀芯　6′—阀体

b）二位五通双电控阀

1(P)—进气口　2、4(A)—工作口　3、5(R)—排气口

1′、10′—电磁先导阀线圈　2′、9′—动铁心　3′、8′—手动操作按钮　4′、7′—控制活塞

5′—阀体　6′—阀芯

表 22.5-41 QDC 系列二位、三位五通先导式电磁换向阀技术规格

公称通径/mm		3	6	8	10	15	20	25
工作介质		经过滤的压缩空气						
使用温度范围/℃		-10~55(但不结冰)						
有效截面积/mm²	二位阀	≥3	≥10	≥20	≥40	≥60	≥110	≥190
	三位阀	≥3	≥5	≥10	≥20	≥40	≥60	≥110
工作压力范围/MPa	二位阀	0.15~0.8						
	三位阀	0.25~0.8						
换向时间/s		≤0.03	≤0.04		≤0.06		≤0.10	
润滑		有无油润滑均可						
工作电压/V		AC：220，50Hz；DC：24						
允许电压波动(%)		-15~10						

注：1. 生产单位为肇庆方大气动有限公司。

2. 型号意义：

1）阀型号：

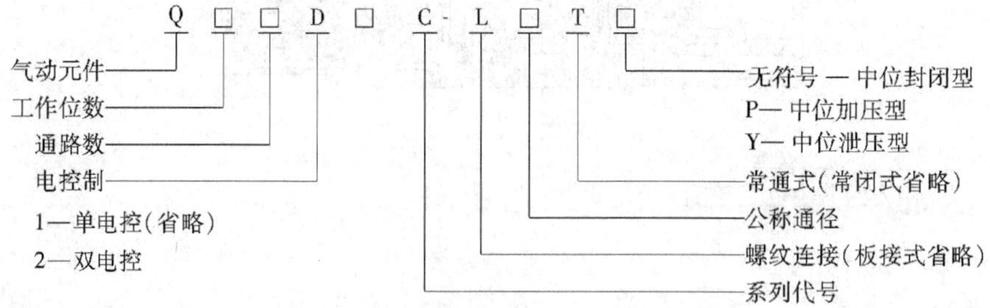

2）集装阀型号说明：

为减少管路、节省空间、简化拆装、提高效率，将所需的全部气动换向阀配置在集装板上进行集装。

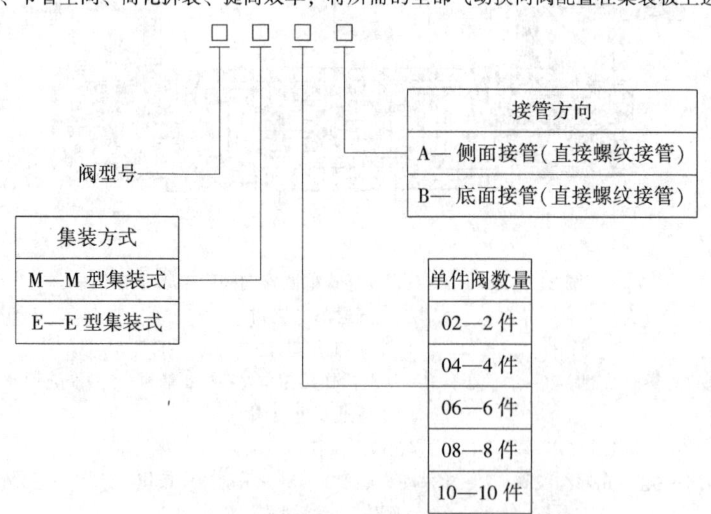

表 22.5-42　QDC 系列管接式二位、三位五通先导式电磁换向阀外形尺寸　(mm)

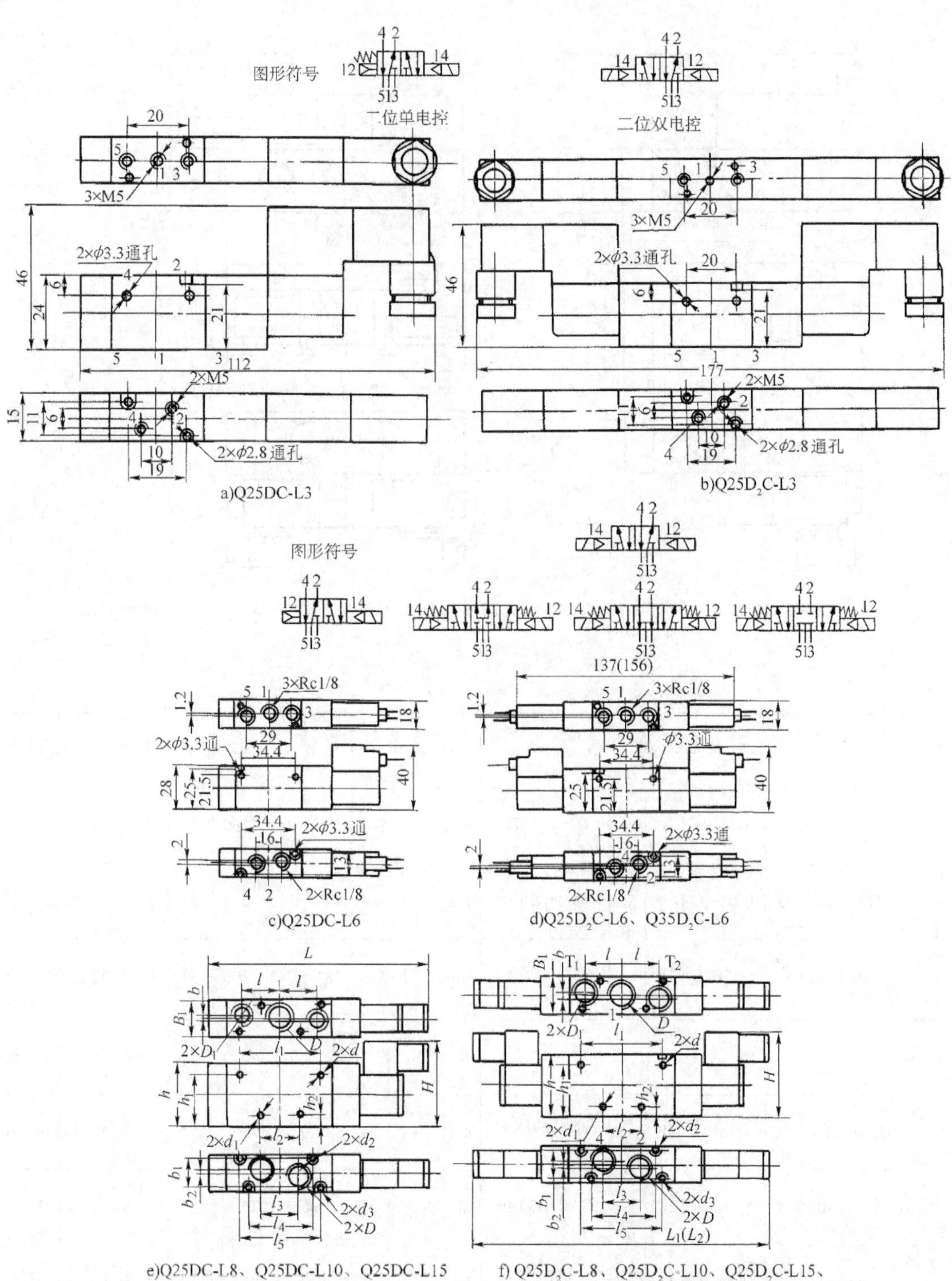

a)Q25DC-L3

b)$Q25D_2C$-L3

c)Q25DC-L6

d)$Q25D_2C$-L6、$Q35D_2C$-L6

e)Q25DC-L8、Q25DC-L10、Q25DC-L15

f) $Q25D_2C$-L8、$Q25D_2C$-L10、$Q25D_2C$-L15、$Q35D_2C$-L8、$Q35D_2C$-L10、$Q35D_2C$-L15

（续）

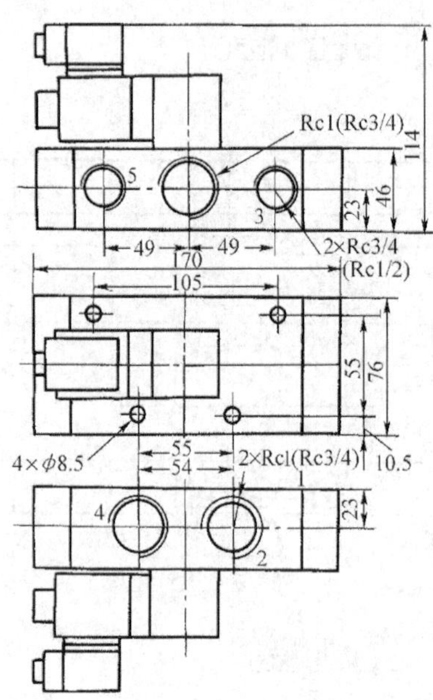

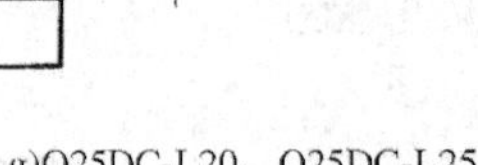

g)Q25DC-L20、Q25DC-L25

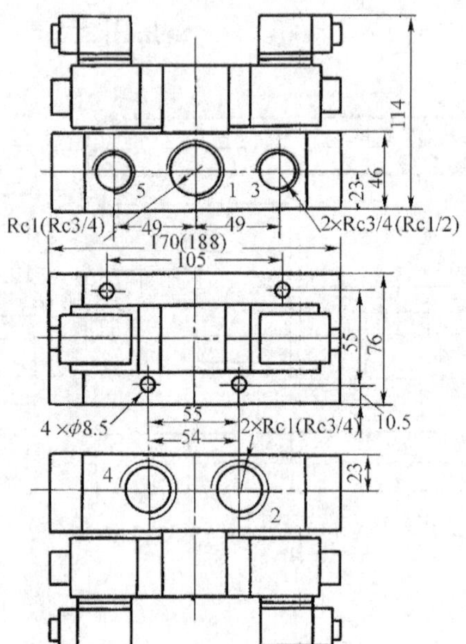

h)Q25D$_2$C-L20、Q25D$_2$C-L25 Q35D$_2$C-L20、Q35D$_2$C-L25

型号						D	D_1	L	L_1	L_2	l	l_1	l_2	l_3	l_4
二位单电控	Q25DC-L8	二位双电控	Q25D$_2$C-L8	三位双电控	Q35D$_2$C-L8	Rc1/4	Rc1/4	149	212	260	21	0	21	21	0
	Q25DC-L10		Q25D$_2$C-L10		Q35D$_2$C-L10	Rc3/8	Rc1/4	159	219	284	25	54	0	26	40
	Q25DC-L15		Q25D$_2$C-L15		Q35D$_2$C-L15	Rc1/2	Rc3/8	181	242	306	30	65	32	30	0

型号						l_5	d	d_1	d_2	d_3	B_1	b	b_1	b_2	H	h	h_1	h_2
二位单电控	Q25DC-L8	二位双电控	Q25D$_2$C-L8	三位双电控	Q35D$_2$C-L8	40	0	—	0	ϕ3.3	22	5	17	3	60	35	0	6
	Q25DC-L10		Q25D$_2$C-L10		Q35D$_2$C-L10	0	ϕ4.5	0	ϕ4.5	0	28	0	22	4	62	40	33	0
	Q25DC-L15		Q25D$_2$C-L15		Q35D$_2$C-L15	65	ϕ4.5	ϕ4.5	0	ϕ4.5	30	4	23	5	67	50	40	8

表 22.5-43　QDC 系列板接式二位、三位五通先导式电磁换向阀外形尺寸　（mm）

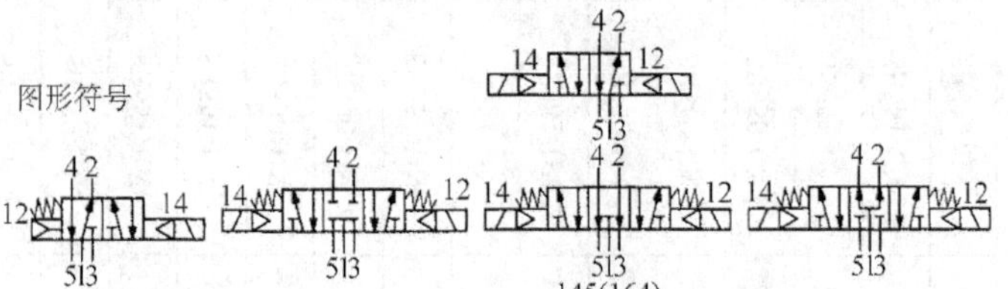

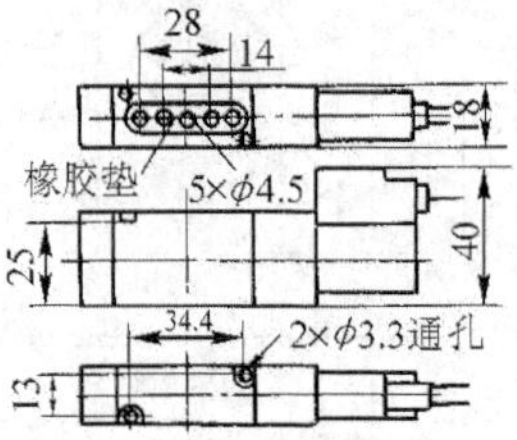

图形符号

a)Q25DC-6

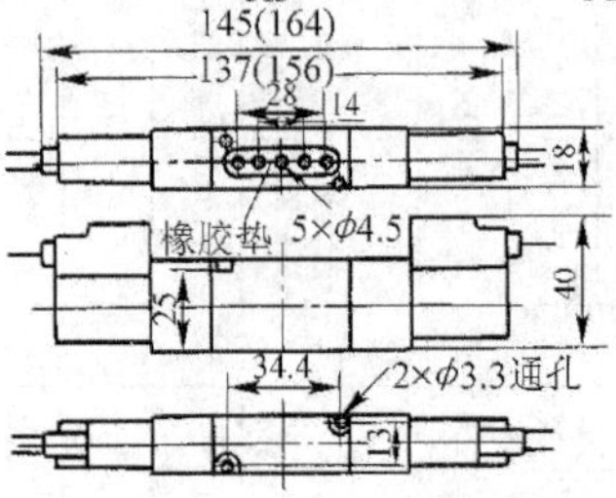

b)Q25D$_2$C-6、Q35D$_2$C-6

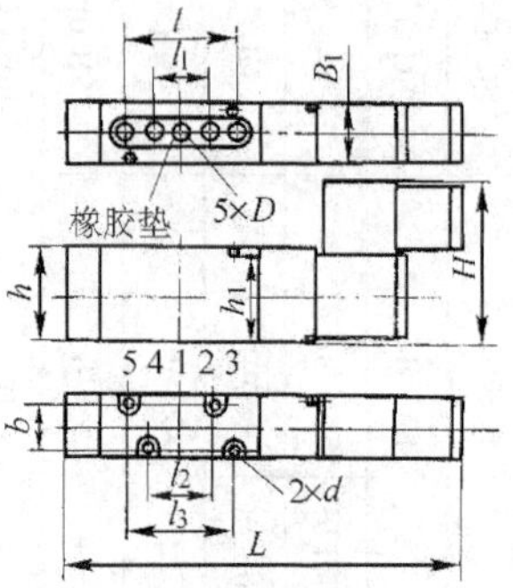

c)Q25DC-8、Q25DC-10、Q25DC-15

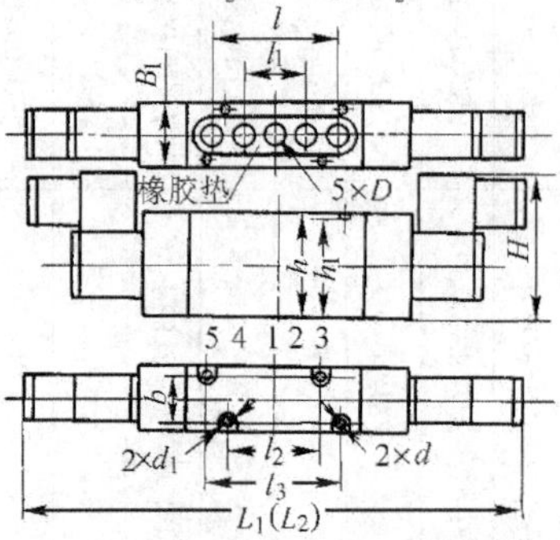

d) Q25D$_2$C-8、Q25D$_2$C-10、Q25D$_2$C-15、Q35D$_2$C-8、Q35D$_2$C-10、Q35D$_2$C-15

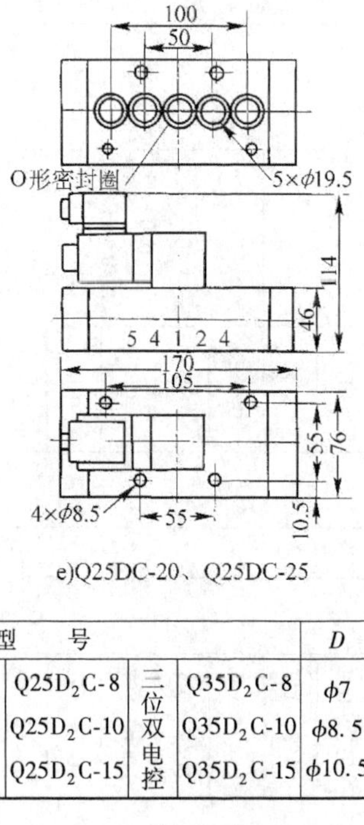

e)Q25DC-20、Q25DC-25

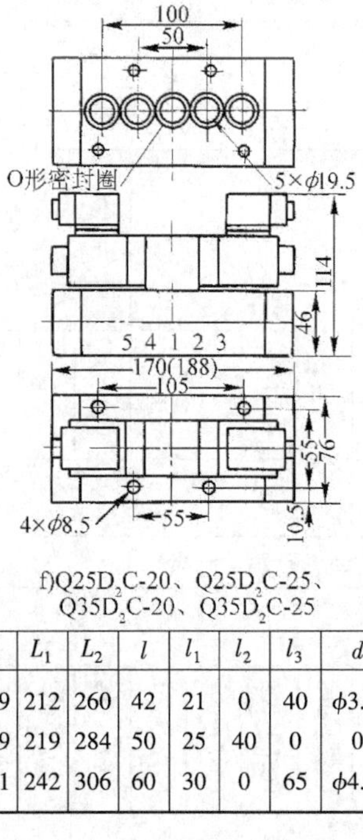

f)Q25D$_2$C-20、Q25D$_2$C-25、Q35D$_2$C-20、Q35D$_2$C-25

型号						D	L	L_1	L_2	l	l_1	l_2	l_3	d	d_1	B_1	b	H	h	h_1
二位单电控	Q25DC-8	二位双电控	Q25D$_2$C-8	三位双电控	Q35D$_2$C-8	ϕ7	149	212	260	42	21	0	40	ϕ3.3	0	22	17	60	35	32
	Q25DC-10		Q25D$_2$C-10		Q35D$_2$C-10	ϕ8.5	159	219	284	50	25	40	0	0	ϕ4.5	28	22	62	40	36
	Q25DC-15		Q25D$_2$C-15		Q35D$_2$C-15	ϕ10.5	181	242	306	60	30	0	65	ϕ4.5	0	30	23	67	50	46

表 22.5-44 SR 系列二位、三位五通先导式电磁换向阀技术规格

位数（管接式）	型号	接管螺纹 P、A、B	接管螺纹 R_1 R_2	位数（板接式）	型号	接管螺纹 P、A、B	接管螺纹 R_1 R_2	工作介质	环境和介质温度/℃	工作压力范围①/MPa	有效截面积②/mm^2	换向时间/s	润滑	消耗功率/W	质量/g
二位单电控	$SR530\text{-}RN_0$	M5×0.8		二位单电控	$SR530\text{-}RS_1$	Rc1/8		空气	0~50（但不结冰）	0.15~0.7（0.9）	4.5	0.03	有无润滑油均可	2	105（161）
	$SR540\text{-}RN_1$	Rc1/8			$SR540\text{-}RS_1$	Rc1/4					10				155（270）
	$SR550\text{-}RN_1$	Rc1/8			$SR550\text{-}RS_2$	Rc1/4					15				265（400）
	$SR551\text{-}RN_2$	Rc1/4			SR551-RS*	Rc1/4、Rc3/8	Rc3/8				20				310（540）
	$SR561\text{-}RN_3$	Rc3/8	Rc1/2		SR561-RS*	Rc3/8	Rc1/2				35（40）				385（625）
二位双电控	$SR530\text{-}DN_0$	M5×0.8		二位双电控	$SR530\text{-}DS_1$	Rc1/8				0.1~0.7（0.9）	4.5				171（231）
	$SR540\text{-}DN_1$	Rc1/8			$SR540\text{-}DS_2$	Rc1/4					10				240（358）
	$SR550\text{-}DN_1$	Rc1/8			$SR550\text{-}DS_2$	Rc1/4					15				425（560）
	$SR551\text{-}DN_2$	Rc1/4			SR551-DS*	Rc1/4、Rc3/8	Rc3/8				20				480（700）
	$SR561\text{-}DN_3$	Rc3/8	Rc1/2		SR561-DS*	Rc3/8	Rc1/2				35（40）				545（780）
三位中封式	$SR530\text{-}CN_0$	M5×0.8		三位中封式	$SR530\text{-}CS_1$	Rc1/8				0.15（0.2）~0.7（0.9）	4.0				145（245）
	$SR540\text{-}CN_1$	Rc1/8			$SR540\text{-}CS_2$	Rc1/4					9				260（380）
	$SR550\text{-}CN_1$	Rc1/8			$SR550\text{-}CS_2$	Rc1/4					13				500（620）
	$SR551\text{-}CN_2$	Rc1/4			SR551-CS*	Rc1/4、Rc3/8、Rc3/8					18				540（780）
	$SR561\text{-}CN_3$	Rc3/8	Rc1/2		SR561-CS*	Rc3/8	Rc1/2				30（35）				600（840）
三位中泄式	$SR530\text{-}EN_0$	M5×0.8		三位中泄式	$SR530\text{-}ES_1$	Rc1/8					4.0				185（245）
	$SR540\text{-}EN_1$	Rc1/8			$SR540\text{-}ES_2$	Rc1/4					9				260（358）
	$SR550\text{-}EN_1$	Rc1/8			$SR550\text{-}ES_2$	Rc1/4					13				500（620）
	$SR551\text{-}EN_2$	Rc1/4			SR551-ES*	Rc1/4、Rc3/8	Rc3/8				18				540（780）
	$SR561\text{-}EN_3$	Rc3/8	Rc1/2		SR561-ES*	Rc3/8	Rc1/2				30（40）				600（840）

三位中压式	SR530-PN_0	M5×0.8		三位中压式	SR530-PS_1	Rc1/8		0~50（但不结冰）	0.15(0.2)~0.7(0.9)	4.0	换向时间/s	2	185(245)
	SR540-PN_1	Rc1/8			SR540-PS_1	Rc1/4				9			260(380)
	SR550-PN_1	Rc1/8			SR550-PS_2	Rc1/4				13			500(620)
	SR551-PN_2	Rc1/4			SR551-PS *	Rc1/4、Rc3/8	Rc3/8			18			540(780)
	SR561-PN_3	Rc3/8	Rc1/2		SR561-PS *	Rc3/8	Rc1/2			30(35)	0.03		600(840)

注：1. 生产单位为济南华能气动元器件公司。

2. 型号意义：

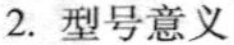

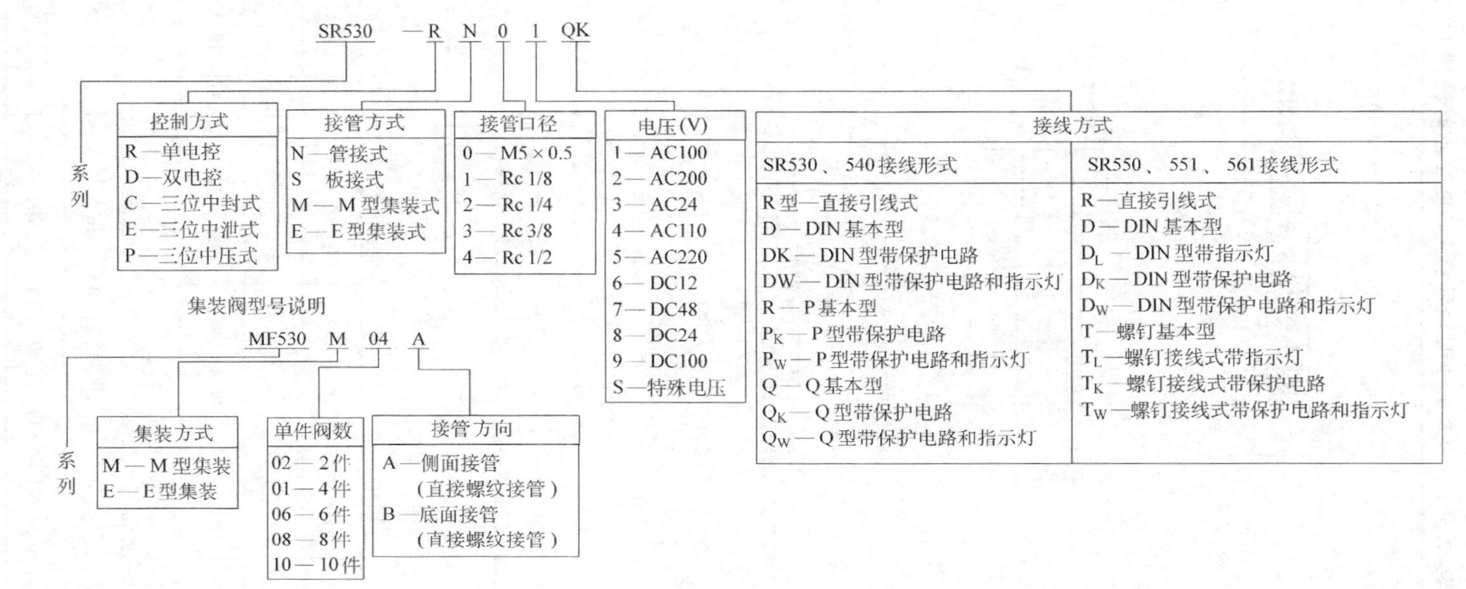

① 括号中的值为 SR550、SR551、SR561 系列电磁阀的值。

② 括号中的值为板接式换向阀的值。

（15）SR系列二位五通先导式电磁换向阀

1）工作原理，与图22.5-15所示换向阀的工作原理相同。

2）技术规格(见表22.5-44)。

3）外形尺寸。管接式见表22.5-45~表22.5-48，板接式见表22.5-49~表22.5-52。

表22.5-45　SR530、SR540管接式二位五通单电控先导式电磁换向阀外形尺寸　（mm）

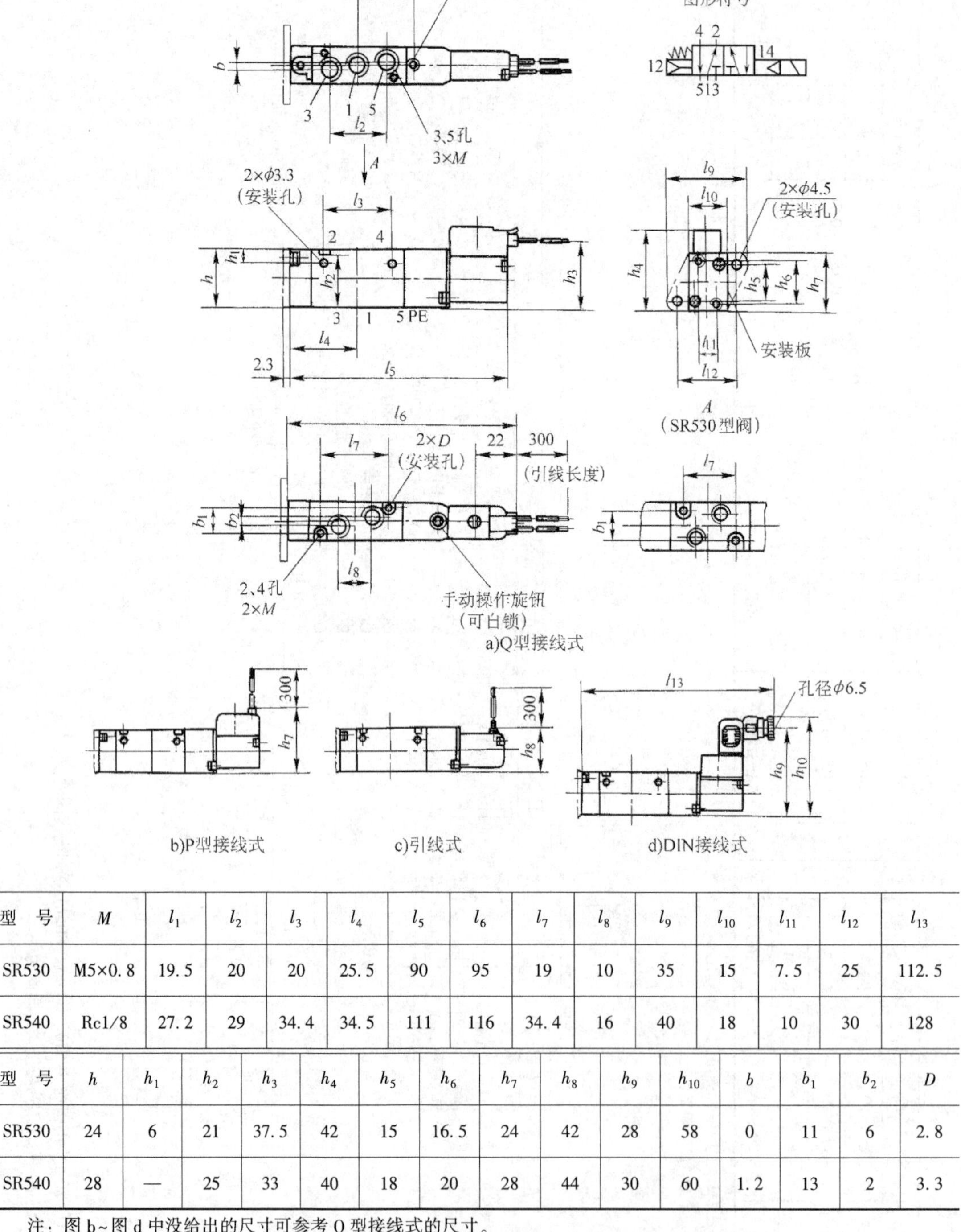

a)Q型接线式

b)P型接线式　c)引线式　d)DIN接线式

型　号	M	l_1	l_2	l_3	l_4	l_5	l_6	l_7	l_8	l_9	l_{10}	l_{11}	l_{12}	l_{13}
SR530	M5×0.8	19.5	20	20	25.5	90	95	19	10	35	15	7.5	25	112.5
SR540	Rc1/8	27.2	29	34.4	34.5	111	116	34.4	16	40	18	10	30	128

型　号	h	h_1	h_2	h_3	h_4	h_5	h_6	h_7	h_8	h_9	h_{10}	b	b_1	b_2	D
SR530	24	6	21	37.5	42	15	16.5	24	42	28	58	0	11	6	2.8
SR540	28	—	25	33	40	18	20	28	44	30	60	1.2	13	2	3.3

注：图b~图d中没给出的尺寸可参考Q型接线式的尺寸。

表 22.5-46　SR530、SR540 管接式二位、三位五通双电控先导式电磁换向阀外形尺寸(mm)

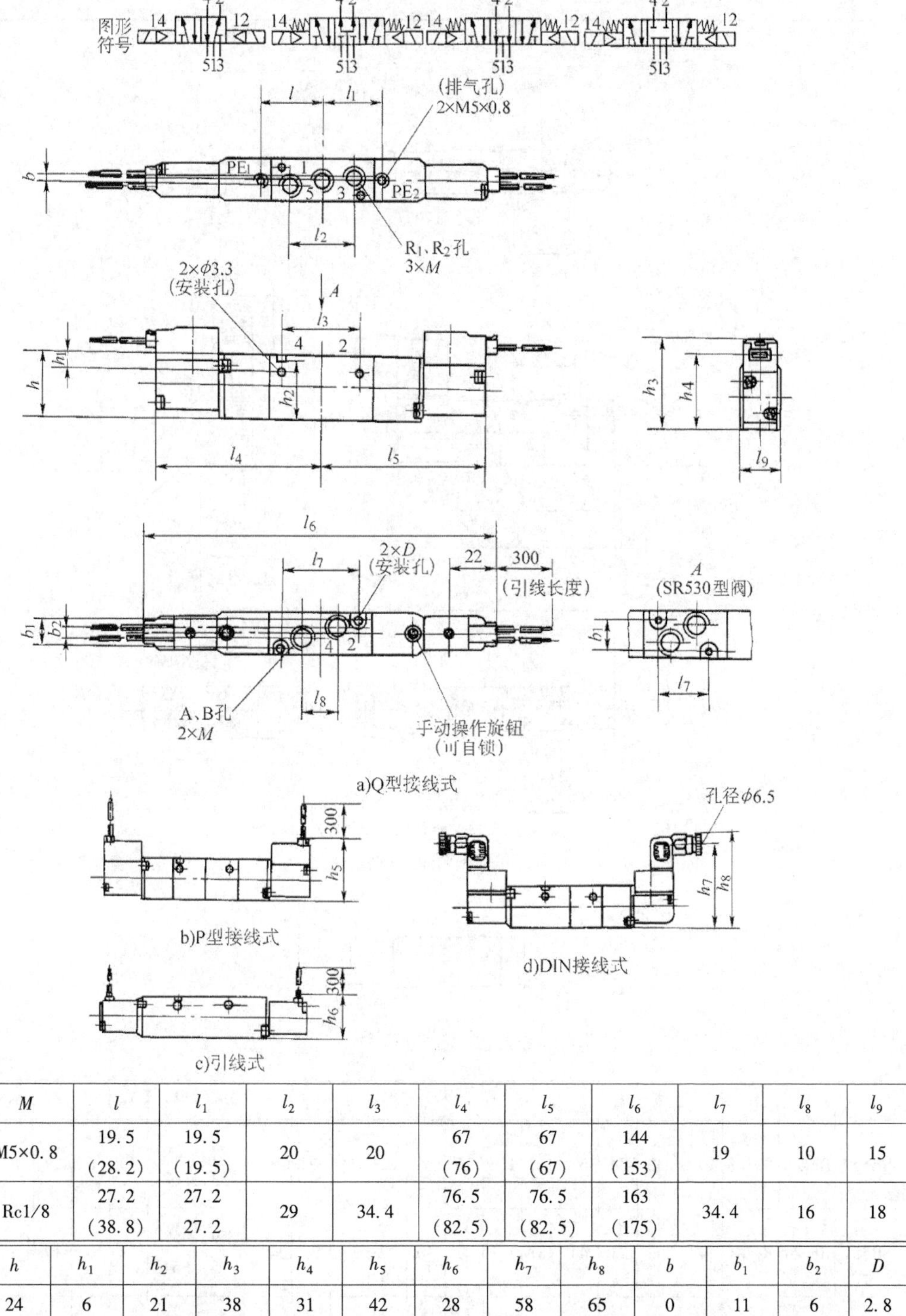

a)Q型接线式

b)P型接线式

c)引线式

d)DIN接线式

型　号	M	l	l_1	l_2	l_3	l_4	l_5	l_6	l_7	l_8	l_9
SR530	M5×0.8	19.5 (28.2)	19.5 (19.5)	20	20	67 (76)	67 (67)	144 (153)	19	10	15
SR540	Rc1/8	27.2 (38.8)	27.2 27.2	29	34.4	76.5 (82.5)	76.5 (82.5)	163 (175)	34.4	16	18

型　号	h	h_1	h_2	h_3	h_4	h_5	h_6	h_7	h_8	b	b_1	b_2	D
SR530	24	6	21	38	31	42	28	58	65	0	11	6	2.8
SR540	28	7	25	40	33	44	30	60	67	1.2	13	2	3.3

注：1. 表中括号内的尺寸为三位阀的尺寸。

2. P型接线式、引线式、DIN接线式图中没给出的尺寸可参考Q型接线式图中的尺寸。

表 22.5-47　SR550、SR551、SR561 管接式二位五通单电控先导式电磁换向阀外形尺寸

(mm)

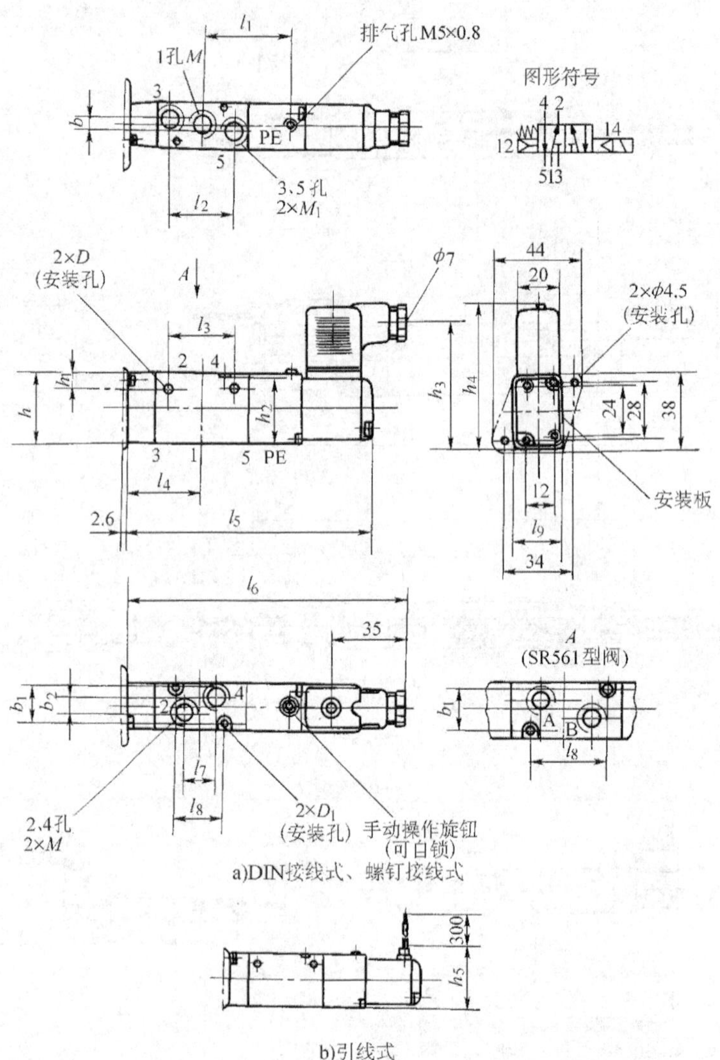

a)DIN接线式、螺钉接线式

b)引线式

型　号	M	M_1	l_1	l_2	l_3	l_4	l_5	l_6	l_7	l_8	l_9	h	h_1	h_2	h_3	h_4	h_5	b	b_1	b_2	D	D_1
SR550	Rc1/8	Rc1/8	40.5	32	34	36.5	121	136	16	24	22	34	8.2	31.4	57 (53)	66 (62)	40	6	17	8	ϕ3.3	ϕ3.3
SR551	Rc1/4	Rc1/4	47	42	21	44	138	153	21	40	22	38	29	34.5	59 (55)	68 (64)	42	5	17	3	ϕ4.5	ϕ3.3
SR561	Rc3/8	Rc3/8	44	50	54	52	149	164	26	40	28	42	9	37	61 (57)	70 (66)	44	3	22	4	ϕ4.5	ϕ4.5

注：1. 表中括号内的尺寸是螺钉接线式的尺寸。

2. 引线式图中没给出的尺寸可参考 DIN 接线式和螺钉接线式的尺寸。

表 22.5-48　SR550、SR551、SR561 管接式二位、三位五通双电控先导式电磁换向阀外形尺寸（mm）

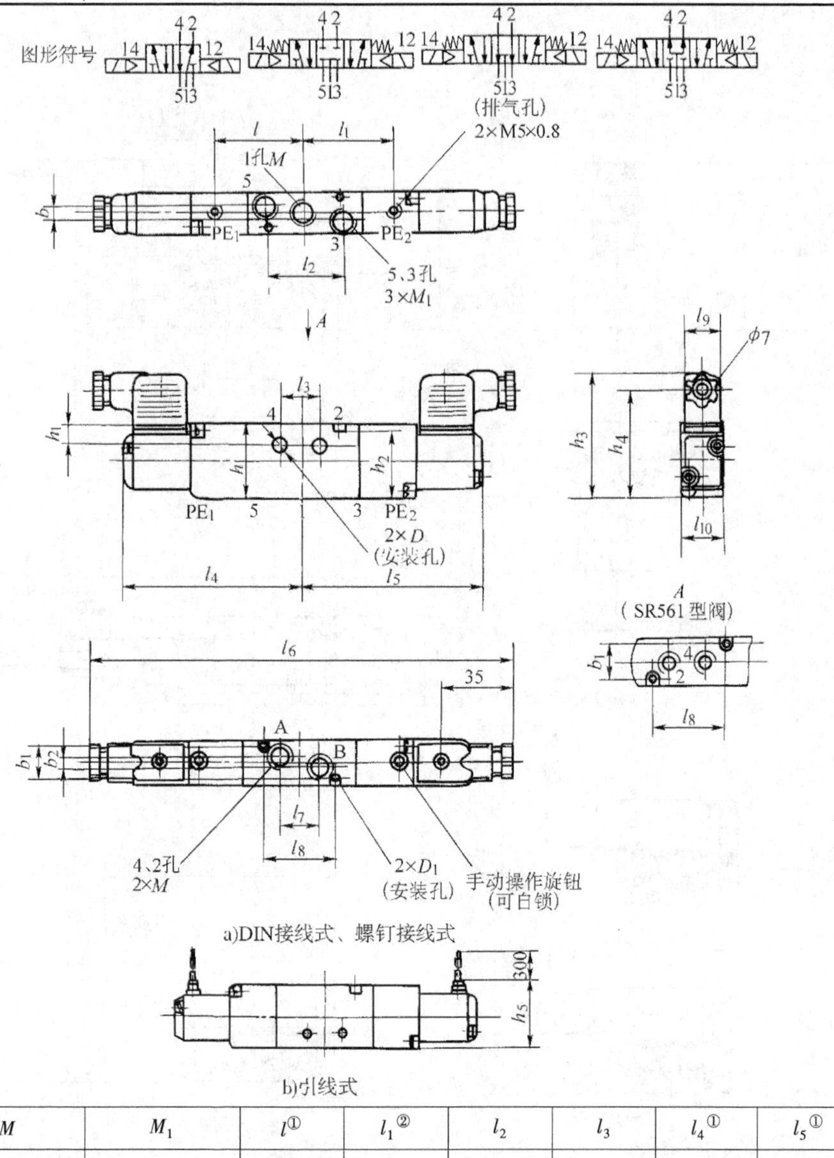

a)DIN接线式、螺钉接线式

b)引线式

型　号	M	M_1	l①	$l_1$②	l_2	l_3	$l_4$①	$l_5$①	$l_6$①
SR550	Rc1/8	Rc1/8	40.5 (58.5)	40.5 (58.5)	32	34	84.5	84.5	199 (235)
SR551	Rc1/4	Rc1/4	47 (66)	47 (66)	42	21	94 (113)	94 (113)	218 (256)
SR561	Rc3/8	Rc1/4	44 (64)	44 (44)	50	54	97 (117)	97 (97)	224 (243)

型　号	l_7	l_8	l_9	l_{10}	h	h_1	h_2	$h_3$②	$h_4$②	h_5	b	b_1	b_2	D	D_1
SR550	23	24	20	22	34	8.2	31.4	66 (62)	57 (53)	40	6	17	8	ϕ3.3	ϕ3.3
SR551	21	40	20	22	38	29	34.5	68 (64)	59 (55)	42	5	17	3	ϕ4.5	ϕ3.3
SR561	26	40	22	28	42	9	37	70 (66)	61 (57)	44	6	22	4	ϕ4.5	ϕ4.5

① 括号中的尺寸为三位阀的尺寸。

② 括号中的尺寸为螺钉接线式的尺寸。引线式图中没给出的尺寸可参考 DIN 接线式和螺钉接线式图中的尺寸。

表 22.5-49　SR530、SR540 板接式二位五通单电控先导式电磁换向阀外形尺寸　（mm）

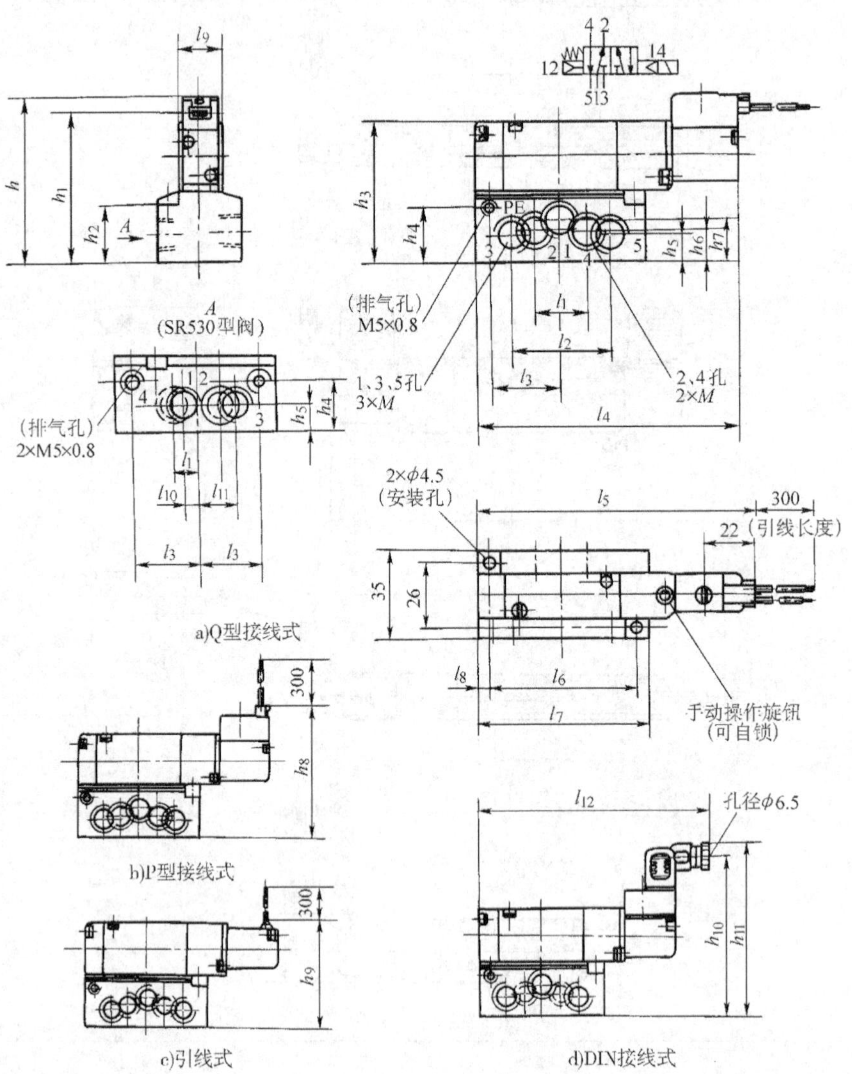

a)Q型接线式

b)P型接线式

c)引线式

d)DIN接线式

型　号	M	l_1	l_2	l_3	l_4	l_5	l_6	l_7	l_8	l_9	l_{10}	l_{11}	l_{12}	h	h_1	h_2	h_3	h_4	h_5	h_6	h_7	h_8	h_9	h_{10}	h_{11}
SR530	Rc1/8	16	0	21	92.5	94.6	46	52	12	15	4	10.9	112.5	61	54	17	47	14.5	8	8	8	65	51	81	88
SR540	Rc1/4	21	40	29	111	113	60	69	4.5	18	0	20	128	70	63	22.9	58	22.5	11	12.5	17	74	60	90	97

注：P 型接线式、引线式、DIN 接线式图中没给出的尺寸可参考 Q 型接线式图中的尺寸。

表 22.5-50　SR530、SR540 板接式二位、三位五通双电控先导式电磁换向阀外形尺寸(mm)

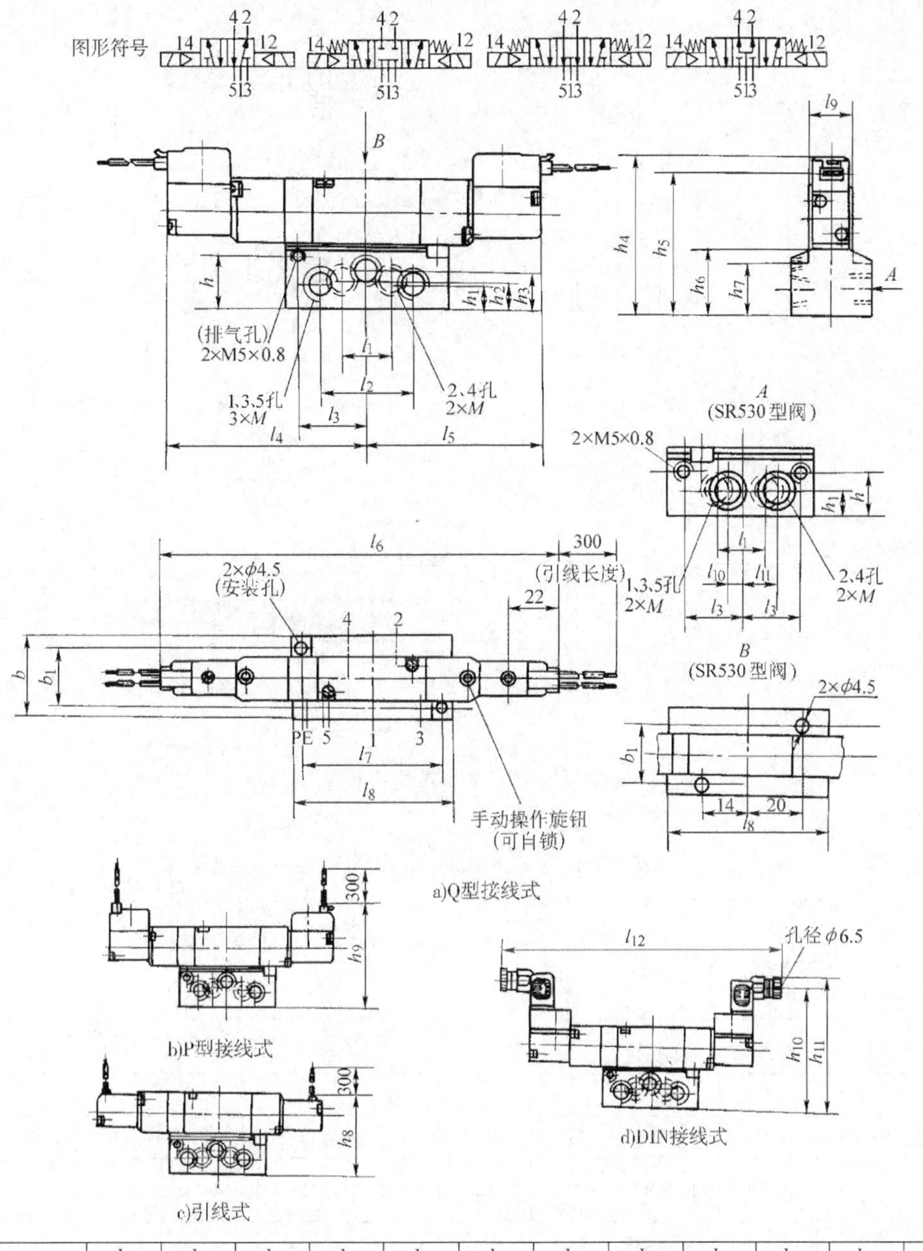

型　号	M	l_1	l_2	l_3	l_4	l_5	l_6	l_7	l_8	l_9	l_{10}	l_{11}	l_{12}
SR530	Rc1/8	16	0	21	64.1 (75.7)	64.1 (67)	144 (153)	34	52	15	4	10.9	174 (183)
SR540	Rc1/4	21	40	29	76.5 (88)	76.5 (77)	156 (175)	60	69	18	10.5	10.5	187 (205)

型　号	h	h_1	h_2	h_3	h_4	h_5	h_6	h_7	h_8	h_9	h_{10}	h_{11}	b	b_1
SR530	14.5	8	8	8	61	54	—	17	51	65	81	88	30	23
SR540	22.5	11	12.5	17	70	63	28.5	22.9	60	74	90	97	35	26

注：1. 表中括号中的尺寸为三位阀的尺寸。

2. P 型接线式、引线式、DIN 接线式图中没给出的尺寸可参考 Q 型接线式图中的尺寸。

表 22.5-51 SR550、SR551、SR561 板接式二位五通单电控先导式电磁换向阀外形尺寸 (mm)

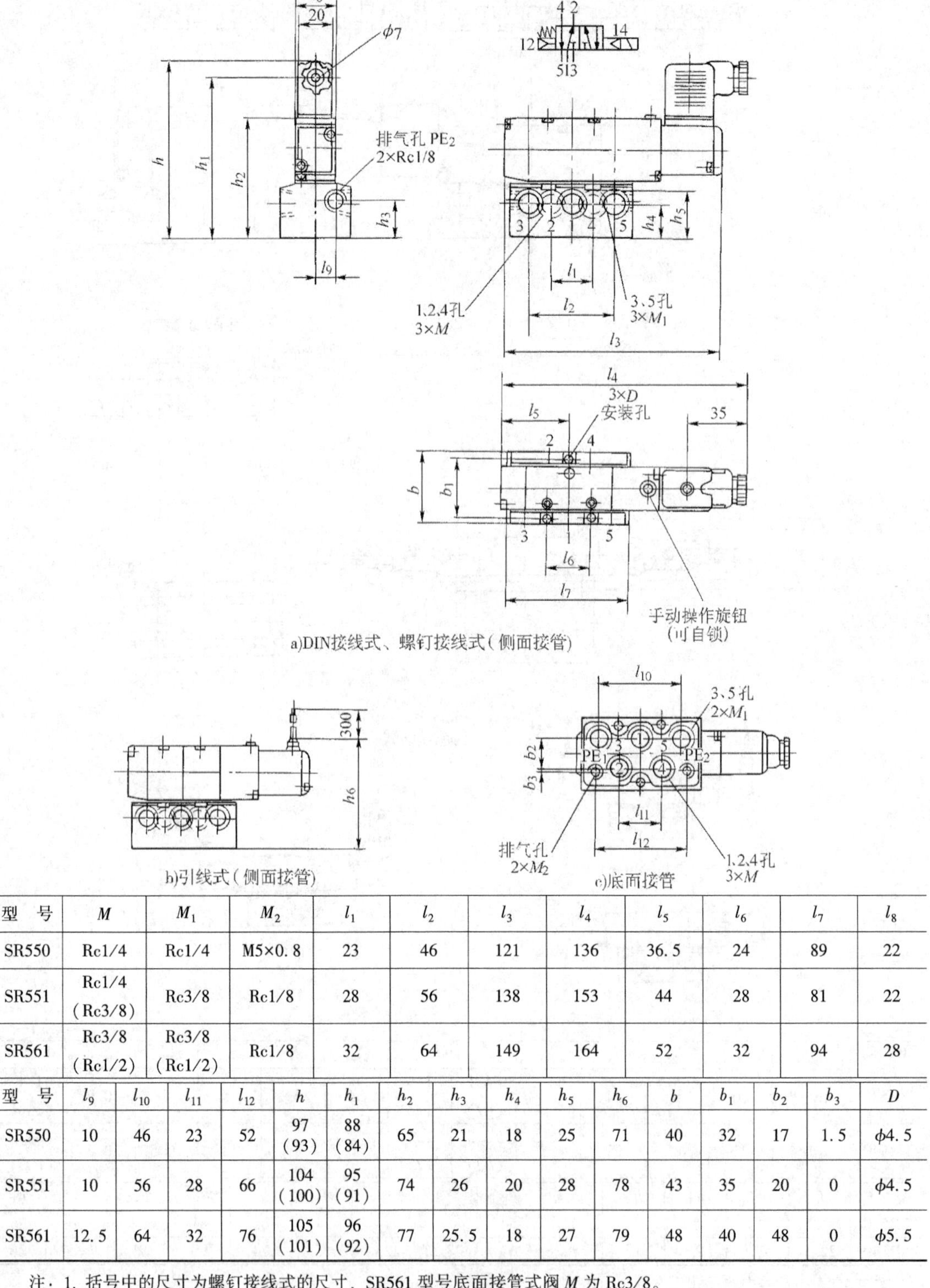

a)DIN接线式、螺钉接线式(侧面接管)

b)引线式(侧面接管)

c)底面接管

型号	M	M_1	M_2	l_1	l_2	l_3	l_4	l_5	l_6	l_7	l_8
SR550	Rc1/4	Rc1/4	M5×0.8	23	46	121	136	36.5	24	89	22
SR551	Rc1/4 (Rc3/8)	Rc3/8	Rc1/8	28	56	138	153	44	28	81	22
SR561	Rc3/8 (Rc1/2)	Rc3/8 (Rc1/2)	Rc1/8	32	64	149	164	52	32	94	28

型号	l_9	l_{10}	l_{11}	l_{12}	h	h_1	h_2	h_3	h_4	h_5	h_6	b	b_1	b_2	b_3	D
SR550	10	46	23	52	97 (93)	88 (84)	65	21	18	25	71	40	32	17	1.5	$\phi4.5$
SR551	10	56	28	66	104 (100)	95 (91)	74	26	20	28	78	43	35	20	0	$\phi4.5$
SR561	12.5	64	32	76	105 (101)	96 (92)	77	25.5	18	27	79	48	40	48	0	$\phi5.5$

注：1. 括号中的尺寸为螺钉接线式的尺寸，SR561 型号底面接管式阀 M 为 Rc3/8。

2. 引线式图中没给出的尺寸可参考 DIN 接线式和螺钉接线式图中的尺寸。

表 22.5-52　SR550、SR551、SR561 板接式二位、三位五通双电控先导式电磁换向阀外形尺寸（mm）

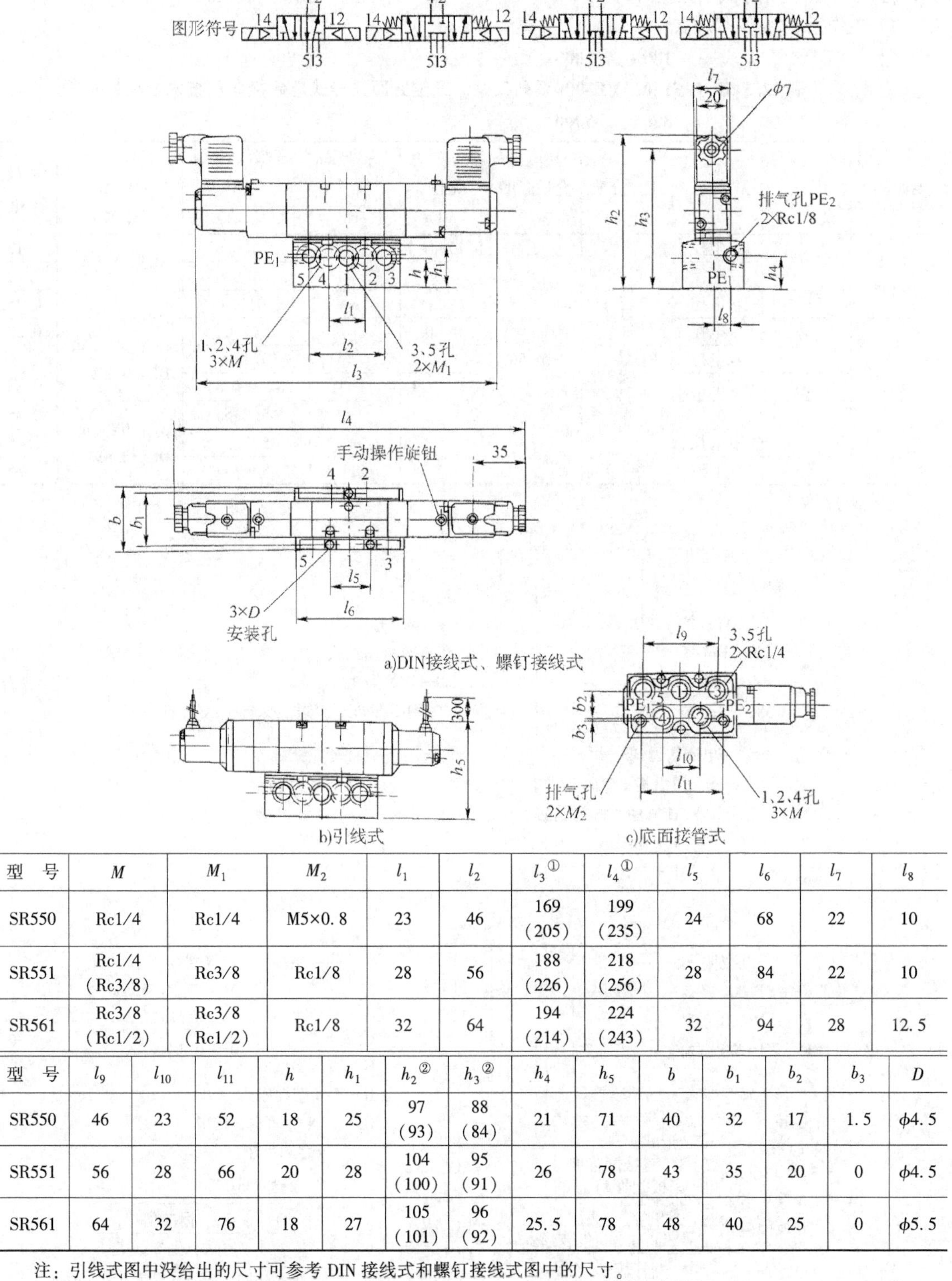

a)DIN接线式、螺钉接线式

b)引线式

c)底面接管式

型　号	M	M_1	M_2	l_1	l_2	$l_3$①	$l_4$①	l_5	l_6	l_7	l_8
SR550	Rc1/4	Rc1/4	M5×0.8	23	46	169 (205)	199 (235)	24	68	22	10
SR551	Rc1/4 (Rc3/8)	Rc3/8	Rc1/8	28	56	188 (226)	218 (256)	28	84	22	10
SR561	Rc3/8 (Rc1/2)	Rc3/8 (Rc1/2)	Rc1/8	32	64	194 (214)	224 (243)	32	94	28	12.5

型　号	l_9	l_{10}	l_{11}	h	h_1	$h_2$②	$h_3$②	h_4	h_5	b	b_1	b_2	b_3	D
SR550	46	23	52	18	25	97 (93)	88 (84)	21	71	40	32	17	1.5	φ4.5
SR551	56	28	66	20	28	104 (100)	95 (91)	26	78	43	35	20	0	φ4.5
SR561	64	32	76	18	27	105 (101)	96 (92)	25.5	78	48	40	25	0	φ5.5

注：引线式图中没给出的尺寸可参考 DIN 接线式和螺钉接线式图中的尺寸。

① 括号中的尺寸为三位阀的尺寸。

② 括号中的尺寸为螺钉接线式的尺寸。

（16）PS180/140/380、VF1000/3000/5000 系列二位、三位五通先导式电磁换向阀

1）工作原理(见图 22.5-15)。

2）技术规格(见表 22.5-53)。

3）外形尺寸(见表 22.5-54、表 22.5-55)。

表 22.5-53　PS180/140/380、VF1000/3000/5000 系列二位、三位五通先导式电磁换向阀技术规格

接管螺纹	位数	先导阀数	工作介质	环境与介质温度/℃	工作压力范围/MPa	最高换向频率/Hz	有效截面积/mm^2(C_v 值)	消耗功率 V·A(AC)、W(DC)	质量/kg
G1/8 Rc1/8	二位	单电控	经过滤的压缩空气	-5~50	0.15~0.9	5	12.6(0.6)	AC：4V·A DC：2.5W	0.13
		双电控			0.1~0.9		12.6(0.6)		0.19
	三位	双电控				3	9.0(0.4)		0.25
G1/4 Rc1/4	二位	单电控			0.15~0.9	5	19(1.0)	AC：6V·A DC：4.8W	0.22
		双电控			0.1~0.9		19(1.0)		0.3
	三位	双电控			0.2~0.9	3	14.4(0.8)		0.35
G3/8 Rc3/8	二位	单电控			0.5~0.9	5	45(2.5)	AC：6V·A DC：4.8W	0.35
		双电控			0.1~0.9		45(2.5)		0.45
	三位	双电控				3	36(2)		0.55

注：型号意义

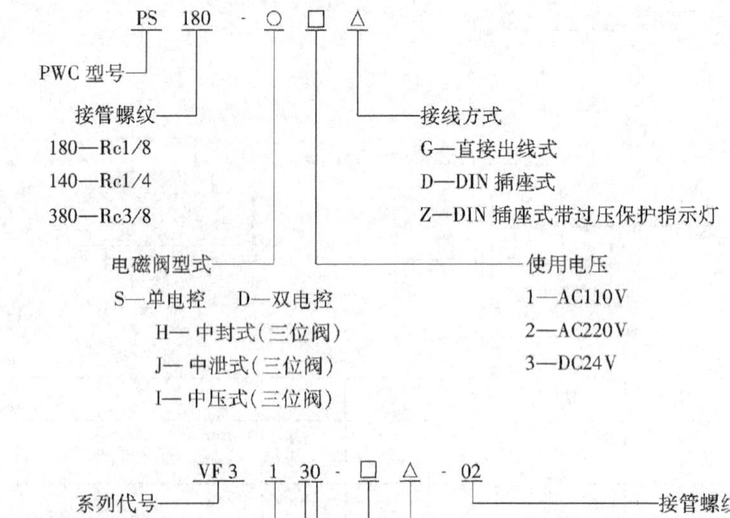

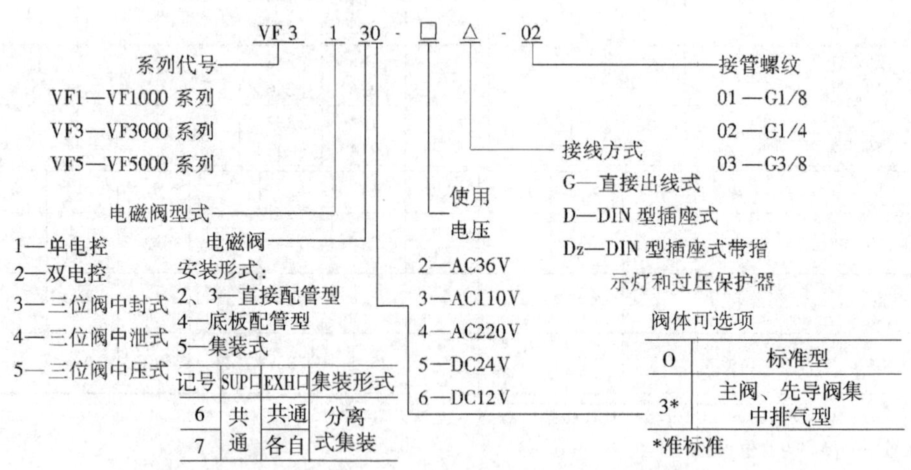

180　1000

表 22.5-54　PS140、VF3000系列二位五通先导式电磁换向阀外形尺寸

380　5000

（mm）

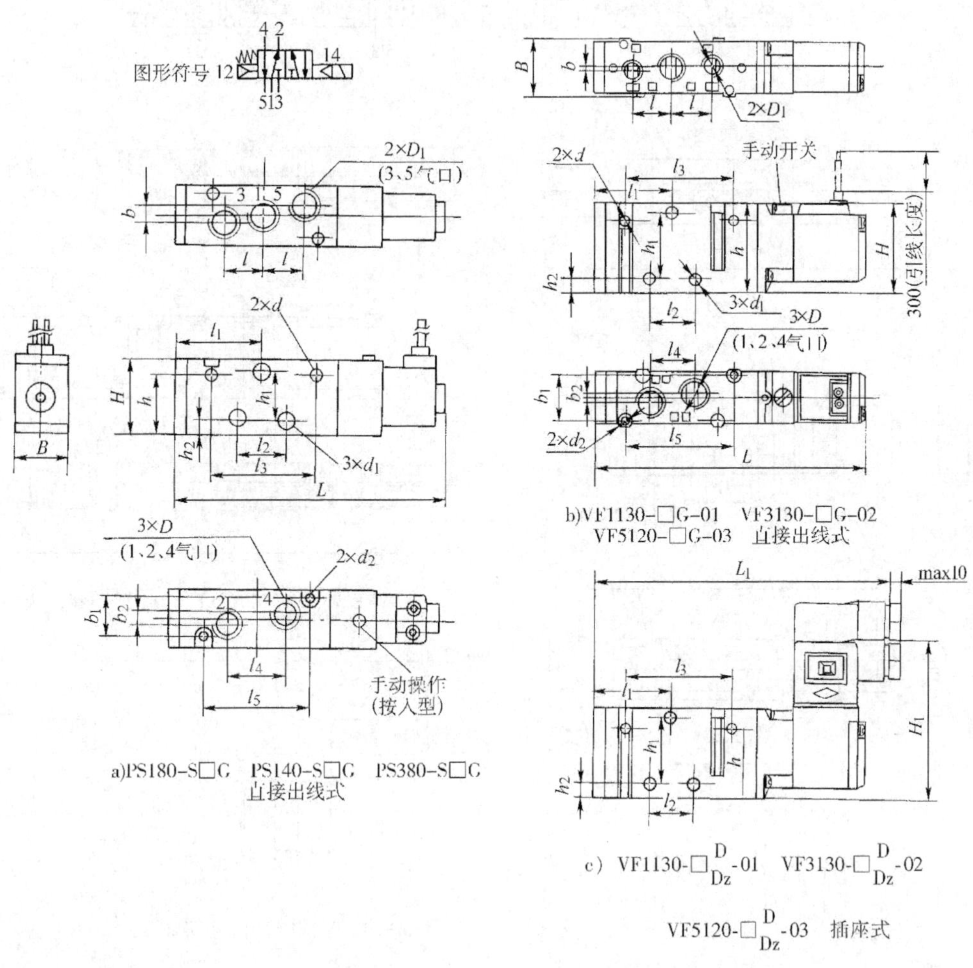

a)PS180-S□G　PS140-S□G　PS380-S□G 直接出线式

b)VF1130-□G-01　VF3130-□G-02 VF5120-□G-03　直接出线式

c) VF1130-□$_{Dz}^{D}$-01　VF3130-□$_{Dz}^{D}$-02

VF5120-□$_{Dz}^{D}$-03　插座式

型号	D	D_1	L	L_1	l	l_1	l_2	l_3	l_4	l_5	H	H_1	h	h_1	h_2	B	b	b_1	b_2	d	d_1	d_2
PS180-S	Rc1/8	Rc1/8	100	—	13.6	—	—	35	17	35	28	34	25	—	—	18	1.6	13	3	ϕ3.2	0	ϕ3.2
PS140-S	Rc1/4	Rc1/8	120	—	17.5	—	20	—	23	10	34.5	—	—	—	7	26.5	8	20	0	0	ϕ4.2	ϕ4.3
PS380-S	Rc3/8	Rc3/8	154	—	26	50.5	27	—	28	44	45	—	—	36	4.5	32	0	24	3	0	ϕ4.3	ϕ4.3
VF1130	G1/8	G1/8	—	105	13.5	—	—	35	17	35	29	55	21	0	0	18	2	13	3	ϕ3.3	0	ϕ4.5
VF3130	G1/4	G1/8	—	125.5	18	—	20.5	—	23	10	35	65	0	0	7	26	14	20	0	0	ϕ4.3	ϕ4.3
VF5120	G3/8	G3/8	—	162	26	48	27	—	28	44	45	69.5	0	36	4	32	0	24	3	0	ϕ4.3	ϕ4.3

180 1000

表 22.5-55 PS140、VF3000系列二位五通、三位五通先导式换向阀外形尺寸

380 5000

（mm）

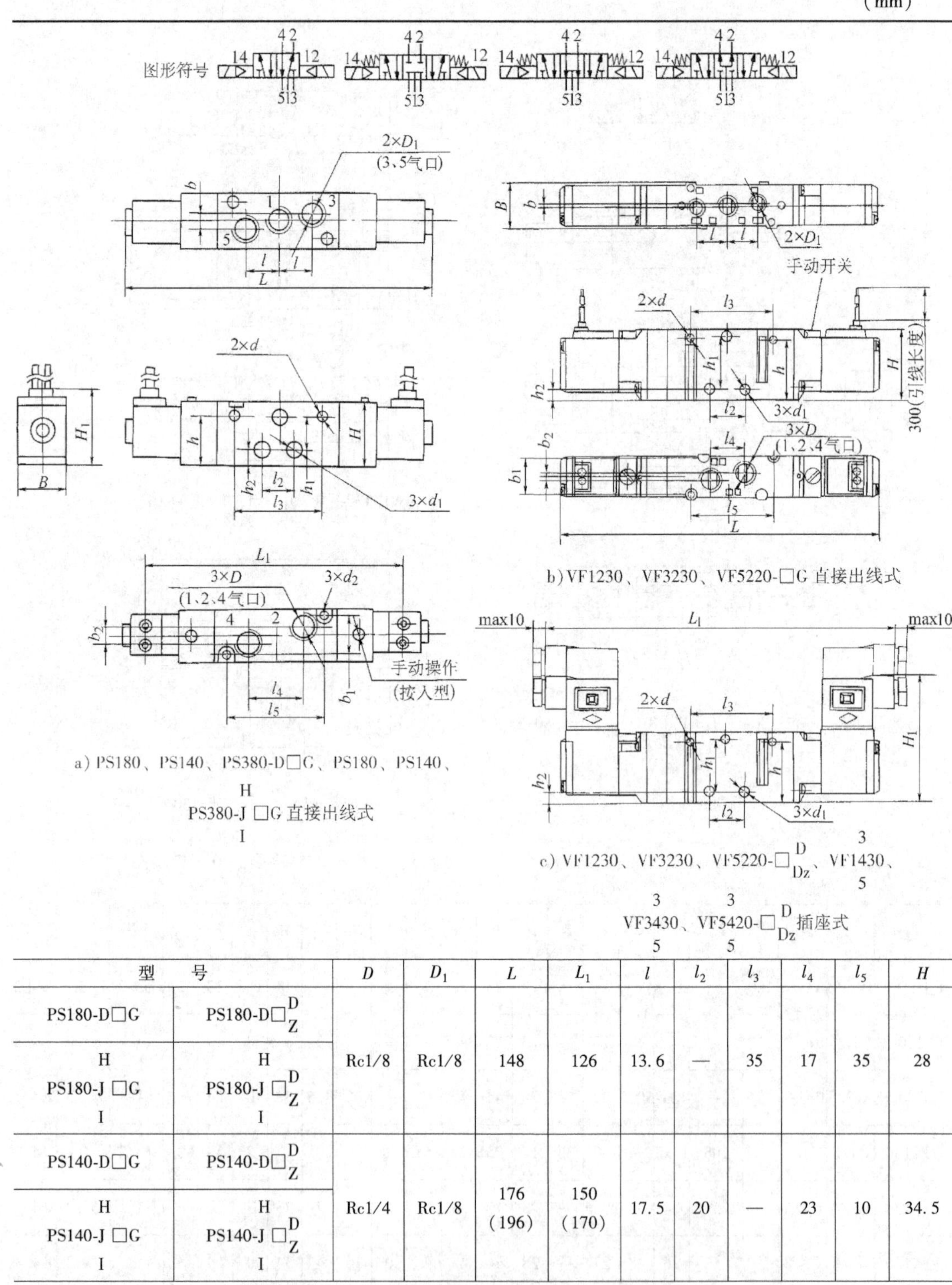

a) PS180、PS140、PS380-D□G、PS180、PS140、
H
PS380-J □G 直接出线式
I

b) VF1230、VF3230、VF5220-□G 直接出线式

c) VF1230、VF3230、VF5220-□$\frac{D}{Dz}$、VF1430、VF3430、VF5420-□$\frac{D}{Dz}$插座式（3、5）

型号		D	D_1	L	L_1	l	l_2	l_3	l_4	l_5	H
PS180-D□G	PS180-D□$\frac{D}{Z}$	Rc1/8	Rc1/8	148	126	13.6	—	35	17	35	28
H PS180-J □G I	H PS180-J □$\frac{D}{Z}$ I										
PS140-D□G	PS140-D□$\frac{D}{Z}$	Rc1/4	Rc1/8	176 (196)	150 (170)	17.5	20	—	23	10	34.5
H PS140-J □G I	H PS140-J □$\frac{D}{Z}$ I										

（续）

型　号		D	D_1	L	L_1	l	l_2	l_3	l_4	l_5	H
PS380-D□G	PS280-D□$^{D}_{Z}$	Rc3/8	Rc3/8	210 (239)	184 (213)	26	27	—	28	44	45
H PS380-J □G I	H PS380-J □$^{D}_{Z}$ I										
VF1230-□G-01	VF1230-□$^{D}_{Dz}$-01	G1/8	G1/8	151.5 (163.5)	—	13.5	—	35	17	35	29
3 VF1430-□G-01 5	3 VF1430-□$^{D}_{Dz}$-01 5										
VF3230-□G-02	VF3230-□$^{D}_{Dz}$-02	G1/4	G1/8	174 (194)	188 (208)	18	20.5	—	23	10	35
3 VF3430-□G-02 5	3 VF3430-□$^{D}_{Dz}$-02 5										
VF5220-□G-03	VF5220-□$^{D}_{Dz}$-03	G3/8	G3/8	—	224 (253.5)	26	27	—	28	44	45
3 VF5420-□G-03 5	3 VF5420-□$^{D}_{Dz}$-03 5										

型　号		H_1	h	h_1	h_2	B	b	b_1	b_2	d	d_1	d_2
PS180-D□G	PS180-D□$^{D}_{Z}$	34	25	—	—	18	1.6	13	3	$\phi3.2$	0	$\phi3.2$
H PS180-J □G I	H PS180-J □$^{D}_{Z}$ I											
PS140-D□G	PS140-D□$^{D}_{Z}$	—	—	—	7	26.5	8	20	0	0	$\phi4.2$	$\phi4.3$
H PS140-J □G I	H PS140-J □$^{D}_{Z}$ I											
PS380-D□G	PS280-D□$^{D}_{Z}$	—	—	36	4.5	32	0	24	3	0	$\phi4.3$	$\phi4.3$
H PS380-J □G I	H PS380-J □$^{D}_{Z}$ I											
VF1230-□G-01	VF1230-□$^{D}_{Dz}$-01	55	21	—	—	18	2	13	3	$\phi3.3$	0	$\phi4.5$
3 VF1430-□G-01 5	3 VF1430-□$^{D}_{Dz}$-01 5											
VF3230-□G-02	VF3230-□$^{D}_{Dz}$-02	65	—	—	7	26	14	20	0	0	$\phi4.3$	$\phi4.3$
3 VF3430-□G-02 5	3 VF3430-□$^{D}_{Dz}$-02 5											
VF5220-□G-03	VF5220-□$^{D}_{Dz}$-03	69.5	—	36	4	32	0	24	3	0	$\phi4.9$	$\phi4.3$
3 VF5420-□G-03 5	3 VF5420-□$^{D}_{Dz}$-03 5											

注：表中括号内的尺寸为三位阀的尺寸。

（17）PS120、PS340、VF7000、VF8000 系列二位、三位五通先导式电磁换向阀

1）工作原理（见图 22.5-15）。

2）技术规格（见表 22.5-56）。

3）外形尺寸(见图 22.5-16)。

表 22.5-56　PS$_{340}^{120}$、VF$_{8000}^{7000}$系列二位、三位五通先导式电磁换向阀技术规格

型号		位数	电磁阀形式	接管螺纹	工作介质	温度范围/℃	工作压力/MPa	有效截面积/mm²（C_v 值）	最高换向频率/Hz	润滑	消耗功率 V·A(AC) W(DC)
PS120S	VF7120	二位	单电控	Rc1/2，G1/2	经过滤的压缩空气	最高 50	0.1 ~ 0.99	80(4.44)	5	有无润滑油均可	AC：6.0 DC：1.8、4.8①
PS340S	VF8120			Rc1/2、3/4，G1/2、3/4				80(4.44) 90(5.0)①	10		
PS120D	VF7220		双电控	Rc1/2，G1/2				80(4.44)	5		
PS340D	VF8220			Rc1/2、3/4，G1/2、3/4				80(4.44) 90(5.0)①	10		
H	3	三位	中封式	Rc1/2，G1/2			0.15 ~ 0.99	70(3.89)			
PS120J	VF7420		中泄式								
I	5		中压式						3		
H	3		中封式	Rc1/2、3/4，G1/2、3/4					5		
PS340J	VF8420		中泄式								
I	5		中压式								

注：1. 生产单位为奉化韩海机械制造有限公司(生产 PS 系列阀)、无锡恒立液压气动有限公司(生产 VF 系列阀)、上海利岛液压气动设备有限公司(生产 VF 系列阀)。

2. 型号意义与PS$_{380}^{180}$、VF$_{5000}^{1000}$系列相同。

① 该值为无锡恒立液压气动有限公司与上海利岛液压气动设备有限公司的值。

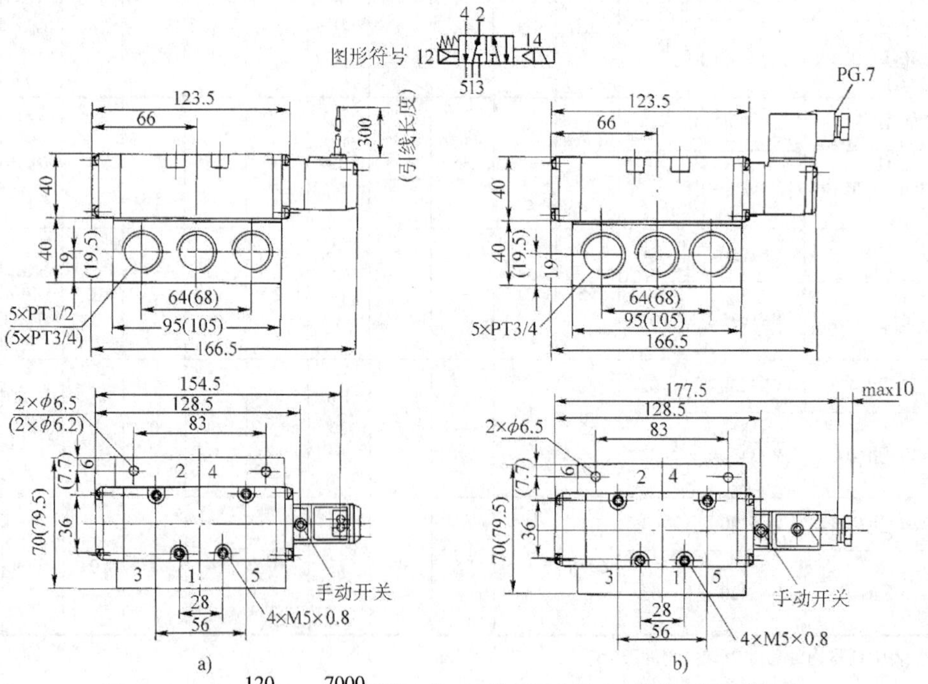

图 22.5-16　PS$_{340}^{120}$、VF$_{8000}^{7000}$系列二位、三位五通先导式电磁换向阀外形尺寸

a）PS120S-□G、VF7120-□G、PS340S-□G、VF8120-□G 直接出线式

b）PS120S-□$_{Z}^{D}$、VF7120-□$_{DZ}^{D}$、PS340S-□$_{Z}^{D}$、VF8120-□$_{DZ}^{D}$插座式

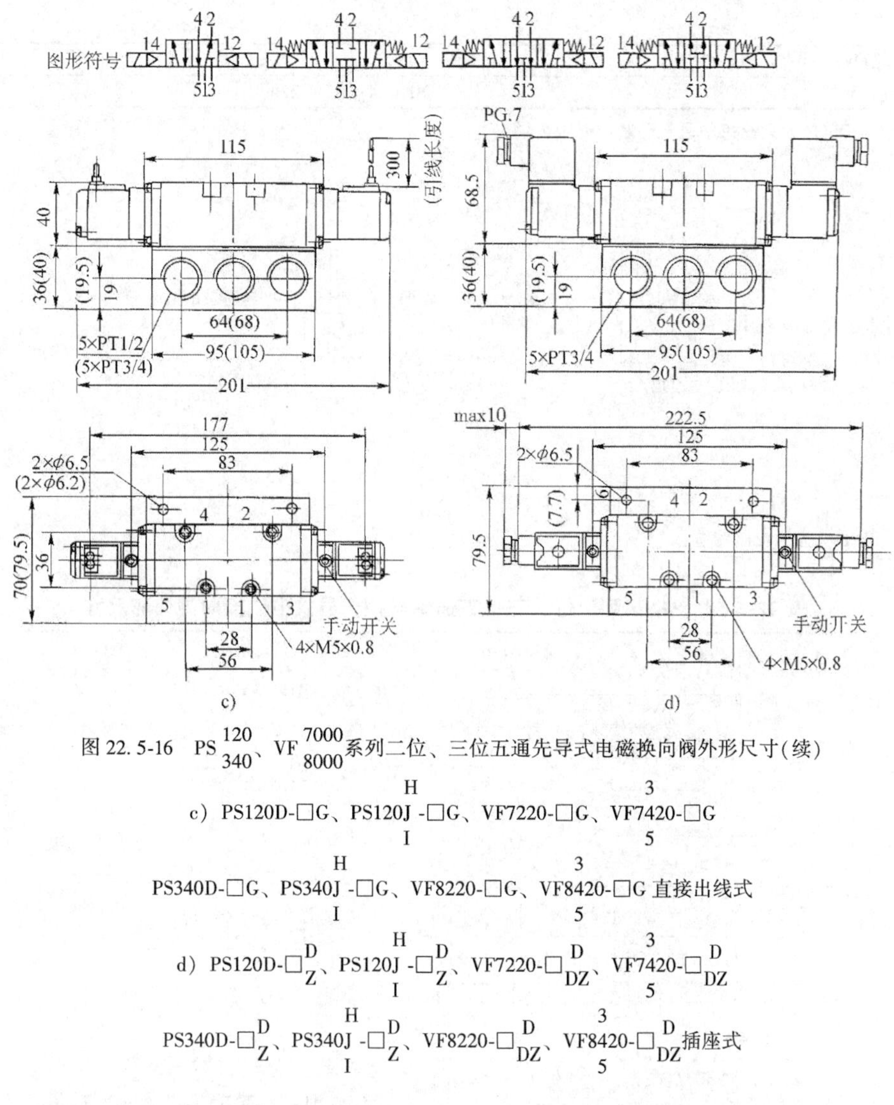

图 22.5-16　PS$\begin{smallmatrix}120\\340\end{smallmatrix}$、VF$\begin{smallmatrix}7000\\8000\end{smallmatrix}$系列二位、三位五通先导式电磁换向阀外形尺寸(续)

c）PS120D-□G、PS120$\begin{smallmatrix}H\\J\\I\end{smallmatrix}$-□G、VF7220-□G、VF7$\begin{smallmatrix}3\\4\\5\end{smallmatrix}$20-□G

PS340D-□G、PS340$\begin{smallmatrix}H\\J\\I\end{smallmatrix}$-□G、VF8220-□G、VF8$\begin{smallmatrix}3\\4\\5\end{smallmatrix}$20-□G 直接出线式

d）PS120D-□$\begin{smallmatrix}D\\Z\end{smallmatrix}$、PS120$\begin{smallmatrix}H\\J\\I\end{smallmatrix}$-□$\begin{smallmatrix}D\\Z\end{smallmatrix}$、VF7220-□$\begin{smallmatrix}D\\DZ\end{smallmatrix}$、VF7$\begin{smallmatrix}3\\4\\5\end{smallmatrix}$20-□$\begin{smallmatrix}D\\DZ\end{smallmatrix}$

PS340D-□$\begin{smallmatrix}D\\Z\end{smallmatrix}$、PS340$\begin{smallmatrix}H\\J\\I\end{smallmatrix}$-□$\begin{smallmatrix}D\\Z\end{smallmatrix}$、VF8220-□$\begin{smallmatrix}D\\DZ\end{smallmatrix}$、VF8$\begin{smallmatrix}3\\4\\5\end{smallmatrix}$20-□$\begin{smallmatrix}D\\DZ\end{smallmatrix}$插座式

（18）3K 系列二位、三位五通先导式电磁换向阀

1）工作原理(见图 22.5-15)。

2）技术规格(见表 22.5-57)。

3）外形尺寸(见表 22.5-58~表 22.5-61)。

表 22.5-57　3K 系列二位、三位五通单、双电控先导式电磁换向阀技术规格

通　径/mm		4	6	8	10	15
接管螺纹	管接式	M5	Rc1/8	Rc1/4	Rc3/8	
	板接式	Rc1/8	Rc1/8，Rc1/4	Rc1/4	Rc3/8	Rc1/2
有效截面积 S 值① /mm²	管接式	>4(>2.5)	12.5(11)	>25(>22)	>48(>40)	
	板接式	>4.5(>3)	14(12)	14(12)	28(27)	60(57)
换向时间① /ms	管接式	<25(<60)	<40(<60)	<36(<60)	<55(<65)	
	板接式	<25(<60)	<40(<60)	<40(<60)	<36(<60)	<55(<65)
环境温度/℃		-5~40				
介质温度/℃		-5~50				
工作压力/MPa		0.15~1.0				
润　滑		有无润滑油均可				

（续）

功率消耗/W	<2	<3
额定电压/V	DC：24；AC：220	

注：1. 生产单位为无锡市华通气动制造有限公司。

2. 型号意义：

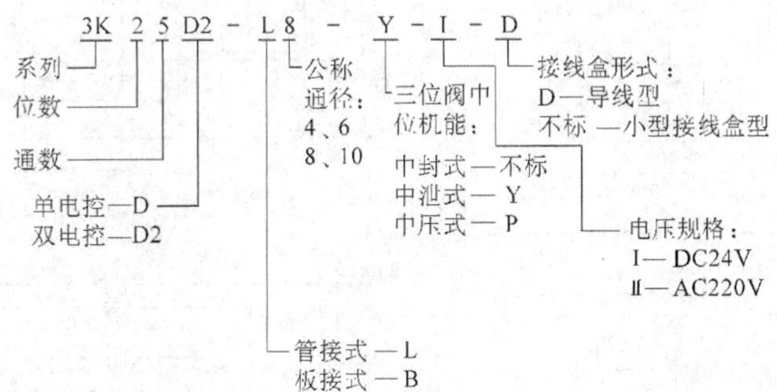

① 括号中的值为三位阀的值。

表 22. 5-58　3K 系列二位、三位五通单电控先导式电磁换向阀外形尺寸　（mm）

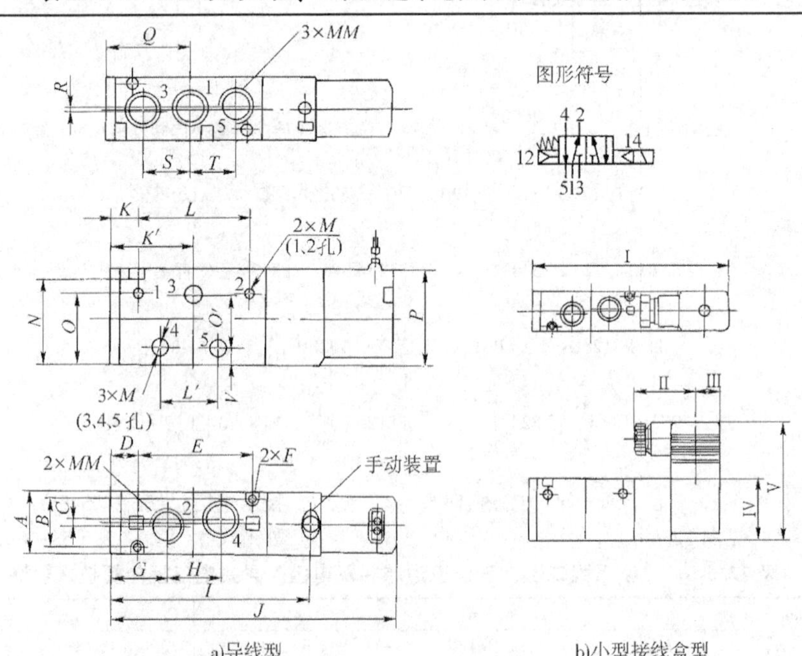

a)导线型　　b)小型接线盒型

a）导线型外形尺寸

型　号	MM	A	B	C	D	E	F	G	H	I	J	K	K'	L
3K25D-L4	M5	15	11	5	11	19	2.7	15.5	10	49.5	84	15.3	—	10.5
3K25D-L6	Rc1/8	18	13	2.2	11	34.5	3.2	19.5	17	68.5	100	10.5	—	35
3K25D-L8	Rc1/4	23	18	2	13	45	3.2	24.5	21	81	119	13	—	44
3K25D-L10	Rc3/8	29	22.3	1	15	60	4.3	31.5	27	104	137	—	45	0

型　号	L'	M	N	O	O'	P	Q	R	S	T	V
3K25D-L4	—	ϕ3.2	20.3	3	—	23	20.5	0	10.5	10.5	—
3K25D-L6	—	ϕ3.2	25	21	—	28	28	2.2	13.5	13.5	—
3K25D-L8	—	ϕ4.5	32	27.5	—	36	35	1	18.5	18.5	—
3K25D-L10	26	ϕ4.5	38	—	33	43	45	1	25.5	25.5	5

（续）

型　号	L'	M	N	O	O'	P	Q	R	S	T	V

b）小型接线盒型外形尺寸

型　号	Ⅰ	Ⅱ	Ⅲ	Ⅳ	Ⅴ
3K25D-L4	84	21.5	7.5	23	41.5
3K25D-L6	100	21.5	7.5	26	46.5
3K25D-L8	119	36.5	14.5	36	60
3K25D-L10	137	36.5	14.5	40	73

表 22.5-59　3K 系列二位、三位五通双电控先导管接式电磁换向阀外形尺寸　（mm）

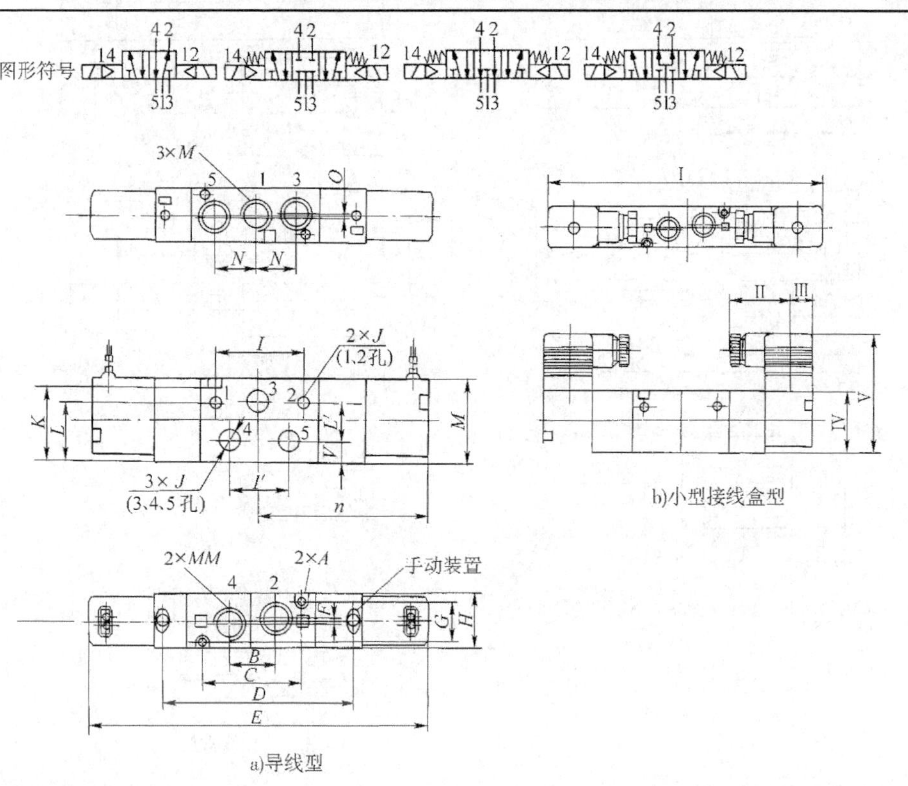

a)导线型　b)小型接线盒型

a）导线型外形尺寸

型　号	MM	A	B	C	D	E	F	G	H	I	I'	J	K	L	L'	M	N	n	O	V
3K25D2-L4	M5	2.7	10	19	58	127	5	11	15	10.5	—	3.2	20.3	3	—	23	10.5	—	0	—
3K35D2-L4					70.5	132.5	5	11	15	10.5	—	3.2	20.3	3	—	23	10.5	63.5	0	—
3K25D2-L6	Rc1/8	3.2	17	34.5	80	144	2.2	13	18	35	—	3.2	25	25	21	28	13.5	—	2.2	—
3K35D2-L6					94.5	154.5	2.2	13	18	35	—	3.2	25	21	—	28	13.5	72	2.2	—
3K25D2-L8	Rc1/4	3.2	21	45	92	168	2	18	23	44	—	4.5	32	27.5	—	36	18.5	—	1	—
3K35D2-L8					111	179	2	18	23	44	—	4.5	32	27.5	—	36	18.5	84	1	—
3K25D2-L10	Rc3/8	4.3	27	60	118	186	1	22.3	29	0	26	4.5	38	—	33	43	25.5	—	1.5	5
3K35D2-L10					118	184	1	22.3	29	0	26	4.5	38	—	33	43	25.5	93	1.5	5

b）小型接线盒型外形尺寸

型　号		Ⅰ①	Ⅱ	Ⅲ	Ⅳ	Ⅴ
3K25D2-L4	3K35D2-L4	127（132.5）	21.5	7.5	23	41.5
3K25D2-L6	3K35D2-L6	144（154.5）	21.5	7.5	26	46.5
3K25D2-L8	3K35D2-L8	168（179）	36.5	14.5	36	60
3K25D2-L10	3K35D2-L10	184（210）	36.5	14.5	40	73

注：图中 1、2 孔为 3K25D2、3K35D2-L4～L8 的安装孔；3～5 孔为 3K25D2、3K35D2-L10 的安装孔。

① 括号中的值为三位阀的尺寸。

表 22.5-60　3K 系列二位四通、五通单电控先导板接式电磁换向阀外形尺寸　　(mm)

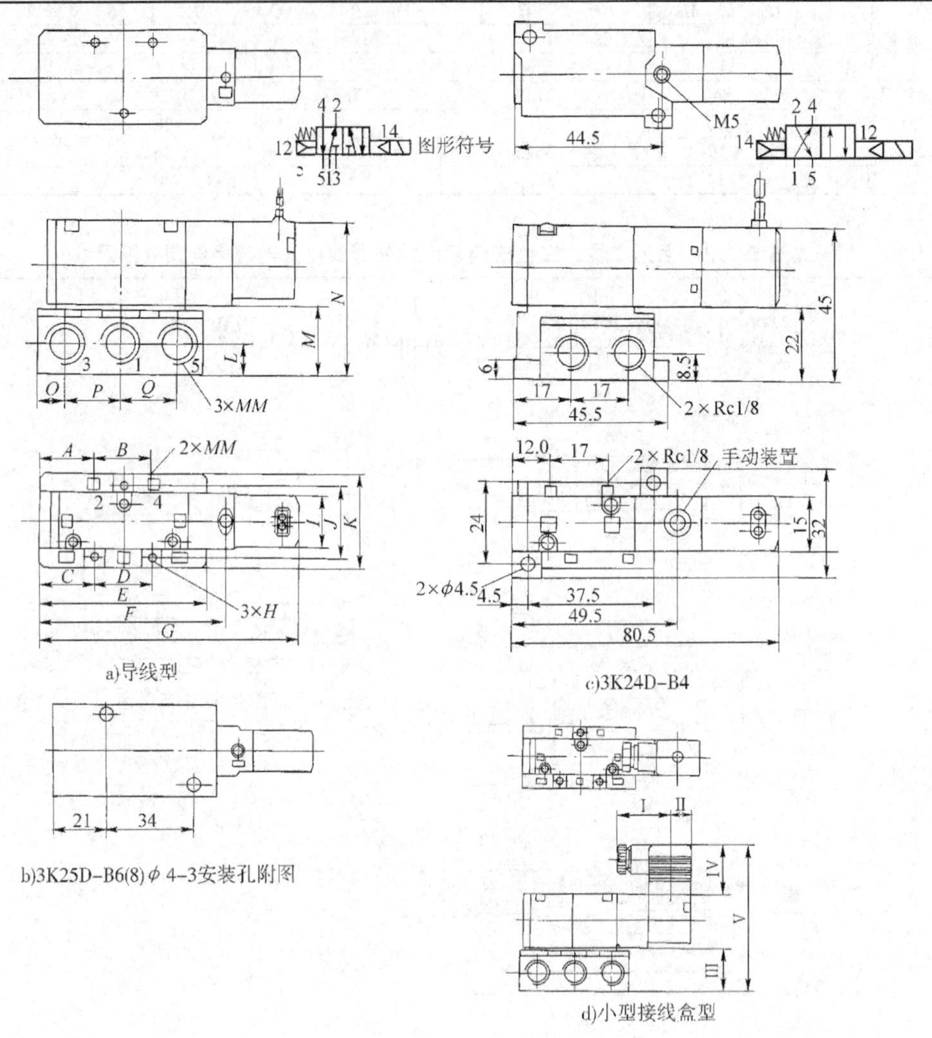

a)导线型

b)3K25D-B6(8)φ 4-3安装孔附图

c)3K24D-B4

d)小型接线盒型

a) 导线型外形尺寸

型　号	MM	A	B	C	D	E	F	G	H	I	J	K	L	M	N	O	P	Q
3K25D-B6(8)	Rc1/8 Rc1/4	21	22	21	34	64	72	102	4.3	18	27	34	11	26	54	10	22	22
3K25D-B10	Rc3/8	23.5	27	24	26	74	83	117	4.3	23	32	40	13.5	30	66	11.5	25.5	25.5
3K25D-B15	Rc1/2	31	32	31	32	94	106	140	5.3	29	42	52	16	37	80	15	32	32

d) 小型接线盒型外形尺寸

型　号	Ⅰ	Ⅱ	Ⅲ	Ⅳ	Ⅴ
3K24D-B4	21.5	7.5	22	18.5	63.5
3K25D-B6(8)	21.5	7.5	26	18.5	72.5
3K25D-B10	36.5	14.5	30	34	100
3K25D-B15	36.5	14.5	37	34	111

表 22.5-61　3K 系列二位四通、五通、三位五通双电控板接式电磁换向阀外形尺寸（mm）

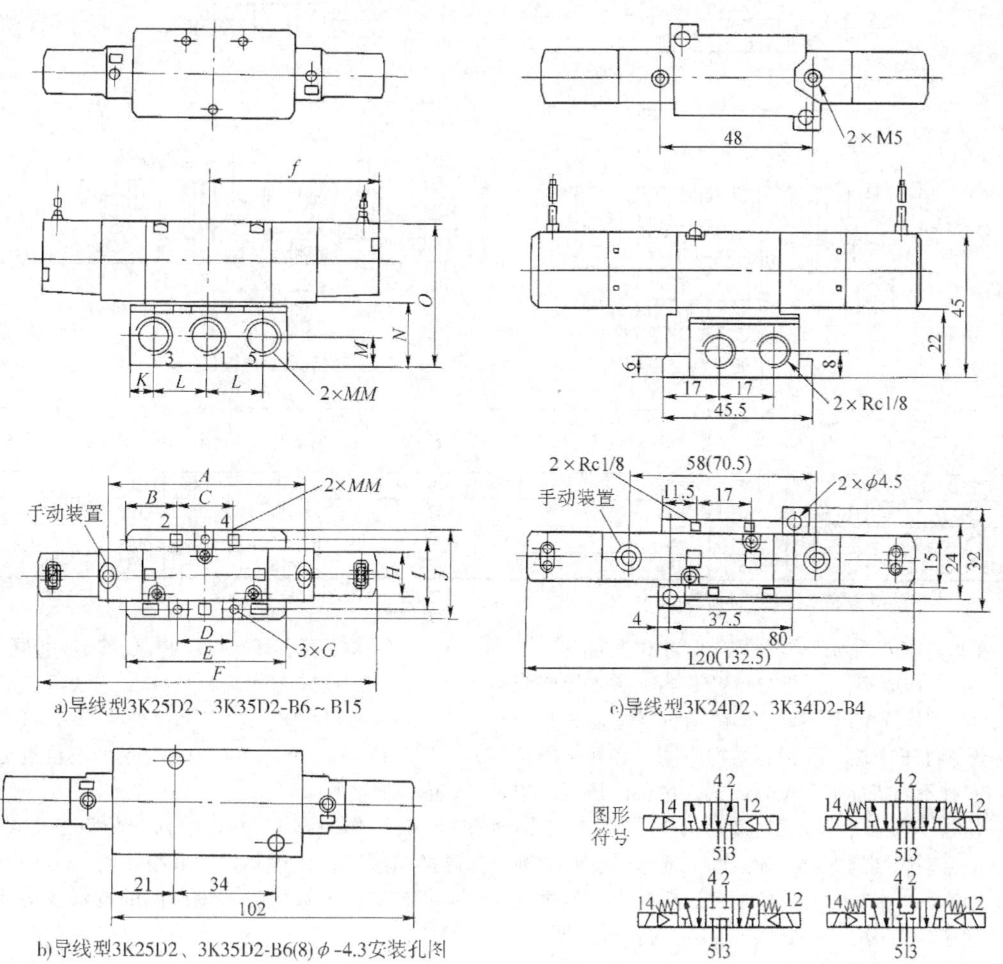

a)导线型3K25D2、3K35D2-B6～B15

c)导线型3K24D2、3K34D2-B4

b)导线型3K25D2、3K35D2-B6(8) ϕ-4.3安装孔图

型　号	*MM*	*A*	*B*	*C*	*D*	*E*	*F*	*f*	*G*	*H*	*I*	*J*	*K*	*L*	*M*	*N*	*O*
3K25D2-B6(8)	Rc1/8	80	21	22	34	64	140	70	4.3	18	27	34	10	22	11.5	26	54
3K35D2-B6(8)	Rc1/4	94.5					154.5										
3K25D2-B10	Rc3/8	92	23.5	27	26	74	160	80	4.3	23	32	40	11.5	25.5	13.5	30	66
3K35D2-B10		111					179										
3K25D2-B15	Rc1/2	118	31	32	32	94	186	93	5.3	29	42	52	15	32	16	37	80
3K35D2-B15		142					210										

注：1. 小型接线盒型外形尺寸可参照单电控板式电磁阀系列尺寸。

2. 图中括号中的值为三位阀的尺寸。

（19）QDA 系列二位五通先导式电磁换向阀

1）工作原理，与图 22.5-15 所示换向阀的工作原理相同。

2）技术规格(见表 22.5-35)。

3）外形尺寸(见表 22.5-62)。

表 22.5-62　QDA 系列二位五通先导式电磁换向阀外形尺寸　(mm)

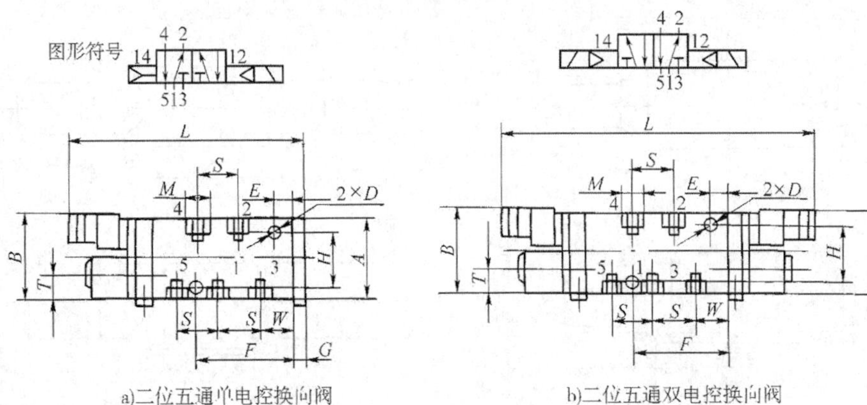

a)二位五通单电控换向阀　b)二位五通双电控换向阀

型号＼代号	M	A	B	D	E	F	G	H	W	T	S	L
Q25DA-L6	Rc1/4	55	70	7	12	79	11	40	18	18.5	24	165
Q25D2A-L6	Rc1/4	55	70	7	20	87	—	40	20	18.5	24	228
Q25DA-L12	Rc1/2	65	75	7	20	66	11	46	17.5	23.5	33	180
Q25D2A-L12	Rc1/2	65	75	7	26	72	—	46	21.5	23.5	33	240

注：生产单位为肇庆方大气动有限公司。

(20) QDC 系列三位五通先导式电磁换向阀

1) 工作原理，见图 22.5-17。当电磁先导阀线圈 1′和 12′均断电时，阀芯 6′在左右复位弹簧 5′和 8′作用下处于中位。因阀芯结构不同，其处于中位时有三种不同机能：中位封闭式、中位泄压式、中位加压式。图示中封式中位时，1 与气口 2～5 断开，当某一线圈通电时，如线圈 1′通电(线圈 12′断电)，使动铁心 2′右移，打开控制活塞 4′右端供气口，阀芯 6′左移，1→2 供气，4→5 排气。同理，当线圈 12′通电(线圈 1′断电)时，控制活塞 9′左端供气，使阀芯 6′右移，1→4 供气，2→3 排气。

2) 技术规格(见表 22.5-41)。

3) 外形尺寸(见表 22.5-42、表 22.5-43)。

(21) SR、PS、VF、3K 等系列三位五通先导式电磁换向阀

其工作原理与 QDC 系列三位五通先导式电磁换向阀工作原理相同。其技术规格、外形尺寸见各自二位五通先导式电磁阀的技术规格及外形尺寸。

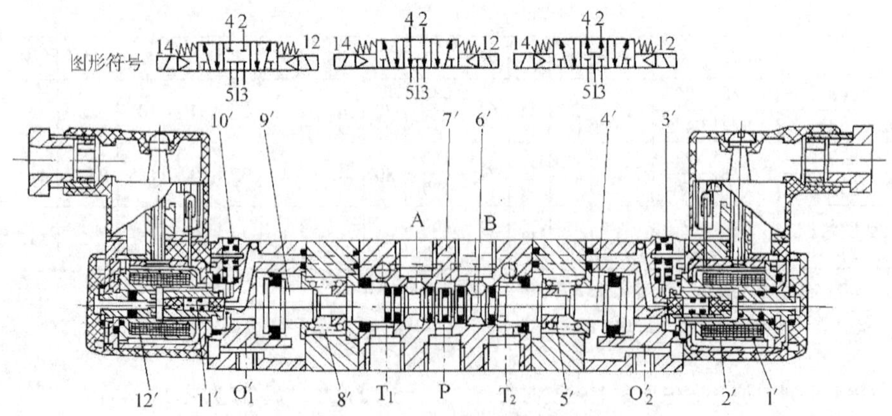

图 22.5-17　三位五通先导式电磁换向阀工作原理图

1′、12′—电磁先导阀线圈　2′、11′—动铁心　3′、10′—手动操作按钮　4′、9′—控制活塞　5′、8′—复位弹簧　6′—阀芯　7′—阀体

（22）PS4130 硬质（金属）密封二位五通直动式电磁换向阀

1）工作原理，与图 22.5-10 所示阀的工作原理类似，但阀芯与阀体之间的密封为金属间隙密封，从而明显地提高了阀的耐久性。

2）技术规格（见表 22.5-63）。

3）外形尺寸（见图 22.5-18）。

表 22.5-63　PS4130 硬质（金属）密封二位五通直动式电磁换向阀技术规格

接管螺纹	Rc3/8、Rc1/2	工作压力范围/MPa	0.15~0.9
工作介质	经过滤的压缩空气	有效截面积/mm²（C_v）值	43（2.39）
环境与介质温度/℃	-20~60	工作电压/V	AC：110；AC：220

注：1. 生产单位为奉化韩海机械制造有限公司。

2. 型号意义：

PS4　1　30　—　04　□

PMC 型号

电　磁　阀

形式：

1—单电控

2—双电控

接管螺纹：

03—Rc3/8

04—Rc1/2

使用电压：

1—AC110V

2—AC220V

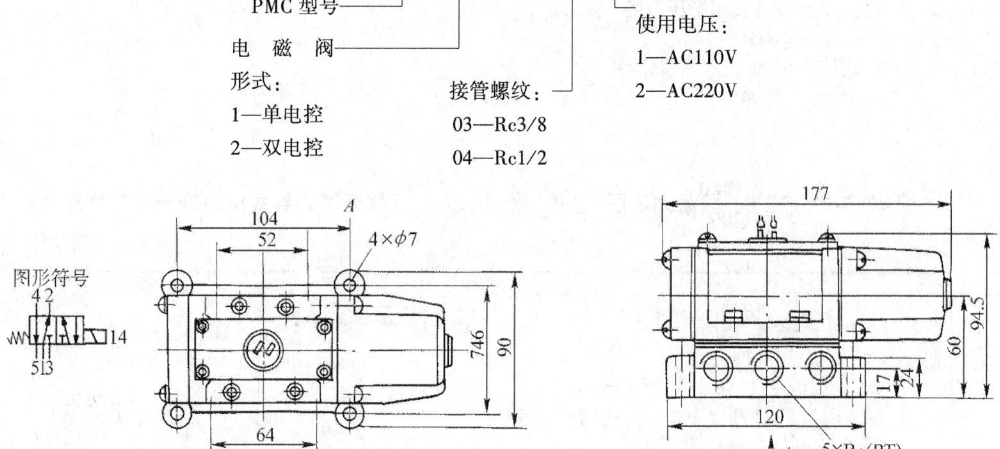

图 22.5-18　PS4130 硬质（金属）密封二位五通直动式电磁换向阀外形尺寸

（23）VFS1000/2000/3000 系列硬质（金属）密封二位、三位五通先导式电磁换向阀

1）工作原理，与图 22.5-15 和图 22.5-17 相同，但阀芯与阀套（阀芯与阀体的过渡套）之间密封为金属间隙密封，从而明显地提高了阀的耐久性。

2）技术规格（见表 22.5-64）。

3）外形尺寸（见表 22.5-65 及图 22.5-19）。

表 22.5-64　VFS1000/2000/3000系列硬质（金属）密封二位、三位五通先导式电磁换向阀技术规格

型　号	位数	电磁阀形式	接管螺纹/in		工作介质	温度范围/℃	工作压力/MPa	有效截面积/mm²（C_v 值）	最高换向频率/Hz	润滑	消耗功率 V·A（AC） W（DC）
			1、2、4 口	3、5 口							
VFS1120-□△-01	二位	单电控	1/8	1/8	经过滤的压缩干燥空气	-30~60	0.1~1.0	9（0.5）	20	有无润滑油均可	AC（220V）3.4 DC（24V）1.8
VFS1220-□△-01		双电控									
VFS1320-□△-01	三位	中封式						7.2（0.4）	10		
VFS1420-□△-01		中泄式						9（0.5）			
VFS1520-□△-01		中压式						8.8（0.49）			
VFS2120-□△-02	二位	单电控	1/4	1/8				17.1（0.95）	20		
VFS2220-□△-02		双电控									
VFS2320-□△-02	三位	中封式						13.5（0.75）	10		
VFS2420-□△-02		中泄式						17.1（0.95）			
VFS2520-□△-02		中压式						16.2（0.9）			

（续）

型　号	位数	电磁阀形式	接管螺纹/in		工作介质	温度范围/℃	工作压力/MPa	有效截面积/mm^2 (C_v 值)	最高换向频率/Hz	润滑	消耗功率 V·A(AC) W(DC)
			1、2、4 口	3、5 口							
VFS3130-□△-03	二位	单电控	3/8	1/4	经过滤的压缩干燥空气	-30 ~ 60	0.1 ~ 1.0	45(2.5)	20	有无润滑油均可	AC(220V) 3.4 DC(24V) 1.8
VFS3230-□△-03	二位	双电控							25		
VFS3330-□△-03	三位	中封式							10		
VFS3430-□△-03	三位	中泄式							10		
VFS3530-□△-03	三位	中压式							10		

注：1. 生产单位为无锡恒立液压气动有限公司、上海利岛液压气动设备有限公司。

2. 表中□、△分别为使用电压、接电方式。

3. 型号说明与 VF$\begin{smallmatrix}1000\\3000\\5000\end{smallmatrix}$系列说明相同。

4. 1in = 0.0254m。

表 22.5-65　VFS$\begin{smallmatrix}1000\\2000\end{smallmatrix}$系列硬质（金属）密封二位、三位五通先导式电磁换向阀外形尺寸

（mm）

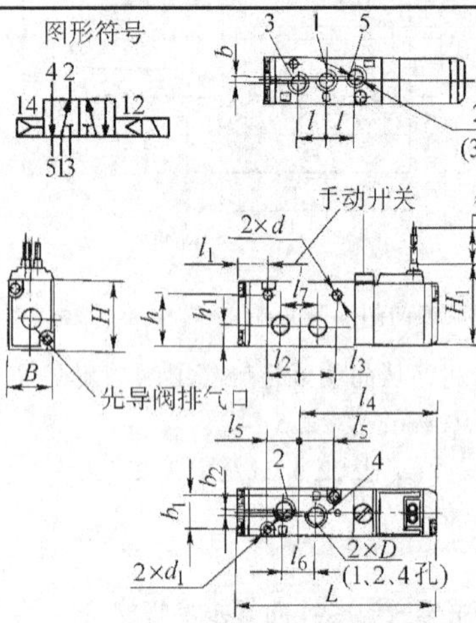

a) VFS1120-□G-01、VFS2120-□G-02 直接出线式

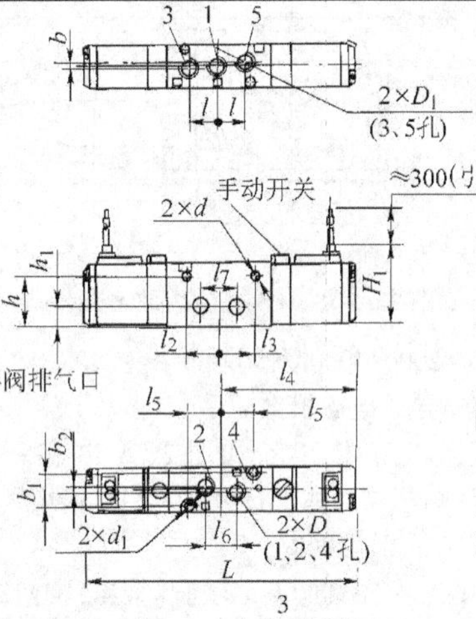

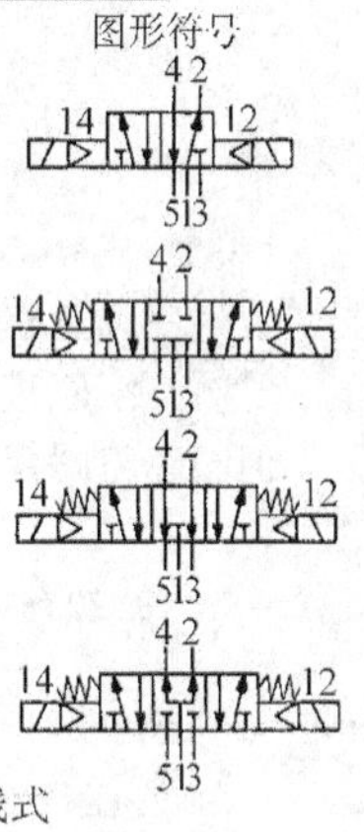

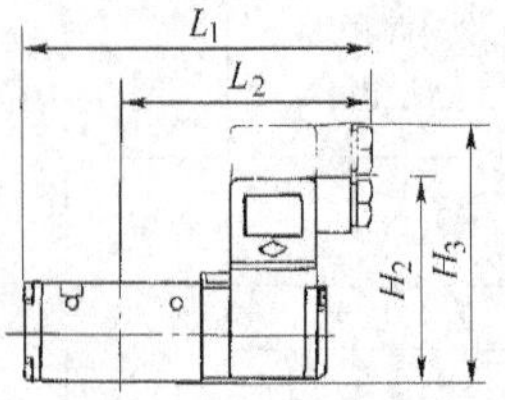

b) VFS1120-□$\begin{smallmatrix}D\\DZ\end{smallmatrix}$-01、VFS2120-□$\begin{smallmatrix}D\\DZ\end{smallmatrix}$-02

插座式（无和有过压保护器两种）

c) VFS1220-□G-01、VFS1$\begin{smallmatrix}3\\4\\5\end{smallmatrix}$20-□G-01、

VFS2220-□G-02、VFS2$\begin{smallmatrix}3\\4\\5\end{smallmatrix}$20-□G-02 直接出线式

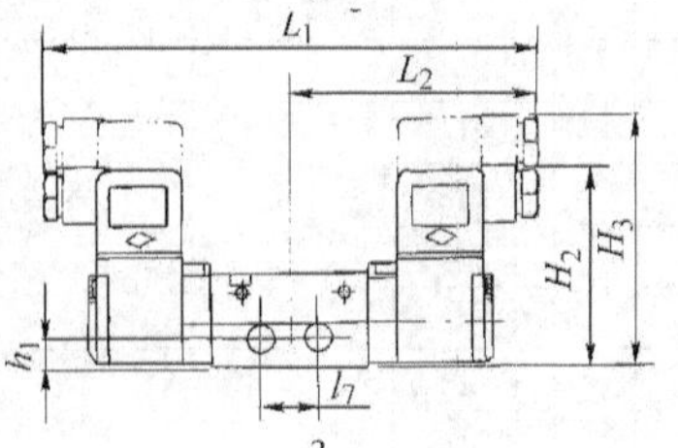

d) VFS1220-□$\begin{smallmatrix}D\\DZ\end{smallmatrix}$-02、VFS1$\begin{smallmatrix}3\\4\\5\end{smallmatrix}$20-□$\begin{smallmatrix}D\\DZ\end{smallmatrix}$-02、VFS2220-□$\begin{smallmatrix}D\\DZ\end{smallmatrix}$-02、

VFS2$\begin{smallmatrix}3\\4\\5\end{smallmatrix}$20-□$\begin{smallmatrix}D\\DZ\end{smallmatrix}$-02 插座式（无和有过压保护器两种）

（续）

型号		D	D_1	L	L_1	L_2	l	l_1	l_2	l_3	l_4	l_5	l_6
VFS1120-□G-01	VFS1120-□$_{DZ}^{D}$-01			103	121								
VFS1220-□G-01	VFS1220-□$_{DZ}^{D}$-01	G1/8	G1/8	187	151	89	14.5	16.5	17	18.5	71	17	16.4
VFS14$\begin{smallmatrix}3\\2\\5\end{smallmatrix}$0-□G-01	VFS14$\begin{smallmatrix}3\\2\\5\end{smallmatrix}$0-□$_{DZ}^{D}$-01			155.5	191.5								
VFS2120-□G-02	VFS2120-□$_{DZ}^{D}$-02			124.5	143	108		25.5					
VFS2220-□G-02	VFS2220-□$_{DZ}^{D}$-02	G1/4	G1/8	182	218	110	18				89	24.25	20
VFS24$\begin{smallmatrix}3\\2\\5\end{smallmatrix}$0-□G-02	VFS24$\begin{smallmatrix}3\\2\\5\end{smallmatrix}$0-□$_{DZ}^{D}$-02			192.5	228	120							

型号		l_7	H	H_1	H_2	H_3	h	h_1	B	b	b_1	b_2	d	d_1
VFS1120-□G-01	VFS1120-□$_{DZ}^{D}$-01													
VFS1220-□G-01	VFS1220-□$_{DZ}^{D}$-01	—	32.5	40	65	82	25.2	—	23	3	17	3	ϕ3.5	ϕ4.5
VFS14$\begin{smallmatrix}3\\2\\5\end{smallmatrix}$0-□G-01	VFS14$\begin{smallmatrix}3\\2\\5\end{smallmatrix}$0-□$_{DZ}^{D}$-01													
VFS2120-□G-02	VFS2120-□$_{DZ}^{D}$-02													
VFS2220-□G-02	VFS2220-□$_{DZ}^{D}$-02	20.4	40	—	68.5	85.5	—	6.5	26	0	21	2	0	ϕ3.5
VFS24$\begin{smallmatrix}3\\2\\5\end{smallmatrix}$0-□G-02	VFS24$\begin{smallmatrix}3\\2\\5\end{smallmatrix}$0-□$_{DZ}^{D}$-02													

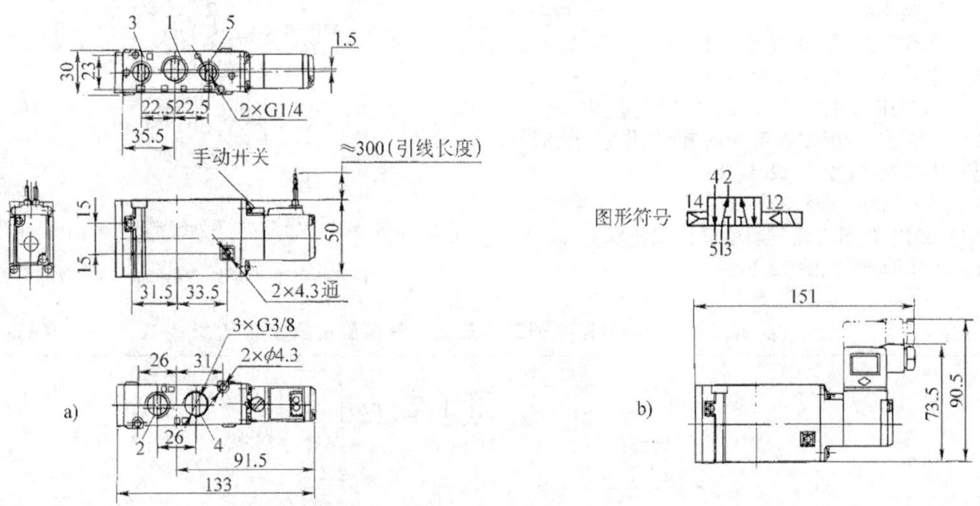

图 22.5-19　VFS3000 系列硬质(金属)密封二位、三位五通先导式电磁换向阀外形尺寸

a) VFS3130-□G-03 直接出线式

b) VFS3130-□$_{DZ}^{D}$-03 插座式(无和有过压保护器两种)

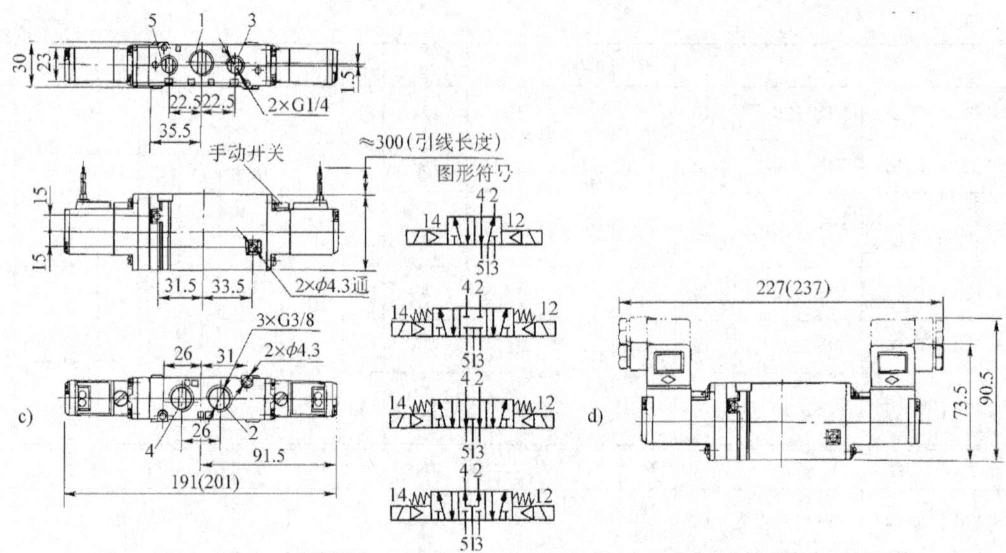

图22.5-19　VFS3000系列硬质(金属)密封二位、三位五通先导式电磁换向阀外形尺寸(续)

c) VFS3230-□G-03　VFS3430-□G-03直接出线式（3430，3/5）

d) VFS3230-□D/DZ-03　VFS3430-□D/DZ-03插座式(无和有过压保护器两种)（3430，3/5）

1.2.2　气控阀

(1) K22JK-W、K23JK-W系列二位二通、三通单气控截止阀

1) 工作原理如图22.5-20所示。该系列阀常闭型靠K口输入气信号使阀开启，P→A接通；K口无气信号时，因弹簧力作用使阀关闭(常通型与此相反)。若将该阀排气口(见表22.5-30附图中O口)堵死，可做二位二通阀使用。

2) 技术规格(见表22.5-29)。

3) 外形尺寸(见表22.5-30)。

(2) K23JK系列二位三通单气控截止阀

1) 工作原理与图22.5-20所示阀的工作原理类似。

2) 技术规格(见表22.5-31)。

3) 外形尺寸(见表22.5-66)。

(3) 23JQ系列二位三通单气控截止阀

1) 工作原理(见图22.5-20)。

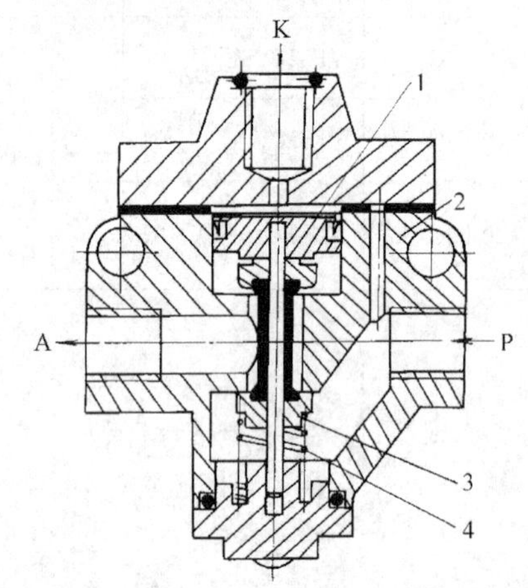

图22.5-20　K22/23JK-W系列气控截止阀工作原理图

1—活塞　2—阀体　3—阀芯　4—弹簧

表22.5-66　K23JK系列二位三通单气控截止阀外形尺寸　(mm)

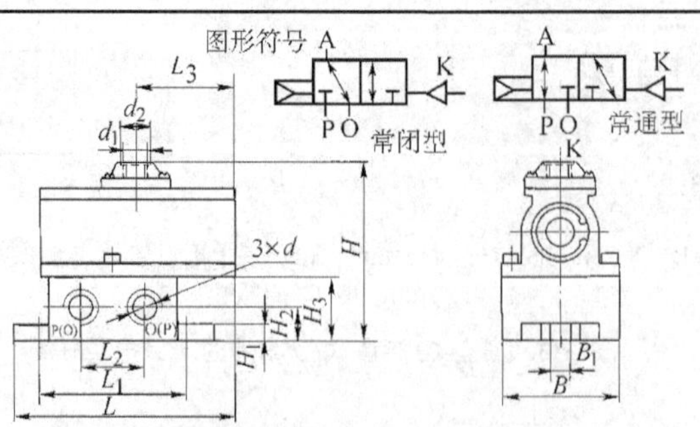

（续）

型　号	接管螺纹 d	d_1	d_2	L	L_1	L_2	L_3	B	B_1	H	H_1	H_2	H_3
K23JK-6	M10×1 (G1/8)	M10×1	ϕ14	88	68	28	37	56	7	85	8	14	23
K23JK-8	M12×1.25 (G1/4)												
K23JK-10	M16×1.5 (G3/8)			117	86	36	52	65	7	103	12	17.5	34
K23JK-15	M20×1.5 (G1/2)												
K23JK-20	M27×2 (G3/4)			164	130	55	68	86	11	135	15	28	50
K23JK-25	M33×2 (G1)												

注：生产单位为烟台未来自动装备有限责任公司。

2）外形尺寸(见表 22.5-67)。

表 22.5-67　23JQ 系列二位三通单气控截止阀外形尺寸　(mm)

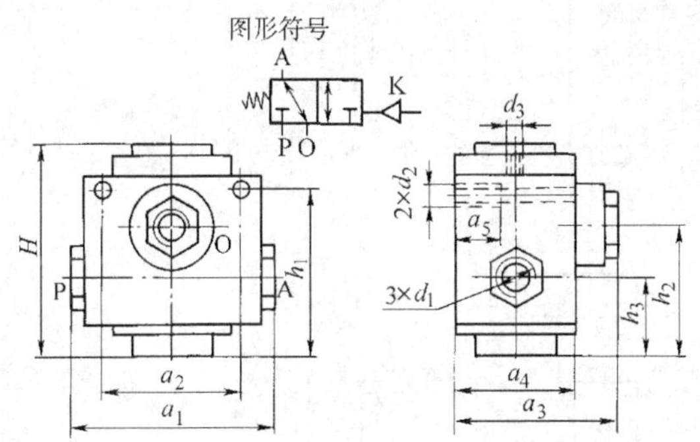

型　号	d_1/in	a_1	a_2	a_3	a_4	a_5
23JQ-L25	ϕ1	128	96	106	86	25
23JQ-L32	$\phi 1\frac{1}{4}$	116		100		
23JQ-L40	$\phi 1\frac{1}{2}$	148	112	124	100	30
23JQ-L50	ϕ2	136		118		

型　号	d_2-6H	d_3	H	h_1	h_2	h_3
23JQ-L25	M10	G1/8	132	107	85	52.5
23JQ-L32						
23JQ-L40	M12		160	131	104	66.5
23JQ-L50						

（4）JQ23 系列二位三通气控换向滑阀

1）工作原理。图 22.5-21a 所示为单气控换向滑阀工作原理图。常断型，当无气控信号 K 时，P 与 A 气口断开；当有气控信号时靠阀芯的面积差，在气压作用下阀芯换向 P 与 A 气口接通(按括号中的气口接法为常通型)。图 22.5-21b 所示为双气控换向阀，当气控信号 K_1(或 K_2)输入时，控制阀芯换向，使气口 P→A 断(或通)。

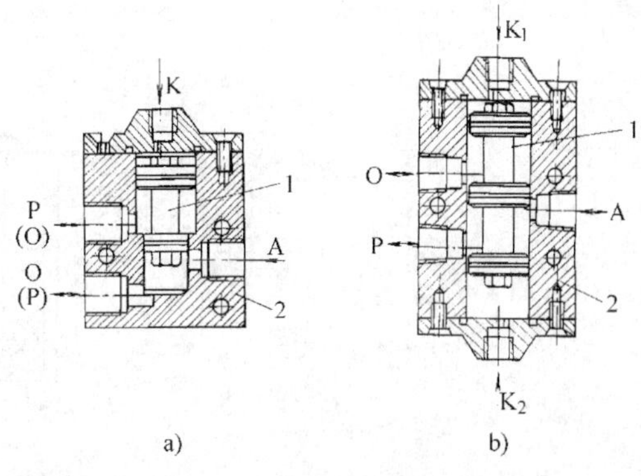

图 22.5-21　二位三通气控换向滑阀工作原理图
a）单气控　b）双气控

2）技术规格(见表 22.5-68)。

3）外形尺寸(见图 22.5-22)。

（5）JQ25 系列二位五通气控换向滑阀

1）工作原理。图 22.5-23a 所示为单气控换向滑阀，无气控信号 14 时，靠阀芯①的面积差，

表 22.5-68　JQ23（二位三通）、JQ25（二位五通）系列气控换向滑阀技术规格

型号					公称通径/mm	接管口径	工作介质	工作温度/℃	工作压力/MPa	控制压力/MPa
二位三通	JQ230630	二位五通	JQ250630	单气控	6	G1/4	经净化的压缩空气	5~60	0~1.0	0.2~1.0
	JQ230830		JQ250830		8	G1/4				
	JQ231030		JQ251030		10	G3/8				
	JQ231530		JQ251530		12	G1/2				
	JQ230631		JQ250631	双气控	6	G1/4				
	JQ230831		JQ250831		8	G1/4				
	JQ231031		JQ251031		10	G1/2				
	JQ231531		JQ251531		12	G1/2				

注：生产单位为重庆嘉陵气动元件厂。

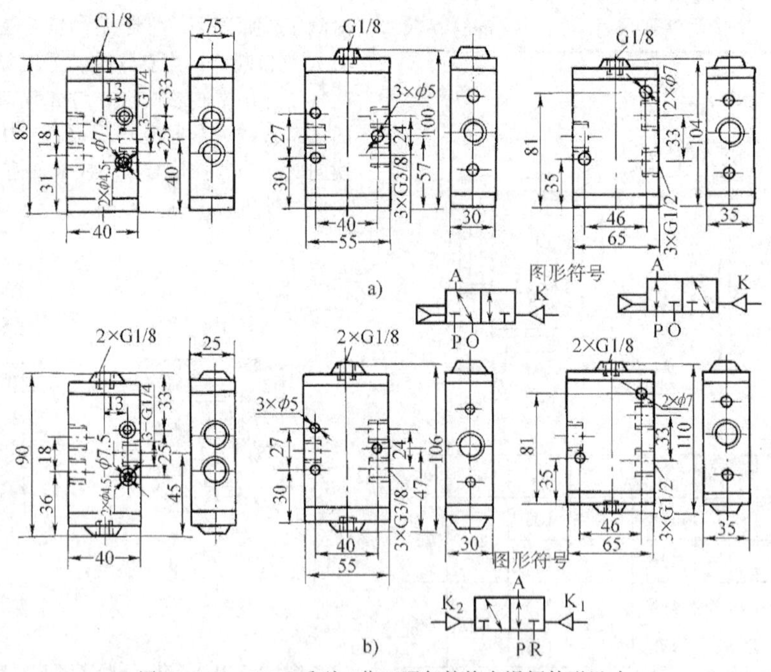

图 22.5-22　JQ23 系列二位三通气控换向滑阀外形尺寸

a）单气控常断（通）型　b）双气控

在气压作用下使 1→2 接通，4→5 排气；当有气控信号 14 时，1→4 接通，2→3 排气。

图 22.5-23b 所示为双气控换向滑阀。气控信号 12 控制阀芯①使气口 2 输出，气控信号 14 使气口 4 有输出。

2）技术规格(见表 22.5-68)。

3）外形尺寸(见图 22.5-24)。

（6）QQC 系列二位、三位五通气控换向滑阀

1）工作原理，与图 22.5-23 所示阀的工作原理类似。

2）技术规格(见表 22.5-69)。

3）外形尺寸(见表 22.5-70、表 22.5-71)。

（7）VFA、PMV 系列二位五通气控换向阀

1）工作原理，与图 22.5-23 所示阀的工作原理类似。

2）技术规格(见表 22.5-72)。

3）外形尺寸(见表 22.5-73、表 22.5-74)。

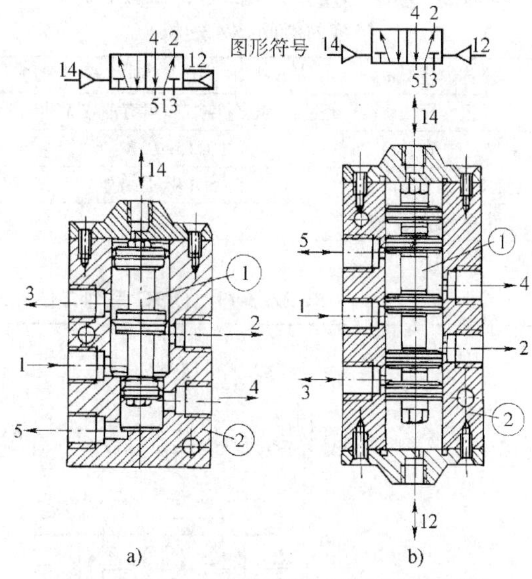

图 22.5-23 二位五通气控换向滑阀工作原理图

a）单气控 b）双气控

①—阀芯 ②—阀体

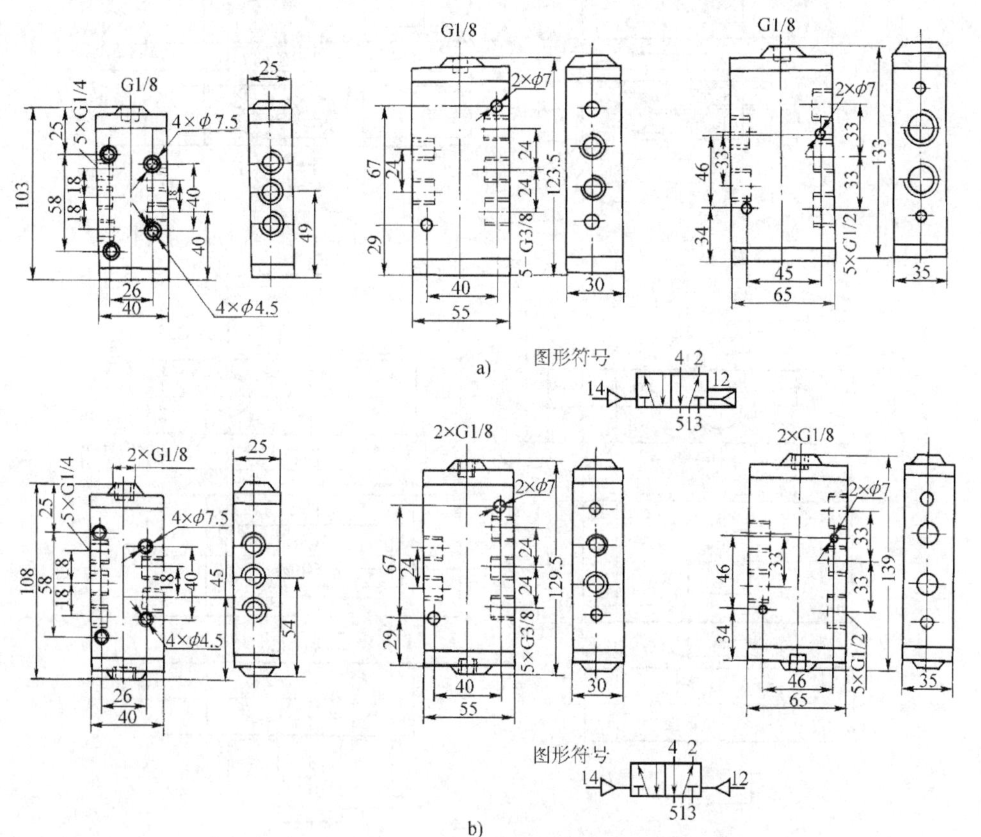

图 22.5-24 JQ25 系列二位五通气控换向滑阀外形尺寸

a）单气控 b）双气控

表 22.5-69 QQC 系列二位、三位五通气控换向滑阀技术规格

公称通径/mm		3	6	8	10	15	20	25
工作介质		经过滤的压缩空气，可有油或无油润滑						
工作压力范围/MPa		0.15~0.8						
使用温度范围/℃		-5~50(但不结冰)						
最低控制压力/MPa		≤0.5						
有效截面积/mm²	二位阀	≥3	≥10	≥20	≥40	≥60	≥110	≥190
	三位阀	≥3	≥5	≥10	≥20	≥40	≥60	≥110
换向时间/s		≤0.03	≤0.04		≤0.06		≤0.1	

注：生产单位为肇庆方大气动有限公司。无锡市华通气动制造有限公司生产类似产品。

表 22.5-70 QQC 系列二位、三位五通管接式气控换向阀外形尺寸 (mm)

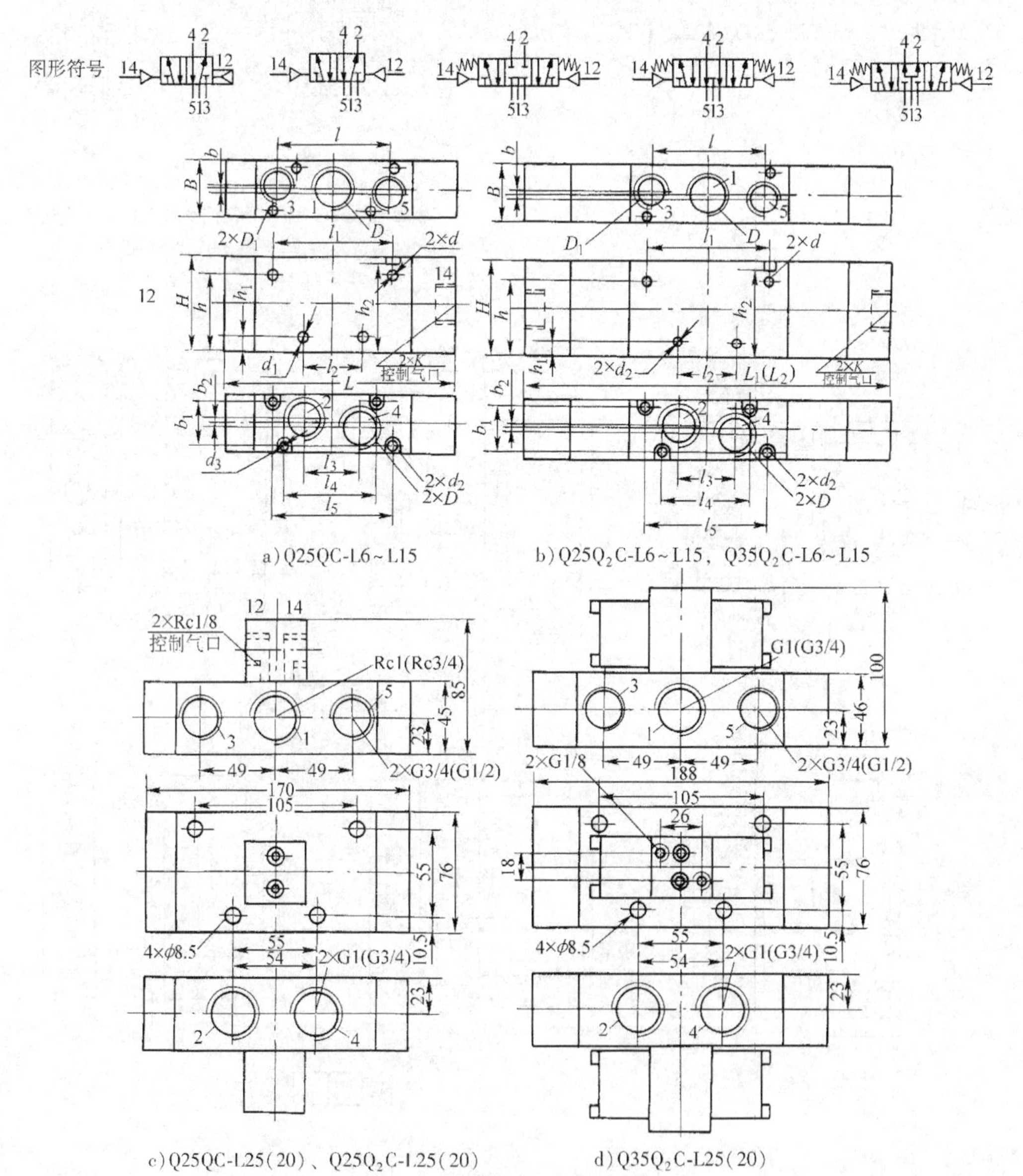

a) Q25QC-L6~L15　b) $Q25Q_2C$-L6~L15、$Q35Q_2C$-L6~L15

c) Q25QC-L25(20)、$Q25Q_2C$-L25(20)　d) $Q35Q_2C$-L25(20)

（续）

型号						D	D_1	K	L	L_1	L_2	l	l_1	l_2	l_3	l_4
单气控二位五通	Q25QC-L6	双气控二位五通	$Q25Q_2C$-L6	双气控三位五通	$Q35Q_2C$-L6	G1/8	G1/8	G1/8	72	80	100	29	34.4	0	16	34.4
	Q25QC-L8		$Q25Q_2C$-L8		$Q35Q_2C$-L8	G1/4	G1/4	G1/8	94	102	150	42	0	21	21	0
	Q25QC-L10		$Q25Q_2C$-L10		$Q35Q_2C$-L10	G3/8	G1/4	G1/8	107	115	174	50	54	0	26	40
	Q25QC-L15		$Q25Q_2C$-L15		$Q35Q_2C$-L15	G1/2	G3/8	G1/8	122	130	194	60	65	32	30	0

型号						l_5	B	b	b_1	b_2	H	h	h_1	h_2	d	d_1	d_2	d_3
单气控二位五通	Q25QC-L6	双气控二位五通	$Q25Q_2C$-L6	双气控三位五通	$Q35Q_2C$-L6	0	28	1.2	13	2	28	21.5	0	25	$\phi3.3$	0	0	$\phi3.3$
	Q25QC-L8		$Q25Q_2C$-L8		$Q35Q_2C$-L8	40	22	5	17	3	35	0	6	32	0	$\phi4.5$	$\phi3.3$	0
	Q25QC-L10		$Q25Q_2C$-L10		$Q35Q_2C$-L10	0	28	0	22	4	40	33	0	36	$\phi4.5$	0	0	$\phi4.5$
	Q25QC-L15		$Q25Q_2C$-L15		$Q35Q_2C$-L15	65	30	4	23	5	50	40	8	46	$\phi4.5$	$\phi4.5$	$\phi4.5$	0

注：图中括号内尺寸 L_2 为三位阀的尺寸。

表 22.5-71　QQC 系列二位、三位五通板接式气控换向阀外形尺寸　（mm）

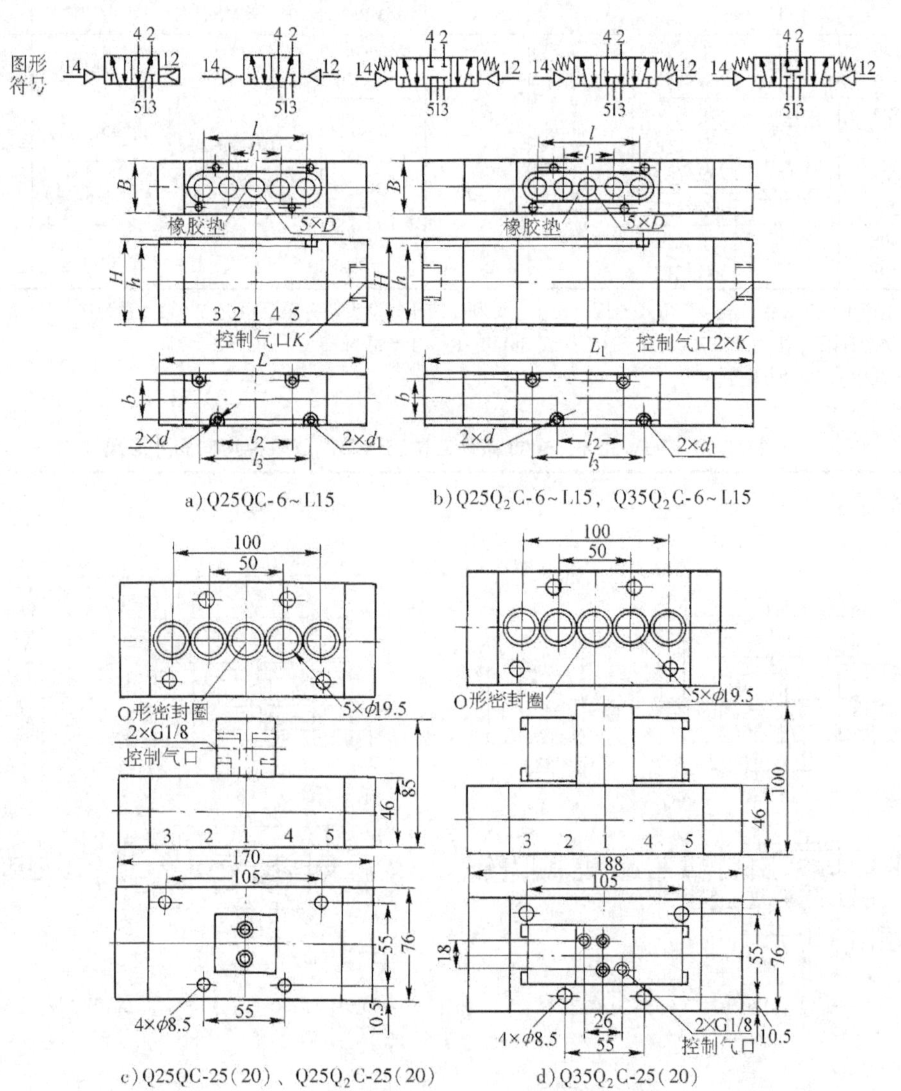

a) Q25QC-6～L15　b) $Q25Q_2C$-6～L15，$Q35Q_2C$-6～L15

c) Q25QC-25(20)、$Q25Q_2C$-25(20)　d) $Q35Q_2C$-25(20)

（续）

型号						D	K	L	L_1	l	l_1	l_2	l_3	B	b	H	h	d	d_1
单气控二位五通	Q25QC-6	双气控二位五通	$Q25Q_2C$-6	双气控三位五通	$Q35Q_2C$-6	4.5	G1/8	72	80 (100)	28	14	34.4	0	18	13	28	25	3.3	0
	Q25QC-8		$Q25Q_2C$-8		$Q35Q_2C$-8	7	G1/8	94	102 (150)	42	21	0	40	22	17	35	32	0	ϕ3.3
	Q25QC-10		$Q25Q_2C$-10		$Q35Q_2C$-10	8.5	G1/8	107	115 (174)	50	25	40	0	28	22	40	36	4.5	0
	Q25QC-15		$Q25Q_2C$-15		$Q35Q_2C$-15	10.5	G1/8	122	130 (194)	60	30	0	65	30	23	50	46	0	4.5

注：表中括号内的尺寸为三位阀的尺寸。

表 22.5-72 VFA、PMV 系列二位五通气控换向阀技术规格

型号	接管螺纹（1、2、4口）	气信号	工作介质	环境及介质温度/℃	工作压力范围/MPa	气控压力范围①/MPa	有效截面积/mm²（C_v值）	最高换向频率/Hz	润滑
VFA3130	G1/4	单气控	经过滤的压缩空气	−5 ~ 50	0.15~0.9	(0.04×p+0.1) ~0.9	18(1)	5	有无润滑油均可
VFA3230		双气控			0.1~0.9				
VFA5120	G3/8	单气控			0.15~0.9		45(2.5)		
VFA5220		双气控							
PMV120S	Rc1/2	单气控			0.15~0.9		80(4.44)		
PMV120D		双气控							
PMV340S	Rc3/4	单气控					90(5.0)		
PMV340D		双气控							

注：生产单位为无锡恒立液压气动有限公司、上海利岛液压气动设备有限公司（生产 VFA 系列产品）、奉化韩海机械制造有限公司（生产 PMV 系列、接管螺纹 Rc1/4~Rc3/4 产品）。

① 公式中 p 为气源压力（MPa）。

表 22.5-73 VFA3000、5000 系列二位五通单、双气控换向阀外形尺寸 （mm）

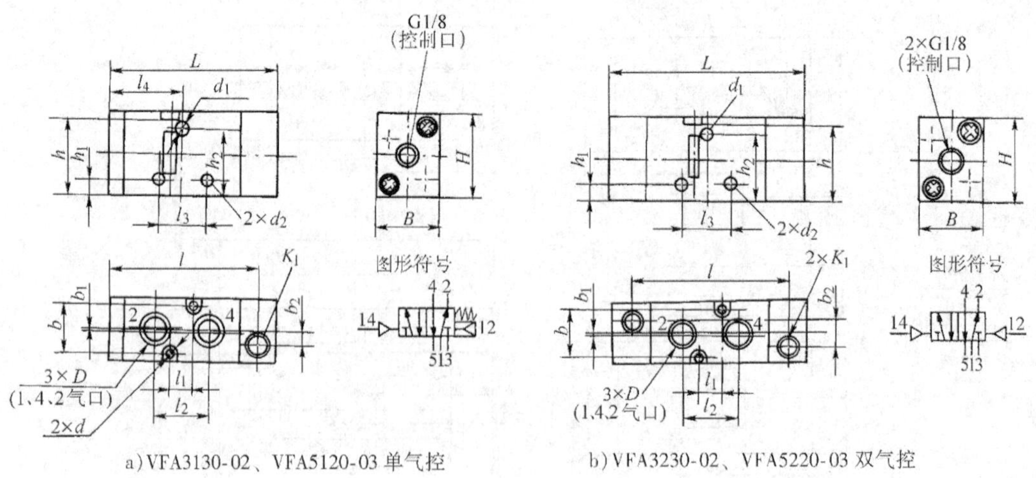

a）VFA3130-02、VFA5120-03 单气控　　b）VFA3230-02、VFA5220-03 双气控

（续）

型　号	D①	K_1	L	l	l_1	l_2	l_3	l_4	B
VFA3130-02	G1/4	G1/8	70.5	63	10	23	20.5	25.5	26
VFA5120-03	G3/8	0	103	0	44	28	27	48	32
VFA3230-02	G1/4	G1/8	80	65	10	23	20.5		26
VFA5220-03	G3/8	0	110	0	44	28	27		32

型　号	b	b_1	b_2	H	h	h_1	h_2	d	d_1	d_2
VFA3130-02	20	1	5.5	35	31.5	7	0	4.3	0	4.3
VFA5120-03	24	3		45	40	4	36	4.5	4.9	4.9
VFA3230-02	20	1	11	35	31.5	7	0	4.3	0	4.3
VFA5220-03	24	3		45	40	4	36	4.5	4.5	4.5

① 奉化韩海机械制造有限公司 PMV 系列产品为 Rc 圆锥螺纹。

表 22.5-74　PMV120、PMV340 系列二位五通单、双气控换向阀外形尺寸　（mm）

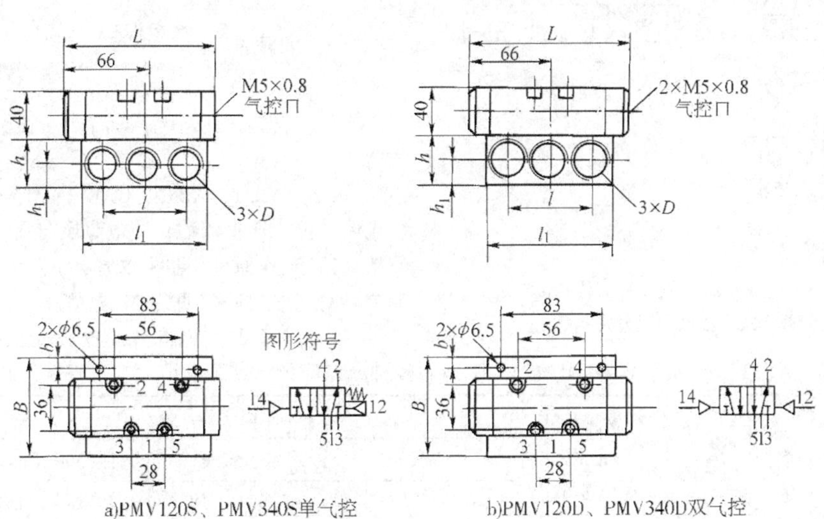

a)PMV120S、PMV340S单气控　　b)PMV120D、PMV340D双气控

型　号		D	L	l	l_1	h	h_1	B	b
PMV120S	单气控二位五通	Rc1/2	123.5	64	95	36	19	70	6
PMV340S		Rc3/4	123.5	68	105	40	19.5	99.5	7.5
PMV120D	双气控二位五通	Rc1/2	132	64	95	36	19	70	6
PMV340D		Rc3/4	132	68	105	40	19.5	79.5	7.5

1.2.3　多种流体、多用途换向阀

（1）PDW2120 系列多种流体二位二通直动截止式电磁换向阀

1）工作原理。如图 22.5-25 所示，该换向阀靠电磁线圈 2 通电直接带动阀芯（动铁心）4 向上运动，使流体通道 P 与 A 接通；当电磁线圈 2 断电时（图示状态）靠弹簧 3 作用使阀芯 4 向下运动，关闭 P 与 A 的通道。

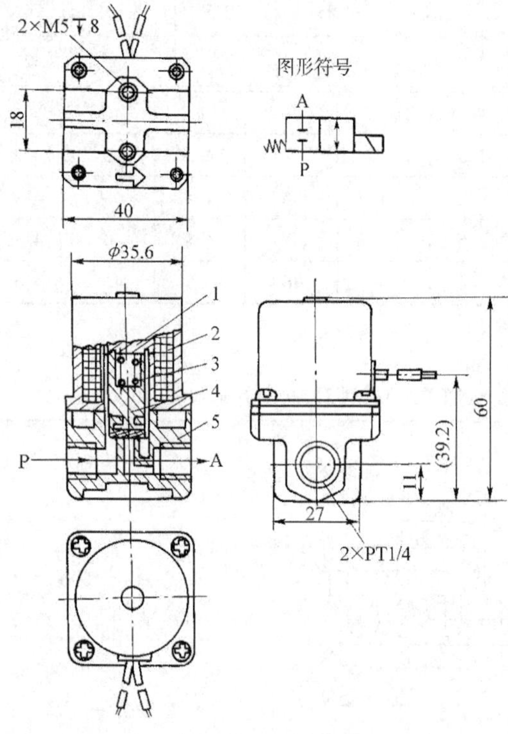

图 22.5-25　PDW2120 系列多种流体二位二通直动截止式电磁换向阀外形尺寸

2）技术规格（见表 22.5-75）。

3）外形尺寸（见图 22.5-25）。

表 22.5-75　PDW 系列 2120 多种流体二位二通直动截止式电磁换向阀技术规格

通径/mm	2	3	4
工作介质	空气、水、油		
环境温度/℃	5～60		
工作压力范围/MPa	0～1.0		
有效截面积/mm^2（C_v 值）	2.7（0.15）	5.5（0.3）	7.4（0.4）
消耗功率/V·A	AC110V：6.4；AC220V：7		

注：1. 生产单位为奉化韩海机械制造有限公司。

2. 型号意义：

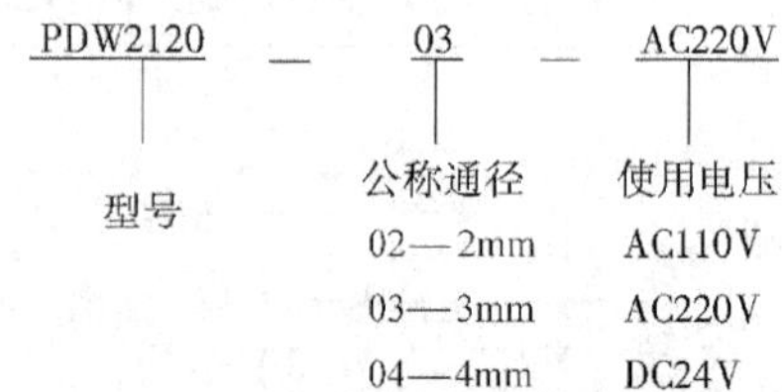

（2）AB31、AB41、GAB31、GAB41 系列多种流体二位二通直动截止式电磁换向阀

1）工作原理（见图 22.5-25）。

2）技术规格（见表 22.5-76）。

3）外形尺寸（见表 22.5-77～表 22.5-79）。

表 22.5-76　AB31、AB41、GAB31、GAB41 系列多种流体二位二通直动截止式电磁换向阀技术规格

型号 \ 规格	公称通径/mm	AB 接管螺纹	有效截面积/mm^2（C_v 值）	最高工作压差/MPa						
				空气		水、煤油		油（50mm^2/s）		蒸汽
				AC	DC	AC	DC	AC	DC	DC
AB310-1-1	1.5	Rc1/8	1.8（0.1）	2.50	2.50	2.50	2.50	2.50	2.50	0.10
AB310-1-2	2.0		2.7（0.15）	1.50	1.50	1.50	1.50	1.50	1.50	1.00
AB310-1-3	3.0		6.2（0.31）	1.06	0.50	0.70	0.50	0.50	0.50	0.70
AB310-1-4	3.5		8.2（0.42）	0.60	0.40	0.50	0.40	0.40	0.40	0.50
AB310-1-5	4.0		10.5（0.54）	0.40	0.25	0.30	0.25	0.25	0.25	0.30
AB310-1-6	5.0		15.3（0.80）	0.20	0.15	0.15	0.15	0.15	0.15	0.15
AB310-2-1	1.5	Rc1/4	1.8（0.1）	2.50	2.50	2.50	2.50	2.50	2.50	0.10
AB310-2-2	2.0		2.7（0.15）	1.50	1.50	1.50	1.50	1.50	1.50	1.00
AB310-2-3	3.0		6.2（0.31）	1.06	0.50	0.70	0.50	0.50	0.50	0.70
AB310-2-4	3.5		8.2（0.42）	0.60	0.40	0.50	0.40	0.40	0.40	0.50
AB310-2-5	4.0		10.5（0.54）	0.40	0.25	0.30	0.25	0.25	0.25	0.30
AB310-2-6	5.0		15.3（0.80）	0.20	0.15	0.15	0.15	0.15	0.15	0.15

（续）

规格 型号	公称通径/mm	AB接管螺纹	有效截面积/mm^2（C_v值）	最高工作压差/MPa 空气 AC	空气 DC	水、煤油 AC	水、煤油 DC	油（$50mm^2/s$） AC	油（$50mm^2/s$） DC	蒸汽 DC
AB410-2-1	1.5	Rc1/4	1.8(0.1)	5.00	4.00	4.5	4.00	4.00	4.00	1.00
AB410-2-2	2.0		2.7(0.15)	3.00	2.50	2.7	2.50	2.50	2.50	1.00
AB410-2-3	3.0		6.2(0.31)	1.50	0.90	1.30	0.90	0.90	0.90	1.30
AB410-2-4	3.5		8.2(0.42)	1.20	0.60	0.90	0.60	0.60	0.60	0.90
AB410-2-5	4.0		10.5(0.54)	1.00	0.50	0.70	0.50	0.50	0.50	0.70
AB410-2-6	5.0		15.3(0.80)	0.60	0.25	0.40	0.25	0.25	0.25	0.40
AB410-2-7	7.0		26.4(1.0)	0.25	0.10	0.20	0.10	0.10	0.10	0.20
AB410-3-1	1.5	Rc3/8	1.8(0.1)	5.00	4.00	4.50	4.00	4.00	4.00	1.00
AB410-3-2	2.0		2.7(0.15)	3.00	2.50	2.70	2.50	2.50	2.50	1.00
AB410-3-3	3.0		6.2(0.31)	1.50	0.90	1.30	0.90	0.90	0.90	1.30
AB410-3-4	3.5		8.2(0.42)	1.20	0.60	0.90	0.60	0.60	0.60	0.90
AB410-3-5	4.0		10.5(0.54)	1.00	0.50	0.70	0.50	0.50	0.50	0.70
AB410-3-6	5.0		15.3(0.80)	0.60	0.25	0.40	0.25	0.25	0.25	0.40
AB410-3-7	7.0		26.4(1.0)	0.25	0.10	0.20	0.10	0.10	0.10	0.20
AB410-3-8	10.0	Rc3/8	40.6(1.88)	0.10	0.05	0.10	0.05	0.05	0.05	
AB410-4-8	10.0	Rc1/2	40.6(1.88)	0.10	0.05	0.10	0.05	0.05	0.05	

规格		AB310　GAB310		AB410　GAB410	
额定电压/V		AC：110、220、24；DC：12、24、48、100			
频率/Hz		50	60	50	60
视在功率/V·A	起动时	20.0	16.0	35.0	27.0
	保持	14.0	11.0	22.0	17.0
消耗功率/W	AC	6.0	4.2	8.3	6.2
	DC	11.0	11.0	11.0	11.0
允许电压波动范围(%)		±10			
介质温度/℃		空气、水、煤油-10~+60；蒸汽-10~184			

注：1. 生产单位为无锡市华通气动制造有限公司。

2. 型号意义：

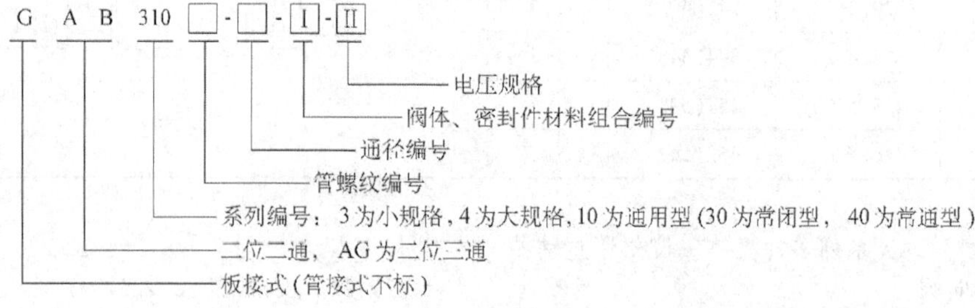

表 22.5-77　AB31、41系列多种流体二位二通电磁换向阀单件阀管接式安装外形尺寸

(mm)

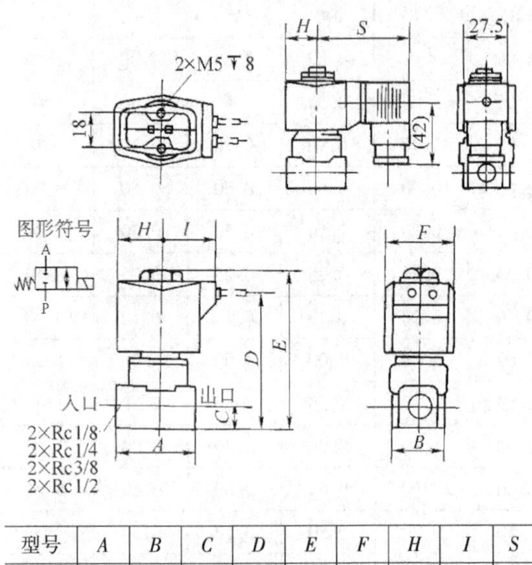

型号	A	B	C	D	E	F	H	I	S
AB310	36	28	11	63	94	34	20	27	62
AB410	40	28	12	68	100	38	24	3	67

表 22.5-78　GAB31、41系列多种流体二位二通电磁换向阀板接式安装外形尺寸

(mm)

型号	H	S	T	DD	EE	F	I
GAB310	20	62	50	50	62	34	27
GAB410	23.5	65.5	53.5	55	67.5	38	30.5

表 22.5-79　GAB31、GAB41系列多种流体二位二通电磁换向阀集装式安装外形尺寸

(mm)

型　号	D	E	F	H	I
GAB312(352)	84	96	34	20	27
GAB412(452)	89	101.5	38	23	30.5

连数＼尺寸	AA	BB	构成
2	106(122)	132(138)	2×1
3	145(139)	161(185)	2×1
4	212(242)	228(258)	2×1
5	228(263)	239(279)	2×1
6	290(338)	306(354)	2×1
7	329(385)	345(401)	5+2
8	368(432)	384(448)	5+3
9	435(507)	451(538)	3×3
10	446(526)	462(542)	5×2

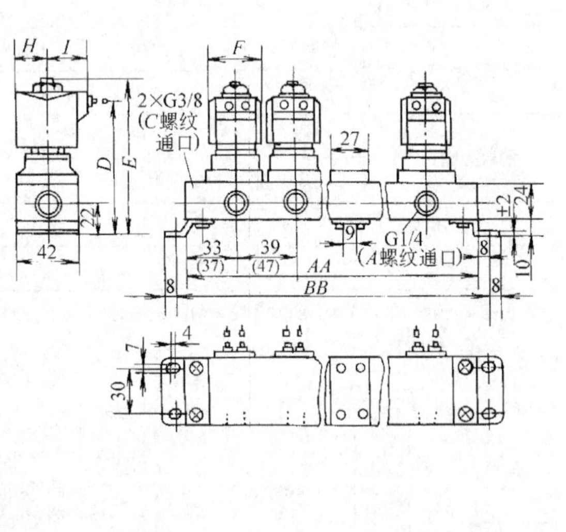

(3) AG、GAG系列多种流体二位三通直动截止式电磁换向阀

1) 工作原理。与图22.5-8所示阀的工作原理相同。

2) 技术规格(见表22.5-80)。

3) 外形尺寸(见表22.5-81~表22.5-83)。

表 22.5-80　AG、GAG 系列多种流体二位三通直动截止式电磁换向阀技术规格

（mm）

型号（项目）		公称通径/mm		AG 接管螺纹	有效截面积/mm^2（C_v 值）		最高工作压差/MPa					
							空气		水、煤油		油（$50mm^2/s$）	
		上阀口	下阀口		上阀口	下阀口	AC	DC	AC	DC	AC	DC
AG310-1-1	GAG310-1-1	1.5	1.5	Rc1/8	1.6(0.09)	1.6(0.09)	0.70	0.70	0.70	0.70	0.60	0.60
AG310-1-2	GAG310-1-2	2.0	2.0		2.7(0.15)	2.7(0.15)	0.40	0.40	0.40	0.40	0.25	0.20
AG310-2-1	GAG310-2-1	1.5	1.5	Rc1/4	1.6(0.09)	1.6(0.09)	0.70	0.70	0.70	0.70	0.60	0.60
AG310-2-2	GAG310-2-2	2.0	2.0		2.7(0.15)	2.7(0.15)	0.40	0.40	0.40	0.40	0.25	0.20
AG410-2-1	GAG410-2-1	2.0	2.0		2.7(0.15)	2.7(0.15)	1.00	0.70	1.00	0.70	0.40	0.30
AG410-2-2	GAG410-2-2	2.3	2.3		3.5(0.19)	3.5(0.19)	0.70	0.40	0.70	0.40	0.25	0.15
AG410-3-1	GAG410-3-1	2.0	2.0	Rc3/8	2.7(0.15)	2.7(0.15)	1.00	0.70	1.00	0.70	0.40	0.30
AG410-3-2	GAG410-3-2	2.3	2.3		3.5(0.19)	3.5(0.19)	0.70	0.40	0.70	0.40	0.25	0.15
AG330-1-1	GAG330-1-1	1.5	1.5	Rc1/8	1.6(0.09)	1.6(0.09)	1.00	1.00	1.00	1.00	1.00	1.00
AG330-1-2	GAG330-1-2	2.0	2.0		2.7(0.15)	2.7(0.15)	0.70	0.70	0.70	0.70	0.70	0.70
AG330-2-1	GAG330-2-1	1.5	1.5	Rc1/4	1.6(0.09)	1.6(0.09)	1.00	1.00	1.00	1.00	1.00	1.00
AG330-2-2	GAG330-2-2	2.0	2.0		2.7(0.15)	2.7(0.15)	0.70	0.70	0.70	0.70	0.70	0.70
AG430-2-4	GAG430-2-4	3.0	3.0		6.0(0.31)	6.0(0.31)	0.70	0.70	0.70	0.70	0.70	0.70
AG430-2-5	GAG430-2-5	3.0	3.5		6.0(0.31)	8.2(0.40)	0.40	0.40	0.40	0.40	0.40	0.40
AG430-3-4	GAG430-3-4	3.0	3.0	Rc3/8	6.0(0.31)	6.0(0.31)	0.70	0.70	0.70	0.70	0.70	0.70
AG430-3-5	GAG430-3-5	3.0	3.5		6.0(0.31)	8.2(0.40)	0.40	0.40	0.40	0.40	0.40	0.40
AG340-1-1		1.5	1.5	Rc1/8	1.6(0.09)	1.6(0.09)	1.00	1.00	1.00	1.00	1.00	1.00
AG340-1-2		2.0	2.0		2.7(0.15)	2.7(0.15)	0.70	0.45	0.70	0.60	0.30	0.20
AG340-2-1		1.5	1.5	Rc1/4	1.6(0.09)	1.6(0.09)	1.00	1.00	1.00	1.00	1.00	1.00
AG340-2-2		2.0	2.0		2.7(0.15)	2.7(0.15)	0.70	0.45	0.70	0.60	0.30	0.20
AG440-2-1		2.0	2.0		2.7(0.15)	2.7(0.15)	1.20	0.75	1.50	1.00	1.00	0.45
AG440-2-3		3.0	2.0	Rc1/4	2.7(0.15)	6.0(0.31)	1.20	0.75	1.50	0.90	1.00	0.45
AG440-2-4		3.0	3.0		6.0(0.31)	6.0(0.31)	0.40	0.30	0.50	0.30	0.30	0.20
AG440-3-1		2.0	2.0	Rc3/8	2.7(0.15)	2.7(0.15)	1.20	0.75	1.50	1.00	1.00	0.45
AG440-3-3		3.0	2.0		2.7(0.15)	6.0(0.31)	1.20	0.75	1.50	0.90	1.00	0.45
AG440-3-4		3.0	3.0		6.0(0.31)	6.0(0.31)	0.40	0.30	0.50	0.30	0.30	0.20
AG340-1-1		1.5	1.5	Rc1/8（进气口）	1.6(0.09)	1.6(0.09)	1.0	1.0	1.0	1.0	1.0	0.7
AG340-1-2		2.0	2.0		2.7(0.15)	2.7(0.15)	0.45	0.45	0.70	0.60	0.30	0.20

（续）

型号 \ 项目	公称通径/mm		AG接管螺纹	有效截面积/mm²（C_v 值）		最高工作压差/MPa					
						空气		水、煤油		油（50mm²/s）	
	上阀口	下阀口		上阀口	下阀口	AC	DC	AC	DC	AC	DC
AG340-2-1	1.5	1.5	Rc1/4（进气口）	2.7(0.15)	2.7(0.15)	1.0	1.0	1.0	1.0	1.0	1.0
AG340-2-2	2.0	2.0		2.7(0.15)	2.7(0.15)	0.70	0.45	0.70	0.60	0.30	0.20
AG440-2-1	2.0	2.0		2.7(0.15)	2.7(0.15)	1.20	0.75	1.50	1.00	1.00	0.45
AG440-2-3	3.0	2.0		2.7(0.15)	6.0(0.31)	1.20	0.75	1.50	0.90	1.00	0.45
AG440-2-4	3.0	3.0		6.0(0.31)	6.0(0.31)	0.40	0.30	0.50	0.30	0.30	0.20
AG440-3-1	2.0	2.0	Rc3/8（进气口）	2.7(0.15)	2.7(0.15)	1.20	0.75	1.50	1.00	1.00	0.45
AG440-3-3	2.0	2.0		2.7(0.15)	6.0(0.31)	1.20	0.75	1.50	0.90	1.00	0.45
AG440-3-4	3.0	3.0		6.0(0.31)	6.0(0.31)	0.40	0.30	0.50	0.30	0.30	0.20

规格		AG3		AG4	
额定电压/V		AC：110、24、220；DC：12、24、48、100			
频率/Hz		50	60	50	60
视在功率/V·A	起动时	20.0	16.0	35.0	27.0
	保持	14.0	11.0	22.0	17.0
消耗功率/W	AC	6.0	4.2	8.3	6.2
	DC	11.0	11.0	11.0	11.0
允许电压波动范围(%)		±10			
介质温度/℃		−10~60			

注：生产单位为无锡市华通气动制造有限公司。

表 22.5-81　AG 系列多种流体二位三通电磁换向阀单件阀管接式外形尺寸　（mm）

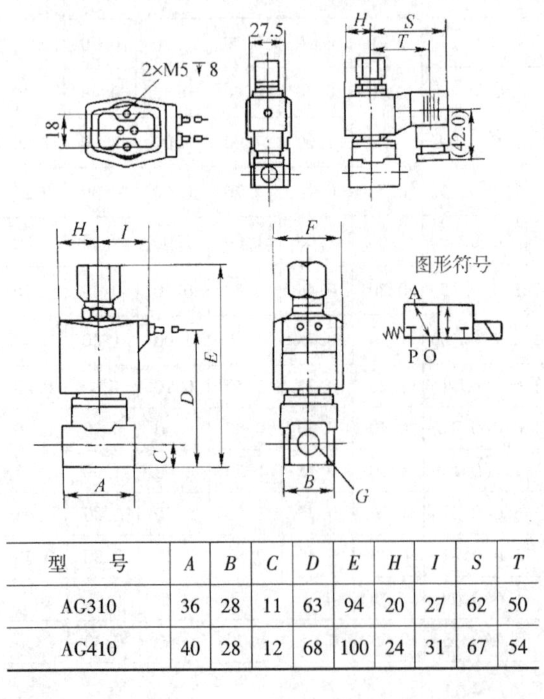

型号	A	B	C	D	E	H	I	S	T
AG310	36	28	11	63	94	20	27	62	50
AG410	40	28	12	68	100	24	31	67	54

表 22.5-82　GAG 系列多种流体二位三通电磁换向阀单件板接式外形尺寸　（mm）

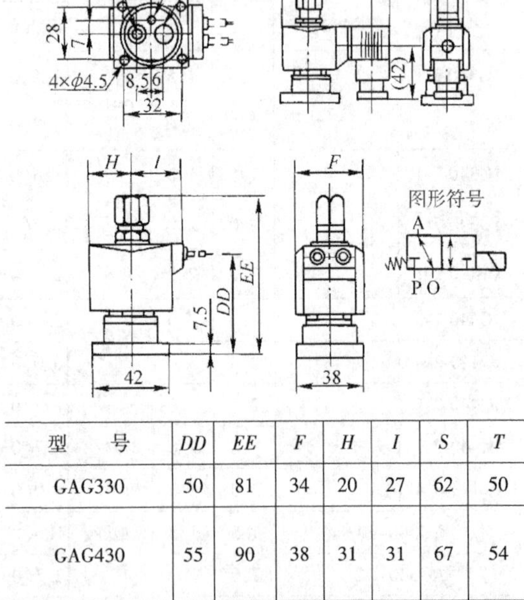

型号	DD	EE	F	H	I	S	T
GAG330	50	81	34	20	27	62	50
GAG430	55	90	38	31	31	67	54

表 22.5-83　GAG 系列多种流体二位三通电磁换向阀集装安装外形尺寸

(mm)

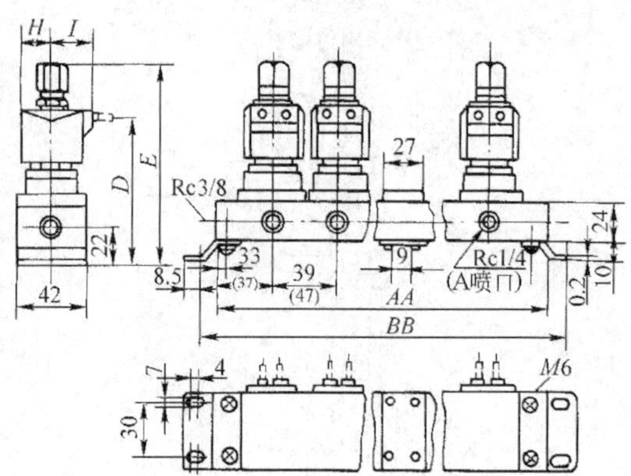

型　号	H	I	D	E
GAG331	20	27	84	115
GAG431	24	31	89	124

尺寸 / 型号	AA	BB	构　成
2	106(122)	132(138)	2×1
3	145(139)	161(185)	2×1
4	212(242)	228(258)	2×1
5	228(263)	239(279)	2×1
6	290(338)	306(354)	2×1
7	329(385)	345(401)	5+2
8	368(432)	384(448)	5+3
9	435(507)	451(538)	3+3
10	446(526)	462(542)	5×2

(4) K2 系列(串联安装)二位二通、三通直动式微型电磁阀

1) 工作原理。与图 22.5-8 所示阀的工作原理相同(堵死图 22.5-26 中排气口 3 为二通阀)。

2) 技术规格(见表 22.5-84)。

3) 外形尺寸(见图 22.5-26)。

表 22.5-84　K2 系列(串联安装)二位二通、三通直动式微型电磁阀技术规格

通　径/mm	1.8	最高换向频率/Hz		11.7
工作介质	空气、真空、中性气体	消耗功率	V·A(AC)	AC: 8.5
			W(DC)	DC: 4.8
介质与环境最高温度/℃	45	润滑		有无润滑油均可
工作压力范围/MPa	0~1	耐久性/百万次		40~50
最大流量①/$L \cdot min^{-1}$	53			

注：1. 生产单位为无锡恒立液压气动有限公司、上海利岛液压气动设备有限公司。

2. 型号意义：

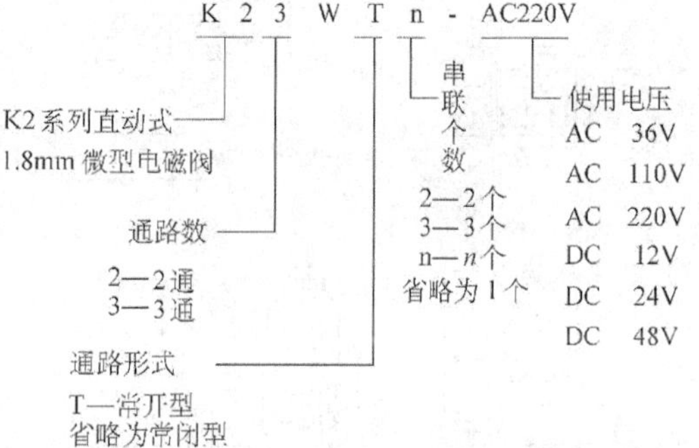

① 为压力 0.6MPa 和 Δp=0.1MPa 时的流量。

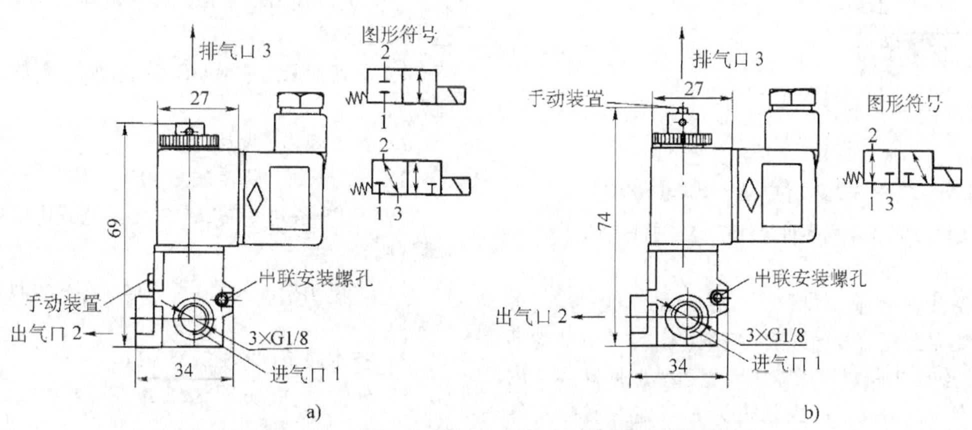

图 22.5-26　K2 系列二位二通、三通直动式微型电磁阀外形尺寸
a) 二位二通、二位三通常闭型　b) 二位三通常开型

(5) PT315型二位三通直动式电磁换向阀

1) 工作原理(见图22.5-10)。

2) 技术规格(见表22.5-85)。

表22.5-85 PT315型二位三通直动式电磁换向阀技术规格

接管螺纹		Rc(PT)1/4
工作介质		空气、惰性气体
环境与介质温度/℃		0~50
工作压力范围/MPa		0~1.0
有效截面积/mm²(C_v值)		7.2(0.4)
电压/V		AC：220，110；DC：24
消耗功率	V·A(AC)	起动16
	W(DC)	6
接电方式		直接出线式

注：生产单位为奉化韩海机械制造有限公司。

3) 外形尺寸(见图22.5-27)。

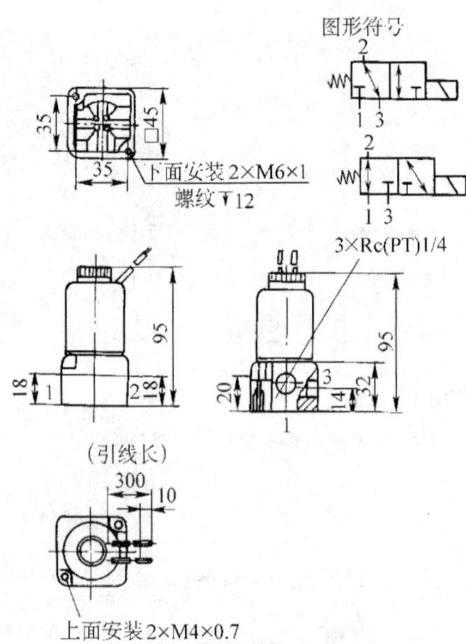

图22.5-27 PT315型二位三通直动式电磁阀外形尺寸

(6) APK21系列多种流体二位二通直动活塞式换向阀

1) 工作原理。如图22.5-28所示，靠电控阀(或气控阀)从控制口B输进压缩空气(A口排气)带动活塞1、连杆2和密封压盖3向上运动，使阀体4内流体流动；相反，由控制阀从A口输入压缩空气(B口排气)则可切断阀体内的流体流动。角座式结构便于实现大流量控制。

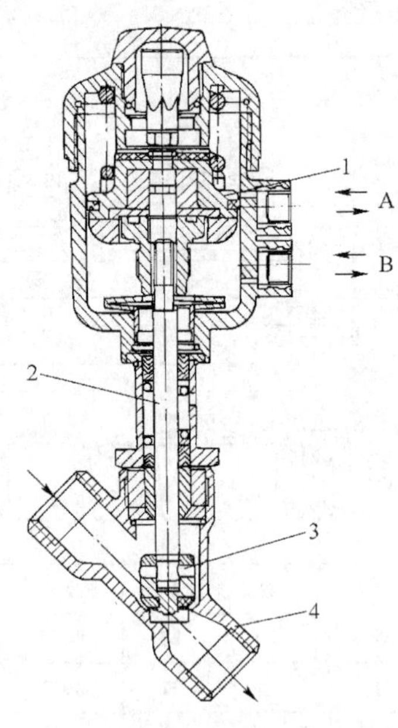

图22.5-28 APK21系列多种流体二位二通直动活塞式换向阀工作原理图

1—活塞 2—连杆 3—压盖 4—阀体

2) 技术规格(见表22.5-86)。

3) 外形尺寸(见表22.5-87)。

(7) APK01、APK11系列多种流体二位二通先导活塞式电磁阀(可用于真空等)

1) 工作原理，与图22.5-12b所示阀的工作原理类似。

2) 技术规格(见表22.5-88)。

3) 外形尺寸(见表22.5-89)。

(8) 09270、09550系列多种流体二位二通先导膜片式电磁阀

1) 工作原理，与图22.5-12a所示阀的工作原理类似。

2) 技术规格(见表22.5-90)。

3) 外形尺寸(见表22.5-91)。

(9) PPS系列二位二通先导活塞式电磁换向阀(蒸汽阀)

1) 工作原理，与图22.5-12b所示阀的工作原理类似。

2) 技术规格(见表22.5-92)。

3) 外形尺寸(见图22.5-29、表22.5-93、表22.5-94)。

表 22.5-86　APK21 系列多种流体二位二通直动活塞式换向阀技术规格

订货号				公称通径 /mm	接管螺纹 /in	工作介质	K_v 值 /$m^3\cdot h^{-1}$	最大工作压力 /MPa	要求最小控制压力 /MPa	执行器内径 /mm
常闭型		常开型								
锡青铜	不锈钢	锡青铜	不锈钢							
APK21D-15B	APK21N-15B	APK21D-15C	APK21N-15C	15	12	蒸汽（温度达180℃）、气体、腐蚀性液体	4.2	0~1.6	0.39	50
APK21D-20B	APK21N-20B	APK21D-20C	APK21N-20C	20	3/4		8	0~1.1	0.39	50
APK21D-25B	APK21N-25B	APK21D-25C	APK21N-25C	25	1		19	0~1.1	0.42	63
APK21D-32B	APK21N-32B	APK21D-32C	APK21N-32C	32	1¼		27.5	0~1.5	0.5	80
APK21D-40B	APK21N-40B	APK21D-40C	APK21N-40C	40	1½		42	0~1.25	0.44	100
APK21D-50B	APK21N-50B	APK21D-50C	APK21N-50C	50	2		55	0~1.1	0.32	125
APK21D-65B	APK21N-65B	APK21D-65C	APK21N-65C	64	2½		90	0~0.52	0.32	125

注：1. 生产单位为无锡恒立液压气动有限公司、上海利岛液压气动设备有限公司。

2. 型号意义：

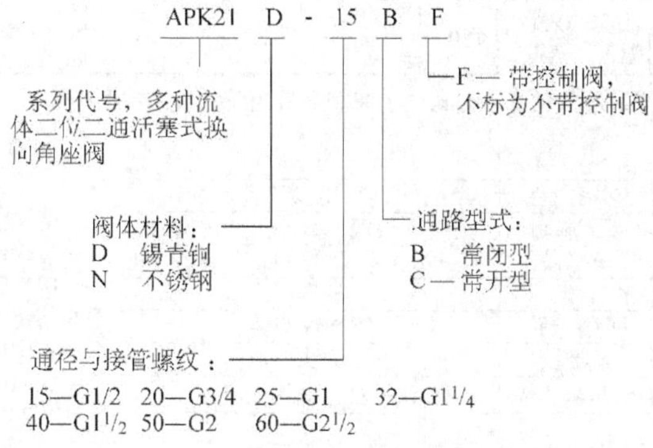

表 22.5-87　APK21 系列多种流体二位二通直动活塞式换向阀外形尺寸　（mm）

公称通径	接管螺纹 D	执行器内径	A	B	C	E	F	G	H	AW
15	G1/2	50	85	173	12	64	44	112	137	27
20	G3/4	50	95	178	12	64	44	112	145	32
25	G1	63	105	212	14	80	52	120	173	41
32	G1¼	80	120	255	16	101	60	128	210	50
40	G1½	100	130	301	18	127	73	141	260	55
50	G2	125	150	346	20	153	86	154	301	70
65	G2½	125	150	346	20	153	86	154	301	70

表 22.5-88　APK01、APK11 系列多种流体二位二通先导活塞式电磁阀技术规格

型　号①	通径/mm	接管螺纹/in	工作介质	介质②温度/℃	工作压力/MPa	耐压/MPa	有效截面积/mm²(C_v值)	最高工作压差/MPa							消耗功率	
								空气		水、煤油		油(20cSt)		蒸汽	V·A(AC)	W(DC)
								AC	DC	AC	DC	AC	DC	AC		
APK01-08A-○△□	3	1/4	空气、惰性气体、真空(1.33kPa)、水、煤油、油(<20cSt)、温水、蒸汽	-10~60(5~180)	0~2.0	4.0	6(0.31)	1.0	0.8	1.0	0.8	0.8	0.8	1.0	13	10
APK11-08A-○△□	12						35(2.2)								22	15
APK11-10A-○△□	12	3/8					46(2.7)								22	15
APK11-15A-○△□	16	1/2					88(4.5)		0.6		0.6		0.5		24	18.5
APK11-20A-○△□	23	3/4					162(8.6)								33	25
APK11-25A-○△□	28	1	空气、惰性气体、真空(1.33kPa)、水、煤油、油(<20cSt)、温水、蒸汽	-10~60(5~180)	0~2.0	4.0	231(12)	1.0	0.6	1.0	0.6	0.8	0.5	1.0	33	25

注：1. 生产单位为无锡恒立液压气动有限公司、上海利岛液压气动设备有限公司。

2. 型号意义：

代号	阀体	阀密封件	使 用 场 合
	锡青铜	丁腈橡胶	空气、煤气、真空、水、煤油
B		氟橡胶	耐热用
C		聚四氟乙烯	蒸汽用
D	不锈钢	丁腈橡胶	腐蚀性流体
E		氟橡胶	耐热腐蚀性流体
F		聚四氟乙烯	溶剂型、腐蚀性流体

△—接电方式：
G—直接出线式
D—DIN 插座式
Dz—插座式带指示灯和过压保护器
□—使用电压：
3—AC110V　4—AC220V
5—DC24V　6—DC12V

3. 1in = 0.0254m。

4. 1cSt = $10^{-6}m^2/s$。

① ○—阀体、密封件组合代号。

② 温水、蒸汽温度为 5~180℃。

表 22.5-89　APK01、APK11 系列多种流体二位二通直动、先导活塞式电磁阀外形尺寸　(mm)

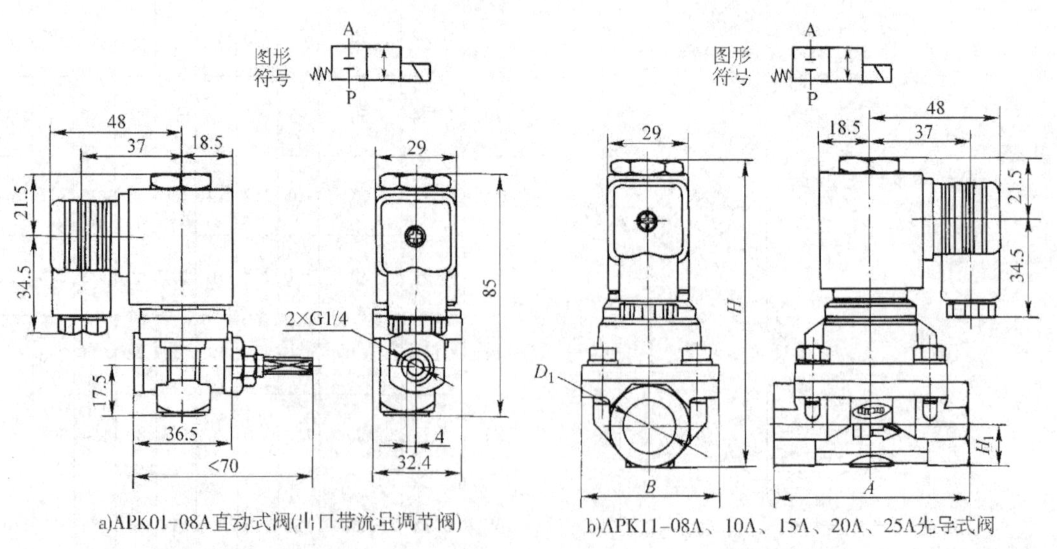

a)APK01-08A直动式阀(出口带流量调节阀)　　b)APK11-08A、10A、15A、20A、25A先导式阀

（续）

型　号	D_1/in	A	B	H	H_1
APK11-08A-○D□	ϕ1/4	50	46	95	11.5
APK11-10A-○D□	ϕ3/8				
APK11-15A-○D□	ϕ1/2	71	50	119.5	14.5
APK11-20A-○D□	ϕ3/4	80	60	126.5	17.5
APK11-25A-○D□	ϕ1	90	71	137.5	22.5

表 22.5-90　09270、09550 系列多种流体二位二通先导膜片式电磁阀技术规格

型号[①] 常闭型	型号[①] 常开型	通径/mm	接管螺纹/in	工作介质	配用[②]线圈	工作压力[③]范围/MPa	K_v 值/$m^3 \cdot h^{-1}$	换向频率/Hz	型　号	线圈 0200 线圈 0201	线圈 0270 线圈 0271
0927000	0955105	8	1/4	中性、弱酸性、弱碱性的水、油、气体	0200 0210 0270 0271	0.07 ~ 1.0	1.15	≥0.5	工作电压/V	DC：24；AC：24 36 220	
0927100	0955205	10	3/8				1.7				
0927200	0955305	12	1/2				1.7		消耗功率 V·A(AC) W(DC)	AC：15 DC：12	AC：13 DC：11
0927300	0955405	20	3/4				5.1				
0927400	0955505	25	1				5.35				
0927500	0955605	32	1¼			0.1 ~ 1.6	20	≥0.3	相对湿度(%)	≤80	≤90
0927600	0955705	40	1½				25		温度/℃	<100	<80
0927700	0955805	50	2				43		防爆等级		mⅠ/ⅡT4

注：生产单位为无锡恒立液压气动有限公司、上海利岛液压气动设备有限公司。

① 中性介质无尾注，弱酸性、弱碱性介质加尾注 P，高温介质(80~150℃)加尾注 H。

② 另可选用防爆线圈。

③ 流体运动黏度需低于 $25mm^2/s$，通径 8~25mm 流体运动黏度低于 $1mm^2/s$ 时为 0.07~1.6MPa。

表 22.5-91　09270、09550 系列多种流体二位二通先导膜片式电磁阀外形尺寸

（mm）

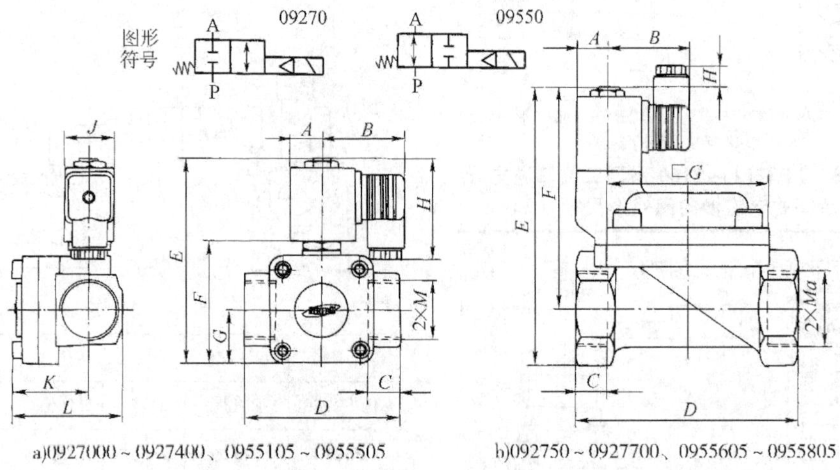

a)0927000 ~ 0927400、0955105 ~ 0955505　　b)092750 ~ 0927700、0955605 ~ 0955805

（续）

型　　号		M/in	A	B	C	D	E	F	G	H	J	K	L
0927000	0955105	1/4	18	50	12	55	101	55	22	60	30	33.5	47
0927100	0955205	3/8	18	50	12	55	101	55	22	60	30	33.5	47
0927200	0955305	1/2	18	50	14	55	101	55	22	60	30	33.5	47
0927300	0955405	3/4	18	50	16	81	118	72	30	60	30	45.5	63.5
0927400	0955505	1	18	50	18	91	118	72	30	60	30	45.5	66
0927500	0955605	1½	18	50	18	132	169	135.5	96	18	—	—	—
0927600	0955705	1½	18	50	18	132	169	135.5	96	18	—	—	—
0927700	0955805	2	18	50	20	160	188	147.5	112	18	—	—	—

表 22.5-92　PPS系列二位二通先导活塞式电磁换向阀（蒸汽阀）技术规格

型　号	通　径 /mm	接管口径	工作介质	流体温度 /℃	环境温度 /℃	工作压力 /MPa	耐　压 /MPa	有效截面积 /mm² （C_v 值）	使用电压 /V	消耗功率 /V·A
PPS2120	10	Rc1/4	蒸汽	-5 ~ 180 （但不结冰）	-5 ~ 60	0.04 ~ 0.7	1.5	32(1.8)	110(AC) 220(AC) 24(DC)	AC：110 AC：220 19
PPS2130	10	Rc3/8						32(1.8)		
PPS2140	15	Rc1/2						76(4.2)		
PPS2150	24	Rc3/4						150(8.5)		
PPS2160	27	Rc1						220(12)		
PPS2170	35	Rc1¼						430(24)		
PPS2180	40	Rc1½						540(30)		
PPS2190	50	Rc2						860(48)		

注：生产单位为奉化韩海机械制造有限公司（除生产上表中PPS系列蒸汽阀外，还生产PPW2120~2190系列多种流体阀）。

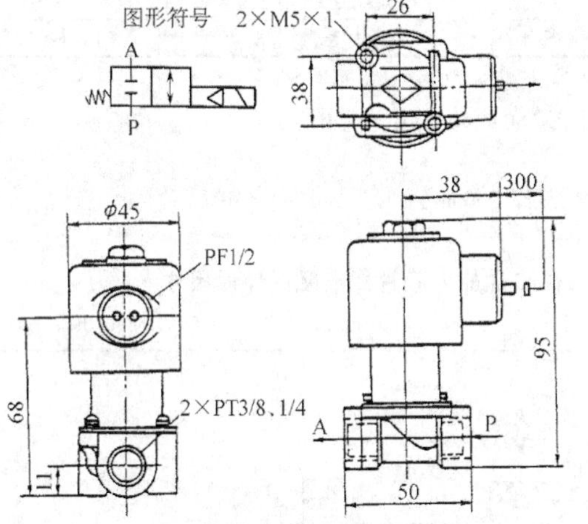

图 22.5-29　PPS2120、2130 二位二通先导活塞式电磁换向阀外形尺寸

表 22.5-93　PPS2140~2160系列二位二通先导活塞式电磁换向阀外形尺寸（mm）

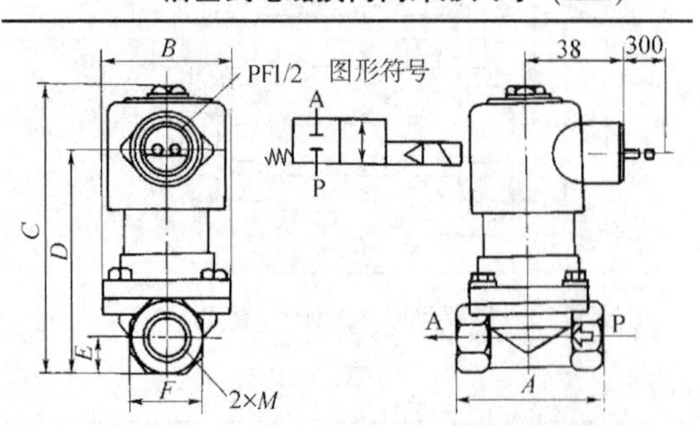

（续）

型　号	接管螺纹	A	B	C	D	E	F
PPS2140	Rc1/2	67	50	100	75	14.5	29
PPS2150	Rc3/4	85	62	120	95	18.0	36
PPS2160	Rc1	95	73	145	120	22.5	45

表 22.5-94　PPS2170~2190系列二位二通先导活塞式电磁换向阀外形尺寸（mm）

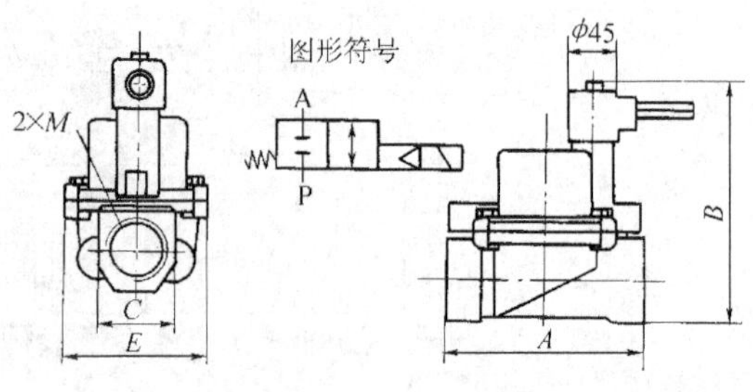

型　号	接管螺纹	A	B	C	E
PPS2170	Rc1¼	145	165	56	102
PPS2180	Rc1½	145	165	56	102
PPS2190	Rc2	175	206	70	118

(10) Q24JQ(G)高温型二位四通单气控截止式换向阀

1) 工作原理。如图22.5-30所示，在K口无信号时，P→B气口通，A→O气口通；当K口有气信号时，两个阀芯2同时下移，P→A气口通，B→O气口通。该阀K、P、A、B分别有两个气口，不用的气口可各堵死一个。

2) 技术规格(见表22.5-95)。

3) 外形尺寸(见图22.5-30)。

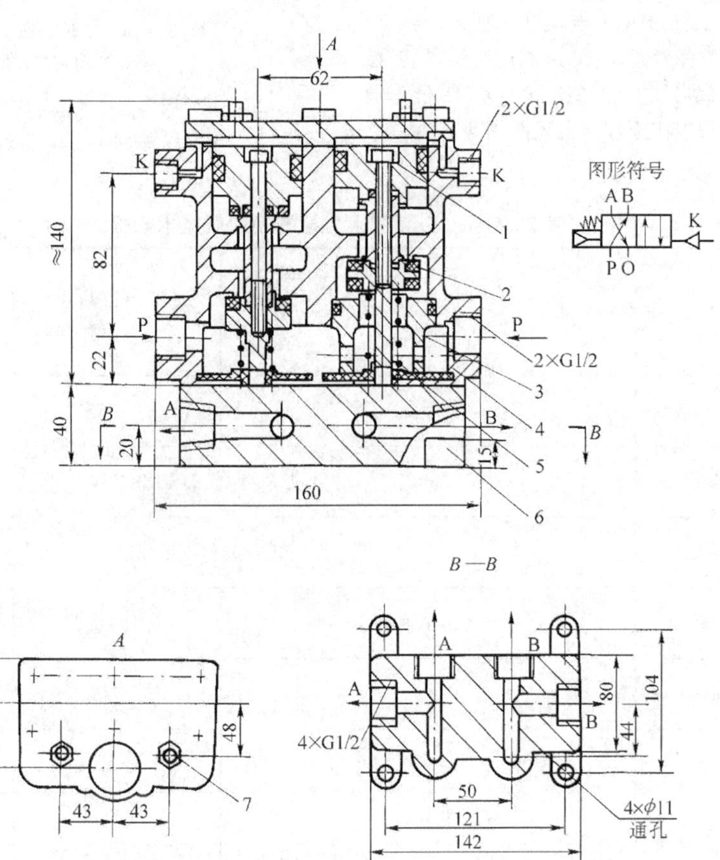

图22.5-30　Q24JQ(G)高温型二位四通单气控截止式换向阀工作原理及外形尺寸

1—活塞　2—阀芯　3—阀座　4—阀体　5—弹簧　6—阀座　7—气流速度调节杆

表22.5-95　Q24JQ(G)高温型二位四通单气控截止式换向阀技术规格

型　　号	Q24JQ(G)-L15
公称通径/mm	15
工作介质	经过滤的压缩空气，可有油或无油润滑
使用温度/℃	5~150
工作压力范围/MPa	0.2~0.8
最低控制压力/MPa	≤0.5
有效截面积/mm²	≥60
换向时间/s	≤0.06

注：生产单位为肇庆方大气动有限公司。

1.2.4　人力控制换向阀

（1）Q23R$_1$C、Q25R$_1$C 系列按钮式手动换向阀

1）工作原理。图 22.5-31 所示为二位三通、五通按钮式手动换向阀的工作原理图。图 22.5-31a 为复位状态 1 与 2 口接通，4 与 5 口接通；当手动按下按钮 14 后(图 22.5-31b)1 与 4 口接通，2 与 3 口接通，手放开，靠弹簧复位(如果阀内有锁紧装置，手放开仍能自锁保持图 22.5-31b 状态)。二位三通按钮式手动换向阀工作原理与上述阀相同。

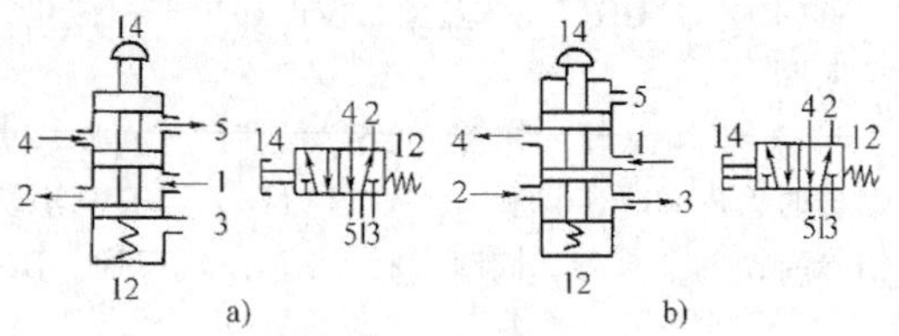

图 22.5-31　二位三通、五通按钮式手动换向阀工作原理图

2）技术规格(见表 22.5-96)。

3）外形尺寸(见表 22.5-97、表 22.5-98)。

表 22.5-96　C 系列人力控制换向阀技术规格

操作方式	按钮式	旋钮式（直动式）	推拉式	垂直转柄式（直动式）	按钮式	旋钮式（先导式）	推拉式	垂直转柄式（先导式）
公称通径/mm	3				8			
工作介质	经过滤、干燥的压缩空气							
环境温度范围/℃	-25～80(但不结冰)							
工作压力范围/MPa	0～0.8				0.15～0.8		0～0.8	0.15～0.8
有效截面积/mm²	≥3				≥20			
操作力/N	≤30		≤50	≤30	≤30		≤100	
工作行程(旋转角度)/mm	2	2.5（90°）		2（45°）	2	2（90°）		2（45°）

注：1. 生产单位为肇庆方大气动有限公司，重庆嘉陵气动元件厂、烟台未来自动装备有限责任公司、无锡市华通气动制造有限公司也生产类似产品。

2. 型号意义：

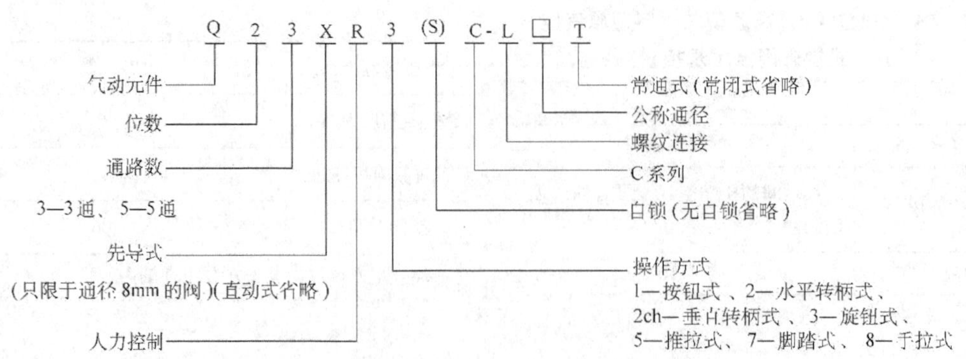

表 22.5-97　Q23R$_1$C 系列二位三通按钮式手动换向阀外形尺寸　（mm）

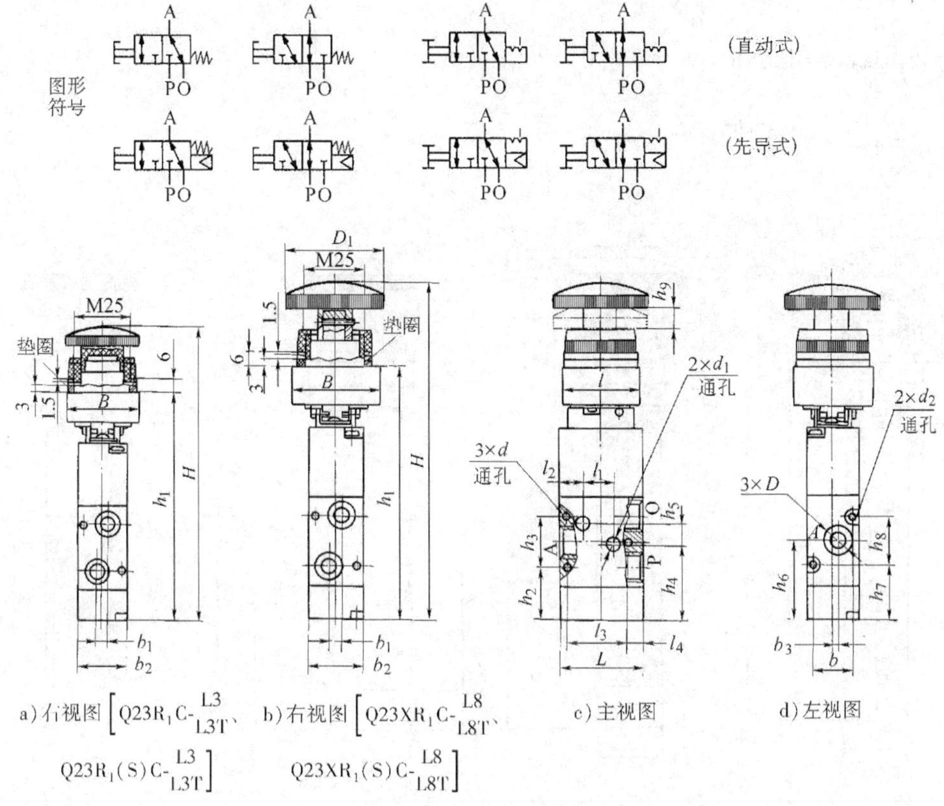

a）右视图 [Q23R$_1$C-$\frac{\text{L3}}{\text{L3T}}$、Q23R$_1$(S)C-$\frac{\text{L3}}{\text{L3T}}$]　b）右视图 [Q23XR$_1$C-$\frac{\text{L8}}{\text{L8T}}$、Q23XR$_1$(S)C-$\frac{\text{L8}}{\text{L8T}}$]　c）主视图　d）左视图

型　号	名称	D	L	l	l_1	l_2	l_3	l_4	H	h_1	h_2	h_3	h_4	h_5
Q23R$_1$C-$\frac{\text{L3}}{\text{L3T}}$	直动式无自锁	M5-6H	24	36	24	14	—	—	90	61	—	—	20.5	5.7
Q23R$_1$(S)C-$\frac{\text{L3}}{\text{L3T}}$	直动式有自锁								98	64				
Q23XR$_1$C-$\frac{\text{L8}}{\text{L8T}}$	先导式无自锁	G1/4	35	32	—	—	26	26	130	102	22	21	—	—
Q23XR$_1$(S)C-$\frac{\text{L8}}{\text{L8T}}$	先导式有自锁								139	105				

型　号	名称	h_6	h_7	h_8	h_9	B	b	b_1	b_2	$b_3$①	D_1	d	d_1	d_2
Q23R$_1$C-$\frac{\text{L3}}{\text{L3T}}$	直动式无自锁	20.5	15.5	10.2	8	32	11	0	15	-3	40	0	ϕ3.3	ϕ2.8
Q23R$_1$(S)C-$\frac{\text{L3}}{\text{L3T}}$	直动式有自锁													
Q23XR$_1$C-$\frac{\text{L8}}{\text{L8T}}$	先导式无自锁	32.5	22.5	20	8.5	32	17	5	22	+2.5		3.5	0	ϕ3.3
Q23XR$_1$(S)C-$\frac{\text{L8}}{\text{L8T}}$	先导式有自锁					36								

①“+”表示 A 口在中心线右侧，“-”表示 A 口在中心线左侧。

表 22.5-98　Q25R$_1$C 系列二位五通按钮式手动换向阀外形尺寸　　(mm)

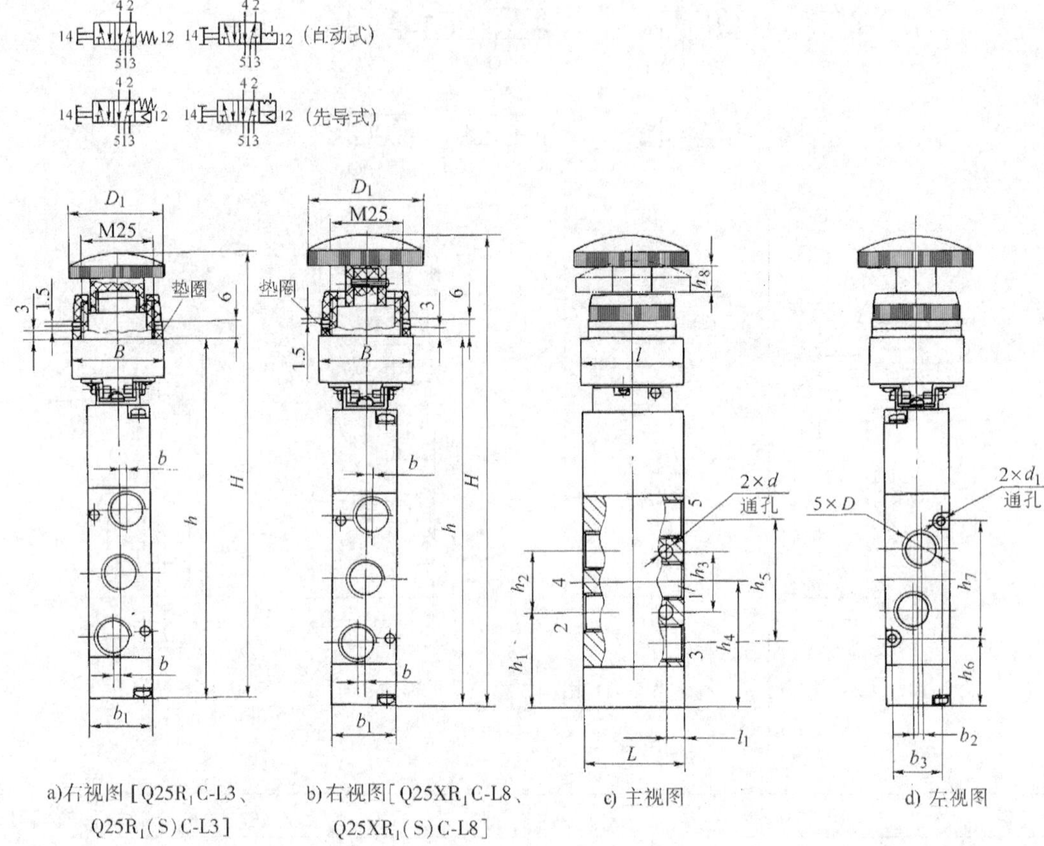

a) 右视图 [Q25R$_1$C-L3、Q25R$_1$(S)C-L3]　b) 右视图 [Q25XR$_1$C-L8、Q25XR$_1$(S)C-L8]　c) 主视图　d) 左视图

型　　号	名　　称	D	L	l	l_1	H	h	h_1	h_2	h_3	h_4	h_5
Q25R$_1$C-L3	直动式无自锁	M5-6H	24	32	18	100.7	72	20.5	10.7	21.4	26.2	21.4
Q25R$_1$(S)C-L3	直动式有自锁			36		108.7	74.5					
Q25XR$_1$C-L8	先导式无自锁	G1/4	35	32	6	151.5	—	32.5	21	21	33	42
Q25XR$_1$(S)C-L8	先导式有自锁			36		160	—					

型　　号	名　　称	h_6	h_7	h_8	B	b	b_1	b_2	b_3	D_1	d	d_1
Q25R$_1$C-L3	直动式无自锁	16	20.5	8	32	0	15	6	11	—	3.3	2.8
Q25R$_1$(S)C-L3	直动式有自锁			8.5	36					40		
Q25XR$_1$C-L8	先导式无自锁	23	40	8	32	2.5	22	3	17	—	4.5	3.3
Q25XR$_1$(S)C-L8	先导式有自锁			8.5	36					40		

(2) Q23R$_3$C、Q25R$_3$C 系列旋钮式手动换向阀

1) 工作原理，与图 22.5-31 所示阀的工作原理类似。

2) 技术规格(见表 22.5-96)。

3) 外形尺寸(见表 22.5-99)。

表 22.5-99　Q23R$_3$C、Q25R$_3$C 系列二位三通、五通旋钮式手动换向阀外形尺寸　（mm）

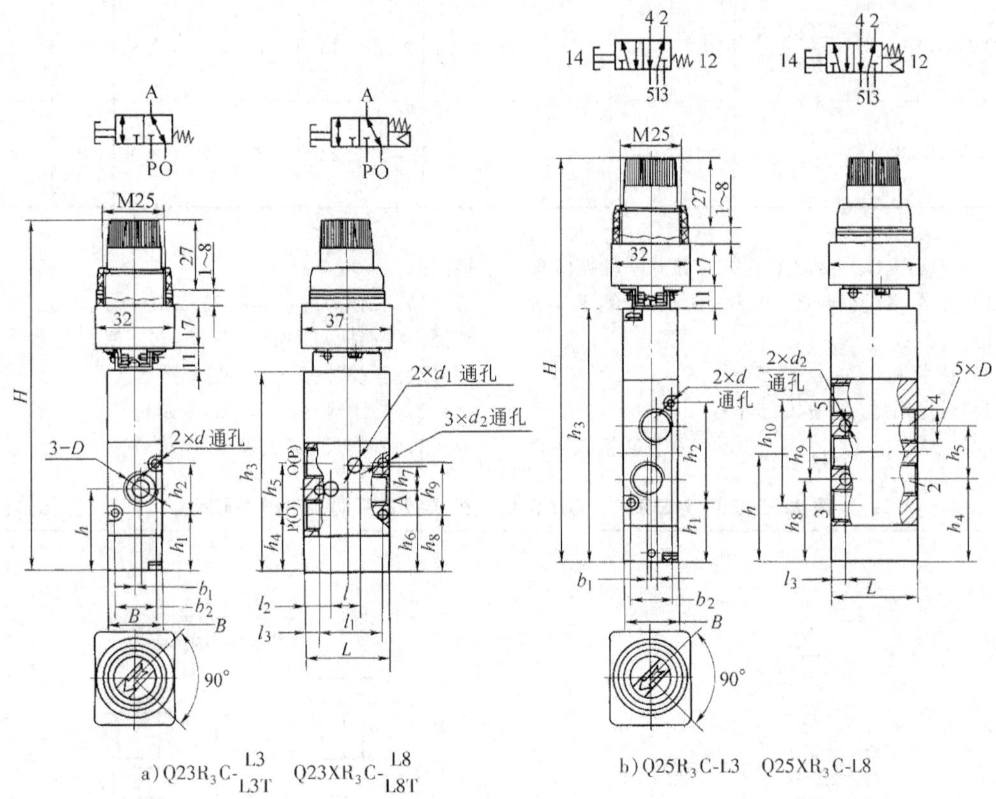

a) Q23R$_3$C-$\genfrac{}{}{0pt}{}{L3}{L3T}$　Q23XR$_3$C-$\genfrac{}{}{0pt}{}{L8}{L8T}$　　b) Q25R$_3$C-L3　Q25XR$_3$C-L8

型　号	名　称	D	L	l	l_1	l_2	l_3	H	h	h_1	h_2	h_3	h_4
Q23R$_3$C-$\genfrac{}{}{0pt}{}{L3}{L3T}$	二位三通 直动式	M5-6H	24	14	—	4	—	100.3	20.5	15.5	10.2	47.8	15.5
Q23XR$_3$C-$\genfrac{}{}{0pt}{}{L8}{L8T}$	二位三通 先导式	G1/4	35	—	26	—	6	142	32.5	22.5	20	79.5	22
Q25R$_3$C-L3	二位五通 直动式	M5-6H	24	—	—	—	18	111	26.2	16	20.4	49.2	20.5
Q25XR$_3$C-L8	二位五通 先导式	G1/4	35	—	—	—	6	163	43	23	40	100.5	32.5

型　号	名　称	h_5	h_6	h_7	h_8	h_9	h_{10}	B	b_1	b_2	d	d_1	d_2
Q23R$_3$C-$\genfrac{}{}{0pt}{}{L3}{L3T}$	二位三通 直动式	10.5	20.5	5.7	—	—	—	15	−3	11	2.8	3.3	0
Q23XR$_3$C-$\genfrac{}{}{0pt}{}{L8}{L8T}$	二位三通 先导式	21	—	—	22	21	—	22	+2.5	22	3.3	0	3.5

（续）

型　号	名　称	h_5	h_6	h_7	h_8	h_9	h_{10}	B	b_1	b_2	d	d_1	d_2
Q25R$_3$C-L3	二位五通直动式	10.7	—	—	15.5	21.4	21.4	15	11	11	2.8	0	3.3
Q25XR$_3$C-L8	二位五通先导式	21	—	—	32.5	21	42	22	1.5	22	3.3	0	4.5

（3）Q23R$_5$C、Q25R$_5$C 系列推拉式手动换向阀

1）工作原理，与图 22.5-31 所示阀的工作原理类似。

2）技术规格(见表 22.5-96)。

3）外形尺寸(见表 22.5-100)。

（4）Q23R$_{2ch}$C、Q25R$_{2ch}$C 系列垂直转柄式手动换向阀

1）工作原理，与图 22.5-31 所示阀的工作原理类似。将摇柄对中心线各转 45°，使阀芯上下移动即可改变气流的运动方向。

2）技术规格(见表 22.5-96)。

3）外形尺寸(见表 22.5-101)。

表 22.5-100　Q23R$_5$C、Q25R$_5$C 系列推拉式手动换向阀外形尺寸　　（mm）

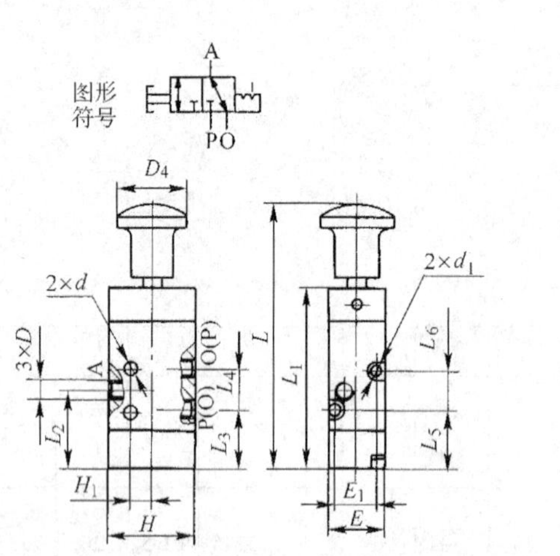

a) Q23R$_5$C-L3　Q23R$_5$C-L3T　Q23R$_5$C-L8　Q23R$_5$C-L8T

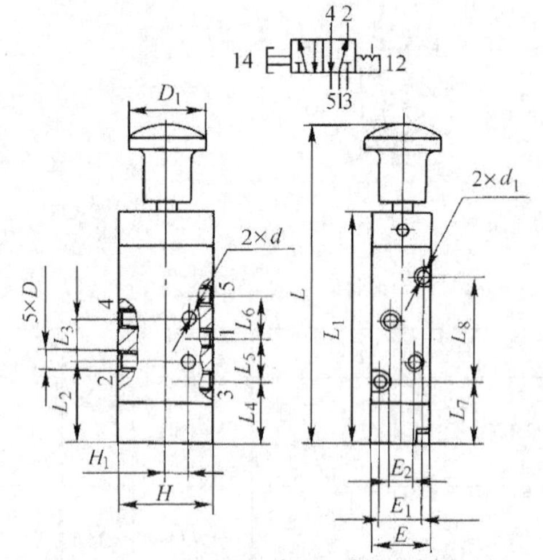

b) Q25R$_5$C-L3　Q25R$_5$C-L8

型　号	D	D_1	d	d_1	H	H_1	E	E_1	E_2	L	L_1	L_2	L_3	L_4	L_5	L_6	L_7	L_8
Q23R$_5$C-L3 Q23R$_5$C-L3T	M5	24	3.3	2.8	24	7	15	11	6	58.5	39	17.5	12.5	10	12.5	10	—	—
Q23R$_5$C-L8 Q23R$_5$C-L8T	G1/4	24	4.5	3.3	35	11.5	22	17	6	83	63	31.5	21	21	21.5	20	—	—
Q25R$_5$C-L3	M5	24	3.3	2.8	24	6	15	11	6	68.5	49	17.5	10	12.5	10	10	13	19
Q25R$_5$C-L8	G1/4	24	4.5	3.3	35	11.5	22	17	3	104	84	31.5	21	21	21	21	22	40

注：括号内的气口为常通式气口(L3T、L8T)。

表 22.5-101　$Q23R_{2ch}C$、$Q25R_{2ch}C$ 系列垂直转柄式手动换向阀外形尺寸　　(mm)

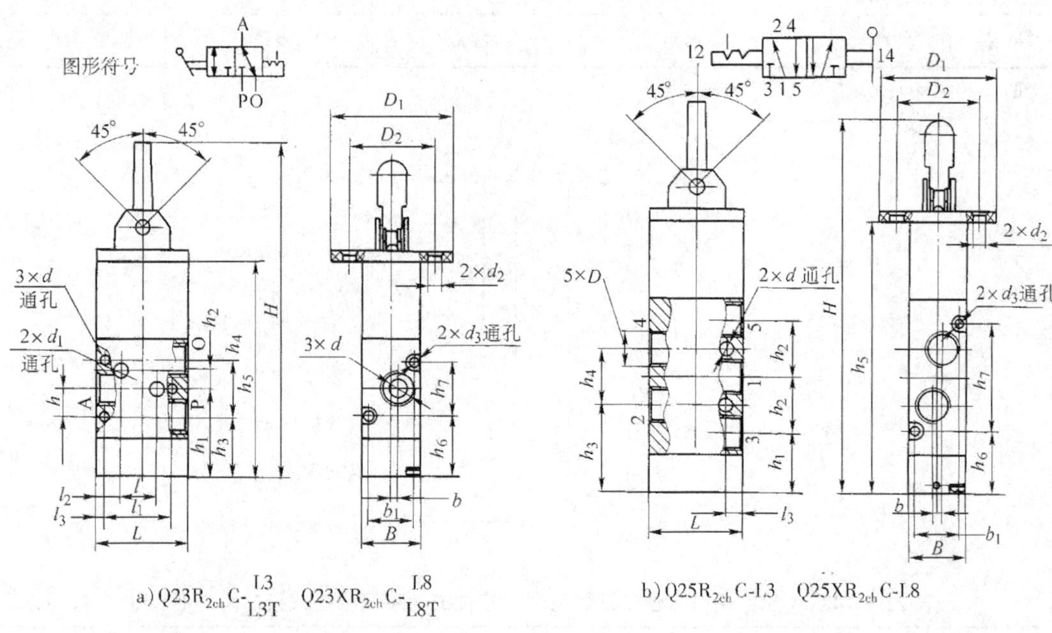

a) $Q23R_{2ch}C$-$\frac{L3}{L3T}$　$Q23XR_{2ch}C$-$\frac{L8}{L8T}$　　b) $Q25R_{2ch}C$-L3　$Q25XR_{2ch}C$-L8

型　号	D	L	l	l_1	l_2	l_3	H	h	h_1	h_2	h_3	h_4
$Q23R_{2ch}C$-$\frac{L3}{L3T}$直动式	M5	24	14	—	6		83.5	—	20.5	5.7	—	—
$Q23XR_{2ch}C$-$\frac{L8}{L8T}$先导式	G1/4	35	—	26	—	3	135	10.5	—	—	22	21
$Q25R_{2ch}C$-L3 直动式	M5	24	—	—	—	18	94.2	10.7	—	10.7	15.5	10.7
$Q25XR_{2ch}C$-L8 先导式	G1/4	35	—	—	—	6	156	10.5	—	21	32.5	21

型　号	h_5	h_6	h_7	B	b	b_1	D_1	D_2	d	d_1	d_2	d_3
$Q23R_{2ch}C$-$\frac{L3}{L3T}$直动式	38.5	15.5	10.2	15	3	11	39	27	0	$\phi3.3$	$\phi2.8$	$\phi2.8$
$Q23XR_{2ch}C$-$\frac{L8}{L8T}$先导式	90	22.5	20	22	2.5	17	46	34	$\phi3.5$	0	$\phi4.5$	$\phi3.3$
$Q25R_{2ch}C$-L3 直动式	49.2	16	20.4	15	11	15	39	27	$\phi3.3$	0		$\phi2.8$
$Q25XR_{2ch}C$-L8 先导式	111	23	40	22	3	22	46	34	$\phi4.5$	0		$\phi3.3$

(5) QSR_5 系列手柄推拉式换向阀

1) 工作原理，与图 22.5-31 所示阀的工作原理类似。

2) 技术规格(见表 22.5-102)。

3) 外形尺寸(见表 22.5-103)。

表 22.5-102　QSR_5 系列二位三通、五通、三位五通手柄推拉式换向阀技术规格

公称通径/mm	3	8	10	15
工作介质	经净化含油雾或不含油雾压缩空气			
使用温度范围/℃	-25~80(但不结冰)			
工作压力范围/MPa	0~0.8			

（续）

有效截面积/mm²	≥4	≥10	≥20	≥40
操 作 力/N	≤30	≤100	≤120	≤160

注：1. 生产单位为肇庆方大气动有限公司。

2. 型号意义：

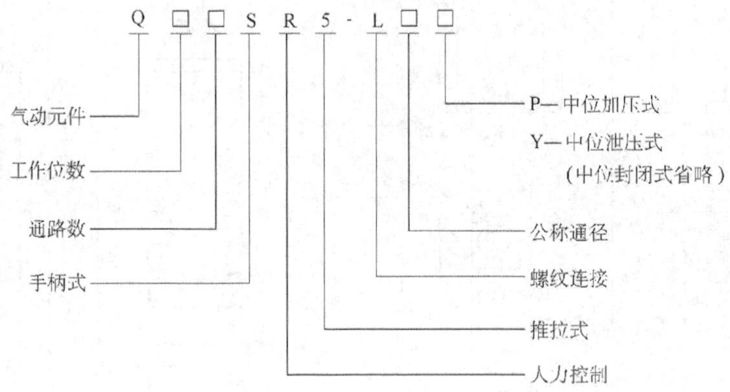

表 22.5-103 QSR$_5$ 系列二位三通、五通、三位五通手柄推拉式换向阀外形尺寸 （mm）

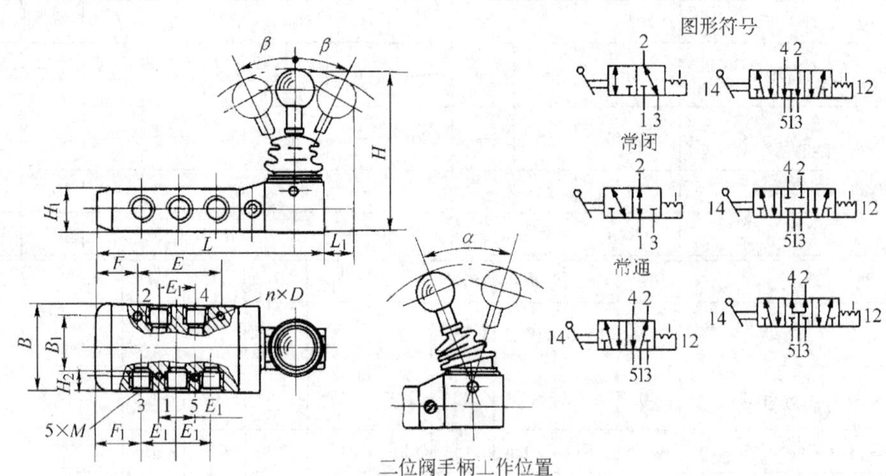

通径＼符号	M	H	H_1	H_2	L	L_1	B	B_1	E	E_1	F	F_1	$n\times D$	β	α
3	G1/8	89	20	6	87	22	34	24	—	17	—	29.5	3×ϕ4.4	14°	28°
8	G1/4	89	20	11	102	7	44	30	—	20	—	33	3×ϕ4.4	18°25′	36°50′
10	G3/8	123	32	12	178	25	62	45	64	28	30.5	48.5	4×ϕ5.5	25°	50°
15	G1/2	123	32	15	178	25	62	45	64	28	30.5	48.5	4×ϕ4.4	25°	50°

（6）QSR_2 系列水平旋转手柄式换向阀

1）工作原理，如图 22.5-32 所示。该系列端面硬质密封的阀是靠旋转阀的手柄使阀芯对阀体水平转动而实现气路通断的。

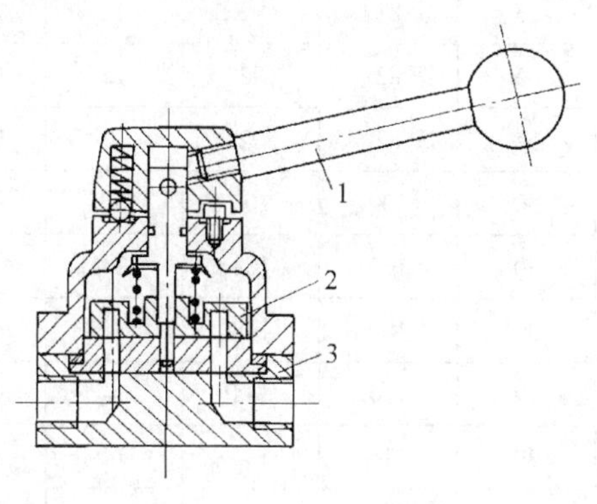

图 22.5-32　水平旋转手柄式换向阀工作原理图
1—手柄　2—阀芯　3—阀体

2）技术规格（见表 22.5-104）。

表 22.5-104　QSR_2 系列二位三通、四通、三位四通水平旋转手柄式换向阀技术规格

公称通径/mm	8	10	15	20
工作介质	经净化的压缩空气			
使用温度范围/℃	-25~80（但不结冰）			
最高工作压力/MPa	0.8			
操作角度/(°)	90			
有效截面积/mm^2	10	20	55	185
操作力/N	≤100	≤120	≤160	

注：生产单位为广东省肇庆方大气动有限公司。无锡市华通气动制造有限公司、无锡恒立液压气动有限公司、上海利岛液压气动设备有限公司也生产类似产品。

3）外形尺寸（见表 22.5-105）。

表 22.5-105　QSR_2 系列二位三通、四通、三位四通水平旋转手柄式换向阀外形尺寸（mm）

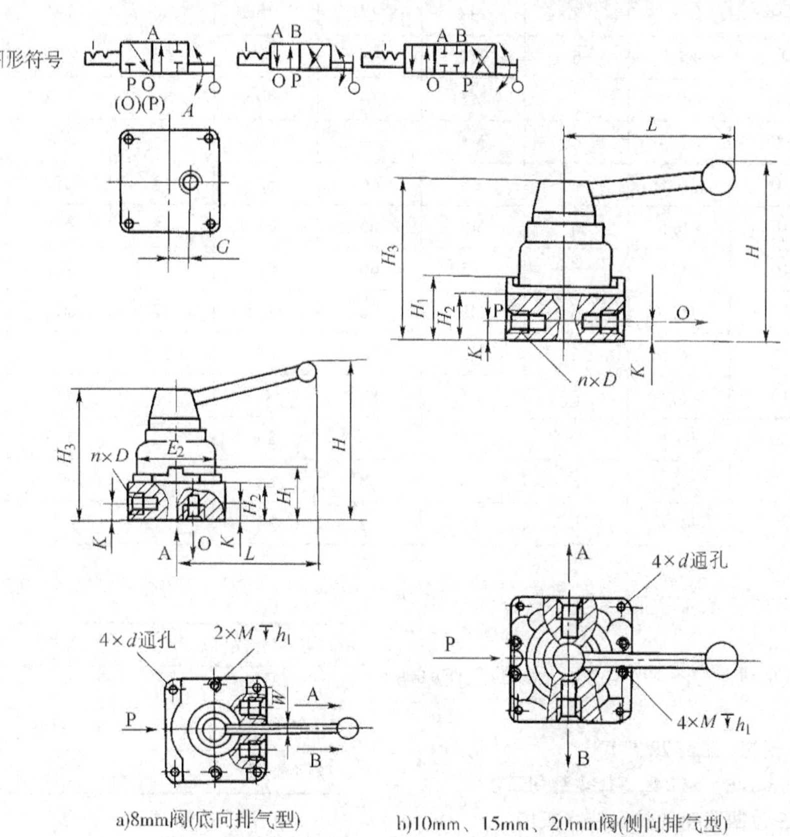

a)8mm阀(底向排气型)　b)10mm、15mm、20mm阀(侧向排气型)

（续）

型号＼代号	D	n	H	H_1	H_2	H_3	L	K	G
Q23SR$_2$-L8	G1/4	3	100	35	25	82	92	12	12
Q24SR$_2$-L8	G1/4	4	100	35	25	82	92	12	12
Q34SR$_2$-L8	G1/4	4	100	35	25	82	92	12	12
Q23SR$_2$-L10	G3/8	3	115	41	30	100	108	13.5	—
Q24SR$_2$-L10	G3/8	4	115	41	30	100	108	13.5	—
Q34SR$_2$-L10	G3/8	4	115	41	30	100	108	13.5	—
Q23SR$_2$-L15	G1/2	3	138	41	29	114	144	14	—
Q24SR$_2$-L15	G1/2	4	138	41	29	114	144	14	—
Q34SR$_2$-L15	G1/2	4	138	41	29	114	144	14	—
Q23SR$_2$-L20	G3/4	3	144	47	35	120	144	18	—
Q24SR$_2$-L20	G3/4	4	144	47	35	120	144	18	—
Q34SR$_2$-L20	G3/4	4	144	47	35	120	144	18	—
Q23SR$_2$-L8	ϕ5.3	6	M4	—	49	53	ϕ48	63	25
Q24SR$_2$-L8	ϕ5.3	6	M4	—	49	53	ϕ48	63	25
Q34SR$_2$-L8	ϕ5.3	6	M4	—	49	53	ϕ48	63	25
Q23SR$_2$-L10	ϕ6.5	6	M5	66	62	18	ϕ58	74	—
Q24SR$_2$-L10	ϕ6.5	6	M5	66	62	18	ϕ58	74	—
Q34SR$_2$-L10	ϕ6.5	6	M5	66	62	18	ϕ58	74	—
Q23SR$_2$-L15	ϕ6.5	6	M5	88	84	32	ϕ78	102	—
Q24SR$_2$-L15	ϕ6.5	6	M5	88	84	32	ϕ78	102	—
Q34SR$_2$-L15	ϕ6.5	6	M5	88	84	32	ϕ78	102	—
Q23SR$_2$-L20	ϕ6.5	6	M5	88	84	32	ϕ78	102	—
Q24SR$_2$-L20	ϕ6.5	6	M5	88	84	32	ϕ78	102	—
Q34SR$_2$-L20	ϕ6.5	6	M5	88	84	32	ϕ78	102	—

（7）SF24、SF34 系列二位、三位四通手动转阀

1）工作原理，与图 22.5-32 所示阀的工作原理相同。

2）技术规格（见表 22.5-106）。

表 22.5-106 SF24、SF34 系列二位、三位四通手动转阀技术规格

通　径	6	10	15	20	25
工 作 介 质	经过滤的压缩空气				
环境与介质温度/℃	5~50				
工作压力范围/MPa	0.2~0.8				
操　作　力/N	≤20	≤28	≤40	≤85	≤115
公称流量/$m^3 \cdot h^{-1}$	5	7	10	20	30

注：生产单位为烟台未来自动装备有限责任公司、重庆嘉陵气动元件厂（生产通径 8、10mm 产品）。

3）外形尺寸（见表 22.5-107）。

表 22. 5-107　SF24、SF34 系列二位、三位四通手动转阀外形尺寸　(mm)

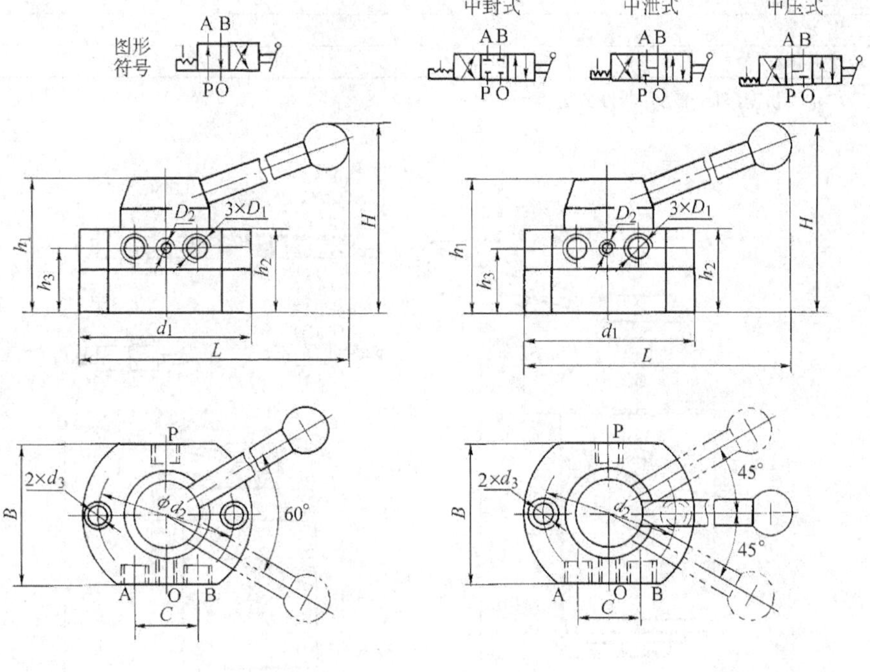

a)SF24-L6 ~ L25二位四通　b)SF34 - L6 ~ L25三位四通

型　号	D_1	D_2	L	B	H	d_1	d_2	d_3	h_1	h_2	h_3	C
SF24-L6 SF34-L6	G1/4	M8×1	155	60	90	80	63	9	56	36	27	30
SF24-L10 SF34-L10	G3/8	M10×1	187	75	110	100	80	11	69	43	32	39
SF24-L15 SF34-L15	G1/2	M12×1. 25	205	90	120	125	100	11	81	49	36	47
SF24-L20 SF34-L20	G3/4	M20×1. 5	255	110	145	152	125	13	92	56	40	68
SF24-L25 SF34-L25	G1	M27×2	306	136	168	182	150	13	100	64	45	84

（8）XQZ(SZ)系列多位多通手动转阀

1）工作原理，与图 22.5-32 所示阀的工作原理相同。

2）技术规格(见表 22. 5-108)。

3）外形尺寸(见图 22. 5-33)。

表 22. 5-108　XQZ(SZ)系列多位多通手动转阀技术规格

型　号	XQZ(SZ)8635Ⅰ	XQZ(SZ)8635Ⅱ	XQZ(SZ)8635Ⅲ	XQZ(SZ)8635Ⅳ
对应新型号	$K49R_8$-L8	$K39R_8$-L8	$K36R_8$-L8	$K25R_8$-L8
位数及通数	四位九通	三位九通	三位六通	二位五通
公称通径/mm	8			
工作介质	压缩空气			
环境及介质温度/℃	5~50			
工作压力范围/MPa	0~0. 8			

（续）

有效截面积/mm^2	≥20
泄漏量/$cm^3 \cdot min^{-1}$	≤300
操 作 力/N	≤15
最大转动夹角/(°)	90

注：生产单位为济南华能气动元器件公司。

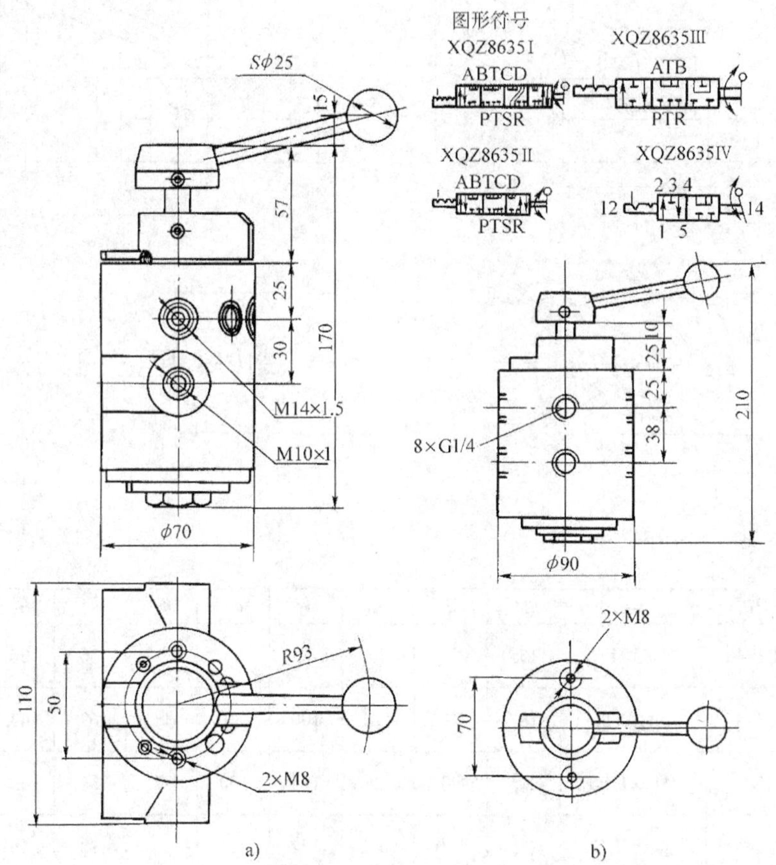

图 22.5-33 XQZ(SZ)系列多位多通手动转阀外形尺寸

a）XQZ8635 b）SZ8635

（9）$K23R_5$ 系列二位三通管道手拉式换向阀

1）工作原理见图 22.5-34a。当阀的滑套 2 被拉向右位时，P→A 接通；当滑套移至左位时（见图 22.5-34b），P、A 关闭。

2）技术规格（见表 22.5-109）。

3）外形尺寸（见表 22.5-110）。

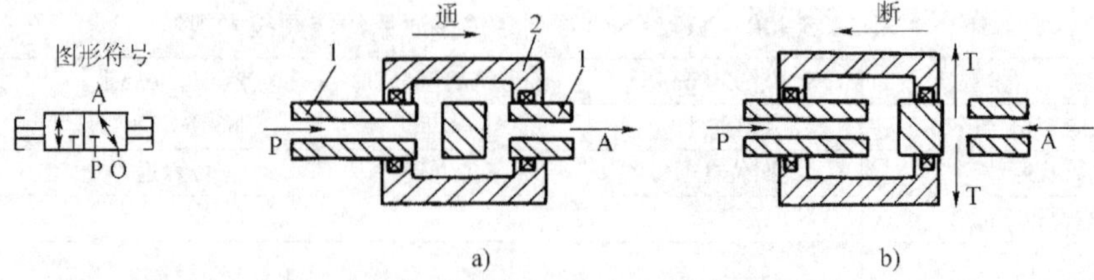

图 22.5-34 管道手拉式换向阀工作原理图

1—管道 2—滑套

表 22.5-109　K23R$_5$ 系列二位三通管道手拉式换向阀技术规格

型　号	K23R$_5$-L6	K23R$_5$-L8	K23R$_5$-L10	K23R$_5$-L15	K23R$_5$-L20	K23R$_5$-L25
公称通径/mm	6	8	10	15	20	25
工作压力/MPa	0~1.0					
工作温度/℃	5~60					
操作力/N	10	10	20	20	30	30

注：生产单位为重庆嘉陵气动元件厂、烟台未来自动装备有限责任公司(生产通径为 6~15mm 的阀)、肇庆方大气动有限公司(生产通径为 3~15mm 的阀)。

表 22.5-110　K23R$_5$ 系列二位三通管道手拉式换向阀外形尺寸　(mm)

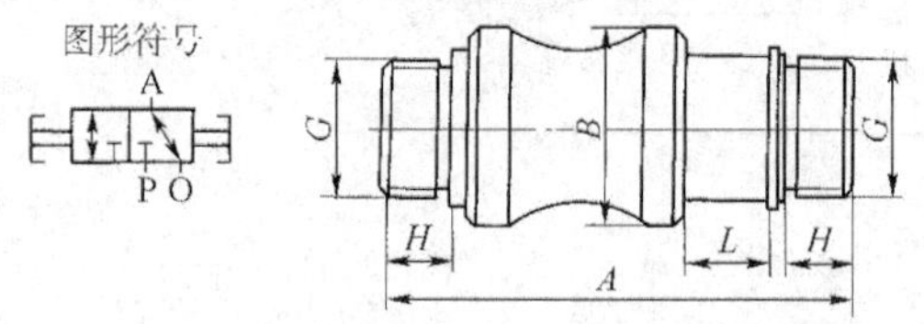

型　号	接管螺纹 G	A	B	H	L
K23R$_5$-L6	G1/8	50	25	7	9
K23R$_5$-L8	G1/4	60	30	8	11
K23R$_5$-L10	G3/8	70	35	9	13
K23R$_5$-L15	G1/2	80	40	11	15
K23R$_5$-L20	G3/4	100	45	12	17
K23R$_5$-L25	G1	110	50	13	19

（10）Q23/25R$_7$B、Q23/25R$_7$A、Q23JR$_7$A 系列二位三通、五通脚踏阀

1）工作原理见表 22.5-112 附图。该阀基阀为软质密封二位换向滑阀，控制头部连有脚踏机构(截止式脚踏阀基阀为二位换向截止阀)。

2）技术规格(见表 22.5-111)。

表 22.5-111　Q$\frac{23}{25}$R$_7$B、Q$\frac{23}{25}$R$_7$A、Q23JR$_7$A 系列二位三通、五通脚踏阀技术规格

型　号	Q23R$_7$B、Q23R$_7$B(T)、Q25R$_7$B	
公称通径/mm	3	6
工作介质	经净化的压缩空气	
使用温度范围/℃	-25~80(但不结冰)	
工作压力范围/MPa	0~0.8	
润滑	有无润滑油均可	
泄漏量/cm^3·min^{-1}	≤50	
有效截面积/mm^2	≥3	≥5
工作行程/mm	20	
操作力/N	≤40	

型　号	Q23JR$_7$A		Q23R$_7$A、Q23R$_7$A(T)、Q25R$_7$A				
公称通径/mm	3	6	3	6	8	10	15
工作介质	经净化的压缩空气						
使用温度范围/℃	-25~80(但不结冰)						
工作压力范围/MPa	0~0.8						
润滑	有无润滑油均可						
泄漏量/cm^3·min^{-1}	≤50					≤100	
有效截面积/mm^2	≥3	≥5	≥3	≥5	≥10	≥20	≥40

（续）

型　　号	Q23JR$_7$A		Q23R$_7$A、Q23R$_7$A(T)、Q25R$_7$A				
工作行程/mm	19	19	15	22	30	22	30
操作力/N	≤30	≤40	≤30	≤60	≤60	≤100	≤120

注：1. 生产单位为肇庆方大气动有限公司，无锡市华通气动制造有限公司、无锡恒立液压气动有限公司、重庆嘉陵气动元件厂也生产类似产品。

2. 型号意义：

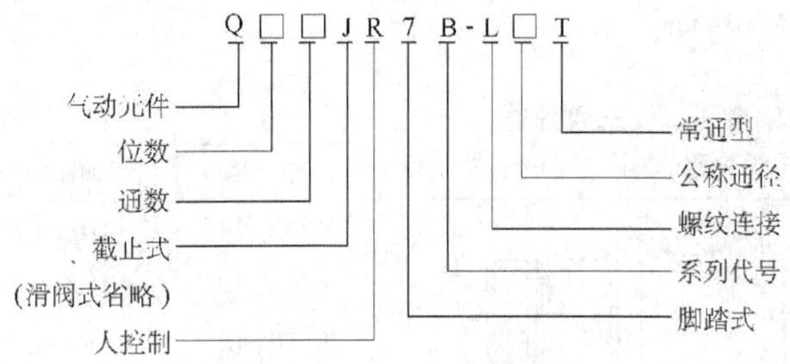

3）外形尺寸（见表 22.5-112、表 22.5-113）。

表 22.5-112　Q$^{23}_{25}$R$_7$B 系列二位三通、五通脚踏阀外形尺寸

（mm）

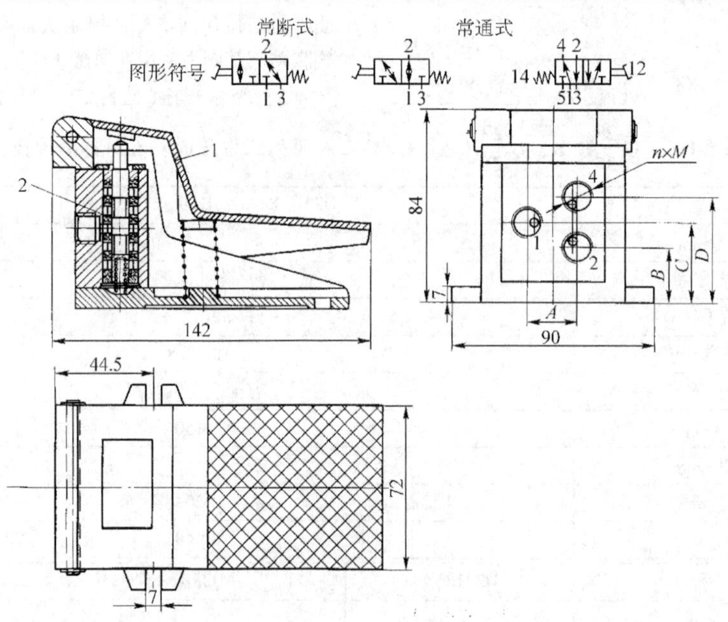

1—脚踏机构　2—二位换向阀

型　　号	通　　径	M	A	B	C	D	n
Q23R$_7$B-L*	3	M5	17	—	35	43	2
	6	G1/4	22	—	35	46	2
Q23R$_7$B-L* T	3	M5	17	27	35	—	2
	6	G1/4	22	24	35	—	2
Q25R$_7$B-L*	3	M5	17	27	35	43	3
	6	G1/4	22	24	35	46	3

注：* 表示公称通径。

表 22.5-113　Q23JR$_7$A、Q$\genfrac{}{}{0pt}{}{23}{25}R_7$A 系列二位三通、五通脚踏阀外形尺寸　（mm）

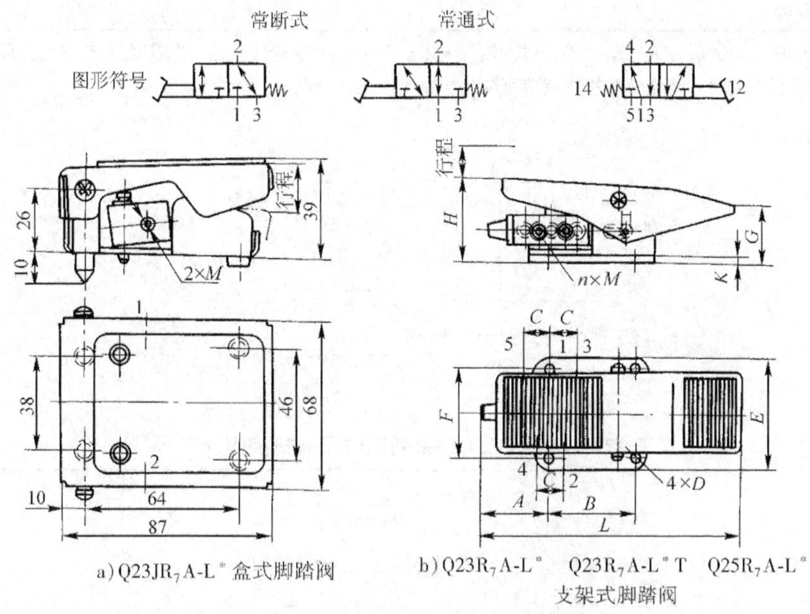

a) Q23JR$_7$A-L* 盒式脚踏阀　b) Q23R$_7$A-L*　Q23R$_7$A-L*T　Q25R$_7$A-L*
支架式脚踏阀

型　号	符号 / 通径	M	n	A	B	C	D	E	F	G	H	K	L
Q23JR$_7$A-L*	3	M5	—	—	—	—	—	—	—	—	—	—	—
	6	M10×1	—	—	—	—	—	—	—	—	—	—	—
Q23R$_7$A-L* Q23R$_7$A-L*T Q25R$_7$A-L*	3	M5	3/5	37	68	12	φ6	84	68	46	68	5	190
	6	M10×1	3/5	43	68	17	φ6	84	68	46	68	5	196
	8	M14×1.5	3/5	59	68	21	φ6	84	68	46	68	5	212
	10	M18×1.5	3/5	58	94	28	φ7	90	74	63	82	5	240
	15	M22×1.5	3/5	72	94	32	φ7	90	74	63	82	5	252

注：* 表示公称通径。

1.2.5　机械控制换向阀

（1）Q23C$_1$C、Q23C$_3$C、Q23C$_4$C 系列二位三通机控阀

1）工作原理，与图 22.5-31 所示阀的工作原理类似。

2）技术规格（见表 22.5-114）。

3）外形尺寸（见表 22.5-115）。

表 22.5-114　Q23CC、Q25CC 系列二位三通、二位五通机控阀技术规格

型　号	Q23C$_1$C-L3 Q25C$_1$C-L3	Q23C$_3$C-L3 Q25C$_3$C-L3	Q23C$_4$C-L3 Q25C$_4$C-L3	Q23C$_1$C-L8 Q25C$_1$C-L8	Q23C$_3$C-L8 Q25C$_3$C-L8	Q23C$_4$C-L8 Q25C$_4$C-L8
公称通径/mm	3			8		
工作介质	经过净化，干燥的压缩空气					
工作压力/MPa	0~0.8					
使用温度范围/℃	-25~80（但在不冻结条件下）					
有效截面积/mm^2	≥3			≥20		
操作力/N	≤30			≤100		
泄漏量/cm^3·min^{-1}	≤50					
耐压性/MPa	1.2					

（续）

耐久性/万次	≥200					
工作行程/mm	2	4.3	4.8	5	13	13

注：1. 生产单位为肇庆方大气动有限公司，烟台未来自动装备有限责任公司、重庆嘉陵气动元件厂、无锡恒立液压气动有限公司、奉化韩海机械制造有限公司也生产类似产品。

2. 型号意义：

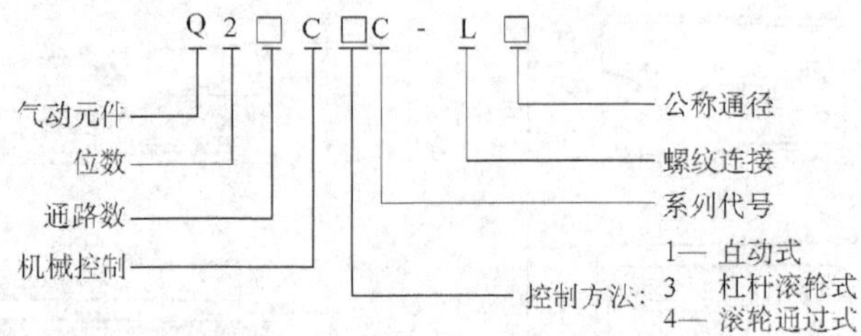

表 22.5-115 Q23CC 系列二位三通机控阀外形尺寸 （mm）

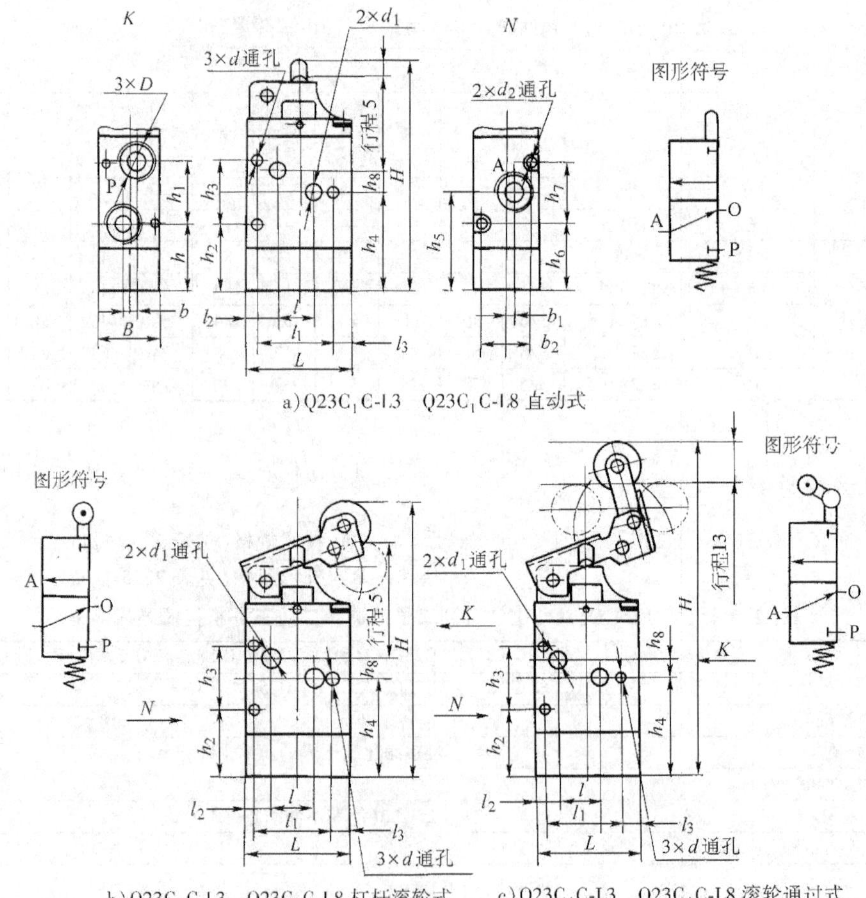

a) $Q23C_1C$-L3 $Q23C_1C$-L8 直动式

b) $Q23C_3C$-L3 $Q23C_3C$-L8 杠杆滚轮式

c) $Q23C_4C$-L3 $Q23C_4C$-L8 滚轮通过式

（续）

型　号	D	L	l	l_1	l_2	l_3	H	h	h_1	h_2	h_3	h_4	h_5	h_6	h_7	h_8	B	b	$b_1$①	b_2	d	d_1
Q23C$_1$C-L3	M5-6H	24	14	—	6	—	46.4	15.5	10.7	—	—	20.5	20.5	15.5	10.2	5.7	15	0	-3	11	0	ϕ3.3
Q23C$_3$C-L3							68															
Q23C$_4$C-L3							79															
Q23C$_1$C-L8	G1/4	35	—	26	—	6	76	22	21	22	21	32.5	32.5	22.5	20	—	22	5	+2.5	17	ϕ3.5	0
Q23C$_3$C-L8							90															
Q23C$_4$C-L8							110															

①“-”表示 A 口在阀中心线的左侧，“+”表示 A 口在阀中心线的右侧。

（2）Q25C$_1$C，Q25C$_3$C、Q25C$_4$C 系列二位五通机控阀

1）工作原理，与图 22.5-31 所示阀的工作原理类似。

2）技术规格（见表 22.5-114）。

3）外形尺寸（见表 22.5-116）。

表 22.5-116　Q25C$_1$C、Q25C$_3$C、Q25C$_4$C 系列二位五通机控阀外形尺寸　（mm）

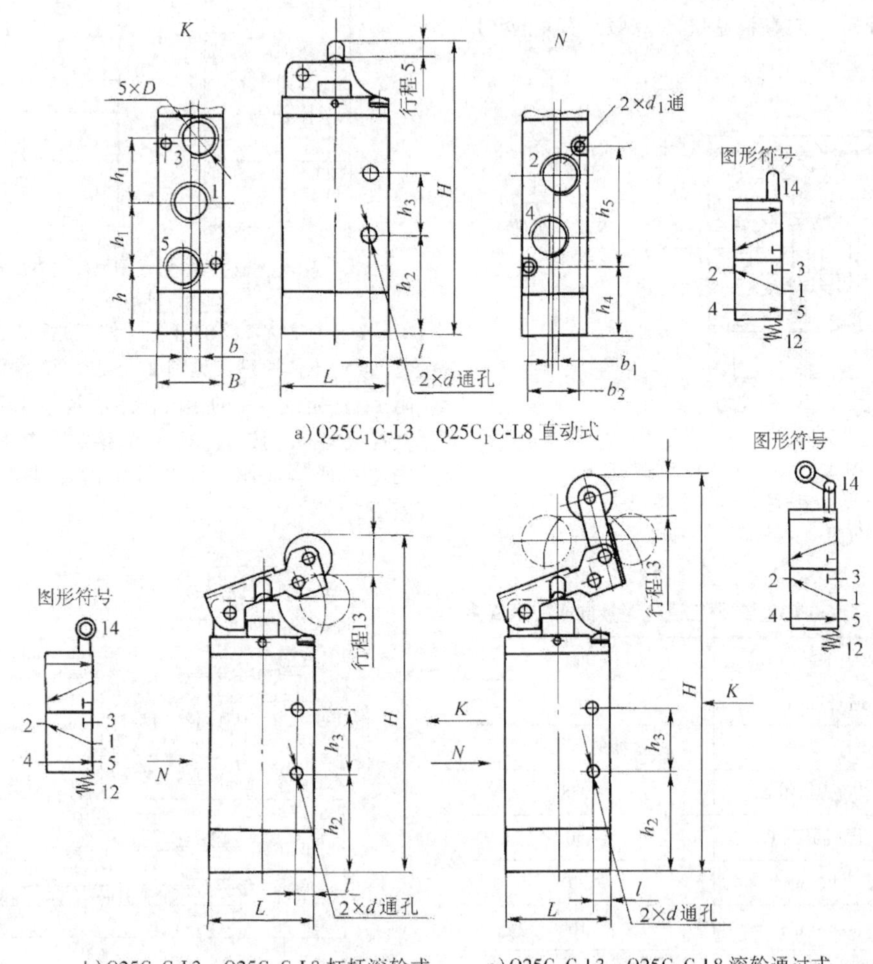

a）Q25C$_1$C-L3　Q25C$_1$C-L8 直动式

b）Q25C$_3$C-L3　Q25C$_3$C-L8 杠杆滚轮式　　c）Q25C$_4$C-L3　Q25C$_4$C-L8 滚轮通过式

（续）

型　号	D	L	l	H	h	h_1	h_2	h_3	h_4	h_5	B	b	$b_1$①	b_2	d	d_1
$Q25C_1C$-L3	M5-6H	24	18	57.1	15.5	10.7	15.5	21.4	16	20.4	15	0	∓6	11	$\phi3.3$	$\phi2.8$
$Q25C_3C$-L3				79												
$Q25C_4C$-L3				96												
$Q25C_1C$-L8	G1/4	35	6	97	21.5	21.5	32.5	21	22	40	22	5	±3	17	$\phi4.5$	$\phi3.5$
$Q25C_3C$-L8				112												$\phi3.3$
$Q25C_4C$-L8				130												$\phi3.3$

①“∓”表示2口在阀中心线的左侧，4口在阀中心线的右侧；“±”表示2口在阀中心线的右侧，4口在阀中心线的左侧。

1.2.6　时间控制换向阀

（1）FQ0803型二位三通延时换向阀

1）工作原理，如图22.5-35所示。压缩空气从P口输入后经气阻1、气容2延时一定时间，当气容内压力升到一定值后，阀芯3克服弹簧4的作用力上移，使P→A接通。

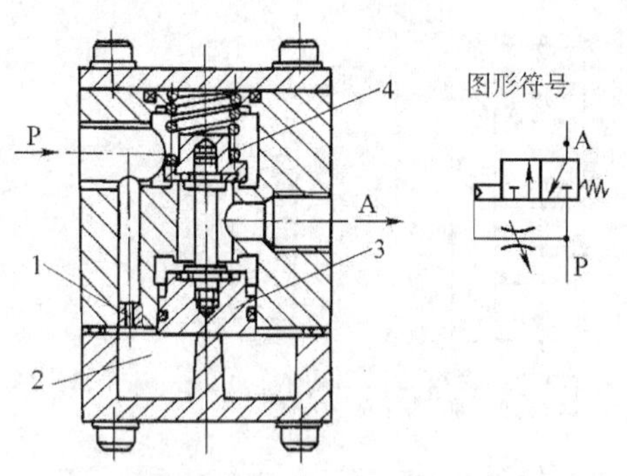

图22.5-35　FQ0803型二位三通延时换向阀工作原理

1—气阻　2—气容　3—阀芯　4—弹簧

2）技术规格（见表22.5-117）。

表22.5-117　FQ0803型二位三通延时换向阀技术规格

型　号	FQ0803
公称通径/mm	10
工作介质	经过滤的压缩空气
工作压力范围/MPa	0~0.8
环境及介质温度/℃	5~50
有效截面积/mm^2	≥20
泄漏量/$cm^3 \cdot min^{-1}$	≤10
延时时间/s	0~20
耐久性/万次	≥150

注：生产单位为重庆嘉陵气动元件厂。

3）外形尺寸（见图22.5-36）。

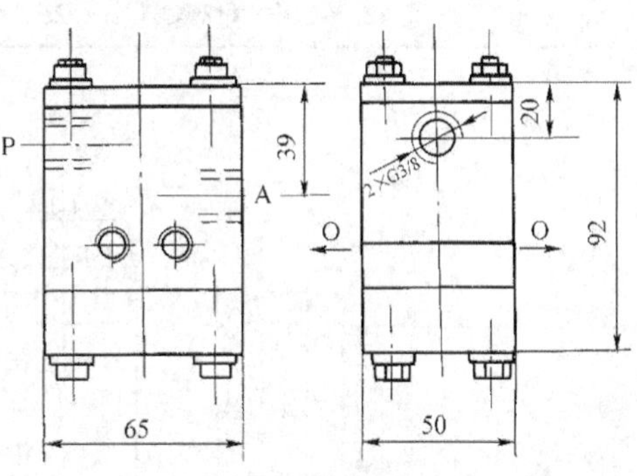

图22.5-36　FQ0803型二位三通延时换向阀外形尺寸

（2）K23Y-L6(8)-J型二位三通延时换向阀

1）工作原理，见图22.5-37。该阀是靠可调气阻1、固定气容2的延时作用使阀芯3延时换向的气控换向阀。按P、A、O的接法为常断延时通型二位三通换向阀，按括号中的接法为常通延时断型。

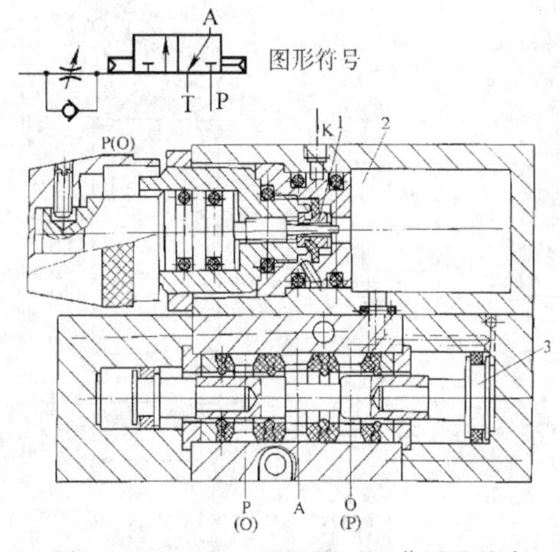

图22.5-37　K23Y-L6(8)-J型二位三通延时换向阀工作原理

1—气阻　2—气容　3—阀芯

2）技术规格(见表 22.5-118)。

3）外形尺寸(见图 22.5-38)。

表 22.5-118　K23Y-L6(8)-J 型二位三通、二位五通延时换向阀技术规格

规格 型号	二位三通	二位五通
	K23Y-L6(8)-J	K25Y-L6(8)-J
公称通径/mm	6(8)	6(8)
工作介质	洁净压缩空气	
介质及环境温度/℃	5~60	
工作压力范围/MPa	0.2~0.8	
泄漏量/$cm^3 \cdot min^{-1}$	≤50	
延时精度(%)	-6~6	
延时范围/s	≥1~60	
延时时间精调/s	0~20	
延时时间粗调/s	20~60	
有效截面积/mm^2	5(10)	5(10)
耐久性/万次	200	

注：1. 生产单位为济南华能气动元器件公司。

2. 型号意义：

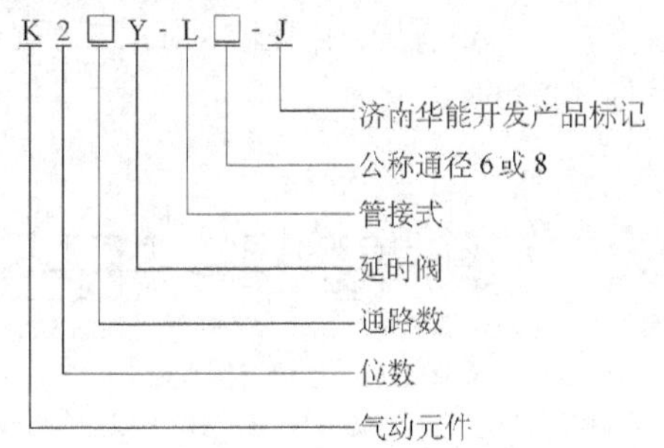

(3) K25Y-L6(8)-J 型二位五通延时换向阀

1）工作原理，与图 22.5-37 所示阀的工作原理相同。

2）技术规格(见表 22.5-118)。

3）外形尺寸（见图 22.5-39)。图中括号中的尺寸为通径 8mm 阀的尺寸。

1.2.7　单向型控制阀

(1) KA 系列单向阀

1）工作原理，如图 22.5-40a 所示。当阀无压缩空气从 A 口和 P 口进入时，阀处于关闭状态，气流从 A 向 P 不通；当 A 口有压缩空气输入时，P 与 A 也不通。当 P 口有压缩空气时，克服弹簧力 P 与 A 通(见图 22.5-40b)。

2）技术规格(见表 22.5-119)。

3）外形尺寸(见表 22.5-120)。

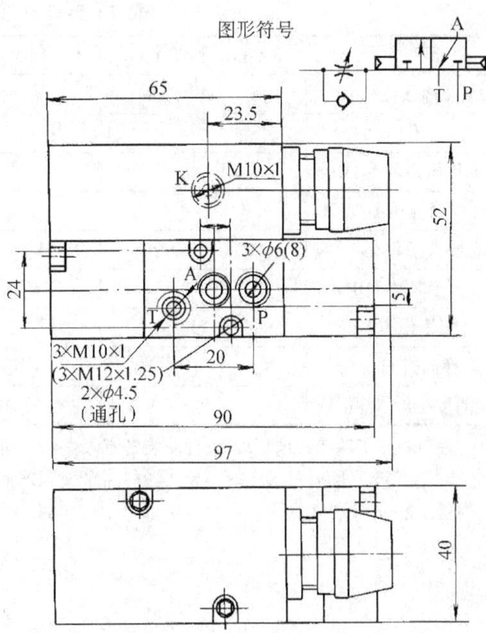

图 22.5-38　K23Y-L6(8)-J 型二位三通延时换向阀外形尺寸

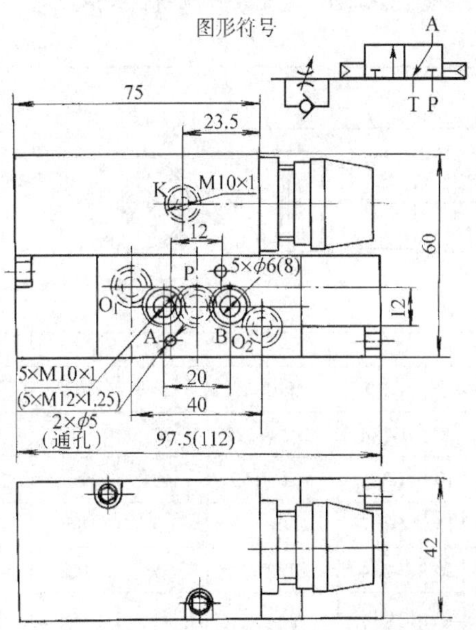

图 22.5-39　K25Y-L6(8)-J 型二位五通延时换向阀外形尺寸

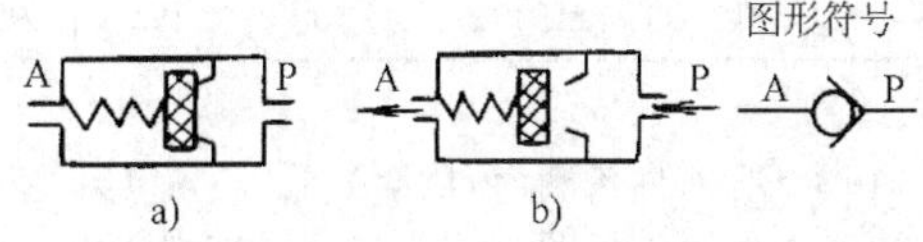

图 22.5-40　单向阀工作原理图

表 22.5-119　KA 系列单向阀技术规格

型　　号	KA-L6	KA-L8	KA-L10	KA-L15	KA-L20	KA-L25	KA-L32	KA-L40	KA-L50
公称通径/mm	6	8	10	15	20	25	32	40	50
工作介质	经过滤的压缩空气								
工作压力范围/MPa	0.05~0.8								
环境及介质温度/℃	5~50								
有效截面积/mm^2≥	10	20	40	60	110	190	300	400	650
开启压力/MPa	0.03		0.02		0.01				
关闭压力/MPa	0.015		0.01		0.008				
换向时间/s≤	0.03						0.04		
泄漏量/$cm^3 \cdot min^{-1}$≤	50		100		250		500		

注：1. 生产单位为烟台未来自动装备有限责任公司、重庆嘉陵气动元件厂、肇庆方大气动有限公司，济南华能气动元器件公司生产通径为 3~25mm 的类似产品。

2. 型号意义：

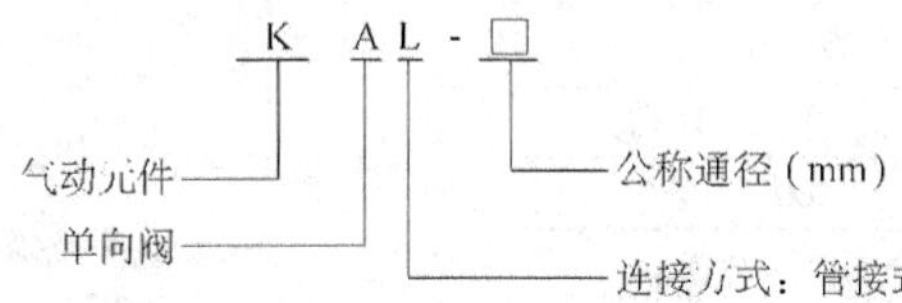

表 22.5-120　KA 系列单向阀外形尺寸

（mm）

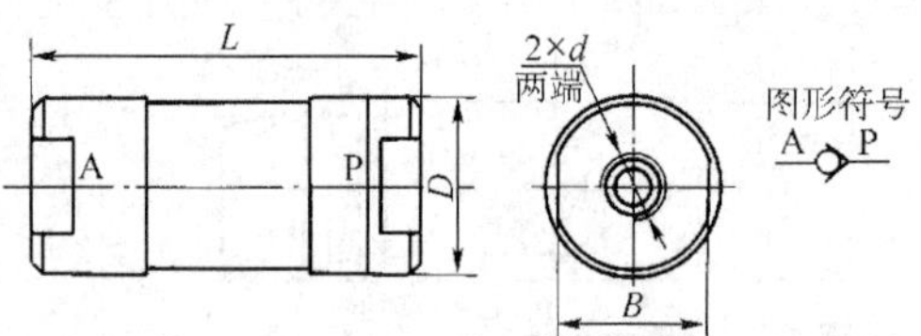

型　号	d		D	L	B
KA-L6	G1/8	M10×1	28	64	24
KA-L8	G1/4	M12×1.25	28	64	24
KA-L10	G3/8	M16×1.5	40	86	36
KA-L15	G1/2	M20×1.5	40	86	36
KA-L20	G3/4	M27×2	55	112	46
KA-L25	G1	M33×2	55	112	46
KA-L32	G1¼	M42×2	88	161	75
KA-L40	G1½	M48×2	88	161	75
KA-L50	G2	M60×2	100	195	90

（2）QS 系列梭阀（或门阀）

1）工作原理见图 22.5-41a。当控制口 P_1 进气时，P_2 被阀芯切断，P_1 与 A 相通；当控制口 P_2 进气时（见图 22.5-41b），P_1 被阀芯切断，P_2 与 A 相通。当 P_1、P_2 都有压力信号输入时，压力信号高的气口与 A 相通。

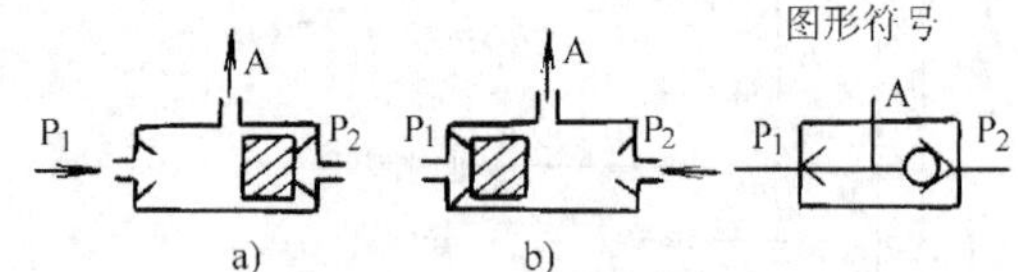

图 22.5-41　梭阀工作原理

a）控制口 P_1 进气状态　b）控制口 P_2 进气状态

2）技术规格（见表 22.5-121）。

3）外形尺寸（见表 22.5-122）。

表 22.5-121　QS 系列梭阀技术规格

型　　号	QS-L3	QS-L6	QS-L8
通　　径/mm	3	6	8
工作介质	经净化、含有油雾的压缩空气		
工作温度范围/℃	-5~50		
工作压力范围/MPa	0.05~0.8		
额定流量/$m^3 \cdot h^{-1}$	0.7	2.5	5
额定流量下压降/MPa	≤0.025	≤0.022	≤0.02
泄漏量/$cm^3 \cdot min^{-1}$	≤30	≤50	
换向频率/Hz	≥10		
换向时间/s	≤0.03		

（续）

型　　号	QS-L10	QS-L15	QS-L20	QS-L25
通　　径/mm	10	15	20	25
工作介质	经净化、含有油雾的压缩空气			
工作温度范围/℃	-5~50			
工作压力范围/MPa	0.05~0.8			

（续）

型　　号	QS-L10	QS-L15	QS-L20	QS-L25
通　　径/mm	10	15	20	25
额定流量/$m^3 \cdot h^{-1}$	7	10	20	30
额定流量下压降/MPa	≤0.015	≤0.12	≤0.01	
泄漏量/$cm^3 \cdot min^{-1}$	≤120		≤250	
换向频率/Hz	≥10		≥5	
换向时间/s	≤0.03		≤0.03	

注：生产单位为肇庆方大气动有限公司，重庆嘉陵气动元件厂、烟台未来自动装备有限责任公司也生产类似产品。

表 22.5-122　QS 系列梭阀外形尺寸　（mm）

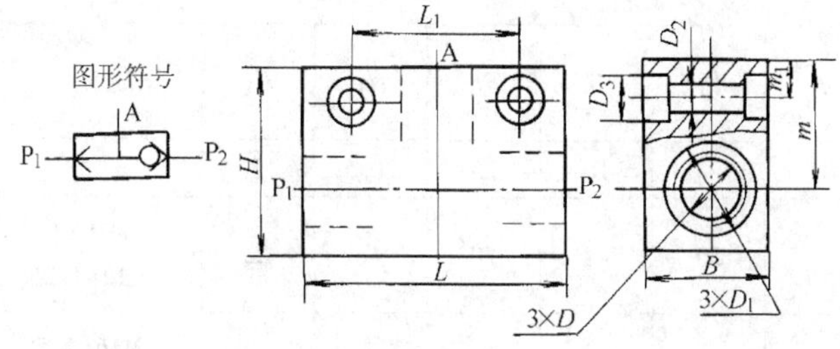

型　　号	通径	D	D_1	L	B	H	L_1	D_2	D_3	m_1	m
QS-L3	3	M6 深 8	9 深 1.4-0.1	34	16	22	16	3.4	—	4	14
QS-L6	6	M10×1 深 15	13 深 1.4-0.1	60	25	42	36	4.5	8.5 深 4	9	28
QS-L8	8	M12×1.25 深 15	16 深 1.8-0.1	60	25	42	36	4.5	8.5 深 4	9	28
QS-L10	10	M16×1.5 深 18	20 深 1.8-0.1	75	36	52	48	6.6	12 深 7	10	34
QS-L15	15	M20×1.5 深 18	24 深 1.8-0.1	75	36	52	48	6.6	12 深 7	10	34
QS-L20	20	M27×2 深 22	32 深 2.5-0.2	110	60	76	72	6.6	12 深 7	10	46
QS-L25	25	M33×2 深 22	40 深 2.5-0.2	110	60	76	72	6.6	12 深 7	10	46

（3）KSY 系列双压阀（与门阀）

1）工作原理如图 22.5-42a、b 所示。当 P_1 或 P_2 口单独有输入时，阀芯被推向右端或左端，A 口无输出。只有当 P_1 与 P_2 同时有输入时 A 口才有输出（见图 22.5-42c）。

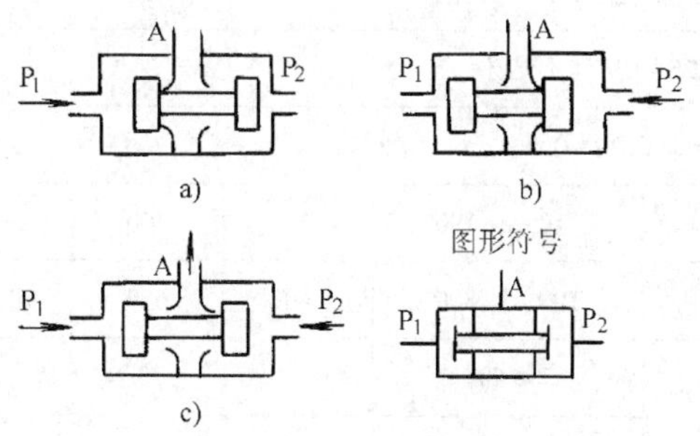

图 22.5-42　双压阀工作原理图

2）技术规格（见表 22.5-123）。

3）外形尺寸（见表 22.5-124）。

表 22.5-123　KSY 系列双压阀技术规格

规格 / 型号	KSY-L3	KSY-L6	KSY-L8	KSY-L10	KSY-L15
公称通径/mm	3	6	8	10	15
工作介质	洁净干燥的压缩空气				
介质温度/℃	0~50				
环境温度/℃	-10~50				
工作压力范围/MPa	0.05~0.8				
有效截面积/mm^2	4	10	20	40	60
泄漏量/$L \cdot min^{-1}$	30	50		120	

注：生产单位为肇庆方大气动有限公司。

表 22.5-124　KSY 系列双压阀外形尺寸　　(mm)

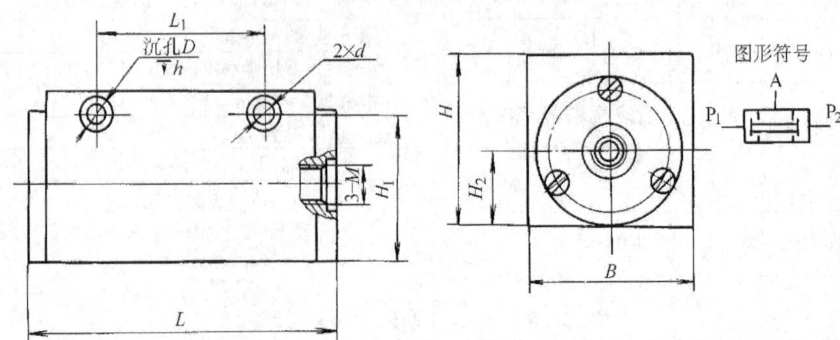

型号 \ 符号	L	L_1	B	H	H_1	H_2	M	d	D	h
KSY-L3	47	25	16	25	20.5	8	M6	4.5	—	—
KSY-L6 KSY-L8	92	50	48	50	42	22	M10×1 M12×1.25	6.5	ϕ10.5	6
KSY-L10 KSY-L15	104	50	56	75	60	25	M16×1.5 M20×1.5	6.5	ϕ10.5	6

(4) KP 系列快速排气阀

1) 工作原理见图 22.5-43a。P 口进气，关闭排气口 O，使 P 与 A 相通。当 P 口无气时(见图 22.5-43b)，在 A、P 口压差作用下，密封活塞下降，关闭 P 口，A→O 口快速排气。

2) 技术规格(见表 22.5-125)。

3) 外形尺寸(见表 22.5-126)。

(5) KKP 系列快速排气阀

1) 工作原理(见图 22.5-43)。

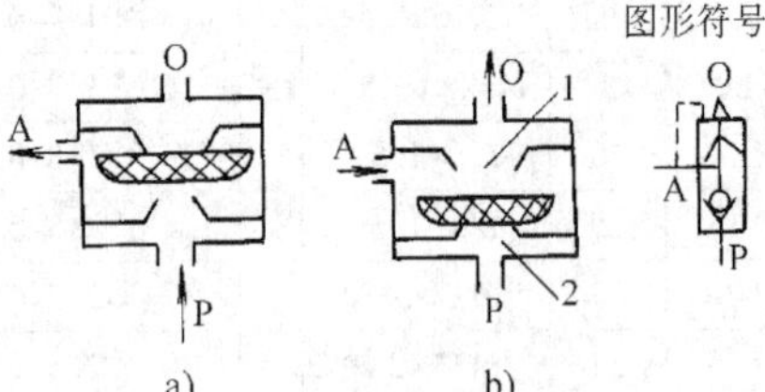

图 22.5-43　快速排气阀工作原理图

a) P 口进气，P→A 相通　b) A 口排气，A→O 相通

表 22.5-125　KP 系列快速排气阀技术规格

公称通径/mm		3	8	10	15	20	25	32	40	50
工作介质		干燥、洁净含油雾的压缩空气								
使用温度范围/℃		-25~50(但不结冰)								
工作压力范围/MPa		0.12~0.8								
有效截面积/mm^2	P→A	4	20	40	60	110	190	30	400	650
	A→O	8	40	60	110	190	300	40	650	900
泄漏量/$cm^3 \cdot min^{-1}$		≤10		≤25		≤50		≤70		
换向时间/s		≤0.03		≤0.04		≤0.05		≤0.06		

表 22. 5-126　KP 系列快速排气阀外形尺寸　(mm)

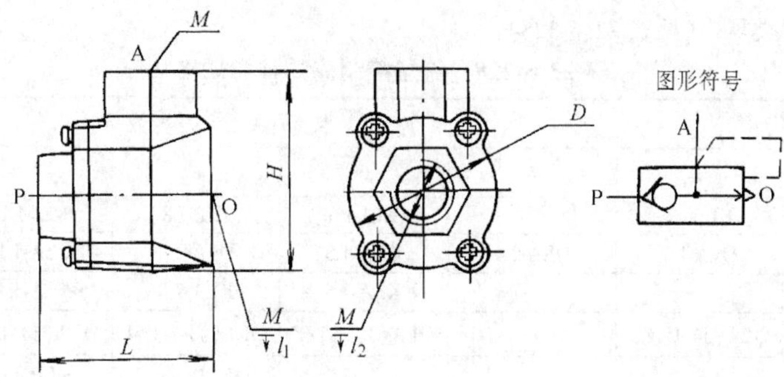

型号＼符号	M	l_1	l_2	L	H	D
KP-L3	G1/8	11	10	39	36	25
KP-L8	G1/4	18	15	49	48	32
KP-L10	G3/8	20	18	69	67	49
KP-L15	G1/2	20	18	69	67	49
KP-L20	G3/4	23	23	112	100	74
KP-L25	G1	25	25	112	100	74

注：生产单位为肇庆方大气动有限公司。无锡市华通气动制造有限公司生产通径为 8~25mm 的类似产品。

2）技术规格(见表 22. 5-125)。

3）外形尺寸(见表 22. 5-127)。

表 22. 5-127　KKP 系列快速排气阀外形尺寸　(mm)

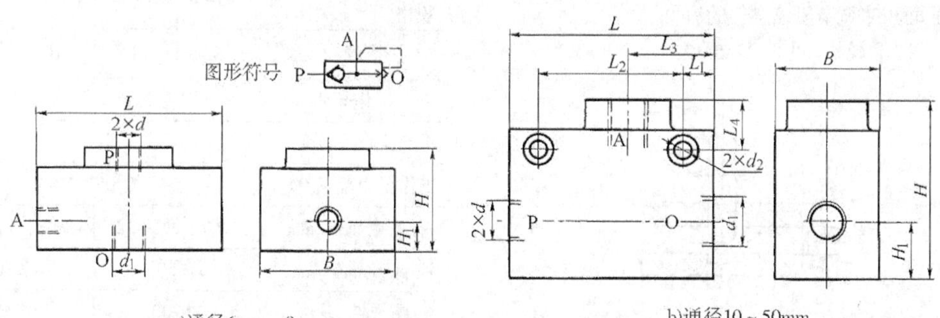

a)通径6mm、8mm　　b)通径10～50mm

型号	d		d_1		d_2	L	L_1	L_2	L_3	L_4	B	H	H_1
KKP-L6	G1/8	M10×1	G1/4	M12×1. 25	—	75	—	—	—	—	56	41	11. 5
KKP-L8	G1/4	M12×1. 25	G3/8	M16×1. 5								43	
KKP-L10	G3/8	M16×1. 5	G1/2	M20×1. 5	ϕ7	82	12	58	34	—	44	60	23
KKP-L15	G1/2	M20×1. 5	G3/4	M27×2									
KKP-L20	G3/4	M27×2	G1	M33×2	ϕ10	128	15	98	45	20	72	95	36
KKP-L25	G1	M33×2	G1⅛	M42×2									
KKP-L32	G1¼	M42×2	G1⅛	M42×2	ϕ10	158	16	126	54	21	88	112	44
KKP-L40	G1½	M48×2	G1¼	M48×2									
KKP-L50	G2	M60×2	G1⅜	M60×2	ϕ12	190	21	148	70	22	102	130	52

注：生产单位为烟台未来自动装备有限责任公司。重庆嘉陵气动元件厂生产通径为 6~25mm 的产品。

1.3　流量控制阀

流量控制阀的种类规格(见表22.5-128)。

表22.5-128　流量控制阀的种类规格

种类＼通径/mm	规格型号					
	3	4	6	8	10	15
节流阀	KLJ-L3	—	KLJ-L6	KLJ-L8	KLJ-L10	KLJ-15
单向节流阀	QLA-L3	QLA-L4	QLA-L6	QLA-L8	QLA-L10	QLA-L15
	—	—	KLA-L6	KLA-L8	KLA-L10	KLA-L15
	QLA(J)-G1/8	—	QLA(J)-G1/8	QLA(J)-G1/4	QLA(J)-G3/8	QLA(J)-G1/2
排气节流阀	—	—	KLP-L6	KLP-L8	KLP-L10	KLP-L15
排气消声节流阀	—	—	KLPX-L6	KLPX-L8	KLPX-L10	KLPX-L15

种类＼通径/mm	规格型号				
	20	25	32	40	50
节流阀	—	—	—	—	—
单向节流阀	QLA-L20	QLA-L25	—	—	—
	KLA-L20	KLA-L25	KLA-L32	KLA-L40	KLA-L50
排气节流阀	—	—	—	—	—
排气消声节流阀	KLPX-L20	KLPX-L25	—	—	—

1.3.1　KLJ系列节流阀

(1) 工作原理如图22.5-44所示。该阀通过改变阀的流通面积来调节压缩空气的流量。

(2) 技术规格(见表22.5-129)。

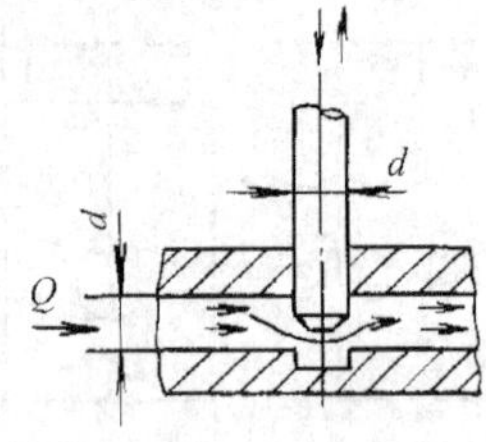

图22.5-44　KLJ系列节流阀工作原理

(3) 外形尺寸(见表22.5-130)。

表22.5-129　KLJ系列节流阀技术规格

规格＼型号	KLJ-L6	KLJ-L8	KLJ-L10	KLJ-L15
公称通径/mm	6	8	10	15
工作介质	经过滤的压缩空气			
环境及介质温度/℃	5~50			
工作压力范围/MPa	0.05~0.8			
有效截面积/mm²	≥6	≥12	≥24	≥36
泄漏量/$cm^3 \cdot min^{-1}$	≤50		≤100	
耐久性/万次	≥200		≥150	

注：生产单位为济南华能气动元器件公司。

表22.5-130　KLJ系列节流阀外形尺寸　　(mm)

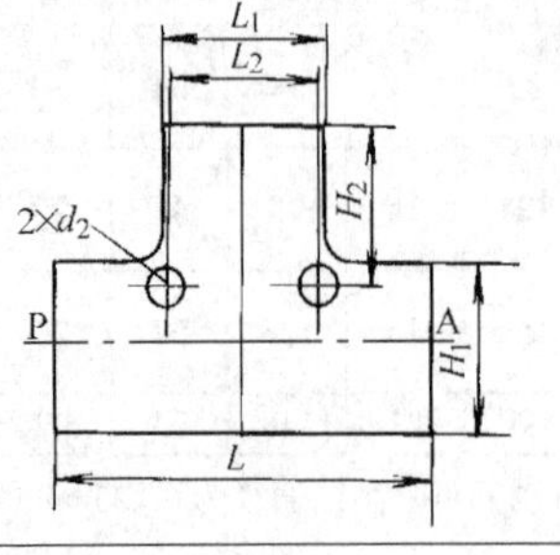

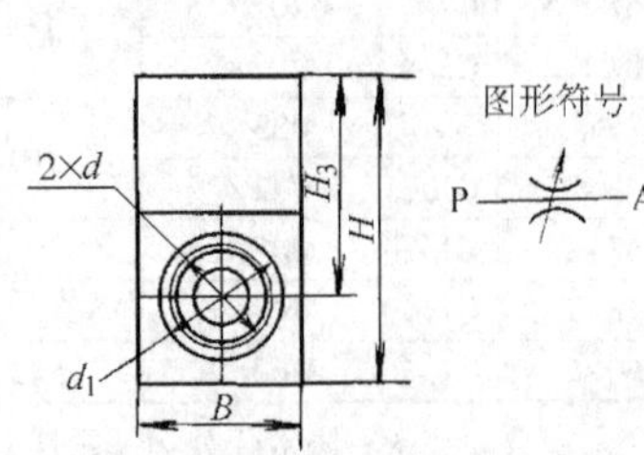

（续）

符号 / 型　号	d	d_1	L	L_1	L_2	B	H	H_1	H_2	H_3
KLJ-L6	G1/8M10×1	13	50	20	17.5	20	35	22	15	24
KLJ-L8	G1/4M12×1.25	16								
KLJ-L10	G3/8M16×1.5	20	74	32	30	32	58	32	30	42
KLJ-L15	G1/2M20×1.5	24								

1.3.2　KLA 系列单向节流阀

（1）工作原理见图 22.5-45a。当气流由 P→A 流动时，经节流阀 1 节流；而反向(见图 22.5-45b)由 A→P 流动时，单向阀 2 打开，不受节流阀的控制。

（2）技术规格(见表 22.5-131)。

（3）外形尺寸(见表 22.5-132)。

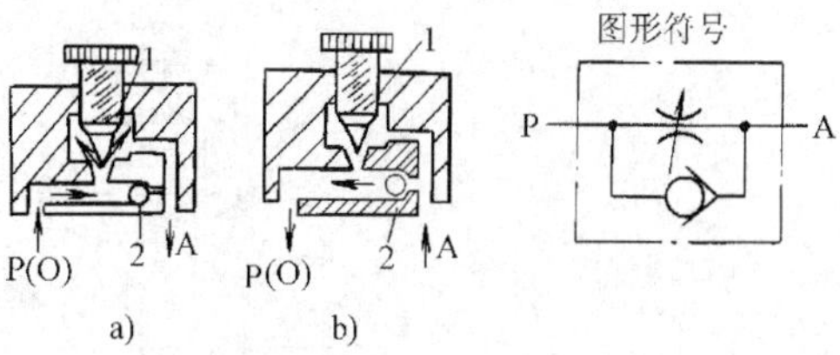

图 22.5-45　单向节流阀工作原理图
1—节流阀　2—单向阀

表 22.5-131　KLA 系列单向节流阀技术规格

型号 / 规　格		KLA-L3 KLA-L4	KLA-L6	KLA-L8	KLA-L10	KLA-L15	KLA-L20	KLA-L25	KLA-L32	KLA-L40	KLA-L50
公称通径/mm		3、4	6	8	10	15	20	25	32	40	50
工作介质		经净化的压缩空气									
工作压力范围/MPa		0.05~0.8									
环境及介质温度/℃		5~50									
有效截面积[①] /mm² ≥	P→A	(4)	5 (8)	10 (16)	20 (32)	40 (48)	60 (88)	110 (120)	190	300	400
	A→P	(5)	10 (10)	20 (20)	40 (40)	60 (60)	110 (110)	190 (190)	—	—	—
泄　漏　量/$cm^3 \cdot min^{-1}$ ≤			50		100		250		500		
单向阀开启压力/MPa		0.05									
耐　久　性/万次　≥		150									

注：型号意义

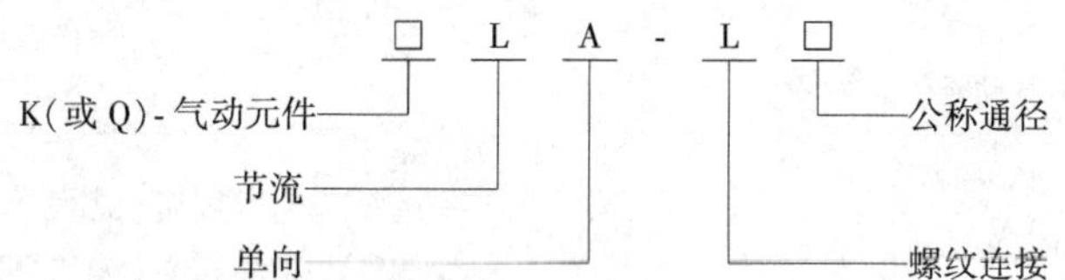

① 括号中的值为肇庆方大气动有限公司的值。

表 22.5-132 KLA 系列单向节流阀外形尺寸 (mm)

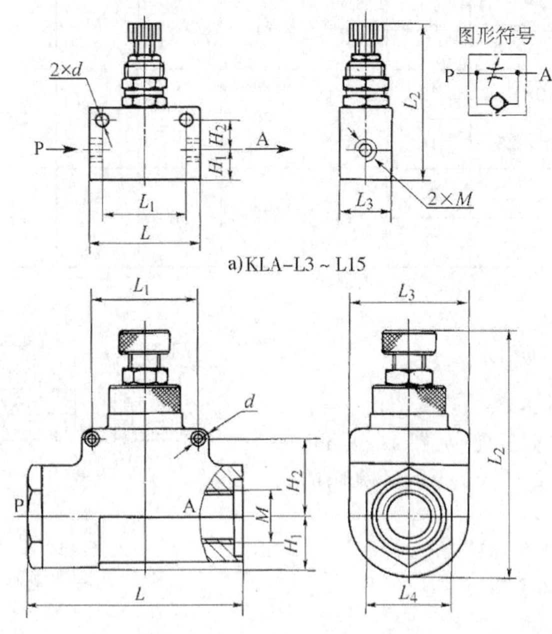

a) KLA-L3 ~ L15

b) KLA-L20 ~ L50

型号	接管螺纹 M		L	L_1	L_2	L_3	L_4	d	$H_1$①	$H_2$①
KLA-L3	M10×1		40	25	45.5	17	—	4.8	—	—
KLA-L6	M10×1		50	38	72	25	—	4.8	15.5	23.5
KLA-L8	M14×1.5	M12×1.25	50	38	72	25	—	4.8	15.5	23.5
KLA-L10	M18×1.5	M16×1.5	65	50	91	30	—	6	21	32
KLA-L15	M22×1.5	M20×1.5	65	50	91	30	—	6	21	32
KLA-L20	M27×2	—	120	60	139	60	50	7	29	48
KLA-L25	M33×2	—	120	60	139	60	50	7	29	48
KLA-L32	M42×2	—	160	82	180	78	70	7	39	—
KLA-L40	M48×2	—	160	82	180	78	70	7	39	—
KLA-L50	M60×2	—	168	90	225	95	90	10	47.5	—

注：生产单位为烟台未来自动装备有限责任公司、重庆嘉陵气动元件厂，无锡市华通气动制造有限公司生产通径 3~20mm 的类似产品。

① H_1、H_2 为重庆嘉陵气动元件厂的尺寸。

1.3.3 QLA 系列单向节流阀

（1）工作原理(见图 22.5-45)

（2）技术规格(见表 22.5-131)

（3）外形尺寸(见表 22.5-133)

表 22.5-133 QLA 系列单向节流阀外形尺寸 (mm)

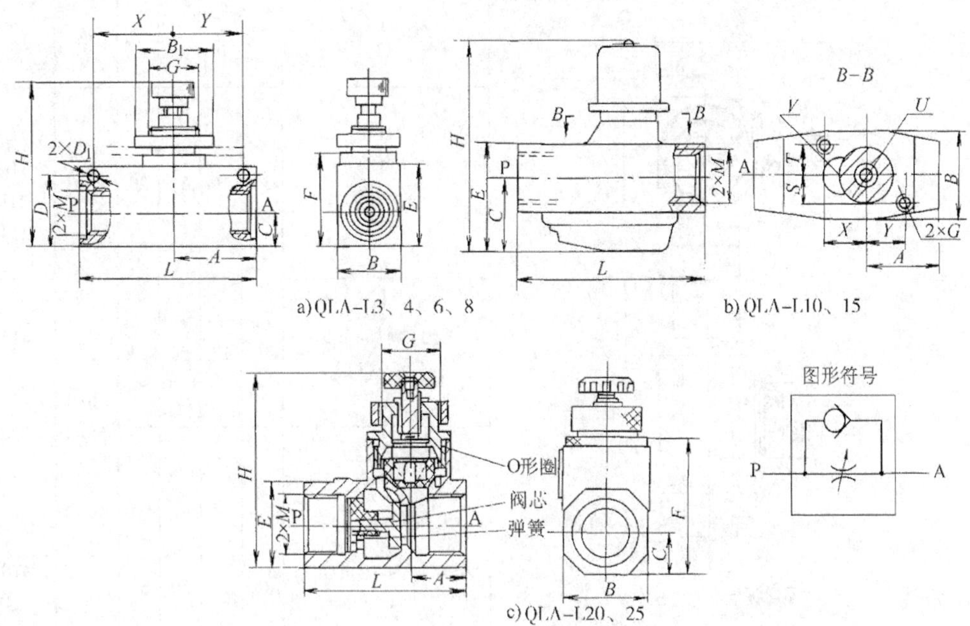

a) QLA-L3、4、6、8 b) QLA-L10、15 c) QLA-L20、25

型号 \ 代号	M	L	B (B_1)	H	A	C	D	E	F	G	S	T	U	V	X	Y	D_1
QLA-L3	M6	34	16	41.5~45.5	12	8.5	21	25	27	M6	—	—	—	—	17.5	7.5	4
QLA-L4	M10×1	39	19	52.5~62	14.5	11.5	25	29	31	M6	—	—	—	—	17.5	7.5	4
QLA-L6	M10×1	58	22 (26)	53~60	26	11	23	26	31	M16 ×1.5	—	—	—	—	28	22	4.2
QLA-L8	M14×1.5																
QLA-L10	M18×1.5	85	38	91~103	34	32	—	48	—	M4	12	13	ϕ26	R8	19	17	—
QLA-L15	M22×1.5																
QLA-L20	M27×2	103	ϕ50	109~123	33	24	—	48	78	M36 ×2	—	—	—	—	—	—	—
QLA-L25	M33×2	98															

注：生产单位为肇庆方大气动有限公司。

1.3.4 QLA(J)系列接头式单向节流阀

1）工作原理(见图 22.5-45)。

2）技术规格(见表 22.5-134)。

3）外形尺寸(见表 22.5-135)。

表 22.5-134 QLA(J)系列接头式单向节流阀技术规格

型号		QLA(J)-□/6	QLA(J)-□/8
公称通径/mm		3	6
工作介质		经净化、含有油雾的压缩空气	
使用温度范围/°C		-20~+80(但在不冻结条件下)	
有效截面积/mm^2	控制流道 P→A	2	5
	自由流道 A→P	3	6
工作压力范围/MPa		0.05~0.8	
开启压力/MPa		≤0.05	

注：1. 生产单位为肇庆方大气动有限公司，烟台未来自动装备有限责任公司也生产类似产品。

2. 型号意义：

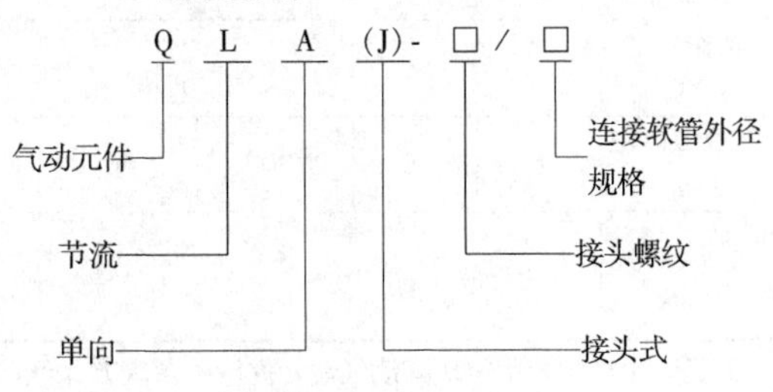

表 22.5-135 QLA(J)系列接头式单向节流阀外形尺寸 (mm)

型 号	H	h	L	B	φ	M
QLA(J)-G1/8 -G1/4 -M10×1 -M14×1.5	35	10	37	20	φ6×1 φ8×1	G1/8 G1/4 M10×1 M14×1.5
QLA(J)-M16×1.5 -G3/8	40	12	50	24		M16×1.5 G3/8
QLA(J)-M20×1.5 -G1/2	45	14	50	30		M20×1.5 G1/2

1.3.5 KLP、KLPX 系列排气节流阀与排气消声节流阀

1）工作原理，如表 22.5-137a 图所示。排气节流阀靠调节节流口 1 处三角沟槽的通流面积来调节流经阀的流量。表 22.5-137b 图所示的排气消声节流阀除有调节流量的三角沟槽外，还带有消声罩 2 可消减排气噪声。上述两种阀均安装在换向阀或管路的排气口处。

2）技术规格(见表 22.5-136)。

3）外形尺寸(见表 22.5-137)。

表 22.5-136 KLP、KLPX 系列排气节流阀与排气消声节流阀技术规格

名 称	排气节流阀				排气消声节流阀					
型 号	KLP-L6	KLP-L8	KLP-L10	KLP-L15	KLPX-L6	KLPX-L8	KLPX-L10	KLPX-L15	KLPX-L20	KLPX-L25
公称通径 /mm	6	8	10	15	6	8	10	15	20	25
工作压力 /MPa	0~0.8									
工作温度 /℃	-5~60									
有效截面积 /mm²	5	10	20	40	5	10	20	40	60	110
消声效果 /dB	—				>20					

注：生产单位为重庆嘉陵气动元件厂，肇庆方大气动有限公司也生产类似产品。

表 22.5-137　KLP、KLPX 系列排气节流阀与排气消声节流阀外形尺寸（mm）

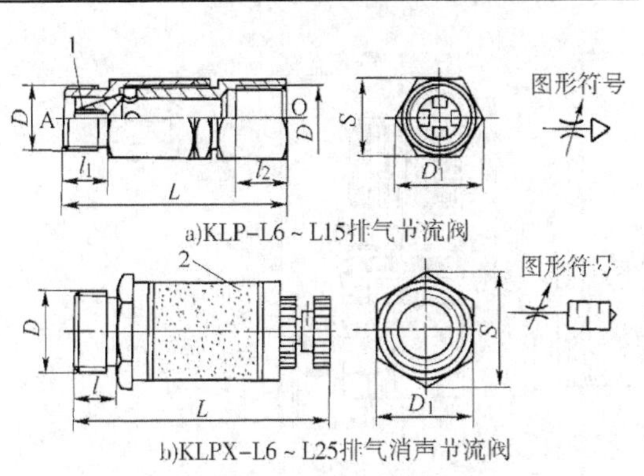

a)KLP-L6～L15排气节流阀

b)KLPX-L6～L25排气消声节流阀

1—节流口　2—消声罩

型　　号	连接螺纹 D	L	l_1	D_1	S
KLP-L6	M10×1	42～46	8	14	16.2
KLP-L8	M12×1.25	48～51	10	17	19.6
KLP-L10	M16×1.5	61～70	12	22	25.4
KLP-L15	M20×1.5	69～80	14	24	27.7
KLPX-L6	M10×1	45～50	8	22	25.4
KLPX-L8	M12×1.25	50～58	10	22	25.4
KLPX-L10	M16×1.5	64～74	12	24	27.7
KLPX-L15	M20×1.5	81～93	14	24	27.7
KLPX-L20	M27×2	93～105	16	32	36.9
KLPX-L25	M33×2	108～125	18	41	47.3

2　国外气动控制阀

2.1　德国 FESTO 公司气动阀

2.1.1　FESTO 压力控制阀

（1）LR-D 系列减压阀

1）技术规格(见表 22.5-138)。

表 22.5-138　LR-D 系列减压阀技术规格

规　　格		MINI(小型)			MIDI(中型)				MAXI(大型)		
接 管 螺 纹		G1/8、	G1/4、	G3/8	G1/4、	G3/8、	G1/2、	G3/4	G1/2、	G3/4、	G1
结 构 特 点		一级调压膜片控制阀、二级排气口和锁紧调节旋钮(MINI/MIDI)或先导式活塞控制阀(MAXI)									
安 装 形 式		独立单元：管式安装或支架安装 组合：法兰									
安 装 位 置		任意									
标准额定流量 q_n/L·min^{-1}	1.2MPa	800	1500	1700	2100	3200	3500	3500	10500	11000	11500
	0.7MPa	1000	1600	1800	2200	3300	4000	4500	10700	12000	12500
输入压力范围/MPa		0.1～1.6									
工作压力范围/MPa		0.05～1.2			0.05～0.7						
温度范围/℃		-10～60									

注：型号意义

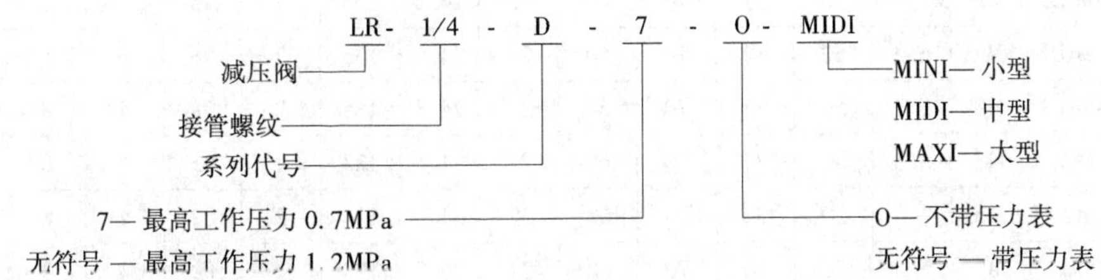

2）外形尺寸(见表 22.5-139)。

表 22.5-139　LR-D 系列减压阀外形尺寸　　(mm)

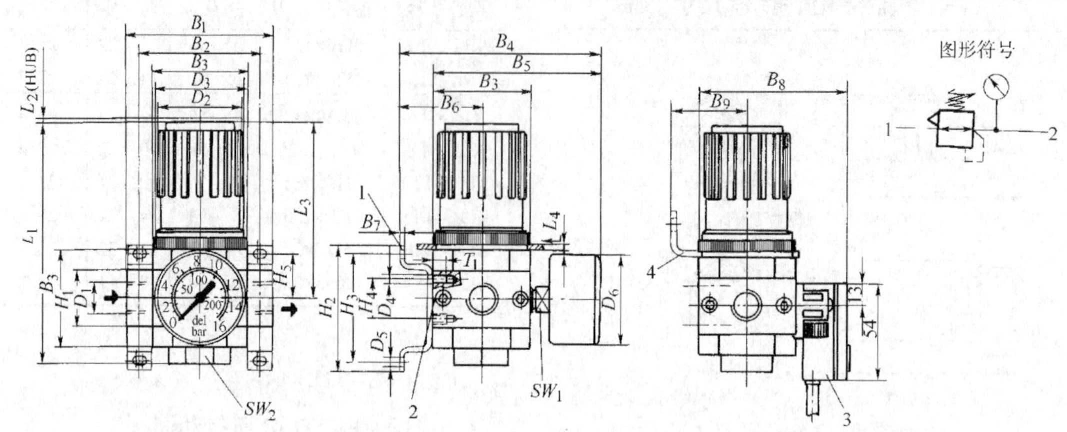

1—安装支架 HFOE(不在供货范围内,需另订)　2—第二位压力表连接口　3—压力传感器 PENV-A…　4—角支架 HR-D…(不在供货范围内,需另订)

型　号	B_1	B_2	B_3	B_4	B_5	B_6	B_7	B_8	B_9	D_1	D_2	D_3
LR-1/8-D-MINI	64	52	40	95	76	39	2	69.5	36	G1/8	31	M36×1.5
LR-1/4-D-MINI	64	52	40	95	76	39	2	69.5	36	G1/4	31	M36×1.5
LR-3/8-D-MINI	70	52	40	95	76	39	2	69.5	36	G3/8	31	M36×1.5
LR-1/4-D-MIDI	85	70	55	114	95	47	3	84.5	43.5	G1/4	50	M52×1.5
LR-3/8-D-MIDI	85	70	55	114	95	47	3	84.5	43.5	G3/8	50	M52×1.5
LR-1/2-D-MIDI	85	70	55	114	95	47	3	84.5	43.5	G1/2	50	M52×1.5
LR-3/4-D-MIDI	85	70	55	114	95	47	3	84.5	43.5	G3/4	50	M52×1.5
LR-1/2-D-MAXI	96	80	66	126	107	53	3	97.5	50	G1/2	31	M36×1.5
LR-3/4-D-MAXI	96	80	66	126	107	53	3	97.5	50	G3/4	31	M36×1.5
LR-1-D-MAXI	116	91	66	126	107	53	3	97.5	50	G1	31	M36×1.5

型　号	D_4	D_5	D_6	H_1	H_2	H_3	H_4	H_5	L_1	L_2	L_3	L_4	T_1 最大	SW_1	SW_2
LR-1/8-D-MINI	M4	4.3	41	20	43	35	11	17.5	96	2	69	3	7	14	17
LR-1/4-D-MINI	M4	4.3	41	20	43	35	11	17.5	96	2	69	3	7	14	17
LR-3/8-D-MINI	M4	4.3	41	20	43	35	11	17.5	96	2	69	3	7	14	17
LR-1/4-D-MIDI	M5	5.3	50	32	70	60	22	24.5	135	2	98	5	8	14	30
LR-3/8-D-MIDI	M5	5.3	50	32	70	60	22	24.5	135	2	98	5	8	14	30
LR-1/2-D-MIDI	M5	5.3	50	32	70	60	22	24.5	135	2	98	5	8	14	30
LR-3/4-D-MIDI	M5	5.3	50	32	70	60	22	24.5	135	2	98	5	8	14	30
LR-1/2-D-MAXI	M5	5.3	50	32	70	60	22	24.5	123	2	82	4	8	14	22
LR-3/4-D-MAXI	M5	5.3	50	32	70	60	22	24.5	123	2	82	4	8	14	22
LR-1-D-MAXI	M5	5.3	50	40	70	60	22	24.5	123	2	82	4	8	14	22

(2) LRP-1/4 型精密低压减压阀

1）技术规格(见表 22.5-140)。

表 22.5-140　LRP-1/4 型精密低压减压阀技术规格

型　号	减压阀	LRP-1/4-0.7			LRP-1/4-4		LRP-1/4-10	
	安装支架	HR-1/4-P						
工作介质		过滤压缩空气						
结构特点		膜片式减压阀						
安装方式		面板式安装、管式安装或支架安装						
安装位置		任意						
接管螺纹		G1/4						
标准额定流量/L·min^{-1}		800			2000		2300	
最高输入压力/MPa		1.2						
调压范围/MPa		0.005~0.07			0.005~0.4		0.01~1.0	
温度范围/°C		-10~60						
最高输入压力 p_1/MPa		1.2						
最高输出压力 p_2/MPa		0.01	0.04	0.07	0.2	0.4	0.6	0.8
标准流量/L·min^{-1}		15	35	55	120	220	340	420
稳压精度($\Delta p_2/p_2$)(%)(Δp_2—输出压力最大波动)		≤20	≤5	≤2.8	≤0.7	≤0.25	≤0.33	≤0.25

2）外形尺寸(见图 22.5-46)。

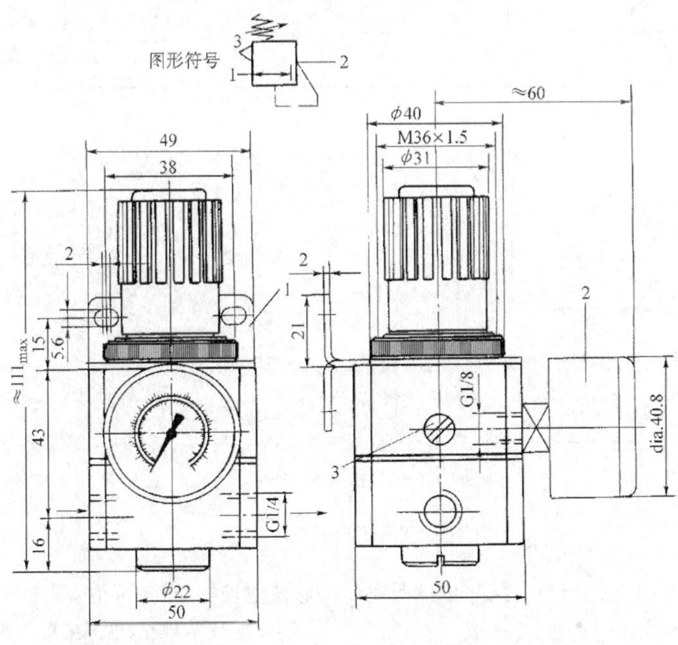

图 22.5-46　LRP-1/4 型精密低压减压阀外形尺寸

1—安装支架，型号 HR-1/4-P　2—压力表，型号 MAP-…　3—过滤节流阀

2.1.2 FESTO 方向控制阀

（1）MVH-2/3、MDH-2/3 系列二位二通、三通直动截止式电控换向阀

1）技术规格（见表 22.5-141）。

表 22.5-141 MVH-2/3、MDH-2/3 系列二位二通、三通直动截止式电控换向阀技术规格

型号	二位二通	MVH-2-1.35	MDH-2-2.2
	二位三通	MVH-3-1.35、MOVH-3-1.35	MDH-3-2.2、MODH-3-2.2
公称通径/mm		1.35	2.2
工作介质		经过滤的压缩空气（有无润滑油均可）或中性气体	
环境（介质）温度/°C		-5~60(-5~50)	
结构特点①		直动式、提动阀（截止阀）结构	
连接方式	阀	法兰连接、QS-4 快插接头	法兰连接、QS-6 快插接头
	端板	G1/4（H 型导轨安装）	
工作压力范围/MPa		0.09~0.8	
标准额定流量(1→2)/L·min^{-1}	常断型	50	113
	常通型	50	96
换向时间、开/关(DC 24V)/ms	常断型	8.5/3	11/9
	常通型	12/5	10/14.5
阀宽/mm		26、36、30（导轨安装）	32、42、36（导轨安装）
电压/功率消耗		DC 24V：2.5W	DC 24V：7.5W；AC 110V：保持时 10V·A；AC230：保持时 10V·A

注：型号意义

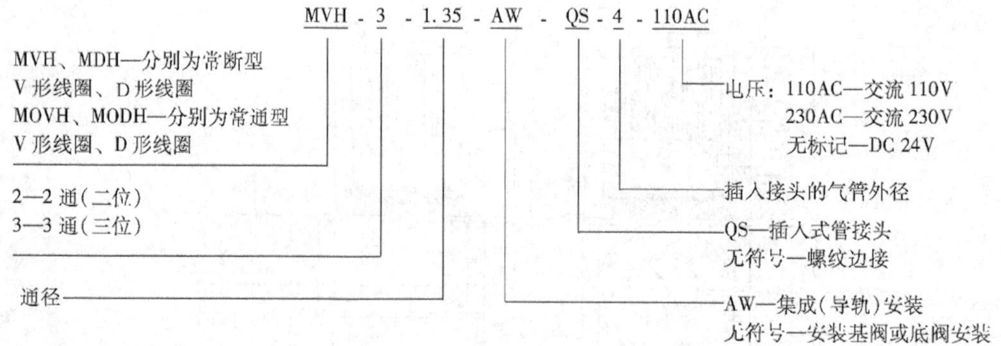

① 不含油漆亲和物质。

2）外形尺寸（见图 22.5-47）。括号中的尺寸为通径 2.2mm 阀的尺寸。

（2）MFH-2-M5、MC-2-1/8 型二位二通直动截止式电控换向阀（可用于真空）

1）技术规格（见表 22.5-142）。

2）外形尺寸（见图 22.5-48）。

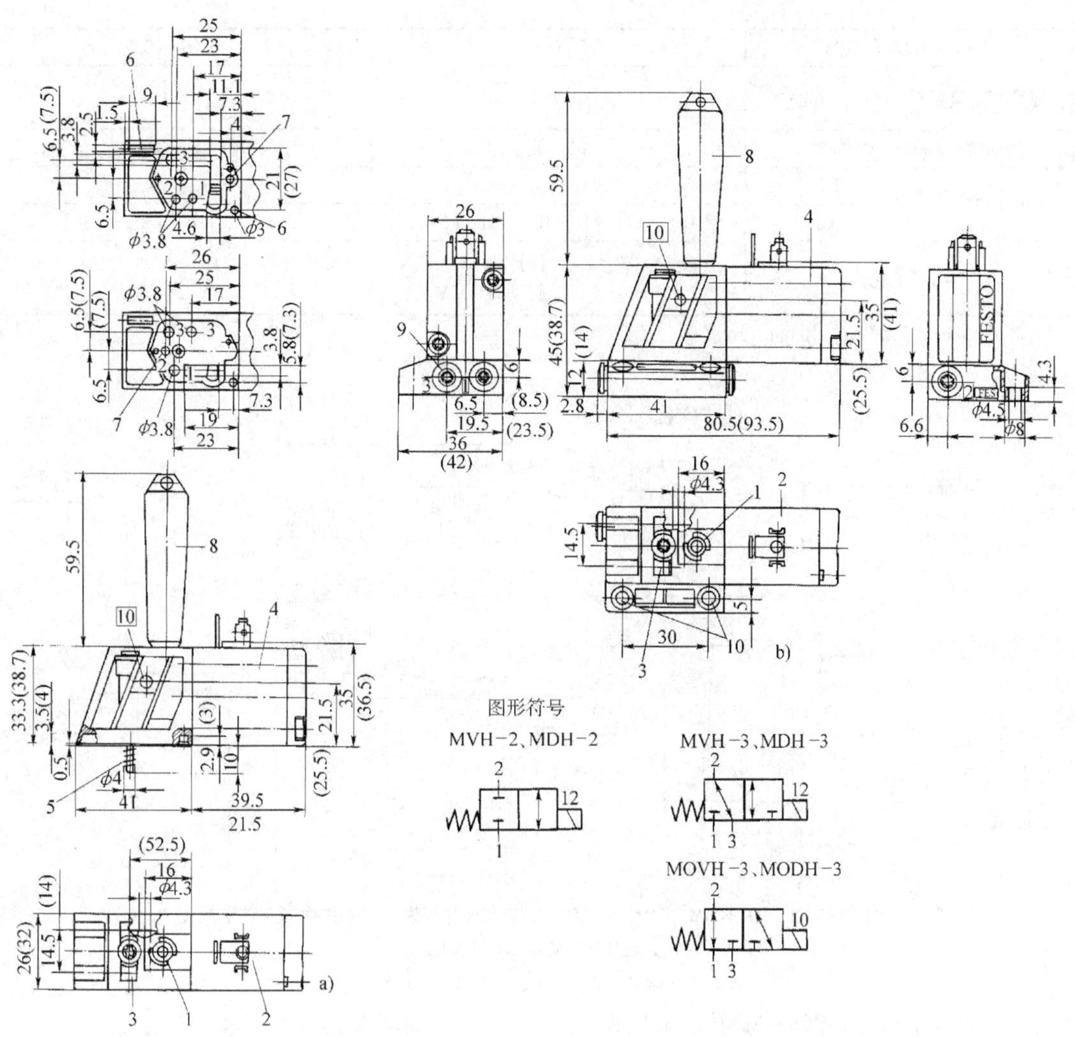

图 22.5-47　MVH-2/3-1.35、MDH-2/3-2.2 系列二位二通、三通直动截止式电控换向阀外形尺寸
a) MVH-2-1.35　MVH-3-1.35　MOVH-3-1.35　MDH-2-2.2　MDH-3-2.2　MODH-3-2.2　b) MVH-2-1.35-QS-4　MVH-3-1.35-QS-4　MOVH-3-1.35-QS-4　MDH-2-2.2-QS-6　MDH-3-2.2-QS-6　MODH-3-2.2-QS-6
1—手控按钮　2—插头　3—标牌槽　4—电磁线圈(可转 180°安装,只适用于法兰安装阀)　5—安装螺钉，适用 POM 塑料底板：自攻螺纹(属供货范围)，底板孔径 ϕ3mm；适用金属底板：M4 螺钉　6—定位孔　7—孔径 2.8mm，作为特征孔，以区别常断型和常通型阀　8—手控按钮驱动器(不属供货范围)　9—QS-4、QS-6 插入式接头　10—通孔，用于 M4 螺钉安装

表 22.5-142　MFH-2-M5、MC-2-1/8 型二位二通直动截止式电控换向阀技术规格

型　号			
型　号	带插座	MFH-2-M5+电压值	MC-2-1/8+电压值
	不带插座	MFH-2-M5+电压值-0D	MC-2-1/8+电压-0D
公称通径/mm		1.5	4
接管螺纹		M5	G1/8
工作介质		经过滤的压缩空气(有无润滑均可)	经过滤的压缩空气(有无润滑均可)、真空
环境(介质)温度/℃		-5~40(-10~60)	
结构特点		提动阀(截止阀)结构、单向直动式、弹簧复位	
安装方式		用阀体上通孔安装	

（续）

工作压力范围/MPa		0~0.8	-0.095~0.7
标准额定流量(1→2)/L·min^{-1}		58	300
换向时间/ms(0.6MPa时)		开：10；关：10	开：18；关：20
电压/V①	DC	12、24	12、24
	AC	(12)、24、42、110、220、(240)	24、42、110、220、(380)
功率消耗		DC：4.5W；AC：保持时6V·A 起动时7.5V·A	DC：12W；AC：保持时22V·A 起动时30V·A

① 括号中电压值特殊情况可用。

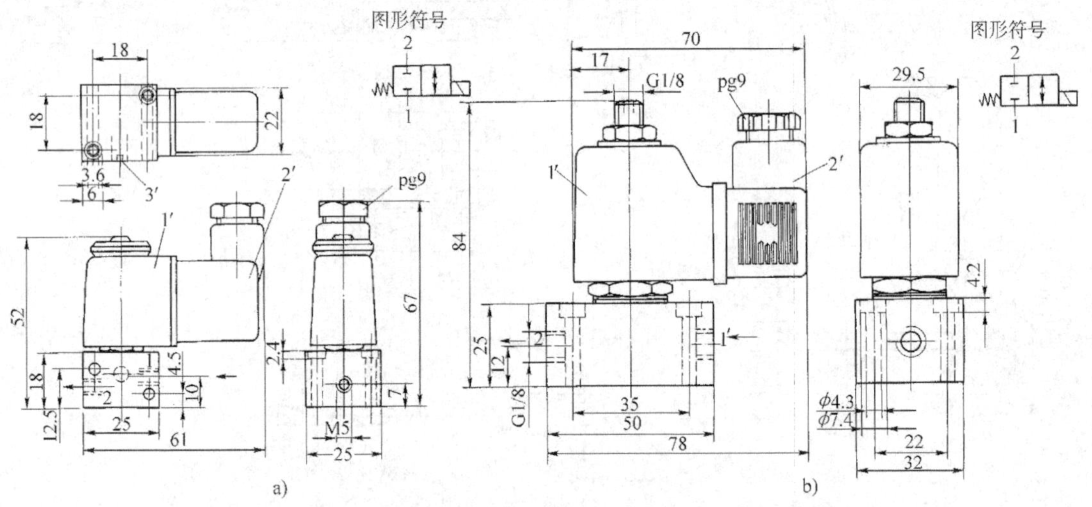

图22.5-48 MFH-2-M5、MC-2-1/8型二位二通直动截止式电控换向阀外形尺寸

a）MFH-2-M5 b）MC-2-1/8

1′—阀体 2′—接线端子 3′—辅助口

（3）MN1H-2-MS系列多种流体二位二通先导膜片式电控换向阀

1）技术规格(见表22.5-143)。

2）外形尺寸(见表22.5-144)。

表22.5-143 MN1H-2-MS系列多种流体二位二通先导膜片式电控换向阀技术规格

型 号	MN1H-2-1/4-MS	MN1H-2-3/8-MS	MN1H-2-1/2-MS	MN1H-2-3/4-MS	MN1H-2-1-MS	MN1H-2-1½-MS
公称通径/mm	—	13	—	20	25	40
接管螺纹	G1/4	G3/8	G1/2	G3/4	G1	G1½
工作介质	过滤压缩空气(润滑或未润滑)、蒸馏水或矿物液压油(黏度达到22mm^2/s)					
结构特点	提动阀，先导式，膜片控制					
安装方式	管式安装、螺纹安装或支架安装					
介质温度/℃	环境温度-10~35；-10~80 环境温度-10~60；-10~60					
工作压力范围/MPa	0.05~1.0					
最小开启压差/MPa	0.08					
标准额定流量(1→2)/L·min^{-1}	2000	2900	3100	10.000	11.500	30.500
水的K_v值/m^3·min^{-1}	1.818	2.636	2.818	9.091	10.455	27.727

（续）

工作电压/V		DC：24；AC：110、230		
功率消耗		AC：2.5W；DC：保持 3.7V · A，开启 5V · A		
开关时间、开/关（0.6MPa 时）/ms	压缩空气	30/100	120/180	300~440/300~1000
	水	50/220	75/350	230~550/1000~14000

表 22.5-144　MN1H-2-MS 系列多种流体二位二通先导膜片式电控换向阀外形尺寸　（mm）

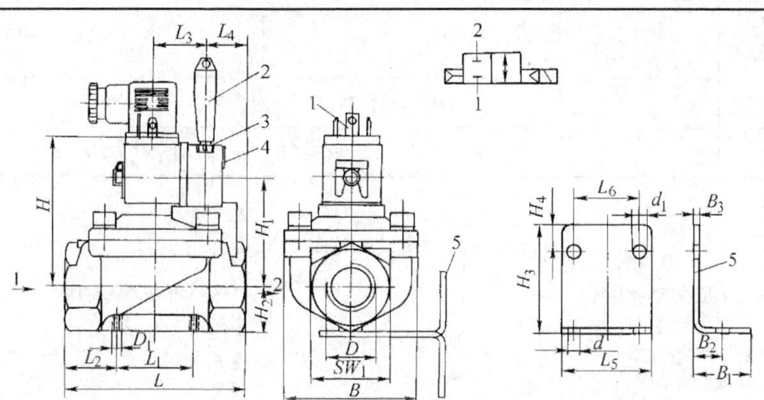

1—插头(A 型)　2—手控，带工具，锁定型　3—手控，不带工具，无锁定装置　4—标牌位置　5—安装支架 HRM-…

阀 型 号	B	D	D_1	H	H_1	H_2	L	L_1	L_2	L_3	L_4	SW_1
MN1H-2-1/4-MS	48	G1/4	M4	67	46	15	67	25	21	26.5	20	27
MN1H-2-3/8-MS	48	G3/8	M4	67	46	15	67	25	21	26.5	20	27
MN1H-2-1/2-MS	48	G1/2	M4	67	46	15	67	25	21	26.5	20	27
MN1H-2-3/4-MS	70	G3/4	M6	78	57	23	95	40	27.5	26.5	21.5	41
MN1H-2-1-MS	70	G1	M6	78	57	23	95	40	27.5	26.5	21.5	41
MN1H-2-1½-MS	96	G1½	M6	91.5	70.5	31.5	140	59.5	38.3	26.5	30	58

安装支架型号	B_1	B_2	B_3	d	d_1	H_3	H_4	L_5	L_6
HRM-1	25	12.5	2	6	5	37	10	40	25
HRM-2	35	17.5	3	7	7	66	16	55	40
HRM-3	47	23.5	3	9	7	87	23	75	59.5

（4）MFH-3 系列二位三通先导截止式单电控换向阀(可用于真空)

1）技术规格(见表 22.5-145)。

2）外形尺寸(见表 22.5-146)。

表 22.5-145　MFH-3 系列二位三通先导截止式单电控换向阀技术规格

型　　号[①]	常断型：MFH-3-1/8、MFH-3-1/4	外控式：[②] MFH-3-1/8-S MFH-3-1/4-S	常断型：MFH-3-1/2、MFH-3-3/4	外控式：[②] MFH-3-1/2-S MFH-3-3/4-S
	常通型：MOFH-3-1/8、MOFH-3-1/4		常通型：MOFH-3-1/2、MOFH-3-3/4	
公称通径/mm	5		7	
接管螺纹	G1/8、G1/4	G1/8、G1/4、81 口：M5	G1/2、G3/4	G1/2、G3/4、81 口：G1/8
工作介质	经过滤的压缩空气(有无润滑油均可)、真空			
环境(介质)温度/℃	-5~40(-10~60)			

（续）

工作压力范围/MPa	0.15~0.8	−0.095~1.0	0.2~0.8	−0.095~1.0
结构特点	提动阀(截止阀)结构、单电先导式、弹簧复位			
控制压力范围/MPa③	0.1~0.3 (0.11~0.36)	0.1~0.8	0.12~0.4 (0.1~0.42)	0.1~0.8
标准额定流量(1→2)/L·min⁻¹③	500、(800)		4500、(7500)	
换向时间、开/关③(0.6MPa)时/ms	12/38、(15/45)		30/90、(50/60)	
使用电压/V	DC：12、24；AC：24、42、110、220			
功率消耗	DC：4.5W；AC：保持时6V·A，动作时7.5V·A			

注：型号意义

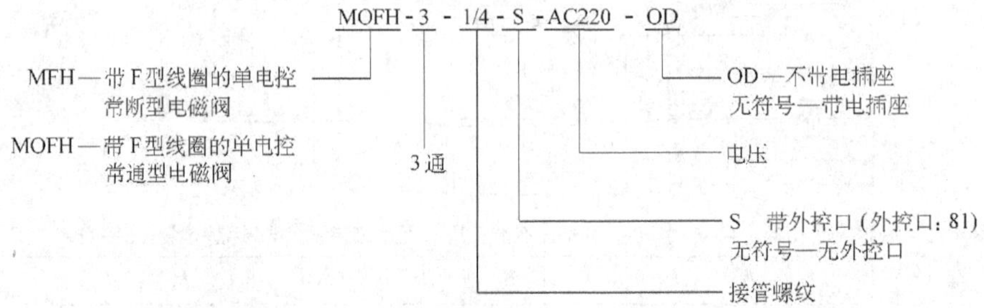

① 订货时应在型号后面注明电压。

② 适用于真空工作(真空口接1口)。

③ 括号中的值分别为接管螺纹G1/4、G3/4阀的值。

表22.5-146 MFH-3系列二位三通先导截止式单电控换向阀外形尺寸 (mm)

1′—电磁线圈(可旋转) 2′—插头可转180°安装 3′—手控按钮 4′—阀的外控口(MFH-3…S型) 5′—端盖可转180°安装

1(P)—进气口 2(A)—工作口 3(R)—排气口 K_1—外控口

（续）

型号		D	D_1	L	L_1	L_2	L_3	L_4	H	h_1	h_2	h_3
MFH-3-1/8 MOFH-3-1/8	MFH-3-1/8 -S	G1/8	M5	45	71	61	12.5	35	113	12.5	19	
MFH-3-1/4 MOFH-3-1/4	MFH-3-1/4 -S	G1/4		50	73.5			40	128	17	24	
MFH-3-1/2 MOFH-3-1/2	MFH-3-1/2 -S	G1/2	G1/8	80	88.5			58	167	30	38	49
MFH-3-3/4 MOFH-3-3/4	MFH-3-3/4 -S	G3/4		92	94.5			72	187	34	44	56

型号		h_4	h_5	h_6	h_7	h_8	h_9	h_{10}	B	b	d	d_1
MFH-3-1/8 MOFH-3-1/8	MFH-3-1/8 -S		12.5	9.5	63	98.5	22	53.5	26	7	0	ϕ5.5
MFH-3-1/4 MOFH-3-1/4	MFH-3-1/4 -S		5	24	78	113.5	29	68.5	30.4	10	0	ϕ6.5
MFH-3-1/2 MOFH-3-1/2	MFH-3-1/2 -S	19			117	152	49	106.5	52	16	ϕ8.5	0
MFH-3-3/4 MOFH-3-3/4	MFH-3-3/4 -S	22			137	172.5	56	126	68	16	ϕ8.6	0

（5）MVH、MFH系列二位五通、三位五通先导式单、双电控换向阀(可用于真空)

1）技术规格(见表22.5-147)。

2）外形尺寸(见图22.5-49、图22.5-50)。

表22.5-147　MVH、MFH系列二位五通、三位五通先导式单、双电控换向阀技术规格

<table>
<tr><td colspan="2" rowspan="3">技术规格</td><td colspan="12">单电控(二位五通阀)</td><td colspan="12">双电控(具有记忆功能)</td></tr>
<tr><td colspan="6">弹簧复位</td><td colspan="6">气复位</td><td colspan="6">二位五通阀</td><td colspan="6">三位五通阀</td></tr>
<tr><td colspan="3">不带先导气口</td><td colspan="3">带先导①气口</td><td colspan="3">不带先导气口</td><td colspan="3">带先导①气口</td><td colspan="3">不带先导气口</td><td colspan="3">带先导①气口</td><td colspan="3">不带先导气口</td><td colspan="3">带先导①气口</td></tr>
<tr><td colspan="2">公称通径/mm</td><td colspan="2">5</td><td colspan="2">7</td><td colspan="2">12</td><td colspan="2">8</td><td colspan="2">10</td><td colspan="2">12</td><td colspan="2">8</td><td colspan="2">10</td><td colspan="2">12</td><td colspan="2">8</td><td colspan="2">10</td><td colspan="2">12</td></tr>
<tr><td rowspan="3">接管螺纹</td><td>1、2、3、4、5口</td><td colspan="2">G1/8</td><td colspan="2">G1/4</td><td colspan="2">G3/8</td><td colspan="2">G1/8</td><td colspan="2">G1/4</td><td colspan="2">G3/8</td><td colspan="2">G1/8</td><td colspan="2">G1/4</td><td colspan="2">G3/8</td><td colspan="2">G1/8</td><td colspan="2">G1/4</td><td colspan="2">G3/8</td></tr>
<tr><td>12、14口</td><td colspan="24">G1/8</td></tr>
<tr><td>84、(82)②</td><td colspan="24">M5</td></tr>
<tr><td colspan="2">工作介质</td><td colspan="24">经过滤的压缩空气(有无润滑油均可)</td></tr>
<tr><td rowspan="2">环境(介质)温度/°C</td><td>V型电磁线圈</td><td colspan="24">-5~50(-5~50)</td></tr>
<tr><td>F型电磁线圈</td><td colspan="24">-5~40(-10~60)</td></tr>
<tr><td colspan="2">结构特点</td><td colspan="6">提动阀(截止阀)</td><td colspan="6">滑阀</td><td colspan="12">滑阀、带排气口(84、82)</td></tr>
<tr><td colspan="2">安装方式</td><td colspan="24">阀体上通孔</td></tr>
<tr><td colspan="2">工作压力范围/MPa③</td><td colspan="3">0.2~1.0</td><td colspan="3">0~1.0
(-0.09~1)</td><td colspan="3">0.3~1.0
(0.2~1.0)</td><td colspan="3">-0.09~1.0</td><td colspan="3">0.2~1.0</td><td colspan="3">-0.09~1.0</td><td colspan="3">0.3~1.0</td><td colspan="3">-0.09~1.0</td></tr>
</table>

（续）

<table>
<tr><td colspan="2" rowspan="3">技 术 规 格</td><td colspan="6">单电控(二位五通阀)</td><td colspan="8">双电控(具有记忆功能)</td></tr>
<tr><td colspan="3">弹簧复位</td><td colspan="3">气复位</td><td colspan="4">二位五通阀</td><td colspan="4">三位五通阀</td></tr>
<tr><td>不带先导气口</td><td colspan="2">带先导①气口</td><td>不带先导气口</td><td colspan="2">带先导①气口</td><td colspan="2">不带先导气口</td><td colspan="2">带先导①气口</td><td colspan="2">不带先导气口</td><td colspan="2">带先导①气口</td></tr>
<tr><td colspan="2">先导压力范围/MPa④</td><td>—</td><td colspan="2">0.2~1.0
(0.15~1.0)</td><td>—</td><td colspan="2">0.3~1.0
(0.2~1.0)</td><td colspan="2">—</td><td colspan="2">0.2~1.0</td><td colspan="2">—</td><td colspan="2">0.3~1.0</td></tr>
<tr><td colspan="2" rowspan="3">标准额定流量(1→2, 1→4)/L · min^{-1}</td><td rowspan="3">750</td><td rowspan="3">1300</td><td rowspan="3">2000</td><td rowspan="3">1000</td><td rowspan="3">1600</td><td rowspan="3">2000</td><td colspan="2" rowspan="3">1000</td><td rowspan="3">1600</td><td rowspan="3">2000</td><td colspan="2" rowspan="3">1000</td><td rowspan="3">1600</td><td>中封 2000</td></tr>
<tr><td>中泄 2200</td></tr>
<tr><td>中压 2600</td></tr>
<tr><td rowspan="6">响应时间、开/关(0.6MPa时)/ms</td><td rowspan="3">V形电磁线圈</td><td rowspan="3">20/36</td><td rowspan="3">—</td><td rowspan="3">22/60</td><td rowspan="3">31/18</td><td rowspan="3">33/40</td><td rowspan="3">22/60</td><td rowspan="3">反向</td><td rowspan="3">18</td><td rowspan="3">16</td><td rowspan="3">17</td><td>中封</td><td>18/26</td><td>24/36</td><td>26/88</td></tr>
<tr><td>中泄</td><td>30/26</td><td>32/36</td><td>32/88</td></tr>
<tr><td>中压</td><td>30/26</td><td>30/38</td><td>32/82</td></tr>
<tr><td rowspan="3">F形电磁线圈</td><td rowspan="3">10/30</td><td rowspan="3">12/36</td><td rowspan="3">20/56</td><td rowspan="3">10/30</td><td rowspan="3">25/44</td><td rowspan="3">28/55</td><td rowspan="3">反向</td><td rowspan="3">12</td><td rowspan="3">14</td><td rowspan="3">14</td><td>中封</td><td>18/20</td><td>20/22</td><td>24/80</td></tr>
<tr><td>中泄</td><td>20/20</td><td>24/36</td><td>36/85</td></tr>
<tr><td>中压</td><td>30/26</td><td>34/30</td><td>30/82</td></tr>
<tr><td colspan="2">工作电压/V</td><td colspan="14">V形线圈(DC)：24。F形线圈(DC)：12、24、42、48；F形线圈(AC)：24、48、110、230、240</td></tr>
<tr><td colspan="2">功率消耗⑤</td><td colspan="14">V形线圈(DC)：2.5W。F形线圈(DC)：4.5W；F形线圈(AC)：保持：6V · A，开关：7.5V · A</td></tr>
</table>

注：型号意义

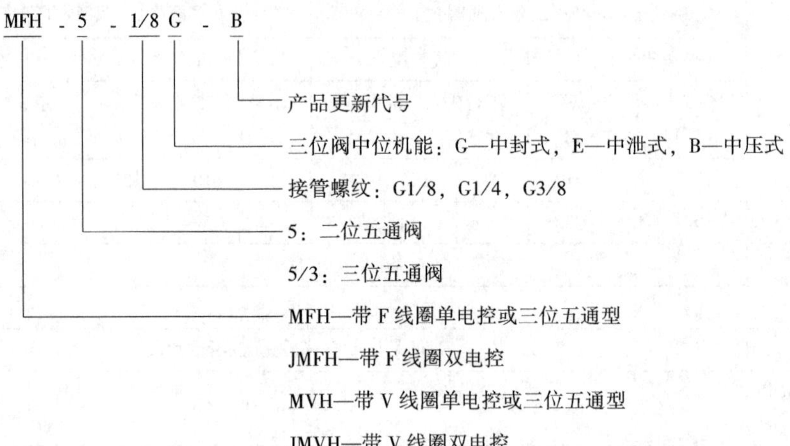

示例：MFH-5/3G-1/8-B 三位五通、中封式、接管螺纹G1/8电控阀。

① 适用于真空工作。

② 气口82的尺寸仅适用于双电控阀。

③ 括号中的值为接管螺纹G3/8阀的工作压力范围。

④ 括号中的值(0.15~1.0)、(0.2~1.0)分别为接管螺纹G1/4与G3/8阀的压力范围。

⑤ V形线圈功耗低(2.5W)，但只有直流(DC24V)无交流；F形线圈可用于交、直流(直流功率4.5W)。

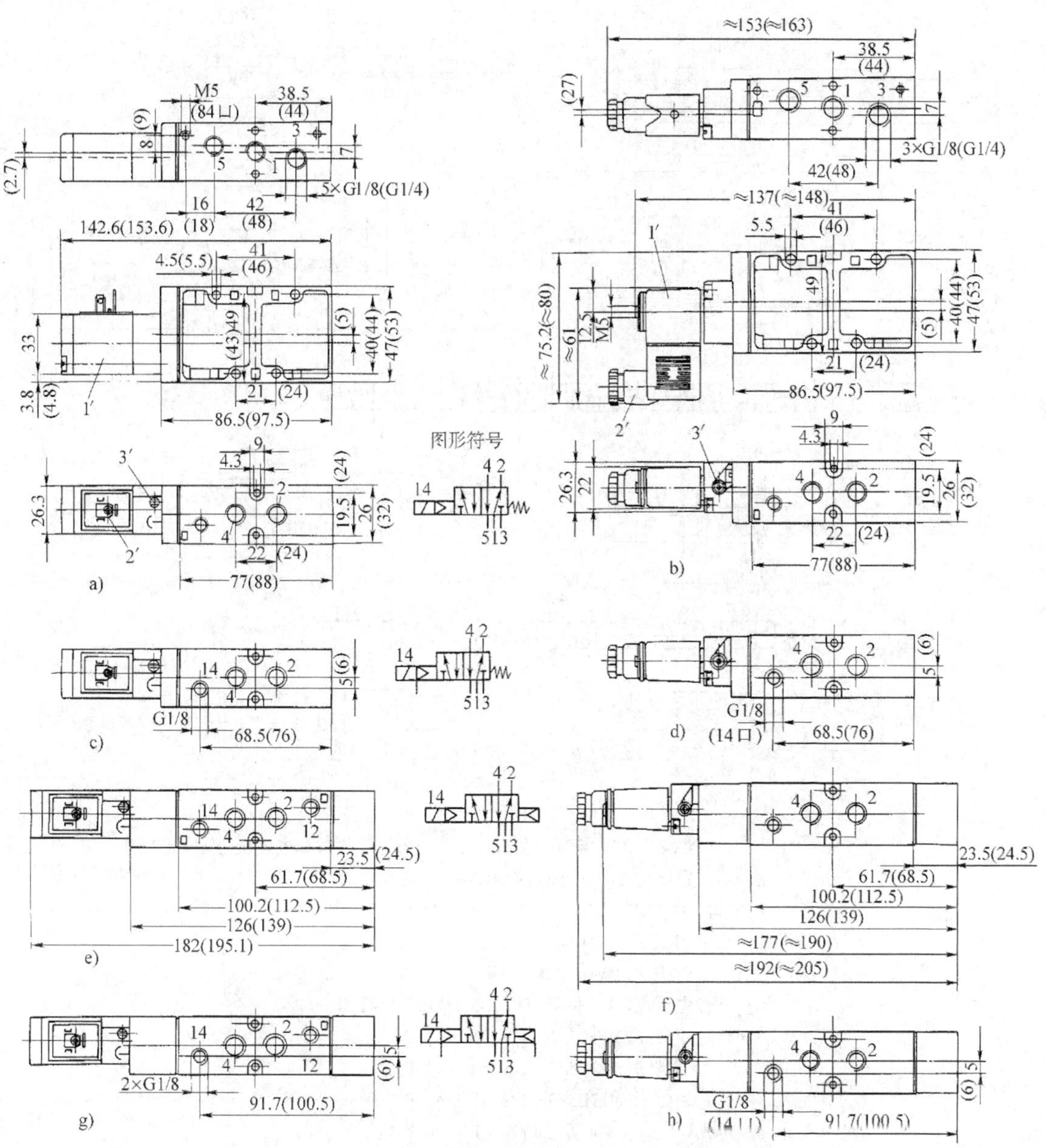

图 22.5-49　G1/8、G1/4MVH、MFH 系列二位五通先导式单电控换向阀外形尺寸

a）弹簧复位 MVH-5-1/8（或 1/4）-B　b）弹簧复位 MFH-5-1/8（或 1/4）-B　c）弹簧复位带先导气口 MVH-5-1/8（或 1/4）-S-B　d）弹簧复位带先导气口 MFH-5-1/8（或 1/4）-S-B　e）气复位 MVH-5-1/8（或 1/4）-L-B　f）气复位 MFH-5-1/8（或 1/4）-L-B　g）气复位、带先导气口 MVH-5-1/8（或 1/4）-L-S-B　h）气复位、带先导气口 MFH-5-1/8（或 1/4）-L-S-B

1′—电磁线圈，可旋转 180°　2′—插头，与 DIN43650B 型标准插座匹配　3′—手控按钮　1—进气口　2、4—工作口　3、5—排气口　12、14—外控口　84—控制气路排气口

注：1. 图中括号中的尺寸为接管螺纹 G1/4 阀的尺寸。

2. 气复位的阀（MVH…L…，MFH…L…）气口 2 与 4、3 与 5 分别与图中位置相反。

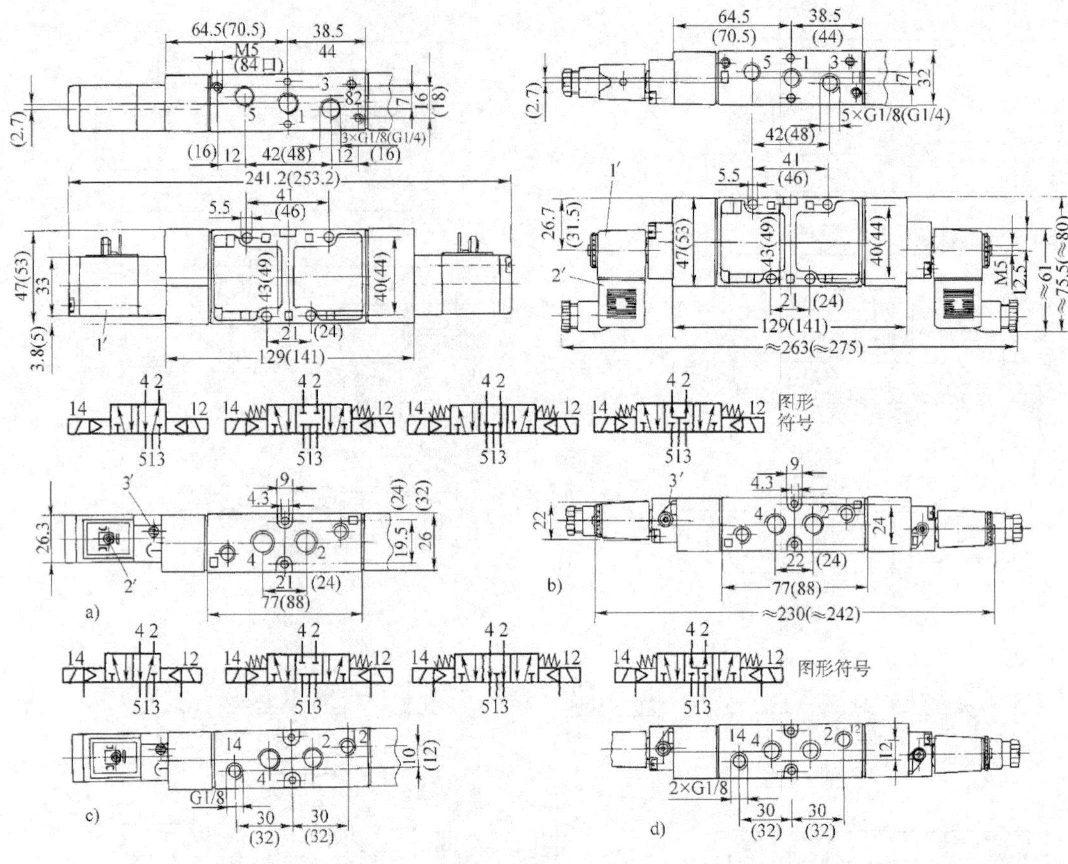

图 22.5-50 G1/8、G1/4MVH、MFH 系列二位五通、三位五通先导式双电控换向阀外形尺寸

a）不带先导气口（二位阀）JMVH-5-1/8（或 1/4）-B

三位阀：中封式 MVH-5/3G-1/8（或 1/4）-B

中泄式 MVH-5/3E-1/8（或 1/4）-B

中压式 MVH-5/3B-1/8（或 1/4）-B

b）不带先导气口（二位阀）JMFH-5-1/8（或 1/4）-B

三位阀：中封式 MFH-5/3G-1/8（或 1/4）-B

中泄式 MFH-5/3E-1/8（或 1/4）-B

中压式 MFH-5/3B-1/8（或 1/4）-B

c）带先导气口（二位阀）JMVH-5-1/8（或 1/4）-S-B

带先导气口（三位阀）：中封式 MVH-5/3G-1/8（或 1/4）-S-B

中泄式 MVH-5/3E-1/8（或 1/4）-S-B

中压式 MVH-5/3B-1/8（或 1/4）-S-B

d）带先导气口（二位阀）JMFH-5-1/8（或 1/4）-S-B

带先导气口（三位阀）：中封式 MFH-5/3G-1/8（或 1/4）-S-B

中泄式 MFH-5/3E-1/8（或 1/4）-S-B

中压式 MFH-5/3B-1/8（或 1/4）-S-B

1′—电磁线圈，可旋转 360°（与手控按钮无关） 2′—插头，可转 180°安装 3′—手控按钮，可转 180°安装

注：图中括号中的尺寸为接管螺纹 G1/4 阀的尺寸。

（6）ISO 标准 VL、J 系列二位五通、三位五通单、双气控换向阀

1）图形符号及型号（见表 22.5-148）。

2）技术规格（见表 22.5-149）。

3）外形尺寸(见表 22. 5-150、图 22. 5-51)。

表 22. 5-148　ISO 标准 VL、J 系列二位五通、三位五通单、双气控换向阀图形符号及型号

图形符号	型　号	ISO 规格
单气控阀 气复位 4 2 14　12 513	VL-5/2-D-1-C	1
	VL-5/2-D-2-C	2
	VL-5/2-D-3-C	3
	VL-5/2-D-4	4
单气控阀 弹簧复位 4 2 14 513	VL-5/2-D-1-FR-C	1
	VL-5/2-D-2-FR-C	2
	VL-5/2-D-3-FR-C	3
双气控阀 4 2 14　12 513	J-5/2-D-1-C	1
	J-5/2-D-2-C	2
	J-5/2-D-3-C	3
	J-5/2-D-4	4

(续)

图形符号	型　号	ISO 规格
双气控阀 14 口为主控信号 4 2 14　12 513	JD-5/2-D-1-C	1
	JD-5/2-D-2-C	2
	JD-5/2-D-3-C	3
双气控阀 中封式 4 2 14　12 513	VL-5/3G-D-1-C	1
	VL-5/3G-D-2-C	2
	VL-5/3G-D-3-C	3
	VL-5/3G-D-4	4
双气控阀中泄式 4 2 14　12 513	VL-5/3E-D-1-C	1
	VL-5/3E-D-2-C	2
	VL-5/3E-D-3-C	3
	VL-5/3E-D-4	4
双气控阀中压式 4 2 14　12 513	VL-5/3B-D-1-C	1
	VL-5/3B-D-2-C	2
	VL-5/3B-D-3-C	3

表 22. 5-149　ISO 标准 VL、J 系列二位五通、三位五通单、双气控换向阀技术规格

<table>
<tr><td colspan="2">规　格　号</td><td colspan="2">气控阀 ISO 规格 1</td><td colspan="2">气控阀 ISO 规格 2</td><td colspan="2">气控阀 ISO 规格 3</td><td>气控阀 ISO 规格 4</td></tr>
<tr><td rowspan="2">接管螺纹</td><td>1、2、3、4、5 口</td><td colspan="2">G1/4(底座)</td><td colspan="2">G3/8(底座)</td><td colspan="2">G1/2(底座)</td><td>G3/4(底座)</td></tr>
<tr><td>12、14 口</td><td colspan="7">G1/8</td></tr>
<tr><td colspan="2">公称通径/mm</td><td colspan="2">8</td><td colspan="2">11</td><td colspan="2">14. 6</td><td>18</td></tr>
<tr><td colspan="2">工作介质</td><td colspan="7">经过滤的压缩空气(有无润滑油均可)</td></tr>
<tr><td colspan="2">结构特点</td><td colspan="7">滑柱式结构、带密封套</td></tr>
<tr><td colspan="2">安装方式</td><td colspan="7">底座安装，安装面连接尺寸符合 ISO 5599/1 标准</td></tr>
<tr><td colspan="2">标准额定流量
(1→2,1→4)/L · min^{-1}</td><td colspan="2">1200</td><td colspan="2">2300</td><td colspan="2">二位五通阀：规格 3 4500；规格 4 6000</td><td>中封式 4100 / 4800；中泄式 4600 / 4800；中压式 4100</td></tr>
<tr><td colspan="2">环境(介质)温度/℃</td><td colspan="7">-10~60(-10~60)</td></tr>
<tr><td colspan="2">1）单气控二位五通阀</td><td>气复位</td><td>弹簧复位</td><td>气复位</td><td>弹簧复位</td><td>气复位</td><td>弹簧复位</td><td>气复位</td></tr>
<tr><td colspan="2">工作压力范围/MPa</td><td rowspan="2">0. 2~1. 6</td><td>-0. 09~1. 6</td><td rowspan="2">0. 2~1. 6</td><td>-0. 09~1. 6</td><td rowspan="2">0. 2~1. 6</td><td>-0. 09~1. 6</td><td rowspan="2">-0. 09~1. 6</td></tr>
<tr><td colspan="2">先导压力范围/MPa</td><td>0. 3~1. 6</td><td>0. 3~1. 6</td><td>0. 3~1. 6</td></tr>
<tr><td colspan="2">压力 0. 6MPa 时开/关响应时间/ms</td><td>9/18</td><td>6/23</td><td>23/39</td><td>11/39</td><td>29/36</td><td>13/43</td><td>25/90</td></tr>
<tr><td colspan="2">2）双气控二位五通阀</td><td>气复位</td><td>弹簧复位</td><td>气复位</td><td>弹簧复位</td><td>气复位</td><td>弹簧复位</td><td>气复位</td></tr>
<tr><td colspan="2">工作压力范围/MPa</td><td colspan="7">-0. 09~1. 6</td></tr>
</table>

（续）

规 格 号	气控阀 ISO 规格 1		气控阀 ISO 规格 2	气控阀 ISO 规格 3	气控阀 ISO 规格 4
先导压力范围/MPa	0.2~1.6				
压力 0.6MPa 时开/关响应时间/ms	6	6/4	8		20
3）气控三位五通阀					
工作压力范围/MPa	-0.09~1.6				
先导压力范围/MPa	0.3~1.6				
压力 0.6MPa 时开/关响应时间/ms	7/45		中封式：15/16 中泄式：16/59 中压式：15/57	中封式：17/61 中泄式：18/63 中压式：16/60	40/130

表 22.5-150 ISO(规格 1、2、3) VL、J 系列二位五通、三位五通单、双气控换向阀外形尺寸

（mm）

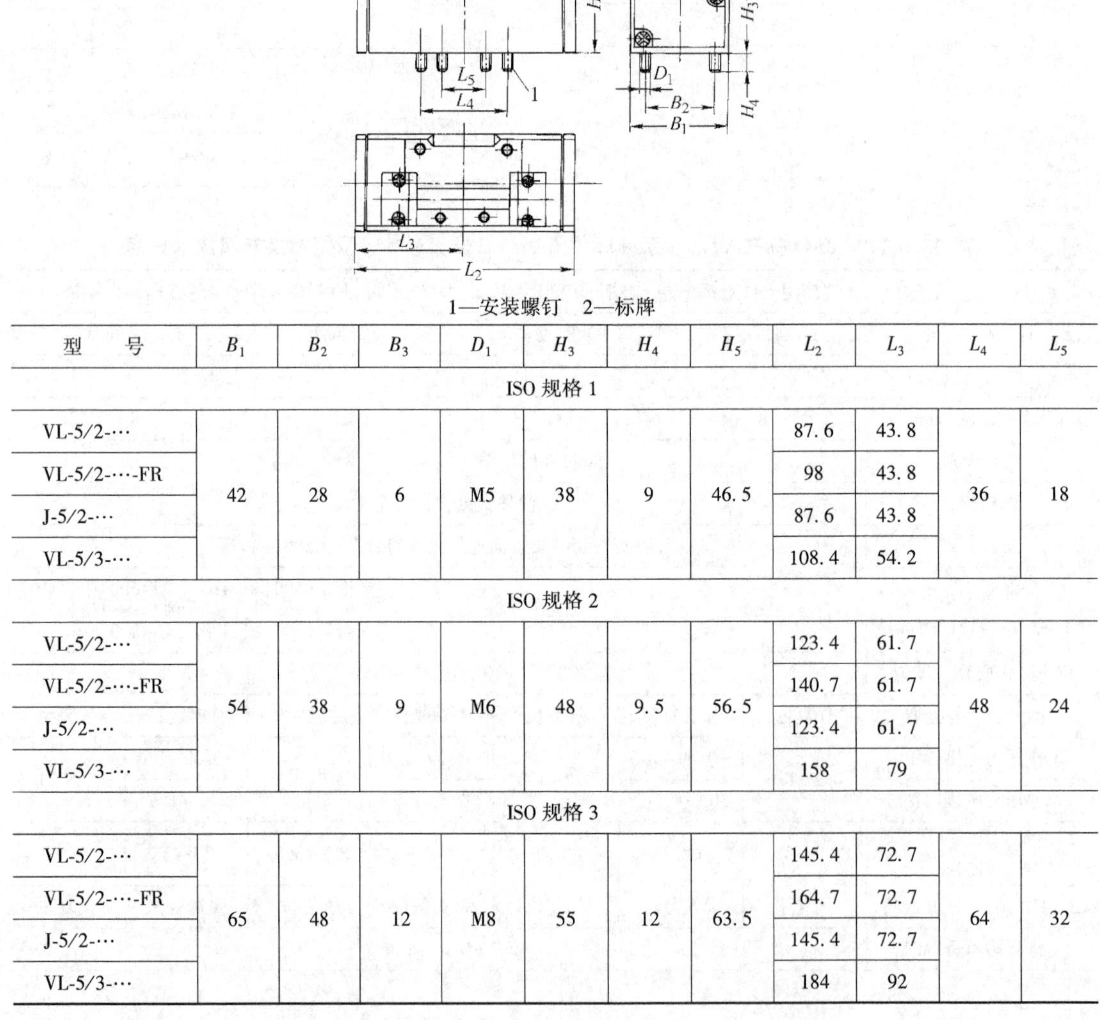

1—安装螺钉 2—标牌

型 号	B_1	B_2	B_3	D_1	H_3	H_4	H_5	L_2	L_3	L_4	L_5
ISO 规格 1											
VL-5/2-···	42	28	6	M5	38	9	46.5	87.6	43.8	36	18
VL-5/2-····-FR								98	43.8		
J-5/2-···								87.6	43.8		
VL-5/3-···								108.4	54.2		
ISO 规格 2											
VL-5/2-···	54	38	9	M6	48	9.5	56.5	123.4	61.7	48	24
VL-5/2-····-FR								140.7	61.7		
J-5/2-···								123.4	61.7		
VL-5/3-···								158	79		
ISO 规格 3											
VL-5/2-···	65	48	12	M8	55	12	63.5	145.4	72.7	64	32
VL-5/2-····-FR								164.7	72.7		
J-5/2-···								145.4	72.7		
VL-5/3-···								184	92		

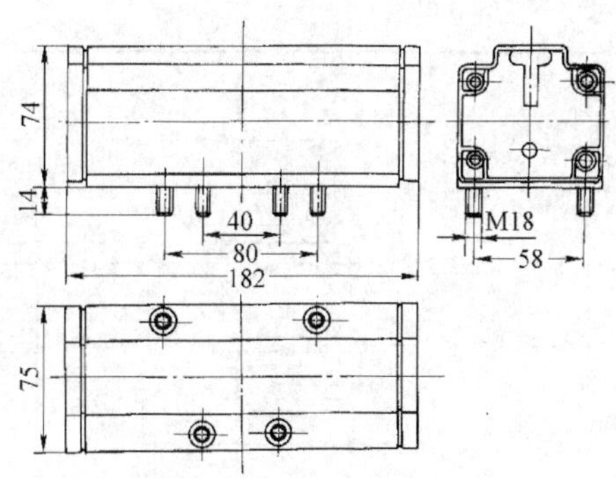

图 22.5-51　ISO(规格 4) VL、J 系列二位五通、三位五通单、双气控换向阀外形尺寸

注：单气控：VL-5/2-3/4-D-4。
　　双气控：J-5/2-3/4-D-4。
　　三位阀，中封式：VL-5/3G-3/4-D-4；中泄式：VL-5/3E-3/4-D-4。

（7）HE-2、HE-3 系列二位二通、二位三通手控截止阀

1）技术规格（见表 22.5-151）。

2）外形尺寸（见表 22.5-152～表 22.5-154）。

表 22.5-151　HE-2、HE-3 系列二位二通、二位三通手控截止阀技术规格

型　号		HE-2-1/8-QS-6 HE-3-1/8-QS-6 HE-3-1/8-1/8	HE-2-1/4-QS-8 HE-3-1/4-QS-8 HE-3-1/4-1/4	HE-2-3/8-QS-10 HE-3-3/8-QS-10 HE-3-3/8-3/8	HE-2-1/2-QS-12 HE-3-1/2-QS-12
公称通径/mm		5	5	7	7
连接尺寸	螺纹	R1/8	R1/4	R3/8	R1/2
	气管外径/mm	6	8	10	12
结构特点		旋转滑阀			
工作介质		经过滤的压缩空气（润滑或未润滑）			
温度范围/℃		0～60			
工作压力范围/℃		-0.075～1.0			
标准流量 $(1\to2)/L\cdot min^{-1}$	HE-2	310	400	730	780
	HE-3	300	380	730	800
材料		阀体：合成树脂（聚丁烯对苯二甲酸酯）；连接螺纹：镀镍黄铜			

注：型号意义

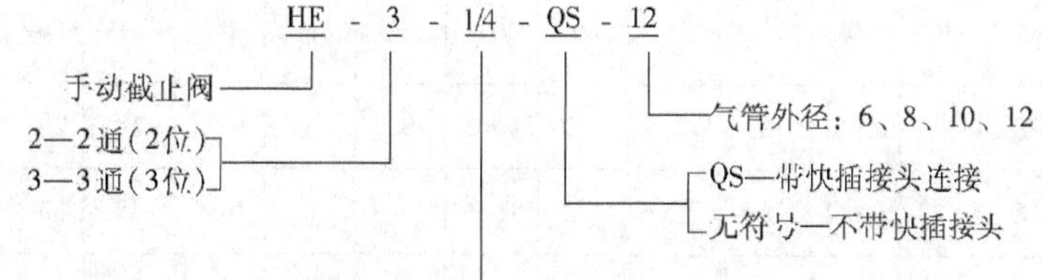

表 22.5-152 HE-2…QS、HE-3…QS 两端带快插接头的二位二通、二位三通手控截止阀外形尺寸

(mm)

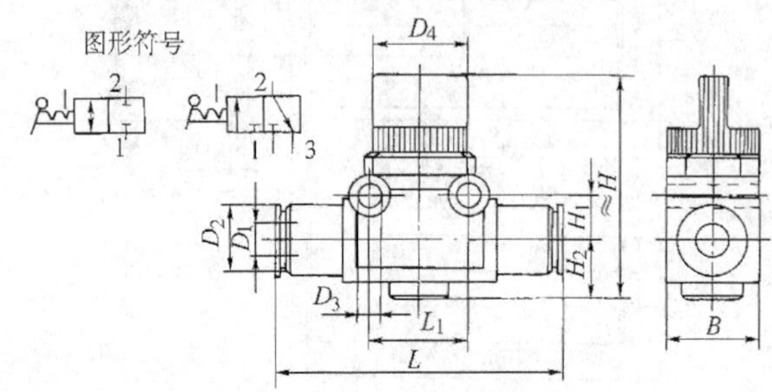

型 号	B	D_1	D_2	D_3	D_4	H	H_1	H_2	L	L_1
HE…QS-6	17	6	12.5	4.2	16.5	40.5	8	10.5	52	18
HE…QS-8	17	8	15	4.2	16.5	40.5	8	10.5	56	18
HE…QS-10	21	10	17.5	4.2	19.5	41	11	10.5	65	24
HE…QS-12	21	12	21	4.2	19.5	41	11	10.5	71	24

表 22.5-153 HE-2…QS、HE-3…QS 带快插接头与螺纹连接的二位二通、二位三通手控截止阀外形尺寸

(mm)

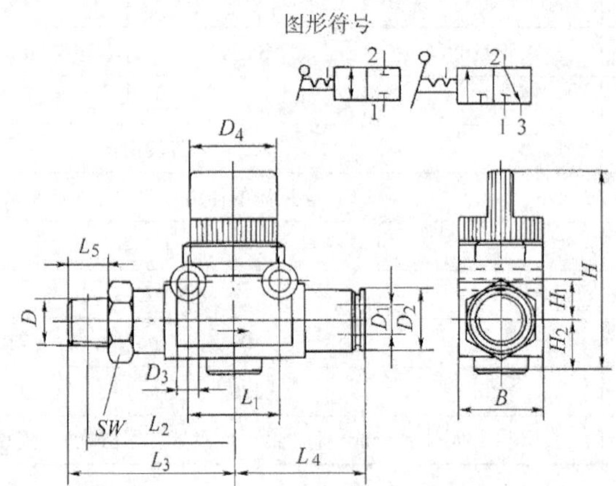

型 号	B	D	D_1	D_2	D_3	D_4	H	H_1	H_2	L_1	L_2	L_3	L_4	L_5	SW
HE-2-1/8-QS-6	17	R1/8	6	12.5	4.2	16.5	40.5	8	10.5	18	29.5	33.5	26	8	14
HE-2-1/4-QS-8	17	R1/4	8	15	4.2	16.5	40.5	8	10.5	18	30.5	36.5	28	11	14
HE-2-3/8-QS-10	21	R3/8	10	17.5	4.2	19.5	41	11	10.5	24	37	43.5	32.5	12	17
HE-2-1/2-QS-12	21	R1/2	12	21	4.2	19.5	41	11	10.5	24	38.5	46.5	35.5	15	21

表 22.5-154　HE-2、HE-3 螺纹连接二位二通、二位三通手控截止阀外形尺寸　（mm）

型号	B	D	D_3	D_4	H	H_1	H_2	L	L_1	L_2	L_5	SW
HE-3-1/8-1/8	17	R1/8	4.2	16.5	40.5	8	10.5	67	18	29.5	8	14
HE-3-1/4-1/4	21	R1/4	4.2	19.5	41	11	10.5	85	24	36.5	11	17
HE-3-3/8-3/8	21	R3/8	4.2	19.5	41	11	10.5	87	24	37	12	17

（8）SV 系列面板安装二位三通、五通手控阀（可用于真空）

1）工作原理。该系列手动阀由二位三通或二位五通基本阀（见图 22.5-52）及在其上部控制它的不同形式驱动开关（见图 22.5-54）共同组成。

2）图形符号及型号（见表 22.5-155）。

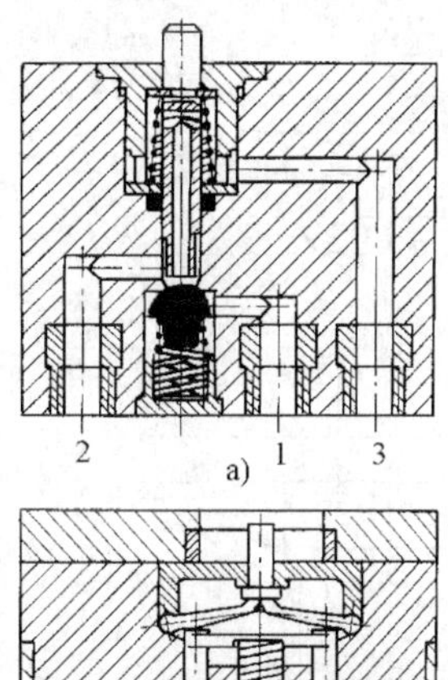

a)

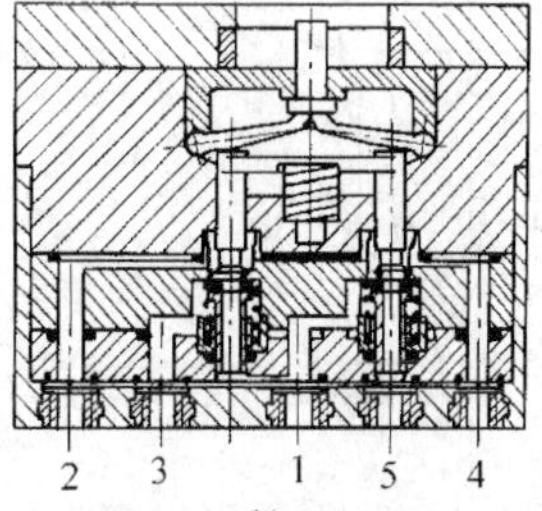

b)

图 22.5-52　SV 系列手控阀的基本阀工作原理
a）二位三通 SV-3-M5 基本阀
b）二位五通 SV-5-M5-B 基本阀

表 22.5-155　SV 系列面板安装二位三通、五通手控阀图形符号及型号

基本阀图形符号	型　号
二位三通阀	SV-3-M5

（续）

基本阀图形符号	型　号
二位五通阀	SV-5-M5-B

驱动开关图形符号		安装孔 ϕ22.5mm	安装孔 ϕ30.5mm	驱动力（驱动力矩）（0.6MPa 时）
按钮开关	黑色	T-22-S	T-30-S	14N
	黄色	T-22-G	T-30-G	
	红色	T-22-R	T-30-R	
蘑菇头按钮开关	黑色	P-22-S	P-30-S	14N
蘑菇头按钮开关，带锁定装置	红色	PR-22-R	PR-30-R	25N
	红色可锁定	PRS-22-R	PRS-30-R	23N
选择开关	黑色	N-22-S	N-30-S	40N·cm
拨动开关	黑色	H-22-S	H-30-S	14N·cm

（续）

驱动开关图形符号	安装孔 φ22.5mm	安装孔 φ30.5mm	驱动力（驱动力矩）（0.6MPa 时）
钥匙开关	Q-22	Q-30	23N

3）技术规格（见表 22.5-156）。

表 22.5-156 SV 系列面板安装二位三通、五通手控阀技术规格

型号	SV-3-M5	SV-5-M5-B
公称通径/mm	2	2.3
接管螺纹	M5	
工作介质	经过滤的压缩空气或真空（润滑或未润滑）	
温度范围/℃	-10~60	
压力范围/MPa	-0.095~0.8	0~0.8
结构特点	提动阀（截止式），单向直动式，弹簧复位	
安装方式	面板安装（安装孔径 22.5mm 和 30.5mm）或两个通孔安装	
标准额定流量（1→2，1→4）/L·min^{-1}	65	90
驱动力（0.6MPa 时）/N	12	17
材料	阀体：工程塑料；阀芯：黄铜；密封件：丁腈橡胶	

4）外形尺寸（见图 22.5-53、图 22.5-54）

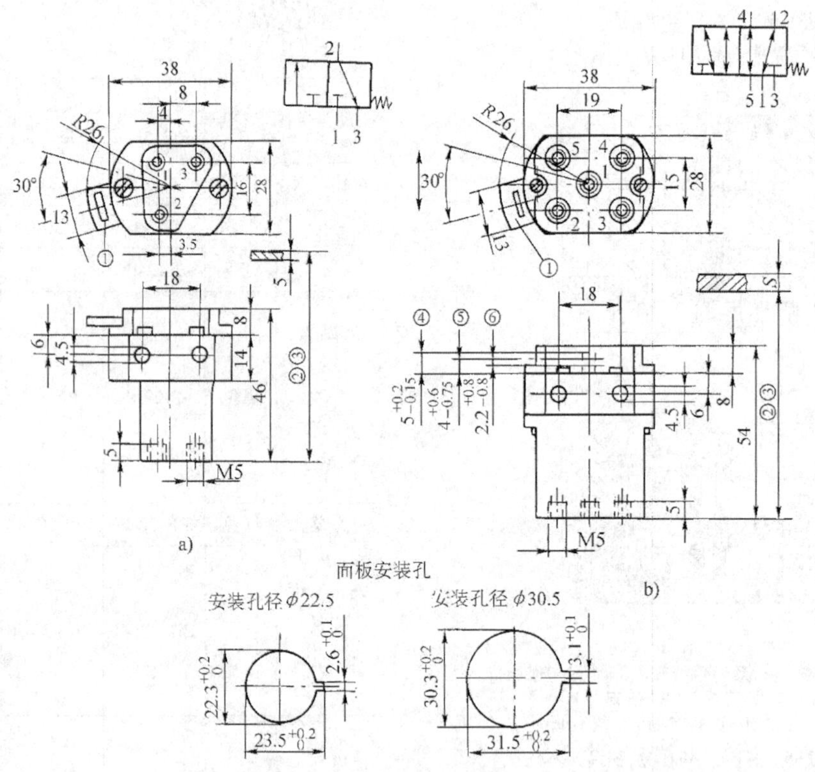

图 22.5-53 SV 系列手控阀基本阀的外形尺寸

a）SV-3-M5 b）SV-5-M5-B

①—驱动开关的快速连接扳手 ②—安装孔径为 22.5 时的安装尺寸：75

③—安装孔径为 30.5 时的安装尺寸：81 ④—未开启位置

⑤—起动开度 ⑥—最大开度 *S*—板厚

1—进气口 2、4—工作口 3、5—排气口（或真空口）

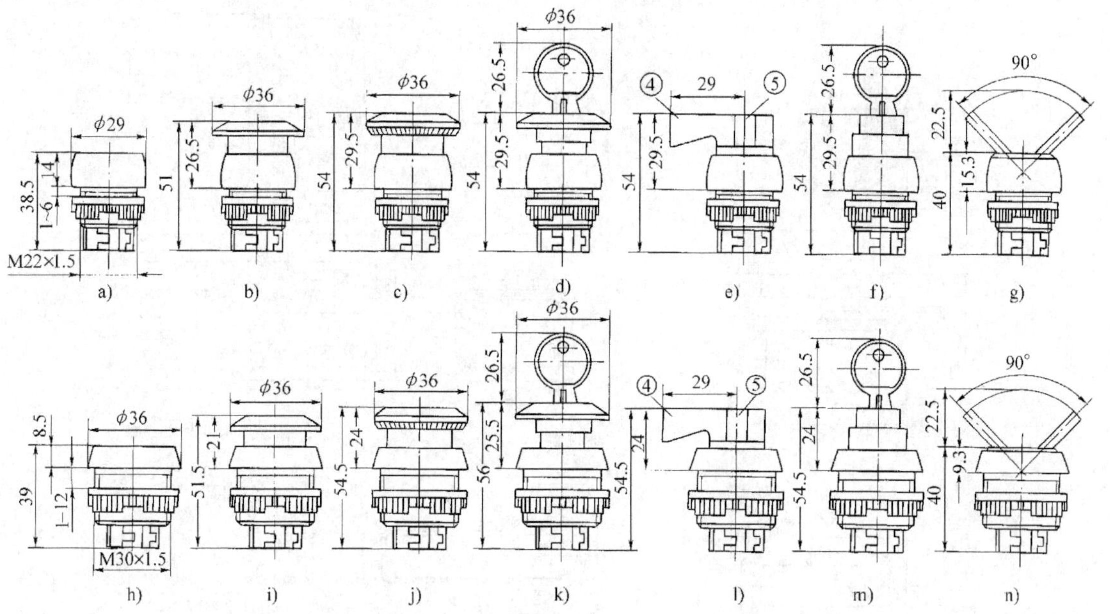

图 22.5-54　SV 系列手控阀用于控制基本阀的驱动开关

a) T-22　b) P-22　c) PR-22　d) PRS-22　e) N-22　f) Q-22　g) H-22
h) T-30　i) P-30　j) PR-30　k) PRS-30　l) N-30　m) Q-30　n) H-30

型号 PR：转动蘑菇头按钮可解除开关锁定。
型号 PRS：按下开关后，开关被锁住，只能用钥匙打开，在两个开关位置都能拔出钥匙。
型号 N：④位关，⑤位开
型号 Q：锁定开关只能用钥匙操作，在两个开关位置都可以拔出钥匙。

（9）HS、HSO-4/3 系列三位四通（三位三通）手动转阀（可用于真空）

1）技术规格（见表 22.5-157）。

2）外形尺寸（见图 22.5-55）。

表 22.5-157　HS、HSO-4/3 系列三位四通（三位三通）手动转阀技术规格

型号	HS/HSO-4/3-M5	HS/HSO-4/3-1/8-B	HS/HSO-4/3-1/4	HS/HSO-4/3-1/2-B
工作介质	过滤压缩空气或真空，润滑或未润滑①			
结构特点	滑阀，不能自动回复中位			
安装方式	面板式安装	通孔和螺纹孔安装②		
接管螺纹	M5	G1/8	G1/4	G1/2
公称通径/mm	3.6	6	8	12
标准额定流量(1→2→1→4)/L·min^{-1}	130	700	1200	3500
压力范围/MPa	-0.095~1.0			
驱动力(0.6MPa 时)/N	—	—	12	26
驱动力矩(0.6MPa 时)/N·m	0.3	1	—	—
温度范围/℃	—			

注：1. 中封式阀（HS 型）堵死阀的 2 口可作为三位三通阀用。

2. 型号意义：

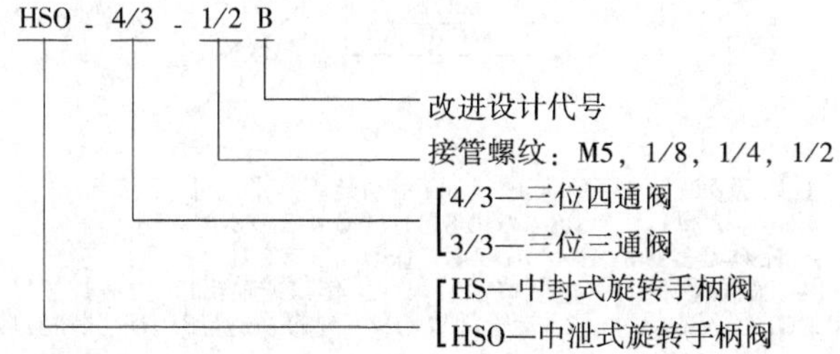

① M5：真空，在 1、3 口；G1/8：真空，在 3 口；G1/4：真空，在 1、3 口；G1/2：真空，在 3 口。

② HS、HSO-4/3-1/8-B 可进行面板式安装或通孔安装。

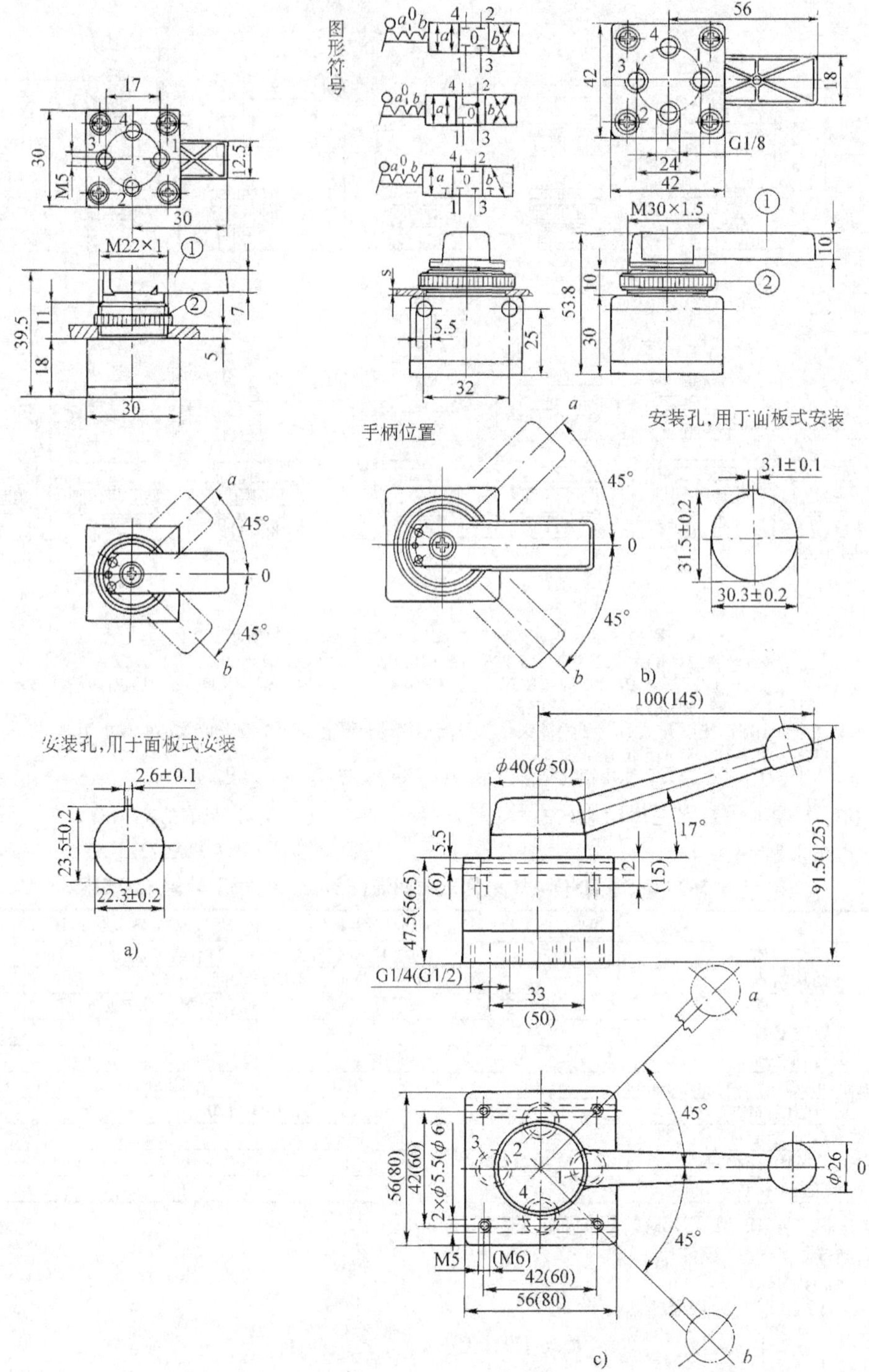

图 22.5-55　HS、HSO 系列三位四通（三位三通）手动转阀外形尺寸

a）HS-4/3-M5　HSO-4/3-M5　b）HS-4/3-1/8-B　HSO-4/3-1/8-B

c）HS-4/3-1/4　HSO-4/3-1/4　H-4/3-1/2-B　HSO-4/3-1/2-B

①—手柄，可旋转 180°安装　②—紧固螺母　1—进气口　2、4—工作口或输出口　3—排气口

注：1. 图中括号中的尺寸为接管螺纹 G1/2 阀的尺寸。2. 接管螺纹 G1/4 阀的手柄与图中形状略有区别。

（10）F-3-1/4、F-5-1/4 二位三通、五通脚踏阀（可用于真空）

1）技术规格（见表 22.5-158）。

2）外形尺寸（见图 22.5-56）。

表 22.5-158　F-3-1/4、F-5-1/4 二位三通、五通脚踏阀技术规格

型　号						
	阀	F-3-1/4-B	FO-3-1/4-B	FP-3-1/4-B	F-5-1/4-B	FP-5-1/4-B
	保护罩	4500FH		2071FPH-121	4500FH	2071FPH-121
公称通径/mm		7				
接管螺纹		G1/4				
工作介质		经过滤的压缩空气（润滑或未润滑）、真空①				
温度范围/℃		-10~60				
工作压力范围/MPa		-0.095~1.0				
结构特点		提动阀（截止阀）结构、直动式				
标准额定流量(1→4)/L·min⁻¹		600			550	
驱动力(0.6MPa 时)/N		26	37	45	52	90

注：型号意义

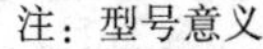
F - 3 - 1/4 B

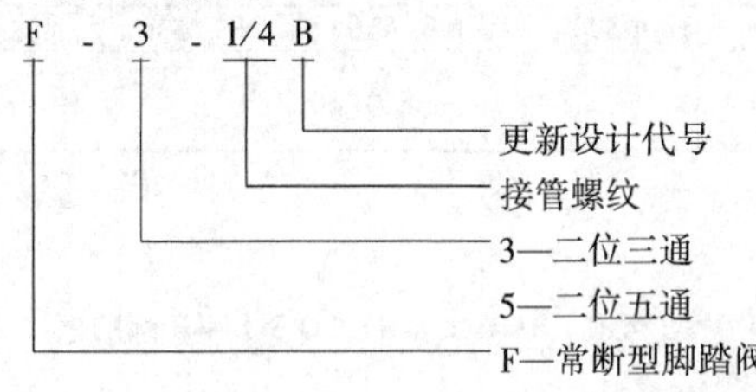
更新设计代号
接管螺纹
3—二位三通
5—二位五通
F—常断型脚踏阀
FO—常通型脚踏阀
FP—带锁定装置的脚踏阀（脚踏下阀换向，并由锁销锁定，再次脚踏时阀回原位）

① 真空接 1 口。

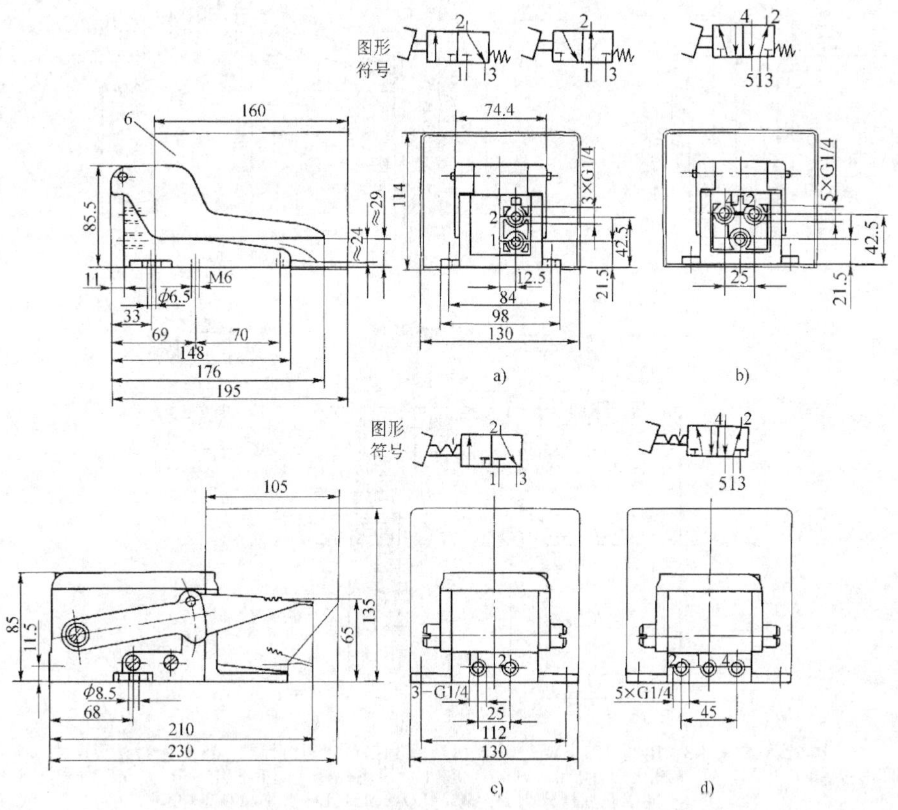

图 22.5-56　F-3-1/4、F-5-1/4 二位三通、二位五通脚踏阀外形尺寸
a）F-3-1/4-B　FO-3-1/4-B　b）F-5-1/4-B　c）FP-3-1/4-B　d）FP-5-1/4-B
1—进气口　2、4—工作口或输出口　3、5—排气口　6—安全罩

（11）V-3、R-3、L-3、V-5、R-5、L-5系列二位三通机控阀（可用于真空）

1）技术规格（见表22.5-159）。

2）外形尺寸（见图22.5-57）。

表22.5-159　V-3、R-3、L-3、V-5、R-5、L-5二位三通、五通机控阀技术规格

<table>
<tr><td rowspan="5">型　号</td><td></td><td colspan="3">二位三通阀</td><td colspan="3">二位三通、二位五通阀</td></tr>
<tr><td>常断型</td><td>V-3-M5</td><td>R-3-M5</td><td>L-3-M5</td><td rowspan="4">V-3-1/4-B
VO-3-1/4-B
V-5-1/4-B</td><td rowspan="4">R-3-1/4-B
RO-3-1/4-B
R-5-1/4-B</td><td rowspan="4">L-3-1/4-B
LO-3-1/4-B
L-5-1/4-B</td></tr>
<tr><td>常通型</td><td>VO-3-M5</td><td>RO-3-M5</td><td>LO-3-M5</td></tr>
<tr><td>常断型</td><td>V-3-1/8</td><td>R-3-1/8</td><td>L-3-1/8</td></tr>
<tr><td>常通型</td><td>VO-3-1/8</td><td>RO-3-1/8</td><td>LO-3-1/8</td></tr>
<tr><td colspan="2">公称通径/mm③</td><td colspan="3">2(2.5)</td><td colspan="3">7</td></tr>
<tr><td colspan="2">接管螺纹</td><td colspan="3">M5，G1/8</td><td colspan="3">G1/4</td></tr>
<tr><td colspan="2">工作介质</td><td colspan="6">经过滤的压缩空气（润滑或未润滑）、真空①</td></tr>
<tr><td colspan="2">温度范围/℃</td><td colspan="6">-10~60</td></tr>
<tr><td colspan="2">工作压力范围/MPa②</td><td colspan="6">-0.095~0.8（-0.095~1.0）</td></tr>
<tr><td colspan="2">结构特点</td><td colspan="6">提动阀（截止阀）结构，单向直动式，弹簧复位</td></tr>
<tr><td colspan="2">驱动力（0.6MPa时）/N</td><td>23(28)</td><td>12.5(10)</td><td>12.5(12)③</td><td>130(37)，[93]</td><td>35(10)，[26]</td><td>53(15)，[38]④</td></tr>
<tr><td colspan="2">标准额定流量①
(1→2)/L·min⁻¹</td><td colspan="3">80(140)③</td><td colspan="3">550(600)⑤</td></tr>
</table>

① 真空接1或11口。
② 括号中的值为接管螺纹G1/4阀的值。
③ 括号中的值为接管螺纹G1/8阀的值。
④（ ）、[ ]中的值分别为V-3-1/4-B、R-3-1/4-B、L-3-1/4-B和VO-3-1/4-B、RO-3-1/4-B、LO-3-1/4-B阀的值。
⑤（ ）中的值为二位三通接管螺纹G1/4阀的值。

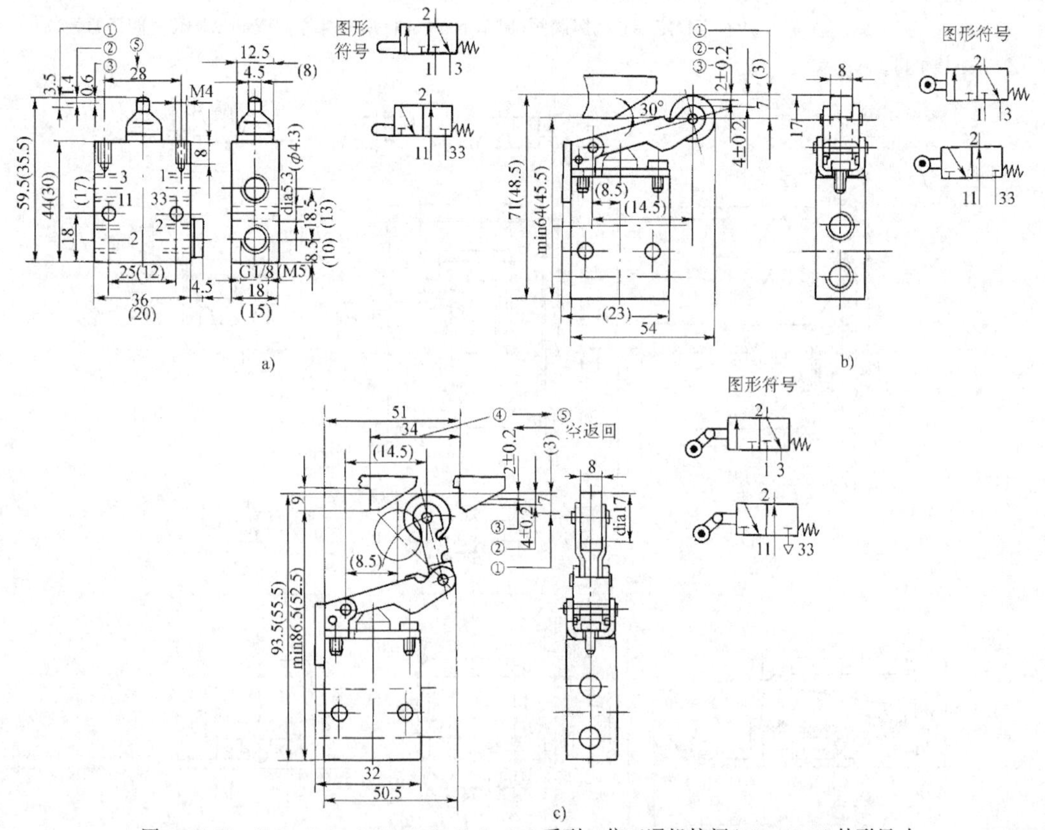

图22.5-57　V-3、R-3、L-3、V-5、R-5、L-5系列二位三通机控阀（M5，G1/8）外形尺寸

a）直动圆头式阀V-3-M5　VO-3-M5　V-3-1/8　VO-3-1/8　b）滚轮杠杆式阀R-3-M5　RO-3-M5　R-3-1/8　RO-3-1/8
c）单向滚轮杠杆式阀L-3-M5　LO-3-M5　L-3-1/8　LO-3-1/8
①—最大行程　②—最大开度　③—起始开度　④—最小移动距离　⑤—驱动方向
1、11—进气口　2—工作口　3、33—排气口
注：图中括号中的尺寸为接管螺纹M5阀的尺寸。

（12）V-3、R-3、L-3、V-5、R-5、L-5 系列二位三通、五通机控阀（可用于真空）

1）技术规格（见表 22.5-159）。

2）外形尺寸（见图 22.5-58）。

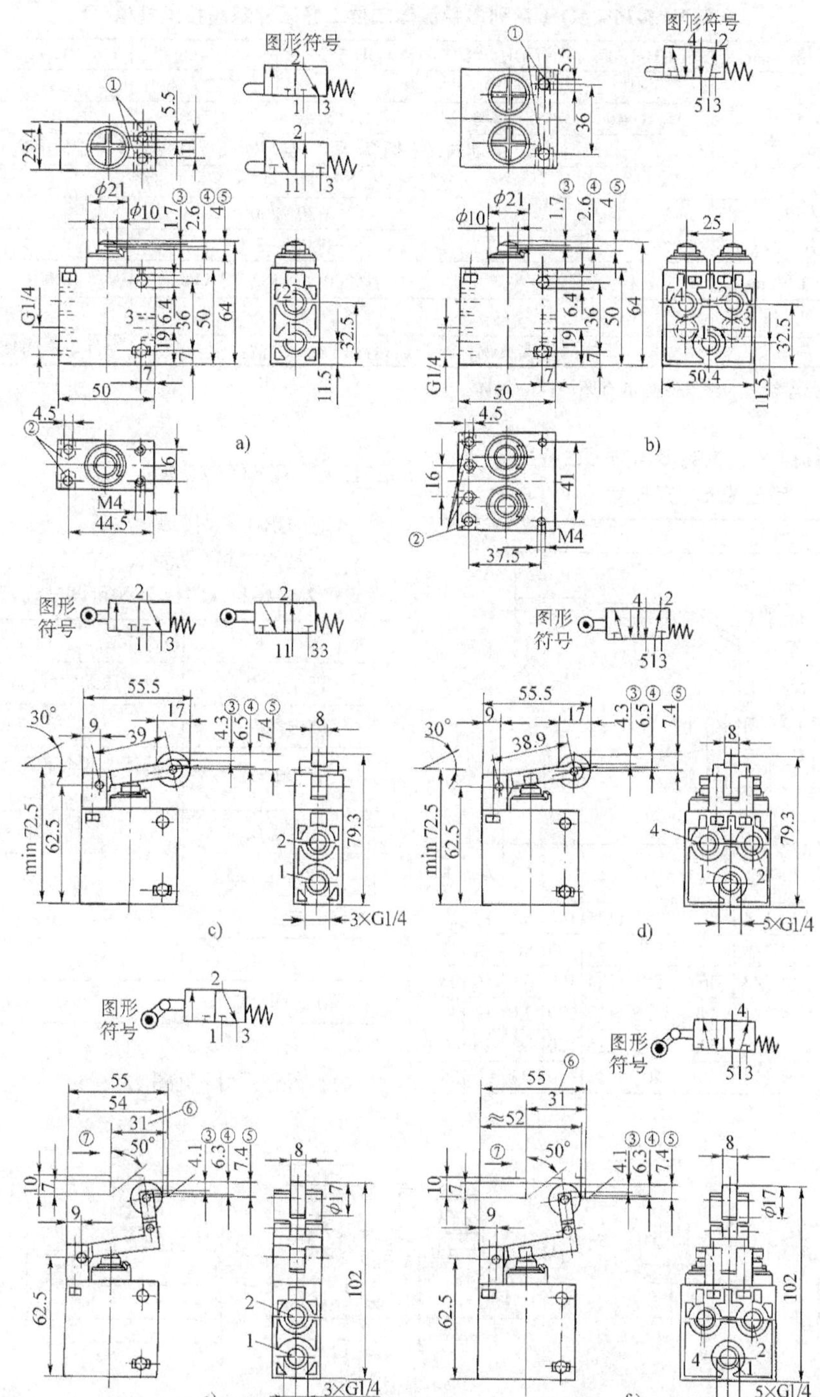

图 22.5-58　V-3、R-3、L-3、V-5、R-5、L-5 系列二位三通、五通机控阀（G1/4）外形尺寸

a）二位三通直动圆头式阀 V-3-1/4-B　VO-3-1/4-B　b）二位五通直动圆头式阀 V-5-1/4-B
c）二位三通滚轮杠杆式阀 R-3-1/4-B　RO-3-1/4-B　d）二位五通滚轮杠杆式阀 R-5-1/4-B
e）二位三通单向滚轮杠杆式阀 L-3-1/4-B　LO-3-1/4-B　f）二位五通单向滚轮杠杆式阀 L-5-1/4-B
①—配 M5 六角螺钉　②—配 M4 六角螺钉　③—起动开度　④—最大开度　⑤—最大行程　⑥—凸轮工作行程　⑦—驱动方向
1—进气口　2、4—工作口或输出口　3、5—排气口

(13) QH系列多种流体二位二通手控球阀(可用于真空)

1) 技术规格(见表22.5-160)。

2) 外形尺寸(见表22.5-161)。

表22.5-160 QH系列多种流体二位二通手控球阀技术规格

规格	QH-1/4	QH-3/8	QH-1/2	QH-3/4	QH-1	QH-1½
公称通径/mm	10	10	15	20	25	40
接管螺纹	G1/4	G3/8	G1/2	G3/4	G1	G1½
结构特点	手柄操作的球阀，手柄旋转可完全切断或接通两个方向流体的流动					
工作介质①	过滤压缩空气(润滑或未润滑)和水					
温度范围/°C	-30~200					
工作压力范围/MPa	-0.095~3.0					
标准额定流量/L·min⁻¹	9300		14600	27000	41000	104000
驱动力矩/N·m	2		5	8	10	15
材料	阀体：镀镍黄铜；球：镀铬淬火钢；手柄：铝合金；密封件：聚四氟乙烯					

① 不适用于煤气、天然气等有毒有腐蚀性的气体。

表22.5-161 QH系列多种流体二位二通手控球阀外形尺寸 (mm)

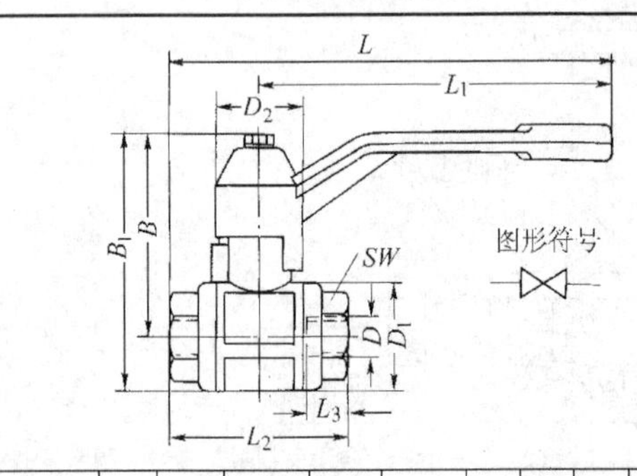

型号	B	B_1	D	D_1	D_2	L	L_1	L_2	L_3	SW
QH-1/4	55	69.5	G1/4	29	27	125	100	50	12	22
QH-3/8	55	69.5	G3/8	29	27	125	100	50	12	22
QH-1/2	66	84	G1/2	36	27	174	100	68	16	26
QH-3/4	68	90	G3/4	44	32.5	177	120	73	17	32
QH-1	77	104	G1	54	32.5	215	120	89	20	40
QH-1½	90	128	G1½	76	40	255	150	110	22	55

2.1.3 FESTO流量控制阀

(1) GRO系列可调节流阀

1) 技术规格(见表22.5-162)。

表22.5-162 GRO系列可调节流阀技术规格

规格	GRO-M5	GRO-1/8	GRO-1/4
工作介质	过滤压缩空气(润滑或未润滑)		
结构特点	节流阀		
安装方式	阀体上两个通孔或面板式安装		直列式安装
接管螺纹	M5	G1/8	G1/4
公称通径/mm	2	2	4.5
标准额定流量/L·min⁻¹	0~45	0~100	0~350
工作压力范围/MPa	0~1.0		
温度范围/℃	-10~60		

2) 外形尺寸(见图22.5-59)。

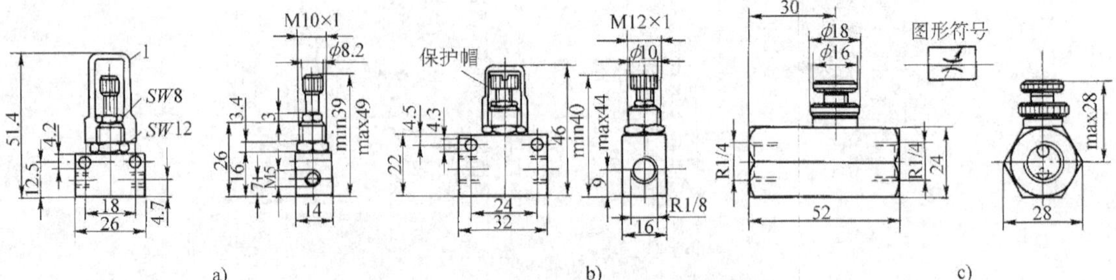

图22.5-59 GRO系列可调节流阀外形尺寸
a) GRO-M5 b) GRO-1/8 c) GRO-1/4

(2) GR-B系列单向节流阀

1) 技术规格(见表22.5-163)。

2) 外形尺寸(见图22.5-60)。

表 22.5-163　GR-B 系列单向节流阀技术规格

规　格		GR-M5-B	GR-1/8-B	GR-1/4	GRA-1/4-B	GR-3/8-B	GR-1/2	GR-3/4
工作介质		过滤压缩空气(润滑或未润滑)						
结构特点		单向节流阀						
安装方式		阀体上两个通孔(除 GR-1/4 型)或管式安装						
		面板式安装		—	面板式安装			—
接管螺纹		M5	G1/8	G1/4	G1/4	G3/8	G1/2	G3/4
公称通径/mm	节流阀	1.5	2	4.5	4.5	7	9	18
	单向阀	2	3	4.5	5.8	9	12	18
标准额定流量(P→A)/L·min^{-1}	节流阀	0~45	0~115	0~350	0~420	0~1000	0~1620	0~3300
	单向阀	45	170	150	780	1150	2750	4800
工作压力范围/MPa		0.05~1			0.01~1			0.03~1.5
温度范围/℃		-20~75						

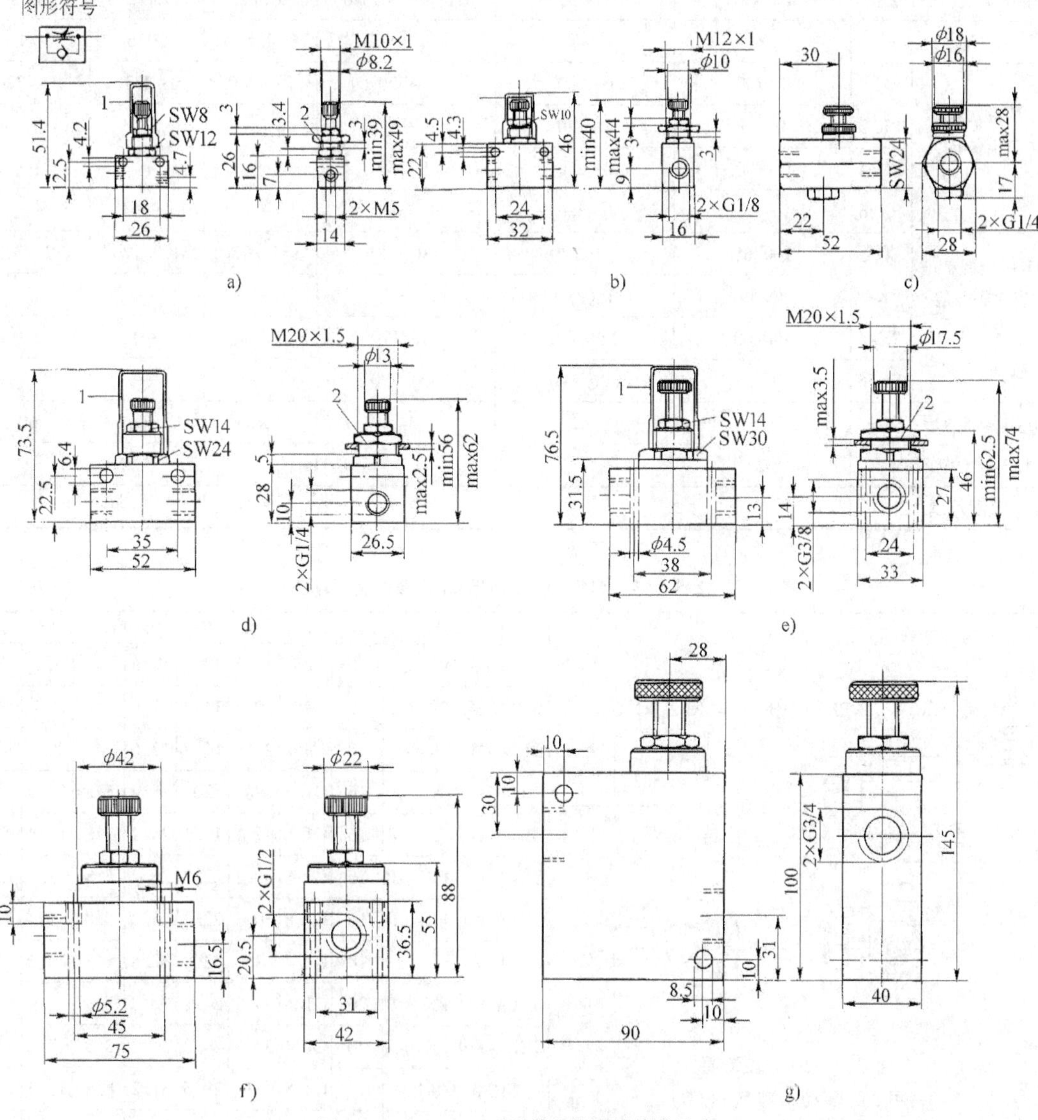

图 22.5-60　GR-B 系列单向节流阀外形尺寸

a) GR-M5-B　b) GR-1/8-B　c) GR-1/4　d) GRA-1/4-B　e) GR-3/8-B　f) GR-1/2　g) GR-3/4

1—保护帽　2—GRM 六角螺母

（3）GRLA 系列带有转动接头式单向节流阀（排气节流）

1）技术规格（见表 22.5-164）。

2）外形尺寸（见表 22.5-165）。

表 22.5-164 GRLA 系列带有转动接头式单向节流阀（排气节流）技术规格

型号 规格							
		GRLA-M5-B	GRLA-1/8-B	GRLA-1/4-B	GRLA-3/8-B	GRLA-1/2-B	GRLA-3/4-B
		GRLA-M5-PK-3-B	GRLA-1/8-PK-3-B	—	—	—	—
		GRLA-M5-PK-4-B	GRLA-1/8-PK-4-B	GRLA-1/4-PK-4-B	—	—	—
			GRLA-1/8-PK-6-B	GRLA-1/4-PK-6-B	—	—	—
工作介质		过滤压缩空气（润滑或未润滑）					
结构特点		单向节流阀					
安装方式		螺纹连接					
接管螺纹/气管管径		M5/NW3	G1/8/NW3，4，6	G1/4/NW4，6	G3/8	G1/2	G3/4
公称通径/mm		2	4	6	8.5	10.6	14
标准额定流量（节流方向）/L·min^{-1}	螺纹	0~100	0~380	0~720	0~1450	0~2330	0~4320
	PK-3	0~85	0~120	—	—	—	—
	PK-4	0~100	0~250	0~250	—	—	—
	PK-6	—	0~300	0~580	—	—	—
自由流通方向（节流阀开启/关闭）/L·min^{-1}	螺纹	100/65	410/230	780/340	1520/780	2400/1250	4720/3220
	PK-3	85/55	110/90	—	—	—	—
	PK-4	100/60	240/160	230/170	—	—	—
	PK-6	—	290/190	600/320	—	—	—
许用紧固力矩/N·m		1.5	6	11	20	40	60
工作压力范围/MPa		0.02~1	0.03~1				
温度范围/℃		-10~60					

表 22.5-165 GRLA 系列单向节流阀外形尺寸 （mm）

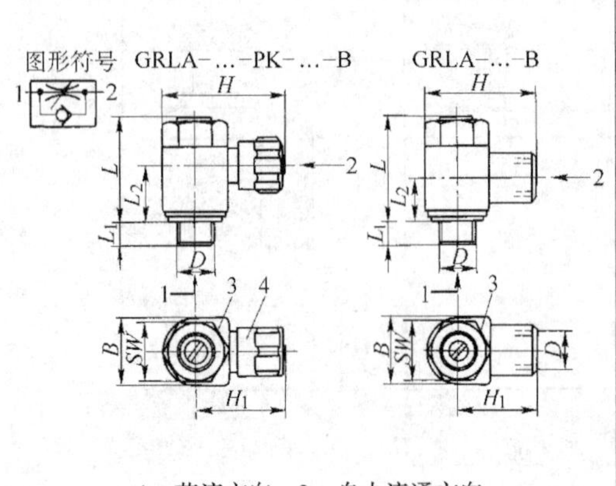

1—节流方向 2—自由流通方向
3—可 360°转动 4—锁紧螺母

型号	B	D	H	H_1	L	L_1	L_2	SW
GRLA-M5-B	10	M5	17.5	12.5	17.6	4	7.1	9
GRLA-M5-PK-3-B	10	M5	19.7	14.7	17.6	4	8.5	9
GRLA-M5-PK-4-B	10	M5	21.7	16.7	17.6	4	8.5	9
GRLA-1/8-B	16	G1/8	28	20	25.2	5.8	10.3	14
GRLA-1/8-PK-3-B	16	G1/8	27.1	19.1	25.2	5.8	13.4	14
GRLA-1/8-PK-4-B	16	G1/8	30.2	22.2	25.2	5.8	13.4	14
GRLA-1/8-PK-6-B	16	G1/8	30.3	22.3	25.2	5.8	12	14
GRLA-1/4-B	20	G1/4	36	26	30.8	8.3	13.2	17
GRLA-1/4-PK-4-B	20	G1/4	34.2	24.2	30.8	8.3	16.9	17
GRLA-1/4-PK-6-B	20	G1/4	34.3	24.3	30.8	8.3	17.2	17
GRLA-3/8-B	25	G3/8	41	28.5	37.2	8.8	15.5	22
GRLA-1/2-B	32	G1/2	53	37	48.6	12.8	18.9	27
GRLA-3/4-B	41	G3/4	64	64	60.2	13.5	24.5	36

（4）GRLZ系列带有转动接头式单向节流阀（进气节流）

1）技术规格（见表22.5-166）。

2）外形尺寸（见表22.5-167）。

表22.5-166 GRLZ系列带有转动接头式单向节流阀技术规格

规格 \ 型号		GRLZ-M5-B	GRLZ-1/8-B	GRLZ-1/4-B
		GRLZ-M5-PK-3-B	GRLZ-1/8-PK-3-B	—
		GRLZ-M5-PK-4-B	GRLZ-1/8-PK-4-B	GRLZ-1/4-PK-4-B
		—	GRLZ-1/8-PK-6-B	GRLZ-1/4-PK-6-B
工作介质		过滤压缩空气（润滑或未润滑）		
结构特点		单向节流阀		
安装方式		螺纹连接		
接管螺纹/气管管径		M5/NW3	G1/8/NW3，NW4，NW6	G1/4/NW4，NW6
	公称通径/mm	2	4	6
标准额定流量/（节流方向）L·min⁻¹	螺纹	0~100	0~380	0~720
	PK-3	0~85	0~120	—
	PK-4	0~100	0~250	0~250
	PK-6	—	0~300	0~580
自由流通方向（节流阀开启/关闭）/L·min⁻¹	螺纹	110/70	380/160	720/310
	PK-3	90/60	100/100	—
	PK-4	100/60	250/130	270/190
	PK-6	—	300/140	620/230
许用紧固力矩/N·m		1.5	6	11
工作压力范围/MPa		0.02~1	0.03~1	
温度范围/℃		-10~60		

表22.5-167 GRLZ系列带有转动接头式单向节流阀外形尺寸 （mm）

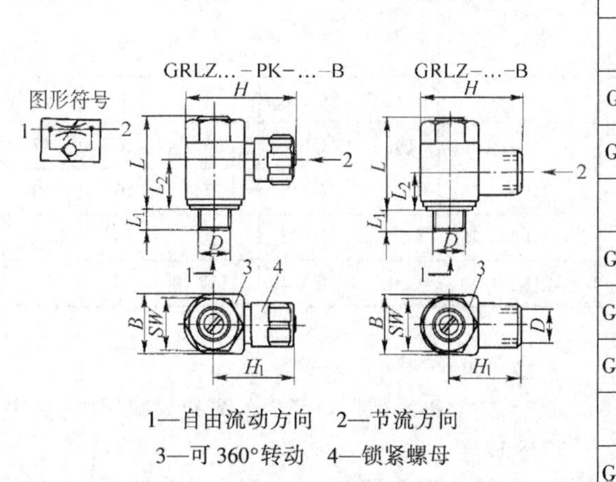

1—自由流动方向 2—节流方向 3—可360°转动 4—锁紧螺母

型号	B	D	H	H_1	L	L_1	L_2	SW
GRLZ-M5-B	10	M5	17.5	12.5	17.6	4	7.1	9
GRLZ-M5-PK-3-B	10	M5	19.7	14.7	17.6	4	8.5	9
GRLZ-M5-PK-4-B	10	M5	21.7	16.7	17.6	4	8.5	9
GRLZ-1/8-B	16	G1/8	28	20	25.2	5.8	10.3	14
GRLZ-1/8-PK-3-B	16	G1/8	27.1	19.1	25.2	5.8	13.4	14
GRLZ-1/8-PK-4-B	16	G1/8	30.2	22.2	25.2	5.8	13.4	14
GRLZ-1/8-PK-6-B	16	G1/8	30.3	22.3	25.2	5.8	12	14
GRLZ-1/4-B	20	G1/4	36	26	30.8	8.3	13.2	17
GRLZ-1/4-PK-4-B	20	G1/4	34.2	24.2	30.8	8.3	16.9	17
GRLZ-1/4-PK-6-B	20	G1/4	34.3	24.3	30.8	8.3	17.2	17

(5) GRU、GRE系列排气消声节流阀

1) 技术规格(见表22.5-168)。

2) 外形尺寸(见表22.5-169)。

表22.5-168 GRU、GRE系列排气消声节流阀技术规格

规格		GRE-1/8	GRE-1/4	GRE-3/8	GRE-1/2	
		GRU-1/8	GRU-1/4	GRU-3/8	GRU-1/2	GRU-3/4
安装方式		螺纹连接				
接管螺纹		G1/8	G1/4	G3/8	G1/2	G3/4
公称通径	GRE	3.5	5	7	10	—
	GRU	5.3	7.5	9	14	17
流量/L·min^{-1}	GRE	0~520	0~996	0~2000	0~3600	—
	GRU	0~1000	0~1500	0~1700	0~4000	0~8000
工作压力范围/MPa		0~1				
温度范围/°C		-10~70				
噪声等级/dB(A)	GRE	85	80	87	90	—
	GRU	74	80	74	76	80

表22.5-169 GRU、GRE系列排气消声节流阀外形尺寸 (mm)

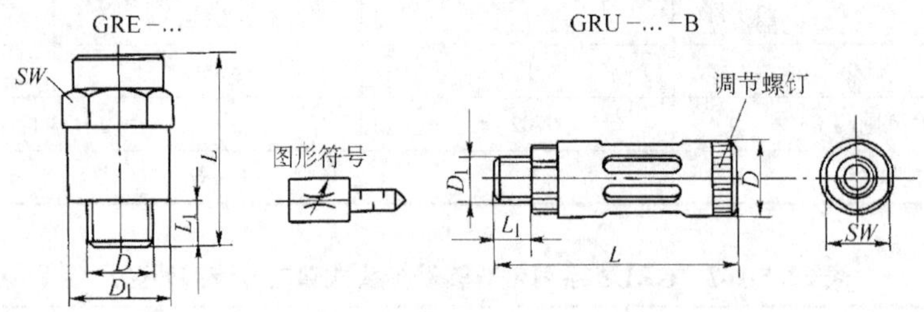

型号	D	D_1	L	L_1	SW	型号	D	D_1	L	L_1	SW
GRE-1/8	G1/8	15	28.5	6.5	14	GRU-1/8-B	16	G1/8	47	7	14
GRE-1/4	G1/4	18.2	34	8	17	GRU-1/4-B	19.5	G1/4	66	10	17
GRE-3/8	G3/8	25	42	8	22	GRU-3/8-B	25	G3/8	97	10	19
GRE-1/2	G1/2	27	48	12	24	GRU-1/2-B	28	G1/2	130	14	24
						GRU-3/4-B	38	G3/4	157	16	32

2.2 日本SMC公司气动阀

2.2.1 SMC压力控制阀

(1) AR系列带单向阀的减压阀(模块式)(见表22.5-170)

(2) AR系列大口径内部先导式减压阀(见表22.5-171)

(3) ARP3000-02型精密直动式减压阀(见表22.5-172)

表 22.5-170　AR 系列带单向阀的减压阀(模块式)

简　图	特　点	型　号	接管螺纹	最大有效截面积/mm²	设定压力范围/MPa	附件
	内设迅速排出压力的装置(内设单向阀、带逆流装置)，可装配到 FRL 模块式三联件中	AR1000	M5×0.8mm	2.8	0.05~0.7	托架压力表
		AR2060	Rc1/8、1/4	1/8：6 1/4：6.5	0.1~0.85	
		AR2560	Rc1/4、3/8	1/4：18 3/8：20		
		AR3060	Rc1/4、3/8	1/4：26 3/8：31		
		AR4060	Rc3/8、1/2	3/8：56 1/2：84		
		AR4060-06	Rc3/4	92		
		AR5060	Rc3/4、1	3/4：127 1：131		
		AR6060	Rc1	203		

注：最高使用压力 1.0MPa。

表 22.5-171　AR 系列大口径内部先导式减压阀

简　图	设定压力①		接管螺纹 Rc(PT)	最大流量①(标准状态)/L·min⁻¹	附件
	0.05~0.85MPa	0.02~0.2MPa			
	AR425	AR435	1/4、3/8、1/2	8000	托架压力表
	AR625	AR635	3/4、1	14000	
	AR825	AR835	1/4、1½	18000	
	AR925	AR935	2	22000	

① 设定压力 0.7MPa，压力降 0.1MPa，最高使用压力 1.0MPa。出口压力的调整范围 $p_2 \leqslant p_1 \times 90\%$。

表 22.5-172　ARP3000-02 型精密直动式减压阀

简　图	型　号	ARP3000
	特点	高精度压力调整 可装配入 FRL 模块式三联件中
	设定压力/MPa	0.005~0.3
	灵敏度/MPa	0.001
	空气消耗量(标准状态)/L·min⁻¹	5
	配管口径 Rc(PT)	1/4

(4) IR 系列新型精密减压阀(见表 22.5-173)

表 22.5-173 IR 系列新型精密减压阀

简图	特点	型号		接管螺纹 Rc(PT)	设定压力范围/MPa	先导压力范围/MPa	最大流量①/L·min⁻¹(标准状态)	空气消耗量/L·min⁻¹(标准状态)	灵敏度
	由于具有高灵敏度，因此适用于有高灵敏度和高重复性要求的场合	基本型	IR10□0	1/8	0.005~0.2 0.005~0.4 0.005~0.8	—	400	<5	全量程的0.2%以内
			IR20□0	1/4			1200	<4	
			IR30□0	1/4、3/8、1/2	0.01~0.2 0.01~0.4 0.01~0.8		6000	<9.5	
		气控型	IR2120	1/4	0.005~0.8	0.005~0.8	1200	<4	
			IR3120	1/4、3/8、1/2	0.01~0.8	0.01~0.8	6000	<9.5	

① 入口压力1.0MPa，设定压力0.4MPa，压力降0.1MPa。

(5) ARJ 系列微型减压阀(见表22.5-174)

表 22.5-174 ARJ 系列微型减压阀

简图	特点	型号	配管口径/mm		设定压力/MPa	构造	配管材料
			IN 侧	OUT 侧			
	微型，轻量，带快换接头(OUT侧)，配管工时可大大降低(ARJ1020F型) 可作为带单向阀的减压阀使用	ARJ1020F	M5(外螺纹)	$\phi4$ $\phi6$	0.1~0.7	溢流型	尼龙 软尼龙 聚氨酯
		ARJ210	1/8(外螺纹) M5(内螺纹)	M5×0.8 (内螺纹2处)	0.2~0.7	溢流型	—

(6) ARX20 系列高压减压阀(见表22.5-175)

表 22.5-175 ARX20 系列高压减压阀

简图	特点	型号	接管螺纹 Rc(PT)	压力调节范围/MPa	最高使用压力/MPa	结构	附件
	体积小，供气压力高，输出压力范围宽 可用于小型压缩机压力的调节、吹气等场合	ARX20-01	1/8	0.05~0.85	2.0	溢流型	托架、压力表
		ARX20-02	1/4				
		ARX21-01	1/8	0.05~0.3		溢流型	
		ARX21-02	1/4				

(7) VEX1 系列大流量精密减压阀(见表22.5-176)

表 22.5-176 VEX1 系列大流量精密减压阀

简图	型号		操作方式	接管螺纹		有效截面积/mm²(C_v值)	设定压力范围/MPa	结构原理	灵敏度
				P、A 口	R 口				
	底板配管型	VEX1B33	手动操作式(压入锁定式)	M5×0.8mm		5(0.28)	0.01~0.7	大流量溢流阀与减压阀的组合	0.2% F.S(全量程)以内
	直接配管型	VEX1A33		Rc(PT)1/8		10/7.4(0.56/0.41)			
		VEX113□	手动操作式(压力锁定式)和气控式	Rc(PT)1/8、1/4		25(1.4)	0.05~0.7		
		VEX133□		Rc(PT)1/4、3/8、1/2		70(3.9)			
		VEX153□		Rc(PT)1/2、3/4、1		180(10)			
		VEX173□		Rc(PT)1、1¼	Rc(PT)1¼	330(18)			
		VEX193□		Rc(PT)1½、2	2	670(37)			
	底板配管型	VEX123□		Rc(PT)1/8、1/4		25(1.4)			

2.2.2　SMC 方向控制阀

（1）AK 系列单向阀（见表 22.5-177）

（2）AKH、AKB 系列带快换接头的单向阀（见表 22.5-178）

（3）AQ 系列快速排气阀（见表 22.5-179）

表 22.5-177　AK 系列单向阀

简　图	特　点	型　号	接管螺纹 Rc(PT)	有效截面积 /mm²	使用压力 /MPa
AK6000 AK2000	大流量阀开启压力低，为 0.02MPa	AK2000-01	1/8	25	0.02~1.0
		AK2000-02	1/4	27.5	
		AK4000-02	1/4	47	
		AK4000-03	3/8	85	
		AK4000-04	1/2	95	
		AK6000-06	3/4	200	
		AK6000-10	1	230	

表 22.5-178　AKH、AKB 系列带快换接头的单向阀

简　图	形式	型　号	配管口径		有效截面积/mm²	自由流动方向	开启压力/MPa
			一端	另一端			
	直管式	AKH04	ϕ4mm	ϕ4mm	2.8	—	0.005
		AKH06	ϕ6mm	ϕ6mm	6.5		
		AKH08	ϕ8mm	ϕ8mm	17.0		
		AKH10	ϕ10mm	ϕ10mm	25.0		
		AKH12	ϕ12mm	ϕ12mm	34.0		
	外螺纹连接式	AKH04□	ϕ4mm	M5、R(PT)1/8	2.8	A：外螺纹→快换接头 B：快换接头→外螺纹	
		AKH06□	ϕ6mm	M5、R(PT)1/8、1/4	2.8~6.5		
		AKH08□	ϕ8mm	R(PT)1/8、1/4、3/8	6.5~17		
		AKH10□	ϕ10mm	R(PT)1/4、3/8、1/2	25		
		AKH12□	ϕ12mm	R(PT)3/8、1/2	34		
	内外螺纹连接式	AKB01□	R(PT)1/8	R(PT)1/8	6.5	A：外螺纹→内螺纹 B：内螺纹→外螺纹	
		AKB02□	R(PT)1/4	R(PT)1/4	17.0		
		AKB03□	R(PT)3/8	R(PT)3/8	25.0		
		AKB04□	R(PT)1/2	R(PT)1/2	34.0		

表 22.5-179　AQ 系列快速排气阀

简　图	结构型式	型　号	接管口径	有效截面积/mm²		使用压力 /MPa
				进→出	出→排气	
AQ3000 AQ1510　AQ1500	唇式	AQ1500-M5	M5×0.8mm	2	2.8	0.1~0.7
		AQ1510-01	Rc1/8	4	5.8	
	膜片式	AQ2000-01	Rc1/8	25	25	0.05~1.0
		AQ2000-02	Rc1/4	35	40	
		AQ3000-02	Rc1/4	40	42	
		AQ3000-03	Rc3/8	60	70	
		AQ5000-04	Rc1/2	105	115	
		AQ5000-06	Rc3/4	135	180	
	带快换接头直通式	AQ240F	ϕ4mm	1.7	2.5	0.1~1.0
			ϕ6mm	2.4	2.7	
		AQ340F	ϕ6mm	4	4	

(4) VT、VP系列二位三通电磁换向阀(可用于真空,见表22.5-180)

(5) 50-VPE系列二位三通防爆电磁阀(见表22.5-181)

表22.5-180　VT、VP系列二位三通电磁换向阀(弹性密封)

VT301　VT315　VT325

VT344

VT317

VP542

VT307

VP31□5

型号	配管形式	动作方式	接管螺纹Rc(PT)	有效截面积/mm²(C_v值)	使用压力/MPa	视在功率/V·A(50Hz)	气控阀
VT301	直接配管	直动式座阀	1/8、1/4	3.2(0.18)	0~1.0	7.5	有
VT315			1/4	7.2(0.4)		20	
VT325			1/4、3/8	27(1.5)		27	
VT307			1/8、1/4	P→A3.9(0.21)	0~0.9	7.6	
VT317			1/4	12.6(0.7)		11	
VP342	直接配管	先导式	1/8、1/4	16.2(0.9)	0.2~0.8	3.4	有
VP344	底板配管			18(1.0)			
VP542	直接配管		1/4、3/8	36(2.0)			
VP544	底板配管			41.4(2.3)			
VP742	直接配管		3/8、1/2	62(3.4)			
VP744	底板配管			72(4)			
VP3145	直接配管	先导式	3/8、1/2、3/4	110(6.1)	0.2~0.8	28	
VP3165			3/4、1、1¼	310(17.2)			
VP3185			1¼、1½、2	650(36.1)			

注:1. 真空用(0.1~100kPa):VT301V、VT325V、VT307V、VT317V、VP3□□R、VP5□□R、VP7□□R、VP31□□5V。

2. 标准线圈额定电压(AC):100V、200V(50/60Hz);标准线圈额定电压(DC):24V。

3. 出线方式:G—直接出线式、GS—直接出线式带过压保护器、D—DIN插座式、DZ—插式带过压保护器;VT301、315、317(G、GS、D、DZ),VT325(G、GS、D),V307(G、D、DZ)、VP34□、54□、74□(G、D、DZ),VP31□5(G、D、DZ)。

表22.5-181　50-VPE系列二位三通防爆电磁阀(直接配管型)

简图	特点	型号	接管螺纹Rc(PT)	有效截面积/mm²(C_v值)			使用压力范围		机能
				Rc(PT) 1/4	Rc(PT) 3/8	Rc(PT) 1/2	内部先导式	外部先导式	
	流通能力大,功率消耗小,符合IEC国际标准,可在真空压力下使用	50-VPE542-□□-02 03	1/4 3/8	36(2)	41.4(2.3)	—	0.2~0.8MPa	-101.2kPa~0.8MPa	常开常闭
		50-VPE742-□□-02 03	3/8 1/2	—	62(3.4)	72(4)			

（6）SY3000、SY5000、SY7000、SY9000 系列二位、三位五通电磁换向阀

1）技术规格（见表 22.5-182）。

2）外形尺寸（见图 22.5-61～图 22.5-64）。

表 22.5-182　SY3000、SY5000、SY7000、SY9000 系列二位、三位五通电磁换向阀技术规格

型　号	接管螺纹（配气管外径）	位数	机　能	使用压力范围/MPa	有效截面积/mm²（C_v 值）	最高换向频率/Hz	功率消耗		特点
							直流	交流	
SY3120-□△D-M5	M5×0.8（ϕ4、ϕ6）	2	单电控	0.15～0.7	3.6(0.2)	10	0.5W/0.55W（带指示灯）	110V：1.1V·A 220V：2.0V·A	阀身厚度小，流量大，耗电量小，防灰尘
SY3220-□△D-M5		2	双电控	0.1～0.7					
SY3320-□△D-M5		3	中位封闭式	0.2～0.7		3			
SY3420-□△D-M5		3	中位排气式						
SY3520-□△D-M5		3	中位加压式		3.96(0.22)				
SY5120-□△D-01	Rc1/8（ϕ6、ϕ8）	2	单电控	0.15～0.7	9.18(0.51)	5			
SY5220-□△D-01		2	双电控	0.1～0.7					
SY5320-□△D-01		3	中位封闭式	0.2～0.7	7.38(0.41)	3			
SY5420-□△D-01		3	中位排气式		7.56(0.42)				
SY5520-□△D-01		3	中位加压式		10.62(0.59)				
SY7120-□△D-02	Rc1/4（ϕ8、ϕ10）	2	单电控	0.15～0.7	16.2(0.9)	5	0.5W/0.55W（带指示灯）	110V：1.1V·A 220V：2.0V·A	阀身厚度小，流量大，耗电量小，防灰尘
SY7220-□△D-02		2	双电控	0.1～0.7					
SY7320-□△D-02		3	中位封闭式	0.2～0.7	12.06(0.67)	3			
SY7420-□△D-02		3	中位排气式		11.88(0.66)				
SY7520-□△D-02		3	中位加压式		17.1(0.95)				
SY9120-□△D-◇	Rc1/4、Rc3/8（ϕ8、ϕ10、ϕ12）	2	单电控	0.15～0.7	35.76(1.99)	5			
SY9220-□△D-◇		2	双电控	0.1～0.7					
SY9320-□△D-◇		3	中位封闭式	0.2～0.7	34.69(1.93)	3			
SY9420-□△D-◇		3	中位排气式		33.63(1.87)				
SY9520-□△D-◇		3	中位加压式		37.99(2.11)				

注：1. □—代表使用电压，3—AC：110V　4—AC：220V　5—DC：24V　6—DC：12V；

△—代表导线引出方式，G—直接出线式　D—DIN 形插座式　L—L 形插座式　DZ—DIN 形插座，带指示灯和过压抑制器　LZ—L 形插座，带指示灯及过压抑制器；

◇—代表接管口径，02—Rc(PT)1/4　03—Rc(PT)3/8。

2. 另有直接配管型，在 A、B 气缸口上接管子。在型号的尾部有代替螺纹(01、02、03)的符号 C4、C6、C8、C10、C12 相对应气管外径 ϕ4mm、ϕ6mm、ϕ8mm、ϕ10mm、ϕ12mm 的快速接头。

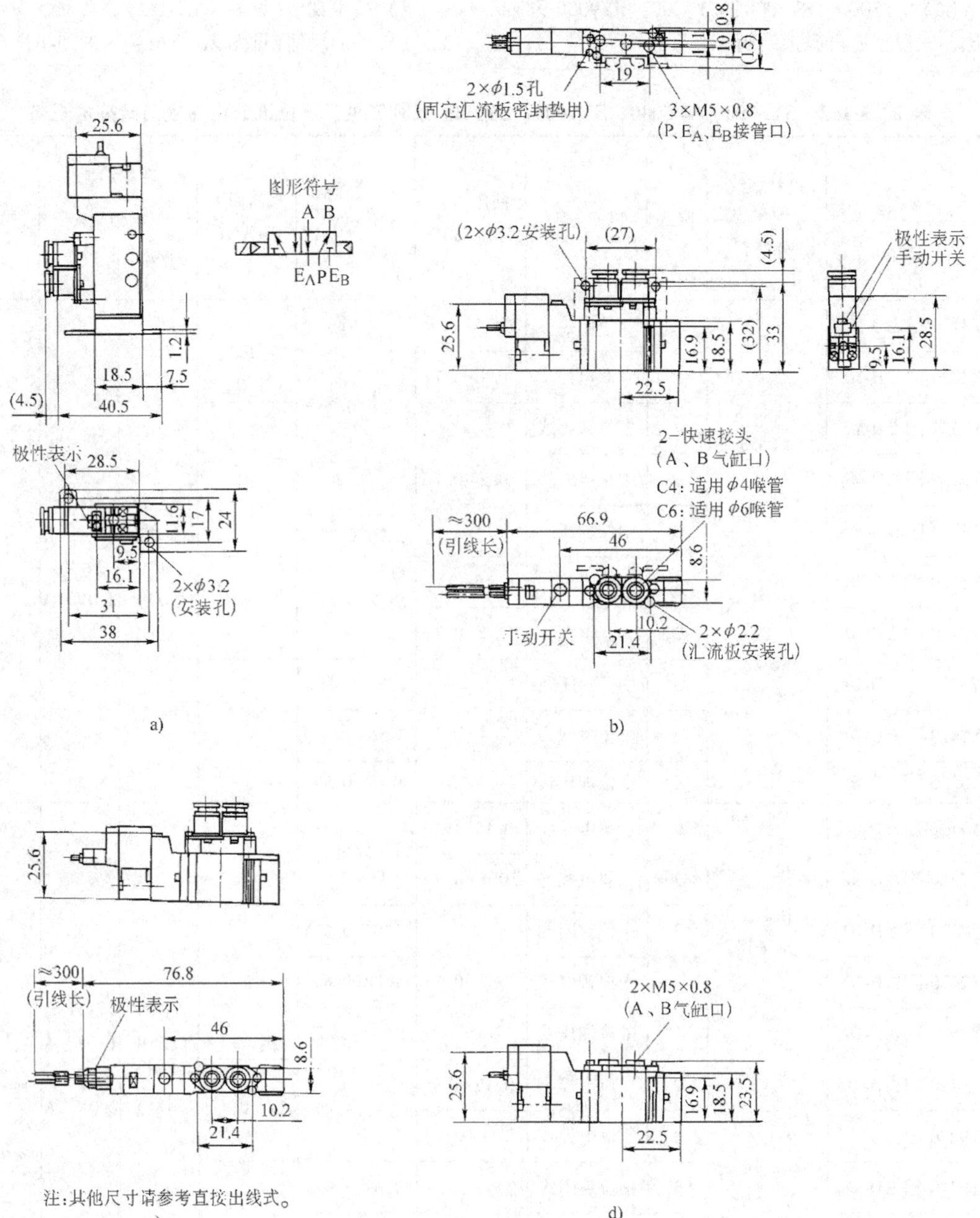

图 22.5-61　SY3000 系列二位、

a）脚架安装　SY3120-□GD-$^{C4}_{C6}$

c）L 形插座式(L)　SY3120-□LD-$^{C4}_{C6}$

e）直接出线式　SY3220-□GD-$^{C4}_{C6}$　SY3$\begin{smallmatrix}3\\4\\5\end{smallmatrix}$20-□GD-$^{C4}_{C6}$

g）螺纹配管　SY3220-□GD-□GD-M5

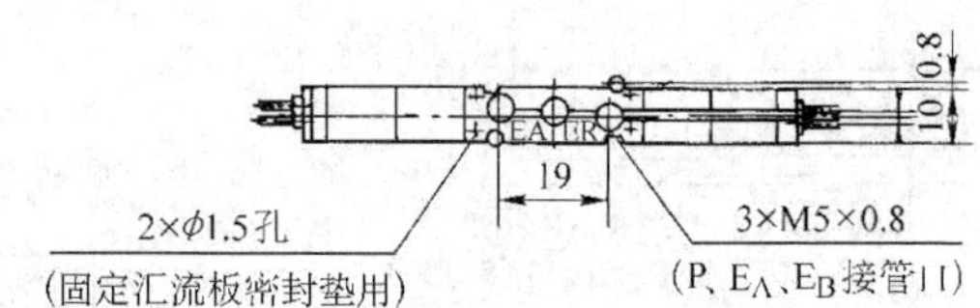

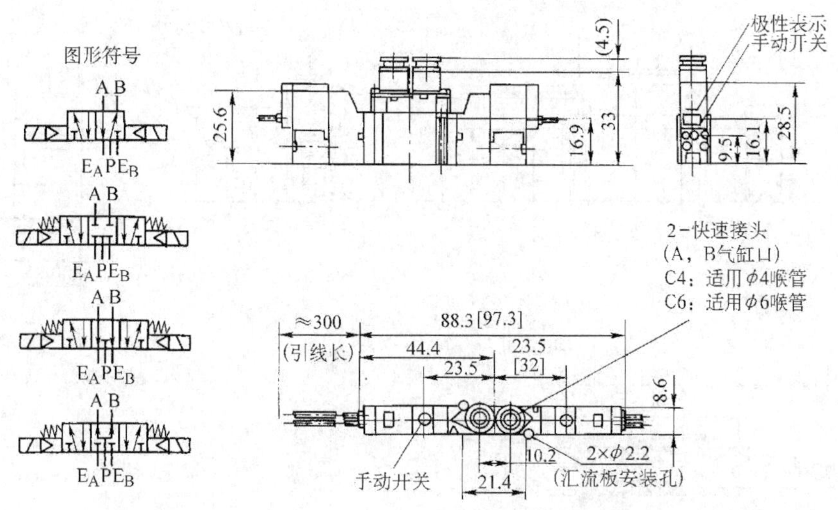

注：[ ]括弧内数值是3位阀的尺寸。

e)

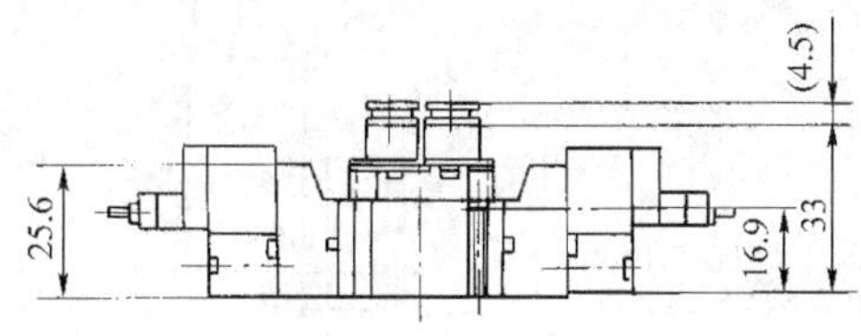

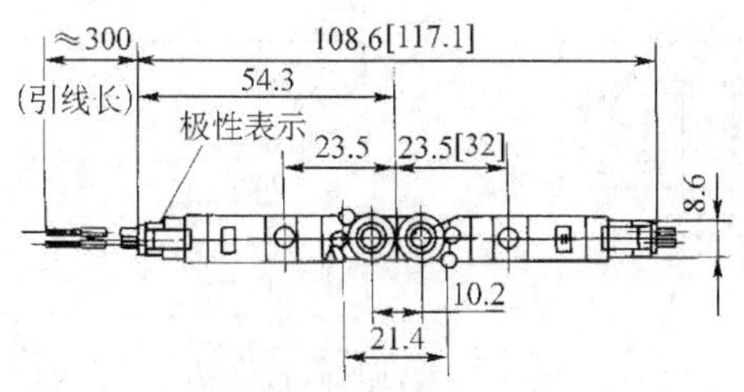

注：[ ]括弧内数值是3位阀的尺寸。

f)

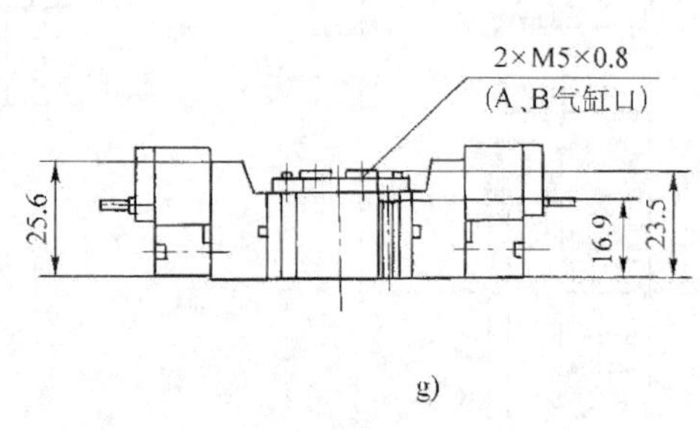

g)

三位五通单、双电控换向阀外形尺寸

b）直接出线式(G)　SY3120-□GD-$\frac{C4}{C6}$(-F2)

d）螺纹配管　SY3120-□GD-M5

f）L 形插座式　SY3220-□LD-$\frac{C4}{C6}$　SY3$\frac{3}{5}$420-□LD-$\frac{C4}{C6}$

SY3$\frac{3}{5}$420-□GD-□GD-M5

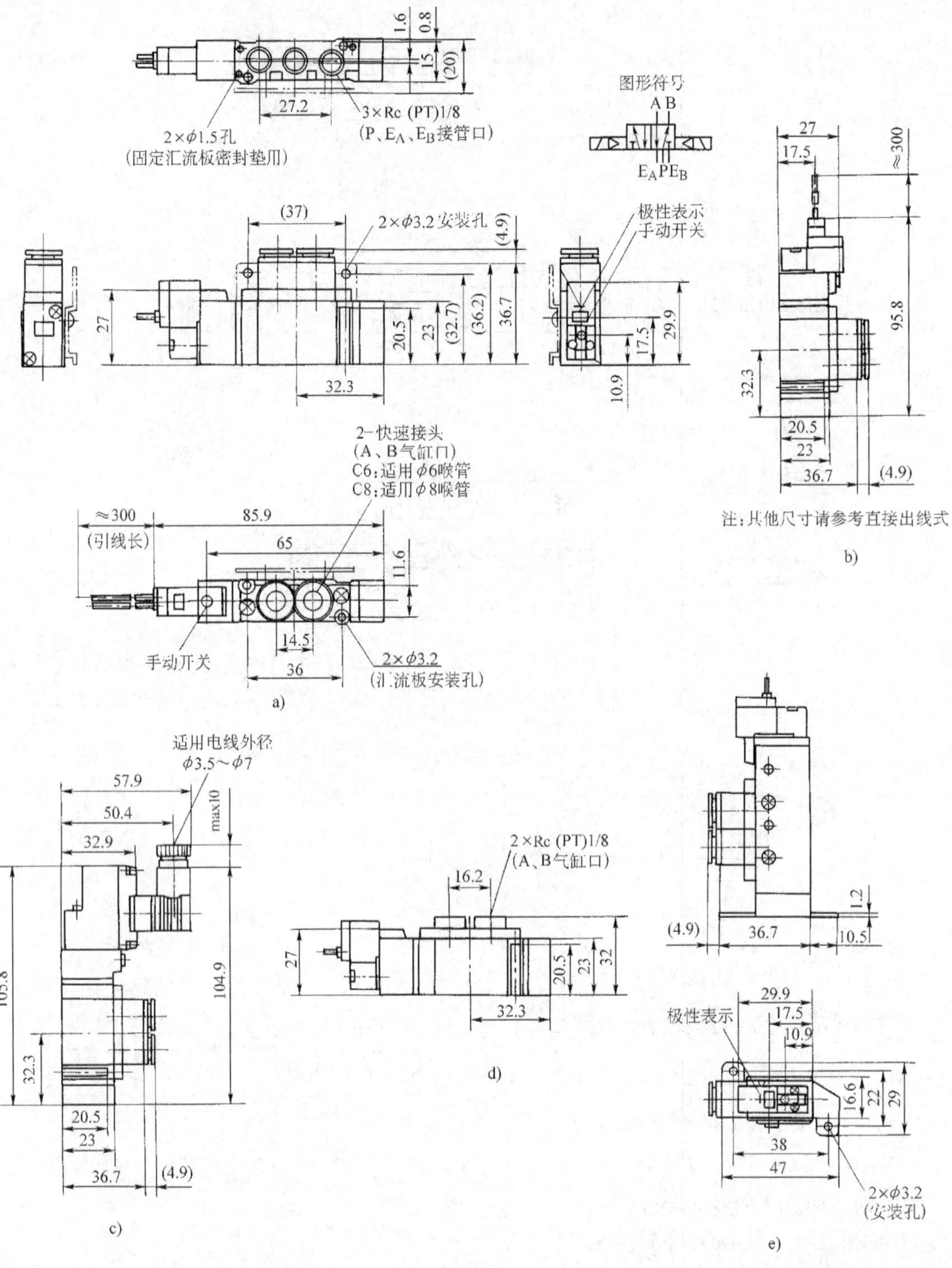

图 22.5-62　SY5000 系列二位、

a）直接出线式(G)　SY5120-□GD-$\begin{smallmatrix}C6\\C8\end{smallmatrix}$(-F2)　b）L形插座式(L)　SY5120-□LD-$\begin{smallmatrix}C6\\C8\end{smallmatrix}$　c）DIN 插座

f）直接出线式(G)　SY5220-□GD-$\begin{smallmatrix}C6\\C8\end{smallmatrix}$　SY54$\begin{smallmatrix}3\\ \\5\end{smallmatrix}$20-□GD-$\begin{smallmatrix}C6\\C8\end{smallmatrix}$　g）L形插座式(L)　SY5220-□LD-$\begin{smallmatrix}C6\\C8\end{smallmatrix}$　SY54$\begin{smallmatrix}3\\ \\5\end{smallmatrix}$20-□LD-$\begin{smallmatrix}C6\\C8\end{smallmatrix}$

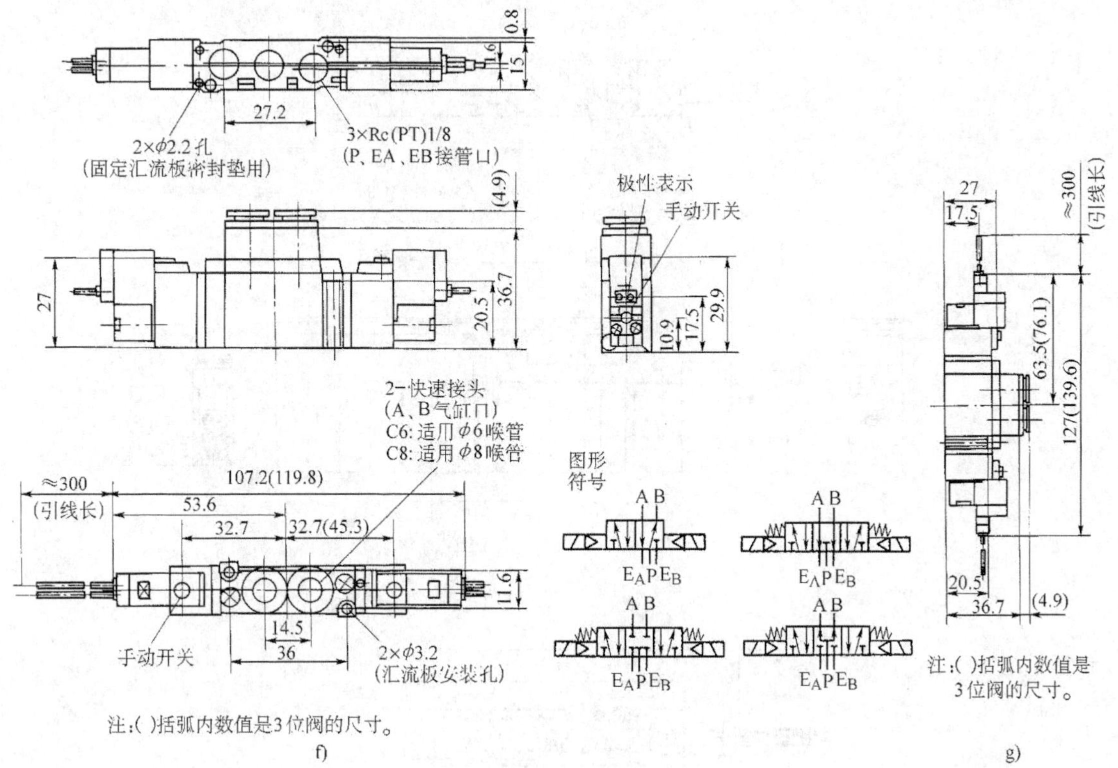

注:( )括弧内数值是3位阀的尺寸。

f)

注:( )括弧内数值是3位阀的尺寸。

g)

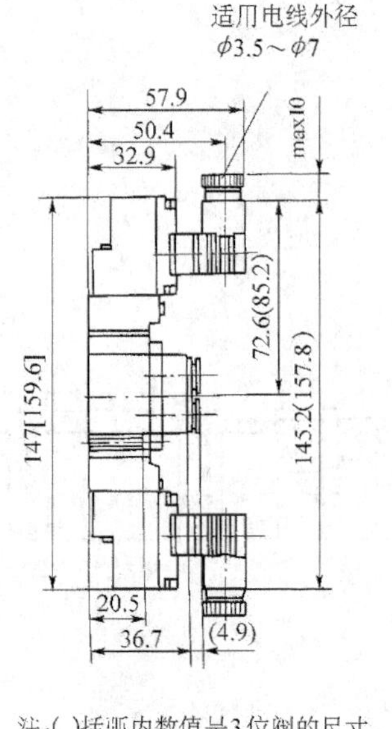

注:( )括弧内数值是3位阀的尺寸。

h)

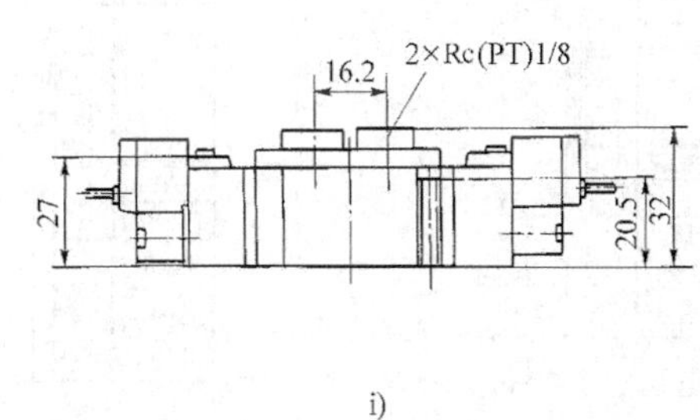

i)

三位五单、双电控换向阀外形尺寸

式(D)　SY5120-□DD-$\frac{C6}{C8}$　d）螺纹配管　SY5120-□GD-01　e）脚架安装　SY5120-□GD-$\frac{C6}{C8}$

h）DIN插座式(D)　SY5220-□DD-$\frac{C6}{C8}$　SY54220-□DD-$\frac{C6}{C8}$（3/5）　i）螺纹配管　SY5220-□GD-01　SY5420-□GD-01（3/5）

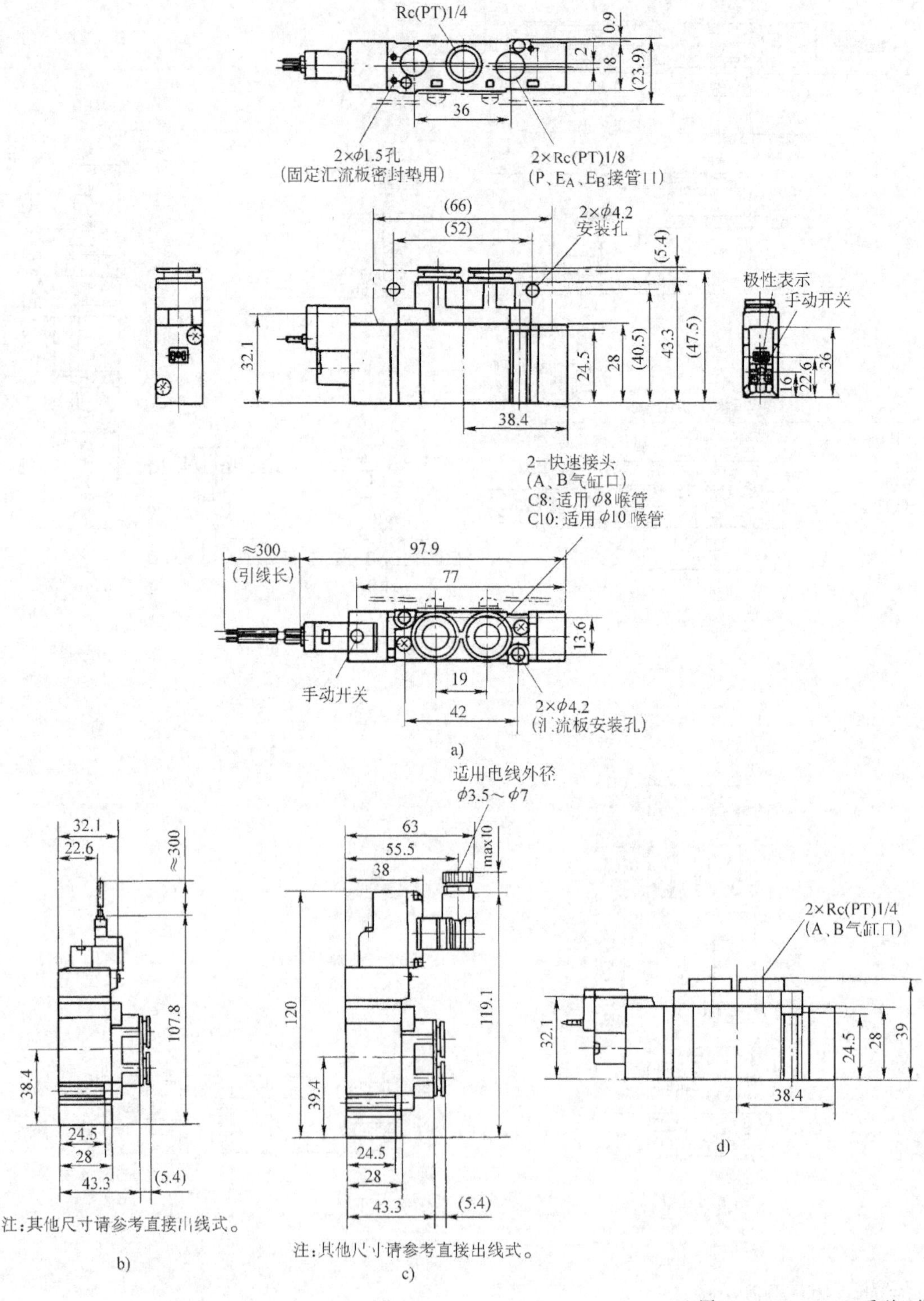

图 22.5-63　SY7000系列二位

a）直接出线式(G)　SY7120-□GD-C8/C10(-F2)　b）L形插座式(L)　SY7120-□LD-C8/C10　c）DIN插座

f）L形插座式(L)　SY7220-□LD-C8/C10　SY72420-□LD-C8/C10 (3/5)　g）DIN插座式(D)　SY7220-□DD-C8/C10　SY72420-□DD-C8/C10 (3/5)

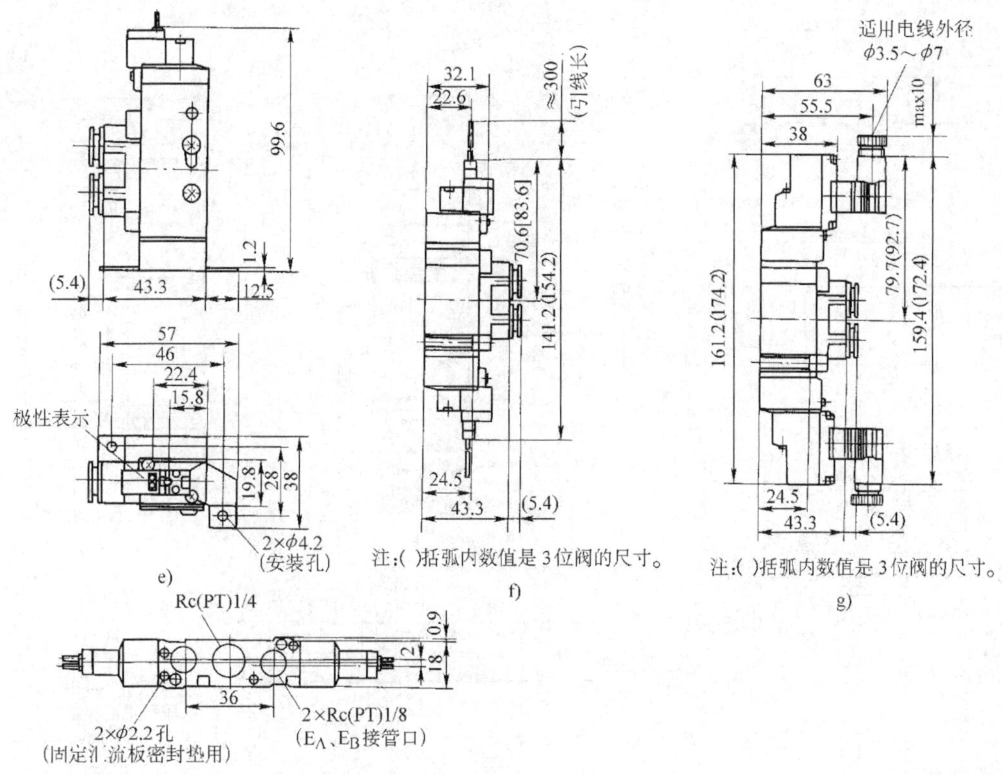

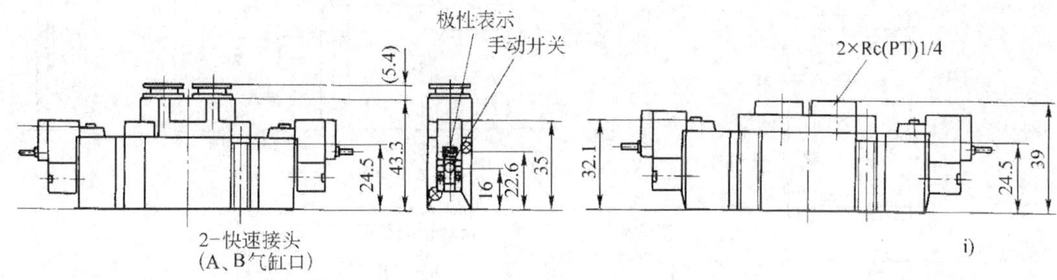

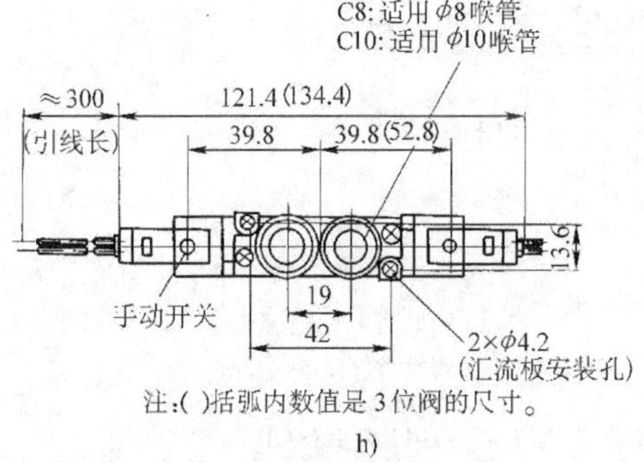

三位五通单、双电控换向阀外形尺寸

式(D)　SY7120-□DD-$\frac{C8}{C10}$　d) 螺纹配管　SY7120-□GD-02　e) 脚架安装　SY7120-□GD-$\frac{C8}{C10}$

h) 直接出线式(G)　SY7220-□GD-$\frac{C8}{C10}$　SY74$\frac{3}{5}$0-□GD-$\frac{C8}{C10}$　i) 螺纹配管　SY7220-□GD-02　SY74$\frac{3}{5}$0-□GD-02

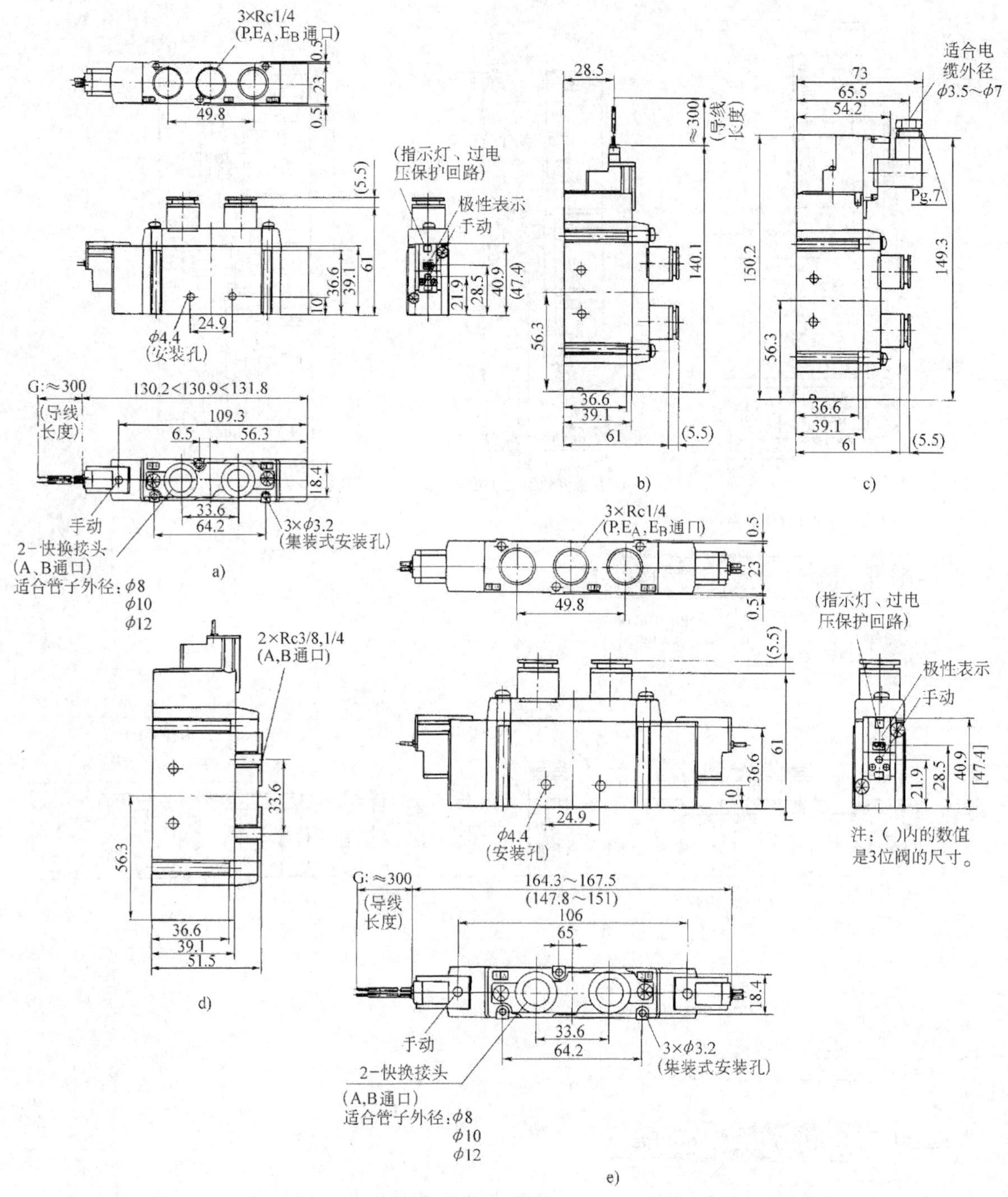

图22.5-64 SY9000系列二位、三位五通单、双电控换向阀外形尺寸

a）直接出线式(G) SY9120-□GD-C8/C10/C12 b）L形插座式(L) SY9120-□LD-C8/C10/C12

c）DIN形插座式(D) SY9120-□DD-C8/C10/C12 d）螺纹配管 SY9120-□GD-02/03

e）直接出线式 SY9220-□GD-C8/C10/C12 SY9420-□GD-C8/C10/C12 (SY9□20: 3/4/5)

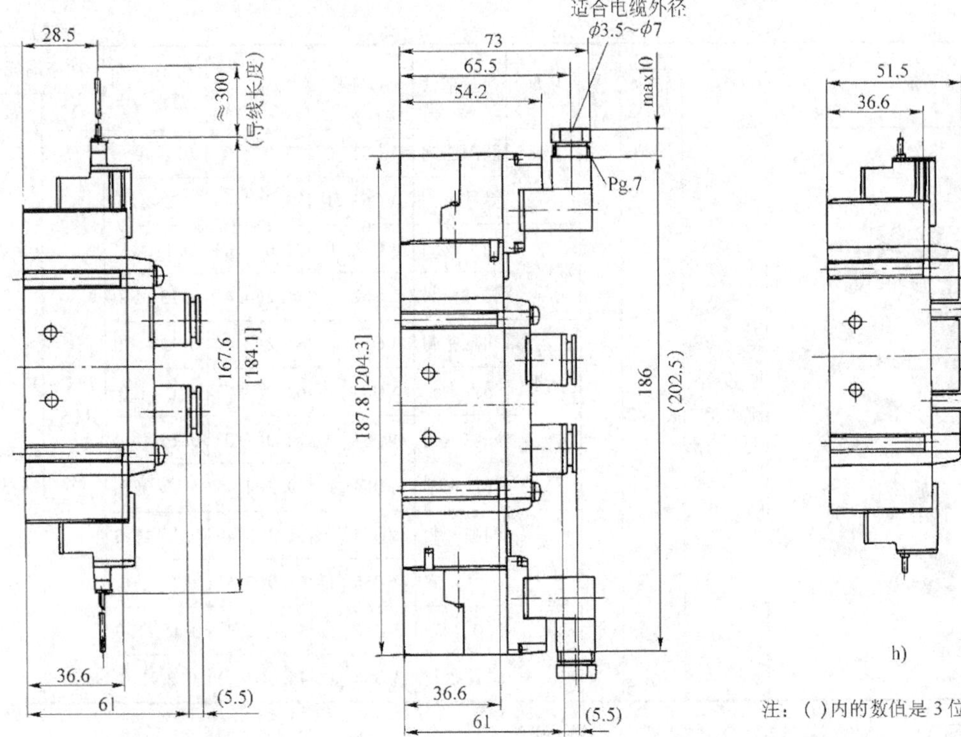

图 22.5-64　SY9000 系列二位、三位五通单、双电控换向阀外形尺寸(续)

f) L 形插座式(L)　SY9220-□LD-$\begin{smallmatrix}C8\\C10\\C12\end{smallmatrix}$　SY94$\begin{smallmatrix}3\\2\\5\end{smallmatrix}$0-□LD-$\begin{smallmatrix}C8\\C10\\C12\end{smallmatrix}$　g) DIN 形插座式(D)　SY9220-□DD-$\begin{smallmatrix}C8\\C10\\C12\end{smallmatrix}$　SY94$\begin{smallmatrix}3\\2\\5\end{smallmatrix}$0-□DD-$\begin{smallmatrix}C8\\C10\\C12\end{smallmatrix}$　h) 螺纹配管　SY9220-□GD-$\begin{smallmatrix}02\\03\end{smallmatrix}$　SY94$\begin{smallmatrix}3\\2\\5\end{smallmatrix}$0-□GD-$\begin{smallmatrix}02\\03\end{smallmatrix}$

(7) VQ4000、VQ5000 系列二位、三位五通电磁换向阀(见表 22.5-183)

(8) SYJ3000、SYJ5000、SYJ7000 系列二位、三位四通、五通电磁换向阀(见表 22.5-184)

表 22.5-183　VQ4000、VQ5000 系列二位、三位五通电磁换向阀

型号	简　图	特点	底板接管螺纹	位数	机能	密封形式	型号①	有效截面积/mm² (C_v 值)	使用压力范围/MPa	功率消耗	
										DC	AC
VQ4000	集中出线式 分别出线式	寿命长，阀身厚度小，流通能力大，功率消耗少，防灰尘	Rc1/4～Rc3/8	2 位	单电控	间隙密封	VQ41$^{0}_{5}$0	36.0(2.0)	0.15～1.0	12V、24V：0.5～1W	110V：1.2～1.3 V·A 220V：2.4～2.6 V·A
						弹性密封	VQ41$^{0}_{5}$1	39.6(2.2)	0.2～1.0		
					双电控	间隙密封	VQ42$^{0}_{5}$0	36.0(2.0)	0.15～1.0		
						弹性密封	VQ42$^{0}_{5}$1	39.6(2.2)	0.15～1.0		
				3 位	中位封闭型	间隙密封	VQ43$^{0}_{5}$0	32.4(1.8)	0.15～1.0		
						弹性密封	VQ43$^{0}_{5}$1	36.0(2.0)	0.2～1.0		
					中位泄压型	间隙密封	VQ44$^{0}_{5}$0	36.0(2.0)	0.15～1.0		
						弹性密封	VQ44$^{0}_{5}$1	39.6(2.2)	0.2～1.0		
					中位加压型	间隙密封	VQ45$^{0}_{5}$0	36.0(2.0)	0.15～1.0		
						弹性密封	VQ45$^{0}_{5}$1	39.6(2.2)	0.2～1.0		
					中位止回型	间隙密封	VQ46$^{0}_{5}$0	19.8(1.1)	0.15～1.0		
						弹性密封	VQ46$^{0}_{5}$1	21.6(1.2)	0.2～1.0		

（续）

型号	简图	特点	底板接管螺纹	位数	机能	密封形式	型号①	有效截面积/mm^2（C_v值）	使用压力范围/MPa	功率消耗 DC	功率消耗 AC
VQ5000	集中出线式 分别出线式	寿命长，阀身厚度小，流通能力大，功率消耗少，防灰尘	Rc1/2	2位	单电控	间隙密封	VQ51$^{0}_{5}$0	72.0(4.0)	0.1~1.0	12V、24V：0.5~1W	110V：1.2~1.3V·A 220V：2.4~2.6V·A
						弹性密封	VQ51$^{0}_{5}$1	79.2(4.4)	0.2~1.0		
					双电控	间隙密封	VQ52$^{0}_{5}$0	72.0(4.0)	0.1~1.0		
						弹性密封	VQ52$^{0}_{5}$1	79.2(4.4)	0.15~1.0		
				3位	中位封闭型	间隙密封	VQ53$^{0}_{5}$0	61.2(3.4)	0.15~1.0		
						弹性密封	VQ53$^{0}_{5}$1	63.0(3.5)	0.2~1.0		
					中位泄压型	间隙密封	VQ54$^{0}_{5}$0	72.0(4.0)	0.15~1.0		
						弹性密封	VQ54$^{0}_{5}$1	79.2(4.4)	0.2~1.0		
					中位加压型	间隙密封	VQ55$^{0}_{5}$0	61.2(3.4)	0.15~1.0		
						弹性密封	VQ55$^{0}_{5}$1	63.0(3.5)	0.2~1.0		
					中位止回型	间隙密封	VQ56$^{0}_{5}$0	41.4(2.3)	0.15~1.0		
						弹性密封	VQ56$^{0}_{5}$1	45.0(2.5)	0.2~1.0		

① VQ$^{4}_{5}$□△中，△为阀体形式：0—插入式；5—插头引线式。

表 22.5-184 SYJ3000、SYJ5000、SYJ7000 系列二位、三位四通、五通电磁换向阀

简图	特点	型号	配管形式	位数	机能	接管螺纹	有效截面积/mm^2（C_v值）	气控阀
直接配管型	紧凑，阀宽10mm，低功率（0.5W），白色阀体	SYJ312□	五通直接配管型	2	单电控	M3×0.5mm	0.9(0.05)	有
		SYJ322□			双电控			
		SYJ332□		3	中封式			
		SYJ342□			中泄式			
		SYJ352□			中压式			
底板配管型		SYJ314□	五通底板配管型（带底板）	2	单电控	M5×0.8mm	1.8(0.1)	有
		SYJ324□			双电控			
		SYJ334□		3	中封式			
		SYJ344□			中泄式			
		SYJ354□			中压式			
集装型		SYJ313□	四通底板配管型（集装式专用）	2	单电控	—	1.2(0.067)①	有
		SYJ323□			双电控			
		SYJ333□		3	中封式			
		SYJ343□			中泄式			
		SYJ353□			中压式			

（续）

简　图	特点	型号	配管形式	位数	机能	接管螺纹	有效截面积/mm^2(C_v 值)	气控阀
直接配管型 底板配管型 集装型	紧凑，阀宽 10mm，低功率（0.5W），白色阀体	SYJ5120	五通直接配管型	2	单电控	M5×0.8mm②	3.6(0.2)	有
		SYJ5220			双电控			
		SYJ5320		3	中封式		3.2(0.18)	
		SYJ5420			中泄式		3.6(0.2)③	
		SYJ5520			中压式		4.0(0.22)③	
		SYJ5140	五通底板配管型	2	单电控	Rc(PT)1/8	4.5(0.25)	有
		SYJ5240			双电控			
		SYJ5340		3	中封式		3.4(0.19)	
		SYJ5440			中泄式		4.5(0.25)③	
		SYJ5540			中压式		5.3(0.29)③	
		SYJ7120	五通直接配管型	2	单电控	Rc(PT)1/8④	11(0.6)	有
		SYJ7220			双电控			
		SYJ7320		3	中封式		8.5(0.47)	
		SYJ7420			中泄式		9(0.5)③	
		SYJ7520			中压式		13.5(0.75)③	
		SYJ7140	五通底板配管型	2	单电控	Rc(PT)1/8 Rc(PT)1/4	12.6(0.7)	有
		SYJ7240			双电控			
		SYJ7340		3	中封式		8.5(0.47)	
		SYJ7440			中泄式		9(0.5)③	
		SYJ7540			中压式		13.5(0.75)③	

注：线圈额定电压——DC：24V、12V、6V、5V、3V；AC：100V、110V、200V、220V。出线方式——直接出线式，L 形插座式，M 形插座式。

① 安装在集装板上，A、B 配管口径为 M5 时的值。

② A、B 配管口径尚有 C4、C6，P、R 通口为 M5×0.8mm。

③ 指 P→A、B 时的值。

④ A、B 配管口径尚有 C6、C8，P、R 通口为 Rc(PT)1/8。

（9）VF1000、VF3000、VF5000 系列二位四通、三位五通电磁换向阀（见表 22.5-185）

（10）VFS4000、VFS5000 系列二位、三位五通电磁换向阀（见表 22.5-186）

表 22.5-185　VF1000、VF3000、VF5000 系列二位四通、三位五通电磁换向阀（弹性密封）

简　图

（续）

特点	型号		动作方式	接管螺纹	位数	机能	有效截面积 /mm^2(C_v值)	使用压力 /MPa	视在功率 /V·A (50Hz)	气控阀
低消耗功率1.8W(DC) 先导阀和主阀集中排气，无需考虑先导阀的排气	直接配管型	VF1120	先导式	E_A、E_B为Rc1/8	2	单电控	2.7(0.15)	0.15~0.9	3.4	有
		VF1220				双电控		0.1~0.9		
		VF3130	先导式	Rc1/8、1/4	2	单电控	1/8：14.4(0.8) 1/4：18(1)	0.15~0.9	3.4	有
		VF3230				双电控		0.1~0.9		
		VF3330			3	中位封闭型	1/8：14.4(0.8)	0.15~0.9		
		VF3430				中位排气型	1/4：18(1)			
		VF3530				中位加压型	1/4：16.2(0.9)			
		VF5120	先导式	Rc1/4、3/8	2	单电控	1/4：34.2(1.9) 3/8：45(2.5)	0.15~0.9	3.4	有
		VF5220				双电控		0.1~0.9		
		VF5320			3	中位封闭型	1/4：30.6(1.7) 3/8：36(2.0)	0.15~0.9		
		VF5420				中位排气型	1/4：32.4(1.8) 3/8：41.4(2.3)			
		VF5520				中位加压型	3/8：36(2.0)			
	底板配管型(带底板)	VF3140	先导式	Rc1/4、3/8	2	单电控	1/4：16(0.9) 3/8：18 (1.0)	0.15~0.9	3.4	有
		VF3240				双电控		0.1~0.9		
		VF3340			2	中位封闭型	1/4：12.5(0.7) 3/8：14.5(0.8)	0.15~0.9		
		VF3440				中位排气型	1/4：16(0.9) 3/8：18(1.0)			
		VF3540				中位加压型	1/4：12.7(0.7) 3/8：13.3(0.75)			
		VF5144	先导式	Rc1/4、3/8、1/2	2	单电控	1/4：34.2(1.9) 3/8：45(2.5) 1/2：52(2.9)	0.15~0.9	3.4	有
		VF5244				双电控		0.1~0.9		
		VF5344			3	中位封闭型	1/4：33(1.8) 3/8：34(1.9) 1/2：38(2.1)	0.15~0.9		
		VF5444				中位排气型	1/4：36(2.0) 3/8：39(2.2) 1/2：44(2.4)			
		VF5544				中位加压型	1/4：33.3(1.85) 3/8：36(2.0) 1/2：39.6(2.2)			

注：1. 标准线圈额定电压——AC：100V、200V(50/60Hz)；DC：24V。

2. 出线方式——直接出线式、直接出线插座式、导管插座式、DIN插座式。

表 22.5-186　VFS4000、VFS5000 系列二位、三位五通电磁换向阀(间隙密封/插入式、非插入式)

简　图	系列	位数	机　能	型号		接管螺纹/in①	有效截面积/mm^2(C_v 值)	使用压力/MPa	功率消耗	
				插入式	非插入式				W (DC)	V·A (AC)
	VFS4000	2	单电控	VFS4100	VFS4110	3/8	59.4(3.3)	0.1~1.0	1.8	起动：5.6 保持：3.4
						1/2	64.8(3.6)			
			双电控	VFS4200	VFS4210	3/8	59.4(3.3)			
						1/2	64.8(3.6)			
		3	中位封闭型	VFS4300	VFS4310	3/8	50.4(2.8)	0.15~1.0		
						1/2	54.0(3.0)			
			中位排气型	VFS4400	VFS4410	3/8	50.4(2.8)			
						1/2	54.0(3.0)			
			中位加压型	VFS4500	VFS4510	3/8	57.6(3.2)			
						1/2	61.2(3.4)			
			中位止回型	VFS4600	VFS4610	3/8	30.2(1.7)			
						1/2	32.4(1.8)			
	VFS5000	2	单电控	VFS5100	VFS5110	3/8	78.7(4.4)	0.1~1.0		
						1/2	97.2(5.4)			
						3/4	102.6(5.7)			
			双电控	VFS5200	VFS5210	3/8	78.7(4.4)			
						1/2	97.2(5.4)			
						3/4	102.6(5.7)			
		3	中位封闭型	VFS5300	VFS5310	3/8	67.1(3.7)			
						1/2	82.8(4.6)			
						3/4	86.4(4.8)			
			中位排气型	VFS5400	VFS5410	3/8	70.0(3.9)			
						1/2	86.4(4.8)			
						3/4	90.0(5.0)			
			中位加压型	VFS5500	VFS5510	3/8	70.0(3.9)			
						1/2	86.4(4.8)			
						3/4	88.2(4.9)			
			中位止回型	VFS5600	VFS5610	3/8	39.4(2.2)			
						1/2	48.6(2.7)			
						3/4	50.4(2.8)			

注：1. 标准线圈额定电压——AC：100V、200V(50/60Hz)；DC：24V。

2. 出线方式——导管插座式(插入式)、DIN 插座式、直接出线插座式(非插入式)。

① 1in=25.4mm。

(11) VFR 系列二位、三位五通单、双电控换向阀(见表 22.5-187)

(12) 50VFE 系列二位、三位五通先导式防爆型电磁换向阀(见表 22.5-188)

表 22.5-187 VFR 系列二位、三位五通单、双电控换向阀(弹性密封型/插入式、非插入式)

简图	系列	位数	机能	插入式	非插入式	配管口径 Rc(PT)	有效截面积/mm^2 (C_v 值)	使用压力/MPa	功率消耗 W (DC)	功率消耗 V·A (AC)
	VFR 2000	2	单电控	VFR2100	VFR2110	1/8	13.0(0.72)	0.2~0.9	24V：1.8	220V、60Hz 起动：5 保持：2.3
						1/4				
			双电控	VFR2200	VFR2210	1/8	13.0(0.72)	0.1~0.9		
						1/4				
		3	中位封闭型	VFR2300	VFR2310	1/8	7.4(0.41)	0.2~0.9		
						1/4				
			中位排气型	VFR2400	VFR2410	1/8	5.4(0.3)			
						1/4				
			中位加压型	VFR2500	VFR2510	1/8	13.2(0.73)			
						1/4				
	VFR 3000	2	单电控	VFR3100	VFR3110	1/4	37.8(2.1)	0.2~0.9		
						3/8	41.4(2.3)			
			双电控	VFR3200	VFR3210	1/4	37.8(2.1)	0.1~0.9		
						3/8	41.4(2.3)			
		3	中位封闭型	VFR3300	VFR3310	1/4	34.2(1.9)	0.2~0.9		
						3/8	36(2.0)			
			中位排气型	VFR3400	VFR3410	1/4	34.2(1.9)			
						3/8	36(2.0)			
			中位加压型	VFR3500	VFR3510	1/4	39.6(2.2)			
						3/8	41.4(2.3)			
	VFR 4000	2	单电控	VFR4100	VFR4110	3/8	65(3.6)	0.2~0.9		
						1/2	67(3.7)			
			双电控	VFR4200	VFR4210	3/8	65(3.6)	0.1~0.9		
						1/2	67(3.7)			
		3	中位封闭型	VFR4300	VFR4310	3/8	57.6(3.2)	0.2~0.9		
						1/2				
			中位排气型	VFR4400	VFR4410	3/8	51(2.8)			
						1/2				
			中位加压型	VFR4500	VFR4510	3/8	65(3.6)			
						1/2				

（续）

简图	系列	位数	机能	插入式	非插入式	配管口径 Rc(PT)	有效截面积/mm^2 (C_v 值)	使用压力/MPa	功率消耗	
									W (DC)	V·A (AC)
	VFR 5000	2	单电控	VFR5100	VFR5110	3/8	72(4.0)	0.2~0.9	24V：1.8	220V、60Hz 起动：5 保持：2.3
						1/2	88.2(4.9)			
						3/4	90(5.0)			
			双电控	VFR5200	VFR5210	3/8	72(4.0)	0.1~0.9		
						1/2	88.2(4.9)			
						3/4	90(5.0)			
		3	中位封闭型	VFR5300	VFR5310	3/8	72(4.0)	0.2~0.9		
						1/2	82.8(4.6)			
						3/4	86.4(4.8)			
			中位排气型	VFR5400	VFR5410	3/8	72(4.0)			
						1/2	81(4.5)			
						3/4	84.6(4.7)			
			中位加压型	VFR5500	VFR5510	3/8	75.6(4.2)			
						1/2	90(5.0)			
						3/4	93.6(5.2)			
	VFR 6000	2	单电控	VFR6100	VFR6110	3/4	171(9.5)	0.2~0.9		
						1	191(10.6)			
			双电控	VFR6200	VFR6210	3/4	171(9.5)	0.1~0.9		
						1	191(10.6)			
		3	中位封闭型	VFR6300	VFR6310	3/4	169(9.4)	0.2~0.9		
						1	180(10.0)			
			中位排气型	VFR6400	VFR6410	3/4	166(9.2)			
						1	178(9.9)			
			中位加压型	VFR6500	VFR6510	3/4	167(9.3)			
						1	183(10.2)			

注：1. 标准线圈额定电压——AC：100V、200V(50/60Hz)；DC：24V。

2. 出线方式——导管插座式(插入式)、直接出线式、导管插座式、L 形插座式、M 形插座式、DIN 插座式、直接出线插座式(非插入式)。

表 22.5-188 50VFE 系列二位、三位五通先导式防爆型电磁换向阀(直接配管型)

简图	特点	型号	机能		接管螺纹②	有效截面积①/mm²(C_v 值)			使用压力范围/MPa
						Rc(PT)1/8	Rc(PT)1/4	Rc(PT)3/8	
	流通能力大，功率消耗小，符合IEC 国际标准，主阀和先导阀集中排气	50-VFE3130-□□-$^{01}_{02}$	2位	单电控	Rc(PT)1/8 Rc(PT)1/4	14.4(0.8)	18(1.0)	—	2位单电控3位阀：0.15~0.9 2位双电控：0.1~0.9
		50-VFE3230-□□-$^{01}_{02}$		双电控		14.4(0.8)	18(1.0)	—	
		50-VFE3330-□□-$^{01}_{02}$	3位	中封式		11.7(0.65)	14.4(0.8)	—	
		50-VFE3430-□□-$^{01}_{02}$		中泄式		14.4(0.8)	18(1.0)	—	
		50-VFE3530-□□-$^{01}_{02}$		中压式		14.4(0.8) 9.9(0.53)①	16.2(0.9) 10.8(0.6)①	—	
		50-VFE5120-□□-$^{02}_{03}$	2位	单电控	Rc(PT)1/4 Rc(PT)3/8	—	34.2(1.9)	45(2.5)	
		50-VFE5220-□□-$^{02}_{03}$		双电控		—	34.2(1.9)	45(2.5)	
		50-VFE5320-□□-$^{02}_{03}$	3位	中封式		—	30.6(1.7)	36(2.0)	
		50-VFE5420-□□-$^{02}_{03}$		中泄式		—	32.4(1.8)	41.4(2.3)	
		50-VFE5520-□□-$^{02}_{03}$		中压式		—	36(2.0) 14.8(0.8)①	36(2.0) 15.3(0.85)①	

注：标准线圈额定电压——24V(DC)；100V、200V(AC)。

① 指 P→A、B 通路。

② 50-VFE3□30 的排气口(R_1、R_2)为 Rc(PT)1/8。

2.2.3 SMC 流量控制阀

(1) AS 系列调速阀(见表 22.5-189~表 22.5-192)

表 22.5-189 AS 系列带快换接头(直通型)调速阀

简图	型号	适合配管外径/mm						流量(标准状态)/L·min⁻¹	针阀调节圈数	适用缸径/mm
		3.2	4	6	8	10	12			
	AS1001F	○	○	○	—	—	—	ϕ3.2、ϕ4、ϕ6：100	8	6、10、15、20
	AS2001F	—	○	○	—	—	—	ϕ4：130 ϕ6：230	10	20、25、32
	AS2051F	—	—	○	○	—	—	ϕ6：290 ϕ8：460	10	20、25、32、40
	AS3001F	—	—	○	○	○	○	ϕ6：420、ϕ8：660 ϕ10、ϕ12：920	10	40、50、63
	AS4001F	—	—	—	—	○	○	ϕ10：1050 ϕ12：1390	10	63、80、100

表 22.5-190　AS 系列直接安装型与直接配管型调速阀

简　图	形式	型号	接管螺纹	流量(标准状态)/L·min^{-1}	针阀调节圈数	适用缸径/mm
AS1200-M5　AS2200	直接安装型(金属弯头型)	AS1200-M3	M3×0.5mm	20/20	10	2.5、4、6
		AS1400-M3				
		AS12□0-M5	M5×0.8mm	105/105	8	6、10、15、20、25
		AS22□0-01	Rc1/8	230	10	20、25、32、40
		AS22□0-02	Rc1/4	460		
		AS32□0-03	Rc3/8	920		32、40、50、63
		AS42□0-04	Rc1/2	1700/1700		80、100
AS3000　AS2000　AS1000-M5	直接配管型(金属阀体)	AS1000-M3	M3×0.5mm	20/20	8	2.5、4、6
		AS1000-M5	M5×0.8mm	90/80	10	6、10、15、20、25
		AS2000-	Rc1/8、1/4	340/250	8	20、25、32、40
		AS3000-	Rc1/4、3/8	810/810		32、40、50、63
		AS3500-	Rc1/4、3/8	810/810		40、50、63
		AS4000-□	Rc1/4、3/8、1/2	1670/1670		40、50、63、80、100
		AS5000-02	Rc1/4	2840/2840		40、50、63、80、100
		AS5000-	Rc3/8、1/2	4270/4270		

表 22.5-191　AS 系列直接配管型(大流量、金属阀体)调速阀

简　图	型号	接管螺纹 Rc(PT)	流量(标准状态)/L·min^{-1}	针阀调节圈数	适用缸径/mm
AS900　AS800　AS600　AS420　AS500	AS420-02	1/4	2500/3600	10	63、80、100、125
	AS420-03	3/8	5000/4800	10	
	AS420-04	1/2	6600/6700	10	140、160、180、200
	AS500-06	3/4	10100/8100	10	160、180、200、250
	AS600-10	1	15100/16900	10	300
	AS800-12	1¼	35400/38500	12	
	AS900-14	1½	52000/47500	12	
	AS900-20	2	57800/60800	12	

表 22.5-192　AS 系列带快速接头型调速阀(弯头型、万向型)

简　图	型号		接管螺纹	流量(标准状态)/L·min^{-1}	适合配管外径/mm						适用缸径/mm
	弯头型	万向型①			3.2	4	6	8	10	12	
弯头型　万向型	AS12□1F-M3	AS13□1F-M3	M3×0.5	ϕ3.2、ϕ4：20	○	○	—	—	—	—	2.5、4、6
	AS12□1F-M5	AS13□1F-M5	M5×0.8	ϕ3.2、ϕ4、ϕ6：100	○	○	○	—	—	—	6、10、15、20
	AS22□1F-01	AS23□1F-01	Rc1/8	ϕ3.2、ϕ4：180 ϕ6、ϕ8、ϕ10：230	○	○	○	○	○	—	20、25、32
	AS22□1F-02	AS23□1F-02	Rc1/4	ϕ4：260/ϕ6：390 ϕ8、ϕ10：460	—	○	○	○	○	—	20、25、32、40
	AS32□1F-03	AS33□1F-03	Rc3/8	ϕ6：660/ϕ8：790 ϕ10、ϕ12：920	—	—	○	○	○	○	40、50、63
	AS42□1F-04	AS43□1F-04	Rc1/2	ϕ10：1580 ϕ12：1710	—	—	—	—	○	○	63、80、100

① 插入的软管入口可自由转动 360°。

（2）AS-E/AS-FE 系列带残压释放阀的调速阀（见表22.5-193、表22.5-194）

（3）AS-FM 系列低速控制用调速阀（见表22.5-195）

（4）ASP 系列带先导式单向阀的调速阀（见表22.5-196）

表 22.5-193 AS-E/AS-FE 系列直通型（金属阀体）带残压释放阀的调速阀

简　图	型　号	配管螺纹	流量（标准状态）/L·min^{-1}	针阀调节圈数	适用缸径/mm
	AS2000E-01	Rc（PT）1/8	340/250	8	20、25、32、40
	AS2000E-02	Rc（PT）1/4			
	AS3000E-02	Rc（PT）1/4	810/810		32、40、50、63
	AS3000E-03	Rc（PT）3/8			
	AS4000E-02	Rc（PT）1/4	1670/1670		40、50、63、80、100
	AS4000E-03	Rc（PT）3/8			
	AS4000E-04	Rc（PT）1/2			

表 22.5-194 AS-E/AS-FE 系列带快速接头、有残压释放阀的调速阀（弯头型、万向型）

简　图	型　号		接管螺纹	流量/L·min^{-1}（ANR）自由/控制	适合配管外径/mm					适用缸径/mm
	弯头型	万向型②			4	6	8	10	12	
带快换接头	AS22□1FE-01	AS23□1FE-01	R（PT）1/8	ϕ4：180 ϕ6、ϕ8、ϕ10：230	○	○	○	○①	—	20、25、32
	AS22□1FE-02	AS23□1FE-02	R（PT）1/4	ϕ4：260 ϕ6：390 ϕ8、ϕ10：460	○	○	○	○	—	20、25、32、40
	AS22□1FE-03	AS23□1FE-03	R（PT）3/8	ϕ6：660 ϕ8：790 ϕ10、ϕ12：920	—	○	○	○	○	40、50、63
	AS22□1FE-04	AS23□1FE-04	R（PT）1/2	ϕ10：1580 ϕ12：1710	—	—	—	○	○	63、80、100

① 仅对弯头型。

② 插入的软管入口可自由转动360°。

表 22.5-195 AS-FM 系列带快换接头型低速控制用调速阀（弯头型、万向型）

简　图	型　号		接管螺纹	流量（标准状态）/L·min^{-1}	适合配管外径/mm					适用缸径①/mm	针阀调节圈数
	弯头型	万向型			3.2	4	6	8	10		
	AS12□1FM-M5	AS13□1FM-M5	M5×0.8	100/7	○	○	○	—	—		20
	AS22□1FM-01	AS23□1FM-01	R（PT）1/8	ϕ3.2、ϕ4：180/12 ϕ6、ϕ8：230/12	○	○	○	○	—	20、25、32	10
	AS22□1FM-02	AS23□1FM-02	R（PT）1/4	ϕ4：260/38 ϕ6：390/38 ϕ8、ϕ10：460/38	—	○	○	○	○	20、25 32、40	

① 适合气缸低速（10~50mm/s）情况下使用。

表 22.5-196　ASP 系列带先导式单向阀的调速阀

简图	用途	型号	接管螺纹	先导口接管螺纹	适合配管外径/mm				流量(标准状态)/L·min^{-1}
					6	8	10	12	
	用于气缸的中停和速度控制	ASP330F-01	R(PT)1/8	M5×0.8mm	○	○	—	—	180
		ASP430F-02	R(PT)1/4	Rc(PT)1/8	○	○	—	—	330/350
		ASP530F-03	R(PT)3/8	Rc(PT)1/8	—	○	○	—	600/750
		ASP630F-04	R(PT)1/2	Rc(PT)1/4	—	—	○	○	1100/1190
		ASP430F-F02	R(PT)1/4	G(PF)1/8	○	○	—	—	330/350
		ASP530F-F03	R(PT)3/8	G(PF)1/8	—	○	○	—	600/750
		ASP630F-F04	R(PT)1/2	G(PF)1/8	—	—	○	○	1100/1190

(5) ASD-F 系列双向调速阀(见表 22.5-197)

表 22.5-197　ASD-F 系列双向调速阀(带快换接头、万向型)

简图	特点	型号	接管螺纹	流量/L·min^{-1}(标准状态)	适合配管外径/mm					适用缸径/mm	针阀调节圈数
					4	6	8	10	12		
	两个方向都可控制流量	ASD230F-M5	M5×0.8mm	75	○	○	—	—	—	6、10、16、20	8
		ASD330F-01	R(PT)1/8	175	—	○	○	—	—	20、25、32	10
		ASD430F-02	R(PT)1/4	ϕ6：295 ϕ8、ϕ10：350	—	○	○	—	—	20、25、32、40	
		ASD530F-02	R(PT)1/4	ϕ6：500 ϕ8：600 ϕ10、ϕ12：700	—	○	○	○	○	20、25、32、40	
		ASD530F-03	R(PT)3/8							40、50、63	
		ASD630F-04	R(PT)1/2	ϕ10：1200 ϕ12：1300	—	—	—	○	○	63、80、100	

(6) ASV 系列快速调速阀(见表 22.5-198)

表 22.5-198　ASV 系列含有快速排气阀、排气节流阀(及消声器)的快速调速阀

简图	特点	型号	接管螺纹	适合配管口径/mm					有效截面积/mm^2		针阀调节圈数
				4	6	8	10	12	IN→OUT	OUT→EXH	
	可用于气缸的高速驱动，能够获得约 2 倍的有效截面积(与普通调速阀相比较)，内藏消声器/快换接头，标准型为难燃性树脂阀体(UL 规格 V-0)	ASV120F-M3	M3×0.5mm	○	—	—	—	—	0.3	0.3	10
		ASV220F-M5	M5×0.8mm	○	○	—	—	—	1.3	1.3	8
		ASV310F-01	R(PT)1/8	—	○	○	—	—	7	8	12
		ASV310F-02	R(PT)1/4	—	○	○	—	—	7	8	
		ASV410F-01	R(PT)1/8	—	—	○	○	—	13.5	14	
		ASV410F-02	R(PT)1/4	—	—	○	○	—	13.5	14	
		ASV410F-03	R(PT)3/8	—	—	○	○	—	13.5	14	
		ASV510F-02	R(PT)1/4	—	—	—	○	○	23	27	15
		ASV510F-03	R(PT)3/8	—	—	—	○	○	27	29	
		ASV510F-04	R(PT)1/2	—	—	—	○	○	27	29	

(7) ASN2系列带消声器的排气节流阀(见表22.5-199)

表22.5-199 ASN2系列带消声器的排气节流阀

<table>
<tr><th>简图</th><th>用途</th><th>型号</th><th>接管螺纹</th><th>有效截面积/mm²</th><th>使用压力/MPa</th><th>针阀调节圈数</th></tr>
<tr><td rowspan="5"></td><td rowspan="5">安装在电磁阀的排气口，进行执行元件的速度控制及消除排气噪声</td><td>ASN2-M5</td><td>M5×0.5mm</td><td>1.8</td><td rowspan="5">0~1.0</td><td>8</td></tr>
<tr><td>ASN2-01</td><td>R1/8</td><td>3.6</td><td rowspan="4">10</td></tr>
<tr><td>ASN2-02</td><td>R1/4</td><td>6.5</td></tr>
<tr><td>ASN2-03</td><td>R3/8</td><td>16.6</td></tr>
<tr><td>ASN2-04</td><td>R1/2</td><td>24.5</td></tr>
</table>

第 6 章　气动控制系统

气动控制系统是由电气信号处理部分和气动功率输出部分所组成的闭环控制系统。

气动比例、伺服控制系统与液压比例、伺服控制系统比较有如下特点：

1）能源产生和能量储存简单。

2）体积小、质量小。

3）温度变化对气动比例、伺服机构的工作性能影响很小。

4）气动系统比较安全，不易发生火灾，并且不会造成环境污染。

5）由于气体的可压缩性，气动系统的响应速度慢，在工作压力和负载大小相同时，液压系统的响应速度约为气动系统的 50 倍。同时，液压系统的刚度约为相当的气动系统的 400 倍。

6）由于气动系统没有泵控系统，只有阀控系统，阀控系统的效率较低。阀控液压系统和气动伺服系统的总效率分别为 60%和 30%左右。

7）由于气体的黏度很小，润滑性能不好，在同样加工精度情况下，气动部件的漏气和运动副之间的干摩擦相对较大，易出现爬行现象。

综合分析，气动控制系统适用于输出功率不大（气动控制系统的极限功率约为 4kW）、动态性能要求不高、工作环境比较恶劣的高温或低温、对防火有较高要求的场合。

1　气动控制系统设计计算

1.1　气动控制系统的设计步骤

通常，气动控制系统的设计步骤为：

1）明确气动控制系统的设计要求。

2）确定控制方案，拟定控制系统原理图。

3）确定气压控制系统动力元件参数，选择反馈元件。

4）计算控制系统的动态参数，设计校正装置并选择元件。

1.2　气动伺服机构举例——波纹管滑阀式气动伺服系统分析

如图 22.6-1 所示，该伺服系统主要由波纹管、放大杠杆、控制滑阀、气缸及反馈机构等组成，供气压力为 0.5MPa，信号压力为 0.02~0.1MPa。

当进入波纹管 1 的控制信号压力增加时，波纹管

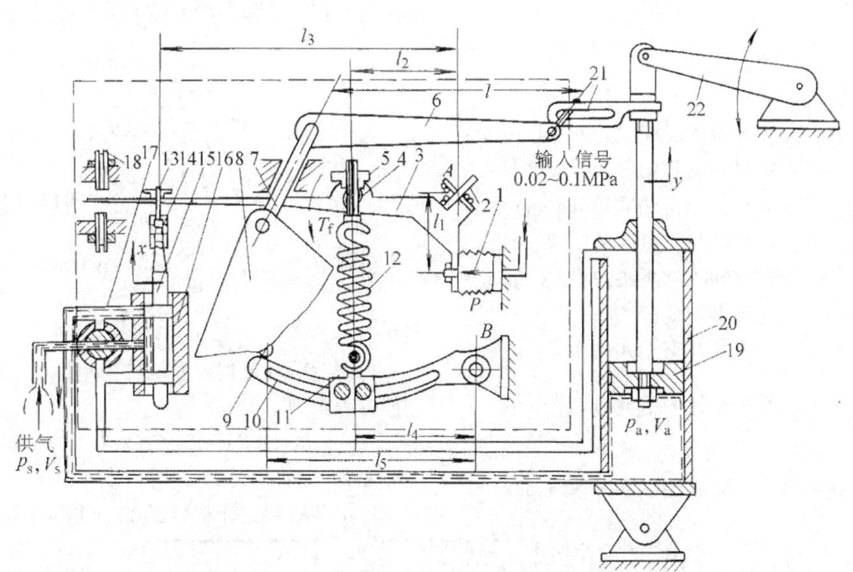

图 22.6-1　波纹管滑阀式气动伺服系统结构原理图

1—波纹管　2、3—杠杆　4—调节螺杆　5—螺母　6、22—摇臂　7—转轴　8—凸轮　9—滚轮　10—弧形杠杆　11—滑块　12—反馈弹簧　13—调节螺母　14—连接块　15—控制滑阀　16—控制阀体　17—气控信号　18—限位块　19—活塞　20—气缸筒　21—导槽

1 的推力增加，推动杠杆 3，带动控制滑阀 15 向上移动，从而使气缸下腔压力增加，上腔压力降低，活塞 19 向上移动，带动摇臂 22 输出角位移。这时连在活塞杆上的导槽 21 也带动正弦机构的摇臂 6 转动，连在同一转轴 7 上的凸轮 8 转向凸轮向径增加的方向。通过滚轮 9 把弧形杠杆 10 推向下转，将反馈弹簧 12 拉伸，反馈弹簧 12 对杠杆 3 的拉力随之增加，当反馈弹簧 12 对杠杆 3 的拉力与波纹管 1 的推力所产生的力矩相互平衡时，杠杆 3 连同控制滑阀 15 又达到了力矩平衡状态，整个系统又重新达到了平衡，而此时活塞已上升到相应的高度，气缸两腔所产生的压差与外负载相平衡。当控制信号压力降低时，动作相反。

（1）建立系统的数学模型

波纹管组件的传递函数为

$$W_1(s)=\frac{T_x(s)}{p_x(s)}=K_1 \tag{22.6-1}$$

式中　$T_x(s)$——波纹管输出力矩的拉氏变换；

$p_x(s)$——波纹管输入压力信号的拉氏变换；

$K_1=A_1l_1$

A_1——波纹管受力面积；

l_1——波纹管中线与支点 A 的距离。

放大杠杆力矩的传递函数，即

$$W_2(s)=\frac{X(s)}{T_x(s)-T_f(s)}=\frac{l_3/(C_fl_2^2)}{\dfrac{J}{C_fl_2^2}s^2+\dfrac{B_Kl_3^2}{C_fl_2^2}s+1}=\frac{K_2}{\dfrac{s^2}{\omega_2^2}+\dfrac{2\zeta_2}{\omega_2}s+1} \tag{22.6-2}$$

式中　$T_f(s)$——反馈弹簧的反馈力矩的拉氏变换；

$X(s)$——控制滑阀阀芯位移的拉氏变换；

J——放大杠杆的转动惯量（kg · m²）；

l_3——控制滑阀与支点 A 的距离（m）；

B_K——控制滑阀的黏性阻尼系数（N · s/m）；

C_f——反馈弹簧刚度（N/m）；

l_2——反馈弹簧与支点 A 的距离（m）；

$K_2=\dfrac{l_3}{C_fl_2^2}$——波纹管组件的增益；

$\omega_2=\sqrt{\dfrac{C_fl_2^2}{J}}$——波纹管组件的固有频率（rad/s）；

$\zeta_2=\dfrac{B_Kl_3^2}{2}\sqrt{\dfrac{1}{C_fl_2^2J}}$——波纹管组件的阻尼比。

阀控气缸的传递函数为

$$W_3(s)=\frac{Y(s)}{X(s)}=\frac{K_3}{s\left(\dfrac{s^2}{\omega_3^2}+\dfrac{2\zeta_3}{\omega_3}s+1\right)} \tag{22.6-3}$$

式中　K_3——阀控气缸的开环增益；

ω_3——阀控气缸的固有频率（rad/s）；

ζ_3——阀控气缸的阻尼比。

反馈机构的传递函数为

$$W_4(s)=\frac{Y_f(s)}{Y(s)}=K_4 \tag{22.6-4}$$

式中　$K_4=\dfrac{C_fl_2l_4}{l_5l}$——反馈机构的放大系数；

l——摇臂的有效长度（m）；

l_4——弹簧挂架与支点 B 的距离（m）；

l_5——弧形杠杆的有效长度（m）。

根据式（22.6-1）~式（22.6-4）可画出系统框图，如图 22.6-2 所示。

（2）系统稳定性分析

根据框图可以求得系统的闭环传递函数：

$$W(s)=\frac{K_1K_2K_3}{s\left(\dfrac{s^2}{\omega_2^2}+\dfrac{2\zeta_2}{\omega_2}s+1\right)\left(\dfrac{s^2}{\omega_3^2}+\dfrac{2\zeta_3}{\omega_3}s+1\right)}=\frac{K_1K_2K_3}{a_5s^5+a_4s^4+a_3s^3+a_2s^2+a_1s+a_0}$$

而闭环特征方程各项系数的数值经过计算如下：

$$a_5=\frac{1}{\omega_2^2\omega_3^2}=6.1188\times10^{-9}$$

$$a_4=\frac{2\zeta_2}{\omega_2\omega_3^2}+\frac{2\zeta_3}{\omega_3\omega_2^2}=2.1522\times10^{-6}$$

$$a_3=\frac{1}{\omega_3^2}+\frac{4\zeta_2\zeta_3}{\omega_2\omega_3^2}+\frac{1}{\omega_2^2}=1.6912\times10^{-4}$$

$$a_2=\frac{2\zeta_2}{\omega_2}+\frac{2\zeta_3}{\omega_3}=0.0268$$

$$a_1=1$$

$$a_0=K_2K_3K_4=39.2914$$

用劳斯判据判定系统的稳定性，已知系统的特征方程式为

$$6.1188\times10^{-9}s^5+2.1522\times10^{-6}s^4+1.6912\times10^{-4}s^3+0.0268s^2+s+39.2914=0$$

按劳斯判据计算得表 22.6-1。

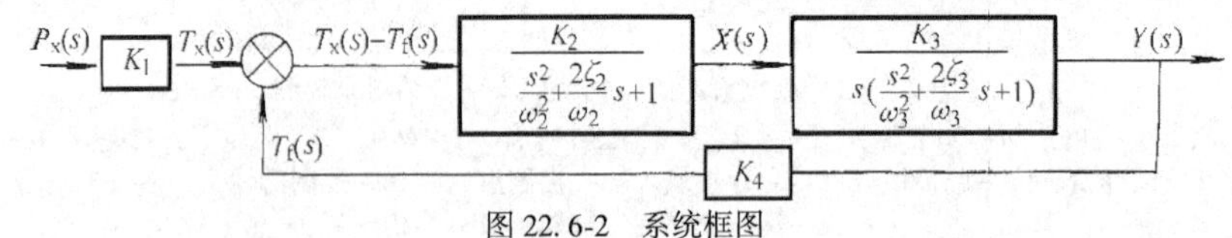

图 22.6-2　系统框图

表 22.6-1　劳斯判据计算表

	6.1188×10^{-9}	1.6912×10^{-4}	1
	2.1522×10^{-6}	0.0268	39.2914
$r_0=2.8430\times10^{-3}$	$0.9293\times10^{-4}>0$	0.8883	0
$r_1=2.3159\times10^{-2}$	0.00623>0	39.2914	0
$r_2=0.01492$	0.3021>0	0	
$r_3=2.0622\times10^{-2}$	39.2914>0		

注：表中第一列各值都大于零，所以系统是稳定的，满足设计要求。

2　气动比例控制元件

2.1　SMC 系列气动比例控制元件

2.1.1　IP6000/IP6100 系列电-气比例定位器

1）技术规格（见表 22.6-2）。

2）外形尺寸（见图 22.6-3、图 22.6-4）。

表 22.6-2　IP6000/IP6100 系列电-气比例定位器技术规格

型号 / 规格	IP6000		IP6100	
	杠杆式杠杆反馈		回转式凸轮反馈	
	单　动	双　动	单　动	双　动
输入电流信号	4~20mA(DC)(标准)①			
输入电阻/Ω	235±15[4~20mA(DC)]			
供给气源压力/MPa	0.14~0.7			
标准行程	10~85mm(容许偏向角度 10°~30°)		60°~100°②	
敏感度	0.1%F.S. 以内	0.5%F.S. 以内		
线性度	±1%F.S. 以内	±2%F.S. 以内		
迟滞现象	0.75%F.S. 以内	1%F.S. 以内		
重复精度	±0.5%F.S. 以内			
温度特性	0.1%F.S./℃以内			
输出流量/$L\cdot min^{-1}$	80(ANR)以上(供压=0.14MPa)			
耗气量/$L\cdot min^{-1}$	5(ANR)以内(供压=0.14MPa)			
环境及流体温度/℃	-20~80(非防爆环境)			
	-20~70(耐压防爆环境 sd2G4)			
	-20~60(耐压防爆环境 ExsdⅡBT5)			
防爆构造	耐压防爆构造	sd2G4		
		ExsdⅡBT5		
接气口径螺纹	Rc(PT)1/4 内螺纹			
接电口径	G(PF)1/2 内螺纹			
接电方式	导管式，耐压密封式			
	合成树脂 G(PF)1/2 接头(非防爆构造)(任选项)			
材料	本体用压铸铝			

（续）

规格 \ 型号	IP6000		IP6100	
	杠杆式杠杆反馈		回转式凸轮反馈	
	单　动	双　动	单　动	双　动
质量/kg	带接线防爆端子箱约 2.6（无端子箱约 2.4）			

① 可作 1/2 分度（标准）。

② 可调行程：0°～60°，0°～100°。

表 22.6-2 中型号意义如下：

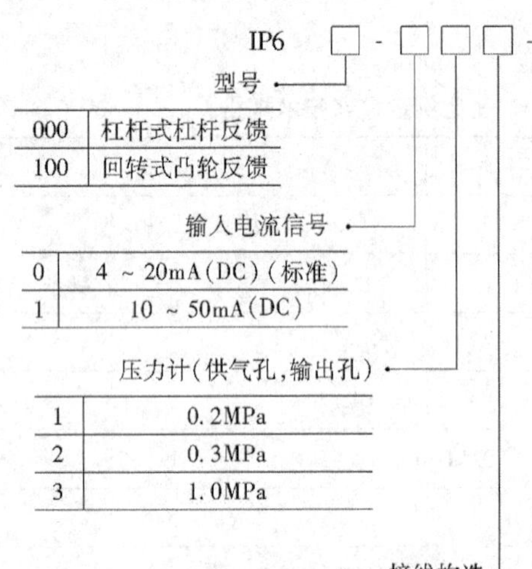

型号：

000	杠杆式杠杆反馈
100	回转式凸轮反馈

输入电流信号：

0	4～20mA（DC）（标准）
1	10～50mA（DC）

压力计（供气孔，输出孔）：

1	0.2MPa
2	0.3MPa
3	1.0MPa

接线构造：

0	无端子箱（非防爆构造）
1	有端子箱（防爆构造 sd2G4，Exsd Ⅱ BT5）

配件①：

无记号	标准配件	IP6000 附带标准行程 10～85mm 反应杠杆
A	先导阀为 ϕ0.7mm 通径带节流	IP6000、IP6100 配件② 用于小容量驱动器
B	先导阀为 ϕ1.0mm 通径带节流	
C	M 型反馈接臂	IP6100 配件
D	S 型反馈接臂	
E	35～100mm 阀行程反馈杠杆	IP6000 配件
F	50～140mm 阀行程反馈杠杆	
G	补偿弹簧（A）	IP6000、IP6100 用③

① 若选择两种以上配件，请依英文字母次序，例：IP6000-011-AG。

② “A”配件适用于 90cm³ 容积的驱动器，“B”配件适用于 180cm³ 容积的驱动器。

③ 只可以提供 A + G 或 B + G 组合。

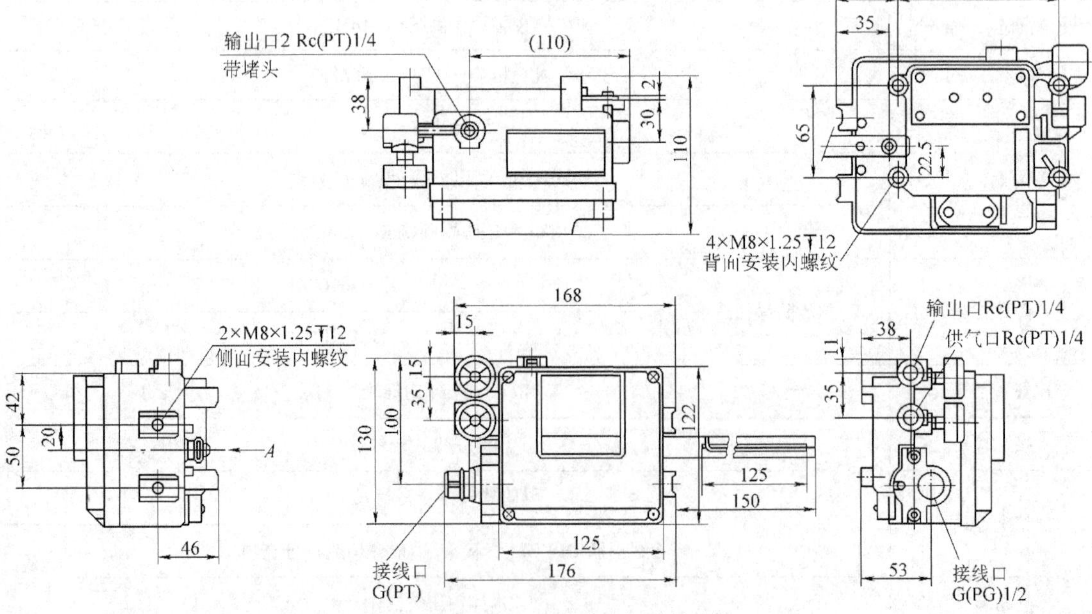

图 22.6-3　IP6000 型外形尺寸（无端子箱）

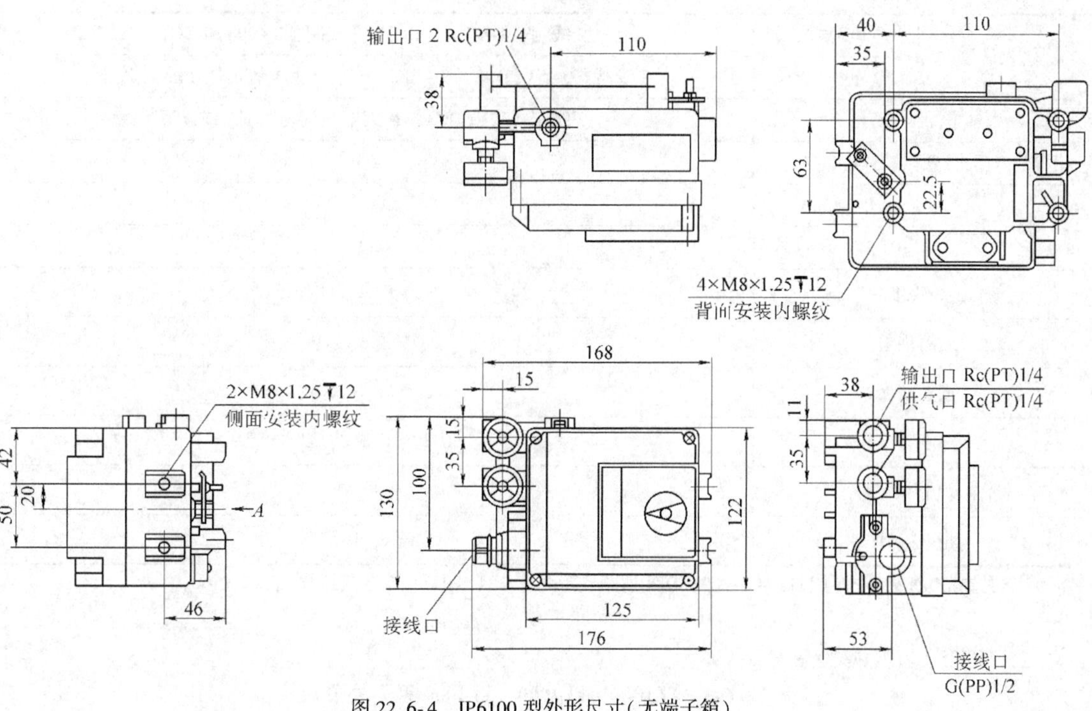

图 22. 6-4　IP6100 型外形尺寸(无端子箱)

2. 1. 2　IT1000、IT2000、IT4000 系列电-气比例压力阀

1）技术规格(见表 22. 6-3、表 22. 6-4)。

表 22. 6-3　IT1000、IT2000、IT4000 系列电-气比例压力阀技术规格（一）

型　号①	输出压力范围 /MPa	供应压力范围 /MPa	连接口径螺纹		
			输入、输出孔	排气孔	压力表孔
IT1001-□1	0. 001～0. 05	0. 1～0. 15	PT1/8	PT1/8	PT1/8
IT1011-□1	0. 005～0. 1	0. 14～0. 2			
IT2011-□2	0. 005～0. 1	0. 14～0. 2	PT1/4	PT1/4	PT1/8
IT2021-□2	0. 005～0. 35	0. 4～0. 6			
IT2031-□2	0. 005～0. 5	0. 55～0. 7			
IT2041-□2	0. 005～0. 7	0. 75～0. 9			
IT2051-□2	0. 005～0. 9	0. 95～0. 99			
IT4011-□4	0. 005～0. 1	0. 14～0. 2	PT1/2	PT1/2	PT1/8
IT4021-□4	0. 005～0. 35	0. 4～0. 6			
IT4031-□4	0. 005～0. 5	0. 55～0. 7			
IT4041-□4	0. 005～0. 7	0. 75～0. 9			
IT4051-□4	0. 005～0. 9	0. 95～0. 99			

① □代表输入信号形式：0＝电流式 4～20mA；
1＝电流式 0～20mA；
2＝电压式 0～5V；
3＝电压式 0～10V。

表 22.6-4　IT1000、IT2000、IT4000 系列电-气比例压力阀技术规格（二）

输入信号	电流式	2 线制：4~20mA(DC)；3 线制：0~20mA(DC)
	电压式	3 线制：0~5V(DC)，0~10V(DC)，最大电流消耗 2mA 或以下
电　源		3 线制：12V(DC)，最大电流消耗 11mA 或以下
相等输入阻抗/Ω	4~20mA	500
输入阻抗	0~20mA	200Ω
	0~5V，0~10V	30kΩ
线性度		±1%F.S. 以内
迟滞现象		0.5%F.S. 以内
重复精度		±0.5%F.S. 以内
温度特性		±0.12%F.S./℃以内
环境及流体温度/℃		0~50
接线方式[①]		导管式(标准)

① 可选择 DIN 插座式(如 IT204 0-002—DIN 插座式接线，IT204 1-002—导管式接线)。

2）外形尺寸(见表 22.6-5)。

表 22.6-5　IT1000、IT2000、IT4000 系列外形尺寸　　(mm)

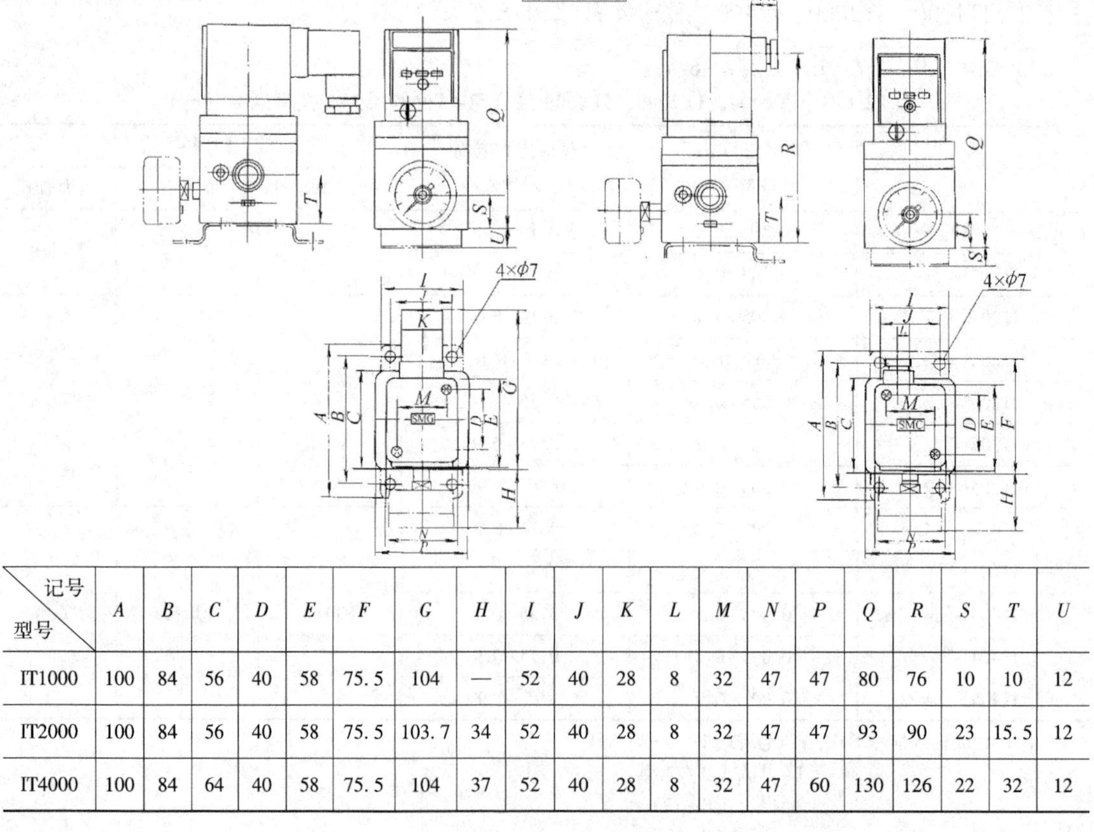

记号 型号	A	B	C	D	E	F	G	H	I	J	K	L	M	N	P	Q	R	S	T	U
IT1000	100	84	56	40	58	75.5	104	—	52	40	28	8	32	47	47	80	76	10	10	12
IT2000	100	84	56	40	58	75.5	103.7	34	52	40	28	8	32	47	47	93	90	23	15.5	12
IT4000	100	84	64	40	58	75.5	104	37	52	40	28	8	32	47	60	130	126	22	32	12

2.1.3　VY1 系列电-气比例减压阀

1）工作原理（见图 22.6-5）。当输入电信号小于 1V(DC)时，电磁阀不动作，出气口 A 没有压力输出。当输入电信号 1~5V(DC)时，电磁阀动作。出气口 A 输出的压力由压力传感器反馈到控制线路板上。控制线路板会比较当时的电信号及反馈的信号。如果反馈信号低，电磁阀通电，出气口 A 压力增加；如果反馈信号高，电磁阀断电，出气口 A 压力降低。

2）技术规格(见表 22.6-6)。

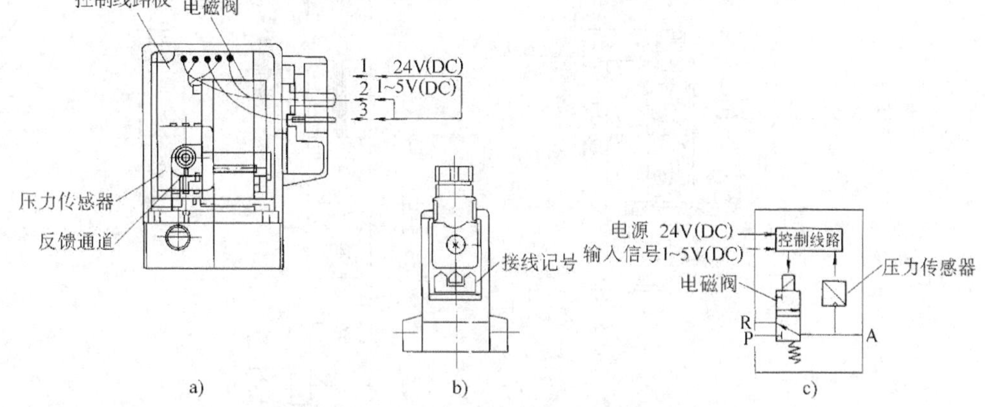

图 22.6-5　VY1 系列电-气比例减压阀工作原理图

表 22.6-6　VY1 系列电-气比例减压阀技术规格

型号	内部先导式	VY1A00-M5	VY1100-01	VY1100-02	VY1300-03	VY1300-04	VY1500-06	VY1500-10	VY1700-10	VY1700-12	VY1900-14	VY1900-20
	外部先导式	VY1A01-M5	VY1101-01	VY1101-02	VY1301-03	VY1301-04	VY1501-06	VY1501-10	VY1701-10	VY1701-12	VY1901-14	VY1901-20
接管口径	接管口代号	M5	01	02	03	04	06	10	10	12	14	20
	P 孔	M5×0.8	1/8	1/4	3/8	1/2	3/4	1	1	1¼	1½	2
	A 孔											
	R 孔								1¼		2	
有效横截面积/mm^2		5	16	25	60	70	160	180	300	330	590	670
									17	18	33	37
质量/kg		0.16	0.25	0.25	0.55	0.55	1.5	1.5	2	2	4	4
线性度(%)		2.5 满刻度以内					5 满刻度以内					
迟滞现象(%)		1 满刻度以内					2 满刻度以内					
重复精度(%)		±1 满刻度以内					±2 满刻度以内					
反应时间/ms		30										
应用流体		空气、惰性气体										
环境温度/℃		0~50										
最高使用压力/MPa		0.88										
调节压力范围/MPa		0.05~供应压力										
外先导式压力/MPa		供应压力≈0.88(只限 VY1□01)										
输入信号		1~5V(DC)，1mW 或以下										
电源		24V(DC)±2.4V，1.8W 或以下										
接线方式		DIN 插座式										
空气消耗量/$L\cdot min^{-1}$		不操作时：0；操作时：最大 10										
润滑		不需要										

3）外形尺寸。各种规格 VY1 系列电-气比例减压阀外形尺寸见图 22. 6-6~图 22. 6-11。

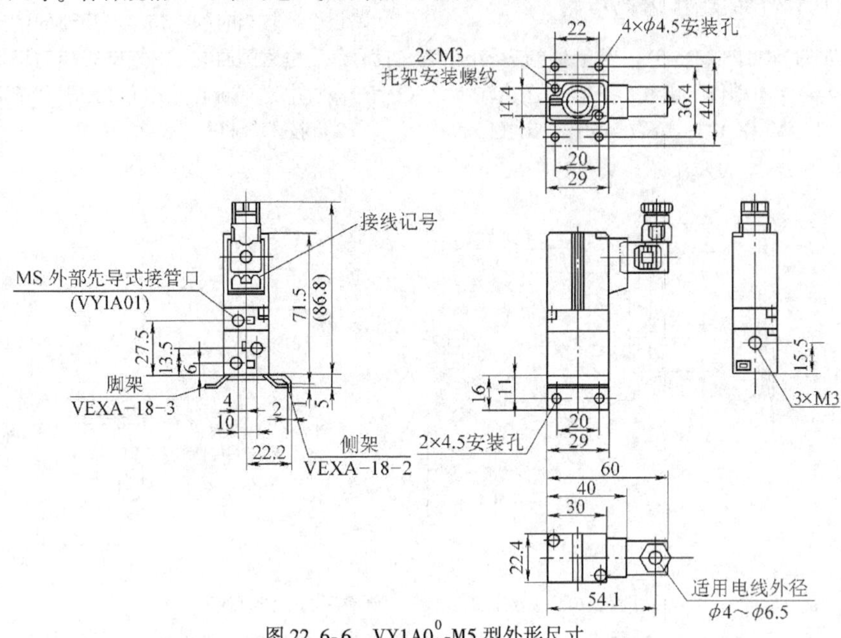

图 22. 6-6 VY1A0_1^0-M5 型外形尺寸

图 22. 6-7 VY110$_1^0$-$_{02}^{01}$型外形尺寸

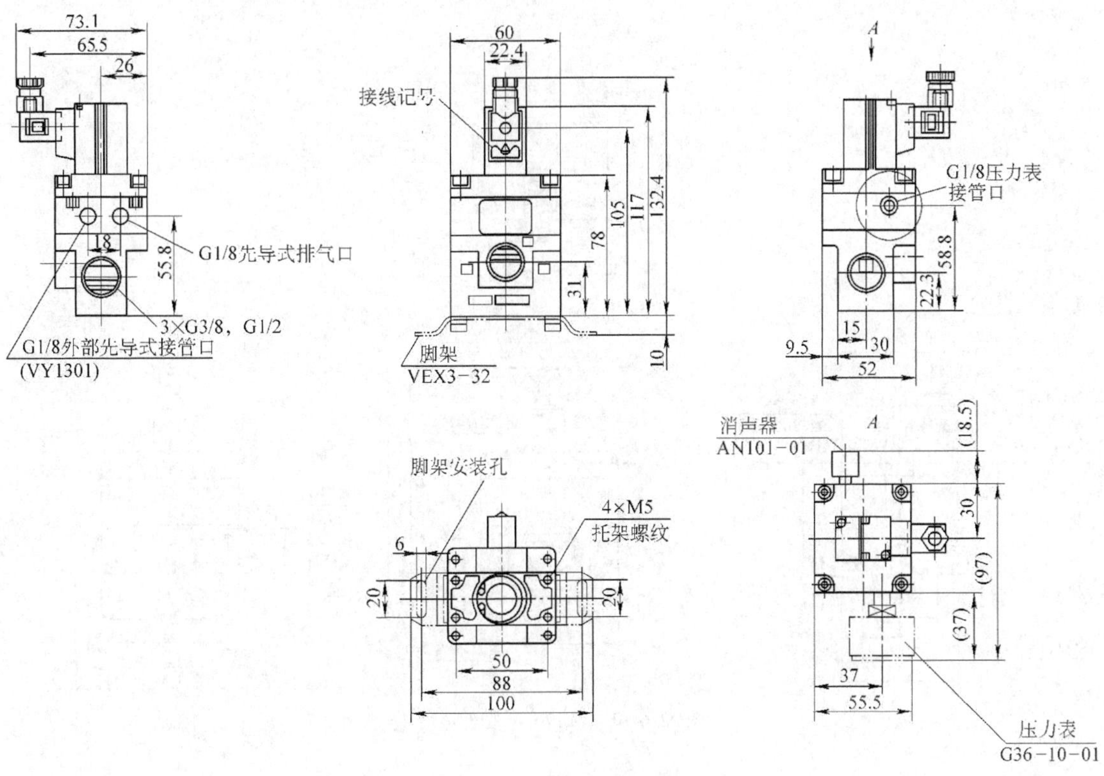

图 22.6-8 VY130$_{1}^{0}$-$_{04}^{03}$型外形尺寸

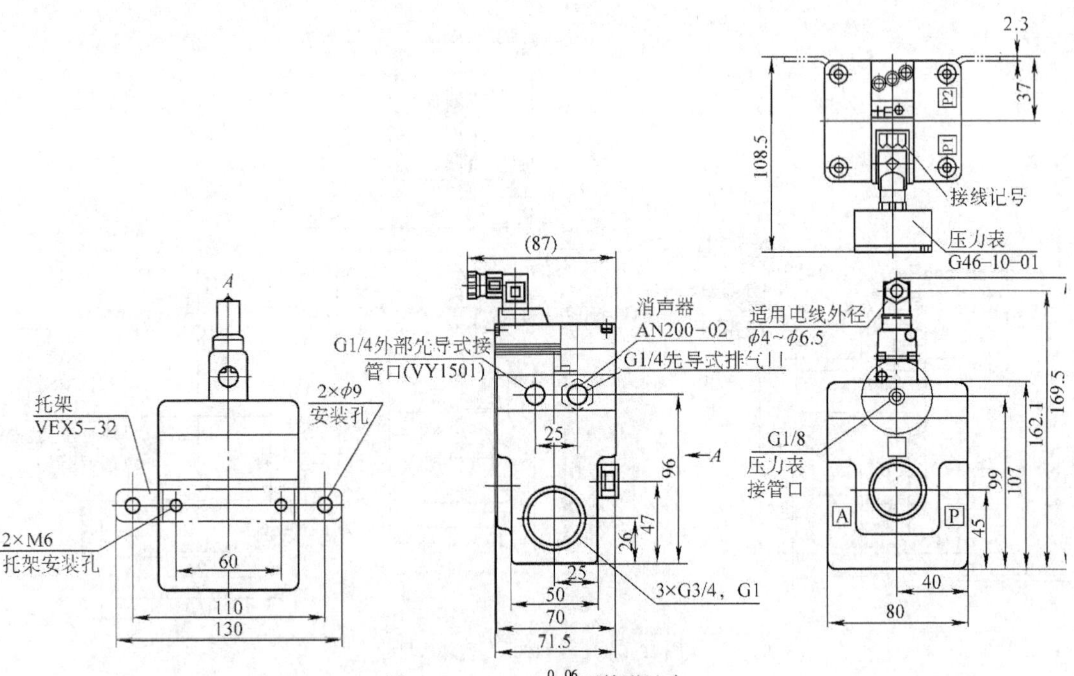

图 22.6-9 VY150$_{1}^{0}$-$_{10}^{06}$型外形尺寸

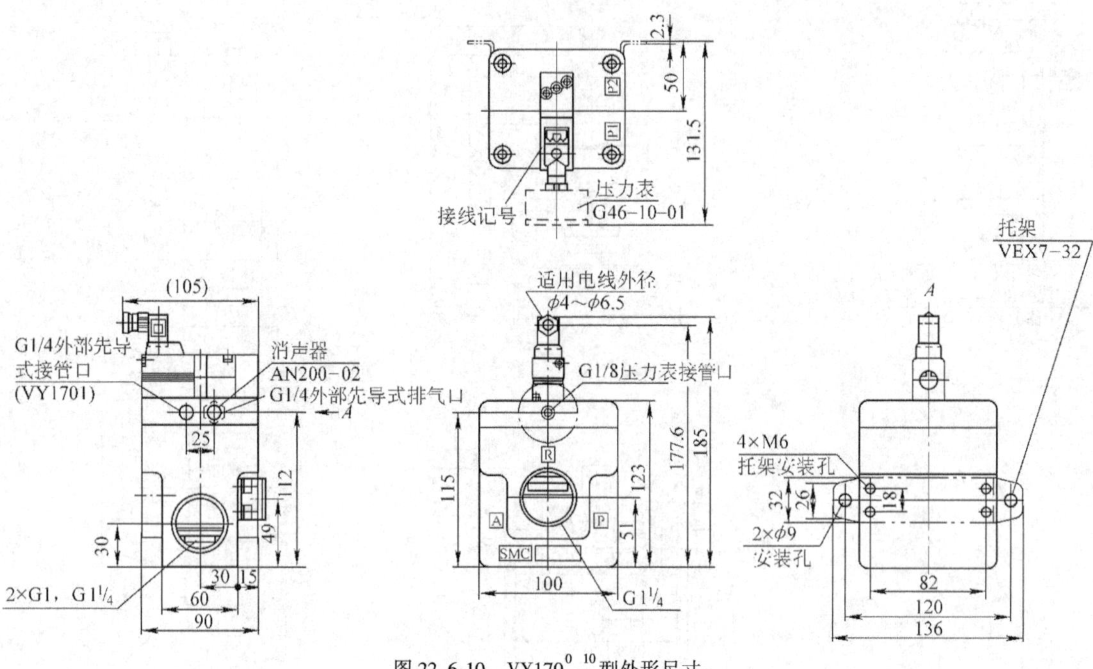

图 22.6-10　$VY170^{0}_{1}$-$^{10}_{12}$型外形尺寸

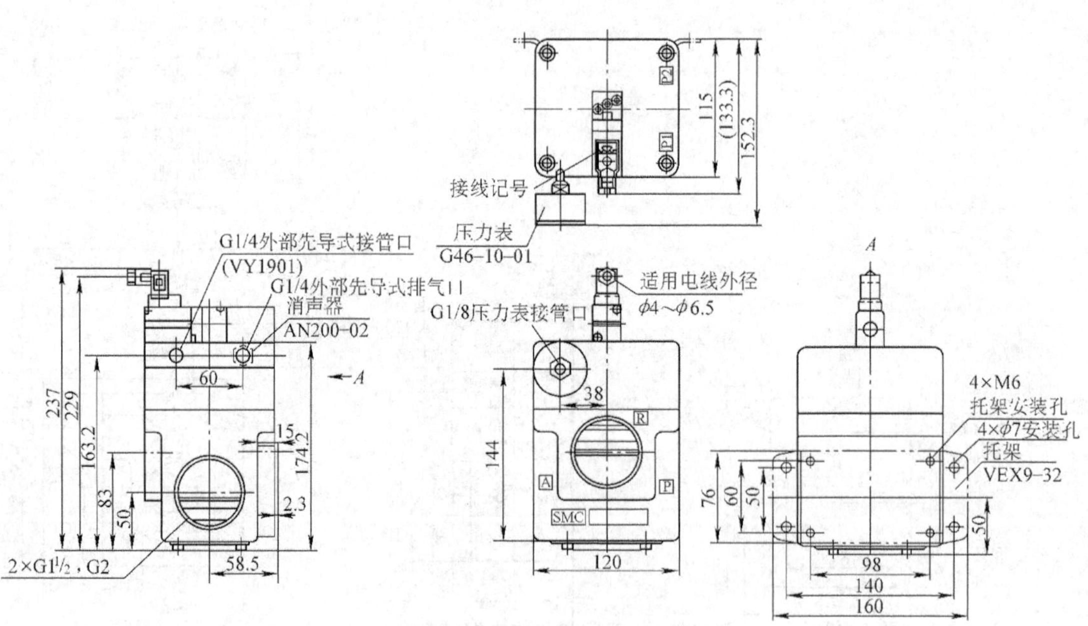

图 22.6-11　$VY190^{0}_{1}$-$^{14}_{20}$型外形尺寸

2.2　FESTO 系列气动比例控制元件

2.2.1　MPPE 系列气动比例减压阀

1）技术规格(见表 22.6-7)。

表 22.6-7　MPPE 系列气动比例减压阀技术规格

<table>
<tr><td rowspan="6" colspan="2">订货号
代号/型号</td><td>161 160
MPPE-3-1/8-1-010B *</td><td>161 161
MPPE-3-1/8-6-010B</td><td>161 162
MPPE-3-1/8-10-010B</td></tr>
<tr><td>161 163
MPPE-3-1/8-1-420B * *</td><td>161 164
MPPE-3-1/8-6-420B</td><td>161 165
MPPE-3-1/8-10-420B</td></tr>
<tr><td>161 166
MPPE-3-1/4-1-010B</td><td>161 167
MPPE-3-1/4-6-010B</td><td>161 168
MPPE-3-1/4-10-010B</td></tr>
<tr><td>161 169
MPPE-3-1/4-1-420B</td><td>161 170
MPPE-3-1/4-6-420B</td><td>161 171
MPPE-3-1/4-10-420B</td></tr>
<tr><td>161 172
MPPE-3-1/2-1-010B</td><td>161 173
MPPE-3-1/2-6-010B</td><td>161 174
MPPE-3-1/2-10-010B</td></tr>
<tr><td>161 175
MPPE-3-1/2-1-420B</td><td>161 176
MPPE-3-1/2-6-420B</td><td>161 177
MPPE-3-1/2-10-420B</td></tr>
<tr><td colspan="2">工作介质</td><td colspan="3">过滤压缩空气，精度 40μm，润滑或未润滑</td></tr>
<tr><td colspan="2">结构特点</td><td colspan="3">两位两通阀先导控制</td></tr>
<tr><td colspan="2">安装方式</td><td colspan="3">壳体上两个通孔</td></tr>
<tr><td rowspan="2">连接尺寸</td><td>气动</td><td colspan="3">G1/8，G1/4，G1/2</td></tr>
<tr><td>电气</td><td colspan="3">8 针插头，符合 DIN45326 标准</td></tr>
<tr><td colspan="2">最大输入压力/MPa</td><td>0.2</td><td>0.8</td><td>1.2</td></tr>
<tr><td colspan="2">输出压力范围/MPa</td><td>0~0.1</td><td>0~0.6</td><td>0~1.0</td></tr>
<tr><td colspan="2">迟滞/kPa</td><td>3.0</td><td>4.0</td><td>5.0</td></tr>
<tr><td colspan="2">标准额定流量/L · min⁻¹
(标准状态)</td><td>2200</td><td>8000</td><td>10000</td></tr>
<tr><td colspan="2">电源电压(DC)/V</td><td colspan="3">24±6</td></tr>
<tr><td colspan="2">电压脉动</td><td colspan="3">直流元件的 10%，符合 DIN41755 标准</td></tr>
<tr><td colspan="2">功耗</td><td colspan="3">最大 3.6W</td></tr>
<tr><td rowspan="2">设定点输入值</td><td>电压/V</td><td colspan="3">$U_{set}=0\sim10$(DC)</td></tr>
<tr><td>电流/mA</td><td colspan="3">$I_{set}=4\sim20$</td></tr>
<tr><td rowspan="2">外部实际输入值</td><td>电压/V</td><td colspan="3">$U_{ext}=0\sim10$(DC)</td></tr>
<tr><td>电流/mA</td><td colspan="3">$I_{ext}=4\sim20$</td></tr>
<tr><td rowspan="2">实际输入值</td><td>电压/V</td><td colspan="3">$U_{act}=0\sim10$(DC)</td></tr>
<tr><td>电流/mA</td><td colspan="3">$I_{act}=4\sim20$</td></tr>
<tr><td colspan="2">防护等级</td><td colspan="3">IP65</td></tr>
<tr><td colspan="2">通电持续率(%)</td><td colspan="3">100</td></tr>
<tr><td colspan="2">介质温度/℃</td><td colspan="3">0~60</td></tr>
<tr><td colspan="2">环境温度/℃</td><td colspan="3">0~50</td></tr>
<tr><td colspan="2">材料</td><td colspan="3">阀体：铝合金</td></tr>
<tr><td colspan="2">质量/kg</td><td colspan="3">G1/8：0.650；G1/4：0.800；G1/2：1.900</td></tr>
</table>

注：带 * 的为电流型；带 * * 的为电压型。

2）外形尺寸(见表22.6-8)。

表22.6-8　MPPE系列气动比例减压阀外形尺寸　(mm)

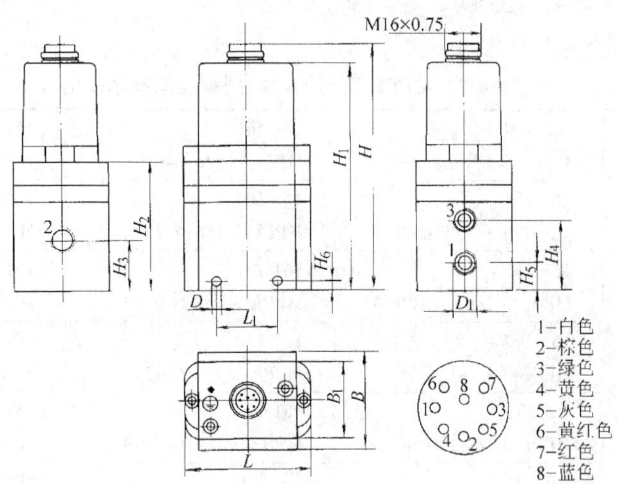

型号＼尺寸	B	B_1	D	D_1	H	H_1	H_2	H_3	H_4	H_5	H_6	L	L_1
MPPE-3-1/8-...-B	38	—	4.5	G1/8	129.1	119.1	60.2	18.8	26.8	9.3	4	62	34
MPPE-3-1/4-...-B	48	38	4.5	G1/4	140.7	130.7	63.6	25.3	34.8	13.8	5	62	30
MPPE-3-1/2-...-B	76	38	7	G1/2	194.6	184.6	117.5	53	74	32	18	86	50

2.2.2　MPYE系列气动比例方向控制阀

这种直动式比例方向控制阀(见图22.6-12)可控制其阀芯的位移。比例方向控制阀把输入的模拟电信号(电流或电压)转变成阀的相应开口面积。

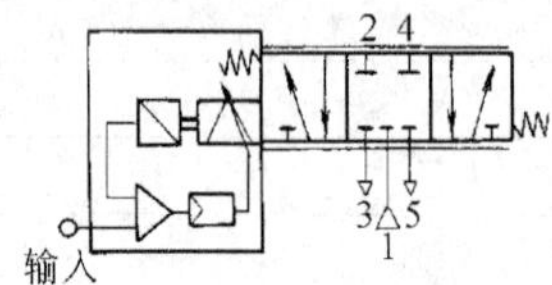

图22.6-12　MPYE系列气动比例方向控制阀符号图

比例方向控制阀可以无级调节气缸的活塞速度。

比例方向控制阀可与一个外部的位置控制器(如SPC100型)和位移传感器相连构成一个精确的气动定位系统。

这种比例方向阀可以组成闭环控制系统，如图22.6-13所示。

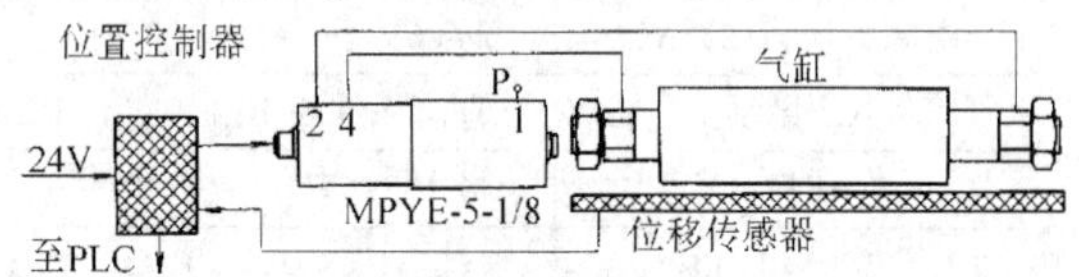

图22.6-13　MPYE系列气动比例方向控制阀在闭环控制系统中的应用

1）技术规格(见表22.6-9)。

表22.6-9　MPYE系列气动比例方向控制阀技术规格

订货号代号/型号						
订货号代号/型号	电压型	154 200 MPYE-5-M5-010B	151 692 MPYE-5-1/8 LF-010B	151 693 MPYE-5-1/8 HF-010B	151 694 MPYE-5-1/4 -010B	151 695 MPYE-5-3/8 -010B
	电流型	162 959 MPYE-5-M5-420B	161 978 MPYE-5-1/8 LF-420B	161 979 MPYE-5-1/8 HF-420B	161 980 MPYE-5-1/4 -420B	161 981 MPYE-5-3/8 -420B
工作介质		过滤压缩空气，精度5μm，无润滑				
结构特点		直动式滑阀，内带阀芯位移控制				
安装方式		阀体上的通孔				

（续）

安装位置		任何位置，除在元件加速方向外（此时，安装在与运动方向垂直的位置）				
连接尺寸	气动	M5	G1/8	G1/8	G1/4	G3/8
	电气	插座，型号 SIE-GD，SIE-WD-TR				
公称通径/mm		2	4	6	8	10
流量/L·min^{-1}		100±10%	350±10%	700±10%	1400±10%	2000±10%
许用输入压力/MPa		最大 1.0				
工作电压（DC）/V		24±6				
功耗/W		中位时 2，最大 20				
通电持续率（%）		100				
电压脉动（%）		直流元件的 5，符合 DIN41755 标准				
设定点输入值	电压/V	0~10（DC），中位 5（电压型，型号 MPYE-5-...010B）				
	电流/mA	4~20，中位 12（电流型，型号 MPYE-5-...420B）				
输入电流（设定值）/μA		10V 时 80，5V 时 0，0V 时 80（电压型）				
输入阻抗（设定值）/Ω		300（电流型）				
最大频率（在阀芯最大开口度的 20%~80%内）/Hz		155	120	120	115	80
响应时间/ms		3.0	4.2	4.2	4.8	5.2
迟滞（%）		最大 0.3，与最大阀芯行程有关				
介质温度/℃		5~40，无冷凝水				
环境温度/℃		0~50				
材料		阀体：阳极氧化铝合金；电气部分壳体：镀锌 ABS				
防护等级		IP65				
质量/kg		0.290	0.330	0.330	0.530	0.740

2）外形尺寸（见表 22.6-10）。

表 22.6-10　MPYE 系列气动比例方向控制阀外形尺寸　（mm）

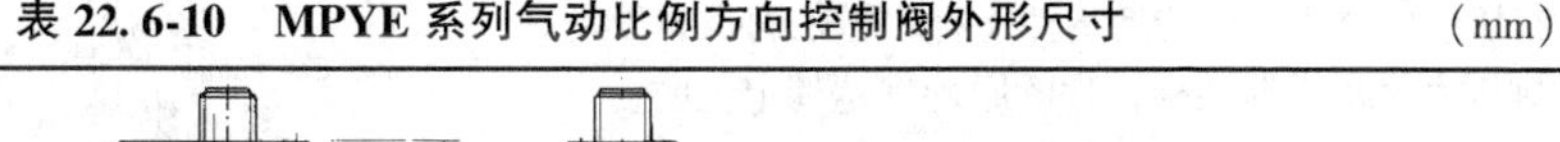

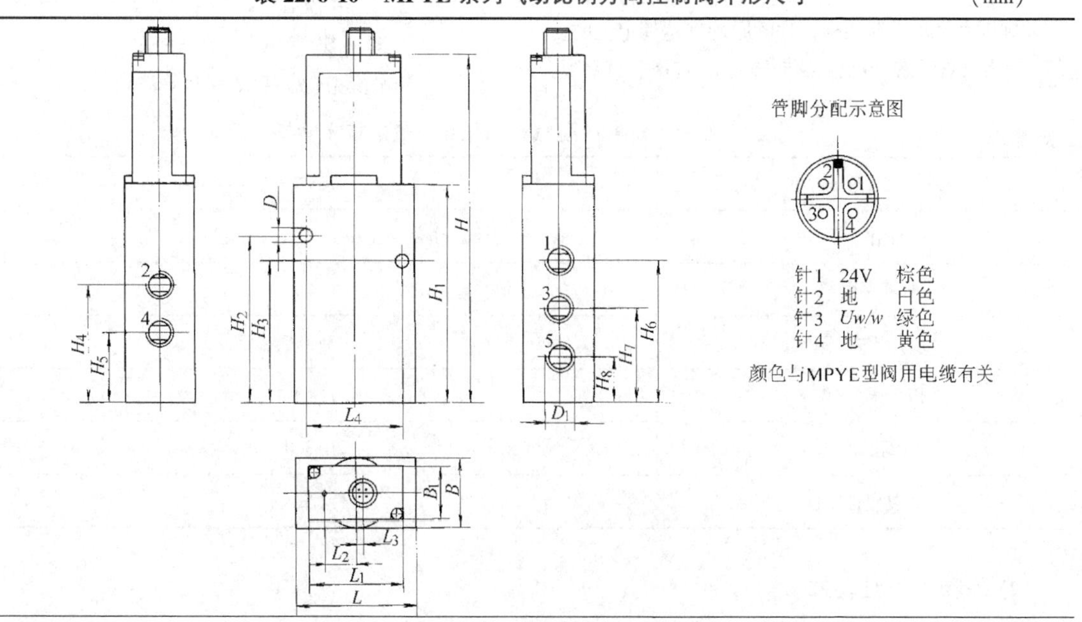

（续）

型号＼尺寸	B	B_1	D	D_1	H	H_1	H_2	H_3	H_4	H_5	H_6	H_7	H_8	L	L_1	L_2	L_3	L_4
MPYE-5-M5-...-B	26	—	5.5	M5	129.3	69	56.1	38.1	32.1	20.1	38.1	26.1	14.1	45	—	14.8	3.2	32
MPYE-5-1/8-...-B	26	—	5.5	G1/8	148.3	88.4	71.3	55.3	45.8	26.8	55.3	36.3	17.3	45	—	14.8	3.2	35
MPYE-5-1/4-...-B	34	26	6.5	G1/4	164.1	103.7	79.6	68.1	56.6	33.6	68.1	45.1	22.1	58	45	14.8	3.2	46
MPYE-5-3/8-...-B	40	26	6.5	G3/8	176.1	115.7	98.4	79.4	65.4	37.4	82.4	51.4	20.4	67	45	14.8	3.2	54

2.3 气动伺服控制元件

2.3.1 气动伺服阀的结构原理

气动伺服阀与液压伺服阀在原理上是基本相同的。图 22.6-14 所示是一种力反馈电-气伺服阀的结构，其前置级为喷嘴挡板阀，功率级为滑阀。

由于气压喷嘴挡板阀的固有频率低，气压伺服阀易产生振荡，因此有必要对气压伺服阀进行某些特性补偿。在图 22.6-14 所示结构中，滑阀两端通过固定节流孔加设的阻尼气室，是为了对滑阀振动给予阻尼。在这种伺服阀中，除了用阻尼气室进行补偿以外，还在滑阀两端装入特性补偿用的弱弹簧，这种弹簧补偿的办法是相当有效的，气压伺服阀的频宽约为 200Hz。

2.3.2 气动伺服定位气缸

该伺服气缸是一种新型气控定位气缸，它能把输入的气压信号成比例地转换为活塞杆机械位移，以改变控制压力来操纵活塞杆行程的原理来达到定位的目的，具有任意位置停止、运动平稳、无冲击、重复定位精度高及操作简便等特点。其广泛用于自动调节系统中，组成具有响应快、精度高的定位机构。

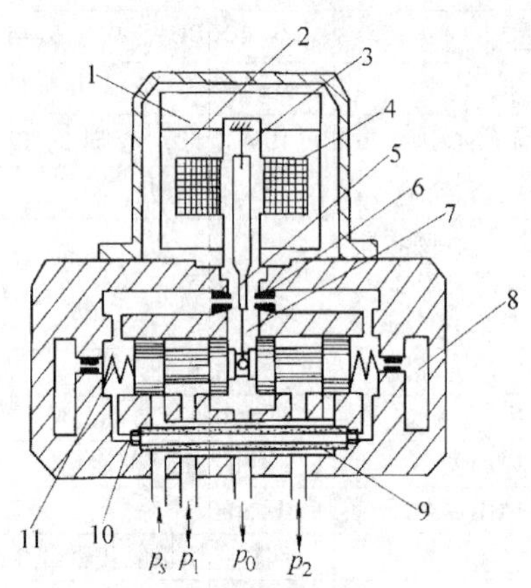

图 22.6-14 力反馈电-气伺服阀结构图

1—永久磁铁 2—导磁体 3—支撑弹簧 4—线圈 5—挡板 6—喷嘴 7—反馈弹簧杆 8—阻尼气室 9—滤气器 10—固定节流孔 11—补偿弹簧

1）技术规格(见表 22.6-11)。

表 22.6-11 SFB63 型气动伺服定位气缸技术规格

项目	参数
缸径/mm	63
工作介质	经过干燥净化的压缩空气(过滤精度 5μm 以下)
环境温度/℃	5~60
工作压力/MPa	0.3~0.7
指令压力/MPa	0.02~0.1
行程 s/mm	25~300
重复定位精度	全行程±1%

2）外形尺寸(见表 22.6-12)。

表 22.6-12　SFB63 型气动伺服定位气缸外形尺寸　(mm)

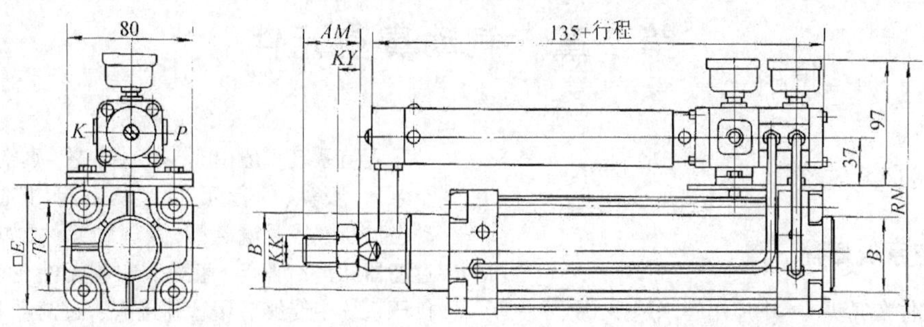

缸径	*AM*	*B*	*E*	*KK*	*KY*	*P*(工作气口)	*K*(指令气口)	*TC*	*RN*
63	32	40	78	M16×1.5	10	G1/4	G1/4	57	185

第 7 章　气动真空元件

1　气动真空系统

1.1　真空系统概述

真空元件在气动技术中应用越来越多，技术更新速度也越来越快，已成为气动技术中十分重要的一个分支。有些气动制造厂商专门把它列为真空技术，也有些气动制造厂商把它列为模块化机械手范畴。

真空系统一般由真空产生装置（真空发生器、真空泵）、吸盘（执行元件）、真空阀（控制方式有手动、机控、气控及电磁等）及辅助元件（如管件接头、过滤器和消声器等）组成。有些元件在正压系统和负压系统中能够通用管件接头、过滤器和消声器等以及部分控制元件。

真空度及其分类见表 22. 7-1。

表 22. 7-1　真空度及其分类

<table>
<tr><td>真空度</td><td colspan="3">将低于当地大气压力的压力称为真空度。在工程计算中，为简化常取当地大气压 $p_a=0.1\text{MPa}$。以此为基准，将绝对压力、表压力及真空度如图 a 所示表示。低真空时，有时用真空度百分数表示，即
$(p_a-p)/p_a\times100\%$
国标压力单位是帕斯卡（Pa）：$1\text{Pa}=1\text{N/m}^2$</td><td>表压力
当地大气压 p_a
真空度
绝对压力
绝对压力
绝对真空 $p=0$
a）压力表示</td></tr>
<tr><td rowspan="6">真空度分类</td><td>分类</td><td>压力范围（绝对压力）/Pa</td><td>应　用</td><td rowspan="6">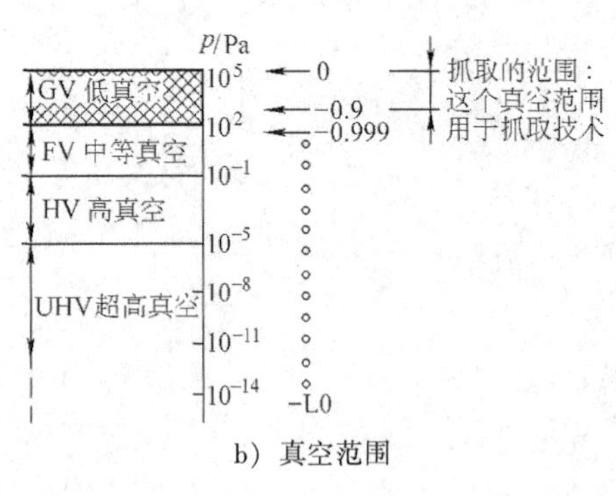
b）真空范围</td></tr>
<tr><td>低真空</td><td>大气压力
$10^2\sim10^5$</td><td>应用于工业的抓取技术在实际应用中，真空水平通常以百分比的方式来表示，即真空度被表示为与其环境压力的比例</td></tr>
<tr><td>中等真空</td><td>$10^{-1}\sim10^2$</td><td>物料的干燥以及食品的冷冻干燥等</td></tr>
<tr><td>高真空</td><td>$10^{-5}\sim10^{-1}$</td><td>金属的熔炼或退火，电子管的生产</td></tr>
<tr><td>超高真空</td><td>$10^{-14}\sim10^{-5}$</td><td>金属的喷射、真空镀金属（外层镀金属）以及电子束熔化</td></tr>
<tr><td colspan="3">真空范围从技术角度讲已经可以达到 10^{-14}Pa 的数量级，但在实际应用中一般将其分为较小的范围。图 b 所示的真空范围是按照物理特点和技术要求来划分的</td></tr>
</table>

1.2 典型气动真空系统

1.2.1 真空抓取系统

由真空泵产生真空的回路见图 22.7-1。

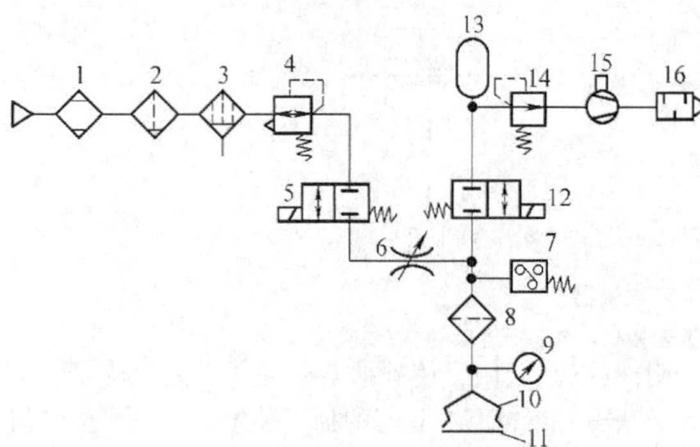

图 22.7-1　由真空泵产生真空的回路
1—冷冻式干燥机　2—过滤器　3—油雾分离器　4—溢流减压阀　5、12—真空切换阀　6—节流阀　7—真空压力开关　8—真空过滤器　9—真空表　10—吸盘　11—被吸吊物　13—真空罐　14—真空减压阀　15—真空泵　16—消声器

由真空发生器产生真空的回路见图 22.7-2。用真空发生器产生的真空回路往往是正压系统的一部分，同时组成一个完整的真空系统。

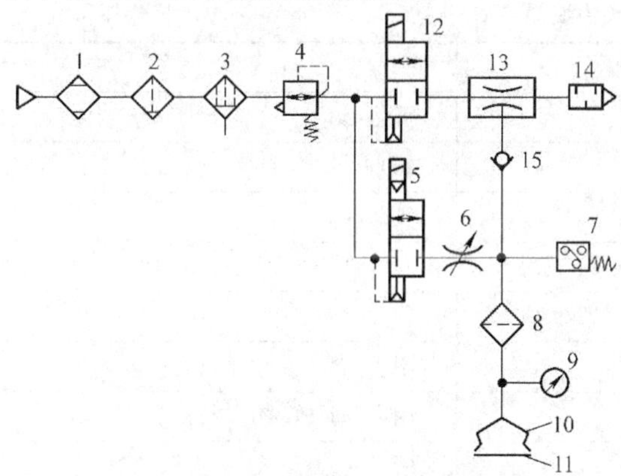

图 22.7-2　由真空发生器产生真空的回路
1—冷冻式干燥机　2—过滤器　3—油雾分离器　4—溢流减压阀　5—真空换向阀　6—节流阀　7—真空压力开关　8—真空过滤器　9—真空表　10—吸盘　11—被吸吊物　12—供给阀　13—真空发生器　14—消声器　15—单向阀

真空系统作为实现自动化的一种手段，已在电子、半导体元件组装、汽车组装、自动搬运机械、轻工机械、医疗机械、印刷机械、塑料制品机械、包装机械、锻压机械和机器人等许多方面得到广泛的应用，如真空包装机械中，包装纸的吸附、送标、贴标，包装袋的开启；电视机的显像管、电子枪的加工、运输、装配及电视机的组装；印刷机械中的双张、折面的检测，印刷纸张的运输；玻璃的搬运和装箱；机器人抓起重物，搬运和装配；真空成型、真空卡盘等。总之，对任何具有较光滑表面的物体，特别是对于非金属且不适合夹紧的物体，如薄的柔软的纸张、塑料膜、铝箔、易碎的玻璃及其制品、集成电路等微型精密零件，都可以使用真空吸附，完成各种作业。

1.2.2 真空输送系统

真空输送是一种移动物料的简单方法，适用于粉末、颗料或液体物品。利用真空泵或风机为动力源，使系统内部成真空，物料在悬浮状态下在管道中移动，通过分离器使工作气体和物料分开，这就是真空输送。

2 真空产生装置

2.1 真空发生器及原理

（1）真空发生器

真空发生器是利用压缩空气的气流产生一定真空度的气动元件。典型的真空发生器的结构原理及其图形符号如图 22.7-3 所示，有进气口、排气口和真空口。当进气口的供气压力高于一定值后，喷管射出超声速射流。由于气体高速射流卷吸走负腔内的气体，使该腔形成很高的真空度。在真空口处接上配管和真空吸盘，靠真空压力便可吸起吸吊物。

（2）往复式真空泵

往复式真空泵(见图 22.7-4)又名活塞式真空泵，属于低真空获得设备之一。它是利用泵腔内活塞的往复运动，将气体吸入、压缩并排出。往复式真空泵的用途广泛，主要用在石油、化工、医药、食品、轻工、冶金、电气和宇航模拟等领域。

（3）旋片式真空泵

旋片式真空泵是一种变容式气体传输真空泵，为真空技术中基本的真空获得设备之一。其工作压力范围为 $10^5 \sim 1.33\times10^{-2}$ Pa，属于低真空泵。旋片式真空泵利用泵腔内活塞的旋转运动，将气体吸入、压缩并排出。

（4）动量传输式真空泵

动量传输式真空泵是利用高速旋转的叶片或高速射流，把动量传输给被抽气体或气体分子，使气体连续不断地从入口传输到出口。

（5）气体捕集泵

这种真空泵是将被抽空间的气体冷凝、捕集、吸

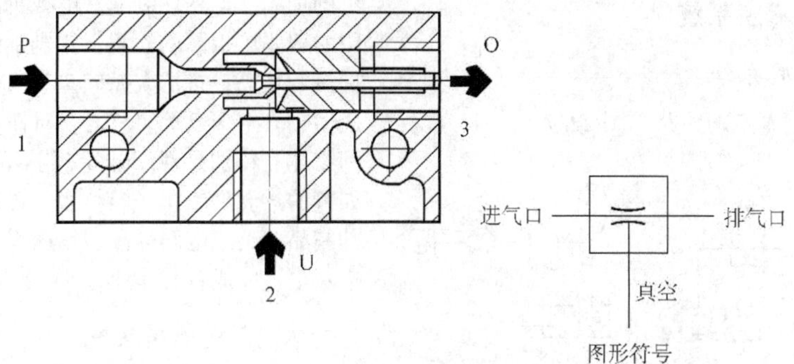

图 22.7-3 真空发生器

1—进气口/气流喷嘴 2—真空/吸盘连接口 3—排气口/接收器喷嘴

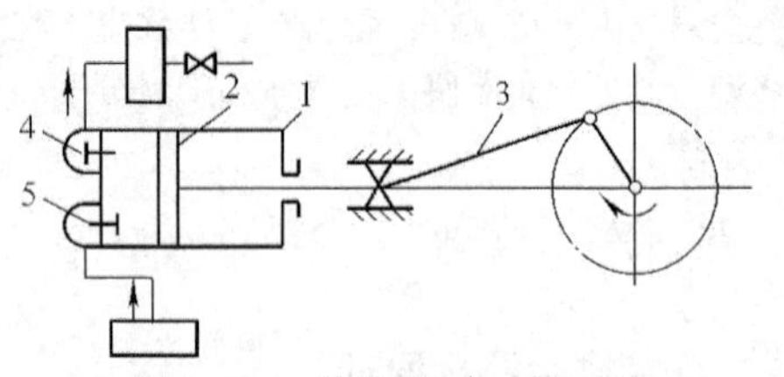

图 22.7-4 单作用往复式真空泵

1—气缸 2—活塞 3—曲柄连杆机构

4—排气阀 5—吸气阀

附或冷凝+吸附，使被抽空间的压力大大降低，从而获得并维持真空状态的抽气装置。真空产生装置对比见表 22.7-2。

2.2 真空发生器的技术特性

真空发生器的主要技术参数为在某一工作压力时所产生的真空，如图 22.7-5 所示。

真空发生器的重要参数为低压力时真空喷射器的效率。

表 22.7-2 真空产生装置对比

	项 目	真空发生器	真 空 泵
真空发生器和真空泵的特性比较	真空度/kPa	可达-88	可达-101.3
	吸入流量/L · min^{-1}	300	20000
	结构	简单	复杂
	寿命	无可动部件，无需维修，寿命长	有可动部件，需要定期维修
	消耗功率	小(尤其对省气式组合发生器)	较大
	安装	方便	不便
	与配套件的组合	容易(如气管短、细)	困难(如气管壁厚、长)
	真空的产生及消除	快	慢
	真空压力的脉动	无脉动，不需要真空管	有脉动，需要真空管
	产生真空的成本比	1	27
	应用场合	需要气源，宜从事流量不大的间歇工作，适合分散及集中点使用 适用于工业机器人、自动流水线、抓取放置系统、印刷、包装和传输等领域	适合连续的、大流量工作，不宜频繁启停，也不宜分散点使用 适用于抓取透气性较好、重量较轻的物件，如沙袋、纸板箱和刨花板(送气式动力真空泵)

$$\eta=\frac{1}{1+\dfrac{t_E Q}{60V}}$$

式中 t_E——抽空时间(s)；

Q——耗气量(L/min)；

V——抽空容积(标准容积)(L)。

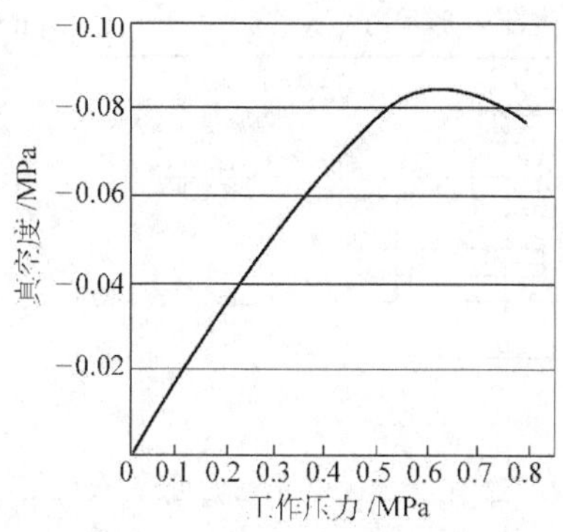

图 22.7-5　真空发生器的真空度与工作压力关系

衡量真空发生器性能的另一个重要指标，是看它在吸取一个不泄漏材料且达到一定的真空度时所需的时间多少。这一参数值就是真空发生器的抽空时间。在容积一定的情况下，抽空时间和真空压力的关系曲线是按比例上升的。也就是，当真空水平被抽得越高时，真空发生器的抽气能力将变得越弱，同时达到更高真空度所需的时间也越长(见图 22.7-6)。

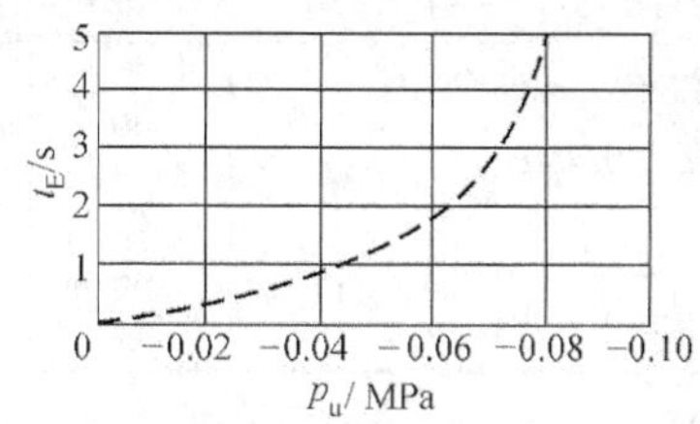

图 22.7-6　抽空时间 t_E 与真空度 p_u 的关系

2.3　真空发生器的选择步骤

1）确定系统总的容积(需要抽成真空的容积)。必须先确定吸盘、吸盘支座以及气管的容积 V_1、V_2 和 V_3，然后相加后算出总的容积，即

$$V_{总}=V_1+V_2+V_3$$

2）一次工作循环可以被分为若干个单独的时间间隔，因此需要分别进行测量或计算。将单个所需时间相加便得到了总的循环时间：(见图 22.7-7)。

确定循环时间：

$$t_{循环时间}=t_1+t_2+t_3+t_4$$

式中　t_1——真空发生时间；

t_2——工件吸着时间；

t_3——搬运时间；

t_4——真空破坏时间。

3）核查运作的经济性。确定每次工作循环的耗气量 Q，可以在相应真空发生器的样本找到其数据(确定每个循环的耗气量、每小时的工作循环次数,确定每小时的耗气量及每年的能源费用)。

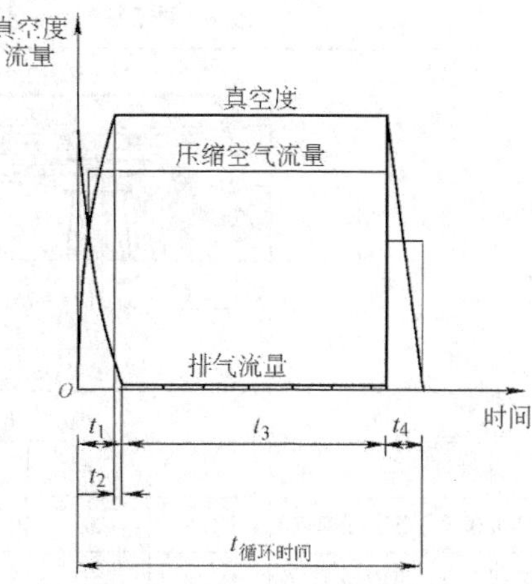

图 22.7-7　真空吸着过程示意图

4）将附加的功能/元件以及设计要求考虑在内。系统在性能、功能以及工作环境等方面的特定要求也必须在元件选型时加以考虑，如可靠性等。

2.4　真空发生器的典型产品

2.4.1　ZHF-Ⅱ系列真空发生器

1）工作原理。真空发生器是一种粗真空发生装置。它利用压缩空气经喷嘴处喷射，因射流的卷吸作用，在吸气口(真空口)处产生真空的原理制成。

2）技术规格(见表 22.7-3)。

表 22.7-3　ZHF-Ⅱ系列真空发生器技术规格

型号 / 规格	ZHF-Ⅱ0.5	ZHF-Ⅱ0.7	ZHF-Ⅱ1.0	ZHF-Ⅱ1.3
喷嘴直径/mm	0.5	0.7	1.0	1.3
接管螺纹	G1/8	G1/8	G1/4	G1/4
工作介质	洁净、干燥的压缩空气			
环境及介质温度/℃	5~60			
输入压力/MPa	0.25~0.63			
最低绝对压力/MPa	0.025			
耗气量/L·min^{-1}(输入压力 0.4MPa 时)	10	20	34	68
最大吸入流量/L·min^{-1}	5	12	24	68
给油情况	不允许			

注：型号意义

ZHF　Ⅱ-□

真空发生器——ZHF

金属整体式——Ⅱ

□——规格：0.5，0.7，1.0，1.3 喷嘴直径分别为 0.5mm、0.7mm、1.0mm、1.3mm

3）外形尺寸(见表 22.7-4)。

表 22.7-4 ZHF-Ⅱ系列真空发生器外形尺寸 (mm)

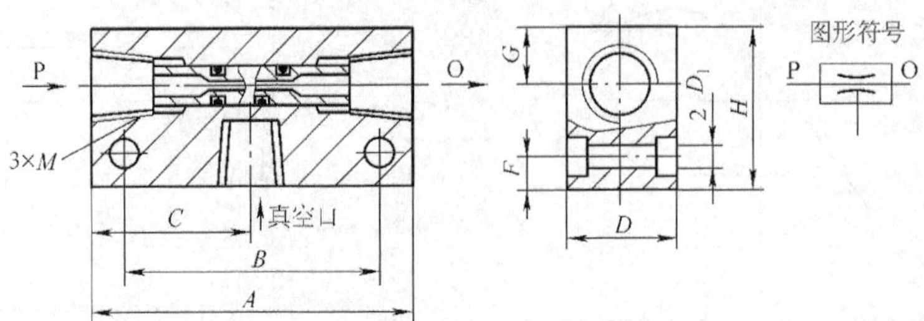

型 号	M	A	B	C	D	F	G	H	D_1
ZHF-Ⅱ0.5、ZHF-Ⅱ0.7	G1/8	50	40	25	15	5	8	24	ϕ4.2
ZHF-Ⅱ1.0、ZHF-Ⅱ1.3	G1/4	60	50	25	18	5	10	28	ϕ4.2

2.4.2 ZKF 系列真空发生器

1）工作原理与 ZHF 系列真空发生器原理相同。

2）技术规格(见表 22.7-5)。

表 22.7-5 ZKF 系列真空发生器技术规格

型 号	ZKF08	ZKF10	ZKF15
喷嘴直径/mm	0.8	1.0	1.5
工作介质	洁净、干燥的压缩空气		
环境、介质温度/℃	5~60		

（续）

型 号	ZKF08	ZKF10	ZKF15
使用压力范围/MPa	0.2~0.8		
最低绝对压力/MPa	0.025		
耗气量/$L \cdot min^{-1}$（输入压力 0.4MPa）	26	40	100
最高吸入流量/$L \cdot min^{-1}$（输入压力 0.4MPa）	17	27	68

3）外形尺寸(见表 22.7-6)。

表 22.7-6 ZKF 系列真空发生器外形尺寸 (mm)

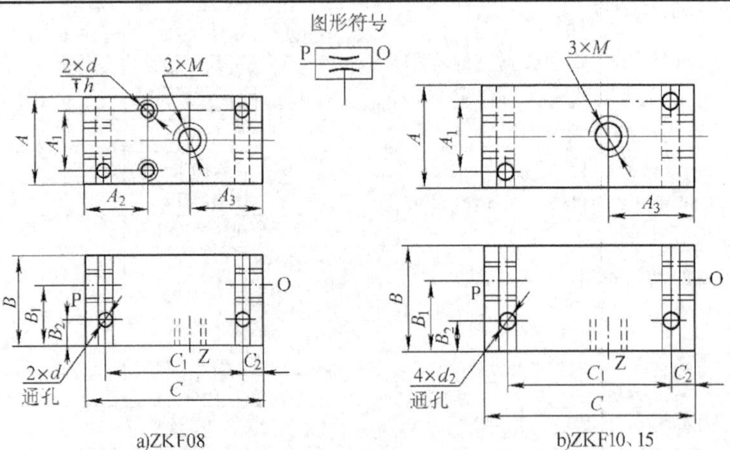

a)ZKF08　　b)ZKF10、15

型号	M	d_1	h	A	A_1	A_2	A_3	B	B_1	B_2	d_2	C	C_1	C_2
ZKF08	M10×1(G1/8)	M5-6H	8	18	10	15	19	25	17	8	4.5	46	34	6
ZKF10	M12×1.25(G1/4)	—	—	30	21	—	25	30	20	9	5.5	62	48	7
ZKF15	M16×1.5(G3/8)	—	—	36	26	—	30	40	26	10	6.2	70	54	8

2.4.3 SMC的ZH系列真空发生器

外形尺寸见表22.7-7。

表22.7-7 ZH系列真空发生器外形尺寸 (mm)

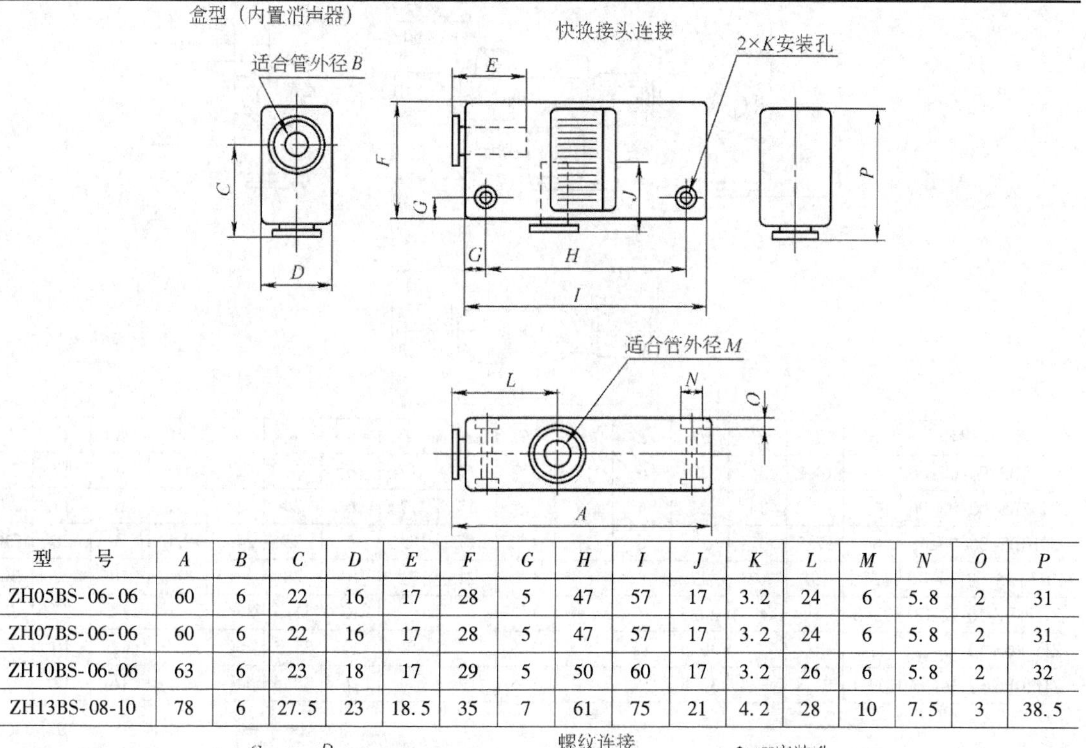

型号	A	B	C	D	E	F	G	H	I	J	K	L	M	N	O	P
ZH05BS-06-06	60	6	22	16	17	28	5	47	57	17	3.2	24	6	5.8	2	31
ZH07BS-06-06	60	6	22	16	17	28	5	47	57	17	3.2	24	6	5.8	2	31
ZH10BS-06-06	63	6	23	18	17	29	5	50	60	17	3.2	26	6	5.8	2	32
ZH13BS-08-10	78	6	27.5	23	18.5	35	7	61	75	21	4.2	28	10	7.5	3	38.5

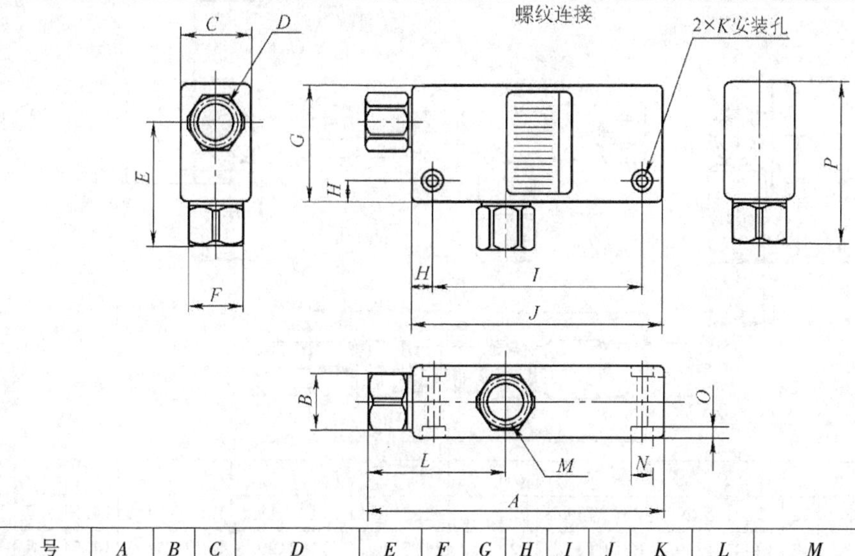

型号	A	B	C	D	E	F	G	H	I	J	K	L	M	N	O	P
ZH05BS-01-01	67.5	12	16	Rc(PT)1/8	29.5	12	28	5	47	57	3.2	31.5	Rc(PT)1/8	5.8	2	38.5
ZH07BS-01-01	67.5	12	16	Rc(PT)1/8	29.5	12	28	5	47	57	3.2	31.5	Rc(PT)1/8	5.8	2	38.5
ZH10BS-01-01	70.5	12	18	Rc(PT)1/8	30.5	12	29	5	50	60	3.2	33.5	Rc(PT)1/8	5.8	2	39.5
ZH13BS-01-02	86.5	14	23	Rc(PT)1/8	39	17	35	7	61	75	4.2	36.5	Rc(PT)1/8	7.5	3	50

（续）

直接接管型（无消声器）

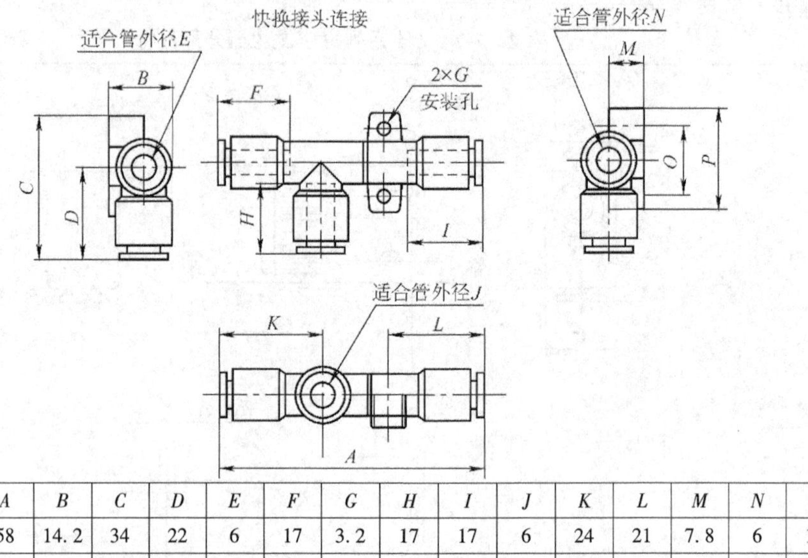

型 号	A	B	C	D	E	F	G	H	I	J	K	L	M	N	O	P
ZH05BS-06-06-06	58	14.2	34	22	6	17	3.2	17	17	6	24	21	7.8	6	17	24
ZH07BS-06-06-06	61	14.2	34	22	6	17	3.2	17	17	6	24	22	7.8	6	17	24
ZH10BS-06-06-08	66	17.2	37	23	6	17	4.2	17	18.5	6	26	24.5	9.6	8	20	28
ZH13BS-08-10-10	74	20	42	27	8	18.5	4.2	21	21	10	28	26.5	10.7	10	22	30
ZH15BS-10-12-12	93.3		47	29.5	10		4.2			12	31.5	32.8		12	27	35
ZH18BS-12-12-12	114			30.5	12		3.5			12	35.5	50		12	10	
ZH20BS-12-16-16	124.6			35.5	12		3.5			16	38.5	54.3		16	12	

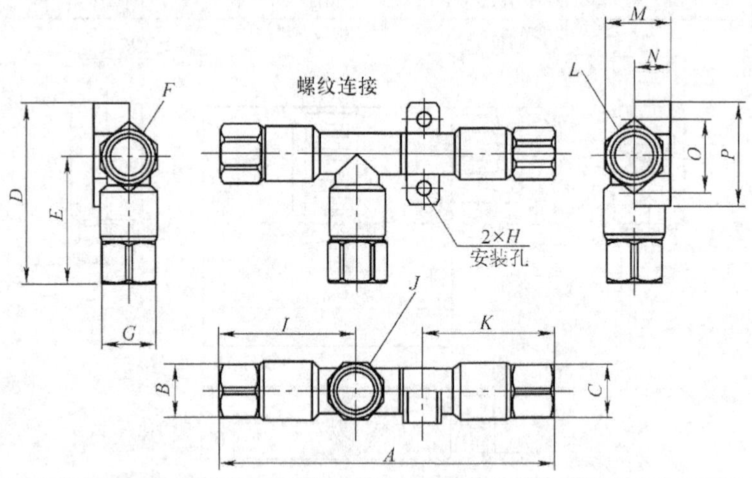

型 号	A	B	C	D	E	F	G	H	I	J	K	L	M	N	O	P
ZH05BS-01-01-01	73.5	12	12	41.5	29.5	Rc(PT)1/8	12	3.2	31.5	Rc(PT)1/8	28.5	Rc(PT)1/8	14.5	7.8	17	24
ZH07BS-01-01-01	76	12	12	41.5	29.5	Rc(PT)1/8	12	3.2	31.5	Rc(PT)1/8	29.5	Rc(PT)1/8	14.5	7.8	17	24
ZH10BS-01-01-01	82	12	14	44.5	30.5	Rc(PT)1/8	12	4.2	33.5	Rc(PT)1/8	33	Rc(PT)1/8	17.4	9.6	20	28
ZH13BS-01-02-02	94.5	14	17	54	39	Rc(PT)1/8	17	4.2	36.5	Rc(PT)1/4	38.5	Rc(PT)1/4	20.2	10.7	22	30
ZH15BS-02-03-03						Rc(PT)1/4				Rc(PT)3/8		Rc(PT)3/8				
ZH18BS-03-03-03						Rc(PT)3/8				Rc(PT)3/8		Rc(PT)3/8				
ZH20BS-03-04-04						Rc(PT)3/8				Rc(PT)1/2		Rc(PT)1/2				

2.4.4　SMC 的 ZU 系列管道型真空发生器

1）技术规格（见表 22.7-8）。

表 22.7-8　ZU 系列管道型真空发生器技术规格

使用流体	空　气	使用流体	空　气
最高操作压力/MPa	0.7	流体及环境温度/℃	5～60
标准使用压力/MPa	0.45	适用喉管外径/mm	ϕ6（进气口及真空口）

2）外形尺寸（见表 22.7-9）。

表 22.7-9　ZU 系列管道型真空发生器外形尺寸　（mm）

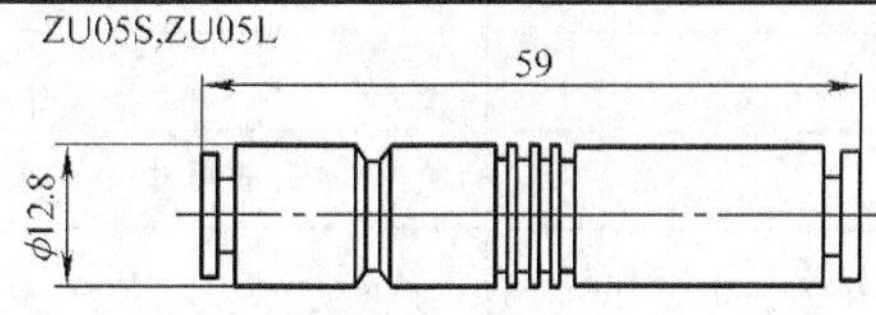

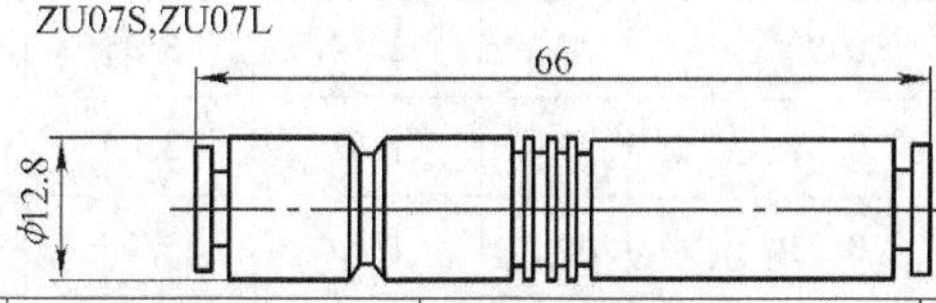

型号	类型	喷嘴直径	最高真空压力/kPa	最大吸入流量/L·min^{-1}	耗气量/L·min^{-1}	质量/g
ZU05S	高真空型	0.5	-85	7	9.5	6.5
ZU07S		0.7	-85	12.5	19	7.0
ZU05L	大流量型	0.5	-48	12.5	9.5	6.5
ZU07L		0.7	-48	22	19	7.0

3　真空吸盘

3.1　真空吸盘的分类及应用

真空吸盘的分类及应用见表 22.7-10。

表 22.7-10　真空吸盘的分类及应用

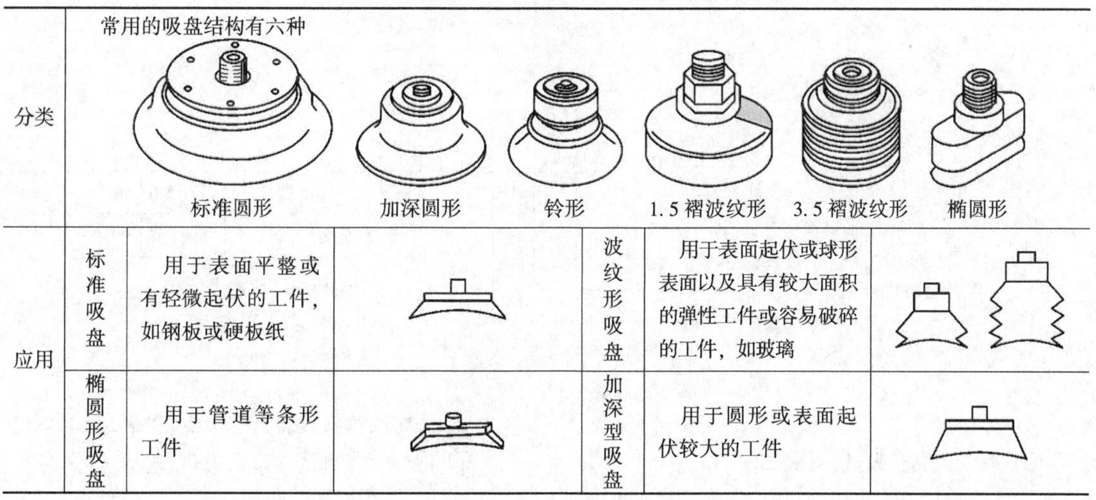

分类	常用的吸盘结构有六种：标准圆形、加深圆形、铃形、1.5 褶波纹形、3.5 褶波纹形、椭圆形				
应用	标准吸盘	用于表面平整或有轻微起伏的工件，如钢板或硬板纸		波纹形吸盘	用于表面起伏或球形表面以及具有较大面积的弹性工件或容易破碎的工件，如玻璃
	椭圆形吸盘	用于管道等条形工件		加深型吸盘	用于圆形或表面起伏较大的工件

3.2　真空吸盘的典型产品

3.2.1　ZHP 系列真空吸盘

（1）工作原理

因真空发生器或真空泵的抽吸作用，使吸盘内表面与被吸物外表面之间空间形成真空，在大气压力作用下将被吸物提起。

（2）技术规格(见表 22.7-11)

表 22.7-11　ZHP 系列真空吸盘技术规格

对提升重物表面要求				光滑、不透气				
真空工作压力/MPa				-0.08~-0.04				
提升搬运重物的速度/mm·s^{-1}				<400				
吸盘直径/mm	10	13	16	20	25	32	40	50
真空/MPa	允许提升质量/kg							
-0.08	0.64	1.08	1.64	2.56	4.0	6.56	10.28	16.0
-0.073	0.58	0.99	1.49	2.33	3.65	5.98	9.38	1.46
-0.067	0.53	0.90	1.37	2.14	3.35	5.49	8.61	13.39
-0.060	0.48	0.81	1.23	1.92	3.00	4.92	7.38	1.20
-0.053	0.42	0.71	1.08	1.69	2.65	4.34	6.81	10.6
-0.047	0.37	0.63	0.96	1.50	2.35	3.85	6.04	9.4
-0.04	0.32	0.54	0.82	1.28	2.00	3.28	5.14	8.0

注：1. 表中提升质量实际使用时建议除以安全系数 n。水平吊件(吸盘与件接触面在水平面上)，$n \geqslant 4$；垂直吊件(吸盘与件接触面在垂直方向)，$n \geqslant 8$。

2. 生产单位为肇庆方大气动有限公司。

（3）型号意义

1）平直型真空吸盘：

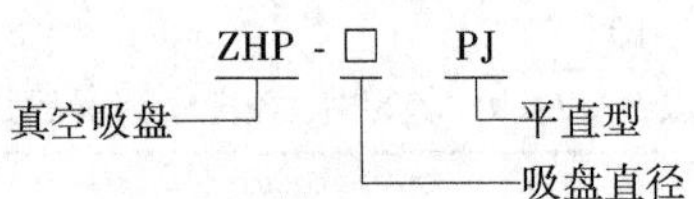

2）垂直接管式真空吸盘：

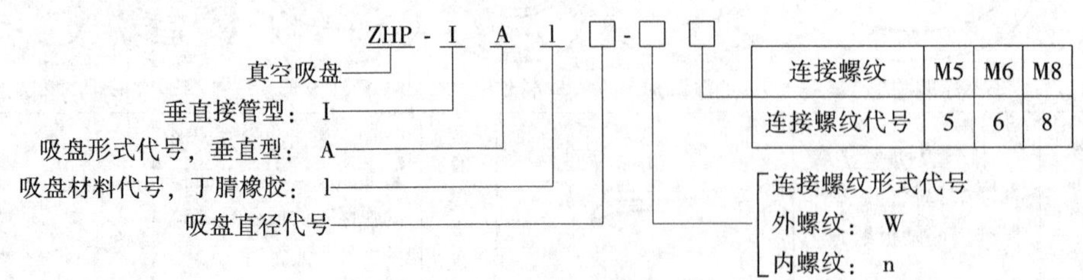

3）外形尺寸：

① 平直型真空吸盘(见表 22.7-12)。

② 外螺纹垂直接管真空吸盘(见表 22.7-13)。

③ 内螺纹垂直接管真空吸盘(见表 22.7-14)。

表 22.7-12　ZHP 系列平直型真空吸盘外形尺寸　(mm)

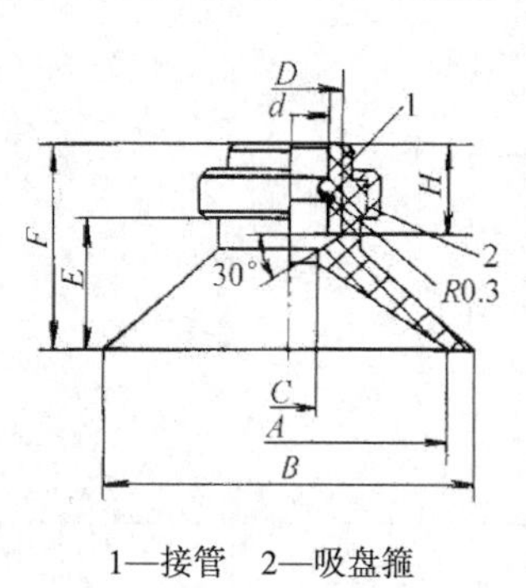

1—接管　2—吸盘箍

型号	A	B	E	F	C	d	D	H
ZHP-10PJ	10	12	7.7	12	4	4	6.5	6.5
ZHP-13PJ	13	15	7.7	12	4	4	6.5	6.5
ZHP-16PJ	16	18	8.2	12.5	4	4	6.5	6.5
ZHP-20PJ	20	23	9.5	14	4	6	8	6.5
ZHP-25PJ	25	28	9.5	14	4	6	8	6.5
ZHP-32PJ	32	35	10	14.5	7	6	8	6.5
ZHP-40PJ	40	43	13.7	18.5	7	9	12	7
ZHP-50PJ	50	53	14.7	19.5	7	9	12	6.8

表 22.7-13　ZHP 系列外螺纹垂直接管真空吸盘外形尺寸　(mm)

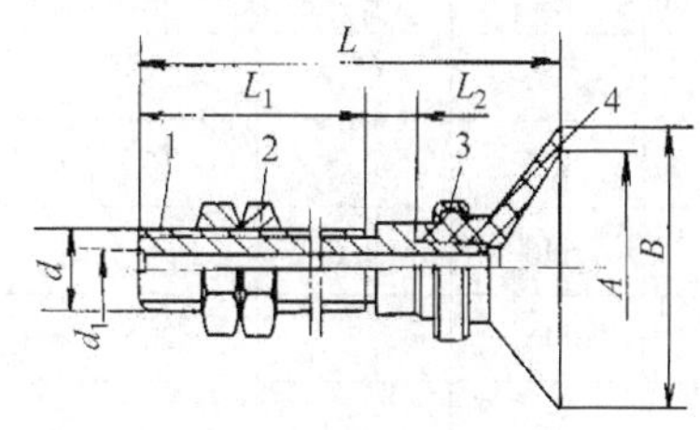

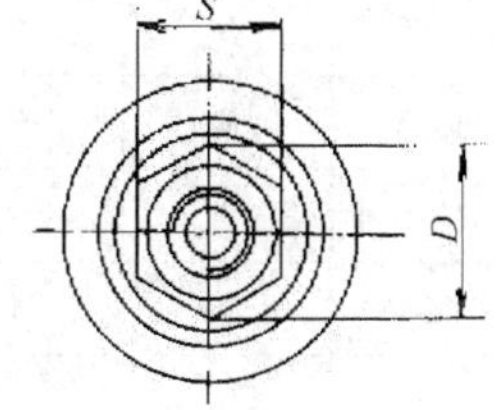

1—接管　2—螺母　3—吸盘箍　4—吸盘

型　号	L	L_1	L_2	d	d_1	A	B	S	D
ZHP-IA110-W5	38.5	20	6	M5	2.5	10	12	8	8.8
ZHP-IA110-W6	42.5	25	5	M6	2.5	10	12	10	11.1
ZHP-IA113-W5	38.5	20	6	M5	2.5	13	15	8	8.8
ZHP-IA113-W6	42.5	25	5	M6	2.5	13	18	10	11.1
ZHP-IA116-W5	40	20	6	M5	2.5	16	18	8	8.8
ZHP-IA116-W6	44	25	5	M6	2.5	16	18	10	11.1
ZHP-IA120-W6	46	25	6	M6	3	20	23	10	11.1
ZHP-IA120-W8	41	15	11	M8	3	20	23	13	14.3
ZHP-IA125-W6	46	25	6	M6	3	25	28	10	11.1
ZHP-IA125-W8	41	15	11	M8	3	25	28	13	14.3
ZHP-IA132-W6	46.5	25	6	M6	3	32	35	10	11.1
ZHP-IA132-W8	41.5	15	11	M8	3	32	35	13	14.3
ZHP-IA140-W6	51	25	7.5	M6	3	40	43	12	13.2
ZHP-IA140-W8	41	15	7.5	M8	5	40	3	13	14.3
ZHP-IA150-W6	52	25	7.5	M6	4.5	50	53	12	13.2
ZHP-IA150-W8	42	15	7.5	M8	4.5	50	53	13	14.3

表 22.7-14　ZHP 系列内螺纹垂直接管真空吸盘外形尺寸　(mm)

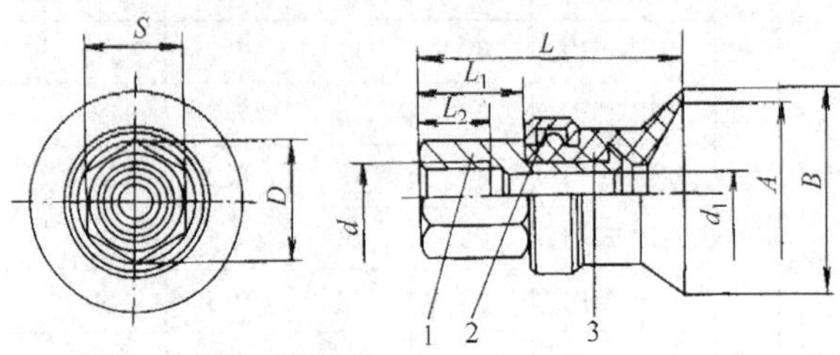

1—接管　2—吸盘箍　3—吸盘

型　号	L	L_1	L_2	d	d_1	A	B	S	D
ZHP-IA110-n5	21.5	9	6	M5	2.5	10	12	8	8.8
ZHP-IA110-n6	21.5	9	6	M6	2.5	10	12	8	8.8
ZHP-IA113-n5	21.5	9	6	M5	2.5	13	15	8	8.8
ZHP-IA113-n6	21.5	9	6	M6	2.5	13	15	8	8.8
ZHP-IA116-n5	21.5	9	6	M5	2.5	16	18	8	8.8
ZHP-IA116-n6	21.5	9	6	M6	2.5	16	18	8	8.8
ZHP-IA120-n5	23	9	6	M5	3	20	23	12	13.8
ZHP-IA120-n6	23	9	6	M6	3	20	23	12	13.8
ZHP-IA120-n8	29	15	9	M8	3	20	23	12	13.8
ZHP-IA125-n5	23	9	6	M5	3	25	28	12	13.8
ZHP-IA125-n6	23	9	6	M6	3	25	28	12	13.8
ZHP-IA125-n8	29	15	9	M8	3	25	28	12	13.8
ZHP-IA132-n5	23.5	9	6	M5	3	32	35	12	13.8
ZHP-IA132-n6	23.5	9	6	M6	3	32	35	12	13.8
ZHP-IA132-n8	29.5	15	9	M8	3	32	35	12	13.8
ZHP-IA140-n6	32	13.5	8	M6	4.5	40	43	12	13.8
ZHP-IA140-n8	32	13.5	9	M8	4.5	40	53	12	13.8
ZHP-IA150-n6	33	13.5	8	M6	4.5	50	53	12	13.8
ZHP-IA150-n8	33	13.5	9	M8	4.5	50	53	12	13.8

3.2.2　XP 系列真空吸盘

1）工作原理同 ZHP 系列真空吸盘工作原理。

2）技术规格(见表 22.7-15)。

3）外形尺寸(见表 22.7-16)。

表 22.7-15　XP 系列真空吸盘技术规格

型　号	XP-8	XP-15	XP-30	XP-55	XP-75	XP-100
通径/mm	2	3		4		
连接螺纹	M5	M10×1		M12×1.25		

（续）

型　号	XP-8	XP-15	XP-30	XP-55	XP-75	XP-100
工作介质	经过滤的压缩空气					
使用温度范围/℃	-20~80					
输入压力范围/MPa	0.3~0.7					
有效吸附直径/mm	6	12	25	44	60	85
理论吸力/N（在 0.07MPa 真空度时）	1.9	7.9	34	106	197	397

表 22.7-16　XP 系列真空吸盘外形尺寸　（mm）

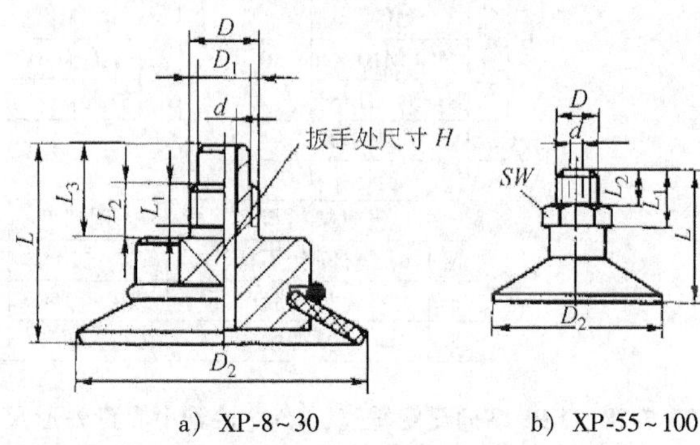

a）XP-8~30　b）XP-55~100

代号 / 型号	D	d	D_2	D_1	L_1	L_2	L_3	L	SW	H
XP-8	M5	1.5	15	3.5	5	7.5	12	25.5	—	—
XP-15	M10×1(G1/8)	2.5	20	7	6	7.5	13.5	27.5	—	10
XP-30	M10×1(G1/8)	3.5	40	7.5	6	7.5	13	28	—	21
XP-55	M12×1.25(G1/4)	4	55	—	28	20	—	42	18	—
XP-75	M12×1.25(G1/4)	4	75	—	27	20	—	49	18	—
XP-100	M12×1.25(G1/4)	4	100	—	26	18	—	49	18	—

注：生产单位为烟台未来自动装备有限责任公司。

3.2.3　XPI 系列真空小吸盘

1）工作原理同 ZHP 系列真空吸盘工作原理。

2）技术规格（见表 22.7-17）。

3）外形尺寸（见表 22.7-18~表 22.7-20）。

表 22.7-17　XPI 系列真空小吸盘技术规格

吸盘直径/mm	10	16	20	25	32	40
工作介质	环境空气					

（续）

吸附面积/mm²	78.5	200.96	314	490.6	803.8	1256
理论吸力/N(真空度0.07MPa时)	6	14	22	35	57	88

注：1. 实际使用时，建议对提升载荷除以安全系数 n。水平吊件，$n \geq 4$；垂直吊件，$n \geq 8$。

2. 型号意义：

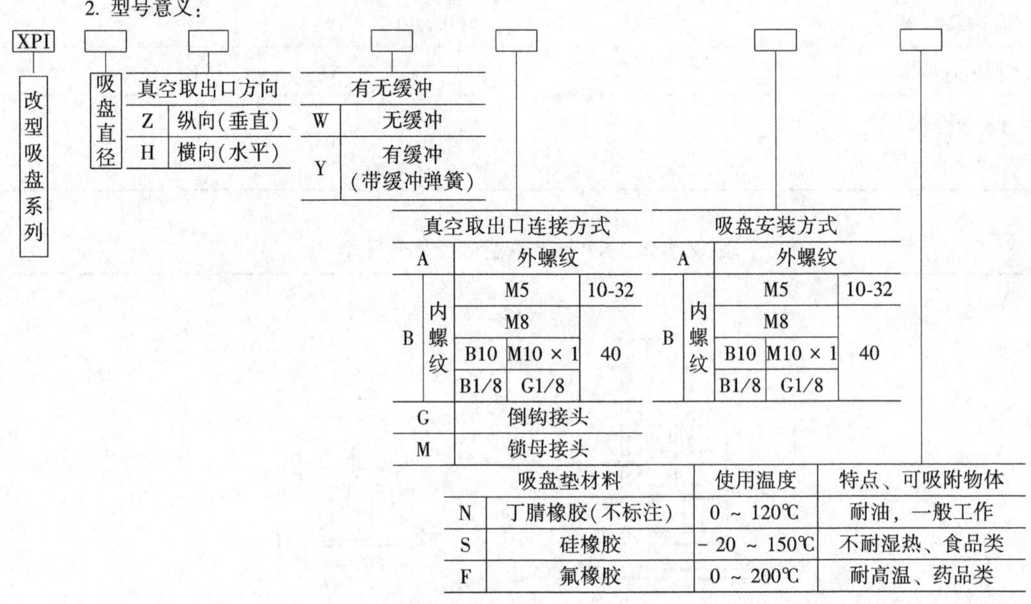

表 22.7-18　XPI系列真空垂直(纵向)接管小吸盘外形尺寸　(mm)

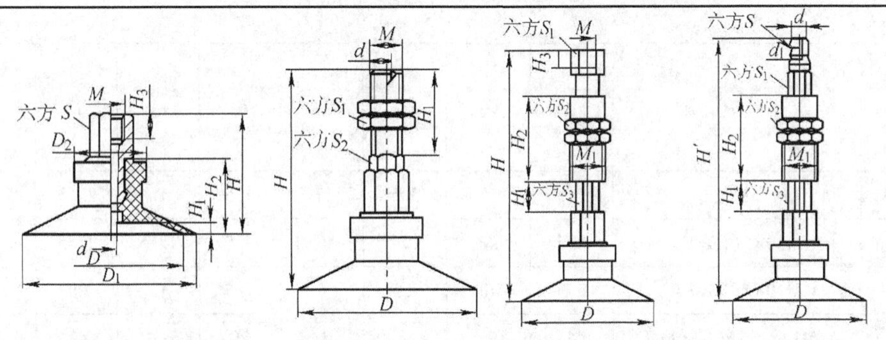

a)XPI10-40ZWBB内螺纹连接，无缓冲　b)XPI10-40ZWAA外螺纹连接，无缓冲　c)XPI10-40ZYBA内螺纹连接，有缓冲　d)XPI10-40ZYGA倒钩连接，有缓冲

<table>
<tr><th>型号</th><th colspan="9">XPI10-40ZWBB内螺纹连接，无缓冲</th><th colspan="6">XPI10-40ZWAA外螺纹连接，无缓冲</th></tr>
<tr><th>吸盘直径 D</th><th>M</th><th>D1</th><th>D2</th><th>d</th><th>H</th><th>H1</th><th>H2</th><th>H3</th><th>S</th><th>M</th><th>d</th><th>H</th><th>H1</th><th>S1</th><th>S2</th></tr>
<tr><td>10</td><td rowspan="5">M5</td><td>12</td><td rowspan="2">13</td><td rowspan="2">2.5</td><td>21</td><td>1.7</td><td>12</td><td rowspan="5">6</td><td rowspan="5">8</td><td rowspan="5">M5</td><td rowspan="5">2.5</td><td>44</td><td rowspan="5">20</td><td rowspan="5">8</td><td rowspan="5">8</td></tr>
<tr><td>16</td><td>18</td><td>21.5</td><td>1.2</td><td>12.5</td><td>44.5</td></tr>
<tr><td>20</td><td>23</td><td rowspan="3">15</td><td rowspan="3">3.5</td><td rowspan="2">23</td><td>1.7</td><td rowspan="2">14</td><td rowspan="2">46</td></tr>
<tr><td>25</td><td>28</td><td>1.8</td></tr>
<tr><td>32</td><td>35</td><td>23.5</td><td>2.3</td><td>14.5</td><td>46.5</td></tr>
<tr><td rowspan="2">40</td><td>M8</td><td rowspan="2">43</td><td rowspan="2">18</td><td rowspan="2">6</td><td rowspan="2">33.5</td><td rowspan="2">3.3</td><td rowspan="2">18.5</td><td>9</td><td rowspan="2">12</td><td rowspan="2">M10×1</td><td rowspan="2">4.5</td><td rowspan="2">61.5</td><td rowspan="2">25</td><td rowspan="2">14</td><td rowspan="2">12</td></tr>
<tr><td>M10×1 (G1/8)</td><td>11</td></tr>
</table>

（续）

型号	XPI10-40ZYBA 内螺纹连接，有缓冲 XPI10-40ZYGA 倒钩连接，有缓冲												
吸盘直径 D	M	M_1	d	d_1	H	H'	H_1	H_2	H_3	S_1	S	S_2	S_3
10	M5	M10×1	4	2	68	78	10	23	5	8	6	14	6
16					68.5	78							
20					70	80							
25													
32					70.5	80.5							
40	M8	M14×1	6	3.5	114.5	120.5		50	8	12	10	19	10
	M10×1（G1/8）								10				

注：生产单位为烟台未来自动装备有限责任公司。

表 22.7-19　水平(横向)接管无缓冲小吸盘外形尺寸　（mm）

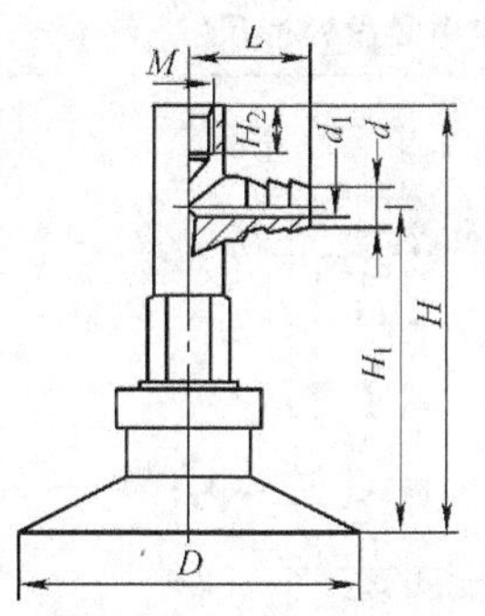

a)XPI10-40HWGB倒钩连接，无缓冲

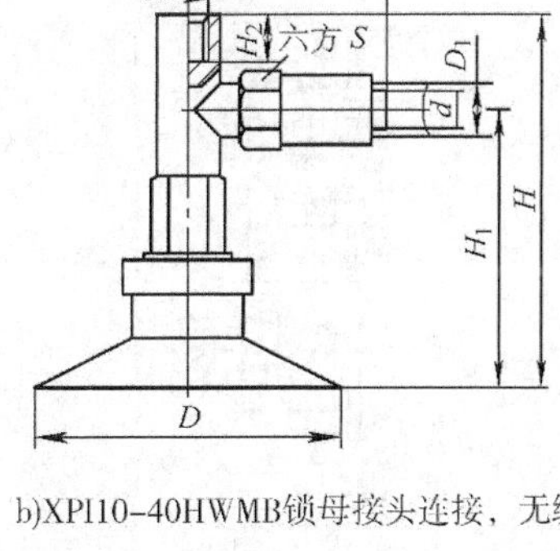

b)XPI10-40HWMB锁母接头连接，无缓冲

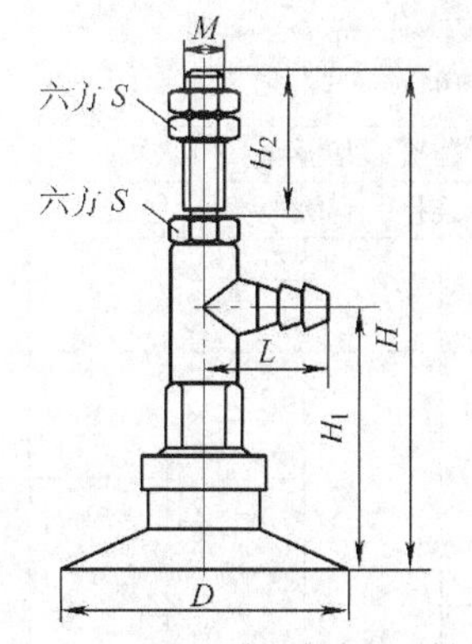

c)XPI10-40HWGA倒钩连接，无缓冲

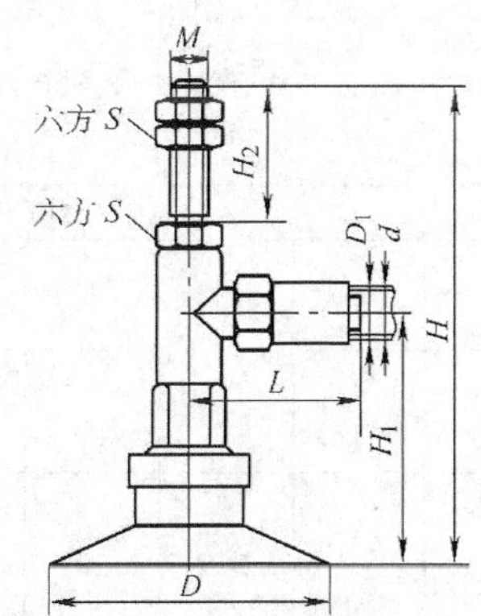

d)XPI10-40HWMA锁母接头连接，无缓冲

（续）

型　　号	XPI10-40HWGB 倒钩连接，无缓冲							XPI10-40HWMB 锁母接头连接，无缓冲						
吸盘直径 D	M	d	d_1	L	H	H_1	H_2	接管径 $D_1\times d$	M	L	H	H_1	H_2	S
10					40	28					40	28		
16					40.5	28.5					40.5	28.5		
20	M5	4	2.5	20	42	30	6	6×4	M5	20	42	30	6	10
25														
32					42.5	30.5					42.5	30.5		
40	M8	6	4.5	22	62.5	43.5	9	8×6	M8×1	22	62.5	43.5	9	12

型　　号	XPI10-40HWGA 倒钩连接，无缓冲								XPI10-40HWMA 锁母接头连接，无缓冲						
吸盘直径 D	M	d①	$d_1$①	L	H	H_1	H_2	S	接管径 $D_1\times d$	M	L	H	H_1	H_2	S
10					63	28						63	28		
16					63.5	28.5						63.5	28.5		
20															
25	M5	4	2.5	20	65	30	20	8	6×4	M5	20	65	30	20	8
32					65.5	30.5						65.5	30.5		
40	M8×1	6	4.5	22	90.5	43.5	25	12	8×6	M8×1	22	90.5	43.5	25	12

① d、d_1 尺寸见 XPI10-40HWGB 倒钩连接，无缓冲。

表 22.7-20 水平（横向）接管有缓冲小吸盘外形尺寸 （mm）

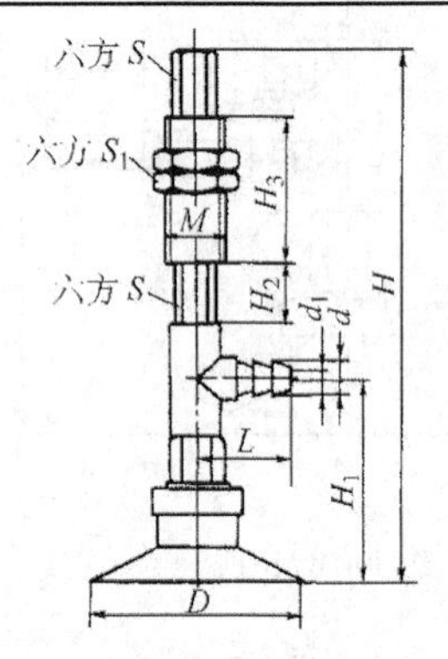

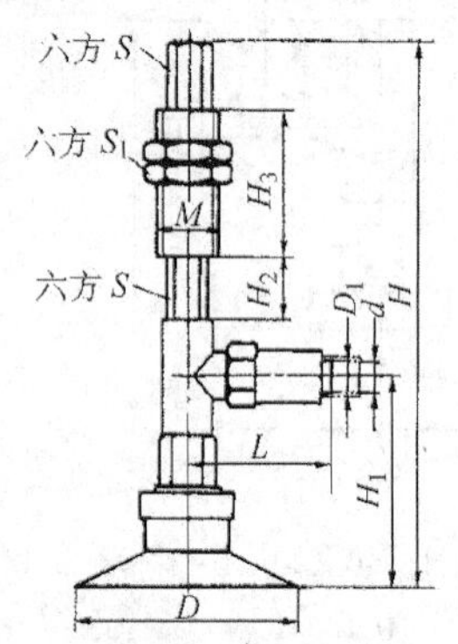

a)XPI10-40HYGA倒钩连接，有缓冲　b)XPI10-40HYMA锁母连接，有缓冲

型　　号	XPI10-40HYGA 倒钩连接，有缓冲 XPI10-40HYMA 锁母连接，有缓冲										
吸盘直径 D	M	d	d_1	L	H	H_1	H_2	H_3	S	S_1	接管径 $D_1\times d$
10					85	28					
16					85.5	28.5					
20					87						
25	M10×1	4	2.5	20		30		23	6	14	6×4
32					87.5	30.5	10				
40	M14×1	6	4.5	22	136.5	43.5		50	10	19	8×6

3.2.4　SMC的ZP系列真空吸盘

ZP系列真空吸盘外形尺寸见表22.7-21。

表22.7-21　ZP系列真空吸盘外形尺寸　(mm)

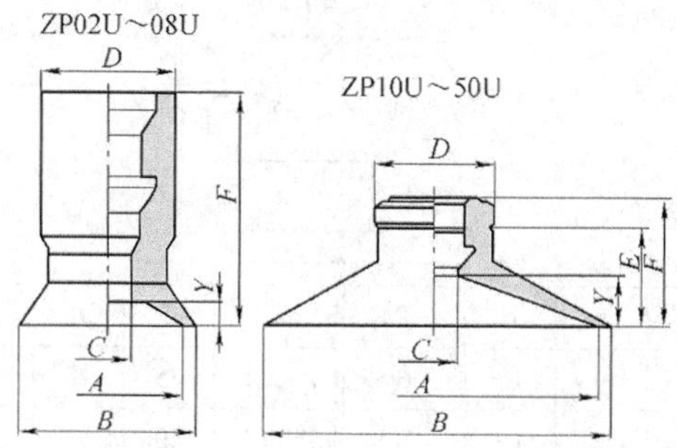

型号	A	B	C	D	E	F	Y	型号	A	B	C	D	E	F	Y
ZP02U	2	2.6	1.2	7	—	12	0.8	ZP16U	16	18	4	13	8.2	12.5	3.5
ZP04U	4	4.8	16	7	—	12	0.8	ZP20U	20	23	4	15	9.5	14	4
ZP06U	6	7	2.5	7	—	12	0.8	ZP25U	25	28	4	15	9.5	14	4
ZP08U	8	9	2.5	7	—	12	1	ZP32U	32	35	4	15	10	14.5	4.5
ZP10U	10	12	4	13	7.7	12	3	ZP40U	40	43	7	18	13.7	18.5	6.5
ZP13U	13	15	4	13	7.7	12	3	ZP50U	50	53	7	18	14.7	19.5	7.5

平直型带肋条吸盘垫

ZP10C～50C

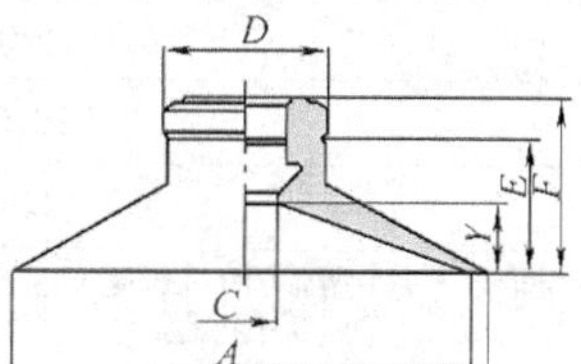

型号	A	B	C	D	E	F	Y	型号	A	B	C	D	E	F	Y
ZP10C	10	12	4	13	7.7	12	1.7	ZP25C	25	28	4	15	9.5	14	1.8
ZP13C	13	15	4	13	7.7	12	1.8	ZP32C	32	35	4	15	10	14.5	2.3
ZP16C	16	18	4	13	8.2	12.5	1.2	ZP40C	40	43	7	18	13.7	18.5	3.3
ZP20C	20	23	4	15	9.5	14	1.7	ZP50C	50	53	7	18	14.7	19.5	3.3

（续）

深凹型吸盘垫

ZP10D～40D

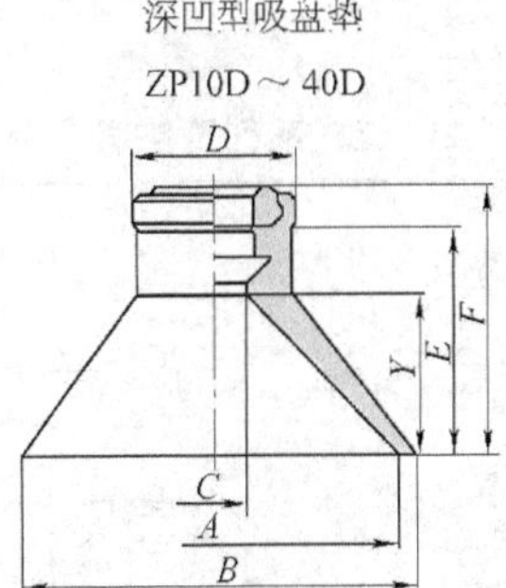

型号	A	B	C	D	E	F	Y	型号	A	B	C	D	E	F	Y
ZP10D	10	12	4	13	10.7	15	6	ZP25D	25	28	4	15	15.5	20	10
ZP16D	16	18	4	13	11.7	16	7	ZP40D	40	43	7	18	24.2	29	17

4　真空辅件

4.1　真空压力开关

真空压力开关分为机械式与电子式(压敏电阻式开关型)。机械式真空压力开关的压力等级可分为-0.1~0.16MPa、-0.08~-0.02MPa；电子式真空压力开关的压力等级可分为-0.1~0.4MPa、0~0.1MPa、-0.1~0.1MPa 等。电子式真空压力开关有带指示灯的压力开关及带显示屏的数字式压力开关。

4.1.1　FESTO 的 VPVE 机械式真空开关

1）技术规格(表 22.7-22)。

表 22.7-22　VPVE 机械式真空开关技术规格

型　号		VPVE-1/8	VPVE-1/8-M12
机 械 部 分			
气接口		G1/8	
测量方式		气/电压力转换器	
测量的变量		相对压力	
压力测量范围/MPa		-0.1~0.16	
阈值设定范围/MPa		-0.095~-0.02	
转换后的阈值设定范围/MPa		0.016~0.16	
电连接		插头，方块形结构符合 EN43 650 标准，A 型	插头，圆形结构符合 EN60 947-5-2 标准，M12×1，4 针
安装方式		通过通孔	
安装位置		任意	
电 部 分			
额定工作电压/V	AC	250	48
	DC	125	48
开关元件功能		转换开关	
开关状态显示		黄色 LED	—
防护等级，符合 EN60 529 标准		IP65	
CE 标志		73/23/EEC(低电压)	

（续）

电　部　分		
工作介质	过滤压缩空气，润滑或未润滑	过滤压缩空气，润滑或未润滑，过滤等级 40μm
	真空，润滑或未润滑	真空，润滑或未润滑
工作压力/MPa	-0.1～0.16	
环境温度/℃	-20～80	
介质温度/℃	-20～80	

2）外形尺寸（见图 22.7-8）。

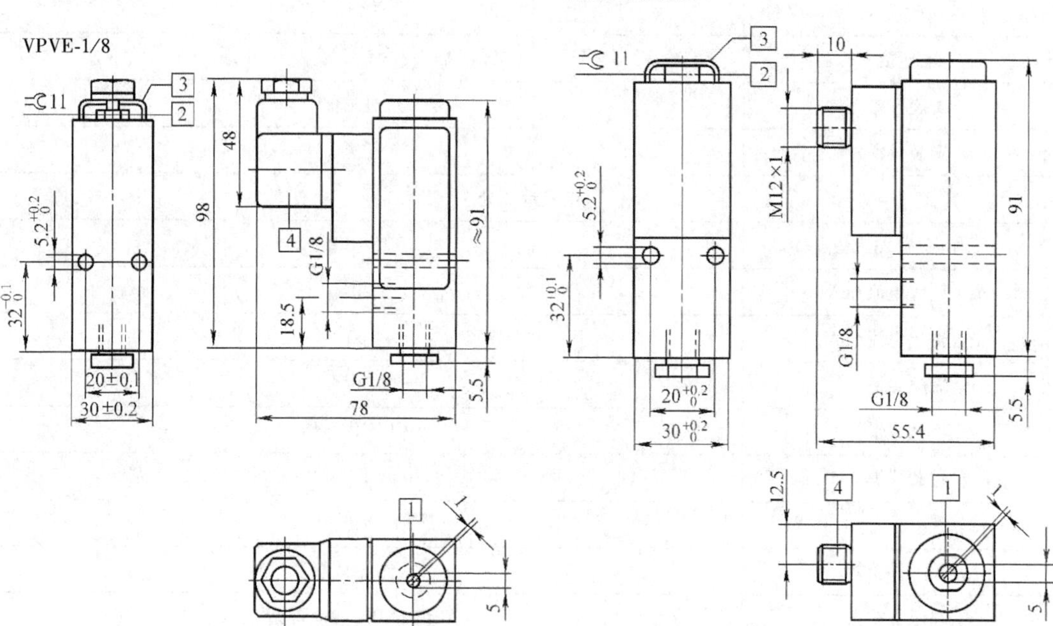

1—切换点调节螺钉
2—心轴，用于迟滞设定（在保护盖下面）
3—保护盖
4—快插接头符合 DIN EN175 301-803-A 标准，M16×1.5，通过旋转插座插件（4×90°）可选择电缆输出方式

1—切换点调节螺钉
2—心轴，用于迟滞设定（在保护盖下面）
3—保护盖
4—接头形式适用于符合 EN60 947-5-2 标准的插头，M12×1

图 22.7-8　VPVE 机械式真空开关外形尺寸

4.1.2　FESTO 的 SED5 真空开关

电子式真空压力开关利用压敏电阻方式在压力变化时可测得不同的电阻值，并转化为电流的变化。连接方式为气接口一端或两端带快插接头，分别接真空发生器及真空吸盘。

1）技术规格（表 22.7-23）。电子式真空压力开关主要技术参数：电压为 15～30V（DC），工作压力为-0.1～1MPa（有的真空压力开关工作压力为-0.1～3MPa），工作温度为 0～50℃，工作压力的精度为测量范围终值的 1.5%，切换点重复精度为±0.3%。

表 22.7-23 SED5 真空开关技术规格

派生型 压力测量范围/MPa	V1 -0.1~0	D2 0~0.2	D10 0~1
机 械 部 分			
气接口	一端或两端带快插接头 QS-3、QS-4 或 QS-6		
测量方式	压阻式压力开关		
测量的变量	相对压力		
精度(%)	测量范围终值的±1.5		
切换点重复精度(%)	测量范围终值的±0.3		
温度系数	±0.5%/10K		
响应时间/ms	4		
电连接	M8×1 插头，3 针，或 2.5m 电缆		
安装方式	通过附件		
安装位置	任意		
电 部 分			
工作电压(AC)/V	15~30		
最大闲置电流/mA	20		
最大输出电流/mA	100		
短路保护	脉冲型		
极性容错	用于工作电压		
过载保护	是		
开关输出	PNP		
开关元件功能	常开或常闭触点		
显示方式	黄色 LED，四周可见		
防护等级，符合 EN60 529 标准	IP65		
CE 标志	89/336/EEC(EMC)		
工作介质	过滤压缩空气，润滑或未润滑		
压力测量范围/MPa	-0.1~0	0~0.2	0~1
阈值设定范围(%)	0~100		
过载压力/MPa	0.5	0.6	1.5
环境温度/℃	0~50		
介质温度/℃	0~50		
耐腐蚀等级 CRC	2		
防护等级，符合 EN60 529 标准	IP40		

2）外形尺寸(表 22.7-24)。

表 22.7-24　SED5 真空开关外形尺寸　(mm)

带 M8 插头的派生型

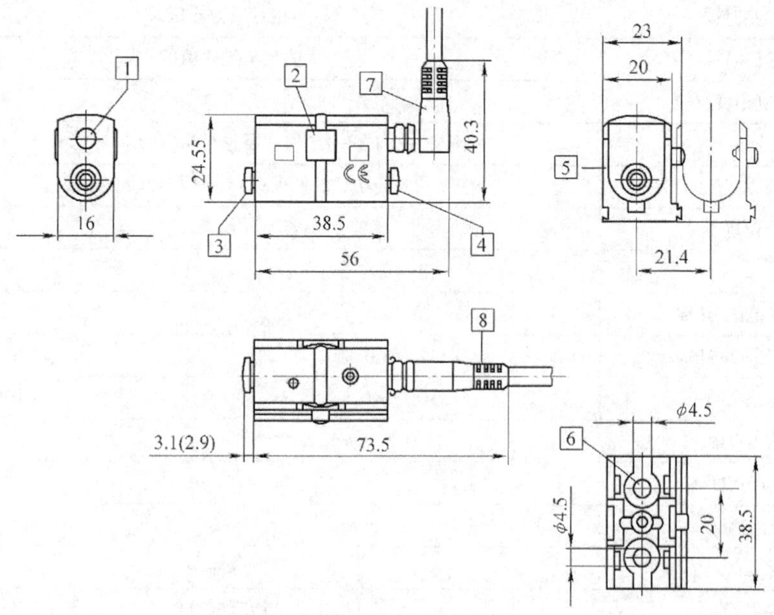

注：括号内的尺寸适用于派生型 SED5-···-Q3-···

1—M8×1 插头，3 针，针脚分布符合 EN60 947-5-2 附录 D

2—黄色 LED 显示，四周可见

3—气接口 QS-3、QS-4 或 QS-6

4—气接口 QS-3、QS-4、QS-6 或堵头（对于 SDE5-...-Q...E-...）

5—墙面安装支架

6—通孔，用于安装螺钉

7—直角式连接插座 SIM-M8-3WD

8—直列式连接插座 SIM-M8-3GD

4.1.3　FESTO 的 SDE1 带显示压力传感器

带显示屏的数字式压力传感器利用压敏电阻方式在不同的压力变化时可测得不同的电阻值，并转化为电流的变化。它有 PNP 或 NPN 输出(如 1 个开关输出 PNP 型或 NPN 型，2 个开关输出 PNP 型或 NPN 型，1 个开关输出 PNP 型或 NPN 型和模拟量 0~10V 的输出，2 个开关输出 PNP 型或 NPN 型和模拟量 4~20mA 的输出)；可有 LCD 显示(便于操作)及发光 LCD 显示(便于读取)；有两个压力测量范围，即 -0.1~0MPa、0~1MPa；可进行相对压力和压差的测量。它的 1 配置工作模式与电子式真空压力开关(带指示灯)相同，工作压力设定调整如图 22.7-9 所示，由增加键或减少键调整所需压力。

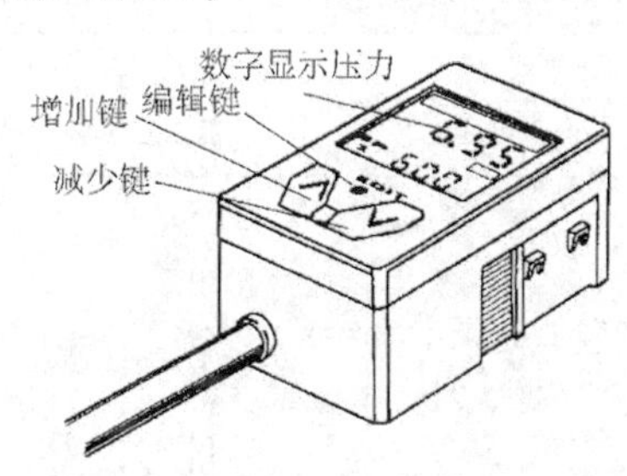

图 22.7-9　SDE1 带显示压力传感器

1）技术规格(见表 22.7-25)。

2）外形尺寸(见表 22.7-26)。

表 22.7-25　SDE1 带显示压力传感器技术规格

机械部分	
测量方式	压阻式压力传感器，带显示
气接口	R1/8，R1/4 或 QS-4

（续）

机械部分		
测量的变量	相对压力或压差	
精度(%)	测量范围终值的±2	
切换点重复精度(%)	0.3	
电连接	插头 M8×1 或 M12×1，圆形结构符合 EN60 947-5-2 标准	
安装方式	安装在气源处理单元，H 型导轨和连接板上	
安装位置	任意	
电部分		
压力测量范围/MPa	-0.1~0	0~1
阈值设定范围/MPa	-0.0998~-0.002	0.02~0.998
迟滞设定范围/MPa	-0.09~0	0~0.9
过载压力/MPa	0.5	2
工作电压(DC)/V	15~30	
最大输出电流/mA	150	
短路保护	脉冲型	
极性容错	所有电连接	
开关输出	PNP 或 NPN	
CE 标志	89/336/EEC(EMC)	
工作介质	过滤压缩空气，润滑或未润滑	
环境温度/℃	0~50	
介质温度/℃	0~50	
耐腐蚀等级 CRC	2	
防护等级，符合 EN60 529 标准	IP65	

表 22.7-26　SDE1 带显示压力传感器外形尺寸　（mm）

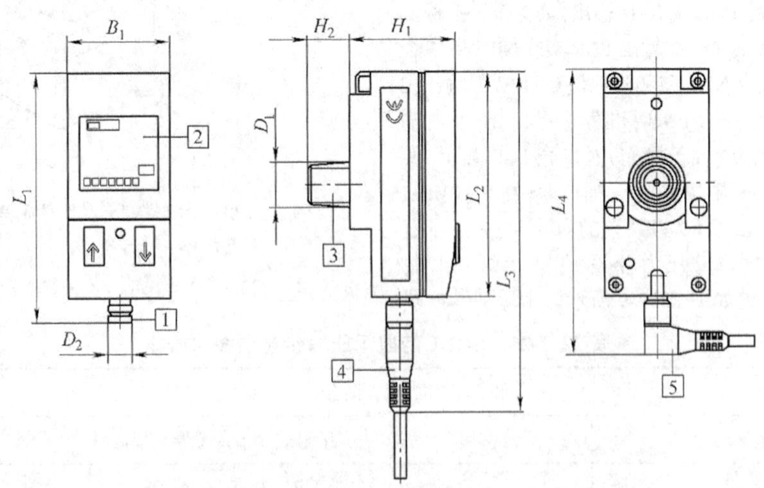

（续）

<table>
<tr><td colspan="10">1—插头 M8×1 或 M12×1，符合 EN 60 947-5-2 标准
2—LCD 显示
3—气接口连接件
4—连接插座，直列式
5—连接插座，直角式</td></tr>
<tr><td>型　号</td><td>B_1</td><td>D_1</td><td>D_2</td><td>H_1</td><td>H_2</td><td>L_1</td><td>L_2</td><td>L_3</td><td>L_4</td></tr>
<tr><td>SDE1... R1/8-M8</td><td rowspan="2">32. 3</td><td>R1/8</td><td rowspan="2">M8</td><td rowspan="2">33</td><td rowspan="2">13</td><td rowspan="2">78</td><td rowspan="2">70</td><td rowspan="2">106</td><td rowspan="2">89</td></tr>
<tr><td>SDE1... R1/4-M8</td><td>R1/4</td></tr>
<tr><td>SDE1... R1/8-M12</td><td rowspan="2">32. 3</td><td>R1/8</td><td rowspan="2">M12</td><td rowspan="2">31. 3</td><td rowspan="2">13</td><td rowspan="2">87</td><td rowspan="2">70</td><td rowspan="2">125</td><td rowspan="2">104</td></tr>
<tr><td>SDE1... R1/4-M12</td><td>R1/4</td></tr>
</table>

4. 2　真空压力表

真空压力表有不同的工作原理，有机械式和数字式两种功能方式。常用的为机械压力表。

FESTO 的 VAM 真空压力表真空压力范围为 -0. 1 ~0MPa/- 0. 1 ~0. 9MPa，工作温度为 - 10 ~ 60℃。

1）工作原理。通过舌管弹簧进行模拟量显示，真空压力表在静态负载情况下可以达到 3/4 全量程，在间歇负载的情况下只能达到 2/3 全量程。

2）技术规格(见表 22. 7-27)。

表 22. 7-27　VAM 真空压力表技术规格

<table>
<tr><td>规格</td><td>G1/8</td><td>G1/4</td><td>测量精度，等级</td><td colspan="2">1. 6</td></tr>
<tr><td>结构特点</td><td colspan="2">舌管弹簧式压力表</td><td>安装方式</td><td colspan="2">螺纹连接</td></tr>
<tr><td>工作介质</td><td colspan="2">过滤，润滑或未润滑的压缩空气</td><td>气接口</td><td>G1/8</td><td>G1/4</td></tr>
<tr><td>压力指示面的安装位置</td><td colspan="2">垂直</td><td>连接位置</td><td colspan="2">中心，后侧</td></tr>
<tr><td>公称通径/mm</td><td>40</td><td>63</td><td></td><td colspan="2"></td></tr>
</table>

3）外形尺寸(见表 22. 7-28)。

表 22. 7-28　VAM 真空压力表外形尺寸　（mm）

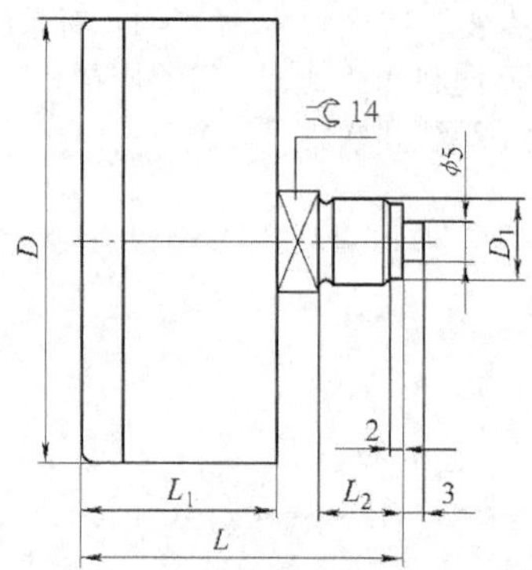

型号	D	D_1	L	L_1	L_2	型号	D	D_1	L	L_1	L_2
VAM-40	40	G1/8	40. 5	24. 5	10	VAM-63	63	G1/4	46	28	12

5 真空元件选用注意事项

5.1 气源

真空发生器的气源压力应为 0.05～0.06MPa，不宜过高或过低。为防止真空发生器内喷嘴(细小直径)堵塞，应注意以下两点：

1）采用过滤、无油润滑的压缩空气。

2）在真空吸盘与真空发生器之间应安装真空过滤器，尤其是当工件为纸板材质或周围环境有粉尘、灰尘时。

5.2 系统

应用真空发生器在满足自动机械的动作及节拍要求时，应尽可能降低压缩空气消耗量，达到节能的目的。

1）真空吸盘与真空发生器之间连接管道不宜过长或过粗，管道可被视作抽吸容积，大的抽吸容积将使抽吸时间延长。

2）为保证安全，在真空发生器的前级设置储气罐，以防停电或供气气源发生故障时工件因失去真空而坠落。

3）在接头与阀、气管与接头，以及所有真空系统的连接处应确保完全密封(如采用可用于真空系统的组合密封垫圈)。

4）当搬送如玻璃、钢铁、塑料等表面光滑的气密性材料制造的工件时，应选用带单向阀的真空发生器。该真空发生器内装有单向阀和真空开关，采用合理的控制策略对运送这类工件节能效果非常明显。

5）当吸着瓦楞纸板及木板时，由于工件的材质疏松，空气泄漏量大，故真空自然破坏速度较快，真空度下降很快。一般将排气量不同和能达到不同真空度的两对彼此独立的真空发生系统并联集装在一个本体内，由功能控制阀根据自动机械的动作要求自动控制其同时或顺序地产生真空和保持真空，以达到节能的效果。

6）节拍较快且较重工件的搬送，一般考虑采用大排气量的真空发生器，但是，这种真空发生器压缩空气消耗量很大，而特殊设计的双喷嘴串联真空发生器可较好地解决该类问题。

5.3 工件

1）工件的最高温度。常用的真空吸盘以橡胶材质为主，普通的橡胶高温下较软，低温下发硬。橡胶发硬后变形相对变差，密封效果也相应降低，造成系统真空度下降，真空吸力也下降。在高温下进行操作时，需选择合适的吸盘材质，如氟橡胶、硅橡胶。

2）工件抓取时的定位精度。根据工件的形状、尺寸及重量选择合适的吸盘形状或带围栏挡板(挡块)吸盘，并考虑吸盘是否处于工件的中心位置(如果用几个吸盘，应考虑中心对称及中心位置)。

3）工件的周围条件(耐化学性、是否用于食品行业、是否不含硅)。需要哪种抓取方式(移位、旋转、转向)。

5.4 维护

1）在真空系统操作中应注意真空的清洁问题，对周期性工作的真空系统，应及时清除工艺过程所产生的污物，尽量缩短真空室暴露在大气中的时间以减少潮湿空气对真空室内部的吸附量。

2）真空发生器的排气不得节流，更不得堵塞，否则真空性能会变得很差。因此要定期清洗其消声器及真空过滤器。

3）对系统中所使用的各种真空泵、真空阀门等应严格遵守其操作规程，做好日常的维护工作。

第 8 章　气动系统的设计计算

气动系统的设计一般包括以下几个方面：

1）回路设计。

2）元件、辅件选用。

3）管道选择设计。

4）系统压降验算。

5）空压机选用。

6）经济性与可靠性分析。

以上各项中，回路设计是基础，本章着重予以说明，然后结合实例对气动系统的设计计算进行介绍。

1　气动回路

1.1　气动基本回路

气动基本回路是气动回路的基本组成部分，可分为：压力与力控制回路、方向控制(换向)回路、速度控制回路、位置控制回路和真空回路。

1.1.1　压力与力控制回路(见表 22.8-1)

表 22.8-1　气动压力与力控制回路及特点说明

	简　图	说　明		简　图	说　明
1. 压力控制回路			1. 压力控制回路		
一次压控制回路	1′　1	主要控制气罐，使其压力不超过规定压力。常采用外控式溢流阀 1 来控制，也可用带电触点的压力表 1′代替溢流阀 1 来控制压缩机电动机的启、停，从而使气罐内压力保持在规定压力范围内。采用溢流阀结构简单、工作可靠，但无功耗气量大；后者对电动机及其控制要求较高	差压回路	a)　p_1　p_1　p_2　p_2　b)	此回路适用于双作用缸单向受载荷的情况，可节省耗气量 图 a 所示为一般差压回路 图 b 所示回路在活塞杆回程时，排气通过溢流阀，它与定压减压阀相配合，控制气缸保持一定推力
			2. 力控制回路		
二次压控制回路	1	二次压控制主要控制气动控制系统的气源压力，其原理是利用溢流式减压阀 1 实现定压控制	串联气缸增力回路	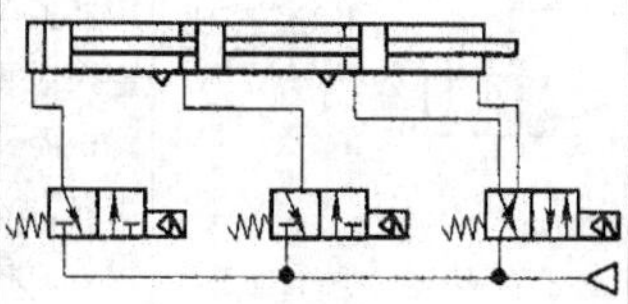	三段活塞缸串联。工作行程(杆推出)时，操纵电磁换向阀使活塞杆增力推出。复位时，右端的两位四通阀进气，把杆拉回 增力倍数与串联的缸段数成正比
高低压控制回路	p_1　或　p_2　a)　p_1　p_2　b)	气源供给某一压力，经两个调压阀(减压阀)分别调到要求的压力 图 a 所示回路利用换向阀进行高、低压切换 图 b 所示为同时分别输出高低压的情况	气液增压缸增力回路	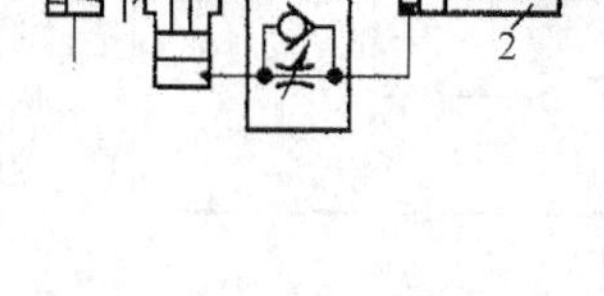 1　2	利用气液增压缸 1，把压力较低的气压变为压力较高的液压，以提高气液缸 2 的输出力。应注意活塞与缸筒间的密封，以防空气混入油中

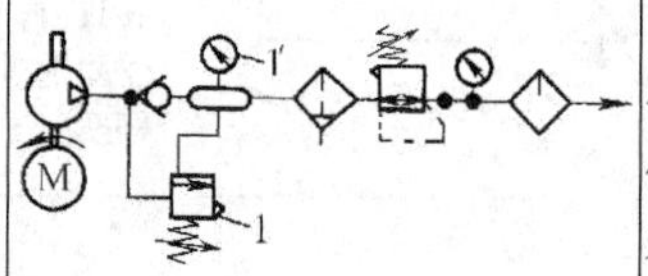

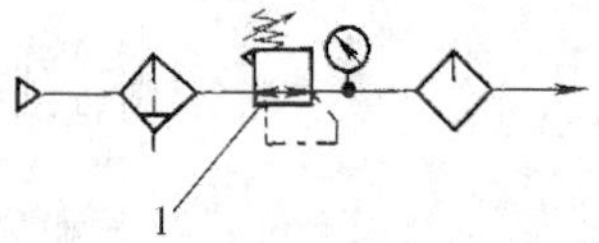

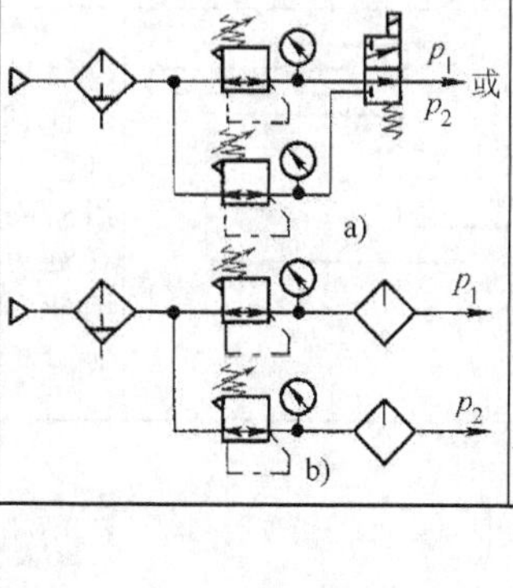

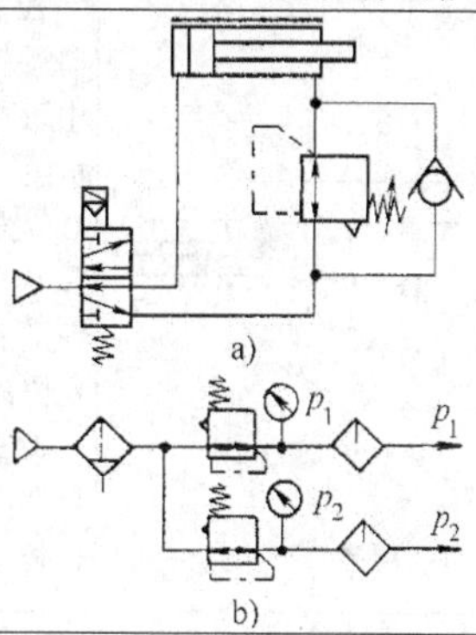

1.1.2　换向回路(见表22.8-2)

表22.8-2　气动换向回路及特点说明

	简图	说明
1. 单作用气缸换向回路		
二位三通电磁阀控制回路	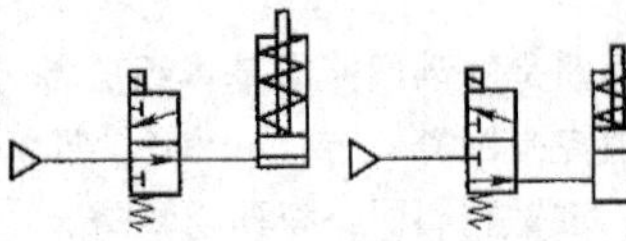 a)　　b)	图a所示为常断二位三通电磁阀控制回路。通电时活塞杆上升，断电时靠外力(如弹簧力等)返回 图b所示为常通二位三通电磁阀控制回路。断电时常通气流使活塞杆伸出，通电时靠外力返回
三位三通电磁阀控制回路	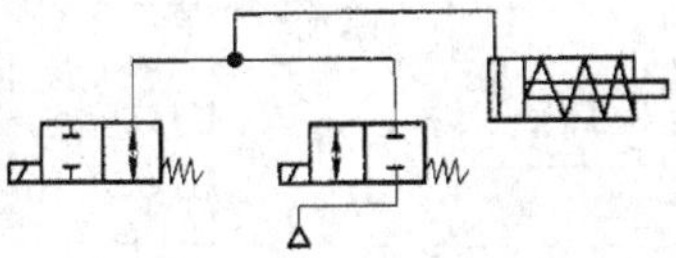	控制气缸的换向阀带有全封闭形中间位置，理论上可使气缸活塞在任意位置停止；但实际上由于漏损(即使微量)而降低了定位精度 此三位三通阀可用三位五通阀代替
二位三通阀代用回路	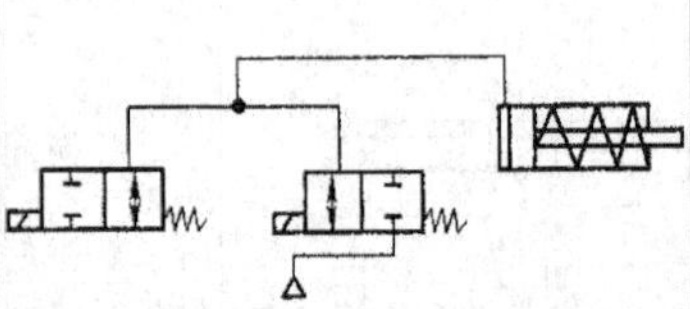	用两个二位二通电磁阀代替二位三通阀以控制单作用缸工作。图示位置为活塞杆缩回位置；需要活塞杆伸出时，必须两个二位二通阀同时通电换向
2. 双作用气缸换向回路		
二位五通单电(气)控阀控制回路	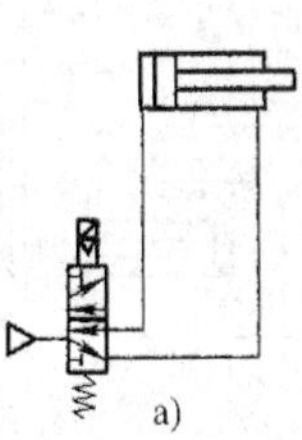 a) 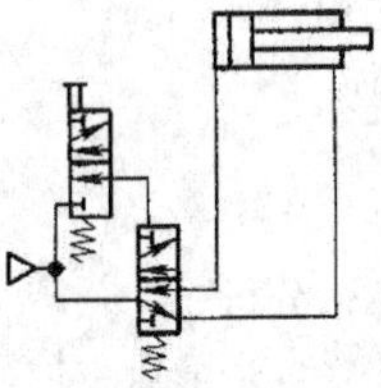 b)	图a所示为单电磁控制阀控制回路。电磁阀通电时换向，使活塞杆伸出。断电时，阀芯靠弹簧复位，使活塞杆收回 图b所示为单气控换向阀控制回路。切换二位三通阀时相应切换主气控阀，使活塞杆伸出。二位三通阀复位后主气控阀也复位，活塞杆缩回
二位五通阀代用回路	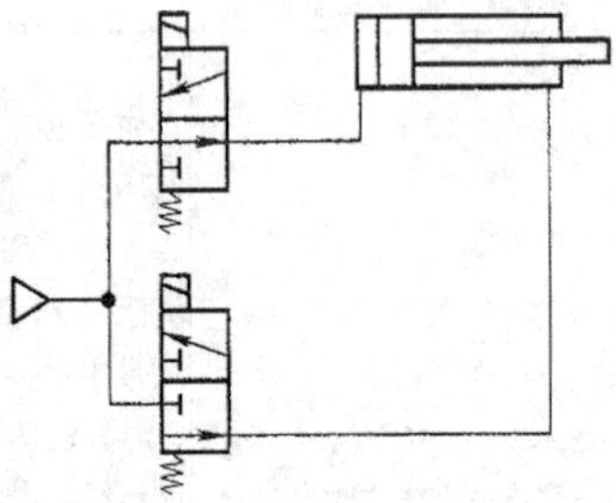	用两个二位三通电磁阀代替上述二位五通阀。在该控制回路中，两个阀一为常通，另一为常断，且两阀只有同时动作才能使活塞杆换向
二位五通双电(气)控阀控制回路	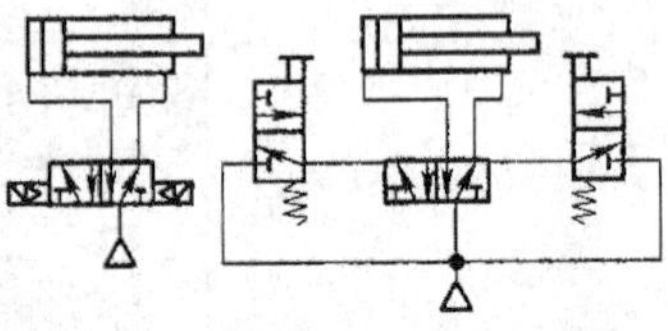 a)　　b)	图a所示为双电控双作用缸换向回路 图b所示为双气控双作用缸换向回路。主控阀两侧的两个二位三通阀可作远距离控制用，但两阀必须协调动作，不能同时接通气源
三位五通双电(气)控阀控制回路	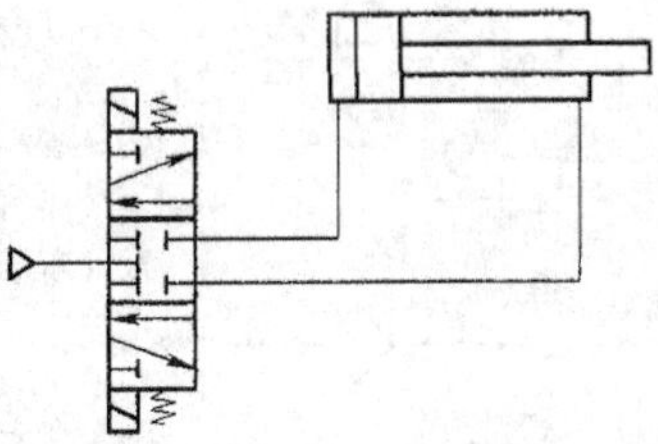	此回路除可控制双作用缸换向外，气缸可以在中间位置停留

1.1.3　速度控制回路(见表22.8-3)

表22.8-3　气动速度控制回路及特点说明

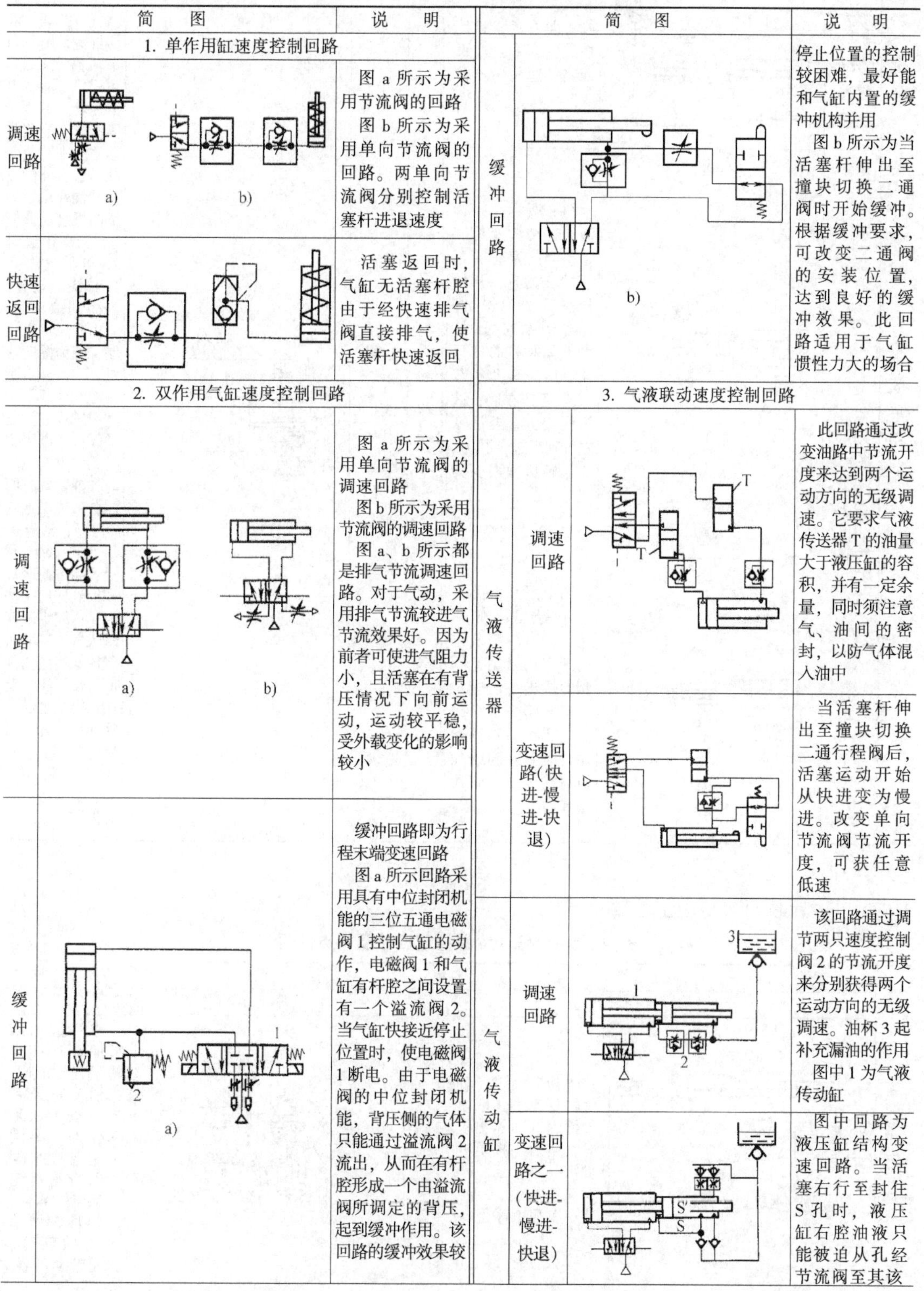

	简图	说明
1. 单作用缸速度控制回路		
调速回路	a)　b)	图a所示为采用节流阀的回路 图b所示为采用单向节流阀的回路。两单向节流阀分别控制活塞杆进退速度
快速返回回路		活塞返回时，气缸无活塞杆腔由于经快速排气阀直接排气，使活塞杆快速返回
2. 双作用气缸速度控制回路		
调速回路	a)　b)	图a所示为采用单向节流阀的调速回路 图b所示为采用节流阀的调速回路 图a、b所示都是排气节流调速回路。对于气动，采用排气节流较进气节流效果好。因为前者可使进气阻力小，且活塞在有背压情况下向前运动，运动较平稳，受外载变化的影响较小
缓冲回路	a)　b)	缓冲回路即为行程末端变速回路 图a所示回路采用具有中位封闭机能的三位五通电磁阀1控制气缸的动作，电磁阀1和气缸有杆腔之间设置有一个溢流阀2。当气缸快接近停止位置时，使电磁阀1断电。由于电磁阀的中位封闭机能，背压侧的气体只能通过溢流阀2流出，从而在有杆腔形成一个由溢流阀所调定的背压，起到缓冲作用。该回路的缓冲效果较停止位置的控制较困难，最好能和气缸内置的缓冲机构并用 图b所示为当活塞杆伸出至撞块切换二通阀时开始缓冲。根据缓冲要求，可改变二通阀的安装位置，达到良好的缓冲效果。此回路适用于气缸惯性力大的场合

		简图	说明
3. 气液联动速度控制回路			
气液传送器	调速回路		此回路通过改变油路中节流开度来达到两个运动方向的无级调速。它要求气液传送器T的油量大于液压缸的容积，并有一定余量，同时须注意气、油间的密封，以防气体混入油中
气液传送器	变速回路(快进-慢进-快退)		当活塞杆伸出至撞块切换二通行程阀后，活塞运动开始从快进变为慢进。改变单向节流阀节流开度，可获任意低速
气液传动缸	调速回路		该回路通过调节两只速度控制阀2的节流开度来分别获得两个运动方向的无级调速。油杯3起补充漏油的作用 图中1为气液传动缸
气液传动缸	变速回路之一(快进-慢进-快退)		图中回路为液压缸结构变速回路。当活塞右行至封住S孔时，液压缸右腔油液只能被迫从孔经节流阀至其该

（续）

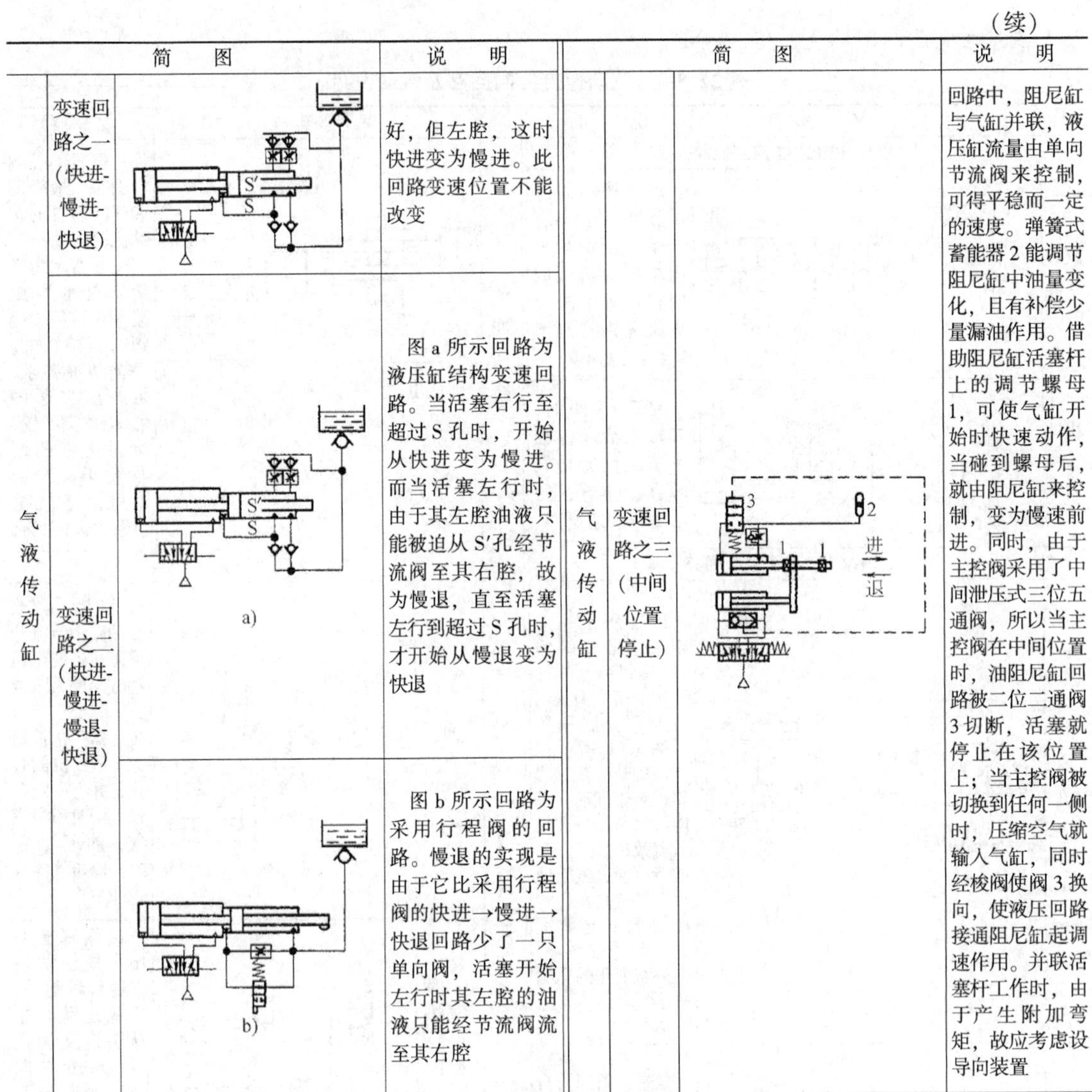

		简　图	说　明			简　图	说　明
气液传动缸	变速回路之一（快进-慢进-快退）		好，但左腔，这时快进变为慢进。此回路变速位置不能改变	气液传动缸	变速回路之三（中间位置停止）		回路中，阻尼缸与气缸并联，液压缸流量由单向节流阀来控制，可得平稳而一定的速度。弹簧式蓄能器2能调节阻尼缸中油量变化，且有补偿少量漏油作用。借助阻尼缸活塞杆上的调节螺母1，可使气缸开始时快速动作，当碰到螺母后，就由阻尼缸来控制，变为慢速前进。同时，由于主控阀采用了中间泄压式三位五通阀，所以当主控阀在中间位置时，油阻尼缸回路被二位二通阀3切断，活塞就停止在该位置上；当主控阀被切换到任何一侧时，压缩空气就输入气缸，同时经梭阀使阀3换向，使液压回路接通阻尼缸起调速作用。并联活塞杆工作时，由于产生附加弯矩，故应考虑设导向装置
	变速回路之二（快进-慢进-慢退-快退）	a)	图a所示回路为液压缸结构变速回路。当活塞右行至超过S孔时，开始从快进变为慢进。而当活塞左行时，由于其左腔油液只能被迫从S′孔经节流阀至其右腔，故为慢退，直至活塞左行到超过S孔时，才开始从慢退变为快退				
		b)	图b所示回路为采用行程阀的回路。慢退的实现是由于它比采用行程阀的快进→慢进→快退回路少了一只单向阀，活塞开始左行时其左腔的油液只能经节流阀流至其右腔				

1.1.4　位置控制回路（见表22.8-4）

表22.8-4　气动位置控制回路及特点说明

	简　图	说　明		简　图	说　明
	1. 有限（选定）位置控制回路			1. 有限（选定）位置控制回路	
缓冲挡块定位控制		当执行元件（如气缸活塞杆）把工件推到缓冲器1上时，使活塞杆缓冲进行一小段后，小车碰到定位块上，使小车强迫停止	气控机械定位机构		水平缸活塞杆前端连接齿轮齿条机构。当活塞杆及其上齿条1往复动作时，推动齿轮3往复摆动以带动齿轮上棘爪摆动，推动棘轮做单向间歇转动，从而带动与棘

（续）

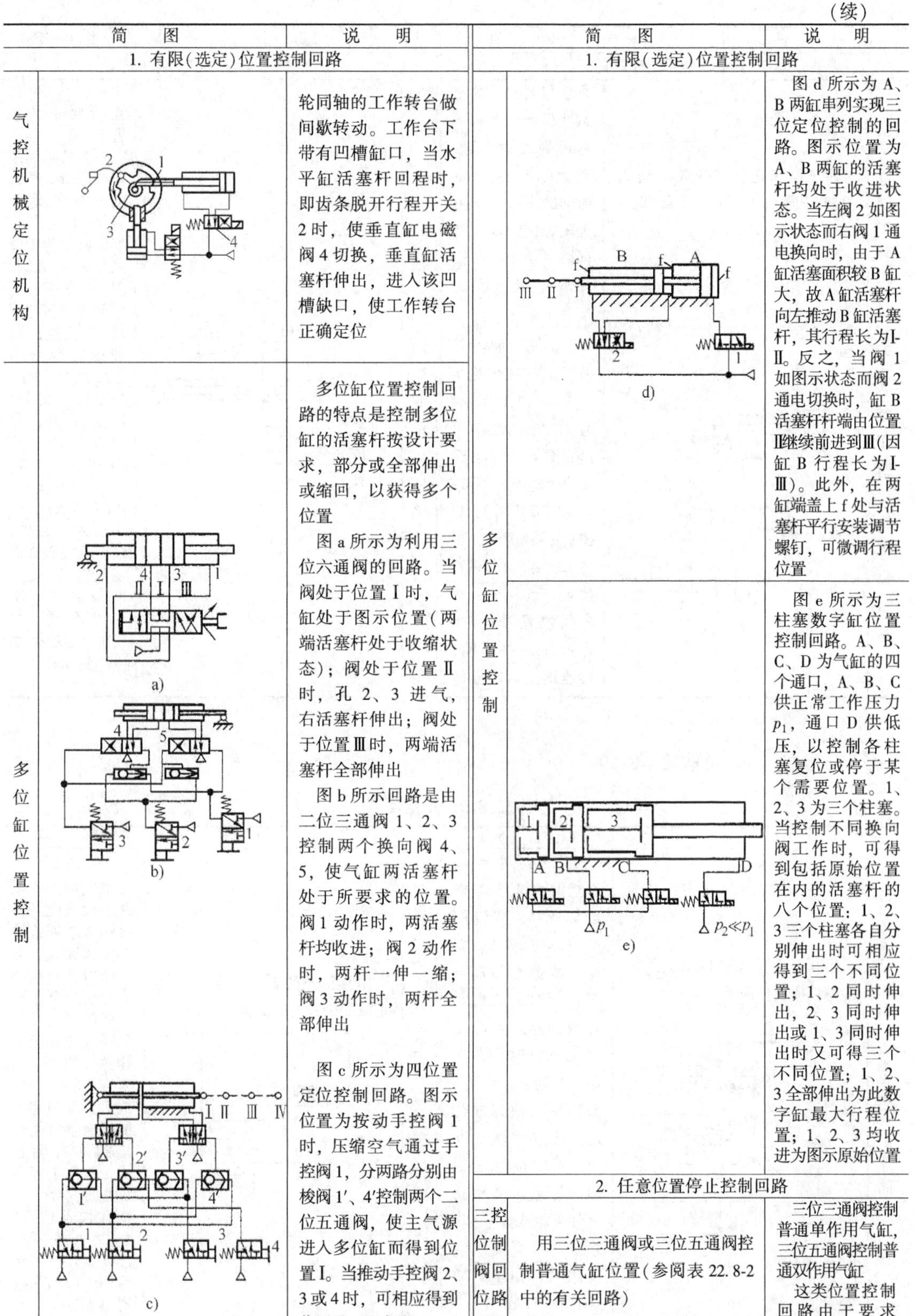

简图		说明
1. 有限(选定)位置控制回路		
气控机械定位机构		轮同轴的工作转台做间歇转动。工作台下带有凹槽缸口，当水平缸活塞杆回程时，即齿条脱开行程开关2时，使垂直缸电磁阀4切换，垂直缸活塞杆伸出，进入该凹槽缺口，使工作转台正确定位
多位缸位置控制	a)	多位缸位置控制回路的特点是控制多位缸的活塞杆按设计要求，部分或全部伸出或缩回，以获得多个位置 图a所示为利用三位六通阀的回路。当阀处于位置Ⅰ时，气缸处于图示位置（两端活塞杆处于收缩状态）；阀处于位置Ⅱ时，孔2、3进气，右活塞杆伸出；阀处于位置Ⅲ时，两端活塞杆全部伸出
	b)	图b所示回路是由二位三通阀1、2、3控制两个换向阀4、5，使气缸两活塞杆处于所要求的位置。阀1动作时，两活塞杆均收进；阀2动作时，两杆一伸一缩；阀3动作时，两杆全部伸出
	c)	图c所示为四位置定位控制回路。图示位置为按动手控阀1时，压缩空气通过手控阀1，分两路分别由梭阀1′、4′控制两个二位五通阀，使主气源进入多位缸而得到位置Ⅰ。当推动手控阀2、3或4时，可相应得到位置Ⅱ、Ⅲ或Ⅳ

简图		说明
1. 有限(选定)位置控制回路		
多位缸位置控制	d)	图d所示为A、B两缸串列实现三位定位控制的回路。图示位置为A、B两缸的活塞杆均处于收进状态。当左阀2如图示状态而右阀1通电换向时，由于A缸活塞面积较B缸大，故A缸活塞杆向左推动B缸活塞杆，其行程长为Ⅰ-Ⅱ。反之，当阀1如图示状态而阀2通电切换时，缸B活塞杆杆端由位置Ⅱ继续前进到Ⅲ（因缸B行程长为Ⅰ-Ⅲ）。此外，在两缸端盖上f处与活塞杆平行安装调节螺钉，可微调行程位置
	e)	图e所示为三柱塞数字缸位置控制回路。A、B、C、D为气缸的四个通口，A、B、C供正常工作压力p_1，通口D供低压，以控制各柱塞复位或停于某个需要位置。1、2、3为三个柱塞。当控制不同换向阀工作时，可得到包括原始位置在内的活塞杆的八个位置：1、2、3三个柱塞各自分别伸出时可相应得到三个不同位置；1、2同时伸出，2、3同时伸出或1、3同时伸出时又可得三个不同位置；1、2、3全部伸出为此数字缸最大行程位置；1、2、3均收进为图示原始位置
2. 任意位置停止控制回路		
三位阀位置控制回路	用三位三通阀或三位五通阀控制普通气缸位置（参阅表22.8-2中的有关回路）	三位三通阀控制普通单作用气缸，三位五通阀控制普通双作用气缸 这类位置控制回路由于要求气动系统，主要

（续）

	简　图	说　明
2. 任意位置停止控制回路		
三位阀位置控制回路	用三位三通阀或三位五通阀控制普通气缸位置(参阅表22.8-2中的有关回路)	是缸与阀元件的密封性很严，否则不易正确控制位置，对于要求保持一定时间的中停位置更为困难，所以这类回路可用于不严格要求位置精度的场合
气液联动控制位置回路	a)	图a所示回路由于采用了气液传送器2、3，所以比上述普通气缸的位置控制回路的精度要高得多。缸的活塞杆伸出端装有单向节流阀4，以控制回路速度；缸的另一端装有两位两通换向阀5，需要在中间位置停止时，将液压回路切断，迅速地使活塞停留

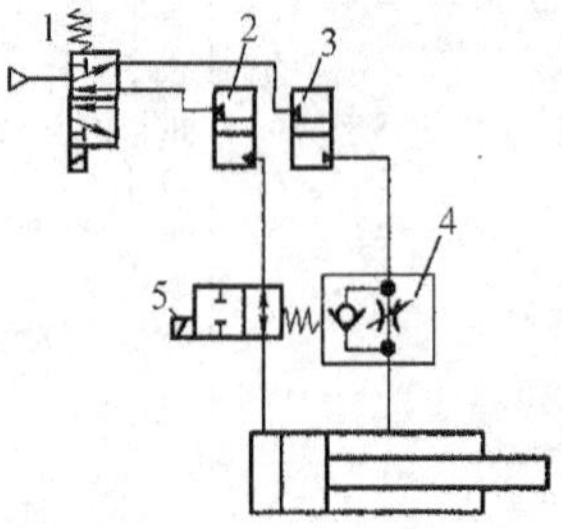

	简　图	说　明
2. 任意位置停止控制回路		
气液联动控制位置回路	b)	在所要求的位置上 图b所示为采用气液阻尼缸的气液联动位置控制回路。换向阀1为中泄式三位五通阀。图示位置时，气液缸的气缸部分排空；而液压缸部分由于两位两通阀3处于封闭位置，回路断开，故可保持活塞杆停在该位置。当阀1切换时，由于压缩空气除进入气缸外，还可经梭阀2而切换阀3，使气液阻尼缸的阻尼油路通，故可由气缸推动液压缸工作

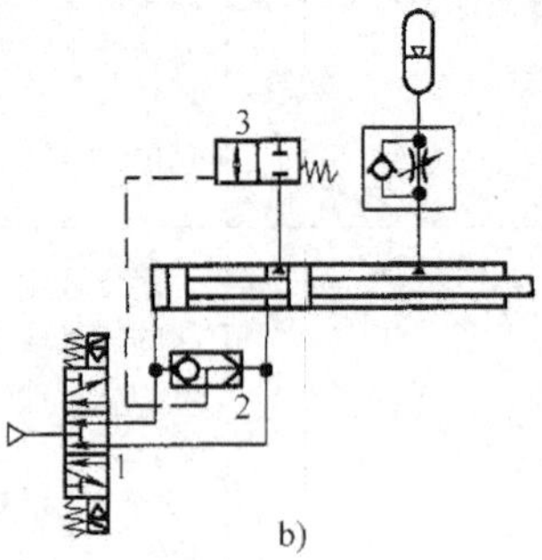

1.1.5 真空回路(见表22.8-5)

表22.8-5 真空回路

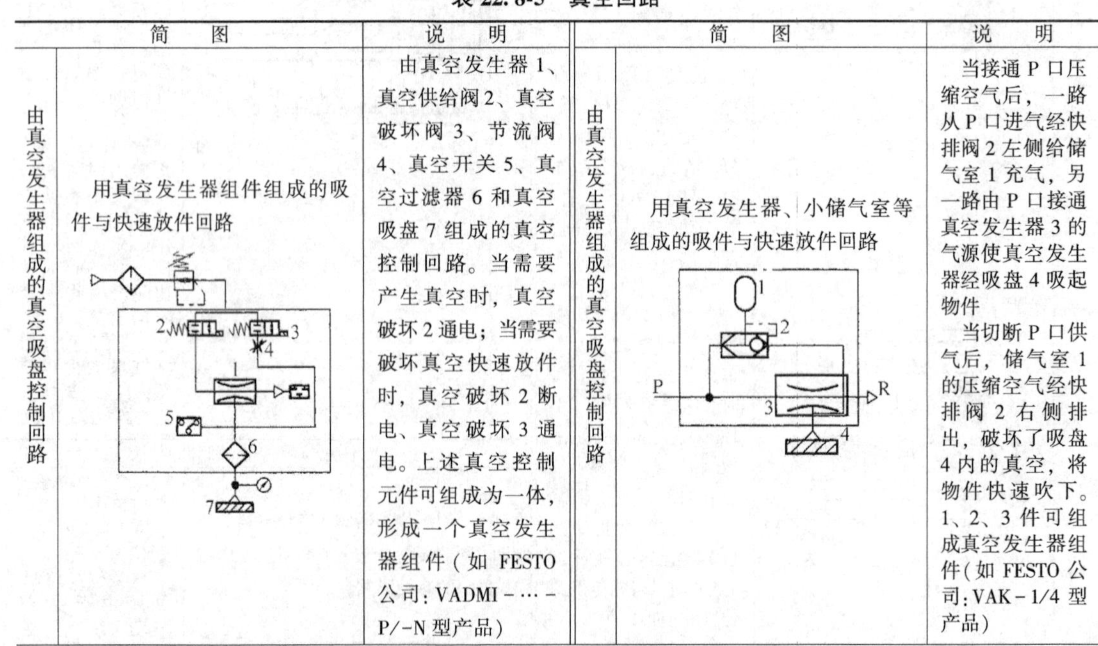

	简　图	说　明
由真空发生器组成的真空吸盘控制回路	用真空发生器组件组成的吸件与快速放件回路	由真空发生器1、真空供给阀2、真空破坏阀3、节流阀4、真空开关5、真空过滤器6和真空吸盘7组成的真空控制回路。当需要产生真空时，真空破坏2通电；当需要破坏真空快速放件时，真空破坏2断电、真空破坏3通电。上述真空控制元件可组成为一体，形成一个真空发生器组件(如FESTO公司：VADMI－…－P/－N型产品)
由真空发生器组成的真空吸盘控制回路	用真空发生器、小储气室等组成的吸件与快速放件回路	当接通P口压缩空气后，一路从P口进气经快排阀2左侧给储气室1充气，另一路由P口接通真空发生器3的气源使真空发生器经吸盘4吸起物件 当切断P口供气后，储气室1的压缩空气经快排阀2右侧排出，破坏了吸盘4内的真空，将物件快速吹下。1、2、3件可组成真空发生器组件(如FESTO公司：VAK－1/4型产品)

（续）

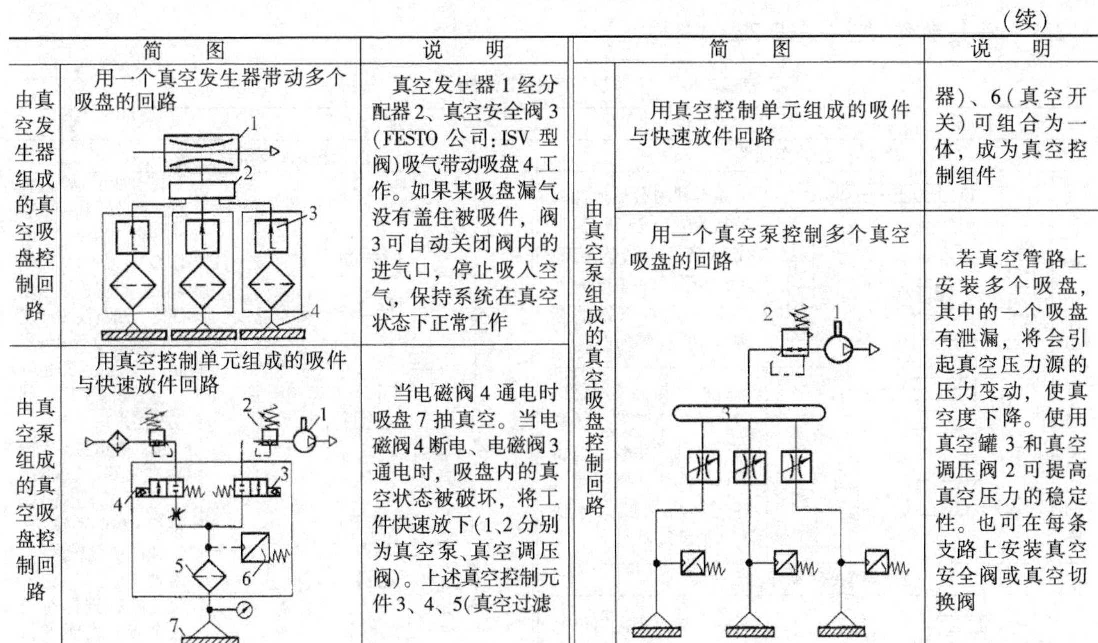

	简　图	说　明
由真空发生器组成的真空吸盘控制回路	用一个真空发生器带动多个吸盘的回路	真空发生器1经分配器2、真空安全阀3(FESTO公司：ISV型阀)吸气带动吸盘4工作。如果某吸盘漏气没有盖住被吸件，阀3可自动关闭阀内的进气口，停止吸入空气，保持系统在真空状态下正常工作
由真空泵组成的真空吸盘控制回路	用真空控制单元组成的吸件与快速放件回路	当电磁阀4通电时吸盘7抽真空。当电磁阀4断电、电磁阀3通电时，吸盘内的真空状态被破坏，将工件快速放下(1、2分别为真空泵、真空调压阀)。上述真空控制元件3、4、5(真空过滤
由真空泵组成的真空吸盘控制回路	用真空控制单元组成的吸件与快速放件回路	器)、6(真空开关)可组合为一体，成为真空控制组件
	用一个真空泵控制多个真空吸盘的回路	若真空管路上安装多个吸盘，其中的一个吸盘有泄漏，将会引起真空压力源的压力变动，使真空度下降。使用真空罐3和真空调压阀2可提高真空压力的稳定性。也可在每条支路上安装真空安全阀或真空切换阀

1.2　应用回路

实际应用中经常遇到的应用回路简称常用回路。

1.2.1　安全保护回路(见表 22.8-6)

表 22.8-6　气动安全保护回路及特点说明

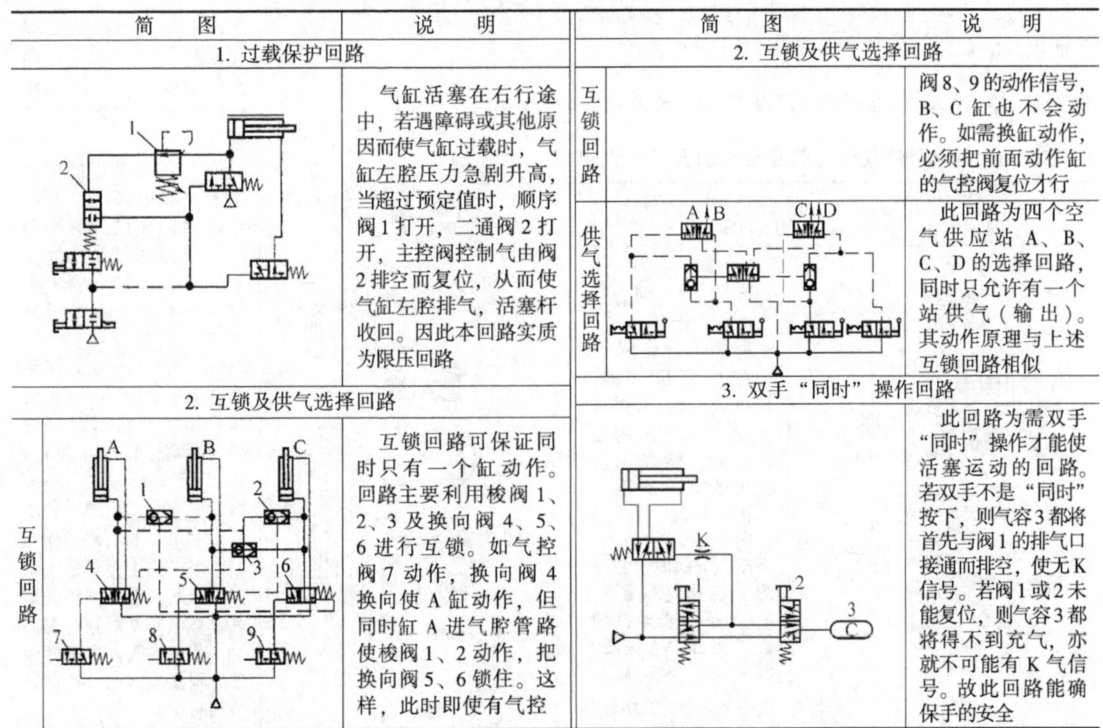

	简　图	说　明
1. 过载保护回路		气缸活塞在右行途中，若遇障碍或其他原因而使气缸过载时，气缸左腔压力急剧升高，当超过预定值时，顺序阀1打开，二通阀2打开，主控阀控制气由阀2排空而复位，从而使气缸左腔排气，活塞杆收回。因此本回路实质为限压回路
2. 互锁及供气选择回路	互锁回路	互锁回路可保证同时只有一个缸动作。回路主要利用梭阀1、2、3及换向阀4、5、6进行互锁。如气控阀7动作，换向阀4换向使A缸动作，但同时缸A进气腔管路使梭阀1、2动作，把换向阀5、6锁住。这样，此时即使有气控阀8、9的动作信号，B、C缸也不会动作。如需换缸动作，必须把前面动作缸的气控阀复位才行
	供气选择回路	此回路为四个空气供应站A、B、C、D的选择回路，同时只允许有一个站供气（输出）。其动作原理与上述互锁回路相似
3. 双手“同时”操作回路		此回路为需双手“同时”操作才能使活塞运动的回路。若双手不是“同时”按下，则气容3都将首先与阀1的排气口接通而排空，使无K信号。若阀1或2未能复位，则气容3都将得不到充气，亦就不可能有K气信号。故此回路能确保手的安全

1.2.2 往复动作回路(见表22.8-7)

表22.8-7 气动往复动作回路及特点说明

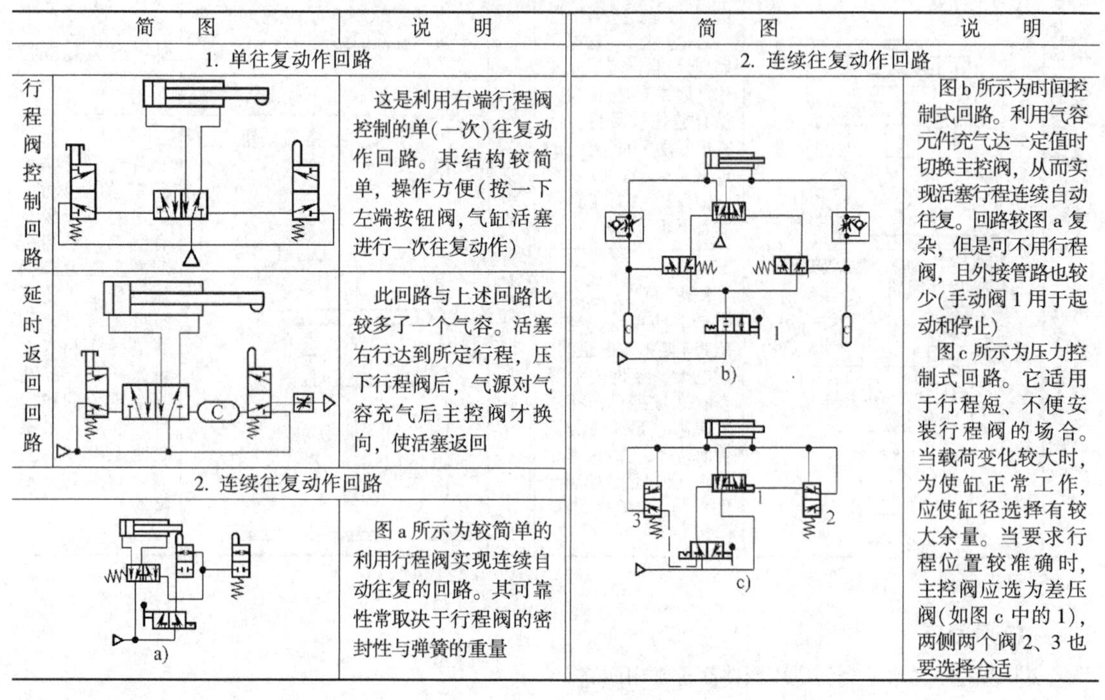

	简图	说明
1. 单往复动作回路		
行程阀控制回路		这是利用右端行程阀控制的单(一次)往复动作回路。其结构较简单，操作方便(按一下左端按钮阀，气缸活塞进行一次往复动作)
延时返回回路		此回路与上述回路比较多了一个气容。活塞右行达到所定行程，压下行程阀后，气源对气容充气后主控阀才换向，使活塞返回
2. 连续往复动作回路		
	a)	图a所示为较简单的利用行程阀实现连续自动往复的回路。其可靠性常取决于行程阀的密封性与弹簧的重量

简图	说明
2. 连续往复动作回路	
b) c)	图b所示为时间控制式回路。利用气容元件充气达一定值时切换主控阀，从而实现活塞行程连续自动往复。回路较图a复杂，但是可不用行程阀，且外接管路也较少(手动阀1用于起动和停止) 图c所示为压力控制式回路。它适用于行程短、不便安装行程阀的场合。当载荷变化较大时，为使缸正常工作，应使缸径选择有较大余量。当要求行程位置较准确时，主控阀应选为差压阀(如图c中的1)，两侧两个阀2、3也要选择合适

1.2.3 程序动作控制回路

程序动作控制回路在实际中应用广、类型多。下面以双缸程序动作为例说明(表22.8-8)。

1.2.4 同步动作控制回路(见表22.8-9)

表22.8-8 气动程序动作控制回路举例及特点说明

简图	说明
A_1—B_1—B_0—A_0 双缸程序动作回路	
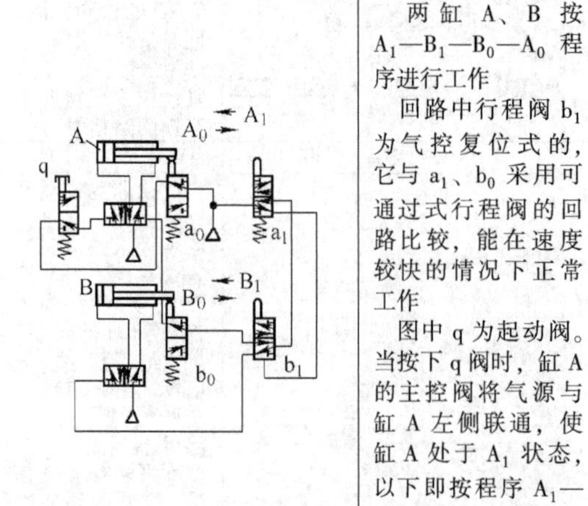	两缸A、B按A_1—B_1—B_0—A_0程序进行工作 回路中行程阀b_1为气控复位式的，它与a_1、b_0采用可通过式行程阀的回路比较，能在速度较快的情况下正常工作 图中q为起动阀。当按下q阀时，缸A的主控阀将气源与缸A左侧联通，使缸A处于A_1状态，以下即按程序A_1—B_1—B_0—A_0工作

表22.8-9 气动同步动作控制回路及特点说明

简图	说明
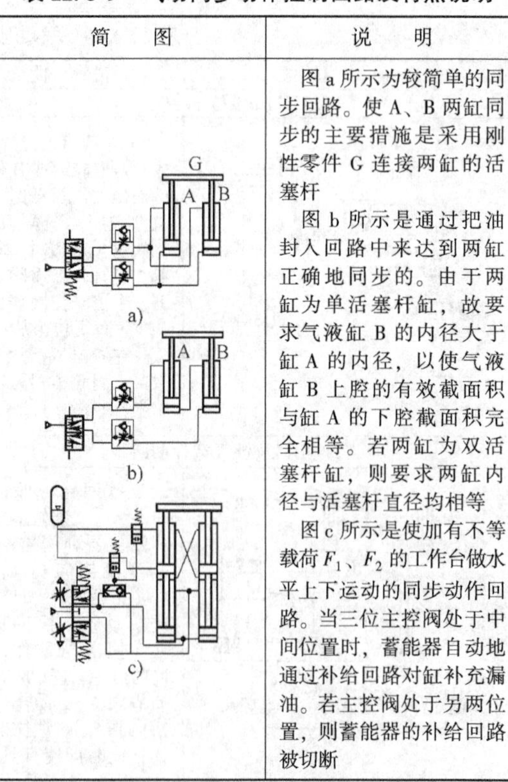	图a所示为较简单的同步回路。使A、B两缸同步的主要措施是采用刚性零件G连接两缸的活塞杆 图b所示是通过把油封入回路中来达到两缸正确地同步的。由于两缸为单活塞杆缸，故要求气液缸B的内径大于缸A的内径，以使气液缸B上腔的有效截面积与缸A的下腔截面积完全相等。若两缸为双活塞杆缸，则要求两缸内径与活塞杆直径均相等 图c所示是使加有不等载荷F_1、F_2的工作台做水平上下运动的同步动作回路。当三位主控阀处于中间位置时，蓄能器自动地通过补给回路对缸补充漏油。若主控阀处于另两位置，则蓄能器的补给回路被切断

2　气动系统设计的主要内容及设计程序

2.1　明确工作要求

1）运动和操作力的要求，如主机的动作顺序、动作时间、运动速度及其可调范围、运动的平稳性、定位精度、操作力及联锁和自动化程度等。

2）工作环境条件，如温度、防尘、防爆、防腐蚀要求及工作场地的空间等情况必须清楚。

3）与机、电、液控制相配合的情况及对气动系统的要求要明确。

2.2　设计气控回路

1）列出气动执行元件的工作程序图。

2）画回路原理图。

3）为得到最佳的气控回路，设计时可做出几种方案进行比较，如对气控制、电-气控制等控制方案，进行合理的选定。

2.3　选择、设计执行元件

其中包括确定气缸或气马达的类型、气缸的安装形式及气缸的具体结构尺寸（如缸径、活塞杆直径、缸筒壁厚）和行程长度、密封形式、耗气量等。设计中要优先考虑选用标准缸的参数。

2.4　选择控制元件

1）确定控制元件类型，根据表 22. 8-10 进行比较而定。

表 22. 8-10　几种气控元件选用比较

控制方式 比较项目	电磁气阀控制	气控气阀控制	气控逻辑元件控制
安全可靠性	较好（交流的易烧线圈）	较好	较好
恶劣环境适应性（易燃、易爆、潮湿等）	较差	较好	较好
气源净化要求	一般	一般	一般
远距离控制性，速度传递	好，快	一般，>十几毫秒	一般，几毫秒~十几毫秒
控制元件体积	一般	大	较小
元件无功耗气量	很小	很小	小
元件带负载能力	高	高	较高
价格	稍贵	一般	便宜

2）确定控制元件的通径，一般控制阀的通径可按阀的工作压力与最大流量确定。由表 22. 8-11 初步确定阀的通径，但应使所选的阀通径尽量一致，以便于配管。对于减压阀的选择还必须考虑压力调节范围而确定其规格。

表 22. 8-11　标准控制阀各通径对应的额定流量①

公称通径/mm	3	6	8	10	15	20	25	32	40	50
q/L · s^{-1}	0. 1944	0. 6944	1. 3889	1. 9444	2. 7778	5. 5555	8. 3333	13. 889	19. 444	27. 778
q/m^3 · h^{-1}	0. 7	2. 5	5	7	10	20	30	50	70	100
q/L · min^{-1}	11. 66	41. 67	83. 34	116. 67	166. 68	213. 36	500	833. 4	1166. 7	1666. 8

① 额定流量是限制流速在 15~25m/s 范围所测得国产阀的流量。

2.5　选择气动辅件

1）分水滤气器。其类型主要根据过滤精度要求而定。一般气动回路、截止阀及操纵气缸等要求过滤精度≤75μm，操纵气马达等有相对运动的情况取过滤精度≤25μm，气控硬配滑阀、精密检测的气控回路要求过滤精度≤10μm。

分水滤气器的通径原则上由流量确定（查表 22. 8-11），并要和减压阀相同。

2）油雾器。根据油雾粒径大小和流量来选取。当与减压阀、分水滤气器串联使用时，三者通径要一致。

3）消声器。可根据工作场合选用不同形式的消声器，其通径大小根据通过的流量而定。

4）储气罐。其理论容积可按《气压传动与控制》教材中介绍的经验公式计算，具体结构、尺寸可查 GB 50029—2014《压缩空气站设计规范》。

2.6　确定管道直径、计算压力损失

1）各段管道的直径可根据满足该段流量的要求，同时考虑和前边确定的控制元件通径相一致的原则初步确定。初步确定管径后，要在验算压力损失后选定管径。

2）压力损失的验算。为使执行元件正常工作，

气流通过各种元件、辅件到执行元件的总压力损失必须满足下式：

$$\left.\begin{array}{l}\sum\Delta p\leqslant[\sum\Delta p]\\ \sum\Delta p_l+\sum\Delta p_\zeta\leqslant[\sum\Delta p]\end{array}\right\}\qquad(22.8\text{-}1)$$

式中　$\sum\Delta p$——总压力损失，它包括所有的沿程损失 $\sum\Delta p_l$ 和所有的局部损失 $\sum\Delta p_\zeta$；

$[\sum\Delta p]$——允许压力损失可根据供气情况来定，一般流水线范围<0.01MPa，车间范围<0.05MPa，工厂范围<0.1MPa。

验算时，车间内可近似取 $[\sum\Delta p]\leqslant0.1$MPa。

实际计算总压力损失，如系统管道不特别长（一般 l<100m），管内的表面粗糙度不大，在经济流速的条件下，沿程损失 $\sum\Delta p_l$ 比局部损失 $\sum\Delta p_\zeta$ 小得多，则沿程损失 $\sum\Delta p_l$ 可以不单独计入，可将总压力损失值的安全系数 $K_{\Delta p}$ 稍予加大。

局部损失 $\sum\Delta p_\zeta$ 中包含的流经弯头、断面突然放大、收缩等的损失 $\sum\Delta p_{\zeta1}$，往往又比气流通过气动元件、辅件的压力损失 $\sum\Delta p_{\zeta2}$ 小得多，因此对不做严格计算的系统，可用下式计算：

$$K_{\Delta p}\sum\Delta p_{\zeta2}\leqslant[\sum\Delta p]\qquad(22.8\text{-}2)$$

式中　$\sum\Delta p_{\zeta2}$——流经元、辅件的总压力损失，可通过表 22.8-12 查出；

$K_{\Delta p}$——压力损失简化修正系数，$K_{\Delta p}$ = 1.05~1.3，对于管道较长、管道截面变化较复杂的情况可取大值。

如果验算的总压力损失 $\sum\Delta p\leqslant[\sum\Delta p]$，则上边初步选定的管径可定为所需要的管径。如果总压力损失 $\sum\Delta p>[\sum\Delta p]$，则必须加大管径或改进管道的布置，以降低总压力损失，直到 $\sum\Delta p<[\sum\Delta p]$ 为止，所选的管径即为最后确定的管径。

表 22.8-12　通过气动元、辅件的压力损失 $\Delta p_{\zeta2}$

额定流量下压力损失(MPa)≤ / 元件名称 \ 公称通径/mm			3	6	8	10	15	20	25	32	40	50
方向阀	换向阀	截止阀	0.025		0.022	0.015		0.01		0.009		
		滑阀	0.025		0.022	0.015		0.01	0.009			
	单向型控制阀	单向阀、梭阀、双压阀	0.025	0.022	0.02	0.015	0.012	0.01		0.009		0.008
		快排阀 P→A		0.022	0.02	0.012		0.01		0.009		0.008
	脉冲阀、延时阀		0.025									
流量阀	节流阀		0.025	0.022	0.02	0.015	0.012	0.01		0.009		0.008
	单向节流阀 P→A		0.025					0.02				
	消声节流阀			0.02	0.012	0.01		0.009				
压力阀	单向压力顺序阀		0.025	0.022	0.02	0.015	0.012					
辅件	过滤精度为 25μm 的分水滤气器			0.015				0.025				
	过滤精度为 75μm 的分水滤气器			0.01				0.02				
	油雾器			0.015								
	消声器		0.022	0.02	0.012	0.01		0.009		0.008		0.007

注：其他元、辅件可通过实验或按上表各件压力损失类比选定。

2.7　快速估算气动阀类元件、气源调节装置(三联件)、管道等通径的方法

通常，气动系统是根据供气压力和推动（或拉动）负载力的大小确定气缸缸径的。当气缸选定后，可根据气缸供气口的接管螺纹尺寸按表 22.8-13查得气缸供气口的通径。此通径即为控制该气缸的阀类、三联件和管道等的通径。由此通径及供气压力等因素可选定阀和三联件等的具体型号。

表 22.8-13　由气缸供气口接管螺纹确定阀类元件、三联件、管道的通径

公称通径/mm		3	4	5、6	8	10、12	15	20	25	32	40	50
气缸供气口接管螺纹	in			1/8	1/4	3/8	1/2	3/4	1	1¼	1½	2
	管接头螺纹/mm			M10×1	M14×1.5	M18×1.5	M22×1.5	M27×2	M33×2	M42×2	M48×2	M60×2

2.8　选择空气压缩机(空压机)

2.8.1　计算空压机的供气量

空压机的供气量 q_j 可由下式算得

$$q_j = \psi K_1 K_2 \sum_{l=1}^{n} q_z \qquad (22.8\text{-}3)$$

式中　ψ——利用系数；

K_1——漏损系数，$K_1 = 1.15 \sim 1.5$；

K_2——备用系数，$K_2 = 1.3 \sim 1.6$；

q_z——一台设备在一个周期内的平均用气量(自由空气量)(m^3/s)；

n——用气设备台数。

2.8.2　计算空压机的供气压力

空压机的供气压力

$$p_g = p + \sum \Delta p \qquad (22.8\text{-}4)$$

式中　p——用气设备使用的额定压力(表压)(MPa)；

$\sum \Delta p$——气动系统的总压力损失。

例 22.8.1　设计某厂鼓风炉钟罩式加料装置气动系统。加料机构如图 22.8-1 所示。图 22.8-1a 中，Z_A、Z_B 分别为鼓风炉上、下部两个料钟(顶料钟、底料钟)，W_A、W_B 分别为顶、底料钟的配重，料钟平时均处于关闭状态。图中 A 与 B 分别为操纵顶、底两个料钟开、闭的气缸。

解：(1) 工作要求及环境条件

1) 工作要求。具有自动与手动加料两种方式。自动加料时，吊车把物料运来，顶钟 Z_A 开启卸料于两钟之间，然后延时发信号，使顶钟关闭；底钟打开，卸料到炉内，再延时(卸完料)关闭底钟，循环结束。

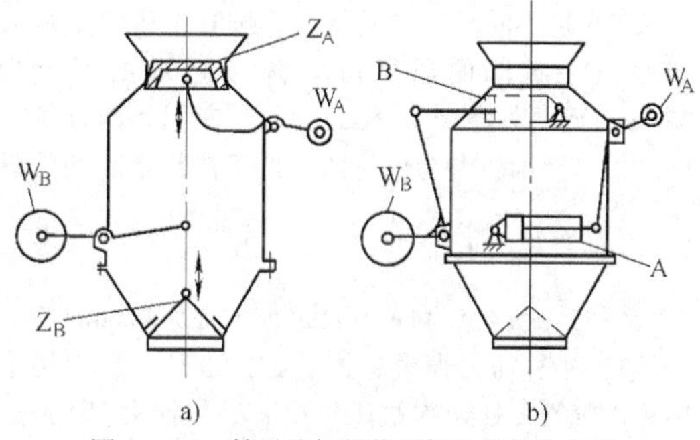

图 22.8-1　鼓风炉加料装置气动机构示意图
a) 剖视图　b) 外形示意图

顶、底料钟开闭动作必须联锁，可全部关闭但不许同时打开。

2) 运动要求。料钟开或闭一次的时间 $t_2 \leqslant 6s$，两气缸行程 s 均为 600mm。活塞平均速度 $v = \frac{s}{t_2} = \frac{600}{6}m/s = 0.1m/s$。要求行程末端平缓些。

3) 动力要求。顶部料钟的操作力(打开料钟的气缸推力)为 $F_{ZA} \geqslant 5.10kN$，底部料钟开启作用力为 $F_{ZB} \geqslant 24kN$。

4) 工作环境。环境温度 30~40℃，灰尘较多。

(3) 回路设计

1) 气动执行元件的工作程序如下：

自动：加料吊车放罐压启动发信器 $\xrightarrow{x_0}$ 顶钟开
手动：按手动信号发生器 s

$\xrightarrow{\text{延时}}$ 顶钟闭 $\longrightarrow$ 底钟开 $\xrightarrow{\text{延时}}$ 底钟闭 $\xrightarrow{x_0} A_1 \xrightarrow{a_1} A_0$ $\xrightarrow{a_0} B_0 \xrightarrow{b_0} B_1$

2) 回路原理图(见图 22.8-2)。

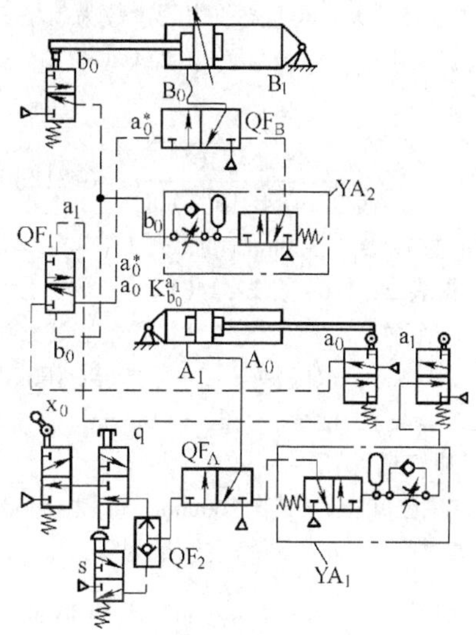

图 22.8-2　回路原理图

回路图中 YA_1 和 YA_2 为延时换向阀(常断延时通型)，由该阀延时经主控阀 QF_A、QF_B 放大去控制缸 A_1 和缸 B_0 状态。料钟靠自重关闭。

(2) 选择执行元件

1) 确定执行元件类型。由于料钟开闭(升降)行程较小、炉体结构限制(料钟中心线上下方不宜安装气缸)及安全性要求(机械动力有故障时，两料钟处于封闭状态)，故采用重力封闭方案，如图 22.8-2 所示。同时，在炉体外部配备使料钟开启(即配重抬起)的传动装置，由于行程小，故采用摆块机构，即相应地采用尾部铰接式气缸作为执行元件。

考虑料钟的开启动作是开启靠气动，关闭靠配重，所以选用单作用缸。又考虑开闭平稳，可采用两端缓冲的气缸。因此，初步选择执行元件为两条标准缓冲型、尾部铰接式气缸。

2）主要参数尺寸。气缸内径 D：顶部料钟气缸，其内径由下式计算，即

$$D=\sqrt{\frac{4}{\pi}\times\frac{F_1}{p\eta}}$$

式中，工作推力 $F_1=F_{ZA}=5.1\times10^3$N，当 $v\leqslant0.2$m/s 时，$\eta=0.8$，$p=0.4$MPa，则

$$D_A=\sqrt{\frac{4}{3.14}\times\frac{5.1\times10^3}{4\times10^5\times0.8}}\text{m}=0.142\text{m}$$

选取标准缸径 $D_A=160$mm(见表22.1-4)，行程 $s=600$mm(见表22.1-6~表22.1-8)。

底钟气缸，由于炉体总体布置限制，气缸输出拉力由下式计算：

$$D_B=(1.01\sim1.09)\sqrt{\frac{4F_2}{\pi p\eta}}$$

考虑缸径较大，取上式前边的系数为1.03，且当 $v\leqslant0.2$m/s 时，$\eta=0.8$，$F_2=2.4\times10^4$N，$p=4\times10^5$Pa，则

$$D_B=1.03\sqrt{\frac{4\times2.4\times10^4}{3.14\times4\times10^5\times0.8}}\text{m}=0.318\text{m}$$

选择标准缸径 $D_B=320$mm(见表22.1-4)，行程 $s=600$mm(见表22.1-6~表22.1-8)。

综上所述，取顶钟气缸A为气缸JB160×600(见表22.4-46)；取底钟气缸B为气缸JB320×600(见表22.4-46)，活塞杆直径 $d=90$mm。

3）耗气量计算。

缸A：已知缸径 $D_A=160$mm，行程 $s=600$mm，全行程需时间 $t_1=6$s，压缩空气量为

$$q_A=\frac{\pi}{4}D^2\frac{s}{t_1}=\frac{3.14}{4}\times0.16^2\times\frac{0.6}{6}\text{m}^3/\text{s}=2.01\times10^{-3}\text{m}^3/\text{s}$$

缸B：已知 $D_B=320$mm，$s=600$mm，$t_2=6$s，缸B是有杆腔供气，耗气量为

$$q_B=\frac{\pi}{4}(D^2-d^2)\frac{s}{t_2}=\frac{3.14}{4}(0.32^2-0.09^2)\times\frac{0.6}{6}\text{m}^3/\text{s}$$
$$=7.41\times10^{-3}\text{m}^3/\text{s}$$

(4) 选择控制元件

1）选择类型。根据系统对控制元件工作压力及流量的要求，按照气动回路原理图初选各控制阀如下：

主控换向阀：QF_A、QF_B 均为K23JK-(防尘截止式阀)，通径待定。

延时换向阀：YA_1、YA_2 初选为K23Y-L6-J。

行程阀：x_0 初选为可通过式，其型号为 $Q23C_4C$-L3。

行程阀：a_0、a_1、b_0 初选为杠杆滚轮式，其型号为 $Q23C_3C$-L3。

气控阀：QF_1 初选为 $K23JK_2$-6两位三通双气控阀。

梭阀：QF_2 初选为QS-L3型。

手动阀：q初选为推拉式，其型号为 $Q23R_5C$-L3。

手动阀：s初选为按钮式，其型号为 $Q23R_1C$-L3。

2）选择主控阀。对A缸主控换向阀 QF_A 的选择：因A缸要求压力 $p_B=0.4$MPa，流量 $q_A=2.01\times10^{-3}\text{m}^3/\text{s}$，查表22.8-11，初选 QF_A 的通径为15mm，其额定流量为 $2.778\times10^{-3}\text{m}^3/\text{s}$，故初选其型号为K23JK-15。

B缸主控换向阀 QF_B 的选择：因B缸要求压力 $p_B<0.4$MPa，流量 $q_B=7.41\times10^{-3}\text{m}^3/\text{s}$，故初选其型号为K23JK-25。

3）选择减压阀。根据系统所要求的压力、流量，同时考虑到A、B缸因联锁关系不会同时工作的特点，按其中流量、压力消耗最大的一个缸(B缸)选择减压阀。由供气压力为0~0.7MPa，额定流量为 $8.3333\times10^{-3}\text{m}^3/\text{s}$，选择减压阀型号为AR5000-10。

(5) 选择气动辅件

辅件的选择要与减压阀相适应。

分水滤气器：AF5000-10。

油雾器：AL5000-10。

消声器：配于两主控阀排气口、气缸排气口处，起消声、滤尘作用。对于A缸及主控阀选QXS-L15，对于B缸及主控阀选QXS-L25。

(6) 确定管道直径、验算压力损失

1）确定管径。本例按各管径与气动元件通径一致的原则，初定各段管径(见图22.8-3)。同时考虑A、B缸不同时工作的特点，按其中用气量最大的B缸主控阀的通径初步确定 oe 段的管径为25mm。而总气源管 yo 段的管径，考虑为两台炉子同时供气，由流量为供给两台炉子流量之和的关系 $q=\frac{\pi}{4}d^2v=\frac{\pi}{4}d_1^2v+\frac{\pi}{4}\times d_2^2v$，可得 $d=\sqrt{d_1^2+d_2^2}=\sqrt{25^2+25^2}\text{mm}=35.4\text{mm}$。取标准管径为40mm。

2）验算压力损失。如图22.8-3所示，本例中验算供气管 y 处到A缸进气口 x 处的损失(因A缸的管径较小，损失要比B缸管路的大)，看其值是否满足 $\sum\Delta p\leqslant[\sum\Delta p]$。

沿程压力损失：

① y—o 段的沿程压力损失

$$\Delta p_l=\lambda\frac{l}{d}\times\frac{\rho v^2}{2}$$

式中 Δp_l——沿程压力损失；

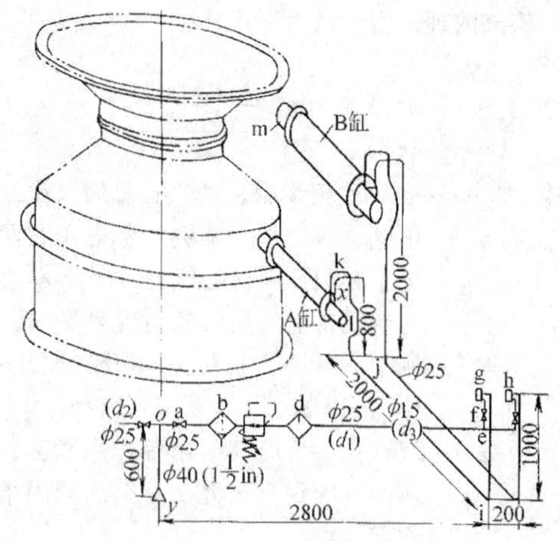

图 22.8-3　管道的布置示意图

d——管内径，$d \geqslant 0.04\text{m}$；

l——管长，$l=0.6\text{m}$；

v——管中流速，$v_1=\dfrac{q}{A}=\dfrac{2\times 7.41\times 10^{-3}}{\dfrac{\pi}{4}\times 0.04^2}\text{m/s}=$ 11.8m/s；

λ——沿程阻力系数，由雷诺数 Re 和管壁相对表面粗糙度$\dfrac{\varepsilon}{d}$确定。

根据温度 30℃，由表 22.2-6 查得运动黏度 $\nu=1.66\times 10^{-5}\text{m}^2/\text{s}$。

$$Re=\frac{v_1 d}{\nu}=\frac{11.8\times 0.04}{1.66\times 10^{-5}}=2.84\times 10^4$$

$$\frac{\varepsilon}{d}=\frac{0.04}{40}=0.001$$

根据 Re、$\dfrac{\varepsilon}{d}$，得 $\lambda=0.0265$。温度 30℃，压力 0.4MPa 时，空气密度值由式(22.2-2)算出：

$$\rho=1.293\times\frac{273}{273+30}\times\frac{0.4+0.1013}{0.1013}\text{kg/m}^3$$

$$=5.76\text{kg/m}^3$$

$$\Delta p_l=0.0265\times\frac{0.6}{0.04}\times\frac{5.76\times 11.8^2}{2}\text{Pa}$$

$$=162.4\text{Pa}=1.62\times 10^{-4}\text{MPa}$$

② o—e 段的沿程压力损失：

$$v_2=\frac{q_2}{A_2}=\frac{7.41\times 10^{-3}}{\dfrac{\pi}{4}\times 0.025^2}\text{m/s}=15.1\text{m/s}$$

$$Re_2=\frac{v_2 d_2}{\nu}=\frac{15.1\times 0.025}{1.66\times 10^{-5}}=2.27\times 10^4$$

由$\dfrac{\varepsilon}{d_2}=\dfrac{0.04}{25}=0.0016$ 和$Re_2=2.27\times 10^4$，由流体力学相关资料查得 $\lambda_2=0.029$。

$$\Delta p_{l2}=\lambda_2\frac{L_2}{d_2}\times\frac{\rho v_2^2}{2}$$

$$=0.029\times\frac{2.8}{0.025}\times\frac{5.76\times 15.1^2}{2}\text{Pa}$$

$$=2132.6\text{Pa}=2.132\times 10^{-3}\text{MPa}$$

③ e—x 段沿程压力损失：

$$v_3=\frac{q_3}{A_3}=\frac{2.01\times 10^{-3}}{\dfrac{\pi}{4}\times 0.015^2}\text{m/s}=11.38\text{m/s}$$

$$Re_3=\frac{v_3 d_3}{\nu}=\frac{11.38\times 0.015}{1.66\times 10^{-5}}=1.03\times 10^4$$

由$\dfrac{\varepsilon}{d_3}=\dfrac{0.04}{15}=0.00267$，$Re_3=1.03\times 10^4$，可查得 $\lambda_3=0.035$。

$$\Delta p_{l3}=0.035\times\frac{3.8}{0.015}\times\frac{5.76\times 11.38^2}{2}\text{Pa}$$

$$=3307\text{Pa}$$

$$=3.31\times 10^{-3}\text{MPa}$$

④ 由 y—x 的所有沿程损失：

$$\sum\Delta p_l=\Delta p_l+\Delta p_{l1}+\Delta p_{l3}$$

$$=(1.62\times 10^{-4}+2.13\times 10^{-3}+3.31\times 10^{-3})\text{MPa}$$

$$=5.60\times 10^{-3}\text{MPa}$$

局部压力损失：

1）流经管路中的局部压力损失：

$$\sum\Delta p_{\zeta 1}=\sum\zeta\frac{\rho v^2}{2g}$$

$$\sum\zeta=\zeta_y+\zeta_o+\zeta_a+\zeta_e+\zeta_f+\zeta_g+\zeta_h+\zeta_i+\zeta_j+\zeta_1+\zeta_k+\zeta_x$$

各局部阻力系数：

ζ_y——入口局部阻力系数，$\zeta_y=0.5$；

ζ_o、ζ_e——分别为三通管局部阻力系数，$\zeta_o=2$，$\zeta_e=1.2$；

ζ_a、ζ_f——分别为流经截止阀处局部阻力系数，$\zeta_a=\zeta_f=3.1$；

ζ_g、ζ_h、ζ_i、ζ_j、ζ_k——弯头局部阻力系数，分别为$\zeta_h=\zeta_i=\zeta_j=0.29$，$\zeta_k=2\times 2\times 0.29=0.58$；

ζ_1——软管处局部阻力系数，近似计算：

$$\zeta_l=2\times\left(0.16\times\frac{45°}{90°}\right)=0.16;$$

ζ_k——出口局部阻力系数，$\zeta_x=1$；

$$\sum\Delta p_{\zeta1}=\left[0.5\times\frac{11.8^2}{2}+(2+3.1)\times\frac{15.1^2}{2}+(1.2+3.1+0.29+0.29+0.29+0.16+2\times0.29+1)\times\frac{11.38^2}{2}\right]\times5.76\text{Pa}$$

$$=6126\text{Pa}=6.126\times10^{-3}\text{MPa}$$

2）流经元、辅件的压力损失。流经减压阀的压力损失较小可忽略不计，其余损失：

$$\sum\Delta p_{\zeta2}=\Delta p_b+\Delta p_d+\Delta p_g$$

式中 Δp_b——流经分水滤气器的压力损失；

Δp_d——流经油雾器的压力损失；

Δp_g——流经截止式换向阀的压力损失。

查表 22.8-12 得 $\Delta p_b=0.02\text{MPa}$，$\Delta p_d=0.015\text{MPa}$，$\Delta p_g=0.015\text{MPa}$。

$$\sum\Delta p_{\zeta2}=(0.02+0.015+0.015)\text{MPa}=0.05\text{MPa}$$

3）总局部压力损失：

$$\sum\Delta p_\zeta=\sum\Delta p_{\zeta1}+\sum\Delta p_{\zeta2}=(6.126\times10^{-3}+0.05)\text{MPa}=0.0561\text{MPa}$$

总压力损失：

$$\sum\Delta p=\sum\Delta p_l+\sum\Delta p_\zeta=(5.60\times10^{-3}+0.0561)\text{MPa}=0.062\text{MPa}$$

考虑排气口消声器等未计入的压力损失：

$$\sum\Delta p_j=K_{\Delta p}\sum\Delta p$$

$K_{\Delta p}=1.05\sim1.3$，取 $K_{\Delta p}=1.1$，则 $\sum\Delta p_j=1.1\sum\Delta p=1.1\times0.062\text{MPa}=0.068\text{MPa}$

从 $\sum\Delta p$ 的计算可知，压力损失主要在气动元和辅件上，所以在不要求精确计算的场合，只要在安全系数 $K_{\Delta p}$ 中取较大值就可以了。

$$\sum\Delta p_j=0.068\text{MPa}\leqslant[\sum\Delta p]=0.1\text{MPa}$$

执行元件需工作压力 $p=0.4\text{MPa}$，压力损失 $\sum\Delta p_j=0.068\text{MPa}$。供气压力为 $0.5\text{MPa}>p+\sum\Delta p_j=0.469\text{MPa}$，说明供气压力满足执行元件需要的工作压力，故以上选择的通径和管径是可行的。

（7）空压机的选择

在选择空压机之前，必须算出自由空气量（一个标准大气压状态下的流量）q'：

$$q'_A=q_A\frac{p+0.1013}{0.1013}=2.01\times10^{-3}\times\frac{0.4+0.1013}{0.1013}\text{m}^3/\text{s}=9.95\times10^{-3}\text{m}^3/\text{s}$$

$$q'_B=q_B\frac{p+0.1013}{0.1013}=7.41\times10^{-3}\times\frac{0.4+0.1013}{0.1013}\text{m}^3/\text{s}=3.68\times10^{-2}\text{m}^3/\text{s}$$

气缸的理论用气量由下式计算：

$$\sum_{i=1}^{n}q_{Zi}=\sum_{i=1}^{n}\frac{\sum_{j=1}^{m}(aq_{Zi}t)_j}{T}$$

式中 q_{Zi}——一台用气设备上的气缸总用气量；

n——用气设备台数，本例中考虑左右两台炉子有两组同样的气缸，因此 $n=2$；

m——一台设备上的用气执行元件数量，本例中一台炉子上有 A、B 两气缸用气，所以 $m=2$；

a——气缸在一个周期内单程作用次数，本例中一次每个气缸在一个周期内单程作用一次，$a=1$；

q_{Zj}——一台设备中某一气缸在一个周期内的平均用气量，本例中 $q'_A=9.95\times10^{-3}\text{m}^3/\text{s}$，$q'_B=3.68\times10^{-2}\text{m}^3/\text{s}$；

t——某个气缸一个单行程的时间，本例中 $t_A=t_B=6\text{s}$；

T——某设备的一次工作循环时间，本例中 $T=2t_A+2t_B=24\text{s}$。

若考虑左右两台炉子的气缸都由一台空压机供气，则气缸的理论用气量为

$$\sum_{i=1}^{n}q_{Zi}=2\times\frac{1\times q'_At_A+1\times q'_Bt_B}{24}=2\times\frac{1\times9.95\times10^{-3}\times6+1\times3.68\times10^{-2}\times6}{24}\text{m}^3/\text{s}=2.34\text{m}^3/\text{s}$$

取设备利用系数 $\phi=0.95$，漏损系数 $K_1=1.2$，备用系数 $K_2=1.4$，则两台炉子气缸的理论用气量为

$$q_j=0.95\times1.2\times1.4\sum_{i=1}^{n}q_{Zj}=3.73\times10^{-2}\text{m}^3/\text{s}=2.24\text{m}^3/\text{min}$$

如无气源系统而需单独供气时，可按供气压力≥0.5MPa，流量 $q_j=2.24\text{m}^3/\text{min}$，选用 TIGER-15 型空压机（见表 22.3-6）。该空压机的额定排气压力为 0.7MPa 时，额定排气量为 $2.62\text{m}^3/\text{min}$（自由空气流量）。

第 9 章　气动系统的维护与故障处理

1　气动系统的维护和保养

1.1　维护的任务及管理(见表 22.9-1)

表 22.9-1　维护的任务及管理

维护的任务	维护的中心任务是保证供给气动系统清洁干燥的压缩空气；保证油雾润滑元件得到必要的润滑；保证气动元件和系统得到规定的工作条件(如压力、流量、电压等)；保证气动系统的密封性；保证执行机构按预定的要求工作
管理的方法	维护工作可以分为日常的维护工作与定期的维护工作。前者是每天必须进行的维护工作，后者是每周、每月或每季度、每年进行的维护工作。维护工作应该有记录，以利于今后的故障诊断与处理 维护管理者应能充分了解元件的功能、构造和性能。在购入元件设备时，应根据生产厂家的样本等技术资料对元件的功能和性能进行调查。因生产厂家的试验条件与用户的实际使用条件有所不同，所以有必要进行实际测试，根据实测的数据进一步掌握元件的性能

1.2　维护的原则

1）了解元件的结构、原理、性能、特征、使用方法和注意事项。

2）检查元件的使用条件是否正确。

3）掌握元件的寿命及使用条件。

4）了解易发生的故障和预防的措施。

5）准备好管理手册，定期进行检修。

6）备好备件。

2　维护工作内容

2.1　日常性维护工作内容(见表 22.9-2)

表 22.9-2　日常性的维护工作

日常性维护工作的主要任务是冷凝水的排放，检查润滑油和空压机系统的运行。冷凝水的排放涉及整个气动系统，包括空压机、后冷却器、储气罐、空气过滤器、干燥机和管道系统等。在工作结束时，应将各冷凝水排放掉，以防夜间温度低于 0℃引起冷凝水结冰。由于夜间管道内温度下降，会进一步析出冷凝水，所以气动装置在每天工作前，也应将冷凝水排出。注意检查自动排水器是否正常工作，水杯内不应存有过量水 在气动装置工作时，应检查油雾器的滴油是否符合要求(一般油滴不低于 5 滴/min)，油中不应混入灰尘和水分等 空压机系统的日常管理工作是：检查是否向后冷却器提供了冷却水(指水冷式空压机)；检查空压机有无异常声音和异常发热；检查润滑油位是否正常

2.2　定期维护工作内容(见表 22.9-3)

表 22.9-3　定期维护工作内容

<table>
<tr><td rowspan="12">每周的维护工作</td><td colspan="2">每周的维护工作主要内容是漏气检查和油雾器管理。漏气检查应在白天车间休息的空闲时间或下班后进行。这时气动设备已停止工作，车间内噪声小，但管道内还有一定的空气压力，根据漏气的声音可知何处存在泄漏。泄漏应及时处理并做好记录</td></tr>
<tr><td>泄 漏 部 位</td><td>泄 漏 原 因</td></tr>
<tr><td>空气过滤器的排水阀</td><td>混入灰尘</td></tr>
<tr><td>空气过滤器的水杯</td><td>水杯破裂</td></tr>
<tr><td>减压阀阀体</td><td>紧定螺钉松动</td></tr>
<tr><td>减压阀的溢流孔</td><td>灰尘混入溢流阀座，阀杆动作不良，膜片破裂(恒量排气式减压阀有微泄漏是正常的)</td></tr>
<tr><td>油雾器器体</td><td>密封圈不良</td></tr>
<tr><td>油雾器油杯</td><td>油杯破裂</td></tr>
<tr><td>油雾器调节针阀</td><td>针阀阀座损伤，针阀未紧固</td></tr>
<tr><td>换向阀排气口</td><td>密封不良，弹簧折断或损伤，混入灰尘，气缸的活塞密封不良，气压不足</td></tr>
<tr><td>快排阀漏气</td><td>密封圈损坏，混入灰尘</td></tr>
<tr><td>安全阀(溢流阀)出口侧</td><td>压力调整不合要求，弹簧折断，密封圈损坏，混入灰尘</td></tr>
</table>

（续）

	泄漏部位	泄漏原因
每周的维护工作	气缸缸体	密封圈损坏，螺钉松动，活塞损伤
	软管	软管破裂或拉脱
	管子连接部位	连接部位松动
	管接头连接部位	接头松动
	给油雾器补油时应注意油量减少的情况。若耗油量太少，应重新调整滴油量。调整后的油量仍少或不滴油，应检查油雾器进、出口是否装反，油道是否堵塞，所选油雾器规格是否恰当	
每月或每季度的维护工作	每月或每季度的维护工作应比每日、每周的工作更仔细，但仍然限于外部检查的范围。其主要工作内容是仔细检查各处泄漏情况，紧固松动的螺钉和管接头，检查换向阀排出空气的重量，检查换向阀切换动作的可靠性，检查各调节部件的灵活性，检查各指示仪表的正确性，检查气缸活塞杆的重量以及一切从外部能检查的内容	
	元　件	维护内容
	过滤器	过滤器进、出口的压差是否超过允许压降
	自动排水器	能否自动排水，手动操作装置能否正常动作
	减压阀	转动手柄，压力能否调节。当系统压力为零时，观察压力表是否回零
	电磁阀	检查电磁线圈的温度，检查阀的切换动作是否正常
	换向阀的排气口	查油雾喷出量，查有无冷凝水排出，查有无漏气
	气缸	查气缸运动是否平稳，速度及循环周期有无明显变化，气缸安装架有无松动和异常变形，活塞杆部位有无漏气，活塞杆表面有无锈蚀、划伤、偏磨
	空压机	入口过滤网眼是否堵塞
	安全阀	使压力高于设定压力，观察安全阀能否溢流
	压力开关	在最高和最低设定压力时，观察压力开关能否正常接通或断开
	调速阀	调节节流阀开度，检查能否对气缸进行速度控制
	压力表	各压力表的指示是否在规定范围内
	检查漏气时可采用各检查点涂肥皂液的办法，其显示漏气的效果比听声音更灵敏。检查换向阀排出空气的重量时应注意：一是了解不应该排气的排气口是否有漏气，少量漏气预示元件的早期损伤（间隙密封阀出现微泄漏是正常的）；二是了解排气中所含润滑油量是否适量，其方法是将一张清洁的白纸放在换向阀的排气口附近，阀在工作三至四个循环后，若白纸上只有很轻的斑点，表示润滑良好；三是了解排气中是否含有冷凝水。若润滑不良，应考虑油雾器安装的位置是否合适，所选的规格是否恰当，滴油量调节是否合理，管理方法是否符合要求。若有冷凝水排出，应考虑过滤器的位置、各类除水元件设计及选用是否合理，冷凝水管理是否符合要求。泄漏的主要原因一般是由阀内或缸内密封不良、复位弹簧生锈或折断、气压不足引起的。间隙密封阀的泄漏较大时，可能是阀芯、阀套磨损造成的 使电磁换向阀反复切换，从切换声音能判断阀的工作是否正常。对交流电磁阀，如有蜂鸣声，原因可能是动铁心与静铁心没有完全吸合，吸合面有灰尘，分磁环损坏或脱落等 安全阀、紧急开关阀等平时很少使用，定期检查时必须认定它们动作的可靠性 气缸活塞杆经常露在外面。观察活塞杆是否被划伤、腐蚀和存在偏磨。根据有无漏气，可以断定活塞杆与导向套、密封圈的接触情况，气缸是否存在横向载荷，压缩空气处理重量等	
大修	一般来说，一年到两年间大修。在清洗元件时，必须使用优质的煤油，清洗后涂上润滑油（黄油或汽轮机油）再组装。尽量不使用能对橡胶、塑料构成的零部件有损坏的汽油、柴油等有机溶剂进行清洗	

3 故障诊断与处理

3.1 故障的种类与故障诊断方法（见表 22.9-4）

表 22.9-4 故障的种类与故障诊断方法

故障种类	初期故障	故障发生的时期不同，故障的内容和原因也不同 在调试阶段和开始运转的二三个月内发生的故障称为初期故障。其产生的原因如下： 1）设计错误。设计元件时对元件的材料选用不当，加工工艺要求不合理等。对元件的功能、性能了解不够，造成回路设计时元件选择不当。设计的空气处理系统不能满足要求，回路设计出现错误

（续）

故障种类	初期故障	2）元件加工、装配不良。如元件内孔的研磨不合要求，零件毛刺未清除干净，不清洁安装，零件装反、装错，装配时对中不良，零件材质不符合要求，外购零件(如弹簧、密封圈)质量差等 3）装配不合要求。装配时，元件及管道内吹洗不干净，使灰尘、密封材料碎末等杂质混入，造成气动系统的故障，装配气缸时存在偏心。管道的固定、防振等没有采取有效措施 4）维护管理不善。如没及时排除冷凝水，没及时给油雾器补油等
	突发故障	系统在稳定运行期间突然发生的故障。如空气或管路中残留的杂质混入元件内部，突然使相对运动件卡死；弹簧突然折断，电磁线圈突然烧毁；软管突然破裂；油杯和水杯都是用聚碳酯材料制成的，若它们在有机溶剂的雾气中工作，就有可能突然破裂；突然停电造成的回路误动作等 有些突发故障是有先兆的，如电磁线圈过热，预示电磁阀有烧毁的可能；换向阀排出的空气中出现水分和杂质，表示过滤器已失效，应及时查明原因，予以排除，以免酿成突发故障。但有些突发故障是无法预测的，只能准备一些易损件以备及时更换失效元件，或采取安全措施加以防范
	老化故障	个别或少数元件已达到使用寿命后发生的故障称为老化故障。应参考各元件的生产日期、开始使用日期、使用的频度和已经出现的某些预兆，如泄漏越来越大、气缸运行不平稳、出现反常声音等，大致预测老化故障的发生时间是可能的
故障的诊断法	经验法	主要依靠实际经验，借助简单的仪表，诊断故障发生的部位，找出故障产生原因的方法，称为经验法 1）眼看。看执行元件运动速度有无异常变化；各压力表的显示是否符合要求，有无大的波动；润滑油的重量和滴油量是否符合要求；冷凝水能否正常排出；换向阀排气口排出空气是否干净；电磁阀的指示灯显示是否正常；管接头、紧固螺钉有无松动；管道有无扭曲和压扁；有无明显振动现象等 2）手摸。如手摸相对运动件外部的温度、电磁线圈处的温升等，手摸 2s 感到烫手，应查明原因；气缸、管道等处有无振动，活塞杆有无爬行感，各接头及元件处有无漏气等 3）耳听。耳听气缸、换向阀换向时有无异常声音；系统停止工作但尚未泄压时，各处有无漏气声音等 4）鼻闻。闻电磁线圈和密封圈有无过热发出的特殊气味等 5）查阅。查阅气动系统的技术档案，了解系统的工作程序、动作要求；查阅产品样本，了解各元件的作用、结构、性能；查阅日常维护记录；询问现场操作人员，了解故障发生前和发生时的状况，了解曾出现过的故障及排除方法 经验法简单易行，但因每个人的实际经验、感觉和判断能力有差异，诊断故障会产生一定的局限性
	推理分析法	利用逻辑推理，一步步地查找出故障的真实原因的方法称为推理分析法 推理的原理是：由易到难、由表及里地逐一分析，排除掉不可能的和次要的故障原因，优先查故障概率高的常见原因；故障发生前曾调整或更换过的元件也应先查 1）仪表分析法。使用监测仪器仪表，如压力表、差压计、电压表、温度计、电秒表及其他电子仪器等，检查系统中元件的参数是否符合要求 2）试探反证法。即试探性地改变气动系统中的部分工作条件，观察对故障的影响。如阀控气缸不动作时，除去气缸的外负载，察看气缸能否动作，便可反证出是否由于负载过大造成气缸不动作 3）部分停止法。即暂时停止气动系统某部分的工作，观察对故障的影响 4）比较法。即用标准的或合格的元件代替系统中相同的元件，通过对比，判断被更换的元件是否失效
故障诊断实例		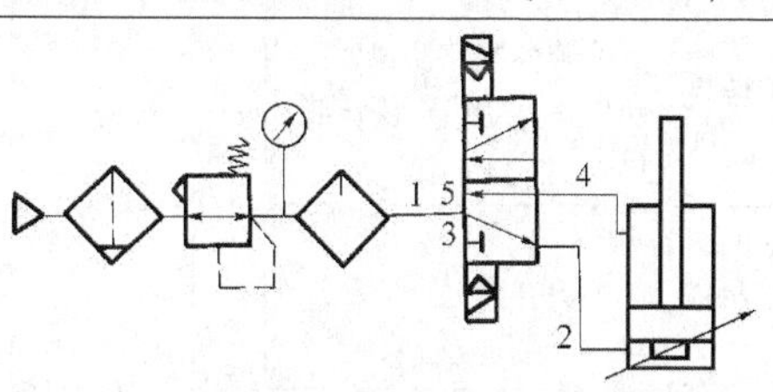 阀控气缸不动作故障诊断图 阀控气缸不动作的故障诊断：可采用上述推理法，从各种故障原因中找出故障的真实原因 1）首先观看气缸和电磁阀的漏气情况，这是很容易判断的。气缸漏气大，应查明气缸漏气的原因。电磁阀漏气，包括不应排气的排气口漏气(图示状态 3 口不应排气)。若排气口漏气大，应查明是气缸漏气还是电磁阀漏气。回路图中，当气缸活塞杆已全部升起时，5 口仍然漏气，可拆下管道 4，若气缸漏气大，则是气缸漏气，否则为电磁阀漏气。若漏气排除后，气缸动作正常，则可认为故障真正原因是漏气所引起的。若漏气排除后，气缸动作仍然不正常，则漏气不是故障的真正原因，应进一步诊断

（续）

故障诊断实例	2）若气缸和阀都不漏气或漏气很少，则应先判断电磁阀能否换向。可根据阀芯换向时的声音或电磁阀的换向指示灯来判断。若电磁阀不能换向，可采用试探反证法，操作电磁先导阀的手动按钮来判断是电磁先导阀故障还是主阀故障。若主阀能换向，气缸能动作，则必然是电磁先导阀的故障。若主阀还不能换向，便是主阀故障。然后再进一步查清电磁先导阀或主阀故障的原因 3）若电磁换向阀能换向，但气缸不动作，则应查清有压输出口是否没气压或气压不足。可采用试探反证法，当电磁阀换向时活塞杆不动作，可拆下图中的连接管2。若阀的输出口排气充分，则必为气缸故障。若排气不足或不排气，可初步排除是气缸的故障，需进一步查明是供气不足或是否气路堵塞。检查减压阀上的压力表可看出压力是否正常。若压力正常，再检查管路1各处有无严重泄漏、管道被扭曲或压扁等现象。如果不存在上述问题，则必然是主阀阀芯被卡死。如果查明是气路堵塞或供压不足，即减压阀无输出或输出压力太低，就需进一步查明原因 4）电磁阀输出压力正常，气缸却不动作，可采用部分停止法，除去气缸外负载。如果气缸动作恢复正常，则应查明负载过大的原因。若气缸仍不动作或动作不正常，则应进一步查明气缸摩擦力是否过大

3.2 气动系统元件的故障与处理（见表22.9-5~表22.9-7）

表22.9-5 空压机、气路、空气过滤器、减压阀、油雾器等的故障与处理

现象	故障原因	处理
（1）供气不足	耗气量太大，空压机输出流量不足	选用输出流量更大的空压机
	空压机活塞环磨损	更换零件。在适当部位装单向阀，维持执行元件内压力，以保证安全
	漏气严重	更换损坏的密封件或软管。紧固管接头及螺钉
	减压阀输出压力低	调节减压阀至使用压力
	速度控制阀开度太小	将速度控制阀打开到合适开度
	管路细长或管接头选用不当，压力损失大	重新设计管路，加粗管径，选用流通能力大的管接头及气阀
	各支路流量匹配不合理	改善各支路流量匹配性能。采用环形管道供气
（2）气路没有气压	气动回路中的开关阀、速度控制阀等未打开	予以开启
	换向阀未换向	查明原因后排除
	管路扭曲、压扁	纠正或更换管路
	滤芯堵塞或冻结	更换滤芯
	介质或环境温度太低，造成管路冻结	及时清除冷凝水，增设除水设备或防冻装置
（3）异常高压	因外部振动冲击产生了冲击压力	在适当部位安装安全阀或压力继电器
	减压阀损坏	更换减压阀
（4）油泥过多	选用压缩机油不当	选用高温下不易氧化的润滑油
	压缩机的给油量不当	给油量过多，在排气阀上滞留时间长，助长炭化；给油量过少，造成活塞烧伤等。应注意给油量适当
	空压机连续运行时间过长	温度高，机油易炭化。应增设储气罐，选用大流量空压机，实现不连续运转。气路中加油雾分离器，清除油泥
	压缩机排气阀动作不良	当排气阀动作不良时，温度上升，机油易炭化。气路中加油雾分离器
（5）空气过滤器 漏气	密封不良	更换密封件
	排水阀、自动排水器失灵	修理或更换
（5）空气过滤器 压力降太大	通过流量太大	选更大规格过滤器
	滤芯堵塞	更换或清洗
	滤芯过滤精度过高	选合适过滤器
（5）空气过滤器 水杯破裂	在有机溶剂中使用	选用金属杯
	空压机输出某种焦油	更换空压机润滑油，使用金属杯

（续）

现　　象		故障原因	处　　理
（5）空气过滤器	从输出端流出冷凝水	未及时排放冷凝水	每天排水或安装自动排水器
		自动排水器有故障	修理或更换
		超过使用流量范围	在允许的流量范围内使用
	输出端出现异物	滤芯破损	更换滤芯
		滤芯密封不严	更换滤芯密封垫
		错用有机溶剂清洗滤芯	改用清洁热水或煤油清洗
（6）减压阀	阀体漏气	密封件损伤	更换密封件
		紧固螺钉受力不均	均匀紧固
	输出压力波动大于10%	减压阀通径或进、出口配管通径选小了，当输出流量变动大时，输出压力波动大	根据最大输出流量选定减压阀通径
		输入气量供应不足	查明原因
		进气阀芯导向不良	更换进气阀芯
	溢流口总是漏气	进、出口方向接反了	改正
		输出侧压力意外升高	查输出侧回路
		膜片破裂，溢流阀座有损伤	更换膜片、溢流阀座

现　　象		故障原因	处　　理
（6）减压阀	压力调不高	膜片撕裂	更换膜片
		弹簧断裂	更换弹簧
	压力调不低，输出压力升高	阀座处有异物、有伤痕，阀芯上密封垫剥离	更换阀座、阀芯
		阀杆变形	更换阀杆
		复位弹簧损坏	更换复位弹簧
	不能溢流	溢流孔堵塞	更换溢流阀座
		溢流孔座橡胶太软	改换材料
（7）油雾器	不滴油或滴油量太少	油雾器装反了	改正
		油道堵塞，节流阀未开启或开度不够	修理或更换。调节节流阀开度
		通过油量小，压差不足以形成油滴	更换合适规格的油雾器
		气通道堵塞，油杯上腔未加压	修理或更换
		油黏度太大	换油
		气流短时间间隙流动，来不及滴油	使用强制给油方式
	耗油过多	节流阀开度太大	调至合理开度
		节流阀失效	更换节流阀
	油杯破损	在有机溶剂的环境中使用	选用金属杯
		空压机输出某种焦油	换空压机润滑油，使用金属杯
	漏气	油杯或观察窗破损	更换油杯、观察窗
		密封不良	更换密封件

表22.9-6　气缸、气液联用缸和摆动气缸故障与处理

现　　象			故障原因	处　　理
（1）气缸漏气	1）外泄漏	活塞杆处	导向套、杆密封圈磨损，活塞杆偏磨	更换。改善润滑状况。使用导轨
			活塞杆有伤痕、腐蚀	更换。及时清除冷凝水
			活塞杆与导向套间有杂质	除去杂质。安装防尘圈
		缸体与端盖处	密封圈损坏	更换密封圈
			固定螺钉松动	紧固螺钉
		缓冲阀处	密封圈损坏	更换密封圈

现　　象		故障原因	处　　理
（1）气缸漏气	2）内泄漏(即活塞两侧窜气)	活塞密封圈损坏	更换密封圈
		活塞配合面有缺陷	更换活塞
		杂质挤入密封面	除去杂质
		活塞被卡住	重新安装，消除活塞杆的偏载
（2）气缸不动作		漏气严重	见本表(1)
		没有气压或供压不足	见表22.9-5(1)、(2)
		外负载太大	提高使用压力，加大缸径
		有横向负载	使用导轨消除

（续）

现　　象	故 障 原 因	处　　理
（2）气缸不动作	安装不同轴	保证导向装置的滑动面与气缸轴线平行
	活塞杆或缸筒锈蚀、损伤而卡住	更换并检查排污装置及润滑状况
	混入冷凝水、灰尘、油泥，使运动阻力增大	检查气源处理系统是否符合要求
	润滑不良	检查给油量、油雾器规格和安装位置
（3）气缸偶尔不动作	混入灰尘，造成气缸卡住	注意防尘
	电磁换向阀未换向	见表 22.9-7（3）、（4）
（4）气缸爬行	负载太大	增大缸径
	使用压力低	提高使用压力
	气缸内泄漏大	见本表(1)
	回路中耗气量变化大	增设气罐
（5）气缸动作不平稳	外负载变动大	提高使用压力或增大缸径
	气压不足	见表 22.9-5(1)
	空气中含有杂质	检查气源处理系统是否符合要求
	润滑不良	检查油雾器是否正常工作
（6）气缸走走停停	限位开关失控	更换限位开关
	继电器节点寿命已到	更换继电器
	接线不良	检查并拧紧接线螺钉
	电插头接触不良	插紧或更换
	电磁阀换向动作不良	更换电磁阀
	气液缸的油中混入空气	除去油中空气
（7）气缸动作速度过快	没有速度控制阀	增设速度控制阀
	速度控制阀通径过大	速度控制阀有一定流量控制范围，用大通径阀调节微流量是困难的，可更换小通径速度控制阀
	回路设计不合适	对低速控制，应使用气-液阻尼缸，或利用气液转换器来控制油缸做低速运动
（8）气缸动作速度过慢	气压不足	提高压力
	负载过大	提高使用压力或增大缸径
	速度控制阀开度太小	调整速度控制阀的开度
	供气量不足	查明气源至气缸之间哪个元件节流太大，将其换成更大通径的元件或使用快排阀让气缸迅速排气
	气缸摩擦力增大	改善润滑条件
	缸筒或活塞密封圈损伤	更换缸筒、密封圈
（9）气缸不能实现低速运动	速度控制阀的节流阀不良	阀针与阀座不吻合，不能将流量调至很小，更换
	速度控制阀的通径太大	通径大的速度控制阀调节小流量困难，更换通径小的阀
	缸径太小	更换较大缸径的气缸
（10）气缸行程终端存在冲击现象	无缓冲措施	增加合适的缓冲措施
	缓冲密封圈密封性能差	更换密封圈
	缓冲节流阀松动	调整好后锁定
	缓冲节流阀损伤	更换
	缓冲能力不足	重新设计缓冲机构
	活塞密封圈损伤，形不成很高背压	更换活塞密封圈
（11）端盖损伤	气缸缓冲能力不足	加外部油压缓冲器或缓冲回路
（12）每天首次起动或长时间停止工作后，气动装置动作不正常	因密封圈始动摩擦力大于动摩擦力，造成回路中部分气阀、气缸及负载滑动部分的动作不正常	注意气源净化，及时排除油污及水分，改善润滑条件
（13）气缸处于中止状态仍有缓动	气缸存在内漏或外漏	更换密封圈或气缸，使用中封式三位阀
	由于负载过大，使用中封式三位阀仍不行	改用气液联用缸或锁紧气缸
	气液联用缸的油中混入了空气	除去油中空气

（续）

现象		故障原因	处理
(14) 气液联用缸	1) 气液联用缸内产生气泡	气液转换器、气液联用缸及油路存在漏油，造成气液转换器内油量不足	解决漏油，补足漏油
		气液转换器中的油面移动速度太快，油从电磁气阀溢出	适当加大气液转换器的容量
		开始加油时气泡未彻底排出	使气液联用缸走慢行程以彻底排除气泡
		油路中节流最大处出现气蚀	防止节流过大
		油中未加消泡剂	加消泡剂
	2) 气液联用缸速度调节不灵	流量阀内混入杂质，使流量调节失灵	清洗
		换向阀动作失灵	见表 22.9-7(3)
		漏油	检查油路并修理
		气液联用缸内有气泡	见本表(14)中的 1)

现象		故障原因	处理
(15) 摆动气缸	摆动气缸轴损坏或齿轮损坏	惯性能量过大	减小摆动速度，减轻负载，设外部缓冲，加大缸径
		轴上承受异常的负载力	设外部轴承
		外部缓冲机构安装位置不合适	安装在摆动起点和终点的范围内
	摆动气缸动作终了回跳	负载过大	设外部缓冲
		压力不足	增大压力
		摆动速度过快	设外部缓冲，调节调速阀
	摆动气缸振动（带呼吸的动作）	超出摆动时间范围	调整摆动时间
		运动部位的异常摩擦	修理更换
		内泄增加	更换密封件
		使用压力不足	增大使用压力

表 22.9-7 阀类、磁性开关的故障与处理

现象		故障原因	处理
(1) 换向阀主阀漏气	从主阀排气口漏气	气缸活塞密封圈损伤	更换密封圈
		异物卡入滑动部位，换向不到位	清洗
		气压不足造成密封不良	提高压力
		气压过高，使密封件变形太大	使用正常压力
		润滑不良，换向不到位	改善润滑
		密封件损伤	更换密封件
		阀芯、阀套磨损	更换阀芯、阀套
	阀体漏气	密封垫损伤	更换密封垫
		阀体压铸件不合格	更换阀体
(2) 电磁先导阀的排气口漏气		异物卡住动铁心，换向不到位	清洗
		动铁心锈蚀，换向不到位	注意排除冷凝水
		弹簧锈蚀	
		电压太低，动铁心吸合不到位	提高电压

现象		故障原因	处理
(3) 换向阀的主阀不换向或换向不到位		压力低于最低使用压力	找出压力低的原因并改正
		接错气口	更正
		控制信号是短脉冲信号	找出原因，更正或使用延时阀，将短脉冲信号变成长脉冲信号
		润滑不良，滑动阻力大	改善润滑条件
		异物或油泥侵入滑动部位	清洗，查气源处理系统
		弹簧损伤	更换弹簧
		密封件损伤	更换密封件
		阀芯与阀套损伤	更换阀芯、阀套
(4) 电磁先导阀不换向	无电信号	电源未接通	接通电源
		接线断了	接好
		电气线路的继电器故障	排除
	动铁心不动作（无声）或动作时间过长	电压太低，吸力不够	提高电压
		异物卡住动铁心	清洗，查气源处理状况是否符合要求
		动铁心被油泥粘连	

（续）

现象		故障原因	处理
(4) 电磁先导阀不换向	动铁心不动作（无声）或动作时间过长	动铁心锈蚀	清洗，查气源处理状况是否符合要求
		环境温度过低	
	动铁心不能复位	弹簧被腐蚀而折断	查气源处理状况是否符合要求，换弹簧
		异物卡住动铁心	清理异物
		动铁心被油泥粘连	清理油泥
	线圈烧毁（有过热反应）	环境温度过高（包括日晒）	改用高温线圈
		工作频率过高	改用高频阀
		交流线圈的动铁心被卡住	清洗，改善气源质量
		接错电源或接线头	改正
		瞬时电压过高，击穿线圈的绝缘材料，造成短路	将电磁线圈电路与电源电路隔离，设计过压保护电路
		电压过低，吸力减小，交流电磁线圈通过的电流过大	使用电压不得比额定电压低15%
		继电器触点接触不良	更换触点
		直动双电控阀两个电磁铁同时通电	应设互锁电路，避免同时通电
		直流线圈铁心剩磁大	更换铁心材料
(5) 交流电磁阀振动		电磁铁的吸合面不平，有异物或生锈	修平，清除异物，除锈
		分磁环损坏	更换静铁心
		使用电压过低，吸力不够	提高电压
		固定电磁铁的螺栓松动	紧固，加防松垫圈
(6) 磁性开关故障	开关不能闭合或有时不闭合	电源故障	查电源
		接线不良	查接线部位
		开关安装位置发生偏移	移至正确位置
		气缸周围有强磁场	加隔磁板
		两气缸平行使用，两缸筒间距小于40mm	加隔磁板，将强磁场或两平行气缸隔开
		缸内温度太高（高于70℃）	降温
		开关部位温度高于70℃	
		开关受到过大冲击，开关灵敏度降低	更换开关
		开关内瞬时通过了大电流而断线	
	开关不能断开或有时不能断开	电压高于AC220V，负载容量高于AC2.5V·A或DC2.5W，使舌簧触点粘接	更换开关
		开关受过大冲击，触点粘接	
		气缸周围有强磁场，或两平行缸的缸筒间距小于40mm	加隔磁板
	开关闭合的时间推迟	缓冲能力太强	调节缓冲阀

参 考 文 献

[1] 闻邦椿. 机械设计手册：第4卷[M]. 5版. 北京：机械工业出版社，2010.

[2] 闻邦椿. 现代机械设计师手册：下册[M]. 北京：机械工业出版社，2012.

[3] 机械设计手册编辑委员会. 机械设计手册：第4卷[M]. 新版. 北京：机械工业出版社，2004.

[4] 成大先. 机械设计手册：第5卷[M]. 6版. 北京：化学工业出版社，2016.

[5] 郑洪生. 实用气动系统及装置[M]. 沈阳：东北大学出版社，1993.

[6] 气动工程手册编委会. 气动工程手册[M]. 北京：国防工业出版社，1995.

[7] 路甬祥. 液压与气动技术手册[M]. 北京：机械工业出版社，2003.

[8] 陆鑫盛，周洪. 气动自动化系统的优化设计[M]. 上海：上海科学技术文献出版社，2000.

[9] 郑洪生. 气压传动及控制(修订本)[M]. 北京：机械工业出版社，1998.

[10] 全国液压气动标准化技术委员会. 中国机械工业标准汇编 液压与气动卷(上、下)[M]. 北京：中国标准出版社，1999.

[11] 张立平. 液压气动系统设计手册[M]. 北京：机械工业出版社，1997.

[12] 宋锦春. 液压与气压传动[M]. 北京：科学出版社，2006.

[13] SMC(中国)有限公司. 现代实用气动技术[M]. 3版. 北京：机械工业出版社，2008.

[14] FESTO. 费斯托气动产品样本，2000.

[15] 吴振顺. 气压传动与控制[M]. 哈尔滨：哈尔滨工业大学出版社，1995.

[16] 徐成海. 真空工程技术[M]. 北京：化学工业出版社，2006.

[17] 日本油空压学会. 液压气动手册[M]. 北京：机械工业出版社，1984.

[18] 宋学义. 袖珍液压气动手册[M]. 北京：机械工业出版社，1995.